Microbiologia da *Segurança* dos *Alimentos*

F735m Forsythe, Stephen J.
Microbiologia da segurança dos alimentos / Stephen J. Forsythe ; tradução: Andréia Bianchini ... [et al.] ; revisão técnica: Eduardo Cesar Tondo. – 2. ed. – Porto Alegre : Artmed, 2013.
607 p. : il. color. , 23 cm.

Contém encarte colorido com 16 páginas.
ISBN 978-85-363-2705-1

1. Microbiologia dos alimentos. 2. Nutrição. I. Título.

CDU 579.67

Catalogação na publicação: Ana Paula M. Magnus – CRB 10/2052

Stephen J. Forsythe
School of Science and Technology,
Nottingham Trent University

Microbiologia *da Segurança dos Alimentos*

2ª edição

Tradução:
Andréia Bianchini
Ph.D. Research Assistant Professor, The Food Processing Center, Food Science and Technology,
University of Nebraska.

Eb Chiarini
Especialista em Ciência e Tecnologia de Alimentos pela Universidade Federal do Mato Grosso do Sul (UFMS).
Mestre em Tecnologia de Alimentos e Doutora em Ciência dos Alimentos pela Universidade de São Paulo (USP).

Maria Carolina Minardi Guimarães
Engenheira de Alimentos pelo Instituto de Ciência e Tecnologia de Alimentos – ICTA/UFRGS.
Especialista em Marketing pela ESPM/RS.

Sabrina Bartz
Nutricionista pelo IPA/IMEC. Mestre e Doutoranda pelo Instituto de Ciência e
Tecnologia de Alimentos – ICTA/UFRGS. Professora do Curso de Nutrição da Univates.

Consultoria, supervisão e revisão técnica desta edição:
Eduardo Cesar Tondo
Mestre em Microbiologia Agrícola e do Ambiente e Doutor em Ciências pela
Universidade Federal do Rio Grande do Sul (UFRGS).
Professor de Microbiologia de Alimentos e Controle de Qualidade de Alimentos, Departamento de
Ciências dos Alimentos, Instituto de Ciência e Tecnologia de Alimentos - ICTA/UFRGS.

2013

Obra originalmente publicada sob o título
The Microbiology of Safe Food, 2nd Edition
ISBN 9781405140058 / 1405140054

Gerente editorial: *Letícia Bispo de Lima*

Colaboraram nesta edição

Coordenadora editorial: *Cláudia Bittencourt*

Capa, arte sobre original: *VSDigital*

Preparação de originais: *Juçá Neves da Silva*

Leitura final: *Ivaniza O. de Souza*

Editoração: *Techbooks*

Av. Jerônimo de Ornelas, 670 – Santana
90040-340 – Porto Alegre – RS
Fone: (51) 3027-7000 Fax: (51) 3027-7070

Unidade São Paulo
Av. Embaixador Macedo Soares, 10.735 – Pavilhão 5 – Cond. Espace Center
Vila Anastácio – 05095-035 – São Paulo – SP
Fone: (11) 3665-1100 Fax: (11) 3667-1333

SAC 0800 703-3444

IMPRESSO NO BRASIL
PRINTED IN BRAZIL

Prefácio à Segunda Edição

Embora estivesse contente com a primeira edição deste livro (MdSA), senti que ele não estava completo. Esta nova edição buscou preencher essa lacuna, incluindo novas seções sobre bioinformática, ameaças biológicas e de manipuladores, bem como atualizando muitas outras seções. Desde 2000, o tópico de avaliação de riscos microbiológicos se expandiu e consequentemente incorporei partes de meu outro livro publicado pela Editora Blackwells, *Microbiological Risk Assessment of Food - 2002*, no Capítulo 10, uma vez que ele apresenta uma melhora considerável das páginas iniciais da primeira edição de MdSA. Agradeço a Simon Illingworth (LabM, Bury, Reino Unido) por revisar o Capítulo 5, o qual aborda métodos de detecção.

Uma mudança maior ocorreu por meio de materiais complementares (em inglês) disponíveis em http://www.wiley.com/go/forsythe. Eles já estavam disponíveis na primeira edição deste livro, mas infelizmente não foram muito explorados. De fato, este foi um dos primeiros livros com materiais na internet publicados pela Blackwell, e a lista de URL no Apêndice foi considerada uma "novidade"! Quanta coisa mudou desde 2000. Utilizo a internet com dois objetivos principais. Primeiro, para manter alguns capítulos atualizados e, segundo, para oferecer vários exercícios com dados que não têm o mesmo formato de um livro. Um aspecto que venho tentando expandir e estimular nos "novos" leitores é a aplicação da genômica, da pós-genômica e da bioinformática na microbiologia de alimentos. A primeira edição deste livro já incluía os microarranjos, mas não as ferramentas para investigar os genomas de micro-organismos por si só. De fato, em 2000, o ano em que MdSA foi publicado, foi também o ano em que a primeira versão do genoma de *Campylobacter jejuni* foi publicada e, visto que o texto de MdSA foi escrito em 1999, o tema sobre os genomas microbiológicos ainda não tinha sido contemplado. O fato de os genomas serem sequenciados mais rapidamente do que podem ser entendidos significa que se pode descobrir com rapidez algo que ninguém sabia antes, e espero que os aspectos da bioinformática permitam e encorajem os leitores a tentarem pesquisas *in silico*. Um tópico que estava atraindo muita atenção do público em 1999-2000 era a BSE-vCJD (encefalite espongiforme bovina - variante da doença de Creutzfeldt-Jacob). Felizmente, nos anos seguintes, foi possível superar o auge de sua incidência. Entretanto, durante esse mesmo período, surgiu o fantasma do bioterrorismo e, assim, esse assunto é abordado em uma nova seção desta edição.

Uma coisa que não se alterou entre as duas edições foi a incidência inaceitavelmente alta de doenças de origem alimentar. Mais alarmante do que isso é o fato de que ainda só conhecemos a "ponta do *iceberg*" no que diz respeito a sua verdadeira incidência. Quando se considera que, nos Estados Unidos, 3.400 mortes ocorrem devido a agentes desconhecidos de doenças de origem alimentar (Frenzen et al., 2005), fica evidente que ainda há uma quantidade considerável de pesquisas e investimentos a serem realizados.

Confesso que era minha intenção completar esta nova edição para publicá-la em 2005. Contudo, nossa pesquisa intensiva sobre *Cronobacter* spp. (*Enterobacter sakazakii*) e os organismos relacionados a ele tomaram mais horas do que o dia possui. Esse patógeno emergente infelizmente pode infectar recém-nascidos, causando diversas doenças e mesmo a morte. Para não desequilibrar este livro com excessivas referências a esse organismo pelo qual tenho interesse pessoal, os leitores devem consultar o livro publicado pela ASM Press book, *Enterobacter sakazakii*, de 2008, editado por Jeff Farber e por mim (Health Canada), bem como minha página na internet (http://www.wiley.com/go/forsythe).

Como sempre, meus agradecimentos e minha estima vão para Nigel Blalmforth, David McDade e especialmente para Katy Loftus, da Wiley-Blackwell, por sua paciência quando os prazos pareciam ir por água abaixo (o que era frequente). Por fim, um agradecimento especial para minha sempre incentivadora esposa, Debbie, meus filhos, James e Rachel, e meus pais – pois sem eles nada disso seria possível.

Steve Forsythe
Professor de Microbiologia
Universidade Nottingham Trent

Prefácio da Primeira Edição

Em todo o mundo, a produção de alimentos tem se tornado cada vez mais e mais complexa: com frequência, a matéria-prima é fornecida por diferentes países, e o alimento é processado por meio de uma ampla variedade de técnicas. Até pouco tempo, as fazendas serviam as comunidades locais sem muitos intermediários; atualmente, há grandes corporações sob o regime de normas nacionais e internacionais. Portanto, as abordagens para a produção de alimentos seguros têm sido avaliadas sobre uma plataforma nacional, europeia, transatlântica e outras. Contrariando esse cenário, assuntos de segurança dos alimentos, como BSE e *E. coli* O157:H7, vêm sendo bastante divulgados, tornando o público em geral mais consciente a respeito dos alimentos. A controvérsia na Europa sobre os alimentos geneticamente modificados é percebida em um contexto das "Doenças Transmitidas por Alimentos".

Este livro tem o objetivo de revisar a produção de alimentos e os níveis de micro-organismos que os humanos ingerem. Em algumas circunstâncias, a tolerância para patógenos é zero; porém, predomina a aceitação de limites de segurança predeterminados e, apesar da acuracidade ou inacuracidade estatística, esses limites dependem do fato de uma toxinfecção alimentar ter ocorrido. Os micro-organismos são tradicionalmente ingeridos em alimentos fermentados, desenvolvendo a discussão sobre os benefícios para a saúde de pré– e probióticos. Ainda não há certeza em relação a se os alimentos funcionais serão capazes de manter a aceitação dos consumidores.

A microbiologia de alimentos trata dos organismos patógenos assim como dos degradadores. Ela visa cobrir a grande variedade de micro-organismos existentes em alimentos, tanto os contaminantes como os inoculados de forma deliberada. Devido à conscientização do público em relação às Doenças Transmitidas por Alimentos, é importante que todas as companhias alimentícias mantenham altos padrões de higiene e garantam a segurança de seus produtos. Obviamente, com o tempo, haverá mudanças tecnológicas nos métodos de produção e nos de análises microbiológicas. Por esse motivo, um microbiologista de alimentos precisa saber os efeitos das mudanças do processamento (pH, temperatura, etc.) na carga microbiana. Para esse fim, este livro revisa os principais micro-organismos causadores de doenças de origem alimentar, as maneiras de detecção, os critérios microbiológicos, as interpretações dos resultados dos testes de produto final, a microbiologia preditiva como ferramenta para o entendimento das consequências das mudanças do processamento, o papel da Análise de Perigos e Pontos Críticos de Controle (APPCC*), os objetivos da Avaliação de Risco Microbiológico (MRA**) e a listagem dos Objetivos de Segurança dos Alimentos, a qual recentemente se tornou foco de atenção. Nos últimos anos, a internet mostrou-se um recurso muito valioso de informação e, como reflexo disso, diversos endereços de *sites* com pesquisas de segurança de alimentos são oferecidos no final do livro para encorajar o leitor a procurar por si mesmo informações na rede. Apesar de este livro ter como público-alvo estudantes de graduação e pós-graduação, também será útil para aqueles que trabalham nas indústrias.

Grande parte do livro foi escrita durante os últimos meses de 1999, quando a França estava sendo considerada a "Corte Europeia" e por ter-se recusado a vender carne britânica, devido ao BSE/nCJD, e houve tumultos em Seattle relativos à Organização Mundial de Comércio. Enquanto grandes organizações se assombravam com o "*Bug do Milênio*", no Reino Unido, o povo aguardava para ver o impacto do *bug* do BSE (algumas centenas ou alguns milhares de casos?).

Uma vez que nenhum livro pode ser finalizado sem assistência e agradecimentos especiais, estes vão para Phil Vosey, referente à MRA; Ming Lo, por consideráveis auxílios nos programas de computação; Alison, da Owoid Ltd., pelas inestimáveis informações sobre os procedimentos de teste microbiológicos ao redor do mundo; Pete Silley e Andrew Pridmore, da Don Whitley Scientific Ltd, pelos diagramas RABIT; e Garth Lang, do Biotrace Ltd., pelos dados sobre bioluminescência pelo ATP. Sem esquecer, é claro, de Debbie e Cathy, pela leitura dos rascunhos, nunca deixando passar erros ou falhas do autor.

Este livro é especialmente dedicado a Debbie, James e Rachel, minha mãe e meu pai, pela paciência durante o tempo em que estive me dedicando a ele.

Stephen J. Forsythe

---

* N de T.: No original HACCP – Hazard Analysis and Critical Control Point.

** N de T.: MRA – Microbial Risk Assessment.

Sumário

1 Infecções e intoxicações de origem alimentar **19**

1.1 Origens da produção segura de alimentos 20
1.2 Doenças de origem alimentar 21
1.3 Causas das doenças de origem alimentar 27
1.4 Percepção pública da segurança de alimentos 28
1.5 Fatores relacionados ao hospedeiro 35
1.6 A hipótese da higiene 38
1.7 O tamanho do problema das doenças de origem alimentar 39
1.8 Sequelas crônicas devido às doenças de origem alimentar 43
1.9 Mudanças na resistência aos antibióticos 44
1.10 O custo das doenças de origem alimentar 46
1.11 Controle de patógenos de origem alimentar 50
1.11.1 Exemplo 1 – O controle da *Salmonella* em frangos 50
1.11.2 Exemplo 2 – Controle de *E. coli* e *Salmonella* em produtos frescos 52
1.12 Programas de vigilância 54
1.12.1 International Food Safety Authority Network – INFOSAN (Rede Internacional de Segurança dos Alimentos) 55
1.12.2 FoodNet nos Estados Unidos 56
1.12.3 PulseNet: rede de detecção de *E. coli* O157:H7, *Salmonella* e *Shigella* nos Estados Unidos 58
1.12.4 European Centre for Disease Prevention and Control – ECDC (Centro Europeu para Prevenção e Controle de Doenças) e Enter-Net; Rede de vigilância europeia para salmonelose e *E. coli* produtoras de shigatoxinas (STEC) 59
1.12.5 Rede europeia de doenças alimentares causadas por vírus 60
1.12.6 Rapid Alert System for Food and Feed – RASFF (Sistema de Alerta Rápido para Alimentos e Rações) 61
1.12.7 Global salm-surv (GSS) 61
1.12.8 Vigilância dos alimentos prontos para o consumo no Reino Unido 63
1.13 Investigações de surtos 64
1.13.1 Investigações preliminares de surtos 65
1.13.2 Definição do caso e coleta de dados 68
1.13.3 Coleta e interpretação de dados 69

3.8 Alimentos funcionais: pré-bióticos, probióticos e simbióticos 187
3.8.1 Alimentos funcionais 187
3.8.2 Ações dos probióticos 189
3.8.3 Estudos sobre probióticos 189
3.9 Nanotecnologia e conservação de alimentos 191

4 Patógenos de origem alimentar 193

4.1 Introdução 193
4.1.1 O trato intestinal humano 196
4.1.2 Resistência do hospedeiro a infecções de origem alimentar 199
4.1.3 Flora natural do trato intestinal humano 201
4.2 Micro-organismos indicadores 205
4.2.1 Coliformes 206
4.2.2 *Enterobacteriaceae* 207
4.2.3 Enterococos 207
4.2.4 Bacteriófagos 208
4.3 Patógenos de origem alimentar: bactérias 208
4.3.1 *Campylobacter jejuni*, *C. coli* e *C. lari* 208
4.3.2 *Salmonella* spp. 213
4.3.3 *E. coli* patogênicas 221
4.3.4 *Shigella dysenteriae* e *Sh. sonnei* 235
4.3.5 *Listeria monocytogenes* 237
4.3.6 *Yersinia enterocolitica* 242
4.3.7 *Staphylococcus aureus* 243
4.3.8 *Clostridium perfringens* 246
4.3.9 *Cl. botulinum* 248
4.3.10 *Bacillus cereus* 249
4.3.11 *Vibrio cholerae*, *V. parahaemolyticus* e *V. vulnificus* 253
4.3.12 *Brucella melitensis*, *Br. abortus* e *Br. suis* 256
4.3.13 *Aeromonas hydrophila*, *A. caviae* e *A. sobria* 257
4.3.14 *Plesiomonas shigelloides* 258
4.3.15 Espécies de *Streptococcus* e *Enterococcus* 259
4.4 Patógenos de origem alimentar: vírus 261
4.4.1 Norovírus (conhecido anteriormente como vírus do tipo Norwalk e vírus de estrutura pequena e redonda, SRSV) 264
4.4.2 Hepatite A 267
4.4.3 Hepatite E 271
4.4.4 Rotavírus 271
4.4.5 Vírus de estrutura pequena e redonda, astrovírus, SLVs, adenovírus e parvovírus 272
4.4.6 Enterovírus humanos 274
4.5 Intoxicações causadas por frutos do mar e moluscos 274
4.5.1 Intoxicações causadas por ciguatera 275
4.5.2 Intoxicação escombroide 276
4.5.3 Intoxicações paralisantes causadas por moluscos 276

4.5.4 Intoxicações diarreicas causadas por moluscos 277
4.5.5 Intoxicações neurotóxicas causadas por moluscos 277
4.5.6 Intoxicação amnésica causada por moluscos 278
4.6 Patógenos de origem alimentar: eucariotos 278
4.6.1 *Cyclospora cayetanensis* 279
4.6.2 *Cryptosporidium parvum* 279
4.6.3 *Anisakis simplex* 280
4.6.4 *Taenia saginata* e *T. solium* 280
4.6.5 *Toxoplasma gondii* 281
4.6.6 *Trichinella spiralis* 282
4.7 Micotoxinas 282
4.7.1 Aflatoxinas 283
4.7.2 Ocratoxinas 286
4.7.3 Fumonisinas 286
4.7.4 Zearalenona 286
4.7.5 Tricotecenos 286
4.8 Patógenos de origem alimentar emergentes e incomuns 287
4.8.1 Príons 289
4.8.2 *Cronobacter* spp. 290
4.8.3 *Mycobacterium paratuberculosis* e leite pasteurizado, um patógeno emergente? 292
4.8.4 O gênero *Arcobacter* 293
4.8.5 Nanobactéria 294

5 Métodos de detecção e caracterização 295
5.1 Introdução 295
5.2 Métodos convencionais 302
5.2.1 Meios de cultura 303
5.2.2 Células subletalmente danificadas 305
5.2.3 Bactérias viáveis, mas não cultiváveis (VNC) 307
5.3 Métodos rápidos 308
5.3.1 Preparo da amostra 308
5.3.2 Separação e concentração do organismo-alvo 308
5.4 Métodos rápidos de detecção final 311
5.4.1 ELISA e sistemas de detecção baseados em anticorpos 312
5.4.2 Aglutinação em látex reversa passiva (RPLA) 314
5.4.3 Microbiologia de impedância (condutância) 314
5.4.4 Técnicas de bioluminescência de ATP e monitoramento da higiene 315
5.4.5 Detecção de proteína 317
5.4.6 Citometria de fluxo 317
5.4.7 Sondas de ácidos nucleicos e a reação em cadeia da polimerase (PCR) 318
5.4.8 *Microarrays* 321
5.4.9 Biossensores 323

5.5 Métodos para tipificação molecular 324
5.5.1 Eletroforese em gel de campo pulsado (PFGE) 325
5.5.2 Polimorfismo do comprimento dos fragmentos de restrição (RFLP) 326
5.5.3 Análise de múltiplos *loci* do número variável de repetições tandem (MLVA) 326
5.5.4 Tipificação de sequência em múltiplos *loci* (MLST) 326
5.6 Procedimentos específicos de detecção 327
5.6.1 Contagem aeróbia em placa 328
5.6.2 *Salmonella* spp. 328
5.6.3 *Campylobacter* 330
5.6.4 *Enterobacteriaceae* e *E. coli* 332
5.6.5 *E.coli* patogênica, incluindo *E. coli* O157:H7 333
5.6.6 *Shigella* spp. 334
5.6.7 *Cronobacter* spp. 336
5.6.8 *L. monocytogenes* 338
5.6.9 *St. aureus* 341
5.6.10 *Clostridium perfringens* 341
5.6.11 *Bacillus cereus*, *B. subtilis* e *B. licheniformis* 343
5.6.12 Micotoxinas 344
5.6.13 Vírus 345
5.7 Esquemas de acreditação 345

6 Critérios microbiológicos 347

6.1 Embasamento dos critérios microbiológicos e teste do produto final 347
6.2 International Commission on Microbiological Specifications for Foods – ICMSF (Comissão Internacional de Especificações Microbiológicas para Alimentos) 347
6.3 Princípios do *Codex Alimentarius* para o estabelecimento e a aplicação dos critérios microbiológicos 349
6.4 Planos de amostragem 351
6.5 Planos variáveis 353
6.6 Plano de amostragem por atributos 357
6.6.1 Plano de duas classes 357
6.6.2 Plano de três classes 357
6.7 Princípios 358
6.7.1 Definindo um "lote" de alimento 358
6.7.2 Número de unidades amostrais 358
6.7.3 Curva de características operacionais 359
6.7.4 Risco do produtor e risco do consumidor 363

6.7.5 Rigidez dos planos de duas e três classes, determinando *n* e *c* 363
6.7.6 Determinando os valores para *m* e *M* 365
6.8 Limites microbiológicos 366
6.8.1 Definições 366
6.8.2 Limitações dos testes microbiológicos 366
6.9 Exemplos de planos de amostragem 367
6.9.1 Produtos com ovos 367
6.9.2 Leite e produtos lácteos 367
6.9.3 Carnes processadas 368
6.9.4 Cereais e produtos derivados 368
6.9.5 Produtos cozidos resfriados e cozidos congelados 368
6.9.6 Frutos do mar 369
6.10 Critérios microbiológicos implementados 370
6.10.1 Critérios microbiológicos na União Europeia 370
6.10.2 Diretrizes da União Europeia (UE) especificando os padrões microbiológicos para alimentos 370
6.11 Diretrizes do Reino Unido (UK) para alimentos prontos para o consumo 372

7 Práticas de produção higiênica 375
7.1 Contribuição dos manipuladores de alimentos para as doenças transmitidas por alimentos 375
7.2 Higiene pessoal e treinamentos 376
7.3 Limpeza 379
7.4 Detergentes e desinfetantes 382
7.5 Biofilmes microbianos 383
7.6 Avaliação da eficiência da limpeza e desinfecção 388

8 Ferramentas de gestão da segurança de alimentos 390
8.1 A produção higiênica de alimentos 390
8.2 Segurança microbiológica dos alimentos no comércio internacional 398
8.3 O efeito da pressão dos consumidores no processamento de alimentos 399
8.4 A gestão dos perigos nos alimentos que são internacionalmente comercializados 400
8.5 APPCC 400
8.6 Programas de pré-requisitos 402
8.7 Resumo do APPCC 403
8.7.1 Perigos em alimentos 404
8.7.2 Preparação para o APPCC 404

8.7.3 Princípio 1: análise de perigos 405
8.7.4 Princípio 2: pontos críticos de controle 407
8.7.5 Princípio 3: limites críticos 407
8.7.6 Princípio 4: monitoração 407
8.7.7 Princípio 5: ações corretivas 409
8.7.8 Princípio 6: verificação 409
8.7.9 Princípio 7: manutenção dos registros 410
8.8 Critérios microbiológicos e APPCC 410
8.9 Perigos microbiológicos e seus controles 412
8.9.1 Fontes de perigos microbiológicos 412
8.9.2 Controle de temperatura dos perigos microbiológicos 413
8.9.3 Controle de perigos microbiológicos sem uso da temperatura 415
8.10 Planos APPCC 415
8.10.1 Produção de leite pasteurizado 415
8.10.2 Abate de suínos 416
8.10.3 Produção de alimentos resfriados 417
8.10.4 Modelos genéricos 422
8.11 Boas práticas de fabricação (BPF) e boas práticas de higiene (BPH) 422
8.12 Sistemas de qualidade 422
8.13 Gerenciamento da qualidade total 431

9 Avaliação do risco microbiológico 433

9.1 Análise de riscos e avaliação do risco microbiológico 433
9.2 Origem da avaliação do risco microbiológico 434
9.3 Avaliação de risco microbiológico – uma perspectiva 438
9.4 Avaliação de risco microbiológico – estrutura 441
9.4.1 Avaliação de risco 444
9.4.2 Gerenciamento de risco 444
9.4.3 Comunicação de risco 445
9.5 Avaliação de risco 446
9.5.1 Estabelecimento do propósito 447
9.5.2 Identificação de perigos 447
9.5.3 Avaliação da exposição 448
9.5.4 Caracterização do perigo 452
9.5.5 Avaliação da dose-resposta 456
9.5.6 Modelos de dose-resposta 457
9.5.7 Dose e infecção 462
9.5.8 Caracterização do risco 467
9.5.9 Produção de um relatório formal 469
9.5.10 Distribuição triangular e simulação de Monte Carlo 469

9.6 Gerenciamento de risco 470
9.6.1 Política de avaliação de risco 474
9.6.2 Perfil de risco 475
9.7 Objetivos da segurança dos alimentos 475
9.8 Comunicação de risco 477
9.9 Desenvolvimentos futuros em avaliação microbiológica de risco 479
9.9.1 Metodologia internacional e orientações 479
9.9.2 Dados 480
9.9.3 Cursos de treinamento e uso de recursos 481

10 Aplicação da avaliação de risco microbiológico 482
10.1 Avaliações de risco de *Salmonella* 482
10.1.1 *S.* Enteritidis em cascas e produtos de ovos 482
10.1.2 Identificação e caracterização do perigo: *Salmonella* em frangos e ovos 486
10.1.3 Avaliação de exposição de *Salmonella* spp. em frangos 488
10.1.4 *Salmonella* spp. em frango cozido 490
10.1.5 *Salmonella* spp. em pedaços de carne cozidos (tipo *nuggets*) 492
10.1.6 Modelos preditivos em frango (FARM) 493
10.1.7 Salmoneloses humanas domésticas e esporádicas 493
10.2 Avaliações de risco de *Campylobacter* 494
10.2.1 Risco de *C. jejuni* a partir de frango fresco 494
10.2.2 Perfil de risco para espécies patogênicas de *Campylobacter* na Dinamarca 496
10.2.3 Avaliação de risco de *C. jejuni* em frangos de corte 498
10.2.4 *Campylobacter* resistentes a fluoroquinolonas 498
10.3 Avaliação de risco de *L. monocytogenes* 503
10.3.1 Identificação do perigo de *L. monocytogenes* e caracterização do risco em alimentos prontos para o consumo 503
10.3.2 Avaliação da exposição de *L. monocytogenes* em alimentos prontos para o consumo 504
10.3.3 Risco relativo de *L. monocytogenes* em alimentos selecionados prontos para o consumo 507
10.3.4 *L. monocytogenes* no comércio dos Estados Unidos 508
10.3.5 *L. monocytogenes* em almôndegas 509
10.3.6 Listerioses a partir de produtos cárneos prontos para o consumo 510
10.4 Avaliação de risco de *E. coli* O157 512
10.4.1 *E. coli* O157:H7 em carne moída 512

10.5 Avaliação de risco de *Bacillus cereus* 515
10.5.1 Avaliação de risco de *Bacillus cereus* 515
10.6 Avaliação de risco de *Vibrio parahaemolyticus* 516
10.6.1 Impacto na saúde pública do *V. parahaemolyticus* em moluscos bivalves crus 516
10.7 *Cronobacter* spp. (*Enterobacter sakazakii*) e *Salmonella* em fórmulas infantis em pó 519
10.8 Avaliações de risco virais 521
10.8.1 Contaminação viral de moluscos e águas costeiras 521

11 Controle internacional dos perigos microbiológicos em alimentos: regulamentos e autoridades 523

11.1 Organização Mundial da Saúde, segurança global de alimentos de contaminação acidental e intencional 523
11.2 *Foodborne Disease Burden Epidemiology Reference Group* – FERG (Grupo de Referência em Epidemiologia de Doenças de Origem Alimentar) 527
11.3 Regulamentação do comércio internacional de alimentos 528
11.4 A Comissão do *Codex Alimentarius* 529
11.5 Medidas sanitárias e fitossanitárias (SFS), barreiras técnicas ao comércio (TBT) e Organização Mundial da Saúde (OMS) 530
11.6 Legislação da União Europeia 532
11.6.1 *Food Hygiene Directive* 93/43/EEC (Diretivas de Higiene de Alimentos) 533
11.7 Agências de segurança dos alimentos 534
11.7.1 Autoridades em alimentos nos Estados Unidos 535

Lista de Abreviaturas 537

Referências 539

Glossário 575

Índice 583

1 Infecções e intoxicações de origem alimentar

Essa pode parecer uma frase de abertura um pouco decepcionante, mas não há uma definição universalmente aceita sobre o que são "alimentos seguros". A razão é que estamos lidando com um termo relativo, que relaciona um nível aceitável de risco e uma população ou talvez um subgrupo específico. Nosso suprimento de alimentos envolve um movimento internacional de ingredientes e produtos processados. Nosso alimento é muito diversificado e, para assegurar que seja seguro, faz-se necessária uma abordagem sistemática e proativa que minimize a contaminação que pode ocorrer desde a fazenda até o prato do consumidor. Alguns procedimentos são bem conhecidos do público em geral, tais como a refrigeração e as conservas. Também há a implementação do sistema de "Análise de Perigos e Pontos Críticos de Controle" (APPCC), no qual o produtor estima os prováveis perigos do produto final e assegura que o processamento os reduzirá ou eliminará até níveis aceitáveis. Infelizmente, as contaminações responsáveis por doenças de origem alimentar continuam sendo a maior causa de morbidez e mortalidade. Doenças de origem alimentar podem ser definidas como aquelas que costumam ser transmitidas pelos alimentos e compreendem um vasto grupo de enfermidades causadas por patógenos, parasitas, contaminantes químicos e biotoxinas. Uma expressão alternativa, "envenenamento alimentar" é também utilizada, mas nos dias atuais é vista como muito restritiva.

Lidar com problemas de segurança de alimentos é desafiador, em parte porque eles estão mudando. Temos mudanças em nossa economia e, consequentemente, em nossos estilos de vida, hábitos alimentares (tipos de alimentos, se comemos em casa ou não) e expectativas de vida da população. Os agentes causadores das enfermidades de origem alimentar também mudam, permitindo a ocorrência de patógenos emergentes, antes desconhecidos. Os produtores de alimentos, tanto industriais como domésticos, necessitam estar cientes dessas mudanças a fim de melhorar a segurança do nosso alimento. Este primeiro capítulo considerará a magnitude das doenças de origem alimentar, as diferenças de fontes e de enfermidades, bem como suas consequências econômicas. Esses tópicos-chave serão explorados em maior profundidade posteriormente, em capítulos específicos. As definições de termos poderão ser encontradas no glossário, ao final do livro, onde também se encontra a lista dos *links* de hipertexto úteis.

Microbiologia de alimentos é um tópico multidisciplinar e há avanços rápidos ocorrendo em várias áreas. Para manter este livro tão atualizado quanto possível, o leitor também deverá consultar os *sites* da internet no http://www.wiley.com/go/forsythe, onde informações adicionais para capítulos específicos estão disponíveis.

1.1 Origens da produção segura de alimentos

A necessidade de alimentos seguros remete aos humanos da antiguidade e foi a responsável pelo desenvolvimento de suas atividades de caça-coleta. A domesticação de animais e o cultivo de colheitas necessitaram de atividades de cozimento e estocagem. A produção de cevada iniciou no Vale do Rio Nilo, no Egito, há cerca de 18 mil anos. Isso gerou a necessidade de preservar os grãos, mantendo-os secos para evitar a deterioração por fungos. A prevenção da deterioração de alimentos mais perecíveis, por meio de secagem, pode facilmente ter sido desenvolvida de modo concomitante. A preservação por intermédio da adição de mel e de azeite de oliva também são formas antigas de conservação de alimentos. Logo que foi descoberta a capacidade conservante do sal, ele se tornou uma importante *commodity*. A palavra "salário" originalmente significava "permissão para o 'soldado' comprar sal".

Com o tempo, os humanos aprenderam a selecionar animais e plantas comestíveis. Também aprenderam o cultivo e a agricultura, a colheita e a organização dos recursos alimentícios de acordo com as estações do ano e o hábitat. Sem dúvida, houve muitas tentativas e falhas, mas pouco a pouco os bons hábitos foram sendo aprendidos e passados de uma geração para outra. Muitas práticas religiosas relacionadas aos alimentos soaram como base científica naquela época. Estas incluem as fés judaica e muçulmana com práticas de não comer porco, o qual pode veicular o parasita *Trichinella spiralis*. O uso de água corrente para o banho é mais higiênico do que o de água parada.

O início de uma abordagem mais científica para a preparação de alimentos ocorreu com o desenvolvimento da conservação dos alimentos por meio do calor. Em 1795, o governo francês percebeu a utilidade estratégica de preservar alimentos para suas tropas e ofereceu uma grande recompensa a quem desenvolvesse um novo método de preservação de alimentos. O prêmio foi ganho por Nicholas Appert, um parisiense dono de uma confeitaria. Seu método de conservação consistia em colocar o alimento em um vidro de boca larga, o qual era então vedado com uma tampa e colocado sob fervura por 6 horas. O uso da lata, em vez do vidro, foi ideia de Durand, em 1810, e ainda é a base da indústria de conservas até hoje. O processamento térmico em si também foi trabalhado, mas o conhecimento subjacente a esses procedimentos não foi conhecido até os trabalhos de Louis Pasteur e Robert Koch (Hartman, 1997).

Embora pesquisadores anteriores, tais como Antonie van Leeuwenhoek, em 1677, tenham descoberto "pequenos animálculos sensíveis ao calor", foi Louis Pasteur quem iniciou a ciência da microbiologia. Devido a seus estudos, entre 1854 e 1864, ficou demonstrado que a bactéria era o agente causador da deterioração dos alimentos e das doenças. Como consequência, a indústria francesa de vinhos adotou o procedimento de aquecer o vinho, para matar os organismos deteriorantes, antes de inocular os micro-organismos desejáveis para o processo de fermentação. Mais tarde, o processo de "pasteurização" foi aplicado a outros alimentos, como o leite. Todavia, essa última aplicação tinha como principal objetivo o controle dos micro-organismos patógenos. Outra figura fundadora da microbiologia foi o alemão Robert Koch, que foi o primeiro a desenvolver um método de multiplicação para culturas puras de micro-organismos. Em 1884, foi o primeiro a isolar a bactéria *Vibrio cholerae*. A partir de então, o isolamento e o estudo de culturas puras tem sido uma atividade importante para os microbiologistas de alimentos (Hartman, 1997).

A partir desses primeiros tempos, as microbiologias médica, veterinária e de alimentos tornaram-se disciplinas. A microbiologia de alimentos, por sua vez, engloba uma grande quantidade de tópicos, como a detecção de micro-organismos indesejáveis e seus produtos, bem como o uso desejável da atividade microbiana na produção de alimentos fermentados, como a cerveja, o vinho, o queijo e o pão. Ou, de forma mais simples, é possível citar "os bons, os maus e os feios", ou seja, os micro-organismos envolvidos na produção de alimentos, os envolvidos com as doenças transmitidas por alimentos e aqueles relacionados à deterioração dos alimentos. Os avanços continuam, e o desenvolvimento do APPCC (Seção 8.5) ocorreu devido à necessidade de alimentos seguros para o programa espacial americano, patrocinado pelo exército dos Estados Unidos, como um eco da contribuição de Nicholas Appert para a segurança de alimentos.

1.2 Doenças de origem alimentar

Problemas com a qualidade e a segurança de alimentos existem há muitos séculos, por exemplo, a adulteração do leite, da cerveja, do vinho, das folhas de chá e do azeite de oliva. Alimentos contaminados causam um dos maiores problemas de saúde no mundo e geram uma redução na produtividade econômica (Bettcher et al., 2000). A Tabela 1.1 lista os patógenos que são transmitidos por alimentos contaminados. Embora as doenças de origem alimentar com frequência sejam atribuídas a bactérias patogênicas, essa tabela mostra uma ampla gama de organismos e produtos químicos que podem causar enfermidades decorrentes da ingestão de alimentos. Alguns compostos e organismos são contaminantes externos aos alimentos, enquanto outros são intrínsecos, por exemplo, o ácido oxálico no ruibarbo e a solanina alcaloide nas batatas.

As doenças alimentares microbianas são originadas por uma variedade de micro-organismos com diferentes períodos de incubação e duração de sintomas (Tab. 1.2). Organismos como a *Salmonella* e a *Escherichia coli* O157:H7 são bastante conhecidos pelo público em geral. Contudo, existem vírus e toxinas fúngicas que foram relativamente pouco estudados e, no futuro, poderão ter sua contribuição na incidência de doenças alimentares melhor reconhecida.

Os micro-organismos causadores de doenças podem ser encontrados em diversos alimentos, como leite, carne e ovos. Eles apresentam uma vasta gama de fa-

Tabela 1.1 Perigos associados aos alimentos

Biológico	Químico	Físico
Macrobiológico	Resíduos veterinários, antibióticos, estimulantes de crescimento	Vidro
Microbiológico	Plastificantes e migração na embalagem, cloreto de vinila, bisfenol A	Metal
Vírus	Resíduos químicos, pesticidas (DDT), fluidos de limpeza	Pedras
Hepatite A		
Norovírus		
Rotavírus		
Bactérias patogênicas	Alergênicos	Madeira
Micro-organismos formadores de esporos	Metais tóxicos, chumbo, cádmio, arsênico, estanho, mercúrio	Plástico
Bacillus cereus		
Clostridium perfringens		
Cl. botulinum		
Micro-organismos não formadores de esporos	Aditivos alimentares, conservantes, coadjuvantes de fabricação	Partes de pragas
Campylobacter jejuni		
Cepas patogênicas de *E. coli*		
Listeria monocytogenes		
Sorovares de *Salmonella*		
Toxinas bacterianas	Radioquímicos, ^{131}I, ^{127}Cs	Material de isolamento
Staphylococcus aureus (fonte)		
Bacillus cereus (fonte)		
Toxinas de mariscos, ácido domoico, ácido ocadaico	Dioxinas, bifenilas policloradas (PCBs)	Ossos
NSP, PSP	Substâncias proibidas	Caroços de frutas
Parasitas e protozoários	Tintas de impressão	
Cryptosporidium parvum		
Entamoeba histolytica		
Giardia lamblia		
Toxoplasma gondii		
Fasciola hepatica		
Taenia solium		
Anisakis spp.		
Trichinella spiralis		
Micotoxinas, ocratoxinas, aflatoxinas, fumonisinas, patulina		

NSP – intoxicação por neurotoxinas de bivalves (em inglês: *neurotoxic shellfish poison*); PSP – Toxinas paralisantes de bivalves (em inglês: *paralytic shellfish poisoning*)
Adaptado de Snyder (1995) e Forsythe (2000).

Tabela 1.2 Micro-organismos envolvidos com doenças transmitidas por alimentos

Micro-organismo	Período de incubação	Duração da enfermidade
Espécies de *Aeromonas*	Desconhecido	1 a 7 dias
C. jejuni	3 a 5 dias	2 a 10 dias
E.coli		
ETEC	16 a 72 horas	3 a 5 dias
EPEC	16 a 48 horas	2 a 7 dias
EIEC	16 a 48 horas	2 a 7 dias
EHEC	72 a 120 horas	2 a 12 dias
Hepatite A	3 a 60 dias	2 a 4 semanas
L. monocytogenes	3 a 70 dias	Variável
Norovírus	24 a 48 horas	1 a 2 dias
Rotavírus	24 a 72 horas	4 a 6 dias
Salmonella	16 a 72 horas	2 a 7 dias
Shigellae	16 a 72 horas	2 a 7 dias
Yersinia enterocolitica	3 a 7 dias	1 a 3 semanas

tores de virulência que geram respostas adversas agudas, crônicas ou intermitentes. Algumas bactérias patogênicas, como a *Salmonella*, são invasivas e podem chegar à corrente sanguínea através das paredes do intestino, causando infecções generalizadas. Outros patógenos produzem toxinas nos alimentos, antes de serem ingeridos ou durante a infecção, podendo causar graves danos a órgãos suscetíveis, como o fígado. A *E. coli* O157:H7 é um exemplo de micro-organismo que pode produzir toxina após ser ingerida no alimento. Também podem ocorrer complicações devido às reações imune-associadas (p. ex., uma infecção causada por *Campylobacter* que pode levar a uma artrite reativa e a síndrome de Guillain-Barré) nas quais a resposta imune do hospedeiro ao patógeno também é infelizmente dirigida contra os tecidos do próprio hospedeiro. Dessa forma, as doenças de origem alimentar podem ser muito mais graves do que um curto episódio de gastrenterite, podendo, ao contrário, levar à hospitalização. A gravidade pode ser tal que existe a possibilidade de ocorrerem sintomas (crônicos) residuais e haver o risco de morte, de modo especial em pacientes idosos e imunodeprimidos. Em consequência, há uma considerável preocupação dos setores de saúde pública relacionada às infecções de origem alimentar.

Visto que os consumidores não estão conscientes de que possam existir problemas potenciais com os alimentos, uma quantidade significativa de alimentos contaminados é ingerida, levando-os, assim, a ficar doentes. Desse modo, é difícil saber qual alimento foi a causa original da toxinfecção alimentar, uma vez que o consumidor não lembrará de algo diferente em suas últimas refeições. Em geral, os consumidores lembram de alimentos que apresentem cheiro ou coloração diferentes. Entretanto, tais características estão ligadas à deterioração dos alimentos e não a toxinfecções alimentares.

Micro-organismos causadores de toxinfecções são em geral divididos em dois grupos:

- Infecções; cepas de *Salmonella*, *Campylobacter jejuni* e *E. coli* patogênicas
- Intoxicações; *Bacillus cereus; Staphylococcus aureus* e *Clostridium botulinum*

O primeiro grupo é composto por micro-organismos que podem se multiplicar no trato intestinal humano, enquanto o segundo produz toxinas, tanto nos alimentos como durante a passagem pelo trato intestinal. Essa diferença é bastante útil para ajudar a reconhecer os caminhos da toxinfecção alimentar. Os sintomas também são indicativos do tipo de organismo infeccioso. De forma generalizada, infecções bacterianas causam gastrenterites, enquanto a ingestão de toxinas causa vômitos. Gastrenterite acompanhada por febre pode ter sido originada por bactérias Gram-negativas, já que o sistema imune do hospedeiro responde ao lipopolissacarídeo dessas bactérias causando a febre. As infecções virais causam tanto vômitos quanto gastrenterites.

Enquanto as células vegetativas são mortas por tratamentos térmicos, os esporos (produzidos por *Bacillus cereus* e *Clostridium perfringens*) podem sobreviver e germinar em alimentos que não foram conservados suficientemente quentes ou frios após a cocção.

Um agrupamento alternativo seria de acordo com a gravidade da doença. Essa abordagem é útil para a definição de critérios microbiológicos (planos de amostragem) e análises de risco. A Comissão Internacional de Especificações Microbiológicas para Alimentos (International Commission on Microbiological Specifications for Foods – ICMSF 1974, 1986 e 2002) dividiu os patógenos mais comuns, causadores de doenças de origem alimentar, nesses grupos para auxiliar nas tomadas de decisões dos planos de amostragem (Cap. 6). Os grupos da ICMSF serão explicados posteriormente, no Capítulo 4. Descrições detalhadas de alguns patógenos causadores de enfermidades de origem alimentar serão abordados no Capítulo 4 e detalhes extensivos podem ser encontrados nas várias publicações da ICMSF, listadas nas Referências.

Apesar da crescente conscientização e compreensão dos micro-organismos responsáveis por doenças que têm origem em alimentação e águas, essas doenças continuam sendo um problema significativo e são causas importantes da redução da produtividade econômica. Embora todos sejam suscetíveis a essas doenças, há um número crescente de pessoas que são mais propensas e em geral sofrem consequências mais graves. Essas pessoas incluem crianças, bebês, grávidas, imunodeprimidos devido ao uso de medicamentos ou a enfermidades e idosos. Existem evidências de que as causas microbianas de gastrenterites variam de acordo com a idade e que os vírus são, provavelmente, o principal agente infectante em crianças menores de 4 anos (Fig. 1.1). Também há uma diferença entre os sexos (Fig. 1.2), em razão das diferenças entre os hábitos pessoais de higiene, uma vez que os homens têm menos tendência a lavar as mãos após irem ao banheiro.

A produção de alimentos aumentou cerca de 145%, desde 1960. De particular importância é o crescimento e o desenvolvimento de países da África (140%), América Latina (200%) e Ásia (280%). A produção de alimentos dobrou nos Esta-

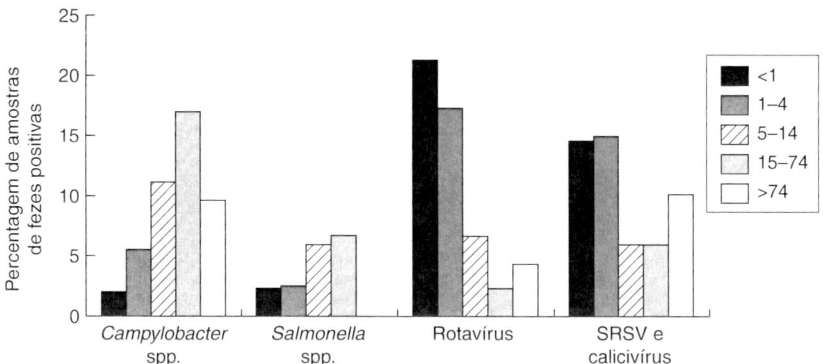

Figura 1.1 Variação de gastrenterites causadas por micro-organismos específicos em relação às idades (Forsythe, 2000).

dos Unidos e aumentou 68% na Europa Ocidental. Mesmo assim, a fome ainda é um problema mundial. Neste século, existem 800 milhões de pessoas sofrendo de desnutrição. Durante o mesmo período, a população mundial aumentou de 3 para 6 bilhões e espera-se que chegue a 9 bilhões até 2050. Obviamente, a demanda obrigará o aumento da produção de alimentos.

A Organização Mundial da Saúde (OMS) estima que mais de 30% da população dos países desenvolvidos é infectada por alimentos e água todos os anos (WHO

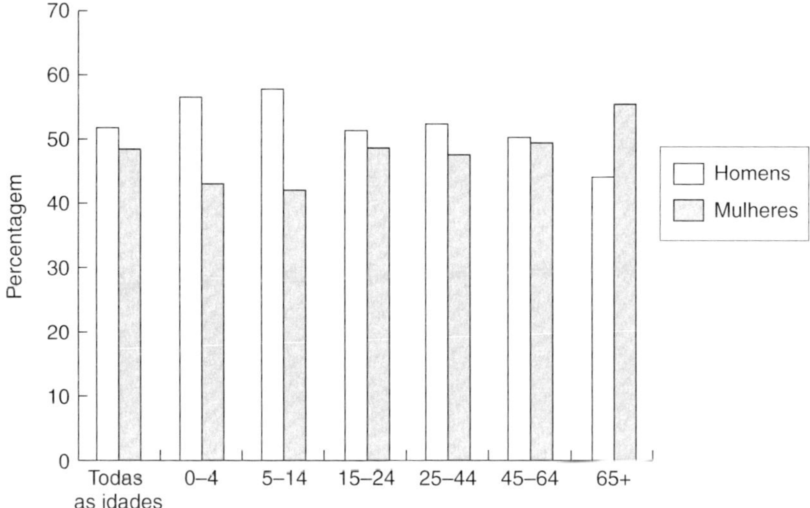

Figura 1.2 Comparação da ocorrência dos casos notificados de gastrenterite entre homens e mulheres (Forsythe, 2000).

Food safety and foodborne illness. *Fact* folha 237 http://www.who.int/mediacentre/factsheets/fs237/en/print.html). Esse número baseia-se em dados das autoridades dos Estados Unidos, Canadá e Austrália (Majowicz et al., 2004; Mead et al., 1999; OzFoodNet Working Group, 2003).

Nos países desenvolvidos, as doenças de origem alimentar constituem a maior (acima de 70%) causa de diarreia em crianças menores de 5 anos. Elas podem sofrer 2 a 3 episódios de diarreia por ano, com possibilidade de chegar até 10. As bactérias patogênicas podem contaminar a alimentação infantil por meio de alimentos ou do abastecimento de água, causando 25 a 30% das infecções diarreicas. Episódios recorrentes de diarreia podem ocasionar graves problemas. O estado nutricional e o sistema imune de uma criança ficam debilitados devido à ingestão reduzida de alimentos, à má absorção de nutrientes e aos vômitos. Além disso, elas ficam mais suscetíveis a outras infecções. Infelizmente, esse ciclo de infecções resulta na morte de cerca de 13 milhões de crianças menores de 5 anos a cada ano. O rotavírus (principalmente transmitido por via oral/fecal) é um dos piores organismos infecciosos e mata entre 15 mil a 30 mil crianças/ano, em Bangladesh, e uma em cada 200 a 250 crianças indianas menores de 5 anos.

No ano de 2025, mais de 1 bilhão de pessoas no mundo terão idade superior a 60 anos, e mais de dois terços delas viverão em países em desenvolvimento. Crescimento significa um aumento de riscos de doenças de origem alimentar. Não causa surpresa que, em alguns países, uma em cada quatro pessoas corra o risco de contrair uma doença de origem alimentar.

O número exato de doenças de origem alimentar ocorridas anualmente pode apenas ser estimado. Em muitas circunstâncias, somente uma pequena quantidade de pessoas procura ajuda médica, e nem todas são investigadas. Mesmo quando o país possui infraestrutura para notificação de dados, apenas uma pequena parcela das doenças de origem alimentar é notificada às autoridades. No passado, foi evidenciado que, em países industrializados, menos de 10% dos casos eram informados, enquanto naqueles em desenvolvimento os casos reportados provavelmente fossem abaixo de 1% dos casos reais. Uma estimativa mais acurada está sendo possível devido ao uso dos "estudos-sentinelas", como foi reportado pelos Estados Unidos, pelo Reino Unido e pelos Países Baixos. Nos Estados Unidos, foi estimado que 76 milhões de casos de doenças de origem alimentar ocorrem a cada ano, resultando em 325 mil hospitalizações e 5 mil mortes (Mead et al., 1999). Um estudo realizado no Reino Unido avaliou que 20% da população tem gastrenterites a cada ano e talvez mais de 20 pessoas por milhão morram (Wheeler et al., 1999). Um estudo-sentinela mais recente, realizado nos Países Baixos, estimou que o número de doenças de origem alimentar causadas por micro-organismos foi de 79,7 para cada 10 mil pessoas por ano (de Wit et al., 2001). Notermans e van der Giessen (1993) concluíram que esse número pode ser de 30% da população por ano.

Como os sintomas de toxinfecções alimentares em geral são brandos e duram poucos dias, as pessoas costumam se recuperar sem procurar por cuidados médicos. Entretanto, aquelas que estão sujeitas a um risco maior, como as muito jovens, as grávidas e os idosos, podem sofrer danos maiores, mais debilitantes e correr risco de morte. Isso já recebeu ampla abordagem em estudos de surtos alimentares em humanos.

1.3 Causas das doenças de origem alimentar

Muitos fatores contribuem para que os alimentos não sejam seguros e causem doenças (Tab. 1.3). As causas principais estão resumidas a seguir:

- Controle inadequado da temperatura durante o cozimento, o resfriamento e a estocagem
- Higiene pessoal insuficiente
- Contaminação cruzada entre produtos crus e processados
- Monitoramento inadequado dos processos

Esses fatores podem ser reduzidos de forma considerável por meio da capacitação adequada da equipe e implementação do sistema APPCC combinada com a avaliação de riscos. Conforme será explicado no Capítulo 8, basear-se em testes de produtos finais

Tabela 1.3 Fatores que contribuem para a ocorrência de surtos de doenças de origem alimentar (fontes variadas)

Fatores de contribuição	Percentagem[a]
Fatores relacionados à multiplicação microbiana	
Estocagem em temperatura ambiente	43
Resfriamento inadequado	32
Preparação do alimento muito distante do lugar onde será servido	41
Espera em ambiente e temperatura inadequados	12
Utilização de sobras	5
Descongelamento inadequado e estocagem subsequente imprópria	4
Produção de alimento em excesso	22
Fatores relacionados à sobrevivência microbiana	
Aquecimento impróprio	17
Cozimento inadequado	13
Fatores relacionados à contaminação	
Manipuladores de alimentos	12
Alimentos processados contaminados não enlatados	19
Alimentos crus contaminados	7
Contaminação cruzada	11
Limpeza inadequada dos equipamentos	7
Fontes inseguras	5
Alimentos enlatados contaminados	2

[a]A percentagem excede o total de 100, uma vez que os fatores que normalmente contribuem para a ocorrência de enfermidades de origem alimentar podem ser múltiplos.

Adaptado de Adams e Motarjemi (1999), com a gentil permissão de World Health Organization, Genebra.

para a verificação da presença de micro-organismos ou como forma de controle da higiene do produto é uma prática inadequada.

A chave para a produção de alimentos seguros é produzi-los microbiologicamente estáveis. Em outras palavras, é necessário certificar-se de que nenhum micro-organismo do alimento vá se multiplicar até níveis infecciosos. De maneira ideal, é importante que os micro-organismos estejam inativados e que não haja toxinas.

Essencialmente, as temperaturas de cozimento e de resfriamento devem ter como finalidade:

1. A redução do número de micro-organismos infectantes em uma ordem de 6 log (ou seja, reduzir 10^6 células/g até 1 célula/g).
2. Não proporcionar condições que permitam o desenvolvimento de esporos microbianos que sobreviveram ao cozimento.
3. Evitar condições favoráveis para a produção de toxinas termoestáveis; por definição, essas toxinas são aquelas resistentes a 100 °C por 30 minutos e portanto não são destruídas no processo de cocção.

As contaminações cruzadas causam contaminações pós-processamento do alimento (ou seja, após a etapa de cozimento). Podem ser evitadas por meio de:

1. Planejamento cuidadoso do *layout* da fábrica
2. Controle do movimento do pessoal
3. Hábitos higiênicos adequados por parte dos manipuladores

Os alimentos que não passam por um processo de cozimento são normalmente acidificados (como, por exemplo, os que são fermentados) e estocados sob refrigeração. Essas práticas baseiam-se no princípio de que o pH e a temperatura do alimento vão inibir a multiplicação microbiana. A faixa de multiplicação da maioria dos micro-organismos que causam toxinfecções alimentares foi documentada (ver ICMSF 1996a para mais detalhes), e os parâmetros gerais de multiplicação são apresentados na Tabela 2.7. Portanto, é possível predizer o pH e a temperatura de estocagem de alimentos que restringem o desenvolvimento dos patógenos alimentares.

1.4 Percepção pública da segurança de alimentos

O número crescente e a gravidade de doenças transmitidas por alimentos em todo o mundo têm aumentado de modo considerável o interesse público em relação à segurança dos mesmos. Esse interesse em relação à segurança dos alimentos aumentou devido às muitas publicações recentes relacionadas a assuntos como irradiação de alimentos, BSE, *E. coli* O157:H7 e alimentos geneticamente modificados.

O que são alimentos seguros? Esta é uma pergunta que invoca diferentes respostas, dependendo de quem responde. Em essência, as diferentes definições são dadas a partir do que constitui um risco significativo. O público em geral pode considerar que alimentos seguros signifiquem risco igual a zero, enquanto um produtor de alimentos deveria considerar "O que é um risco aceitável?". A opinião expressa neste livro é que

risco igual a zero é impraticável, dada a quantidade de produtos alimentícios disponíveis, a complexidade da cadeia de distribuição e a natureza humana. Apesar disso, os riscos de ocorrência de doenças transmitidas por alimentos devem ser reduzidos até durante a produção, a fim de alcançar um risco aceitável. Infelizmente, não há um consenso público sobre o que seja um risco aceitável. Além disso, como se pode diferenciar o risco de voar em um planador e o de comer um bife malpassado? Voar em um planador também possui riscos conhecidos, os quais podem ser avaliados, e é possível tomar a decisão de voar ou não voar. Em contraste, a população em geral (certa ou errada) se sente mal-informada em relação aos riscos relevantes. A Tabela 1.4 mostra as possíveis causas de morte nos próximos 12 meses. A população aceita muitos desses riscos; as pessoas continuam a dirigir carros e a atravessar as ruas. Essa tabela pode ser comparada com as Tabelas 1.5 e 1.6, que mostram os dados recentes das probabilidades de toxinfecções nos Estados Unidos e no Reino Unido. Os dados dos Estados Unidos indicam que, a cada ano, 0,1% da população será hospitalizada devido a doenças transmitidas por alimentos. O medo em relação aos alimentos causa protestos públicos e pode gerar uma injusta má reputação. De fato, a maioria das indústrias alimentícias possui bons registros de segurança e está no mercado para nele continuar e não para sair dele em razão de publicidade adversa.

A preocupação do público com os assuntos relacionados aos alimentos varia em cada país e se altera com o passar do tempo (Sparks e Shepherd, 1994). No início da década de 1990, os aditivos alimentares foram o foco das atenções. No meio da década, o público tomou consciência a respeito dos patógenos de origem alimentar,

Tabela 1.4 Risco de mortes durante os próximos 12 meses

Evento	Uma chance em
Fumar 10 cigarros por dia	200
Causas naturais, meia-idade	850
Mortes devido a gripe (influenza)	5.000
Mortes em acidentes de trânsito	8.000
Voar	20.000
Atropelamento de pedestres por carros	24.000
Toxinfecções alimentares	25.000
Mortes em acidentes domésticos	26.000
Ser assassinado	100.000
Mortes em acidentes ferroviários	500.000
Ser eletrocutado	200.000
Ser atingido por um relâmpago	10.000.000
*Beef on the bone**	1000.000.000

* N. de T.: contaminação por ingestão de terminações nervosas e medula óssea bovinas, podendo resultar em encefalite espongiforme bovina (BSE).

Tabela 1.5 Risco de doenças transmitidas por alimentos no Reino Unido

	Comunidade		Casos notificados a clínicos gerais		
	Nº de casos[a]	**Taxa/1.000 pessoas por ano**	**Nº de casos**	**Taxa/1.000 pessoas por ano**	**Nº de casos da comunidade/ casos GP**
Bactérias					
Aeromonas spp.	46	12,4	165	1,88	6,7
Bacillus spp. (>104/g)	0	0	4	0,05	–
Campylobacter spp.	32	8,7	354	4,14	2,1
Citotoxinas de *Clostridium difficile*	6	1,6	17	0,20	8,0
Enterotoxinas de *Cl.perfringens*	9	2,4	114	1,30	1,9
E. coli O157	0	0	3	0,03	–
Sondas de DNA de *E. coli*					
Ligação e desaparecimento	20	5,4	119	1,32	4,1
Fracamente aderente	23	6,2	103	1,18	5,3
Enteroagregativa	18	4,9	141	1,62	3,0
Enteroinvasiva	0	0	0	0	–
Enteropatogênica	1	0,27	4	0,05	5,4
Enterotoxigênica	10	2,7	52	0,59	4,6
Verocitoxigênico (não O157)	3	0,82	6	0,06	13,4
Salmonella spp.	8	2,2	146	1,57	1,4
Shigella spp.	1	0,27	23	0,27	1,0
Staphylococcus aureus (> 10^6/g)	1	0,27	10	0,11	2,5
Vibrio spp.	0	0	1	0,01	–
Yersinia spp.	25	6,8	51	0,58	11,7
Protozoários					
Cryptosporidium parvum	3	0,81	39	0,43	1,9
Giardia intestinalis	2	0,54	28	0,28	1,9
Vírus					
Adenovírus do grupo F	11	3,0	81	0,88	3,4
Astrovírus	14	3,8	77	0,86	4,4
Calicivírus	8	2,2	40	0,43	5,1
Rotavírus do grupo A	26	7,1	208	2,30	3,1
Rotavírus do grupo C	2	0,54	6	0,06	8,9
Norovírus	46	12,5	169	1,99	6,3
Micro-organismo não identificado	432	117,3	1.305	14,82	7,9
Total	781	194	8.770[b]	33,1	5,8

[a]Com exceção dos casos que não tiveram acompanhamento conhecido.
[b]O total dos casos é maior do que a soma dos micro-organismos individuais, pois foram casos nos quais não foi realizado exame de amostra de fezes. O total de casos avaliados pelos clínicos gerais inclui aqueles do suporte de enumeração para os quais não houve teste das fezes.
*Fonte: Wheeler et al., 1999, com permissão de BMJ Publishing Group Ltd.

Tabela 1.6 Riscos de doenças transmitidas por alimentos nos Estados Unidos (Mead et al., 1999)

	Enfermidades				Hospitalizações		Mortes	
Doença ou agente	**Total**	**Doenças de origem alimentar**	**% das transmissões das doenças de origem alimentar**	**% do total das doenças de origem alimentar**	**Doenças de origem alimentar**	**% do total das doenças de origem alimentar**	**Doenças de origem alimentar**	**% do total das doenças de origem alimentar**
Bacterianas								
B. cereus	27.360	27.360	100	0,2	8	0,0	0	0,0
Botulismo de origem alimentar	58	58	100	0,0	46	0,1	4	0,2
Brucella spp.	1.554	777	50	0,0	61	0,1	6	0,3
Campylobacter spp.	2.453.926	1.963.141	80	14,2	10.539	17,3	99	5,5
Cl. perfringens	248.520	248.520	100	1,8	41	0,1	7	0,4
E. coli O157:H7	73.480	62.458	85	0,5	1.843	3,0	52	2,9
E. coli não O157 STEC	36.740	31.229	85	0,2	921	1,5	26	1,4
E. coli enterotoxigênica	79.420	55.594	70	0,4	15	0,0	0	0,0
E. coli diarreica	79.420	23.826	30	0,2	6	0,0	0	0,0
L. monocytogenes	2.518	2.493	99	0,0	2.298	3,8	499	27,6
Salmonella Typhi	824	659	80	0,0	494	0,8	3	0,1
Salmonella não tifoide	1.412.498	1.341.873	95	9,7	15.608	25,6	553	30,6
Shigella spp.	448.240	89.648	20	0,6	1.246	2,0	14	0,8
Staphylococcus causador de intoxicação alimentar	185.060	185.060	100	1,3	1.753	2,9	2	0,1
Streptococcus de origem alimentar	50.902	50.920	100	0,4	358	0,6	0	0,0
Vibrio cholerae toxigênico	54	49	90	0,0	17	0,0	0	0,0

(continua)

Tabela 1.6 Riscos de doenças transmitidas por alimentos nos Estados Unidos (Mead et al., 1999) *(continuação)*

		Enfermidades			Hospitalizações		Mortes	
Doença ou agente	**Total**	**Doenças de origem alimentar**	**% das transmissões das doenças de origem alimentar**	**% do total das doenças de origem alimentar**	**Doenças de origem alimentar**	**% do total das doenças de origem alimentar**	**Doenças de origem alimentar**	**% do total das doenças de origem alimentar**
V. vulnificus	94	47	50	0,0	43	0,1	18	1,0
Outros *Vibrio*	7.880	5.122	65	0,0	65	0,1	13	0,7
Yersinia enterocolitica	96.368	86.731	90	0,6	1.105	1,8	2	0,1
Subtotal	5.204.934	4.175.565		30,2	36.466	59,9	1.297	71,7
Parasitas								
Cryptosporidium parvum	300.000	30.000	10	0,2	199	0,3	7	0,4
Cyclospora cayetanensis	16.264	14.638	90	0,1	15	0,0	0	0,0
G. lamblia	2.000.000	200.000	10	1,4	500	0,8	1	0,1
Toxoplasma gondii	225.000	112.500	50	0,8	2.500	4,1	375	20,7
Trichinella spiralis	52	52	100	0,0	4	0,0	0	0,0
Subtotal	2.541.316	357.190		2,6	3.219	5,3	383	21,2
Vírus								
Norovírus	23.000.000	9.200.000	40	66,6	20.000	32,9	124	6,9
Rotavírus	3.900.000	39.000	1	0,3	500	0,8	0	0,0
Astrovírus	3.900.000	39.000	1	0,3	125	0,2	0	0,0
Hepatite A	83.391	4.170	5	0,0	90	0,9	4	0,2
Subtotal	30.883.391	9.282.170		67,2	21.167	34,8	129	7,1
Total	38.629.641	13.814.924		100,0	60.854	100,0	1.809	100,0

como a *Salmonella,* e, no final dos anos 1990, a principal causa de preocupação consistia na ligação entre a "doença da vaca louca" e a variante CJD e também (em especial na Europa) a biotecnoclogia de alimentos. Dessa forma, o público atualmente está bastante ciente das "toxinfecções alimentares", e as pessoas se tornaram críticas e temerosas em relação aos novos métodos de produção.

A atenção adversa do público às indústrias de alimentos leva à desconfiança. Esta precaução foi embasada por numerosas publicações acerca de toxinfecções alimentares ou devido ao "pânico dos alimentos", que custaram verdadeiras fortunas às indústrias de alimentos; ver Tabela 1.7.

Além de precisar produzir alimentos que sejam seguros ao serem consumidos, a indústria de alimentos ainda deve produzi-los de forma que tenham a qualidade esperada pelo consumidor. Entretanto, como já foi citado, a expressão "alimentos seguros" é relativa, tendo diferentes significados para diferentes pessoas e não indica necessariamente "risco zero". Portanto, o gerencimento e a comunicação de riscos são importantes para as indústrias de alimentos, conforme descrito no Capítulo 9. A abordagem de "risco zero" não é factível; por exemplo, o controle de patógenos de origem alimentar requer a utilização de conservantes (os quais têm riscos toxicológicos) ou tratamentos térmicos (com a possível produção de carcinogênicos). O conceito de um "limite" significa que existe um ponto abaixo do qual o risco é inexistente ou negligenciável. Na microbiologia médica (e consequentemente na de alimentos), a "dose infectante mínima" tem sido o "limite". Todavia, esse conceito tem sido revisado na avaliação de riscos microbiológicos para estimar a probabilidade calculada de infecção (P_i) por uma única célula (Cap. 9; Vose, 1998).

Novos produtos e métodos alternativos de processamento têm sido desenvolvidos. Cada novo desenvolvimento precisa ter suas possíveis consequências, intencionais ou não, consideradas no âmbito da cadeia alimentar. Algumas dessas tecnologias reduzem ou eliminam os perigos microbiológicos, enquanto outras podem levar à ocorrência de um novo patógeno. Na implementação do APPCC em novos processos, a análise de perigos precisa ser ampla o suficiente para considerar os micro-organismos associados, bem como as condições intrínsecas e extrínsecas que possam afetar a multiplicação microbiana e a produção de toxinas. Há um aumento no mercado de alimentos "orgânicos". Isso está parcialmente ligado à percepção dos consumidores sobre o maior valor nutricional e às alternativas mais seguras de produção, o que não é necessariamente verdade. Estrume de vaca pode conter *Salmonella* e *E. coli* O157:H7, e surtos relacionados a produtos orgânicos têm ocorrido.

Embora as indústrias e os órgãos reguladores trabalhem para produzir sistemas de processamentos que garantam que todos os alimentos sejam seguros e saudáveis, a isenção completa dos riscos é um objetivo inatingível. A segurança e a saúde estão relacionadas a níveis de risco que a sociedade considera razoáveis em comparação com outros riscos da vida cotidiana. Considerar as toxinfecções alimentares nesse contexto não é uma tarefa fácil devido à grande quantidade de publicidade que isso poderia gerar em alguns países. Pode-se observar na Tabela 1.4

Tabela 1.7 Exemplos dos maiores surtos no mundo causados por água e alimentos contaminados

Ano	Local	Descrição
1964	Aberdeen, Escócia	*S.* Typhi em carne da Argentina; 507 casos, 3 mortes
1981	Espanha	Óleo de fritura tóxico, com 800 mortos e 20 mil doentes (WHO, 1984)
1985	Estados Unidos	Leite pasteurizado contaminado *S.* Typhimurium, levando a 170 mil infecções (Ryan et al., 1987)
1986	Chernobil, antiga USSR	Acidente de Chernobil levou a uma contaminação subsequente de áreas extensas da Europa Ocidental, contaminando alimentos com radionuclídeos
1986	Birmingham, Reino Unido	*Salmonella* em salmão enlatado, 2 mortes
1990	Estados Unidos	Água com gás engarrafada contaminada com benzeno (mais de 22 ppb). Mais de 160 milhões de garrafas d'água foram recolhidas no mundo todo, com custo estimado de 263 milhões de dólares
1991	Xangai, China	Hepatite A em 300 mil pessoas, por meio de mexilhões contaminados (Halliday et al., 1991).
1992-1993	Washington, Idaho, Califórnia e Nevada, EUA	Mais de 500 casos de *E. coli* O157:H7
1993	Estados Unidos	*Cryptosporidium* em água potável; 403 mil casos
1994	41 estados dos Estados Unidos	*S.* Enteritidis em sorvetes, levando a 224 mil casos (Hennesy et al., 1996)
1996	Japão	Cerca de 10 mil crianças infectadas (11 mortes) com *E. coli* O157:H7 por meio de broto de rabanete contaminado servido na merenda escolar (Mermin e Griffin, 1999)
1998	Índia	Óleo de sementes de mostarda tóxico levou a numerosas mortes
1999	Bélgica	Dioxinas encontradas em frangos levaram a uma ruptura extensa do mercado e a perdas de centenas de milhares de euros
1999-2000	França	*L. monocytogenes* 4b em geleia de língua de porco
2000	Japão	*S. aureus* em leite em pó
2000	Reino Unido	BSE-vCJD custou ao Reino Unido mais de 6 bilhões de dólares, não incluindo as perdas de empregos. A exportação de carne suína produzida no Reino Unido em 2000 caiu 99% desde 1995. A Europa Continental verificou uma queda na venda de carnes
2005	Espanha	2.138 casos de gastrenterite causada por *S.* Hadar devido a uma marca de frango assado pré-cozido e embalado a vácuo
2005	Dinamarca	Dois surtos de norovírus devido a framboesas congeladas importadas da Polônia. O primeiro envolveu 272 pacientes e empregados de um hospital, e o outro, pelo menos 289 pacientes que receberam refeições da mesma empresa de alimentos e que passavam por cuidados médicos em casa
2006	Seul, Coréia do Sul	Mais de 1.700 crianças infectadas com norovírus, por meio da merenda escolar
2006	Reino Unido	Contaminação de chocolate no Reino Unido com *S.* Montevideo. Vinte milhões de libras foram perdidas pela companhia
2008	Estados Unidos	Mais de mil infecções por *S.* St. Paul por meio de pimenta jalapeños e tomates.
2008	Canadá	28 casos de listeriose, com 1 morte, envolvendo grávidas e bebês prematuros, ligados a vários tipos de queijos. Doze mortes, em mais de 38 casos, ligadas a derivados de carne
2008	China	Melamina em produtos lácteos; mais de 50 mil doentes e mais de 4 mortes

que o risco de morrer devido a uma toxinfecção alimentar é quase o mesmo de um pedestre ser atropelado por um carro e morrer. Entretanto, esses incidentes trágicos ocorrem com indivíduos e recebem apenas algumas linhas dos jornais, enquanto a ocorrência de surtos envolvendo um grande número de pessoas é mais "significativa" para a mídia.

O aumento de casos de "toxinfecções alimentares" tem sido comentado com frequência pela mídia. Entretanto, esse aumento deve ser analisado com cuidado, pois refere-se ao número de casos de gastrenterite que foram investigados e cujos agentes causadores foram identificados. Nem todos esses casos podem ter sido causados por alimentos, e um aumento na preocupação pública pode aumentar o número de pessoas que procuram atendimento médico. Além disso, a melhora dos métodos de detecção pode, com o tempo, "aumentar" o número de casos identificados. De fato, em toda Europa e nos Estados Unidos, o número de casos informados de gastrenterite tem diminuído (Anon., 1999b). Em 2005, o Centro de Prevenção e Controle de Doenças (CDC – Centers for Diseases Control and Prevention) demonstrou que os patógenos, os parasitas e outras bactérias mais comumente associados a doenças de origem alimentar estão em declínio ou, pelo menos, não têm uma incidência crescente. As infecções causadas por *E. coli* O157:H7 decresceram cerca 36% em apenas 1 ano. De forma similar, o número de infecções causadas por *Campylobacter, Salmonella, Yersinia e Cryptosporidium* caíram em torno de 28, 17, 51 e 49%, respectivamente, em um período de oito anos de vigilância. Todavia, essa tendência não mudou de forma significativa nos três anos seguintes (FoodNet, 2009). A Figura 1.3 mostra a tendência em 20 anos de casos de *Campylobacter* e *Salmonella* notificados na Inglaterra e no País de Gales. Pode ser observado o declínio nos casos de *Salmonella* desde 1997. Conforme citado na Seção 1.3, estudos-sentinelas indicam que a verdadeira incidência de gastrenterite pode ser em torno de 20%, pois são doenças brandas e, assim, não são percebidas ou relatadas. Possivelmente devido às mudanças dos hábitos alimentares, existe uma sazonalidade evidenciada nas incidências de toxinfecções de origem alimentar causadas por patógenos como *Salmonella* e *Campylobacter*. A Figura 1.4 demonstra que o pico de incidências ocorre nos meses de verão. Em geral, os picos de *Campylobacter* ocorrem um ou dois meses antes dos de *Salmonella*.

1.5 Fatores relacionados ao hospedeiro

Nas últimas décadas, estão diminuindo significativamente os dias em que os alimentos são produzidos, processados, distribuídos e consumidos em um mesmo local. As cadeias alimentares regionais, nacionais e globais têm requerido mudanças paralelas na ciência e tecnologia de alimentos, incluindo a conservação. Ao mesmo tempo, têm ocorrido mudanças sociais em razão do aumento do número de refeições consumidas fora de casa e também devido ao aumento da expectativa de vida da população. A exposição pública aos patógenos de origem alimentar pode se alterar de acordo com as mudanças no processamento (p. ex., a exposição ao BSE), nos padrões de consu-

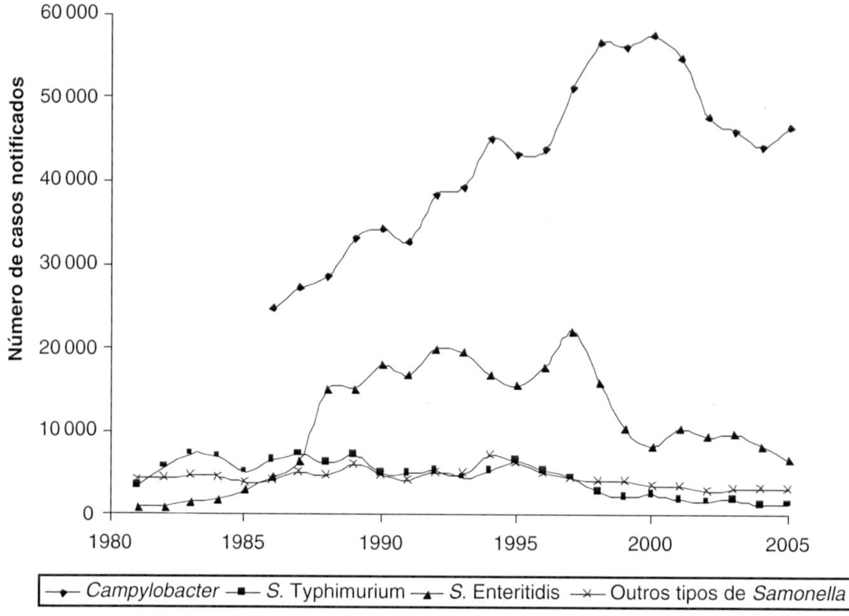

Figura 1.3 Tendência em 20 anos de casos de *Campylobacter* e *Salmonella* notificados na Inglaterra e no País de Gales (fonte de dados: *site* da HPA).

mo e na globalização da cadeia de suprimentos alimentares. Muitos fatores de risco influenciam a suscetibilidade do hospedeiro em relação às infecções (Cap. 9). Esses fatores podem ser os seguintes:

- *Em relação aos patógenos*: dose ingerida, virulência
- *Em relação aos hospedeiros*: idade, estado imunológico, higiene pessoal, suscetibilidade genética
- *Em relação à dieta*: deficiências nutricionais, ingestão de gorduras ou alimentos tamponados

A demanda do consumidor por alimentos menos processados e com menos aditivos significa que o processador desses alimentos tem menos possibilidades de escolha quanto aos métodos de conservação (Zink, 1997). Porém, se o consumidor também espera uma vida de prateleira maior, isso pode levar a problemas com bactérias patógenas psicotróficas, como *Listeria, Yersinia* e *Aeromonas* (a vácuo). Dessa forma, os processadores de alimentos estão investigando novas tecnologias de conservação: altas pressões, aquecimento ôhmico e campo de pulsos elétricos (Cap. 3).

Comer fora de casa é a maior tendência dos últimos anos. Muitas dessas refeições requerem uma extensiva manipulação e/ou alimentos refrigerados que não sao cozidos antes do consumo. Em consequência, isso tem gerado um grande número de pessoas manipulando os alimentos e, assim, um aumento potencial na transmis-

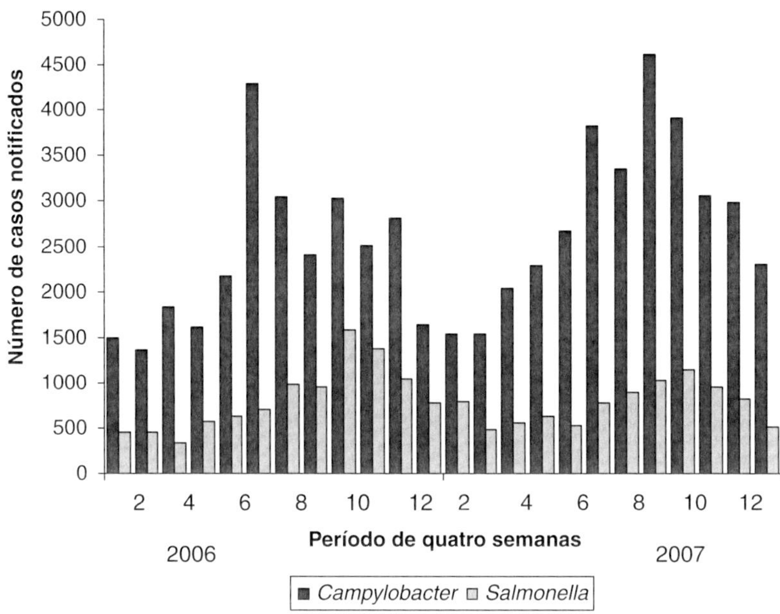

Figura 1.4 Tendência sazonal de casos notificados de infecções entéricas causadas por *Campylobacter* e *Salmonella* entre 2006-2007 na Inglaterra e no País de Gales (fonte de dados: *site* da HPA).

são de doenças de origem alimentar aos consumidores. Isso é plausível porque, uma vez que as pessoas passam cada vez menos tempo preparando suas refeições diárias, possuem menos conhecimento sobre a preparação de alimentos seguros. Diversos estudos têm documentado um aumento da falta de conhecimento sobre a preparação de alimentos caseiros e seguros ou a respeito de práticas de conservação, higiene pessoal, limpeza de utensílios e da temperatura correta de armazenamento.

O sistema imunológico pode estar comprometido ou não totalmente desenvolvido em bebês recém-nascidos, pessoas muito jovens, grávidas, pessoas que estão usando medicações ou doentes (p. ex., aids) e idosos. Os efeitos das infecções de origem alimentar e as taxas de mortalidade são 10 vezes maiores nos indivíduos dessas parcelas da população. As crianças pequenas estão mais predispostas do que os adultos a desenvolver doenças causadas por determinados patógenos (Fig. 1.1). Fatores socioeconômicos afetam a vulnerabilidade. Por exemplo, em países desenvolvidos, a taxa de mortalidade devido a febre tifoide é maior em indivíduos com mais de 55 anos. Entretanto, em países em desenvolvimento, os riscos mais altos de complicações e mortes são de crianças menores de 1 ano e de adultos com mais de 31 anos (Gerba et al., 1996).

Mulheres durante a gravidez têm o sistema imunológico reprimido para reduzir a rejeição ao feto. Como consequência, as grávidas têm mais chances de contrair toxinfecções causadas por *Listeria monocytogenes* do que a população em geral. Infecções nos fetos ou nos recém-nascidos de mães infectadas podem ser de extrema gravidade, resultando em aborto, natimorto ou em um bebê gravemente doente que pode apresentar listeriose mais cedo (taxa de mortalidade de 15 a 50%) ou mais tarde (taxa de mortalidade de 10 a 20%) (Farber e Peterkin, 1991, Farber et al., 1996). Os neonatos são particularmente suscetíveis a infecções causadas por enterovírus como coxsackie B e echovírus (Gerba et al., 1996).

Infecções nos hospedeiros imunocomprometidos (com exceção das grávidas) constituem um novo e sério problema relacionado aos alimentos seguros. Avanços nos tratamentos médicos têm resultado em um aumento do número de pacientes imunossuprimidos (p. ex., casos de câncer e de transplante de órgãos) e de portadores de doenças crônicas graves, os quais apresentam maior risco diante das infecções de origem alimentar e/ou desenvolvem enfermidades ainda mais graves. Obviamente, é facil patógenos entéricos causarem infecções generalizadas persistentes em um hospedeiro imunocomprometido. A maioria dos pacientes com aids (50 a 90%) sofre de doenças diarreicas crônicas que podem ser fatais (Morris e Potter, 1997).

A proporção de pessoas idosas tem aumentado na população. Foi previsto que, nos Estados Unidos, um quinto da população terá mais de 65 anos em 2030. A crescente suscetibilidade dos idosos pode ser causada por uma variedade de fatores fisiológicos, como o envelhecimento do tecido linfoide do intestino e/ou o decréscimo da secreção ácida gástrica, assim reduzindo as barreiras naturais aos patógenos gastrintestinais. Além disso, o sistema imunológico dos idosos está, muitas vezes, enfraquecido em razão de doenças crônicas. A incidência de salmonelose, enterite por *Campylobacter* ou *E. coli* O157:H7 parece ser mais comum nessa faixa etária. Estudos epidemiológicos têm demonstrado que os idosos apresentam taxa de mortalidade maior que a população em geral; por exemplo, 3,8 *versus* 0,1% para a *Salmonella*, 11,8 *versus* 0,2% para *E. coli* O157:H7 e 1 *versus* 0,01% para rotavírus (Gerba et al., 1996).

Em escala global, é provável que a principal causa do aumento da suscetibilidade às doenças de origem alimentar seja a desnutrição. Em países em desenvolvimento, a desnutrição afeta cerca de 800 milhões de pessoas. A região com o maior número absoluto de afetados é a Ásia (524 milhões), e a região com a maior população afetada é a África (28%). Em alguns países, esse percentual pode ser acima de 30%. A desnutrição desempenha esse papel porque enfraquece e reduz a integridade do epitélio intestinal e a imunidade celular. Ela aumenta em 30 vezes o risco de diarreia associada à morte (Morris e Potter, 1997).

1.6 A hipótese da higiene

A melhora no atendimento médico, nas condições de moradia e da higiene tem refletido na qualidade e no aumento da vida, quando as mesmas condições de 100 anos atrás são comparadas. No Reino Unido, menos de oito crianças em cada 1.000 morrem antes do primeiro ano de vida; enquanto em 1921, essa taxa era de 80/1.000. Além disso, a expectativa de vida para os homens é de 75 a 80 anos, enquanto em 1850, dependendo das condições de vida, era de 18 a 50. Existe a possibilidade de que a redução da exposição às bactérias esteja resultando no aumento de doenças como alergias e asma nos últimos 20 anos. A "hipótese da higiene" propõe que os sistemas imunológicos necessitam de desafios frequentes, o que acaba não ocorrendo em ambientes "muito limpos". Enquanto o aumento das alergias e da asma, nas últimas décadas, é real, as razões alternativas incluem a melhora nos diagnósticos e o aumento na exposição a diversos alergênicos. Atualmente, estudos epidemiológicos da hipótese da higiene são contraditórios. Um refinamento dessa hipótese é que a exposição a certos micro-organismos, como as micobactérias, durante a infância, tem efeito protetor contra certos alergênicos.

Se a hipótese da higiene for verdadeira, então será importante assegurar que nosso sistema imunológico seja apropriadamente desafiado pela exposição a organismos não patógenos e evitar doenças atópicas, sem reduzir nossa proteção contra doenças infecciosas.

Dessa forma, medidas de higiene precisam ser direcionadas para onde e quando forem mais importantes.

1.7 O tamanho do problema das doenças de origem alimentar

Por muitos anos, a OMS vem estimulando os estados-membros a quantificar a carga e as causas das doenças de origem alimentar. Embora haja um grande número estimado dessas doenças, isso ocorre sobretudo nos países desenvolvidos. Em várias partes do mundo, os dados de tais estimativas são completamente falhos. Em 2007, a OMS estabeleceu o Grupo de Referência em Epidemiologia de Doenças de Origem Alimentar (FERG – Foodborne Disease Burden Epidemiology Reference Group), o qual trabalha com a estimativa da quantidade das doenças com essa origem; ver a Seção 11.2. Vale a pena salientar que, na Europa, o número de casos de toxinfecções alimentares vem diminuindo, nos últimos anos, para todos os patógenos de origem alimentar, com exceção do *C. jejuni* (Anon., 1999b; FoodNet, 2009).

As enfermidades de origem alimentar ocorrem quando o indivíduo contrai uma doença, após a ingestão de alimentos contaminados com micro-organismos ou toxinas. Os sintomas mais comuns dessas doenças incluem dor de estômago, náusea, vômitos, diarreia e febre. Sabe-se que apenas um pequeno número de casos é notificado aos órgãos de inspeção de alimentos, de controle e às agências de saúde. Isso se deve, em parte, ao fato de que muitos patógenos presentes em alimentos causam sintomas brandos, e as vítimas não buscam auxílio médico. Portanto, o número de casos notificados pode ser definido como a "ponta do *iceberg*", tendo em vista o número real de toxinfecções causadas por alimentos (Fig. 1.5). Recentemente, nos Estados Unidos, na Inglaterra e na Holanda, foram realizados estudos para estimar a proporção dos casos que não foram registrados e, dessa forma, obter um quadro mais acurado dos números

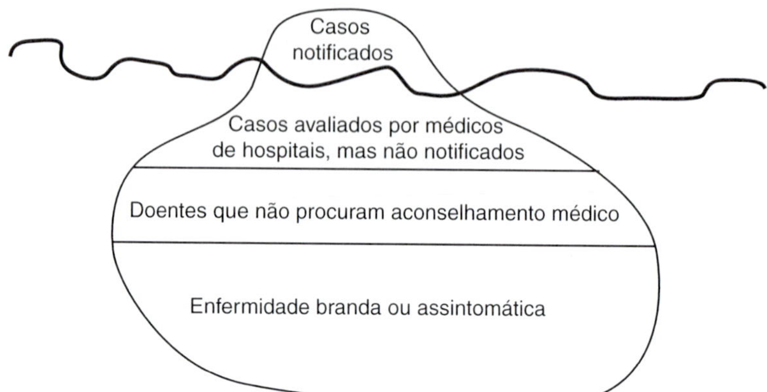

Figura 1.5 Pirâmide que ilustra a notificação dos casos: ponta do *iceberg*.

de toxinfecções causadas por alimentos. A Tabela 1.8 demonstra a proporção dos casos não notificados nos Estados Unidos.

Mead e colaboradores (1999) relataram que o total das principais doenças de origem alimentar causou, por ano, aproximadamente 76 milhões de casos, 323 mil hospitalizações e 5 mil mortes nos Estados Unidos (Tab. 1.6). Três patógenos (*Salmonella, Listeria* e *Toxoplasma*) foram responsáveis por 1.500 mortes por ano, significando mais de 75% do total causado pelos patógenos conhecidos. Os agentes desconhecidos causaram enfermidades em 62 milhões de pessoas, 265 mil hospitalizações e 3.200 mortes. Considerando uma população de 270 milhões e 299 mil pessoas (US Census Bureau, 1998), isso significa que 28% da população sofreu toxinfecções causadas por alimentos a cada ano, e 0,1% foi hospitalizada pela mesma causa. Desde 1995, a FoodNet, nos Estados Unidos, tem reunido dados provenientes de 10% da população (Seção 1.12.2). Especificamente para infecções não tifoides causadas por *Salmonella*, Voetsh e colaboradores (2004) relataram que, durante o mesmo período (1996-1999), houve 15.000 hospitalizações e 400 mortes por ano.

Os dados provenientes das pesquisas nos Estados Unidos podem ser comparados a um recente estudo-sentinela realizado na Inglaterra (Tab. 1.5; Wheeler et al., 1999 Sethi et al.,1999; e Tompkins et al., 1999). Ele foi elaborado para estimar com mais precisão a incidência de contaminação de alimentos naquele país. O estudo estimou toda a extensão dos casos não notificados e constatou que, para cada caso detectado em laboratórios de vigilância, existem mais 136 casos na comunidade (Fig. 1.6). Dessa forma, a escala de doenças relacionadas a infecção intestinal, na Inglaterra, foi estimada em 9,4 milhões de casos anualmente e 1,5 milhão de casos apresentados aos médicos em geral. Os casos não notificados para organismos individuais variam em relação à gravidade da doença: *Salmonella* (3,2:1) e *Campylobacter* (7,6:1) comparados com rotavírus (35,1:1) e norovírus (cerca de 1.562:1), respectivamente. Esses valores de casos não notificados diferem daqueles registrados nos Estados Unidos (Tab. 1.8). No entanto, o impacto total das doenças de origem alimentar na popula-

Tabela 1.8 Casos não notificados de doenças causadas por patógenos de origem alimentar nos Estados Unidos (Mead et al., 1999; Tauxe, 2002)

Micro-organismos	Fator de não notificação	Infecções estimadas (1997)
Patógenos bacterianos		
Campylobacter spp.	38	1.963.000
Salmonella spp. não tifoide	38	1.342.000
Cl. perfringens	38	249.000
St. aureus	38	185.000
E. coli O157:H7	20	92.000
STEC (VTEC) e outros diferentes de O157	A metade da frequência dos casos de *E. coli* O157:H7	Combinado
Shigella spp.	20	90.000
Y. enterocolitica	38	87.000
E. coli enterotoxigênica (ETEC)	10	56.000
Streptococcus Grupo A	38	51.000
B. cereus	38	27.000
E.coli causadora de diarreia	O mesmo que as ETECs	23.000
Vibrio spp. diferentes dos já citados	20	5.000
L. monocytogenes	2	2.000
Brucella spp.	14	777
S. typhi	2	659
Vibrio cholerae O1 ou O139	2	49
V. vulnificus	2	47
Cl. botulinum	2	56
Parasitas patogênicos		
G. lamblia	20	200.000
Tox. gondii	7	112.000
Cry. parvum	45	30.000
Cyc. cayetanensis	38	14.000
Tri. spiralis	2	52
Patógenos virais		
Norovírus	11% do total de gastrenterite primária grave	9.200.000
Rotavírus	Dados não fornecidos (número de casos considerados como iguais à coorte de nascimentos)	39.000
Astrovírus	Dados não fornecidos (número de casos considerados como iguais à coorte de nascimentos)	39.000
Hepatite A	3	4.000

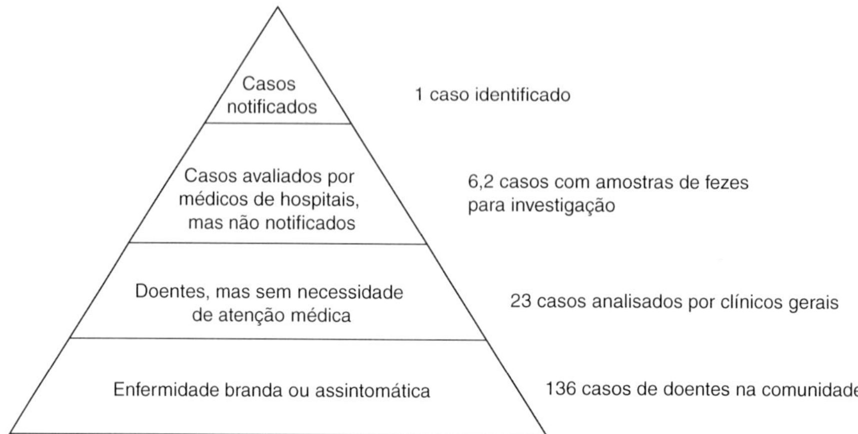

Figura 1.6 Pirâmide que ilustra os casos não notificados (dados provenientes de Wheeler et al., 1999).

ção geral da Inglaterra é de 20% a cada ano. Essa proporção é similar à estimativa de 28% nos Estados Unidos. Na Inglaterra, os micro-organismos detectados com maior frequência em doenças de infecção intestinal são *Campylobacter* spp. (12,2% das fezes testadas), rotavírus do grupo A (7,7%) e pequenos vírus de estrutura circular (6,5%). Nenhum patógeno ou qualquer toxina foram detectados em 45,1 a 63,1% dos casos. Surpreendentemente, *Aeromonas* spp., *Yersinia* spp. e alguns grupos enteropatogênicos de *E. coli* foram detectados na mesma proporção em controles e nos casos.

É evidente que as causas das gastrenterites variam de acordo com a idade das pessoas que as contraem (Fig. 1.1). As doenças causadas por SRSV, as caliciviroses e as rotaviroses provocam a maioria das gastrenterites em crianças com menos de quatro anos, enquanto as gastrenterites bacterianas (ocasionadas por *Campylobacter* e *Salmonella* spp.) ocorrem com maior frequência em pessoas de outras idades. A Figura 1.2 demonstra que os homens sofrem mais de gastrenterite do que as mulheres, exceto para um grupo de idade (> 74 anos, talvez devido ao menor número de homens do que de mulheres nesta faixa). Uma possível razão para essa diferença é o fato de que os homens lavam menos as mãos do que as mulheres (33% em comparação com 66% das mulheres, com uma média de 47 segundos *versus* 79 segundos, respectivamente) após ir ao banheiro.

Helms e colaboradores (2003) compararam as taxas de mortalidade de 48.857 casos de gastrenterite infecciosa com 487.138 controles da população em geral. Nesse estudo, eles consideraram taxas de mortalidade durante períodos de tempo mais longos do que os estudos normais (<30 dias) e também levaram em conta as enfermidades coexistentes. Este grande estudo demonstrou que 2,2% das pessoas com infecções gastrintestinais morreram 1 ano após a infecção, comparadas com 0,7% dos controles. A mortalidade relativa em 30 dias de infecção foi maior para *Salmonella, Campylobacter, Y. enterocolitica* e *Shigella*. Esses micro-organismos também foram associados com o aumento das taxas de mortalidade após 30 dias de infecção.

1.8 Sequelas crônicas devido às doenças de origem alimentar

O potencial das doenças de origem alimentar causarem sequelas crônicas (complicações secundárias) foi recentemente reconhecido de acordo com a variabilidade da resposta humana (Tab. 1.9). Estimou-se que as sequelas crônicas ocorrem em 2 a 3% dos casos de doenças de origem alimentar e podem durar semanas ou meses. Essas sequelas podem ser mais graves do que a doença original e resultar em incapacitação por longo prazo ou até na morte (Bunning et al., 1997, Lindsay, 1997). As evidências de que micro-organismos estejam envolvidos nas sequelas crônicas não são sempre claras, pois as complicações crônicas são pouco suscetíveis a serem ligadas epidemiologicamente às doenças de origem alimentar. Uma avaliação das sequelas crônicas é necessária para que se tenha a completa apreciação econômica das consequências das doenças de origem alimentar.

O sintoma principal das toxinfecções alimentares é a diarreia, a qual pode levar a anorexia e má absorção. Casos graves de diarreia podem durar meses ou anos e ter como causa infecções entéricas originadas por *C. jejuni*, *Citrobacter*, *Enterobacter* ou *Klebsiella*. Como resultado, a permeabilidade da parede intestinal torna-se alterada e absorve quantidades significativas de proteínas indesejáveis que podem induzir atropia. Os patógenos de origem alimentar podem interagir com o sistema imune do hospedeiro para iludir ou alterar o processo imunológico que pode consequentemente induzir a uma doença crônica. Além disso, a suscetibilidade genética do hospedeiro pode predispor os humanos a alguns tipos de infecções.

Tabela 1.9 Sequelas crônicas consequentes a infecções de origem alimentar (Lindsay, 1997; Mossel et al., 1995)

Doença	Complicação associada
Brucelose	Aortite, orquite, meningite, pericardite, espondilite
Campylobacteriose	Artrite, cardite, colecistite, colite, endocardite, eritema nodoso, síndrome de Guillain-Barré, síndrome hemolítica urêmica, meningite, pancreatite, septicemia, artrite reativa, síndrome do intestino irritável
Infecções causadas por *E. coli* (dos tipos EPEC e EHEC)	Eritema nodoso, síndrome hemolítica urêmica, artopatia seronegativa
Listeriose	Meningite, endocardite, osteomielite, abortos e natimortos, morto
Salmonelose	Aortite, colecistite, colite, endocardite, orquite, meningite, miocardite, osteomielite, pancreatite, Síndrome de Reiter, síndromes reumatoides, septicemia, abscesso esplênico, tireoidite, síndrome do intestino irritável
Shigelose	Eritema nodoso, síndrome hemolítica urêmica, neuropatias periféricas, pneumonia, Síndrome de Reiter, septicemia, abscesso esplênico, sinovite
Taeníase	Artrite, epilepsia
Toxoplasmose	Malformação fetal, cegueira congênita
Yersinose	Artrite, colangite, eritema nodoso, abscessos no fígado e esplênicos, linfadenite, pneumonia, Síndrome de Reiter, septicemia, espondilite, Doença de Still

As infecções de particular importância são:

1. Síndrome de Guillain-Barré (*C. jejuni*, Seção 4.3.1)
2. Artrite reativa e Síndrome de Reiter (sorovares de *Salmonella*, Seção 4.3.2)
3. Síndrome hemolítica urêmica (*E. coli* O157:H7, Seção 4.3.3)

As sequelas crônicas menos estudadas são:

1. Gastrite crônica devido a *Helicobacter pylori*.
2. Doença de Crohn e colite ulcerativa possivelmente causadas por *Mycobacterium paratuberculosis*.
3. Distúrbios gastrintestinais e nutricionais de longo prazo após infecções causadas por *C. jejuni, Citrobacter, Enterobacter* e *Klebsiella*.
4. Anemia hemolítica devido a *Campylobacter* e *Yersinia*.
5. Doenças vasculares e do coração causadas por *E. coli*.
6. Ateroesclerose consequente a infecção causada por *S.* Typhimurium.
7. Mudanças de personalidade causadas por toxoplasmose.
8. Doença de Graves (doença autoimune) resultante de anticorpos ao receptor de tirotropina após infecção por *Y. enterocolitica* serovar O:3.
9. Hipotireoidismo grave devido a infecção causada por *Giardia lamblia*.
10. Doença de Crohn possivelmente causada por *M. paratuberculosis* (causador da doença de Johne em ruminantes) por meio de leite pasteurizado. Outras bactérias causadoras podem ser *L. monocytogenes*, *E. coli* e espécies de *Streptococcus*.
11. Indução viral de distúrbios autoimunes, como a infecção do vírus da hepatite A, causando hepatite aguda com icterícia em adultos. É provável que isso se deva à mimicria molecular.
12. As micotoxinas têm uma escala de toxicidade aguda, subaguda e crônica, uma vez que algumas delas são carcinogênicas, mutagênicas e até teratogênicas (Seção 4.7).

1.9 Mudanças na resistência aos antibióticos

Muitas espécies bacterianas podem desenvolver resistência aos antibióticos aos quais são expostas devido ao uso em áreas clínicas e veterinárias. Isso ocorre pelos seguintes fatores:

- Mutação aleatória com consequente seleção positiva de mutantes resistentes aos antibióticos, como ocorre com a resistência do *C. jejuni* a fluoroquinolona.
- Mobilização, incluindo a transferência horizontal de genes de resistência, como ocorre com os enterococci resistentes à vancomicina.
- Disseminação de cepas que desenvolveram resistência prévia, como *S.* Typhimurium DT104.

A *Salmonella* e o *Campylobacter* têm aumentado suas resistências aos antibióticos clinicamente importantes até um grau considerado perturbador. A resistência a fluoroquinolona tem sido verificada em *C. jejuni*, com um aumento da resistência a ciprofloxacina (um antibiótico bastante importante). É possível que a origem da resistência aos antibióticos seja a utilização veterinária da enrofloxacina (um tipo de fluoroquinolona). Esse antibiótico pode ser usado, ainda, para reduzir os portadores de *Salmonella* spp. Ele também reduz a flora intestinal, aumentando, desse modo, a absorção de nutrientes, uma vez que as células epiteliais estarão menos inflamadas, agindo, portanto, como um promotor de crescimento. Seu uso sistemático pode ter imposto pressão seletiva na flora microbiana, resultando na seleção de micro-organismos mutantes na DNA girase (gyrA).

Uma tipificação molecular revelou que há uma associação entre cepas resistentes de *C. jejuni* provenientes de produtos de frango e cepas de *C. jejuni* provenientes de campylobacterioses em humanos (Jacobs-Reitsma et al., 1994; Smith et al., 1999). Outra associação é o tratamento com fluoroquinolona e viagens ao exterior. Uma avaliação dos Riscos Microbiológicos de *C. jejuni* resistentes a fluoroquinolona foi publicado na internet e é revisado na Seção 10.2.4.

Uma cepa de *S.* Typhimurium DT104 resistente a ampicilina, cloranfenicol, estreptomicina, sulfonamidas e tetraciclinas (tipo R ACSSuT) foi isolada em 1984 e parece ser altamente clonável. É provável que os genes tenham sido adquiridos por transferência horizontal de genes; mais tarde a cepa teve disseminação devido ao uso de antibióticos veterinários. Esse micro-organismo foi isolado de carne bovina, de aves, de ovinos, de suínos e de equinos. As terapias com antibióticos são realizadas de forma extensiva para o combate de infecções causadas por *S.* Typhimurium em animais, e a evolução de cepas resistentes aos antibióticos mais comumente utilizados têm causado infecções com *S.* Typhimurium em alimentos difíceis de controlar, provenientes de animais. A principal rota pela qual os humanos contraem infecções é o consumo de grande quantidade de alimentos de origem animal contaminados.

A Tabela 1.10 mostra o aumento significativo na resistência da *S.* Typhimurium ao DT104, isolada entre 1990 e 1996, na Inglaterra e no País de Gales. Além da resistência aos antibióticos do tipo ACSSuT, muitos isolados são resistentes, ainda, a trimetoprima e ciprofloxacina. A resistência a ciprofloxacina tem sido notada com maior frequência em *S.* Hadar (39,6%), comparada com outras cepas de *Salmonella*.

Tabela 1.10 Mudança na resistência aos antibióticos

Antibióticos	1990	1991	1992	1993	1994	1995	1996
Ampicilina	37a	50	72	85	88	90	95
Cloranfenicol	32	49	60	83	87	89	94
Estreptomicina	38	52	75	85	92	97	97
Sulfonamida	37	53	76	86	93	90	97
Tetraciclina	36	50	74	83	88	90	97
Trimetoprima	0,4	3	3	2	13	30	24
Ciprofloxacina	0	0	0,2	0	1	7	14

[a]Percentagem de resistência.

Muitos países estão monitorando a ocorrência de resistência aos antimicrobianos e estabelecendo diretrizes (tanto de maneira voluntária como compulsória) para controlar seu aumento (Bower e Daeschel, 1999). Na Europa, muitos esforços têm sido concentrados para controlar a resistência microbiana aos antibióticos (Eurosurveillance 2008). Na década de 1960, a Dinamarca foi o primeiro país europeu a tentar controlar a resistência de *S. aureus* à meticilina, e reduziu a utilização de antibióticos em 32% desde 1999.

1.10 O custo das doenças de origem alimentar

Diversos países estimaram as consequências econômicas das doenças de origem alimentar. Esses custos incluem:

- Perda de renda dos indivíduos afetados
- Custos com cuidados médicos
- Perda de produtividade devido a absentismo
- Custos das investigações de surtos
- Perda de renda em razão de fechamento de negócios
- Perdas de vendas quando os consumidores evitam produtos em particular

É bastante claro que as enfermidades de origem alimentar têm implicações consideráveis na economia de um país. As estimativas apresentadas a seguir são para países em desenvolvimento, nos quais o problema de doenças diarreicas é bem maior e, portanto, a carga econômica das doenças de origem alimentar deve ser ainda mais acentuada.

Na Inglaterra e no País de Gales, em 1991, aproximadamente 23 mil casos de salmoneloses foram responsáveis por custos estimados entre 40 e 50 milhões de libras (Sockett, 1991). Mais tarde, Roberts (1996) estimou que os valores médicos e de vidas perdidas em razão das doenças de origem alimentar, na Inglaterra e no País de Gales, foram de 300 a 700 milhões de libras por ano. Na Austrália, o custo estimado de 11.500 casos de toxinfecção alimentar foi de 2,6 bilhões de dólares australianos por ano (ANZFA, 1999). Estimativas menos recentes para o Canadá são de 1,3 bilhões de dólares devido aos patógenos de origem alimentar (Todd, 1989a). O programa sueco para frangos livres de *Salmonella* custou cerca de 8 milhões de dólares por ano, porém economiza um valor estimado de 28 milhões de dólares por ano em custos médicos. O custo das infecções causadas por *Campylobacter*, nos Estados Unidos, foram estimados em 1,5 a 8 bilhões de dólares. Segundo a FDA, o impacto econômico total das doenças de origem alimentar é de uma perda de 5 a 17 bilhões de dólares (Food and Drug Administration).

O Serviço de Pesquisas Econômicas (Economic Research Service – ERS) é parte do Departamento de Agricultura norte-americano e estima o "custo das enfermidades de origem alimentar" para os sete patógenos mais importantes (Tab. 1.11). Esse valor é baseado na estimativa de custos médicos e de perda de produtividade durante a vida dos indivíduos afetados. Os custos médicos incluem tanto as doenças agudas como as complicações crônicas de longo prazo. Dessa forma, a quantia dos cuidados médicos requeridos é determinada de acordo com a gravidade da doença. Isso varia

Tabela 1.11 Custos médicos e perdas na produtividade estimadas para alguns patógenos humanos (1993)*

	Doenças de origem alimentar				Relacionadas a carnes de gado e frango		
Patógeno	**Casos**	**Mortes**	**Custos das doenças de origem alimentar (U$ bilhões)**	**Carne bovina/ carne de frango (%)**	**Número de casos**	**Número de mortes**	**Total dos custos carne bovina/ carne de frango (U$ bilhões)**
Bactérias							
Campylobacter jejuni ou *coli*	1.375.000–1.750.000	110–511	0,6–1,0	75	1.031.250–1.312.500	83–383	0,5–0,8
Clostridium perfringens	10.000	100	0,1	50	5.000	50	0,1
Escherichia coli O157:H7	8.000–16.000	160–400	0,2–0,6	75	6.000–12.000	120–300	0,2–0,5
Listeria monocytogenes	1.526–1767	378–485	0,2–0,3	50	763-884	189–243	0,1–0,2
Salmonella	696.000–3.840.000	696–3.840	0,6–3,5	50-75	348.000–2.880.000	348–2.610	0,3–2,6
Staphylococcus aureus	1.513.000	1.210	1,2	50	756.500	605	0,6
Subtotal	3.603.526–7.130.767	2.654–6.546	2,9-6,7	N/A	2.147.513-4.966.884	1.395–4.191	1,8–4,8
Parasitas							
Toxoplasma gondii	3.056	41	2,7	100	2.056	41	2,7
Total	36.606.582-7.133.823	2.695-6.587	5,6-9,4	N/A	2.149.569-4.968.940	1.436-4.232	4,5-7,5

*Fonte: USDA, FSIS, Pathogen Reduction; Hazard Analysis and Critical Control Point (HACCP) Systems; Proposed Rule (13).

daqueles que não vão a médicos, aqueles que desenvolvem complicações crônicas, até os que são hospitalizados e morrem prematuramente. Para cada um desses grupos, os custos médicos são estimados pelo número de dias de tratamento, custo médio do tratamento ou serviço e número de pacientes (Buzby e Roberts, 1997a). Perdas de produtividade incluem mudanças na renda e vantagens acessórias. Estimativas altas e baixas das perdas econômicas são calculadas para os casos em que a pessoa fica incapacitada de executar suas tarefas diárias. Isso pode ser consequência de incapacidade ou de morte. As estimativas baixas têm por base a perda de salário e a redução da produção doméstica, enquanto a estimativa alta é baseada na perda de "prêmios de risco" no mercado de trabalho. A FDA usa as estimativas elevadas para mensurar a perda de produtividade na avaliação de seus programas de segurança dos alimentos e as ajusta de acordo com a idade das pessoas.

As estimativas do Serviço de Pesquisas Econômicas para os custos de infecções agudas e complicações crônicas devido a doenças de origem alimentar ficam entre 6,6 e 37,1 bilhões de dólares por ano (Tab. 1.11; Buzby e Roberts, 1997a). O custo de doenças humanas causadas apenas por sete patógenos mais importantes é de 9,3 a 12,9 bilhões de dólares, anualmente. Destes, 2,9 a 6,7 bilhões de dólares são atribuídos às bactérias de origem alimentar, como as sorovares de *Salmonella, C. jejuni, E. coli* O157:H7, *L. monocytogenes, Staphylococcus aureus* e *Cl. Perfringens.* Uma estimativa recente para os custos de *E. coli* O157:H7, nos Estados Unidos (para 2003), baseada em 73.000 doentes a cada ano, com 2000 hospitalizações e 60 mortes, foi de 405 milhões de dólares/ano (Frenzen et al., 2005). Desse total, as mortes prematuras custaram 370 milhões de dólares; os cuidados médicos, 30 milhões de dólares; e as perdas de produtividade, 5 milhões de dólares.

O ERS lançou uma "calculadora *online* de custos de doenças de origem alimentar" para *Salmonella* e *E. coli* produtora de shigatoxinas (STEC, também conhecida como VTEC), com dados de 1997 até 2006, (http://www.ers.usda.gov/data/foodborneillness). Isso permite aos usuários mudarem as suposições feitas pelo ERS sobre o número de doentes, os custos médicos e a perda de produtividade devido a infecções causadas por *Salmonella* ou *E. coli* O157:H7 e estimarem novamente os custos.

O Communicable Disease Center (Centro de Comunicações de Doenças), dos Estados Unidos, estima que 95% das infecções por *Salmonella* são de origem alimentar. Em consequência, a FoodNet estima que dos 1,4 milhão de casos anuais de salmoneloses, 1,3 milhões são devido ao consumo de alimentos contaminados por *Salmonella*. Os custos médicos avaliados para infecções causadas por *Salmonella* foram baseados no custo médico médio por caso ou categoria de gravidade, no número estimado de casos e no custo médio de 1998, nos Estados Unidos, para cada tipo de cuidado médico. O valor de uma vida varia de 8,3 a 8,5 milhões de dólares no nascimento e 1,4 a 1,6 milhões de dólares na idade de 85 anos ou mais, para homens e mulheres, respectivamente. Visto que cerca de dois terços das mortes causadas por *Salmonella* ocorrem em pessoas com 65 anos ou mais, a perda média por morte prematura foi de 4,1 milhões de dólares para homens e 3,5 milhões de dólares para mulheres. Custos médicos e perda de produtividade foram calculados em 0,5 bilhões de dólares. O tempo perdido de trabalho foi avaliado em 0,9 a 12,8 bilhões de dólares. O custo anual para campylobacteriose, nos Estados Unidos, é de aproximadamente 0,8 a 5,6 bilhões de dólares (Buzby e Roberts, 1997b), e o custo total estimado para *Campylobacter* associado a Síndrome de Guillain-Barré (GBS, uma reação autoimune) é de 0,2 a 1,8 bilhões de dólares (Seção 4.3.1). Assim, a redução da prevalência de *Campylobacter* nos alimentos pode economizar mais de 5,6 bilhões de dólares em custos anuais. Por isso, não é uma surpresa que as autoridades reguladoras nacionais tenham traçado alvos para a redução das infecções causadas pelos patógenos de origem alimentar mais importantes.

É provável que o custo estimado de produtividade devido a infecções de origem alimentar aumente futuramente, junto com a melhora nos métodos de cálculos. Uma falha é que o método de cálculo atual não inclui as estimativas do quanto os consumidores estão querendo pagar por alimentos mais seguros. Além disso, é muito provável que mais patógenos de origem alimentar sejam identificados no futuro, junto com o aumento do conhecimento das complicações crônicas. Hoje, estima-se que as sequelas crônicas ocorram em 2 a 3% dos casos e, portanto, as consequências de longo prazo para o indivíduo ou para a economia podem ser mais danosas do que as da doença aguda inicial.

Em vista desses custos econômicos, há uma necessidade considerável, mesmo em países desenvolvidos, de uma metodologia mais agressiva e sistemática de passos a serem dados com o objetivo de reduzir o risco de doenças alimentares causadas por micro-organismos. Uma vez que os custos das "gastrenterites" para os países desenvolvidos foram determinados em bilhões de dólares, quanto maior será o custo humano de doenças causadas por alimentos e água nos países em desenvolvimento? A OMS estima que, no mundo, quase 2 milhões de crianças morram todos os anos em razão de diarreia. Uma porção significativa dessas mortes é causada por alimentos e águas contaminados por micro-organismos. Assim, esse é o principal objetivo para o futuro, o qual requer uma resposta global. Por esse motivo, este livro com frequência cita atividades das organizações internacionais, como o Codex Alimentarius e a OMS.

A contaminação microbiológica dos alimentos tem um impacto importante na sua produção. No mundo, é estimado que pelo menos 10% da produção de grãos e legumes sejam perdidos, e esse número pode ser ainda maior, chegando a 50% para vegetais e frutas. Essa contaminação afeta os negócios de duas formas. Em primeiro lugar, porque os alimentos contaminados não são aceitos pelos países importadores. Em segundo, os danos na reputação de um país, causados por problemas de higiene alimentar, podem resultar em perdas de futuros negócios. O impacto socioeconômico de assuntos não relacionados, como BSE-vCJD, vegetais geneticamente modificados e contaminação por dioxinas, ainda está sendo analisado. É possível apenas esperar que o surto de BSE-vCJD catalise melhoras nos sistemas de gestão de alimentos seguros que evitarão a ocorrência de tragédias similares ou maiores (Brown et al., 2001). Um aspecto que os surtos de BSE-vCJD e de *E. coli* O157:H7 enfatizaram foi a necessidade de controlar a segurança dos alimentos desde a produção primária até o prato do consumidor.

O custo-benefício da prevenção de toxinfecções pela utilização do sistema APPCC (Seção 8.7) para garantir a segurança dos alimentos tem sido avaliado (Crutchfield et al., 1999). Devido às diferenças entre os modelos econômicos utilizados, essa estimativa varia de 1,9 a 171,8 bilhões de dólares. Apesar de não haver um consenso, é possível prever que os custos da implementação do APPCC serão menores do que os atuais custos médicos originados por infecções causadas por alimentos, assim como as perdas de produtividade serão menores.

Em 2007, após um surto bastante comentado na mídia de *Salmonella*, com cerca de 40 vítimas, uma das maiores indústrias de chocolate do Reino Unido foi multada em 2 milhões de dólares. A empresa foi declarada culpada por violar as normas de higiene alimentar e também teve de pagar 309 mil dólares de custos legais. O custo do recolhimento do produto do mercado foi de 60 milhões de dólares, e a companhia relatou ter gasto 40 milhões de dólares em melhorias, incluindo mudanças nos processos de controle de qualidade. O processo veio à tona após três pessoas, incluindo duas crianças pequenas, serem hospitalizadas por toxinfecção alimentar relacionada ao chocolate dessa indústria. A idade das vítimas variava de bebês até adultos com mais de 52 anos, sendo a maioria crianças de até 4 anos. As vendas dessa empresa caíram 14% durante os seis primeiros meses após o surto. O ponto crucial do erro cometido pelos produtores ao controlar a *Salmonella* foi a mudança para a utilização de um método de número mais provável (NMP) para detectar a bactéria.

É importante ressaltar que esses valores dos casos clínicos são possíveis de estimar apenas quando os agentes são isolados e identificados. Há números significativos de casos cujos agentes etiológicos não foram identificados. Frenzen (2004) calcula que tais micro-organismos de origem alimentar causem 3.400 mortes todos os anos nos Estados Unidos. Os dados mais recentes da OMS estimam que, em 2005, 1,5 milhão de pessoas morreram por doenças diarreicas, sendo que 70% dessas doenças foram causadas por patógenos de origem alimentar (Buzby e Roberts, 2009).

1.11 Controle de patógenos de origem alimentar

Os micro-organismos patogênicos estão presentes no solo e, consequentemente, nas colheitas, no gado, nas aves e nos peixes. Portanto, é inevitável que produtos crus utilizados como ingredientes carreguem contaminação patogênica. Dessa forma, para evitar toxinfecções alimentares, os patógenos provenientes dos ingredientes devem ser identificados e controlados. Os programas de controle devem estar implantados, sendo monitorados quanto a sua eficácia, além de serem revisados e modificados sempre que necessário. Como um exemplo de sistemas de controle em diferentes alimentos, é possível citar os casos da *Salmonella*, na Suécia, e de patógenos entéricos em produtos frescos.

1.11.1 Exemplo 1 – O controle da *Salmonella* em frangos

Na produção de frangos em larga escala, a seleção genética encontra-se no topo, nos criatórios, passando pelos aviários de criação até chegar aos sistemas de produção. Em consequência, a presença de *Salmonella* em matrizes-avós resultará em um aumento correspondente da prevalência de aves contaminadas por essa bactéria no estágio da produção.

Assim, a erradicação de *Salmonella* das matrizes-avós e matrizes-pais terá um efeito considerável na redução da ocorrência desse micro-organismo, no estágio da produção e na exposição humana. As European Food Safety Authority – EFSA (Autoridades Europeias para Segurança dos Alimentos) desenvolveram um estudo de base sobre a prevalência de *Salmonella* em aviários de aves para corte e poedeiras (EFSA, 2007). Esse estudo revelou a prevalência de *Salmonella* spp. em 30,8%, variando de 0% em Luxemburgo e na Suécia, até 79,5% em Portugal.

Na Dinamarca, foi estimado que o controle de *Salmonella* economizou para a sociedade dinamarquesa 14,1 milhões de dólares, em 2001 (Wegener et al., 2003). Isso foi avaliado por meio da comparação dos custos de controle de *Salmonella* na produção de frango com os custos totais de salmoneloses para a saúde pública. Uma análise sueca de custo-benefício, em 1992, demonstrou basicamente o mesmo.

Nos anos 1950, ocorreu, na Suécia, um grave surto de infecção alimentar que causou cerca de 9 mil casos e 90 mortes. Como resultado, houve a implementação de um programa efetivo de controle de *Salmonella*. Atualmente, essa bactéria é encontrada em menos de 1% dos produtos de origem animal para o consumo humano produzidos em todo o país. O programa estipulou a realização de relatórios compulsórios de todos os casos de infecção e as medidas de eliminação subsequentes (Wierup, 1995). Por exemplo, sempre que era encontrada *Salmonella* na ração de frangos ou nos frangos, esses produtos ou animais eram retirados da cadeia alimentar.

A importação de rações ocorre sob licença. Pelo menos 10 amostras, ou 100g de amostra para cada duas toneladas de ração, são enviadas para a Administração Nacional de Alimentos da Suécia (Swedish National Food Administration) para avaliações bacteriológicas. Se a presença de *Salmonella* for verificada, a importação não é permitida. Em rações domésticas à base de ossos e em plantas de proteína animal, no mínimo cinco amostras de 100g são coletadas diariamente. Essas amostras são reunidas e examinadas em relação a *Salmonella*. Quando essa bactéria é encontrada, uma inspeção é conduzida. Se necessário, modificações são recomendadas. O governo sueco tem autoridade para investigar os processamentos de alimentos e as fazendas para a determinação de *Salmonella*. Amostras de matérias-primas, da poeira do ambiente e das rações prontas são analisadas. As rações contaminadas passam por dois tipos de tratamentos térmicos. Se a *Salmonella* for encontrada no produto final, a linha de produção é limpa e fumigada. Quando necessário, a linha de produção é modificada com a finalidade de atingir a temperatura de 70 a 75 °C. Devido a *S.* Enteritidis, os órgãos reguladores exigem tratamentos térmicos da ração e métodos aprovados de armazenagem dos grãos que serão utilizados para a alimentação das aves.

Apenas pintos com um dia de idade, provenientes de matrizes-avós, podem ser importados para a Suécia. Eles ficam em quarentena durante cinco semanas. O fígado, o ovário e os intestinos de todos os pintos que morrem durante o transporte são examinados quanto à presença de *Salmonella*. *Swabs* da cloaca provenientes de 100 aves são analisados em cada amostra que chega. Um total de 60 aves mortas são testadas em 1 a 2, 4 a 6,

12 a 14 e 16 a 18 semanas. Cinco por cento dos pássaros são testados, em geral aves mortas ou raquíticas, além de composições de cinco *swabs* de fezes, caso a taxa de mortalidade seja baixa. O grupo de aves é sacrificado caso a presença de *Salmonella* seja verificada. As aves cujos ovos serão utilizados são testadas voluntariamente. A análise de *Salmonella* é realizada a cada 2, 6 a 10 e 14 a 18 semanas. Durante a criação, duas amostras compostas, contendo 30 porções de fezes de aves cada, e duas amostras de necropsia compostas, contendo o fígado e o ceco de cinco aves cada, são analisadas. Após o início da produção das aves reprodutoras, duas amostras compostas de fezes e uma amostra de necropsia são coletadas todos os meses. As aves *Salmonella*-positivas são sacrificadas. A sanificação é o princípio básico para o controle dessa bactéria em incubadoras. Os ovos são desinfetados antes e também no terceiro dia de incubação. Os ovos e os pintos são separados por fonte. As incubadoras são monitoradas bacteriologicamente a cada três meses.

Os frangos são monitorados a cada 2 a 3 semanas de idade. Três amostras fecais, contendo 30 porções de fezes cada, são coletadas e analisadas para o isolamento de bactérias; esse processo é repetido quando as aves atingem 25 e 55 semanas de idade. Os produtores que participam do monitoramento voluntário são definidos como seguros, evitando perdas causadas pela regulação da *Salmonella*. Quando se verifica a presença de S. Enteritidis ou S. Typhimurium nas aves produtoras de ovos, essas são retiradas do grupo, sem processamento ou compensação. Depois do sacrifício do grupo, o aviário deve ser limpo e desinfetado. É permitido o abate das aves chocadoras que possuam outros sorovares que não S. Enteritidis ou S. Typhimurium, seguido por um tratamento térmico das carcaças. O isolamento desses dois micro-organismos em produtos associados às aves possibilita que uma inspeção seja realizada nas fazendas. Esses produtos incluem espécimes para diagnósticos, ovos líquidos ou em pó. Essa medida pode ser utilizada se S. Enteritidis for isolada de um humano infectado pela ingestão de ovos.

Tais medidas continuavam em prática quando a Suécia se uniu à União Europeia, em 1995. No entanto, apesar do rígido controle, casos notificados de salmonelose têm aumentado na Suécia. Isso se deve em parte ao aumento dos pacotes de férias que propiciam aos turistas suecos trazerem *Salmonella* ao país. O número total de casos de salmoneloses em humanos, na Suécia, em 2006, foi de 4.056 (44,9 para cada 100 mil pessoas por ano), dos quais 1.010 tiveram procedência doméstica (25%), e todos os demais (2.963, 73%) foram casos importados. O número relativamente pequeno de casos domésticos apoia as atuais medidas de controle de *Salmonella*, as quais são financiadas por produtores de alimentos e pelo Estado. Essas medidas custam em torno de 8 milhões de dólares ao ano, o que é pouco se comparado aos custos de tratamentos de cerca de 22 milhões de dólares. O programa de controle custa menos de 11 centavos por quilo de frango.

1.11.2 Exemplo 2 – Controle de *E. coli* e *Salmonella* em produtos frescos

Frutas e vegetais crus são conhecidos como veículos de doenças humanas pelo menos há um século. Por volta de 1900, infecções tifoides foram associadas com o hábito de ingerir cereais, agrião e ruibarbo crus. Alguns helmintos parasíticos (*Fasciola hepatica* e *Fasciolopsi buski*) necessitam de plantas para completar seu ciclo de vida. Assim, o envolvimento de frutas e vegetais crus com a transmissão de micro-organismos patógenos aos humanos não é novo. Entretanto, surtos de doenças de origem alimentar, ligados ao consumo de vegetais crus, têm recentemente emergido como um assunto da segurança dos alimentos, e interessam tanto às indústrias como aos órgãos reguladores. Na década de 1980, o consumo de brotos de vegetais frescos e crus aumentou nos Estados Unidos, resultando em vendas anuais em torno de 12 bilhões de dólares. Uma vez que o mercado continua a crescer, os fabricantes devem assegurar que os produtos frescos sejam seguros para o consumo. Devido às condições de broto, os vegetais podem conter um grande número de micro-organismos. Os micro-rganismos patogênicos associados com o consumo de frutas e vegetais incluem *Cyclospora cayetanensis*, *E. coli* O157:H7, vírus da hepatite A, *L. monocytogenes*, norovírus, cepas de *Salmonella* e *Shigella* spp. Desde 1990, na América do Norte, houve mais de 500 surtos de origem alimentar relacionados a produtos frescos, como frutas e vegetais. Entre 1997 e 1999, ocorreram pelo menos sete surtos de infecção causados por *Salmonella* e *E. coli* O157:H7 que foram relacionados com o consumo de vários tipos de brotos de vegetais crus. No Japão, houve o maior surto conhecido de *E. coli* O157:H7 (Taormina et al., 1999). Em 2006, na América do Norte, ocorreram surtos de *E. coli* O157:H7e *Salmonella* em espinafre fresco, alface e tomate, causando mais de 700 doentes e quatro mortes.

Infelizmente, a natureza dos produtos frescos resulta em alto risco microbiológico. Bactérias, vírus e outros micro-organismos infecciosos podem contaminar frutas e vegetais crus por meio de contato com fezes, água de irrigação poluída ou água de superfície poluída. Produtos frescos fracionados possuem alto teor de umidade e de nutrientes, o que pode auxiliar na multiplicação bacteriana. Além disso, não há etapas de processamento térmico ou outro processamento letal para inativar patógenos; em vez disso, as temperaturas de processamento, armazenamento, transporte e exposição podem reforçar a multiplicação bacteriana. Frutas e vegetais podem ser contaminados enquanto ainda estão plantados, durante a colheita, o transporte, o processamento, a distribuição, no mercado ou em casa. Bactérias patógenas, como *Cl. Botulinum*, *B. cereus* e *L. monocytogenes* são habitantes normais do solo. Em contraste, espécies de *Salmonella*, *Shigella*, *E. coli* e *Campylobacter* são comuns na flora intestinal de animais e humanos. Micro-organismos deteriorantes também são parte da flora da superfície de vegetais. Visto que os produtos frescos não são cozidos nem processados, a contaminação não pode ser adequadamente removida. Ela pode ocorrer, ainda, durante várias etapas pós-colheita, por intermédio de varejistas, vendedores e mesmo em casa.

É normal encontrar micro-organismos na superfície de frutas e vegetais crus. Eles podem ser originários do solo ou da poeira ou ter-se multiplicado devido a secreções da planta. A *Klebsiella* e o *Enterobacter* costumam ser encontradas na vegetação, e, por isso, a presença de *Enterobacteriaceae* fermentadores de lactose (ou "coliformes") em frutas e vegetais crus não indica, necessariamente, contaminação fecal; ver Seção 4.2.1 para uma explicação do termo "coliforme". Em época mais recente, ficou evidente que bactérias podem estar interiorizadas em produtos frescos (Ibarra-Sanchez et al., 2004).

Durante o processamento, o produto fresco é fracionado. Assim que a barreira física natural do produto é rompida, os nutrientes são liberados e isso aumenta a possibilidade de contaminação e multiplicação bacteriana. Além disso, processos inadequados de higienização aumentam os riscos de contaminação patogênica.

A prevenção da contaminação de frutas e vegetais durante as etapas de pré e pós-colheita, é o ideal. Entretanto, é um objetivo muito difícil de atingir. Conforme já foi citado, as bactérias patógenas estão presentes no solo, na superfície dos produtos e possivelmente na água de irrigação. Todavia, a redução da extensão da contaminação do produto pode ser atingida por meio de práticas industriais melhoradas durante a colheita, o processamento e a distribuição.

A simples prática de enxaguar os vegetais e as frutas crus pode reduzir a carga microbiana. O uso de desinfetantes reduz de 10 a 100 vezes a carga microbiana, porém os vírus e os cistos de protozoários têm uma resistência maior aos desinfetantes do que as bactérias e os fungos. O cloro vem sendo utilizado como desinfetante pela indústria de frutas e vegetais crus. Ele costuma ser administrado como cloro elementar ou um dos hipocloritos. O nível de cloro comumente utilizado é entre 50 e 200 ppm, com tempo de contato de 1 a 2 minutos (Seção 7.4).

Programas de segurança dos alimentos, como o Guia para a Indústria da FDA ("Guide to Minimize Microbial Food Safety Hazards of Fresh-cut Fruits and Vegetables" – *Guia para Minimizar Perigos Microbianos de Segurança dos Alimentos de Vegetais e Frutas Frescos e Fracionados*) (FDA *online*, 2008), são muito importantes nas produções. Esses documentos têm o objetivo de melhorar a segurança dos produtos frescos fracionados por meio da desinfecção das sementes, das boas práticas agrícolas e de fabricação e dos testes da água de irrigação para patógenos.

1.12 Programas de vigilância

> Um programa de vigilância para doenças de origem alimentar é parte essencial de um programa de segurança de alimentos.
>
> Todd, 1996b

A vigilância de doenças de origem alimentar envolve a coleta, a análise e o monitoramento de tendências de patógenos alimentares. A vigilância também capacita o controle das doenças de origem alimentar. Dessa forma, a vigilância é uma parte essencial de qualquer sistema de segurança dos alimentos. Também é importante que os sistemas de vigilância sigam as obrigações dos International Health Regulations – IHR 2005 (Regulamentos Internacionais de Saúde) e da International Food Safety Authority Network (INFOSAN), como será descrito a seguir. Infelizmente, apenas poucos países no mundo possuem programas de vigilância adequados e, como consequência, o impacto real na saúde e a extensão das doenças de origem alimentar, sobretudo nos países em desenvolvimento, continuam desconhecidos. As tentativas de obter um retrato global das doenças de origem alimentar são impedidas em geral por diferenças dos sistemas nacionais de vigilância. Esta seção revisa outras redes que foram estabelecidas para tratar desse assunto.

O propósito da FERG na estimativa do tamanho do problema global das doenças de origem alimentar está descrito na Seção 11.2.

A vigilância de doenças de origem alimentar consiste em três atividades principais:

1. Monitoramento da incidência de patógenos específicos
2. Identificação de surtos
3. Determinação dos fatores de risco associados a casos esporádicos

Vigilância refere-se à coleta sistemática e à utilização de informações epidemiológicas para o planejamento, a implementação e a avaliação do controle de enfermidades. Até época recente, com exceção da cólera, internacionalmente não havia obrigação de notificar doenças causadas por ingestão de alimentos. Isso agora está sob responsabilidade dos International Health Regulations - IHR, 2005; Seção 11.1 (Regulamentos Internacionais de Saúde).

A vigilância global de problemas de doenças de origem alimentar pode ser importante na detecção precoce e na advertência, assim como na rápida investigação e no controle de tais problemas, dessa forma prevenindo casos de doenças e minimizando o impacto negativo no mundo de negócios e na economia de cada país. Devido ao aumento de negócios, em nível mundial, os eventos que ocorrem em um país podem afetar muitas outras nações. Os surtos internacionais são reconhecidos de duas formas: um país reconhece um surto e passa essa informação adiante, por meio de redes de informação; outros países reconhecem uma ocorrência similar em seu território ou pela análise de bancos de dados internacionais, investigando níveis de infecções elevados por patógenos específicos.

O estudo realizado por Todd (1996a) consistiu em um levantamento da incidência de toxinfecções de origem alimentar em 17 países (Tab. 1.12). O levantamento demonstrou diferenças regionais consideráveis; por exemplo, o *St. aureus* é o maior contaminante de alimentos em Cuba e no Japão, enquanto a *Salmonella* é o micro-organismo dominante em muitos outros países. O vetor de doenças causadas por alimentos mais frequente foi a carne, em 13 países, e as enfermidades foram contraídas geralmente nas residências. Os micro-organismos incluídos nos programas de vigilância não são os mesmos em todos os países. Por exemplo, *L. monocytogenes* foi o agente causador de listeriose nos Estados Unidos e na Europa, na última década. Mas os surtos de listeriose de origem alimentar não foram reconhecidos no Japão. Consequentemente, laboratórios clínicos não examinam alimentos e amostras fecais para esse organismo.

1.12.1 International Food Safety Authority Network - INFOSAN (Rede Internacional de Segurança dos Alimentos)

A INFOSAN é operada pela OMS (em Genebra) e inclui 163 estados-membros. Ela permite que as autoridades de segurança dos alimentos e outras agências relevantes troquem rapidamente informações importantes sobre segurança de alimentos. Os pontos de contato oficiais nacionais são ligados para lidar com surtos e outras emer-

Tabela 1.12 Números anuais de surtos, em diferentes países

País	*B. cereus*	*C. perfringens*	*Salmonella*	*S. aureus*	Total	População em milhões
Israel	0,0	3,0	4,4	4,0	11,4	4,4
Finlândia	3,8	8,8	7,8	5,6	26,0	5,0
Dinamarca	2,0	5,8	5,2	0,0	13,0	5,1
Escócia	3,0	6,6	152,0	2,4	164,0	5,2
Suécia	0,6	4,6	7,0	2,8	15,0	8,4
Hungria	5,2	5,0	131,2	16,0	157,4	10,6
Portugal	0,0	0,3	6,8	7,3	14,4	10,4
Cuba	4,8	13,4	6,8	60,8	85,8	10,4
Holanda	4,8	2,4	8,0	0,0	15,2	14,8
Iugoslávia	0,4	2,8	46,0	13,0	62,2	24,0
Canadá	14,0	18,0	49,4	18,8	100,2	26,0
Espanha	0,6	5,0	467,6	0,0	473,2	39,3
Inglaterra/País de Gales	28,3	53,3	450,0	9,5	541,1	50,4
França	0,0	17,6	177,0	12,8	207,4	56,0
Rep. Federativa Alemã	0,4	1,4	3,0	3,2	8,0	61,4
Japão	10,5	14,0	84,0	128,0	236,5	123,0
Estados Unidos	3,2	4,8	68,4	9,4	85,8	247,4

Número de surtos por ano (média de 2 a 5 anos).
Reimpressa, com permissão, de Todd, 1996b.

gências internacionais. Ela ajuda e complementa a Rede de Alerta e Resposta de Surtos da OMS. Para mais informações, acesse http://www.who.int/foodsafety afim de obter dados da INFOSAN sobre números e notas de assuntos relacionados a segurança dos alimentos, incluindo guias para investigação e controle de surtos de doenças de origem alimentar e até nanotecnologia.

1.12.2 FoodNet nos Estados Unidos

A Foodborne Disease Active Surveillance Network – FoodNet (Rede de Vigilância Ativa de Doenças de Origem Alimentar), nos Estados Unidos, foi criada em 1995. Em 1996, a FoodNet iniciou a vigilância dos casos laboratoriais confirmados de infecções causadas por *Campylobacter*, *Salmonella*, STEC O157, *Shigella*, *Listeria*, *Vibrio* e *Yersinia*. Casos de infecções por *Cryptosporidium* e *Cyclospora* foram incluídos em 1997, e infecções por STEC não O157, em 2000. Ela é o principal componente do Emerging Infections Program – EIP (Programa de Infecções Emergentes) do Center for Disease Control and Prevention – CDC (Centro de Prevenção e Controle de Enfermidades) dos Estados Unidos.

Trata-se de um projeto de colaboração do CDC, de nove EIPs de departamentos de saúde estaduais, do Food Safety and Inspection Service – FSIS (Serviço de Segurança e Inspeção de Alimentos), do Departamento de Agricultura dos Estados Unidos (USDA) e da Food and Drug Administration (FDA). Ela cobre as áreas de Minnesota, Oregon, Colorado, Tennessee, Georgia, Califórnia, Connecticut, Maryland e Nova York. A população total dessa área é de 33,1 milhões de pessoas, representando 10% da população dos Estados Unidos.

A FoodNet foi estabelecida para:

- Estabelecer estimativas da extensão e das fontes de enfermidades específicas causadas pela ingestão de alimentos nos Estados Unidos por meio de uma vigilância ativa e de estudos epidemiológicos.
- Determinar o quanto as doenças de origem alimentar são o resultado da ingestão de alimentos específicos, tais como carne de gado, carne de aves e ovos.
- Documentar a eficácia de novas medidas de controle de segurança de alimentos, como o APPCC e o programa de redução de patógenos (USDA Pathogen Reduction), na redução do número de casos das principais enfermidades de origem alimentar nos Estados Unidos a cada ano.
- Descrever a epidemiologia de bactérias emergentes, parasitas e vírus patogênicos de origem alimentar.
- Responder rapidamente aos patógenos emergentes de origem alimentar.

A FoodNet possui cinco atividades:

- Vigilância laboratorial ativa em mais de 300 laboratórios clínicos que testam amostras de fezes. Em cada laboratório, são coletadas informações a respeito dos casos envolvendo bactérias patogênicas como *Salmonella*, *Shigella*, *Campylobacter* (incluindo a síndrome de Guillain-Barré), *E. coli* O157 (incluindo HUS), *L. monocytogenes*, *Y. enterocolitica* e *Vibrio* spp. São incluídos, ainda, os parasitas *Cryptosporidium* e *Cyclospora*.
- Levantamento dos laboratórios clínicos para obter informações sobre qual patógeno deve ser incluído na rotina dos exames de fezes e padronizar os procedimentos de coleta e análise de amostras.
- Levantamento dos médicos para obter informações sobre qual técnica aplicar no exame de fezes e qual a frequência de requisição de amostras e as razões do teste.
- Levantamento (por questionário telefônico) da população, com o objetivo de determinar o número de casos de diarreia e a frequência da necessidade de ajuda médica.
- Estudos epidemiológicos de *E. coli* O157, *Campylobacter* e *Salmonella* dos sorogrupos B e D, os quais representam 60% das infecções causadas por *Salmonella* nos Estados Unidos. A finalidade é determinar quais alimentos ou outras exposições são fatores de risco para contrair infecções causadas por essas bactérias. Isolados são submetidos a testes de resistência a antibióticos, fagotipificação e subtipificação molecular (PFGE, ver em PulseNet, na Seção seguinte). Futura-

mente, surtos esporádicos de *E. coli* O157, *Cryptosporidium* e *L. monocytogenes* serão incluídos.

A FoodNet registrou a diminuição nas infecções causadas por *Campylobacter*, *Salmonella* e *Cryptosporidium* e o decréscimo na contaminação de carne bovina e de aves por *Salmonella*. Foram reportadas altas taxas de isolamento de *Y. enterocolitica* na Georgia e de *Campylobacter* na Califórnia. Um surto de salmonelose foi detectado no Oregon, o qual foi relacionado com brotos de alfafa e cidra de maçã. A FoodNet também auxiliou a vigilância do nvCJD (associado com a BSE, no Reino Unido). Ela contribuiu com as investigações em surtos de *Listeria* e *Cyclospora* (1997-1998). O último desses surtos foi associado com framboesas da Guatemala e resultou em restrições nas importações dessas frutas para os Estados Unidos.

Para verificar conjuntos de casos não usuais, o Public Health Laboratory Information System – PHILIS (Sistema de Informações do Laboratório de Saúde Pública) do CDC tem um algoritmo automatizado de vigilância de surtos (Surveillance Outbreack Detection Algorithm – SODA) que utiliza os principais números dos últimos cinco anos de casos das mesmas regiões geográficas e semana do ano. Isso é bastante efetivo em detectar conjuntos de casos incomuns de cepas de *Salmonella*, e o endereço do *site* pode ser encontrado na seção de Recursos da internet.

1.12.3 PulseNet: rede de detecção de *E. coli* O157:H7, *Salmonella* e *Shigella* nos Estados Unidos

A tipificação molecular pode melhorar as investigações epidemiológicas de surtos, por meio de diferenciação entre os casos não relatados esporádicos e os referentes aos surtos associados às cepas mais importantes. O sistema PulseNet é baseado na análise por *pulsed-field gel electrophoresis* – PFGE (eletroforese em campo pulsado), a qual foi padronizada pelo Departament of Health and Human Services (Departamento de Saúde e Serviços Humanos) dos Estados Unidos para a identificação de padrões de DNA de *E. coli* O157:H7, *Salmonella*, *Shigella*, *Campylobacter*, *Vibrio cholera* e *Yersinia pestis*. As vantagens da PFGE são ilustradas pelo surto de *E. coli* O157:H7 ocorrido em 1993, nos Estados Unidos. A PFGE revelou que a cepa de *E. coli* O157:H7 encontrada nos pacientes tinha um perfil indistinguível daquelas encontradas nos hambúrgueres servidos por uma grande cadeia regional de restaurantes de *fast food*. Estima-se que essa identificação imediata evitou cerca de 800 possíveis doentes.

A metodologia da PFGE é explicada em detalhes na Seção 5.5.1, mas essencialmente envolve a clivagem do DNA bacteriano, resultando em pequenas bandas, por meio de enzimas de restrição de corte aleatório do DNA. Os fragmentos de DNA são separados pela utilização da eletroforese em campo pulsado, desenvolvida em especial para separar fragmentos grandes de DNA. Os fragmentos de DNA são separados de acordo com seus tamanhos, originando uma aparência semelhante a um código de barras que funciona como uma impressão digital do micro-organismo. Utilizando uma rede de computadores entre 16 estados, os padrões de PFGE provenientes de humanos e de alimentos suspeitos estão disponíveis para todo o país. Portanto, os surtos de enfermidades causadas pela ingestão de alimentos que ocorrem em vários Estados podem ser investigados e reconhecidos com rapidez. No futuro, o PulseNet incluirá outros patógenos que causam doenças de origem alimentar. Infelizmente, o potencial do PulseNet é restrito, pois, como nem todos os laboratórios de saúde pública fazem parte da rede, nem todos os laboratórios clínicos submetem rotineiramente os isolados aos laboratórios de saúde pública, e muitos estados não têm os recursos necessários para investigar casos individuais ou conjuntos de casos de enfermidades de origem alimentar.

1.12.4 European Centre for Disease Prevention and Control - ECDC (Centro Europeu para Prevenção e Controle de Doenças) e Enter-Net; Rede de vigilância europeia para salmonelose e *E. coli* produtoras de shigatoxinas (STEC)

O ECDC (URL: http://ecdc.europa.eu) iniciou em outubro de 2007, quando substituiu a Enter-Net como uma rede internacional de vigilância para infecções gastrintestinais humanas. A Enter-Net era uma continuação da rede de vigilância Salm-Net, que funcionou de 1994 a 1997. A rede atual envolve 31 países da União Europeia e a Associação Europeia de Livre Comércio (European Free Trade Association - EFTA). Ela realiza a vigilância internacional de salmoneloses e de *E. coli* O157 produtoras de shigatoxinas (STEC), incluindo resistência a antimicrobianos. A base de dados de *Salmonella* existe desde 1995; a de STEC, desde 2000; e a de *Campylobacter*, desde 2005. Conforme citado na Seção 1.9, a resistência das espécies de *Salmonella* e de *Campylobacter* aos antibióticos é um assunto que atrai atenção crescente.

Os objetivos da ECDC são:

1. Coletar dados padronizados da resistência a antimicrobianos de *Salmonellas* isoladas.
2. Facilitar o estudo dos mecanismos de resistência e seu controle genético por meio da organização da coleção de cepas de *Salmonella* resistentes a vários fármacos e coordenar o trabalho de pesquisa entre os centros especializados e, quando disponível, comparar a resistência dos organismos isolados.
3. Estender a tipificação da STEC para propósitos de vigilância por meio de:
   (i) Ampliação da disponibilidade da fagotipificação da *E. coli* O157.
   (ii) Utilização de antissoros poli e monovalentes capazes de identificar sorogrupos diferentes de O157.
4. Coordenar um esquema de avaliação de qualidade internacional de métodos laboratoriais utilizados na identificação ou tipificação de STEC.
5. Estabelecer um centro de coleta de dados para acompanhar, sempre que possível, cada tipificação laboratorial de STEC isolada.
6. Criar uma base internacional de dados de STECs isoladas, que seja atualizada com regularidade, além de estar prontamente acessível a cada participante da equipe.

7. Detectar grupos de STEC em tempo, lugar e pessoas e atrair rapidamente a atenção de colaboradores para tais grupos de bactérias.
8. Auxiliar os objetivos supracitados por meio da continuação do sistema de vigilância Enter-Net, consistindo em uma troca regular e frequente de dados sobre *Salmonella*.

   Fonte: http://ecdc.europa.eu

   Graças ao ECDC, muitos surtos internacionais foram reconhecidos pela Salm-Net e subsequentemente pelo Enter-Net (Tab. 1.13).

1.12.5 Rede europeia de doenças alimentares causadas por vírus

Conforme será descrito a seguir, a transmissão de norovírus e do vírus da hepatite A (Seções 4.4.1 e 4.4.2), por meio de água e alimentos contaminados está sendo crescentemente reconhecida. Tais surtos podem envolver um grande número de pessoas de uma ampla área geográfica. Dessa forma, é importante haver uma rede de laboratórios capaz de se encarregar da padronização de métodos de tipificação molecular, microscopia elétrica e serotipificação. A rede de viroses de origem alimentar na Europa ("Food-borne viruses in Europe"), envolvendo 10 países, foi estabelecida com esse propósito (Eurosurveillance 2002, http://www.Eufoodborneviruses.co.uk). Os métodos analíticos foram padronizados em 2003, e a rede está trabalhando atualmente na expansão do número de participantes e de processos para investigação e controle de surtos. A rede tem reportado um alto número de infecções causadas por norovírus durante o final de 2007, no Reino Unido, na Irlanda, na Alemanha,

Tabela 1.13 Surtos internacionais reconhecidos e investigados pelos sistemas Enter/Salm-Net

Surtos	N° de casos	Países com casos
S. Newport	100+	Inglaterra, País de Gales e Finlândia
S. Livingstone	100+	Áustria, República Tcheca, Dinamarca, Inglaterra, País de Gales, Finlândia, França, Alemanha, Holanda, Noruega e Suécia
E. coli O157:H7 (HUS)	15	Dinamarca, Inglaterra, País de Gales, Finlândia e Suécia
S. Anatum	19	Inglaterra, País de Gales, Israel e Estados Unidos
S. Agona	4.000+	Canadá, Inglaterra, País de Gales, Israel e Estados Unidos
S. Dublin	30+	França e Suíça
S. Stanley	100+	Finlândia e Estados Unidos
S. Tosamanga	28	Irlanda, Inglaterra, País de Gales, França, Alemanha, Suécia e Suíça
Sh. sonnei	100+	Inglaterra, País de Gales, Alemanha, Noruega, Escócia e Suécia

Homepage Enter-Net (ver Apêndice para URL).

na Holanda e na Suécia. O vírus evoluiu, provavelmente devido a pressão seletiva e variações antigênicas, para a cepa GII.4. Três variantes emergiram em 1995, 2002 e 2004 e, em seguida, foram subdivididas. As cepas recentes de GII.4-2006b possuem dois mutantes na Região A (parte do gene da polimerase) e um na Região C (parte do gene do capsídeo). Ver http://hypocrates.rivm.nl para informações de base sobre epidemiologia e tipificação molecular. Infelizmente, há a necessidade de uma padronização internacional da nomenclatura dos tipos de variantes. A variante GII.4-2006b é conhecida como Minerva, nos Estados Unidos, como Kobe034, no Japão, e como v6, no Reino Unido.

1.12.6 Rapid Alert System for Food and Feed - RASFF (Sistema de Alerta Rápido para Alimentos e Rações)

O RASFF está em funcionamento na Europa desde 1979. Seu objetivo é prover as autoridades europeias com uma ferramenta efetiva para troca de informações sobre medidas tomadas para assegurar a segurança dos alimentos. Ele fornece dados semanais de alertas nas fronteiras e recolhimentos de produtos que entram e são distribuídos na Europa. Produz, ainda, relatórios anuais. Ver a Tabela 1.14 para um exemplo das notificações recebidas na vigésima quinta semana de 2006. Esse alerta particular de notificação incluiu *S.* Montevideo em barras de chocolate no Reino Unido, que levaram a uma retirada do mercado internacional e uma grande perda financeira para a empresa envolvida.

1.12.7 Global salm-surv (GSS)

A OMS tem como objetivo o fortalecimento das capacidades de seus países-membros na vigilância e no controle das principais doenças de origem alimentar, contribuindo de forma global para a contenção da resistência aos antimicrobianos em patógenos alimentares (ver http://www.who.int/salmsurv/en/). Em 1997, um levantamento dos laboratórios de referência revelou que apenas 66% das *Salmonella* foram rotineiramente serotipificadas para a vigilância da saúde pública. Por consequência, em 2000, a OMS estabeleceu a GSS que atualmente conta com 1.000 membros de 149 países. Esta é uma rede global de laboratórios que inicialmente foi encarregada da vigilância, isolamento, identificação e teste de resistência antimicrobiana em cepas de *Salmonella*. Quando a GSS começou, seu objetivo era reforçar a vigilância de doenças de origem alimentar verificadas no laboratório e melhorar a detecção e a resposta de surtos. Ela também atua como um recurso internacional de habilitação e treinamento. Alguns países preferem não submeter dados à Salm-Surv, devido a preocupação com relação a publicidade adversa e consequentes efeitos indesejáveis nos negócios. Outros países podem não ter recursos ou treinamento necessário para a serotipificação das *Salmonella* isoladas. Como o próprio nome sugere, inicialmente a GSS fazia apenas o isolamento e a vigilância de *Salmonella*. Entretanto, ela se expandiu para incluir *E. coli* e *Campylobacter*.

As cinco atividades principais da GSS são:

1. Cursos internacionais de treinamento
2. Sistemas externos de garantia da qualidade

Tabela 1.14 Sistema de Alerta Rápido para Alimentos e Rações (RASFF)

Data	Notificado por	Ref.	Razão da notificação	País de origem
19/6/2006	Reino Unido	2006.0382	Glúten e soja não declarados na rotulagem de bolos e biscoitos de caramelo	Reino Unido
19/6/2006	Dinamarca	2006.0385	Cádmio em abacaxi espremido no próprio suco	Quênia
20/6/2006	Alemanha	2006.0386	Migração de chumbo de pratos de cerâmica	China via Holanda
20/6/2006	Suécia	2006.0387	*Salmonella Senftenberg* em refeições de grãos de soja	Brasil via Holanda
20/6/2006	Bélgica	2006.0388	Migração de 4-4'-diaminodifenilmetano a partir de utensílios de cozinha de nylon plástico preto	Alemanha
21/6/2006	Bélgica	2006.0389	Migração de formaldeído de pratos, copos e tigelas feitas de melamina (plástico)	Via Holanda
21/6/2006	Reino Unido	2006.0390	Amendoins não declarados em satay de frango	Holanda
21/6/2006	Itália	2006.0391	Toxinfecção alimentar causada por atum descongelado	Costa Rica via Espanha
21/6/2006	Dinamarca	2006.0392	Ocratoxina A em farinha de centeio	Dinamarca
22/6/2006	Dinamarca	2006.0393	Ocratoxina A em farinha de centeio e centeio	Dinamarca
22/6/2006	Reino Unido	2006.0394	Toxinas paralisantes de bivalves em ostras	Reino Unido
22/6/2006	Itália	2006.0395	Nível residual acima da dose de recomendação diária de tetraciclina em pernas de suínos	Áustria
23/6/2006	República Tcheca	2006.0396	Ocratoxina A em uvas-passas	Afeganistão
23/6/2006	República Tcheca	2006.0397	Ovos frescos inadequados para consumo humano e contaminados com fungos	Polônia
23/6/2006	Eslováquia	2006.0398	Benzopireno em arenques defumados enlatados	Polônia
23/6/2006	Reino Unido	2006.0399	*Salmonella* Montevideo em barras de chocolate	Reino Unido
23/6/2006	Dinamarca	2006.0400	Fermentação por leveduras em geleia de framboesa	Dinamarca
23/6/2006	Itália	2006.0401	*Salmonella* spp. em carne mecanicamente separada (CMS) de perus congelados	França

Notificações em rações de interesse, todas as outras notificações se referem a alimentos.

3. Projetos nacionais e regionais
4. Discussão eletrônica em grupos
5. Banco de dados de países da OMS GSS

O Salm-Surv demonstrou que, sob uma perspectiva global, a *S.* Enteritidis é o sorovar mais comum causador de salmoneloses em humanos, especialmente na Europa (85% dos casos), Ásia (38%), América Latina e Caribe (31%), sendo que a *S.* Typhimurium em geral está em segundo lugar (Galanis et al., 2006).

1.12.8 Vigilância dos alimentos prontos para o consumo no Reino Unido

No Reino Unido, existe um programa de amostragem de alimentos prontos para o consumo que avalia sua qualidade microbiológica de acordo com os parâmetros do HPA (antigo PHLS) (PHLS 2000). Os detalhes destes guias estão descritos na Seção 6.11. A Tabela 1.15 resume os dados encontrados por levantamentos, em um total de mais de 15.000 amostras. Em geral, níveis insatisfatórios e inaceitáveis foram encon-

Tabela 1.15 Levantamento da qualidade microbiológica de alimentos prontos para o consumo no Reino Unido

Alimentos	Número de amostras analisadas	Satisfatório[a] (%)	Aceitável (%)	Insatisfatório (%)	Inaceitável (%)	Causa da categorização insatisfatória ou inaceitável
Produtos de açougue	2192	87		16	0,3	*Salmonella* detectada (2)[b] *St. aureus* >10^4UFC/g *E. coli* >10^4UFC/g (2)
Quiche	2513	93		6	<1	Alta contagem de colônias aeróbias *E. coli* >10^4 UFC/g (2)
Arroz cozido	1972	94		0	1	*B. cereus*>10^5UFC/g *E. coli* >10^4 UFC/g
Vegetais orgânicos	3200	99,5		0,5	0	*E. coli* e *Listeria* spp. (não *L. monocytogenes*)>10^2 UFC/g
Alimentos prontos para o consumo adicionados de temperos	1946	35		31	2	
Farofas	147	76,3	15,6	8,2		Alta contagem de colônias aeróbias de *E. coli, Enterobacteriaceae, St. aureus*

[a] *Categorização de acordo com as diretrizes do HPA (2000).*
[b] *Número de amostras que excederam os critérios está entre parênteses.*

trados em uma pequena quantidade de amostras e frequentemente foram causados por contagens de células viáveis de *E. coli* ($>10^2$ UFC/g).

Acima de tudo, esses resultados indicam que práticas de produção para alimentos prontos para o consumo, no Reino Unido, são adequadas e identificam áreas que requerem atenção futura.

1.13 Investigações de surtos

Um surto é um incidente no qual duas ou mais pessoas apresentam a mesma doença, sintomas similares ou excretam os mesmos patógenos e que possui uma associação de tempo, lugar e/ou pessoa. Um surto pode também ser definido como uma situação em que um número de casos observados inexplicavelmente excede o número esperado. Um surto de doença causada por alimentos ou água resulta da ingestão de alimento ou água da mesma fonte contaminada ou que foram contaminados da mesma forma.

Os surtos podem ser pequenos, como aqueles que ocorrem dentro de uma residência, ou muito grandes. Um dos primeiros grandes surtos bem-documentados ocorreu na Escócia, em 1964, quando 507 pessoas foram infectadas por *S.* Typhi e três morreram. A cepa foi tipificada como fagotipo 34, o qual era raro no Reino Unido, mas comum na América do Sul. O surto foi ligado à carne enlatada de uma planta de conservas que não havia clorado sua água de resfriamento nos últimos 14 meses e o micro-organismo muito provavelmente entrou através de uma fissura na lata. A contaminação de máquinas fatiadoras leva à contaminação cruzada de diferentes carnes e a elevados números de casos. Em junho de 2006, mais de 1.700 estudantes de 25 escolas das províncias de Seul, Inchon e Kyonggi, na Coreia do Sul, ficaram doentes em virtude de norovírus, após ingerirem merendas escolares fornecidas por um grande produtor. O número de vítimas foi o maior relacionado com merenda escolar nesse país; ver Tabela 1.7. Entretanto, ele é menor do que o surto de *E. coli* O157 ocorrido em 1996, no Japão, proveniente de brotos de rabanete distribuídos por uma rede de produção de alimentos. Esse surto causou cerca de 10 mil infecções em alunos, e 11 mortes foram reportadas.

Um sistema de vigilância de doenças de origem alimentar deve ser capaz de detectar e rapidamente responder a potenciais surtos. Epidemias causadas por *Salmonella* e *Campylobacter* devem ser identificadas por meio de detecção de uma crescente incidência de genótipos e fenótipos particulares. A tipificação molecular de rotina por PFGE e a transmissão dos padrões para uma rede de laboratórios (p. ex., PulseNet e EnterNet, Seção 1.12) aumentam o potencial de surtos individuais serem reconhecidos, os quais poderiam, de outra forma, passarem despercebidos pela vigilância de um único Estado ou país. Em consequência, a fonte ou o modo de transmissão desses surtos podem ser identificados. Por exemplo, em 1997, um surto envolvendo *S.* Anatum em bebês (de idades entre 1 e 11 meses) foi rastreado até um produtor de fórmulas infantis, após um total de 18 casos de salmonelose na Escócia, Inglaterra, País de Gales, Bélgica e França (Anon., 1997). As *S.* Anatum isoladas de 16 casos envolvendo uma marca particular de fórmula infantil combinaram entre si, mas diferiram das cepas de *S.* Anatum de outros dois bebês que não consumiram essa marca.

Os surtos também podem ser identificados quando um grupo de pessoas apresenta a mesma doença. Nestas ocasiões, o surto é reconhecido antes de o agente causador ser identificado. Dessa forma, esses surtos devem ser investigados, permitindo que os micro-organismos infecciosos, bem como a fonte e o veículo de transmissão, sejam identificados. A Tabela 1.16 resume o período de incubação e os sintomas dos principais patógenos de origem alimentar. Por isso, quando forem identificados, os agentes causadores de surtos alimentares podem ser comparados com os hábitos alimentares nos casos já catalogados em outras investigações.

Existem muitas fontes de informação a respeito de surtos, as quais podem ser acessadas pela internet e estão listados na Seção Recursos de Segurança dos Alimentos no Banco de Dados Mundial, no final deste livro.

- A publicação da OMS, de 2007, "*Foodborne disease outbreak: guidelines for investigation and control*"; ver Lâmina 2.
- Unidade de Vigilância e Respostas a surtos de origem alimentar do CDC (OutbreakNet) pode ser pesquisada de acordo com tipos específicos de patógenos, ano e Estado; ver a Lâmina 3.
- Relatórios da Eurosurveillance sobre surtos relacionados com alimentos e vigilância dos organismos de importância médica na Europa.
- Agências nacionais, como a Agência de Proteção à Saúde (UK Health Protection Agency), no Reino Unido, que fornece semanalmente dados sobre infecções gastrintestinais comuns e a descrição de surtos gerais de doenças de origem alimentar na Inglaterra e no País de Gales.

As investigações de surtos são em geral incompletas por muitas razões. Pode ser porque houve um atraso muito grande entre o evento do surto e o início da investigação. Em consequência, as pessoas envolvidas no surto não estavam mais disponíveis para questionamentos adicionais ou se esqueceram dos detalhes. Além disso, a informação recolhida pode ser limitada devido a dificuldades linguísticas, capacidade de comunicação falha ou questionários ineficazes por parte dos investigadores. Assim, as investigações de surtos requerem uma colaboração imediata de agências de saúde ambiental, laboratórios de saúde pública e epidemiologistas.

1.13.1 Investigações preliminares de surtos

Toda investigação e todo controle de um surto terão muitas etapas. A etapa preliminar consiste em diversas atividades:

- Considerar se os casos apresentam ou não as mesmas doenças e estabelecer uma tentativa de diagnóstico.
- Determinar se existe um surto real.
- Coletar amostras.
- Identificar fatores comuns para todos ou para a maioria dos casos.
- Conduzir a investigação no local envolvido.
- Considerar se há um risco contínuo de saúde pública.
- Iniciar as medidas imediatas de controle.

Tabela 1.16 Período de incubação normal de doenças de origem alimentar

Agente	Sintomas	Período de incubação							Duração (dias)	
		<2 horas	2-7 horas	8-14 horas	8-24 horas	1-2 dias	1-7 dias	Outro	<1	>1
Alergênicos químicos										
Metais pesados: cobre, estanho, chumbo, zinco	Náusea, vômitos									
Toxinas de pescados: PSP, ciguatera e outras	Sintomas gastrintestinais e neurológicos									
Glutamato monosódico	Sensação de queimação no corpo, tremores, tonturas, dor de cabeça, náusea									
Alergênicos alimentares nozes, ovos, leite, trigo	Choques anafiláticos, falha respiratória, comichão, náusea, vômitos									
B. cereus emético	Náusea, vômitos, dores abdominais									
S. aureus	Náusea, vômitos, dores abdominais									
B. cereus diarreico	Dores abdominais, diarreia líquida									
Clostridium perfringens	Dores abdominais, diarreia líquida									
Salmonella	Dores abdominais, diarreia, febre com calafrios, náusea, vômitos, perda de apetite									
Clostridium botulinum	Vertigem, visão dupla, dificuldades na fala, falha progressiva do sistema nervoso e paralisia									
Streptococcus do Grupo A	Dor de garganta, febre, náusea, vômitos, rinorreia tonsilite, talvez comichão									

Vibrio parahaemolyticus	Diarreia líquida profusa, febre com calafrios, dor de cabeça		
Yersinia enterocolítica	Pode parecer apendicite, gastrenterite com diarreia e/ou vômitos; febre e dores abdominais são comuns		
Vibrio cholerae	Diarreia líquida profusa, desidratação		
Shigella	Dores abdominais, diarreia; fezes podem conter muco e sangue		
Campylobacter	Dores abdominais, diarreia, dor de cabeça, febre, náusea, vômitos, perda de apetite		
Cyclospora cayetanencis	Diarreia líquida com frequentes e às vezes súbitos movimentos intestinais	1 semana	de poucos dias até meses
E. coli patógena	Dores abdominais, diarreia; fezes podem conter muco e sangue. Pode ocorrer febre		
Norovírus	Náusea, vômitos, diarreia, dores abdominais, mialgia, dor de cabeça, mal-estar		
Listeria monocytogenes	Febre, dor de cabeça, náusea, vômitos, diarreia, natimortos, meningite neonatal	Dias até semanas	
Hepatite A	Mal-estar, anorexia, náusea, dores abdominais, icterícia, urina escura, fezes com cores claras	15 a 50 dias	Semanas

- Informar às agências governamentais

Uma inspeção das condições associadas com o surto dependerá dos tipos de premissas, mas as informações típicas são as seguintes:

- Cardápios, fontes alimentares e suprimentos
- Condições de preparação, cozimento e armazenamento, medições de temperaturas
- Detalhes dos registros de APPCC, controles de pragas, rotinas de higienização
- Detalhes da equipe, saúde, treinamentos em higiene
- Fluxograma da área de preparação e dos processos

1.13.2 Definição do caso e coleta de dados

A próxima etapa será estabelecer a definição do caso e conduzir um interrogatório profundo com as pessoas envolvidas nos casos iniciais, utilizando um questionário-padrão. Um "questionário de caso" é uma ferramenta epidemiológica para contar o número de casos. Ele deve ser simples o suficiente para ser aplicado e incluir os seguintes itens:

- Sintomas clínicos da doença
- Período de tempo definido
- Um local definido; por exemplo, pessoas que frequentaram uma festa ou que moram em uma área específica
- Grupo "limitado" de pessoas; por exemplo, por faixa etária, aqueles que não viajaram recentemente para fora do país.

A caracterização dos casos não deve apenas ser altamente sensível para incluir os casos verdadeiros, mas também deve ser bastante específica para excluir os casos que não estejam relacionados. Essa é a situação ideal e, na vida real, visto que cada surto é diferente, a definição dos casos precisa ser apropriada. São necessárias análises posteriores dos dados coletados pelos questionários, e os resultados devem ser confirmados em laboratório. Não é raro que a definição dos casos mude durante a investigação enquanto informações vêm à tona. Além disso, durante a investigação, podem ocorrer os seguintes casos:

- *Casos confirmados*: quando a pessoa apresenta um resultado laboratorial positivo.
- *Casos prováveis*: quando a pessoa apresenta os sintomas clínicos da doença, mas sem a confirmação laboratorial.
- *Casos possíveis*: quando a pessoa não apresenta todos os sintomas clínicos.

Com frequência, os casos que iniciam uma investigação de surto são uma pequena porção do número total. Para que se determine o tamanho e a gravidade do surto, é necessária uma pesquisa proativa, incluindo casos posteriores. Se o surto aparentemente possui uma única fonte, como uma festa, então se deve contatar todos os convidados. Esta é a ação mais apropriada. Entretanto, para surtos de fontes contínuas ou intermitentes, com sintomas brandos, encontrar um número significativo de casos pode ser problemático. Por consequência, será necessário contatar o público por meio da mídia, bem como os médicos e os laboratórios de saúde pública para investigar casos adicionais. Em alguns surtos, as redes nacionais e internacionais (como a PulseNet e a Enter-Net; Seção 1.12) podem ser utilizadas para relacionar casos associados com um alimento que seja amplamente distribuído.

O questionário específico dependerá de o surto ter ocorrido entre pessoas que comeram juntas ou entre aqueles que estão ligados apenas por sintomas que ocorreram em um mesmo período. Em geral, o questionário cobrirá os seguintes pontos:

- Idade, sexo e ocupação
- Data e hora do primeiro sintoma
- Natureza, gravidade e duração dos sintomas
- Informação de alguma viagem internacional recente
- Contato com pessoas doentes com sintomas similares
- Detalhes, incluindo local das últimas refeições e bebidas consumidas
- Fontes de alimentação doméstica, leite ou suprimento de água
- Descrição de alguma amostra fornecida

Exemplos de questionários podem ser encontrados no documento Foodborne disease outbreaks: guidelines for investigation and control da OMS.

1.13.3 Coleta e interpretação de dados

Uma taxa de resposta de pelo menos 60% (preferencialmente acima de 80%) é atingível por meio de um contato dinâmico com os casos e os controles. A análise de informações deve possibilitar o cálculo da taxa de incidência (proporção de pessoas expostas às infecções e que desenvolveram a doença), do tempo, do local, das associações interpessoais, possibilitando elaborar a curva epidêmica. Isso pode levar a hipóteses mais detalhadas, como a fonte, o modo de disseminação da doença e a necessidade de coleta das amostras para análise microbiológica.

As informações das respostas do questionário devem ser imediatamente coletadas, permitindo a identificação dos sintomas clínicos e outros fatores relacionados ao surto. A Tabela 1.17 mostra um exemplo de investigação de casos em um surto. Cada coluna representa a variável, e cada linha é um caso individual. Programas específicos de computador estão disponíveis para compilar esses dados; como exemplo, há o Epi Info™ e o EpiData, os quais podem ser acessados pelos *sites* http://www.cdc.gov/epiinfo e http://www.epidata.dk, respectivamente.

A Tabela 1.18 mostra como os sintomas podem ser coletados em ordem decrescente. Isso pode indicar se a causa é uma intoxicação ou uma infecção alimentar. Os sintomas da intoxicação são em geral vômitos sem febre com um curto período de incubação (<8 horas). Essas síndromes são causadas por *B. cereus*, *Cl. perfringens* e *St. aureus*, por exemplo. Entretanto, os sintomas gerais para uma infecção entérica são febre com ausência de vômitos e um período de incubação maior do que 18 horas, como aquelas causadas por *Salmonella* e *Campylobacter*. Ver a Tabela 1.16 para uma descrição mais completa dos sintomas e organismos característicos.

Associações de tempo podem ocorrer quando o período inicial de doenças similares é de poucas horas ou dias. Associações de locais referem-se a comer ou beber no mesmo lugar, comprar alimentos de um mesmo mercado ou morar no mesmo

Tabela 1.17 Lista para investigação de surto alimentar

Código de investigação	Nome	Idade	Sexo	Data e hora do início da doença	Sintomas principais			Testes laboratoriais	
					Diarreia	Vômitos	Febre	Espécie	Resultados
1	GF	18	F	16.1.09 21:30		S		NI	
2	SD	24	M	17.1.09 6:30	S			Fezes	*Salmonella*
3	EH	32	M	17.1.09 7:30	S			Fezes	*Salmonella*
4	AS	56	F	17.1.09 8:30	S	S		NI	
5	KG	6	M	18.1.09 15:00	S	S	S	Fezes	Pendente
6	ML	35	M	19.1.09 11:00	S			NI	
Cont.									

Tabela 1.18 Frequência de sintomas entre casos de um surto alimentar

Sintomas	Número de casos	Percentagem
Diarreia	71	91
Dores abdominais	35	45
Náusea	23	29
Febre	10	13
Vômitos	5	6
Total	78	

endereço. Associações interpessoais dizem respeito a experiências comuns, como comer os mesmos alimentos, ser da mesma faixa etária, entre outras.

Para ajudar a encontrar a fonte causadora do surto, a frequência dos doentes, de acordo com o fato de terem comido um alimento específico, precisa ser calculada. Essa frequência é chamada de "taxa de ataque", e exemplos são mostrados na Tabela 1.19, na qual se percebe que as taxas de ataque para *mousse* de chocolate são bem

Tabela 1.19 Taxas de ataque específicas para alimentos servidos em uma festa de casamento – um estudo de grupo

	Comeu			Não comeu			
Tipo de alimento	**Doente**	**Não doente**	**Taxa de ataque (%)**	**Doente**	**Não doente**	**Taxa de ataque (%)**	**Risco relativo**
Melão[a]	5	25	17	3	12	20	0,83
Coquetel de camarão	3	8	27	10	25	29	0,95
Patê	2	3	40	15	25	38	1,07
Bife bovino	12	23	34	4	6	40	0,86
Carneiro	2	8	20	8	27	23	0,88
Chips	12	28	30	1	4	20	1,50
Batatas	6	31	16	1	7	13	1,30
Ervilhas	7	35	17	1	2	33	0,50
Sorvete	2	28	7	10	3	77	0,09
Mousse de chocolate[b]	10	3	77	1	29	3	23,08
Suco de laranja	10	30	25	1	4	20	1,25
Suco de tomate	2	3	40	25	15	63	0,64
Vinho	9	32	22	1	3	25	0,88

[a] Exemplo de cálculo de taxa de ataque para aqueles que comeram melão é (5/(5+25)x100)=17%.

[b] Exemplo de cálculo de risco relativo para *mousse* de chocolate é 77/3=23,08. Isso indica uma forte associação entre o consumo do *mousse* de chocolate e a doença.

maiores que as outras taxas de ataque. Em consequência, o método de preparação do *mousse* deve ser investigado, e a provável descoberta será que o alimento foi preparado com ovos crus. Neste exemplo, a taxa de ataque para sorvete é oposta à do *mousse* de chocolate, já que as pessoas acabam escolhendo entre essas duas sobremesas. Além disso, há uma grande diferença entre as taxas de ataque para ervilhas, e isso pode ter ocorrido devido ao pequeno tamanho da amostragem da categoria "não comeu".

Na Tabela 1.19, a taxa de ataque varia para aqueles que comeram ou não os alimentos dos tipos citados. O "risco relativo" (ou "razão de risco") é a proporção das taxas de ataque. Se o valor for de ~1, então não há associação entre o alimento e a doença.

Entretanto, se a razão for > 1, então há um risco maior de a doença estar associada com a ingestão um alimento específico. Novamente, isso é observado com clareza em relação ao *mousse* de chocolate. A razão de risco para o sorvete é bem menor que 1, devido à escolha da sobremesa, e por isso há um risco menor de doença. A Tabela 1.20 difere da 1.19, pois o número de pessoas expostas ao risco é desconhecido. Em vez de um risco relativo, a "razão de probabilidade" é calculada, uma vez que o produto do número de casos expostos ao tipo de alimento é multiplicado pelo número de pessoas-controle não expostas, o qual é dividido pelo produto do número de controles expostos multiplicado pelo número de casos não expostos. Da mesma forma que para os valores de "risco relativo", as razões de probabilidade maiores que 1 indicam uma associação entre o tipo de alimento e a doença. Razões de probabilidade são normalmente utilizadas para surtos nos quais o número total de pessoas expostas é desconhecido, como no estudo de um caso-controle (ver mais adiante).

Para a maioria das infecções de origem alimentar, o tempo de um surto em geral é demonstrado por meio de uma curva epidêmica. Uma curva epidêmica é um gráfico que mostra a distribuição do tempo, desde o início da aparição dos sintomas, de todos os casos que são associados com o surto (Fig. 1.7). Porém, isso nem sempre é possível quando se trata de micro-organismos com períodos de incubação prolongados, como a *L. monocytogenes*.
A escala de tempo varia dependendo da duração do surto.

Tabela 1.20 Exemplo de um estudo do tipo caso-controle de surtos de *Salmonella* na população em geral

	Casos (n=30)		Controles (n=25)		
Tipo de alimento	**Comeu**	**Não comeu**	**Comeu**	**Não comeu**	**Razão de probabilidade**
Salada verde	15	10	12	8	1,00
Frutas frescas	7	3	10	6	1,40
Tomates	17	11	12	11	1,42
Maionese	5	7	3	7	1,67
Sanduíches de frango[a]	26	2	5	10	26,00
Refeições com frango assado	19	8	16	5	0,74

[a] Exemplo de cálculo de razão de probabilidade para sanduíches de frango = (26x10)/(2x5)=26,00. Assim, há uma forte associação entre o consumo de sanduíches de frango e a infecção causada por *Salmonella* na população em geral.

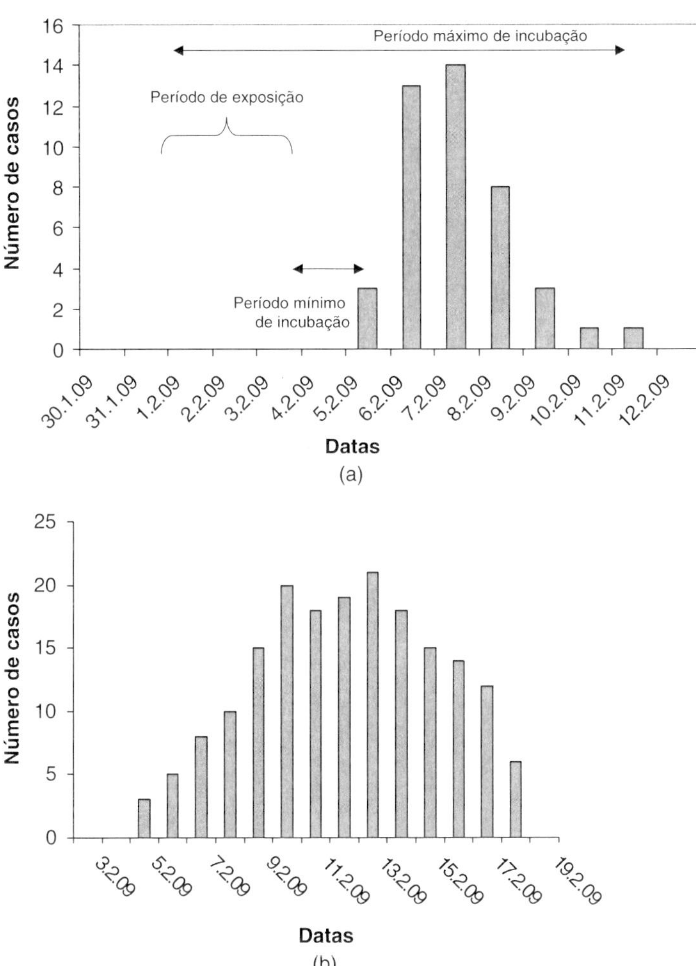

Figura 1.7 Quatro tipos gerais de curvas epidêmicas: (a) fonte pontual (b) fonte contínua-comum (c) fonte intermitente-comum (d) disseminação pessoa a pessoa. (*continua*)

A curva epidêmica é muito importante, pois ela pode:

1. Identificar o modo de transmissão.
2. Determinar o período de exposição à infecção ou à toxina.
3. Determinar o período de incubação do agente infeccioso ou da toxina.
4. Identificar casos que não estão relacionados – estes podem não ter valor na identificação da fonte do surto.

A Figura 1.7 apresenta quatro tipos de curvas epidêmicas, com variações em seus formatos. Um surto com fonte pontual mostra um degrau alto em número de casos, seguido por um decréscimo (Fig. 1.7a). Um exemplo pode ser um grupo de

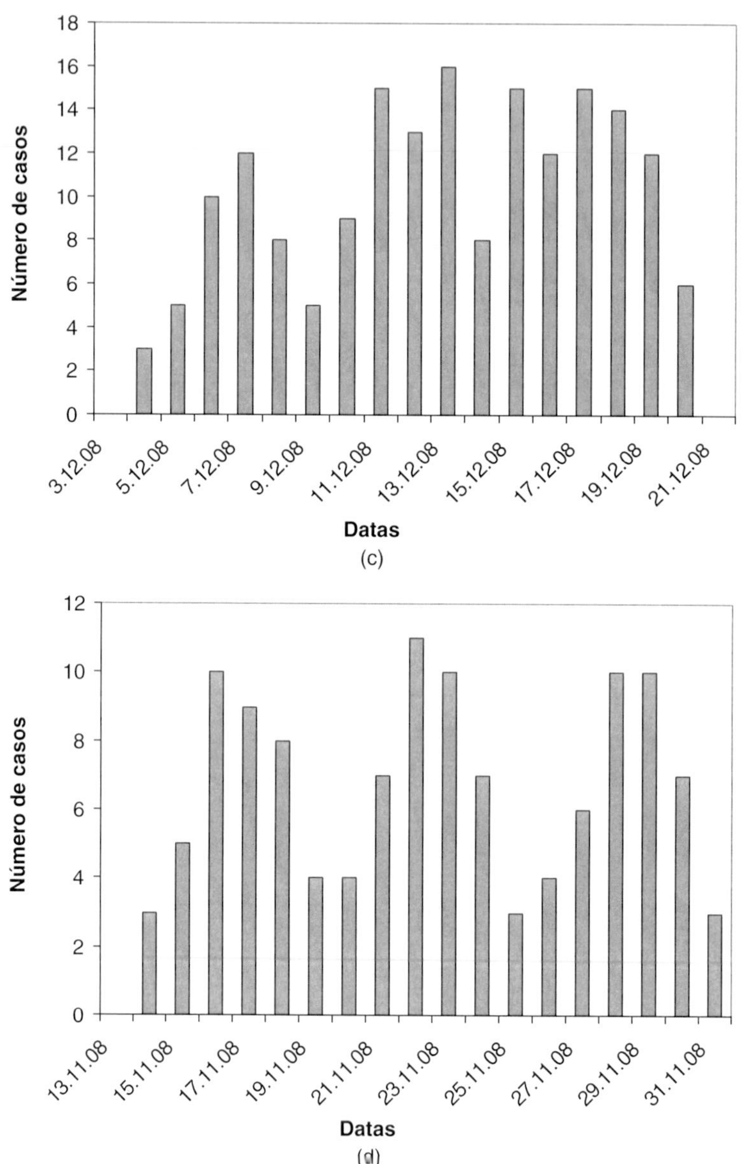

Figura 1.7 Quatro tipos gerais de curvas epidêmicas: (a) fonte pontual (b) fonte contínua-comum (c) fonte intermitente-comum (d) disseminação pessoa a pessoa. (*continuação*)

pessoas que ingeriram uma refeição, como ovos contaminados por *Salmonella*, utilizados para preparar um *mousse* de chocolate servido em uma festa de casamento. A diferença de tempo entre o primeiro e o último caso será menor do que o período de incubação. Além disso, se o agente causador for identificado, então o período de exposição pode ser determinado como a diferença entre os períodos máximo e mínimo de incubação. Um surto de fonte contínua-comum, no qual a causa não foi solucionada, mostrará um aumento gradual, seguido por um platô no número de casos (Fig. 1.7b). Por exemplo, uma unidade de pasteurização de leite que apresente falhas causará um número de casos crescente que eventualmente poderá estabilizar em um platô até que medidas adequadas de controle sejam colocadas em prática. Um surto de fonte intermitente-comum terá uma ondulação que irá variar de acordo com a frequência da exposição (Fig. 1.7c). Um surto de transmissão pessoa a pessoa também terá uma ondulação; entretanto, a periodicidade no final será próxima ao período de incubação do organismo infeccioso (Fig. 1.7d). Casos secundários, nos quais uma pessoa é infectada por meio de um caso primário e não da fonte original, podem ocorrer e isso complicará a interpretação da curva epidêmica.

Quando as pessoas estão ligadas por um local onde se alimentaram juntas (como uma festa de casamento), um "estudo de grupo" será realizado. Entretanto, um "estudo de caso-controle" será necessário. Estudos de grupo são mais comuns que estudos de caso-controle. Isso acontece porque um grupo de pessoas com sintomas similares, que se conhecem, tem mais probabilidade de informar o surto às autoridades de saúde e demais autoridades. Um grupo refere-se a um conjunto de pessoas que ingeriram juntas e, portanto, foram potencialmente expostas aos alimentos que estão sob investigação. O alimento consumido por cada pessoa pode ser lembrado por meio de questionários. O estudo de grupo apresenta vantagem, quando comparado ao de caso-controle, pois não há a necessidade de identificar e selecionar os controles. Isso reduz a possibilidade de tendências. O número de pessoas expostas sendo conhecido, o risco relativo pode ser calculado (Tab. 1.19).

Um estudo de caso-controle é necessário quando a população em risco não pode ser identificada ou quando está em risco, a população é tão grande que não vale a pena incluir todos, pois os custos seriam muito elevados. Por exemplo, um estudo de caso-controle será utilizado quando ocorrer um aumento repentino da incidência de uma cepa incomum de *Salmonella* e esses casos não estiverem restritos, mas espalhados em uma grande área. Assim sendo, não há uma refeição única a qual as pessoas envolvidas foram expostas. Em consequência, casos devem ser entrevistados para determinar quais alimentos podem estar contaminados. A hipótese liga-se ao fato de a doença estar relacionada ao consumo de um único ou de um pequeno grupo de alimentos. A comparação é realizada com a dieta da população-controle (separada por idade, sexo e localização) que está bem e possui dieta similar. Uma vez que o número de pessoas expostas é desconhecido, uma razão de probabilidade é determinada; ver Tabela 1.20.

Os dados coletados devem ser analisados estatisticamente; em geral o "chi-quadrado" (χ^2) e o teste exato de Fisher são utilizados, sendo o último mais aplicado para grupos amostrais menores. O nível de significância costuma ser de 95%. Isso significa que há uma chance em 20 de um caso isolado contar para a diferença estatística daquelas pessoas que ficaram doentes após comer os alimentos suspeitos e os que ficaram doentes mas não comeram tais alimentos. Às vezes, fatores que confundem as conclusões dos surtos podem estar presentes, como o fato de vários alimentos serem ingeridos simultaneamente, como, por exemplo, peixes servidos ao molho feito com ovos crus.

Enfim, as medidas de controle devem ser colocadas em prática pelas autoridades relevantes para:

- Controlar a fonte dos surtos, que pode ser animal, humana ou ambiental
- Controlar o modo de disseminação
- Proteger aqueles que estão em risco
- Monitorar a efetividade das medidas de controle

Exemplos de diversas investigações de surtos estão incluídas no Capítulo 4.

1.14 Terrorismo alimentar e crimes biológicos

A maior parte do livro se refere à contaminação acidental dos alimentos por organismos causadores de toxinfecções alimentares. Tais contaminações podem ocorrer durante a colheita, o processamento, a distribuição, a preparação e o consumo. Em outras palavras, entre "a fazenda e o garfo". Entretanto, esta seção considera a contaminação deliberada do alimento por indivíduos ou organizações como forma de ameaça à saúde humana. A contaminação deliberada de alimentos pode variar desde a adulteração de itens alimentícios individuais, até incidentes em larga escala envolvendo uma grande quantidade de alimentos. Tais atos podem ser realizados dentro de uma indústria de alimentos, por um funcionário descontente desejando ganhos financeiros, por uma questão de vingança pessoal ou por terroristas. Potencialmente, a contaminação maldosa de alimentos em um processo de produção industrial pode resultar em sérias repercussões de escala global. De forma alternativa, alimentos e água podem ser contaminados durante sua distribuição em supermercados ou restaurantes. O caos causado não se deve apenas à quantidade de pessoas doentes, mas também ao medo público e à perda de confiança nas autoridades políticas e reguladoras. Muitos micro-organismos envolvidos nos crimes biológicos são patógenos que causam surtos de doenças de origem alimentar devido a contaminações acidentais. Esses crimes podem ser interpretados como fatos acidentais, e a evidência analisada por um laboratório hospitalar que não suspeita de nada. Redes de vigilância nacionais e internacionais são descritas em mais detalhes na Seção 1.11. Tais sistemas devem invocar respostas rápidas dos serviços médicos e das autoridades reguladoras. Até pequenos números de casos podem representar uma grande ameaça, pois a fonte da contaminação pode ainda estar no mercado ou nos lares das pessoas. Além disso, os sistemas de vigilância são limitados pelo fato de apenas uma pequena quantidade de pessoas procurar assistência médica quando estão doentes. Os casos não reportados são descritos na Seção 1.7.

A contaminação deliberada de abastecimentos domésticos de água com agentes biológicos é possível. Entretanto, existem diversas barreiras para sua efetividade, como diluição, inativação por tratamento com cloro ou ozônio, filtragem e a quantidade relativamente pequena de água que cada pessoa bebe. Porém, o protozoário *Cryptosporidium parvum* pode ultrapassar essas barreiras (ver Seção 4.6.2). Isso foi evidenciado em 1993, quando um surto em Milwaukee envolveu 403 mil pessoas que desenvolveram a cryptosporidiose. Pelo menos 54 pessoas morreram e 4.400 foram hospitalizadas. Obviamente, plantas de tratamento de água mantidas de forma precária são uma grande ameaça de doenças causadas por contaminação acidental ou deliberada de água. A contaminação do abastecimento de água de indústrias de alimentos pode causar maiores danos devido às perdas econômicas subsequentes, ao recolhimento do produto do mercado, bem como à quantidade de doentes. O recolhimento internacional de 160 milhões de garrafas de água com gás devido a uma possível contaminação por benzeno, em 1990, demonstrou bem essa possibilidade.

Comparada com a contaminação acidental de alimentos, o número de casos de sabotagem alimentar é relativamente pequeno. Todavia, o impacto potencial da contaminação deliberada pode ser examinado por meio da escala de muitos exemplos documentados de surtos não intencionais de doenças de origem alimentar (Tab. 1.7), alguns dos quais envolveram mais de 100 mil casos de infecções. A maior contaminação não intencional reportada em um alimento, hepatite A em ostras, ocasionou 300 mil casos. Embora a maioria tenha se recuperado dos sintomas primários de uma toxinfecção de origem alimentar, deve ser lembrado que doenças secundárias e crônicas com consequências debilitantes podem segui-la (Seção 1.8). Visto que os terroristas podem utilizar agentes biológicos, químicos ou radioativos mais perigosos para aumentar o número de mortes, criar pânico e perdas econômicas, a escala de alguns surtos ilustra que um ataque deliberado de terrorismo alimentar pode ser devastador.

Os casos de crimes biológicos citados com mais frequência são:

- 1964-1968: Um microbiologista pesquisador deliberadamente contaminou alimentos e bebidas, causando muitos surtos de febre tifoide e disenteria nos hospitais japoneses, em familiares e vizinhos. O objetivo pode ter sido o de obter amostras clínicas para uma tese de doutorado.
- 1970: Um estudante de pós-graduação da Universidade McGill contaminou a comida de seu companheiro de quarto com o parasita *Ascaris suum*, um verme suíno alongado. Quatro vítimas ficaram gravemente doentes, duas com falhas respiratórias agudas.
- 1978: Contaminação de frutas cítricas de Israel por mercúrio levou 12 crianças da Holanda e da Alemanha Ocidental a serem hospitalizadas.
- 1984: Contaminação por *S.* Typhimurium em saladas de 10 restaurantes, durante duas semanas, em 1984. Essa contaminação foi causada por membros do grupo religioso Rajneesh, em Dallas, Oregon, nos Estados Unidos, e resultou em 751 casos de salmonelose e na hospitalização de 45 vítimas. Acredita-se que se tratasse de um teste para um ataque maior, almejando um caos durante as eleições locais. O grupo possuía ainda a *S.* Typhi, que causa doenças mais graves do que a *S.* Typhimurium.

- 1996: Contaminação de alimentos por *Shigella dysenteriae*. Um funcionário descontente de um hospital em Dallas infectou os alimentos dos colegas com uma cepa laboratorial de *Sh. dysenteriae* do tipo 2. No total, 12 pessoas ficaram doentes, nove das vítimas foram hospitalizadas para tratamento.
- 2001: 120 pessoas na China foram intoxicadas com veneno de rato em alimentos pelo dono de uma empresa de macarrão.
- 2002: Em Nanjing, China, cerca de 40 pessoas morreram e mais de 200 foram hospitalizadas quando o dono de uma rede de *fast food* colocou veneno de rato nos alimentos do café da manhã de seu concorrente.
- 2003: Um funcionário de um supermercado deliberadamente contaminou cerca de 91 kg de carne com um inseticida contendo nicotina. Cento e onze pessoas, incluindo cerca de 40 crianças, ficaram doentes devido ao consumo da carne adulterada.

O CDC classificou organismos utilizados como armas biológicas de acordo com sua ameaça; Tabela 1.21. A Categoria A, os agentes biológicos de alta prioridade, inclui o *Bacillus anthracis* (antrax) e o *Clostridium botulinum* (botulismo). Estes são patógenos de origem alimentar reconhecidos e que podem ser fatais. A maioria dos patógenos de origem alimentar está na Categoria B. Eles são razoavelmente fáceis de disseminar e com taxas de morbidez moderada e de mortalidade baixa.

As bactérias não são os únicos agentes que podem ser utilizados em um ataque terrorista. Armas químicas incluem pesticidas, arsênico, mercúrio, chumbo, metais pesados, dioxinas e bifenilas policloradas (PCBs). Por exemplo:

- Em 1946, o grupo Nakam infiltrou-se em uma padaria que fornecia pães para os prisioneiros de guerra do campo de concentração de Nuremberg. Por meio da disseminação de um veneno à base de arsênico, eles mataram centenas de soldados da SS e deixaram outros milhares doentes.
- Em 1971-1972, no Iraque, mais de 6.500 pessoas foram hospitalizadas e 459 morreram ao ingerir pão feito com trigo contaminado por mercúrio.
- Em 1978, a contaminação deliberada de frutas cítricas de Israel levou 12 crianças da Holanda e da Alemanha Ocidental a serem hospitalizadas.
- Em 1981, na Espanha, mais de 800 pessoas morreram e outras 20 mil foram afetadas por óleo de fritura tóxico.
- Em 1985, nos Estados Unidos, cerca de 1.400 pessoas ficaram doentes após comerem melancias cultivadas em solo contaminado com o pesticida aldicarb.
- Contaminação com cianeto, alegada como deliberada, de uvas chilenas levou ao recolhimento de todas as frutas chilenas dos Estados Unidos.
- Em 1995-1996, nove soldados russos e cinco civis foram mortos por champagne envenenada com cianeto pelo grupo de oposição Tajik, durante a celebração de ano novo.

As perdas econômicas associadas com as doenças de origem alimentar podem ser consideráveis (ver Seção 1.10). Os custos incluem o recolhimento do produto do mercado, a melhora do sistema de segurança dos alimentos e a reconquista da con-

Tabela 1.21 Categorização do CDC para organismos utilizados em bioterrorismo

Categoria	Descrição	Organismos
A	Mais alta prioridade, facilmente disseminados ou transmitidos de pessoa para pessoa, alta mortalidade, potencial para maior impacto na saúde, causam caos social e pânico público, necessitam de ação/intervenção dos serviços de saúde pública	Antrax, *B. anthracis* *Catapora, Variola major* Tularemia, *Francisella tularensis* Praga, *Yersinia pestis* Botulismo, *Cl. botulinum* Febre hemorrágica viral (p. ex., vírus Ebola)
B	Segunda mais alta prioridade, disseminação moderadamente fácil, mortalidade moderada, necessitam de vigilância conjunta do CDC e de outros serviços públicos	Ameaças de origem alimentar (Espécies de *Salmonella*, *E. coli* O157:H7) Ameaças de doenças causadas por água (*Vibrio cholera*, *Cryptosporidium parvum*) Toxina ricínica Febre Q (*Caxiella burnetii*) Brucelose Toxina epsilon do *Cl. perfringens* Enterotoxina B do *Staphylococcus* (*SEB*) Mormo Meliodias Psitacose Febre tifoide (*Rickettsia prowazekii*) Encefalite viral (encefalite venezuelana equina, encefalite equina oriental, encefalite equina ocidental)
C	Terceira mais alta prioridade, fácil de produzir e disponível para disseminação, possível disseminação em massa no futuro, podem ter alta morbidez ou mortalidade	Hantavírus Febre amarela TB resistente a multidrogas (tuberculose) Viroses causadas por carrapatos (encefalite hemorrágica) Vírus de Nipah

fiança dos consumidores. Em 1998, após a contaminação por *L. monocytogenes* de salsichas alemãs e carne utilizada em merenda, uma empresa norte-americana gastou cerca de 50 a 70 milhões de dólares para recolher 16 toneladas de produto do mercado, mais 100 milhões para melhorar a segurança dos alimentos e reconquistar a confiança dos consumidores. O surto de *S.* Montevideo relacionado a chocolate proveniente do Reino Unido, em 2006, teve um custo estimado de 40 mil dólares para o recolhimento do produto do mercado. O surto causado por *S.* Enteritidis que contaminou sorvete, em 1994, (Tab. 1.7) teve um custo estimado em 18,1 milhões de dólares devido aos cuidados médicos e o tempo de trabalho perdido. Conforme discutido na Seção 1.10, os custos indiretos de doenças de origem alimentar são consideráveis. O USDA estima que os patógenos mais frequentemente ligados a essas doenças tenham um custo econômico anual de 6,9 bilhões de dólares. As implicações econômicas da contaminação deliberada podem ser as intenções dos seus causadores, como a sabotagem das frutas cítricas de Israel, em 1978, contaminadas por mercúrio.

Outros agentes que podem ser adicionados deliberadamente são alergênicos e intoxicantes alimentares. Eles podem ser adicionados aos alimentos que não passam por investigações de seus componentes. Por exemplo, contaminação de alimentos que em geral não são suscetíveis a aflatoxinas ou resíduos de nozes. Diversas ameaças falsas de contaminação de alimentos e água foram registradas. Isso pode ter um efeito considerável de pressão política, na sensação de segurança pública e na resposta dos serviços de saúde.

Países importam uma grande quantidade de alimentos. Mais de 75% das frutas frescas e dos vegetais e 60% dos frutos do mar são importados pelos Estados Unidos. Devido à globalização da cadeia alimentar, os alimentos que foram contaminados em um país podem ter efeito significativo sobre outro, talvez do outro lado do mundo. Por exemplo:

- 1989: Melões cantaloupes importados do México estavam contaminados com *S. chester* e levaram a 25 mil infecções em 30 Estados dos Estados Unidos.
- 1991: Três casos de cólera em Maryland, nos Estados Unidos, foram associados a leite de coco congelado importado da Tailândia.
- 1994-1995: Um surto com *S. agona*, em Israel, envolvendo mais de 2.000 casos, foi rastreado até um petisco *kosher* infantil, e também causou alguns casos nos Estados Unidos, na França, na Inglaterra e no País de Gales.
- 1996-1997: Framboesas da Guatemala, contaminadas com *Cyclospora,* causaram 2.500 infecções nos Estados Unidos e em duas províncias canadenses.
- 1997: Framboesas da Eslovênia, contaminadas com norovírus, foram responsáveis por cerca de 300 casos de doenças no Canadá.
- 1997: No mesmo ano, 151 casos de hepatite A foram relacionados a morangos congelados do México.

Os prejuízos para o mercado internacional foram demonstrados durante a contaminação por dioxina na Bélgica, a qual necessitou de recolhimento internacional de produtos alimentícios. Outro exemplo com consequências ainda maiores foi a encefalopatia espongiforme bovina (BSE) (também conhecida como doença da vaca louca) e a doença variante Creutzfeldt-Jacob (vCJD), no Reino Unido, nos anos 1990; ver Seção 4.8.1 para mais detalhes. A transferência do agente do gado para os humanos foi a princípio negada, porém, mais tarde, aceita em 1996. Isso resultou em uma grande ansiedade pública, interrupção de importações, sacrifício de milhares de cabeças de gado, afetando bastante a indústria de carnes do Reino Unido. Além disso, houve também a perda da confiança nas autoridades reguladoras, bem como perdas humanas. O governo do Reino Unido (seguindo uma mudança de liderança política) respondeu com a criação de uma nova autoridade reguladora, a Agência de Padronização de Alimentos (Food Standards Agency).

1.15 A segurança dos alimentos após desastres naturais e conflitos

Após desastres naturais, é essencial que água e alimentos seguros estejam disponíveis. As vítimas podem sofrer lesões, choque ou desorientação e sentir medo. O risco de doenças posteriores será alto devido à impossibilidade de cozinhar combinada com a falta de higiene e de sanitários disponíveis. Assim, alimentos e água podem ser rapidamente contaminados com patógenos microbiológicos, causando hepatite A, febre tifoide, cólera e disenteria. Para ajudar os governos em seus planejamentos e respostas aos desastres naturais, a OMS desenvolveu um guia *Ensuring Food Safety in the Aftermath of Natural Disasters*; ver a seção de referências de *sites* de internet para o endereço URL. Ele oferece conselhos específicos sobre estocagem de alimentos, manipulação e preparação durante a ocorrência do desastre. Em resumo:

1. *Medidas preventivas para segurança dos alimentos, após a ocorrência de desastres naturais*: Toda a água deve ser considerada contaminada, como água de superfície, a não ser que seja fervida ou que passe por outro processo que a deixe segura. Apenas após o tratamento, a água pode ser consumida ou utilizada na preparação de alimentos. Entretanto, o alimento ainda pode conter perigos químicos. Áreas agrícolas devem ser avaliadas a fim de verificar se os alimentos ainda podem ser colhidos ou onde foram estocados em segurança após a colheita.
2. *Inspecionando e recuperando alimentos:* Todos os estoques de alimentos devem ser inspecionados e sua segurança, avaliada. Alimentos enlatados com as junções quebradas, com fendas ou falhas, e vidros com rachaduras devem ser descartados. Alimentos verificados como seguros devem ser separados dos demais. Em áreas de enchente, os alimentos devem ser armazenados em locais secos. A multiplicação de fungos (e a possível produção de suas toxinas) é mais provável que ocorra em vegetais, frutas e cereais que estejam estocados sob umidade ou que acabaram ficando molhados. Alimentos refrigerados, sobretudo carnes, peixes, frangos e leite, que não puderem ficar sob refrigeração devem ser consumidos antes de serem expostos à "zona de perigo" (5 a 60 °C) por mais de 2 horas. Outros alimentos normalmente refrigerados podem ser mantidos por mais de 2 horas, mas devem ser descartados se mostrarem sinais de deterioração.
3. *Provisão de alimentos após desastres naturais:* Quando as condições de cozimento forem restabelecidas, é comum que sejam distribuídos alimentos secos. Dessa forma, instruções de preparação de alimentos, especialmente a obrigatoriedade da utilização de água segura, não apenas para reconstituição, mas também para a lavagem das mãos e de utensílios, serão necessárias.

2 Aspectos básicos

2.1 O mundo microbiano

O universo microbiano abrange diversas formas de vida. Utilizando a definição de que a microbiologia estuda formas de vida invisíveis a olho nu, entende-se que ela inclua organismos complexos, como os protozoários e os fungos, e também os mais simples, como as bactérias e os vírus. Os principais micro-organismos estudados são as bactérias. Isso ocorre devido a sua importância médica, assim como pelo fato de serem cultivadas com mais facilidade do que outros organismos, tais como os vírus e os mais recentemente descobertos "príons", que são proteínas infecciosas incultiváveis. Apesar de as bactérias predominarem no nosso conhecimento da vida microscópica, existem muitos organismos importantes entre os micro-organismos.

A estrutura da célula revela quando um organismo é eucariótico (também conhecido como eucarionte) ou procariótico (também conhecido como procarionte). Os eucariontes contêm organelas celulares; como mitocôndria, retículo endoplasmático e núcleo definido, enquanto os procariontes não possuem uma diferenciação óbvia entre os componentes celulares e têm, de fato, o tamanho das organelas dos eucariontes. As análises das informações genéticas contidas nos ribossomos (análise do rRNA 16S) revelaram uma relação plausível e uma evolução de vida dos procariontes para os eucariontes por meio de relações simbióticas intracelulares (ver a análise de rRna 16S na Seção 2.9.2).

Até época relativamente recente, a classificação dos micro-organismos vem sendo baseada em propriedades morfológicas e fenotípicas (bioquímicas). Análises morfológicas explicam tanto se uma bactéria é esférica (cocos), filamentosa, um bastonete reto ou curvo, como se ela possui um tipo de parede celular Gram-negativa ou Gram-positiva (Seção 2.2.2). O fato de possuir certas enzimas (p. ex., α-galactose para a fermentação láctica) ajuda na identificação e definição de um grupo geral de bactérias associadas à contaminação fecal, os "coliformes". De forma generalizada, essas características permitem a classificação das bactérias em certos grupos. No passado, para uma classificação mais precisa, a bioquímica e a atividade enzimática eram utilizadas. Mais recentemente, os avanços no sequenciamento do DNA têm permitido o entendimento mais completo das capacidades genéticas dos micro-organismos. Alguns genes, denominados "genes donos de casa", têm ultrapassado a variação limitada durante a evolução e podem ser utilizados como meios de construção de uma árvore genealógica das relações entre os organismos. Isso é o que chamamos de "filogenética".

Um gene comumente utilizado para esse fim codifica uma das moléculas de rRNA, a qual é essencial para que o ribossomo funcione e sintetize as proteínas. Essa molécula é chamada de gene 16S rRNA, nos procariontes, e gene 18S rRNA, nos eucariontes (Seção 2.9.2). Uma árvore filogenética de organismos causadores de doenças de origem alimentar é mostrada na Figura 2.1. Os vírus não possuem esse gene e, por isso, não aparecem nessa "árvore da vida". Ser capaz de sequenciar genes em organismos de interesse e comparar a ordem dos nucleotídeos do DNA é apenas um exemplo da "bioinformática" (Seção 2.9) que nos permite a melhor compreensão do mundo microbiano.

Embora tenha sido convencionado aplicar às bactérias o conceito de "espécie", existem dificuldades para isso. Em organismos maiores, a espécie pode ser definida como uma população entre gerações que foi reprodutivamente isolada. O genoma de cada indivíduo é derivado dos seus pais, e, como as espécies divergem, os híbridos se tornam menos viáveis. Em contraste, as bactérias se multiplicam por fissão binária. A aquisição de genes adicionais pela bactéria é limitada à transferência de uns poucos genes entre as linhagens relacionadas e, algumas vezes, até de diferentes espécies (transferência horizontal). Uma análise completa da sequência genômica pode revelar regiões do DNA que diferem da maioria do genoma devido a sua proporção G:C ou linha de isolamento. Es-

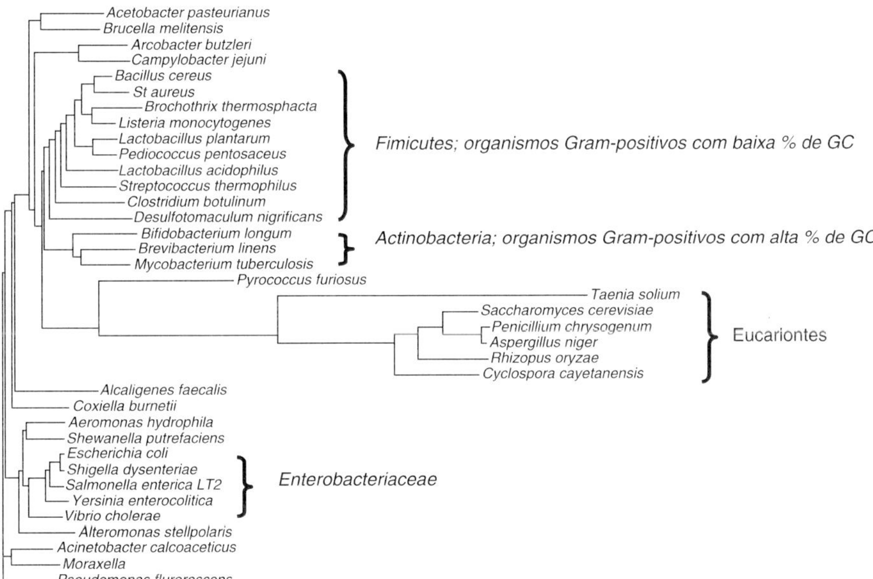

Figura 2.1 Árvore filogenética de organismos associados com microbiologia de alimentos e o organismo Archaea *Pyrococcus furiosus*, com base nas subunidades de sequenciamento do DNA ribossômico, construída utilizando o ClustalW (*freeware*). Detalhes dos números complementares da sequência podem ser obtidos, em inglês, em http://www.wiley.com/go/forsythe e na Seção 2.9.2.

sas regiões podem ser provenientes de bacteriófagos e de bactérias pouco relacionadas. Nas análises de sequência multilocus (Seção 5.5.4), os genes "donos de casa" são sequenciados e formam um núcleo de genes que ajudam a definir as espécies. Todavia, ainda que haja diferença entre o conceito de "espécie" para bactérias e organismos maiores, em ambos os casos, as espécies individuais podem ser reconhecidas por uma associação de genes. Inevitavelmente, visto que nosso conhecimento acerca de genomas tem melhorado, espécies já classificadas devem ser redefinidas. Algumas espécies bacterianas foram a princípio identificadas de acordo com suas características bioquímicas (fenotipificação), as quais representam uma pequena porção do total codificado no organismo.

Uma breve avaliação das toxinfecções pode começar com micro-organismos eucariontes, como os helmintos (ver Tab. 2.1 e Fig. 2.1; Seção 4.6). Eles incluem vermes cestoides, responsáveis pelas teníases: *Taenia solium*, tênia do porco, e *T. saginata*, tênia do gado, ambas amplamente distribuídas em todo o mundo. As infecções resultam da ingestão de carnes malcozidas ou cruas que contenham os cistos. Os vermes maduros podem infectar os olhos, o coração, o fígado, os pulmões e o cérebro. Um terceiro verme é o *Diphyllobothrium latum*, que é encontrado em uma variedade

Tabela 2.1 Contaminantes microbiológicos

	Onde são encontrados	Fontes
Vírus		
Uma ampla variedade causadora de doenças, incluindo hepatite A	Mais comum em moluscos,frutas e vegetais crus	Associados com higiene precária e cultivo em áreas contaminadas com esgotos não tratados e refugos de animais e plantas
Bactérias		
Incluindo Bacillus spp., *Campylobacter, Clostridium, Escherichia coli, Salmonella, Shigella Staphylococcus* e *Vibrio*	Alimentos crus e processados: cereais, peixes e frutos do mar, vegetais, alimentos desidratados e alimentos crus de origem animal (incluindo produtos lácteos)	Associadas com higiene precária em geral: provenientes de animais, tais como roedores e pássaros, e de excrementos humanos
Fungos		
Aspergillus flavus e outros	Nozes e cereais	Produtos estocados com alta umidade e temperatura
Protozoários		
Amoebae e Sporidia	Vegetais, frutas e leite cru	Áreas de produção e reservatórios de água contaminados
Helmintos		
Grupos de parasitas internos, incluindo *Ascaris, Fasciola, Opisthorchis, Taenia, Trichinella* e *Trichuris*	Vegetais e carnes cruas ou malcozidas e peixes crus	Água e solos contaminados em áreas de produção

de peixes de água doce, incluindo truta, perca e lúcio. Os abastecimentos de água contaminada podem conter organismos infecciosos, que incluem protozoários patogênicos, como *Cyclospora* e *Cryptosporidium*.

Os fungos (termo que inclui tanto mofos como leveduras) também são eucariontes. Exemplos bem-conhecidos de fungos são *Penicillium chrysogenum* e *Aspergillus niger*. Conforme mostrado na Figura 2.1, eles são provenientes da mesma árvore da vida e, apesar de sua aparência superficial, não são plantas. Eles não são diferenciados em suas raízes usuais, hastes e sistemas de folhas. Também não produzem o pigmento fotossintético verde, clorofila. Sua morfologia pode apresentar micélios ramificados com células diferenciadas, as hifas, que podem dispersar esporos ou existir como células simples, comumente chamadas de leveduras. Leveduras, como a *Sacharomyces cerevisae,* são muito importantes na microbiologia de alimentos. Indústrias de bebidas fermentadas e de panificação são dependentes de seu metabolismo para transformar açúcares em etanol (e outros tipos de álcoois), na produção de cervejas e vinhos e para produzir dióxido de carbono na manufatura do pão.

As micotoxicoses são causadas pela ingestão de metabólitos tóxicos (micotoxinas) produzidos por fungos que se desenvolvem em alimentos. As aflatoxinas são produzidas pelos fungos *Aspergillus flavus* e *A. parasiticus*. Existem quatro aflatoxinas principais – B1, B2, G1 e G2 –, de acordo com a fluorescência azul (B) ou verde (G) quando vistas sob lâmpadas UV. As ocratoxinas são produzidas pelos *A. ochraceus* e *Penicillium viridicatum*. A ocratoxina A é a mais potente entre essas toxinas.

As bactérias são procariontes e dividem-se em dois grupos: as "Eubactérias" (verdadeiras bactérias) e as "Arqueas" (termo antigo "arquebactérias"), de acordo com a análise do rRNA 16S e estudos da composição e metabolismo das células. Existem poucos organismos Arqueas de importância na indústria alimentícia. Os *Pyrococcus furiosus* (encontrado em orifícios hidrotérmicos, multiplicam-se a 100° C) foram incluídos na Figura 2.1 para ilustrar a separação das Arqueas. De forma generalizada, o tamanho de uma bactéria com formato de bastonete é em torno de 2μm x 1μm x 1μm. Apesar de seu tamanho bastante reduzido, apenas 500 células de *Listeria monocytogenes* são suficientes para gerar natimortos em grávidas. Os patógenos de origem alimentar mais comuns, como *Salmonella* spp., *Escherichia coli* e *Campylobacter jejuni*, são eubactérias capazes de multiplicar-se em temperaturas de 37° C (temperatura do corpo humano), resultando em toxinfecções com sintomas como diarreias e vômitos (ver Seção 4.3 para mais informações sobre (eu)bactérias causadoras de toxinfecções alimentares).

Os vírus, como o norovírus, são muito menores do que as bactérias. Os maiores, tais como o *cowpox,* possuem diâmetro de cerca de 0,3μm; enquanto os menores, como os vírus causadores de doenças nos pés e na boca, têm diâmetro de cerca de 0,1μm (ver Seção 4.4 para mais informações). Devido ao seu pequeno tamanho, os vírus podem passar através de filtros bacteriológicos e são invisíveis ao microscópio. Os vírus bacterianos são denominados bacteriófagos (ou fagos). Eles podem ser utilizados para diferenciar bactérias isoladas, o que é necessário em estudos epidemiológicos. Isso é chamado de fagotipificação.

Os príons (abreviação para "pequenas partículas proteicas infecciosas") possuem um longo período de incubação (meses ou até anos), além de resistência a altas temperaturas, formaldeído e irradiação UV; ver Seção 4.8.1 para mais detalhes. Em relação a ovelhas e gado, o isômero da proteína celular PrP^{c}, denominado PrP^{sc}, acumula-se no cérebro, causando orifícios ou placas. Isso leva a sintomas de *scrapie* em ovelhas e BSE no gado. A doença equivalente nos humanos, variante da doença de Creutzfeldt-Jacob, deve-se provavelmente à ingestão de agentes infectantes do gado.

2.2 Estrutura da célula bacteriana

2.2.1 Morfologia

As bactérias são organismos unicelulares. Elas são essencialmente bolsas de informações autorreplicantes em um microambiente controlado que é semiprotegido de extremos de variações do ambiente externo por meio de uma membrana citoplasmática semipermeável. Sua morfologia pode ser de bastonetes retos ou curvos, em forma de cocos ou filamentos, dependendo do organismo. A morfologia varia conforme o tipo de organismo e, em menor extensão, com as condições de crescimento. As bactérias dos gêneros *Bacillus, Clostridium, Desulphotomaculum, Sporolactobacillus* e *Sporosarcina* formam endósporos no citoplasma, dependendo de condições ambientais (relacionadas ao estresse). O endósporo é mais resistente a calor, secagem, pH, etc., do que as células vegetativas e, portanto, permite ao organismo resistir até que existam condições favoráveis, quando, então, o esporo pode germinar e se multiplicar.

2.2.2 Estrutura da membrana celular e coloração de Gram

A integridade estrutural da membrana citoplasmática é mantida pela camada de peptideoglicano, a qual permite à célula resistir aos extremos de osmolaridade no ambiente externo. Existe, no entanto, um preço a ser pago pela manutenção da homeostase no citoplasma. Este é o custo de energia para o transporte de nutrientes para o interior da célula e a retirada de materiais prejudiciais. Existem muitas proteínas especializadas nesse transporte, as quais formam cinco diferentes superfamílias. Estas contêm tanto as permeases que transportam materiais para dentro da célula, como as bombas de efluxo que transportam materiais para fora dela. A energia para o transporte é derivada da hidrólise da adenosina trifosfato (ATP), dos gradientes iônicos através da membrana citoplasmática ou da hidrólise do fosfoenol piruvato.

Organismos Gram-negativos possuem uma estrutura adicional na parede celular, chamada de membrana externa, que age como uma barreira para limitar a difusão de material prejudicial para o interior da célula. Essa membrana, junto com as bombas de efluxo, permite que as bactérias Gram-negativas sobrevivam e prosperem em ambientes prejudiciais a outros tipos de micro-organismos. A membrana externa também limita a difusão de nutrientes para a célula, mas há canais nessa membrana, chamados de porina; ver Figura 2.2. Esses canais permitem a difusão passiva de nutrientes para o interior do espaço periplásmico, mas as porinas possuem limites de

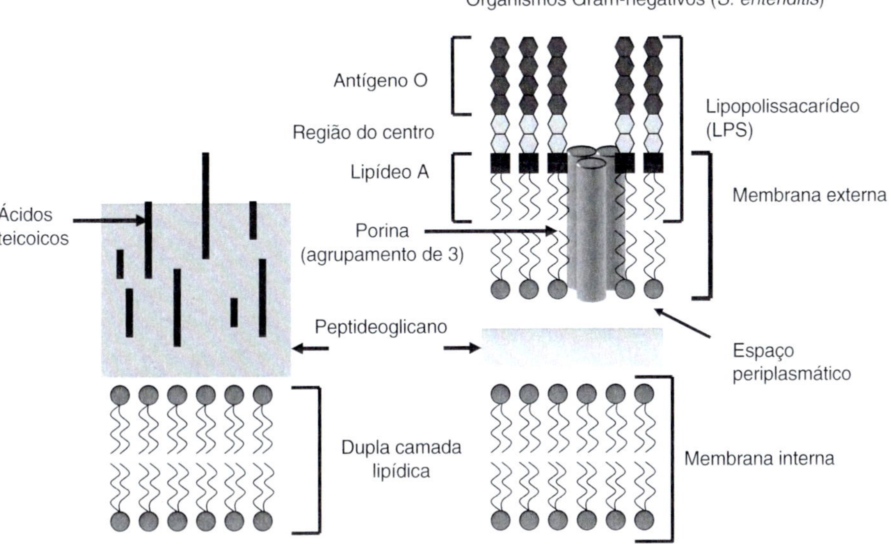

Figura 2.2 Estrutura da parede da célula bacteriana.

tamanho de exclusão e algumas ainda têm especificidades para a carga de moléculas. Essas proteínas evoluíram para habilitar os organismos Gram-negativos a sobreviverem no intestino, onde existem detergentes presentes em concentrações de cerca de 20mM. Após atravessarem o espaço periplasmático, os nutrientes são então tomados por permeases substrato-específicas e transportados através da membrana citoplasmática. Algumas das permeases são altamente específicas para seus substratos em particular aquelas do sistema fosfotransferase (PTS). Outras, sobretudo as do tipo simporte de próton, são muito menos discriminatórias.

Christian Gram, microbiologista dinamarquês, queria visualizar as bactérias em tecidos musculares. Tentou uma variedade de protocolos de coloração histológica e descobriu o que atualmente o mundo inteiro conhece como coloração de Gram. Ele notou que as bactérias podiam ser coradas tanto de azul-escuro, como de vermelho. Isso acontecia devido à precipitação do cristal violeta com o Lugol, no interior do citoplasma da célula; essa precipitação não podia ser extraída de determinados organismos (Gram-positivos) com a utilização de solventes como o etanol ou a acetona, porém era extraída de outros (Gram-negativos). Uma vez que essas últimas células descoravam após a utilização de álcool ou acetona, uma coloração de contraste foi necessária, sendo utilizadas safranina ou fucsina.

A razão para o comportamento diferenciado do cristal violeta-lugol foi atribuída às diferenças na estrutura da parede celular (Fig. 2.2). Os organismos Gram-positivos possuem uma parede celular grossa, envolvendo a membrana citoplasmática. Essa é composta por peptideoglicano (também conhecido como mureína) e ácidos teicoicos, enquanto os organismos Gram-negativos possuem uma parede celular mais fina que é envolvida por outra membrana externa. Portanto, esses organismos possuem duas membranas. Essa membrana externa difere da interna e contém moléculas conhecidas como lipopolissacarídeos (LPS). O peptideoglicano é o local de ação do antibiótico penicilina (penicilina G), e isso explica o porquê de os antibióticos serem inicialmente tão efetivos contra estreptococos e estafilococos (ambos Gram-positivos), e não contra os Gram-negativos, como a *Escherichia coli*. Mais tarde, as penicilinas semissintéticas foram desenvolvidas para tornar outros organismos sensíveis à penicilina.

2.2.3 Lipopolissacarídeo (LPS, antígeno O)

A membrana externa dos organismos Gram-negativos contém moléculas de lipopolissacarídeo (LPS). Ela é composta por três regiões: lipídeo A, centro e antígeno O (Fig. 2.3). O lipídeo A, também conhecido como "endotoxina", ancora a molécula na membrana externa e é tóxico para as células humanas. Durante uma infecção, ele causa febre e é referido como pirogênico. Esse é o fator de virulência de organismos Gram-negativos como a *Salmonella* e a *Chlamydia*.

A região do centro é composta por moléculas de açúcar, e sua sequência reflete a identidade do organismo. A região O é mais variável do que a do centro. Em alguns organismos, a região O pode conter apenas alguns resíduos de açúcar, enquanto em outros contém repetidas unidades de açúcar. Algumas espécies isoladas variam na quantidade de região O presente e, portanto, é possível diferi-las pelo uso dos termos "lisa" e "rugosa". Os antígenos estão no corpo do organismo e são conhecidos como "somáticos" ou "antígenos O". A letra O provém da palavra em alemão *ohne*, significando *sem*, e originalmente era utilizada em referência a formas imóveis ou não flageladas. A estrutura do LPS é resistente à fervura por 30 minutos e por isso é também referida como antíge-

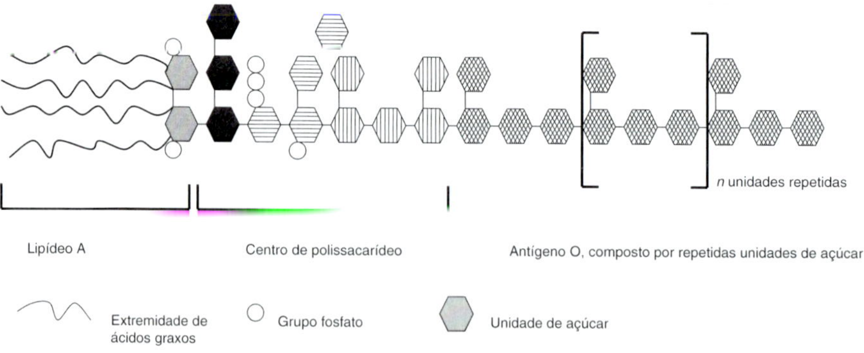

Figura 2.3 Estrutura da molécula de lipopolissacarídeo dos organismos Gram-negativos, como a *Salmonella*.

no resistente ao calor. Um dos fatores que causam fatalidades em septicemia de origem Gram-negativa é a presença do LPS, já que este provoca superprodução do fator tumoral necrótico (TNF), conduzindo a uma superestimulação da síntese de óxido nítrico.

2.2.4 Flagelos (antígeno H)

A maioria das bactérias em forma de bastonetes (e algumas em forma de cocos) é móvel em meios líquidos. A motilidade ocorre devido a movimentos rítmicos de uma estrutura fina filamentosa chamada de flagelo. A célula pode possuir um único flagelo (monotriquia), um ramo de flagelos (lofotriquia) em um ou ambos os polos ou vários flagelos sobre toda a superfície (peritriquia). A natureza proteica do flagelo é o que origina sua antigenicidade, denominada antígeno H. A letra H provém do alemão *hauch*, significando respiração, e é originada da descrição do movimento do *Proteus*, o qual, em placas úmidas de ágar, era similar à névoa causada pela respiração sobre vidros gelados. Os flagelos são desnaturados pelo calor (100 ºvC, 20 minutos) e, por isso, o antígeno H é referido como sensível ao calor (*heat labile* – LT), em contraste com o antígeno resistente ao calor do LPS. Também são desnaturados por ácidos e álcoois.

As espécies de *Salmonella* podem expressar dois antígenos flagelares: fase 1, existente em apenas algumas cepas, e fase 2, que é menos específico. O antígeno fase 1 é representado por letras, enquanto o fase 2, por números. Uma cultura pode expressar uma fase (cultura monofásica) da qual poderão surgir mutantes em outra fase (cultura bifásica), principalmente se a cultura for incubada por mais de 24 horas. As sorotipificações de algumas cepas de *Salmonella* podem ser encontradas em mais detalhes na Seção 4.3.2. A *E. coli* possui um total de 173 antígenos O diferentes e 56 antígenos H. A *E. coli* O157:H7 é uma cepa bastante patogênica, reconhecida por meio da sorotipificação dos antígenos O e H.

2.2.5 Cápsula (antígeno Vi)

Algumas bactérias secretam um material polimérico viscoso, composto por polissacarídeos, polipeptídeos ou polinucleotídeos. Quando a camada é muito densa, é visualizada como uma cápsula. O fato de a bactéria possuir cápsula dota-a de resistência ao engolfamento pelas células brancas do sangue. Como consequência, a antigenicidade da cápsula é denominada antígeno Vi, sendo originalmente vista como responsável pela virulência da *S.* Typhi. Ver Seção 4.3.2 para mais informações sobre a sorotipificação de *Salmonella*.

2.3 Toxinas bacterianas e outros determinantes de virulência

A capacidade de um micro-organismo causar doenças depende de ele possuir diferentes determinantes de virulência. Isso inclui os previamente abordados LPS (pirogênico), cápsula (evita o engolfamento), flagelos (mobilidade até as células-alvo), bem como adesinas, invasinas e toxinas. Para infectar o hospedeiro, muitas células aderem à superfície do intestino para superar o peristaltismo. Adesinas são moléculas da superfície da célula compostas por glicoproteínas ou glicolipídeos, os quais se ligam a superfícies específicas do hospedeiro. Fímbrias, também conhecidas como pili, são estruturas similares a pelos e situam-se na superfície da bactéria. Bactérias patógenas podem ter muitos tipos diferentes de adesinas, resultando em especificidade de hospedeiros e tecidos. Invasinas são moléculas que capacitam o patógeno a invadir a célula do hospedeiro, na qual pode persistir de forma intracelular. Cepas de *Salmonella*, espécies de *Shigella* e *L. monocytogenes* invadem a camada epitelial do intestino (ver Seção 4.3). A *Listeria* tem uma proteína superficial, "internalina", que facilita a invasão. Alguns patógenos apresentam sistemas de secreção do Tipo III que bombeiam proteínas bacterianas na célula do hospedeiro. Isso pode causar mudanças na superfície da célula do hospedeiro, tais como irritação da membrana e macropinocitose, levando a engolfamento e internalização da bactéria.

2.3.1 Toxinas bacterianas

Existem diversas definições para toxinas bacterianas, algumas das quais se sobrepõem:

1. *Exotoxinas:* são essencialmente as toxinas proteicas bacterianas; são denominadas também toxinas secretadas. O termo exotoxinas enfatiza que a natureza da substância pode ser extracelular, excretada, termoinstável e antigênica. Elas exercem sua atividade biológica (muitas vezes letal) em doses ínfimas e são liberadas durante a fase de declínio da cultura. Mais detalhes podem ser encontrados a seguir.
2. *Enterotoxinas:* são exotoxinas que resultam em diarreias extremamente líquidas. São categorizadas por seu modo de ação:
   - (i) Exotoxinas que induzem ações diretas no tecido intestinal, lesões estruturais e/ou químicas, causando diarreia.
   - (ii) Exotoxinas que causam ações específicas (perda de líquidos) no intestino.
   - (iii) Exotoxinas responsáveis pela elevação dos níveis de AMP cíclico, causando mudanças no fluxo de íons e secreção líquida em excesso.
3. *Enterotoxinas citotônicas:* é o termo aplicado àquelas toxinas, tais como a toxina colérica, que induzem a secreção de líquidos por meio da interferência em mecanismos bioquímicos regulatórios, sem causar danos histológicos.
4. *Enterotoxinas citotóxicas:* são as toxinas que causam danos às células intestinais como um pré-requisito para o início da secreção de líquido. As citotoxinas podem ser uma proteína ou LPSs (endotoxinas) e também podem ser chamadas de "toxinas associadas às células" e "citolisinas". Elas são invasivas e destroem as células-alvo. Seu modo de ação pode ser tanto intracelular como pela formação de poros nas células. As citotoxinas intracelulares inibem a síntese proteica da célula e/ou a formação de filamentos de actina. As que causam formação de poros nas células-alvo podem ser detectadas por sua atividade lítica nos eritrócitos; por isso, são conhecidas ainda como "hemolisinas". As citotoxinas resultam em diarreia inflamatória, a qual normalmente contém sangue e leucócitos.

5. *Endotoxinas:* são estruturas lipopolissacarídicas (LPS) termoestáveis, associadas às células (Fig. 2.2). O LPS faz parte da membrana externa das bactérias Gram-negativas. O lipídeo A é a parte do LPS responsável pela toxicidade. As endotoxinas causam choques tóxicos, inflamações e febre, como ocorre com as infecções causadas por *Salmonella* spp. Elas provocam atividades citotóxicas nas células.
6. *Toxina distensora citoletal (Cytolethal distending toxins* – CLDTs): essas toxinas afetam o ciclo regulatório da célula do hospedeiro. Elas têm sido encontradas em uma ampla variedade de organismos não relacionados: *C. jejuni*, *E. coli*, *Sh. dysenteriae*, *Haemophilus ducreyi* e *Actinobacillus actinomycetemcomitans* (Picket e Whitehouse, 1999). A toxina bloqueia as células em G_2. A CLDT inibe a desfosforilação da proteína quinase cdc2 e evita que a célula realize mitose.

As exotoxinas são proteínas bacterianas tóxicas. O termo é derivado da observação inicial de que muitas exotoxinas bacterianas são excretadas no meio durante a multiplicação. Isso as diferencia das endotoxinas (LPSs). Essa diferenciação não é exata, uma vez que algumas exotoxinas se localizam no citoplasma ou no periplasma e são liberadas com a quebra da célula. A denominação das exotoxinas não é sistemática. Algumas recebem denominações com o tipo de célula hospedeira. As exotoxinas que atacam uma grande variedade de células são chamadas citotoxinas, enquanto aquelas que atacam tipos específicos de células podem ser designadas de acordo com o tipo de célula ou órgão afetado, tais como as neurotoxinas, leucotoxinas, hepatotoxinas e cardiotoxinas. Pode-se, ainda, denominá-las de acordo com seu modo de ação, como, por exemplo, a lecitinase, produzida pelo *Cl. perfringens*. Elas também são denominadas conforme o micro-organismo produtor ou a doença que causam. Dois exemplos são (1) a toxina colérica, que causa cólera e é produzida pelo *Vibrio cholerae*, e (2) a shigatoxina, que resulta em disenteria bacteriana e é produzida pelas espécies de *Shigella*. Algumas toxinas possuem mais de um nome, como as shigatoxinas da *E. coli* O157:H7, as quais também são chamadas de verotoxinas, pois afetam culturas de células Vero de mamíferos. Essa confusão é refletida pela mudança de nomes dos patógenos VTEC e STEC da espécie *E. coli* (Seção 4.2.2).

As exotoxinas podem ser divididas em quatro grupos (Henderson et al., 1999):

1. Aquelas que agem na membrana celular.
2. Aquelas que atacam a membrana.
3. Aquelas que penetram diretamente na membrana para atuar dentro da célula.
4. Aquelas que são diretamente transportadas da bactéria para o interior da célula eucariótica por meio da secreção.

Toxinas que agem na membrana celular

Apesar de as proteínas serem normalmente sensíveis a altas temperaturas (como 100° C), existem algumas enterotoxinas pequenas que são termoestáveis (toxinas ST). A toxina termoestável da *E. coli* é um peptídeo com 18-19 aminoácidos e com três pontes dissulfídicas. Essa estrutura é responsável pela resistência da toxina ao calor.

Essas toxinas causam diarreia sempre que forem ligadas à guanilina endógena, um peptídeo hormonal que regula a homeostase entre água e sais no intestino e nos rins (Fig. 2.4). A toxina hemética do *B. cereus* (também chamada de cereulida) é um anel com três repetições de quatro amino e/ou oxiácidos "-D-O-leucina-D-alanina-O-valina-L-valina". É plausível que essa toxina se ligue ao receptor 5-HT_3 para estimular o nervo vago aferente, conduzindo ao vômito; ver Seção 4.3.10 para mais detalhes.

Os superantígenos são toxinas que agem estimulando a liberação de citocinas a partir das células T, induzindo uma resposta imunológica inapropriada. O *St. aureus* e o *Strep. pyogenes* são produtores de superantígenos, os quais não possuem a estrutura de subunidade AB. Um dos mais estudados é o TSST-1 (de aproximadamente 22 kDa) proveniente do *St. aureus*, o qual causa síndromes de choque tóxico (associada com o uso de tampões). O *St. aureus* também produz as enterotoxinas A-E (de aproximadamente 27 kDa), as quais são responsáveis por intoxicações alimentares (ver Seção 4.3.7 para mais detalhes).

Toxinas que danificam as membranas

São aquelas que possuem as subunidades A e B, as quais não se separam e agem destruindo as membranas das células hospedeiras, como, por exemplo, a listeriolisina O. Esse grupo é subdividido em toxinas formadoras de poros, as quais permitem que o conteúdo do citoplasma vaze para fora da célula. As citolisinas de ligação ao colesterol tiol-ativadas (52 a 60 kDa) ligam-se ao colesterol da célula hospedeira, formando poros de 30 a 40nm. Como exemplos, podem ser citadas a listeriolisina O (*L. monocytogenes*), a perfringolisina O (*Cl. perfringens*) e a cereulisina (*B. cereus*). Essas enzimas podem ser chamadas também de "hemolisinas", devido à utilização frequente das células sanguíneas para detectar a presença da toxina. Antigamente, elas eram denominadas "sensíveis ao oxigênio" e também "sulfidril-ativadas", porém hoje esses termos são reconhecidos como errados. O segundo tipo é a fosfolipase (PLC), a qual remove o grupo principal carregado da porção lipídica dos fosfolipídeos. Uma quantidade considerável de bactérias, tanto Gram-positivas como Gram-negativas, pro-

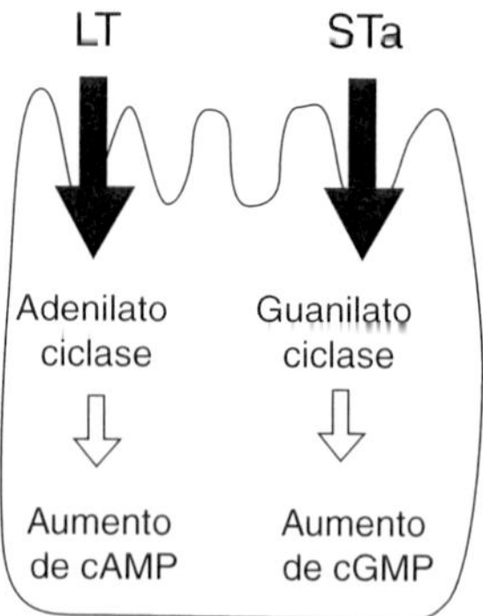

Figura 2.4 Modo de ação das toxinas LT e ST produzidas por cepas patogênicas de *E. coli*.

duz fosfolipases. A *L. monocytogenes* produz um fosfoinositol específico (PLC) capaz de auxiliar o organismo a escapar do vacúolo, após o engolfamento, e também produz uma ampla quantidade de PLCs envolvidas na propagação célula a célula; ver Seção 4.3.5 para mais detalhes. O *Cl. perfringens* produz a fosfolipase C, também conhecida como α-toxina, que possui atividades necróticas e citolíticas (Titbull et al., 1999). O *St. aureus* é produtor de β-hemolisina.

Toxinas que penetram nas membranas

Essas toxinas possuem a chamada estrutura AB, na qual a subunidade A é a catalítica e a B se liga ao receptor da célula hospedeira. Existem dois tipos comuns de toxina AB:

1 As unidades A e B são unidas em uma única molécula, no entanto, a estrutura pode ser dividida em duas subunidades ligadas por uma ponte dissulfídica. Alguns exemplos são as toxinas botulínicas dos tipos A-F e a toxina tetânica (Fig. 2.5). São compostas por grandes cadeias simples (> 150 kDa) e são toxinas proteolíticas cliváveis durante a ativação e a entrada celular. A toxina botulínica bloqueia a ação dos nervos periféricos (Fig. 2.6). Ver Seção 4.3.9 para mais detalhes.

2 AB_5, na qual cinco subunidades B (pentâmero) formam uma estrutura anelar e possibilitam a entrada da subunidade A na célula através de um furo central. É possível citar alguns exemplos, como a toxina colérica, as toxinas termoestáveis da *E. coli* e as shigatoxinas (Fig. 2.7). As toxinas coléricas e as da *Shigella* ligam-se a receptores gangliosídeos glicolipídicos na célula hospedeira. As shigatoxinas atacam o rRNA 28S para retirar a adenina 4324, a qual é envolvida no fator 1 de

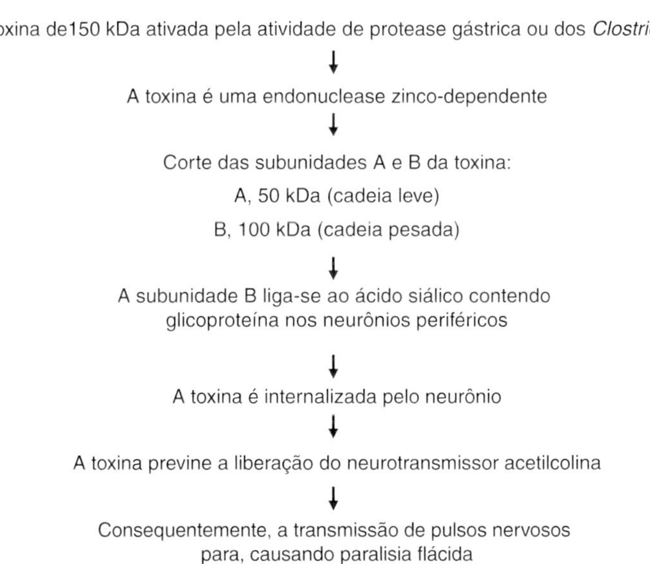

Toxina de150 kDa ativada pela atividade de protease gástrica ou dos *Clostridium*
A toxina é uma endonuclease zinco-dependente
Corte das subunidades A e B da toxina:
A, 50 kDa (cadeia leve)
B, 100 kDa (cadeia pesada)
A subunidade B liga-se ao ácido siálico contendo glicoproteína nos neurônios periféricos
A toxina é internalizada pelo neurônio
A toxina previne a liberação do neurotransmissor acetilcolina
Consequentemente, a transmissão de pulsos nervosos para, causando paralisia flácida

Figura 2.5 Modo de ação da toxina do *Cl. botulinum*.

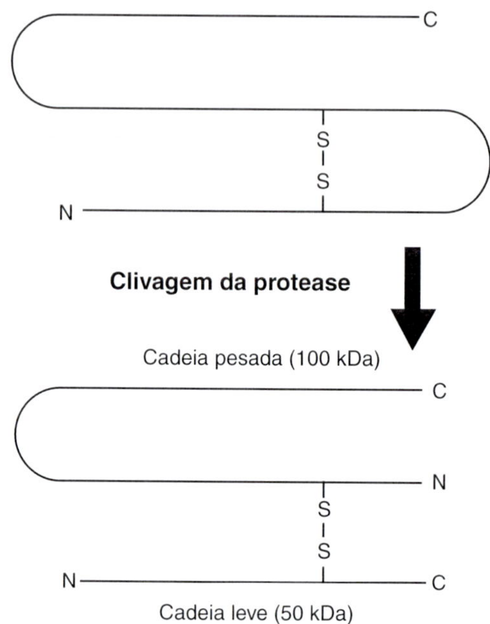

Figura 2.6 Estrutura e ativação da toxina do *Cl. botulinum*.

elongação mediada pelo tRNA ao complexo ribossomal e consequentemente inibe a síntese proteica. A subunidade A das shigatoxinas possui homologia sequencial e estrutural com a família das ricinas das toxinas das plantas, as quais têm modo de ação idêntico. A subunidade A é ativada por clivagem proteolítica na entrada da célula para originar dois fragmentos unidos por uma ponte dissulfídica que, então,

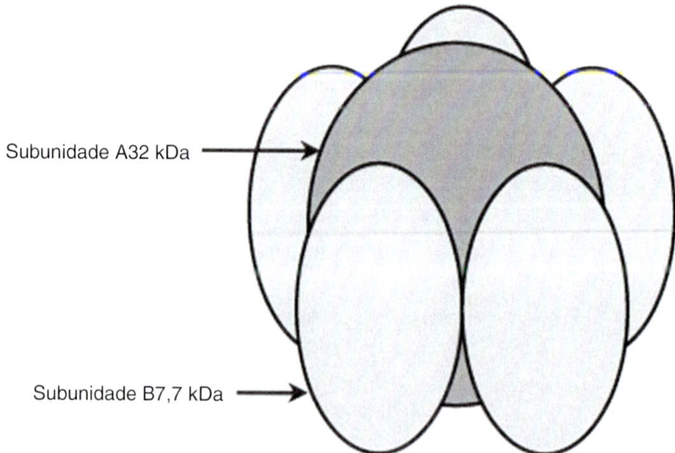

Figura 2.7 Estrutura AB5 da shigatoxina.

é reduzida. A toxina colérica e a toxina termoinstável (LT) ADP-ribossilato G_3 de *E. coli* são proteínas heterotriméricas G envolvidas na estimulação da adenilato ciclase (Fig. 2.8). A subunidade A da G_s é modificada no Arg201, o qual inibe a atividade GTPase, mantendo a proteína G_s na posição ativada e conduzindo a uma ativação permanente da adenilato ciclase. Isso resulta em alta concentração de cAMP cíclico nas células epiteliais do intestino, causando grande acúmulo de fluido no lúmen intestinal e diarreia líquida que pode ser fatal. A toxina colérica é codificada pelo cromossomo em um fago, enquanto a LT e a ST da *E. coli* são codificadas por plasmídeos. Já a shigatoxina é codificada pelo cromossomo.

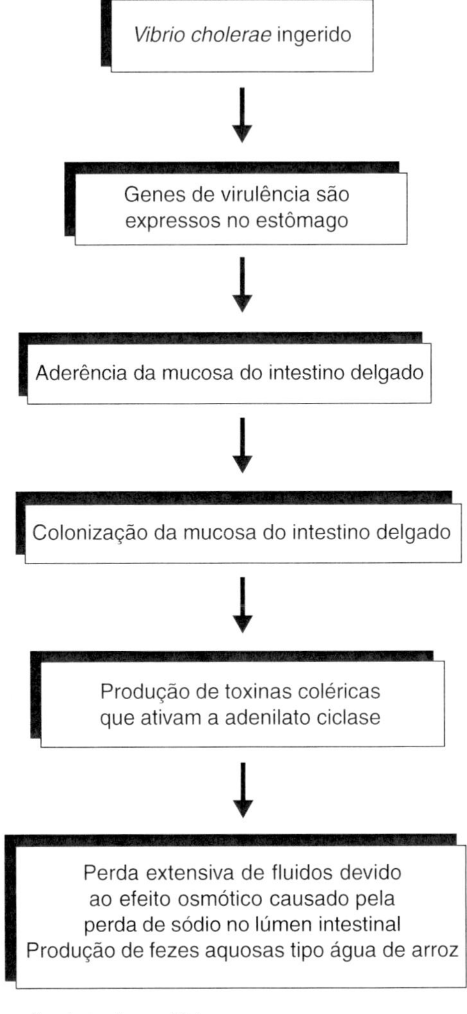

Figura 2.8 Modo de ação da toxina colérica.

Toxinas transportadas

As toxinas desse grupo não apresentam atividades tóxicas quando purificadas de bactérias. São transportadas diretamente do citoplasma bacteriano para o citoplasma eucariótico por meio de um complexo de proteínas que ligam as membranas das duas células. Um exemplo é o sistema de secreção de Tipo III da *Salmonella* e da *E. coli* O157. Esse sistema de secreção é normalmente codificado por genes em ilhas de patogenicidade, descritas na seção seguinte. Bactérias conhecidas por produzir tais toxinas são *Salmonella, Shigella* e *Yersinia* spp.

2.3.2 Ilhas de patogenicidade

As ilhas de patogenicidade (PAIs) são grandes sequências gênicas (>30kb), diferentes dos elementos cromossomais que codificam os genes associados, a virulência (Tab. 2.2). Uma vez que a percentagem de guanina citosina (GC) das PAIs é com frequência diferente das demais regiões do DNA bacteriano, foi proposto que elas poderiam ter sido adquiridas anteriormente por transferência horizontal a partir de outras espécies bacterianas. Elas são em geral encontradas nos *loci* tRNA. Além das PAIs, há sequências curtas de DNA, denominadas "ilhetes de patogenicidade" que são transferidas entre patógenos bacterianos. As PAIs constituem a principal rota na evolução dos patógenos bacterianos já que em apenas uma aquisição elas podem transformar um organismo benigno em virulento.

Os dois tipos de *E. coli,* entero-hemorrágico (EHEC) e enteropatogênico (EPEC), contêm o *Locus* de Eliminação no Enterócito (LEE). Ele codifica o sistema de secreção do Tipo III e outros fatores de virulência, os quais são essenciais para doença. O LEE é uma PAI (35 kb) de cepas de EPEC. Ele induz lesões do tipo "ligação-desaparecimento" nos enterócitos e codifica o sistema de secreção para a transferência das toxinas da cé-

Tabela 2.2 Ilhas de patogenicidade (PAIs) de três patógenos importantes causadores de toxinfecções alimentares

Patógeno	Designação da PAI	Tamanho (kb)	Razão G+C (PAI/ célula hospedeira)	Fenótipos
E. coli	Pai I	70	40/51	Produção de hemolisina
	Pai II	190	40/51	Produção de hemolisina e fímbrias P
	LEE (Pai III)	35	39/51	Indução de lesões de ligação e desaparecimento nos enterócitos
S. Typhimurium	SPI – 1	40	42/52	Invasão de células não fagocíticas
	SPI – 2	40	45/52	Sobrevivência nos macrófagos
	SPI – 3	17	Desconhecido	Sobrevivência nos macrófagos
V. cholerae	VPI	39,5	35/46	Colonização e expressão do fago receptor CTXΦ

PAI = ilha de patogenicidade (*Pathogenicity island*).
Adaptada de Henderson et al., 1999.

lula da *E. coli* para a célula hospedeira. Isso resulta em novos arranjos no citoesqueleto e na formação de um pedestal sobre o qual a célula de *E. coli* pode ser localizada (ver Seção 4.3.3). A *E. coli* uropatogênica causa infecções no trato urinário. Ela possui uma PAI completamente diferente inserida no exato local das cepas EPEC. As PAIs codificam as fímbrias P (uma adesina) e a hemolisina (uma toxina), que juntas formam os fatores de virulência requeridos para uma colonização no trato urinário.

Embora possuam sistemas de secreção do Tipo III em seus plasmídeos, a *Yersinia* e a *Shigella* têm outros fatores de virulência que estão nos cromossomos, e não em ilhas.

O *V. cholerae* produz toxinas coléricas codificadas pelos genes *ctx*A e *ctx*B, que são codificados pelo fago filamentoso CTX. O receptor bacteriano para a infecção do fago é o pili de corregulação da toxina (TCP), o qual é também um fator determinante para a aderência. O TCP é encontrado em uma PAI de 39,5kb denominada VPI no *V. cholerae*. Acredita-se que a aquisição de VPI possibilite às cepas aquáticas de *V. cholerae* colonizar em o intestino humano e a subsequente geração de cepas de *V. cholerae* epidêmicas e pandêmicas. Uma possível PAI Gram-positiva é encontrada em cepas patogênicas de *L. monocytogenes*. O elemento de 10kb codifica os genes necessários para a listeriolisina O (*hly*), *act*A e *plc*B (responsáveis pelos movimentos intra e intercelulares).

As PAIs são descritas em mais detalhes em *E. coli* e *Salmonella* específicas (Seção 4.3.2). A localização de regiões PAI, em genomas bacterianos, utilizando a bioinformática é explicada na Seção 2.9.4.

2.3.3 Toxinas bacterianas codificadas em bacteriófagos

Os bacteriófagos estão envolvidos na transferência dos fatores de virulência entre os patógenos. Por exemplo, a shigatoxina, da *Sh. dysenteriae*, é codificada por genes em um bacteriófago que foi integrado no cromossomo. A *E. coli* O157:H7 causa colite hemorrágica e síndrome urêmica hemolítica e contém os genes da shigatoxina. É plausível que o bacteriófago que codifica a shigatoxina da *Sh. dysenteriae* tenha sido transferido para uma cepa de EPEC e isso tenha levado à geração de um novo patógeno, a EHEC. Em algumas circunstâncias, o fago que codifica a shigatoxina pode se tornar lítico e, em seguida, liberar a toxina. Outro exemplo de um bacteriófago que codifica uma toxina é o *V. cholerae*, que produz a toxina colérica codificada pelos genes *ctx*A e *ctx*B. Eles são codificados pelo fago filamentoso CTX. O receptor bacteriano para a infecção do fago é o TCP, o qual é também um fator determinante para a aderência. Em consequência, o fago infecta apenas bactérias que já possuam uma adesina essencial, assim assegurando a virulência.

2.4 Ciclo de multiplicação microbiana

O ciclo de multiplicação microbiana é composto por seis fases (Fig. 2.9):

1. *Fase lag*: as células não estão se multiplicando, mas sintetizando as enzimas apropriadas para o novo ambiente. Essa fase é mais variável do que a taxa de crescimento possivelmente devido aos efeitos da história fisiológica da célula e do ambiente.

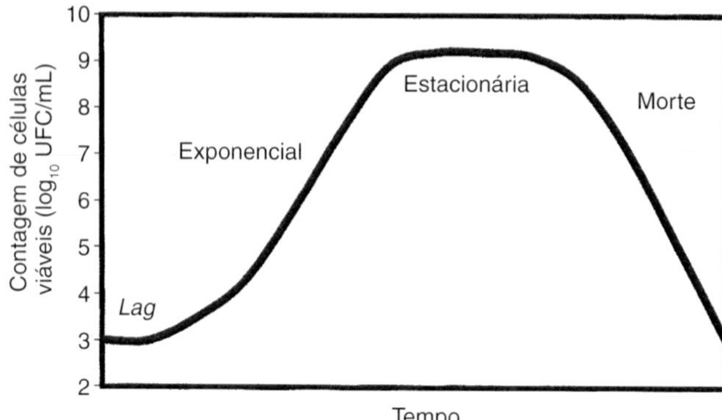

Figura 2.9 Curva de multiplicação bacteriana.

2. *Fase de aceleração*: uma proporção crescente de células está se multiplicando.
3. *Fase exponencial (ou* log*)*: A população está se multiplicando por fissão binária (1-2-4-8-16-32-64, etc.). O número de células aumenta de maneira tal que, para visualização gráfica, melhor seria utilizar valores exponenciais (logarítmicos). Como resultado, se tem uma linha reta cuja inclinação representa o $\mu_{máx}$ (taxa de crescimento máximo) e o tempo de duplicação 't_d' (tempo necessário para a massa celular aumentar duas vezes).
4. *Fase de desaceleração*: uma crescente proporção de células não está mais se multiplicando.
5. *Fase estacionária*: a taxa de crescimento é igual à de mortalidade, resultando em um número igual de células em um dado tempo. A morte é causada pelo esgotamento de nutrientes, pela acumulação de produtos finais tóxicos e/ou por outras mudanças no ambiente, tais como variações no pH. A duração dessa fase depende de fatores como o organismo e as condições ambientais (temperatura, etc.). Os organismos esporulados formarão endósporos devido a condições de estresse.
6. *Fase da morte*: o número de células morrendo é maior do que o de células nascendo. As células que formam endósporos sobreviverão mais tempo do que as que não os formam.

A duração de cada fase depende do organismo, do ambiente de multiplicação, da temperatura, do pH, da atividade de água, etc. O ciclo de multiplicação pode ser modelado utilizando sofisticados programas de computador abordados na área de modelagem microbiana e microbiologia preditiva, ver Seção 2.8.

2.5 A cinética de morte

2.5.1 Expressões

Existem várias expressões utilizadas para descrever a morte microbiana:

- *Valor D*: o tempo de redução decimal (valor *D*) é definido como o período para que, em uma dada temperatura, haja redução de 90% (= 1 *log*) da viabilidade efetiva de uma população bacteriana.
- *Valor Z*: é definido como o aumento de temperatura necessário para aumentar a taxa de mortalidade em 10 vezes ou, em outras palavras, reduzir o valor *D* em 10 vezes.
- *Valor P*: refere-se ao período de aquecimento a 70 °C. Uma cocção de 2 minutos a 70 °C matará quase todas as células bacterianas vegetativas; para uma vida de prateleira de três meses, o valor *P* deve ser de 30 a 60 minutos, de acordo com outros fatores de risco.
- *Valor F:* esse valor é o tempo equivalente, em minutos, a 121 °C, de todo o calor considerado com relação a sua capacidade de destruir endósporos ou células vegetativas de um organismo em particular.

Visto que esses valores são matematicamente derivados, podem ser utilizados em microbiologia preditiva (Seção 2.9) e na Avaliação de Riscos Microbiológicos (Cap. 9).

2.5.2 Tempos de redução decimal

Com a finalidade de determinar o tempo de tratamento de calor e temperaturas efetivas nos alimentos, é imprescindível entender os efeitos do calor nos micro-organismos. A destruição térmica desses organismos (cinética de morte de células vegetativas e endósporos) pode ser expressa de forma logarítmica. Em outras palavras, para um dado organismo em um substrato específico e a uma determinada temperatura, existe um tempo necessário para destruir 90% (= 1 *log* de redução) da população microbiana. Isso é o tempo de redução decimal (valor *D*). Plotando o número de sobreviventes (como $\log_{10}$ UFC/mL) para um organismo contra o tempo, em geral resulta em uma linha reta de relação, mais precisamente conhecida como uma relação logarítmica-linear; Figura 2.10.

A taxa de mortalidade depende do organismo, da sua capacidade de formar endósporos e do ambiente (Tab. 2.3). As células vegetativas livres (ou planctônicas) são mais sensíveis aos detergentes do que as células fixas (biofilmes ou camada mucosa). A sensibilidade ao calor de um organismo a uma dada temperatura varia de acordo com o meio. Por exemplo, a presença de ácidos e nitritos aumentará a taxa de mortalidade, enquanto a presença de gordura diminuirá. O valor *D* também depende da preparação do inóculo e das condições de enumeração. Isso tem sido demonstrado para *E.coli* O157:H7 e está resumido na Figura 2.11 (Stringer et al., 2000). Assim, os valores *D* citados nos livros e nas publicações não podem ser tidos como fixos e aplicados diretamente aos processos.

Embora seja aplicado com mais frequência às taxas de mortalidade que se devem à temperatura, o valor *D* pode ser utilizado para expressar taxas de mortalidade devidas a outros fatores, como, por exemplo, presença de ácidos ou irradiação.

Note que é questionável o fato de a cinética de morte de primeira ordem (logarítmica-linear) dependente da temperatura ser sempre apropriada para o cálculo de curvas de sobrevivência. Ainda que a relação logarítmica-linear tenha sido o ca-

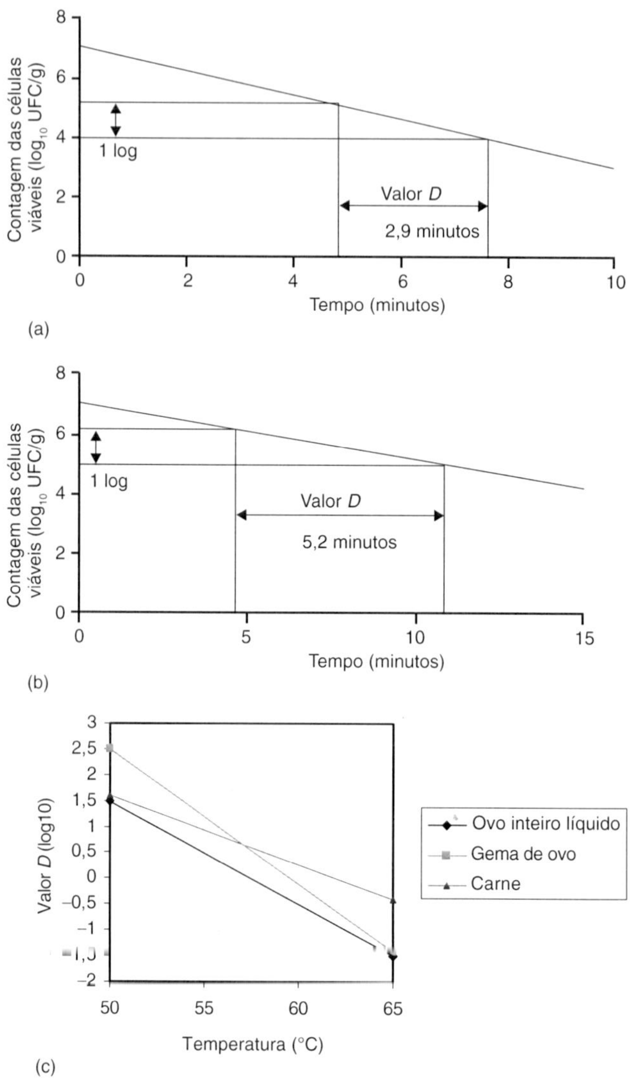

Figura 2.10 (a) Taxa de mortalidade de *E.coli* O157:H7 em carne a 60° C. (b) Taxa de mortalidade de *S. aureus* em ovo líquido a 60° C. (c) Valor *D* para *S.* Enteritidis em ovos e carne (FSIS 1998, Fazil et al., 2000).

minho-padrão para a determinação da suscetibilidade térmica, a relação linear nem sempre ocorre quando dados experimentais são plotados. Complicações ocorrem porque a célula microbiana pode se tornar inviável por várias razões: rompimento da parede celular, desnaturação proteica ou danos ao ácido nucleico (Oliver, 2005). Algumas pessoas têm reportado ombros (parábolas) e caudas (hipérboles) quando

Tabela 2.3 Variação na resistência de micro-organismos ao calor, de acordo com condições-teste

Organismos	Meio	pH	Temperatura (°C)[a]	Valor *D* (min)	Valor Z
A. hydrophila	Salino		51,0	8,08-122,8	5,22-7,69
Brucella spp.	–	–	65,5	0,1-0,2	–
B. cereus	–	–	100	5,0	6,9
(Esporos)			100	2,7-3,1	6,1
(destruição de toxinas diarreicas/eméticas)			56,1-121	5/estável	
B. coagulans	Tampão	4,5	110	0,064-1,46	–
	Pimenta vermelha	4,5	110	5,5	–
B. licheniformis	Tampão	7,0	110	0,27	–
	Tampão	4,0	110	0,12	–
B. stearothermophilus			120	4,0-5,0	10
B. subtilis	–	–	100	11,0	
C. jejuni	Tampão	7,0	50	0,88-1,63	6,0-6,4
	Carne	–	50	5,9-6,3	
Cl. butyricum	–	–	100	0,1-0,5	
Cl. perfringens	–	–	100	0,3-20,0	3,8
(esporos)			98,9	26-31	7,2
(toxinas)	–	–	90	4	5,5
Cl. botulinum					
(esporos de linhagens proteolíticas					
tipos A e B	–	–	121,1	0,21	10
tipo E e não proteolíticas tipo B e F)			82	0,49-0,74	5,6-10,7
(destruição das toxinas)			85	2,0	4,0-6,2
Cl. thermosaccharolyticum	–	–	120	3-4	7,2-10
D. nigrificans	–	–	120	2-3	
E. coli O157:H7	Carne		62,8	0,47	4,65
	Suco de maçã				
		3,6	58	1,0	4,8
		4,5	58	2,5	4,8
	Multiplicação, 23 °C		58	1,6	4,8
	Multiplicação, 37 °C		58	5,0	4,8
L. monocytogenes	Carne		62,0	2,9-4,2	5,98

(continua)

Tabela 2.3 Variação na resistência de micro-organismos ao calor, de acordo com condições-teste. (*continuação*)

Organismos	Meio	pH	Temperatura (°C)[a]	Valor *D* (min)	Valor Z
S. Enteritidis	Ovo inteiro líquido		62,8	0,06	3,30
S. Senftenberg	Carne		62,0	2,65	5,91
St. aureus	–	–	65,5	0,2-2,0	4,8-5,4
(destruição das toxinas)			98,9	> 2 horas	aprox. 27,8
Streptococcus Grupo D	Carne curada		70	2,95	10
Y. enterocolitica	Salino		60,0	0,4-0,51	4,0-5,2
Sac. cerevisiae	Salino	4,5	60	22,5[b]	5,5
Z. bailii	Salino	4,5	60	0,4[c]	3,9
	Salino		60	14,2[b]	–

[a]Para converter para ° F, utilizar a equação ° F= (9/5) °C + 32.
Como base: 0° C= 32° F; 4,4° C= 40° F; 60° C = 140° F.
[b]Ascoporos.
[c]Células vegetativas.
Fontes variadas, incluindo Mortimore e Wallace, 1994; Borche et al., 1996; e ICMSF, 1996a.

plotam curvas de sobrevivência (N/N_0) (Geeraerd et al., 2005). Isso pode acontecer por diversas razões, tais como aglutinação de células, população mista com sensibilidades térmicas diferentes, alterações na resistência durante o tratamento térmico ou inativação de um número essencial de *loci*. Vários modelos matemáticos estão dis-

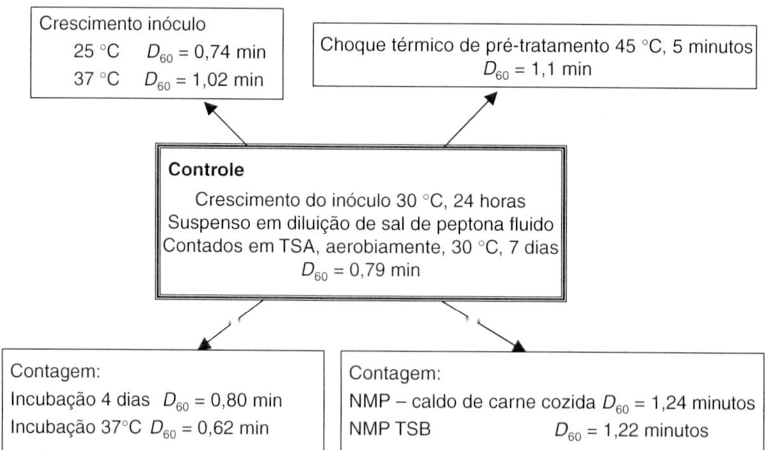

Figura 2.11 Alterações nos valores D de *E. coli* O157:H7 a 60 °C, com inóculo e condições de recuperação (adaptada de Stringer et al., 2000).

poníveis para tratar desse assunto, cujas derivações estão fora do objetivo deste livro. Entretanto, um *software* gratuito e útil, chamado Excel™ + GInaFIT está disponível (ver os Recursos de *web*, no Apêndice), o qual capacita o usuário a tentar nove diferentes ajustes matemáticos de seus dados no Excel (Geeraerd et al., 2005). Os modelos são: (i) curvas lineares clássicas, (ii) curvas com ombros, (iii) curvas com caudas, (iv) curvas de sobrevivência com ombros e caudas, (v) curvas côncavas, (vi) curvas convexas, (vii) curvas côncavas/convexas seguidas por uma cauda, (viii) cinética de inativação bifásica e (ix) cinética de inativação bifásica precedida por um ombro.

A plotagem de valores *D* contra temperatura pode ser utilizada para determinar mudanças na temperatura para obter um aumento (ou diminuição) de 10 vezes no valor *D*. Esse coeficiente é denominado valor *Z* (Fig. 2.12). O valor letal integral de calor recebido, em todos os pontos de um recipiente, durante o processamento é denominado F_s ou F_0. Ele representa a medida da capacidade de um processo térmico de reduzir um número de endósporos ou de células vegetativas de um dado organismo por recipiente. Quando é assumido um aquecimento ou resfriamento instantâneo em um recipiente com endósporos, células vegetativas ou alimentos, o F_0 pode ser derivado como segue:

$$F_0 = D_r (\log a - \log b)$$

onde *a* é o número de células da população inicial e *b* o número de células da população final.

Ver a Tabela 2.4 para exemplos do efeito da temperatura de cocção na sobrevivência da *E.coli* O157:H7 em carnes, utilizando os valores *D* e *Z*.

Conceito 12-D

O conceito 12-D refere-se ao processo de letalidade, o qual vem sendo utilizado há muito tempo na indústria de enlatados. Isso implica o fato de que um processo de aquecimento mínimo deve reduzir a probabilidade de sobrevivência de endósporos

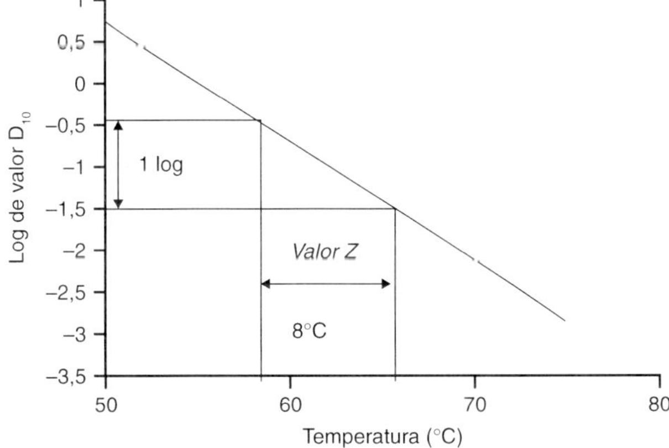

Figura 2.12 Valor Z de *C. jejuni* em cubos de cordeiro.

de *Cl. botulinum* em 10^{-12}. Visto que os endósporos do *Cl. botulinium* não germinam nem produzem toxinas em valores de pH abaixo de 4,6, esse conceito é aplicado somente para alimentos que possuam pH acima desse valor.

$$F_o = D_r\ (\log a - \log b)$$
$$F_o = 0{,}21\ (\log 1 - \log 10^{-12})$$
$$F_o = 0{,}21 \times 12 = 2{,}52$$

Um processamento a 121° C durante 2,52 minutos é suficiente para reduzir endósporos de *Cl. botulinum* a um em cada trilhão de recipientes (10^{12}). Se for considerado que alguns endósporos (*flat-sour*) possuem valores D_r em torno de 4,0 e que alguns alimentos enlatados recebem tratamentos com F_0 em torno de 6,0 a 8,0, o número potencial de endósporos de *Cl. botulinum* deve ser reduzido ainda mais (ver Tab. 2.3).

Aplicações do conceito do valor D na pasteurização

O tratamento de pasteurização visa reduzir o número de bactérias patogênicas ou degradadoras em uma certa quantidade (mais especificamente uma redução de 6 log) e assegurar que a formulação e as condições de estocagem do produto inibirão a multiplicação de quaisquer células sobreviventes durante a vida de prateleira do produto. Para mais detalhes, ver a Seção 3.6.1. Por exemplo, se o valor *D* de um certo organismo for de 0,5 minutos a 70 °C, e o valor *Z* for de 5 °C, um processo de 3 minutos a 70 °C resultará em uma diminuição de 6 log. A 75 °C, o organismo morrerá 10 vezes mais rápido; portanto, 0,3 minutos (ou 20 segundos) a 75 °C será o suficiente para reduzir os mesmos 6 log de células.

Já que a determinação do valor *Z* para cada organismo e produto requer um trabalho considerável, valores já tabelados podem ser utilizados. Embora isso seja satisfatório para propostas de Certificação de Qualidade em geral, é muito importante estabelecer valores acurados para o micro-organismo mais apropriado presente no produto.

2.6 Fatores que afetam a multiplicação microbiana

As maneiras tradicionais de controlar a deterioração microbiana e os perigos em alimentos estão descritos em mais detalhes na Seção 3.5. Para que sejam estipulados processos de tratamento adequado, um conhecimento dos fatores que afetam a mul-

Tabela 2.4 Efeito da temperatura de cocção na sobrevivência de *E. coli* O157:H7

Temperatura (°C)	Tempo para que as células viáveis sejam reduzidas em 6 ciclos logarítmicos (min)[a]
58,2	28,2
62,8	2,8
67,5	0,28

[a]Por exemplo, 10^7 UFC/g para 10 UFC/g
Dados retirados da Tabela 2.3; $D_{62,8}$=0,4; Z = 4,65.

Tabela 2.5 Métodos de conservação de alimentos (ICMSF, 1988)

Operação	Efeito esperado
Limpeza, lavagem	Redução da carga microbiana
Estocagem a frio (abaixo de 8 °C)	Previne a multiplicação da maioria das bactérias patogênicas; retarda a multiplicação de micro-organismos deteriorantes
Congelamento (abaixo de −10 °C)	Previne a multiplicação de todos os micro-organismos
Pasteurização (60 a 80 °C)	Mata a maioria das bactérias não esporuladas, dos mofos e das leveduras
Branqueamento (95 a 110 °C)	Mata bactérias vegetativas superficiais, mofos e leveduras
Enlatamento (acima de 100 °C)	Esteriliza comercialmente alimentos, mata todas as bactérias patogênicas
Secagem	Cessa a multiplicação de todos os micro-organismos quando a a_w <0,60
Salga	Cessa a multiplicação da maioria dos micro-organismos com a concentração de sal de 10%
Aumento da concentração (açúcares)	Inativa a multiplicação quando a_w <0,70
Acidificação	Inativa a multiplicação da maioria das bactérias (os efeitos dependem do tipo de ácidos)

a_w denota atividade de água.

tiplicação dos micro-organismos é necessário. Para complementar isso, a Tabela 2.6 lista as falhas mais comuns durante o processamento, o que resulta na multiplicação de patógenos de origem alimentar ou na produção de toxinas.

2.6.1 Fatores intrínsecos e extrínsecos que afetam a multiplicação microbiana

Um alimento é uma matriz quimicamente complexa, e, por isso, prever como e o quão rápido os micro-organismos se desenvolverão é bastante difícil. A maioria dos alimentos contém nutrientes suficientes para sustentar a multiplicação microbiana. Muitos fatores podem propiciar, prevenir ou limitar a multiplicação de micro-organismos em alimentos, sendo que os mais importantes são: a_w, pH e temperatura.

Um acrônimo útil é o FATTOM, definido a seguir:

Food (alimento) refere-se ao conteúdo nutricional.

Acidez é o pH que inibe a multiplicação microbiana.

Tempo e

Temperatura estão juntos e podem se referir, por exemplo, ao tempo de cozimento e à temperatura.

Oxigênio presente e atraso na multiplicação microbiana sob atmosfera modificada e acondicionamento a vácuo.

M*oisture* (umidade) refere-se à quantidade de água disponível.

Os fatores que afetam a multiplicação microbiana estão divididos em dois grupos: parâmetros intrínsecos e extrínsecos (Tab. 2.7).

Tabela 2.6 Falhas mais comuns na manipulação de alimentos que permitem a multiplicação microbiana ou a produção de toxinas

Abuso de temperatura	Outros parâmetros do processo
Falta de resfriamento ou resfriamento insuficiente	Controlado incorretamente
Temperaturas inadequadas de processo	a_w
temperatura muito baixa	pH
tempo de processamento muito curto conservação muito longa a ≤ 65 °C	NO_2^- / NO_3^- e concentrações de outros conservantes inadequados

Reimpressa, com permissão, de Sinell (1995) International Journal of Food Microbiology, vol. 25, Issue 3, p. 209, Copyrigth 1995, com permissão de Elsevier.

2.6.2 Atividade de água

Quando outras substâncias (solutos) são adicionadas à água, suas moléculas orientam-se na superfície do soluto, e as propriedades da solução mudam drasticamente. A célula microbiana deve competir com as moléculas de soluto pela água livre. Com exceção do *St. aureus*, as bactérias são mais competidoras por água livre do que os fungos (Chirife e del Pilarbuera, 1996).

Atividade de água (a_w) é a medida da água disponível em uma amostra. A a_w é a razão entre a pressão do vapor d'água da amostra e a da água pura, à mesma temperatura.

$$a_w = \frac{\text{pressão do vapor da água da amostra}}{\text{pressão do vapor da água pura}}$$

Uma solução de água pura possui um valor de a_w igual a 1,00. A adição de solutos reduz o valor de a_w para menos de 1,00. A a_w varia pouco com a variação da temperatura de multiplicação de micro-organismos.

A a_w de uma solução pode interferir no efeito do calor para matar bactérias em uma dada temperatura. Por exemplo, a população de *S.* Typhimurium é reduzida10 vezes em 0,18 minutos a 60 °C, se a a_w do meio de suspensão for 0,995. Se esse valor for reduzido para 0,994, 4,3 minutos serão necessários, a 60 °C, para causar a mesma redução de 10 vezes.

Tabela 2.7 Parâmetros intrínsecos e extrínsecos que afetam a multiplicação microbiana

Parâmetros intrínsecos	Parâmetros extrínsecos
Atividade de água, identidade de umectantes	Temperatura
Disponibilidade de oxigênio	Umidade relativa
PH, acidez, identidade de acidulantes	Composição atmosférica
Capacidade de tamponagem	Embalagem
Nutrientes disponíveis	
Substâncias naturalmente antimicrobianas	
Presença e identidade de flora microbiana natural	
Forma coloidal	

Um valor de a_w em geral estabelece o valor mínimo em que uma bactéria pode se multiplicar. Quando a a_w for mínima, a multiplicação da população bacteriana será mínima; a multiplicação aumentará sempre que aumentar a a_w. Em valores mais baixos do que o mínimo, as bactérias não necessariamente morrerão, porém isso pode acontecer a algumas porções da população. As bactérias que sobreviverem poderão permanecer inativas, mas infecciosas. É importante salientar que a a_w é apenas um dos fatores que devem ser considerados em alimentos, pois ainda há outros fatores importantes (p. ex., pH e temperatura). A inter-relação entre os fatores é que determina se uma bactéria se desenvolverá ou não. A a_w de um alimento pode não ser um valor fixo; ela pode mudar com o passar do tempo ou variar consideravelmente quando são analisados alimentos similares provenientes de diferentes fontes. O valor mínimo de a_w no qual diversos micro-organismos podem se desenvolver é fornecido na Tabela 2.8.

A atividade de água tem sido bastante utilizada como um fator de conservação de alimentos por meio da adição de sal ou açúcar. O açúcar é utilizado tradicionalmente na conservação de produtos com frutas (geleias e conservas). Em contraste, o sal é utilizado na conservação de carnes e peixes. Na Tabela 2.9, pode-se encontrar a atividade de água de vários alimentos.

2.6.3 pH

A faixa de pH de um micro-organismo é definida pelo valor mínimo (no final ácido da escala) e pelo valor máximo (no final básico da escala). Cada micro-organismo possui um valor ideal de pH, no qual sua multiplicação é máxima (ver Tab. 2.8). Saindo da faixa de pH ótimo de um micro-organismo e seguindo para ambas as direções, estaremos diminuindo sua multiplicação. As faixas de pH em alimentos podem ser encontradas na Tabela 2.10. As mudanças bruscas no pH de um alimento podem se refletir na atividade microbiana, e os alimentos fracamente tamponáveis (ou seja, que não resistem a mudanças de pH), como os vegetais, podem alterar seu pH de forma considerável. Para carnes, o pH de um músculo de um animal descansado pode diferir bastante do pH de um animal fatigado.

Um alimento pode possuir inicialmente um pH que impeça a multiplicação bacteriana, mas esse valor pode ser alterado pelo metabolismo de outros micro-organismos (mofos e leveduras), permitindo a multiplicação bacteriana.

2.6.4 Temperatura

As faixas de temperatura para a multiplicação microbiana, bem como as de pH, possuem um valor mínimo e outro máximo, com um valor ótimo de temperatura para a multiplicação máxima. O valor ótimo de temperatura de multiplicação determina o grupo a que o micro-organismo pertencerá: grupo dos termófilos, dos mesófilos ou dos psicrófilos (Tab. 2.11). Um micro-organismo termófilo não se desenvolve em temperaturas ambientes e, portanto, alimentos enlatados podem ser estocados à temperatura ambiente mesmo que contenham termófilos que sobreviveram a processamentos com altas temperaturas.

Tabela 2.8 Limites de multiplicação microbiana; atividade de água (a_w), pH e temperatura*

Organismo	Mínima atividade de água (a_w)	Faixa de pH	Faixa de temperatura (°C)[a]	Taxa de crescimento[b] (t_d)
A. hydrophila	0,970	(7,2 ótimo)	–0,1– 42	12 h, 4°C
B. cereus	0,930	4,3-9,3	4-52	4 h/geração, 8°C
B. stearothermophilus	–	5,2-9,2	28-72	
C. jejuni	0,990	4,9-9,5	30-45	6 h/geração, 32°C
Cl. botulinum tipos A e proteolíticos tipos B e F	0,935	4,6-9,0	10-48	(8 dias, 10°C)[c]
Cl. botulinum tipos E e não proteolíticos tipos B e F	0,965	5,0-9,0	3,3-45	(8 dias, 10°C)[c]
Cl. perfringens	0,945	5,0-9,0	10-52	12 h, 12°C
E. coli	0,935	4,0-9,0	7-49,4	25 h/geração, 8°C
Lactobacillus spp.	0,930	3,8-7,2	5-45	
L. monocytogenes	0,920	4,4-9,4	–0,4-45	1 dia, 4,4°C
Salmonella spp.	0,940	3,7-9,5	5-46	(60h),[d] 10 h, 10°C
Shigella spp.	0,960	4,8-9,3	6,1-47,1	(3,6 dias, 8°C)[e]
St. aureus	0,830	4,0-10	7-50	(2,8 dias),[d] 1 dia, 10°C
produção de toxinas	0,850	4,0-9,8	10-48	
V. cholerae	0,970	5,0-10,0	10-43	(4h),[d] 98 min, 20°C
V. parahaemolyticus	0,936	4,8-11	5-44	60 min, 18°C
V. vulnificus	0,960	5,0-10	8-43	
Y. enterocolitica	0,945	4,2-10	–1,3-45	17 h, 5°C
Saccharomyces spp.	0,85	2,1-9,0	–	
Asp. oryzae	0,77	1,6-13,0	10-43	
F. miniliforme	0,87	< 2,5–< 10,6	2,5-37	
Pen. verrucosum	0,79	< 2,1–< 10,0	0-31	

[a]Para converter °F, utiliza-se a equação: °F = (9/5) °C+32. Como base: 0 °C = 32 °F; 4,4 °C = 40 °F, 60 °C = 140 °F.
[b]Esses são exemplos do tempo de duplicação td. Esses valores variam de acordo com a composição do alimento.
[c]Tempo de produção de toxinas.
[d]Tempo da fase lag.
Tempo médio para formação de turbidez (inoculação de diluição de cultura 1:1 de 5h, 37 °C).
[e]Várias fontes foram utilizadas, principalmente ICMSF, 1996 a; Corlett, 1998; Mortimore e Wallace, 1994; foram utilizadas as taxas de maior multiplicação quando as fontes diferiram entre si.

2.6.5 Inter-relação entre os fatores que afetam a multiplicação microbiana em alimentos

Apesar de a maioria dos fatores mencionados possuir importância considerável, é a inter-relação entre eles que irá definir se haverá ou não multiplicação microbiana em determinado alimento. Com frequência, os resultados dessas inter-relações não são previsíveis devido ao pouco conhecimento a respeito de sinergismos ou antagonis-

Tabela 2.9 Atividade de água de diferentes alimentos

Faixa de atividade de água (a_w)	Alimentos
1,00-0,95	Alimentos altamente perecíveis: carne, vegetais, peixe, leite
	Frutas frescas e enlatadas
	Linguiças cozidas e pães
	Alimentos contendo mais de 40% de sacarose ou 7% NaCl
0,95-0,91	Alguns queijos (p. ex., *cheddar*)
	Carne curada (presunto)
	Alguns sucos de frutas concentrados
	Alimentos contendo 55% de sacarose ou 12% de NaCl
0,91-0,87	Embutidos fermentados (salames), bolos esponjosos, queijos desidratados, margarina
	Alimentos contendo 65% de sacarose ou 15% de NaCl
0,87-0,80	A maioria dos sucos de frutas concentrados, leite condensado, xarope de chocolate, xarope de frutas, farinha, arroz, grãos contendo 15 a 17% de umidade, bolo de fruta
0,80-0,75	Geleia, marmelada, marzipã, frutas cristalizadas
0,75-0,65	Aveia, mingaus, gelatina, açúcar de cana-de-açúcar, nozes
0,65-0,60	Frutas secas, alguns caramelos e *toffees*, mel
0,60-0,50	Talharim, espaguete
0,50-0,40	Ovo em pó
0,40-0,30	Bolachas, biscoitos
0,30-0,20	Leite em pó, vegetais desidratados, flocos de milho

mos eventuais. Uma das vantagens de conhecer essas inter-relações é a prevenção da multiplicação excessiva de *Cl. botulinum*. Os alimentos com pH 5,0 (dentro da faixa de multiplicação do *Cl. botulinum*) e uma a_w de 0,935 (acima do valor mínimo para o *Cl. botulinum*) podem não permitir a multiplicação dessa bactéria. Alguns queijos processados podem valer-se desse fato como uma vantagem e por isso serem estáveis na prateleira, à temperatura ambiente, mesmo que individualmente cada fator possa favorecer a multiplicação do *Cl. botulinum*.

As previsões sobre a possibilidade de multiplicação ou não de um micro-organismo em alimentos podem ser realizadas em geral por meio de experimentos. Além disso, muitos micro-organismos não necessitam se multiplicar no alimento para causar doenças.

2.7 Resposta microbiana ao estresse

Os métodos tradicionais de conservação (ver Tab. 2.5) estão sendo substituídos por novas técnicas, tais como:

- Aquecimento brando

Tabela 2.10 Valores de pH de diversos alimentos (ICMSF, 1988)

Faixa de pH	Alimento	pH
Baixa acidez (pH 7,0-5,5)	Ovos inteiros	7,1-7,9
	Ovos congelados	8,5-9,5
	Leite	6,3-8,5
	Queijo camembert	7,44
	Queijo *cheddar*	5,9
	Queijo roquefort	5,5-5,9
	Bacon	6,6-5,6
	Carne de carcaças	7,0-5,4
	Carne vermelha	6,2-5,4
	Presunto	5,9-6,1
	Vegetais enlatados	6,4-5,4
	Galinha	5,6-6,4
	Peixe	6,6-6,8
	Crustáceos	6,8-7,0
	Leite	6,3-6,5
	Manteiga	6,1-6,4
	Batatas	5,6-6,2
	Arroz	6,0-6,7
	Pão	5,3-5,8
Média acidez (pH 5,3-4,5)	Vegetais fermentados	5,1-3,9
	Queijo cottage	4,5
	Bananas	4,5-5,2
	Vagem	4,6-5,5
Ácido (pH 4,5-3,7)	Maionese	4,1-3,0
	Tomates	4,0
Muito ácido (<pH 3,7)	Picles em conserva e sucos de frutas	3,9-3,5
	Chucrutes	3,3-3,1
	Frutas cítricas	3,5-3,0
	Maçãs	2,9-3,3

- Atmosfera modificada e embalagem a vácuo
- Adição de agentes antimicrobianos naturais
- Alta pressão hidrostática
- Campos de pulsos elétricos e *laser* de alta intensidade

Tabela 2.11 Grupos de micro-organismos definidos de acordo com a temperatura de multiplicação

Grupo	Mínimo (°C)	Ótimo (°C)	Máximo (°C)
Psicrófilos	–5	12-15	20
Mesófilos	5	30-45	47
Termófilos	40	55-57	60-90

Para converter a °F, utiliza-se a equação: °F= (9/5) °C + 32. Como base: 0 °C = 32 °F; 4,4 °C = 40 °F; 60 °C = 140 °F.

O desenvolvimento dessas técnicas deve-se, em parte, ao desejo do consumidor por alimentos menos processados, com menos conservantes e com maior qualidade; ver Seção 3.6. Esses métodos são mais "brandos" do que os tradicionais e em geral se baseiam em temperaturas de refrigeração na distribuição e no estoque para sua conservação. Esses alimentos costumam ser chamados de "minimamente processados".

Os micro-organismos de interesse em alimentos minimamente processados são os psicrotróficos e os mesófilos. Os organismos psicrotróficos, por definição, podem se multiplicar à temperatura de refrigeração, enquanto os patógenos mesófilos podem sobreviver sob refrigeração e se multiplicar em períodos de abuso de temperatura (ver Tab. 2.12).

Os micro-organismos são capazes, com alguns limites, de se adaptar a condições de estresse tais como estresse térmico, de pH, choque osmótico e limitação de nutrientes (Tab. 2.13). O mecanismo de adaptação é realizado por meio de sistemas transdutores de sinais, os quais controlam a expressão coordenada de genes envolvidos nos mecanismos de defesa celular (Huisman e Kolter, 1994; Kleerebezem et al., 1997). As células microbianas têm capacidade de se adaptar a muitos processos utilizados para retardar a multiplicação celular devido à falta de nutrientes. Isso inclui choque frio, choque quente, térmico, ácidos (fracos), alta osmolaridade e alta pressão hidrostática. O mecanismo de sobrevivência mais facilmente encontrado está nos *Bacillus* e *Clostridium* spp. Esses micro-organismos formam endósporos sob condições de estresse, os quais podem germinar em futuras condições propícias. Outros organismos, como a *E. coli,* sofrem mudanças fisiológicas importantes para a sobrevivência da célula em ambientes estressantes, tais como a falta de nutrientes, a radiação UV, o peróxido de hidrogênio, o calor e a alta salinidade. Conforme já foi mencionado, devido a sua adaptação, a *E. coli* O157:H7 com valor D_{60} depende do inóculo e das condições de contagem (Fig. 2.11).

Os mecanismos reguladores envolvem a modificação dos fatores sigma (δ), cujo papel mais importante é se ligar a RNA polimerase, conferindo especificidade promotora. Os fatores sigma do *B. subtilis* e da *E. coli* foram extensivamente estudados. Os fatores sigma mais importantes são responsáveis pela transcrição da maioria dos promotores. Fatores sigma alternativos possuem especificidades promotoras diferentes, direcionando as expressões de *regulons* específicos envolvidos em respostas a choques térmicos, respostas quimiostáticas, esporulação e respostas a estresses em geral (Abee e Wouters, 1999; Haldenwang, 1995).

Tabela 2.12 Micro-organismos de interesse causadores de doenças de origem alimentar em alimentos minimamente processados

Temperatura mínima de multiplicação (° C)	Resistência ao calor	
	Baixa[a]	Alta[b]
0-5	*L. monocytogenes*	*Cl. botulinum* tipo E e não proteolítico *tipo B*
	Y. enterocolitica	
	A. hydrophila	*B. cereus*
		B. subtilis
		B. licheniformis
5-10	*Salmonella* spp.	
	V. parahaemolyticus	
	Linhagens patogênicas de *E. coli*, *St. aureus*	
10-15		*Cl. botulinum* tipo A e proteolítico tipo B
		Cl. perfringens

[a] Organismos que sofrem redução de seis ciclos log devido a um tratamento térmico de 2 minutos a 70°C.
[b] Organismos que requerem tratamento térmico a 90°C para destruir esporos.
Para converter a °F, utiliza-se a equação: °F= (9/5) °C + 32. Como base: 0 °C = 32 °F; 4,4 °C= 40 °F; 60 °C = 140 °F.
Reimpressa de Abee e Wouters (1999), com permissão de Elsevier.

2.7.1 Resposta geral ao estresse (GSR)

A resposta bacteriana ao estresse pode ser tanto específica como geral. As respostas específicas ao estresse causado por ácidos, calor, frio e choque osmótico serão descritas a seguir. O regulon GSR é um grupo de genes envolvidos na multiplicação e na sobrevivência em condições variadas de estresse. Na *E. coli*, existem mais de 50 genes envolvidos na GSR, e eles são coordenadamente regulados pelo fator sigma σ^s, o qual é codificado pelo gene *rpo*S. Trata-se de uma subunidade sigma alternativa da RNA polimerase que se acumula na célula durante a exposição ao estresse e ativa a expressão dos genes da GSR. Esse regulador de respostas controla a estabilidade da proteína e, portanto, sua taxa de degradação. No *B. subtilis*, a GSR é modulada principalmente por um fator sigma alternativo denominado σ^B. Quando as células do *B. subtilis* são estressadas, um fator antissigma é produzido que se liga ao σ^B, tornando-o não mais acessível. Muitos genes do sistema rpoS de proteção ao estresse da *E. coli* possuem homólogos no regulon do sistema de proteção do *B. subtilis* σ^{32}. Estes são os mais prováveis a codificar traços que ajudam a proteger o organismo durante as condições de estresse no solo ou no ambiente intestinal.

A GSR para um estresse pode induzir uma proteção cruzada, de forma que o estresse deixe o organismo menos sensível a um segundo estresse, por exemplo, a exposição ao calor e a resistência a ácidos. Quando a *S.* Enteritidis passa por um choque de calor por meio de uma alteração de temperatura de 20 para 45 °C, há um aumento de três vezes no valor *D* com pH 2,6. Essa tolerância ao ácido aumenta 10 vezes quando a temperatura de incubação é de 56 °C.

Tabela 2.13 Mecanismos de respostas em micro-organismos

Estresse ambiental	Reação de resposta ao estresse
Baixos níveis de nutrientes	Procura de nutrientes, oligotrofia, geração de células viáveis não cultiváveis
Baixo pH, presença de ácidos fracos orgânicos	Extrusão de íons de hidrogênio, manutenção do pH citoplasmático e do gradiente de pH de membrana
Atividade de água reduzida	Osmorregulação, evitação da perda de água, manutenção do turgor da membrana
Baixa temperatura - multiplicação	Mudanças nos lipídeos da membrana, resposta ao choque frio
Alta temperatura - multiplicação	Mudanças nos lipídeos da membrana, resposta ao choque térmico
Altos níveis de oxigênio	Proteção enzimática contra radicais livres derivados do oxigênio
Biocidas e conservantes	Adaptação fenotípica e desenvolvimento de resistência
Radiação ultravioleta	Excisão de dímeros de timina e reparo do DNA
Radiação ionizante	Reparo na quebra da fita simples do DNA
Alta temperatura - sobrevivência	Baixa quantidade de água no protoplasma do esporo
Alta pressão hidrostática - sobrevivência	Baixa quantidade de água no protoplasma do esporo
Descarga elétrica de alta voltagem	Baixa condutividade do protoplasma do esporo
Ultrassonicação	Rigidez da estrutura da parede celular
Altos níveis de biocidas	Impermeabilidade de camadas celulares externas
Competição	Formação de biofilmes, agregados com diferentes graus de simbiose

Reimpressa a partir de Gould (1996), com permissão de Elsevier.

Visto que as bactérias estão em constante mutação, os patógenos continuarão a surgir, os quais podem ter novas características que os habilitem a causar infecções. Isso pode incluir a ativação de certos determinantes de virulência para sobreviver em ambientes que outrora poderiam ser incompatíveis. Assim, induzir essas respostas durante o processamento ou a preparação do alimento pode aumentar sua infectividade. Exemplos incluem a desidratação induzindo a tolerância ao ácido e a proteína regulatória *rpo*S que permite a sobrevivência da *Salmonella* dentro dos vacúolos fagossômicos.

2.7.2 Estresse causado por pH

A acidificação é um método de conservação bastante utilizado em alimentos, como, por exemplo, os produtos lácteos. Esse método é bastante efetivo, uma vez que os principais patógenos de origem alimentar se multiplicam melhor em pHs neutros. Esses organismos, no entanto, são capazes de tolerar e adaptar-se a estresses causados por ácidos fracos, o que os habilita a sobreviver à passagem pelo estômago humano. A resistência aos ácidos pode proteger também contra tratamentos térmicos (ver *E. coli*, Tab. 2.3; Buchanan e Edelson, 1999).

O estresse ácido é um efeito combinado entre baixos pHs e ácidos fracos (orgânicos), tais como acetato, propianato e lactato. Os ácidos fracos, em sua forma não protonada, podem difundir-se para dentro da célula e dissociar-se (ver Seção 3.5.1). Consequentemente, o baixo pH intracelular (pH_{in}) resulta na inibição de várias enzimas citoplasmáticas essenciais. Como resposta, os micro-organismos possuem estratégias induzíveis de sobrevivência aos ácidos. As medidas regulatórias incluem um fator alternativo sigma σ^{s}, uma proteína de choque ácido, sinais com dois componentes de sistemas de transdução (PhoP e PhoQ) e a maioria das proteínas reguladoras de ferro, FUR (Regulador da Absorção Térmica; Bearson et al.,1997).

Um aspecto importante da resposta a tolerância a ácidos (ATR) é a indução de proteção cruzada a estresses variados (calor, osmolaridade, compostos ativos da membrana) no crescimento exponencial de células (fase log). As células ácido-adaptadas são aquelas que foram expostas a um decréscimo gradual de pH ambiental, enquanto as células que sofrem choques ácidos (*acid-shocked*) foram expostas a quedas abruptas de pH. É importante diferenciar essas duas condições, pois as células de *E. coli* O157:H7 ácido-adaptadas (e não as *acid-shocked*) aumentam sua tolerância ao calor em meio TSB a 52 e a 54 °C; e em cidra de maçã e suco de laranja com baixo pH, a 52 °C. A resistência a estresses ácido-induzidos pode reduzir a eficácia de barreiras tecnológicas, as quais dependem de diversos fatores de estresse múltiplo; ver Seção 3.4.

A resistência a ácidos pode ser induzida por outros fatores, além da exposição a ácidos (Baik et al., 1996; Kwon e Ricke, 1998). A tolerância a ácidos da *S.* Typhimurium pode ser induzida pela exposição a cadeias curtas de ácidos graxos que são utilizados como conservantes alimentícios e que existem também no trato intestinal; ver Seção 4.1. Consequentemente, a virulência da *S.* Typhimurium pode ser aumentada devido a uma intensificação da sua resistência a ácidos diante da exposição a cadeias curtas de ácidos graxos, tais como propionato, além de anaerobiose e baixos pHs.

2.7.3 Choque causado pelo calor

O calor é um método utilizado com bastante frequência na preservação de alimentos, em processos como o branqueamento, a pasteurização e a esterilização (Tab. 2.5). O alvo da inativação em micro-organismos, pela utilização de calor, é intrínseco à estabilidade de macromoléculas como, por exemplo, os ribossomos, os ácidos nucleicos, as enzimas e proteínas intracelulares e a membrana. A causa primária para a morte microbiana devido à exposição ao calor não é completamente entendida (Earnshaw et al., 1995). A termotolerância bacteriana aumenta de modo proporcional à exposição a temperaturas de aquecimento subletais, fagoinfecções e adição de compostos químicos como o etanol e a estreptomicina.

Os micro-organismos são capazes de adaptar-se a tratamentos térmicos brandos de várias maneiras:

- A composição da membrana celular muda com o aumento da saturação e do comprimento de ácidos graxos, mantendo assim uma fluidez ótima na membrana e a atividade de proteínas intrínsecas.

- A acumulação de osmólitos pode aumentar a instabilidade das proteínas e proteger as enzimas contra a ativação de calor.
- As espécies de *Bacillus* e de *Clostridium* produzem endósporos.
- Proteínas de choque térmico (HSPs) são produzidas.

Quando as células bacterianas são expostas a altas temperaturas, uma quantidade de HSPs é rapidamente produzida. A estrutura primária da maioria das HSPs aparenta ser muito conservada em diversos micro-organismos. As HSPs envolvem tanto chaperonas quanto proteases, que agem em conjunto visando manter o controle de qualidade das proteínas celulares. Ambos os tipos de enzimas possuem como substratos uma variedade de proteínas mal dobradas ou parcialmente dobradas que provêm de baixas taxas de dobraduras ou montagem, de estresses químicos ou térmicos, da instabilidade estrutural intrínseca e de erros biossintéticos. A principal função das chaperonas clássicas, tais como a *E. coli* DnaK (Hsp70) e suas cochaperonas, DnaJ e GrpE e GroEL (Hsp60) e GroES, é a de modular a dobradura da proteína e assim prevenir dobraduras malfeitas e promover a agregação e a montagem apropriadas. As HSPs são induzidas por uma série de situações de estresse como, por exemplo, os agentes oxidantes e aqueles originados por aquecimento ou acidez. Além disso, a sobrevivência aos macrófagos indica que as HSPs contribuem para a sobrevivência bacteriana durante a infecção. As HSPs podem aumentar a sobrevivência de patógenos de origem alimentar durante exposição a altas temperaturas. É importante salientar que os micro-organismos desenvolvem respostas complexas e altamente reguladas, frente a um aumento de temperatura. Diversos fatores estressantes podem ativar esse (ou parte desse) regulon de estresse, o qual é responsável pelo aumento de tolerância ao calor. Os processos de adaptação e iniciação de mecanismos de defesa contra temperaturas elevadas são um alvo importante quando se considera a conservação de alimentos e a utilização de barreiras tecnológicas; ver Seção 3.4.

Os genes da GSR tornam-se mais estáveis quando expostos a altas temperaturas devido à degradação decrescente, pois a resposta ao choque térmico envolve a síntese de um fator sigma alternativo, o σ^{32}. Isso resulta em aumento da taxa de atividade dos promotores de choque térmico, os quais são traduzidos pela RNA polimerase σ^{32}. O regulon de choque térmico codifica cerca de 30 proteínas. Na *E. coli*, existe um segundo sistema de choque térmico que é controlado pelo σ^{E} (σ^{24}), o qual inclui um mecanismo de sensor e coordenação de respostas a estresses térmicos no periplasma.

2.7.4 Choque causado pelo frio

A adaptação dos micro-organismos ao frio é muito importante em razão do aumento da produção de alimentos congelados e resfriados e do aumento da popularidade de alimentos minimamente processados com pouco ou nenhum conservante. O elevado grau de multiplicação de *L. monocytogenes, Y. enterocolitica, B. cereus* e *Cl. botulinum* é de particular importância; ver Tabela 2.8.

Os mecanismos de adaptação ao frio incluem:

- Modificações da composição de membrana com finalidade de manter sua fluidez e a absorção de nutrientes.

- Integridade estrutural de proteínas e ribossomos.
- Produção de *cold-shock proteins* (CSPs).
- Absorção de solutos compatíveis (betaína, prolina e carnitina).

Para manter a fluidez e a funcionalidade da membrana em baixas temperaturas, os micro-organismos aumentam a proporção de ácidos graxos de cadeia curta e/ou insaturados nos lipídeos. Na *E. coli*, a proporção do ácido *cis*-vacênico (C18:1) aumenta diante de baixas temperaturas e do dispêndio de ácido palmítico (C16:0). O aumento do tamanho médio de cadeia tem efeito contrário na fluidez da membrana, mas é compensado pela maior fluidez devido a insaturação aumentada. Na *L. monocytogenes*, a composição de ácido graxo é alterada em resposta a baixas temperaturas por meio de um aumento do ácido graxo C15:0 e uma diminuição do ácido graxo C17:0. Os solutos compatíveis (como betaína, prolina e carnitina) podem influenciar na osmoproteção e na adaptação ao frio. A 7 °C, a *L. monocytogenes* aumenta a absorção de betaína em 15 vezes, comparada com a multiplicação a 30° C. As CSPs são pequenas proteínas (7kDa) sintetizadas quando a bactéria é submetida a um decréscimo repentino de temperatura. Elas estão envolvidas na síntese proteica e no dobramento do mRNA.

Os diferentes tipos de choques frios, antes do congelamento, possuem efeitos diferentes na sobrevivência das bactérias após o congelamento. Isso pode resultar em uma alta taxa de sobrevivência bacteriana em produtos alimentícios congelados. Além disso, as bactérias adaptadas a baixas temperaturas podem ser relevantes para a segurança e a qualidade dos alimentos.

2.7.5 Choque osmótico

A redução da atividade de água (a_w) é um meio bastante utilizado na conservação de alimentos; ver Tabela 2.5. Isso ocorre por meio da adição de grandes quantidades de sal e açúcar (compostos osmoticamente ativos) ou da dissecação. A pressão osmótica interna de uma célula bacteriana é maior do que o meio que a cerca. Isso resulta em uma pressão de dentro para fora denominada "pressão de turgor". Essa pressão é necessária para que ocorra a elongação celular.

A resposta microbiana à perda de pressão de turgor ocorre na forma de acumulação de *solutos compatíveis* do citoplasma, o que não interfere seriamente nas funções celulares (Booth et al., 1994). Esses compostos são pequenas moléculas orgânicas que compartilham várias propriedades:

- São solúveis em altas concentrações
- Podem ser acumulados em altas quantidades no citoplasma
- Moléculas neutras ou zwitteriônicas
- Mecanismos de transporte específicos presentes na membrana citoplasmática
- Não alteram a atividade de enzimas
- Podem proteger as enzimas da desnaturação por sais ou contra o congelamento e a desidratação

A adaptação da *E. coli* O157:H7, da *S.* Typhimurium, do *B. subtilis,* da *L. monocytogenes* e do *St. aureus* ao estresse osmótico se dá principalmente por meio da acumulação de betaína (*N,N,N*-trimetilglicina) via transportadores específicos. Os outros solutos compatíveis incluem: carnitina, trealose, glicerol, sucrose, prolina, manitol, glicitol, ectoína e pequenos peptídeos.

2.8 Modelagem preditiva

Os fatores mais importantes que afetam a multiplicação microbiana são:

- pH
- Atividade de água
- Atmosfera
- Temperatura
- Presença de determinados ácidos orgânicos, como o lactato

Entretanto, a habilidade de predizer acuradamente a multiplicação microbiana em alimentos, no que diz respeito à segurança e à vida de prateleira, é bastante limitada.

A microbiologia preditiva de alimentos é um campo de estudo que combina elementos de microbiologia, matemática e estatística, com a finalidade de desenvolver modelos que descrevam e predigam a multiplicação ou o declínio de micro-organismos sob condições ambientais prescritas (incluindo variações) (Whiting, 1995). Obviamente, se o alimento estiver sujeito a flutuações de temperatura durante o estoque e a distribuição, a taxa de multiplicação microbiana será afetada. Existem modelos "cinéticos" que compreendem a taxa de multiplicação microbiana e modelos "de probabilidade" que predizem a possibilidade de ocorrência de um dado evento, como a esporulação (Ross e McMeekin, 1994).

O principal objetivo é descrever matematicamente o desenvolvimento de micro-organismos sob condições de multiplicação prescritas. A princípio, os dados para os modelos são coletados de diversas cepas bacterianas a fim de representar a variação de um determinado organismo presente em uma situação comercial. O ideal é que isso inclua cepas associadas com surtos, cepas de multiplicação mais rápida e cepas isoladas com mais frequência. Apesar de existir um conhecimento abundante sobre a multiplicação bacteriana em biorreatores (fermentadores), este não é aplicável de maneira direta na indústria alimentícia. Em alimentos, os fatores são mais variados e flutuam mais; além disso, normalmente se lida com uma população microbiana mista. Nos últimos 20 anos, a microbiologia preditiva tornou-se uma disciplina científica. Um estudo detalhado sobre esse tema foi feito por McMeekin e colaboradores (1993) e por McDonald e Sun (1999).

2.8.1 Desenvolvimento de modelos preditivos

Os modelos preditivos possuem diversas aplicações (Whiting, 1995):

- *Predição de riscos:* o modelo pode estimar a probabilidade de patógenos sobreviventes durante a estocagem.
- *Controle de qualidade:* a predição dos efeitos dos fatores ambientais pode auxiliar nas decisões sobre pontos críticos de controle em um Plano de Análise de Perigos e Pontos Críticos de Controle - APPCC; (ver Cap. 8).

- *Desenvolvimento de produtos:* A sobrevivência microbiana pode ser prevista para mudanças no processamento e nova formulação de produto sem a necessidade de análises de laboratoriais extensivas.
- *Educação:* As implicações nas mudanças de temperatura, pH, etc., podem ser visualizadas durante um programa de capacitação de equipe.

A origem da microbiologia preditiva está na indústria de enlatados, na qual valores *D* são utilizados para descrever a taxa de morte microbiana (Seção 2.5.2). Entretanto, a habilidade para resolver equações matemáticas complexas necessitou de uma revolução no poder dos computadores, o que facilitou muito o desenvolvimento de modelos preditivos. Os modelos desenvolvidos para prever a sobrevivência e a multiplicação microbiana podem se tornar uma ferramenta integral na avaliação, no controle, na documentação e até na promoção de segurança de um produto alimentício (Baker, 1995). A aplicação dos modelos microbianos em APPCC e avaliação de riscos microbiológicos é abordada nos Capítulos 8 e 9. Uma das funções da microbiologia preditiva é o desenvolvimento de sistemas eficazes que possam quantificar os riscos de segurança de produtos alimentícios sem a necessidade de um trabalho de laboratório extensivo (Schellekens et al., 1994; Wijtzes et al., 1998).

Os três níveis de modelos preditivos:

1. Os modelos de primeiro nível descrevem mudanças nos números microbiológicos (ou equivalentes) com o tempo.
2. Os modelos de segundo nível mostram como os parâmetros do primeiro nível variam com as condições ambientais.
3. Os modelos de terceiro nível combinam os dois últimos tipos de modelos com a fácil aplicação de *software* ou com sistemas eficazes que calculam o comportamento microbiano sob condições de mudanças ambientais.

2.8.2 Modelos de primeiro nível e equações de Gompertz e Baranyi

Os modelos de primeiro nível quantificam o aumento de biomassa microbiana como unidades formadoras de colônia por mililitro ou absorbância em condições ambientais específicas, como temperatura, pH e atividade de água. Alternativamente, pode quantificar mudanças na composição do meio, como produtos finais metabólicos, condutividade e produção de toxinas.

De acordo com Whiting (1995), os primeiros modelos de primeiro nível eram simples equações como as de condições de multiplicação *versus* condições de não multiplicação, por exemplo, concentrações de ácido acético e de açúcar na prevenção da multiplicação de leveduras degradadoras. Os modelos subsequentes descreveram o tempo entre a inoculação e a multiplicação (ou equivalente). Essa abordagem foi utilizada para modelar o tempo necessário para produção de toxina pelo *Cl. botulinum*. Os modelos de primeiro nível descrevem os parâmetros de multiplicação, iniciando pela plotagem da curva de crescimento e pela determinação da taxa de multiplicação, durante a fase exponencial:

$$N_t = N_0 e^{kt/\ln 2}$$

Onde:

N_t = tamanho da população (logarítmica) em um tempo específico
N_0 = tamanho da população (logarítmica) no tempo 0
k = inclinação
t = tempo

Esse simples modelamento foi aplicado na determinação da multiplicação de *L. monocytogenes* no leite, na presença de bactérias do grupo *Pseudomonas* (Marshall e Schmidt, 1988) e em carnes diversas (Yeh et al., 1991; Grau e Vanderlinde, 1992). Outros modelos, que incluíram a fase lag, foram desenvolvidos.

O modelo Gompertz

A função de Gompertz tornou-se o modelo primário mais amplamente utilizado (Fig. 2.13; Pruitt e Kamau, 1993).

Ela é definida como o que segue, onde:

N_t = densidade da população (UFC/mL) em um dado tempo t (horas)
A = densidade da população inicial [log (UFC/mL)]
C = diferença entre as densidades da população inicial e máxima [log (UFC/mL)]
M = tempo da taxa de crescimento máximo (horas)
B = taxa de crescimento máximo relativa a M [log(UFC/mL)/horas]

A função de Gompertz produz uma curva sigmoidal que consiste em quatro fases comparáveis às fases da curva de crescimento microbiano: lag, aceleração, desaceleração e estacionária.

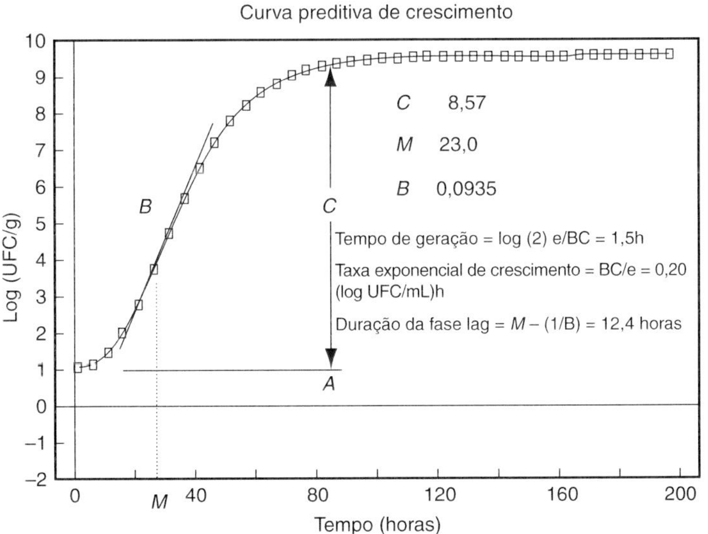

Figura 2.13 Curva preditiva de multiplicação microbiana utilizando a função de Gompertz.

O modelo Baranyi

Baranyi e colaboradores desenvolveram uma equação alternativa apoiada no modelo básico de multiplicação que incorpora as fases lag, exponencial e estacionária, assim como taxa de crescimento específico:

$$N_t = N_{máx} - \ln[1 + (\exp(N_{máx} - N_0) - 1\exp(-\mu_{máx}A(t))]$$

Onde:

N_t = tamanho da população (logaritmo)
N_0 = tamanho da população inicial (logaritmo)
$N_{máx}$ = população máxima (logaritmo)
$\mu_{máx}$ = taxa máxima de crescimento específico
$A(t)$ = integral de ajuste da função

Esse modelo adaptou melhor os dados experimentais do que a função de Gompertz no que concerne à previsão do tempo lag e da fase exponencial de crescimento.

O modelo de Baranyi (Baranyi e Roberts, 1994) é utilizado como base (com modificações) para o *software* MicroFit. Este é um programa gratuito (ver no Apêndice as fontes da *web*) desenvolvido pela UK Food Standards Agency (antiga MAFF) e quatro outros parceiros. O programa possibilita uma fácil análise dos dados de multiplicação microbiológica:

- Para determinar $\mu_{máx}$, tempo de duplicação, tempo lag, contagens iniciais e finais das células.
- Para estimar os intervalos de confiança dos parâmetros citados.
- Para analisar de forma simultânea certos dados e compará-los graficamente.
- Para efetuar testes estatísticos sobre diferença entre dois dados.

Um exemplo para o *C. jejuni* é mostrado na Figura 2.14.

Este modelo é bastante fácil de ser utilizado, mas não pode analisar a fase de morte, uma vez que não foi descrito no modelo de multiplicação de Baranyi.

2.8.3 Modelos de segundo nível

Os modelos de segundo nível são comumente utilizados para descrever as respostas às mudanças dos fatores ambientais, por exemplo, temperatura, pH e a_w. Outros modelos determinam o tempo necessário para uma redução de 10 vezes na viabilidade ou no tamanho da fase lag em resposta às mudanças no pH, temperatura, etc.

Existem três tipos de modelo: a equação de superfície-resposta de segunda ordem, o modelo de raiz quadrada (Belehardek) e as relações de Arrhenius. A equação de Arrhenius é aplicada se a taxa de crescimento for determinada por meio de uma reação enzimática simples de taxa limitada. Broughall e colaboradores (1983) utilizaram essa equação para descrever o tempo da fase lag e de geração do *St. aureus* e da *S.* Typhimurium. Mais tarde, esse modelo foi modificado com o objetivo de considerar os valores de pH (Broughall e Brown, 1984). Inicialmente, a equação de superfície-resposta foi utilizada quando determinados fatores afetavam o modelo de nível primário. O modelo de raiz quadrada (Ross, 1993) é baseado na relação linear entre a raiz quadrada

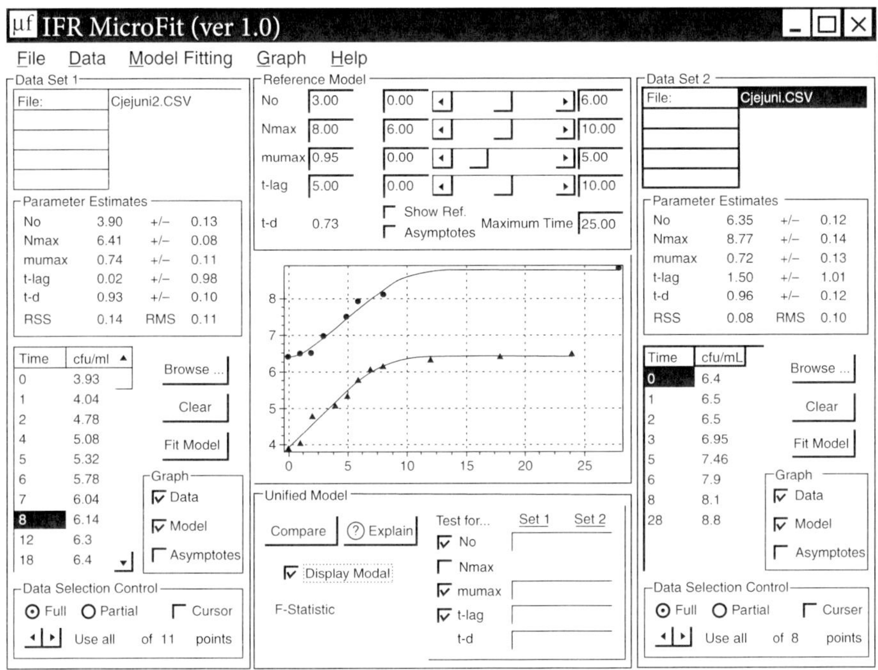

Figura 2.14 Exemplo de resultado do MicroFit para a curva de crescimento do *C. jejuni*.

da taxa de crescimento e a temperatura. É importante salientar que a equação inclui o conceito de *zero biológico* que é a temperatura quando a taxa de crescimento é zero. O modelo de raiz quadrada foi aplicado a espécies de *E. coli, Bacillus* spp., *Y. enterocolitica* e *L. monocytogenes* (Gill e Phillips, 1985; Wimptheimar et al., 1990; Heitzer et al., 1991; Adams et al., 1991). Para que haja dados suficientes para o ajuste dos modelos, uma grande quantidade de informações deve ser coletada. A multiplicação pode ser medida por meio de diversos métodos, tais como a turbidez e a contagem em placas. Uma coleta automática de dados é um benefício óbvio, uma vez que é menos laboriosa e os dados são digitalizados. O Bioscreen (Labsystems) registra automaticamente a turbidez de um grande número de amostras em um determinado tempo. As medidas alternativas incluem a mudança na condutividade do meio (ver Seção 6.4.1; Borch e Wallentin, 1993). A taxa de crescimento da *Y. enterocolitica* na carne suína foi modelada utilizando condutância microbiológica, e os dados foram bastante parecidos com a função de Gompertz. Uma lista de artigos científicos de modelagem é mostrada na Tabela 2.14.

2.8.4 Modelos de terceiro nível

Os modelos de terceiro nível utilizam os de primeiro e segundo níveis com a finalidade de gerar modelos para calcular a resposta microbiana às mudanças de condições e para comparar os efeitos dessas diferentes condições. Diversos modelos foram desenvolvidos e estão acessíveis na internet. Ver, no Apêndice, as fontes da *web* para os endereços de *downloading*.

O "Pathogen Modelling Programme" e o modelo "FoodMicro" são programas de terceiro nível, fáceis e disponíveis. O Pathogen Modelling foi desenvolvido pelo grupo de segurança dos alimentos do Departamento de Agricultura dos Estados Unidos (USDA) como um sistema de *software* para ampla divulgação. Estão incluídos modelos para alterações na temperatura, no pH, na atividade de água, na concentração de nitrito e na composição atmosférica, durante a multiplicação e a fase lag da maioria dos patógenos de origem alimentar, bem como as curvas de sobrevivência após tratamento térmico e irradiação gama. As Figuras 2.15 e 2.16 mostram exemplos. O Pathogen Modelling Programme atualmente trabalha com os seguintes micro-organismos: *Aeromonas hydrophila*, *Bacillus cereus*, *Clostridium perfringens*, *E. coli* O157:H7, *Listeria monocytogenes*, cepas de *Salmonella*, *Shigella flexneri*, *Staphylococcus aureus* e *Yersinia enterocolitica*. O programa FoodMicro foi desenvolvido no Reino Unido (*Campden Food and Drink Research Association*, UK) e inclui parâmetros ambientais similares aos do programa Pathogen Modelling. Nele há equações preditivas para a multiplicação, a sobrevivência e a morte de patógenos. O FoodMicro pode ser utilizado para avaliação de riscos no desenvolvimento de um plano de Análise de Perigos e Pontos Críticos de Controle (APPCC), e isso é descrito na Seção 8.4. O "Growth Predictor" (ver, no Apêndice, as fontes da *web* para os endereços de *downloading*) possui uma série de modelos para a previsão da multiplicação de várias bactérias e leveduras patógenas e degradadoras no âmbito de um intervalo de temperaturas, pH e atividade de água. O "Seafood Spoilage Predictor" foi desenvolvido para prever a vida de prateleira de frutos do mar sob condições constantes e flutuantes de temperatura de armazenamento. O *software* pode ser ligado a registradores de temperaturas e, assim, avaliar o efeito de temperatu-

Tabela 2.14 Exemplos de modelos preditivos de multiplicação microbiológica e produção de toxina

Organismo	Comentários	Referências
B. cereus		Zwietering et al., 1996
Brochothrix thermosphacta		McClure et al.,1993
Cl. botulinum tipos A e B	Multiplicação e produção de toxinas	Lund et al., 1990; Roberts e Gibson, 1986;
		Robinson et al., 1982
Cl. botulinum	Produção de toxinas	Lindroth e Genigeorgis, 1986; Baker e Genigeorgis, 1990; Hauschild et al.,1982; Meng e Genigeorgis, 1993, 1994
E. coli O157:H7		Sutherland et al., 1995
L. monocytogenes		McClure et al.,1997
St. aureus		Broughall et al., 1983; Sutherland et al., 1994
S. Typhimurium		Broughall et al., 1983
Yersinia enterocolitica		Sutherland e Bayliss, 1994

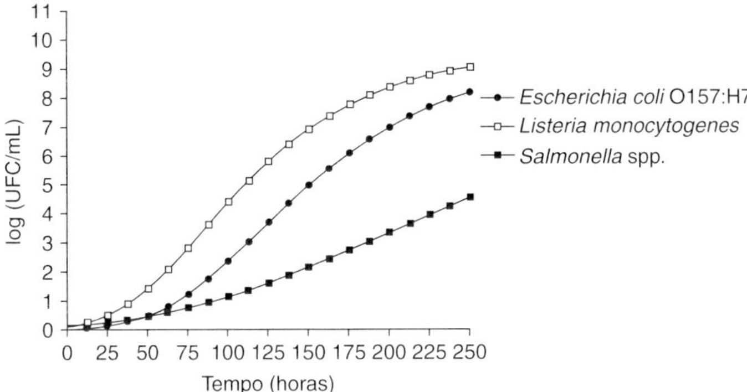

Figura 2.15 Simulação do programa Pathogen Modelling para a multiplicação de *E. coli* O157:H7, *L. monocytogenes* e *Salmonella* spp. a 10 °C, pH 6,5 e 0,9% de NaCl.

ras variadas na vida de prateleira. O *software* Sym'Previus é uma ferramenta de simulação combinada e base de dados para *L. monocytogenes*, *Salmonella*, *B. cereus* e *E. coli*. Cepas podem ser selecionadas de acordo com sua fonte (ou seja, laticínios, frutos do mar e produtos cárneos).

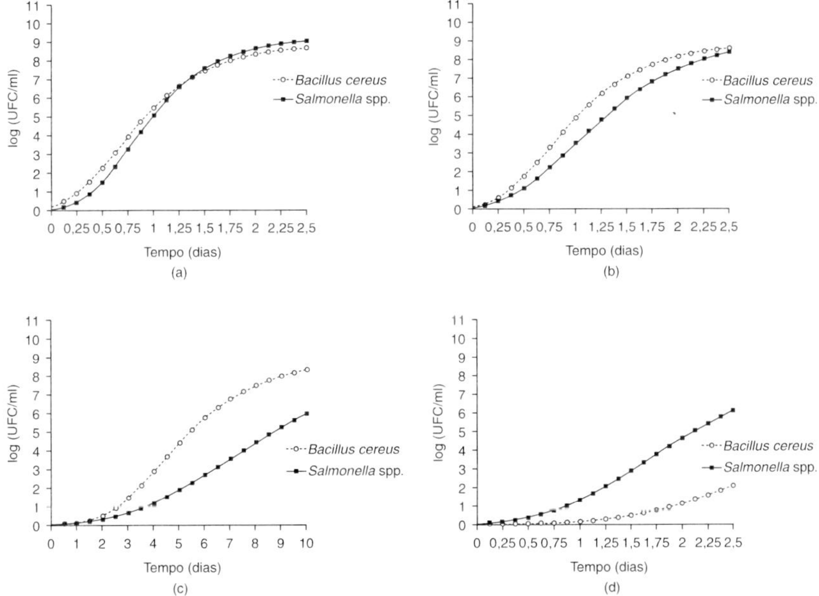

Figura 2.16 A multiplicação de espécies de *Salmonella* e de *Bacillus cereus*, sob diferentes condições de crescimento, como previsto pelo programa Pathogen Modelling. (a) Temperatura a 20 °C, pH 6,8, a_w 0,997. (b) Idem ao item (a), com exceção do pH, que muda para 5,6. (c) Idem ao item (a), com exceção da temperatura, que muda para 10 °C. (d) Idem ao item (a), com exceção da a_w que muda para 0,974. Notar a mudança na escala em (c).

2.8.5 Aplicação da modelagem microbiana preditiva

A modelagem microbiana preditiva possui várias aplicações:

1. Pesquisa e desenvolvimento de produtos
2. Estudos da vida de prateleira (Seção 3.2)
3. Educação e treinamento (Seção 7.3.1)
4. APPCC (Seção 8.5)
5. Estudos de avaliação de riscos (Capítulo 9)

Modelos de multiplicação foram gerados para a maioria dos patógenos. A equação e a regressão não linear de Gompertz podem ser utilizadas para prever a forma da curva de multiplicação e a resposta ao calor de *L. monocytogenes*, sob várias condições ambientais.

Zwietering e colaboradores (1992) descreveram um sistema eficaz com capacidade de modelar a multiplicação bacteriana durante a produção e distribuição de alimentos. O sistema combina dois conjuntos de dados de parâmetros físicos dos alimentos (temperatura, a_w, pH e nível de oxigênio) com dados fisiológicos (cinética de multiplicação) de organismos deteriorantes. Assim, previsões de possíveis tipos de deteriorações e a cinética de uma deterioração podem ser feitos.

Modelos preditivos estão disponíveis para serem utilizados em APPCC e na análise de riscos microbiológicos (Ross e McMeekin, 2003; van Gerwen e Zwietering, 1998). Utilizando os modelos preditivos, diversos parâmetros de processo e suas combinações podem ser estabelecidos como limites críticos para os pontos críticos de controle, na implementação do APPCC. Os modelos de microbiologia preditiva são ferramentas utilizadas no auxílio para a tomada de decisão da avaliação de risco e na descrição de parâmetros de processos necessários à obtenção de um nível de riscos aceitável. Utilizando a combinação da avaliação de riscos e os modelos preditivos, é possível determinar os efeitos de modificações no processamento de alimentos seguros. A Figura 2.17 mostra o efeito previsto da temperatura na probabilidade de infecções causadas por *Sh. flexneri*. O Pathogen Modelling Programme foi utilizado para prever a taxa de multiplicação de *Sh. flexneri* sob condições definidas (pH, concentração de sal e temperatura) para períodos de tempo crescentes e a subsequente probabilidade de infecção (Buchanan e Whiting, 1996).

2.9 Estudos de bioinformática

2.9.1 Bioinformática e genomas

Nosso entendimento sobre o mundo microbiano passou por uma revolução nos últimos anos devido à sempre crescente taxa de sequenciamento de DNA (cromossômico e de plasmídeos) em bactérias denominadas "genômicas". Essas sequências são depositadas em banco de dados e podem ser estudadas utilizando ferramentas baseadas na internet ("bioinformática"). Além disso, tem ocorrido a expansão das análises de proteína ("proteômicas") e dos microarranjos ("transcriptômicos") para estudar

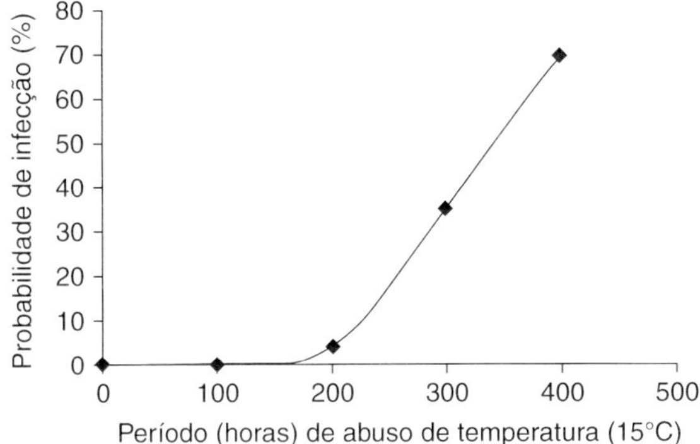

Figura 2.17 O efeito previsto do abuso de temperatura na probabilidade de infecção por *Sh. flexneri* (Buchanan e Whiting, 1996). Reimpressa com a permissão do *Journal of Food Protection*. Direitos de cópias recebidos por meio da International Association of Food Protection, Des Moines, Iowa, US.

a expressão da sequência de DNA. Esse é um tópico bastante grande e poderá ser abordado neste livro apenas de forma breve. Todavia, o leitor pode acessar o *software* necessário, exercícios de exemplo e *sites* da internet por meio do *website* relacionado a este livro em http://www.wiley.com/go/forsythe.

Conforme supra descrito, os genomas de bactérias, vírus e fungos estão sendo sequenciados e registrados em uma taxa crescente. A primeira bactéria sequenciada foi a *Haemophilus influenzae,* por meio do TIGR, em 1995. Ela possui um genoma de 1,9Mb, no qual 1megabase = 100.000 pares de bases. Em parte, isso foi para demonstrar a confiabilidade da técnica *shotgun* de sequenciamento como um método alternativo para o projeto genoma humano. Para sequenciar o genoma bacteriano (cromossômico e de plasmídeo), o DNA é primeiramente fragmentado e clonado em plasmídeos pUC (ou similar). Então, os plasmídeos são transformados em *E. coli* e multiplicam em um meio para gerar clones de plasmídeos contendo inserido um fragmento de DNA do organismo-alvo. Esses DNAs inseridos são amplificados pela reaçao de PCR, assinalados com a utilização de marcadores fluorescentes de bases específicas de nucleotídeos e sequenciados usando eletroforese capilar. Este é conhecido como "Método Sanger de sequenciamento". Entretanto, cada sequência possui comprimento de cerca de 900 bases, o que é uma fração pequena do genoma total, e, uma vez que muitos fragmentos do genoma original já foram clonados, existe uma grande chance de que regiões sobrepostas sejam identificadas e utilizadas para formar sequências de DNA mais longas, chamadas de *contigs*. Não é possível construir o genoma inteiro a partir desses *contigs*, pois em geral existem espaços que se devem às regiões não clonadas. Eventualmente, por meio de um sequenciamento direto posterior, esses espaços são preenchidos e o genoma é circularizado. *Softwares* específicos identificam as sequências *Open Reading Frames* - ORFs, no genoma. As ORFs são, então, comparadas com regiões homólogas em bancos de dados, as quais foram previamente identificadas em outros organismos com evidências experimentais. Essa última etapa é denominada "anotação". Visto que o genoma é uma predição baseada na sobreposição de regiões e não em um sequenciamento passo a passo, alguns erros podem ocorrer. Alguns dos genomas mais adiantados, como o do *C. jejuni* ATCC 11.168, têm sido revisados, já que os pesquisadores investigaram o genoma de forma mais detalhada. A Tabela 2.15 resume os genomas de vários organismos-chave relacionados com alimentos.

O antigo método Sanger de sequenciamento pode sequenciar 8 milhões de bases por semana a partir de colônias bacterianas com fragmentos clonados. Porém, os novos sequenciadores da Roche 454 e da Illumina não requerem fragmentos clonados, colheitas de colônias ou eletroforese capilar. Em vez disso, utilizam a abordagem de sequenciamento por síntese (*sequencing-by-synthesis* – SbS), que detecta a adição de cada base de um fragmento recentemente sintetizado em tempo real. Por isso, essas tecnologias são 1.000 vezes mais rápidas e menos custosas do que o método Sanger. Cada máquina pode sequenciar 2 a 8 bilhões de bases por semana, cada leitura sendo de 500 a 600 bases para o Roche 454 e 35 a 100 bases para o Illumina. Apesar dessa alta produtividade, sua desvantagem é que eles não conseguem determinar de forma acurada as regiões repetitivas. Todavia, atualmente é possível sequenciar um genoma bacteriano em um dia. A principal consequência disso é que muitos genomas bacterianos são liberados para os bancos de dados públicos (p. ex., Genbank), sendo anotados de maneira automática, com níveis variáveis de acuracidade, e requerem investigação manual pelos grupos de interesse independentemente da facilidade de sequenciamento para uma anotação mais precisa.

Tanto quanto o sequenciamento de organismos inteiros, a nova ciência de "metagenômica" atingiu comunidades microbianas inteiras sequenciadas. Existem duas formas de metagenômica. A primeira é uma sequência baseada naquela em que o DNA total de uma comunidade é extraído e clonado sem qualquer cultivo ou pré-seleção. Os fragmentos de DNA são sequenciados e depois comparados com bases de dados para determinar a microflora. A segunda forma de metagenômica é a expressão dirigida. Nesse formato, os fragmentos de DNA são clonados em vetores de expressão e então selecionados para novas atividades enzimáticas. Em 2007, o Conselho Nacional de Pesquisa dos Estados Unidos (US National Research Council) (2007) propôs uma iniciativa metagenômica global, igual em escala ao projeto genoma humano. Complementando isso, o "projeto microbioma humano" está sequenciando a flora microbiana do corpo humano; os endereços dos *sites* são http://nihroadmap.nih.gov/hmp e http://www.hmpdacc.org. Atualmente se pretende sequenciar 1.000 genomas de organismos de referência que vivem ou estão presentes no corpo humano, bem como utilizar a abordagem da metagenômica para sequenciar amostras de cinco (nasal, oral, pele, gastrintestinal e urogenital) partes do corpo de 375 indivíduos saudáveis ou doentes, para evidenciar correlações clínicas. De modo similar, o projeto MetaHIT (http://www.metahit.eu) tem o objetivo de ligar a flora intestinal humana com a obesidade e o distúrbio do intestino irritável. Hattori e Taylor (2009) revisaram o assunto e dão informações extensivas de técnicas e dados.

Tabela 2.15 Sequenciamento de genoma dos principais organismos relacionados com alimentos

Organismo	Número de acesso do genoma[a]	Ano da publicação[b]	Tamanho do genoma (Mb)	Descrição
A. hydrophila subsp. *hydrophila* ATCC 7.966	CP 000.462	2006	4,7	Gamaproteobactéria
Arcobacter butzleri RM4018	CP000.361	2007	2,3	Epsilonproteobactéria
B. cereus ATCC 14.579	AE016.877	2003	5,42	Firmicutes
Bifidobacterium longum NCC2.705	AE014.295	2002	2,26	Actinobactéria
Brucella melitensis biovar Abortus 2.308	AM040.264	2005	3,28	Alfaproteobactéria
Brucella suis ATCC 23.445	CP000.911	2002	3,3	Alfaproteobactéria
C. jejuni RM1221	CP000.025	2005	1,8	Epsilonproteobactéria
C. jejuni subsp. *jejuni* NCTC 11.168	AL111.168	2000	1,6	Epsilonproteobactéria
C. jejuni subsp. *doylei* 269.97	CP 000.768	2007	1,8	Epsilonproteobactéria
C. jejuni subsp. *jejuni* 81-176	CP000.538	2007	1,68	Epsilonproteobactéria
C. jejuni subsp. *jejuni* 81.116	CP000.814	2007	1,6	Epsilonproteobactéria
Clostridium botulinum A str. ATCC 3.502	AM412.317	2007	3,92	Firmicutes
Clostridium perfringens ATCC 13.124	CP000.312	2006	3,3	Firmicutes
Coxiella burnetii RSA 493	AEO16.828	2003	2,03	Gamaproteobactéria
Cronobacter sakazakii ATCC BAA-894	CP000.783	2007	4,56	Gamaproteobactéria
E. coli str. K-12 substr. MG1.655	U00.096	1997	4,6	Gamaproteobactéria
E. coli O157:H7 EDL933	AE005.174	2001	5,59	Gamaproteobactéria
Hepatite A	NC_001489	1987	0,008	Picornaviridae
Lactobacillus acidophilus NCFM	CP000.033	2005	2	Firmicutes
Lactobacillus brevis ATCC 367	CP000.416	2006	2,35	Firmicutes
Lactobacillus delbrueckii supbs. *bulgaricus* ATCC 11.842	CR954.253	2006	1,86	Firmicutes
Lactobacillus plantarum WCFS1	AL935.263	2003	3,34	Firmicutes
Lactococcus lactis subps. *cremoris* SK11	CP000.425	2006	2,56	Firmicutes

(continua)

Tabela 2.15 Sequenciamento de genoma dos principais organismos relacionados com alimentos (*continuação*)

Organismo	Número de acesso do genoma[a]	Ano da publicação[b]	Tamanho do genoma (Mb)	Descrição
L. monocytogenes str. 4b F2365	AE017.262	2004	2,91	Firmicutes
Mycobacterium tuberculosis CDC1.551	AE000.516	2002	4,4	Actinobactéria
Oenococcus oeni PSU-1	CP000.411	2006	1,8	Firmicutes
Pediococcus pentosaceus ATCC25745	CP000.422	2006	1,8	Firmicutes
Pseudomonas fluorescens	CP000.094	2008	6,44	Gamaproteobactéria
Salmonella enterica subsp. *enterica sorovar* Choleraesuis str. SC-B67	AEO 17.220	2005	4,99	Gamaproteobactéria
Salmonella Typhimurium LT2	AE006.468	2001	4,99	Gamaproteobactéria
Shewanella putrefaciens CN-32	CP000.681	2007	4,7	Gamaproteobactéria
Shigella dysenteriae Sd197	CP000.034	2005	4,56	Gamaproteobactéria
St. aureus	AJ938.182	2008	2,7	Firmicutes
Streptococcus thermophilus CNRZ1.066	CP000.024	2004	1,8	Firmicutes
Vibrio cholerae O395	CP000.626	2007	4,1	Gamaproteobactéria
Vibrio parahaemolyticus RIMD 2.210.633	BA000.031	2000	5,17	Gamaproteobactéria
Vibrio vulnificus CMCP6	AE16.795	2003	5,1	Gamaproteobactéria
Norovírus	M87.661	2002	0,008	Caliciviridae
Y. enterocolitica subsp. *enterocolitica* 8.081	AM286.415	2007	4,67	Gamaproteobactéria

[a]Acesso em: http://www.ncbi.nlm.nih.gov/genomes/lproks.cgi.
[b]Não necessariamente a última modificação.

Existem diversos grandes recursos internacionais disponíveis na internet para informações sobre genoma. Dois dos mais populares são o Centro Nacional para Bioinformática e Informação (National Center for Bioinformatics and Information – NCBI) e o Instituto J. Craig Venter (J. Craig Venter Institute – antigo TIGR). Quando são depositadas no Genbank, sequências de DNA recebem um número de acesso que é um identificador único. Isso pode ser pesquisado por meio do BLAST (Basic Local Alignment Search Tool). Existem essencialmente seis formas de BLAST, por meio das quais sequências de nucleotídeos e aminas podem ser utilizadas para pesquisar em base de dados de nucleotídeos ou proteínas. O BLAST preferível dependerá da fonte da sequência desconhecida e da pergunta a ser feita. Por exemplo, comparando sequências de DNA para a estrutura proteica em *Bacillus* e *Staphylococcus*, seria o TBLASTX.

Apesar da sequência de aminoácidos das proteínas terem sido conservadas durante a evolução, cada gênero bacteriano preferirá o uso do códon para certos aminoácidos. Entretanto, para comparar *Shigella* e *E. coli*, pode-se utilizar o BLASTN, já que os organismos são intimamente relacionados. Para apreciar mais o impacto da bioinformática em microbiologia e aprender algumas das habilidades-chave, dirija-se ao o *website* correlacionado (http://www.wiley.com/go/forsythe) a este livro. Muitos dos diagramas nesta seção foram gerados usando ferramentas de *softwares* gratuitos que estão descritas nos exercícios *online* e os arquivos de fonte foram colocados à disposição.

Dados genômicos sobre bactérias patógenas têm oferecido ampla informação. Por exemplo, mesmo com a extensamente estudada bactéria *E. coli*, uma grande proporção (cerca de 40%) das Open Reading Frames (ORFs) identificadas não possuem funções conhecidas. Além disso, têm ocorrido muito mais transferências horizontais de genes do que se pensava, incluindo o compartilhamento de genes relacionados com a virulência (incluindo PAIs; Seção 2.3.2) e de genes que codificam a resistência microbiana (ver Seção 1.9). Genômicas comparativas também podem conduzir a melhoras na classificação filogenética. O *Manual de Bacteriologia Sistemática de Bergey* (2001) agora se baseia nessa abordagem.

A expressão total de genes de um organismo pode ser estudada utilizando os microarranjos de DNA. Essa técnica possibilita a expressão do perfil do organismo sob diferentes condições ambientais (Schwartz, 2000). Os microarranjos (Seção 5.4.6) também podem ser aplicados para o diagnóstico e a detecção rápida e miniaturizada de bactérias patógenas e formadoras de endósporos. Complementando os avanços na genômica, existem também os avanços na proteômica, que é o estudo das proteínas de um organismo.

As seções seguintes possuem exemplos do quanto o sequenciamento de DNA nos auxiliou a compreender muitos patógenos importantes causadores de doenças de origem alimentar. Essa lista é muito vasta, e o leitor é encorajado a utilizar as ferramentas de bioinformática em tópicos de interesse para complementar estudos de laboratório. No futuro, a flora microbiana da cadeia alimentar será mais bem compreendida devido à aplicação da metagenômica, conforme supra descrito. No futuro, os avanços no sequenciamento de DNA deverão habilitar o monitoramento simultâneo de vírus, bactérias e fungos, desde a fazenda até o prato do consumidor. Isso incluirá alterações da composição microbiana dos alimentos durante o processamento e, paralelamente, possibilitará a detecção rápida de patógenos de origem alimentar.

2.9.2 Sequência de rRNA 16S e eletroforese em gel de gradiente desnaturante (DGGE)

Os avanços em biologia molecular, os bancos de dados de sequências e as análises de filogenética revolucionaram a análise de comunidades microbianas, incluindo a do trato intestinal humano, de manufatura de queijos e de produção de vinhos (Amann et al., 1995; Ogier et al., 2004; Renouf et al., 2006). Isso é independente da cultura e, em vez disso, baseia-se na análise filogenética das sequências de DNA. A Figura 2.1 foi construída utilizando um programa de *freeware* gratuito, chamado ClustalW (http://www.ebi.ac.uk/Tools/clustalw2/index.html), embora existam programas mais sofisticados à venda. A árvore é baseada na comparação de sequências de DNA que codificam o RNA na unidade menor do RNA ribossomal (rRNA). Em bactérias, isso é chamado de rRNA 16S (cerca de 1.500 nucleotídeos de comprimento) e, nos eucariontes, de gene rDNA 18S, devido às diferenças de tamanho das subunidades. Apesar da diferença considerável entre os organismos, esses genes ficaram bastante bem conservados durante a evolução. Essas sequências estão totalmente disponíveis para *download* em *sites* da internet, como o Ribosome Database Project II (http://rdp.cme.msu.edu).

Visto que as técnicas não requerem cultivo laboratorial de qualquer organismo-base, o sequenciamento do gene rRNA 16S possibilitou o estudo de comunidades microbianas (metagenômicas) e de organismos não cultivados. O método mais utilizado é o de amplificação do rRNA 16S diretamente do DNA de uma comunidade inteira, utilizando sequências iniciadoras (*primers*) específicas para genes rDNA. A amplificação por PCR resulta em produtos que possuem o mesmo comprimento, mas com sequências diferentes em cada espécie presente na comunidade. Eles podem ser separados utilizando DGGE, no qual o gel de poliacrilamida contém um gradiente linear de ureia e formamida, ambos agentes de desnaturação de DNA. Conforme já foi discutido, os genes rRNA 16S são amplificados utilizando *primers* específicos, mas um possui o "grampo G+C" de aproximadamente 39 nucleotídeos anexados ao final 5'. Esse "grampo G+C" previne a completa dissociação das duas fitas de DNA, mesmo sob condições altamente desnaturantes. Os produtos de PCR de mesmo tamanho não migrarão por distâncias diferentes quando o DNA desnatura, o que dependerá do seu conteúdo de G+C. O método, portanto, possibilita a separação de sequências individuais de uma amostra única de espécies misturadas.

As bandas no perfil representarão as populações microbianas dominantes, e as mudanças no perfil de bandas entre amostras refletirão as alterações na diversidade microbiana. Embora a técnica não enumere os organismos identificados, a intensidade de cada banda pode dar uma estimativa relativa da sequência-alvo na amostra.

O método PCR-DGGE pode não mostrar a diversidade total da flora microbiana presente na amostra devido a falhas na quebra da célula e baixa prevalência. Além disso, existem muitas cópias do gene rDNA 16S em algumas bactérias, e as variações de sequências podem confundir a interpretação dos resultados (Coeny e Vandamme, 2003). O gene *rpoB* da subunidade beta da RNA polimerase tem sido utilizado como uma alternativa, embora bases de dados de suas sequências não sejam tão extensas como as do gene rRNA 16S (Renouf et al., 2006).

2.9.3 Sequências genômicas de *Campylobacter jejuni* e *Campylobacter coli*

A partir da Figura 2.1, é possível perceber que os organismos Gram-negativos se dividem em vários grupos com *Campylobacter*, *Helicobacter* e *Arcobacter* sendo mais intimamente relacionados um com o outro do que com as *Enterobacteriaceae* (*Salmonella*, *E. coli* e *Shigella* spp.) e *Pseudomonas* spp. O *C. jejuni* é reconhecido como um importante causador de gastrenterite, e o entendimento acerca de seu genoma pode auxiliar no desenvolvimento de medidas de controle posteriores. Parkhil e colaboradores (2000) publicaram a primeira sequência de *C. jejuni*. Esta foi da cepa NCTC 11.168, um isolado clínico humano. O genoma possui 1,6Mb de comprimento e, como cerca de 94% dele codifica proteínas, ele é um dos mais densos entre os que já foram sequenciados (Tab. 2.16). Houve várias descobertas a partir do sequenciamento do genoma, incluindo a revelação de um polissacarídeo capsular, uma capacidade considerável para expressão de genes em fases variáveis e, ainda, uma variação de fase de lipo-oligossacarídeo estrutural. Em geral, o genoma do *Campylobacter* possui um conteúdo de alto C+G, mas o sequenciamento revelou duas regiões de baixo G+C (25%), as quais foram do interior do grupo de genes de biossíntese de lipo-oligossacarídeo (LOS) e polissacarídeo extracelular.

Genes que codificam CLDT, hemolisina e fosfolipase foram identificados e podem ter um papel importante na patogênese. Nenhuma toxina colérica ou sistemas de secreção do Tipo III foram encontrados; todavia, componentes de plasmídeos codificantes de supostos sistemas de secreção do Tipo IV foram identificados.

Separada de LOS, EP e modificação flagelar, há uma pequena organização de genes formando operons. Muitas das sequência hipervariáveis estão localizadas em regiões do genoma, próximas aos operons de genes de biossíntese de LOS e EP e de genes de modificação flagelar. O sequenciamento do genoma também revelou variações de G:C, que, em alguns organismos, são responsáveis pela variação de fase da antigenicidade superficial. Parece que o *C. jejuni* não possui muitas das respostas adaptativas, como os RpoS homólogos, presentes em outros patógenos causadores de doenças de origem alimentar,

Tabela 2.16 Comparação das características dos genomas de cinco espécies de *Campylobacter*

Trato	*C. jejuni* NCTC 11.168	*C. jejuni* RM1.221	*C. coli* RM2.228	*C. lari* RM2.100	*C. upsaliensis* RM3.195
Tamanho do cromossomo (Mb)	1,64	1,78	aprox. 1,68	aprox. 1,5	aprox. 1,66
% GC	30,55	30,31	31,37	29,64	34,54
Sequências de leitura aberta (Open Reading Frames – ORFs)	1.634	1.835	1.764	1.554	1.782
% ORF de função definida	–	61	74	73	68
Fagos/regiões de ilhas genômicas	0	4	0	1	1
Plasmídeos (kb)	0	0	1 (aprox. 178)	1 (aprox. 46)	2 (aprox. 3,1;110)
Sistemas de dois componentes	15	15	15	13	11
Proteínas da membrana exterior	14	16	12	10	11
Proteínas transmembranais	87	92	94	74	118

Adaptada de Fouts e colaboradores (2005).

e por isso não demonstra resposta geral ao estresse (GSR); ver Seção 2.7. Ele também não apresenta *cold-shoks proteins* (CSPs); embora sua temperatura mínima de multiplicação seja de apenas cerca de 30° C. Entretanto, ele possui uma considerável diversidade genética e uma considerável variação cepa a cepa em virulência e tolerância ao estresse (Park, 2005; Scott et al., 2007). O genoma codifica cinco sistemas de aquisição de ferro, incluindo a enteroquelina, a proteína receptora sideróforа e o operon de absorção de hemina.

As sequências dos cinco genomas de *C. jejuni* estão alinhadas na Lâmina 4. Existem diferenças consideráveis nas sequências dos *C. jejuni* subsp. *doylei* e *C. jejuni* subsp. *jejuni*. A maior diferença entre os genomas dos dois *C. jejuni* é a presença de quatro grandes elementos ou regiões integradas. Três destes codificam para fagos ou genes relacionados com fagos e o quarto pode ser um plasmídeo integrado.

As sequencias genômicas podem ser comparadas entre diferentes espécies de *Campylobacter*. Uma comparação do genoma do *C. jejuni* com os dos *C. coli*, *C. lari* e *C. upsaliensis* mostra que existem diferenças consideráveis na estrutura genômica entre os organismos. Elas são associadas com a inserção de regiões de fagos ou plasmídeos, bem como diferenças no complexo LOS (Fouts et al., 2005). A Tabela 2.16 resume os resultados.

2.9.4 Evolução da *Salmonella* e PAIs

Apesar de um organismo ser identificado por meio de características-chave, a comparação de genomas bacterianos revelou que existe diversidade considerável de genes em uma "espécie" bacteriana. Nas espécies de *Salmonella*, há muitos clones que são especializados de acordo com seus hospedeiros e também com as doenças que podem causar. Isso também ocorre nas espécies de *E. coli*, conforme descrito na próxima seção. A variação de genes entre os clones causa a principal diversidade genética em uma espécie bacteriana. É reconhecido que pode existir mais de 20% de diferença no DNA de duas cepas da mesma espécie. Genes encontrados na maioria das cepas podem ser considerados como o núcleo principal de genes que caracteriza a espécie. Em contraste com o aumento de genes transferidos por meio da transferência genética horizontal (ou lateral), os genes que se tornam nocivos ou não mais benéficos se perderão seguindo uma acumulação de mutações ou deleções.

Conforme será discutido em mais detalhes na Seção 4.3.2, diferentes cepas de *Salmonella* podem ter hospedeiros diferentes, assim como as doenças que podem causar. Assim sendo, é interessante comparar os genomas completos das cepas de *Salmonella*. Utilizando WebACT para visualizar um alinhamento dos genomas de S. Typhimurium, S. Typhi e S. Paratyphi, podem-se observar largas regiões que foram invertidas, como indicado pelos triângulos na Lâmina 5. Todas elas são *Salmonella* e possuem os mesmos genes, mas estão em ordem diferente em diferentes cepas. Em uma maior resolução, determinam-se as regiões onde DNA prófagos remanescentes podem ser localizados, bem como os fatores de resistência a antibióticos. Um tratamento mais completo em investigações de bioinformática sobre *Salmonella* pode ser acessado pelo *site* relacionado a este livro (http://www.wiley.com/go/forsythe).

A *Salmonella* spp. possui aproximadamente 100 genes requeridos para virulência e contém pelo menos 5 PAIs (Tab. 2.2, Seção 2.3.2). As PAIs têm sido a principal área de pesquisa de patogenicidade e, em *Salmonella*, são de interesse particular devido à virulência e à adaptação da espécie. A capacidade que a *Salmonella* possui de causar doenças é atribuída a diversos fatores. Os genes que codificam esses fatores de virulência costumam ser encontrados juntos, em locais específicos, do cromossomo ou plasmídeos denominados PAIs (ilhas de patogenicidade). Existem muitos (>30kb) elementos cromossômicos diferentes codificando os genes associados com a virulência (Tab. 2.2). Uma vez que a proporção G+C das PAIs é muitas vezes distinta da proporção G+C do restante do DNA bacteriano, foi proposto que eles possam ter sido adquiridos no passado, por transferência genética horizontal a partir de outras espécies bacterianas. Na *Salmonella* existem cinco PAIs, e sua distribuição entre as cepas sugere que sua aquisição, por meio de transferência genética horizontal, foi essencial para que o organismo se tornasse patógeno. A PAI (SPI)-1 da *Salmonella* é associada com o sistema de secreção de toxina e codifica cerca de 25 genes (Tab. 2.2). Ela contém genes necessários para invasão das células epiteliais e multiplicação no tecido linfoide. Visto que isso não ocorre no *E. coli*, ela pode ter capacitado a *Salmonella* a ocupar diferentes nichos. A aquisição posterior de genes, como o SPI-2, habilitou cepas de *Salmonella* entérica a sobreviverem à ingestão de macrófagos e se disseminarem na corrente sanguínea. A SPI-2 é encontrada em cepas de *Salmonella* entérica, mas não nas de *S. bongori*. A aquisição das SPI-3 e SPI-4 resultou na capacidade de se multiplicarem dentro dos macrófagos. A SPI-3 também contém ORFs similares ao ToxR de regulação proteica do *V. cholerae* e outra que é semelhante ao de adesão das EPECs. A SPI-5 codifica os genes para enteropatogenicidade. Esses exemplos ilustram a aplicação da genômica no estudo da virulência bacteriana e da evolução de patógenos. Essas regiões genéticas normalmente possuem diferentes conteúdos de G+C no DNA, com frequência têm finais repetitivos e estão inseridas próximas aos genes tRNA. Elas podem ser localizadas em genomas bacterianos, por meio de verificação do conteúdo de G+C e da percepção de regiões de valores atípicos. Informações complementares e exemplos da localização de PAIs podem ser encontrados no *site* relacionado a este livro.

2.9.5 Sequência genômica da *E. coli* O157:H7

Conforme ressaltado anteriormente com a *Salmonella*, a genômica tem facilitado bastante nosso entendimento sobre a evolução de patógenos. Isso também pode ser demonstrado por meio do estudo da *E. coli* O157:H7, que se acredita ter evoluído da *E. coli* ancestral devido a aquisição ou perda de virulência e características fenotípicas (Feng. et al., 1998). A comparação dos genomas sequenciados de *E. coli* O157:H7 com os de uma *E. coli* não patógena revela algumas informações surpreendentes. Como já era esperado, as duas cepas têm cerca de 4,1 milhões de pares de bases semelhantes. Porém, o genoma da *E. coli* O157:H7 contém 1.387 genes adicionais. O diagrama de Venn, Figura 2.18, mostra a distribuição de genes entre *E. coli* K12 (não patógena), *E. coli* O157:H7 e *E. coli* uropatogênica. Além disso, a *E. coli* K12 não patógena tem 528 genes que não são encon-

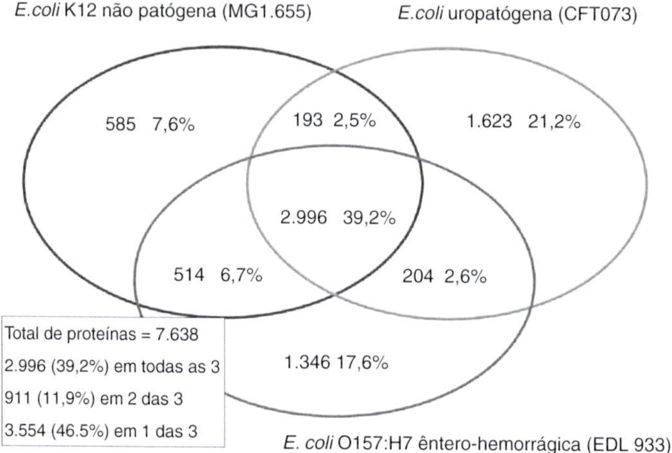

Figura 2.18 Diagrama de Venn de genomas de *E. coli*.

trados na *E. coli* O157:H7. É possível que a descoberta mais significativa seja que o DNA adicional da *E. coli* patógena está distribuído em 177 regiões diferentes, cada uma provavelmente inserida mediante eventos independentes. Além disso, em torno de 18% de seus genes atuais foram obtidos por transferência horizontal de genes de outras espécies. Conclui-se que essas duas cepas de *E. coli* divergiram há cerca de 4,5 milhões de anos. A divergência na *Salmonella* ocorreu há cerca de 100 milhões de anos.

Conforme mostrado na Figura 2.19, se acredita que a *E. coli* O55:H7 seja a ancestral da *E. coli* O157:H7. A O157 "primata" fermentava sorbitol, era β-glicuronidase positiva e possuía o gene de shigatoxina 2 (stx_2). Esta se dividiu em dois tipos. O primeiro perdeu o metabolismo do sorbitol, ganhou o gene stx_1 e, mais tarde, perdeu a β-glicuronidase. O segundo é composto por SOR+, GUD+ e por cepas que não são móveis. Os genes de virulência comuns de sorovares EHEC O157:H7, O26:H11 e O111:H8 mostram que a aquisição dos mesmos elementos genéticos de virulência ocorreu em múltiplas ocasiões. Uma descrição mais completa das cepas patogênicas de *E. coli* pode ser encontrada na Seção 4.3.2.

2.9.6 A diversidade das bactérias ácido-lácticas e bifidobactérias

As bactérias ácido-lácticas são de uma família heterogênea de bactérias agrupadas primeiramente por serem bastonetes ou cocos Gram-positivos, produzirem ácido láctico a partir de açúcares e por serem catalase-negativas. As bifidobactérias também são bastonetes Gram-positivos que mostram uma morfologia bificada e são em geral agrupadas com as bactérias ácido-lácticas. Entretanto, essa base fenotípica de agrupamento

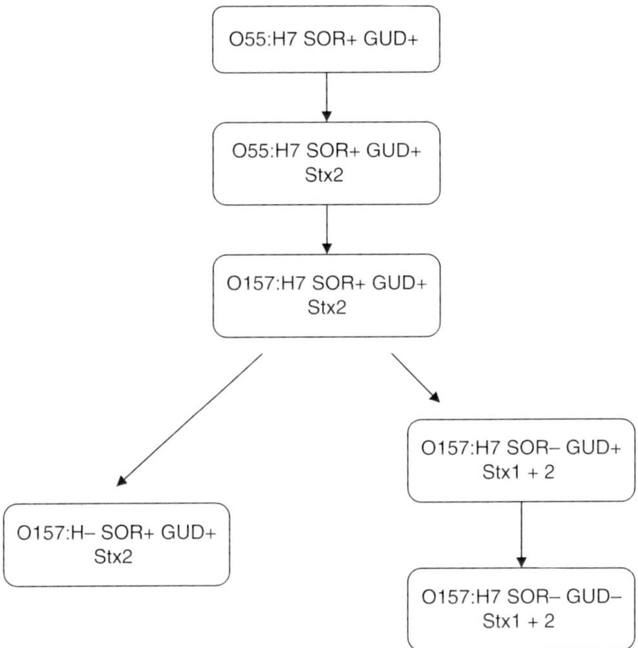

Figura 2.19 Modelo de evolução para *E. coli* O157 (adaptada de Feng et al., 1998).

não reflete por completo a diversidade do grupo, conforme demonstrado na análise do sequenciamento do rDNA 16S (Fig. 2.20). A Figura 2.21 mostra que os organismos Gram-positivos são divididos em dois grupos: os *Firmicutes* (baixo conteúdo de G+C) e as Actinobactérias (alto conteúdo de G+C). As bactérias ácido-lácticas, bem como os gêneros *Staphylococcus* e *Listeria*, estão nos *Firmicutes*, enquanto as bifidobactérias estão nas Actinobactérias e, por isso, são geneticamente muito diferentes em sua origem.

Em princípio, o sequenciamento do genoma das bactérias ácido-lácticas foi focado sobretudo nas espécies patógenas do gênero *Streptococcus*. Isso foi, então modificado para incluir um grande número de espécies não patógenas, até as probióticas associadas, do intestino humano. A Tabela 2.17 resume os genomas de bactérias ácido-lácticas selecionadas, espécies de brevibactérias e bifidobactérias que foram sequenciadas até hoje. As *Lactobacillales* (filo *Firmicutes*, classe *Bacillus*, irmã taxonômica da ordem *Bacillales*) possuem genomas relativamente pequenos (cerca de 2Mb), com evidências de inativação genética, aquisição e duplicação. O grande número de genomas sequenciados (mais de 20 até hoje) de cepas múltiplas da mesma espécie e de espécies relacionadas possibilitará novidades na evolução do genoma e na estrutura não rivalizada por outros grupos bacterianos (Makarova e Koonin, 2007). Acredita-se haver três divisões na ordem dos *Lactobacillales*:

1. *Grupo Leuconostoc*: *Leu, mesenteroides* e *Oenococcus oeni*.

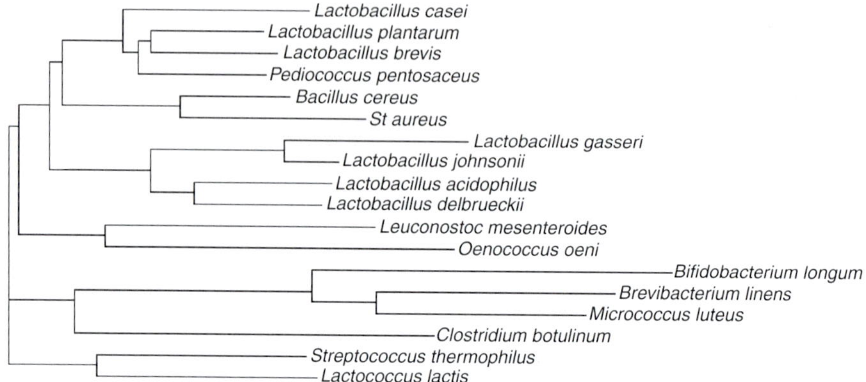

Figura 2.20 Árvore filogenética de bactérias ácido-lácticas e outros organismos Gram-positivos.

2. *Grupo Lactinobacillus casei-Pediococcus*: *Lb. plantarum, Lb. casei, Ped. pentosaceus* e *Lb. brevis*.
3. *Grupo Lb. delbrueckii*: *Lb. delbrueckii, Lb. gasseri* e *Lb. johnsonii*

As espécies de *Streptococcus* e *Lactococcus* formam um grupo separado. A disponibilidade dessas sequências de genomas tem melhorado a análise filogenética desse grupo bastante importante de bactérias. O ancestral comum dos *Lactobacillales* tinha pelo menos 2.100 a 2.200 genes e, após a divergência do ancestral *Bacilli*, perdeu 600 a 1.200 genes e ganhou menos que 100 genes. Muitas dessas mudanças se refletem em uma evolução na multiplicação em ambientes nutricionalmente ricos, como leite e conteúdos intestinais. A transferência horizontal de genes resultou na aquisição de pelo menos 84 genes de diferentes fontes. O interessante é que, durante a evolução dos

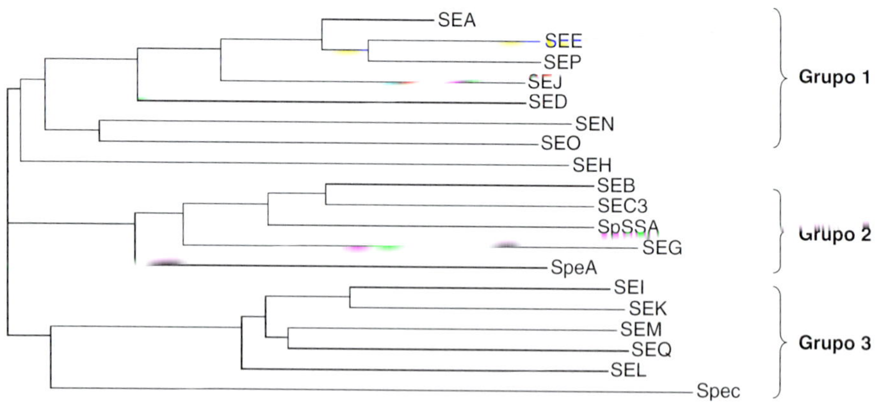

Figura 2.21 Análise filogenética da enterotoxina do *St. aureus* e das toxinas pirogênicas do *Streptococcus*.

Tabela 2.17 Genomas de bactérias ácido-lácticas selecionadas, brevibactérias e bifidobactérias

Gêneros	Espécies	Linhagens	Tamanhos (Mb)	%GC	Número de acesso
Brevibacterium	*linens*	BL2/ATCC9.174	4,4	62,9	NZ_AAGP00000000
Bifidobacterium	*adolescentis*	ATCC 15.703	2,1;2,3	59,3	AP009.256
	longum	NCC2.705		60,1	AE014.295
Enterococcus	*faecalis*	V583	3,36	37,2	AE016.830
Lactobacillus	*acidophilus*	NCFM	2	34,7	CP000.033
	brevis	ATCC 367	2,35	46,1	CP000.416
	casei	ATCC 334	2,93	46,1	CP000.423
	delbrueckii subsp. *bulgaricus*	ATCC BAA365	1,9	49,7	CP000.412
	delbrueckii subsp. *bulgaricus*	ATCC 11.842	1,86	49,7	CR954.253
	gasseri	ATCC 333.323	1,9	35,3	CP000.413
	helveticus	DPC 4571	2,1	37,1	CP000.517
	johnsonii	NCC533	2	34,6	AE017.198
	plantarum	WCFS1	3,3	44,4	AL935.263
	reuteri	F275	2	38,9	CP000.705
	sakei subsp. *sakei*	23K	1,9	41,3	CR936.503
	salivarius subsp. *salivarius*	UCC118	2,1	33	CP000.233
Lactococcus	*lactis* spp. *cremoris*	SK11	2,6	35,8	CP000.425
	lactis spp. *cremoris*	MG1.363	2,5	35,7	AM406.671
	lactis spp. *lactis*	IL1.403	2,4	35,3	AE005.176
Leuconostoc	*mesenteroides*	ATCC 8.293	2	37,7	CP000.414
Oenococcus	*oeni*	PSU-1	1,8	37,9	CP000.411
Pediococcus	*pentosaceus*	ATCC 25.745	1,8	37,4	CP000.422
Propinibacterium	*fredenreichii* subsp. *shermanii*	CIP 103.027	Incompleto	67	Incompleto
Streptococcus	*agalactiae*	2.603V/R	2,2	35,6	AE009.948
	agalactiae	A909	2,1	35,6	CP000.114
	mutans	UA159	2	36,8	AE014.133

(continua)

Tabela 2.17 Genomas de bactérias ácido-lácticas selecionadas, brevibactérias e bifidobactérias (*continuação*)

Gêneros	Espécies	Linhagens	Tamanhos (Mb)	%GC	Número de acesso
	pneumoniae	TIGR4	2,2	39,7	AE005.672
	pyogenes	M1 GAS	1,9	38,5	AE004.092
	thermophilus	LMD-9	1,9	39,1	CP000.419
	thermophilus	LMG18.311	1,8	39,1	CP000.023
	thermophilus	CNRZ1.066	1,8	39,1	CP000.024

Lactobacillales, muitos genes envolvidos no metabolismo do açúcar e no transporte foram duplicados. Isso inclui diversos PTSs, β-galactosidases e enolases.

As análises do genoma têm revelado sua abrangência de capacidade sacarolítica, como era esperado, além de sua ampla gama de nichos ambientais. Notou-se uma predominância de transportadores PTS que possibilitam ao organismo metabolizar vários carboidratos. Assim como a utilização de açúcar, 13 a 17% dos genes em muitos genomas codificam genes para o transporte de proteínas, e os sistemas de absorção de aminoácidos predominam sobre os sistemas de absorção de açúcares e peptídeos.

Existem evidências de que as bactérias ácido-lácticas evoluíram para ambientes nutricionalmente complexos, como o leite, devido a um decréscimo genético e a perda de funções dispensáveis. Também, houve uma aquisição genética por transferência horizontal de genes, acompanhada de uma duplicação genética. Com exceção da *L. lactis*, a biossíntese de aminoácidos é incompleta na maioria das bactérias, refletindo sua natureza delicada. Por exemplo, a *L. plantarum* não sintetiza aminoácidos de cadeias ramificadas, enquanto espécies do "complexo *L. acidopilus*" (*L. acidophilus, L. gasseri* e *L. johnsonii*) são bastante deficientes na capacidade de biossintetizar aminoácidos. Para compensar essa deficiência, os organismos possuem um grande número de peptidases, permeases aminoácidas e transportadores múltiplos de oligopeptídeos. No *Strep. thermophilus*, 10% dos genes são pseudogenes e não são funcionais. Esse decréscimo genômico é percebido de modo especial em genes envolvidos no metabolismo, na absorção e na fermentação do carboidratos e pode ser uma adaptação para ambientes nutricionalmente ricos, como o leite ou o trato intestinal humano. De fato, um transportador específico de lactose é encontrado no *Strep. thermophilus* e está ausente em outros estreptococos patógenos. Também há algumas evidências de transferência horizontal de genes de *Lb. bulgaricus* e *Lb. lactis* para biossíntese de metionina, que é um aminoácido raro no leite. Por sua vez, *Lb. lactis* adquiriu o plasmídeo de DNA que codifica genes importantes para a multiplicação e sobrevivência no leite, no metabolismo da lactose, na atividade proteolítica, na produção de exopolissacarídeo, na produção de bacteriocina e na resistência a bacteriófagos.

A comparação entre os genomas de *Lb. plantarum* mostra uma perda de sintenia (colocalização dos genes) entre as três espécies do complexo: *Lb. acidophilus, Lb. johnsonii* e *Lb. gasseri*. As três últimas mostram extensiva conservação do conteúdo e ordem genética, exceto por duas inversões cromossômicas aparentes em *Lb. gasseri*

(Lâmina 6). O alto grau de similaridade entre as três espécies explica a dificuldade normalmente experimentada quando se tenta diferenciar esses organismos por meio da utilização de fenotipificação ou técnicas moleculares. É possível apenas encontrar genes únicos a uma espécie pela subtração (eletronicamente) de um genoma do outro e, dessa forma, aplicar provas de DNA de espécies específicas. Devido à variação nos genomas entre as cepas da mesma espécie, essas provas de DNA necessitarão ser depois validadas com a utilização de uma coleção de cepas de cada espécie.

As espécies de *Bifidobacterium* são consideradas bactérias ácido-lácticas. Elas são bastonetes Gram-positivos, heterofermentativos, sem motilidade; não são formadores de esporos. Todavia, diferentemente das bactérias ácido-lácticas descritas antes, as bifidobactérias são encontradas no ramo Actinobactérias dos organismos Gram-positivos, com alto conteúdo de G+C (42 a 67%, Fig. 2.1). A maioria das espécies de *Bifidobacterium* habita o trato intestinal dos mamíferos. Elas podem apresentar várias morfologias celulares, incluindo de bastonetes e de bactérias ramificadas (bificadas). O genoma da *Bif. longum* foi sequenciado e, assim, comparações diretas com outras bactérias ácido-láticas são possíveis (Tab. 2.17). O tamanho do genoma é de aproximadamente 2,3Mb e é similar aos das bactérias ácido-lácticas. Apesar de viver no mesmo habitat de muitos *Lactobacillales*, existem apenas sete genes em comum entre as *Bif. longum* e outras bactérias ácido-lácticas que não são encontradas em outras Actinobactérias. Entretanto, existem tendências similares de perdas e ganhos de genes. As perdas em *Bif. longum* e *Lactobacillales* incluem as oxidases, catalases e de ácidos graxos. Ambos os grupos ganharam metabolismos adicionais de aminoácidos pela aquisição da capacidade de dipeptidase. As bifidobactérias fazem parte das primeiras floras que se desenvolveram em bebês alimentados pelo leite materno, e são vistas como benéficas para saúde desses bebês (Seção 4.1.3). Porém, é interessante saber que análises genômicas recentes revelaram que a *Bif. longum* subsp. *infantis* se adaptou para metabolizar o leite materno humano, por meio da presença de um grupo de genes catabólicos de 43kb e de permeases para a absorção dos oligossacarídeos do leite (Sela et al., 2008). Cinco desses oligossacarídeos não são degradados com enzimas do hospedeiro e aparentemente não fornecem benefícios nutricionais ao bebê, mas são substratos preferidos pelo *Bif. longum* subsp. *infantis*.

Bacteriocinas, como as nisinas e pediocinas, são pequenas proteínas que em geral incluem aminoácidos raros e que possuem sequências muito divergentes. Elas podem apresentar atividade bactericida ou bacteriostática sobre organismos intimamente relacionados. A nisina já é utilizada no comércio na conservação de alimentos, e no futuro pode ser usada no desenvolvimento de antibióticos (Seção 3.7.1). Com o uso da comparação entre genomas, genes codificantes de outras bacteriocinas têm sido identificados e podem ter importância comercial, no futuro. Ver no Apêndice BAGEL, um *site* sobre as bacteriocinas em genomas.

A análise genômica das bactérias ácido-lácticas e da *Bif. longum* revelou diversas medidas de importância para funções probióticas. Estas incluem os fatores de ligação (fímbrias, proteínas de ligação da mucosa e proteínas de adesão manose-específicas), síntese de exopolissacarídeos, produção de bacteriocinas, fatores de tolerância ao estresse e aos ácidos (Pridmore et al., 2004).

2.9.7 Análise da sequência genômica das espécies de *Listeria*

A análise filogenômica (análise da sequência inteira do genoma) de espécies de *Listeria* tem demonstrado a mesma relação que os primeiros estudos comparativos de sequências de rDNA 16S. O gênero *Listeria* possui duas ramificações principais. Uma é composta por *L. monocytogenes, L. innocua* e *L.welshimeri.* enquanto *L. seeligeri* e *L. ivanovii* formam a segunda ramificação, com a *L.grayii* distante de ambas as ramificações. O hábitat natural do organismo é provavelmente o solo e material vegetal em decomposição, e é transferido para humanos e animais pela ingestão de alimentos contaminados. As pessoas que estão sob um maior risco são os imunocomprometidos, as grávidas, os recém-nascidos e os idosos. Apenas duas espécies são reconhecidas como patógenas: *L. monocytogenes* e *L. ivanovii.* As duas são parasitas intracelulares facultativos, que se multiplicam dentro de macrófagos e em outras células (células epiteliais e endoteliais e hepatócitos). O organismo causa listeriose, que é uma infecção oportunista em humanos e animais com graves sintomas clínicos, como meningoencefalite, abortos e septicemias. A *L. monocytogenes* pode estar presente em diversos hospedeiros, como mamíferos e pássaros, enquanto a *L. ivanovii* é, na maioria das vezes, patógena aos ruminantes. É questionável o fato de que todas as cepas de *L. monocytogenes* são capazes de causar doenças em humanos, uma vez que estudos epidemiológicos revelaram que as 13 cepas desse micro-organismo variam em sua habilidade de causar infecções. Cerca de 98% de casos humanos são causados pelas cepas 1/2a, 1/2b, 1/2c e 4b, com essa última sendo responsável por mais de 50% dos casos pelo mundo, em especial casos do tipo feto-maternais; ver Seção 4.3.5. Existem três cepas evolutivamente relacionadas de *L. monocytogenes*; cepa I (sorovares 1/2b, 3b, 4b, 4d e 7), cepa II (sorovares 1/2a, 1/2c, 3a e 3c) e cepa III (sorovares 4a e 4c) (Weidman et al., 1997). Cepas I são causadoras de doenças de origem alimentar e de casos esporádicos. A cepa II contém patógenos animais (Hain et al., 2007). Sequências completas de genomas incluem os sorovares 1/2a, 4a e 4b de *L. monocytogenes, L. innocua* (sorovar 6a), *L.welshimeri* (sorovar 6b), *L. seeligeri* (sorovar 1/2b) e *L. ivanovii* (sorovar 5), além de outros. Existe um alto grau de sintenia na organização e no conteúdo dos genes entre as espécies. Uma baixa ocorrência de transposons e elementos de inserção em sequências nos genomas é a razão para uma perda de inversões e para a plasticidade do genoma (Hain et al., 2007). Nelson e colaboradores (2004) reportaram que 83 genes foram encontrados apenas no sorovar 1/2a da *L. monocytogenes.* Isso inclui três grupos de genes que codificam para o transporte e o metabolismo de carboidratos e um operon para os substituintes antigênicos de ramnose que estão localizados no polímero de ácido teicoico associado da parede celular do sorovar 1/2a. Existem 51 genes exclusivos do sorovar 4b e faltam elementos de inserção em sequência. Essas diferenças provavelmente contribuam para diferenças na patogenicidade e a sobrevivência ambiental. Em geral, o genoma da *L. monocytogenes* codifica toda a glicólise e a síntese de pentose fosfato, o transporte e a utilização de vários açúcares simples e complexos. Essas características são associadas com a habilidade de se multiplicar em ambientes naturais e utilizam uma larga variedade de carboidratos.

Todas as determinantes de virulência identificadas até o momento estão localizadas no cromossomo e não em plasmídeos. Os genes de virulência estão localizados em ilhas de patogenicidade. Um cassete gênico de 9kb associado com a sobrevivência intracelular e a dispersão céula a célula é chamado de "Ilha de patogenicidade de Listeria 1" (Listeria Pathogenicity Island 1 - LIPI-1) (Vazquez-Boland et al., 2001). Ela foi antigamente reconhecida como o grupo de genes *hly-* e *prfA-*. Essa região é encontrada em todas as ramificações evolutivas de *Listeria* e é conservada no genoma da *Listeria* devido a forte pressão seletiva. A LIPI-1 codifica quatro genes. Hly é uma toxina formadora de poros, também conhecida como listeriolisina O na *L. monocytogenes*. Essa toxina está na família "tiol ativada" de ligação ao colesterol. A Ilha de patogenicidade também codifica para ActA, uma proteína de superfície que causa a polimerização e a protusão da actina nas células; contém ainda os genes para PlcB, uma fosfolipase C, e Mpl, uma zinco-metaloenzima. Mpl e PlcB estão envolvidas com o escape da bactéria do vacúolo, seguido do engolfamento em um fagossomo. Outros determinantes de virulência são os mediadores de tolerância ao estresse Clp (sobrevivência intrafagossomal), a proteína Ami (ligação com a célula), um transportador de fosfato hexose (proliferação intracelular) e proteínas internalinas (internalização de células epiteliais). Essa última contém um domínio com um número variável de repetições ricas em leucina (*leucine-rich repeats* - LRRs), que formam uma hélice dirigida à direita chamada uma hélice β-paralela. Esta é mais encontrada em eucariontes e em interações mediadas proteína-proteína. Em procariontes, elas são associadas com proteínas de virulência; IpaH, da *Sh. flexneri*, e SspH1 e H2, da *S.* Typhimurium. Treze das 25 proteínas superficiais específicas da *L. monocytogenes* (incluindo todas, menos duas proteínas internalinas) estão ausentes nos sorovares 4a e 4c da cepa III, que são patógenos animais, e não humanos. Dessa forma, a diversidade das proteínas superficiais pode estar ligada com uma variação de hospedeiros. Um segundo grupo de genes, LIPI-2, foi encontrado na *Listeria ivanovii*, e não na *L. monocytogenes*. Ele contém um gene que codifica a esfingomielinase e um grande número de genes *inl*. Uma vez que as proteínas internalinas podem estar envolvidas com o tropismo da célula nos hospedeiros, sua codificação nesse grupo de genes pode contar para uma gama de hospedeiros mais restrita de *L. ivanovii* para ruminantes, em comparação com *L. monocytogenes*. O gene LIPI-2 é flanqueado pelos genes $tRNA^{arg}$ e *yde*I. Em contraste, a *L. welshimeri* possui um prófago inserido entre os mesmos dois genes. Assim, essa região pode ser um ponto importante para as alterações genômicas. A *L. welshimeri* tem um genoma menor do que as outras espécies de *Listeria I*, e possui 482 genes a menos do que a *L. monocytogenes*. Este é provavelmente o resultado da perda de genes envolvidos em virulência, sobrevivência intracelular e metabolismo de carboidratos.

2.9.8 Análise filogenética da enterotoxina do *Staphylococcus aureus*

O *St. aureus* causa uma variedade de doenças, incluindo pústulas e furúnculos, mas no que concerne às doenças de origem alimentar, está relacionado sobretudo a produção de toxinas estáveis ao calor, denominadas termoenterotoxinas, que causam vômitos (Seção 4.3.7). As enterotoxinas estão divididas sorologicamente em cinco tipos principais, SEA até SEE, das quais SEC é depois dividida em três variantes. Em época recente, outras SEs têm sido identificadas: SEG até SEQ. Além disso, as SEs são membros do grupo das toxinas pirogênicas (pyrogenic toxins – PT) e consideradas superantígenos. As toxinas estafilocócicas são estáveis ao calor e capazes de resistir em fervura por várias horas; portanto, apresentam risco à saúde, pois não são desnaturadas durante o cozimento. A análise bioinformática de suas sequências proteicas revela uma forte relação filogenética entre as enterotoxinas do *St. aureus* e as exotoxinas pirogênicas (PT) do estreptococos. As sequências também podem ser utilizadas para pesquisar regiões similares de outros micro-organismos em bases de dados como a Blast searching. Conforme é mostrado na Figura 2.21, existem semelhanças entre as enterotoxinas do *St. Aureus* e as exotoxinas pirogênicas do estreptococos. A análise filogenética evidencia três grupos principais; um é composto pelas SEA, SEE, SEP e, de forma mais distante, relacionou a SEJ com a SED, a SEM e a SEO, com a SEH como um limite para o grupo. O segundo grupo contém SEB, SEC e SEG, bem como a PT A do estreptococos e a superantígena SSA do *Strep. pyogenes*. O terceiro grupo inclui SEI, SEK, SEM, SEQ com a exotoxina pirogênica C do estreptococos como um limite para o grupo.

3 Flora microbiana e conservação de alimentos

3.1 Micro-organismos deteriorantes

Os alimentos degradados são aqueles que têm sabor e odor desagradáveis. Essa degradação é resultado da multiplicação indesejável de micro-organismos produtores de compostos voláteis, durante seu metabolismo, os quais o olfato e o paladar humanos podem detectar. Alimentos deteriorados não causam toxinfecções. Porém, esses alimentos não apresentam as características desejadas pelo consumidor, sendo esse um problema de qualidade e não de segurança de alimentos. Os termos degradados e não degradados são subjetivos, uma vez que a aceitação do alimento depende da expectativa do consumidor e não está relacionada com a segurança dos alimentos. Por exemplo, o leite azedo é inaceitável para beber, mas pode ser utilizado na fabricação de biscoitos e bolachas. A multiplicação de *Pseudomonas* spp. é indesejável em carnes, contudo desejável em aves de caça curtidas. A produção de ácido acético durante a estocagem de vinhos é inaceitável, contudo é necessária para a produção de vinagre a partir do vinho (e da cerveja).

A degradação de alimentos envolve qualquer alteração que torne o alimento inaceitável para o consumo humano. Ela pode ocorrer devido a diversos fatores:

1. Danos causados por insetos.
2. Danos físicos devido a batidas, pressão, congelamento, secagem e radiação.
3. Atividades de enzimas dos próprios tecidos animais e vegetais.
4. Alterações químicas não induzidas por micro-organismos ou por enzimas de ocorrência natural.
5. Atividade de bactérias, fungos e leveduras.

(Adaptado de Forsythe e Hayes, 1998)

Durante a colheita, o processamento e a manipulação, os alimentos podem ser contaminados com uma grande variedade de micro-organismos. Consequentemente, durante a distribuição e a estocagem, as condições serão favoráveis para a multiplicação desses organismos, ocasionando deterioração. Quais micro-organismos se desenvolverão ou quais as reações químicas ou bioquímicas que ocorrerão depende dos parâmetros intrínsecos e extrínsecos dos alimentos (Seção 2.6.1). A deterioração pode ser retardada por meio da redução da temperatura de estocagem (Fig. 3.1).

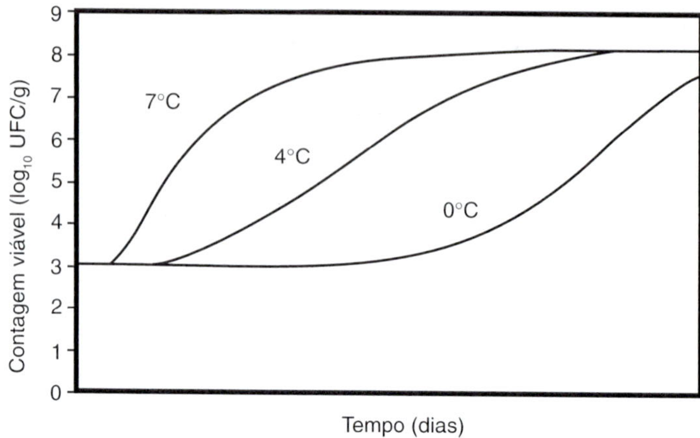

Figura 3.1 Efeito da temperatura na deterioração dos alimentos.

Para alimentos frescos, as principais alterações na qualidade podem ocorrer devido a:

- Multiplicação e metabolismo bacteriano, resultando em possíveis alterações do pH e formação de compostos tóxicos, odores desagradáveis e formação de gás e camadas limosas.
- Oxidação de lipídeos e pigmentos contidos em alimentos gordurosos, resultando em liberação de sabor indesejável e formação de compostos com efeitos biológicos adversos ou que favoreçam a descoloração.

A deterioração dos alimentos não se deve somente à multiplicação de micro-organismos, mas também à produção de metabólitos que causam odor indesejável, produção de camada limosa e de gás. A deterioração do leite (Seção 3.1.2) mostra esses dois aspectos com a multiplicação perceptível de micro-organismos termodúricos (*B. cereus*) e a produção de sabor desagradável (amargor, devido a proteases termoestáveis).

Apesar de já haver grandes progressos na caracterização da flora microbiana total e dos metabólitos que são desenvolvidos durante a deterioração, não há muito conhecimento sobre a identificação de micro-organismos específicos relacionados à composição dos alimentos. Mesmo sendo a deterioração de alimentos um problema econômico mundial, os mecanismos e as interações que conduzem a essa deterioração ainda são pouco compreendidos. Embora a flora microbiana total possa aumentar durante o armazenamento, são organismos deteriorantes específicos que causam as mudanças químicas e a produção de odores indesejáveis (Fig. 3.2). A vida de prateleira é dependente da multiplicação da flora contaminante, a qual pode ser inibida por meio de estocagem a frio ou técnicas de embalagem (embalagem a vácuo e embalagens com atmosfera modificada; Seção 3.6.8). Quanto maior a carga microbiana inicial, menor a vida de prateleira devido ao aumento das atividades microbianas (Fig. 3.3).

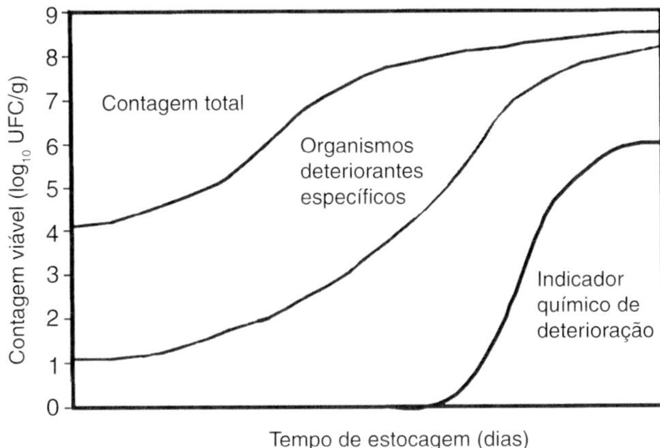

Figura 3.2 Indicadores de deterioração de alimentos.

Uma grande variedade de micro-organismos pode estar inicialmente presente nos alimentos e desenvolver-se caso as condições sejam favoráveis. Tendo em vista a suscetibilidade à deterioração, os alimentos são classificados como não perecíveis (ou estáveis), semiperecíveis e perecíveis. A classificação depende de fatores intrínsecos, como a atividade de água, o pH, a presença de agentes antimicrobianos naturais, etc. A farinha é um produto estável porque possui baixa atividade de água. As maçãs são semiperecíveis, pois a manipulação inadequada e a estocagem imprópria podem resultar em lenta putrefação causada por fungos. As carnes cruas são perecíveis porque fatores intrínsecos, como pH e atividade de água favorecem a multiplicação microbiana.

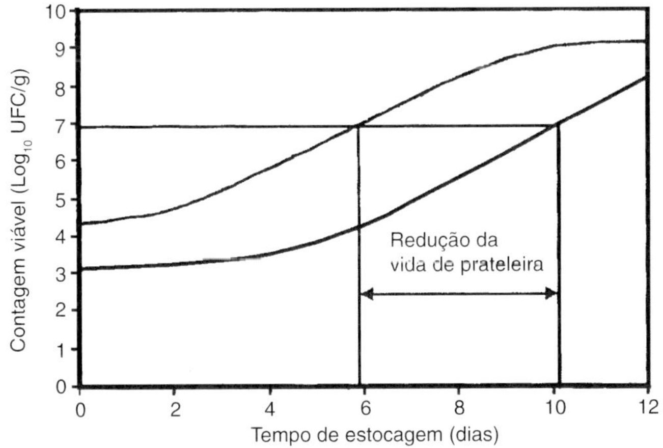

Figura 3.3 Efeitos da carga bacteriana inicial na vida de prateleira.

3.1.1 Micro-organismos deteriorantes

Micro-organismos deteriorantes Gram-negativos

As *Pseudomonas*, as *Alteromonas*, a *Shewanella putrefaciens* e as *Aeromonas* spp. deterioram produtos lácteos, carne vermelha, carne de frango, peixe e ovos, durante a estocagem a frio. Esses alimentos possuem atividade de água alta e pHs neutros, além de serem estocados sem atmosfera modificada (i. e., com níveis normais de oxigênio). Existem diversos mecanismos de deterioração, incluindo a produção de proteases e lipases termoestáveis, as quais produzem aromas e sabores desagradáveis no leite mesmo após a morte dos micro-organismos pela pasteurização. Esses produzem, ainda, pigmentos na deterioração de ovos. A *Erwinia carotovora* e várias *Pseudomonas* spp. são responsáveis por aproximadamente 35% das deteriorações em vegetais.

Micro-organismos deteriorantes Gram-positivos não formadores de endósporos

As bactérias ácido-lácticas (Seção 3.7.1) e a *Brocothrix thermosphacta* são bastonetes Gram-positivos que em geral causam deterioração de carnes estocadas em embalagens com atmosfera modificada ou embalagens a vácuo. O *Acetobacter* e o *Pediococcus* spp. podem produzir uma espessa camada limosa de polissacarídeos em cervejas. A produção de diacetil (ver Seção 3.7.3) por bactérias ácido-lácticas causa a deterioração de cerveja. Esses micro-organismos podem produzir, ainda, ácido láctico em vinhos, causando gosto azedo. O *Acetobacter* produz ácido acético em cerveja, também resultando em gosto azedo no produto.

Micro-organismos deteriorantes Gram-positivos formadores de endósporos

Os micro-organismos formadores de esporos, tais como *Bacillus* spp. e *Clostridium* spp. podem ser importantes deteriorantes de alimentos processados termicamente, uma vez que seus endósporos podem sobreviver ao processamento. O *B. cereus* pode se multiplicar em leite pasteurizado conservado a 5 °C e produzir o "coalho doce" (coagulação da renina, sem acidificação) e a nata fina (*bitty cream*). O *B. stearothermophilus* causa a deterioração "ácida sem produção de gás" (*flat sour*) em alimentos enlatados. Ele se multiplica no interior da lata, produzindo ácidos (daí o termo deterioração ácida), mas sem a produção de gás, por isso a lata não estufa. O *Cl. thermosaccharolyticum* deteriora alimentos enlatados e, em razão de produzir gases, causa estufamento em latas. O *Desulfotomaculum nigrificans* produz sulfito de hidrogênio, o qual causa mau cheiro e estufamento em produtos enlatados. Esse fenômeno é conhecido como deterioração com cheiro repugnante de enxofre. O *B. stearothermophilus*, o *Cl. thermosaccharolyticum* e o *D. nigrificans* são micro-organismos termofílicos. Isso significa que essas bactérias apenas podem se multiplicar em temperaturas maiores que as do ambiente. Dessa forma, alimentos enlatados são processados para serem comercialmente estéreis, uma vez que, sob condições normais de estocagem, não se espera que ocorra qualquer multiplicação microbiana.

Mofos e leveduras deteriorantes

Os mofos e as leveduras são mais tolerantes a baixas atividades de água e pHs ácidos do que as bactérias. Por essa razão, deterioram alimentos tais como vegetais e produtos de panificação (Tab. 3.1). Eles produzem enzimas pectinolíticas, que amolecem os tecidos vegetais, causando putrefação. Cerca de 30% da deterioração de frutas ocorre devido ao fungo *Penicillium*. Os fungos também produzem grandes quantidades de esporângios coloridos que são visíveis nos alimentos. O pão é deteriorado por *Rhizopus nigricans* ("mofo do pão", manchas pretas), *Penicillium* (mofo verde), *Aspergillus* (mofo verde) e *Neurospora sitophila* (pão avermelhado). As leveduras osmofílicas (*Saccharomyces* e *Torulopsis* spp.) são capazes de multiplicar-se em altas concentrações de açúcar (65 a 70%) e deterioram geleias, xaropes e mel. Os fungos podem produzir também diversos tipos de deterioração em carnes devido aos micro-organismos *Mucor, Rhizopus* e *Thamnidium*.

Os métodos de conservação que costumam ser empregados para controlar a multiplicação de fungos são: altas temperaturas (para desnaturar endósporos), conservantes com ácidos fracos (p. ex., ácido sórbico) e antibióticos como natamicina. Porém, alguns fungos já desenvolveram resistência ao ácido sórbico e podem degradá-lo, produzindo pentadieno de odor desagradável.

Tabela 3.1 Fungos deteriorantes de alimentos*

Micro-organismos	Produtos geralmente afetados
Aspergillus versicolor	Pães e produtos lácteos
A. flavus	Cereais e castanhas
A. niger	Temperos
Byssochlamys fulva	Cereais em embalagens a vácuo
Fusarium oxysporum	Frutas
Mucor spp.	Carne
Neosartorya fischeri	Alimentos pasteurizados
Neurospora sitophila	Pães
Penicillium roqueforti	Carne, ovos e queijo
P. expansum	Frutas e vegetais
P. commune	Margarinas
P. discolor	Queijo
Penicillium spp.	Pães
Rhizopus nigricans	Pães
Rhizopus spp.	Carne
Saccharomyces spp.	Refrigerantes, geleias, xaropes e mel
Thamnidium spp.	Carne
Torulopsis spp.	Geleias, xaropes
Trichoderma harzianum	Margarinas
Zygosaccharomyces bailii	Molhos

*Reeditada de Brul e Klis (1999), com permissão de Elsevier.

3.1.2 Deterioração de produtos lácteos

O leite é um meio ideal para multiplicação de bactérias e, por isso, deve ser mantido sob refrigeração. Sua flora intrínseca (cerca de 10^2 a 10^4 UFC/mL) é proveniente dos canais de leite do úbere e dos equipamentos de ordenha, entre outros, utilizados durante a produção. Essa flora inclui *Pseudomonas* spp., *Alcaligenes* spp., *Aeromonas* spp., *Acinetobacter-Moraxella* spp., *Flavobacterium* spp., *Micrococcus* spp., *Streptococcus* spp., *Corynebacterium* spp., *Lactobacillus* spp. e coliformes capazes de fermentar lactose. A deterioração do leite é consequência sobretudo da multiplicação de micro-organismos psicrotróficos, os quais produzem lipases e proteases termoestáveis que não são desnaturadas durante a pasteurização. As *pseudomonas*, flavobactérias e *Alcaligenes* spp. são produtoras de lipases, as quais geram cadeias médias e curtas de ácidos graxos a partir dos triglicerídeos do leite. Esses ácidos graxos conferem ao leite aroma e sabor rançosos desagradáveis. As proteases são produzidas pelas pseudomonas, *aeromonas*, *Serratia* e *Bacillus* spp. Essas enzimas hidrolizam as proteínas do leite, produzindo peptídeos de gosto amargo. Por essa razão, altas contagens microbianas antes da pasteurização são indesejáveis, já que a ação residual das enzimas durante a estocagem resulta na redução da vida de prateleira do leite.

A pasteurização a 72 °C por 15 segundos é realizada para matar todas as bactérias patógenas, tais como *Mycobacterium tuberculosis, Salmonella* spp. e *Brucella* spp., em níveis normalmente encontrados no leite fresco. Os micro-organismos termodúricos são aqueles que sobrevivem à pasteurização, incluindo *Streptococcus thermophilus, Enterococcus faecalis, Micrococcus luteus* e *Microbacterium lacticum*. Os endósporos de *B. cereus* e de *B. subtilis* sobrevivem a esse tratamento térmico. A multiplicação do *B. cereus* causa a deterioração do leite conhecida como nata fina.

3.1.3 Deterioração de produtos de carne bovina e de frango

As carnes (em geral músculos) são produtos altamente perecíveis com atividade de água (Seção 2.6.2) suficiente para a multiplicação da maioria dos micro-organismos. Em razão de ser muito proteica, a carne é relativamente tamponada, e a multiplicação dos micro-organismos não diminui de forma significativa o pH. Por ser um produto nutritivo, ela pode ser deteriorada com rapidez devido à multiplicação de micro-organismos e até ser prejudicial à saúde se contaminada com patógenos. A carne, por si só, é estéril quando no corpo do animal. Entretanto, pode ser contaminada facilmente durante o abate, a evisceração, a manipulação no processamento e a estocagem inapropriada. Se micro-organismos, como as *Pseudomonas* spp., *Brochothrix thermosphacta* e bactérias ácido-lácticas se multiplicarem na carne, esta se tornará deteriorada e inaceitável para consumo. A multiplicação de patógenos causadores de toxinfecções alimentares, como *Salmonella*, cepas de *E. coli* produtoras de toxinas, *L. monocytogenes, Cl. perfringens* e *S. aureus* produtores de toxinas é que tornam os produtos cárneos e de aves preocupantes.

A pele de aves pode carregar diversos organismos deteriorantes: *Pseudomonas* spp., *Acinetobacter-Moraxella* spp., *Enterobacter* spp., *Sh. putrefaciens, Br. thermos-*

phacta e *Lactobacillus* spp. O patógeno *C. jejuni* também pode estar presente na pele e consequentemente ser transferido para superfícies de trabalho. Os patógenos como *S.* Enteritidis podem infectar os ovários e os ovidutos de aves e, em consequência, os ovos antes da formação da casca. Além disso, as cascas de ovos tornam-se contaminadas com bactérias intestinais durante a passagem pela cloaca e no contato com a superfície das incubadoras. O *Cl. perfringens* é isolado em pequenas proporções em carne crua de frango. Essa bactéria é incapaz de se multiplicar devido às baixas temperaturas de estocagem e à presença de micro-organismos psicrotróficos competidores. As bactérias encontradas em carne de frango incluem: *St. aureus, L. monocytogenes* e *Cl. botulinum* do tipo C (não patogênicos para adultos saudáveis). As cepas de *St. aureus* encontradas em aves não são patogênicas aos homens, e intoxicações alimentares causadas por estafilococos associados com alimentos à base de frango são normalmente atribuídas à contaminação após cocção por manipuladores infectados.

As carcaças, em temperaturas acima de 20 °C, serão deterioradas com rapidez por bactérias provenientes do intestino dos animais, as quais contaminaram a carne durante a evisceração. A flora deteriorante é dominada por micro-organismos mesófilos, como *Escherichia coli, Aeromonas* spp., *Proteus* spp. e *Micrococcus* spp. Em temperaturas abaixo de 20 °C, a flora deteriorante predominante será constituída por psicrotróficos, como a *Pseudomonas* spp. (dos tipos fluorescente e não fluorescente) e *Brochothrix thermosphacta*. A carne de frango contém, ainda, um pequeno número de *Acinetobacter* spp. e *Shewanella putrefaciens*. À temperatura de refrigeração de 5 °C ou menor, a flora deteriorante será predominantemente de pseudomonados. Essas bactérias são aeróbias e, portanto, se multiplicam apenas na superfície dos alimentos até uma profundidade de 3 a 4 mm nos tecidos subjacentes. A deterioração é resultado da degradação de proteínas, o que produz compostos voláteis de cheiro desagradável, como indol, dimetil dissulfito e amônia. As oxidações químicas de lipídeos insaturados resultam em sabor rançoso e desagradável.

A multiplicação de fungos ocorre durante períodos de estocagem prolongada (Forsythe e Hayes, 1998):

- Multiplicação semelhante a bigodes de gato ("*whiskers*") são causadas por *Mucor, Rhizopus* e *Thamnidium*.
- Manchas negras são decorrentes de *Cladosporium herbarum* e *Cl. cladosporoides*.
- *Penicillium* spp. e *Cladosporium* spp. causam deterioração de coloração amarela e verde, devido à cor de seus endósporos.
- Manchas brancas são causadas pala multiplicação de *Sporotrichum carnis*.

3.1.4 Deterioração de peixes

As bactérias podem ser detectadas em peixe fresco pela formação de uma camada limosa na pele (10^2 a 10^5 UFC/cm^2), nas brânquias (10^3 a 10^4 UFC/g) e nos intestinos (10^2 a 10^9 UFC/g). Os peixes provenientes dos Mares do Norte serão colonizados principalmente por psicrotróficos, enquanto os de água morna serão colonizados, em maior proporção, por mesófilos. A flora psicrotrófica será constituída por *Pseudomonas* spp., *Alteromonas* spp., *Shewanella putrefaciens, Acinetobacter* spp. e *Moraxella* spp. Já a flora mesófila será formada por micrococos e corineformes, além de *Acinetobacter*. A flora dos peixes desembarcados nos portos também inclui organismos provenientes do gelo utilizado na preservação dos peixes e da flora que contamina os barcos. Devido à alta quantidade de bactérias psicrófilas, a deterioração ocorre muito rapidamente, uma vez que as baixas temperaturas são favoráveis a esses micro-organismos. A 7 °C, durante cinco dias, a carga microbiana pode aumentar até 10^8/g. A degradação dos peixes ocorre de forma mais rápida que a degradação das carnes, as quais levariam cerca de 10 dias para atingir esse nível de contaminação. O odor desagradável comum em peixe deteriorado é provavelmente produzido por algumas cepas de pseudomonas produtoras de éteres (etil-acetato, etc.) e compostos sulfídricos (metilmercaptano, dimetil sulfito, etc.) voláteis. O óxido de trimetilamina é reduzido por alguns micro-organismos deteriorantes de peixes, como *Shewanella putrefaciens*. A produção de trimetilamina confere um odor característico de peixe deteriorado. A *Photobacterium phosphoreum* (uma bactéria luminescente) causa a deterioração de bacalhau embalado a vácuo (Dalgaard et al., 1993).

3.1.5 Deterioração de ovos

Os ovos possuem barreiras de fatores antimicrobianos, incluindo agentes quelantes de ferro (conalbumina) e lisozima, na clara de ovos. A casca é coberta com uma cutícula repelente de água e duas membranas internas. Em contraste, a gema não contém qualquer fator antimicrobiano. A deterioração de ovos ocorre principalmente devido a micro-organismos como *Pseudomonas* spp., *Proteus vulgaris, Alteromonas* spp. e *Serratia marcescens*. Estes produzem putrefações de cores variadas (Tab. 3.2).

3.2 Indicadores da vida de prateleira

O tempo de vida de prateleira é um atributo importante de todos os alimentos. Pode ser definido como o tempo transcorrido desde a produção e a embalagem do produto até o ponto em que ele se torna inaceitável para consumo. É relacionado, então, com a qualidade total do alimento e diretamente ligado ao planejamento da produção, às especificações dos ingredientes, ao processo de manufatura, ao transporte e à estocagem (no varejo e na casa do consumidor). A vida de prateleira depende do alimento

Tabela 3.2 Causas bacterianas da deterioração de ovos

Organismo causador	Tipo de putrefação
Pseudomonas spp.	Verde
Pseudomonas, Proteus, Aeromonas, Alcaligenes e *Enterobacter* spp.	Preta
Pseudomonas spp.	Rosa
Pseudomonas e *Serratia* spp.	Vermelha
Acinetobacter-Moraxella spp.	Incolor

(Tab. 3.3), e é essencial que os produtores identifiquem os parâmetros intrínsecos e extrínsecos que limitam esse período.

A vida de prateleira pode ser determinada pela combinação de análises microbiológicas e químicas de amostras dos alimentos obtidas durante o tempo estimado da vida de prateleira. Existem duas formas de determinação da vida de prateleira:

1. *Determinação e monitoramento direto*. Essa maneira requer que baterias de amostras sejam coletadas em estágios específicos do desenvolvimento do produto. Normalmente, essas amostras são obtidas em intervalos de 20% do tempo estimado da vida de prateleira, resultando em um total de seis amostras de idades diferentes. As amostras são estocadas sob condições controladas até sua qualidade tornar-se inaceitável. Os atributos testados são odor, textura, aroma, cor e viscosidade. Esse método não é ideal para produtos com vidas de prateleira em torno de um ano.
2. *Estimativa acelerada*. A necessidade de satisfazer datas para o lançamento de produtos pode exigir a utilização de estimativas aceleradas da vida de prateleira por meio de um aumento da temperatura de estocagem para apressar qualquer processo de envelhecimento. Esse método deve ser aplicado com cuidado, pois diferentes floras microbianas podem desenvolver-se, produzindo características desagradáveis diferentes daquelas obtidas com a flora que causa deterioração em temperaturas usuais.

Alguns limites microbiológicos sugeridos para vida de prateleira (indicadores de deterioração) são apresentados na Tabela 3.4.

Existem vários compostos, principalmente decorrentes da multiplicação microbiana, que podem ser utilizados na determinação e previsão da vida de prateleira (Dainty, 1996). Os indicadores químicos da deterioração de alimentos são:

1. *Glicose*: a glicose é o principal substrato para a multiplicação microbiana em carnes vermelhas, incluindo aquelas embaladas com atmosfera modificada e a vácuo. A deterioração é associada à utilização de aminoácidos, o que ocorre logo após o uso da glicose, por pseudomonados. Portanto, o monitoramento da

Tabela 3.3 Produtos alimentícios e suas vidas de prateleira

Produtos alimentícios	Vida de prateleira esperada
Pães	Até 1 semana em temperatura ambiente
Molhos de acompanhamento e para salada	1 a 2 anos em temperatura ambiente
Picles	2 a 3 anos em temperatura ambiente
Alimentos resfriados	Até 4 meses entre 0 e 8 °C
Alimentos congelados	12 a 18 meses no congelador
Alimentos enlatados	Latas não envernizadas, 12 a 18 meses
	Latas envernizadas, 2 a 4 anos

Tabela 3.4 Limites microbiológicos sugeridos para vida de prateleira

Produto	Contagem microbiana	Comentários
Carne crua	1×10^6 UFC/g – contagem aeróbia em placas	Deterioração visível e/ou limo a 1×10^7 UFC/g
Carne moída	1×10^7UFC/g	Fim da vida de prateleira, descoloração e formação de limo
Alimentos pré-prontos embalados a vácuo	1×10^6 UFC/g – contagem aeróbia em placas	Representa o ponto em que uma alteração do pH >0,25 ocorre
Alimentos cozidos	1×10^6 UFC/g – contagem aeróbia em placas	
	1×10^3 UFC/g – enterobactérias	
	1×10^3 UFC/g – bactérias ácido-lácticas	
	500 UFC/g – fungos e leveduras	

queda do nível da glicose pode indicar o início da deterioração. A técnica, no entanto, é de valor limitado devido a uma fase lag variável antes da deterioração.

2. *Ácido glucônico e ácido 2-oxoglucônico:* o metabolismo da glicose por *Pseudomonas* resulta na acumulação dos ácidos glucônicos e 2-oxoglucônico na carne.
3. *Ácidos lácticos L e D, ácido acético e etanol*: existe uma relação, não muito bem definida, entre o número máximo de células microbianas e a detecção sensorial da deterioração de carnes vermelhas embaladas a vácuo ou com atmosfera modificada, com baixos níveis de oxigênio. Por isso, a produção de ácidos lácticos L e D, de ácido acético e de etanol a partir da glicose pode ser um bom indicador do início da deterioração de alguns alimentos, como a carne suína e de gado. Dainty (1996) relatou que níveis de acetato maiores do que 8mg/100g de carne indicam uma flora microbiana maior que 10^6 UFC/g.
4. *Aminas biologicamente ativas*: a tiamina é produzida por algumas bactérias ácido-lácticas e não possui propriedades sensoriais relevantes para a deterioração, porém possui propriedades vasoativas. É detectável (0,1 a 1mg/100g de carne) em carnes de gado embaladas a vácuo, contendo alta carga microbiana (>10^6UFC/g).
5. *Compostos voláteis*: as maiores vantagens da determinação de compostos voláteis são o não requerimento de métodos de extração e o fato de que tal determinação possibilita a identificação simultânea de atividades microbianas e químicas. Vallejo-Cordoba e Nakai (1994) demonstraram a presença de nove compostos voláteis durante a deterioração do leite que podem ser atribuídos à deterioração microbiana: 2– e 3-metilbutanol, 2-propanol, etil-hexanoato, etil-butanoato, 1-propanol, 2-metilpropanol e 1-butanol. Outros compostos voláteis podem ser atribuídos à oxidação química de lipídeos. Stutz e colaboradores (1991) propuseram que acetona, metiletilquetona, dimetilsulfito e dimetildissulfito fossem utilizados como indicadores da deterioração de carne moída.

Outros compostos voláteis incluem acetoína e diacetil, no caso da deterioração de carne suína, e trimetilamina em peixes (Dalgaard et al.,1993).

A vida de prateleira de alimentos pode ser determinada microbiologicamente utilizando os seguintes métodos:

1. *Experimento de estocagem*: conforme já mencionado, amostras são obtidas em intervalos de tempo e analisadas quanto a carga microbiana total e micro-organismos deteriorantes específicos, como pseudomonados, *Brochothrix thermosphacta* e bactérias ácido-lácticas. As contagens microbianas são comparadas com avaliações químicas e sensoriais do produto, sendo as correlações entre as variáveis determinadas utilizadas para identificar indicadores-chave de deterioração precoce de alimentos.
2. *Testes desafio*: as amostras de alimentos são incubadas sob condições que reproduzem a produção em larga escala de alimentos e o período de estocagem. Os alimentos podem ser inoculados com micro-organismos específicos de interesse, como aqueles formadores de endósporos. Por exemplo, *Clostridium sporogenes* pode ser utilizado como modelo para sobrevivência do *Clostridium botulinum*.
3. *Modelos preditivos*: essa técnica é descrita em detalhes na Seção 2.8. Sua vantagem é que o método pode prever de forma simultânea a multiplicação de micro-organismos sob uma variedade de condições mais amplas do que seria possível em laboratórios de microbiologia (Walker, 1994). O aspecto essencial dessa técnica é a validação do modelo utilizando dados publicados e dados coletados no próprio laboratório. A maior limitação atualmente se baseia no fato de que a maioria dos modelos preditivos foram desenvolvidos para patógenos de origem alimentar, enquanto os micro-organismos deteriorantes são os principais limitantes da vida de prateleira do produto.

3.3 Métodos de conservação e aumento da vida de prateleira

Métodos de conservação:

1. Previnem o acesso de patógenos ao alimento.
2. Inativam qualquer patógeno que tenha ganhado acesso.
3. Previnem ou reduzem a multiplicação de patógenos, no caso de os métodos anteriores terem falhado.

Todos os alimentos podem ser deteriorados antes do consumo, entre a colheita, o processamento e a estocagem (Gould, 1996). A deterioração pode ocorrer devido a fatores físicos, químicos e microbiológicos. A maioria dos métodos de conservação são elaborados para inibir a multiplicação de micro-organismos (Tab. 3.5).

Os métodos que previnem ou inibem a multiplicação microbiana são: resfriamento, congelamento, secagem, cura, processos de conserva, embalagens a vácuo, embalagens com atmosferas modificadas, acidificação, fermentação e adição de conservantes (Tab. 2.5). Outros métodos inativam os micro-organismos como, por exemplo, a pasteurização, a esterilização e a irradiação. Novos métodos incluem a uti-

Tabela 3.5 Métodos de conservação e efeitos nos micro-organismos

Efeitos nos micro-organismos	Fatores conservantes	Métodos de atuação
Redução ou inibição da multiplicação	Baixa temperatura	Estocagem sob resfrigeração e congelamento
	Baixa atividade de água	Secagem, cura e conservação por adição de açúcar (geleias e polpas)
	Restrição da disponibilidade de nutrientes	Compartimentalização em emulsões água-óleo
	Níveis baixos de oxigênio	Embalagem a vácuo ou com nitrogênio
	Aumento de dióxido de carbono	Embalagem em atmosfera modificada
	Acidificação	Adição de ácidos, fermentação
	Fermentação alcoólica	Produção de cerveja, vinho, fortificação
	Utilização de conservantes	Adição de conservantes inorgânicos (sulfitos, nitritos); orgânicos (proprionato, sorbato, benzoato, parabenzenos); antibióticos (nisina, natamicina)
Inativação de micro-organismos	Aquecimento	Pasteurização e esterilização
	Irradiação	Irradiação ionizante
	Pressurização	Aplicação de altas pressões hidrostáticas

Reimpressa de Gould (1996), com a permissão de Elsevier.

lização de altas pressões. Os métodos de conservação mais importantes são baseados na redução da multiplicação microbiana devido a condições ambientais desfavoráveis (ver parâmetros intrínsecos e extrínsecos, Seção 2.6.1), tais como redução de temperatura, diminuição do pH e da atividade de água e desnaturação devido a tratamentos térmicos. Em razão da pressão por parte dos consumidores, a tendência nos últimos anos tem sido a utilização de métodos de conservação menos rigorosos, incluindo a combinação de diferentes métodos como, por exemplo, alimentos cozidos e refrigerados (com maior vida de prateleira) e embalagens com atmosferas modificadas (com maior qualidade). O efeito sobre a multiplicação microbiana em resposta ao estresse adaptativo é considerado na Seção 2.7.

O processamento convencional de alimentos tem usado aquecimento para a eliminação de contaminantes microbianos, o que simultaneamente resulta em mudanças químicas e físicas no produto. Cada vez mais os consumidores têm demandado produtos "frescos", o que tem ajudado a direcionar o desenvolvimento de tecnologias alternativas que resultem em mudanças mínimas nas características sensoriais e nutricionais do produto. Métodos de predição da segurança de alimentos têm sido quase totalmente baseados em tratamentos térmicos, e estes precisam ser comparados com tecnologias alternativas para avaliar a contribuição dessas tecnologias para a segurança dos alimentos.

Para validar a eficácia de um método de conservação, a sobrevivência microbiana deve ser avaliada. O termo "micro-organismo substituto" pode ser utilizado para aqueles adicionados ao alimento simulando um contaminante patogênico. Micro-organismos substitutos podem ser culturas de laboratório, as quais têm características bem-definidas e não são potógenas. Por exemplo, substitutos para *Cl. botulinum* incluem *Cl. sporogenes* e *B. stearothermophilus*. Substitutos devem também ter características de inativação que possam ser usadas para predizer a sobrevivência do organismo-alvo. A validade de um método de conservação costuma ser confirmada pelo uso de produtos-testes inoculados, os quais são sujeitos a condições representativas do processamento, da manipulação e da embalagem.

Danos celulares subletais em bactérias são de interesse especial no que se refere a métodos de conservação (ver Seção 5.2.2). Processos que objetivam a inativação de bactérias patógenas devem também considerar a suscetibilidade de outros micro-organismos ao tratamento, tais como vírus, mofos e parasitas. Dois gêneros bacterianos de importância para segurança dos alimentos produzem endósporos, incluindo as espécies aeróbias de *Bacilllus* e as anaeróbias de *Clostridium*. Os endósporos são resistentes a aquecimento, produtos químicos, irradiação e outros estresses ambientais. Embora o processo de pasteurização inative células bacterianas vegetativas, o tratamento não é eficaz contra endósporos bacterianos. Portanto, os processos de esterilização comercial são desenvolvidos para inativar endósporos bacterianos de *B. stearothermophilus* (um termófilo) e *Cl. botulinum*.

3.4 O conceito de barreiras

Inibição da multiplicação microbiana, ao contrário da inativação microbiana por tratamento térmico, pode ser utilizada para conservar alimentos. Processos que inibem a multiplicação microbiana incluem baixa temperatura (resfriamento, congelamento), atividade de água reduzida (produtos secos) e acidificação. Esses processos podem ser combinados na forma de uma série de obstáculos, ou barreiras, ao desenvolvimento de micro-organismos causadores de deterioração de alimentos e toxinfecções alimentares. Portanto, o conceito de barreiras combina parâmetros físicos e químicos na conservação de alimentos. A interação desses fatores na multiplicação microbiana pode ser vista na Figura 2.16.

3.5 Conservantes

Conservantes são necessários para garantir que produtos manufaturados permaneçam seguros e com qualidade durante suas vidas de prateleira. Uma série de conservantes é utilizado na manufatura de alimentos (Tab. 3.6). Muitos conservantes são efetivos em condições de baixo pH: ácido benzoico (pH <4,0), ácido propiônico (pH <5,0), ácido sórbico (pH <6,5) e sulfitos (pH <4,5). Os parabenos (ésteres do ácido benzoico) são mais efetivos em condições neutras de pH.

Tabela 3.6 Conservantes alimentares antimicrobianos

Conservante (concentrações típicas, mg/kg)	Exemplos de uso
Ácidos orgânicos fracos e ésteres	
Propionato (1-5.000)	Pães, produtos de panificação, queijos
Sorbato (1-2.000)	Queijos fresco e processado, produtos lácteos, produtos de panificação, xaropes, geleias, polpadas, refrigerantes, margarinas, bolos, molhos para salada
Benzoato (1-3.000)	Picles, refrigerantes, molhos para salada, peixe semi-preservado, polpas, margarinas
Ésteres do ácido benzoico (parabenos, 10)	Produtos de peixe marinados
Ácidos orgânicos acidulantes	
Ácidos láctico, cítrico, málico e acético (sem limites)	Molhos de acompanhamento de baixo pH, maionese, molhos para salada, bebidas, sucos de fruta e concentrados, produtos de carnes e vegetais
Ácidos inorgânicos	
Sulfitos (1-450)	Frutas em pedaços, frutas secas, vinho, linguiça de carne
Nitrato e nitrito (50)	Produtos de carne curados
Ácidos minerais acidulantes	
Ácidos fosfórico e clorídrico	Bebidas
Antibióticos	
Nisina	Queijos, produtos enlatados
Natamicina (pimaricina)	Pequenas frutas sem caroço
Fumaça líquida	Peixe e carnes

3.5.1 Ácidos orgânicos

Ácidos orgânicos fracos são os conservantes mais comuns. Exemplos são: ácidos acético, láctico, benzoico e sórbico. Esses ácidos inibem a multiplicação de células bacterianas e fúngicas. O ácido sórbico também inibe a germinação e o desenvolvimento de endósporos bacterianos. A adição de 0,2% de propionato de cálcio na massa de pães retarda a germinação do *B. cereus* suficientemente para reduzir o risco de intoxicação alimentar em níveis negligenciáveis. O ácido benzoico em níveis de 500 ppm é utilizado para conservação de bebidas à base de suco de frutas. As concentrações de dióxido de enxofre são controladas pelas regulamentações europeias em níveis máximos de 10 ppm.

Em solução, conservantes do tipo ácidos fracos existem em equilíbrio dependente do pH, nas formas dissociada e não dissociada (medido como o valor de pK). Esses conservantes têm uma atividade ótima de inibição em pHs baixos em razão da maior concentração da forma sem carga (não dissociada). Essa forma do ácido é livremente permeável através da membrana plasmática (Fig. 3.4). Dentro da célula, a dissociação ocorre devido ao pH próximo à neutralidade, resultando em geração e acumulação de ânions e cátions. Portanto, a inibição da multiplicação bacteriana

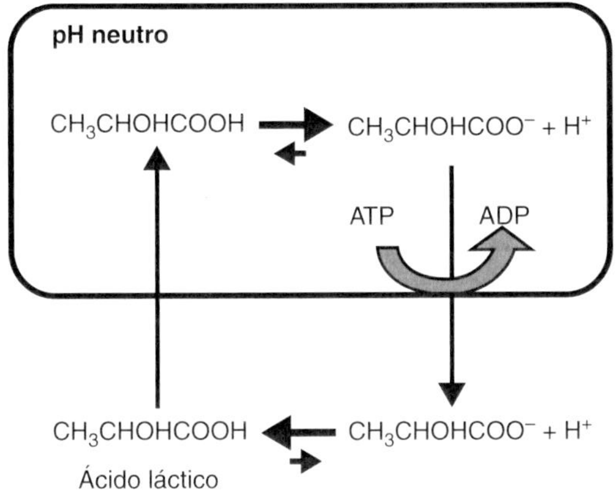

Figura 3.4 Modo de ação dos ácidos orgânicos.

pode ser devida a diversos fatores, como, por exemplo, rompimento da função da membrana e inibição de reações metabólicas essenciais (Bracey et al., 1998; Eklund, 1985). Entretanto, em leveduras, a ação inibitória pode ocorrer pela indução de uma resposta ao estresse para restaurar a homeostase da célula, a qual demanda energia (Holyoak et al., 1996). A concentração dos ácidos não dissociados que inibem micro-organismos é apresentada na Tabela 3.7.

3.5.2 Peróxido de hidrogênio e sistema da lactoperoxidase

O sistema da lactoperoxidase, encontrado no leite fresco, tem fortes propriedades microbianas contra bactérias e fungos (de Wit e van Hooydonk, 1996). O sistema utiliza peróxido de hidrogênio e tiocianato para o funcionamento ideal e é sobretudo ativo contra micro-organismos produtores de H_2O_2. De forma alternativa, o peróxido de hidrogênio pode ser adicionado ao alimento a ser conservado. Sob condições experimentais adequadas, a reação produz moléculas de oxigênio *singlet* de curta duração, as quais são extremamente biocidas (Fig. 3.5; Tatsozawa et al., 1998). Além disso, durante a redu-

Tabela 3.7 Concentração inibitória (%) de ácidos orgânicos não dissociados

Ácido	*Enterobacteriaceae*	*Bacillaceae*	Leveduras	Mofos
Acético	0,05	0,1	0,5	0,1
Benzoico	0,01	0,02	0,05	0,1
Sórbico	0,01	0,02	0,02	0,04
Propiônico	0,05	0,1	0,2	0,05

Várias fontes, incluindo Borch et al. (1996), ICMSF (1996a), Mortimore e Wallace (1994).

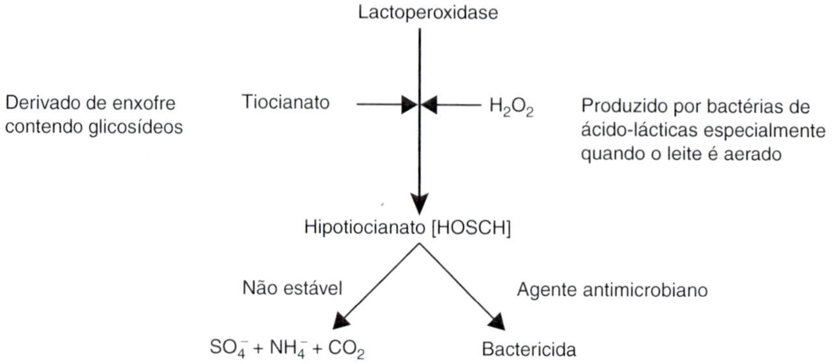

Figura 3.5 O sistema da lactoperoxidase.

ção incompleta da molécula de oxigênio, o radical superóxido é produzido. Em razão da reação de Fenton, H_2O_2 reage com o radical superóxido e quantidades diminutas de íons metálicos de transição (p. ex., Fe [II]) formando o radical hidroxil que é extremamente biocida (Luo et al., 1994). Uma grande variedade de bactérias Gram-positivas e Gram-negativas são inibidas pelo sistema da lactoperoxidase. Entretanto, estudos têm demonstrado que bactérias Gram-negativas são em geral mais sensíveis à conservação de alimentos mediada pela lactoperoxidase do que espécies de bactéria Gram-positivas.

O peróxido de hidrogênio por si só também é conhecido como bactericida, dependendo da concentração aplicada e dos fatores ambientais, tais como pH e temperatura (Juven e Pierson, 1996). A temperatura é um parâmetro extremamente importante na determinação da eficácia do efeito esporicida do peróxido de hidrogênio. O H_2O_2 é um esporicida fraco em temperatura ambiente, mas muito potente em temperaturas elevadas. Enquanto o mecanismo pelo qual essa substância inativa endósporos não é conhecido, a inativação de células vegetativas e fungos é relacionada a danos causados ao DNA. Nos Estados Unidos, as autoridades reguladoras permitem a adição direta de peróxido de hidrogênio a produtos alimentícios, como o leite fresco para a preparação de certas variedades de queijos, soro de leite utilizado em produtos de soro de leite modificado, amido de milho e ovos em pó. Além dessas aplicações, é também permitido na descontaminação de materiais para embalagens (Juven e Pierson, 1996). Muitos outros procedimentos nos quais o H_2O_2 é utilizado como conservante têm sido relatados, tais como desinfecção de frutas e vegetais e descontaminação de uvas-passas (Falik et al., 1994).

3.5.3 Quelantes

Quelantes que podem ser utilizados como aditivos em alimentos incluem ácido cítrico, de ocorrência natural, e os sais de cálcio e dissódico do ácido etilenodiaminotetra-acético (EDTA). O EDTA é conhecido por aumentar o efeito conservante de ácidos fracos contra bactérias Gram-negativas. O ácido cítrico inibe a multiplicação da bactéria proteolítica *Cl. botulinum* devido a sua atividade quelante do Ca^{2+} (Graham e Lund, 1986).

3.5.4 Antimicrobianos naturais

Recentemente, tem havido uma mudança na direção de procedimentos mais naturais para a conservação de alimentos. Além dos ácidos orgânicos fracos, H_2O_2 e determinados quelantes, apenas alguns outros compostos antimicrobianos são permitidos pelas autoridades reguladoras para adição em alimentos. Alguns desses compostos estão naturalmente presentes em especiarias (Tab. 3.8). Os compostos são eugenol, encontrado nos cravos; alicina, no alho; timol, no alecrim; aldeído cinâmico e eugenol, na canela; e alilisotiocianato, na mostarda. Óleos essenciais de plantas como manjericão, cominho e coentro têm efeito inibitório em organismos como *A. hydrophila*, *Ps. fluorescens* e *St.*

Tabela 3.8 Concentração de óleos essenciais em algumas especiarias e atividade microbiana dos compostos ativos

Especiaria	Óleo essencial na especiaria (%)	Compostos antimicrobianos em destilado ou extrato	Concentração do agente antimicrobiano (ppm)	Organismos
Pimenta-da-jamaica (*Pementa dioica*)	3,0-5,0	Eugenol Metil eugenol	1.000 150	Levedura *Acetobacter* *Cl. botulinum* 67B
Cássia ou canela chinesa (*Cinnamomum cassis*)	1,2	Aldeído cinâmico Acetato cinamil	10-100	Levedura *Acetobacter*
Cravo (*Syzgium aromaticum*)	16,0-19,0	Eugenol Acetato de eugenol	1.000 150	Levedura *Cl. botulinum* *V. parahaemolyticus*
Canela em casca (*Cinnamomum zeylanicum*)	0,5-1,0	Aldeído cinâmico Eugenol	10-1.000 100	Levedura, Acetobacter *Cl. botulinum* 67B *L. monocytogenes*
Alho (*Allium sativum*)	0,3-0,5	Alilsulfonil Alilsulfito	10-100	*Cl. botulinum* 67B *L. monocytogenes* Levedura, bactéria
Mostarda (*Sinapis nigra*)	0,5-1,0	Alilisotiocianato	22-100	Levedura, *Acetobacter* *L. monocytogenes*
Orégano (*Origanum vulgare*)	0,2-0,8	Timol Carvacrol	100 100-200	*V. parahaemolyticus* *Cl. botulinum* A, B, E
Páprica (*Capsicum annuum*)		Capsaicina	100	*Bacillus*
Tomilho (*Thymus vulgaris*)	2,5	Timol Carvacrol	100 100	*V. parahaemolyticus* *Cl. botulinum* 67B Bactéria Gram-positiva *Asp. parasiticus* *Asp. flavus* Aflatoxina B_1 e G_1

Adaptada da Comissão Internacional de Especificações Microbiológicas para Alimentos (ICMSF) 1998a, com permissão, da Springer Science and Business Media.

aureus (Wan et al., 1998). Por serem hidrofóbicos, muitos desses óleos essenciais rompem a membrana celular, resultando em perda de funcionabilidade (Brul e Coote, 1999). Entretanto, as concentrações nas quais a morte celular é obtida estão acima dos limites sensoriais toleráveis para que esses antimicrobianos sejam utilizados como principais conservantes. Além disso, é possível questionar o fato de os níveis encontrados em alho fresco serem suficientemente significativos para exercer qualquer efeito microbiano. A alicina não está presente no alho cozido. Na prática, a maioria dos compostos supramencionados são utilizados em concentrações que têm efeitos limitados na inibição da multiplicação de micro-organismos. Uma revisão consistente das propriedades antimicrobianas (e antioxidantes) de especiarias pode ser encontrada em Hirasa e Takemasa (1998).

3.5.5 Conservantes não ácidos

O nitrito e o nitrato são tradicionais sais de cura utilizados para prevenir a multiplicação microbiana, em especial do *Cl. botulinum*. Muitos micro-organismos presentes na flora microbiana de alimentos são capazes de reduzir o nitrato a nitrito, o qual, consequentemente é reduzido a óxido nítrico e amônia. O óxido nítrico em *Cl. botulinum* liga-se à enzima piruvato fosfotransferase, prevenindo a geração de ATP. Também se liga à mioglobina no tecido de carnes, formando nitrosomioglobina, um composto que produz nitrosilhemocromo, característico e responsável pela coloração rósea de carnes curadas cozidas.

A nisina e a pediocina PA-1 são exemplos de bacteriocinas da classe IIa produzidas por bactérias ácido-lácticas utilizadas como conservantes alimentícios. Tais substâncias são principalmente empregadas em produtos lácteos e possuem capacidade reconhecida em segurança dos alimentos. Esses compostos possuem um vasto espectro inibitório contra organismos Gram-positivos, podendo até mesmo prevenir o desenvolvimento de endósporos bacterianos. A nisina é um peptídeo antibacteriano composto por 34 aminoácidos. É produzida em escala industrial a partir de certas cepas de *Lactococcus lactis* pertencentes ao grupo sorológico N. É um lantibiótico que pertence a uma nova classe de peptídeos antimicrobianos que contêm aminoácidos atípicos e anéis simples sulforados de lantionina (Fig. 3.6). A nisina possui duas formas variantes naturais, nisina A e nisina Z, as quais diferem devido a um único resíduo de aminoácido na posição 27 (histidina na A e asparagina na Z). Seu modo de ação está ligado, sobretudo, à membrana citoplasmática dos micro-organismos suscetíveis. As bacteriocinas dissipam a força protomotiva, cessando a geração de ATP via fosforilação oxidativa. Os modelos de interação das nisinas com membranas propõem que o peptídeo forme poros na membrana por meio de um processo com várias etapas, incluindo ligação, inserção e formação dos poros, as quais requerem um potencial trans-negativo na membrana de 50 a 100 mV.

Os alimentos com umidade intermediária possuem valores de atividade de água entre 0,65 e 0,85 (Seção 2.6.2). Isso é equivalente a um conteúdo de umidade de cerca de 20 a 40%, mas tal conversão deve ser utilizada com cuidado, já que água livre não é sinônimo de água disponível.

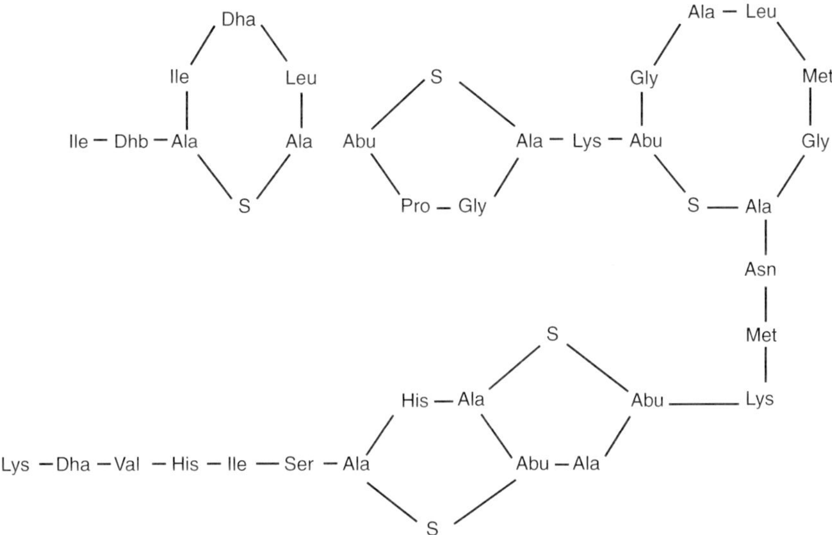

Figura 3.6 A estrutura da nisina.

Os tratamentos térmicos podem ser empregados em sinergia com atividade de água. Os alimentos com pH acima de 4,5 normalmente necessitam ser cozidos (Seção 2.5.2) para garantir sua segurança. No entanto, na presença de sais de cura como o nitrito e o nitrato, a atividade de água é reduzida e um produto de longa estabilidade em temperatura ambiente pode ser obtido com tratamentos térmicos brandos (pasteurização).

Deve-se notar que, devido a um aumento na resistência de bactérias patogênicas a antibióticos, agentes antimicrobianos com base na estrutura e no modo de ação da nisina estão sob avaliação para serem utilizados como antibióticos de uso terapêutico. O presente uso de nisina em alimentos não tem sido associado com qualquer desenvolvimento de resistência, porém não se sabe se haverá alguma mudança nesse aspecto no futuro devido ao uso de antibióticos com base na nisina.

3.5.6 Conservação pela ação de ácidos fracos e pH baixo

Os alimentos podem ser divididos em dois grupos: os de baixa acidez, com valores de pH acima de 4,5, e os de alta acidez, com valores de pH abaixo de 4,5. A importância do valor do pH no alimento é grande, pois o *Clostridium botulinum* é incapaz de multiplicar-se em pH abaixo de 4,5. Dessa forma, o processamento de alimentos de alta acidez não necessita levar em conta uma possível multiplicação desse micro-organismo.

A maioria dos conservantes de alimentos é efetiva em pHs ácidos. Os ácidos orgânicos incluem os acético, propiônico, sórbico e benzoico. Esses compostos, quando em suas formas não dissociadas, são solúveis à membrana. No citoplasma, os ácidos dissociam-se e há liberação de um próton. A expulsão do próton necessita de energia e, portanto, restringe a multiplicação celular. O dióxido de carbono em solução forma um ácido fraco, o ácido carbônico. Ele previne a multiplicação de pseudomonados em níveis tão baixos quanto 5%, enquanto as bactérias ácido-lácticas não são afetadas. Por isso, as embalagens com atmosfera modificada (Seção 3.6.8) alteram a flora deteriorante.

3.6 Métodos físicos de conservação

Esta seção apresenta uma ampla variedade de métodos de conservação não químicos, desde tratamentos térmicos tradicionais até novos métodos desenvolvidos em embalagens com atmosfera modificada.

3.6.1 Conservação por tratamento térmico

Tratamento térmico é um modo universal de preparo de alimentos e tem sido utilizado por milhares de anos. O processo pode ocorrer na forma de cozimento, fervura ou torrefação e ser aplicado tanto em nível doméstico como industrial para a preparação de alimentos. Esses processos causam mudanças físico-químicas, as quais podem melhorar o sabor, o cheiro, a aparência e a digestibilidade do alimento. Além disso, pode reduzir os níveis de contaminação microbiana. Todos os micro-organismos têm uma faixa de temperatura que favorece seu desenvolvimento (ver Seção 2.6.4, Tab. 2.8). Uma vez que a maioria das bactérias patogênicas é mesófila, elas são destruídas em temperaturas de cozimento, e toxinas não resistentes ao aquecimento também são inativadas. Além disso, organismos causadores de deterioração são destruídos, e, portanto, o tratamento térmico do alimento pode tanto prolongar sua vida de prateleira como reduzir o número de bactérias patogênicas. O tratamento térmico de alimentos é necessário para destruir bactérias patogênicas que podem estar presentes como resultado de contaminação ambiental ou intestinal. De modo semelhante, frutas e vegetais necessitam ser tratados termicamente devido à possível contaminação por água e manipulação.

Pasteurização

O leite é em geral pasteurizado utilizando o método HTST (*High Temperature Short Time* – Alta Temperatura e Tempo Curto) em um processo a 72 °C, por 15 segundos. Esse método é realizado com a finalidade de inativar todas as bactérias patogênicas presentes em níveis normais no leite fresco, tais como:

Mycobacterium tuberculosis
Salmonella spp.
Brucella spp.
Campylobacter spp.
Cryptosporidium parvum
Corynebacterium diphtheriae, causadora da difteria
L. monocytogenes

Agente da poliomelite
Coxiella burnetti, causadora da febre Q
Cepas patogênicas de *Streptococcus* spp.

Os micro-organismos termodúricos são aqueles capazes de sobreviver a tratamentos térmicos, até mesmo à pasteurização. Esse grupo inclui *Streptococcus thermophilus, Enterococcus faecalis, Micrococcus luteus* e *Microbacterium lacticum*. Os endósporos de *Bacillus cereus* e *B. subtilis* podem sobreviver à pasteurização, sendo que os de *B. cereus* causam a degradação do leite pasteurizado conhecida por nata fina. Outros regimes de tempo e temperatura utilizados para a pasteurização de outros produtos alimentícios são apresentados na Tabela 3.9.

Esterilização

A esterilização (130 °C, por no mínimo 1 segundo) é um método adequado para a estocagem do leite por tempo prolongado. O tratamento térmico é rigoroso o suficiente para inativar todos os micro-organismos presentes, tanto os deteriorantes como os patógenos de origem alimentar. Existe uma chance estatística de micro-organismos sobreviverem ao processo, mas isso é normalmente aceito na produção de alimentos seguros. O fator 12D de cocção de alimentos enlatados é abordado na Seção 2.5.2.

Sous-vide

Os produtos *sous-vide* são aqueles embalados a vácuo que passam por tratamentos térmicos brandos e têm uma estocagem a frio cuidadosamente controlada para prevenir a multiplicação de patógenos formadores de endósporos, como o *Cl. botulinum.*

Tabela 3.9 Tempo de pasteurização e regimes de temperatura

Alimentos	Processo de pasteurização	Principal objetivo	Efeitos secundários
Leite	63°C, 30 min 71,5 °C, 15 s	Destruir patógenos: *Br. abortis, My. tuberculosis, C. burnetti*	Destrói micro-organismos deterioradores
Ovo líquido	64,4 °C, 2,5 min 60 °C, 3,5 min	Destruir patógenos	Destrói micro-organismos deterioradores
Sorvete	65 °C, 30 min	Destruir patógenos	Destrói micro-organismos deterioradores
	71 °C, 10 min		
	80 °C, 15 s		
Suco de fruta	65 °C, 30 min 77 °C, 1 min 88 °C, 15 s	Inativar as enzimas: pectina esterase e poligalacturonase	Destrói fungos e leveduras deterioradores
Cerveja	65-68 °C, 20 min (na garrafa) 72-75 °C, 1-4 min (900-1.000 kPa)	Destruir os micro-organismos deterioradores: leveduras e bactérias ácido-lácticas	

O tratamento térmico deve ser equivalente a 90 °C, por 10 minutos, para inativar os endósporos do psicrotrófico *Cl. botulinum*. Os organismos deterioradores, sobretudo os psicrotróficos, também são inativados durante o tratamento térmico, o que prolonga a vida de prateleira (p. ex., 3 semanas, 3 °C). Os mesófilos e os termófilos tendem a sobreviver aos tratamentos térmicos brandos muito mais do que os psicrófilos, mas são incapazes de multiplicar-se em temperaturas frias de estocagem.

3.6.2 Tratamento com altas pressões

O uso de tecnologias envolvendo altas pressões é um novo método de conservação de alimentos que não é ainda utilizado em larga escala (Hendrickx et al., 1998). O tratamento com alta pressão pode ser usado para preservar alimentos, já que destrói micro-organismos, incluindo endósporos (Kalchayanand et al., 1998). A vantagem desse tratamento é que as qualidades nutricionais e sensoriais do alimento são pouco afetadas, ao contrário dos processos térmicos.

O objetivo principal do tratamento com alta pressão é a redução de cerca de 8 logs (8D) nas contagens viáveis de patógenos de origem alimentar. A inibição da multiplicação microbiana acontece em pressões de 20 a 130 MPa. Pressões mais altas, como 130 a 800 MPa (dependendo do organismo e da matriz do alimento) são necessárias para a inativação de células microbianas. A Figura 3.7 mostra a recuperação de *St. aureus,* após tratamentos com altas pressões. O número de células sobreviventes é dependente da pressão utilizada no tratamento, e também do meio de cultura utilizado, atingindo maior recuperação com uso de meio não seletivo. O local de dano celular é possivelmente a membrana citoplasmática e os ribossomos. Exposição de *E. coli* a altas pressões resulta na síntese de HSPs (*heat shock protein*), CSPs (*cold-shok proteins*) e proteínas associadas somente com exposições a altas pressões. Danos na membrana intracelular é o alvo inicial mais provável no tratamento de células de leveduras com alta pressão.

O uso de tecnologias envolvendo pressão tem sido proposto para inativar endósporos bacterianos. A germinação de endósporos é induzida com baixas pressões (100 a 250 MPa), enquanto altas pressões (500 a 600 MPa) os inativam. A combinação de ciclos de pressão e outros métodos de conservação pode ser necessária para o controle de espécies de *Clostridium*, já que os endósporos desses organismos têm uma tolerância maior do que os de espécies de *Bacillus*. Pressões hidrostáticas moderadas (270 MPa) a 25 °C reduzem a contagem viável apenas em cerca de 1,3 logs. Entretanto, reduções de 5 logs podem ser alcançadas pela combinação de tratamentos a 35 °C e inclusão de compostos bactericidas, tais como pediocina e nisina (Fig. 3.6; Kalchayanand et al., 1998). O processo pode ser sinergisticamente combinado com tratamento térmico, de modo que pressões menores (100 a 200 MPa) sejam necessárias.

Já que altas pressões têm pouco efeito sobre os constituintes químicos, o sabor natural, a textura, a aparência e o conteúdo nutritivo do alimento são similares ao produto fresco. Portanto, essa tecnologia tem potencial considerável para no futuro ser utilizada na produção de alimentos seguros que sejam aceitáveis pelos consumidores.

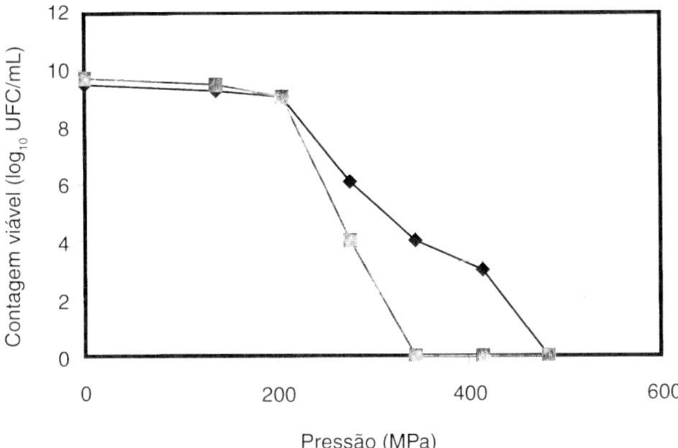

Figura 3.7 Sobrevivência de *St. aureus* após tratamento com alta pressão. Reimpressa de Kalchayanand et al., 1998, com permissão de Elsevier.

3.6.3 Aquecimento ôhmico e por radiofrequência

Na pasteurização de carnes, o objetivo é a eliminação de patógenos e a redução do número de organismos deteriorantes. Como consequência, sob condições refrigeradas, a carne tem uma vida de prateleira razoável. Entretanto, no caso de produtos cárneos de tamanhos maiores, o período de cozimento necessita ser estendido, uma vez que a transferência de calor no produto é relativamente lenta. Isso pode resultar no superaquecimento da superfície. Métodos de aquecimento alternativos incluem o aquecimento ôhmico e por radiofrequência. Nesses dois métodos o calor é gerado no próprio produto devido à fricção iônica. No aquecimento ôhmico, energia elétrica é passada diretamente através da carne, enquanto no aquecimento por radiofrequência, a energia elétrica a princípio é convertida a radiação eletromagnética, a qual é então transferida ao produto. Desse modo, a radiação produzida por radiofrequência passa através do material plástico da embalagem, sem a necessidade de contato direto com eletrodos, ao contrário do que ocorre no aquecimento ôhmico.

O aquecimento ocorre em razão da geração de um campo elétrico com regiões positiva e negativa. Os íons no alimento movem-se para sua região correspondente no campo elétrico. No aquecimento ôhmico, a polaridade do campo é modificada a 50-60 Hz, enquanto em radiofrequência a polaridade muda com a alta frequência de 27,12 MHz. A oscilação dos íons causa o aquecimento interno.

3.6.4 Campos elétricos pulsados

Campos elétricos pulsados (PEF – *pulsed electric fields*) é uma das tecnologias emergentes mais promissoras para obtenção de pasteurização, por meio de um processo brando e não térmico. As primeiras aplicações foram propostas nos anos 1960, mas foi apenas em 2005 que o primeiro uso comercial ocorreu. O processo pode ser aplicado continuamente, com um tempo mínimo de residência.

Para o tratamento com PEF, um modulador de pulso e uma câmara de tratamento são necessários. O modulador de pulso transforma a corrente alternada sinusoidal em pulsos com picos de voltagem suficiente e energia pulsada. A desintegração de células animais ou vegetais requer cerca de 1kV/cm no campo elétrico, enquanto a desintegração de células microbianas requer força elétrica acima de 15kV/cm. No processo com PEF, 20 a 100 pulsos elétricos de força de campo de 25 a 70kV/cm são aplicadas ao produto em períodos de microssegundos (Barsotti et al., 1999, Jeyamkondan, 1997). Os PEF geram poros nas membranas dos micro-organismos devido a um colapso no potencial dielétrico da membrana, resultando em perda da integridade e função da mesma.

3.6.5 Ultrassom

As ondas de ultrassom inativam micro-organismos pela introdução de ciclos alternados de compressão e expansão em um meio líquido. O efeito bactericida dessas ondas com alta intensidade é causado durante a fase de expansão do ultrassom, quando pequenas bolhas crescem até explodirem. A temperatura e a pressão atingidas no interior dessas bolhas podem se tornar extremamente altas. O ultrassom não tem sido adaptado para preservação de alimentos provavelmente devido a seus efeitos adversos na qualidade deste quando aplicado na intensidade necessária para inativar bactérias. No entanto, é possível que seu uso combinado com pressão e calor possa aumentar a letalidade dessa tecnologia, permitindo sua aplicação em alimentos (Raso et al., 1998).

3.6.6 Pulsos intensos de luz

Pulsos intensos de luz (ILP – *intense light pulse*) é outra tecnologia de conservação não térmica (Rowan et al., 1999). Esta usa pulsos intensos e de curta duração de um amplo espectro de luz, 20 mil vezes mais intenso que a luz solar, para inativar micro-organismos por meio de um efeito fotoquímico e/ou fototérmico (Wuytack et al., 2003). O grau de inativação é dependente da intensidade da luz e do número de pulsos aplicados.

O método funciona em células vegetativas e endósporos bacterianos. O processo pode descontaminar a superfície do produto sem penetração; portanto, mantém as qualidades organolépticas do produto.

3.6.7 Irradiação de alimentos

A irradiação de alimentos consiste na exposição desses, tanto embalados como a granel, a quantidades controladas de radiação ionizante (em geral, raios gama de ^{60}Co) durante um período específico de tempo para atingir certos níveis desejáveis. O processo não aumenta a radioatividade inicial dos alimentos. Ele previne a multiplicação de bactérias devido aos danos causados em seus DNAs. Também pode retardar a maturação em virtude das reações bioquímicas causadas nos tecidos vegetais. A irradiação de alimentos reduz a carga microbiana no estágio de empacotamento. Entretanto, da mesma maneira que outros processos de conservação, esse não protege contra futuras contaminações causadas por manipulação, estocagem e preparação.

Tecnologia de irradiação

Os tipos de radiação utilizados em processamento de materiais são limitados a radiações com raios gama altamente energizados, raios X e elétrons acelerados. Essas radiações são também conhecidas como ionizantes, pois possuem energia suficiente para deslocar elétrons de átomos e moléculas, convertendo-os em partículas eletricamente carregadas denominadas íons. Os raios gama e X, como as rádio-ondas, as micro-ondas, os raios ultravioletas e os de luz visível, formam parte do espectro eletromagnético, ocorrendo em regiões do espectro de comprimentos de onda curtos e altamente energéticos. Apenas algumas fontes de radiação podem ser utilizadas em alimentos. Dentre essas, ^{60}Co ou ^{137}Cs, máquinas de raios X que possuem energia máxima de 5 milhões de eletrovolts (MeV), ou máquinas de elétrons com energia máxima de 10 MeV. As energias provenientes dessas fontes de radiação são baixas o suficiente para não induzir radioatividade em alimentos. O ^{60}Co é utilizado com muito mais frequência do que o ^{137}Cs. Este pode ser obtido de plantas de reprocessamento de sobras nucleares, enquanto o ^{60}Co é produzido por bombardeamentos de nêutrons de ^{59}Co em um reator nuclear. Os raios elétricos de alta energia podem ser produzidos com o auxílio de máquinas capazes de acelerar elétrons, mas estes não podem penetrar muito no alimento, comparando com radiações gama ou raios X. Os raios X de diversas energias são produzidos quando um raio de elétrons acelerados bombardeia um alvo metálico.

Dose de radiação é a quantidade de energia radioativa absorvida pelo alimento quando este passa através de um campo de radiação durante o processamento. Pode ser medida por meio de uma unidade de energia denominada *gray* (Gy). Um *gray* é equivalente a um *joule* de energia absorvida por quilograma de alimento que está sendo irradiado. As autoridades internacionais de saúde e segurança endossam a radiação como uma técnica segura para todos os alimentos até uma dose de 10 kGy.

Razões para a aplicação de irradiação nos alimentos

Estas são:

- Redução de perdas consideráveis de alimentos, devido a infestações, contaminações e deteriorações.
- Preocupações relativas a doenças de origem alimentar.
- Aumento no comércio internacional de produtos alimentícios que devem satisfazer rígidos padrões de qualidade.

A Organização das Nações Unidas para Agricultura e Alimentação (FAO) estimou que, mundialmente, cerca de 25% de todos os produtos alimentícios são desperdiçados após a colheita devido a insetos, roedores e bactérias. A irradiação pode reduzir essas perdas e a dependência de pesticidas químicos. Muitos países perdem quantidades consideráveis de grãos em razão da infestação por insetos, fungos e germinações prematuras. Os brotos prematuros são uma das maiores causas de perdas de raízes e tubérculos. Vários países, incluindo Bélgica, França, Hungria, Japão, Holanda e Rússia, irradiam grãos, batatas e cebolas em escala industrial.

Conforme foi descrito no Capítulo 1, mesmo países como os Estados Unidos apresentam números consideráveis de casos de toxinfecções – cerca de 76 milhões de casos por ano com 5 mil mortes. No aspecto econômico, isso representa a perda de 5 a 17 bilhões de dólares, estimados pela *US Food and Drug Administration* (FDA). Na Bélgica e na Holanda, a irradiação de frutos do mar congelados e ingredientes alimentícios desidratados é aplicada com o objetivo de controlar a ocorrência de enfermidades causadas pela ingestão de alimentos. A França utiliza a irradiação por raios de elétrons em blocos de carne de aves mecanicamente separadas e congeladas. Os condimentos são irradiados na Argentina, no Brasil, na Dinamarca, na Finlândia, na França, na Hungria, em Israel, na Noruega e nos Estados Unidos. Em dezembro de 1997, a FDA aprovou a irradiação em carnes de gado, suína e de carneiro. A irradiação de carne de aves foi aprovada pela FDA em 1990, e as diretrizes de processamento dessa carne foram aprovadas pelo Departamento de Agricultura dos Estados Unidos (USDA) em 1992. Todos os anos, cerca de 500 mil toneladas de alimentos e ingredientes são irradiadas mundialmente. Na maioria dos países, alimentos irradiados devem conter no rótulo o símbolo internacional para a irradiação (a *radura*): pétalas verdes soltas dentro de um círculo quebrado. Esse símbolo deve ser acompanhado pelas palavras "Tratado por irradiação" ou "Tratado com irradiação". Os fabricantes podem adicionar informações, explicando o motivo da utilização dessa tecnologia; por exemplo: "Tratado com irradiação para inibir a deterioração" ou "Tratado com irradiação em vez de agentes químicos para controle de infestação por insetos". Quando ingredientes irradiados são utilizados em outros alimentos, o rótulo não precisa descrevê-los como irradiados. A rotulagem referente à irradiação não se aplica a alimentos produzidos em restaurantes.

A comercialização internacional de alimentos vem aumentando; como consequência, os requerimentos de segurança e de higiene dos países importadores devem ser alcançados. Contudo, existem diferenças nos requerimentos. Por exemplo, nem todos os países permitem a importação de frutas tratadas quimicamente; alguns países (Estados Unidos e Japão) baniram o emprego de certos fumegantes. O óxido de etileno é de extrema toxicidade. O brometo de metila, principal fumegante que permite a exportação de frutas, vegetais e grãos, foi banido em janeiro de 2001. A tecnologia de irradiação de alimentos, como uma alternativa aos fumegantes, pode ser de particular utilidade nos países em desenvolvimento cuja economia esteja baseada na produção agrícola.

A tecnologia de irradiação pode ser utilizada como alternativa a aditivos químicos para redução do número de organismos deteriorantes e também para retardar o amadurecimento e a formação de brotos.

Padrão de irradiação de alimentos

A FDA aprovou o primeiro uso da irradiação em produtos alimentícios (trigo e farinha de trigo) em 1963. Atualmente, a tecnologia de irradiação de alimentos é aceita em cerca de 37 países para 40 alimentos diferentes. Vinte e quatro países estão utilizando a irradiação em níveis comerciais. O padrão que cobre os alimentos irradiados foi adotado pela Comissão do Codex Alimentarius (Cap. 11.4). Ele foi baseado nas descobertas do Joint Expert Committee on Food Irradiation (JECFI), o qual concluiu que a irradiação de qualquer alimento, com doses médias abaixo de 10 kGy, não apresenta perigo toxicológico algum e não necessita de testes adicionais. Esse comitê constatou que a irradiação com até 10 kGy não causa danos nutricionais nem microbiológicos nos alimentos. A dosagem aceita (10 kGy) é equivalente à pasteurização e não esteriliza os alimentos. O método não inativa vírus causadores de doenças alimentares, como o norovírus, ou os da hepatite A, e a irradiação não inativa enzimas. Portanto, apesar de reduzir a multiplicação microbiana, as enzimas residuais podem limitar a vida de prateleira dos produtos. É imprescindível que os alimentos que se destinam a processamentos (como qualquer outro método de conservação) sejam de boa qualidade e manipulados e processados de acordo com as boas práticas de fabricação estabelecidas por autoridades nacionais e internacionais.

Em doses baixas de até 0,5 kGy, a irradiação pode ser utilizada para inativar *Trichinella spiralis* e *Taenia saginata* em carnes ou metacercária de *Clonorchis* e *Opisthorchis* em peixe. Doses mais altas de 3 a 10 kGy inativam bactérias não formadoras de endósporos, tais como *Salmonella, Campylobacter* e *Vibrio*. A irradiação pode ser também utilizada para reduzir a carga microbiana de condimentos e vegetais desidratados, prevenindo a contaminação de produtos aos quais eles são adicionados. Esse método é muito útil para o controle de patógenos em produtos alimentícios que são consumidos crus ou semicozidos. A carne suína pode causar cerca de metade a três quartos de todas as infecções causadas por *Toxoplasma gondii* nos Estados Unidos. Infecções causadas por protozoários e helmintos são muito comuns em certos países tropicais e, portanto, a irradiação de carnes e produtos cárneos pode ser significativa na redução desses riscos. De modo semelhante, o risco de toxinfecções alimentares causadas por carne de aves e frutos do mar pode ser reduzido pela irradiação.

A Tabela 3.10 mostra os níveis de doses aprovadas para diferentes produtos. A sobrevivência microbiana ao processo de irradiação pode ser encontrada na Figura 3.8.

Testes para alimentos irradiados

Os alimentos irradiados podem ser identificados de forma limitada (Haire et al., 1997). Os testes incluem a medição da termoluminiscência para detecção de especiarias irradiadas e espectroscopia de ressonância para determinar irradiação em carne bovina, de aves e frutos do mar contendo ossos ou conchas. Há ainda alguns outros testes químicos específicos. No entanto, nenhum método confiável foi desenvolvido com a finalidade de detectar irradiação em todos os tipos de alimentos ou o nível de radiação que foi utilizado. Isso ocorre parcialmente por que o processo de irradiação não altera de forma significativa as características químicas e físicas (a aparência, a forma ou a temperatura) dos produtos.

Após tratamento por irradiação, a viabilidade de bactérias é reduzida em mais de 10^4UFC/g. As bactérias mortas podem ser detectadas pelo uso da técnica de epifluorescência direta em filtro (DEFT) ou pelo teste de lisado de Limulus e amebócitos

Tabela 3.10 Níveis aprovados de irradiação de alimentos

Alimentos	Propósito	Dose média (kGy)
Frango	Aumento da vida de prateleira	7
	Redução do número de alguns organismos patogênicos, tais como *Salmonella* em frangos eviscerados	7
Grãos de cacau	Controle da infestação por insetos na estocagem	1
	Redução da carga microbiana de grãos fermentados, com ou sem tratamento térmico	1
Tâmaras	Controle da infestação por insetos durante a estocagem	1
Mangas	Controle da infestação por insetos	1
	Melhora da manutenção da qualidade retardando a maturação	1
	Redução da carga microbiana pela combinação da irradiação com o tratamento térmico	1
Cebolas	Inibição do brotamento durante estocagem	0,15
Mamão papaia	Controle da infestação por insetos e melhora da manutenção de sua qualidade retardando a maturação	1
Batatas	Inibição do brotamento durante a estocagem	0,15
Vagens	Controle da infestação por insetos na estocagem	1
Arroz	Controle da infestação por insetos na estocagem	1
Temperos e condimentos,	Controle da infestação por insetos	1
cebolas desidratadas,	Redução da carga microbiana	10
cebolas em pó	Redução do número de micro-organismos patogênicos	10
Morangos	Prolongamento da vida de prateleira devido a eliminação parcial de micro-organismos deterioradores	3
Peixes teleósteos e produtos de peixe	Controle da infestação de insetos em peixes desidratados na estocagem e comercialização	1
	Redução da carga microbiana em peixes e em produtos de peixe embalados ou não[a]	2,2
	Redução do número de alguns micro-organismos patogênicos em peixes e em produtos de peixe embalados ou não	2,2
Trigo e produtos de trigo moído	Controle da infestação por insetos em produtos estocados	1

[a]Durante a irradiação e a estocagem de peixes e de produtos de peixes, a temperatura a ser mantida é a de fusão do gelo.

(LAL), e os organismos viáveis podem ser enumerados por métodos de contagem convencionais (Anon., 2000, 2004). Se a diferença entre organismos viáveis e não viáveis for maior que 3 logs, então é possível presumir que a amostra foi irradiada. Já que outros processos também causam morte de células bacterianas, o resultado deve ser confirmado pelo uso de ressonância electrônica de *spin*, termoluminescência ou compostos radiolíticos lipídicos. Ainda muitas pesquisas são necessárias para que se

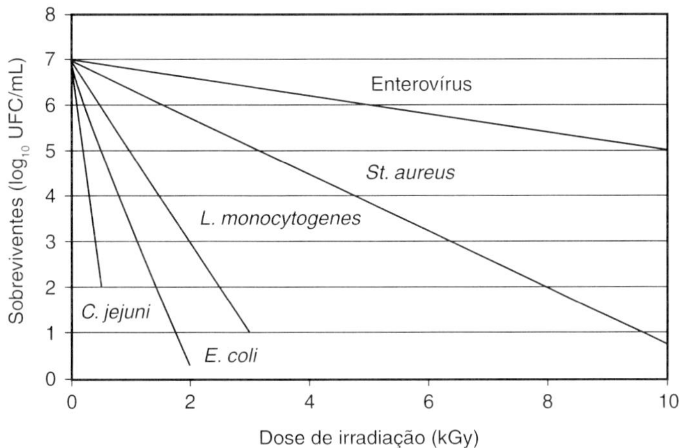

Figura 3.8 Sobrevivência de micro-organismos após irradiação.

possa determinar se ingredientes adicionados a produtos em pequenas quantidades foram processados por irradiação.

A irradiação deve ser considerada como um complemento às boas práticas higiênicas e não como um substituto delas.

Aceitabilidade da irradiação dos alimentos pelo consumidor

O principal fator que influencia a aplicação da irradiação em alimentos em larga escala é a compreensão e a aceitação dessa tecnologia por parte do consumidor. As restrições dos consumidores são baseadas em várias questões:

1. Medos referentes a outras tecnologias nucleares. Contudo, alimentos irradiados não se tornam radioativos.
2. Ingestão de produtos radiolíticos. A dose máxima (10 kGy) produz cerca de 3 a 30 ppb_s de produtos radiolíticos. Isso equivaleria a 5% da dieta total. A probabilidade da ocorrência de danos oriundos da formação de produtos radiolíticos a partir de aditivos alimentares é extremamente baixa.
3. A irradiação de alimentos pode mascarar possíveis problemas de má qualidade (como a sua deterioração). Todavia, embora as bactérias deteriorantes não possam ser detectadas, o odor desagradável e a aparência inapropriada continuam sendo evidentes.
4. A falta de métodos de detecção adequados é também um fato preocupante. Porém, o cultivo de produtos orgânicos não pode ser identificado analiticamente, nem flutuações inaceitáveis nas temperaturas de refrigeração e congelamento dos alimentos podem ser detectadas.
5. Perdas de vitamina, em especial B_1 em carne suína e C em frutas. A perda de vitamina B_1 é estimada em 2,3% do total da dieta norte-americana, e a vitamina C é convertida em uma forma igualmente utilizável.

6. Indução de anormalidades cromossomais. A poliploidia associada ao consumo de trigo irradiado na Índia nunca foi reproduzida por investigações posteriores, e a validade dos dados originais tem sido discutida por comitês científicos internacionais.

A pressão atual dos consumidores tem impedido a expansão em larga escala da tecnologia de irradiação, mesmo com a promissora produção de alimentos seguros.

3.6.8 Embalagens com níveis reduzidos de oxigênio, embalagens com atmosfera modificada e embalagens ativas

As embalagens com níveis reduzidos de oxigênio (*reduced oxigen packaging* – ROP) propiciam que o alimento seja envolto por uma atmosfera que contém pouco ou nenhum oxigênio. O termo ROP é definido como qualquer embalagem selada que resulte em nível reduzido de oxigênio e abrange diferentes tipos de embalagem: *sous-vide*, embalagem a vácuo, cozimento-resfriamento, embalagens com atmosfera controlada e embalagens com atmosfera modificada.

No cozimento-resfriamento, um saco plástico é cheio com produtos quentes cozidos dos quais o ar foi expelido, sendo a embalagem selada com um lacre plástico ou metálico.

Sous-vide é um processo especializado para ingredientes parcialmente cozidos de forma individual ou combinados com alimentos crus que necessitam de refrigeração (<3 °C) ou que são armazenados congelados até que a embalagem seja aquecida, pouco antes de serem servidos. O processo *sous-vide* é semelhante a pasteurização, uma vez que apenas reduz a carga bacteriana mas não é suficiente para deixar o alimento estável à temperature ambiente.

A embalagem a vácuo reduz a quantidade de ar na embalagem, a qual é vedada hermeticamente, de modo que o vácuo seja mantido em seu interior.

As embalagens com atmosfera controlada (*controlled atmosphere packaging* – CAP) são sistemas ativos nos quais a atmosfera desejada é mantida durante a vida de prateleira, por meio da utilização de agentes que sequestram o oxigênio ou ainda por meio de um *kit* gerador de gás. A CAP é definida como a embalagem de um produto em atmosfera modificada que é mantida sob controle.

A embalagem com atmosfera modificada (*modified atmosphere packaging* – MAP) é definida como a manutenção de produtos alimentícios sob atmosfera modificada dentro de embalagens de materiais que formam uma barreira para o gás. O ambiente gasoso é modificado para reduzir a taxa de respiração, a multiplicação microbiana e a degradação enzimática, aumentando assim a vida de prateleira (Parry, 1993). A estocagem em atmosfera controlada e/ou em MAP ativa ou passiva pode ser utilizada. Na MAP ativa, um leve vácuo gerado dentro da embalagem é substituído por uma determinada mistura de gases. Na passiva, o produto é embalado com um filme específico, e a atmosfera desejada desenvolve-se naturalmente devido à atividade metabólica do produto e da difusão de gases através do filme. A escolha do filme e a temperatura de estocagem são fundamentais em razão de seus efeitos na taxa de difusão gasosa. O dióxido de carbono é o gás mais importante no ambiente logo acima do produto (*headspace*). Ele é um gás não combustível e incolor que é utilizado como conservante já que não deixa resíduos tóxicos nos alimentos. Dessa forma, também pode ser usado em MAP. Uma concentração de 20 a 60% retarda a deterioração causada por pseudomonados. Recentemente, a tendência tem sido a utilização de argônio em substituição ao nitrogênio para redução da deterioração de alimentos. Além disso, a aplicação de MAP tem sido expandida para frutas e vegetais frescos, carne fresca de gado, ave e peixe, porções pré-preparadas e produtos de panificação.

O CO_2 na forma sólida (gelo seco) controla a multiplicação microbiana devido a sua ação refrigerante durante o transporte e a estocagem. Assim, com a sublimação do gelo seco, o CO_2 gasoso inibe a multiplicação bacteriana mediante o deslocamento do oxigênio requerido pelos organismos aeróbios, bem como pela formação do ácido carbônico que reduz o pH do alimento até níveis bacteriostáticos (Foegeding e Busta, 1991).

O oxigênio é o principal causador de deterioração de alimentos devido à oxidação de gorduras e óleos, descoloração enzimática e promocão da multiplicação de muitos micro-organismos. Para sequestro do oxigênio, um pequeno pacote de pó de ferro pode ser adicionado embaixo do rótulo do produto. Esse processo pode reduzir os níveis de oxigênio a menos de 0,01% (MAP é 0,3 a 3%). Nos Estados Unidos, anualmente são utilizadas entre 150 e 200 milhões de unidades de embalagens ativas com sequestrantes de oxigênio. O dióxido de carbono pode estender a vida de prateleira de um produto, retardando a multiplicação microbiana. A emissão de CO_2 é com frequência realizada por pequenos pacotes contendo ácido ascórbico, bicarbonato de sódio hidrogenado e carbonato ferroso. Esses compostos podem emitir uma quantidade de gás equivalente ao oxigênio absorvido, para prevenir o colapso da embalagem, ou substituir o dióxido de carbono que possa ter permeado através da embalagem. Sistemas sequestrantes de etileno podem ser usados para redução do processo de amadurecimento de frutas e vegetais. O permanganato de potássio é muito eficiente, mas tóxico, e portanto, não deve entrar em contato com o produto. Alternativas são o carbono ativado e o dióxido de titânio. O etanol é antimicrobiano e pode ser incorporado na embalagem. O nível é muito importante, já que pequenas quantidades serão inefetivas, enquanto grandes quantidades levarão a uma indesejável contaminação.

Os produtos embalados em ROP podem prevenir a multiplicação de organismos aeróbios deteriorantes, possibilitando o aumento da vida de prateleira dos alimentos durante a cadeia de distribuição. Contudo, os alimentos podem ser expostos a temperaturas inadequadas, necessitando que pelo menos mais uma barreira (ou obstáculo; Seção 3.4) seja incorporada ao processo. Os produtos embalados em ROP normalmente não contêm conservantes nem fatores intrínsecos associados (como pH, a_w, etc.), que possam prevenir a multiplicação microbiana. Em consequência, para previnir a multiplicação de *Cl. botulinum* e *L. monocytogenes,* a temperatura de armazenamento deve ser mantida abaixo dos 3,3 °C (Tab. 2.8) para um aumento da vida de prateleira ou senão 5 °C durante o período esperado da vida de prateleira. O tratamento térmico dos alimentos prontos para o consumo, incluindo os cozidos refrigerados, deve atingir a redução de 4 D de *L.*

monocytogenes (recomendação norte-americana; Brown, 1991; Rhodehamel, 1992). Na Europa, produtos que passam pelo processo térmico *sous-vide* devem ser submetidos a reduções de 12 a 13D para *Ent. faecalis*. Esse organismo é o alvo, supondo que a temperatura para sua destruição acarretará a inativação de todos os patógenos vegetativos.

No futuro, os nanomateriais poderão ser utilizados como parte das embalagens. Sensores inteligentes com um sistema de "semáforos" que respondam às condições do produto podem ser desenvolvidos. Mais detalhes são apresentados na Seção 3.9.

3.7 Alimentos fermentados

A fermentação é um dos meios mais antigos no processamento de alimentos. É sabido que as primeiras civilizações do Oriente Médio se alimentavam de leite, carnes e vegetais fermentados. Dessa forma, foram estabelecidos métodos de produção tradicionais e a seleção incidental de cepas microbianas. Em 1910, Metchnikoff (Sanley, 1998) propôs que as bactérias ácido-lácticas poderiam ser utilizadas para beneficiar a saúde humana, tópico esse que ressurgiu recentemente como uma área conhecida por probióticos (ver Seção 3.8 para mais detalhes). Nos dias atuais, a produção de diversos alimentos fermentados ocorre no mundo inteiro (Tab. 3.11). As cepas microbianas mais importantes foram identificadas por meio de técnicas convencionais, e suas rotas metabólicas foram estudadas (Caplice e Fitzgerald, 1999). Tais alimentos fermentados são altamente colonizados por bactérias e leveduras, dependendo de cada produto específico, e, até o momento, não há riscos associados para a saúde. Isso ocorre porque esses micro-organismos não são patogênicos e foram selecionados com o passar do tempo por meio de tentativas e erros. De fato, eles inibem a multiplicação de patógenos e, em época recente, uma nova variedade de alimentos, denominados alimentos funcionais ou, em particular, probióticos (p. ex., o Yakult), surgiu a partir de técnicas antigas de fermentação. As bactérias ácido-lácticas utilizadas na produção da maioria dos alimentos fermentados produzem uma série de fatores antimicrobianos, incluindo ácidos orgânicos, peróxido de hidrogênio, nisinas e bacteriocinas. Uma vez que possuem uma história comprovando o fato de não serem patogênicas, essas bactérias são chamadas de organismos "geralmente considerados como seguros" (do inglês, *generally regarded as safe* – GRAS). Essa denominação, no entanto, pode ser reexaminada com o avanço dos estudos das cepas geneticamente modificadas na área dos probióticos. Apenas os aspectos essenciais de segurança dos alimentos fermentados serão abordados aqui. Para um estudo mais detalhado sobre o assunto, sugerem-se os dois volumes do livro intitulado *Microbiology of Fermented Foods*, de Wood (1998).

Os fatores mais importantes que resultam na segurança dos alimentos fermentados são:

- Sua acidez, gerada a partir da produção de ácido láctico
- A presença de bacteriocinas
- Altas concentrações de sais
- Ambiente anaeróbio

Tabela 3.11 Alimentos fermentados no mundo

Produtos	Substratos	Micro-organismo(s)
Cerveja		
Ale	Cereais	*Sac. cerevisiae*
Lager	Cereais	*Sac. carlsbergensis*
	Painço	*Sac. fibulger*
Pães	Cereais	*Sac. cerevisiae*, outras leveduras, bactérias ácido-lácticas
Bongkrek	Coco	*Rh. oligosporus*
Queijo		
Cheddar	Leite	*Strep. cremoris, Strep. lactis, Strep diacetylactis, lactobacilos*
Cottage	Leite	*Strep. diacetylactis*
Maturado por fungos	Leite	*Strep. cremoris, Strep. lactis, Pen. caseicolum*
Suíço	Leite	Idem ao *cheddar*, mais *Prop. shermanii*
Café	Grão	*Leuconostoc, Lactobacillus, Bacillus, Erwinia, Aspergillus* e *Fusarium* spp.
Cacau	Grão	*Lb. plantarum, Lb. mali, Lb. fermentum, Lb. collinoides, Ac. rancens, Ac. aceti, Ac. oxydans, Sac. cerevisiae* var. *ellipsoideus, Sac. apiculata*
Peixe, fermentado	Peixe	*B. pumilus, B. licheniformis*
Gari	Mandioca	*Corynebacterium manihot, Geotrichum* spp., *Lb. plantarum*, estreptococos
Idii	Arroz	*Leu. mesenteroides, Ent. faecalis, Torulopsis, Cândida, Trichosporon pullulans*
Kimchi	Repolho, nozes, vegetais, frutos do mar	Bactérias ácido-lácticas

Existem muitas fontes bibliográficas quantificando o pH para multiplicação de patógenos bacterianos (ver Tab. 2.8). Entretanto, é muito importante salientar que a tolerância desses patógenos aos ácidos pode ser aumentada durante o processamento. A resposta ao estresse (p. ex., proteínas de choque térmico) das bactérias patogênicas está atualmente sob investigação e é resumida na Seção 2.6. Além disso, quaisquer toxinas bacteriana ou fúngica pré-formadas e vírus persistirão durante a estocagem antes da ingestão. Os exemplos de toxinfecções causadas por alimentos fermentados são discutidos junto com patógenos específicos no Capítulo 4.

3.7.1 Bactérias ácido-lácticas

As bactérias ácido-lácticas são Gram-positivas, anaeróbias, catalase-negativas e não formadoras de endósporos. Elas têm inúmeras associações com seres humanos, tanto por fazerem parte da flora intestinal natural adquirida após o nascimento, fixadas às superfícies das mucosas, quanto por fazerem parte da microflora de uma ampla variedade de produtos alimentícios, vegetais, vinhos, leite e carnes. Elas são fundamentais para a elaboração de muitos produtos conhecidos. Não apenas produtos lácteos e vegetais acidificados, mas também vinhos, café e chocolate. Algumas bactérias desse grupo são patogênicas, e outras produzem agentes antimicrobianos chamados de "bacteriocinas".

As bactérias ácido-lácticas são principalmente mesófilas (com poucas cepas termófilas) e capazes de se multiplicar em um intervalo de temperatura de 5 a 45° C. Elas são ácido-tolerantes e podem multiplicar-se em pHs tão baixos quanto 3,8. Muitas espécies são proteolíticas e fastidiosas em relação a alguns aminoácidos. Esses micro-organismos são assim chamados por produzirem ácido láctico. Esse ácido pode ser um isômero L(+), D(-) ou ambos. Entretanto, o agrupamento das bactérias "ácido-lácticas" é puramente baseado em características bioquímicas, e não é taxonômico. Elas não abrangem um único grupo monofilático de bactérias. A maioria faz parte do grupo de bactérias Gram-positivas com baixa percentagem de GC chamado *Firmicutes*. Entretanto, algumas fazem parte do grupo de bactérias Gram-positivas com alta percentagem de GC chamado *Actinobacteria*. A diversidade genética e os aspectos genômicos dessas bactérias são considerados na Seção 2.9.

As bactérias ácido-lácticas são divididas em dois grupos, o das ácido-lácticas homofermentativas e o das heterofermentativas (Tab. 3.12). As bactérias ácido-lácticas homofermentativas produzem duas moléculas de ácido láctico para cada molécula de glicose fermentada, enquanto as heterofermentativas produzem uma variedade de produtos finais, incluindo ácido láctico, etanol, ácido acético, dióxido de carbono e ácido fórmico (Fig. 3.9). As homofermentativas são *Pediococcus, Streptococcus, Lactococcus* e alguns lactobacilos. Já as heterofermentativas são *Weisella, Leuconostoc* e alguns lactobacilos. A absorção da lactose (um dissacarídeo) é facilitada, tanto por um carreador (permease), quanto por meio do sistema da fosfotransferase fosfoenolpiruvato-dependente (PTS) (Fig. 3.10). A lactose é clivada, produzindo galactose (ou galactose-6-fosfato) e glicose. Visto que a lactose é o principal açúcar do leite, seu metabolismo já foi bastante estudado. Dessa maneira, foi demonstrado que a cultura iniciadora láctea (*starter*) de *Lc. lactis* possui o sistema PTS codificado em um plasmídeo, o que pode explicar em parte a instabilidade de algumas culturas iniciadoras. Apesar de sua contribuição primária ao alimento ser a rápida acidificação, elas

Tabela 3.12 Grupos de bactérias ácido-lácticas

Tipo de fermentação	Principais produtos	Isômero do lactato	Organismos
Homofermentativa	Lactato	L(+)	*Lactobacillus bavaricus, Lactobacillus, Enterococcus faecalis*
Homofermentativa	Lactato	DL,L (+)	*Pediococcus pentosaceus*
Homofermentativa	Lactato	D(–), L(+), DL	*Lactobacillus plantarum*
Heterofermentativa	Lactato, etanol, CO_2	DL	*Lactobacillus brevis*
Heterofermentativa	Lactato, etanol, CO_2	D(-)	*Leuconostoc mesenteroides*

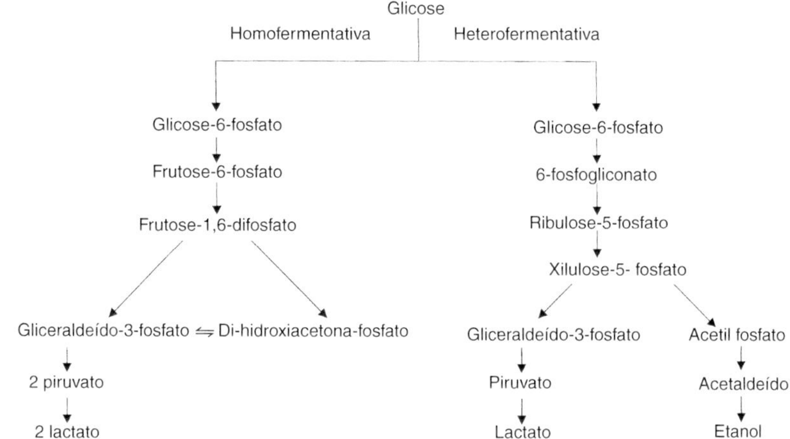

Figura 3.9 Produção de ácido láctico por bactérias ácido-lácticas homo e heterofermentativas.

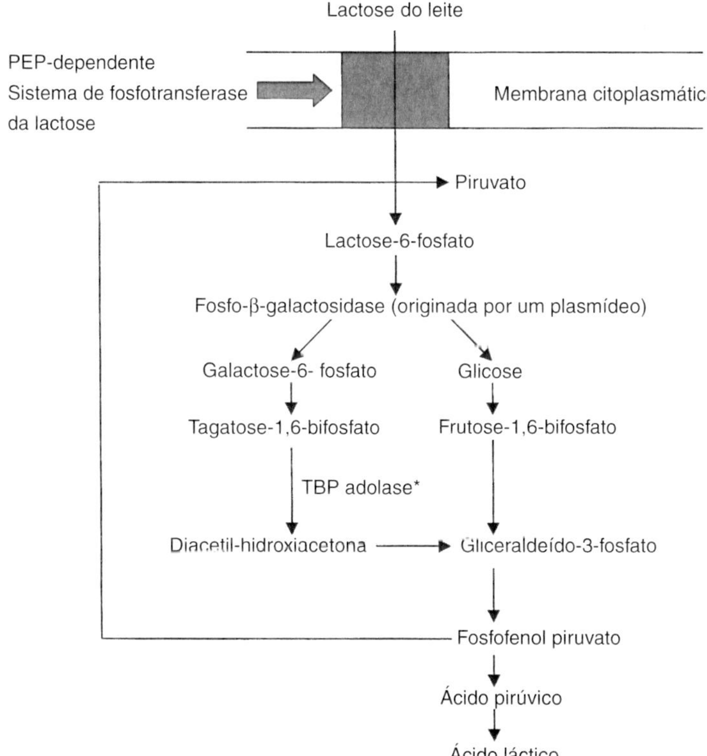

Figura 3.10 Metabolismo da lactose.

também contribuem para o sabor, a textura e o valor nutricional. As bactérias ácido--lácticas são ubíquas, podendo ser encontradas em produtos lácteos, carnes, vegetais, cereais e no ambiente de plantas de processamento. Historicamente, elas têm sido utilizadas por milhares de anos, embora sem conhecimento, como culturas iniciadoras para a conservação mediante acidificação de produtos lácteos, vegetais e cárneos.

O metabolismo do citrato é de particular importância em *Lc. lactis* subsp. *lactis* (biovar *diacetylactis*) e *Lc. mesenteroides* subsp. *cremoris*. Esses organismos metabolizam o excesso de piruvato por meio de um intermediário instável, o α-acetolactato, para produzir acetoína via enzima α-acetolactato descarboxilase. Porém, na presença de oxigênio, o α-acetolactato é quimicamente convertido em diacetil (Fig. 3.11), composto que fornece o aroma característico de manteiga e de determinados iogurtes.

A atividade proteolítica das bactérias ácido-lácticas, em especial *Lactococcus*, já foi estudada detalhadamente (Fig. 3.12). A proteólise é um pré-requisito para a multiplicação de bactérias ácido-lácticas no leite, e a subsequente degradação das proteínas do leite (caseína) é de importância central na produção de queijos. Dessa forma, um entendimento desse processo é bastante necessário. A multiplicação de *Lc. lactis* é aumentada pela superprodução da serina proteinase de membrana (PrtP), a qual pode degradar a caseína. O oligopeptídeo resultante entra na célula via um sistema de transporte de oligopeptídeo (OPP), onde é então degradado por peptidases intracelulares. A completa degradação dos peptídeos é atingida por uma ampla variedade de peptidases intracelulares com especificidades semelhantes (Mierau et al., 1996). O metabolismo das proteínas e dos aminoácidos pelas bactérias ácido-lácticas é parte da maturação de queijos e do desenvolvimento de sabor e aroma característicos.

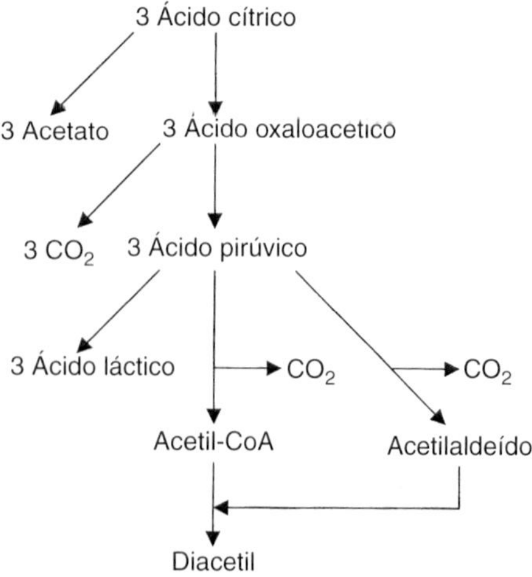

Figura 3.11 Produção de diacetil por bactérias ácido-lácticas.

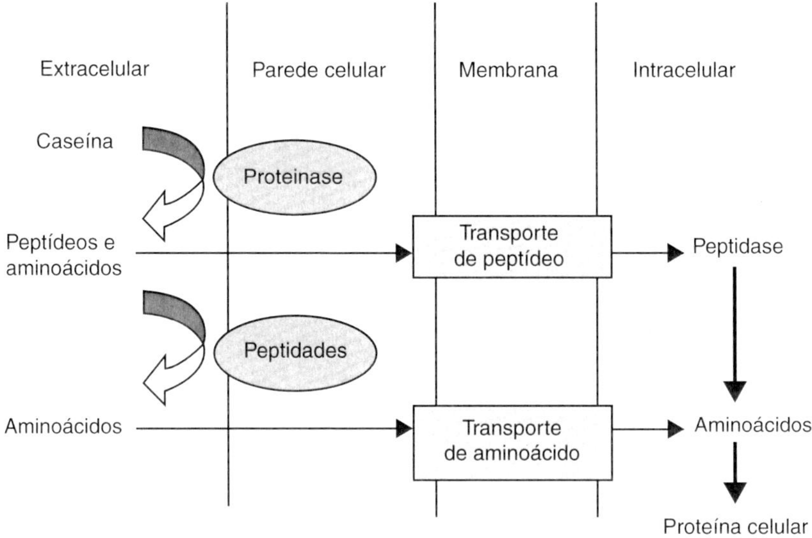

Figura 3.12 Metabolismo da proteína em bactérias ácido-lácticas.

As bactérias ácido-lácticas produzem vários fatores antimicrobianos, incluindo ácidos orgânicos, peróxido de hidrogênio, nisinas e bacteriocinas. Os ácidos orgânicos, tais como os láctico, acético e propiônico, interferem na força protomotiva e nos mecanismos de transporte ativo da membrana citoplasmática bacteriana (Davidson, 1997; Seção 3.5.6). A produção do peróxido de hidrogênio deve-se à carência da enzima catalase nas bactérias ácido-lácticas. O H_2O_2 pode causar oxidação da membrana de outras bactérias (Lindgren e Dobrogosz, 1990), além de ativar o sistema de lactoperoxidase no leite fresco, causando a formação do antimicrobiano hipotiocianato (Seção 3.5.2). As bactérias ácido-lácticas produzem quatro grupos de bacteriocinas (Klaenhammer, 1993; Nes et al., 1996). A bacteriocina mais investigada é a nisina (bacteriocina da Classe 1), a qual é um peptídeo modificado pós-tradução (também conhecido como lantibiótico; Fig. 3.6). A nisina é produzida por *Lactococcus lactis* subsp. *lactis* e possui um vasto espectro inibitório contra bactérias Gram-positivas (Seção 3.5.5). É adicionada (concentração de 2,5 a 100ppm) a diversos produtos alimentícios, tais como queijos, alimentos enlatados e alimentos para bebês, e é particularmente estável em alimentos ácidos.

Há mais de 100 anos, Elie Metchnikoff propôs que bactérias ácido-lácticas em leite fermentado poderiam promover o desenvolvimento de uma microflora intestinal saudável e prolongar a vida de indivíduos pela prevenção da putrefação. Apesar de não serem inteiramente precisas, essas ideias refletem a tendência atual dos probióticos, abordada na Seção 3.8. Agora se sabe que o trato intestinal de humanos é colonizado por bactérias ácido-lácticas e espécies de *Bifidobacterium*, as quais podem também ter algum papel em relação à saúde (Tab. 3.13).

Tabela 3.13 Bactérias ácido-lácticas e bifidobacterias no trato intestinal de humanos

Localização	Espécies
Cavidade oral	*Streptococcus mutans, Bifidobacterium longum*
Intestino grosso	*Lactobacillus acidophilus, Lb. gasseri, Lb. johnsonii, Lb. plantarum, Strep. agalactiae, Enterococci faecalis*
Vagina	*Bif. longum, Strep. agalactiae, Lb. crispatus*

3.7.2 Produtos de leite fermentados

Existem muitos produtos regionais elaborados com leite fermentado, em todo o mundo (Tab. 3.13). A produção da maioria desses produtos (como o queijo e o iogurte) requer a adição de culturas *starter* (iniciadoras). Essas culturas são em bactérias ácido-lácticas mantidas em laboratórios. As culturas *starter* podem ser bem definidas ou compostas por diferentes cepas, dependendo da escala de produção e da experiência histórica (Tab. 3.14). As culturas são substituídas em intervalos regulares de tempo para evitar a possível contaminação com bacteriófagos específicos de bactérias ácido-lácticas na planta de produção. Os bacteriófagos podem retardar a atividade de fermentação das culturas *starter* e até proporcionar a multiplicação de micro-organismos patogênicos nos alimentos fermentados. As culturas *starter* típicas incluem os mesófilos *Lactococcus lactis* subsp. *lactis* e *Lc. lactis* subsp. *cremoris* ou os termófilos *Strep. thermophilus, Lb. helveticus* e *Lb. delbrueckii* subsp. *bulgaricus*.

Na manufatura de queijo (Fig. 3.13), a adição da protease renina, tanto proveniente do estômago de bezerros como do fungo *Mucor pusillis*, e a acidificação devida aos micro-organismos ácido-lácticos resultam na precipitação da caseína e formação

Tabela 3.14 Produtos de leite fermentado no mundo

Produto	Tipo	Micro-organismos
Iogurte	Moderadamente ácido	*Strep. thermophilus, Lb. bulgaricus*
Queijo *cheddar* (Reino Unido)	Moderadamente ácido	*Strep. cremoris, Strep. lactis, Strep. diacetylactis*
Manteiga cultivada (EUA)	Moderadamente ácido	*Lc. cremoris, Lc. lactis. citrovorum*
Leite acidificado (EUA)	Altamente ácido	*Lb. acidophilus*
Leite búlgaro (Europa)	Altamente ácido	*Lb. bulgaricus*
Dahi (Índia)	Moderadamente ácido	*Lc. lactis, Lc. cremoris, Lc. diacetylactis, Leuconostoc* spp.
Leben (Egito)	Altamente ácido	Estreptococos, lactobacilos, leveduras
Queijo Surati (Índia)	Levemente ácido	Estreptococos
Kefir (Rússia)	Altamente alcoólico	Estreptococos, *Leuconostoc* spp., leveduras
Koumiss (Rússia)	Altamente alcoólico	*Lb. acidophilus, Lb. bulgaricus, Sacharomyces lactis*

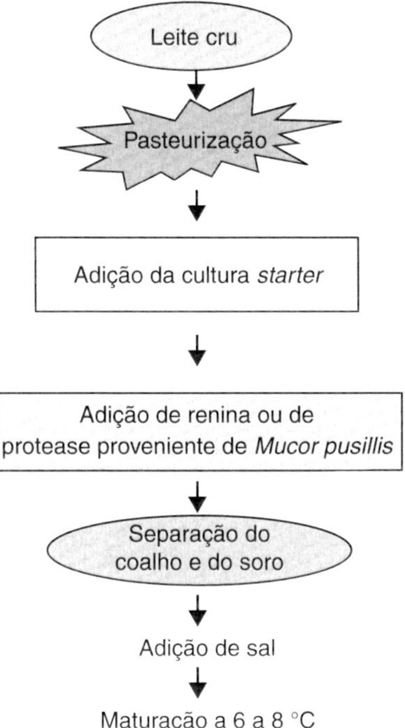

Figura 3.13 Produção generalizada de queijo.

de coágulo, o qual é separado da fração líquida remanescente (soro). Os coágulos recebem sal e são prensados em formas, sendo então deixados para maturar a 6 a 8 °C. As características dos produtos regionais dependem da colonização secundária de bactérias ou fungos (Tab. 3.15). Por exemplo, *Propionibacterium shermanii* produz CO_2 gasoso e os buracos ou "olhaduras" característicos no queijo suíço. O *Penicillium roqueforti* (um fungo) produz as veias azuis em alguns queijos. A *Candida utilis* e a *C. kefir* estão envolvidas na produção do queijo azul e do *kefir*, respectivamente. A aplicação recente da análise de DGGE (Seção 2.9.2) tem revelado diferenças no ecossistema microbiano da superfície e do interior de queijos. A flora aeróbia da superfície é dominada por uma variedade de espécies ricas em GC, enquanto o interior é composto de poucas espécies, que são pobres no conteúdo GC (Ogier et al. 2004).

As bactérias patogênicas são eliminadas pela pasteurização e, portanto, os queijos elaborados a partir de leite pasteurizado deveriam ser seguros. No entanto, a pasteurização inadequada e contaminações pós-pasteurização podem ocorrer. Cabe salientar que alguns queijos são feitos de leite não pasteurizado. Contudo, a rápida acidificação do leite devido à produção de ácido láctico inibe a multiplicação de quaisquer patógenos presentes. Porém, se as culturas *starter* não estão totalmente ativas devido à infecção por bacteriófagos, os patógenos podem multiplicar-se até níveis infecciosos. Vários casos de toxinfecções causadas por queijos já foram relatados.

Tabela 3.15 Categorias de cepas *starters* lácticas

Tipos	Espécies	Métodos de aplicação
Cepas simples	Strep. cremoris Strep. lactis *Strep. lactis subsp. diacetylactis*	Simples ou pareados
Cepas múltiplas	As cepas supracitadas mais *Leuconostoc* spp.	Mistura definida de duas ou mais linhagens
Cepas *starters* misturadas	*Strep. cremoris*	Proporções desconhecidas de linhagens diferentes, as quais podem variar em subculturas

A produção de iogurtes utiliza atividades metabólicas complementares do *Strep. thermophilus* e *Lb. bulgaricus* (proporção de inoculação de 1:1). Os lactobacilos requerem a multiplicação inicial dos estreptococos para produção de ácido fólico, que é essencial para a multiplicação de lactobacilos. Em seguida, *Lb. bulgaricus* produz diacetil e acetaldeído, os quais acrescentam sabor e aroma ao produto (Figs. 3.11 e 3.14). Uma fermentação lenta por culturas *starter* possibilita a multi-

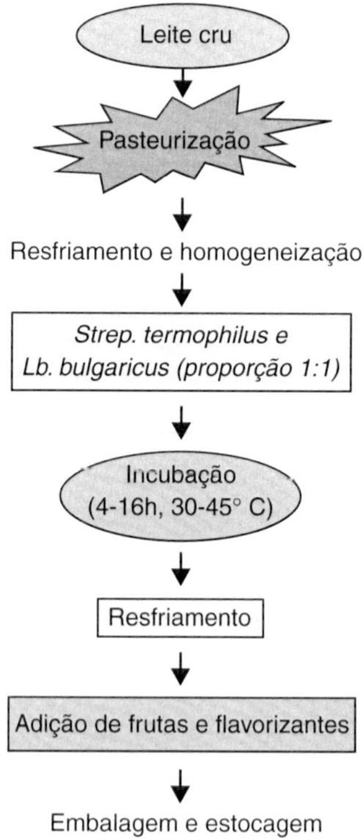

Figura 3.14 Produção de iogurte.

plicação de *St. aureus* até números suficientes para produção de enterotoxinas em quantidade suficiente para induzir vômitos.

Existem muitos benefícios à saúde atribuídos à ingestão de produtos de leites fermentados (Oberman e Libudzisz, 1998):

- Aumento da digestibilidade e do valor nutritivo do leite
- Conteúdo reduzido de lactose, importante para a população intolerante a essa substância
- Aumento da absorção de cálcio e ferro
- Aumento do conteúdo de algumas vitaminas do tipo B
- Controle da composição da flora microbiana intestinal
- Inibição da multiplicação de micro-organismos patogênicos no trato intestinal
- Redução do nível de colesterol no sangue

Por isso, existem vários produtos de leite fermentado disponíveis comercialmente que afirmam promover a saúde (Tab. 3.16).

3.7.3 Produtos fermentados de carne

As linguiças fermentadas são produzidas utilizando produtos do metabolismo das bactérias sobre a carne. Em primeiro lugar, a carne é moída e misturada com gordura,

Tabela 3.16 Flora secundária da fermentação de produtos lácteos

Tipo	Micro-organismo	Tipos de queijo
Bactéria	Corinebactéria	Maturação avermelhada, casca lavada
	Micrococcus spp.	
	Lactobacillus spp.	Duros e semiduros
	Pediococcus spp.	
	Propionibactérias	Tipos suíços
Leveduras	*Kluyveromyces lactis*	Azuis, macios maturados
	Saccharomyces	por fungos, maturação
	cerevisiae	avermelhada, casca lavada
	Candida utilis	
	Debaryomyces hansensii	
	Rhodosporidium infirmominiatum	
	Candida kefir	Kefir
Fungo	*Penicillium camemberti*	Macios maturados por fungos (Brie, Camembert, Coulommiers)
	Geotrichum candidum	
	Penicillium roqueforti	Queijo azul (Azul dinamarquês, Roquefort, Stilton)
	Penicillium nalgiovensis	Tomme
	Verticillium lecanii	Tomme

Adaptada de Stanley 1998, com permissão da Springer Science and Business Media.

sal, agentes de cura (nitrato e nitrito), açúcar e temperos, para depois ser fermentada. As linguiças possuem uma atividade de água baixa (Seção 2.6.2) e geralmente são classificadas como secas ($a_w < 0,9$) ou semissecas ($a_w = 0,9$ a 0,95). As secas costumam ser consumidas sem qualquer cozimento ou outra forma de processamento. Entretanto, as do tipo semissecas são defumadas e recebem um tratamento de temperatura entre 60 e 68 °C. As linguiças produzidas sem a adição de uma cultura *starter* possuem um pH de 4,6 a 5,0, enquanto as produzidas com cultura *starter* apresentam um pH entre 4,0 e 4,5. Esses valores baixos de pH têm efeito inibitório para a multiplicação da maioria dos patógenos (Tab. 2.8). As culturas *starter* são compostas por lactobacilos (como *Lb. sake* e *Lb.curvatus*), pediococos, *Strep. carnosus* e *Micrococcus varians.* Os fungos *Debaryomyces hansensii, Candida famata, Penicillium nalgiovense* e *P. chrysogenum* também podem fazer parte das culturas *starter* (Jessen, 1995).

Os patógenos bacterianos que representam perigos potenciais em linguiças fermentadas são *Salmonella, St. aureus, L. monocytogenes* e as bactérias formadoras de endósporos como *Bacillus* e *Clostridium.* O alto nível de sais (cerca de 2,5%) inibe a multiplicação de patógenos, sendo que, durante o processo de secagem, a *Salmonella* (e outras enterobactérias) morre. Controlando a contaminação e a multiplicação de *Salmonella,* controla-se também a *L. monocytogenes.* Embora o *St. aureus* seja resistente ao nitrito e ao sal, é um fraco competidor em relação à microflora remanescente sob condições anaeróbias ácidas.

3.7.4 Vegetais fermentados

De acordo com Bückenhuskes (1997), existem 21 tipos diferentes de fermentações vegetais comerciais na Europa. Além disso, há uma grande variedade de sucos de vegetais fermentados, azeitonas, pepinos e repolho. Os vegetais possuem alta carga microbiana. Entretanto, se forem pasteurizados, suas propriedades finais são afetadas em detrimento da qualidade do produto. Consequentemente, a maioria das fermentações utiliza a produção de ácido láctico, em vez de tratamento térmico (defumação, etc.). As bactérias ácido-lácticas estão presentes apenas em baixas quantidades nos vegetais e, portanto, as culturas *starter* em geral são utilizadas. Elas são: *Lb. plantarium, Lb. casei, Lb. acidophilus, Lc. lactis* e *Leuc. mesenteroides.*

3.7.5 Alimentos proteicos fermentados: shoyu e miso

No Oriente, os fungos *Aspergillus* (*A. oryzae, A. sojae* e *A. niger*), *Mucor* e *Rhizopus* têm sido utilizados na fermentação de cereais, soja e arroz (Tab. 3.17). Esse processo é denominado de *koji* (Fig. 3.15). A principal atividade microbiana é a degradação amilolítica. A presença de micotoxinas não tem sido relatada nos produtos *koji*, apesar de extensivas investigações. As micotoxinas podem ser potencialmente produzidas por cepas comerciais de *Aspergillus*, após incubação prolongada sob condições específicas de estresse ambiental (Tab. 3.18; Trucksess et al., 1987). Contudo, os processos fermentativos de *koji* por *Aspergillus* raras vezes excedem 48 a 72 horas.

Tabela 3.17 Fungos e leveduras *starter* de *koji*

Bolo starter	**Fungos**	**Leveduras**
Levedura chinesa	*Rhizopus javanicus*	*Endomycopsis* spp.
	R. chinensis, Amylomices rouxii	
Ragi	*Amy. rouxii, Mucor dubius*	*Torula indica, Hansenula*
	M. javanicus, R. oryzae,	*anomala, Saccharomyces*
	Aspergillus niger	*cerevisiae*
	R. stolonifer, M. rouxii	*Endomycopsis chodati, E. fibuligera*
	R. cohnii, Zygorrhynchus moelleri	*H. subpelliculosa, H. malanga, Candida guilliermondii, C. humicola, C. intermedia, C. japonica, C. pelliculo*
	A. oryzae, A. flavus, R. oligosporus,	
	R. arrhizus, Fusarium spp.	
Loog-pang	*Amy. rouxii, Mucor* spp.,	*Endomycopsis fibuligera*
	Rhizopus spp., *A. oryzae*	*Saccharomyces cerevisiae*
Murcha	*M. fragilis, M. rouxii, R. arrhizus*	*H. anomala*
Bubod	*Rhizopus* spp., *Mucor* spp.	*Endomycopsis* spp.
		Saccharomyces spp.

Adaptada de Lotong, 1998, com permissão da Springer Science e Business Media.

3.7.6 O futuro das bactérias ácido-lácticas

O advento dos microarranjos de DNA, os estudos genômicos e proteômicos aumentarão a aplicação de bactérias ácido-lácticas na microbiologia de alimentos (Schena et al., 1998; Blackstock e Weir, 1999; Seção 5.4.6). A ciência genômica emergiu recentemente como uma ferramenta poderosa de comparação entre o material genético de diferentes micro-organismos e de análise de expressão gênica (Kuipers, 1999). Ver a Seção 2.9.6 para mais informações referentes a análise genômica das bactérias ácido-lácticas. A análise dos microarranjos capacita a expressão genética diferenciada do genoma total sob avaliação (Klaenhammer e Kullen, 1999). Os primeiros estudos genéticos de bactérias ácido-lácticas demonstraram que várias características importantes estavam relacionadas a plasmídeos, incluindo o metabolismo da lactose, a resistência a bacteriófagos e a atividade proteolítica. Subsequentemente, culturas *starter* estáveis puderam ser desenvolvidas para produção em larga escala e já têm sido aplicadas em indústrias de laticínios. As sequências genômicas de mais de 20 bactérias ácido-lácticas foram publicadas ou estão em progresso (Tab. 2.15). Esse desenvolvimento do conhecimento genético melhorará a utilização das bactérias ácido-lácticas como fábricas celulares para a produção de polissacarídeos de grau alimentício, adicionando textura aos alimentos (Kuipers et al., 1997; de Vos, 1999). Espera-se que o sequenciamento do genoma de culturas probióticas venha a identificar os sistemas de genes responsáveis pela sobrevivência e atividades celulares, assim como sistemas

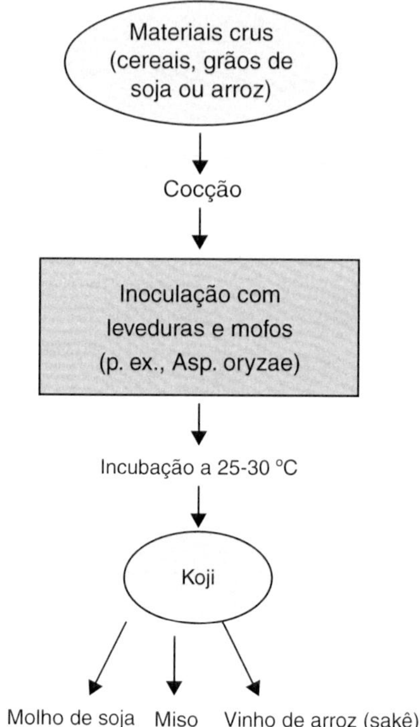

Figura 3.15 Produção de *koji*.

de genes secundários responsáveis pela adaptação do micro-organismo às constantes mudanças ambientais no trato intestinal (Klaenhammer e Kullen, 1999).

No futuro, a engenharia molecular das culturas *starter* possibilitará a otimização da produção de produtos finais, tais como diacetil, acetato, acetaldeído e compostos que determinam o sabor a partir da atividade proteolítica (Hugenholtz e Kleerebezem, 1999). Outros produtos que promovem a saúde provenientes de bactérias ácido-lácticas são as vitaminas e os antioxidantes. A utilização dessas bactérias para a produção de vacinas está atualmente sendo investigada (Wells et al., 1996). A resposta microbiana ao estresse (tal como choque térmico e de pH) é uma área de pesquisa genética e

Tabela 3.18 Micotoxinas produzidas por fungos utilizados no *koji*

Organismo	Micotoxinas
A. oryzae	Ácido ciclopiazônico, ácido kójico, maltorizina, ácido β-nitropropiônico
A. sojae	Ácido aspergílico, ácido kójico
A. tamarii	Ácido kójico

Adaptada de Rowan et al., 1998, com permissão da Springer Science e Busines Media.

fisiológica que está aumentando (Seção 2.7). A habilidade de sobreviver em ambientes com baixos pHs (como o estômago) pode ser aumentada com exposição prévia a tratamentos térmicos, já que estes auxiliam na produção de proteínas de choque térmico.

É óbvia a existência de um potencial considerável para a exploração científica de bactérias ácido-lácticas geneticamente modificadas. No entanto, é necessário assegurar que o público em geral considere esses organismos, já considerados GRAS, como benéficos à saúde, em vez de serem vistos como mais um exemplo de "alimentos Frankenstein", os quais em época recente causaram relutância do público em certos países europeus. Esses fatores são de considerável importância na área controversa de pré e probióticos.

3.8 Alimentos funcionais: pré-bióticos, probióticos e simbióticos

3.8.1 Alimentos funcionais

Alimentos funcionais podem ser definidos como aqueles nos quais concentrações de um ou mais ingredientes tem sido modificada para aumentar suas contribuições para uma dieta saudável. O conceito é uma extensão lógica do ponto de vista mais convencional que uma dieta balanceada é importante para a saúde. Por exemplo, o consumo de produtos com baixos teores de gordura, colesterol ou açúcar, e altos em vegetais e frutas é incentivado. Atualmente, cientistas de alimentos estão identificando uma lista crescente de componentes alimentares que promovem a saúde, e isso tem levado a aceitação geral de que alimentos específicos podem atingir esse objetivo.

Os pré-bióticos, os probióticos e os simbióticos são assuntos que envolvem controvérsia na área de "alimentos funcionais" (Berg, 1998; Rowland, 1999; Atlas, 1999). Os pré-bióticos são "componentes alimentícios não digeríveis que afetam de maneira benéfica o hospedeiro por meio da estimulação seletiva da multiplicação e/ou atividade de uma ou de um número limitado de bactérias no colo, as quais têm o potencial de melhorar a saúde do hospedeiro" (Zoppi, 1998). Um probiótico pode ser definido como um "suplemento alimentar microbiano vivo, que afeta beneficamente o animal hospedeiro por meio da melhoria de seu balanço microbiano intestinal" (Fuller, 1989). Essa definição foi modificada por Havenaar e Huis in't Veld (1992) para uma "cultura simples ou mista de micro-organismos vivos, os quais beneficiam o homem ou os animais por meio da melhoria das propriedades de sua microflora nativa". Um *workshop* denominado *The Lactic Acid Bacteria Industrial Plataform* propôs uma definição distinta para os probióticos: "probióticos orais são micro-organismos vivos, os quais, quando ingeridos em certa quantidade, exercem benefícios para a saúde que vão além de uma nutrição básica inerente". Essa definição mostra que os probióticos podem ser consumidos tanto como um componente alimentar quanto como uma preparação não alimentar (Guarner e Schaafsma, 1998). Os simbióticos podem ser descritos como uma "mistura de probióticos e pré-bióticos que afetam beneficamente o hospedeiro, melhorando a sobrevivência e a colonização de micro-organismos vivos obtidos por suplementos alimentares no trato gastrintestinal".

Diversos produtos probióticos têm sido desenvolvidos e comercializados. Eles podem ser divididos nas seguintes categorias:

1. Alimentos fermentados convencionais, os quais são consumidos principalmente por motivos nutricionais.
2. Suplementos para alimentos e leite fermentado, com formulações que são utilizadas como veículos de bactérias probióticas.
3. Suplementos alimentares na forma de cápsulas e outras formulações.

Esses produtos em geral contêm membros do gênero *Lactobacillus* e/ou *Bifidobacterium*. Dessa forma, essas culturas são aceitas como seguras para o consumo devido a um longo histórico de uso em produtos fermentados convencionais. A ideia do uso de bactérias ácido-lácticas como um auxílio para a melhora da saúde não é nova (ver Seção 3.7 para alimentos fermentados e fatos relacionados). No entanto, a tendência atual é mais amplamente dirigida pela demanda de consumo do que por investigações científicas. A preparação de probióticos necessita ser definida como micro-organismos viáveis e em número suficiente para alterar a microflora intestinal. Uma dosagem diária de 10^9 a 10^{10} células viáveis é considerada a dose mínima. Nem todos os produtos contêm espécies identificadas de forma correta, nem é possível supor que os organismos sejam viáveis. Por exemplo, Green e colaboradores (1999) demonstraram que dois probióticos orais de *B. subtilis* não continham *B. subtilis*. Alguns produtos podem conter organismos não declarados, organismos não viáveis ou até mesmo patógenos (Hamilton-Miller et al., 1999). Da mesma forma, Fasoli e colaboradores (2003) utilizaram eletroforese em gel de gradiente desnaturante (DGGE) (Seção 5.5.1) para investigar iogurtes probióticos comerciais e produtos liofilizados. Eles encontraram discrepâncias na identificação de espécies de *Bifidobacterium* e *Bacillus*, assim como a presença de organismos não declarados. O leitor deve procurar por Tannock (1999a) para uma cobertura mais completa sobre o tópico probiótico.

O trato gastrintestinal é a região mais densamente colonizada do corpo humano (Townsend e Forsythe, 2008; Seção 4.1). Existem em torno de 10^{12} bactérias por grama (peso seco) do conteúdo do intestino grosso, o qual se estima conter várias centenas de espécies bacterianas. O conceito de que essa coleção de micro-organismos possui uma poderosa influência no hospedeiro em que reside tem ampla aceitação. O fato de que produtos fermentados por bactérias (acetato, butirato e propionato), normalmente conhecidos como ácidos graxos de cadeia curta ($SCFA_s$), agem na saúde do colo intestinal tem sido documentado. Por exemplo, o butirato possui um efeito tópico na mucosa, é uma fonte de energia para o epitélio do colo e regula a multiplicação e a diferenciação celular. O tecido linfático associado ao intestino representa a maior massa desse tecido do corpo, e cerca de 60% do total de imunoglobulina produzida diariamente são secretadas no trato gastrintestinal. A flora colonizadora do colo intestinal é o maior estímulo antigênico para respostas imunoespecíficas a níveis locais e sistêmicos. Respostas intestinais não normais a antígenos estranhos, bem como reações imunoinflamatórias, podem, como um evento secundário, induzir redução das funções intestinais em razão do rompimento da barreira intestinal (Diplock et al., 1999).

3.8.2 Ações dos probióticos

É implícito, na definição de probióticos, que o consumo de culturas probióticas afeta positivamente a composição da microflora, propiciando uma variedade de benefícios ao hospedeiro (Sanders, 1998; Tannock, 1999b; Klaenhammer e Kullen, 1999; German et al., 1999). Isso inclui:

1. Exclusão e antagonismo a patógenos (Mack et al., 1999).
2. Imunoestimulação e imunomodulação (Schiffrin et al., 1995; Marteau et al., 1997).
3. Atividades anticarcinogênicas e antimutagênicas (Rowland, 1990; Reddy e Riverson, 1993; Matsuzaki, 1998).
4. Alívio dos sintomas da intolerância a lactose (Marteau et al., 1990; Sanders, 1993).
5. Redução do colesterol.
6. Redução da pressão arterial.
7. Diminuição da incidência e da duração de diarreias (diarreias associadas a antibióticos, *Clostridium difficile*, dos viajantes e rotavírus) (Isolauri et al., 1991; Kaila et al., 1992; Biller et al., 1995).
8. Prevenção de vaginites.
9. Preservação da integridade da mucosa.

Tem sido proposto que os pré-bióticos ajudam a flora microbiana colonizadora do colo a manter uma composição na qual bifidobactérias e lactobacilos se tornam predominantes em número. Essa mudança na composição da flora é considerada por aqueles que acreditam em probióticos como ótima para a promoção da saúde. Os carboidratos não digeríveis (p. ex., inulina e fruto-oligossacarídeos) aumentam a massa fecal de maneira direta, aumentando o material não fermentado e indiretamente a biomassa bacteriana. Eles também melhoram a consistência das fezes e a frequência de defecação. Os componentes alimentícios promissores como alimentos funcionais são aqueles, tais como os carboidratos não digestíveis, que possam promover quantidades otimizadas de produtos de fermentação em locais relevantes do colo, de modo particular no colo distal, ajudando a reduzir o risco de câncer nesses locais.

3.8.3 Estudos sobre probióticos

Muitos dos efeitos específicos atribuídos à ingestão de probióticos continuam, no entanto, sendo controversos, e é difícil avaliar suas relações específicas com a saúde (Sanders, 1993; Ouwehand et al., 1999). Com a finalidade de testar a ação dos pré- e probióticos, há necessidade de avanços na caracterização detalhada da microflora intestinal, sobretudo dos organismos atualmente considerados incultiváveis. Nesse sentido, métodos moleculares são necessários, tais como a análise ribossomal do

RNA 16S, o gradiente de desnaturação em gel de eletroforese (DGGE), o gradiente de temperatura em gel de eletroforese (TGGE) e a hibridização fluorescente *in situ* (FISH; Muyzer, 1999; Rondon et al., 1999; ver Seção 2.9.2). A biologia molecular tem sido utilizada para estabelecer a relação filogenética entre membros do complexo *Lactobacillus acidophilus* (Schleifer et al., 1995; Seção 2.9.6). Isso pode explicar, em parte, a variação dos resultados observados em estudos iniciais. É possível que micro-organismos não relacionados, porém com nomes idênticos, tenham sido utilizados por diferentes grupos de pesquisadores, uma vez que os organismos foram identificados erroneamente pelo uso de técnicas bioquímicas (fenotípicas) de identificação.

Os lactobacilos e as bifidobactérias são os micro-organismos probióticos mais importantes sob investigação (Tabs. 3.19 e 3.20; Reid, 1999; Tannock, 1998, 1999a, 1999b; Vaughan et al., 1999). Isso porque são reconhecidos como parte da flora intestinal humana (especialmente em crianças recém-nascidas) e têm sido ingeridos de maneira segura por muitos séculos, por meio de alimentos fermentados (Seção 3.7; Adams e Marteau, 1995). As cepas específicas de bactérias ácido-lácticas consideradas probióticas incluem *Lb. rhamnosus* GG, *Lb. johnsonii* LJ1, *Lb. reuteri* MM53, *Bifidobacterium lactis* Bb12 e *Bif. Longum* NCC2705 (Tab. 3.19; Reid, 1999; Vaughan et al., 1999). Importantes atributos de cepas probióticas são os fatores de colonização e a hidrólise dos sais de bile conjugados, os quais auxiliam na persistência dentro do trato intestinal. As características adicionais incluem os efeitos nas células imunocompetentes e na antimutagenicidade.

O *Lacbacillus rhamnosus* GG provavelmente é a preparação probiótica mais estudada. Existem algumas evidências mostrando que esse organismo coloniza o intestino e reduz a diarreia (Kaila et al., 1995). A dose oral requerida é maior que 10^9UFC/

Tabela 3.19 Composição microbiana dos produtos de leite fermentado aos quais são atribuídos benefícios à saúde

Produtos	País de origem	Micro-organismo
Leite fermentado A-38	Dinamarca	*Lb. acidophilus* e bactérias ácido-lácticas mesófilas
Leite fermentado AB	Dinamarca	*Lb. acidophilus, Bif. bifidum*
Leite acidificado	Estados Unidos	*Lb. acidophilus*
Activia	Itália	*Bif. bifidus*
Kyr	Itália	*Lb. acidophilus* e *Bifidobacterium* spp.
Iogurte líquido	Coreia	*Lb. bulgaricus, Lb. casei, Lb. helveticus*
Mio	Suíça	*Bif. lactis*
Miru-Miru	Japão	*Lb. acidophilus, Lb. casei, Bifidobacterium breve*
Real Active	Reino Unido	Cultura de iogurte, *Bif. bifidum*
Yakult	Japão	*Lactobacillus casei* (Shirota)

Tabela 3.20 Bactérias ácido-lácticas utilizadas como probióticos

Gênero	Espécie
Lactobacillus	*Lb. acidophilus, Lb. amylovorus, Lb. bulgaricus, Lb. casei, Lb. crispatus, Lb. gallinarum, Lb. gasseri, Lb. johnsonii (linhagem Lal), Lb. plantarum, Lb. reuteri (linhagem MM53), Lb. rhamnosus* (linhagem GG), *Lb. salivarius*
Bifidobacterium	*Bif. adolescentis, Bif. animalis, Bif. bifidum, Bif. breve, Bif. infantis, Bif. longum, Bif. lactis* (linhagem Bb12)
Streptococcus	*Strep. thermophilus, Strep. salivarius*
Enterococcus	*Ent. faecium*

Adaptada de Klaenhammer e Kullen 1999, com permissão de Elsevier.

dia. Existem vários produtos de leite fermentado disponíveis no comércio que afirmam promover a saúde (Tab. 3.17). O leite fermentado por *Lb. casei* (cepa Shirota) é vendido como um produto denominado Yakult e se estima que seja consumido diariamente por 10% da população japonesa (Reid, 1999). Em termos mundiais, supõe-se que 30 milhões de pessoas ingiram esse produto todos os dias. Ele é preparado a partir de leite desnatado, com adição de glicose e de um extrato de *Chlorella* (alga), seguido pela inoculação com *Lb. casei* (Shirota). A fermentação leva 4 dias, a 37° C. As cepas de lactobacilos foram isoladas pela primeira vez em 1930 e aparentemente colonizam o intestino melhorando a recuperação infantil de gastrenterites causadas por rotavírus (Sugita e Togawa, 1994). Essa cepa aparenta possuir efeitos antitumorais e antimetástase em camundongos (Matsuzaki, 1998). No Canadá, a aplicação de probióticos via trato urogenital tem sido investigada. Os ensaios com *Lb. rhamnosus* GR-1 e *Lb. fermentum* B-54 (aplicados como uma suspensão à base de leite ou preparação congelada seca) indicaram que a microflora vaginal pode ser restabelecida e a incidência de infecções do trato urinário reduzidas (Reid et al., 1994).

Apesar de os probióticos serem referidos como auxiliares à saúde, é plausível que existam alguns riscos associados à ingestão de bactérias probióticas. O maior risco seria o de estimulação irrestrita do sistema imunológico em pessoas que sofram de distúrbios autoimunes (Guarner e Schaafsma, 1998).

As bactérias ácido-lácticas também são estudadas como veículos para a liberação de vacinas no trato intestinal (Fischetti et al., 1993). Uma cepa de *Lb. lactis* contendo o gene da luciferase foi utilizada como modelo experimental para o estudo de atividades promotoras de genes no trato intestinal. Tais experimentos foram os primeiros passos para a previsão da expressão de proteínas heterogêneas *in vivo* (Corthier et al., 1998).

3.9 Nanotecnologia e conservação de alimentos

A nanotecnologia refere se a compostos de tamanho variável, entre 1 e 100 nm. Hoje, é o principal foco de pesquisa na indústria, e tem recebido consideráveis quantidades de verbas governamentais para pesquisa. Existem mais de 200 empresas envolvidas nessa area mundialmente, sendo que os líderes são os Estados Unidos, seguidos pelo

Japão e pela China. Foi previsto que até o ano de 2010, o mercado de nanotecnologia em alimentos seria de cerca de 20,4 bilhões de dólares. Os nanocompostos têm sido utilizados na produção de materiais de embalagens ou como revestimento em recipientes plásticos para o controle da difusão gasosa e para prolongar a vida de prateleira (Sozer e Kokini 2009; ver Seção 3.6.8). Outra aplicação é a produção de materiais antimicrobianos para superfícies de contato com alimentos. A tecnologia pode até levar a produção de superfícies "inteligentes", que possam detectar contaminação bacteriana e inibir sua multiplicação, assim como remover contaminações e odores.

Assim como ocorre com todos os novos compostos utilizados na produção de alimentos, os riscos potenciais à saúde, relacionados com os materiais em nanoescala, devem ser avaliados antes de seu uso. Mesmo que o risco de um mesmo material produzido em macroescala já tenha sido determinado, os materiais em nanoescala podem se comportar de modo diferente. Sabe-se que algumas nanopartículas podem atravessar a barreira entre o sangue e o cérebro. Um problema identificado é a transferência de nanopartículas do material da embalagem para o produto. De modo semelhante, tecnólogos de alimentos podem usar nanopartículas de ingredientes em macroescala previamente aprovados sem considerer se existe a possibilidade de novos aspectos toxicológicos (Bouwmeester et al., 2009).

4 Patógenos de origem alimentar

4.1 Introdução

As doenças de origem alimentar são originadas por alimentos que:

1. parecem normais
2. possuem odor normal
3. possuem sabor normal

Visto que o consumidor não está consciente de que há problemas potenciais com os alimentos, quantidades significativas são ingeridas, causando doenças. Em consequência, é difícil rastrear o alimento responsável pelas toxinfecções ocorridas, uma vez que o consumidor dificilmente se lembra de quais alimentos poderiam estar inadequados em suas últimas refeições. As doenças de origem alimentar são causadas por diversos micro-organismos, e o período de incubação e de duração da doença varia de modo considerável (Tab. 4.1).

Tabela 4.1 Origem de patógenos alimentares

Alimento	Patógeno	Incidência (%)
Carne, frango e ovos	*C. jejuni*	Frango e peru crus (45-64)
	Salmonella spp.	Frango (40-100), carne suína (3-20), ovos (0,1) e moluscos (16) crus
	St. aureus[a]	Frango (73), carne suína (13-33) e carnes (16) cruas
	Cl. perfringens[b]	Carne suína e frangos crus (39-45)
	Cl. botulinum	
	E. coli O157:H7	Carne, carne suína e frangos crus
	B. cereus[b]	Carne moída crua (43-63), carne cozida (22)
	L. monocytogenes	Carne vermelha (75), carne moída (95)
	Y. enterocolitica	Carne suína crua (48-49)
	Vírus da hepatite A	
	T. spiralis	
	Tênia	

(continua)

Tabela 4.1 Origem de patógenos alimentares (*continuação*)

Alimento	Patógeno	Incidência (%)
Frutas e vegetais	*C. jejuni*	Cogumelos (2)
	Salmonella spp.	Alcachofra (12), repolho (17), erva-doce (72), espinafre (5)
	St. aureus[a]	Alface (14), salsa (8), rabanetes (37)
	L. monocytogenes	Batatas (27), rabanetes (37), broto de feijão (85), repolho (2), pepino (80)
	Shigella spp.	
	E. coli O157:H7	Aipo (18) e coentro (20)
	Y. enterocolitica	Vegetais (46)
	A. hydrophila	Brócolis (31)
	Vírus da hepatite A	
	Norovírus	
	G. lamblia	
	Cryptosporidium spp.	
	Cl. botulinum	
	B. cereus[b]	
	Micotoxinas	
Leite e produtos lácteos	*Salmonella* spp.	
	Y. enterocolitica	Leite (48-49)
	L. monocytogenes	Queijo em pasta e patê (4-5)
	E. coli	
	C. jejuni	
	Shigella spp.	
	Vírus da hepatite A	
	Norovírus	
	St. aureus[a]	
	Cl. perfringens[b]	
	B. cereus[b]	Leite pasteurizado (2-35), leite em pó (15-75), creme (5-11), sorvete (20-35)
	Micotoxinas	
Moluscos e peixes	*Salmonella* spp.	
	Vibrio spp.	Frutos do mar (33-46)
	Shigella spp.	
	Y. enterocolitica	
	B. cereus	Produtos de peixe (4-9)
	E. coli	
	Cl. botulinum[b]	
	Vírus da hepatite A	

(continua)

Tabela 4.1 Origem de patógenos alimentares (*continuação*)

Alimento	Patógeno	Incidência (%)
	Norovírus	
	G. lamblia	
	Cryptosporidium spp.	
	Subprodutos do metabolismo	
	Toxinas de algas	
Cereais, grãos, legumes e nozes	*Salmonella* spp.	
	L. monocytogenes	
	Shigella spp.	
	E. coli	
	St. aureus[a]	
	Cl. botulinum[b]	
	B. cereus[b]	Cevada crua (62-100), arroz cozido (10-93), arroz frito (12-86)
	Micotoxinas[a]	
Condimentos	*Salmonella* spp.	
	St. aureus[a]	
	Cl. perfringens[b]	
	Cl. botulinum[b]	
	B. cereus[b]	Ervas e especiarias (10-75)
Água	*G. lamblia*	Água (30)

[a]Toxina não destruída pela pasteurização.
[b]Organismos formadores de endósporos, não destruídos pela pasteurização.
Vários, incluindo Snyder (1995) (Hospitality Institute of Technology and Management, http://www.hi-tm.com/) e ICMSF (1998a).

O termo "dose infecciosa" não é um limiar preciso abaixo do qual pessoas não se tornam infectadas, mas é útil como indicador relativo da infectividade de um patógeno de origem alimentar. Valores para determinados patógenos são dados na Tabela 4.2. A Seção 9.5.7 discute "dose infecciosa" em mais detalhes e como ela é dependente do organismo, hospedeiro e alimento.

Os organismos causadores de doenças transmitidas por alimentos são normalmente divididos em dois grupos:

- Infecciosos: *Salmonella, Campylobacter* e *E. coli* patogênicas.
- Intoxicantes: *Bacillus cereus, Staphylococcus aureus, Clostridium botulinum.*

O primeiro grupo compreende os micro-organismos que se multiplicam no trato intestinal humano, enquanto o segundo é formado por aqueles que produzem toxinas, tanto nos alimentos quanto durante sua passagem pelo trato intestinal. Essa divisão é bastante útil, pois auxilia no reconhecimento das rotas da enfermidade alimentar. Os micro-organismos vegetativos são destruídos por tratamento térmico, porém endósporos bacterianos podem sobreviver e germinar em alimentos que não sejam mantidos sob frio ou calor adequados.

Tabela 4.2 Dose infecciosa de patógenos entéricos

Organismo	Dose infecciosa mínima estimada
Bactérias não formadoras de endósporos	
C. jejuni	1.000
Salmonella spp.	10^{4}-10^{10}
Sh. flexneri	10^{2}->10^{9}
Sh. dysenteriae	10-10^{4}
E. coli	10^{6}->10^{7}
E. coli O157:H7	10-100
St. aureus	10^{5}->10^{6}/g[a]
V. cholerae	1.000
V. parahaemolyticus	10^{6}-10^{9}
Y. enterocolitica	10^{7}
Bactérias formadoras de endósporos	
B. cereus	10^{4}-10^{8}
Cl.botulinum	10^{3}[a]
Cl.perfringens	10^{6}-10^{7}
Vírus	
Hepatite A	<10 partículas
Norovírus	<10 partículas

[a]Contagem viável capaz de produzir toxina suficiente para causar resposta fisiológica.

Um outro agrupamento alternativo seria de acordo com a gravidade da doença causada. Esse agrupamento é útil para definir critérios microbiológicos (planos de amostragem) e auxiliar em análises de riscos. A ICMSF (1974, revisado em 1986 e 2002) dividiu os patógenos de origem alimentar mais comuns em grupos com a finalidade de auxiliar nas tomadas de decisão dos planos de amostragens (Cap. 6). As divisões elaboradas pela ICMSF são demonstradas na Tabela 4.3. Descrições detalhadas desses patógenos podem ser encontradas nas seções seguintes desse mesmo capítulo. Inicialmente, entretanto, é importante salientar que alguns deles são de difícil detecção e, portanto, micro-organismos indicadores, cuja presença possa indicar a possibilidade de um patógeno, podem ser utilizados para facilitar sua detecção.

4.1.1 O trato intestinal humano

O trato intestinal humano é dividido em inúmeras regiões: esôfago, estômago, intestino delgado, intestino grosso e ânus (Fig. 4.1) tendo aproximadamente 30 pés de comprimento. Na boca, o alimento é mastigado, o que o divide em pedaços menores, e é misturado com a saliva. Na deglutição, ele passa através da faringe e do esôfago, até o estômago. O estômago produz enzimas gástricas (endopeptidases, gelatinase e lipase), que quebram o alimento, e tem um pH ácido (em torno de pH 2). A maior parte da digestão e absorção ocorre no intestino delgado, que tem cerca de 20 pés

Tabela 4.3 Categorização dos perigos microbiológicos conforme a ICMSF

Efeitos dos perigos	Patógenos
Categorização dos patógenos de origem alimentar mais comuns (ICMSF, 1986)	
1. Moderado, direto, de abrangência limitada, com raras ocorrências de mortes	B. cereus, C. jejuni, *Cl.* perfringens, *St. aureus, Y. enterocolitica, Taenia saginata, Toxoplasma gondii*
2. Moderado, direto, com abrangência potencialmente extensa, podendo ocorrer mortes ou sequelas graves. Considerado grave	*E. coli* patogênicas, *S.* Enteritidis e outras salmonelas além das S. Typhi e *S.* Paratyphi, shigelas, além da *Sh. dysenteriae, L. monocytogenes*
3. Grave, direto	*Cl. botulinum* dos tipos A, B, E e F; vírus da hepatite A; *Sh. dysenteriae*; *S.* Typhi e *S.* Paratyphi A, B e C; *T. spiralis*
Categorização atualizada (ICMSF, 2002)	
1. Micro-organismos de origem alimentar causadores de doenças com efeitos moderados, sem risco de vida, sem sequelas, normalmente de curta duração e autolimitantes	*B. cereus* (incluindo a toxina emética), *Cl. perfringens* do tipo A, norovírus, *E. coli* (EPEC, ETEC), *St. aureus*, *V. cholerae* não O1 e não O139, *V. parahaemolyticus*
2. Perigos graves, incapacitantes, mas sem riscos de vida, com sequelas raras e de duração moderada	*C. jejuni, E. coli, S.* Enteritidis, *S.* Typhimurium, shigelas, hepatite A, *L. monocytogenes*, *Cryptosporidium parvum*, *Y. enterocolitica* patogênica, *Cyclospora cayetanensis*
3. Perigos graves para a população em geral, riscos de vida, sequelas crônicas, longa duração	Brucelose, botulismo, EHEC (HUS), *S.* Typhi, *S.* Paratyphi, tuberculose, *Sh. dysenteriae*, aflatoxinas, *V. cholerae* O1 e O139
4. Perigos graves para populações restritas, riscos de vida, sequelas crônicas, longa duração	*C. jejuni* O:19 (GBS), *Cl. perfringens* do tipo C, hepatite A, *Cryptosporidium parvum*, *V. vulnificus*, *L. monocytogenes*, EPEC (mortalidade infantil), botulismo infantil, *Cronobacter* spp. (*Ent. sakazakii*)

de comprimento. A estrutura do intestino delgado maximiza a área disponível para absorção. A superfície da mucosa é convoluta, dobrada e coberta por projeções similares a dedos, chamadas vilosidades, que são, por sua vez, cobertas com células de absorção. A área de superfície efetiva das células mucoides é ainda aumentada pelas microvilosidades que ocorrem na membrana luminal do enterócito (Fig. 4.2). A borda do enterócito é similar a cerdas de uma escova e contém várias enzimas, incluindo vários dissacarídeeos, como maltase, isomaltase, sucrase e lactase. Estas estão envolvidas na digestão e absorção de carboidratos. Enzimas pancreáticas, as quais incluem tripsina, quimotripsina, carboxipeptidase, amilase, lipases, ribonuclease, desoxirribonuclease, colagenase e elastase ajudam na digestão. Além dessas, sais biliares secretados pelo fígado ajudam na absorção de gorduras. Os tecidos sob as células epiteliais contêm capilares sanguíneos que absorvem monossacarídeos e aminoácidos e capilares linfáticos para absorção de ácidos graxos e glicerol. O intestino delgado é onde ocorre mais de 80% da absorção. Os níveis de enzimas nas células

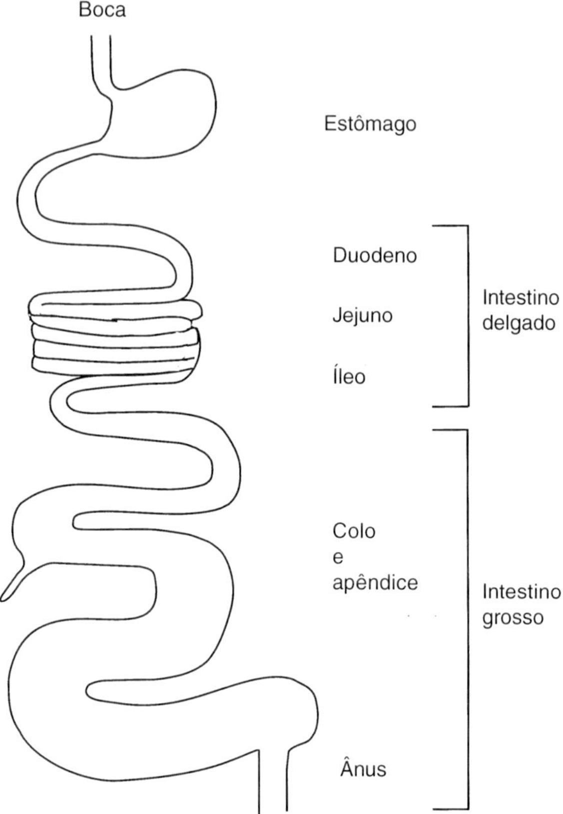

Figure 4.1 O trato intestinal humano.

mucoides são afetados pela atividade bacteriana, e a deficiência em lactose é um bom indicador de colonização do intestino delgado por bactérias patogênicas. Interações entre as membranas celulares e o conteúdo luminal são facilitadas pelo glicocálix, uma complexa camada mucoide que recobre os enterócitos. Alimentos não digeridos entram no colo, o qual tem pH neutro e longo tempo de trânsito (até 60 horas). Finalmente, resíduos alimentares e micro-organismos do intestino saem do trato intestinal pelo ânus.

O trato intestinal é particularmente propenso à penetração microbiana e à absorção de toxinas devido à grande área de superfície, aos níveis de nutrientes e à alta capacidade de absorção. Entretanto, é também equipado com uma série de mecanismos de defesa (O'Hara e Shanahan, 2006). O intestino delgado é o local de maior absorção, mas também é afetado por muitas infecções intestinais que levam a diarreias agudas e desidratação. Por exemplo, a toxina do cólera (Fig. 4.3) inibe a absorção de sódio e estimula a secreção de cloreto. Isso resulta em perda de fluidos e eletrólitos.

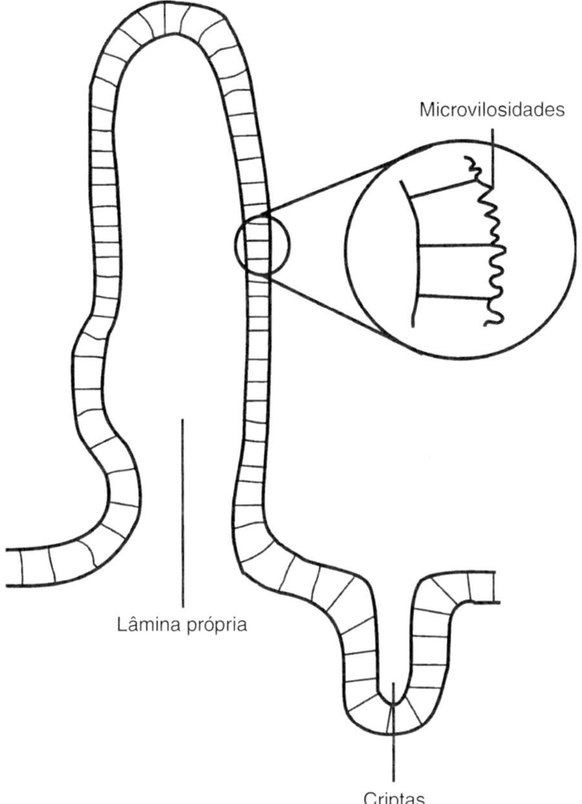

Figure 4.2 Estrutura mucoide do intestino.

4.1.2 Resistência do hospedeiro a infecções de origem alimentar

O corpo humano tem uma variedade de mecanismos do sistema imune, os quais são não específicos (inatos) e específicos para proteção de infecções alimentares. Entretanto, muitos fatores podem enfraquecer as defesas e aumentar o risco de doenças. Além disso, alguns patógenos de origem alimentar são capazes de superar os mecanismos de defesa do corpo.

A imunidade inata é o mecanismo de defesa inicial do hospedeiro contra micro-organismos no trato intestinal. A alta acidez e pepsina do suco gástrico matam muitos micro-organismos patogênicos. As enzimas das secreções pancreáticas e os ácidos biliares são também antimicrobianos. O revestimento epitelial é constantemente substituído, e os movimentos peristálticos constantes mantêm o conteúdo intestinal e a flora microbiana do intestino delgado em menores quantidades do que no colo, que é um ambiente mais estático. O epitélio gástrico e intestinal é revestido por uma camada mucosa que o protege contra o ataque de enzimas proteolíticas e a

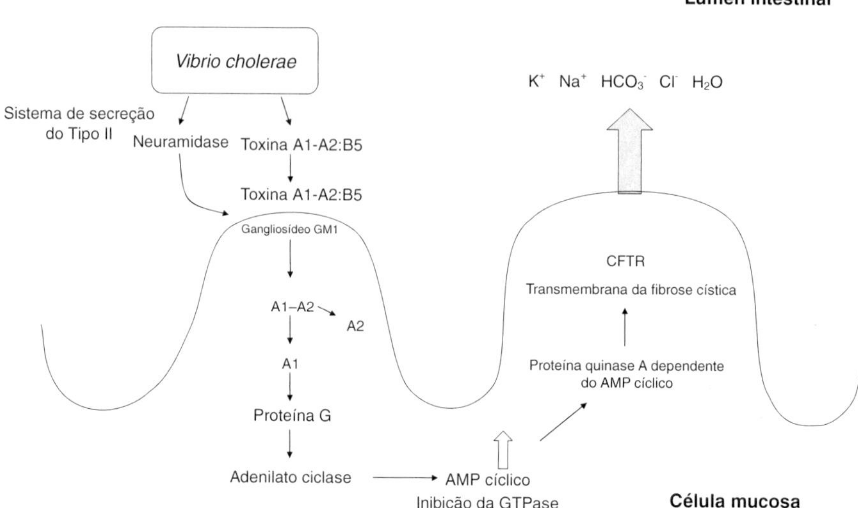

Figura 4.3 Balanço osmótico; fluxo de NaCl através da mucosa intestinal.

adesão microbiana. Ainda contém agentes antibacterianos, tais como imunoglobulina A e enzimas. O muco também age como uma barreira, prevenindo a passagem de compostos de alto peso molecular para os enterócitos, na camada epitelial.

Como um ecossistema estável, a flora intestinal normal reduz as oportunidades de infecções microbianas. A flora normal ocupa os locais de adesão nos enterócitos e diminui o pH luminal devido à produção de ácidos graxos voláteis. Micro-organismos que penetram a barreira epitelial provavelmente encontram fagócitos mononucleares (monócitos no sangue ou macrófagos nos tecidos) e polimorfonucleares.

O sistema imune inato previne infecções por micro-organismos entéricos e a entrada de toxinas microbianas de alto peso molecular. Porém, uma variedade de fatores pode reprimi-lo, tais como o uso de antiácidos que suprimem a produção de ácidos gástricos, a redução da flora intestinal normal devido ao uso de antibióticos e danos à barreira epitelial. Nessas situações é que o sistema imune específico se torna importante.

O sistema imune específico reconhece antígenos, os quais são proteínas e polissacarídeos de alto peso molecular (>10 kD). Esses antígenos incluem parede celular bacteriana, cápsula, lipopolissacarídeos, flagelo, fímbria e toxinas. Muitas células especializadas estão envolvidas nas reações imuno-humorais (mediadas por anticorpos) e mediadas por células, durante infecções.

Muitos micro-organismos diferentes causam gastrenterites ou infecções sistêmicas por meio da superação dos mecanismos de defesa intestinais. Existem essencialmente cinco mecanismos de patogenicidade:

1. Bactérias que produzem toxina (s), mas não aderem ou se multiplicam no trato intestinal, tais como *B. cereus, St. aureus, Clostridium perfringes* e *Cl. botulinum*.

2. Bactérias que aderem ao epitélio do trato intestinal e excretam toxinas, tais como *E. coli* enterotoxigênica e *Vibrio cholerae*.
3. Bactérias que aderem e causam danos às microvilosidades similares a cerdas de escova, tais como *E. coli* enteropatogênica e *E. coli* entero-hemorrágica.
4. Bactérias que invadem a camada mucosa e iniciam multiplicação intracelular, tal como *Shigella* spp.
5. Bactérias que penetram a camada mucosa e espalham-se na lâmina própria e nos nódulos linfáticos, tais como *Yersinia* spp.

As células M, nas placas de Peyer, podem ser uma rota de entrada. Os fagócitos com motilidade podem ingerir uma bactéria do lúmen, a qual sobrevive à destruição celular pelo lisossomo e espalha-se de forma sistêmica.

O sistema imune elimina toxinas de alto peso molecular. Entretanto, compostos de baixo peso molecular e não polares, como micotoxinas, não são eliminados e, portanto, são rapidamente absorvidos no trato intestinal. Micotoxinas são metabolizadas no fígado por um processo chamado de "biotransformação". Todavia, a biotransformação pode tornar um composto mais tóxico. Por exemplo, aflatoxina B_1 é convertida em um epóxido reativo, o qual reage com o DNA nuclear, causando danos que podem levar a câncer de fígado; ver Seção 4.7.1.

4.1.3 Flora natural do trato intestinal humano

No ventre, o trato intestinal do feto humano é microbiologicamente estéril. Entretanto, durante o nascimento, o neonato adquire uma flora microbiana a partir da vagina, por meio do contato com o ambiente e da alimentação. Em consequência, uma comunidade bacteriana densa e complexa se estabelece no trato intestinal. A flora intestinal humana é um ecossistema complexo e pode causar inúmeros efeitos na saúde do hospedeiro. Ela muda dependendo da dieta, da idade e das doenças. O amadurecimento do sistema imune requer estímulo contínuo da flora que se desenvolve no intestino. A falta de desenvolvimento da flora microbiana tem sido correlacionada com um aumento na prevalência de doenças atópicas; ver a "hipótese higiênica" (Seção 1.6).

O uso de sequenciamento do gene 16S rRNA e DGGE (Seção 2.9.2) tem expandido o estudo da flora intestinal humana porque não depende do cultivo dos micro-organismos e portanto não necessita do uso de inúmeros meios de cultura e condições de incubação. Em geral, a colonização bacteriana inicia logo após o nascimento, e bactérias facultativas anaeróbias podem ser detectadas em amostras de fezes. Esses organismos removem oxigênio e em sequência reduzem o potencial redox, o que torna possível a multiplicação estritamente anaeróbia. Em neonatos nascidos por parto normal ("vaginal"), as primeiras bactérias colonizadoras são de origem materna. Em partos por cesárea, o ambiente e os funcionários do hospital são as principais fontes de bactérias colonizadoras do neonato. Além dessa colonização inicial, a diversidade da flora bacteriana subsequente é influenciada pela dieta.

A flora microbiana intestinal de bebês alimentados com fórmulas infantis é a princípio mais diversa do que a de bebês amamentados com leite materno. O leite materno não é necessariamente estéril e pode ter números reduzidos de estreptococos, micrococos, lactobacilos, estafilococos, bactérias difteroides e bifidobactérias. Bebês amamentados com esse leite são com frequência colonizados por estafilococos devido ao prolongado contato com a pele da mãe durante a amamentação. Em bebês nascidos de gestação a termo (completa) que são amamentados, existem bifidobactérias, lactobacilos e estreptococos, e bactérias do tipo Gram-positivas predominam. Em contrapartida, nos alimentados com fórmulas infantis, a flora predominante é uma mistura de *Enterobacteriaceae (E. coli* e *Klebsiella* spp.), *Staphylococcus, Clostridium, Bifidobacterium, Enterococcus* e espécies de *Bacteroides. Cronobacter* spp. (*Enterobacter sakazakii*) é associado com infecções neonatais por fórmulas infantis contaminadas. Esse organismo é discutido em detalhes na Seção 4.8.2. A diversidade da flora intestinal muda quando alimentos sólidos são introduzidos, e os dois grupos se tornam indistinguíveis, com uma flora microbiana semelhante aos adultos.

Schwiertz e colaboradores (2003) estudaram a flora intestinal de bebês nascidos prematuros e de gestação a termo usando perfis de PCR-DGGE e cultura de fezes. Os perfis de DGGE de bebês prematuros nos primeiros dias de vida continham apenas umas poucas bandas separadas por DGGE, mas após duas semanas, o número de bandas prevalentes variou de 5 a 20. *E. coli, Enterococcus* spp. e *Klebsiella pneumonie* foram os organismos identificados com mais frequência. Bifidobactérias foram detectadas em bebês de gestação a termo e amamentados com leite materno, mas não em prematuros. A flora microbiana apresentou-se mais diversa nos bebês prematuros do que nos de gestação a termo amamentados por leite materno.

A flora intestinal adulta é um ecossistema complexo, o qual corresponde a cerca de 55% dos sólidos, sendo dominada por anaeróbios restritos (Tab. 4.4). A flora indígena é composta pela flora normal, ou seja, micro-organismos que persistem no intestino grosso, e a flora transiente autóctone.

Existem aproximadamente 1.800 gêneros, compostos por aproximadamente 16.000 espécies na microbiota do intestino humano. Destes, apenas cerca de 20% já foram cultivados (Hattoir e Taylor, 2009). Conforme já foi mencionado, a flora intestinal adulta é composta sobretudo por bactérias estritamente anaeróbias. As espécies bacterianas dominantes pertencem aos filos *Cytophaga-Flavobacterium-Bacteroides* (23%; Gram-negativos) e *Firmicutes* (64%; Gram-positivos com baixa percentagem de GC). As proteobactérias (incluindo *Enterobacteriaceae*) são minoria (cerca de 8%). Os gêneros isolados com frequência incluem:

1. *Bacteroides* spp., tal como *Bacteroides fragilis:* são bastonetes Gram-negativos, não formadores de endósporos. Produzem ácidos graxos voláteis e não voláteis, assim como ácidos acético, succínico, láctico, fórmico, propiônico, *N*-butírico, isobutírico e isovalérico.
2. *Bifidobacterium* spp., tal como *Bifidobacterium bifidum*: são bastonetes com extremidades características em forma de clava, Gram-positivos e não formadores de endósporos. Produzem ácidos acético e láctico (razão 3:2).

Tabela 4.4 Flora microbiana do trato intestinal humano

Organismo	Densidade celular (UFC/g)[a]
Protozoários	10^6–10^7
Ascaris	10^4–10^5
Vírus entéricos	
Enterovírus	10^3–10^7
Rotavírus	10^{10}
Adenovírus	10^{12}
Bactéria entérica	
Acidaminococcus fermentans	10^7–10^8
Bacteroides ovatus	
B. uniformis	
B. coagulans	10^9–10^{10}
B. eggerthii	
B. merdae	
B. stercoris	
Bif. bifidum	10^8–10^9
Bif. breve	
Clostridium cadaveris	
Cl. clostridioforme	
Cl. innocuum	10^8–10^9
Cl. paraputrificum	
Cl. perfringens	
Cl. ramosum	
Cl. pertium	
Caprococcus cutactus	10^7–10^8
Enterobacter aerogenes	10^5–10^6
Ent. faecalis	10^5–10^6
E. coli	10^6–10^7
Eubacterium limosum	10^8–10^9
E. tenue	
Fusobacterium mortiferum	
F. naviforme	
F. necrogenes	10^6–10^7
F. nucleatum	
F. prousnitzil	
F. varium	
K. pneumoniae	10^5–10^6
K. oxytoca	
Lactobacillus acidophilus	

(continua)

Tabela 4.4 Flora microbiana do trato intestinal humano

Organismo	Densidade celular (UFC/g)[a]
Lb. brevis	
Lb. casei	
Lb. fermentum	
Lb. leichmannii	10^7–10^8
Lb. minutus	
Lb. plantarum	
Lb. rogosa	
Lb. ruminis	
Lb. salovarius	
Megamonas hypermegas	10^7–10^8
M. elsdenii	10^7–10^8
Methanobrevibacter smithii	Não detectável–10^9
Methanosphaeraa stadtmaniae	Não detectável–10^9
Morganella morgannii	
Peptostreptococcus assccharolyticus	
P. magnus	10^8–10^9
P. productus	
Proteus mirabilis	10^5–10^6
Salmonella spp.	10^4–10^{11}
Shigella spp.	10^5–10^9
Veillonella parvula	10^5–10^6
Bactérias indicadoras	
Coliformes	10^7–10^9
Coliformes fecais	10^6–10^9

[a]Valores são dados como concentração por grama de fezes do intestino grosso.
Fonte: Haas et al. (1999) e Tannock (1995).

3. *Clostridium* spp., tal como *Clostridium innocuum:* são bastonetes Gram-positivos, formadores de endósporos.
4. *Enterococcus* spp., tal como *Enterococcus faecali:* são cocos Gram-positivos, os quais são aerotolerantes. São parte do grupo Lancefield D e podem se multiplicar em 6,5% de NaCl e sob condições alcalinas (<pH 9,6).
5. *Eubacterium* spp.: são bastonetes Gram-positivos, não formadores de endósporos. Produzem ácidos butírico, acético e fórmico.
6. *Fusobacterium* spp.: são bastonetes Gram-negativos, não formadores de endósporos, os quais produzem ácido *N*-butírico.
7. *Peptostreptococcus* spp.: são cocos Gram-positivos que podem degradar peptona e aminoácidos.

8. *Ruminococcus* spp.: são cocos Gram-positivos que produzem os ácidos acético, succínico e láctico, bem como etanol, dióxido de carbono e hidrogênio a partir de carboidratos.

Conforme antes mencionado, o gênero dominante entre as bactérias do trato intestinal em humanos e animais é o *Bacteroides* (10^{11}UFC/g), o qual inclui bactérias Gram-negativas, estritamente anaeróbias. A microflora intestinal também contém bastonetes Gram-positivos, não formadores de endósporos, estritamente anaeróbios. Existem muitos outros gêneros de organismos presentes, incluindo *Bifidobacterium, Lactobacillus* e *Clostridium* spp. Cocos Gram-positivos são importantes no trato intestinal do ponto de vista numérico e incluem *Peptostreptococcus* e *Enterococcus* spp. Os bastonetes Gram-negativos e facultativos, tais como *Proteus, Klebsiella* e *E. coli,* não são numericamente importantes, já que se apresentam em quantidades muito menores do que *Bacteroides* spp. (proporção de cerca de 1000:1).

A *E. coli* é um bastonete curto Gram-negativo, catalase-positivo, oxidase-negativo e anaeróbio facultativo. É membro da família *Enterobacteriaceae,* e muitas das bactérias isoladas fermentam lactose. A maioria dos sorovares de *E. coli* não são patogênicos e são parte da flora intestinal normal (cerca de 10^{6} organismos/g). Por isso, são utilizados como organismos indicadores, como um dos "coliformes", para indicar poluição fecal de água, matéria-prima e alimentos. Cepas não patogênicas de *E. coli* em geral colonizam o trato gastrintestinal de bebês em poucas horas após o nascimento. A presença dessa população de bactérias no intestino suprime a multiplicação de bactérias prejudiciais e é importante para a síntese de quantidades apreciáveis de vitamina B. A *E. coli* costuma permanecer inofensiva quando confinada ao lúmem intestinal. Entretanto, em pessoas debilitadas ou com sistema imunológico suprimido ou quando as barreiras gastrintestinais são violadas, mesmo as cepas "não patogênicas" de *E. coli* podem causar infecção.

Conforme mencionado anteriormente na Seção 2.9.1, a flora intestinal humana é o foco de muitos estudos, tais como o "projeto do microbioma humano", que, baseado na metagenômica, estuda a diversidade dos organismos e suas interações com as funções intestinais e as doenças. Nos próximos anos, nosso conhecimento aumentará de modo considerável, e então será possível entender melhor o papel desses micro-organismos em doenças de origem alimentar.

4.2 Micro-organismos indicadores

O termo micro-organismo indicador pode ser aplicado a qualquer grupo taxonômico, fisiológico ou ecológico de organismos cujas presença ou ausência proporcionam uma evidência indireta referente a uma característica específica da história da amostra. Normalmente, os micro-organismos indicadores utilizados são de origem intestinal, porém outros grupos podem ser utilizados em situações diversas. Por exemplo, a presença de bactérias Gram-negativas em alimentos tratados termicamente é um indicativo de tratamentos térmicos inadequados (referente ao número inicial desses organismos) ou de contaminação posterior ao tratamento térmico. As contagens de coliformes são muito utilizadas nas análises de alimentos tratados dessa maneira e, ainda que esse grupo seja um indicador pouco sensível aos problemas associados com o tratamento térmico, já representam uma pequena porção das bactérias Gram-negativas. O termo "micro-organismo indicador" foi sugerido por Ingram, em 1977, para um organismo cuja presença indicasse a possível presença de um patógeno ecologicamente similar.

Os micro-organismos indicadores em geral são mais utilizados para avaliar a segurança e a higiene dos alimentos do que a qualidade. De forma ideal, um indicador de segurança alimentar deve apresentar certas características importantes:

- Ser detectável de forma fácil e rápida.
- Ser facilmente distinguível de outros membros da flora do alimento.
- Ter uma história de associações constantes com o patógeno cuja presença visa indicar.
- Estar sempre presente quando o patógeno de interesse estiver presente.
- Ser um micro-organismo cujos números sejam correlacionados às quantidades do patógeno de interesse.
- Possuir características e taxas de multiplicação equivalentes às do patógeno.
- Apresentar uma taxa de mortalidade que seja ao menos paralela à do patógeno e de preferência que persista por mais tempo do que esse último.
- Estar ausente dos alimentos livres de patógenos, com exceção, talvez, de números mínimos.

Os micro-organismos indicadores em geral utilizados são:

- *E. coli*
- Enterobactérias
- Enterococos (previamente conhecidos como estreptococos fecais)
- Bacteriófagos

4.2.1 Coliformes

Coliforme é um termo geral para bactérias Gram-negativas, anaeróbias, facultativas, em forma de bastonetes. Também são conhecidos como grupo *coli-aerogenes*. Os critérios utilizados para identificação são a produção de gás proveniente da glicose (e de outros açúcares) e a fermentação da lactose com produção de ácido e gás, em um período de 48 horas, a 35 °C (Hitchins et al., 1998). O grupo dos coliformes inclui espécies dos gêneros *Escherichia, Klebsiella, Enterobacter* e *Citrobacter*, além de *E. coli*. Esses micro-organismos foram historicamente utilizados como indicadores que mediam os níveis de contaminação fecal e, assim, a presença potencial de patógenos entéricos em água doce. Contudo, como a maioria dos coliformes é encontrada no meio ambiente, essas bactérias possuem limitada relevância higiênica. Na Europa, em razão do critério alimentar Sanco, o grupo das *Enterobacteriaceae*, que é o mais amplo, tem sido mais utilizado, mas o termo "coliformes" foi mantido aqui devido a seu uso frequente. Já que os coliformes podem ser destruídos com certa facilidade pelo calor, sua contagem é útil em testes de contaminações pós-processamento.

Com o objetivo de diferenciar os coliformes fecais dos não fecais, um teste para detecção de coliformes de origem fecal foi desenvolvido. Estes são definidos como coliformes capazes de fermentar a lactose em meio EC, com produção de gás, no período de 48 horas, a 45,5 °C (com exceção dos isolados de moluscos, 44,5 °C). A *E. coli* é a principal espécie no grupo dos coliformes fecais. Quando o grupo de bactérias que compreende os coliformes totais é considerado, apenas *E. coli* não costuma ser encontrada se reproduzindo no ambiente. Consequentemente, é considerada a espécie que melhor indica poluição fecal e a possível presença de patógenos entéricos, entre as bactérias coliformes. O uso de testes para coliforme está diminuindo com o desenvolvimento de melhores métodos de detecção específicos, e o grupo mais abrangente das *Enterobacteriaceae* tem sido utilizado como indicador.

4.2.2 *Enterobacteriaceae*

As *Enterobacteriaceae* abrangem muitos gêneros, incluindo aqueles que fermentam lactose (p. ex., *E. coli*) e os que não a fermentam (p. ex., *Salmonella*). Portanto, o uso de ágar bile vermelho-violeta com glicose é recomendado para as enterobactérias, enquanto o ágar bile vermelho-violeta com lactose é mais adequado para coliformes. Há uma tendência geral à descontinuação do uso de coliformes (4.2.1) como indicadores da possível presença de patógenos entéricos em favor do uso das enterobactérias. Isso ocorre em parte devido à facilidade de detecção das *Enterobacteriaceae*. Água contaminada com material fecal pode conter uma variedade de patógenos, incluindo *V. cholera*, *S.* Typhi, outros sorovares de *Salmonella*, *Shigella dysenteriae, Campylobacter jejuni,* cepas patogênicas de *E. coli* e o protozoário *Giardia lamblia*.

4.2.3 Enterococos

Os enterococos incluem duas espécies encontradas nos intestinos de humanos e de animais: *Ent. faecalis* e *Enterococcus faecium*. O primeiro é associado, sobretudo, com o trato intestinal humano, enquanto o segundo é encontrado em ambos, humanos e animais. Os enterococos são, algumas vezes, utilizados como indicadores de água contaminada com fezes. A vantagem de testar para enterococos é que estes morrem de forma mais lenta do que *E. coli*, e, portanto, reduzem o risco de resultados falso-negativos. Infelizmente, são encontrados em ambientes fecais com mais frequência do que a *E. coli*; por isso, sua presença pode ser prova não conclusiva de contaminação fecal. É possível que eles sejam um melhor indicador de qualidade higiênica em alimentos, uma vez que são mais resistentes à secagem do que os coliformes. Isso é especialmente verdade para produtos secos e congelados, além de alimentos que recebem tratamento térmico moderado. Entretanto, essa resistência pode comprometer-lhes o valor como organismo indicador, já que sua presença no alimento acarreta consequências mínimas se os patógenos tiverem sido eliminados durante o processamento.

A contagem de enterococos costuma envolver o uso de azida de sódio, acetato de tálio ou antibióticos como agentes seletivos, além de incubação em temperaturas elevadas (45 °C). Alguns meios de cultura incluem cloreto de trifenil tetrazólio que leva a formação de colônias vermelhas, aumentando assim a detecção visual das colônias de enterococos.

4.2.4 Bacteriófagos

É impraticável a avaliação rotineira de água para a presença de vírus patogênicos. Porém, bacteriófagos (colifago, fagos específicos da classe F e fagos de *Bacteroides*) têm sido propostos como indicadores mais adequados para vírus de origem aquática do que indicadores bacterianos (Lees, 2000). Bacteriófagos possuem tamanho e características de superfície similares aos vírus e estão presentes nas fezes humanas. Além disso, são mais fáceis de detectar pela técnica da dupla camada de ágar e uma cepa de bactéria-teste, seguindo a enumeração de placas. Esta tem sido uma área de considerável debate, principalmente devido à falta de cuidadosa validação comparativa de metodologias.

4.3 Patógenos de origem alimentar: bactérias

4.3.1 *Campylobacter jejuni, C. coli* e *C. lari*

Os *Campylobacter* são finos bastonetes Gram-negativos (0,2 –0,9 μm x 0,2-5,0 μm). São microaerófilos (que requerem 3 a 5% de oxigênio e 2 a 10% de dióxido de carbono), entretanto sua tolerância ao oxigênio é dependente da espécie e da cepa. Sua multiplicação ótima ocorre entre 42 a 46 °C, e não se multiplicam em temperaturas abaixo de 30 °C. Portanto, não se multiplicam em temperaturas ambientes ou de refrigeração. A análise genômica dos *Campylobacter* é considerada na Seção 2.9.3 (Quadro 4.1).

C. jejuni e *C. coli* são comensais em bovinos, suínos e pássaros. O *C. jejuni* é com frequência a espécie dominante em aves, enquanto *C. coli* e *C. lari* predominam em suínos e pássaros, nessa ordem. O *Campylobacter upsaliensis* tem sido frequentemente isolado a partir de gatos e cachorros domésticos.

Quadro 4.1

Organismos
C. jejuni e *C. coli*

Início dos sintomas
2 a 5 dias

Origem alimentar
Frango cru, carne, leite, cogumelos, moluscos, *hamburger*, água, queijo, suínos, frutos do mar, ovos, coberturas de bolos

Sintomas agudos e complicações crônicas
Dor abdominal, diarreia líquida (algumas vezes com sangue), febre, indisposição, vômito
Sintomas crônicos: colite, síndrome de Guillain-Barré, síndrome de Reiter

Em uma perspectiva global, os *Campylobacter* são a maior causa de gastrenterites bacterianas em humanos, totalizando até 400 a 500 milhões de casos no mundo em cada ano. Os *Campylobacter* foram a princípio reconhecidos como patógenos animais, sendo considerados como patógenos humanos há apenas 15 ou 20 anos (Butzler et al., 1973; Humphrey et al., 2007; Skirrow, 1977). Atualmente, os incidentes notificados envolvendo *Campylobacter* são mais frequentes do que quaisquer outros patógenos, e têm sido relacionados com graves distúrbios neurológicos, como a síndrome de Guillain-Barré (GBS) e a síndrome de Miller-Fischer. Estima-se que infectem 1% da população do Oeste Europeu. O custo anual devido aos *Campylobacter*, nos Estados Unidos, é estimado em 1,3 a 6,2 bilhões de dólares (Seção 1.7). Os reservatórios incluem vários animais silvestres, além de aves domésticas, bovinos, suínos e animais de estimação. Aves apresentam um risco primário em razão do alto nível de consumo, manuseio impróprio ou preparo inadequado (cozimento insuficiente).

As características de enterites causadas por *Campylobacter* são:

- Doença semelhante a gripe
- Dores abdominais
- Febre
- Diarreia, que pode ser profusa, aquosa e frequentemente com sangue em crianças.

O período de incubação é de 2 a 10 dias, com a maioria das pessoas apresentando sintomas aos 4 dias (Tab. 1.18). A doença perdura por cerca de uma semana e costuma ser autolimitada depois de um período de repouso no leito. O micro-organismo é secretado nas fezes durante várias semanas após os sintomas terem cessado. As recaídas ocorrem em mais ou menos 25% dos casos.

Já foram descritas 16 espécies, com seis subespécies e dois biovares. Casos de doenças alimentares são causados sobretudo por *C. jejuni*, responsável pela maioria dos surtos (89 a 93%), e *C. coli* (7 a 10%) (Tam et al., 2003). Também o *C. upsaliensis* e o *C. lari* ocasionalmente estão envolvidos em surtos alimentares. Isso pode ocorrer em parte devido à ineficiência dos métodos de isolamento, já que o uso de métodos de filtragem tem revelado que *C. upsaliensis* está associado com doenças em humanos em maior frequência do que tem sido reconhecido. Essas espécies são em geral conhecidas como *Campylobacter* termófilos, pois se multiplicam em temperaturas mais altas do que os outros tipos de *Campylobacter*. A morfologia do micro-organismo pode variar entre bastonetes encurvados, semelhantes a vibrios (curvados), células espirais, aneladas, em formato de S ou cocoides. A morfologia cocoide curta é associada ao estado de células "viáveis mas não cultiváveis" (VNC), apresentado quando elas estão sob estresse. Por definição, essas bactérias não podem ser recuperadas quando métodos convencionais são utilizados (Seção 5.2.3).

O micro-organismo é muito sensível à secagem e é destruído por cocção a 55 a 60 °C durante vários minutos (D_{50} = 0,88 a 1,63 min). Os limites de multiplicação relativos a temperatura, pH e atividade de água para *Campylobacter* são apresentados nas Tabelas 2.3 e 2.9, assim como os valores D. A dose infecciosa é de aproximadamente 1.000 células, e uma descrição mais detalhada da relação dose-resposta é fornecida na Seção 9.5.

Conforme já mencionado, esse micro-organismo não se multiplica em temperatura ambiente (a temperatura mínima para que isso ocorra é de 30 °C, Tab. 2.8). Portanto, *C. jejuni* e *C. coli* não se multiplicam em alimentos refrigerados, entretanto podem sobreviver em tais condições. Essa pode ser a razão pela qual casos de gastrenterites causadas por *Campylobacter* ultrapassam as causadas por *Salmonella* em muitos países. Existe uma notável sazonalidade nas enterites causadas por *Campylobacter*, com picos de incidência nos meses de verão (Fig. 1.3). A incidência de infecções por *Campylobacter* tem diminuido em alguns países. A Figura 1.4 mostra dados relativos a um período de 20 anos (1986 a 2005) para Inglaterra e País de Gales.

O *C. jejuni* coloniza o íleo distal e o colo no trato intestinal humano. Após colonização da mucosa e adesão à superfície das células intestinais, o organismo perturba a capacidade de absorção normal do intestino devido aos danos causados na função das células epiteliais. Isso é resultado tanto de ação direta, que se caracteriza por invasão celular ou produção de toxina(s), quanto indireta, seguindo o início de uma resposta inflamatória (Fig. 4.4). A sobrevivência intracelular no hospedeiro pode ser auxiliada pela produção de catalase, que protege contra o estresse oxidativo causado pelos lisossomos. O organismo pode, também, entrar em estado VNC, o qual pode ser importante na virulência do organismo (Rollins e Colwell, 1986).

Não há consenso de opiniões no que se refere aos fatores de virulência do *Campylobacter*. Esse organismo é relatado como produtor de pelo menos três toxinas (Wassenaar, 1997):

1. Enterotoxina termossensível (60 a 70 kDa), que aumenta os níveis de AMP cíclico das células intestinais e reage com os anticorpos de defesa contra a toxina do cólera. Também é conhecida como "toxina semelhante à toxina colérica". É ferro-regulada e causa aumento das células do ovário em *hamsters* chineses, ligando-se ao gangliosídeo GM_1. Possui estrutura de domínio AB_5, e a subunidade B apresenta homologia com a toxina colérica e a toxina termossensível de *E. coli* (LT).
2. A toxina que altera o citoesqueleto e que também pode causar diarreia. Também é conhecida como toxina distensora citoletal (CLDT) e tem sido a toxina de *Campylobacter* mais estudada. Ela causa uma elongação característica em células cultivadas de mamíferos, seguida de distensão. Difere de outras toxinas produzidas por bactérias entéricas, pois são destruídas por aquecimento a 70° C, por 15 minutos, e por tripsina.
3. As citotoxinas proteicas termossensíveis, as quais não são neutralizadas pelos anticorpos para toxina do cólera.

Análise de microarranjos de DNA (*DNA microarray*) de cepas do *C. jejuni* tem correlacionado a CLDT e a hemolisina com a sobrevivência sob condições aeróbias a temperatura ambiente (On et al., 2006). As cepas com dificuldade de sobrevivência sob essas condições representam genótipos que não têm sido relatados em infecções humanas. Ao contrário, as cepas com alto potencial de sobrevivência representam genótipos de casos de doenças em humanos.

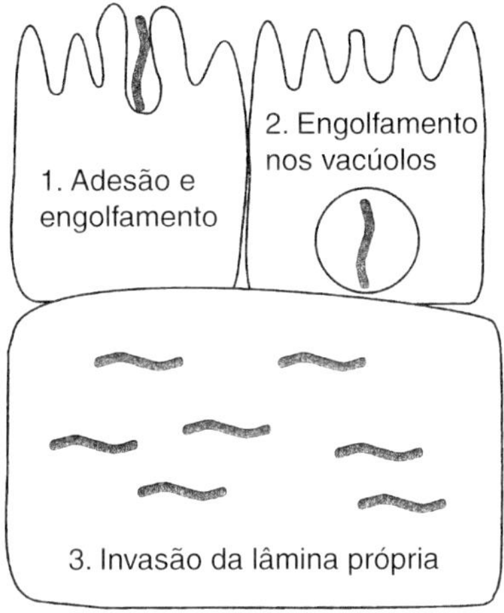

Figura 4.4 Invasão da parede do intestino por *Campylobacter*.

A infecção por *Campylobacter* é atualmente reconhecida como o fator identificado precedente mais associado com o desenvolvimento de síndrome de Guillain-Barré; ver Seção 1.8 no que se refere a sequelas crônicas. Os *Campylobacter* são a causa mais comum da paralisia flácida aguda (Allos, 1998). Eles estão associados a várias formas patogênicas de GBS, incluindo as formas de desmielinização (polineuropatia desmielinizante inflamatória aguda) e axonial (neuropatia axonial aguda). A GBS é um distúrbio autoimune do sistema nervoso periférico, caracterizada por fraqueza normalmente simétrica, que se desenvolve em um período de muitos dias. É de ocorrência mundial e a causa da paralisia neuromuscular mais comum. Em um número estimado de 2.628 a 9.575 casos anuais nos Estados Unidos, 526 a 3.830 são causados por infecções por *Campylobacter*. Em geral, os sintomas gastrintestinais ocorrem de 1 a 3 semanas antes dos sintomas neurológicos.

A GBS é provavelmente uma resposta autoimune dos gangliosídeos GM_1 nos nervos periféricos, após a infecção por *C. jejuni* O19 (apesar de que outros sorovares podem também estar envolvidos). Os nervos periféricos podem compartilhar epítopos com os antígenos de superfície (LPS) do *C. jejuni* (mimicria molecular) As citocinas podem induzir o processo inflamatório e resultar em desmielinização nervosa. O sistema complemento pode também causar danos nervosos e aumentar a permeabilidade da barreira nervo-sangue, o que causa inflamação.

Os custos totais estimados de GBS associada ao *Campylobacter* são de 0,2 a 1,8 bilhões de dólares. Um exemplo de avaliação de risco é dado na Seção 10.2.

A enumeração direta de espécies de *Campylobacter* raras vezes é possível. Em geral, uma etapa de enriquecimento é utilizada para recuperar organismos com baixa presença em alimentos processados (ver Seção 5.7.3 para mais detalhes). Em placas de ágar-sangue, as colônias de *Campylobacter* são não hemolíticas, planas, com diâmetro de 1 a 2mm, e podem ser de formato espalhado, com bordas irregulares ou discretas ou, ainda, circular-convexas. A maioria dos isolados de *Campylobacter* não é identificada em nível de espécie em análises laboratoriais rotineiras. Entretanto, laboratórios de saúde pública que investigam surtos de doenças alimentares fazem a tipificação dos isolados, utilizando processos como biotipificação, fagotipificação e sorotipificação (ver Seção 5.7.3). Um aumento da resistência à ciprofloxacina (um antibiótico importante) foi relatado, talvez devido à utilização no meio veterinário do antibiótico estruturalmente relacionado (fluoroquinonas), enrofloxacina, que é usado na criação de aves domésticas (ver Seção 10.2.4).

Fontes desse micro-organismo incluem:

- Animais de criação: suínos, bovinos e caprinos
- Animais domésticos: gatos e cães
- Frango
- Leite cru
- Água poluída

As rotas de infecção incluem água contaminada, leite e carne. Os frangos são as maiores fontes potenciais de *Campylobacter* infecciosos. Em consequência, a maioria dos casos esporádicos é oriunda de preparações higienicamente inadequadas ou do consumo de produtos de aves que foram inadequadamente manipulados. A maioria dos surtos causados por *C. jejuni*, os quais são muito menos frequentes que enfermidades esporádicas, é associada com o consumo de leite cru ou água não clorada. O *Campylobacter* não se multiplica em temperaturas abaixo de 30 °C e é sensível a pHs ácidos. Entretanto, pode sobreviver em frutas e vegetais prontos para o consumo, por tempo suficiente para ser um risco ao consumidor. As enterites causadas por *Campylobacter* têm sido relacionadas ao consumo de frutas e vegetais crus contaminados.

As medidas de controle incluem:

- Tratamento térmico (pasteurização/esterilização)
- Processos higiênicos de abate e processamento
- Prevenção de contaminação cruzada
- Boas práticas de higiene pessoal
- Tratamento de água

O *Campylobacter* pode causar contaminação cruzada com facilidade em alimentos processados. Um pedaço de carne crua contaminada pode deixar 10 mil células de *Campylobacter* por cm^2 em uma superfície de trabalho. Visto que a dose infecciosa é de apenas cerca de 1.000 células, a carga microbiana residual deve ser reduzida a menos de 2 UFC/cm^2. O *C. jejuni* é rapidamente destruído quando cozido a 55 a 60 °C por vários minutos, e não forma endósporos. Por isso, os principais mecanismos de controle são regimes de cozimento adequados e prevenção da contaminação cruzada causada por carnes de gado e de frango cruas.

Medidas futuras de controle incluem:

1. Competição por exclusão, na qual os frangos são inoculados com um coquetel de bactérias não patogênicas que colonizam os seus intestinos e reduzem a incidência de portadores de *Salmonella* e *Campylobacter*.

2. Vacinação, conforme tem sido aplicada para o controle de *Salmonella*.
3. Tratamento de frangos com bacteriófagos, os quais reduzem a presença de *Campylobacter* (Scott et al., 2007).

4.3.2 *Salmonella* spp.

A *Salmonella* é uma causa importante de doenças de origem alimentar no mundo todo e uma causa significativa de morbidade, mortalidade e perdas econômicas. A salmonelose é considerada uma das doenças de origem alimentar relatadas mundialmente com mais frequência. *Salmonella* é um gênero da família *Enterobacteriaceae*. São Gram-negativas, anaeróbias facultativas, não formam endósporos e têm forma de bastonetes curtos (1 a 2 μm). A maioria das espécies é móvel, com flagelos peritríquos; *S.* Gallinarum e *S.* Pullorum não são móveis. A *Salmonella* fermenta a glicose, produzindo ácido e gás, porém é incapaz de metabolizar a lactose e a sacarose. A temperatura ótima de multiplicação é de cerca de 38 °C e a mínima fica em torno de 5 °C (Tab. 2.9). Como não formam endósporos, são relativamente termossensíveis, podendo ser destruídas a 60 °C, em 15 a 20 minutos ($D_{62,8}$ = 0,06 minutos; Tab. 2.3). Plasmídeos de tamanho variável de 50 a 100 kb têm sido associados com a virulência da *Salmonella* (Slauch et al., 1997). As ilhas de patogenicidade dessa bactéria são discutidas na Seção 2.3.2 (Tab. 2.2), e a análise genômica comparativa é considerada na Seção 2.9.4 (Fig.2.19) (Quadro 4.2).

A maioria das infecções humanas por *Salmonella* são associadas com transmissão de origem alimentar a partir de carne e de produtos lácteos. No entanto, surtos de salmonelose têm sido relacionados com uma variedade de frutas e vegetais. A *Salmonella* tem sido isolada de muitos tipos de frutas e vegetais crus, incluindo brotos de feijão,

Quadro 4.2

Organismos
Salmonella (não tifoide), *S.* Typhi e *S.* Paratyphi

Origem alimentar
Frango cru, carne, ovos, leite e produtos lácteos, vegetais, frutas, chocolate, coco, amendoim, peixe, frutos do mar

Início dos sintomas
Salmonella (não tifoide) 6-48 horas
S. Typhi e *S.* Paratyphi 7-28 dias

Sintomas agudos e complicações crônicas
Salmonella (não tifoide): dor abdominal, fezes com sangue, calafrios, desidratação, diarreia, exaustão, febre, cefaleia e, algumas vezes, vômito. Sintomas crônicos: artrite reativa, síndrome de Reiter
S. Typhi e *S.* Paratyphi: febre do tipo tifoide, mal-estar, cefaleia, dor abdominal, dores no corpo, diarreia ou constipação

melões, suco de laranja não pasteurizado, suco de maçã e tomates (Bidol et al., 2007). Essa bacteria pode multiplicar-se na superfície de brotos de alfafa, tomates, outras frutas e vegetais crus. Portanto, é essencial que práticas higiênicas sejam observadas durante a manipulação desses produtos para reduzir sua contaminação. A *Salmonella* pode contaminar o cacau, durante a colheita e fermentação. O cacau é ligeiramente tostado (60 a 80 °C) durante a produção do chocolate. A *Salmonella* pode sobreviver devido ao mínimo processamento, à baixa atividade de água e ao alto conteúdo de gordura, os quais ajudam na proteção do organismo durante o trânsito pelo estômago.

Há apenas duas espécies de *Salmonella, S. enterica* e *S. bongori,* que são divididas em oito grupos (Boyd et al., 1996). Essa classificação é pouco útil para investigações epidemiológicas, necessitando, portanto, de uma caracterização mais detalhada. Felizmente, existem mais de 2.400 sorotipos (ou sorovares) e eles agora são utilizados como base para a nomenclatura da *Salmonella*. Por exemplo, *S. enterica* sorovar Typhimurium era antes conhecida como *Salmonella typhimurium*. Esse último termo inferia de forma incorreta que 'typhimurium' fosse uma espécie, enquanto de fato é um sorovar da espécie *S. enterica*. Embora todos os sorovares possam ser considerados patógenos humanos, somente cerca de 200 têm sido associados com doenças em humanos.

Alguns sorovares inicialmente tiveram seus nomes atribuídos aos locais onde foram isolados pela primeira vez; por exemplo, *S.* Dublin e *S.* Heidelberg. Outros receberam seus nomes em razão da doença que causaram e de animais que afetaram. Por exemplo, *S.* Typhi e a bactéria paratifoide são, em geral, septicêmicas e causam febre tifoide ou do tipo tifoide em humanos, enquanto *S.* Typhimurium causa febre tifoide em camundongos.

Apesar de seu parentesco próximo, sorovares de *Salmonella* diferem nos seus hospedeiros e nas doenças que causam. Por exemplo, *Salmonella* Enteritidis é um sorovar que costuma ser relacionado com ovos, e não tanto com a carne de frango. É também chamado de *Salmonella* invasiva, por ser um sorovar capaz de entrar na corrente sanguínea do animal e infectar o ovo. A *S.* Typhimurium possui muitas espécies como hospedeiros, incluindo humanos, aves e camundongos. Esse sorovar é frequentemente associado com ovos, mas é mais comum estar relacionado à carne de frango, enquanto *S.* Typhi infecta apenas humanos. Ao contrário, *S.* Pullorum e *S.* Gallinarum são ambos específicos de frango, mas causam doenças distintas. É possível que o abate de frangos, no Reino Unido, no início dos anos 1970, os quais eram soropositivos para *S.* Gallinarum e *S.* Pullorum, e o posterior controle desses sorovares, tenha criado um nicho que foi preenchido pelo antigenicamente similar sorovar *S.* Enteritidis, o qual aumentou nos anos 1980 e se tornou o sorovar mais comum em isolados de material humano.

Os sorovares de *Salmonella* são diferenciáveis por seus antígenos O, H e Vi, por meio do esquema de Kaufmann-White (Brenner, 1984; Ewing, 1986; Le Minor, 1988). Esses sorovares são divididos em sorogrupos de acordo com os fatores antigênicos comuns (Tab. 4.5). A *Salmonella* possui uma estrutura complexa de lipopolissacarídeos (LPS) (Figs. 2.2 e 2.3; Mansfield e Forsythe, 2001), a qual origina o antígeno O. O número de repetições de unidades e a composição de açúcar variam de modo

Tabela 4.5 Sorovares de *Salmonella*

Sorovar	Grupo	Antígeno O	Antígeno H Fase 1	Antígeno H Fase 2
S. Paratyphi A	A	(1), 2, 12	a	-
S. Typhimurium	B	(1), 4, (5), 12	i	1, 2
S. Paratyphi C	C_1	6, 7, Vi	c	1,5
S. Newport	C_2	6, 8	e, h	1,2
S. Typhi	D	9, 12, Vi	d	-
S. Enteritidis	D	(1), 9, 12	g, m	
S. Anatum	E_1	3, 10	e, h	1,6
S. Newington	E_2	3, 15		
S. Minneapolis	E_3	(3), (15), 34		

Parênteses indicam determinantes antigênicos, os quais podem ser difíceis de detectar.
Determinantes antigênicos dominantes estão sublinhados.

considerável no LPS da *Salmonella* e são de vital importância no que se refere aos estudos epidemiológicos. Os açúcares são antigênicos e, portanto, podem ser utilizados imunologicamente para identificar isolados de *Salmonella*. É a identificação do sorovar dessa bactéria isolada que auxilia os estudos epidemiológicos, possibilitando o rastreamento do vetor causador das infecções. Caracterizações posteriores são necessárias em estudos epidemiológicos e incluem perfis bioquímicos e fagotipificação.

Uma vez que a *Salmonella* não tolera o baixo pH do estômago, a dose infecciosa (ingerida) é na ordem de 10^5 bactérias, enquanto, se adminstratada por via intravenosa, apenas 10 células podem matar um camundongo.

A resistência a antibióticos em *Salmonella* tem aumentado, e, em alguns países asiáticos, mais de 90% das *Salmonella* isoladas são resistentes aos antibióticos mais comumente utilizados. A combinação do aumento da resistência a antibióticos e a vasta disseminação desses organismos têm resultado em cepas como a *S.* Typhimurium DT104 (ver Seção 1.9, Tab. 1.11).

O sorovar predominante causador de infecções alimentares mudou nas últimas décadas de *S.* Agona, *S.* Hadar e *S.* Typhimurium para a atual *S.* Enteritidis (D'Aoust, 1994). De fato, um único fagotipo (PT4) de *S.* Enteritidis é a causa predominante de salmonelose em diversos países. As alterações nos sorovares refletem mudanças na criação de animais e a disseminação de novos sorovares devido ao aumento do comércio mundial. A preocupação atual é o aumento de sorovares multirresistentes a antibióticos, tal como *S.* Typhimurium DT104.

Há uma série de métodos acreditados para a detecção de *Salmonella*. Eles normalmente compreendem três etapas: pré-enriquecimento, enriquecimento e seleção (Mansfield e Forsythe, 2000b). Um limite de detecção de "menos de uma célula de *Salmonella* em 25g de produto" está estabelecido. Para mais detalhes ver Seção 5.6.2.

A *Salmonella* em geral causa uma das seguintes doenças:

- Gastrenterites: *S.* Enteritidis e *S.* Typhimurium
- Febre entérica: *S.* Typhi e *S.* Paratyphi
- Doença sistêmica invasiva: *S.* Cholerasuis

Os sintomas característicos de doenças de origem alimentar causadas por *Salmonella* incluem:

- Diarreia
- Náusea
- Dor abdominal
- Febre branda e calafrios
- Algumas vezes, vômitos, cefaleia e fraqueza

O período de incubação antes da doença é de cerca de 12 a 36 horas. A enfermidade costuma ser autolimitada e persiste durante 4 a 7 dias (Tab. 1.18). A pessoa infectada excretará grandes quantidades de *Salmonella* pelas fezes durante o período da doença (em média por cinco semanas). O número de salmonelas nas fezes decresce, porém podem persistir por até três meses, sendo que aproximadamente 1% dos casos se tornam portadores crônicos. Crianças excretam até 10^6 ou 10^7 salmonelas/g nas fezes durante o período de convalescência. Algumas vezes ocorrerão infecções sistêmicas, com frequência devido a *S.* Dublin e *S.* Cholerasuis, as quais podem requerer tratamento com reposição de fluidos e eletrólitos.

Thorns (2000) estimou que a incidência de salmonelose (casos em 100.000) é de 14 (Estados Unidos), 38 (Austrália), 73 (Japão), 16 (Holanda) e 120 em partes da Alemanha. O número de casos demonstra uma notável tendência sazonal com picos de incidência no meses de verão (Fig. 1.4).

As consequências crônicas incluem artrites reativas após as enterites e síndrome de Reiter, que podem aparecer de 3 a 4 semanas após o início dos sintomas agudos (ver Seção 1.8 para sequelas crônicas). A artrite reativa pode ocorrer em cerca de 1 a 2% dos casos. A artrite reativa e a síndrome de Reiter são doenças reumáticas causadas por uma variedade de bactérias, as quais induzem artrite séptica pelo espalhamento hematogênico ao espaço sinovial, causando inflamação. Os organismos causadores dessas doenças incluem *S.* Enteritidis, *S.* Typhimurium e outros sorovares, como *S.* Agona, *S.* Montevideo e *S.* Saint Paul. Outros organismos que causam artrite reativa incluem *C. jejuni*, *Shigella flexneri*, *Shigella sonnei*, *Yersinia enterocolitica* (em particular O:3 e O:9), *Yersinia pseudotuberculosis*, *E. coli* e *K. pneumoniae*. Essas condições estão relacionadas com o gene do complexo principal de histocompatibilidade (MHC) para o antígeno Classe 1, HLA-B27, e reatividade cruzada com o antígeno bacteriano que leva a uma resposta autoimune anti-B27. Aqueles que são positivos para o antígeno leucocitário humano HLA-B27 possuem um risco 18 vezes maior para artrite reativa, 37 vezes maior para síndrome de Reiter e até 126 vezes maior para espondilite anquilosante do que pessoas que são negativas para o HLA-B27 e têm a mesma infecção entérica. Entretanto, uma correlação entre artrite reativa e HLA-B27 não foi relatada após um surto de *S.* Typhimurium e *S.* Heidelberg – *S.* Hadar no Canadá (Thomson et al., 1995). A condição é imunológica e, portanto, os pacientes não se beneficiam de tratamentos com antibióticos, mas são tratados com drogas anti-inflamatórias não esteroides.

A princípio se acreditava que grandes números de bactérias precisassem ser ingeridos para causar infecção. Contudo, surtos envolvendo queijo tipo *cheddar* e chocolate foram causados por aparentemente menos de 10 células e de 50 a 100 células, nessa ordem. Hoje é aceito que a dose infecciosa varia de 20 a 10^6 células, de acordo com a idade e a saúde da vítima, com o alimento e ainda com a cepa da *Salmonella*. Ver Seção 9.5.5 para uma discussão mais detalhada da relação dose-resposta, alimento e vulnerabilidade do hospedeiro. Deve-se salientar que os primeiros 50 mL de líquidos ingeridos passam diretamente através do estômago para o intestino delgado, ficando, portanto, protegidos do ambiente ácido do estômago. Da mesma forma, acredita-se que alimentos como o chocolate possam proteger a *Salmonella* durante sua passagem pelo estômago, fato que acaba por reduzir a dose infecciosa. A sobrevivência da *Salmonella* spp. no ambiente ácido do estômago humano pode ser aumentada pela indução da tolerância ácida devido a tratamento térmico e exposição a ácidos graxos de cadeia curta (ver resposta ao estresse, Seção 2.7.1). A infecção é causada pela penetração e passagem da *Salmonella* do lúmen para o epitélio do intestino delgado, onde se multiplica. Em seguida, a bactéria invade o íleo e até mesmo o colo. A infecção propicia uma resposta inflamatória.

A *Salmonella* tem mais de 200 fatores de virulência, os quais estão codificados em pelo menos cinco ilhas de patogenicidade. Ela também tem um plasmídeo de virulência e muitas ilhas de patogenicidade (ver Seção 2.3.2 e Tab. 2.2). Do mesmo modo que outras bactérias entéricas, as espécies de *Salmonella* invadem as células do baixo trato intestinal de mamíferos pela indução de rearranjos de actina, o que resulta em formação de pseudópodos que engolfam a bactéria. O papel das adesinas ainda não foi definido, mas a invasão das células epiteliais por *Salmonella* spp. muito provavelmente ocorra após adesão às microvilosidades por meio de adesinas (fímbria do tipo I sensível à manose). A *Salmonella* invade as células epiteliais do intestino. Embora essas células não sejam fagocíticas, a bactéria utiliza o sistema de secreção do Tipo III para injetar vários fatores bacterianos na célula hospedeira, os quais afetam uma série de processos dessa célula (Ly e Casanova, 2007). Rearranjos de actina do enterócito ocorrem abaixo da célula de *Salmonella* aderida, causando uma mudança na aparência da superfície da célula do hospedeiro que lembra uma gota salpicando. A seguir, ondulações da membrana plasmática (*ruffling*) resultam em macropinocitose e no engolfamento da bactéria dentro do vacúolo endocítico. O efeito da bactéria na célula hospedeira é chamado "*ruffling*" em razão da aparência modificada da membrana da célula hospedeira (Fig. 4.5).

A invasão é mais pronunciada em condições anaeróbias, quando as células estão na fase estacionária e a osmolaridade é alta. Espécies de *Salmonella* têm dois sistemas de secreção do Tipo III: um para invasão e um para sobrevivência intracelular. Um grande número de *locus* de genes é necessário para invasão e muitos estão localizados no SPI-1 (Tab. 2.2). Um dos genes (*inv*) codifica para a formação de estruturas de superfície produzidas quando a bactéria adere à célula hospedeira. Após o engolfamento da bactéria em um vacúolo, a superfície da célula hospedeira e a organização dos filamentos de

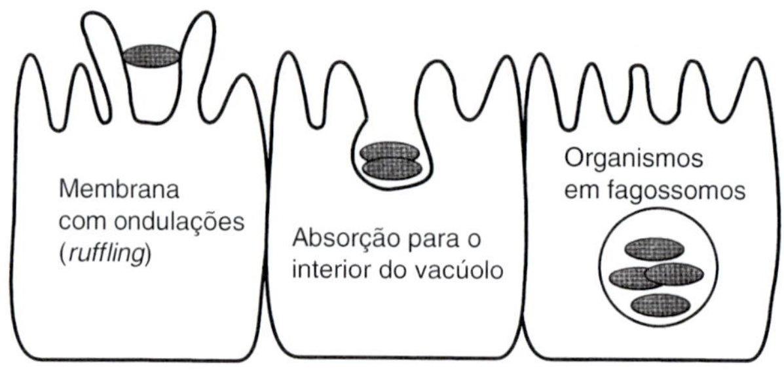

Figura 4.5 Invasão da parede do intestino por *Salmonella*.

actina retornam ao normal. A *Salmonella* evita a fusão lisossomal devido ao sistema de secreção do Tipo III, o qual causa divergência na via normal do vacúolo que entregaria o material para o lisossomo. A *Salmonella* permanence no vacúolo e multiplica-se. Os vacúolos podem se aderir, o que pode ser seguido por uma adicional multiplicação bacteriana, podendo levar à morte a célula hospedeira. O organismo pode sobreviver nos fagócitos, devido a sua resistência oxidativa, por meio da produção de catalase e superóxido dismutase, além da resistência a defensinas (peptídeos tóxicos) em razão de produtos do operon *pho*P/*pho*Q. A *Salmonella* contém um plasmídeo de virulência que codifica os fatores necessários para a sobrevivência prolongada no hospedeiro.

Um tratamento mais completo da investigação por bioinformática da *Salmonella* pode ser encontrado na Seção 2.9.4 e na página da internet que acompanha este livro (http://www.wiley.com/go/forsythe).

Os sintomas da febre tifoide são causados pelos LPS, os quais induzem uma resposta inflamatória local durante a invasão da mucosa. Ao contrário da *S.* Typhi, não se sabe ao certo se cepas de *Salmonella* envolvidas em infecções alimentares (p. ex. *S.* Enteritidis e *S.* Typhimurium) são localizadas dentro dos macrófagos do fígado e do baço. Os sintomas da gastrenterite provavelmente sejam resultado da invasão das células mucosas. *S.* Typhi causa infecção sistêmica, enquanto patógenos entéricos, como *S.* Typhimurium, raras vezes penetram além do tecido submucoso.

S. Typhi e *S.* Paratyphi A, B e C produzem a febre tifoide e doenças semelhantes em humanos. Essa febre é uma doença que causa risco de vida. O micro-organismo multiplica-se no tecido submucoso do epitélio do íleo e propaga-se no corpo via macrófagos. Em seguida, vários órgãos internos, como o baço e o fígado, tornam-se infectados. A bactéria infecta a vesícula biliar a partir do fígado e finalmente o intestino, utilizando a bile como meio de transporte. Se o organismo não progredir além da vesícula biliar, então a febre tifoide não se desenvolverá. Mesmo assim, a pessoa pode continuar a excretá-lo nas fezes. *S.* Typhi difere da maioria dos sorovares de *S. enterica* porque tem uma cápsula e não carrega o plasmídeo da virulência. É provável que a *S.* Typhi tenha fatores de virulência adicionais.

Os sintomas típicos da febre tifoide são:

- Febre alta contínua de 39 a 40 °C

- Letargia
- Cãibras abdominais
- Cefaleia
- Perda de apetite
- Podem surgir erupções cutâneas achatadas, de coloração rósea

A taxa de fatalidade da febre tifoide é de 10%, enquanto a de outras salmoneloses é de menos de 1%. Dentre as pessoas que se recuperam da febre, um pequeno número continua a excretar as bactérias nas fezes. *S.* Typhi e *S.* Paratyphi entram no corpo por meio de alimentos e bebidas que podem ter sido contaminados por pessoas que estejam excretando o micro-organismo pelas fezes.

Infecções por *Salmonella* em animais difere da gastrenterite típica e de outras sequelas observadas em humanos. Embora modelos animais sejam limitados para o estudo da salmonelose, ao contrário da maioria das bactérias patogênicas, há uma quantidade considerável de dados a respeito dessa doença em humanos.

As fontes de *Salmonella* incluem:

- Animais domésticos e selvagens: suínos, bovinos, roedores, gatos e cães.
- Humanos infectados (especialmente *S.* Typhi and *S.* Paratyphi).

Estima-se que 96% dos casos sejam causados por uma ampla variedade de alimentos (ver Tab. 1.2). Isso inclui carnes cruas, produtos de frango crus ou mal-cozidos, ovos, produtos contendo ovos crus, leite e produtos lácteos, peixe, camarão, pernas de rã, leveduras, coco, molhos, molhos para salada, misturas para bolo, sobremesas com queijo cremoso e cobertura, gelatina em pó, manteiga de amendoim, cacau e chocolate. Além desses, frutas e vegetais estão se tornando fontes importantes de salmonelose. A contaminação do alimento ocorre devido a controle inadequado da temperatura, práticas de manipulação ou contaminação cruzada de alimentos processados por ingredientes crus. Então, o organismo se multiplica no produto até atingir a dose infecciosa.

A *Salmonella* é uma bactéria zoonótica, com pássaros como um de seus reservatórios. Além de contaminar cascas de ovos, *S.* Enteritidis pode também ser isolada de gemas devido à infecção transovariana. O organismo proveniente do ânus percorre o corpo até colonizar os ovários. Logo após, a *S.* Enteritidis infecta o ovo, antes da formação da casca protetora. Um ovo não fecundado infectado resulta em produtos derivados de ovos contaminados, enquanto os que são fecundados resultam em uma ave cronicamente enferma, com infecção sistêmica que, por consequência, originará carcaças contaminadas. Uma análise de risco conduzida pela FAO/OMS (2002) observou que a incidência de salmonelose em humanos, transmitida por ovos e carne de frango, parece ter uma relação linear com a prevalência de *Salmonella* observada em frangos. Isso significa que, quando a prevalência de *Salmonella* é reduzida em 50% em frangos, a incidência de salmonelose em humanos também deve ser reduzida em 50%, supondo que todas as outras condições sejam mantidas.

Controle:

- Tratamento térmico (pasteurização, esterilização)
- Refrigeração

- Prevenção de contaminação cruzada
- Higiene pessoal adequada
- Processos de tratamento de água e esgoto eficazes

O controle de salmonelas é atingido por meio de inúmeras exigências: ausência (<1 célula de *Salmonella* em 25g de produto) em produtos prontos para o consumo, controle de temperatura durante a estocagem e uma etapa de processamento (p. ex., cozimento) para a eliminação dessas bactérias em carnes cruas.

Após um aumento no início dos anos 1980, o número de casos de *Salmonella* tem diminuído em alguns países (ver Fig. 1.3). No Reino Unido, nos últimos cinco anos, tem havido um declínio notável em *S.* Enteritidis, o que coincide com a introdução da vacinação de galinhas poedeiras contra esse sorovar. Será importante assegurar que outros sorovares com características similares não a substituam na população de frangos. A *S.* Enteritidis substituiu a *S.* Typhimurium nos anos 1980.

Exemplos de avaliação de riscos para *Salmonella* são apresentados na Seção 10.1.

Exemplo de um surto multiestadual de Salmonella *associado com carne moída, Estados Unidos*

(Detalhes obtidos de Cronquist et al., 2006)

Histórico: Em setembro de 2004, o Departamento de Saúde do Novo México recebeu relatos, da Divisão do Laboratório Científico do Novo México, de que oito isolados de *S.* Typhimurium tinham perfis de eletroforese em gel de campo pulsado (PFGE) indistinguíveis (Seção 5.5.1) após clivagem com as enzimas de restrição *Xba*I e *Bln*I. Os pacientes acometidos por esses isolados foram associados aos locais (três condados no Novo México) e à hora em que os sintomas começaram, nos dia 18 e 19 de agosto.

Definição de caso: Um caso foi definido como indivíduo com infecção por *S.* Typhimurium com perfil de PFGE igual àquele associado ao surto.

Descrição do surto: O banco de dados sobre *Salmonella,* PulseNet, correlacionou outros 31 isolados de pacientes com *S.* Typhimurium apresentando perfis indistinguíveis. Estes eram provenientes de nove Estados, e o início de sintomas ocorreu de 11 de agosto a 2 de outubro de 2004. Os Estados envolvidos foram Colorado, Kansas, Minnesota, Nova Jersey, Novo México, Nova York, Ohio, Tennessee, Wisconsin e Distrito de Columbia.

Epidemiologia: Questionários foram utilizados para coletar informações detalhadas da história de consumo de alimentos pelos pacientes antes de se tornarem doentes. Muitos reportaram terem ingerido carne moída da mesma rede nacional de super mercados, o que tornou esse produto suspeito como origem do surto.

Um estudo envolvendo casos e controle foi realizado com 21 dos 31 pacientes e 46 controles. Os controles foram identificados por chamadas telefônicas, utilizando números sequenciais. Eles não tinham qualquer relato de doença gastrintestinal no período de sete dias que antecederam o início dos sintomas nos pacientes com casos confirmados e foram agrupados com pacientes conforme a idade (2 a 10, 11 a 17, 18 a 60 e >60 anos). Detalhes foram coletados a respeito do consumo de carne moída, marca, local e data da compra.

Sintomas relatados pelos 26 casos incluíram diarreia (100%), cãibras abdominais (92%), febre (92%), vômito (65%) e diarreia com sangue (46%). A duração mediana da enfermidade foi de 7,5 dias com variação de 2 a 30 dias. Um terço (35%) dos pacientes foi hospitalizado, e mortes não foram registradas. Dos 21 que comeram carne moída, 15 (71%) compraram o produto de uma rede nacional de supermercados, comparados com nove (24%) no grupo-controle.
Análise de laboratório: Um paciente com caso confirmado tinha ainda parte do produto congelado. O produto foi analisado para a presença de *Salmonella*, e *S.* Typhimurium com perfil indistinguível dos apresentados pelos isolados envolvidos no surto foi recuperada.
Medidas de controle: A origem da carne moída e sua data de produção foram determinadas utilizando recibos de compras e outros meios dos pacientes-casos. O rastreamento mostrou que a carne moída tinha sido empacotada em três plantas de processamento e que um fornecedor era comum a todas as plantas. O Serviço de Inspeção e Segurança de Alimentos do Ministério da Agricultura dos EUA (FSIS, Seção 11.7.1) revisou as plantas de processamento e concluiu que elas estavam de acordo com as normas correntes do FSIS, portanto nenhum recolhimento do produto (*recall*) foi exigido.

4.3.3 *E. coli* patogênicas

A *E. coli* é uma bacteria Gram-negativa, não formadora de endósporos, anaeróbia facultativa; é um gênero que faz parte do grupo *Enterobacteriaceae*. As cepas patogênicas de *E. coli* são divididas, de acordo com os sintomas clínicos e com os mecanismos da patogenicidade, em vários grupos que podem variar em seus períodos de incubação e duração da enfermidade (Tab. 1.18 e Tab. 4.6). Também há uma variação considerável na virulência. Por exemplo, doses pequenas (10 células ou menos) de *E. coli* O157:H7 podem causar enfermidades graves, enquanto a *E. coli* enterotoxigênica requer um número de células estimado em 10^8 a 10^{10} para causar uma enfermidade leve (livro Bad Bug, da FDA; URL na seção de recursos na internet). Os seis grupos reconhecidos como patogênicos são os seguintes:

- *E. coli* entero-hemorrágica (EHEC), causa diarreia sanguinolenta, colite hemorrágica, síndrome hemolítica urêmica (HUS) e púrpura trombótica trombocitopênica. Esse grupo inclui a *E. coli* produtora de shigatoxina ou STEC (antes conhecida como *E. coli* verotoxigênica, VTEC), sorovares O157:H7, O26:H11 e O111:NM, os quais serão o foco principal desta seção.
- *E. coli* enterotoxigênica (ETEC), comumente conhecida como causadora da diarreia dos viajantes. A ETEC causa diarreia aquosa, com aparência similar à água de arroz, e produz febres baixas. O micro-organismo coloniza a parte proximal do intestino delgado.
- *E. coli* enteropatogênica (EPEC), causa diarreia aquosa em crianças. A EPEC causa vômitos, febre e diarreia aquosa contendo muco, mas não sangue. O micro-organismo coloniza as microvilosidades de todo o intestino e produz

Tabela 4.6 Cepas patogênicas de *E. coli*

Grupo	Sorovar	Características de adesão e invasão	Toxinas	Sintomas da doença
Enterotoxigênica (ETEC)	O6, O8, O15, O20, O27, O63, O78, O80, O85, O115, O128, O139, O148, O153, O159, O167	Adere uniformemente, mas não invade	Termossensível (LT) Termoestável (ST) LT é similar à toxina do cólera e atua nas células mucoides	Diarreia do tipo cólera, mas em geral menos grave
Enteropatogênica (EPEC)	O18, O44, O55, O86, O111, O112, O114, O119, O125, O126, O127, O128, O142	Adere em agrupamentos. Invade a célula do hospedeiro; adesão e desaparecimento	Não aparente	Diarreia infantil e vômito
Enteroinvasiva (EIEC)	O124, O143, O152	Invade as células do colo. Espalha-se lateralmente para células adjacentes	Shigatoxinas não foram detectadas	Espalham-se de célula a célula e a doença é semelhante a disenteria
Entero-hemorrágica (EHEC)	O6, O26, O46, O48, O91, O98, O111, O112, O146, O157, O165	Adere firmemente. Adere e causa desaparecimento das vilosidades da célula do hospedeiro. Invade	Verocitotóxica Semelhante a Shigatoxina	Diarreia sanguinolenta. Colite hemorrágica. Pode progredir para síndrome urêmica hemolítica (HUS) e púrpura trombótica trombocitopênica (TTP)
Enteroagregativa (EAggEC)	Ampla variação nos sorotipos, surtos recentes O62, O73, O134	Adere em agrupamentos, mas não invade	Toxina termoestável Hemolisina Verocitotoxina relatada em algumas cepas	Diarreia. Algumas cepas têm sido descritas como causadoras de HUS

Informação obtida por Oxoid, Thermo Fisher Scientific, Basingstoke, Reino Unido.

a lesão característica de adesão e desaparecimento ("*attaching and effacing*"; A/E) nas bordas da microvilosidade.

- *E. coli* enteroagregativa (EAggEC) causa diarreia aquosa persistente, sobretudo em crianças, durando mais de 14 dias. A EAggEC alinha-se em fileiras paralelas, tanto em tecidos celulares quanto em lâminas. Essa agregação foi descrita como "empilhamento de tijolos". Elas produzem uma toxina termossensível, relacionada antigenicamente à hemolisina, mas que não é hemolítica, e uma toxina termoestável codificada por um plasmídeo (EAST1) sem qualquer relação com a enterotoxina termoestável da ETEC. Imagina-se que a EAggEC fique aderida à mucosa intestinal e produza as enterotoxinas e citotoxinas, as quais resultam em diarreia secretória e em danos à mucosa. Essa bactéria tem sido associada a má nutrição e retardo de crescimento, na ausência de diarreia.

- *E. coli* enteroinvasiva (EIEC), causa febre e diarreias profusas contendo muco e sangue. O micro-organismo coloniza o colo e contém um plasmídeo de 120 a 140 mD responsável pela invasividade, o qual carrega todos os genes necessários para virulência.
- *E. coli* difusamente adesiva (DAEC), que tem sido associada com diarreia em alguns estudos, mas não de forma consistente (Quadros 4.3 e 4.4).

As análises genômicas de cepas de *E. coli* patogênicas são consideradas na Seção 2.9.5.

Origem:

- Ruminantes, em particular bovinos, são considerados o principal reservatório de EHEC.
- Vários outros animais domésticos e silvestres (ovinos, suínos, caprinos, veados).
- Produtos de carne moída malcozidos.
- Carnes fermentadas secas, linguiças cozidas e fermentadas.
- Outras fontes de origem alimentar incluem leite e produtos lácteos (p. ex. leite não pasteurizado, queijo processado a partir de leite não pasteurizado), vegetais frescos (p. ex., brotos, saladas), bebidas (p. ex., sidra e suco de maçã) e água.
- Frutas e vegetais crus ou minimamente processados.

As EHECs foram descritas pela primeira vez em 1977, sendo reconhecidas como causadoras de doenças em humanos e animais em 1982. Elas abrigam plasmídeos de vários tamanhos, sendo os mais comuns de 75 a 100 kb.

Quadro 4.3

Organismos
E. coli O157:H7

Início dos sintomas
1 a 2 dias

Origem alimentar
Carne bovina, especialmente carne moída, frango, sidra de maçã, leite não pasteurizado, vegetais, melão cantaloupe, salsichas, maionese, preparações encontradas em *buffet* de saladas

Sintomas agudos e complicações crônicas
Dores abdominais, diarreia, febre, letargia
Sintomas crônicos: síndrome hemolítica urêmica, doença crônica nos rins, púrpura trombótica trombocitopênica

Quadro 4.4

Organismo
E. coli enterotoxigênica (ETEC), enteropatogênica (EPEC), enteroinvasiva (EIEC)

Início dos sintomas
ETEC: 24 horas
EPEC: desconhecido
EIEC: 12 a 72 horas

Origem alimentar
ETEC: alimentos contaminados por esgoto humano ou manipuladores infectados
EPEC: carne bovina e de frango cruas, alimento contaminado por fezes ou água contaminada
EIEC: alimento contaminado por fezes humanas ou água contaminada, carne de hambúrguer, leite não pasteurizado

Sintomas agudos e complicações crônicas
ETEC: diarreia aquosa, cãibras abdominais, febre, náusea, letargia
EPEC: diarreia aquosa ou sanguinolenta
EIEC: cãibras abdominais, vômito, febre, calafrios, letargia generalizada, síndrome urêmica hemolítica

A *E. coli* O157:H7 foi detectada pela primeira vez em 1977. Entretanto, somente depois de 1993, devido a um grande surto com mais de 700 casos relacionados com o consumo de hambúrgueres contaminados, ela foi reconhecida como um problema de segurança de alimentos. Surtos ocorridos no Japão, em Washington e na Escócia (Tab. 1.8) confirmaram a gravidade das infecções e a necessidade de controles de segurança adicionais. Em 1996, no Japão, um surto causado pela *E. coli* O157:H7 resultou em cerca de 9.523 casos na cidade de Sakai, três mortes, e aproximadamente 43 indivíduos sofreram com consequências da infecção. A origem do surto foi merenda escolar contaminada. Após a ocorrência, o governo central preparou um manual de gerenciamento de higienização para empresas que fornecem alimentos para grandes números de pessoas. O Departamento de Agricultura dos Estados Unidos (USDA) estabeleceu um limite de "tolerância zero" para *E. coli* O157:H7 em carne moída. Essa medida, no entanto, não parece ter resolvido o problema, já que se estima que 73.500 casos de infecções por *E. coli* O157:H7 (de origem alimentar ou não) ocorram anualmente nos Estados Unidos.

As EHECs pertencem a diversos sorogrupos. Elas podem causar muitas formas graves de doenças alimentares, as quais podem levar à morte. Supõe-se que a *E. coli* O157:H7 tenha evoluído a partir da EPEC e adquirido os genes para produção de toxina da *Sh. dysenteriae* por meio de um bacteriófago e que o novo patógeno emergente tenha chegado à Europa vindo da América do Sul (Coghlan 1998; ver Seção 2.9.5). A incidência dos sorovares varia de país para país (Tab. 4.7).

Tabela 4.7 Incidência de EHEC na Europa (1996)*

País	Infecções por EHEC	Milhões de habitantes	Por milhões de habitantes
Espanha	4	39,6	0,1
Itália	9	57,1	0,2
Holanda	10	15,4	0,6
Finlândia	5	5,1	1,0
Dinamarca	6	5,2	1,2
Áustria	11	8,0	1,4
Alemanha	314	81,5	3,9
Bélgica	52	10,0	5,2
Suécia	118	8,7	13,6
Reino Unido	1.180	58,1	20,3
Irlanda do Norte	14	1,6	8,8
País de Gales	36	2,9	9,2
Inglaterra	624	48,5	12,4
Escócia	506	5,1	99,2

*Adaptada a partir de Anon, 1997b.

Em 2001, a incidência de EHEC na Nova Zelândia e Austrália foi de 2 e 0,2 casos por 100 mil, respectivamente. Em 2004, o número de casos confirmados em laboratório, na União Europeia e Noruega, foi de 1,3 casos por 100 mil habitantes. Isso em comparação com 0,9 casos por 100 mil habitantes nos Estados Unidos no mesmo ano. A infecção por EHEC e doenças associadas pode ocorrer em qualquer faixa etária, mas em particular crianças pequenas são as mais vulneráveis. A frequência de infecções por EHEC, e mais especificamente HUS, parece ser mais alta na Argentina. A incidência de HUS nesse país é de cerca de 22 casos por 100 mil crianças com idades entre 6 e 48 meses.

A cepa de EHEC mais estudada é a *E. coli* O157:H7, a qual predomina na América do Norte, no Japão e no Reino Unido; enquanto na Europa Central e na Austrália os sorovares dominantes são O26:H11 e O111:NM. O "O157" e o "H7" referem-se à sorotipificação dos antígenos O e H da cepa, respectivamente (Seção 2.2). Estas são duas cepas distintas geneticamente (ver Seção 2.9.5, Fig. 2.8). Embora causem disenterias similares às causadas por espécies de *Shigella*, as cepas de EHEC provavelmente não invadam as células mucoides tanto quanto as cepas de *Shigella*. É possível que a baixa dose infecciosa seja devida a uma série de razões, entre as quais o fato de que a *E. coli* O157:H7 é mais ácido-tolerante do que outras cepas de *E. coli* e, portanto, sobrevive à acidez do estômago. Outra razão é que sua virulência é influenciada pela flora intestinal pelo "*quorum sensing*".

A EHEC tem duas vias principais de virulência que contribuem para a doença: o gene que codifica a shigatoxina e os genes da ilha de patogenicidade denominada local de desaparecimento do enterócito (*locus of enterocyte effacement* – LEE). Essa é uma região do DNA de 38 kb inserida no cromossomo bacteriano, próximo ao gene tRNA. A ilha de patogenicidade codifica para um sistema de secreção do Tipo III e outros fatores de virulência essenciais para doença (ver Seção 2.3.2). A ilha de patogenicidade LEE permite que a bactéria consiga aderir às células epiteliais e forme um pedestal na superfície epitelial. O desaparecimento das microvilosidades ocorre produzindo o tipo de fenômeno conhecido por adesão-desaparecimento (*attachment-effacement*; A/E) das cepas de EPEC (Fig. 2.4). Essas lesões são caracterizadas pelo desaparecimento das bordas em forma de cerdas das microvilosidades próximas à bactéria aderida e pela anexação bacteriana, mediada pela intimina, à membrana plasmática da célula hospedeira. A formação do pedestal é o resultado final de um processo complexo que envolve o sistema de secreção do Tipo III, várias proteínas secretadas por *E. coli* do Tipo III (Esps) e receptores translocados de intimina (Tir). Esse último é transferido pela *E. coli* à membrana da célula hospedeira, onde atua como uma âncora para a intimina, que é uma proteína da membrana externa da bactéria com 94 kDa. Isso resulta na aderência bacteriana à célula hospedeira. Adicionalmente, os receptores Tir recrutam proteínas do citoesqueleto do hospedeiro para causar acumulação de actina e formação do pedestal.

Uma vez que bovinos não possuem o receptor para a shigatoxina, a *E. coli* O157:H7 e cepas semelhantes podem permanecer nesses animais sem causar doenças. Cerca de metade dos bovinos são portadores dessa bactéria em algum período de suas vidas, e alguns são "grandes dispersores" desses organismos. O organismo é introduzido no ambiente pelas fezes, no esterco utilizado como fertilizante. Águas pluviais podem dispersar o organismo para reservatórios de água e poços. Além disso, contaminação fecal de carne durante o processo de abate também pode ocorrer. A bactéria pode ser transportada por ovinos e caprinos e também por ruminantes silvestres, como veados. Após a ingestão, a tolerância do organismo ao pH ácido pode explicar a baixa dose infecciosa (10 a 100 células). Essa tolerância à acidez também permite que a bactéria sobreviva em alimentos com alta acidez, o que explica a ocorrência de surtos causados por sucos e sidra de maçã não pasteurizados (pH 3,5).

A *E. coli* O157:H7 difere da maioria das outras cepas de *E. coli* já que se multiplica pouco ou não se multiplica a 44 °C, não fermenta o sorbitol e não produz a β-glicuronidase. É importante salientar que existem outros sorovares de *E. coli* que são produtores de verocitotoxinas (Agbodaze, 1999). A multiplicação da *E. coli* O157:H7 no intestino humano produz uma grande quantidade de toxina(s) que causa graves danos às paredes do intestino e a outros órgãos do corpo (Fig. 4.6). Essas toxinas semelhantes a shigatoxinas (SLTs), são similares, se não idênticas, às toxinas produzidas pela *Sh. dysenteriae*. Existem quatro subgrupos de toxinas: SLT1, SLT2, SLT IIc e SLT IIe. Elas foram previamente referidas como verotoxinas (VT), e as designações equivalentes foram VT1, VT2, VT2C e VT2e, nessa ordem. As cepas que produzem shigatoxinas foram a princípio reconhecidas pela citotoxicidade em células Vero (células do rim de macacos-verdes), surgindo consequentemente o termo "*E. coli* verotoxigênica" ou VTEC. No entanto, desde que as verotoxinas foram purificadas, sequenciadas e verificadas como quase idênticas às shigatoxinas, os organismos passaram a ser referidos como "*E. coli* produtores de shigatoxinas" ou STEC. A toxina

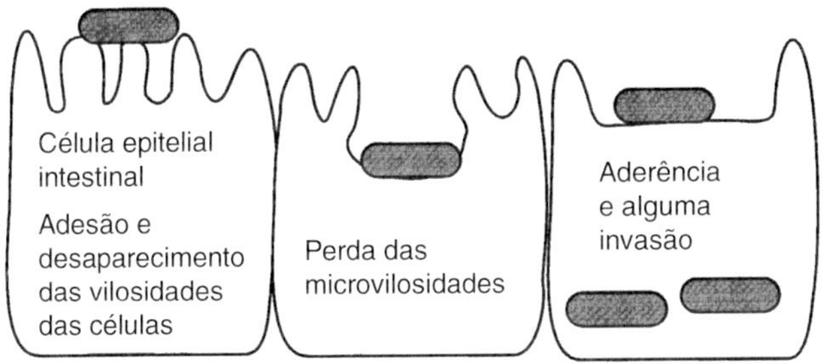

Figura 4.6 Rota de infecção da *E. coli* patogênica: EHEC.

é codificada por um fago e consiste em uma subunidade A e cinco subunidades B idênticas (ver Fig. 2.7). A subunidade A de 32 kDa é uma *N*-glicosidase do RNA que remove um resíduo específico de adenina do rRNA 28S. Essa subunidade é associada, porém de forma não covalente, a um pentâmero da subunidade B de 7,7 kDa. O pentâmero liga a toxina à globotriaosilceramida (Gb3) da membrana plasmática presente em células de mamíferos suscetíveis. A toxina destrói as células intestinais do colo humano e pode causar danos adicionais aos rins, ao pâncreas e ao cérebro. As células mortas se acumulam e bloqueiam os rins, causando HUS. O período de incubação para diarreia provocada por EHEC em geral é de, 3 a 4 dias. Porém, pode ser mais longo, como 5 a 8 dias, ou mais curto (de 1 ou 2 dias).

Infecções pela EHEC em adultos saudáveis provocam púrpura trombótica trombocitopênica (TTP), na qual as plaquetas sanguíneas envolvem os órgãos in-

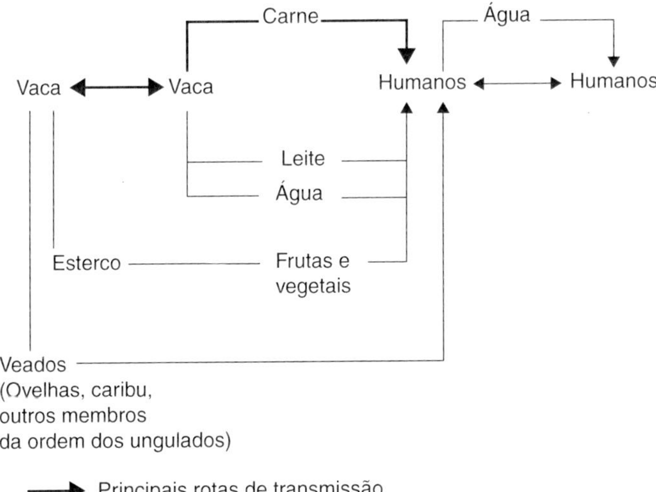

Figura 4.7 Transmissão de *E. coli* O157:H7.

ternos, causando danos nos rins e no sistema nervoso central. As pessoas mais vulneráveis da população – crianças e idosos – desenvolvem colite hemorrágica (HC), doença que pode conduzir à síndrome hemolítica urêmica (HUS). A HC é uma forma de infecção menos grave do que a HUS, ambas causadas pela *E. coli* O157:H7. O primeiro sintoma da HC é o repentino aparecimento de dores abdominais intensas. Cerca de 24 horas mais tarde, inicia uma diarreia aquosa não sanguinolenta. Algumas vítimas sofrem de febre de curta duração. Vômitos ocorrem em mais ou menos metade dos pacientes, durante o período da diarreia não sanguinolenta e/ou em outros momentos da enfermidade. Após 1 ou 2 dias, a diarreia se torna sanguinolenta, e o paciente passa a ter um aumento nas dores abdominais. Isso dura entre 4 a 10 dias. Nos casos mais graves, amostras fecais são descritas como compostas por "apenas sangue e nada de fezes". Na maioria dos pacientes a diarreia sanguinolenta cessa sem danos de longa duração. Infelizmente, 2 a 7% deles (chegando até 30% em alguns surtos) progredirão para HUS e complicações subsequentes.

Na HUS, o paciente sofre de diarreia sanguinolenta, anemia hemolítica, distúrbios e falhas renais, o que requer diálises e transfusões de sangue. Distúrbios nervosos centrais podem aparecer, os quais levam a convulsões, coma e morte. A taxa de mortalidade é de 3 a 17%. Falha renal aguda é a principal causa de morte em crianças, enquanto trombocitopenia é a principal causa em adultos.

As SLTs são específicas para o glicoesfingolipídeo globotriaosilceramida (Gb3), o qual está presente nas células endoteliais renais. Uma vez que Gb3 é encontrado nos glomérulos de crianças menores de 2 anos, mas não nos de adultos, a presença de Gb3 nos glomérulos renais de crianças pequenas pode ser um fator de risco para o desenvolvimento de HUS.

O gado parece ser o principal reservatório de *E. coli* O157:H7. A transmissão para humanos ocorre, principalmente, por meio do consumo de alimentos contaminados, tais como carnes cruas ou pouco cozidas e leite cru. O suco fresco de maçã ou sidra, iogurte, queijo, vegetais para saladas e milho cozido também têm sido implicados (Fig. 4.7). A contaminação fecal da água e de outros alimentos, bem como contaminação cruzada durante a preparação de alimentos, também podem ser responsáveis. Há evidências de transmissão desse patógeno pelo contato direto entre as pessoas. A *E. coli* O157:H7 pode ser excretada nas fezes durante um período médio de 21 dias, podendo variar de 5 a 124 dias.

De acordo com a Food and Drug Administration (FDA), dos Estados Unidos, a dose infecciosa para a *E. coli* O157:H7 é desconhecida. No entanto, a compilação de dados de surtos indica que pode ser tão baixa quanto 10 células. Os dados mostram que um pequeno número de micro-organismos é capaz de causar enfermidades em crianças pequenas, em idosos e em pessoas imunocomprometidas.

A maioria dos surtos infecciosos relatados provocados por *E. coli* entero-hemorrágicas são causados por cepas O157:H7. Isso sugere que esse sorovar seja mais virulento ou mais transmissível do que os outros. Contudo, ainda outros sorovares de *E. coli* entero-hemorrágicas também têm sido implicados em surtos, e a incidência de doenças ocasionadas por sorovares não O157:H7 parece estar aumentando.

Mais de 50 desses sorovares têm sido associados a diarreias sanguinolentas ou HUS em humanos. Os sorovares mais comuns, não O157:H7, relacionados a doenças em humanos incluem: O26:H11, O103:H2, O111:NM e O113:H21. Pelo menos 10 surtos causados por esses organismos foram relatados no Japão, na Alemanha, na Itália, na Austrália, na República Tcheca e nos Estados Unidos. Esses surtos envolveram de 5 a 234 pessoas e, para a maioria delas, a origem da infecção não pôde ser determinada. Em vários países, como o Chile, a Argentina e a Austrália, sorovares não O157:H7 foram responsabilizados pela maioria dos casos de HUS. As diarreias não sanguinolentas foram vinculadas também com alguns desses sorovares.

As crianças são particularmente propícias a infecções por EPEC. Esse tipo de infecção causa vômitos, febre e diarreia, a qual é aquosa e contém muco, mas não sangue. O micro-organismo coloniza as microvilosidades de todo o intestino para produzir a lesão característica "adesão-desaparecimento" das bordas em forma de escova das microvilosidades.

A baixa dose infecciosa da *E. coli* O157:H7 (10 células ou menos) pode ser atribuída a vários motivos: maior tolerância ácida, resultando em maior sobrevivência ao passar pelo estômago; *quorum sensing* e o fato de seus fatores de virulência serem muito potentes.

As cepas de ETEC assemelham-se ao *V. cholerae* porque ambos aderem à mucosa do intestino delgado e produzem sintomas sem invadi-la, mas produzindo toxinas que atuam nas células mucoides, provocando diarreia (Fig. 4.8). Ao contrário da *E. coli* O157:H7, que pode causar doenças graves mesmo quando células em pequeno número (10 ou menos) são ingeridas, a ETEC requer um número estimado de 10^8 a 10^9 células para causar sintomas relativamente brandos. As cepas de ETEC produzem dois tipos de enterotoxinas: uma do tipo cólera, chamada de toxina termossensível (LT), e uma segunda toxina diarreica denominada toxina termoestável (ST). Toxinas termoestáveis são definidas como aquelas capazes de manter atividade após o tratamento térmico a 100 °C por 30 minutos. Existem dois tipos principais de LT: LT-I e LT-II. A LT-I compartilha cerca de 75% de identidade com a sequência de aminoácidos da toxina da cólera e tem uma estrutura do tipo AB_5. A subunidade A catalisa a ADP-ribosilação da

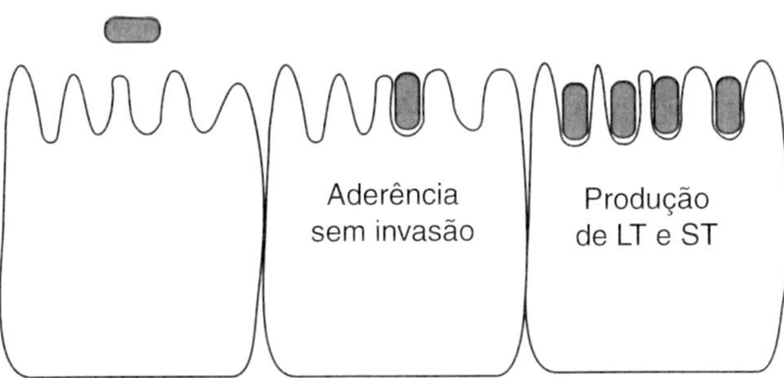

Figura 4.8 Infecção das células mucoides do intestino pela ETEC.

G_s, a qual aumenta os níveis do AMP cíclico da célula hospedeira, da mesma forma que a toxina do cólera atua. As subunidades B da LT-I interagem com os mesmo receptores da toxina do cólera (G_{M1}). No entanto, a LT-I não é excretada (como a toxina do cólera), mas se localiza no periplasma. A toxina é liberada pelo organismo quando exposto aos ácidos biliares e baixas concentrações de ferro (como ocorre no intestino delgado).

A ST é uma família de toxinas pequenas (aproximadamente 2 kDa), as quais podem ser divididas em dois grupos: solúveis em metanol (STa) e não solúveis em metanol (STb). A STa causa aumento nos níveis de GMP cíclico (não no cAMP) no citoplasma da célula hospedeira, o que leva à perda de fluidos. O GMP cíclico, da mesma forma que o cAMP, é uma molécula sinalizadora importante nas células eucarióticas, e mudanças no cGMP afetam inúmeros processos celulares, incluindo atividades relacionadas com o bombeamento de íons. LT-I e STa são codificadas por plasmídeos.

As EAggEC são semelhantes às cepas de ETEC no que se refere à capacidade de adesão às células do intestino delgado, a não serem invasivas e a não causarem mudanças histopatológicas evidentes nas células intestinais às quais aderem (Fig. 4.9). Elas diferem das ETEC sobretudo porque não aderem de modo uniforme à superfície da mucosa intestinal, mas tendem a se agrupar em pequenos agregados. As cepas de EAggEC produzem uma toxina semelhante à ST e uma toxina do tipo hemolítica (120 kDa em tamanho). Algumas cepas são descritas como produtoras de uma toxina similar à shigatoxina (verocitotoxina).

As EPEC não produzem qualquer enterotoxina ou citotoxina. Elas invadem, aderem e acabam com as vilosidades das células epiteliais. Isso induz uma lesão característica (A/E, Fig. 4.10) nas células epiteliais, nas quais as microvilosidades são perdidas e a membrana celular subjacente é elevada para a formação de um pedestal que pode estender-se em direção ao exterior por até 10μm. Esse fenômeno é o resultado de um rearranjo extensivo da actina da célula hospedeira próximo da bactéria aderida. Isso resulta na formação de um pedestal no formato de uma taça embaixo da bactéria. Os genes que codificam para essa característica de virulência estão na LEE, uma ilha de patogenicidade (Tab. 2.2). Essa ilha codifica um sistema de secreção do Tipo III, um fator de colonização intestinal chamado intimina e uma proteína receptora para translocação da intimina. O contato com as células epiteliais resulta na secreção de

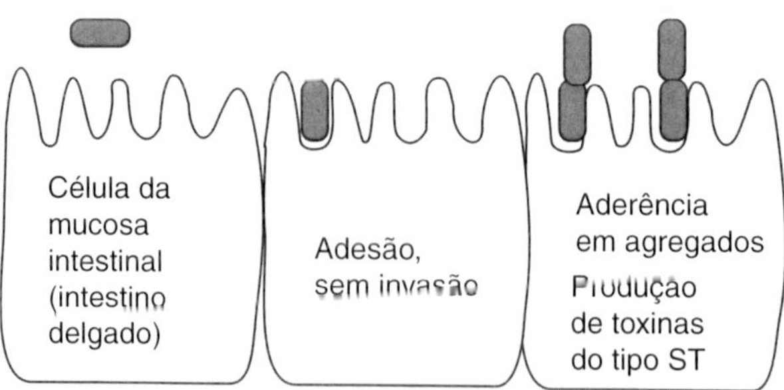

Figura 4.9 Infecção das células mucoides do intestino pelas EAggEC.

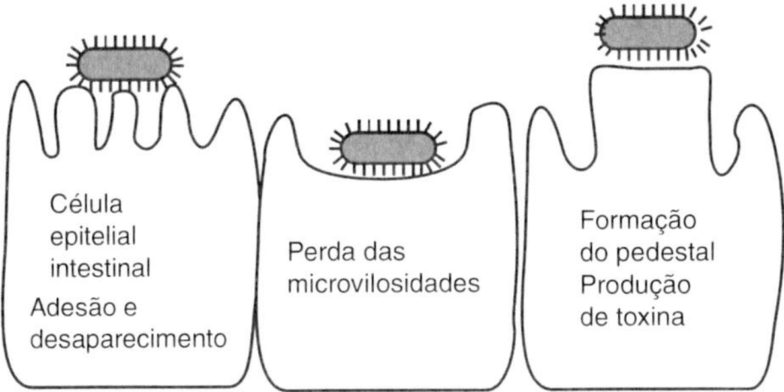

Figura 4.10 Infecção das células mucoides do intestino pela EPEC.

inúmeras proteínas, incluindo EspA (25 kDa) e EspB (37 kDa), as quais subsequentemente acarretam uma série de respostas na célula hospedeira. Essas respostas incluem ativação das vias de transdução de sinais, despolarização celular e ligação da intimina (94 kDa), que é uma proteína da membrana externa. Esta é codificada pelo gene *eae*. É provável que a intimina se ligue à Tir, uma proteína bacteriana (78 kDa) que é secretada pelas EPEC e se liga à célula hospedeira. A diarreia característica das infecções por EPEC ocorre devido ao efluxo induzido de íons de cloreto em resultado da ativação da proteína quinase C. A perda das microvilosidades também contribui, já que diminui a habilidade de absorção (Figs. 4.2 e 4.3). O sistema de secreção do Tipo III é utilizado para evitar o engolfamento pela célula hospedeira e bloquear a fagocitose, permitindo que a bactéria permaneça aderida à superfície dessa célula.

As cepas de EIEC causam uma doença que é indistinguível, em relação aos sintomas, da disenteria provocada pela *Shigella* spp. As cepas de EIEC invadem de forma ativa as células do colo e se espalham em direção lateral para as células adjacentes (Fig. 4.11). As fases da invasão e o espalhamento de célula a célula parecem ser praticamente idênticos aos da *Shigella* spp. No entanto, as EIEC não produzem shigatoxina, o que pode explicar a ausência da síndrome hemolítica urêmica como uma complicação da disenteria causada pela EIEC.

Medidas de controle incluem:

- Sistema de esgoto e tratamento de água eficazes.

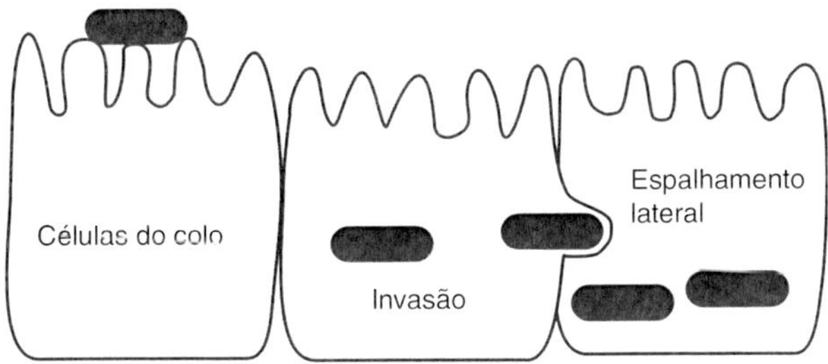

Figura 4.11 Infecção das células mucoides do intestino pela EIEC.

- Prevenção de contaminação cruzada a partir de alimentos crus e água contaminada.
- Tratamento térmico: cozimento, pasteurização.
- Boas práticas de higiene.

Surto de E. coli *O157 no sul do País de Gales, Reino Unido, 2005 (Salmon, 2005)*

Histórico: No dia 16 de setembro de 2005, o Hospital Prince Charles, em Merthyr Tydfil, País de Gales (Reino Unido) reportou nove casos de diarreia sanguinolenta ao Serviço de Saúde Pública Nacional do País de Gales e autoridades locais. O número normal de casos nesse país é de 30 por ano. O número de casos diagnosticados aumentou nos dias seguintes. Posteriormente, *E. coli* O157 produtora de VT foi confirmada por análises microbiológicas.

Definição de caso: Um caso foi definido como qualquer pessoa morando no sul do País de Gales que apresentasse diarreia sanguinolenta ou tivesse isolados fecais que fossem presuntivos para STEC O157, no mês de setembro.

Descrição do surto: A data do início dos sintomas variou de 10 a 20 de setembro. Exceto por um caso (adulto), todos os outros foram de crianças em idade escolar pertencentes a 26 escolas diferentes. Uma revisão dos primeiros 15 casos revelou que todos haviam ingerido merenda escolar, e o caso envolvendo um adulto era um supervisor da merenda escolar. Um pequeno número de casos provenientes de um grande número de escolas sugeriu que mais provavelmente a origem da infecção fosse um produto distribuído a partir de um ponto central, com baixos níveis de contaminação, e não um problema nas escolas em particular. Além disso, a propagação secundária de pessoa a pessoa também ocorreu. Pais foram aconselhados a manter as crianças fora da escola se desenvolvessem sintomas de gastrenterite.

Medidas de controle: A investigação epidemiológica inicial focou-se em um único fornecedor de carnes cozidas para merenda escolar. Uma inspeção nas instalações do fornecedor revelou práticas que poderiam resultar na contaminação dessas carnes. Consequentemente, autoridades locais tomaram providências no dia 19 de setembro, e a Food Standards Agency (País de Gales) emitiu um alerta no dia 21 de setembro. Outras medidas de controle incluíram a remoção de alimentos prontos para o consumo (alimentos não cozidos nas próprias escolas) e a redução de atividades educacionais que pudessem facilitar a difusão da doença de pessoa para pessoa.

Epidemiologia: Entre 16 e 20 de setembro, 10 dos 18 casos primários envolvendo crianças em idade escolar com sintomas que iniciaram antes do dia 17 de setembro foram contactados. Controles foram escolhidos de forma randômica a partir do registro escolar. Verificou-se que todos os casos tinham almoçado na cantina da escola, em comparação com 8 dos 13 controles. No final do surto, 67 homens e 90 mulheres foram infectados, e 65% dos casos (102/157) foram crianças em idade escolar de 42 escolas diferentes. As datas de início dos sintomas variaram de 10 a 30 de setembro (Fig. 4.12). Um menino de 5 anos morreu.

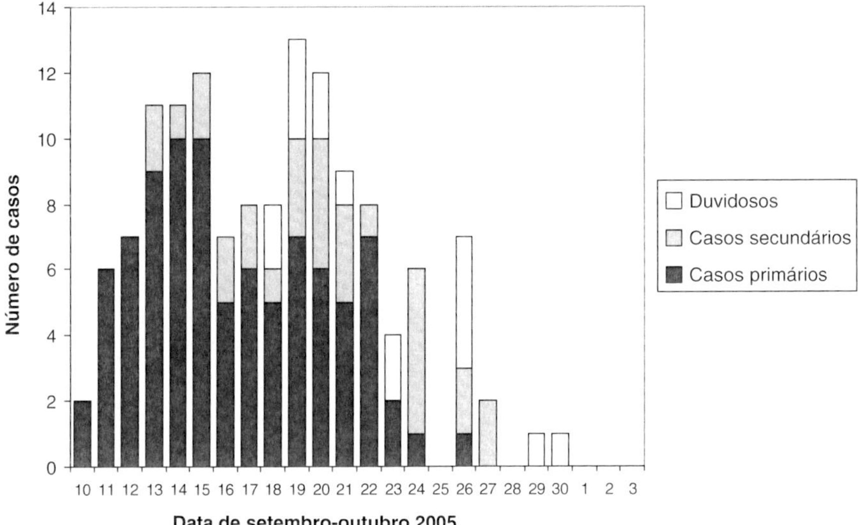

Figura 4.12 Casos de infecção pela VTEC O157 com data conhecida de início dos sintomas, surto no sul do País de Gales, Reino Unido (n=133). Fonte dos dados: Eurosurveillance.

Análises laboratoriais: Noventa e sete dos casos foram confirmados microbiologicamente como infecções causadas por *E. coli* O157. Quase todos esses isolados eram do fagotipo (PT) 21/28 e produziam shigatoxina (ST) 2. Uma exceção foi um isolado que era PT32 ST2. Além disso, outros quatro casos confirmados microbiologicamente de *E. coli* O157 foram excluídos do surto. Isso se deu porque três eram PT1 ST negativos, e o outro era PT8 ST1+2. Esses fagotipos não foram associados ao surto e as infecções foram atribuídas a razões alternativas.

A *E. coli* O157 foi isolada de três amostras de carne cozida fatiada obtidas do fornecedor. Esses isolados foram tipificados e confirmados como PT 21/28 e ST2, os mesmos dos isolados dos pacientes. Os perfis de PFGE (Seção 5.5.1) dos isolados do produto e dos pacientes foram indistinguíveis.

Comentário: Vale mencionar que, quando este capítulo estava sendo preparado (início de 2008), processos litigiosos relacionados a esses casos ainda estavam em andamento. Dois aspectos da investigação eram as práticas de higiene do fornecedor e a extensão das inspeções realizadas pelas autoridades locais de saúde ambiental. Há paralelos com surtos de *E. coli* O157:H7 em Lanarkshire, Escócia, em 1996. De modo geral, o controle de *E. coli* O157 é considerado na Seção 4.3.3.

Surto de E. coli O157 a partir de espinafre, Estados Unidos, 2006

Introdução: Em setembro de 2006, um surto de *E. coli* O157:H7, nos Estados Unidos, totalizou 205 casos. Houve 104 hospitalizações, com 31 casos de insuficiência renal e 3 mortes. A causa foi atribuída a espinafre fresco e empacotado produzido por uma empresa na Califórnia. O produto foi distribuído diretamente a três outros países. Um alerta de emergência foi emitido pela International Food Safety Authorities Network (INFOSAN; ver Seção 1.12.1) a todos os membros da INFOSAN porque um outro país recebeu o produto por meio de distribuição secundária. Esse surto diferiu de forma significativa do exemplo no sul do País de Gales, Reino Unido, em virtude da ampla distribuição do produto alimentício, e serve como exemplo da necessidade de vigilância e cooperação internacionais.

Detalhes do surto: No dia 8 de setembro de 2006, o Centro de Controle e Prevenção de Doenças (CDC) foi notificado de três grupos de infecções por *E. coli* O157:H7 em diferentes Estados, os quais não eram geograficamente próximos. No dia 12 de setembro, a rede PulseNet, do CDC (Seção 1.12.3), confirmou que isolados semelhantes de *E. coli* O157:H7 tinham sido recuperados de todos os pacientes infectados. No dia 13 de setembro, oficiais de saúde pública notificaram o CDC de que suas investigações epidemiológicas sugeriam que as infecções estivessem associadas com o consumo de espinafre fresco. No dia seguinte, a Food and Drug Administration (FDA) emitiu um alerta sobre o surto multiestadual de *E. coli* O157:H7 e recomendou que consumidores evitassem esse produto. O Canadá e o México também foram notificados devido ao grande número de pessoas que atravessam a fronteira diariamente e porque muitos dos casos iniciais foram provenientes de Estados fronteiriços com esses países. A recomendação de evitar o consumo de espinafre foi revisada em 22 de setembro, uma vez que a FDA concluiu que o espinafre contaminado era proveniente apenas de condados na Califórnia. No dia 18 de setembro, ficou evidente que o espinafre contaminado havia sido distribuído ao Canadá, ao México e a Taiwan. As autoridades de saúde pública desses países foram notificadas. A princípio, a INFOSAN (Seção 1.12.1) enviou um alerta de emergência a seus pontos de contato de emergência nos países afetados. No entanto, no dia 22 de setembro, a informação foi enviada a toda a rede, uma vez que se tornou aparente que não era possível rastrear toda a rede de distribuição.

Com base nas evidências epidemiológicas e laboratoriais, a FDA, no dia 29 de setembro, determinou que todo espinafre envolvido no surto podia ser rastreado até uma empresa. Quatro plantações em quatro fazendas diferentes foram identificadas como a origem da contaminação. Consequentemente, a empresa recolheu todos os seus produtos com espinafre, e os fazendeiros na área afetada pararam de cultivar e produzir espinafre pronto para o consumo.

Análise microbiológica: Os perfis de PFGE dos isolados de *E. coli* O157:H7 foram analisados em todo o país na rede PulseNet (Seção 1.12.3) e demonstraram o mesmo perfil de DNA. No total, foram 204 casos em 26 Estados, envolvendo 104 hospitalizações, das quais 31 casos evoluíram para HUS (Seção 4.3.3), e ocorreram três mortes (duas mulheres idosas e uma criança de 2 anos). Houve um caso confirmado no Canadá.

Comentário: O controle de *E. coli* em produtos frescos é abordado na Seção 1.11.2.

4.3.4 *Shigella dysenteriae* e *Sh. sonnei*

A *Shigella* é uma bactéria altamente contagiosa que coloniza o trato intestinal. É bastante similar à *E. coli*, mas pode ser diferenciada por não produzir gás a partir de carboidratos (anaerogênica) e por ser lactose-negativa. O gênero *Shigella* consiste em quatro espécies: *Sh. dysenteriae* (sorovar A), *Sh. flexneri* (sorovar B), *Sh. boydii* (sorovar C) e *Sh. sonnei* (sorovar D). Em geral, *Sh. dysenteriae*, *Sh. flexneri* e *Sh. boydii* predominam nos países em desenvolvimento. Em contraste, *Sh. sonnei* é a mais comum e *Sh. dysenteriae* é a menos comum nos países desenvolvidos. A *Shigella* se propaga por contato direto e indireto com indivíduos infectados. A maioria dos casos de shigelose resulta da ingestão de alimentos ou água contaminados com fezes humanas. Muitos surtos de grande extensão têm sido causados pelo consumo de frutas e vegetais crus contaminados. Alimentos ou água podem ser contaminados pelo contato direto com material fecal de pessoas infectadas. A *Shigella* frequentemente causa surtos em creches (Quadro 4.5).

Os principais sintomas da shigelose são:

- Diarreia branda ou grave, aquosa ou sanguinolenta
- Febre e náuseas
- Podem ocorrer vômitos e cólicas abdominais

Os sintomas aparecem no período de 12 até 96 horas, após a exposição à *Shigella*; o período de incubação costuma ser de uma semana para *Sh. dysenteriae* (ver Tab. 1.18). Os sintomas da *Sh. sonnei* são em geral menos graves do que os das outras espécies de *Shigella*. A *Sh. dysenteriae* pode ser associada com graves doenças, incluindo megacolo tóxico e síndrome hemolítica urêmica. As células de *Shigella* são encontradas nas fezes por 1 a 2 semanas durante a infecção.

O fato de o organismo não ser facilmente destruído pela acidez do estômago pode ser o motivo de a *Sh. dysenteriae* ter uma dose de infecção baixa (Tab. 4.2). O organismo então povoa o colo e entra nas células mucoides, onde se multiplica com rapidez. Uma vez dentro das células mucoides, a bactéria se move em direção lateral para infectar as células mucoides adjacentes (Fig. 4.13). Essa bactéria provoca infla-

Quadro 4.5

Organismo
Shigella spp.

Origem alimentar
Saladas, vegetais crus, produtos de panificação, recheios de sanduíches, leite e produtos lácteos, carne de frango

Início dos sintomas
12 a 50 horas

Sintomas agudos e complicações crônicas
Dores e cólicas abdominais, diarreia, febre, vômito, fezes com sangue, pus ou muco

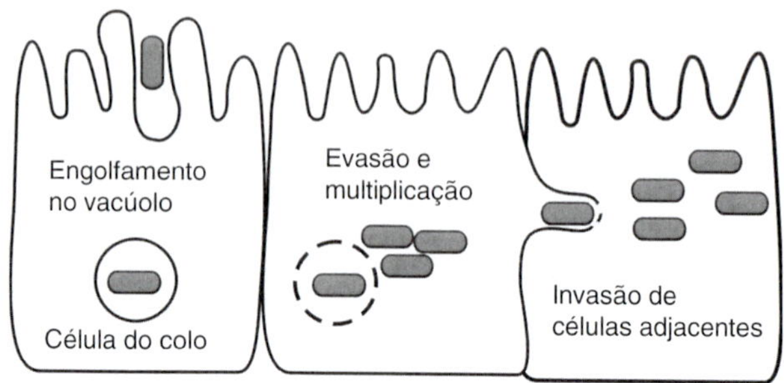

Figura 4.13 Infecção das células mucoides do intestino pela *Shigella* spp.

mação intensa na lâmina própria e na camada mucoide, e a resposta inflamatória acarreta a presença de sangue e muco nas fezes da vítima.

O organismo produz shigatoxina, uma exotoxina, com estrutura AB_5 (Fig. 2.7; Subunidade A tem 32 kDa, Subunidade B tem 7,7 kDa) e uma CLDT pouco caracterizada. A toxina AB_5 é estruturalmente semelhante à toxina do cólera, embora haja pouca semelhança nas sequências de aminoácidos. As subunidades B da shigatoxina, da mesma forma que as da toxina do cólera, reconhecem o glicolipídeo (GB_3) da superfície da célula hospedeira, mas a porção de carboidrato nesse lipídeo é Gal α-1,4-Gal, e não ácido siálico, como o receptor G_{M1} da toxina da cólera. A shigatoxina primeiro se liga à superfície das células de mamíferos e então é internalizada por endocitose. A remoção para ativação e translocamento da subunidade A ocorre no interior da célula hospedeira. Ao contrário de outras toxinas AB, a subunidade A da shigatoxina não provoca ADP-ribosilação nas proteínas da célula hospedeira, mas previne a síntese de proteínas. Ela inativa a subunidade 60S dos ribossomos da célula hospedeira pela clivagem da ligação N-glicosídica de um resíduo de adenosina específico no 28S rRNA, que é um componente da subunidade ribossomal 60S. A clivagem do 23S rRNA nessa posição previne a ligação dos aminoacil-tRNAs ao ribossomo, o que evita o enlongamento de proteínas.

Surto relacionado com salsa fresca

Em agosto de 1998, inúmeros relatos de infecção por *Shigella* foram recebidos de pessoas que haviam comido em dois restaurantes em cidades diferentes do Estado de Minnesota. Esses restaurantes possuíam fornecimento de água separados e não tinham empregados em comum (CDC, 1999). As expectativas iniciais foram de que manipuladores de alimentos que estavam doentes haviam contaminado o gelo e o produto fresco. No entanto, a caracterização molecular usando PFGE (Seção 5.5.1) revelou que ambos os surtos tinham sido causados pela mesma cepa de *Sh. sonnei*. Essa cepa não havia sido isolada previamente no Estado. Uma vez que ambos os surtos tinham uma fonte comum, os ingredientes foram considerados como a provável causa. Análises adicionais mostraram uma associação da doença com aqueles que haviam comido salsa picada. Além disso, isolados mostrando semelhanças foram identificados utilizando PFGE. No total, houve outros seis surtos de julho a agosto: dois na Califórnia, um em Massachusetts, um na

Flórida, um na província de Alberta e outro na província de Ontário. Os isolados de *Sh. sonnei* foram recuperados em cinco dos seis surtos, e seus padrões de PFGE foram equivalentes aos observados no surto em Minnesota. Em cada surto, a salsa picada tinha sido adicionada aos alimentos envolvidos em uma alta proporção dos casos.

A rastreabilidade realizada em seguida identificou uma fazenda em Baja California, México, como a origem mais provável da salsa, em seis dos sete surtos. Investigações adicionais revelaram que a água municipal utilizada para fazer gelo que havia sido embalado junto com a salsa não era clorada e, desse modo, suscetível à contaminação. A preparação da salsa nos restaurantes complicou ainda mais a transmissão da *Sh. sonnei*. Em geral ela foi picada de manhã e deixada em temperatura ambiente até a utilização. Sob essas condições, a bactéria pode ter aumentado em até 1.000 vezes em um período de 24 horas. Além disso, manipuladores de alimentos se tornaram infectados e contribuíram para a continuação da transmissão da bactéria. Portanto, a contaminação de um ingrediente foi aumentada pelas práticas de manipulação, contaminando outros alimentos prontos para o consumo e o gelo.

4.3.5 *Listeria monocytogenes*

A *Listeria* é uma bactéria Gram-positiva que não forma endósporos. É móvel por meio de flagelos e multiplica-se entre 0 e 42 °C. Portanto, a *L. monocytogenes* pode multiplicar-se vagarosamente sob temperaturas de refrigeração, ao contrário da maioria dos outros patógenos de origem alimentar (ver Tab. 2.8). Elas são menos sensíveis ao calor, quando comparadas com a *Salmonella*, sendo que a pasteurização é suficiente para destruir o organismo. O gênero é dividido em seis espécies, dentre as quais a *L. monocytogenes* é a que suscita maior preocupação no que concerne a enfermidades causadas por alimentos. A espécie *L. monocytogenes* é subdividida em 13 sorovares. Os sorovares epidemiologicamente importantes são 1/2a (15 a 25% dos casos) 1/2b (10 a 35% dos casos) e 4b (37 a 64% dos casos). Surtos provocados pelo sorovar 4b são bem mais frequentes em casos envolvendo gestantes, enquanto o sorovar 1/2b é mais comum em casos com mulheres não grávidas (Farber e Peterkin; 1991; McLauchlin, 1990a, 1990b). Indivíduos sujeitos a alto risco de contrair listeriose após a ingestão de alimentos infectados com *L. monocytogenes* incluem fetos e recém-nascidos que se contaminam por meio da mãe durante a gravidez, idosos e pessoas com o sistema imune comprometido. A listeriose invasiva é caracterizada por um alto número de fatalidades, variando entre 20 e 30%. Análise genômica e patogenômica da *Listeria* são abordadas na Seção 2.9.1 (Quadro 4.6).

A *L. monocytogenes* já foi encontrada em pelo menos 37 espécies de mamíferos, tanto domésticos como selvagens, assim como em 17 espécies de pássaros e possivelmente em algumas espécies de peixes e crustáceos. É plausível que de 1 a 10% da população seja de portadores intestinais da *L. monocytogenes*. A maioria dos que sucumbem a listerioses graves é constituída de indivíduos com condições de supressão de sua imunidade mediada pelas células T. Outro fator relacionado à suscetibilidade é a acidez estomacal reduzida que ocorre com a idade, em especial naqueles acima de 50 anos. Isso pode explicar a distribuição etária da listeriose (Fig. 4.14).

Quadro 4.6

Organismo

L. monocytogenes

Origem alimentar

Queijo maturado macio, patê, carne moída, aves domésticas, produtos lácteos, salsichas, salada de batata, frango, frutos do mar, vegetais

Início dos sintomas

Poucos dias a três semanas

Sintomas agudos e complicações crônicas

Sintomas similares aos da gripe, febre, forte dores de cabeça, vômito, náusea, algumas vezes delírios ou coma

Sintomas crônicos: septicemia em mulheres grávidas, fetos ou recém-nascidos, abscessos internos ou externos, meningite, septicemia

Essa bactéria ubíqua já foi isolada a partir de vários ambientes, incluindo vegetação em decomposição, solo, ração animal, esgoto e água. Está presente no trato intestinal de muitos animais, incluindo humanos e, portanto, pode ser encontrada nas fezes, no esgoto, no solo e em plantas que crescem nesses solos. O organismo também pode multiplicar-se em materiais vegetais em decomposição e ser isolado de frutas e vegetais frescos, incluindo repolhos, pepinos, batatas e rabanetes, saladas prontas para o consumo, tomates, pepinos, brotos de feijão, pepinos fatiados e vegetais folhosos.

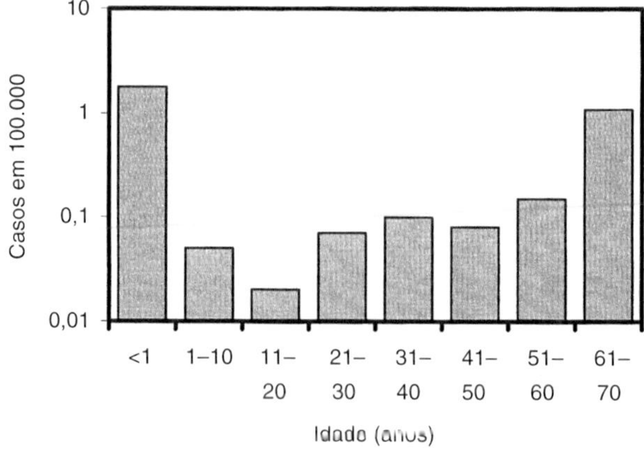

Figura 4.14 Distribuição etária da listeriose. Fonte: Buchanan e Linqvist, 2000; Microbiological Risk Assessment Series 5, com permissão da Food and Agriculture Organisation dos Estados Unidos.

A *L. monocytogenes* é resistente a diversas condições ambientais e pode se multiplicar em temperaturas tão baixas quanto 3 °C. É encontrada em uma variedade de alimentos, tanto crus como processados, nos quais pode sobreviver e multiplicar-se com rapidez durante a estocagem. Entre esses alimentos, incluem-se leite e queijo supostamente pasteurizados (em particular variedades curadas e cremosas), carne (incluindo aves) e produtos de carne, vegetais frescos, salsichas de carne crua fermentada, assim como frutos do mar e produtos de pescado. A *L. monocytogenes* é bastante forte e resiste extraordinariamente bem, considerando que é uma bactéria não esporulada, aos efeitos deletérios do congelamento, da secagem e do calor. Sua capacidade multiplicação em temperaturas tão baixas quanto 3 °C propicia que se multiplique em alimentos refrigerados. Os alimentos que apresentam os maiores riscos são aqueles que permitem a multiplicação da *L. monocytogenes.* Ao contrário, alimentos que apresentam os menores riscos de causarem listeriose são os que foram processados ou têm fatores intrínsecos ou extrínsecos que previnem a multiplicação dessa bactéria. Por exemplo, se o pH do alimento for igual ou menor que 4,4, a atividade de água for igual ou menor que 0,92, ou se for congelado. A *L. monocytogenes* sobrevive em condições ambientais adversas por mais tempo que muitos outros patógenos de origem alimentar que não são formadores de endósporos. É mais resistente ao nitrito e à acidez, tolera altas concentrações de sal e sobrevive à estocagem sob congelamento por longos períodos de tempo.

A *L. monocytogenes* é responsável por infecções oportunistas, afetando, de preferência, indivíduos com o sistema imune perturbado, incluindo mulheres grávidas, recém-nascidos e idosos. A listeriose é clinicamente definida quando o micro-organismo é isolado a partir do sangue, do líquido cerebrospinal ou de qualquer outro local estéril, como a placenta e o feto.

Sintomas da listeriose são:

- Meningite, encefalite ou septicemia
- Pode levar ao aborto, nascimento de feto morto ou prematuro quando a mulher grávida é infectada no segundo e terceiro trimestres

A dose infecciosa de *L. monocytogenes* é controversa. Essa bactéria raramente infecta indivíduos saudáveis. A maioria das infecções envolve indivíduos com o sistema imune comprometido, e tem uma alta taxa de mortalidade (cerca de 20%). Se houver uma dose que possa ser ingerida e tolerada pela maioria saúdavel da população, esse valor é controverso. Estudos sobre a virulência, análise da sequência de DNA e ribotipificação têm separado a *L. monocytogenes* em dois grupos, os quais diferem em seu potencial patogênico em humanos (ver Seção 2.9.7).

A Comissão do *Codex* para Higiene dos Alimentos (CCFH; 1999b; Seção 10.3) tem estabelecido que uma concentração de *L. monocytogenes* não excedendo a 100 células por grama de alimento consumido é de baixo risco ao consumidor. A partir de casos contraídos pelo consumo de leite cru ou supostamente pasteurizado é evidente que menos de 1.000 organismos podem causar a doença. O período de incubação é bastante amplo, de 1 a 90 dias.

A acidez estomacal reduz o número de células viáveis, mas requer tempos de exposição, variando de 15 a 30 minutos para ocasionar uma redução na ordem de 5 logs de células da *L. monocytogenes*. Além disso, pequenos volumes de líquidos ingeridos, menores que 50 mL, podem passar pelo estômago, pois o esfincter pilórico não é estimulado a contrair. Outro fator que afeta a sobrevivência no estômago é a matriz do alimento, em especial a presença de material lipídico.

A *L. monocytogenes* adere à mucosa intestinal. Possivelmente, resíduos de α-D-galactose na superfície bacteriana se liguem a receptores do tipo α-D-galactose nas células intestinais e invadam as células mucoides. Em particular, o intestino delgado, por meio das células M que recobrem as placas de Peyer ou de enterócitos não especializados. A bactéria é absorvida por fagocitose induzida, por intermédio da qual o organismo é engolfado por pseudópodos das células epiteliais, resultando na formação de vacúolos. A *L. monocytogenes* é envolvida em uma membrana vesicular, a qual é destruída utilizando listeriolisina O (responsável pela zona de β-hemólises em torno dos isolados em placas de ágar-sangue). O organismo também produz catalase e superóxido dismutase, os quais podem proteger do estresse oxidativo no fagossomo. A *L. monocytogenes* também produz duas enzimas fosfolipases do tipo C, as quais rompem as membranas da célula hospedeira pela hidrólise de lipídios da membrana, tais como fosfatidilinositol e fosfatidilcolina. No citoplasma da célula hospedeira, a bactéria se multiplica de forma rápida (possivelmente se duplicando a cada 50 minutos). O organismo move-se através do citoplasma para invadir células adjacentes pela polimerização da actina formando longas caudas (Fig. 4.15). Essa forma de motilidade possibilita sua locomoção a uma velocidade de 1,5 μm/s. A bactéria produz protuberâncias nas células adjacentes, entra no citoplasma e repete o ciclo em que escapa do vacúolo e se multiplica.

Uma vez que entre nos monócitos, macrófagos ou leucócitos polimorfonucleares do hospedeiro, a bactéria pode se disseminar pela corrente sanguínea (septicemia) e se multiplicar. Sua presença intracelular em células fagocitárias também permite acesso ao cérebro e provavelmente migração da placenta para o feto em mulheres grávidas. A patogenicidade da *L. monocytogenes* concentra-se em sua habilidade de sobreviver e multiplicar-se em células fagocitárias de seus hospedeiros. A listeriose tem altas taxas de mortalidade. Quando causa meningite listérica, a mortalidade pode chegar a 70%. Nos casos de septicemia, a taxa de mortalidade é de 50%,

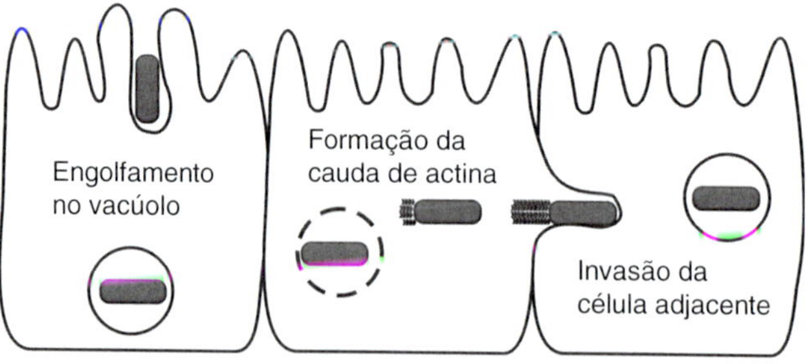

Figura 4.15 Infecção das células mucoides do intestino pela *L. monocytogenes*.

enquanto em infecções perinatais-neonatais é acima de 80%. Em infecções durante a gravidez, a mãe normalmente sobrevive. As infecções podem ocorrer sem a presença de sintomas, resultando em excreção fecal de *Listeria* infecciosa. Como consequência, cerca de 1% das amostras fecais e 94% das amostras de esgoto são positivas para *L. monocytogenes*.

Medidas de controle:

- Tratamento térmico do leite (pasteurização, esterilização).
- Prevenção de contaminação cruzada.
- Refrigeração (por tempo limitado), seguida de reaquecimento completo.
- Evitar produtos de alto risco (p. ex., leite cru) por populações de alto risco (p. ex., mulheres grávidas).

A maioria dos casos de listeriose ocorre de forma esporádica, sem qualquer padrão aparente. Entretanto, há um certo número de alimentos que pode propiciar a multiplicação de *L. monocytogenes* e são prontos para o consumo, os quais têm sido associados com surtos ou casos esporádicos de listeriose. Esses alimentos incluem queijo macio produzido com leite não pasteurizado, salada de repolho e patê. Surtos de listeriose são frequentemente associados com falha de processamento, conforme demonstrado a seguir.

Inúmeras avaliações de risco para *L. monocytogenes* são fornecidas na Seção 10.3.

Surto de L. monocytogenes *associado a queijos*

Entre janeiro de 1983 e março de 1984, um grupo de 25 casos de listeriose foi reportado em uma clínica médica na Suíça. Entre os afetados havia 14 adultos, sendo 11 casos envolvendo mães e fetos. Quinze outros casos foram reportados em hospitais próximos. A epidemia foi incomum, já que os pacientes eram saudáveis e imunocompetentes antes de contrair a doença. Ainda assim, havia uma alta taxa de encefalite, e a taxa de mortalidade foi de 45%. O sorovar 4b de *L. monocytogenes* foi isolado em 92% dos casos, e eram de dois fagotipos únicos. Nos seis anos anteriores, somente 44% foram pertencentes a esse tipo de fago. Isso indicou a probabilidade de uma única fonte de infecção. Outros 16 casos foram reportados nos meses seguintes entre novembro e abril (1985).

Seguindo a ligação de um surto de listeriose na Califórnia com o consumo de queijos do tipo Mexicano, as autoridades de saúde suíças avaliaram uma variedade de produtos lácteos para a presença de *L. monocytogenes*. O organismo foi isolado de 5/25 amostras de superfície de um queijo maturado e macio chamado Vacherin Mont d'Or. Esse queijo tinha sido produzido na área afetada pelo surto, de outubro a março. Os cinco isolados foram do sorovar 4b, e dois do fagotipo idêntico à maioria dos isolados clínicos de *L. monocytogenes* no período de 1983 a 1986. Entre 1983 e 1987, houve um total de 122 casos de listeriose, incluindo 34 mortes, na Suíça. A bactéria foi rastreada até porões e prateleiras de madeira onde os queijos haviam sido maturados. Após a limpeza dos porões e a substituição das prateleiras por metal, o número de micro-organismos no queijo foi consideravelmente reduzido.

4.3.6 *Yersinia enterocolitica*

Existem três espécies patogênicas no gênero *Yersinia*, mas apenas a *Y. enterocolitica* e a *Y. pseudotuberculosis* causam gastrenterite. A *Y. pestis*, o agente causador da peste, é geneticamente similar à *Y. pseudotuberculosis*, mas infecta os humanos por outras vias que não alimentos (Quadro 4.7).

A *Y. enterocolitica*, um bastonete pequeno (1 a 3,5 µm × 0,5 a 1,3 µm), Gram-negativa, costuma ser isolada a partir de espécimes clínicas, tais como feridas, fezes, cuspes e nódulos linfáticos mesentéricos. As culturas jovens em geral contêm células ovais ou cocoides. O micro-organismo possui flagelos peritríquios quando se multiplica a 25 °C, mas não quando se desenvolve a 35 °C. A multiplicação ótima do micro-organismo ocorre na faixa de 30 a 37 °C, entretanto, também é capaz de se multiplicar em temperaturas de refrigeração de alimentos (8 °C). A *Y. pseudotuberculosis* foi isolada a partir de apêndices humanos enfermos. Ambos os organismos foram isolados de animais como porcos, aves, castores, gatos e cães. Apenas a *Y. enterocolitica* tem sido detectada no ambiente e em fontes alimentícias como, por exemplo, lagoas, lagos, carnes, sorvete e leite. A maioria dos isolados foi verificada como não patogênica. Porém, suínos com frequência carregam sorovares capazes de causar doenças em humanos.

Os sintomas típicos de enfermidades causadas por alimentos contaminados por *Yersinia* são:

- Dores abdominais;
- Febre;
- Diarreia (durando várias semanas);
- Outros sintomas podem incluir dores de garganta, fezes sanguinolentas, erupções cutâneas, náuseas, dores de cabeça, mal-estar, dores nas articulações e vômito.

A yersiniose é frequentemente caracterizada por sintomas como gastrenterites com diarreia e/ou vômitos. Febre e dores abdominais são sintomas característicos (Tab. 1.17). As infecções causadas por *Yersinia* são similares a apendicites e linfadenites mesentéricas. A bactéria pode também provocar infecções em outros lugares, como ferimentos, articulações e trato urinário. A dose mínima infecciosa é desconhecida. O

Quadro 4.7

Organismo
Y. enterocolitica

Origem alimentar
Produtos de suínos curados e não curados, leite e produtos lácteos

Início dos sintomas
24 a 36 horas

Sintomas agudos e complicações crônicas
Dores abdominais, diarreia, febre branda, vômito

início da doença acontece em geral entre 24 e 48 horas após a ingestão, podendo o período máximo de incubação alcançar 11 dias. As yersinioses têm sido mal diagnosticadas, tanto como doença de Crohn (enterite regional), quanto como apendicite.

Existem quatro sorovares de *Y. enterocolitica* associados com patogenicidade: O:3, O:5, O:8 e O:9. Os genes (*inv* e *ail*) responsáveis pela invasão de células de mamíferos são localizados no cromossomo, enquanto um plasmídeo de 40 a 50 MDa codifica para a maioria dos outros fenótipos associados a virulência. Esse plasmídeo está presente em quase todas as espécies patogênicas de *Yersinia*, e os plasmídeos parecem ser homólogos. Uma enterotoxina termoestável tem sido encontrada da maioria dos isolados clínicos, porém, não é certo que essa toxina tenha um papel na patogenicidade do organismo.

A *Y. enterocolitica* está presente em todo ambiente. Pode ser encontrada em carnes (de suíno, gado, ovelha, etc.), ostras, peixes e leite cru. A causa exata da contaminação alimentar é desconhecida. No entanto, a prevalência dessa bactéria no solo, na água e em animais como castores, suínos e esquilos oferece amplas oportunidades para que esse organismo entre na rede de fornecimento de alimentos. O principal hospedeiro reconhecido para *Y. enterocolitica* é o suíno.

A yersiniose não ocorre frequentemente. É rara, a menos que ocorra uma falha durante as técnicas de processamento de alimentos. É uma enfermidade mais comum no norte da Europa, na Escandinávia e no Japão do que nos Estados Unidos. A maior complicação relacionada à doença é a retirada desnecessária do apêndice, uma vez que um dos sintomas mais característicos é a dor abdominal no quadrante direito inferior. Tanto a *Y. enterocolitica* como a *Y. pseudotuberculosis* têm sido associadas a artrites reativas, as quais ocorrem na ausência de sintomas óbvios. A frequência de tais condições artríticas posteriores às enterites é de cerca de 2 a 3%. Outra complicação é a bacteremia (entrada de micro-organismos na corrente sanguínea), existindo a possibilidade de ocorrência de disseminação. Porém, isso é difícil de acontecer, e as fatalidades são extremamente raras.

O micro-organismo é resistente a condições de estocagem adversas (como congelamento durante 16 meses).

A higienização inadequada e técnicas de esterilização e estocagem impróprias não podem ser desconsideradas como contribuintes à contaminação. Dessa forma, o controle primário do organismo necessita de alterações nas práticas atuais de abate (Büllte et al., 1992). Visto que o organismo é capaz de se multiplicar em temperaturas de refrigeração, essa não é uma técnica efetiva de controle, a menos que combinada com a adição de conservantes. A multiplicação a baixa temperatura e sua presença em produtos frescos indicam que há uma possibilidade de saladas de vegetais servirem como veículos de yersinioses em humanos.

4.3.7 *Staphylococcus aureus*

O *St. aureus* é uma bactéria esférica (coco) Gram-positiva, que ocorre em pares, em pequenas cadeias ou em cachos similares aos de uva. O micro-organismo foi descrito pela primeira vez em 1879. O *St. aureus* é uma bactéria anaeróbia facultativa e é dividido em diversos biotipos, tendo como base testes bioquímicos e padrões de resistência. Os biotipos são subdivididos de acordo com fagotipificação, sorotipificação, análise de plasmídeo e ribotipificação. O *St. aureus* produz uma grande variedade de fatores de patogenicidade e virulência: estafiloquinases, hialuronidases, fosfatases, coagulases e hemolisinas. As intoxicações alimentares são causadas pelas enterotoxinas. Estas são proteínas de baixo peso molecular (26 mil a 34 mil Da), as quais podem ser diferenciadas por meio de sorologia em vários tipos antigênicos: SEA a SEE, e SEG a SEQ, com três variantes de SEC. Uma toxina previamente designada enterotoxina F é agora reconhecida como responsável pela síndrome de choque tóxico, e não por enterite (Quadro 4.8).

A SEA é a toxina que costuma estar mais associada com intoxicações causadas por *Staphylococcus* (cerca de 77% dos surtos), e é codificada por um bacteriófago temperado. Outras toxinas comums são a SED (38%) e a SEB (10%). Essas toxinas são altamente termoestáveis ($D_{98,9} \geq 2h$) e resistentes a cocção e a enzimas proteolíticas. Elas são toxinas gastrintestinais, assim como superantigênicas, e estimulam os monócitos e os macrófagos a produzir citocinas. Essas duas funções estão localizadas em partes diferentes da toxina. Elas têm a mesma sequência (e portanto relação filogenética) das exotoxinas pirogênicas dos *Streptococcus* (ver Seção 2.9.8). Essas toxinas têm sido associadas com a síndrome de choque tóxico, intoxicações alimentares, bem como alergias e doenças autoimunes.

Uma dose de toxina menor que 1,0 µg/kg (300 a 500 ng) em alimentos contaminados produzirá sintomas de intoxicação por estafilococos. Essa quantidade de toxina é produzida por 10^5 micro-organismos por grama. A resistência ao calor e à ação proteolítica no trato intestinal denota a importância da realização de testes após tratamento térmico (e subsequente morte das células bacterianas), para a presença da toxina em alimentos. Uma comparação de características para multiplicação de *St. aureus* e produção de toxinas são mostradas na Tabela 4.8. O organismo é rapidamente eliminado pelo calor ($D_{65.5}$=0,2 a 2,0 minutos), mas é resistente à secagem e tolerante ao sal (ver Tab. 2.8).

Quadro 4.8

Organismo
St. aureus

Origem alimentar
Manipuladores de alimentos, carnes (em especial as fatiadas), frango, peixe, cogumelos enlatados, produtos lácteos, molhos para salada, presunto, salame, produtos de panificação, creme de ovos, queijo

Início dos sintomas
1 a 7 horas

Sintomas agudos e complicações crônicas
Fortes náuseas, cólicas abdominais, vômito, ânsias, abatimento, em geral com diarreia

Tabela 4.8 Condições para multiplicação de *St. aureus* e produção de toxinas

Parâmetro	Multiplicação	Produção de toxinas
Temperatura (°C)	7 – 48	10 – 48
pH	4 – 10	4,5 – 9,6
Atividade de água	0,83 – 0,99	0,87 – 0,99

Nota: Para converter °F, use a equação °F= (9/5) °C + 32. Como referência: 0 °C = 32 °F; 4,4 °C = 40 °F; 60 °C = 140 °F.

Os estafilococos existem no ar, na poeira, no esgoto, na água, no leite e nos alimentos ou equipamentos para processar alimentos, nas superfícies expostas aos ambientes, nos seres humanos e nos animais. Os humanos e os animais são os principais reservatórios. Os estafilococos estão presentes nas vias nasais e na garganta e também no cabelo e na pele de 50% ou mais dos indivíduos saudáveis. Essa incidência pode ser ainda maior para indivíduos associados ou que entram em contato com pessoas doentes e ambientes hospitalares. Apesar de os manipuladores de alimentos serem normalmente as principais fontes de contaminação dos alimentos, quando há surtos, os equipamentos e as superfícies também podem ser a fonte das contaminações por *St. aureus*. As intoxicações humanas são causadas pela ingestão de enterotoxinas produzidas nos alimentos por algumas cepas de *St. aureus*, em geral porque o alimento não foi mantido quente (60 °C ou mais) ou frio o suficiente (7,2 °C ou menos). Os alimentos que costumam estar relacionados às intoxicações causadas por *St. aureus* incluem carnes e produtos de carne; frangos e produtos de ovos; saladas com ovos; atum, galinha, batata e macarrão; produtos de panificação, como os recheados com creme; tortas de creme e bombas de chocolate; sanduíches e leite ou produtos lácteos. Os alimentos que requerem manipulação considerável durante a preparação e que são mantidos em temperaturas ligeiramente elevadas após a preparação são aqueles com frequência envolvidos em intoxicações alimentares causadas por estafilococos. O organismo não é um bom competidor com outras bactérias e, por isso, raras vezes causa doenças alimentares após a ingestão de produtos crus. Da mesma forma, o *St. aureus* pode ser isolado de produtos frescos e saladas de vegetais prontas para o consumo. Entretanto, uma vez que não compete bem com os outros micro-organismos presentes, a deterioração em geral ocorre antes do desenvolvimento de populações suficientemente altas de *St. aureus* necessárias para a produção da enterotoxina.

Os sintomas de intoxicações causadas por estafilococos aparecem com rapidez e incluem:

- Náuseas
- Vômitos
- Cólicas abdominais

O início dos sintomas das enfermidades causadas por estafilococos costuma ser rápido, ocorrendo no período de poucas horas após a ingestão. Os sintomas podem ser bastante agudos, dependendo da suscetibilidade individual à toxina, da quantidade de alimento contaminado ingerido, da quantidade de toxina no alimento ingerido e da saúde geral do indivíduo. Os sintomas mais comuns são náuseas, vômitos e cólicas abdominais. Alguns indivíduos podem não demonstrar todos os sintomas associados com a enfermidade. Em casos mais graves podem ocorrer dores de cabeça, câibras musculares e mudanças transientes na pressão arterial e na taxa de pulsação. A doença é normalmente autolimitada e em geral dura de 2 a 3 dias. Os casos graves duram mais tempo.

Visto que a toxina estafilocócica é bastante termoestável, não pode ser inativada por regimes normais de cocção. Por isso, evitar a contaminação do alimento pelo micro-organismo e mantê-lo em baixas temperaturas são as medidas utilizadas para reduzir a carga microbiana.

4.3.8 *Clostridium perfringens*

Existem quarto espécies de *Clostridium* que são clinicamente importantes: *Cl. botulinum, Cl. perfringens, Cl. difficile* e *Cl. tetani*. Entretanto, apenas o *Cl. botulinum* e o *Cl. perfringens* causam intoxicações ou toxinfecções alimentares. O *Clostridium perfringens* é um bastonete anaeróbio, Gram-positivo, formador de endósporos. Anaeróbio significa que o organismo é incapaz de se multiplicar na presença de oxigênio livre. Esse organismo foi a princípio associado a diarreia, em 1895, mas o primeiro relato de envolvimento com toxinfecções alimentares ocorreu em 1943. É amplamente distribuído no ambiente e com frequência é encontrado no intestino de humanos e animais. Os endósporos do micro-organismo persistem no solo, em sedimentos e em áreas sujeitas a poluição fecal humana e animal (Quadro 4.9).

O *Cl. perfringens* causa dois tipos bem diferentes de doenças alimentares devido a produção de uma ou mais toxinas. O organismo pode produzir mais de 13 toxinas diferentes, mas cada cepa somente produz um grupo específico. Existem cinco tipos (A a E) de *Cl. perfringens,* os quais são divididos de acordo com a presença das

Quadro 4.9

Organismo
Cl. perfringens e *Cl. botulinum*

Início dos sintomas
Cl. perfringens: 8 a 22 horas
Cl. botulinum: 18 a 36 horas

Origem alimentar
Cl. perfringens: carne, cozidos com carne, tortas de carne, molhos de carne, peru e frango, feijões, frutos do mar
Cl. botulinum: produtos inadequadamente enlatados ou fermentados

Sintomas agudos e complicações crônicas
Cólicas abdominais intensas, diarreia, náusea
Sintomas crônicos: gangrena gasosa, enterite necrotizante

Tabela 4.9 Tipificação de *Cl. perfringens* de acordo com a presença de toxinas e enterotoxinas

Tipo de *Cl. Perfringens*	α-toxina	β-toxina	ϵ-toxina	I-toxina	Enterotoxina
A	+	−	−	−	+
B	+	+	+	−	+
C	+	+	−	−	+
D	+	−	+	−	+
E	+	−	−	+	+
Localização	Cromossomo	Plasmídeo	Plasmídeo	Plasmídeo	Cromossomo/ Plasmídeo

principais toxinas letais, das quais três são de origem plasmidial (Tab. 4.9). Os tipos A, C e D de *Cl. perfringens* são patógenos humanos, enquanto os tipos B, C, D e E são patógenos animais. A diarreia aguda causada pelo *Cl. perfringens* deve-se à produção de uma enterotoxina, a α-toxina (Titbull et al., 1999). Um tipo mais grave, porém mais raro, de enfermidade é também causado pela ingestão de alimentos contaminados com cepas do tipo C. Essa enfermidade é conhecida como enteritite (jejunite) necrótica (doença *pig-bel*) e é causada pela exotoxina β.

As características de toxinfecções causadas por *Cl. perfringens* são:

- Dor abdominal
- Náusea
- Diarreia aguda
- Sintomas que aparecem 8 a 12 horas após a ingestão do micro-organismo

A forma mais comum de toxinfecção por *Cl. perfringens* é caracterizada por cólicas abdominais intensas e diarreias que iniciam 8 a 12 horas após o consumo do alimento contendo grande quantidade do micro-organismo capaz de produzir as toxinas causadoras da enfermidade (Tab. 1.18). A doença dura normalmente 24 horas; entretanto, sintomas menos graves podem persistir, em alguns indivíduos, por 1 ou 2 semanas. Poucas mortes já foram relatadas como resultado de desidratação e de outras complicações. Na maioria das vezes, a causa da intoxicação por *Cl. perfringens* é o resultado de abuso da temperatura em alimentos preparados. As carnes, os produtos cárneos e os molhos são os alimentos envolvidos com mais frequência. Alguns micro-organismos podem persistir sob forma de endósporos, após a cocção. Os endósporos germinam, e a bactéria se multiplica até níveis causadores de enfermidades, durante os períodos de resfriamento e estocagem. O processo de cocção retira o oxigênio, criando, dessa maneira, condições anaeróbias favoráveis para a multiplicação dos clostrídios. Depois da ingestão, a enterotoxina é produzida no intestino, após o micro-organismo ter passado pelo estômago. A enterotoxina é associada à esporulação, possivelmente induzida pelo ambiente ácido do estômago. Essa toxina é uma proteína termossensível de 36 mil Da de tamanho. É destruída pelo calor (o valor D_{90} é de 4 minutos) e poucos casos de intoxicação alimentar são causados por sua ingestão.

As enterites necróticas (*pig-bel*) causadas por *Cl. perfringens* são quase sempre fatais. Essa doença também inicia com a ingestão de grandes quantidades (acima de 10^8) de *Cl. perfringens* do tipo C em alimentos contaminados. As mortes por enterites necróticas são causadas pela infecção e necrose dos intestinos, resultando em septicemia.

A natureza ubíqua do *Cl. perfringens* e de seus endósporos torna-os um problema na produção de alimentos. O isolamento de pequenas quantidades dessa bactéria em alimentos não significa necessariamente um perigo de toxinfecção alimentar. Apenas quando grandes quantidades estão presentes, é possível dizer que há um perigo definido, e, por isso, técnicas de enumeração são necessárias para esse organismo. Apesar de as células vegetativas de *Cl. perfringens* serem destruídas por congelamento e refrigeração, os endósporos podem sobreviver. Mais detalhes a respeito da detecção do clostrídio e de suas características de multiplicação podem ser encontradas na Seção 5.7.9 e na Tabela 2.8. O controle desse micro-organismo é atingido sobretudo por meio da cocção e do resfriamento. Os resfriamentos rápidos de 55 para 15 °C reduzem a possibilidade de germinação dos endósporos que possam ter sobrevivido. Pelo reaquecimento do alimento até 70 °C logo antes do consumo, é possível destruir qualquer célula vegetativa presente.

4.3.9 *Cl. botulinum*

O *Cl. botulinum* é um bastonete Gram-positivo, anaeróbio estrito (0,3 a 0,7 x 3,4 a 7,5 µm) com flagelos peritríquios. Ele causa uma doença de origem alimentar denominada botulismo, a qual é uma intoxicação causada pela ingestão de neurotoxinas pré-formadas. O micro-organismo é encontrado por toda a natureza, incluindo solo, peixes, frutas e vegetais crus.

Existem sete tipos de *Cl. botulinum*: A, B, C, D, E, F e G. Eles são diferenciados basicamente pela antigenicidade da toxina (Tab. 4.10). Os tipos A, B, E e F são os principais causadores de botulismo humano (tipos C e D em animais). Oito neurotoxinas distintas sob o aspecto sorológico (BoNTA a BoNTG) foram identificadas e

Tabela 4.10 Características para distinção de *Cl. botulinum*

	Grupo			
	I	II	III	IV
Toxina produzida	A, B, F	B, E, F	C1, C2, D	G
Proteólise	+	–	+ ou –	+
Lipólise	+	+	+	–
Fermentação de glicose	+	+	+	–
Fermentação de manose	–	+	+	–
Temperatura mínima para multiplicação	10 – 12 °C	3,3 °C	15 °C	12 °C
Inibição por sal (%)	10	5	3	>3
Produção de ácidos graxos voláteis[a]	Ac, iB, B, iV, Ph	A, B	A, P, B	A, iB, iV, Pa

[a]Ac, ácido acético; iB, ácido isobutírico; B, ácido butírico; iV, ácido isovalérico; Ph, ácido fenilpropiônico; Pa, ácido fenilacético.

estão entre as toxinas mais potentes conhecidas pelo homem. A toxina é formada por duas proteínas, fragmento A (cadeia leve – LC, 50 kDa) e fragmento B (cadeia pesada – HC, 100 kDa), as quais são ligadas por uma ponte dissulfídica (Fig. 2.5 e 2.6). A LC é responsável pelo efeito da toxina nas células nervosas. A HC contém o domínio de translocação na membrana e a estrutura de ligação receptora da toxina (Boquet et al., 1998). O micro-organismo forma endósporos, os quais podem ser transmitidos pelo ar e contaminar jarras ou latas abertas. Uma vez fechadas, as condições anaeróbias favorecem a multiplicação dos endósporos e a produção de toxinas.

Os sintomas do botulismo são:

- Visão dupla
- Náusea
- Vômito
- Fadiga
- Tonturas
- Dores de cabeça
- Garganta e nariz secos
- Falhas respiratórias

O início dos sintomas ocorre de 12 a 36 horas após a ingestão das toxinas bacterianas. As toxinas botulínicas bloqueiam a liberação do neurotransmissor acetilcolina, resultando em fraqueza muscular e subsequente paralisia. A doença pode durar de duas horas até 14 dias, dependendo da dose e da vulnerabilidade do hospedeiro. A taxa de fatalidade é de cerca de 10%.

O botulismo é associado com alimentos enlatados de baixa acidez (principalmente aqueles de produção caseira), vegetais, peixe e produtos de carne. Também é associado com mel, e, por isso, o mel não deve ser dado a crianças com menos de um ano de idade. O botulismo infantil é mais brando do que a versão adulta. Os endósporos germinam no trato intestinal, e as bactérias produzem as toxinas causadoras da síndrome do "bebê mole". Uma comparação entre o botulismo de origem alimentar e o botulismo infantil é apresentada na Figura 4.16.

O tratamento térmico de alimentos enlatados de baixa acidez a 121 °C, por 3 minutos ou equivalente eliminará os endósporos de *Cl. botulinum*. Essa bactéria não pode se multiplicar em alimentos ácidos ou acidificados com pHs menores do que 4,6 (Tab. 2.8). O botulismo tem sido associado ao preparo de salada de repolho picado e empacotado e a alho picado conservado em óleo. O metabolismo continuado dos vegetais em saladas empacotadas pode resultar em ambiente anaeróbio que favorece a multiplicação do *Cl. botulinum* e a produção de toxina. Portanto, a permeabilidade dos filmes utilizados para o empacotamento deve minimizar o possível desenvolvimento de condições anaeróbias. Uma medida de controle adicional é a estocagem abaixo de 3 °C.

4.3.10 *Bacillus cereus*

O *B. cereus* é um patógeno alimentar formador de endósporos, o qual foi isolado pela primeira vez em 1887. Os endósporos podem sobreviver a muitos processos de

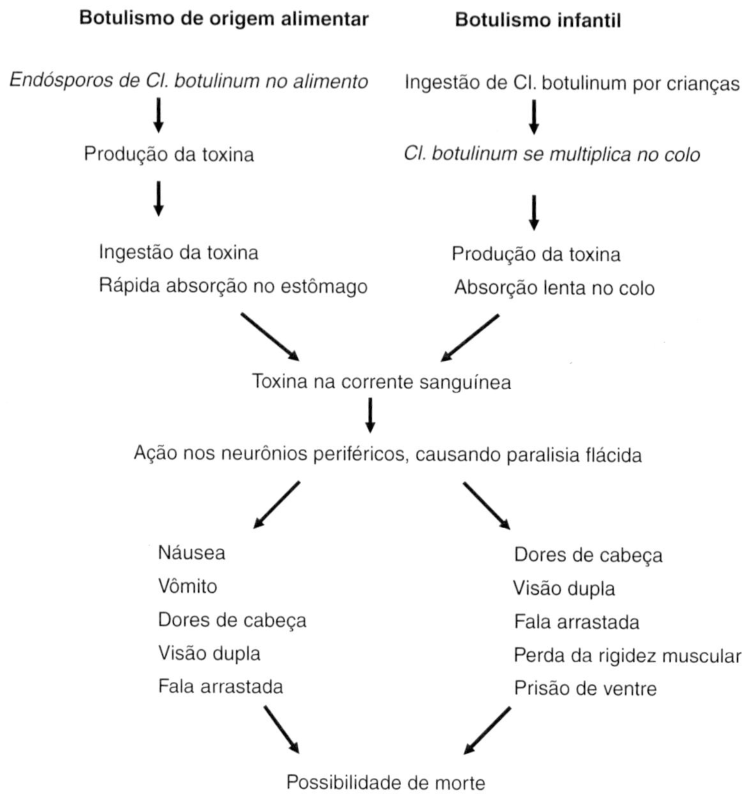

Figura 4.16 Intoxicação por *Cl. botulinum.*

cocção. O micro-organismo se desenvolve bem em alimentos cozidos devido à inativação da microflora competidora pela cocção. O *B. cereus* é um bastonete Gram-positivo de células grandes, aeróbio facultativo e cujos endósporos não aumentam o esporângio. Essas e outras características, incluindo as bioquímicas, são utilizadas para diferenciar e confirmar a presença de *B. cereus*. Entretanto, essas características são compartilhadas com *B. cereus* var. *mycoides*, *B. thuringiensis* e *B. anthracis*. A diferenciação desses organismos depende da determinação da motilidade (a maioria dos *B. cereus* é móvel), da presença de cristais de toxina (*B. thuringiensis*), da atividade hemolítica (*B. cereus* e outros são β-hemolíticos, enquanto *B. anthracis* é normalmente não hemolítico) e da multiplicação rizoide, a qual é característica do *B. cereus* var. *mycoides*. O *Bacillus subtilis* e o *B. licheniformis* foram propostos como causadores de enfermidades de origem alimentar, mas até o presente momento não se tem completas evidências disso. No entanto, as diretrizes para alimentos prontos para consumo do HPA no Reino Unido (antigo PHLS) os incluem nos planos de amostragem (ver Seção 6.11; Quadro 4.10).

Quadro 4.10

Organismo
B. cereus

Início dos sintomas
Diarreica: 6 a 15 horas
Emética: 0,5 a 6 horas

Origem alimentar
Diarreica: carnes, leite, vegetais e peixe
Emética: produtos de arroz, alimentos ricos em carboidratos (p. ex., batata, pasta e produtos com queijo)

Sintomas agudos e complicações crônicas
Diarreica: diarreia aquosa, cólicas e dores abdominais
Emética: náusea e vômito

O *B. cereus* é encontrado em toda a natureza, sendo isolado do solo, da vegetação, da água doce e dos pelos de animais. É comumente encontrado em baixos níveis nos alimentos (<10^2UFC/g), os quais são considerados aceitáveis. As intoxicações alimentares ocorrem quando o alimento é sujeito a abusos de tempo-temperatura, propiciando que um nível baixo de organismos se multiplique até níveis significativos (>10^5UFC/g) necessários para a intoxicação.

Origem:

- Ubíqua: solo, vegetação, carnes, leite, água, arroz, peixe

As características de temperatura e atividade de água para a multiplicação e os valores D são mostrados na Tabela 2.8. Os métodos de isolamento serão estudados na Seção 5.6.10.

Existem dois tipos reconhecidos de doenças alimentares causadas por *B. cereus*: a diarreica e a emética (Tab. 4.11). Ambas são autolimitadas, e a recuperação ocorre em geral em 24 horas. O *B. cereus* produz toxinas diarreicas durante a multiplicação no intestino delgado humano, enquanto as toxinas eméticas são pré-formadas no alimento. Uma ampla variedade de toxinas foi identificada (Granum e Lund, 1997b; Kramer e Gilbert, 1989):

- Enterotoxina diarreica
- Toxina emética
- Hemolisina I
- Hemolisina II
- Fosfatase C

Os sintomas da síndrome alimentar diarreica causada por *B. cereus* são:

- Diarreia aquosa
- Cólicas e dores abdominais
- Náusea, raramente vômitos

Tabela 4.11 Características de doenças de origem alimentar causadas por *B. cereus*

	Síndrome emética	Síndrome diarreica
Dose infecciosa	10^5-10^8 células/g	10^5-10^7 células/g
Produção da toxina	Pré-formada	Produzida no intestino delgado
Tipo da toxina	Peptídeo cíclico (1,2 kDa)	Três subunidades proteicas (L_1, L_2, B; 37-105 kDa)
Estabilidade da toxina	Bastante estável (126 °C, 90 min; pH 2-11)	Inativação a 56 °C, 30 minutos
Período de incubação	0,5 a 6 horas	8 a 24 horas
Duração da doença	6 a 24 horas	12 a 24 horas
Sintomas	Náusea, vômito e mal-estar, pode ocorrer diarreia aquosa	Dores abdominais, diarreia aquosa, náusea
Alimentos mais frequentemente implicados	Arroz frito ou cozido, massa, talharim e batatas	Produtos de carne, sopas, vegetais, peixe, pudins, molhos, leite e produtos lácteos

Adaptada de Granum e Lund, 1977a, com permissão de Blackwell Publishing Ltd.

O tipo diarreico da enfermidade é provocado por uma proteína de alto peso molecular composta de três subunidades (L1, L2 e B; 37-105 kDa) (Tab. 4.11). Essa toxina é inativada a 56 °C por 30 minutos. Os sintomas da toxinfecção alimentar do tipo diarreico causada por *B. cereus* são semelhantes aos da toxinfecção por *Cl. perfringens*. Diarreia aquosa, dores e cólicas abdominais ocorrem entre 8 e 24 horas após a ingestão do alimento contaminado. Náusea pode acompanhar a diarreia, mas vômito raramente ocorre. Os sintomas persistem por 24 horas na maioria dos casos, e nesse período o organismo é excretado em grandes quantidades.

Os sintomas da intoxicação alimentar emética causada por *B. cereus* são:

- Náuseas
- Vômitos
- Cólicas abdominais, podendo ocorrer diarreia

A síndrome emética é gerada por um peptídeo cíclico de baixo peso molecular (1,2 kDa), termoestável. É similar ao ionóforo de potássio valinomicina já que ambos têm um formato de anel com três unidades de amino e/ou oxiácidos "-D-O-leucina-D-alanina-O-valina-L-valina-" que se repetem. É bastante resistente ao calor (126 °C, por 90 minutos) e a valores de pH entre 2 e 11. É produzida durante a fase estacionária de multiplicação, mas não se sabe se sua produção está ligada à formação dos endósporos. O tipo emético de intoxicação é caracterizado por náuseas e vômitos, durante um período de 0,5 até 6 horas após o consumo de alimentos contaminados. Ocasionalmente, cólicas abdominais e/ou diarreias podem ocorrer. A duração dos sintomas em geral é menor que 24 horas. Os sintomas desse tipo de intoxicação alimentar são semelhantes àqueles causados por *St. aureus*. Algumas cepas de *B. subtilis* e *B. licheniformis* foram isoladas de ovelhas e galinhas relacionadas com episódios de intoxicação alimentar. Esses organismos demonstraram a produção de uma toxina altamente termoestável, que pode ser similar à toxina causadora da intoxicação emética do *B. cereus*.

Uma grande variedade de alimentos, incluindo carnes, leites, vegetais e peixes, foi associada ao tipo diarreico de toxinfecção. Os surtos do tipo emético costumam ser relacionados com produtos à base de arroz; no entanto, outros alimentos ricos em amido, como batatas, massas e produtos com queijo também foram implicados. As misturas para alimentos, como molhos, pudins, sopas, caçarolas, massas folhadas e saladas têm sido frequentemente relacionadas a surtos alimentares. A presença de um grande número de *B. cereus* (>10^6 organismos/g) em alimentos é indicativa da multiplicação ativa e proliferação do micro-organismo, sendo um perigo potencial à saúde.

Uma vez que o micro-organismo sendo encontrado por todo o ambiente, baixos números em geral ocorrem em alimentos. Por isso, o principal mecanismo de controle é a prevenção da germinação de endósporos e da multiplicação em alimentos cozidos prontos para consumo. A estocagem de alimentos abaixo de 10 °C inibe a multiplicação de *B. cereus*.

Medidas de controle:

- Controle da temperatura para prevenção da germinação de endósporos e da sua proliferação.
- Temperatura de estocagem >60 °C ou <10 °C, a menos que outros parâmetros (p. ex., pH, a_w) previnam a multiplicação bacteriana.
- Evitar estocagem se o alimento for pré-cozido.

4.3.11 *Vibrio cholerae*, *V. parahaemolyticus* e *V. vulnificus*

As espécies de *Vibrio* são frequentemente isoladas de águas de estuários e são, portanto, associadas com peixes e vários frutos do mar. Embora existam 12 espécies de *Vibrio* patogênicas ao homem, apenas *V. cholerae, V. parahaemolyticus* e *V. vulnificus* são mais preocupantes no que se refere a infecção humana. O *V. cholerae* causa cólera, que é a infecção por *Vibrio* mais conhecida. Humanos infectados podem ser portadores do *V. cholerae*, o que é um fator importante na transmissão da doença, uma vez que água utilizada para beber ou lavar alimentos pode tornar-se contaminada com material fecal (Quadro 4.11).

No intestino delgado, o *V. cholera* adere à superfície mucoide devido a adesinas associadas à célula e produz uma exotoxina, toxina da cólera, que age nas células mucoides do intestino. A toxina tem um tamanho de 84 kDa e é composta de uma subunidade A1 (21 kDa) e uma subunidade A2 (7 kDa) ligadas covalentemente a cinco subunidades B (10 kDa cada). A subunidade B liga-se a um receptor gangliosídeo nas células mucoides, e a subunidade A entra na célula, ativando a adenilato ciclase e assim aumentado a concentração de cAMP (Fig. 2.7).

As células mucoides têm um conjunto de bombas transportadoras de íons (para Na^+, Cl^-, HCO_3^- e K^+) que em geral mantêm um firme controle sobre o transporte de íons através da mucosa intestinal (ver Seção 4.1.1). Visto que a água pode passar livremente através das membranas, o único modo de controlar o fluxo de água para dentro e para fora do tecido é pelo controle da concentração de íons em diferentes compartimentos do corpo. Sob condições normais, o fluxo de íons é do lúmem para o tecido

Quadro 4.11

Organismo
V. cholerae, *V. parahaemolyticus*, *V. vulnificus*

Início dos sintomas
V. cholerae: 1 a 3 dias
V. parahaemolyticus 9 a 25 horas
V. vulnificus: 12 horas a 3 dias

Origem alimentar
V. cholerae: Frutos do mar, vegetais, arroz cozido, gelo
V. parahaemolyticus: Peixe cru ou mal cozido e produtos de peixe
V. vulnificus: Frutos do mar, particularmente ostras cruas

Sintomas agudos e complicações crônicas
V. cholerae: Diarreia aquosa profusa
V. parahaemolyticus: Diarreia aquosa profusa sem sangue ou muco, dores abdominais, vômito e febre
V. vulnificus: Diarreia profusa com sangue nas fezes

(Fig. 4.3), resultando na captação de água do lúmem. O efeito da toxina do cólera nas células mucoides altera esse balanço. A toxina do cólera não causa dano aparente à mucosa, mas um aumento no nível de cAMP, o qual ocasiona uma diminuição no fluxo líquido de sódio no tecido e produz um fluxo líquido de cloro (e água) para fora do tecido, na direção do lúmem, levando a diarreia volumosa e desequilíbrio de eletrólitos.

V. parahaemolyticus significa víbrio que dissolve o sangue, e o organismo foi isolado pela primeira vez em 1951. O micro-organismo não é isolado na ausência de NaCl (2 a 3%) e, por isso, não foi cultivado nos primeiros estudos de gastrenterites. O *V. parahaemolyticus* é atualmente reconhecido como o maior causador de gastrenterites de origem alimentar no Japão. Isso porque a bactéria é associada ao consumo de frutos do mar, os quais são parte significativa da dieta no Japão.

Os sintomas típicos de doença alimentar causada por *V. parahaemolyticus* são:

- Diarreias
- Dores abdominais
- Náuseas
- Vômitos
- Dores de cabeça
- Febre e calafrios

O período de incubação é de 4 a 96 horas após a ingestão do micro-organismo, sendo a média de 15 horas (Tab. 1.10). A doença costuma ser branda ou moderada, embora alguns casos possam necessitar de hospitalização. Em média, essa doença dura cerca de três dias. É possível que a dose infecciosa seja maior que um milhão de organismos. A virulência é associada com a produção de uma hemolisina termoestável (TDH), com habilidade de invadir os enterócitos, e talvez com a produção de uma enterotoxina (provavelmente do tipo shigatoxina). O produto do gene *tdh* é a única característica confiável que hoje distingue as cepas patogênicas e não patogênicas. Embora a demonstração da hemolisina Kanagawa tenha sido a princípio considerada um indicativo de patogenicidade, atualmente isso é incerto.

O organismo costuma estar presente em quantidade inferior a 10^3UFC/g, em peixes e frutos do mar, exceto em águas mornas, onde a contagem pode aumentar para 10^6UFC/g. As infecções causadas por esse micro-organismo têm sido associadas ao consumo de peixe e moluscos crus, cozidos de forma imprópria ou cozidos e recontaminados. Existe uma correlação entre a probabilidade de infecção e os meses mais quentes do ano. A refrigeração inadequada de frutos do mar contaminados com essa bactéria permite a sua proliferação, o que aumenta a possibilidade de infecção. O organismo é bastante sensível ao calor, e os surtos frequentemente se devem a processos de manipulação inadequados e a temperaturas elevadas. O controle desse micro-organismo pode ocorrer por meio da prevenção da sua multiplicação, após a pesca, do resfriamento (< 5 °C) e pela cocção até uma temperatura interna maior que 65 °C. O isolamento de qualquer espécie de *Vibrio* a partir de alimentos cozidos indica práticas de higiene inapropriadas, já que o micro-organismo é destruído rapidamente pelo calor.

O *V. vulnificus* foi relatado pela primeira vez em 1976 como víbrio lactose-positivo. *Vulnificus* significa causador de feridas, o que reflete sua habilidade em invadir e destruir tecidos. O micro-organismo é, portanto, associado a infecções em feridas e septicemias fatais (Linkous e Oliver, 1999). Ele tem a maior taxa de morte que qualquer agente causador de doenças de origem alimentar (Todd, 1989b) e é responsável por 95% das mortes relacionadas com frutos do mar nos Estados Unidos.

Os sintomas típicos da doença alimentar causada por *V. vulnificus* são:

- Febre
- Tremores
- Náuseas
- Lesões na pele

O início dos sintomas ocorre cerca de 24 horas (variando de 12 horas até vários dias) após a ingestão de frutos do mar crus contaminados (especialmente ostras), por pessoas vulneráveis. Os indivíduos mais suscetíveis às infecções incluem idosos, pessoas imunocomprometidas e aqueles que sofrem de distúrbios crônicos do fígado e de alcoolismo crônico. O organismo difere dos outros víbrios patógenos, uma vez que invade e se multiplica na corrente sanguínea. A mortalidade ocorre em 40 a 60% dos casos. Esse organismo é altamente invasivo e produz diversos fatores que o protegem do sistema imunológico do hospedeiro, incluindo um fator de soro-resistência, um polissacarídeo capsular e a habilidade de adquirir ferro da transferrina ferrossaturada. Produz diversas exoenzimas, incluindo uma hemolisina/citolisina termossensível e uma protease elastolítica que provavelmente causa os danos celulares. O lipopolissacarídeo é endotóxico. Visto que uma grande quantidade de moluscos é consumida a cada ano e apenas alguns casos de doenças alimentares causadas por *V. vulnificus* são relatados, parece razoável predizer que nem todas as cepas são patogênicas.

O *V. vulnificus* é isolado a partir de moluscos e águas litorâneas, mas raras vezes de águas do mar com temperaturas inferiores a 10 a 15 °C; porém os números aumentam quando a temperatura da água é superior a 21 °C. A principal rota de infecção é a ingestão, seguida da infecção por meio de ferimentos e septicemia. Não é uma causa significativa de doenças de origem alimentar entre adultos saudáveis. Portanto, a principal forma de prevenção é evitar o consumo de moluscos crus, em particular ostras, por indivíduos imunocomprometidos. O isolamento de qualquer espécie de *Vibrio* a partir de alimentos cozidos indica práticas de higiene inadequadas, pois os micro-organismos são rapidamente destruídos pelo calor e não têm sido relatados casos em alimentos processados. O controle do micro-organismo ocorre sobretudo pela interrupção da coleta de ostras se as temperaturas da água excederem 25 °C e também pelo resfriamento e a manutenção das ostras em temperaturas menores que 15 °C. Ver Seção 10.6 para uma avaliação de risco de *V. parahaemolyticus* em moluscos.

4.3.12 *Brucella melitensis*, *Br. abortus* e *Br. suis*

A *Brucella* é um cocobacilo Gram-negativo, estritamente aeróbio, que causa a brucelose. Esse micro-organismo encontra-se em animais e provoca infecções incidentais em humanos. As quatro espécies que causam infecções em humanos são denominadas com base no animal dos quais em geral são isoladas: *Br. abortus* (gado), *Br. suis* (suíno), *Br. melitensis* (cabras) e *Br. canis* (cães). O gado e as indústrias de laticínios são a principal fonte de contaminação. A *Brucella* pode entrar no corpo pela pele ou pelos tratos respiratório ou digestivo. Uma vez no organismo, a bactéria atinge o sangue e os vasos linfáticos, onde se multiplica no interior de fagócitos, podendo causar bacteremia (infecção bacteriana no sangue). Os sintomas variam para cada paciente, mas podem incluir febre alta, tremores e sudorese (Quadro 4.12).

No mundo, a brucelose mantém-se como uma das principais fontes de doenças em humanos e animais domésticos. Sua incidência tem diminuído na América do

Quadro 4.12

Organismo
Brucella spp.

Origem alimentar
Alimentos de origem animal crus ou processados e não aquecidos; por exemplo, leite, produtos lácteos, creme, queijo, manteiga

Início dos sintomas
Dias a semanas

Sintomas agudos e complicações crônicas
Sudorese, dores de cabeça, falta de apetite, fadiga, febre

Norte e Oeste Europeu. Entretanto, ainda permance como um importante problema de saúde em inúmeros países: no Oriente Médio, no Mediterrâneo, no México, no Peru, em algumas regiões da China, na antiga União Soviética e na Índia. Alguns países do Oriente Médio estão passando por um aumento na incidência.

Nos humanos, a *Br. melitensis* é a mais importante causadora de doenças com sintomas clínicos. A patogenicidade é relacionada à produção de lipopolissacarídeos contendo poli *N*-formil perosamina de cadeia O, Cu-Zn superóxido dismutase, eritrulose fosfato desidrogenase, proteínas induzidas por estresse relacionadas à sobrevivência intracelular e inibidores monofosfato de adenina e guanina de funções do fagócito.

A prevenção da brucelose depende de sua erradicação ou do controle da doença em animais hospedeiros, precauções higiênicas para limitar a exposição a infecções por meio de atividades ocupacionais e tratamento térmico de produtos lácteos e outros alimentos potencialmente contaminados.

4.3.13 *Aeromonas hydrophila, A. caviae* e *A. sobria*

O gênero *Aeromonas* foi proposto em 1936 para membros das *Enterobacteriaceae* em forma de bastonete que possuíam um flagelo polar. *A. hydrophila* está presente em ambientes de água doce e em águas salobras. Têm sido encontrada com frequência em peixes e moluscos e em carnes vermelhas (gado, suíno e ovelha) e de frangos à venda em mercados. O micro-organismo é capaz de multiplicar-se lentamente a 0 °C. Presume-se que, dada a ubiquidade do organismo, nem todas as cepas sejam patogênicas. Algumas cepas de *A. hydrophila* são capazes de causar doenças em peixes e anfíbios, bem como em humanos, os quais adquirem infecções por meio de feridas abertas ou pela ingestão de organismos presentes em quantidades suficientes em alimentos ou água. Essa bactéria pode causar gastrenterite em indivíduos saudáveis ou septicemia naqueles com o sistema imunológico debilitado ou várias neoplasias. A *A. caviae* e a *A. sobria* podem causar também enterites em qualquer pessoa ou septicemia nas imunocomprometidas ou com neoplasias (Quadro 4.13).

Quadro 4.13

Organismo
A. hydrophila

Origem alimentar
Frutos do mar (peixe, camarão, ostra), caracóis, água para beber

Início dos sintomas
24 a 48 horas

Sintomas agudos e complicações crônicas
Fezes aquosas, cólicas estomacais, febre branda e vômito

Existe controvérsia na determinação da *A. hydrophila* como causa de gastrenterite humana. A incerteza deve-se ao fato de que estudos com voluntários humanos (dose de 10^{11} células) falharam em demonstrar qualquer associação do agente com a doença humana. No entanto, sua presença nas fezes de indivíduos com diarreia, na ausência de outros patógenos entéricos, sugere que essa bactéria tenha algum papel na doença e, por isso, foi incluída neste levantamento de patógenos alimentares. Da mesma forma, *A. caviae* e *A. sobria* são patógenos supostamente relacionados a doenças diarreicas, mas, até o momento, não há provas de serem os agentes causadores.

Os sintomas gerais de gastrenterites causadas por *A. hydrophila* são:

- Diarreia
- Dores abdominais
- Náusea
- Tremores e dores de cabeça
- Doenças similares a disenteria
- Colite
- Sintomas adicionais que incluem septicemia, meningite, endocardite e úlceras córneas

Dois tipos distintos de gastrenterite têm sido associados com a *A. hydrophila*: a doença do tipo colérica, com diarreia aquosa (semelhante a água de arroz) e a doença disentérica, caracterizada por fezes moles contendo sangue e muco. A dose infecciosa do micro-organismo é desconhecida. A *A. hydrophila* pode disseminar-se por meio da corrente sanguínea e causar infecção generalizada em pessoas com sistemas imunológicos deficientes. Aqueles que correm risco são indivíduos sofrendo de leucemia, carcinoma e cirrose ou aqueles tratados com fármacos imunodepressores e, ainda, os que passam por quimioterapia. A *A. hydrophila* produz uma enterotoxina citotônica, hemolisinas, acetiltransferase e uma fosfolipase. Juntos, esses fatores de virulência contribuem para a patogenicidade do organismo.

4.3.14 *Plesiomonas shigelloides*

A *Pl. shigelloides* é um bastonete anaeróbio facultativo e Gram-negativo. Ao contrário da taxonomia das *Aeromonas*, o gênero *Plesiomonas* compreende uma única espécie, *Pl. shigelloides,* a qual é atualmente classificada na família *Plesiomonadaceae*. As *Plesiomonas* compartilham características com ambos os gêneros, *Vibrio* e *Aeromonas*. Também contêm o antígeno comum às *Enterobacteriaceae*. Esse organismo tem sido isolado a partir de água doce, peixes e moluscos de água doce, e de muitos tipos de animais, incluindo gado, caprinos, suínos, gatos, cães, macacos, urubus, cobras e sapos. A maioria das infecções causadas por *Pl. shigelloides* em humanos é suspeita de ter origem hídrica. O organismo pode estar presente em água contaminada ou não tratada, a qual tenha sido utilizada como potável ou recreacional. A *Pl. shigelloides* nem sempre causa enfermidades após a ingestão, podendo residir temporariamente como um membro transiente não infeccioso da flora intestinal. Tem sido isolada não apenas de fezes de pacientes com diarreia, mas também algumas vezes de indivíduos saudáveis (0,2 a 3,2% da população). Assim como a *A. hydrophila*, a *Pl. shigelloides* não é um patógeno alimentar comprovado, mas foi incluída neste estudo por que algumas pesquisas têm mostrado ligação entre contaminação da água e alimentos com surtos de gastrenterite relacionados a *Pl. shigelloides* (Claesson et al., 1994).

Os sintomas típicos de gastrenterites causadas por *Pl. shigelloides* incluem:

- Diarreia
- Dor abdominal
- Náusea
- Calafrios
- Para alguns, febre branda, dores de cabeça e vômitos

Os sintomas podem iniciar em 20 a 24 horas após o consumo de água ou alimento contaminado e duram de 1 a 9 dias (ver Tab. 1.18). A diarreia é aquosa, sem muco e sem sangue. Em casos mais graves, entretanto, pode ser amarelo-esverdeada, espumosa e com sangue.

A dose infecciosa presumida é bastante alta, pelo menos maior que um milhão de organismos. A patogenicidade da infecção causada por *Pl. shigelloides* não é conhecida. O micro-organismo produz toxina termoestável citotônica e possivelmente hemolisinas, proteases e endotoxinas. Sua importância como um patógeno entérico é presumível devido a seu isolamento predominante a partir de fezes de pacientes com diarreias.

O organismo é encontrado por todo o ambiente. A maioria das infecções por essas bactérias ocorre no verão e correlaciona-se à contaminação ambiental da água doce (rios, córregos, lagoas, etc.). Sua rota normal de transmissão em casos isolados ou epidêmicos é pela ingestão de água contaminada ou moluscos crus. Grande parte das cepas de *Pl. shigelloides* associadas a doenças gastrintestinais humanas foi isolada de fezes de pacientes sofrendo de diarreia e residentes em áreas tropicais e subtropicais. Essas infecções são raramente relatadas nos Estados Unidos ou na Europa, e a doença possui natureza autolimitante. Por isso, pode ser incluída no grupo de doenças diarreicas de etiologia desconhecida, as quais são tratadas e respondem a antibióticos de amplo espectro. Como o micro-organismo é sensível ao calor, o principal método de controle é a cocção adequada de moluscos antes da ingestão.

4.3.15 Espécies de *Streptococcus* e *Enterococcus*

O gênero *Streptococcus* compreende cocos Gram-positivos microaerófilos, os quais não são móveis e apresentam-se em cadeias ou pares. O gênero é definido por meio da combinação de características antigênicas, hemolíticas e fisiológicas nos grupos A, B, C, D, F e G. Os grupos A e D podem ser transmitidos aos humanos por alimentos. O grupo A contém uma espécie (*Strep. pyogenes*) com 40 tipos antigênicos. O D contém cinco espécies: *Enterococcus faecalis, Ent. faecium, Strep. durans, Strep. avium* e *Strep. bovis*. A ligação entre a febre escarlatina e a dor de garganta séptica, após o consumo de leite contaminado, foi realizada há mais de 100 anos. Os surtos de inflamação na garganta e febre escarlatina foram bastante numerosos antes do advento da pasteurização do leite (Quadro 4.14).

Quadro 4.14

Organismo
Streptococcus spp. do grupo A (*S. pyogenes*)

Origem alimentar
Leite que sofreu temperatura elevada, sorvete, ovos, lagosta cozida no vapor, presunto moído, salada de batata, salada de ovos, creme de ovos, arroz-doce, salada de camarão.

Início dos sintomas
Grupo A: 24 a 72 horas
Grupo B: 2 a 33 horas

Sintomas agudos e complicações crônicas
Inflamação e irritação na garganta, dores ao engolir, amigdalite, febre alta, dores de cabeça, nauseas, vômito, mal-estar, rinorréia.

Os sintomas de infecções causadas por estreptococos do grupo A são:

- Inflamação e irritação na garganta
- Dores ao engolir
- Amigdalite
- Febre alta e dor de cabeça
- Náusea e vômito
- Mal-estar
- Secreção nasal
- Erupções cutâneas

Os estreptococos do Grupo A causam dor de garganta séptica e febre escarlatina, além de outras infecções pirogênicas e septicêmicas. O organismo também pode causar "síndrome do choque tóxico" (Cone et al., 1987). O início da doença acontece no período de 1 a 3 dias. A dose infecciosa é provavelmente pequena, no máximo mil micro-organismos. Os alimentos que atuam como fonte de enfermidade incluem leite, sorvete, ovos, lagosta cozida no vapor, presunto moído, salada de batatas, creme de ovos, arroz-doce e salada de camarão. Em quase todos os casos de doenças alimentares, os alimentos foram submetidos a altas temperaturas entre a preparação e o consumo. A contaminação do alimento em geral se dá por má higiene, manipuladores de alimentos doentes ou uso de leite não pasteurizado. A dor de garganta séptica provocada por estreptococos é muito comum, sobretudo em crianças. Normalmente, são tratadas com sucesso por antibióticos. As complicações são raras, e a taxa de mortalidade é baixa. A maioria dos surtos recentes tem como origem a contaminação alimentos complexos (p. ex., saladas) que foram infectados por um manipulador enfermo. Um manipulador doente pode infectar centenas de indivíduos.

A patogenicidade dos estreptococos do grupo A é parcialmente causada pela presença de proteínas M nas fibrilas da superfície da célula. Esses fatores de aderência permitem que o organismo se fixe às células epiteliais e evitem a fagocitose. O micro-organismo produz hemolisinas, como pode ser evidenciado por meio da β-hemólise no ágar-sangue.

Os estreptococos do grupo D podem produzir uma síndrome clínica similar a intoxicações estafilocócicas.

Os sintomas gerais das infecções causadas pelos estreptococos do grupo D são:

- Diarreia
- Cólicas abdominais
- Náusea e vômitos
- Febres e tremores
- Tonturas

Os sintomas aparecem de 2 a 36 horas após a ingestão do alimento contaminado. A dose infecciosa é provavelmente maior que 10^7 organismos. A diarreia é muito mal caracterizada, mas é aguda e autolimitante. Os alimentos que atuam como fonte de contaminação incluem linguiças, leite em pó, queijo, croquetes de carne, torta de carne, pudim, leite cru e leite pasteurizado. A entrada na cadeia alimentar se dá pelo processamento inadequado e/ou por práticas não higiênicas durante o preparo do alimento.

O controle de contaminação de alimentos por estreptococos é realizado por meio do controle rigoroso da higiene pessoal e da exclusão de manipuladores com dor de garganta da área de produção.

O *Strep. parasanguinis* é um patógeno emergente entre os de origem alimentar. Esse organismo foi isolado de duas ovelhas na Espanha, durante um levantamento bacteriológico para determinar a prevalência de mastite subclínica. Já que o organismo tem sido associado ao desenvolvimento experimental de endocardite, sua presença em concentrações relativamente altas no leite de ovelhas que parecem saudáveis pode apresentar certo risco às pessoas com predisposição para lesões do coração.

4.4 Patógenos de origem alimentar: vírus

Gastrenterites de origem não bacteriana e causadas por inúmeros vírus têm sido demonstradas desde as primeiras descobertas do norovírus (antes conhecido como vírus Norwalk), em 1972, e do rotavírus em 1973. Os vírus podem ser excretados em grandes quantidades por indivíduos infectados. Vírus não podem se multiplicar em alimentos, no entanto, alimentos servem como veículos para infecções. Estudos (Seção 1.7) têm estimado que, nos Estados Unidos, em torno de 30,9 milhões (80%) das 38,6 milhões de doenças de origem alimentar totalizadas por ano podem ser atribuídas a vírus. No passado, essas infecções haviam sido subestimadas de forma grosseira, devido a falta de notificação de gastrenterites brandas e pela falta de métodos de detecção confiáveis. Felizmente, a biologia molecular está sendo de grande ajuda no desenvolvimento de procedimentos analíticos para avaliação de alimentos e auxílio nos estudos epidemiológicos. Entretanto, esses métodos não foram ainda desenvolvidos aos mesmos níveis de aplicação dos métodos convencionais de análise bacteriana de alimentos.

A gastrenterite viral é em geral caracterizada pelos seguintes sintomas:

1. Início após um período de incubação de 24 a 36 horas
2. Vômito e/ou diarreia com duração de alguns dias
3. Alta taxa de ataque (média de 45%)
4. Alto número de casos secundários (Kaplan et al., 1982)

A dose infecciosa não é conhecida, mas se presume ser baixa (10^0 a 10^2). Vírus são transmitidos por via fecal-oral, contato de pessoa a pessoa ou pela ingestão de alimentos ou água contaminados. Manipuladores de alimentos enfermos podem contaminar alimentos que não são cozidos antes do consumo. Adenovírus entéricos também podem ser transmitidos pela rota respiratória.

Patógenos virais de origem alimentar variam em tamanhos de 15 a 400 nm. Uma vez que são parasitas intracelulares obrigatórios, eles requerem células de mamíferos (tão específicas quanto humanas) para se replicarem, e têm propriedades para proteção do genoma dentro da célula e para ajudar com a transmissão. A maioria dos vírus alimentares e da água não são encapsulados e são relativamente resistentes a calor, desinfecção e mudanças no pH. Eles podem ser transmitidos de diversos modos, como, por exemplo, pela inalação de gotículas (aerossol) originadas pela tosse, além da contaminação fecal de superfícies de trabalho. Portanto, a contaminação pode ocorrer em qualquer lugar, desde a produção até o consumo ("*farm to fork*"). Infelizmente, a inativação térmica de vírus entéricos tem sido pouco estudada em alimentos, com exceção dos moluscos.

As características gerais das infecções virais de origem alimentar são as seguintes:

- Somente algumas partículas são necessárias para o desenvolvimento da doença.
- Grandes quantidades de partículas virais são excretadas nas fezes de pessoas infectadas (até 10^{11}partículas/g de fezes foi relatado para o rotavírus). Por consequência, esgoto não tratado pode ter de 10^3 a 10^5 partículas infecciosas/L.
- Os vírus não se replicam em alimentos ou na água.
- Vírus de origem alimentar são bastante estáveis fora do hospedeiro e resistentes a ácidos.

Os procedimentos atuais de higiene de alimentos foram desenvolvidos para prevenção de patógenos bacterianos alimentares e, portanto, provavelmente sejam inadequados para o controle de patógenos virais presentes antes do processamento. Um problema adicional com os patógenos virais de origem alimentar está relacionado ao fato de que os mais comuns (p. ex., norovírus) se multiplicam muito mal ou não se multiplicam em culturas celulares.

Os patógenos virais de origem alimentar podem ser divididos em três grupos:

1. *Vírus que causam gastrenterites:* Rotavírus (Grupo A, B, e C), adenovírus entérico, norovírus e vírus Sapporo (ambos calicivírus), adenovírus (tipos 40 e 41) e astrovírus (sorovares 1 a 8).
2. *Vírus da hepatite transmitido por via fecal-oral*: Vírus da hepatite A (HAV) e hepatite E (HEV).

3. *Aqueles que causam outras doenças:* citomegalovírus, vírus do tipo parvo, coronavírus e os enterovírus (pólio 1 a 3, Coxsackie A e B, echo 68 a 71).

A partir de Koopmans e Duizer (2002) e Koopmans e colaboradores (2002) (ver Tab. 4.12).

As enferminades virais de origem alimentar mais comuns são causadas pelo norovírus e HAV. Nos Estados Unidos, estima-se que 32 a 42% das infecções de origem alimentar sejam causadas por vírus. Esses vírus são transmitidos sobretudo pela via humano a humano, e transmissão zoonótica (animal para humano) não é reconhecida. Norovírus tem sido encontrado em grandes proporções em rebanhos de gado e alguns suínos, mas são geneticamente diferentes daqueles que infectam humanos (Van Der Poel et al., 2000).

As rotas pelas quais alimentos podem ser tornar contaminados com vírus patogênicos incluem:

1. Moluscos contaminados por águas marinhas poluídas por materiais fecais.
2. Poluição de água potável e de irrigação com esgoto humano.
3. Contaminação de alimentos prontos para o consumo ou preparados para o consumo como resultado da má higiene pessoal de manipuladores de alimentos que estejam infectados.
4. Produção de aerossóis a partir de vômito.
5. Pelo contato com superfícies contaminadas.

Vírus requerem replicação estritamente intracelular e não o fazendo em alimentos ou na água. Portanto, seus números não aumentam durante o processamento, o transporte ou a estocagem. Além disso, são mais resistentes a calor, desinfecção e mudanças no pH do que patógenos bacterianos.

Embora não haja uma correlação entre a presença de vírus e bactérias indicadoras (p. ex. coliformes, *E. coli*), nenhum critério microbiológico específico para vírus entéricos estão incluídos nas medidas legais de controle sanitário para moluscos. Isso

Tabela 4.12 Patógenos virais de origem alimentar

	Sintomas	
Gastrenterite	Hepatite	Outras doenças
Adenovírus	Hepatite A	Coronavírus
Aichi virus	Hepatite E	Coxsackievírus Grupos A e B
Astrovírus		Citomegalovírus
Adenovírus entérico do tipo 40 e 41		Echovírus sorotipos 68 a 71
Norovírus		Parvovírus
Rotavírus Grupos A a C		Poliovírus
Vírus Sapporo		
Vírus de estrutura redonda e pequena		

A partir de Koopmans e Duizer (2002) e Koopmans et al. (2002), com permissão da Blackwell Publishing Ltd.

é um fato que merece atenção, uma vez que a depuração não reduz os níveis de contaminações virais de forma tão efetiva como nas contaminações bacterianas.

Os métodos de detecção são baseados em ELISA ou biologia molecular (PCR de sequências específicas de gene) e são utilizados em laboratórios de saúde pública, em vez de em laboratórios de microbiologia de alimentos (Atmar e Estes, 2001). Há uma rede de dados para vírus de origem alimentar que atua como um sistema de alerta rápido para a União Europeia (Seção 1.12.5; ver o diretório na internet para URL) (Quadro 4.15).

4.4.1 Norovírus (conhecido anteriormente como vírus do tipo Norwalk e vírus de estrutura pequena e redonda, SRSV)

Os norovírus eram conhecidos anteriormente como vírus do tipo Norwalk (NLV) e vírus de estrutura pequena e redonda (*Small Round Structured Viruses,* SRSV). Esses vírus não podem ser cultivados em culturas celulares. A taxonomia dos norovírus tem sido alterada com frequência, mas é em geral aceitável que eles façam parte da família *Caliciviridae.* Os calicivírus humanos entéricos costumavam ser divididos em três genogrupos:

1 *Genogrupo I*: NLV
2 *Genogrupo II*: agente da *Snow Mountain*
3 *Genogrupo III*: vírus do tipo Sapporo (SLV)

No entanto, essa classificação foi revisada e alterada para quatro gêneros (Van Regenmortel et al., 2000):

1 *Vesivirus*: calicivírus felino
2 *Lagovirus*: vírus causador de doenças hemorrágicas em coelhos
3 *NLV*: vírus Norwalk

Quadro 4.15

Organismo
Gastrenterite viral; norovírus, adenovírus, rotavírus
Hepatite A viral

Origem alimentar
Gastrenterite: Contaminação de alimentos e água potável, moluscos que se alimentam por filtração
Hepatite A: Moluscos, frutas e vegetais crus, produtos de panificação

Início dos sintomas
Gastrenterite: 15 a 50 horas
Hepatite A: 2 a 6 semanas

Sintomas agudos e complicações crônicas
Gastrenterite: Diarréia e vômito, frequentemente graves e projetáveis
Hepatite A: Perda de apetite, febre, mal-estar, náusea, vômito, urina escura, fezes pálidas e icterícia

4 *SLV*: Vírus Sapporo

A família *Caliciviridae* deve agora ser descrita como (Green et al., 2000):

Gênero: Lagovírus; espécie tipo: Vírus causador de doenças hemorrágicas em coelhos

- *Gênero:* Vesivírus; espécie tipo: Calicivírus felino
- *Gênero:* Norovírus; espécie tipo: Vírus Norwalk
- *Gênero:* Sapovírus; espécie tipo: Vírus Sapporo

Os dois primeiros gêneros não são relacionados com infecções humanas, enquanto o norovírus e o vírus Sapporo são responsáveis por gastrenterites epidêmicas. Os norovírus foram a causa de 67% dos casos de gastrenterites associadas com alimentos, 33% das hospitalizações e 7% das mortes (Mead et al., 1999). Os norovírus causam diarreia e vômito e são a causa mais comum de gastrenterite em todos os grupos de idade. O vírus Sapporo predominantemente causa doenças em crianças. Existem 15 genótipos diferentes de norovírus, de acordo com as diferenças genéticas e a composição de proteínas. Imunidade é desenvolvida para um genótipo e é de curta duração. Portanto, multiplas infecções por norovírus podem ocorrer.

O norovírus é tão comum quanto o rotavírus em pacientes que visitam consultórios de clínicos gerais (Koopmans et al., 2002, Wheeler et al., 1999; ver Seção 1.7 para estudos) e vem em segundo lugar, logo após a gripe comum em casos reportados nos Estados Unidos. A incidência é maior em crianças pequenas (Fig. 1.1), mas a doença também ocorre em adultos, e é relevante para produção higiênica de alimentos nos lares e na indústria, uma vez que infecções assintomáticas são comuns. Surtos são associados com escolas, hospitais, restaurantes e asilos. A proporção de infecções que são devidas à ingestão de alimentos contaminados é desconhecida, embora se estime ser comum. O vírus costuma ser transmitido diretamente pelo contato de pessoa a pessoa, sendo a via secundária (indireta) por meio de alimentos, água e ambientes contaminados. Deve-se ressaltar que o vírus não se multiplica no alimento ou na água e, portanto, estocagem em baixas temperaturas não podem ser utilizadas para o controle de sua presença.

Descrições antigas de gastrenterites epidêmicas de origem não bacteriana ou "doenças de inverno causadoras de vômito" existem desde 1929. Mas o agente causal não foi identificado até um surto em 1968, em uma escola elementar, em Norwalk (Ohio, EUA), quando a microscopia imunoeletrônica foi utilizada em amostras de fezes. Esse vírus não encapsulado foi o primeiro a ser associado com surtos de gastrenterite aguda e foi denominado conforme o local do surto (Kapikan et al., 1972). A prática de nomear os vírus com base na localidade dos surtos continuou até época recente e, em seguida, grupos de vírus sorologicamente distintos foram denominados vírus Hawaii, vírus Snow Mountain e vírus Toronto. Essa prática foi interrompida por que os nomes geográficos podem causar sensibilidades nacionais e/ou locais.

O norovírus tem uma fita positiva de RNA genômico de 7,3 a 7,6 kb que codifica para um grupo de proteínas não estruturais no final 5' e a principal proteína estrutural no final 3'. As partículas virais de 28 a 35 nm têm uma densidade de 1,39 a 1,40 g/mL em CsCl, e o capsídeo é composto de 180 cópias de uma única proteína estrutural. Infelizmente, o norovírus não pode ser cultivado no laboratório, de modo que, até o desenvolvimento de estudos moleculares, o entendimento e a detecção desse vírus era muito difícil.

Para a genotipificação, as sequências comuns utilizadas para alinhamentos múltiplos são a região A, que é parte do gene que codifica para a polimerase, e a região C, que é parte do gene que codifica para o capsídeo. Ver Seção 1.12.5 para referência relacionada a variantes em circulação, em 2007.

As gastrenterites causadas pelo norovírus são autolimitantes e moderadas. Suas características são:

- Febre baixa
- Vômitos com projeção
- Diarreia
- Dores de cabeça
- Também podem ocorrer calafrios, dores musculares e fraqueza

A doença é considerada branda e autolimitante. A dose infecciosa é desconhecida, mas estima-se que seja baixa. Um moderado e curto mal-estar geralmente se desenvolve num período de 24 a 48 horas após a ingestão de alimentos ou água contaminados e dura de 24 a 60 horas (ver Tab. 1.18). O vírus invade e danifica o trato intestinal, resultando em lesões da mucosa do intestino delgado. A resposta inflamatória na lâmina própria (Fig. 4.2) é similar à causada pelo rotavírus. Doenças graves ou hospitalizações são muito raras. O vírus é excretado nas fezes (em quantidades tão altas quanto 10^8 partículas de vírus/g fezes) e vômito, começando durante o período de incubação e durando até 10 dias ou mais. Trinta por cento dos casos excretam o vírus por até três semanas após a infecção. As infecções causadas por esse vírus são altamente contagiosas, com uma taxa de ataque superior a 45%. Muitos genótipos diferentes de norovírus circulam na população em geral, produzindo casos esporádicos e surtos. A sequência de diferentes isolados envolvidos em um mesmo surto é quase idêntica, a menos que a fonte de contaminação provenha do esgoto. Imunidade a genótipos infecciosos específicos duram apenas um curto período e, portanto, o desenvolvimento de vacinas de longa duração pode não ser possível.

As rotas de transmissão incluem:

- *Água (origem mais comum de surtos)*: Abastecimento municipal, poços, lagos recreacionais, piscinas e água estocada em navios de cruzeiros.
- *Alimentos contaminados*: Diretamente por manipuladores de alimentos ou por água contaminada utilizada para lavagem ou irrigação.
- Vômitos com projeção (característica comum de infecções por norovírus) e aerossóis produzidos por vômito são veículos de transmissão via contaminação ambiental e transmissão aérea (Marks et al., 2000).

O norovírus pode sobreviver fora do hospedeiro, e é mais resistente a desinfetantes comuns do que as bactérias. Esse vírus tem apresentado resistência a pHs tão baixos quanto 2,7, aquecimento (60 °C, 30 minutos) e cloro livre (até 1mg de cloro livre/L, 30 minutos de tempo de exposição). Ele é inativado em concentrações mais altas de cloro (>2mg/L de cloro livre). Apenas um número limitado de estudos foram realizados abordando o efeito de outros desinfetantes sobre o norovírus, devido a falta de métodos que permitam o cultivo *in vitro*. O processamento para obtenção de água potável pode reduzir a quantidade de norovírus na ordem de 4 logs.

Moluscos que se alimentam por filtração e ingredientes utilizados para salada são os alimentos implicados com mais frequência nos surtos envolvendo norovírus. Moluscos podem filtrar até 10 galões (38 L) de água por hora e, portanto, concentrar vírus presentes na água. Infelizmente, a depuração é cerca de 100 vezes menos efetiva na remoção de patógenos virais do que na de patógenos bacterianos (Power e Collins, 1989). Em razão de sua resistência ao calor, até mesmo cocção por vapor pode não prevenir a gastrenterite causada por esse vírus. Embora o calicivírus felino (um modelo para o norovírus, ainda que de um gênero diferente) seja completamente inativado em moluscos após tratamento térmico a 70 °C, por 5 minutos, ou fervura por 1 minuto, a ingestão de mariscos e ostras crus ou tratados de modo insuficiente por vapor representa um alto risco de infecção por norovírus.

A inabilidade de cultivar norovírus em laboratório é um imenso empecilho à realização de estudos de inativação e detecção. Contudo, o controle desse vírus em alimentos é o mesmo utilizado para o HAV. E é atingido pela prevenção da contaminação de alimentos por água e manipuladores infectados.

Berg e colaboradores (2000) reportaram um surto multiestadual associado com ostras que haviam sido rastreadas até um pescador de ostras que estava doente, do qual vômito havia sido descartado no navio sobre a área de coleta de ostras. Alimentos que não moluscos são contaminados por manipuladores de alimentos infectados. Infelizmente, pouco tem sido feito no estudo da inativação térmica de vírus entéricos em alimentos diferentes de moluscos.

Framboesas congeladas têm sido a origem de muitos outros surtos de norovírus nos últimos anos. Hjertqvist e colaboradores (2006) relataram quatro surtos na Suécia, nos quais framboesas contaminadas foram a origem das infecções (Tab. 4.13). Todas as framboesas suspeitas eram da mesma marca, do mesmo distribuidor, e importadas da China. É provável que uma alta percentagem dos surtos de "etiologia desconhecida" sejam de gastrenterite viral. Um estudo retrospectivo confirmou a presença de norovírus em 90% dos surtos de gastrenterites não bacterianas (Fankhauser et al., 1998). Em outro estudo retrospectivo que envolveu 712 surtos de origem alimentar, entre 1982 e 1989, os quais haviam sido reportados ao CDC, 48% satisfizeram os critérios epidemiológicos para surtos causados por norovírus. Recentemente, a rede de vírus de origem alimentar na Europa (Food-borne viruses in Europe) foi estabelecida (Seção 1.12.5), a qual monitora a atividade do norovírus em 10 países e reporta as variações de cepas (ver as informações na seção da *web* para o URL).

4.4.2 Hepatite A

O vírus da hepatite A (HAV) é classificado no gênero *Hepatovirus* e está na família *Picornaviridae* (Cuthbert, 2001). Muitos outros picornavírus causam doenças em humanos, incluindo vírus da pólio, vírus coxsackie, vírus echo e rinovírus (vírus causadores de

Tabela 4.13 Surtos de norovírus na Suécia associados com sobremesas de framboesa

Surto (2006)	Descrição	Incidência e sintomas	Análises de laboratório
23 de junho	15 pessoas em uma festa particular Comeram bolo caseiro contendo creme e framboesas	1 a 2 dias após a festa, 12 pessoas ficaram doentes com gastrenterite	Amostras de fezes de dois pacientes tiveram resultado positivo para norovírus por PCR
2 de agosto	11 pessoas em uma reunião de família Todos comeram bolo de queijo e framboesa	No dia seguinte, 10 pessoas ficaram doentes com sinais de infecção por norovírus Também houve dois casos secundários	Nenhuma amostra fecal foi coletada devido a demora em notificação das autoridades locais Framboesas eram da mesma marca que as do primeiro surto, importadas da China
24 de agosto	Classe escolar, 30 crianças de 13 anos Refrescos preparados com framboesas	26 ou 27 de agosto, pais relataram criança enferma Estudos de observação mostraram que 12 crianças haviam ficado doentes Período de incubação de 24 a 36 horas, sintomas: vômito, febre, diarreia e dores de cabeça. Duração da doença de 1 a 3 dias	Amostras fecais de duas crianças tiveram resultado positivo para norovírus. Framboesas eram da mesma marca que as dos outros surtos
25 de agosto	Encontro com nove participantes. Convidados comeram uma sobremesa caseira com creme e framboesas	Oito pessoas adoeceram	Uma amostra de fezes foi testada e teve resultado positivo para norovírus. As frutas eram da mesma marca que as dos surtos anteriores

resfriados). O HAV é um vírus esférico, não encapsulado, composto de uma única molécula de RNA (7,5 kb) envolta por um pequeno (27 nm de diâmetro) capsídeo proteico e possui densidade em CsCl de 1,33 g/mL. Uma grande poliproteína é codificada pelo RNA e é processada por proteases em quatro proteínas estruturais e sete não estruturais. O genoma codifica a proteína estrutural no final 5' e as não estruturais no final 3'. Sete genótipos já foram reconhecidos, quatro dos quais ocorrem em humanos. A diversidade genética tem sido utilizada para o estudo de surtos com origem em alimentos e na água.

A dose infecciosa é desconhecida, mas acredita-se ser de 10 a 100 partículas virais. O período de incubação para o HAV depende do número de partículas infecciosas consumidas e varia de 10 a 50 dias (com média de 30 dias). A excreção do vírus começa de 10 a 14 dias antes do início dos sintomas.

Sintomas típicos da hepatite A são:

- Febre
- Dores de cabeça

- Calafrios
- Mal-estar
- Perda de apetite
- Náusea
- Icterícia
- Urina de cor escura
- Fezes de cor mais clara
- Dores abdominais na área do fígado

Os sinais de hepatite iniciam de 1 a 2 semanas após os sintomas gerais de febre, dores de cabeça e mal-estar (ver Tab.1.18). O vírus pode ser transmitido desde o início do período de incubação até uma semana após o desenvolvimento da icterícia, especialmente no meio do período de incubação, o que ocorre antes dos sintomas se desenvolverem. O vírus entra no corpo pelo trato intestinal e é transportado ao fígado, onde se replica nos hepatócitos e pode ser excretado pela bile, embora tenha também sido isolado a partir do baço, dos rins, das amígdalas e da saliva. O diagnóstico da hepatite A aguda é feito pela detecção do anticorpo IgM produzido contra as proteínas do capsídeo. Apenas um sorovar tem sido observado entre isolados de HAV coletados em várias partes do mundo, ainda que a incidência varie de modo considerável entre países e em um mesmo país (Mast e Alter, 1993).

O HAV apresenta distribuição mundial, ocorrendo tanto de maneira epidêmica como esporádica. É transmissível, sobretudo, pelo contato pessoal por contaminação fecal, porém epidemias com uma fonte comum a partir de alimentos ou água contaminados também podem ocorrer. Condições higiênico-sanitárias deficientes e a superpopulação facilitam a transmissão. Os surtos de HAV são comuns em instituições, casas de auxílio, prisões superlotadas e em forças militares em situações adversas. Em países em desenvolvimento, a incidência dessa doença em adultos é relativamente baixa devido à exposição ao vírus durante a infância. Surtos sob essas condições são raros, uma vez que crianças pequenas geralmente permanecem assintomáticas. Uma grande quantidade de indivíduos de 18 anos ou mais demonstra imunidade (anticorpos IgG contra HAV) que garante proteção contra reinfecções durante a vida.

Muitas infecções com HAV não causam a doença clínica, de modo especial em crianças. Quando a doença ocorre de fato é em geral branda e autolimitante, e o restabelecimento acontece entre 1 e 2 semanas. Algumas vezes, os sintomas são graves e a recuperação pode demorar até 6 meses. Nesse período, os pacientes sentem-se cronicamente cansados, e sua inabilidade para trabalhar pode levar a perdas econômicas. Cerca de 15% dos pacientes requerem hospitalização e até 20% podem ter recidivas e ficar incapacitados por até 15 meses. A taxa de fatalidade é de 0,5 a 3% em adultos de 15 a 40 anos de idade e maior que 1,8% em pessoas com idades menores de 59 anos. Existe uma taxa de fatalidade alta, o que não é comum, em mulheres grávidas (15 a 20%). Mesmo as infecções por HAV sendo consideradas uma das mais graves doenças de origem alimentar, na maioria dos casos a recuperação é completa e imunidade que dura por toda a vida.

O HAV é excretado nas fezes de pessoas infectadas (até 10^9 partículas/g) e pode produzir sinais clínicos quando indivíduos suscetíveis consomem alimentos ou água contaminados. Fiambres e sanduíches, frutas e suco de frutas, leite e produtos lácteos, vegetais, saladas, moluscos e bebidas geladas são comumente envolvidos em surtos. A água, os moluscos e as saladas são as fontes mais frequentes. Uma vez que podem filtrar até 10 galões (38 L) de água por hora, moluscos podem concentrar o vírus 100 vezes a partir de água contaminada. Além disso, a depuração é cerca de 100 vezes menos eficiente na remoção de patógenos virais quando comparada com os bacterianos (Power e Collins, 1989). Em consequência, o uso de bactérias indicadoras para contaminação fecal em alimentos e água não é confiável como indicador para contaminação viral. O aquecimento de moluscos a temperaturas acima de 85 °C, por 1 minuto, resultará em uma redução de 4 logs do HAV (Lees, 2000). Embora a inativação térmica de vírus tenha sido estudada em poucos alimentos que não moluscos, sabe-se que o tratamento térmico do leite por menos de 0,5 minutos, a 85 °C, é suficiente para causar a redução de 5 logs nas partículas infecciosas de HAV.

O vírus HAV é resistente a pHs tão baixos quanto 1, sobrevive a 60 °C, por 1 hora, e é relativamente resistente ao cloro livre quando material orgânico está presente. Ele é mais resistente a calor e secagem do que a maioria dos outros vírus humanos entéricos. Pode sobreviver por longos períodos (semanas) em água salgada, água e superfícies de trabalho. Por exemplo, apenas uma redução de 2 logs foi detectada, após 50 dias, a 4 °C, em água. De modo similar, a infectividade do vírus, a 4 °C, em uma superfície de alumínio, somente foi diminuída em 2 logs, após 60 dias. De forma subsequente, a contaminação de alimentos por funcionários infectados em plantas de processamento de alimentos e restaurantes é comum. Mais de 1.000 partículas virais podem facilmente ser transferidas de mãos contaminadas por material fecal para superfícies e alimentos (Bidawid et al., 2000). O vírus não se multiplica nos alimentos, estes são só os vetores. Surtos causados por HAV podem ser grandes. O maior surto já relatado ocorreu em Shangai, quando 250 mil pessoas foram infectadas por esse vírus, após o consumo de mariscos contaminados (Halliday et al., 1991). Um surto menor, nos Estados Unidos, ocorreu devido à contaminação de morangos congelados distribuídos em merenda escolar. Isso resultou em 213 pessoas com hepatite A (Hutin et al., 1999). Esse tipo de hepatite tem também sido relacionado com o consumo de alface, tomates picados e framboesas. A eficácia de desinfetantes em destruir HAV e outros vírus, na superfície de frutas e verduras, não é muito estudada porque existem maiores dificuldades técnicas no que se refere aos procedimentos laboratoriais, quando comparadas com bactérias.

Existe uma vacina para o vírus HAV, e o contato pode ser tratado em duas semanas de exposição. Entretanto, não há consenso no que se relaciona à vacinação de todos os manipuladores de alimentos; em vez disso, a higiene pessoal é enfatizada.

Um problema fundamental com a investigação do HAV e de outros casos virais de infecções de origem alimentar está relacionado com o longo período de incubação. Desse modo, praticamente qualquer alimento suspeito não estará mais disponível para análise. Além disso, não há métodos disponíveis para análise de rotina de alimentos para vírus. Métodos moleculares envolvendo PCR têm sido desenvolvidos para detecção de HAV em água e material clínico. Eles podem também ser aplicáveis a amostras de alimentos.

4.4.3 Hepatite E

O vírus da hepatite E (HEV) é o principal agente etiológico de hepatite não A e não B, entericamente transmissível, no mundo inteiro. Trata-se de um vírus esférico com fita simples de RNA, não encapsulado, que possui diâmetro em torno de 32 a 34 nm. O HEV foi provisoriamente classificado na família *Caliciviridae*. Esse vírus entra no corpo por meio de água ou alimento contaminado por esgotos, sobretudo moluscos crus. A atividade anti-HEV foi determinada no soro de vários animais domésticos, tais como suínos, que vivem em áreas endêmicas que apresentam altas taxas de infecções humanas, indicando que esta pode ser uma zoonose emergente (Meng et al., 1997).

4.4.4 Rotavírus

Os rotavírus são classificados como pertencentes à família *Reoviridae*. Possuem um genoma que consiste em 11 segmentos de RNA dupla-fita cercados por um capsídeo proteico com duas camadas. As partículas possuem 70 nm de diâmetro e densidade de 1,36g/mL em CsCl. Seis grupos sorológicos foram identificados, três dos quais (A, B e C) infectam humanos (Desselberger, 1998). As gastrenterites causadas por rotavírus, nos países desenvolvidos são em geral autolimitantes, variam de brandas a graves e são caracterizadas por vômitos, diarreia aquosa e febre baixa (Ciarlet e Estes, 2001; Hart e Cunliffe, 1999). Entretanto, no mundo inteiro, o rotavírus é um dos piores organismos infecciosos e mata até 2 mil crianças por dia (20 a 40 mortes/ano nos Estados Unidos, comparando com 15 a 30 mil/ano em Bangladesh). O rotavírus mata 1 em 200 a 250 crianças, na Índia, antes de completarem 5 anos.

Presume-se que a dose infecciosa seja de 10 a 100 partículas virais infecciosas (Lundgren e Svensson, 2001; Shaw, 2000). Visto que uma pessoa com diarreia causada por rotavírus excreta grandes quantidades de vírus (10^8 a 10^{10} partículas infecciosas/mL de fezes), doses infecciosas podem ser adquiridas com facilidade pelo contato com mãos, objetos e utensílios contaminados (Ponka et al., 1999). As excreções assintomáticas de rotavírus têm sido bem documentadas e assumem grande importância na perpetuação da doença endêmica.

Os rotavírus são transmitidos pela rota fecal-oral. A contaminação pessoa a pessoa é disseminada por mãos infectadas e provavelmente seja o meio mais importante de transmissão desse vírus em comunidades nas quais indivíduos têm contato próximo, como clínicas geriátricas e pediátricas, creches e residências. Os manipuladores contaminados podem infectar alimentos que não serão posteriormente cozidos como, por exemplo, saladas, frutas e aperitivos (Richards, 2001). Os rotavírus são bastante estáveis no ambiente e têm sido encontrados em amostras estuarinas em níveis tão altos quanto de 1 a 5 partículas infecciosas/gal. As medidas sanitárias adequadas para bactérias e parasitas parecem ser ineficazes no controle endêmico desse vírus, já que incidências similares de infecções por rotavírus são observadas em países tanto de altos como de baixos padrões de saúde (Fleet et al., 2000; Inouye et al., 2000; Mead et al., 1999; Sethi et al., 2001). Os rotavírus podem sobreviver em aerossóis por até 9 dias a 20 °C, persistem em superfícies (alumínio, louça, poliestireno) de 1 a 60 dias com uma redução de 100 vezes na infectividade e mais de um ano em água mineral a 4 °C (Beuret et al., 2000; Biziagos et al., 1988).

Os rotavírus do grupo A são endêmicos no mundo inteiro. São a principal causa de diarreias graves em crianças e incluem cerca de metade dos casos que necessitam de hospitalização. Quase todas as crianças adquirem anticorpos séricos até a idade de 5 anos. Mais de 3 milhões de casos de gastrenterites causadas por rotavírus ocorrem anualmente nos Estados Unidos. Em áreas temperadas, a virose ocorre sobretudo no inverno; porém, nos trópicos, existe durante o ano todo. O número de casos atribuíveis a contaminação alimentar é desconhecido. Os rotavírus do grupo B, também chamados de rotavírus causadores de diarreia em adultos ou ADRV, têm provocado grandes epidemias de diarreia grave, afetando milhares de pessoas de todas as idades na China. Os rotavírus do grupo C têm sido relacionados a casos raros e esporádicos de diarreia em crianças em vários países, sendo que os primeiros foram relatados no Japão e na Inglaterra. O período de incubação varia de 1 a 3 dias. Os sintomas normalmente iniciam com vômitos seguidos de diarreia por 4 a 8 dias. Uma intolerância temporária à lactose pode ocorrer. A recuperação em geral é completa. No entanto, uma diarreia grave sem reposição de fluidos e eletrólitos pode resultar em morte. A mortalidade infantil causada por rotaviroses é relativamente baixa, nos Estados Unidos, e se estima que seja de cerca de 100 casos por ano; mas, no mundo inteiro, pode alcançar até 1 milhão de casos anuais. A associação com outros patógenos entéricos pode desempenhar um papel na gravidade da doença.

O vírus não tem sido isolado de qualquer alimento vinculado a surtos, e não existe método algum satisfatório disponível para a análise de rotina em alimentos. O controle do vírus é o mesmo utilizado para o controle da Hepatite A e do norovírus, ou seja, trata-se da prevenção da contaminação de alimentos por água poluída ou por manipuladores de alimentos infectados.

4.4.5 Vírus de estrutura pequena e redonda, astrovírus, SLVs, adenovírus e parvovírus

Apesar de os rotavírus e norovírus serem as maiores causas de gastrenterites virais, diversos vírus têm sido implicados em surtos de origem alimentar, incluindo astrovírus, adenovírus entéricos e parvovírus. Os vírus com bordas lisas e sem estruturas de superfícies perceptíveis são denominados "vírus sem características únicas" ou "vírus de estrutura pequena e redonda" (SRVs). Esses agentes são similares aos enterovírus ou parvovírus e podem ser relacionados a eles.

Os astrovírus causam gastrenterites esporádicas em crianças com menos de 4 anos e são responsáveis por cerca de 4% dos casos de hospitalização por diarreia. A maioria das crianças norte-americanas e britânicas com mais de 10 anos possui anticorpos para esses vírus. Astrovírus são definidos como não classificados e contêm uma fita simples positiva de RNA com cerca de 7,5 kb, envolta por um capsídeo proteico de 28 a 30 nm de diâmetro. Um formato estrelar de cinco ou seis pontas pode ser observado nessas partículas quando analisadas sob microscópios eletrônicos. Os vírions maduros contêm duas coberturas proteicas principais com cerca de 33 kDa cada e possuem densidade em CsCl de 1,38 a 1,40 g/mL. Pelo menos cinco sorovares humanos foram identificados na Inglaterra. O agente de Marin County encontrado nos Estados Unidos é sorologicamente relacionado ao astrovírus do tipo 5.

Os Sapporo vírus infectam crianças com idades entre 6 e 24 meses e causam cerca de 3% das internações hospitalares por diarreia. Mais de 90% das crianças com mais de 6 anos desenvolvem imunidade contra essa doença. Esses vírus estão classificados na família *Caliciviridae*. São também chamados de "calicivírus típicos" para separá-los de outros calicivírus infecciosos (norovírus) de origem alimentar. Eles possuem uma fita simples de RNA envolta por um capsídeo proteico de 31 a 40 nm de diâmetro. Os vírions maduros têm aparência de Estrela de David quando visualizados em microscópios eletrônicos. A partícula contém uma capa proteica principal de 60 kDa e uma densidade em CsCl de 1,36 a 1,39 g/mL. Quatro sorovares foram identificados na Inglaterra.

Os adenovírus entéricos causam de 5 a 20% das gastrenterites em crianças pequenas, sendo a segunda causa mais comum dessas doenças nessa faixa etária. O vírus pode ser transmitido tanto pela rota respiratória como pela oral-fecal, de uma pessoa para outra e alimentos contaminados. Com cerca de 4 anos, 85% das crianças já desenvolveram imunidade a essa doença. Os adenovírus entéricos representam os sorovares 40 e 41 da família *Adenoviridae*. Esses vírus têm uma fita dupla de DNA envolta por um capsídeo proteico característico de cerca de 70 nm de diâmetro. Os vírions maduros têm uma densidade em CsCl de cerca de 1,345 g/mL.

Os parvovírus pertencem à família *Parvoviridae*, o único tipo de vírus animal que contém uma fita simples linear de DNA. O DNA genômico é envolto por um capsídeo proteico com cerca de 22 nm de diâmetro. Sua densidade em CsCl é de 1,39 a 1,42 g/mL. Os agentes Ditchling, Wollan, Paramatta e berbigão podem vir a ser associados com os parvovírus que originam gastrenterites humanas. Os moluscos têm sido implicados em enfermidades causadas por vírus semelhantes aos parvovírus, mas a frequência dos surtos é desconhecida. Uma doença branda e autolimitante geralmente se desenvolve de 10 a 70 horas após a ingestão de alimentos ou água contaminados e dura entre 2 e 9 dias. As características clínicas são mais brandas, porém indistinguíveis das gastrenterites causadas por rotavírus. As infecções simultâneas provocadas por outros agentes entéricos podem resultar em doenças mais graves que duram por mais tempo. Apenas os agentes semelhantes ao parvovírus (agente berbigão) foram isolados de frutos do mar associados a surtos.

4.4.6 Enterovírus humanos

Os enterovírus humanos são classificados na família *Picornaviridae* e podem ser encontrados em fezes humanas e esgotos. Eles incluem os poliovírus, coxsackievírus do grupo A e B, echovírus e enterovírus sorotipos 68 a 71. O vírus é uma partícula lisa, arredondada, não encapsulada de cerca de 27 nm de diâmetro; possui uma fita única e não segmentada de RNA com sentido positivo. Os poliovírus podem ser transmitidos por água contaminada e leite não pasteurizado. Os enterovírus humanos são os vírus mais comuns detectados em moluscos. Um pequeno número de surtos tem sido associado com os coxsackievírus e echovírus. Infelizmente, conforme já foi mencionado, não há correlação entre a presença de coliformes (organismos indicadores) e enterovírus humanos. O poliovírus tem sido proposto como um indicador de patógenos virais adequado, uma vez que é detectado com mais facilidade do que os outros enterovírus humanos. Isso porque as técnicas de detecção desse organismo foram desenvolvidas em paralelo com a produção de vacina.

4.5 Intoxicações causadas por frutos do mar e moluscos

Existem muitas intoxicações originadas a partir do consumo de frutos do mar e moluscos (Tab. 4.14). Intoxicações por frutos do mar podem ser causadas por ciguatera, uma toxina proveniente de microalgas, as quais ficam acumuladas na carne do peixe. Outro caso é a intoxicação escombroide, que se deve ao consumo de carne de peixe contendo altos níveis de histamina. Esse composto é proveniente da ação da histidina desidrogenase bacteriana em peixes como a cavala ou assemelhados. As bactérias envolvidas são *Morganella morganii, Proteus* spp., *Hafnia alvei* e *Klebsiella pneumoniae*. Entretanto, esse fato não é totalmente confirmado, já que voluntários humanos que ingeriram histamina nem sempre produziram os sintomas característicos de intoxicação escombroide. É possível que existam outras aminas biogênicas envolvidas. As enfermidades relacionadas aos moluscos são causadas por um grupo de toxinas produzidas por uma alga plantônica (dinoflagelados, na maioria dos casos), da qual os moluscos se alimentam. As toxinas são acumuladas e algumas vezes metabolizadas pelos moluscos. A ingestão desses alimentos contaminados resulta em uma ampla variedade de sintomas que dependem das toxinas presentes, de suas concentrações no molusco e da quantidade consumida do molusco contaminado. As intoxicações paralisantes por molusco são melhor caracterizadas do que as intoxicações diarreicas, intoxicações neurotóxicas e intoxicações amnésicas. Todos os moluscos (que se alimentam por filtração) são potencialmente tóxicos. As intoxicações do tipo paralisante são em geral associadas a mexilhões, mariscos, berbigões e vieiras. As intoxicações neurotóxicas são vinculadas a moluscos encontrados na costa da Flórida e no Golfo do México. A intoxicação do tipo diarreica é relacionada com mexilhões, mariscos, ostras e vieiras, enquanto a do tipo amnésica é associada somente a mexilhões.

Tabela 4.14 Micro-organismos e toxinas associadas a intoxicações causadas por frutos do mar e moluscos

Doença	Micro-organismo	Toxina	Alimentos implicados
Intoxicações paralisantes causadas por moluscos	*Alexandrium catenella* *Alexandrium tamarensis* Outros tipos de *Alexandrium* spp. *Pyrodinium bahamense* *Gymnodinium catenatum*	Saxitoxina Neosaxitoxina Goniautoxinas Outros derivados de saxotoxinas	Mexilhões, ostras, mariscos, peixes que se alimentam de plâncton
Intoxicações diarreicas causadas por moluscos	*Dynophysis fortii* *Dynophysis acuminata* *Dynophysis acuta* *Dynophysis mitra* *Dynophysis norvegica* *Dynophysis sacculus* *Prorocentrum lima* Outros *Prorocentrum* spp.	Ácido ocadaico Toxina dinofísica Pectenotoxina Yessotoxina	Mexilhões, vieiras, mariscos, ostras
Intoxicações neurotóxicas causadas por moluscos	*Gymnodinium breve*	Brevetoxinas	Ostras, mexilhões, mariscos, vieiras
Intoxicações amnésicas causadas por moluscos	*Pseudonitzschia pungens*	Ácido domoico	Mexilhões
Ciguatera	Gambierdiscus toxicus *Ostroepsis lenticularis*	Ciguatoxina Maitotoxina Escaritoxina	Peixes associados a recifes
Intoxicação escombroide	*Morganella morganii*, *Proteus* spp., *Hafnia alvei*, *Klebsiella pneumoniae*, outras bactérias capazes da descarboxilação de aminoácidos a aminas biogênicas	Histamina e outras aminas biogênicas	Peixes da espécie escombroide, mahi mahi, peixe-azul, atum, sardinha

Adaptada de ICMSF, 1998.

4.5.1 Intoxicações causadas por ciguatera

Esse tipo de intoxicação caracteriza-se pelos seguintes sintomas:

- Irritação nos lábios, língua e garganta
- Dores de cabeça
- Dores fortes nos braços, nas pernas e nos olhos
- Visão dupla
- Lesões na pele: bolhas, ardência e eritema

A maioria dos casos apresenta recuperação que leva de dias a semanas, sendo a mortalidade baixa. Uma toxina ciguatera lipídeo-solúvel foi identificada (Fig. 4.17; Murata et al., 1990). Esse poliéter é similar estruturalmente às brevetoxinas e é conhecido por afetar a termorregulação e as atividades sensoriais, motoras, autôno-

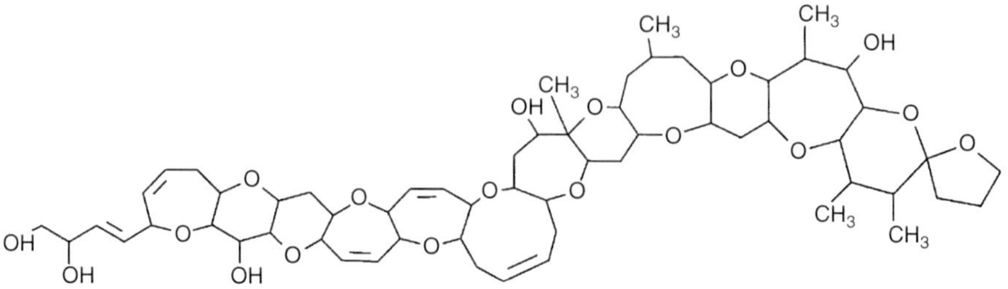

Figura 4.17 Estrutura da ciguatoxina.

mas e musculares. A escariotoxina pode ser um composto derivativo da ciguatera, porém apresenta-se menos potente. Uma terceira toxina, denominada maitotoxina, tem sido implicada em intoxicações escombroides. Ela ativa os canais Ca^{2+}, libera neurotransmissores e aumenta a contração dos músculos lisos, cardíacos e esqueléticos. Como há muitos sintomas, é possível que existam diversas toxinas envolvidas na doença.

4.5.2 Intoxicação escombroide

Os sintomas desse tipo de enfermidade são:

- Gosto metálico, picante ou agudo na boca
- Dores de cabeça intensa
- Tonturas
- Náusea e vômitos
- Edema facial e vermelhidão
- Dor epigástrica
- Pulsação rápida e fraca
- Coceira na pele
- Queimação na garganta e dificuldade para engolir

Normalmente a recuperação ocorre no período de 12 horas. As fatalidades são raras e em geral ocorrem devido a outros fatores de predisposição. A princípio se acreditava que os sintomas fossem causados por intoxicação por histamina produzida por bactérias durante a estocagem. No entanto, estudos com voluntários humanos falharam em mostrar uma correlação entre a quantidade de histamina na carne do peixe e a escombrotoxicose. Por isso, o agente causador ainda é desconhecido.

4.5.3 Intoxicações paralisantes causadas por moluscos

Os sintomas desse tipo de intoxicação são principalmente neurológicos e incluem formigamentos, queimação, entorpecimento, sonolência, fala incoerente e paralisia respiratória. A intoxicação paralisante causada por moluscos deve-se a 20 toxinas, as quais são derivadas da saxitoxina produzida por dinoflagelados (Fig. 4.18).

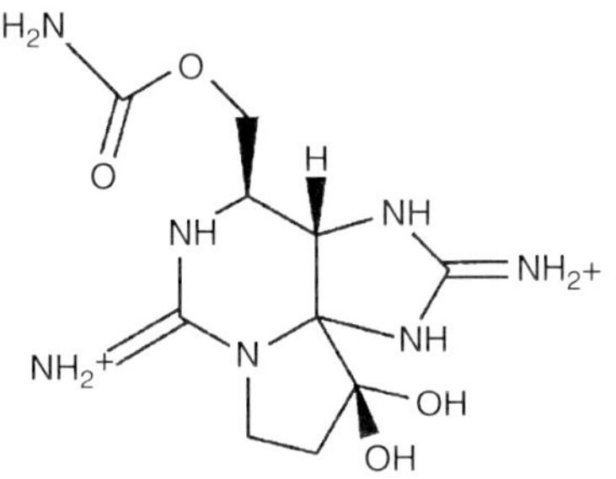

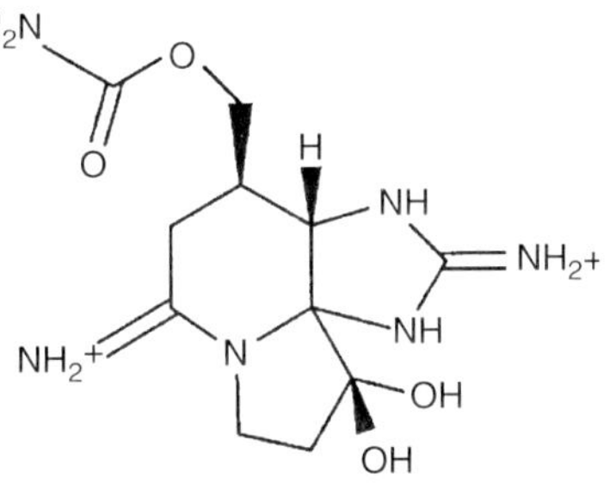

Figura 4.18 A estrutura da saxitoxina (acima) e da neossaxitoxina (abaixo).

4.5.4 Intoxicações diarreicas causadas por moluscos

Essa intoxicação causa normalmente um distúrbio gastrintestinal brando, caracterizado por náusea, vômito, diarreia e dores abdominais seguidas por tremores, dores de cabeça e febre. Seu início pode ocorrer entre 30 minutos até três horas, dependendo da dose da toxina ingerida. Os sintomas podem durar 2 a 3 dias. A recuperação é completa, sem efeitos posteriores, sendo que a doença em geral não impõe riscos à vida do infectado. É causada provavelmente por poliéteres de alto peso molecular, incluindo o ácido ocadaico, a toxina dinofisis, a pectenotoxina e a yessotoxina produzidas por dinoflagelados.

4.5.5 Intoxicações neurotóxicas causadas por moluscos

Esse tipo de intoxicação causa sintomas tanto neurológicos como intestinais, incluindo formigamentos e entorpecimento dos lábios, língua e garganta, dores musculares, tonturas, inversão das sensações de calor e frio, diarreia e vômitos. O início dos sintomas pode ocorrer em alguns minutos ou em algumas horas. A duração da enfermidade é razoavelmente curta, variando de algumas horas a vários dias. A recuperaçao é completa, com poucos efeitos posteriores; nenhuma fatalidade já foi registrada. A intoxicação ocorre devido à exposição a um grupo de poliéteres chamados de brevetoxinas, as quais são produzidas por dinoflagelados.

4.5.6 Intoxicação amnésica causada por moluscos

Esse tipo de intoxicação é caracterizado por desordens gastrintestinais (vômitos, diarreia, dores abdominais) e problemas neurológicos (confusão, perda de memória, desorientação, convulsão, coma). Os sintomas gastrintestinais ocorrem no período de 24 horas, enquanto os de caráter neurológico surgem em 48 horas. A toxicose é particularmente grave em pacientes idosos, incluindo sintomas reminiscentes à doença de Alzheimer. Todas as fatalidades, até agora, envolveram pacientes idosos. A intoxicação é causada pela presença de um aminoácido incomum, o ácido domoico, que contamina os moluscos por meio de diatomáceas (Fig. 4.19). Por isso, também é conhecida como intoxicação do ácido domoico.

4.6 Patógenos de origem alimentar: eucariotos

Existem inúmeros protozoários e outros organismos eucarióticos que são de grande importância para a saúde humana. Seus principais modos de transmissão incluem a ingestão de água e alimento contaminados, assim como o contato de pessoa a pessoa.

Os protozoários *Giardia lamblia, Cryptosporidium* spp. e *Entamoeba histolytica* causam diarreia persistente. Como sempre, os grupos de risco incluem crianças pequenas e indivíduos com deficiência imunológica. A infecção por *Toxoplasma gondii* é um risco para mulheres grávidas e o feto, e é uma causa significativa de morbidez e mortalidade. Carnes cruas ou malcozidas e vegetais crus contaminados com fezes felinas são rotas de infecção reconhecidas.

A epidemiologia das infecções por *Cyclospora, Toxoplasma* e *Cryptosporidium* não são completamente entendidas. Entretanto, embora seus ciclos de vida sejam diferentes, uma característica comum é que todos eles requerem passagem pelo trato intestinal humano ou animal. Cistos ou esporos são dispersados por meio das fezes, os quais podem contaminar a água. Em sequência, frutas e vegetais crus podem ser contaminados durante a irrigação, a lavagem ou a manipulação.

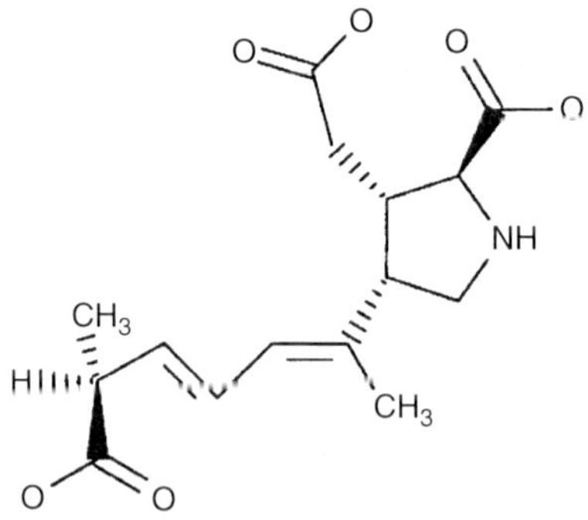

Figura 4.19 A estrutura do ácido domoico.

4.6.1 *Cyclospora cayetanensis*

Esse parasita coccídio ocorre em águas tropicais no mundo todo e causa diarreia aquosa e algumas vezes explosiva em humanos. Os primeiros casos reportados em humanos ocorreram em 1979. Inicialmente, esse agente foi associado a água contaminada, mas também tem sido relacionado ao consumo de framboesa, alface e manjericão ou produtos contendo manjericão. O *Cyclospora* infecta o intestino delgado. O período de incubação é de uma semana após o consumo do alimento contaminado, sendo que o agente é excretado nas fezes por mais de três semanas. O *Cyclospora* é disseminado por indivíduos que ingerem alimento ou água contaminados. A transmissão de pessoa a pessoa não é comum porque os oocistos necessitam de tempo (dias a semanas), sob condições ambientais favoráveis, até que se tornem infecciosos. O hospedeiro natural desse parasita é desconhecido. No entanto, água contaminada que é utilizada para irrigação e aplicação de pesticidas, além de práticas de higiene inadequadas por parte de funcionários são as rotas de contaminação mais comuns. A doença dura de alguns dias a um mês ou mais. As recaídas podem ocorrer uma ou mais vezes.

Os sintomas típicos de intoxicações causadas por *Cyclospora* são:

- Diarreia aquosa
- Movimentação frequente, às vezes, explosiva do intestino
- Perda de apetite
- Perda de peso substancial
- Inchaço abdominal
- Aumento de flatulência e cólicas abdominais
- Náuseas
- Vômitos
- Dores musculares
- Febre baixa
- Fadiga

4.6.2 *Cryptosporidium parvum*

Esse protozoário foi descrito pela primeira vez no início dos anos 1900. Entretanto, não foi considerado de importância clínica até os anos 1970, quando foi relacionado a diarreia de bezerros. O primeiro caso descrito em humanos foi em 1976, em um indivíduo que estava recebendo quimioterapia imunossupressiva. Outros casos em humanos também envolveram indivíduos imunossuprimidos ou imunodeficientes. Nos anos 1980, os primeiros casos de criptosporidiose em pessoas com sistema imunológico normal e expostas a bezerros foram reportados. Em 1993, um surto massivo com origem em água contaminada ocorreu em Milwaukee (Wisconsin, US), causando mais de 400 mil casos (Quadro 4.16).

Os sintomas da criptosporidiose em humanos incluem febre, diarreia, dores abdominais e anorexia. A doença geralmente dura menos de 30 dias, mas pode se prolongar em indivíduos imunodeficientes e levar à morte. A genotipificação pode diferenciar entre cepas humanas e bovinas, embora humanos sejam suscetíveis a ce-

Quadro 4.16

Organismo
Cryptosporidium parvum

Origem alimentar
Leite cru, água potável, sidra de maçã

Início dos sintomas
2 a 14 dias

Sintomas agudos e complicações crônicas
Diarreia, náusea, vômito, dores abdominais, algumas vezes se assemelham aos sintomas da gripe e ocorre febre

pas bovinas. O modo de transmissão é pela rota fecal-oral, por meio de alimentos e água. Os hospedeiros incluem humanos e animais domésticos, incluindo o gado. Os oocistos sobrevivem no ambiente por longos períodos, onde permanecem infecciosos. Embora resistam a tratamentos químicos utilizados para purificar água para uso humano, eles podem ser removidos por filtração.

4.6.3 *Anisakis simplex*

A doença causada por *Anisakis simplex* é uma infecção do trato intestinal humano devido a ingestão de peixe cru ou mal cozido, contendo estágios larvais dos nematódeos *Anisakis simplex* ou *Pseudoterranova decipiens*. As infecções causadas por esse último verme não são uma ameaça grave à saúde do infectado, mas aquelas causadas por *A. simplex* são mais graves, uma vez que esse agente penetra no tecido gastrintestinal e causa doença de difícil diagnóstico. Os hospedeiros primários são mamíferos marinhos de sangue quente, como focas, morsas e doninhas. Sua larva passa por meio de krill para peixes, como bacalhau, pescada-polaca, linguado, peixe-pedra, arraias, cavala, salmão e arenque (Quadro 4.17).

4.6.4 *Taenia saginata* e *T. solium*

As infecções por vermes achatados em humanos são causadas pela ingestão de vermes presentes na carne de boi (*Taenia saginata*) e na carne suína (*T. solium*), devido ao consumo de carnes cruas ou mal cozidas. Ambos os organismos são parasitas obrigatórios do intestino humano. Tais vermes têm um ciclo de vida complexo. A forma larval é ingerida por meio de carne de boi ou suína infectadas e se desenvolve até a forma adulta (podendo alcançar vários metros de comprimento), a qual se prende à parede do intestino e produz centenas de proglótides que são excretadas nas fezes. As proglótides produzem ovos no intestino e quando liberadas no ambiente, constituem a principal forma de infecção do gado e de suínos. No adulto

Quadro 4.17

Organismo
Anisakis spp., *T. solium*, *T. saginata*

Origem alimentar
Anisakis spp.: Pratos com peixes crus, sushi, sashimi, arenque, ceviche (tipo de salada com frutos do mar)
T. solium: Carne crua ou malcozida
T. saginata: Carne suína crua ou malcozida

Início dos sintomas
Anisakis spp.: Dias a semanas
T. solium, *T. saginata*: Dias a anos

Sintomas agudos e complicações crônicas
Anisakis spp.: Ulceração da parede do estômago, náusea, vômito
T. solium, *T. saginata*: Irritação, insônia, anorexia, perda de peso, dores abdominais

sadio, a teníase não é grave e pode ser assintomática. Entretanto, pessoas infectadas com *T. solium* são também transmissoras potenciais da cisticercose. Lesões cerebrais devido a infecções podem levar a sintomas neurológicos e mentais. Essa doença é endêmica em países como Etiópia, Quênia, Zaire, antiga Iugoslávia e Ásia Central. Interromper o ciclo de vida do organismo é a principal medida de controle, o que pode ser realizado pela inspeção completa da carne e por cozimento adequado (> 60 °C) (Quadro 4.17).

4.6.5 *Toxoplasma gondii*

O *T. gondii* é o agente causador da toxoplasmose que pode ser encontrado em carnes mal cozidas e cruas, como as de suínos, cordeiro, boi e frango. Os hospedeiros primários são os gatos, sendo que a infecção humana se dá quando há contato com suas fezes. A infecção também ocorre pela ingestão de carne mal cozida ou crua de hospedeiros intermediários, tais como roedores, suínos, gado, cabra, galinha e pássaros. A toxoplasmose em humanos frequentemente produz sintomas semelhantes aos da mononucleose. As infecções por meio da placenta podem resultar na morte do feto, caso ocorra no início da gravidez. O micro-organismo causa hidrocefalia e cegueira em crianças, enquanto em adultos, os sintomas são menos graves. Em indivíduos imunodeprimidos, pode provocar pneumonite, miocardite, meningoencefalite, hepatite ou coriorretinite ou combinações dessas doenças. A toxoplasmose cerebral ocorre com frequência em pacientes com aids. O cozimento apropriado das carnes destrói o micro-organismo. A incidência da doença no mundo é desconhecida, mas há informações de que é a infecção por parasitas mais comum no Reino Unido (Quadro 4.18).

Quadro 4.18

Organismo
T. gondii, *T. spiralis*

Origem alimentar
T. gondii: Carne crua ou mal cozida, vegetais, leite de cabra, alimentos e água contaminados com fezes de gatos
T. spiralis: Carne de suínos, cavalo, javali e carnes de caça

Início dos sintomas
T. gondii: 5 a 23 dias
T. spiralis: 8 a 21 dias

Sintomas agudos e complicações crônicas
T. gondii: Aborto ou feto natimorto, danos cerebrais
T. spiralis: Náusea, vômito, diarreia, febre

4.6.6 *Trichinella spiralis*

A *T. spiralis* é um nematoide transmitido principalmente pela carne suína e de caça (p. ex., urso, javali) crua ou mal cozida. Ela causa triquinose, também conhecida como triquiníase e triquinelíase. É associada sobretudo à ingestão de carne suína contaminada. O organismo é um verme arredondado (nematódeo) que vive nos dois terços superiores do intestino delgado. A fêmea é vivípara, dando à luz larvas vivas que são depositadas na mucosa. Cerca de 1.500 larvas são produzidas antes da expulsão do adulto devido ao sistema imunológico do hospedeiro. As larvas são espalhadas pelo corpo por meio da corrente sanguínea. Aquelas que invadem os músculos estriados (diferentes dos músculos cardíacos) continuam a se desenvolver. A larva é ingerida pelos humanos e subsequentemente invade a mucosa duodenal e se torna adulta em 3 ou 4 dias, continuando o ciclo de vida.

Os principais sintomas de triquinose são:

- *Primeira semana*: Enterite.
- *Segunda semana*: Febre irregular (39 a 41 °C), dores musculares, dificuldade ao respirar, falar ou mover-se.
- *Terceira semana*: Febre alta, pálpebras inchadas, dores musculares.
- *Quarta semana*: Febre e dores musculares começam a diminuir.

As larvas podem ser mortas por diversos métodos: aquecimento a 65,5 °C, congelamento a –15 °C, por três semanas ou a –30 °C, por um dia.

4.7 Micotoxinas

As micotoxinas são motivo de preocupação em razão de sua toxicidade aguda e potencial carcinogenicidade. Elas são produtos tóxicos de certos fungos microscópicos os quais, em algumas circunstâncias, se desenvolvem sobre ou em produtos alimentícios de origem animal ou vegetal (Tab. 4.15). Eles são ubíquos e estão em todos os níveis da cadeia alimentar. Centenas de micotoxinas já foram identificadas e são produzidas por cerca de 200 variedades de fungos. São metabólitos secundários que têm sido responsáveis por grandes epidemias em humanos e animais. São produzidas pelos gêneros de fungos *Aspergillus, Fusarium* e *Penicillium*. Esses fungos são encontrados no ambiente e são parte da flora normal de plantas. Anualmente, mais de 1 bilhão de toneladas de cereais estão sob o risco de contaminação por micotoxinas.

As aflatoxinas (produzidas por *Aspergillus* spp.) variam em estruturas de anéis heterocíclicos simples até estruturas com 6 ou 8 membros anelares (Fig. 4.20). O *Penicillium* produz uma variedade de 27 micotoxinas, tais como patulina (uma lactona não saturada) e penitrem A (nove anéis adjacentes compostos de 4 a 8 átomos). Ergotismo, aleuquia tóxico-alimentar, as estaquibotriotoxicoses e as aflatoxicoses mataram milhares de seres humanos e animais no século passado.

O controle de micotoxinas é muito difícil, uma vez que sua presença é o resultado da invasão de fungos pré-colheita, nas sementes, no solo ou mesmo pelo ar. Secagem e estocagem adequadas são úteis se boas práticas de manejo são previamente utilizadas. Procedimentos de triagem por UV (para a fluorescência das aflatoxinas) são úteis em milho, semente de algodão e figos, mas não em amendoin, uma vez que eles são autofluorescentes.

Há quatro tipos de toxicidade:

- *Aguda*, resultando em danos aos rins ou ao fígado
- *Crônica*, resultando em câncer de fígado
- *Mutagênica*, causando danos no DNA
- *Teratogênica*, causando câncer em crianças por nascer

4.7.1 Aflatoxinas

As aflatoxinas têm sido estudadas com mais detalhes do que outras micotoxinas (Fig. 4.20, Tab. 4.15). As aflatoxinas são compostos tóxicos estruturalmente relacionados

Tabela 4.15 Toxicidade das micotoxinas

Micotoxina	Alimento	Espécie fúngica	Efeito biológico	LD_{50} ([mg kg]$^{-1}$)
Aflatoxinas	Milho, amendoim, leite	*Asp. flavus, Asp. parasiticus*	Hepatotoxina, carcinógeno	0,5 (cachorro), 9,0 (camundongo)
Ácido ciclopiazônico	Queijo, milho, amendoim	*Asp. flavus, Pen. aurantiogriseum*	Convulsões	36 (rato)
Fumonisina	Milho	*Fus. moniliforme*	Encefalomalácia equina, edema pulmonar em porcos	Desconhecida
Ocratoxina	Milho, cereais, grãos de café	*Pen. verrucosum, Asp. ochraceus*	Nefrotoxina	20-30 (rato)
Zearalenona	Milho, cevada, trigo	*Fus. graminearum*	Estrogênica	Não tem toxicidade aguda

Adaptada de Adams e Motarjemi (1999), com permissão da Organização Mundial da Saúde, Genebra.

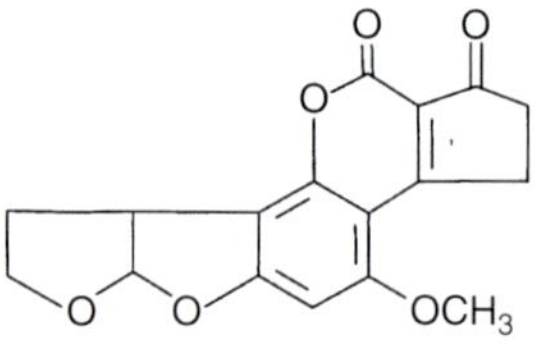

Aflatoxina B_1

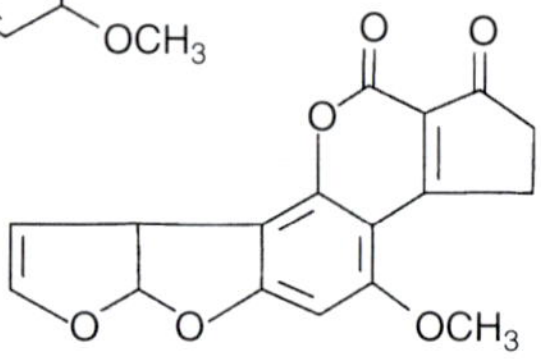

Aflatoxina B_2

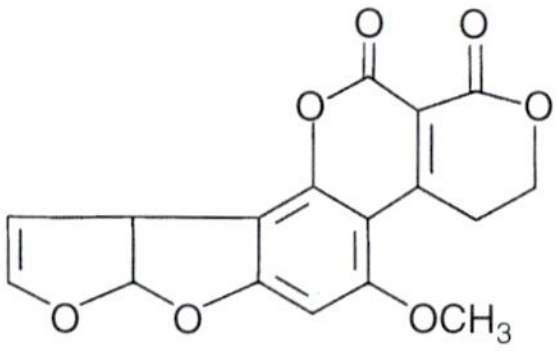

Aflatoxina G_1

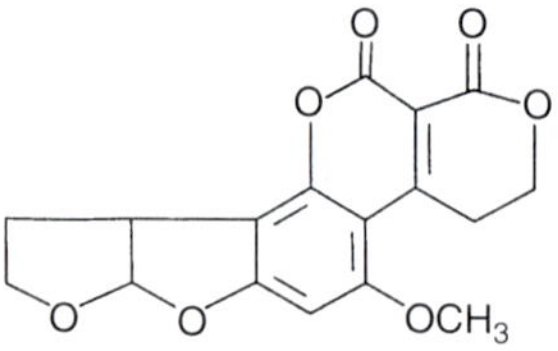

Aflatoxina G_2

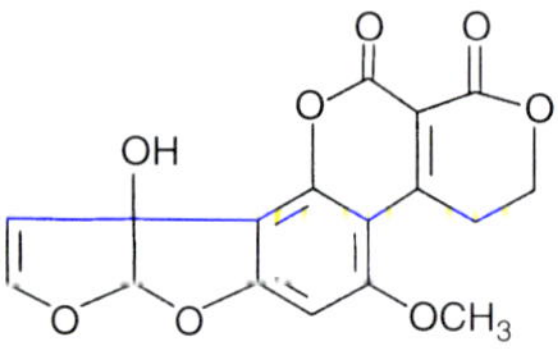

Aflatoxina M_1

Figura 4.20 A estrutura das aflatoxinas.

que são produzidos por certas cepas dos fungos *Asp. flavus* e *Asp. parasiticus* sob condições favoráveis de temperatura e umidade. Esses fungos multiplicam-se em certos alimentos e rações, resultando na produção de aflatoxinas. A mais pronunciada contaminação tem sido encontrada em nozes, amendoins e outras sementes oleosas, incluindo milho e semente do algodão. As aflatoxinas de maior interesse são caracterizadas como B_1, B_2, G_1 e G_2 pela fluorescência de cor azul (B) ou verde (G) que produzem quando visualizadas sob luz ultravioleta. Essas toxinas são em geral encontradas juntas em diversos alimentos e rações, em várias proporções. Contudo, a aflatoxina B_1 é a mais comumente encontrada e a mais tóxica. Quando um alimento é analisado por cromatografia de camada delgada, as aflatoxinas se separam em componentes individuais na ordem supracitada; porém, as duas primeiras fluorescem azul, quando vistas sob luz ultravioleta, e as duas últimas fluorescem em verde. A aflatoxina M, um dos principais produtos metabólicos da aflatoxina B_1 em animais, costuma ser excretada no leite e na urina de vacas leiteiras e de outras espécies de mamíferos que tenham consumido alimentos ou rações contaminadas por aflatoxinas. A exposição ao longo da vida a aflatoxinas em algumas partes do mundo, iniciando-se no útero, tem sido confirmada por biomonitoramento.

As aflatoxinas produzem necrose aguda, cirrose e carcinoma no fígado em diversas espécies animais. Nenhuma espécie animal é resistente aos efeitos agudos desses micro-organismos, portanto, é lógico supor que humanos possam ser afetados da mesma forma. Uma grande variedade de valores de LD_{50} tem sido obtida a partir de testes com diferentes espécies animais que receberam uma única dose de aflatoxinas. Para a maioria delas, o valor de LD_{50} varia de 0,5 a 10 mg/kg de peso corporal. As espécies animais respondem de maneira diferente à toxicidade crônica e aguda das aflatoxinas. A toxicidade pode ser influenciada por fatores ambientais, nível de exposição e duração à exposição, idade, saúde e estado nutricional. A aflatoxina B_1 é um composto carcinogênico muito potente em várias espécies, incluindo primatas não humanos, pássaros, peixes e roedores. Em cada espécie, o fígado é o alvo primário para os danos agudos. O metabolismo tem importância fundamental na determinação da toxicidade da aflatoxina B_1. Essa toxina necessita de ativação metabólica para exercer seu efeito carcinogênico, o qual pode ser modificado por indução ou inibição das funções mistas do sistema oxidase.

A descoberta da aflatoxina na década de 1960 levou a avaliações extensivas dos fungos koji para produção de micotoxinas. Mesmo que, em condições de laboratório, as micotoxinas possam ser produzidas por *A. oryzae*, *A. sojae* e *A. tamari*, sua produção não foi evidenciada nas cepas para uso comercial (Tab. 3.1; Trucksess et al., 1987). Os fungos utilizados para fabricação de queijos também foram testados quanto a sua capacidade de produção de micotoxinas. O *P. roqueforti* gera quantidades-traços de patulina e roquefortina C, enquanto o *P. camemberti* produz baixas quantidades de ácido ciclopiazônico. Essas toxinas só são criadas em condições de estresse induzido em laboratório, sendo que as quantidades registradas em queijos são extremamente baixas (Rowan et al., 1998).

Em países desenvolvidos, a aflatoxina raras vezes contamina alimentos em níveis que possam causar aflatoxicose aguda em humanos. Em vista disso, os estudos com seres humanos, a fim de identificar a toxicidade da aflatoxina, têm sido direcionados ao seu potencial carcinogênico. Estudos epidemiológicos desenvolvidos na África e no Sudeste da Ásia têm demonstrado uma associação entre a incidência de hepatoma e a presença de aflatoxina na dieta. Bowers e colaboradores (1993) e Merican e colaboradores (2000) estudaram a possível ligação entre exposição a aflatoxina, prevalência de hepatite B e câncer de fígado primário, na China. As melhores estimativas de poder cancerígeno desse micro-organismo, ao longo da vida, nos Estados Unidos, foram de 9 e 230 (mg/kg/dia)$^{-1}$ para populações hepatite B negativas e positivas, respectivamente. Esse valor é menor do que os 75 (mg/kg/dia)$^{-1}$ estimados para África e Sudeste Asiático devido à maior prevalência de hepatite B.

4.7.2 Ocratoxinas

As ocratoxinas são produzidas por *A. ochraceus*, *Penicillium verrucosum* e *P. viridicatum*. A ocratoxina A é a mais potente dentre as ocratoxinas (Fig. 4.21). Essas substâncias são encontradas sobretudo nos cereais, porém níveis significativos de contaminação podem ocorrer em suco de uva, vinho tinto, café, cacau, amêndoas, especiarias e frutas secas. A contaminação também pode ocorrer em carne suína ou produtos contendo sangue desses animais e em cerveja. As ocratoxinas são potencialmente nefrotóxicas e carcinogênicas, sendo sua potência variável de acordo com as espécies e o sexo. Essas toxinas também são teratogênicas e imunotóxicas.

4.7.3 Fumonisinas

As fumonisinas são um grupo de micotoxinas produzidas pelo *Fusarium*, as quais têm ocorrência mundial no milho e produtos derivados. Seu envolvimento em diversas doenças em animais já foi estabelecido. As evidências epidemiológicas sugeriram a ligação entre a exposição à fumonisina por meio da dieta e o câncer de esôfago em humanos, em localidades com altos níveis dessa doença. As fumonisinas são bastante estáveis durante o processamento de alimentos.

4.7.4 Zearalenona

A zearalenona é um metabólito fúngico produzido principalmente por *Fusarium graminearium* e *F. culmorum*, os quais colonizam milho, cevada, trigo, aveia e sorgo. Esses compostos podem causar hiperestrogenismo e graves problemas de reprodução e infertilidade em animais, de modo especial em suínos. Seu impacto na saúde pública é difícil de ser avaliado.

4.7.5 Tricotecenos

Os tricotecenos são produzidos por muitas espécies do gênero *Fusarium*. Ocorrem no mundo todo e contaminam muitas plantas, sobretudo cereais como o trigo, a cevada e o milho. Existem mais de 40 tricotecenos diferentes, porém os mais conhecidos são o deoxinivalenol e o nivalenol. Em animais, esses compostos causam vômitos, rejeição à ração e afetam o sistema imunológico. Em humanos, provocam vômitos, dores de cabeça, febre e náuseas. Um grande número de casos de intoxicações por deoxinivalenol tem ocorrido na China e na Índia. Em intoxicações alimentares causadas por deoxinivalenol, o primeiro sintoma é um grave distúrbio gastrintestinal.

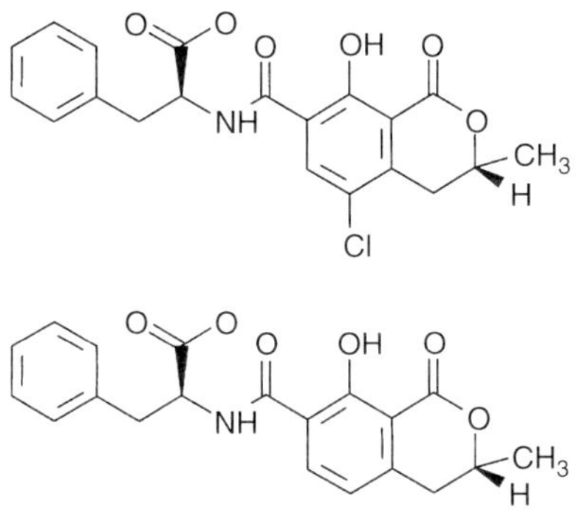

Estrutura da ocratoxina A (acima) e B (abaixo)

Figura 4.21 A estrutura das micotoxinas, diferentes das aflatoxinas.

4.8 Patógenos de origem alimentar emergentes e incomuns

Por várias razões, o número de patógenos de origem alimentar identificados tem aumentado (Tauxe, 1997, 2002). Infecções emergentes (e reemergentes) têm sido definidas como "infecções novas, recorrentes ou resistentes a medicamentos, e a sua incidência em humanos tem aumentado nas últimas décadas ou sua incidência está ameaçada de aumentar em um futuro próximo (NRC, 1993). Os métodos de vigilância atuais somente detectam patógenos em 40 a 60% dos pacientes que sofrem de gastrenterite (de Wit et al., 2001). Portanto, existe uma oportunidade considerável para novos patógenos serem descobertos ou "emergirem". Algumas doenças emergentes de origem alimentar são bem caracterizadas, mas são consideradas "emergentes" porque o número de casos reportados tem aumentado recentemente (10 a 15 anos). A Tabela 4.16 lista vários patógenos emergentes de origem alimentar ou na água e toxinas emergentes.

Tabela 4.16 Toxinas e patógenos emergentes

Grupo microbiano	Organismos
Bactéria	*E. coli* enteroagregativa (EAggEC), *V. cholerae, V. vulnificus, Strep. parasanguinis, Mycobacterium paratuberculosis*, *Arcobacter* spp., *Cronobacter* spp. (*Ent. sakazakii*)
Vírus	Hepatite E
Protozoário	*Cyclospora cayetanensis*, *Toxoplasma gondii*, *Cryptosporidium parvum*
Helmintos	*Anisakis simplex* e *Pseudoterranova decipiens*
Príons	Encefalite espongiforme bovina, variante CJD
Micotoxinas	Fumonisina, zearalenona, tricotecenos, ocratoxinas

A (re)emergência de certos patógenos e toxinas de origem alimentar tem inúmeras causas:

1. Infraestrutura de saúde pública enfraquecida ou inexistente para controle de doenças epidêmicas devido a problemas econômicos, mudanças na política de saúde, conflitos civis e guerras.
2. Pobreza, urbanização descontrolada e populações sem moradia.
3. Degradação ambiental e contaminação de fontes de água e alimento.
4. Programas ineficientes de controle de doenças infecciosas.
5. Aparecimento de novas populações microbianas, tais como o aumento de resistência a antibióticos como resultado do uso inapropriado dessa medicação, incluindo os de uso na produção animal.
6. Aumento da frequência de doenças que cruzam espécies, de populações animais para humanos, sobretudo devido a exploração de novas zonas ecológicas, a intensificação da produção animal (incluindo peixes), e aumento da industrialização, processamento e distribuição de alimentos em nível global.
7. Aumento do potencial da disseminação de doenças por meio da globalização (viagens e comércio), incluindo alimentos crus e processados de origem animal e vegetal.
8. Dispersão devido a novos veículos de transmissão.
9. Identificados recentemente devido ao aumento no conhecimento ou desenvolvimento de métodos de identificação, apesar de já existirem de forma difundida.

Lindsay, 1997

Os fatores que afetam a epidemiologia dos patógenos emergentes de origem alimentar estão apresentados na Tabela 4.17.

Os micro-organismos têm desenvolvido muitos mecanismos de adptação para sobreviver e persistir em condições de multiplicação desfavoráveis (Lederberg, 1997). Eles podem trocar material genético (p. ex., conjugação, transdução e transformação) e, por-

Tabela 4.17 Fatores que afetam a epidemiologia de patógenos de origem alimentar emergentes

1	Adaptação microbiana por meio da seleção natural; o uso de antibióticos pode selecionar cepas resistentes, como *S.* Typhimurium DT104.
2	Novos alimentos e tecnologias de preparo, como no caso da BSE e nvCJD.
3	Mudanças na suscetibilidade do hospedeiro, como, por exemplo, o aumento da idade da população.
4	Mudanças no estilo de vida, como o aumento no consumo de alimentos de conveniência e, em consequência, risco de *L. monocytogenes*.
5	Aumento de comércio e viagens internacionais, facilitando a rápida disseminação de patógenos em todo o mundo, como *E. coli* O157:H7.
6	Reconhecimento de novos alimentos que agem como veículos de transmissão, como ocorre com o *My. paratuberculosis*.

1 (a)

Enter the Calculator

To get started, choose a pathogen below. *Salmonella* and shiga toxin-producing *E. coli* O157 (STEC O157) are currently online. Check back as we build the system to include more pathogens and estimates.

Pathogen	CDC estimate of annual number of cases	ERS cost estimate (2006 dollars)
‣ *Campylobacter* (foodborne sources)	2,000,000	
‣ *Salmonella* (all sources)	1,397,187	$2,467,322,866
‣ Shiga toxin-producing *E. coli* O157 (STEC O157) (all sources)	73,480	$445,857,703
‣ Non-O157 shiga toxin-producing *E. coli* (non-STEC O157) (all sources)	31,229	
‣ *Listeria* (all sources)	2,797	

First Time Users

Help is just a click away. Get detailed instructions on how to proceed.

Related Resources

Food Safety briefing room

1 (b)

Data Sets

Foodborne Illness Cost Calculator: STEC O157

Return to table

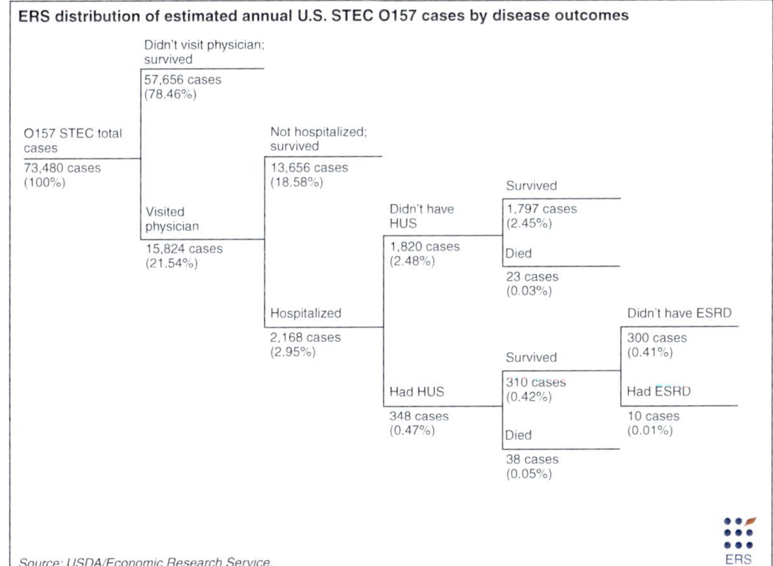

Lâmina 1 Calculador de Doenças de Origem Alimentar do USDA ERS. Imagens reproduzidas do *website* do Serviço de Pesquisas Econômicas do USDA (http://www.ers.usda.gov/Data/FoodborneIllness).

1 (c)

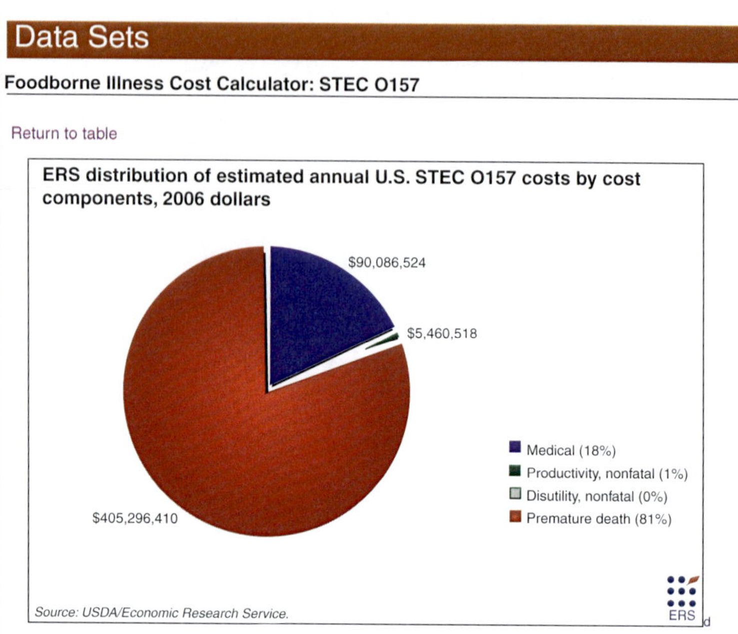
Data Sets
Foodborne Illness Cost Calculator: STEC O157
Return to table
ERS distribution of estimated annual U.S. STEC O157 costs by cost components, 2006 dollars
$90,086,524
$5,460,518
$405,296,410
Medical (18%)
Productivity, nonfatal (1%)
Disutility, nonfatal (0%)
Premature death (81%)
Source: USDA/Economic Research Service.
ERS

Lâmina 1 *(Continuação)*

FOODBORNE
DISEASE
OUTBREAKS

Guidelines for
Investigation and
Control

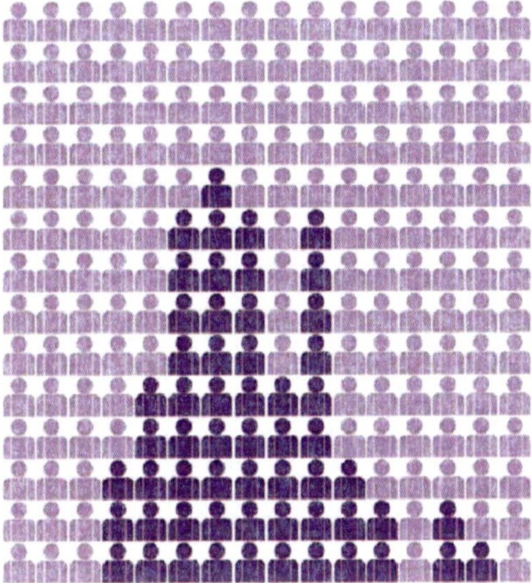

Lâmina 2 Surtos de doenças de origem alimentar. Guia para investigação e controle. Reproduzida com permissão da OMS: http://www.who.int/foodsafety/publications/foodborne_disease/fdbmanual/en/index.html.

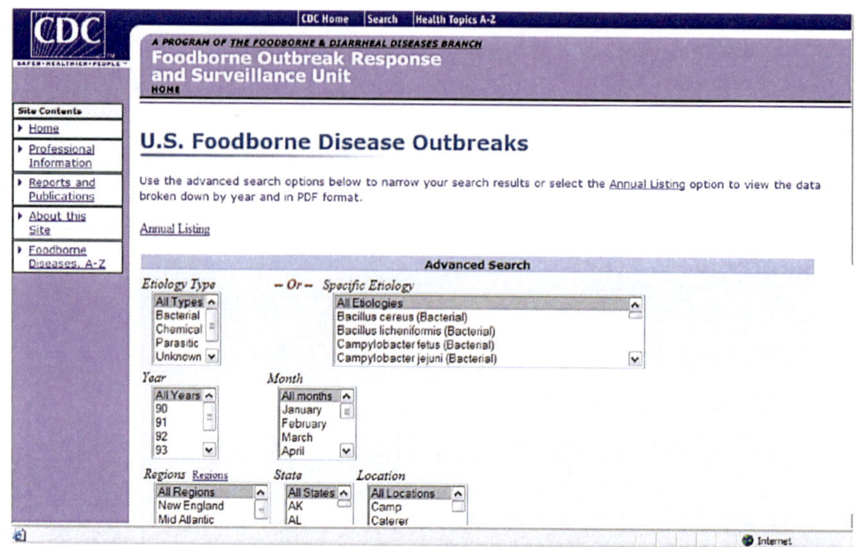

Lâmina 3 Unidade de vigilância e resposta a surtos de origem alimentar do CDC. Reproduzida com permissão do CDC: www2.cdc.gov/ncidod/foodborne/fbsearch.asp.

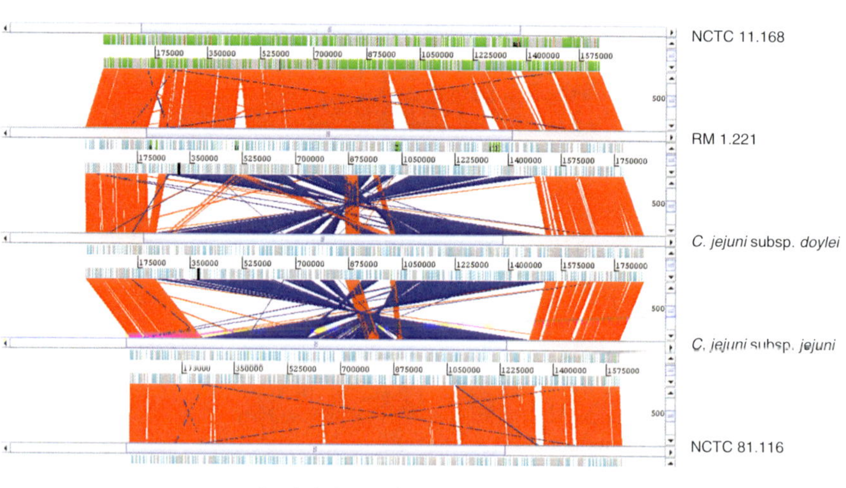

Lâmina 4 Comparação das sequências genéticas de cinco *C. jejuni*, utilizando WebACT.

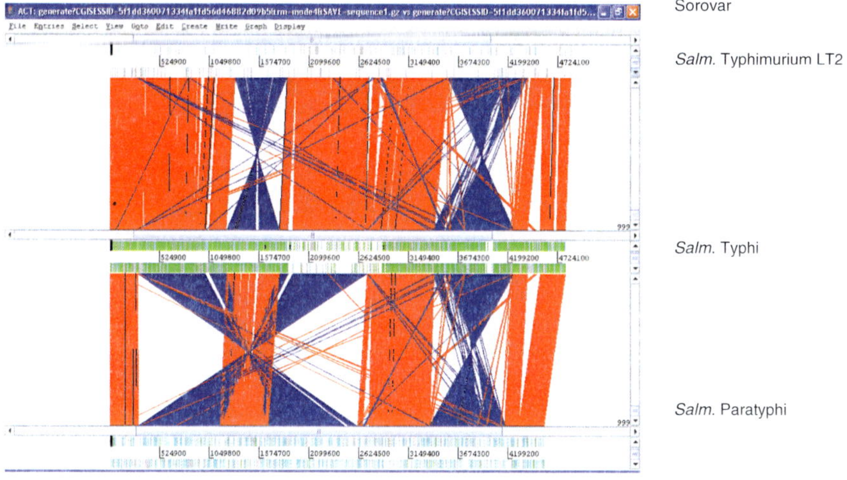

Lâmina 5 Comparação das sequências genéticas de três sorovares de *Salmonella*, utilizando WebACT.

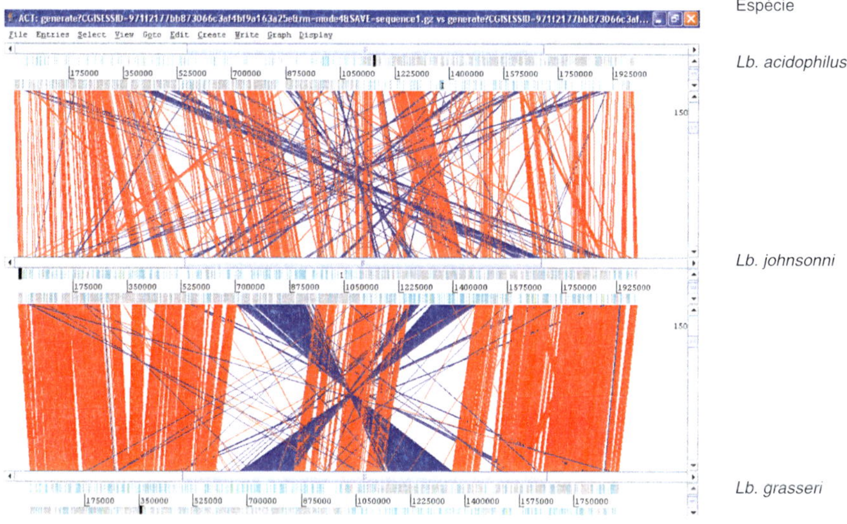

Lâmina 6 Comparação das sequências genéticas de três espécies do complexo do *Lactobacillus acidophilus*, utilizando WebACT.

Lâmina 7 Meio de cultura para *Bacillus cereus* – fermentação de manitol. Oxoid© Ltd. (parte da companhia Thermo Fisher Scientific). Reproduzida com permissão do fabricante.

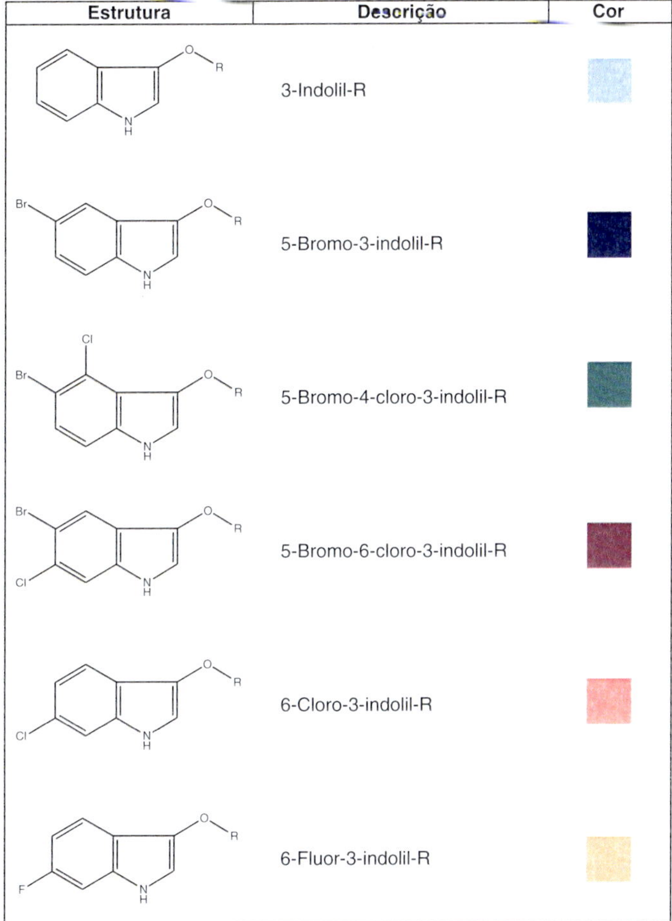

Estrutura	Descrição	Cor
	3-Indolil-R	
	5-Bromo-3-indolil-R	
	5-Bromo-4-cloro-3-indolil-R	
	5-Bromo-6-cloro-3-indolil-R	
	6-Cloro-3-indolil-R	
	6-Fluor-3-indolil-R	

Lâmina 8 Diagrama cromogênico. Oxoid© Ltd. (parte da companhia Thermo Fisher Scientific). Reproduzida com permissão do fabricante.

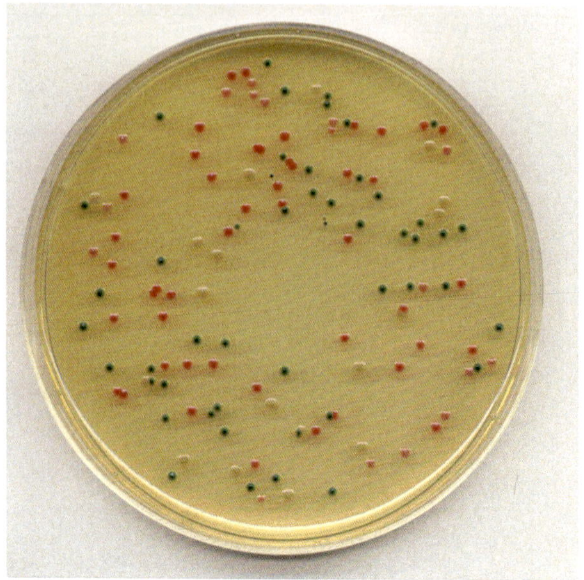

Lâmina 9 Ágar cromogênico para *Cronobacter* (*Ent. sakazakii*) (DFI). Oxoid© Ltd. (parte da companhia Thermo Fisher Scientific). Reproduzida com permissão do fabricante.

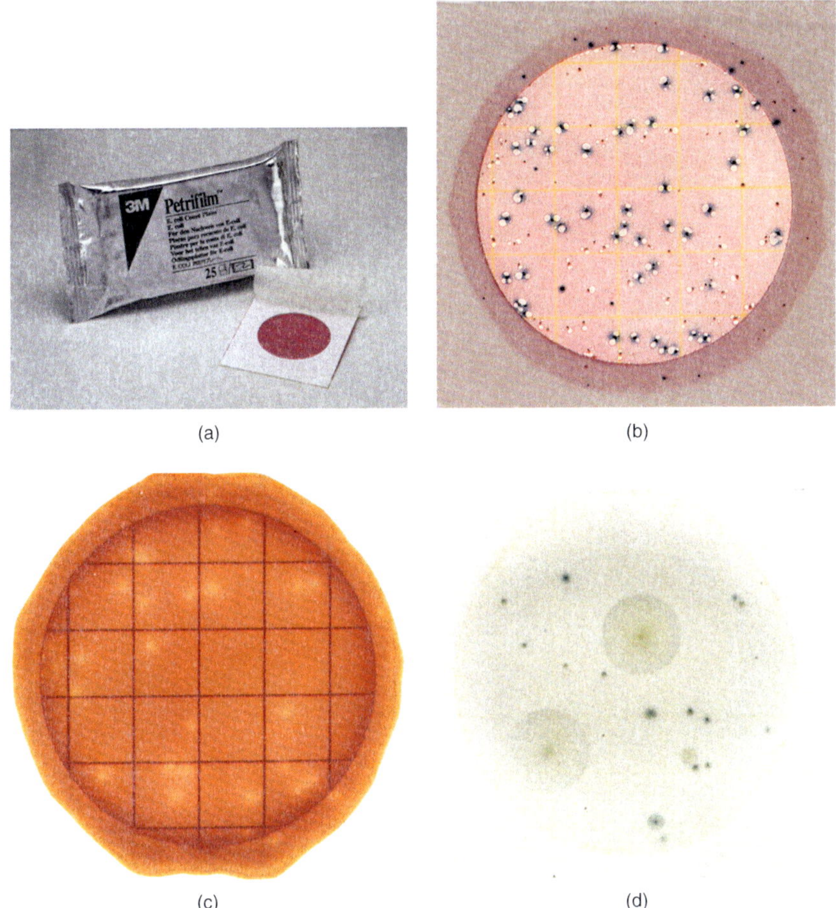

Lâmina 10 3M™ Petrifilm™. (a) Placas. (b) Placas para contagem de *E. coli*/coliformes, com 9 colônias desses organismos. (c) Placas para contagem rápida (6 horas) de coliformes. (d) Contagem de fungos e leveduras. Direitos de imagem: 3M Microbiology, St. Paul, MN, US. Reproduzida com permissão da 3M™.

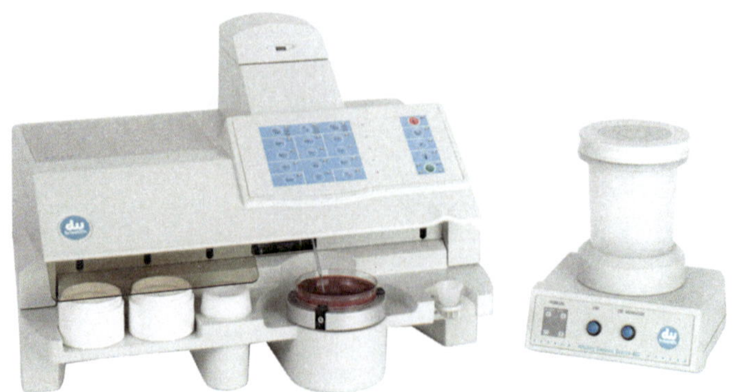

Lâmina 11 WASP – preparo de placas com inóculo em espiral. Cortesia da foto: Don Whitley Scientific Ltd.

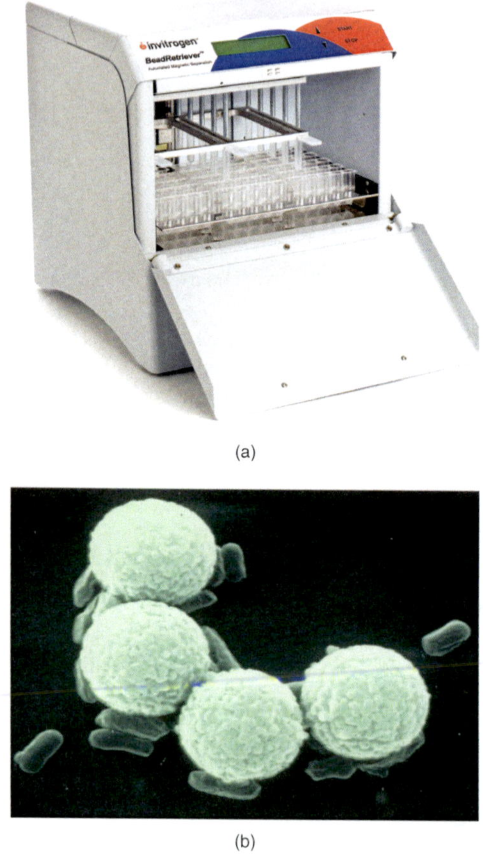

(a)

(b)

Lâmina 12 Separação imunomagnética. (a) Recuperação com esferas. (b) Bactérias aderidas às esferas. Cortesia da foto: Invitrogen Ltd.

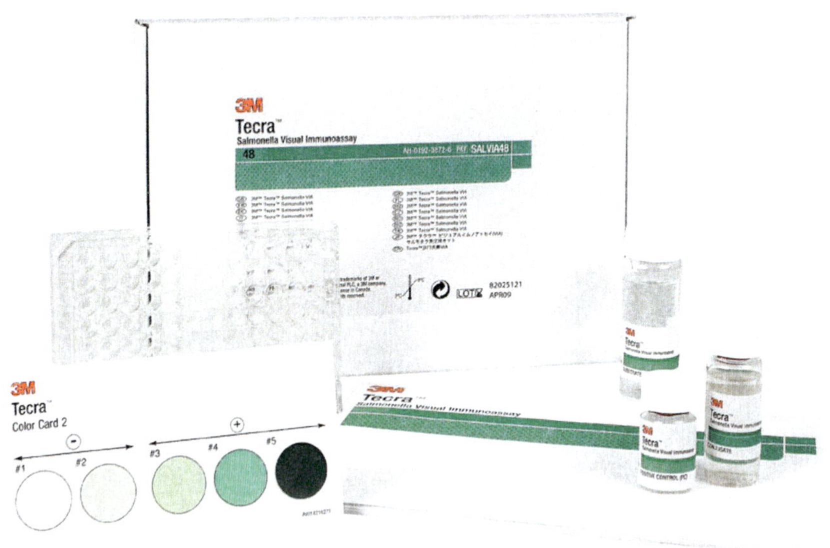

Lâmina 13 3M™ Tecra™ *kit* VIA para *Salmonella*. Direitos autorais da foto: 3M Australia Pvt. Ltd. Reproduzida com permissão.

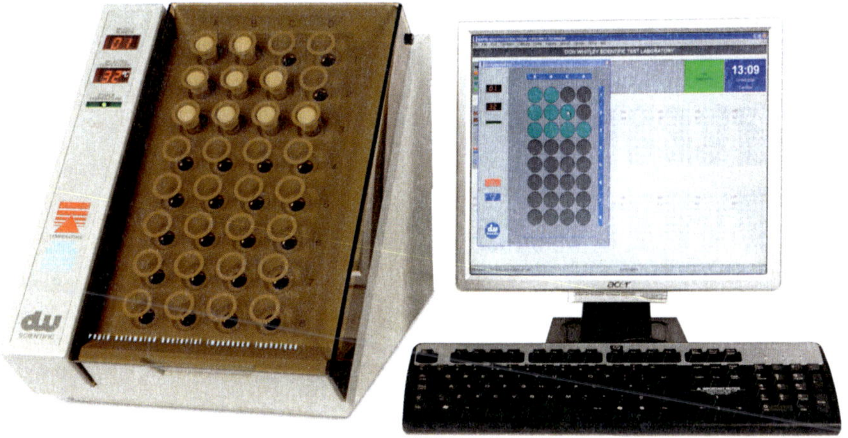

Lâmina 14 Técnica rápida de impedância bacteriana automatizada (RABIT). Cortesia da foto: Don Whitley Scientific Ltd.

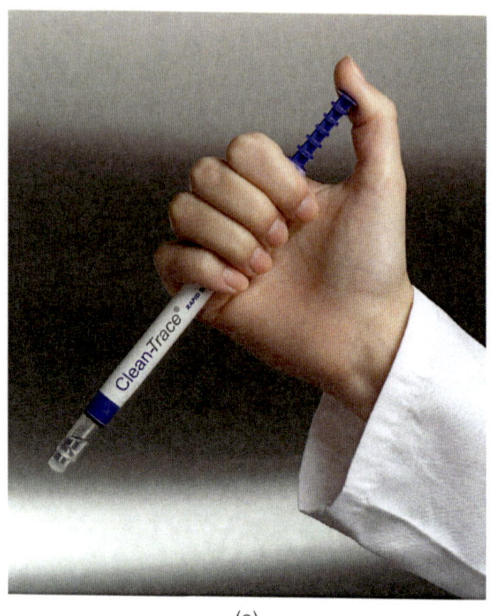

(a)

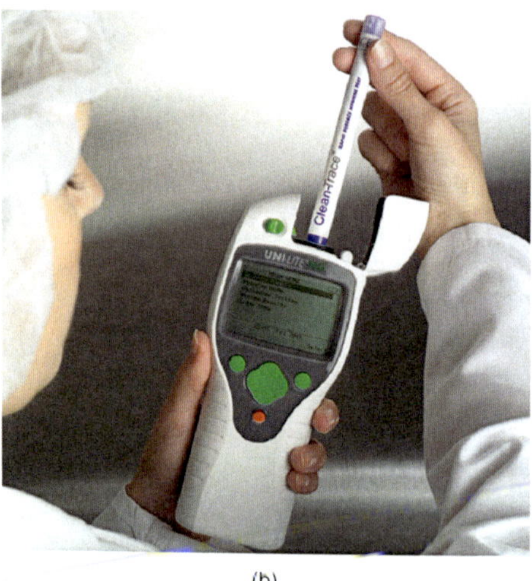

(b)

Lâmina 15 (a) 3M Clean-Trace™ – Teste de superfície por ATP. Direitos autorais da foto: 3M Health Care Limited. Reproduzida com permissão. (b) 3M Clean-Trace™ – NG luminômetro Direitos autorais da foto: 3M Health Care Limited. Reproduzida com permissão

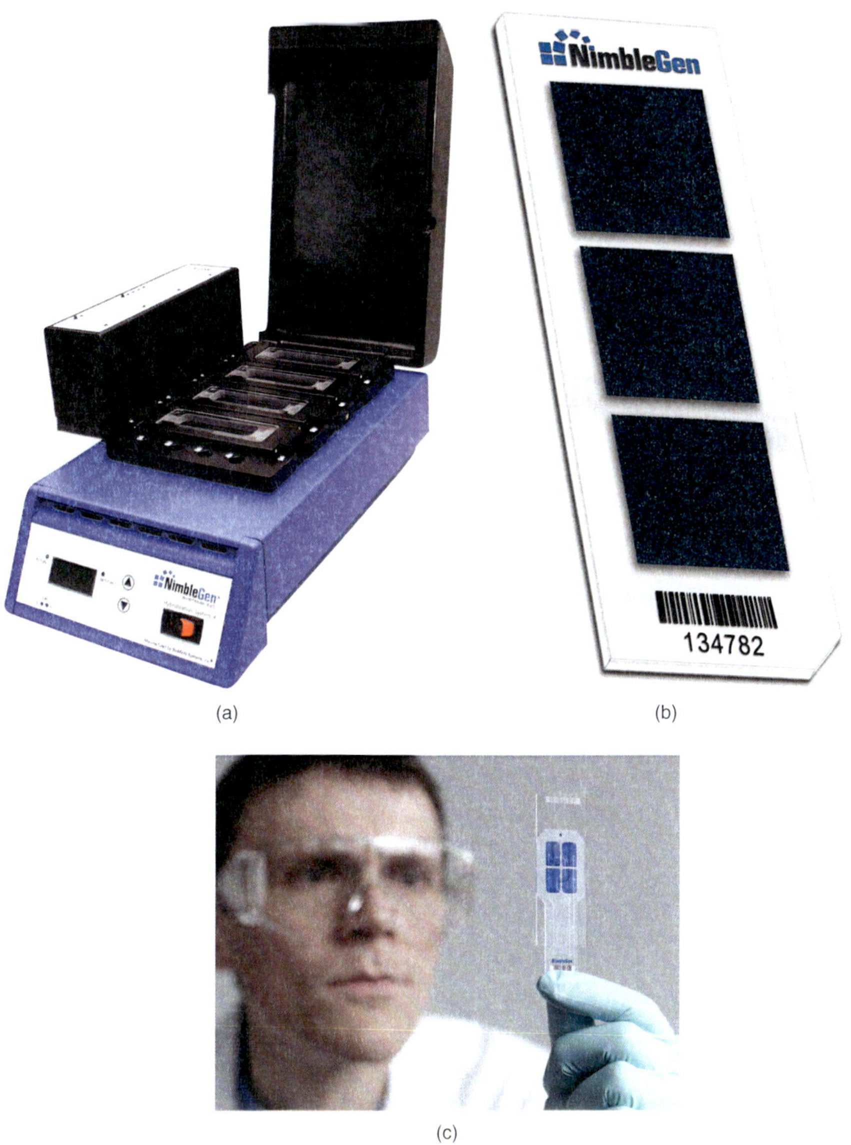

Lâmina 16 Análise de microarranjos (*microarray*). (a) incubadora de hibridização com 4 compartimentos. (b) 3 plex. (c) microarranjos de 4 plex. ©2008 Roche NimbleGen, Inc. Todos os direitos reservados.

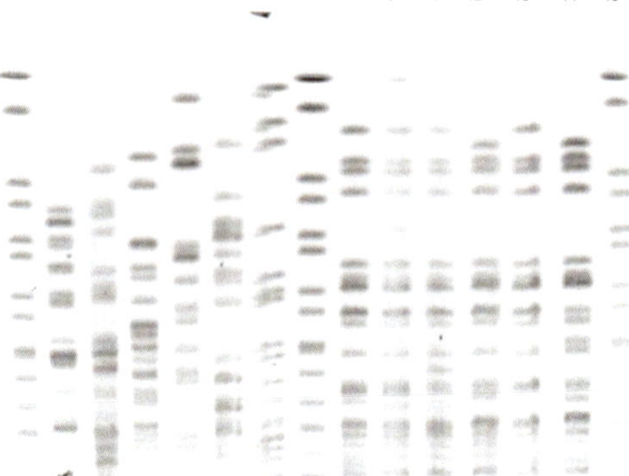

Lâmina 17 Eletroforese em gel de campo pulsado. Padrões de bandas de DNA de várias *Enterobacteriaceae* após digestão com enzima de restrição SpeI. Reproduzida com a permissão de Juncal Caubilla-Barron (Nottingham Trent University).

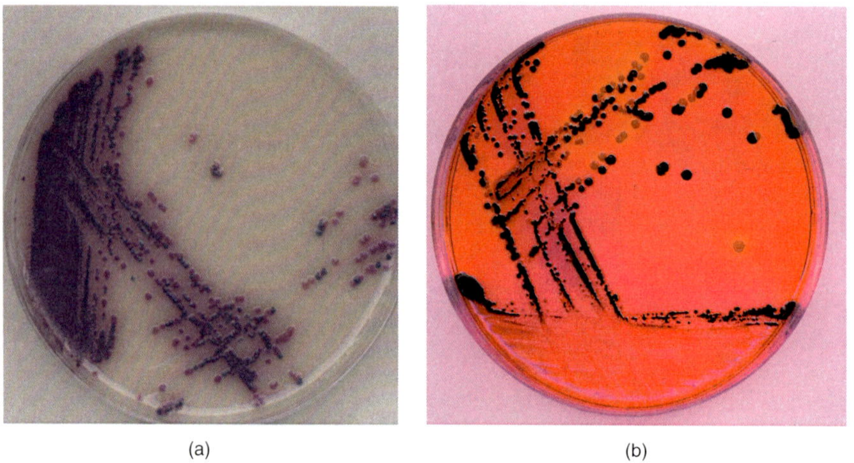

Lâmina 18 (a) *Salmonella* e *Klebsiella* no ágar Brilliance *Salmonella*. (b) *Salmonella* e *Proteus* no ágar XLD. Oxoid© Ltd. (parte da companhia Thermo Fisher Scientific). Reproduzido com permissão do fabricante.

Lâmina 19 *L. monocytogenes* no ágar PALCAM. Oxoid© Ltd. (parte da companhia Thermo Fisher Scientific). Reproduzida com permissão do fabricante.

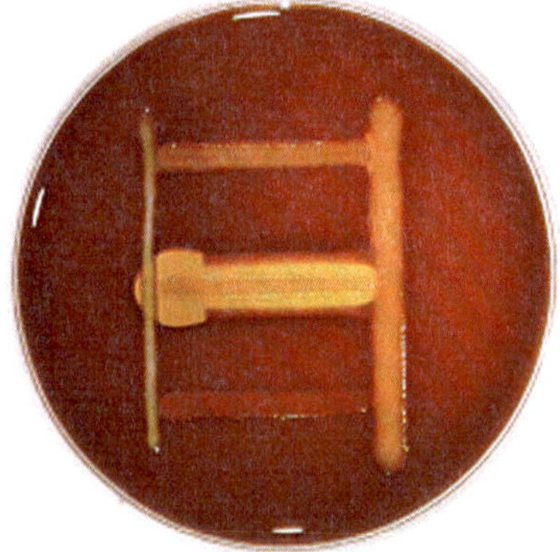

Lâmina 20 Reação CAMP da *Listeria*. Oxoid© Ltd. (parte da companhia Thermo Fisher Scientific). Reproduzida com permissão do fabricante.

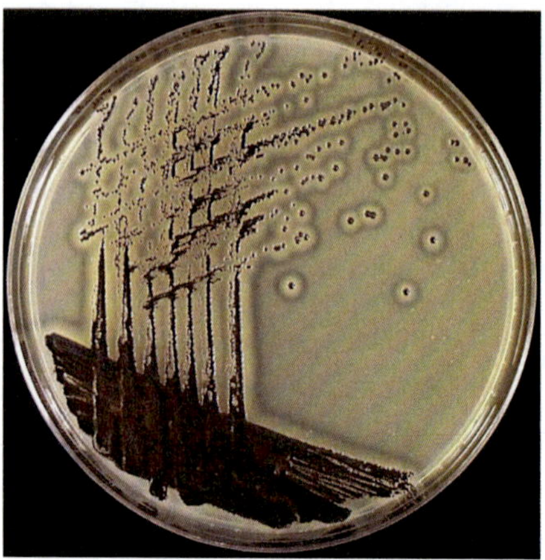

Lâmina 21 *St. aureus* no ágar Baird Parker e gema de ovo. Oxoid© Ltd. (parte da companhia Thermo Fisher Scientific). Reproduzida com permissão do fabricante.

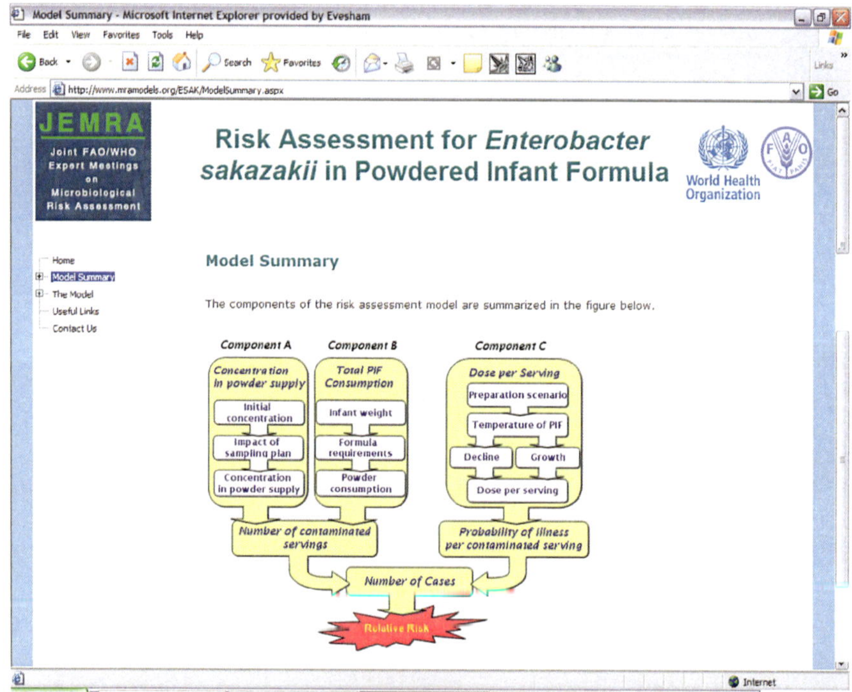

Lâmina 22 Avaliação de risco para o *Cronobacter* spp. (*E. sakazakii*) em fórmula infantil em pó realizada pelo JEMRA (2004). Reproduzida com permissão da Organização das Nações Unidas para Agricultura e Alimentação (FAO); obtida por meio do site: http://www.mramodels.org/ESAK/ModelSummary.aspx.

tanto, adquirir novas sequências genéticas. Transferência gênica horizontal é agora reconhecida como uma rota pela qual genes responsáveis por toxinas podem ser distribuídos para novas cepas de bactérias (p. ex., a origem da *E. coli* O157:H7). Sequências genéticas chamadas de "ilhas de patogenicidade", as quais codificam para fatores de virulência específicos, são reconhecidas por seu conteúdo percentual de GC que difere do restante do genoma bacteriano. Da mesma forma, embora menos entendido, bacteriófagos podem interagir com o genoma do hospedeiro e emergir em novas populações suscetíveis e veículos, com resultados imprevisíveis. Patógenos de origem alimentar geralmente possuem um reservatório animal a partir do qual são transmitidos para humanos, ainda que eles com frequência não causem doenças no hospedeiro primário. Em razão do considerável aumento em viagens e comércio internacional, patógenos de origem alimentar podem espalhar-se rapidamente pelo mundo todo.

Existe uma preocupação considerável em relação à emergência de patógenos de origem alimentar com resistência a antibióticos, tais como a *S.* Typhimurium DT104 e *C. jejuni*. Uma das preocupações mais publicadas se refere ao uso do antibiótico fluoroquinolona nas práticas médicas e veterinárias. A avaliação de risco para resistência a fluoroquinolona em *C. jejuni* é abordada na Seção 10.2.4.

A emergência de certos patógenos alimentares ocorre por várias causas:

- Recente aparecimento na população microbiana.
- Dispersão devido a novos veículos de transmissão.
- Rápido aumento da incidência ou área de alcance geográfico, como *V. cholerae* em águas costeiras do sul dos Estados Unidos, em 1991.
- Patógenos recentemente identificados devido a um aumento no conhecimento ou desenvolvimento de métodos de identificação, apesar de já existirem de forma difundida.

Adaptado de Van de Venter, 1999.

4.8.1 Príons

As encefalopatias espongiformes transmissíveis em animais e humanos são causadas por um vírus não convencional ou príons. Essas doenças incluem *scrapie* em ovelhas, encefalopatia espongiforme bovina (BSE – doença da vaca louca), em gado, e doença de Creutzfeldt-Jacob (CJD), em humanos. É comumente aceito que a BSE foi encontrada pela primeira vez na Inglaterra depois de o gado ter sido alimentado com rações elaboradas com carcaças de ovelhas, as quais apresentavam *scrapie*. Também é aceito que humanos contraíram uma forma não clássica de CJD chamada "variante de CJD" (vCJD), após o consumo de carne bovina, em particular tecido nervoso. A idade média de vítimas que morrem de vCJD é 28,5 (variando de 14 a 74). O período médio entre o início dos sintomas e o diagnóstico é 328 dias, e morte em 413 dias. Tem sido proposto que o leite contaminado com BSE possa, de forma esporádica, causar CJD.

Em 20 de março de 1996, a Secretaria de Saúde do Governo Britânico anunciou que a causa mais provável de 10 casos de vCJD em humanos foi a ingestão de carne de gado infectado com BSE (Will et al., 1996). Isso resultou em medidas como a interrupção da reciclagem de materiais potencialmente infectados (tais como a espinha dorsal), os quais seriam utilizados para suplementar a alimentação de gado, e exigiu maior inspeção nos abatedouros. Essas restrições, junto com a redução dos casos de BSE, sugerem que atualmente o público do Reino Unido deva ter baixíssima exposição aos agentes infecciosos.

As evidências de que o agente infeccioso se tratava de um príon (abreviação para *proteinaceous infectious particle*) vieram de estudos de Collinge e colaboradores (1996), Bruce e colaboradores (1997) e Hill e colaboradores (1997). Os príons são formas modificadas de uma proteína normal chamada PrP^c, a qual é referida como PrP^* ou PrP^{Sc}. Essas proteínas acumulam-se no cérebro, causando buracos ou placas, e os sintomas clínicos subsequentes levam à morte. O número exato de casos de vCJD, no Reino Unido, é um fato controverso. Alguns grupos afirmam que o número não pode ser estimado (Ferguson et al., 1999), enquanto Thomas e Newby (1999) estimam que o valor não excederá "poucas centenas, sendo mais provável que não passe de 100 ou menos". Já Cousens e colaboradores (1997) estimam um total de 80 mil casos. Foram registradas 163 mortes causadas por vCJD de 166 casos no Reino Unido. Parece que o pico ocorreu em 2000, com 28 mortes (Fig. 4.22), embora possam existir outros picos em outros grupos genéticos.

4.8.2 *Cronobacter* spp.

O gênero *Cronobacter* é associado com infecções em indivíduos imunocomprometidos, em especial recém-nascidos, assim como adultos com doenças subjacentes. Previamente, o nome *Ent. sakazakii* era utilizado para descrever essas bactérias, as quais se acreditava terem relação próxima com *Enterobacter cloacae.* Entretando, análises

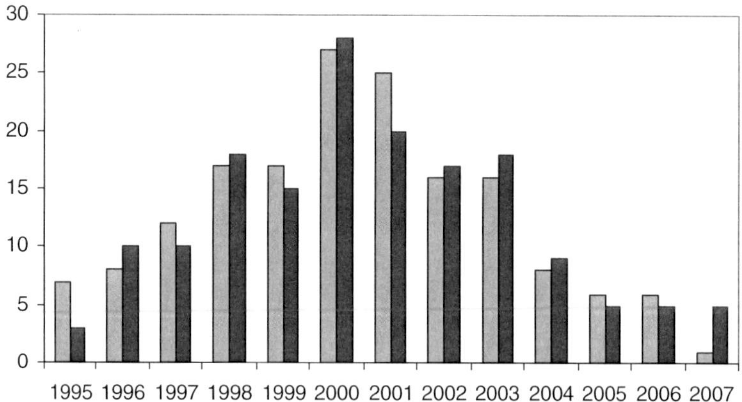

Figura 4.22 Número de mortes causadas por vCJD no Reino Unido. Histograma do número de casos diagnosticados de vCJD (□) e mortes (■) durante o período de 1995 a 2007. Vale ressaltar que uma morte, em 2003, e duas mortes, em 2006, foram casos secundários ligados a transfusões sanguíneas. http://www.cjd.ed.ac.uk/figures.htm, acessado em 23 de abril de 2008.

detalhadas levaram a recentes (2008) revisões taxonômicas, com a criação do novo gênero *Cronobacter*, o qual é hoje dividido em cinco espécies (Iversen et al., 2008). É, portanto, difícil a referência aos muitos estudos já realizados em relação a quais espécies de *Cronobacter* estavam sendo estudadas. No entanto, a maioria dos isolados são *Cronobacter sakazakii*, e, embora isolados clínicos sejam encontrados em todas as espécies descritas, casos em recém-nascidos têm sido relacionados com *C. sakazakii*, *Cr. malonaticus* e *Cr. turicensis*. Em recém-nascidos, as infecções incluem enterocolite necrótica, meningite e bacteremia. Bowen e Braden (2006) consideraram 46 casos em recém-nascidos e reportaram que os sintomas apresentados pelos de peso muito baixo ao nascer tendem a ser bacteremia, enquanto aqueles com peso ao nascer de cerca de 2 kg tendem a sofrer de meningite. O número de infecções em recém-nascidos de 1958 aos dias atuais que foram reportados globalmente excede 109, mas é provável que o número de casos seja subestimado. Devido a associações de infecções causadas por algumas espécies de *Cronobacter* e fórmula infantil em pó contaminada, esse produto tem sido motivo de considerável atenção em relação a sua segurança microbiológica. Por isso, os critérios microbiológicos para esses produtos foram revisados, e limites mais restritos foram adotados. Esse problema é discutido na Seção 10.7 em relação às avaliações de riscos da FAO/OMS.

O *Ent. sakazakii* foi designado como uma única espécie em 1980 e havia sido previamente referido como um "*Ent. cloacae* de pigmentação amarela" (Farmer et al., 1980). Em 2008, ele foi dividido em *Cr. sakazakii*, *Cr. malonaticus*, *Cr. turicensis*, *Cr. muytjensii* e *Cr. dublinensis*. É inevitável que, quando um grupo de bactérias ainda não muito estudado se torna motivo de investigações, revisões taxonômicas ocorram. A dificuldade é que as autoridades regulatórias garantam a implementação de medidas de controle apropriadas e métodos de detecção para proteção da saúde humana. O pigmento amarelo mencionado foi utilizado nos primeiros métodos de isolamento da FDA e da ISO, mas agora é reconhecido como uma característica imprecisa, uma vez que cepas não pigmentadas podem ser isoladas utilizando outros métodos (Fanning e Forsythe, 2008). A bactéria tem sido implicada em uma forma rara, contudo grave, de meningite neonatal com alta taxa de mortalidade (40 a 80%; Caubilla-Barron et al., 2007). É também associada com enterocolite necrótica e septicemia em recém-nascidos (Townsend et al., 2007, 2008). As fórmulas desidratadas infantis foram implicadas em alguns surtos e casos esporádicos de infecção por *Cronobacter* spp. O organismo pode sobreviver no estado desidratado por mais de dois anos (Caubilla-Barron e Forsythe, 2007). Ele é encontrado em todo o ambiente e também causa infecções em adultos imunocomprometidos. Entretanto, é a infecção de recém-nascidos que tem trazido atenção para essa bactéria.

Cronobacter spp. tem sido isolada a partir de 0 a 12% de amostras de fórmulas desidratadas infantis (FAO/OMS, 2006a), mas nunca em níveis maiores do que 1 célula por grama. Portanto, riscos elevados de infecções de recém-nascidos em razão de fórmulas reconstituídas podem ser atribuídos a temperaturas elevadas. A temperatura mínima para a multiplicação do micro-organismo é de cerca de 5 °C, enquanto o tempo de geração é de cerca de 40 minutos em temperaturas ambiente e

5 horas a 10 °C. As FAO/OMS recomendam que esses produtos sejam reconstituídos em temperaturas maiores do que 70 °C para redução do número de patógenos entéricos a números aceitáveis. No entanto, a temperatura elevada pode causar perdas em vitaminas e aglutinação. Uma temperatura de cerca de 55 °C ou menos é normalmente utilizada em unidades neonatais e nos lares, a qual não resulta em qualquer redução significativa na viabilidade bacteriana. Subsequente incubação à temperatura ambiente ou estocagem prolongada em refrigeradores podem resultar em importante multiplicação bacteriana e contribuir para infecção de bebês. As FAO/OMS produziram uma avaliação de risco para *Cronobacter* spp. e *Salmonella* em fórmula infantil (FAO/OMS, 2004, 2006b), e um modelo de risco, que está disponível na internet, foi desenvolvido. Ver Seção 10.7 para mais detalhes. Além disso, outras espécies de *Enterobacteriaceae* e *Acinetobacter* têm sido categorizadas como "causa plausível, mas não confirmada" no que se refere a infecções de recém-nascidos por meio de fórmula em pó contaminada, sendo que monitoração adicional tem sido aconselhada. As FAO/OMS (2004, 2006b) também indicaram uma terceira categoria de "Organismos de causa menos plausível ou não demonstrada". Esse grupo inclui *B. cereus, Cl. botulinum, Cl. difficile, Cl. perfringens, L. monocytogenes, St. aureus* e estafilococos coagulase-negativos. Para uma cobertura mais abrangente do *Cronobacter*, o leitor deve consultar a página do autor (http://www.wiley.com/go/forsythe) e a recente publicação da ASM (Farber e Forsythe, 2008).

4.8.3 *Mycobacterium paratuberculosis* e leite pasteurizado, um patógeno emergente?

O *Mycobacterium paratuberculosis* (comumente conhecido como "MparaTB") é uma subespécie do *Mycobacterium avium*. Esse organismo causa uma enterite crônica em gado conhecida como doença de Johne. Na América do Norte e Europa, o organismo é altamente prevalente em uma forma subclínica em rebanhos leiteiros e animais domésticos, como ovelhas e cabras. Pode também infectar uma variedade de animais silvestres, como coelhos e veados. Os sintomas são diarreia, perda de peso, debilidade e, sendo a doença incurável, morte. A prevalência da doença de Johne, nos Estados Unidos, é de 2,6% nos rebanhos leiteiros e é comparável aos 2% do gado clinicamente infectado na Inglaterra (Çetinkaya et al., 1996). O *My. paratuberculosis* é excretado em quantidades aproximadas de 10^8UFC/g de fezes e foi isolado a partir de leite proveniente de portadores assintomáticos em níveis de 2 a 8 UFC/50 mL de leite (Sweeney et al., 1992). Esse micro-organismo pode sobreviver à pasteurização a 72 °C por 15 segundos (Chiodini e Hermon-Taylor, 1993; Grant et al., 1996; Stabel et al., 1997); portanto, foi proposto que seja o organismo causador da síndrome de Crohn em humanos (Acheson, 2001; FSA, 2001; Hermon-Taylor, 2001, 2009; Hermon-Taylor et al., 2000). Essa síndrome consiste em um distúrbio gastrintestinal, na forma de inflamação crônica altamente debilitante em humanos. Em geral, o íleo distal e o colo são infectados. É uma doença que não tem cura e costuma afetar pessoas jovens. A taxa de incidência mais alta é na faixa etária de 15 a 24 anos. Fatores genéticos e imunológicos podem ter um papel importante na ocorrência da doença. Um estudo europeu envolvendo diversos centros reportou uma taxa de incidência de 5,6 por 100 mil indivíduos ao ano (Shivananda et al., 1996).

A correlação do micro-organismo com a síndrome de Crohn é controversa, pois (1) ele não foi detectado em leite pasteurizado comercial e (2) não há consenso que indique que o causador da síndrome de Crohn seja o *My. paratuberculosis*. Se for comprovado por meio de pesquisas (que continuam em andamento, até a publicação deste livro) que o *My. paratuberculosis* é transferido de vacas leiteiras infectadas para humanos, resultando na síndrome de Crohn via leite pasteurizado, então os padrões de tempo e temperatura de pasteurização deverão ser reavaliados. Leite e água são considerados fontes potenciais de exposição. Outros produtos lácteos, como, por exemplo, queijo e carnes, são considerados veículos potenciais para essa bactéria. Características desse organismo que fazem com que seu controle seja difícil são sua habilidade de sobreviver no ambiente, assim como a dificuldade relacionada com seu cultivo, uma vez que sua multiplicação é lenta. O maior problema encontrado no estudo desse micro-organismo é seu cultivo em laboratório. As colônias são visíveis apenas após quatro semanas de incubação e requerem testes confirmatórios. Dessa forma, experimentos em larga escala consomem um tempo extremamente grande. Estudos realizados no Reino Unido mostraram a presença desse organismo em uma pequena proporção de leite cru e pasteurizado disponível no mercado (FSA, 2001).

4.8.4 O gênero *Arcobacter*

O gênero *Arcobacter* era, a princípio, conhecido como *Campylobacter* aerotolerantes e como micro-organismos semelhantes aos *Campylobacter* (CLO). Atualmente, os *Arcobacter* são reconhecidos como pertencentes a um gênero separado, o qual é dividido em sete espécies: *A. butzleri, A. cryaerophilus, A. skirrowii, A. nitrofigilis, A. cibarius, A. mytili* e *Candidatus* A. sulphidicus.

A. butzleri, A. cryaerophilus, A. skirrowii são patógenos animais que causam abortos em suínos, enquanto o *A. nitrofigilis* foi detectado em raízes de *Spartina alterniflora*, uma planta de pântanos salgados. Os sorovares 1 e 5 de *A. butzleri* são vistos como os principais patógenos humanos; contudo, estudos epidemiológicos não demonstraram ainda a transmissão do micro-organismo aos humanos por meio da cadeia alimentar. A situação é, no entanto, reminiscente ao *C. jejuni* e à *L. monocytogenes*. Esses organismos também foram inicialmente qualificados como patógenos animais muitos anos antes de microbiologistas médicos usarem métodos de isolamento adequados em amostras de pacientes sofrendo de gastrenterite.

O *Arcobacter* parece ser resistente aos agentes antimicrobianos que costumam ser utilizados em tratamentos de diarreias causadas por *Campylobacter* spp. como, por exemplo, a eritromicina, outros antibióticos macrolídeos, tetraciclina e cloranfenicol. O isolamento de *Arcobacter* requer um meio seletivo, como o mCCDA e o CAT (Forsythe, 2006). Sua identificação pode ser subsequentemente obtida por meio de sondas de rRNA 16S (Mansfield e Forsythe, 2000a).

A ocorrência de doenças relacionadas com *Arcobacter* pode ser subestimada devido à falta de vigilância e métodos de detecção otimizados. Essa é uma situação semelhante às do *C. jejuni* e da *L. monocytogenes* 4b. Tais organismos foram inicialmente qualificados como patógenos animais por muitos anos, antes da aplicação de métodos de detecção específicos por microbiologistas clínicos e subsequentemente por microbiologistas de alimentos. O exame de espécimes clínicos de humanos e animais para a presença de espécies de *Arcobacter* é raras vezes realizado, e, em muitos casos, os procedimentos utilizados não são ideais (Houf et al., 2001). Além disso, pouco se sabe a respeito dos fatores de risco envolvidos com a infecção de humanos. O estudo mais extensivo realizado até os dias atuais foi conduzido por Vandenberg e colaboradores (2004) e incluiu um total de 67.599 amostras de fezes em um período de 8 anos. *A. butzleri* foi o quarto organismo mais isolado, semelhante ao *Campylobacter*. Ele foi associado com mais frequência a sintomas de diarreia aquosa e persistente do que o *C. jejuni*. Para uma consideração mais detalhada do *Arcobacter*, o leitor deve consultar Forsythe (2006).

4.8.5 Nanobactéria

As nanobactérias são as menores bactérias já descritas. Elas já foram encontradas em calcáreo marinho, córregos de água fresca, encanamentos de água e cavernas, assim como em sangue humano e de gado (Folk, 1999). Durante sua multiplicação, as nanobactérias formam carbonato de apatita em seu envelope celular, o qual se assemelha às menores unidades de apatita encontradas nas pedras dos rins. Em um estudo com patientes finlandeses portadores de pedras nos rins, 97,25% dos casos foram positivos para nanobactérias (Ciftcioglu et al., 1999; Hjelle et al., 2000), indicando, portanto, que esse organismo pode estar ligado à formação de pedras nos rins. Entretanto, essa explicação é um pouco controversa quando comparada com outras explicações propostas (Cisar et al., 2000). Estudos adicionais são necessários para testar essa hipótese, a ecologia e a rota de transmissão desses organismos, o que pode, provavelmente, incluir alimentos e água.

5 Métodos de detecção e caracterização

5.1 Introdução

Inicialmente, a análise microbiológica de alimentos era utilizada para testar o produto final cuja liberação dependia do resultado dela. Lotes com resultados negativos eram liberados para a distribuição, enquanto os lotes positivos eram reprocessados ou descartados. Embora essa abordagem tenha reduzido a liberação de produtos contaminados ao mercado, não ajudou a prevenir produtos contaminados ou melhorar de maneira eficiente a produção. Atualmente, a abordagem mais eficaz de segurança de alimentos tem por objetivo eliminar os patógenos alimentares por meio de uma atuação proativa, considerando desde os ingredientes até o produto final, ou seja, utilizando a implementação do sistema de Análise de Perigos e Pontos Críticos de Controle (APPCC, ver Cap. 8). Prevenindo a entrada dos patógenos no processo produtivo ou reduzindo-os a níveis aceitáveis, e com controle microbiano nos locais críticos, o produto final deve sair de acordo com as especificações desejadas. Portanto, hoje, o foco da segurança de alimentos está baseado na prevenção e no controle dos processos, e não mais no controle retrospectivo após a detecção da falha no processamento.

Alocilja e Radke (2003) estimaram que o mercado de biossensores de detecção de patógenos foi de 563 milhões de dólares, com crescimento anual de 4,5%, dos quais a indústria de alimentos representou U$ 192 milhões. De acordo com Tom Weschler, de Strategic Consultants (http://www.strategic-consult.com), em 2005, o mercado mundial de microbiologia de alimentos representou mais de 629 milhões de testes com um valor de mercado de até 1,65 bilhão de dólares e uma taxa de crescimento entre 7 e 9%. Em 2008, o número de testes foi em torno de 738 milhões, sendo 80% testes gerais de rotina (p. ex., contagem total de células viáveis), e 138 milhões para patógenos específicos (valor de mercado aproximado de 1 bilhão de dólares). *Salmonella* é o patógeno testado com mais frequência, seguido por *Listeria*, *E. coli* O157 e *Campylobacter*. Em 2008, os testes microbiológicos em alimentos representaram valor um de mercado de mais de 2 bilhões de dólares. Em 2010, os números aumentram para 822,8 milhões de testes e valor de mercado de 2,4 bilhões de dólares. Parte desse crescimento deve-se ao aumento do uso de métodos rápidos (com base em ensaios moleculares e imunológicos) que respondem por cerca de 35% do total de testes. Embora eles sejam mais onerosos por teste, oferecem respostas mais rápidas do que os métodos convencionais. A escolha do teste varia de acordo com o organismo. Por exemplo, métodos convencionais predominam para *Campylobacter* spp., enquanto o oposto é verdadeiro para *E. coli* O157. Em torno de 68,5 milhões de testes para *Salmonella* são realizados anualmente, mesmo que os resultados demorem muitos dias. Portanto, ainda há a necessidade de mais testes rápidos que poderiam beneficiar tanto produtores de alimentos quanto consumidores. Este capítulo revisa os vários métodos disponíveis para detectar a maioria dos patógenos de origem alimentar.

Analisar amostras ambientais e de alimentos quanto à presença de bactérias patogênicas, deteriorantes, fungos e toxinas, é uma prática-padrão para garantir a segurança e a qualidade do alimento. Apesar da considerável quantidade de métodos que já foi desenvolvida, a interpretação dos resultados em microbiologia de alimentos ainda é mais difícil do que é normalmente apresentado. Não é apenas a especificidade e a sensibilidade do método que devem ser considerados, mas também o quão representativa é a amostra que foi analisada. Este capítulo considera o grupo de métodos de detecção e caracterização disponíveis para o microbiologista de alimentos. As questões de planos de amostragem, e a representação estatística das amostras são abordadas no Capítulo 9.

As razões para ter cautela na interpretação dos resultados microbiológicos são:

- Os micro-organismos estão em um ambiente dinâmico, cuja multiplicação e morte de diferentes espécies ocorre em taxas diferentes. Isso significa que o resultado de um teste é apenas válido para o momento da amostragem.
- As contagens de células viáveis, por meio de semeadura em placas de ágar de diluições de alimentos homogeneizados, pode ser mal conduzida, não permitindo a multiplicação de micro-organismos. As toxinas pré-formadas ou os vírus podem estar presentes e não serem detectados. Por exemplo, a enterotoxina estafilocócica é termoestável e persiste no processo de secagem na produção do leite em pó.
- A homogeneidade dos alimentos é difícil, sobretudo alimentos sólidos. Portanto, os resultados para uma amostra podem não ser representativos do lote inteiro. No entanto, não é possível submeter um lote inteiro de alimentos à análise microbiológica, senão não haveria produto restante para vender.
- As contagens de colônias são válidas apenas no âmbito de certas faixas e têm limites de confiança (Tab. 5.1). Devido a essas razões, as contagens microbiológicas obtidas por meio de amostragens aleatórias podem representar apenas uma pequena parte da avaliação total do produto.

Existem diversas questões relacionadas à recuperação de micro-organismos de alimentos, as quais devem ser levadas em consideração em qualquer procedimento de isolamento:

1. No caso de alimentos sólidos, deve ser realizada uma homogeneização e diluição da amostra por meio de liquidificação.
2. O organismo-alvo em geral está em minoria na população microbiana.
3. O organismo-alvo está presente em pequenas quantidades.
4. O organismo-alvo pode estar física e metabolicamente danificado.
5. O organismo-alvo pode não estar distribuído de maneira uniforme no alimento.
6. O alimento pode não apresentar composição homogênea.

Tabela 5.1 Limites de confiança associados com o número de colônias em placas (Cowell e Morisetti, 1969)

Contagem de colônias	Intervalo de confiança de 95% para a contagem	
	Inferior	Superior
3	<1	9
5	2	12
10	5	18
12	6	21
15	8	25
30	19	41
50	36	64
100	80	120
200	172	228
320	285	355

As contagens em placas são realizadas em grupos de organismos com três propósitos:

1. A contagem aeróbia em placas (APC) indica a microbiota geral e, portanto, a vida de prateleira do produto. A APC é muito útil na indústria de alimentos porque é fácil de realizar e pode fornecer subsídios para decisões de aceitação ou rejeição de amostras obtidas regularmente, no mesmo ponto, sob as mesmas condições.
2. A presença de organismos fecais (p. ex., *Enterobacteriaceae*) indica tanto se o alimento foi processado termicamente de maneira inadequada, como se foi mal manuseado e contaminado após o processamento.
3. Os patógenos específicos podem estar associados às matérias-primas ou aos alimentos processados.

Algum grau de segurança só é alcançado quando testes em quantidades representativas de amostras do alimento forem negativos. Os métodos, por isso, devem ser confiáveis, consistentes e acreditados. Esses aspectos são considerados nas seções seguintes. Apenas exemplos representativos dos métodos de detecção serão abordados; detalhes podem ser encontrados em várias fontes, como as listadas a seguir. O leitor deve consultar a edição mais recente desses protocolos.

As fontes de protocolos aprovados incluem:

- Association of Official Analytical Chemists (AOAC) International
- International Organisation for Standardisation (ISO)
- Food and Drug Administration (FDA) Bacteriological Analytical Manual
- USDA Microbiology Laboratory Guidebook
- Compendium of Methods for the Microbiological Examination of Foods
- Practical Food Microbiology (Roberts e Greenwood, 2003)

Os URLs (Uniform Resource Locator - localizador-padrão de recursos) para a maioria dos manuais dessas organizações e laboratórios são obtidos em *sites* de busca na *web*.

A validade do método é definida como a habilidade do teste para realizar o que se pretende. Isso envolve determinar a "sensibilidade" e a "especificidade" do método. Sensibilidade é a capacidade de um método para detectar o maior número de resultados positivos, se a amostra estiver contaminada. Especificidade é a capacidade de não detectar o organismo-alvo na amostra negativa analisada, se o organismo realmente estiver ausente. Para muitos métodos disponíveis para patógenos de origem alimentar, a sensibilidade e a especificidade são da ordem de 95%.

Novos métodos de detecção são constantemente anunciados, mas a aceitação dos mesmos pela indústria depende de três critérios: velocidade, exatidão e facilidade no uso. A indústria requer testes com o menor tempo entre a disponibilidade da amostra e o resultado. A exatidão do método inclui a sensibilidade, a especificidade e o limite de detecção, enquanto a facilidade no uso se refere ao nível exigido do técnico e dos equipamentos. Em essência, métodos para detecção microbiológica podem ser divididos em cultivo convencional de células e processos mais rápidos, baseados em métodos imunológicos e moleculares (Tab. 5.2). No entanto, esta é uma categorização muito

Tabela 5.2 Seleção de métodos de detecção para a maioria dos patógenos de origem alimentar

Organismo	Método	Técnica	Fabricante
Campylobacter spp.	Simplate *Campylobacter* CI	Ensaio bioquímico	BioControl
	O.B.I.S. campy	Perfil de fenotipagem	Oxoid Thermo Fisher Scientific
	Dryspot *Campylobacter*	Aglutinação em látex	Oxoid Thermo Fisher Scientific
	Pathatrix	IMS (circulação da amostra)	Matrix Microscience
	Campylobacter VIA	ELISA	TECRA/Biotrace
	VIDAS *Campylobacter*	ELFA automatizado	bioMérieux
	Accuprobe *Campylobacter*	Hibridização do DNA	Gen-Probe
	BAX®	PCR	DuPont Qualicon
	Hybriscan®	Hibridização	Sigma-Aldrich®
Sorovares de *Salmonella*	Bactiflow *Salmonella* spp.	Imunoensaio automático	AES Chemunex
	FastrAK™	IMS+bioluminescência+captura de fago	Alaska
	S.P.R.I.N.T. *Salmonella*	Meios de cultura	Oxoid Thermo Fisher Scientific

(continua)

Tabela 5.2 Seleção de métodos de detecção para a maioria dos patógenos de origem alimentar (*continuação*)

Organismo	Método	Técnica	Fabricante
	Brilliance™ *Salmonella*	Ágar cromogênico	Oxoid Thermo Fisher Scientific
	BBL CHROMagar	Ágar cromogênico	BBL CHROMagar
	ISO-GRID *Salmonella* spp.	Membrane de grau hidrofóbico	Neogen Corp.
	API 20E, ID32 E	*Kits* de testes bioquímicos	bioMérieux
	O.B.I.S. *Salmonella*	Perfil de fenotipagem	Oxoid Thermo Fisher Scientific
	Assurance *Salmonella*	Imunoensaio	BioControl
	Dynabeads anti-*Salmonella*	IMS	In Vitrogen
	Pathatrix	IMS (circulação da amostra)	Matrix Microscience
	Salmonella Unique	Imunoensaio	TECRA/Biotrace
	VIDAS *Salmonella*	ELFA automatizado	bioMérieux
	GENE-TRACK *Salmonella*	Hibridização do DNA	Neogen Corporation
	MicroSeq	Sequência do DNA	Applied Biosystems
	Protocolo PROBELIA	PCR	Bio-Rad Laboratories
	BAX®	PCR	DuPont Qualicon
	Hybriscan®	Hibridização	Sigma-Aldrich®
	DuPont™ Lateral Flow System	Sistema de fluxo lateral	DuPont Qualicon
E. coli	Brilliance™ ágar	Ágar cromogênico	Oxoid Thermo Fisher Scientific
	TEMPO® EC	Cultura NMP	bioMérieux
E. coli O157	Harlequin™	Ágar cromogênico	LabM
	VIDAS® UP *E. coli* O157		bioMérieux
	Dynabeads antiE. *coli* O157	IMS	In Vitrogen
	Captivate™	IMS	LabM
	FastrAK™	IMS+bioluminescência+ captura de fago	Alaska
	Foodproof	PCR	Merck KGaA
	BAX®	PCR	DuPont Qualicon
	DuPont™ Lateral Flow System	Sistema de fluxo lateral	DuPont Qualicon
St. aureus	TEMPO® STA	Cultura NMP	bioMérieux

(*continua*)

Tabela 5.2 Seleção de métodos de detecção para a maioria dos patógenos de origem alimentar

Organismo	Método	Técnica	Fabricante
	CHROMagar™ Staph. aureus	Ágar cromogênico	BBL
	VITEK® Gram-positive	Perfil de fenotipagem	bioMérieux
	RapID™ STAPH PLUS	Perfil de fenotipagem	Oxoid Thermo Fisher Scientific
	BAX®	PCR	DuPont Qualicon
Toxinas do *St. aureus*	TST-RPLA e SET-RPLA	RPLA	Oxoid Thermo Fisher Scientific
L. monocytogenes	BAX®	PCR	DuPont Qualicon
	DuPont™ Lateral Flow System	Sistema de fluxo lateral	DuPont Qualicon
	ALOA®	Ágar cromogênico	AES Chemunex
	GENE-TRACK Listeria	Hibridização do DNA	NeoGen Corporation
	VITEK® Gram-positive	Perfil de fenotipagem	bioMérieux
	O.B.I.S. mono	Perfil de fenotipagem	Oxoid Thermo Fisher Scientific
	Hybriscan®	Hibridização	Sigma-Aldrich®
B. cereus	Duopath® cereus enterotoxins	Dispositivo de fluxo lateral	Merck KGaA
	Bacillus-ID	Perfil de fenotipagem	Microgen Bioproducts Ltd.
	Phenotype Microarray™	Perfil de fenotipagem	Biolog Inc.
Cl. perfringens	CP ChromoSelect agar	Ágar cromogênico	Sigma-Aldrich®
	m-CP	Ágar cromogênico	Oxoid Thermo Fisher Scientific
	PET-RPLA	RPLA enteroxina	Oxoid Thermo Fisher Scientific

simplificada porque com frequência métodos imunológicos e moleculares requerem pré-cultivo para enriquecer e amplificar o organismo-alvo até níveis detectáveis.

Os métodos convencionais de cultivo de células normalmente requerem vários dias antes de a colônia do organismo-alvo ficar visível, obtendo um resultado contestável do teste. Apesar dessa limitação, muitos métodos convencionais são reconhecidos e aprovados para uso internacional pelas ISO ou FDA, e são procedimentos considerados como o "padrão ouro", aos quais todos os outros são comparados. Os métodos convencionais são relativamente fáceis de utilizar, porém requerem pessoal do laboratório treinado para preparo de amostras e interpretação dos resultados. Boas práticas laboratoriais são necessárias para o preparo da amostra e dos meios, e a maior parte do material necessário é consumível e descartável. Existe uma grande quantidade de companhias que produzem meios desidratados, meios prontos em placas e placas para amostragens.

Os métodos imunológicos são, em sua maioria, baseados na afinidade da ligação antígeno-anticorpo e utilizam a tecnologia do ensaio imunoenzimático indireto (*enzyme-linked immunosorbent assay* – ELISA). Anticorpos com alta especificidade a um antígeno do organismo-alvo são ancorados em uma superfície sólida, como as cavidades de uma placa de microtitulação. Esta pode ser estocada por um longo período de tempo até a necessidade do uso. Se estiver presente na amostra, o antígeno-alvo irá ligar-se ao anticorpo, e o organismo não alvo será removido por lavagens subsequentes. Um segundo conjugado de anticorpo a uma enzima (p. ex., *horseradish* peroxidase) é então adicionado, o qual se ligará ao complexo superfície-célula-anticorpo preexistente, formando o que é conhecido como um "sanduíche anticorpo-antígeno-anticorpo". A presença da célula-alvo é visualizada pela adição do substrato da enzima, resultando em uma reação colorimétrica ou fluorescente, cuja intensidade determina a presença ou a ausência do organismo-alvo na amostra original. A exatidão do método depende da especificidade dos anticorpos, e resultados falso-positivos e falso-negativos podem ocorrer devido a reatividade cruzada relacionada aos organismos não alvo, ou a ausência do antígeno-alvo em algumas cepas do organismo-alvo. O limite de detecção do método ELISA é aproximadamente 10^4 a 10^6 células; portanto, a amostra deve ser enriquecida em um meio que permita a multiplicação (uma etapa demorada) para aumentar a população do organismo-alvo até níveis detectáveis. Em consequência, a velocidade da tecnologia ELISA é determinada pelo alvo e pelo tempo do enriquecimento da amostra. *Kits* imunológicos para vários patógenos estão disponíveis no comércio. O custo dos testes, incluindo meio de enriquecimento e reagentes, está na faixa de 4 a 6 dólares.

Os métodos moleculares têm por base principalmente a reação em cadeia da polimerase (PCR). Sendo baseado no DNA, o método pode ser de alta precisão e não está sujeito a variações devido a expressão da proteína, como pode ocorrer com os métodos imunológicos que se baseiam na estrutura da superfície celular. Contudo, a detecção em geral ocorre após a demorada etapa de enriquecimento para aumentar o organismo-alvo a cerca de 10^4. Como nos outros métodos, os moleculares necessitam de pessoal treinado no laboratório para análises de amostras. O custo médio do teste está na faixa de 5 a 10 dólares. Embora este seja mais caro do que o teste convencional e o imunológico, é obtida maior produtividade de análise, uma vez que múltiplas amostras podem ser processadas de forma simultânea utilizando procedimentos automatizados.

Outros métodos rápidos emergentes estão sendo desenvolvidos usando tecnologias baseadas no *laser*, como a citometria de fluxo e a espectroscopia Raman, na qual um único sinal espectral alvo-específico é revelado. Na citometria de fluxo, o *laser* pode excitar a sequência específica de ácido nucleico ou proteínas no organismo-alvo e oferecer um tempo muito curto de detecção. A capacidade de detectar múltiplos alvos de forma simultânea, na velocidade desejada, com exatidão, ser fácil de manejar e produzir resultados confiáveis em tempo real pode ocorrer devido à evolução atual dos biossensores. No futuro, vários organismos e toxinas poderão ser analisados em um único teste, e a unidade poderá ser reutilizável. Hoje, é provável que o resultado mais próximo do tempo real de análise seja o teste de bioluminescência pelo ATP para monitorar a higienização. Embora esse método não detecte um patógeno específico, é uma prática normal em mais de 37% das plantas processadoras de alimentos, e mais de 30 milhões de testes para monitoramento são realizados anualmente (Weschler, Strategic Consulting). Pode-se apenas imaginar o mercado para testes em tempo real que abranjam pelo menos os principais patógenos de origem alimentar.

5.2 Métodos convencionais

Diversas etapas são necessárias para isolar um organismo-alvo de um alimento:

- Escolher amostras representativas para testar o lote de ingredientes/alimentos.
- Sempre que possível, homogeneizar o alimento antes de amostrar. Caso contrário, coletar amostras representativas das diferentes fases (líquida/sólida). Os volumes de análise muitas vezes são 1 g, quando usados para a enumeração direta, ou 25 g quando um tamanho grande da amostra é necessário para analisar a presença/ausência de um micro-organismo. Diversas amostras podem ser necessárias de cada lote de alimento, dependendo do critério microbiológico apropriado (Cap. 6).
- Homogeneizar ingredientes ou alimentos sólidos utilizando um equipamento como o Stomacher™ ou o Pulsifier®.
- Uma etapa de pré-enriquecimento pode ser necessária para permitir que as células estressadas recuperem suas membranas e rotas metabólicas. O dano pode ter ocorrido durante o processo (cocção, dessecação, etc.).
- Enriquecer o organismo-alvo a partir da flora mista utilizando um meio que favoreça a multiplicação desse organismo e iniba a multiplicação de outros.

Os métodos convencionais são, com frequência, contagens em placas obtidas por meio de homogeneização da amostra do alimento, diluição e inoculação em meio específico para detectar o organismo-alvo (Fig 5.1). O primeiro passo costuma ser o preparo de uma diluição a 1:10 do alimento. A amostra é em geral homogeneizada no intuito de liberar micro-organismos presentes na superfície do alimento. Os métodos são muito sensíveis, relativamente econômicos (comparados com os métodos rápidos), mas requerem períodos de incubação de pelo menos 18 a 24 h para a formação de colônias visíveis.

O organismo-alvo, contudo, está muitas vezes em quantidades menores que a microbiota do alimento e pode estar subletalmente danificado devido ao processamento (cocção, etc.). Assim, o procedimento supracitado é com frequência modificado para permitir a etapa de recuperação das células subletalmente danificadas ou para beneficiar o organismo-alvo. Dessa forma, a recuperação de *Salmonella* spp. a partir de alimentos prontos para consumo ocorre nos estágios de pré-enriquecimento, enriquecimento, seleção e detecção, utilizando uma amostra grande (25 g). O procedimento é abordado com mais detalhes na Seção 5.6.2. Conforme já foi men-

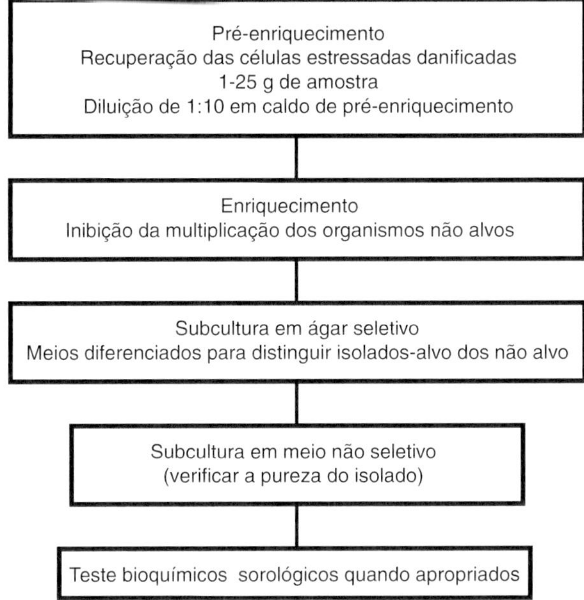

Figura 5.1 Sequência geral de isolamento de patógenos alimentares.

cionado, esse enfoque é "bacteriológico" em vez de "microbiológico", uma vez que a presença de toxinas, protozoários e vírus não será detectada.

Exemplos específicos de métodos de detecção de organismos-alvo são apresentados em seções posteriores.

5.2.1 Meios de cultura

A microbiologia de alimentos convencional requer o uso de caldos e ágares para cultivo do(s) organismo(s)-alvo. Esses meios devem suprir as necessidades nutricionais e fisiológicas do organismo. Portanto, os meios devem ser desenvolvidos com proteína suficiente, carboidratos, minerais e também com o pH adequado, e serem incubados sob condições favoráveis de temperatura e disponibilidade de oxigênio por um período de tempo apropriado. Em termos gerais, meios na forma de caldo ou ágar sólido podem ser (a) não seletivos ou capazes de permitir a multiplicação da maioria dos organismos da amostra, (b) seletivos para favorecer a multiplicação do organismo-alvo, ou (c) semisseletivos e diferenciais nos quais o organismo-alvo seja presuntivamente identificado com base na morfologia das colônias, incluindo cor na presença de outros organismos. Esses isolados presuntivos requerem mais testes confirmatórios, os quais são com frequência fenotípicos (perfis bioquímicos). Os meios seletivos devem ser desenvolvidos para inibir a multiplicação dos organismos não alvo, enquanto permitem a multiplicação diferencial simultânea do organismo-alvo. Se a multiplicação desse organismo superar em 100 vezes o organismo não alvo no caldo de cultura, então há uma grande possibilidade de isolamento como cultura pura no plaqueamento. De maneira ideal, os meios seletivos não são inibidores para os organismos-alvo. No entanto, isso nem sempre é obtido, mas de preferência o meio irá recuperar mais de 50% da população inicial.

A fermentação de carboidratos é muitas vezes utilizada em ágares diferenciais, Lâmina 7. O ágar vermelho-violeta bile lactose (VRBA) contém o indicador vermelho neutro, propiciando que as colônias dos organismos fermentadores da lactose (que costumam ser referidos como coliformes) fiquem com a coloração vermelho-púrpura. Isso os difere de outros organismos Gram-negativos resistentes à bile. Embora o indicador de pH tenha uma longa história de uso, o meio no entorno pode sofrer alteração, e o observador ficar impossibilitado de selecionar o organismo-alvo quando há um grande número de colônias na placa.

A vantagem de incorporar substratos fluorogênicos e cromogênicos nos meios é que eles podem produzir cor brilhante ou composto fluorescente após o metabolismo da bactéria (Manafi, 2000). Portanto, as colônias do organismo-alvo podem ser visualizadas em uma placa com flora mista, mesmo quando em menor número. As principais enzimas fluorogênicas utilizadas são baseadas em 4-metilumbeliferona, como a 4-metilumbeliferil-β-D-glucoronídeo (MUG) (Fig. 5.2). Ainda que sejam bastante específicos para distinguir a atividade enzimática, esses compostos podem difundir-se nos

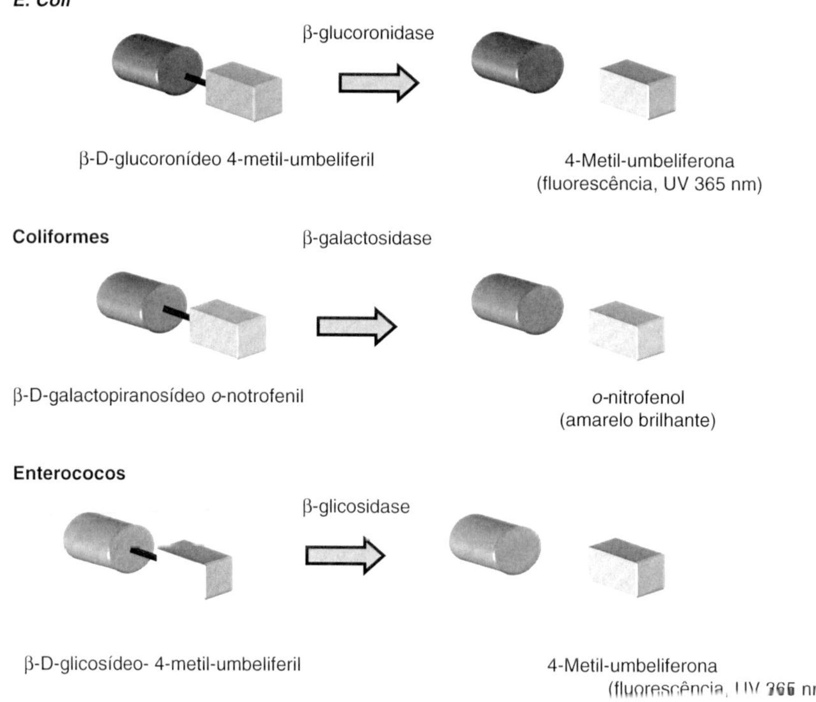

Figura 5.2 Substratos fluorogênicos para detecção específica de patógenos de alimentos.

meios, tornando a colônia-alvo menos visível na flora mista. Além disso, eles exigem que o meio seja levemente alcalino e que uma fonte de luz UV seja utilizada para visualização. Em razão disso, a aplicação do substrato MUG tem sido limitada. Os substratos cromogênicos utilizados com mais frequência são os substratos indoxil; por exemplo, o ácido 5-bromo-4-cloro-3-indolil-β-D-glucorônico (BCIG), que, na presença de oxigênio, forma agliconas coloridas; exemplos são mostrados nas Lâminas 8 e 9. Contrastando com o substrato MUG, este não difunde no ágar. O ágar TXB (Oxoid Thermo Fisher, Merck e LabM) é um exemplo de ágar cromogênico para detecção de *E. coli*, e se baseia na divisão do BCIG pela atividade enzimática da β-D-glucoronidase, formando colônias azul-esverdeadas. Ao contrário da maioria das cepas de *E. coli*, as pertencentes ao sorovar O157:H7 não fermentam sorbitol ou ramnose na presença de sorbitol. Elas são β-D-glucoronidase-negativas e não se multiplicam a 45,5 °C. Essa característica permitiu o desenvolvimento de ágares cromogênicos específicos, como os CHROMagar O157 (CHROMagar) e Fluorocult *E. coli* O157:H7 (Merck), os quais podem diferenciar os tipos de *E. coli* com base na coloração das colônias devido à fermentação do açúcar.

Embora bastante popular nos fabricantes de meios, os substratos indoxil requerem a presença de oxigênio ou outros oxidantes para formação da cor e podem produzir intermediários tóxicos. Recentemente, novos cromógenos e fluorógenos (ALDOL™) que não necessitam oxidação foram desenvolvidos por Biosynth AG (Suiça). Estes sofrem condensação aldólica intramolecular e formam corantes insolúveis. Por isso, podem ser incorporados nos meios e utilizados em ambas as condições de incubação, aeróbia e anaeróbia, o que não é possível com os substratos indoxil.

Os meios modificados, com o Rappaport-Vassiliadis semissólido e o ágar semissólido para o isolamento de *Salmonella* (DIASALM), utilizam a motilidade bacteriana como a maneira de detectar o organismo-alvo. Esse princípio tem sido aplicado para melhorar a detecção dos sorovares de *Salmonella*, *Campylobacter* spp. e *Arcobacter* (de Boer et al., 1996; Wesley, 1997). O meio Rappaport semissólido isola *Salmonella* móveis capazes de migrar através do meio à frente dos organismos competidores. Esse meio, no entanto, não isola cepas de *Salmonella* imóveis.

Compact Dry e o sistema Petrifilm® (3M) são métodos alternativos à semeadura convencional em placas com ágar. O sistema Petrifilm® utiliza uma mistura de nutrientes desidratados e um agente gelificante sobre um filme. A adição de 1 mL da amostra reidrata o gel, o que permite o desenvolvimento das colônias do organismo-alvo. A contagem das colônias é realizada como no método de semeadura em placas convencional. A quantidade da amostra é estimada para ser o dobro da placa de ágar convencional. O sistema Petrifilm está disponível para várias aplicações, incluindo contagem de aeróbios em placa, leveduras, coliformes e *E. coli*; ver Lâmina 10.

5.2.2 Células subletalmente danificadas

As lesões subletais implicam danos a estruturas no interior das células, os quais causam alguma perda ou alteração das funções celulares, e o extravasamento do material intracelular, tornando-as suscetíveis a agentes seletivos. As alterações na permeabilidade da parede celular podem ser demonstradas pelo extravasamento de compostos do citoplasma (aumento da absorbância a 260 nm dos sobrenadantes de culturas) e pela entrada de compostos como brometo de etídio e iodeto de propídio.

Condições que podem produzir células subletalmente danificadas incluem:

- *Aquecimento moderado*: pasteurização
- *Temperatura baixa*: refrigeração
- *Atividade de água baixa*: desidratação
- *Radiação*: raios gama
- *pH baixo*: ácidos orgânicos e inorgânicos
- *Conservantes*: incluindo sorbatos
- *Sanitizantes*: compostos quaternários de amônia
- *Pressão*: alta pressão hidrostática
- *Deficiências de nutrientes*: superfícies limpas

As células na fase exponencial de multiplicação são geralmente menos resistentes do que as que estão na fase estacionária devido à síntese de proteínas de resistência ao estresse.

Os danos "metabólicos" são muitas vezes considerados como a incapacidade dos organismos de formação de colônias em meios contendo baixa concentração de sal, ao mesmo tempo em que mantêm a habilidade de formação de colônias em meios nutricionalmente complexos. Já os danos "estruturais" podem ser considerados como a habilidade de proliferar ou sobreviver em meios contendo agentes seletivos que não têm ação inibitória aparente sobre células não danificadas. O dano é reversível por meio de reparos, mas apenas se as células forem expostas a condições ótimas de desenvolvimento, em um meio não seletivo e rico em nutrientes.

Na prática da análise microbiológica de alimentos, o fenômeno das células lesadas pode apresentar problemas consideráveis. Muitos tratamentos físicos, incluindo calor, frio, secagem, congelamento, atividade osmótica e produtos químicos (desinfetantes, etc.) podem gerar essas células, causando variações nas contagens em placas. As células danificadas podem não ser detectadas, já que os meios seletivos em geral contêm ingredientes como concentrações crescentes de sal, desoxicolato lauril sulfato, sais biliares, detergentes e antibióticos. As células danificadas são "viáveis", mas não metabolicamente ativas o suficiente para atingir a divisão celular. Por isso, exames microbiológicos para controle de qualidade devem indicar baixas contagens em placas, quando, na verdade, a amostra contém um alto número de células danificadas. Um exemplo da diferença entre contagens em placas em ágar seletivo e não seletivo pode ser visto na Figura 3.7, na qual patógenos de origem alimentar foram expostos à alta pressão.

Em produtos alimentícios e bebidas, assim que o agente causador de estresse é removido, as células danificadas estão muitas vezes aptas a recuperar-se. Elas recuperam todas as suas capacidades normais, incluindo propriedades patogênicas e enterotoxigênicas. Portanto, importantes organismos patogênicos em alimentos podem não ser detectados por meio de testes analíticos, mas causar grandes surtos de toxinfecções alimentares. Por essas razões, esforços substanciais necessitam ser realizados para desenvolver procedimentos analíticos que detectarão tanto as células danificadas quanto as que não o estão.

Na detecção de *Salmonella* (Seção 5.6.2), a amostra é incubada durante a noite em água peptonada tamponada (APT) ou caldo lactosado para permitir que as *Salmonella* lesadas se recuperem e multipliquem até níveis detectáveis. Contudo, não é certo se a água peptonada tamponada é o melhor meio de recuperação, já que outros organismos podem reprimir a multiplicação de baixos números de *Salmonella*. Além disso, há outro problema: "como saber se salmonelas danificadas estão presentes na amostra se você não detecta uma colônia na placa?"

Para outros organismos que podem estar subletalmente danificadas, recomenda-se que as amostras de alimento sejam cultivadas em um meio não inibitório por uma hora ou duas, permitindo que as células se recuperem, porém prevenindo a sua multiplicação exagerada. Esse enfoque está longe de ser otimizado e deixa grandes possibilidades para a não detecção de organismos potencialmente patogênicos. Portanto, tais técnicas necessitam ser validadas de forma apropriada.

Ambientes extremos em geral eliminam a maioria da população bacteriana e podem resultar na seleção de mutantes resistentes. É possível que o estresse induza a hipermutabilidade e leve a grandes chances de sobreviventes. O efeito da proteção cruzada, na qual a exposição a um estresse induz a resistência a outro, é particularmente preocupante para a indústria de alimentos. Por exemplo, a *E. coli* O157:H7 adaptada ao ácido é mais tolerante ao calor. Comportamento semelhante tem a *L. monocytogenes*, cujas células submetidas a choque térmico aumentam a resistência ao etanol e ao sal.

5.2.3 Bactérias viáveis, mas não cultiváveis (VNC)

Tem sido proposto que muitas bactérias patogênicas são capazes de entrar em um estado de dormência (Dodd et al., 1997). Nesse estado, as células não são cultiváveis, mas permanecem viáveis (conforme demonstrado pela absorção de substrato) e virulentas. Daí o termo "viável, mas não cultivável", ou VNC. Esse fenômeno foi demonstrado em *Salmonella* spp., *C. jejuni, E. coli* e *V. cholerae*. Por exemplo, no intestino humano, foi demonstrado que víbrios a princípio não cultiváveis recuperaram sua habilidade de multiplicação (Colwell et al., 1996). Por conseguinte, bactérias patogênicas viáveis mas não cultiváveis representam um perigo potencial à saúde e são de interesse considerável em microbiologia de alimentos, já que um lote de alimento pode ser liberado devido a não detecção de patógenos e conter células infecciosas.

O estado VNC pode ser induzido em razão de diversos fatores extrínsecos, como mudanças de temperatura, nível baixo de nutrientes, pressão osmótica, atividade de água e pH. Destes, o mais importante parece ser as mudanças de temperatura. Portanto, os métodos usuais podem não estar recuperando todos os patógenos de alimentos e água. Por esse motivo, mais métodos de detecção alternativos precisam ser desenvolvidos, como aqueles baseados em imunologia (ELISA) e sequências de DNA (PCR).

O conceito de micro-organismos VNCs, não é aceito por todos os microbiologistas. Alguns argumentam que é uma questão de tempo até que seja projetado o meio de recuperação mais apropriado. Outros consideram que as células se autodestroem devido a processos oxidativos, causando danos ao DNA (Barer, 1997; Barer et al., 1998; Bloomfield et al., 1998).

5.3 Métodos rápidos

As novas tecnologias para a identificação de patógenos são mais rápidas do que os métodos convencionais e estão cada vez mais automatizadas. Nenhum método sozinho é apropriado para todas as circunstâncias, assim, é necessária a escolha do método mais adequado. Os procedimentos convencionais são, por natureza, trabalhosos e consomem muito tempo. Por isso, inúmeros métodos rápidos têm sido desenvolvidos para encurtar o tempo entre a coleta da amostra de alimento e a obtenção do resultado. Esses métodos visam tanto substituir a etapa de enriquecimento convencional com uma etapa de concentração (p. ex., separação imunomagnética), quanto trocar o método de detecção final por um que necessite de um período menor de tempo (p. ex., microbiologia de impedância e bioluminescência pela ATP).

As principais melhorias têm ocorrido em três áreas:

1. Preparo da amostra
2. Separação e concentração de células-alvo, toxinas ou vírus
3. Detecção final

Às vezes, uma técnica rápida envolverá um ou mais dos aspectos citados; por exemplo, a membrana de grade hidrofóbica tanto concentra os organismos quanto os enumera em ágar específico para a detecção.

5.3.1 Preparo da amostra

Lâminas com ágar seletivo ou não seletivo podem ser pressionadas sobre uma superfície a ser examinada e diretamente incubadas. Isso diminui os erros de amostragem e aqueles inerentes ao desprendimento dos organismos dos *swabs* de algodão. As amostras podem ser colocadas nas superfícies de placas contendo ágares, por meio de um dispensador que semeia amostras de forma espiralada, permitindo que sejam diluídas e possibilitando sua contagem; ver Lâmina 11.

Nos últimos anos, outra melhoria ocorrida visando ao preparo de amostras foi o diluidor automático. Ele permite que o operador colete uma amostra de alimento de aproximadamente 25 g, e, então, um volume apropriado de diluente é adicionado para fornecer um fator de diluição preciso de 1:10.

5.3.2 Separação e concentração do organismo-alvo

A separação e a concentração de organismos-alvo, toxinas ou vírus podem encurtar o tempo de detecção e melhorar a especificidade de um teste. Os métodos comuns incluem:

- Separação imunomagnética (IMS)
- Técnica de epifluorescência direta em filtro (DEFT)
- Membrana de grade hidrofóbica

Separação imunomagnética (IMS)

A utilização da separação imunomagnética está sendo mais utilizada por reduzir significativamente o tempo de detecção devido à eliminação da etapa de enriquecimento. A técnica usa partículas superparamagnéticas (3 a 5 μm de diâmetro) que contêm γ-Fe_2O_3 e é coberta com anticorpos contra o organismo-alvo. Portanto, o organismo-alvo é "capturado" na presença da população mista em razão da especificidade do antígeno-anticorpo. Essa técnica retirou a necessidade de um período de incubação em caldo de enriquecimento para o isolamento de *Salmonella*, e, para *E. coli* O157, a etapa de enriquecimento é de apenas 6 horas (ver Seção 5.6.4). Um procedimento generalizado é demonstrado na Figura 5.3 e na Lâmina 12. Os *kits* de IMS comercialmente disponíveis para patógenos importantes em alimentos e água detectam: *Salmonella* spp.,

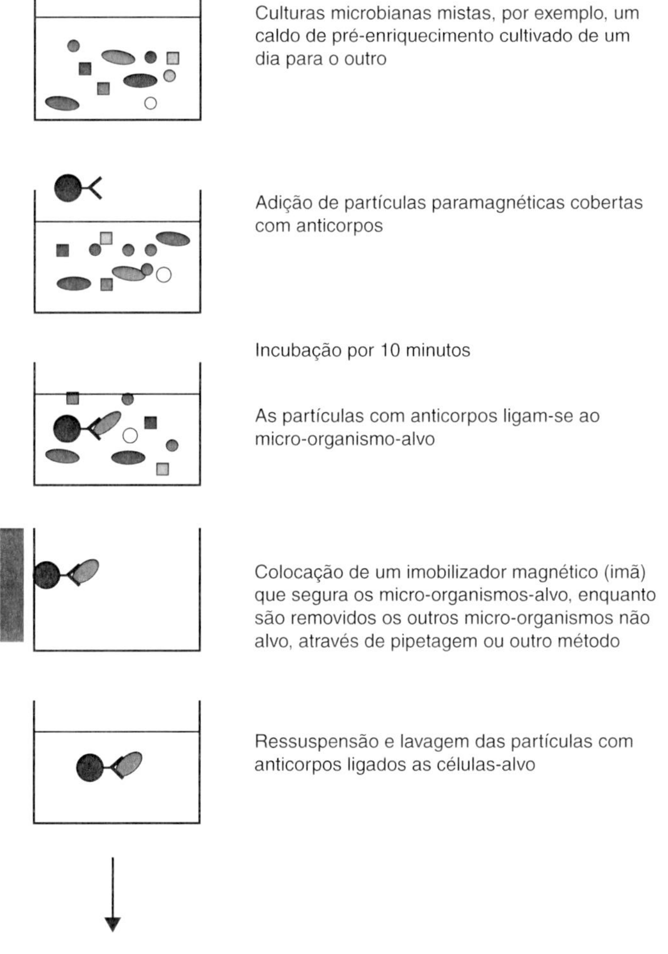

Culturas microbianas mistas, por exemplo, um caldo de pré-enriquecimento cultivado de um dia para o outro
Adição de partículas paramagnéticas cobertas com anticorpos
Incubação por 10 minutos
As partículas com anticorpos ligam-se ao micro-organismo-alvo
Colocação de um imobilizador magnético (imã) que segura os micro-organismos-alvo, enquanto são removidos os outros micro-organismos não alvo, através de pipetagem ou outro método
Ressuspensão e lavagem das partículas com anticorpos ligados as células-alvo
Pipetagem sobre meio seletivo, realização de ELISA, técnicas de DNA, entre outros

Figura 5.3 Técnica de separação imunomagnética.

E. coli O157:H7, *L. monocytogenes* e *Cryptosporidium* (Tab. 5.3). A IMS pode atuar de forma benéfica para micro-organismos subletalmente lesados os quais poderiam, de outra forma, ser perdidos ao utilizar um caldo de enriquecimento-padrão e procedimentos de semeadura em placas. Esses organismos poderiam ser mortos no caldo de enriquecimento devido a mudanças na permeabilidade da parede celular (Seção 5.2.2). As células mortas podem ser detectadas utilizando um procedimento combinado de IMS e PCR. Para revisões de IMS em microbiologia médica e aplicada, ver Olsvik e colaboradores (1994) e Safarík e colaboradores (1995). A IMS pode ser combinada com quase todos os métodos de detecção: meios de cultura, ELISA e sondas de DNA.

O método IMS para detecção de *Salmonella* é tão eficiente quanto a etapa de seleção em caldos de enriquecimento, a qual, por sua vez, é o mais eficiente dos procedimentos das técnicas ISO (Mansfield e Forsythe, 1996, 2000b; Seção 5.6.2). Esse passo de enriquecimento seletivo (incubação *overnight*) é trocado pela separação imunomagnética (10 minutos). Dessa forma, essa técnica reduz o tempo total necessário, entre a amostragem e a detecção, para um dia. Além disso, a IMS pode ter uma recuperação maior de salmonelas danificadas do que os protocolos ISO.

Geralmente, a primeira etapa para o isolamento de um patógeno é o pré-enriquecimento, cuja finalidade é ajudar a recuperação das células lesadas, seguida pelo enriquecimento para estimular a multiplicação do organismo-alvo e inibir as células não alvo. Em cada etapa, uma pequena alíquota é retirada, e a maior parte da cultura é descartada. Objetivando aumentar a sensibilidade, uma variação da técnica da IMS circula o volume total da cultura pelos magnetos durante a incubação. Essa abordagem, muito efetiva e rápida para detectar a presença de *Salmonella* e *E. coli* O157 de uma variedade de amostras de alimentos, foi utilizada pelo Pathatrix (Matrix MicroScience).

Tabela 5.3 Aplicação da separação imunomagnética

Organismo	Aplicação
E. coli O157	Microbiologia de alimentos e água
Salmonella spp.	
L. monocytogenes	
St. aureus	
Cryptosporidium parvum	
Legionella spp.	
Yersinia pestis	Microbiologia clínica
Chlamydia trachomatis	
HIV	
Erwinia chrysanthemi	Detecção de patógeno em planta
Erwinia carotovora	
Saccharomyces cerevisiae	Biotecnologia
Mycobacterium spp.	

Adaptada de Safarík e colaboradores, 1995.

Técnica de epifluorescência direta (DEFT) e membrana de grade hidrofóbica

Os filtros de membrana podem ser utilizados para diminuir o tempo total de detecção pelas seguintes razões:

1. Podem concentrar o organismo-alvo presente em grandes volumes para melhorar os limites de detecção.
2. Podem remover os inibidores da multiplicação.
3. Podem transferir os organismos para um meio de multiplicação diferente, sem lesão física provocada pela centrifugação e ressuspensão.

As membranas podem ser feitas de nitrocelulose, ésteres de acetato de celulose, náilon, cloreto de polivinila e poliéster. Uma vez que têm apenas 10 μm de espessura, essas membranas podem ser diretamente instaladas em um microscópio, permitindo a visualização das células.

O método DEFT concentra as células em uma membrana antes da coloração com laranja de acridina (Fig. 5.4). O corante laranja de acridina produz uma fluorescência vermelha, quando está intercalado com o RNA, e verde com o DNA. Consequentemente, as células viáveis fluorescem laranja-avermelhado, enquanto as células mortas fluorescem verde.

A contagem DEFT ganhou aceitação como método rápido e sensível para enumeração de bactérias viáveis no leite e em produtos lácteos. A contagem é completada em 25 a 30 minutos e detecta poucas células, cerca de 6×10^3 bactérias por mL em leite cru e outros produtos lácteos, o que é 3 a 4 vezes melhor do que a microscopia direta. Uma vez que essa é uma técnica de microscopia, é possível distinguir se os micro-organismos presentes são leveduras, mofos ou bactérias.

O método do filtro de membrana de grade hidrofóbica (HGMF) é uma técnica de filtragem aplicável a muitos micro-organismos (Entis e Lerner, 1996, 2000). A amostra de alimento é pré-filtrada (para remover partículas maiores que 5 μm) e depois submetida a um filtro de membrana que aprisiona os micro-organismos em uma rede de 1.600 compartimentos devido a efeitos hidrofóbicos. A membrana é, então, colocada em uma superfície de ágar apropriada, e a contagem de colônias é realizada após um período de incubação adequado.

5.4 Métodos rápidos de detecção final

Melhorias nos métodos de detecção final incluem:

- Imunoensaios, ELISA, aglutinação em látex
- Microbiologia de impedância, também conhecida como microbiologia de condutância
- Bioluminescência por ATP
- Sondas genéticas ligadas à reação em cadeia da polimerase

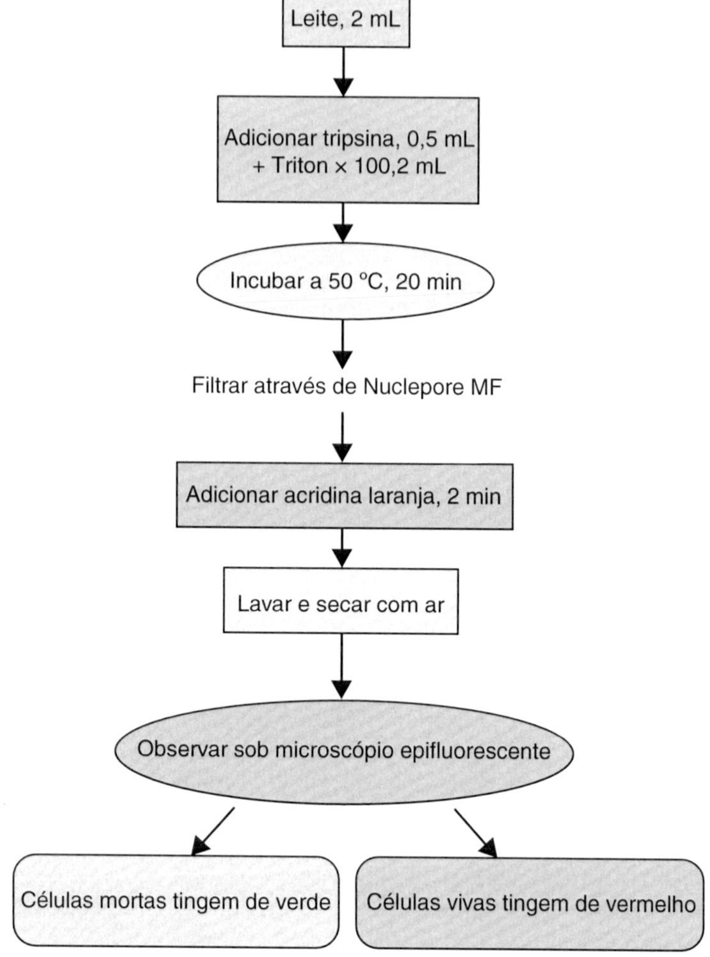
Leite, 2 mL
Adicionar tripsina, 0,5 mL
+ Triton × 100,2 mL
Incubar a 50 °C, 20 min
Filtrar através de Nuclepore MF
Adicionar acridina laranja, 2 min
Lavar e secar com ar
Observar sob microscópio epifluorescente
Células mortas tingem de verde
Células vivas tingem de vermelho

Figura 5.4 Técnica de Epifluorescência Direta em filtro (DEFT) para a detecção de bactérias no leite.

5.4.1 ELISA e sistemas de detecção baseados em anticorpos

Os ensaios imunoenzimáticos (ELISA) são amplamente utilizados em microbiologia de alimentos. O ELISA em geral é realizado utilizando anticorpos mono e policlonais sobre placas para capturar o antígeno-alvo (Fig. 5.5); Lâmina 13. O antígeno capturado é então detectado usando um segundo anticorpo conjugado a uma enzima. A adição de um substrato facilita a visualização do antígeno-alvo. Os métodos ELISA oferecem especificidade e podem ser automatizados.

Uma grande variedade de métodos ELISA está comercialmente disponível, em especial para *Campylobacter*, *Salmonella* spp. e *L. monocytogenes*. A técnica de modo geral

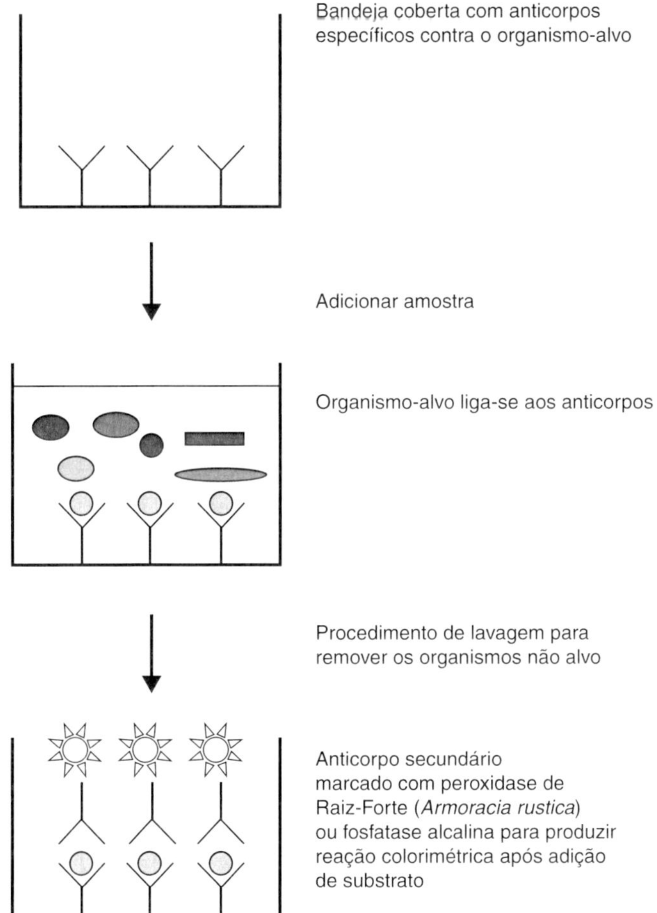
Bandeja coberta com anticorpos específicos contra o organismo-alvo
Adicionar amostra
Organismo-alvo liga-se aos anticorpos
Procedimento de lavagem para remover os organismos não alvo
Anticorpo secundário marcado com peroxidase de Raiz-Forte (*Armoracia rustica*) ou fosfatase alcalina para produzir reação colorimétrica após adição de substrato

Figura 5.5 Ensaio imunoabsorvente com enzima de ligação (ELISA).

requer que o organismo-alvo esteja em uma concentração de 10^6 UFC/mL, apesar de alguns testes relatarem um limite de sensibilidade de 10^4. Entretanto, o pré-enriquecimento convencional e mesmo o enriquecimento seletivo podem ser necessários antes do teste. O sistema VIDAS (bioMérieux) tem cartelas descartáveis e reagentes pré-distribuídos. Nele, o organismo-alvo é capturado em um dispositivo de fase sólida coberto com anticorpos primários e então transferido automaticamente para os reagentes apropriados (solução de lavagem, conjugado e substrato). O método de detecção final é a fluorescência, que é medida usando um *scanner* óptico. O sistema VIDAS pode ser usado para detectar a maioria dos principais patógenos de alimentos. O bioMérieux VIDAS® UP *E. coli* O157 usa sítios de ligação de bacteriófagos para detectar o organismo-alvo.

5.4.2 Aglutinação em látex reversa passiva (RPLA)

A aglutinação em látex reversa passiva (RPLA) é usada para detecção de toxinas microbianas, como as toxinas Shiga (da *Sh. dysenteriae* e EHEC), *E. coli* termossensível (LT) e toxina termoestável (ST) (Fig. 5.6). As partículas de látex são cobertas com soro de coelho, o qual é reativo ao antígeno-alvo. Dessa forma, as partículas vão se aglutinar na presença do antígeno, formando uma estrutura compacta. Esta precipita-se no fundo em forma de V de uma placa e tem aparência difusa. Se o antígeno não estiver presente, então aparecerá uma mancha bem definida.

5.4.3 Microbiologia de impedância (condutância)

A microbiologia de impedância é também conhecida como microbiologia de condutância; impedância é o recíproco de condutância e capacitância. Essa técnica pode

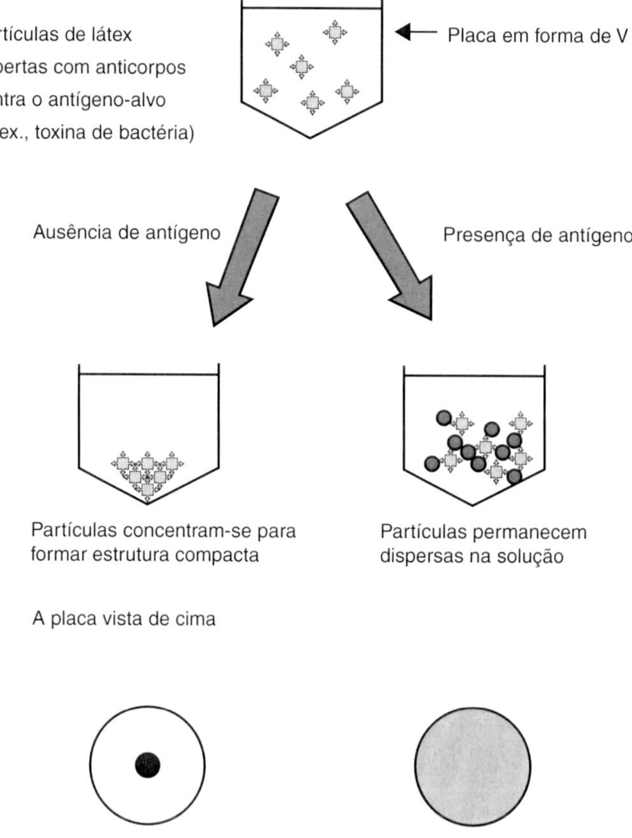

Figura 5.6 O princípio da aglutinação em látex reversa passiva (RPLA).

detectar com rapidez a multiplicação de micro-organismos por dois métodos diferentes (Silley e Forsythe, 1996); ver Lâmina 14.

1. Diretamente, devido à geração de produtos finais com cargas elétricas
2. Indiretamente, a partir da formação de dióxido de carbono

No método direto, a produção de produtos finais iônicos (ácidos orgânicos e íons amônio) no meio de cultura causa alterações na condutividade desse meio. Essas alterações são medidas em intervalos regulares (em geral a cada 6 minutos), e o tempo tomado para o valor de impedância é chamado de tempo para detecção. Quanto maior o número de organismos, menor o tempo para detecção. A partir disso, uma curva de calibração é construída e, então, o equipamento pode determinar de forma automática o número de organismos em uma amostra.

A técnica indireta é o método mais versátil, no qual uma ponte de hidróxido de potássio (solidificado em ágar) é formada através dos eletrodos. A amostra-teste é separada da ponte por um espaço livre. Durante a multiplicação microbiana, o dióxido de carbono acumula-se no espaço livre e consequentemente se dissolve no hidróxido de potássio. O carbonato de potássio resultante é menos condutivo, e é essa diminuição na alteração da condutância que é monitorada. A técnica indireta é aplicável a uma grande variedade de organismos, incluindo *St. aureus, L. monocytogenes, Ent. faecalis, B. subtilis, E. coli, P. aeruginosa, A. hydrophila* e sorovares de *Salmonella*. Os meios seletivos, ou até mesmo ágar inclinado, podem ser utilizados para culturas fúngicas.

O tempo necessário de detecção de uma mudança na condutância (tempo para detecção) é dependente do tamanho do inóculo. Essencialmente, o equipamento tem algoritmos que determinam quando a taxa de alteração de condutância é maior do que o limiar inicial. A princípio, a curva de calibração de referência é construída utilizando números conhecidos do organismo-alvo. Em seguida, a microbiota das amostras posteriores será automaticamente determinada. O limite de detecção é uma única célula viável já que, por definição, a célula viável apresentará eventual multiplicação, causando uma alteração de condutância detectável.

Os micro-organismos com frequência colonizam uma superfície inerte, formando um biofilme; para mais detalhes, ver Seção 7.6. Os biofilmes podem ser de 10 a 100 vezes mais resistentes a desinfetantes do que culturas líquidas e, dessa forma, a eficácia dos desinfetantes para removê-los é muito importante. A microbiologia de impedância pode ser utilizada para monitorar a colonização microbiana e a eficácia de biocidas (Druggan et al., 1993).

5.4.4 Técnicas de bioluminescência de ATP e monitoramento da higiene

A molécula de adenosina trifosfato (ATP) é encontrada em todas as células vivas (eucarióticas e procarióticas). Dessa forma, sua presença indica que existem células vivas. O limite de detecção é por volta de 1pg de ATP, o que é equivalente a 1.000 células bacterianas com base na suposição de 10^{-15}g de ATP por célula. Visto que uma amostra é analisada em segundos ou minutos, é bem mais rápido que a contagem convencional de colônias bacterianas ou fúngicas. Além disso, os resíduos de alimentos presentes nos locais em que há multiplicação microbiana também serão detectados rapidamente (Kyriakides, 1992). Entretanto, a bioluminescência por ATP é usada sobretudo como um método de monitoramento da higiene, e não para a detecção de bactérias. Na verdade, em uma fábrica de alimentos não haverá, necessariamente, correlação entre a contagem de colônias e os valores de ATP para amostras idênticas, já que o último método ainda detectará resíduos de alimentos (Lâmina 15).

A ATP é detectada utilizando a reação luciferina-luciferase:

$$\text{ATP} + \text{luciferina} + \text{Mg}^{2+} \rightarrow \text{oxiluciferina} + \text{ADP} + \text{luz (562 nm)}$$

O vaga-lume (*Photinus pyralis*) é a fonte da luciferase, e os reagentes são formulados de forma que uma luz verde-amarelada constante (máximo 562 nm) seja emitida.

A medição da bioluminescência por ATP requer uma série de passos para amostrar a área (em geral 100 cm^2). Muitos instrumentos atualmente têm os extratores e os reagentes luciferina-luciferase embalados em um *swab* com "dispositivo único". Isso evita o preparo de uma série de reagentes e os erros associados à pipetagem.

A bioluminescência por ATP pode ser utilizada como meio de monitoramento do regime de limpeza, sobretudo em um ponto crítico de controle (PCC) em sistemas de Análise de Perigos e Pontos Críticos de Controle (APPCC) (Seção 8.5). Ver a Tabela 5.4 para uma lista de exemplos de aplicações da bioluminescência por ATP. Existem três processos de produção de alimentos em que não é possível utilizar a bioluminescência por ATP. São eles, produção de leite em pó, misturas de farinhas e açúcar, porque os procedimentos de limpeza não removem todos os resíduos alimentícios.

Tem-se observado que a reação luciferina-luciferase pode ser influenciada por resíduos contendo sanificantes (cloro livre), detergentes, íons metálicos, pH ácido e básico, cores fortes, vários sais e álcool (Calvert et al., 2000). Portanto, os *kits* de

Tabela 5.4 Aplicações da bioluminescência por ATP na indústria de alimentos

(1) Monitoramento da higiene
(2) Produção de lácteos
Verificação do leite cru
Previsão da vida de prateleira do leite pasteurizado
Detecção de antibióticos no leite
Detecção de proteases bacterianas no leite
(3) Verificação da microbiota
Carcaças de aves
Carcaças bovinas
Carne moída
Peixe
Cerveja

bioluminescência por ATP comercialmente disponíveis podem conter neutralizantes de detergentes como lecitina, Tween 80 e ciclodextrina. O aumento e a inibição da reação luciferina -luciferase podem levar a erros de decisão. Portanto, um padrão de ATP deve ser utilizado para testar a atividade da luciferase. Uma melhoria recente foi o uso de ATP aprisionada como um padrão de ATP interna, pelo qual uma quantidade conhecida de ATP é liberada em solução por meio da exposição do *swab* a uma luz azul de alta intensidade (Calvert et al., 2000).

5.4.5 Detecção de proteína

Uma alternativa à detecção de ATP para o monitoramento da higiene é a detecção de resíduos de proteína utilizando a reação de Biuret (Fig. 5.7). Hoje, existem muitos *kits* simples disponíveis que estão aptos a detectar aproximadamente 50 μg de proteína em uma superfície de trabalho, em 10 minutos. A superfície é amostrada, utilizando *swabs* ou bastões de amostragem, sendo, em seguida, adicionados certos reagentes. O desenvolvimento de uma cor verde indica superfície limpa ou higiênica, cinza significa precaução e púrpura indica superfície suja. A técnica é mais rápida do que a microbiologia convencional e menos cara do que a bioluminescência por ATP, uma vez que nenhum equipamento é necessário. Ela é, contudo, menos sensível do que a bioluminescência por ATP.

5.4.6 Citometria de fluxo

A citometria de fluxo é baseada na dispersão da luz pelas células e marcas fluorescentes que distinguem os micro-organismos do material de fundo, como os resíduos de alimentos (Fig. 5.8). Os anticorpos marcados com fluorescência foram produzidos para os principais patógenos de alimentos, como sorovares de *Salmonella*, *L. monocytogenes*, *C. jejuni* e *B. cereus.* O nível de detecção de bactérias é limitado a cerca de 10^4UCF/mL devido a interferência e autofluorescência das partículas do alimento. Os marcadores fluorescentes incluem o isotiocianato de fluoresceína (FITC), o isotiocianato de rodamina e ficobiliproteínas como ficoeritrina e ficocianina. Emitem luz a 530, 615, 590 e 630 nm, respectivamente. As contagens viáveis são obtidas utilizando diacetato de carboxifluoresceína cujas enzimas intracelulares hidrolisarão, liberando um fluorocromo. Os ensaios com ácidos nucleicos marcados com fluores-

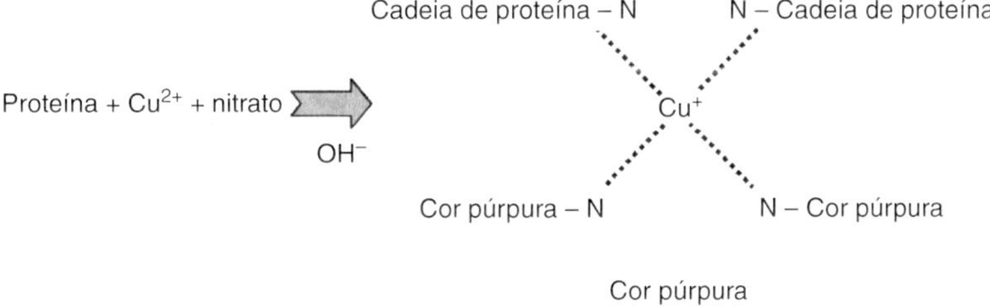

Figura 5.7 Reação de Biuret.

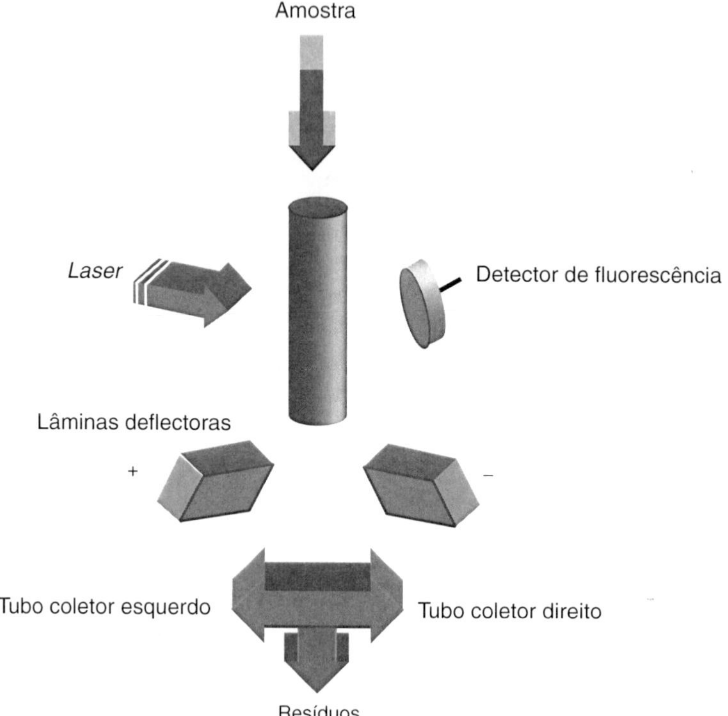

Figura 5.8 Citometria de fluxo com discriminação celular.

cência, projetados a partir de sequências de rRNA 16S, permitem que uma população mista seja identificada em nível de gênero, espécie ou mesmo cepa. Contudo, como o organismo pode ser não cultivável, é incerto se estava viável na amostra-teste; por isso, se questiona se sua detecção tem algum significado. O método tem sido utilizado para a detecção de vírus na água marinha (Marie et al., 1999).

5.4.7 Sondas de ácidos nucleicos e a reação em cadeia da polimerase (PCR)

O uso de sondas de DNA para organismos-alvo está sendo cada vez mais incrementado na indústria de alimentos (Scheu et al., 1998). A vantagem é que os patógenos de alimentos são detectados sem tanta ênfase nos meios seletivos, com isso consumindo menos tempo do que os métodos convencionais. Contudo, a presença de DNA não revela a existência de um organismo viável que seja capaz de multiplicação até um nível infeccioso. O principal método é a utilização da reação em cadeia da polimerase (PCR) para amplificar quantidades pequenas de DNA a níveis detectáveis (Fig. 5.9). A especificidade é obtida por meio do desenho de sondas de DNA apropriadas. A técnica da PCR utiliza DNA polimerase termoestável, *Taq* ou *Pfu*, em um ciclo repetitivo de aquecimentos e resfriamentos para amplificar o DNA-alvo.

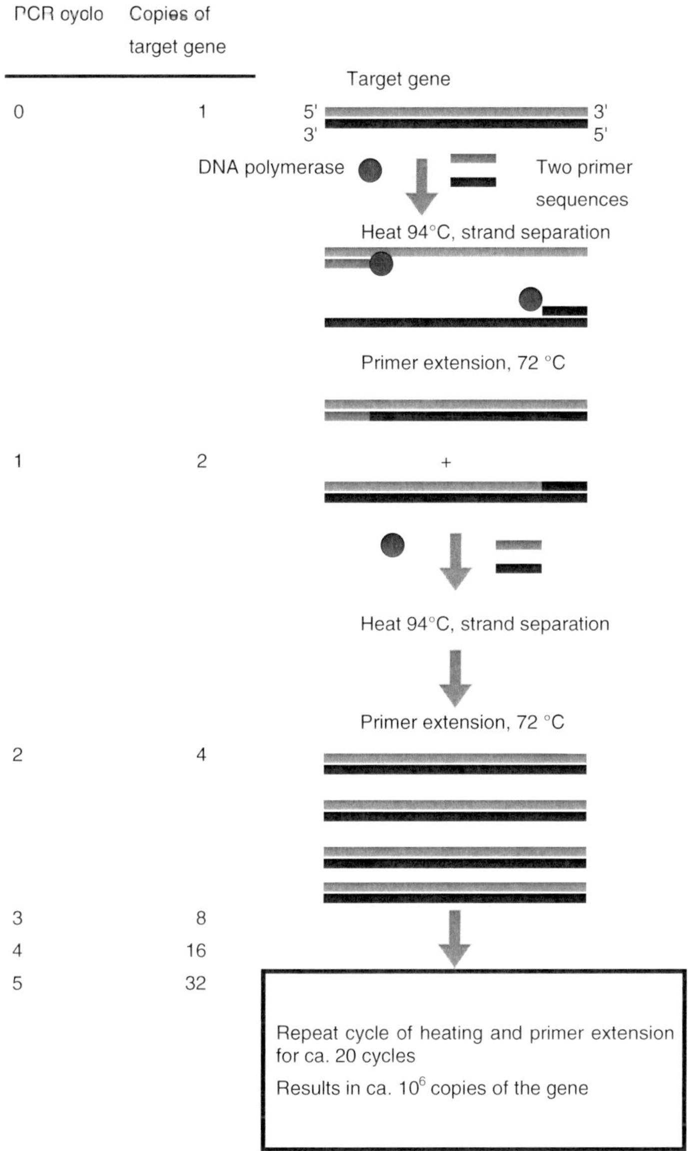

Figura 5.9 Reação em cadeia da polimerase (PCR).

O procedimento é o seguinte:

1. A amostra é misturada com o tampão para reação da PCR, *Taq* ou *Pfu* polimerase, desoxirribonucleosídeos trifosfatos e duas sequências iniciadoras (*primers*) de DNA (com aproximadamente 20 a 30 nucleotídeos).

2. A mistura é aquecida a 94 °C, por 5 minutos, para separar a dupla fita do DNA-alvo.
3. A mistura é resfriada até cerca de 55 °C, por 30 segundos. Durante esse tempo, os *primers* ligam-se à sequência complementar do DNA-alvo.
4. A temperatura da reação é aumentada para 72 °C por 2 minutos, e a DNA polimerase estende os *primers*, utilizando a fita complementar como molde.
5. A dupla fita do DNA é separada por reaquecimento a 94 °C.
6. Os sítios-alvo replicados atuam como novos moldes para o próximo ciclo de cópia do DNA.
7. O ciclo de aquecimento e resfriamento é repetido de 30 a 40 vezes. A PCR amplifica o DNA-alvo para um máximo teórico de 10^9 cópias, apesar de, em geral, a quantidade real ser menor devido à desnaturação enzimática. A quantidade de DNA amplificado é de aproximadamente 100 μg.
8. O DNA é corado com brometo de etídio, ou de preferência por SYBR® Safe (In Vitrogen™), e visualizado após eletroforese em gel de agarose, sobre um transluminador com luz UV a 312 nm.

As amostras-controle negativas, omitindo o DNA, devem ser utilizadas para verificar contaminações por DNA exógeno na reação da PCR.

A molécula de RNA ribossomal (rRNA), em especial o 16S rRNA, pode ser usada como alvo para geração de sondas de ácidos nucleicos de alta especificidade (Amann et al., 1995; ver Seção 2.9.2). O gene que codifica para a molécula de rRNA contém regiões que são altamente conservadas e outras que são muito variáveis. O gene cromossomal que codifica para a molécula do RNA ribossomal é o alvo para a amplificação do DNA, e não o rRNA no ribossomo. O Projeto II de Banco de Dados Ribossomais é uma base de dados *online* dedicada de forma específica a esse gene e hoje possui mais de 900 mil sequências de genes. Ver http://www.wiley.com/go/forsythe para um tutorial *online* em sequências de interesse selecionadas. Outro alvo para as sondas de DNA é a região intergênica (ITS) 16S-23S rRNA.

Numerosos *kits* de detecção têm sido desenvolvidos para detectar patógenos alimentares. No entanto, a PCR não é diretamente realizada em amostras de alimentos por várias razões:

- A técnica não distingue entre as células viáveis e as não viáveis da amostra.
- A reação é inibida por alguns componentes dos alimentos.
- O número de células-alvo pode ser muito baixo para a detecção.

Em vez disso, o organismo-alvo pode ser detectado após a etapa de enriquecimento. Além do método principal de amplificação de uma única região-alvo, existem outros três métodos básicos de PCR. Na PCR múltipla, *multiplex* PCR, diferentes *primers* são utilizados para amplificar de forma simultânea diferentes regiões do DNA. Contrário ao método anterior, em que a célula-alvo na amostra é dada como presente ou ausente, a PCR em tempo real é quantitativa e utiliza um marcador fluorescente no *amplicon*. Como consequência, o aumento da fluorescência é proporcional ao número de organismos-alvo na amostra. Diversos métodos têm sido desenvolvidos, incluindo o sinalizador molecular e o TaqMan. A PCR da transcriptase reversa (RT-PCR) pode ser utilizada para garantir que apenas as células viáveis sejam detectadas. Alguns genes são expressos especificamente na etapa de multiplicação e são o alvo para a enzima da transcriptase reversa, fazendo a transcrição do mRNA para a fita simples do DNA, a qual poderá ser amplificada por PCR e a seguir detectada.

Uma variação na técnica da PCR é "DIANA", que significa Detecção de ácidos nucleicos amplificados imobilizados (*Detection of Immobilised Amplified Nucleic Acids*). A principal diferença é que DIANA usa dois conjuntos de *primers* para PCR, dos quais apenas o conjunto interno é marcado. Um dos *primers* apresenta biotina na porção terminal 5', a segunda é marcada com uma sequência parcial do gene operador *lac* (*lac*Op). O DNA-alvo é primeiro amplificado com o conjunto externo de *primers* (30 a 40 ciclos) para gerar uma grande quantidade de DNA. Em seguida, o conjunto interno de *primers* marcados é amplificado em 10 a 20 ciclos. As partículas magnéticas cobertas com Streptavidina são utilizadas para isolar seletivamente o DNA primário amplificado e marcado com biotina. Após lavar as partículas magnéticas, o marcador é detectado de modo apropriado pela adição de um substrato cromogênico para o gene *lac*.

Em comum com outros métodos de detecção, os resultados baseados nas técnicas da PCR não podem ser comparados com resultados de outros laboratórios quando os protocolos são diferentes. Por esse motivo, são necessários testes de proficiência interlaboratoriais, estudos colaborativos e protocolos padronizados; ver Seção 5.8.

5.4.8 *Microarrays*

Microarray pode medir simultaneamente o nível de transcrição ou a presença de todos os genes da célula. Esses testes consistem em grandes arranjos de oligonucleotídeos sobre um suporte sólido, os quais foram originados numa amplificação de genes (usando o método da PCR), do genoma selecionado ou de um conjunto de dados do DNA (Lâmina 16; Schena et al.,1998; Graves, 1999). No geral eles são preparados por um dos dois métodos a seguir:

1. Arranjos de oligonucleotídeos em uma superfície, base por base. Isso é denominado Genechip™.
2. Oligonucleotídeos pré-sintetizados ou produtos da PCR em uma superfície.

As sequências de DNA são "marcadas" em matriz por um robô e servem como referência para a comparação. As "marcas" são posicionadas numa grade-padrão, na qual cada marca contém muitas cópias idênticas de um gene individual. A posição da sequência do DNA é registrada pela localização da "marca", logo, a sequência apropriada do gene pode ser identificada a qualquer momento com uma sonda hibridizada ou ligada a uma fita-padrão do DNA na matriz.

As aplicações de *microarrays* são (i) estudos da estrutura genômica, utilizando a hibridização genômica comparativa, e (ii) estudos da expressão ativa dos genes, ou "transcriptômica" (Fig. 5.10). Na hibridização comparativa do genoma, a presença da

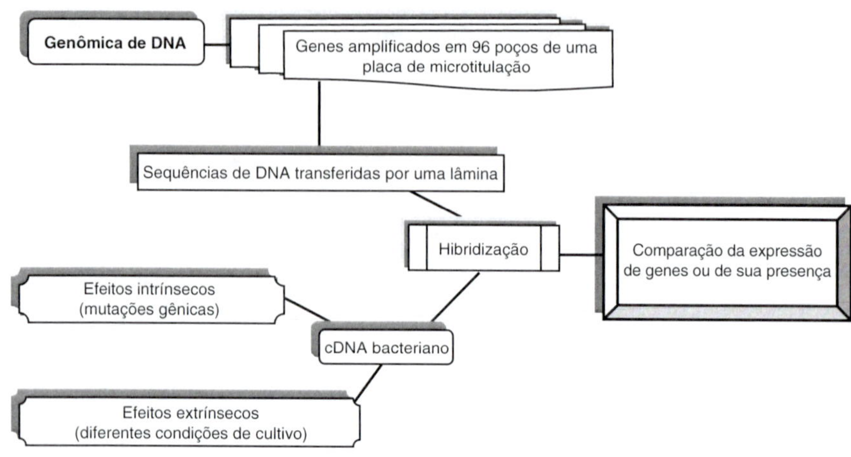

Figura 5.10 Aplicações da genômica bacteriana.

sequência do gene de uma cepa-teste é comparada com a cepa referência do arranjo. O arranjo é exposto a um DNA-referência marcado com vermelho e verde (Cy3 e Cy5) e as sequências consensuais se hibridizam, o que leva entre 1 e 10 horas (Ramsay, 1998). Essa técnica tem a vantagem de poder comparar simultaneamente grande número de genes. Porém, há a desvantagem de não identificar genes que estão presentes na cepa-teste mas ausentes na cepa-referência. Na segunda aplicação, a "transcriptômica", a expressão do mRNA é medida sob condições fornecidas. As células são cultivadas sob duas condições diferentes: a experimental e a de referência (controle). O mRNA da bactéria cultivada sob as duas condições é extraído (separadamente), e a enzima transcriptase reversa é usada para converter o mRNA no DNA complementar (cDNA). Um conjunto de cDNA será marcado com um corante verde fluorescente (Cy3) e o outro com um corante vermelho fluorescente (Cy5). Portanto, o cDNA das duas condições diferentes de cultura podem ser distinguidos pela fluorescência (O'Donnell-Maloney et al., 1996). Os dois conjuntos de cDNA são então incubados com a matriz de DNA; durante esse tempo, as regiões complementares irão se ligar com a matriz. O arranjo é então escaneado duas vezes: uma para detectar os locais com o cDNA marcados com o corante verde, e depois para detectar os locais contendo o cDNA marcado com o corante vermelho. Mesclando as imagens escaneadas, pontos amarelos aparecem onde houver regiões do DNA ligados com cDNA marcados com vermelho e verde. Portanto, os genes (transcriptos) expressos sob as duas condições de crescimento são identificados. Assim, com base na mescla das cores dos pontos, os genes que são regulados para cima e para baixo também serão identificados.

A tecnologia da matriz de DNA também permite detectar ao mesmo tempo diferentes sequências individuais em amostras complexas de DNA. Dessa forma, no futuro será possível detectar e genotipificar diferentes espécies bacterianas em uma única amostra de alimento. Aceita-se que, em um futuro próximo, o sequenciamento de todo o genoma será mais acessível, portanto, irá competir com a análise de *microarray*. No entanto, o gargalo continua sendo a precisão na anotação do genoma, porque os bancos de dados atuais são incapazes de alcançar automaticamente. As áreas da bioinformática e da análise da sequência do DNA encontram-se na Seção 2.9.

Microarray para multipatógenos tem sido relatado para alimento e análise de biodefesa. Sergeev e colaboradores (2004) reportaram à FDA um *microarray* para detecção simultânea de quatro espécies de *Campylobacter* spp. (*C. jejuni*, *C. coli*, *C. lari* e *C. upsaliensis*) utilizando os genes *gly*A e *fur*. É possível detectar seis espécies de *Listeria* utilizando o gene *iap*. Dezesseis conjuntos de genes diferentes do *St. aureus*, codificando SEA-SEE e SEG-SEQ, e seis genes de toxinas do *Cl. perfringens* (*cpb1*, *cpb2*, *etxD*, *cpe*, *cpa*, *Iota*) também são incluídas. A sensibilidade relatada é de 30 a 200 unidades formadoras de colônia.

5.4.9 Biossensores

Biossensores são instrumentos analíticos que incorporam um material biológico integrado com um transdutor físico-químico. Atualmente, é a tecnologia de detecção mais rápida para multiplicação de patógenos e tem a promessa de analisar múltiplas amostras, em tempo real, com alta especificidade e sensibilidade (Lazcka et al., 2007). As vantagens de um instrumento de pequena escala são: redução do custo por unidade, necessidade de um pequeno volume de amostra, menor tempo de análise e a possibilidade de analisar múltiplos alvos. Hoje, muitos sistemas de biossensores utilizam sondas de DNA ou anticorpos específicos para obter alta especificidade. Uma variedade maior de métodos de detecção final é utilizada, como: óptico, eletroquímico e piezelétrico. Biossensores ópticos são muito sensíveis e específicos, uma vez que utilizam métodos baseados em fluorescência, sendo a tecnologia mais recente a da ressonância plasmon de superfície (medida do índice de refração), que está sendo desenvolvida. Embora o sistema óptico seja o mais sensível, o biossensor com base em eletroquímica para a detecção da corrente ou da alteração da impedância, pode ser o preferido para amostras turvas. Biossensores que se baseiam em células de mamíferos, células maiores de eucarióticos ou componentes para a detecção de patógenos bacterianos e toxinas estão surgindo (Banerjee e Bhunia, 2009). As células de mamíferos originam a resposta inicial que é convertida, via sistema eletroquímico ou óptico, um sinal detectável. Exemplos incluem gangliosídeos para detectar a toxina *E. coli* LT-II, E-caderina para a detecção da *L. monocytogenes* e integrinas β1 para *Y. enterocolitica*. As células receptoras podem ser ligantes de vários patógenos e toxinas e são, portanto, utilizadas como detectores.

Existe uma demanda, por parte da indústria, pela disponibilidade de métodos com alta taxa de transferência (Hyytiä-Trees et al., 2007). Entretanto, até o momento, poucos biossensores para patógenos de alimentos foram desenvolvidos. Muhammad-Tahir e Alocilja (2003) noticiaram um biossensor condutimétrico para detectar *E. coli* O157:H7 e *Salmonella* spp. Lin e colaboradores (2008) desenvolveram um imunossensor de tiras amperométricas descartáveis para detecção quantitativa de *E. coli*

O157:H7. Existe uma variedade de diferentes imunossensores em desenvolvimento, com base em transdutores, e são possibilidades para detecção de patógenos em tempo real. Os três principais tipos são: ressonância plasmon de superfície (SPR), microbalança de cristal de quartzo (QCM) e sensores estruturais. Eles são comparáveis àqueles que imobilizam anticorpos em superfícies para ligar o alvo no sensor, e isso causa um sinal direto mensurável. Em SPR, quando a molécula-alvo se liga à superfície do sensor de ouro, ocorre uma alteração no ângulo da luz refletida. Um sensor SPR pode detectar de modo concomitante *E. coli* O157:H7, *S.* Typhimurium, *L. monocytogenes* e *Campylobacter jejuni* (Taylor et al., 2006). Os sensores QCM são compostos por um disco fino de quartzo com eletrodos. O aspecto-chave é que um campo elétrico oscilante é aplicado ao disco, o qual induz uma onda acústica com uma frequência de ressonância específica. Em consequência, por intermédio do revestimento do disco com uma camada de componentes de captura (anticorpos, ácido nucleicos, etc.), o sensor irá responder à presença do alvo pela alteração na frequência da ressonância. Isso foi desenvolvido para *Salm.* Typhimurium, *B. cereus* e *L. monocytogenes*. Os sensores estruturais, utilizando anticorpos, também estão sendo desenvolvidos. Em essência há dois tipos de balanço. No modo estático, a flexão do balanço do alvo é medida, enquanto no modo dinâmico é similar ao sensor QCM, em que a alteração da frequência da ressonância é monitorada para determinar quando a molécula-alvo se liga. Existe um grande interesse em usar o balanço para detecção de micro-organismos patogênicos. Por exemplo, Campbell e Mutharasan (2007) detectaram *E. coli* O157:H7 em quantidades de 1 célula/mL, sem a necessidade do cultivo convencional para aumentar o número de células-alvo. O tempo para a detecção foi de 10 minutos para 10 UFC/mL de *E coli* O157:H7. Vale ressaltar que esses experimentos foram desenvolvidos sob condições ideais de laboratório, na ausência da interferência da matriz alimentar. *Microarray* de anticorpos pode analisar, em paralelo, várias amostras para bactérias patogênicas de origem alimentar e biomoléculas (Gehring et al., 2008; Karoonuthaisiri et al., 2009). Entretanto, com algumas exceções, a maioria dos métodos atuais não tem limites de detecção baixos e podem ser equiparados apenas ao método ELISA convencional, com 10^5 a 10^7UFC/mL do organismo-alvo. Sendo assim, no geral, os biossensores ainda não podem ser comparados aos métodos convencionais no limite de detecção. Um sensor SPR que já foi comercializado é o Spreeta™. Esses sensores pequenos (15 x 8cm) são portáteis devido ao baixo peso (600 g) e à fonte de energia (bateria de 9V). Eles foram utilizados para detecção de *Campylobacter*, *E. coli* e *L. monocytogenes* (Nanduri et al., 2007; Wei et al., 2007).

5.5 Métodos para tipificação molecular

A tipificação de micro-organismos é uma ferramenta importante para a investigação de surtos e fiscalização, tanto em âmbito nacional como internacional. A tipificação molecular precisa ter alto poder discriminatório para poder distinguir isolados relacionados dos não relacionados. Deve-se utilizar um método padronizado que permita comparar os resultados entre os laboratórios, mesmo quando localizados geograficamente distantes. Portanto, este pode ser usado com a finalidade de fiscalização. Até há pouco tempo, determinar a relação entre bactérias relacionadas dependia de métodos de fenotipificação e quimiotipificação. No entanto, essas metodologias estão limitadas a organismos bem-estudados, em condições de multiplicação ideais, etc., e devem ser padronizadas com cuidado para garantir resultados reprodutíveis e confiáveis. Embora sejam métodos reconhecidos para *Salmonella* e *E. coli*, a sorotipificação e a fagotipificação não foram desenvolvidas para muitos outros micro-organismos. Como alternativa, métodos para genotipificação baseados no DNA têm as seguintes vantagens:

1. O DNA pode ser extraído de micro-organismos, incluindo aqueles que não podem ser cultivados.
2. Não depende das condições de multiplicação.
3. Cepas estreitamente relacionadas podem ser distinguidas.
4. Métodos idênticos podem ser aplicados a diferentes espécies bacterianas.
5. Os perfis do DNA podem ser digitalizados e, desse modo, distribuídos com facilidade.
6. Os perfis do DNA podem ser utilizados para análises comparativas.

As técnicas de tipificação molecular podem ser desenhadas para áreas diferentes do genoma. No entanto, a estabilidade das áreas-alvo precisa ser considerada, no caso de haver muita variabilidade. Os métodos mais comuns de genotipificação incluem:

- Eletroforese em gel de campo pulsado (PFGE)
- Hibridização baseada em sondas de DNA, como a ribotipificação
- Métodos baseados na PCR, como o polimorfismo do DNA amplificado de forma aleatória (RAPD)
- Métodos baseados no sequenciamento, incluindo sequência em multiplos *locus* (MLST)

5.5.1 Eletroforese em gel de campo pulsado (PFGE)

A PFGE é aplicada em um grande número de bactérias, sendo um dos métodos de fiscalização mais amplamente utilizados; ver Seção 1.12.3. Em geral é o método de genotipificação de escolha, ou "padrão ouro", ao qual outros métodos de genotipificação são comparados. O CDC, como também outras autoridades sanitárias, padronizaram o método PFGE para alguns patógenos específicos. Esse é o método atualmente utilizado no PulseNet para as atividades de vigilância das infecções de origem alimentar por *Salmonella*, *E. coli* O157, *Shigella* spp., *L. monocytogenes*, *C. jejuni* e norovírus (ver Seção 1.12.3; Graves e Swaminathan, 2001; Ribot et al., 2001).

No PFGE, o DNA genômico é digerido com uma enzima de restrição de corte raro, como a *Xba*I para *Enterobacteriaceae*. Os fragmentos de DNA obtidos são muito grandes para serem separados em gel de eletroforese convencional. Assim, a polaridade do campo elétrico é periodicamente invertida, em breves intervalos, durante toda a corrida. A inversão do campo causa uma reorientação nas moléculas de DNA, com a finalidade de movimentá-las através dos poros do gel, na direção oposta. Quanto mais longa é a molécula, mais longo será o processo. Por consequência, a migração dos fragmentos do DNA é tamanho-dependente. É importante que o DNA inicial esteja intacto ou pelo menos seja um fragmento bastante longo. Para obtenção desse DNA, as células bacterianas são envolvidas em agarose, antes da lise e da restrição enzimática. Só então os pequenos blocos de agarose contendo o DNA serão inseridos em um gel de agarose maior para a realização da eletroforese (Lâmina 17).

5.5.2 Polimorfismo do comprimento dos fragmentos de restrição (RFLP)

Se uma sonda de DNA for aplicada sobre um DNA submetido a restrição total e só houver uma cópia da sequência da sonda no genoma, ela se ligará na sequência única, formando apenas uma banda, a qual pode ser detectada por *Southern blot*. O tamanho do fragmento a ser gerado vai depender da posição dos locais de restrição na sequência detectada. A banda terá o mesmo tamanho, entre duas cepas, se a estrutura e a localização dos genes forem os mesmos. No entanto, se houver variação na distância entre os locais de restrição, então haverá uma diferença no tamanho da banda detectada. A variação pode ser causada pela perda de um local de restrição devido a um ponto de mutação (menos frequente) e a inserção ou a eliminação de uma região do DNA. Essa técnica é chamada RFLP. Os polimorfismos mais úteis são resultado da duplicação ou da transposição de sequências repetitivas. Essas são sequências curtas que ocorrem duas ou mais vezes sucessivas no genoma. A técnica á aplicada a eucariotes, *Campylobacter* (Messens et al., 2009) e *Toxoplasma gondii* (Velmurugan et al., 2009).

5.5.3 Análise de múltiplos *loci* do número variável de repetições tandem (MLVA)

Uma das desvantagens do RFLP é que ele requer uma quantidade relativamente grande de DNA para a detecção das bandas. Como alternativa, é possível utilizar a PCR para amplificar a amostra de DNA. Em vez de usar sondas e *Southern blot*, sequências iniciadoras são utilizadas para hibridizar em ambos os lados de sequências repetidas chamadas tandem. O tamanho da banda no gel vai depender do número de cópias da sequência repetida. Cada cepa pode conter um número de repetições tandem. O método MLVA baseia-se na amplificação do número variável de repetições tandem (VNTR). Por meio da identificação de vários *loci* que contêm VNTRs, é obtido o número de cópias em cada posição. Esses números geram um perfil que é utilizado para genotipificação. A MLVA tem alto poder discriminatório e está sob análise para possível adoção pelo PulseNet para complementar a PFGE. Métodos de MLVA foram desenvolvidos para *Enterobacteriaceae*, *E. coli* O157, *Salm.* Typhi e *Salm.* Typhimurium. Há relatos de que essa técnica é melhor do que a PFGE para vigilância e investigação de surtos de origem alimentar (Torpdahl et al., 2007).

5.5.4 Tipificação de sequência em múltiplos *loci* (MLST)

A MLST de bactéria é baseada na variação da sequência do DNA entre (normalmente) os muitos genes conservados. O comprimento máximo dos fragmentos internos em geral está entre 450 e 500 pb, devido à limitação do sequenciador. Para cada gene conservado, as diferentes sequências presentes em uma espécie bacteriana são atribuídas como alelos distintos e, para cada isolado, o alelo em cada um dos sete *loci* define o perfil do alelo ou o tipo de sequência (ST). Existe uma variação de sequência suficiente dentro de genes conservados para gerar um número de alelos por localidade. Cada isolado pode ser inequivocamente caracterizado por uma série de sete fragmentos que correspondem aos alelos de sete locais conservados. O procedimento pode ser aplicado ao DNA extraído de organismos não cultiváveis.

Uma vantagem considerável do MLST é que a sequência de dados é inequívoca e o perfil alélico pode ser comparado àqueles de um banco de dados *online*, por meio de *sites* como o "PubMLST" (http://pubmlst.org) e http://www.mlst.net. Nesses *sites* está disponível uma lista de perfis MLST de cerca de 30 bactérias. Como exemplo, para *E. coli*, o protocolo MLST utiliza sequências iniciadoras (*primers*) da PCR para amplificar de forma específica os sete genes: aminotransferase aspartato, protease caseinolítica, acil-CoA sintetase, isocitrato desidrogenase, lisina permease, malato desidrogenase e β-glucoronidase. A sequência de dados para cada alelo gera um perfil que é designado como um ST, e pode ser comparado com outras cepas de *E. coli* patogênicas no banco de dados EcMLST (http://www.shigatox.net/cgi-bin/mlst7/index).

Um exemplo da aplicação do MLST é dado por Sopwith e colaboradores (2006). Eles utilizaram MLST para a primeira pesquisa de campilobacteriose na população. Demonstraram que o MLST pode identificar variações na epidemiologia dessa doença entre populações distintas, em um período de três anos, e descrever a distribuição dos principais subtipos de interesse. Basearam-se em 493 casos, dos quais obtiveram 93 tipos diferentes de sequências de MLST de *C. jejuni*. O tipo mais comum foi o ST-21 (102 casos), que foi isolado três vezes mais que o próximo complexo, ST-45. O complexo clonal ST-21 foi previamente relatado em humanos, gado, frango, leite, areia e água. Por isso, está associado com a transmissão ambiental e alimentar, enquanto o ST-45 está associado, sobretudo, com humanos e frangos.

5.6 Procedimentos específicos de detecção

Os protocolos-padrão para o isolamento da maioria dos patógenos alimentares têm sido definidos por vários órgãos reguladores e de acreditação, como a ISO e a FDA. Não há, contudo, qualquer método ideal específico para cada patógeno, e os países diferem quanto à técnica preferida. Em consequência, apenas uma visão superficial das técnicas será realizada aqui, e se devem ser buscadas metodologias específicas de autoridades relevantes antes de utilizar um método. Procedimentos de várias autoridades regulatórias, tais como FDA e *Health Canada*, estão disponíveis *online* e listadas nos Recursos para a Segurança dos Alimentos, no final do livro.

Uma consequência da variação na metodologia é a incerteza sobre se as estatísticas de doenças transmitidas por alimentos podem ser comparadas entre os países; ver Tabela 1.12 para surtos de origem alimentar em diferentes países.

Uma vez que os lotes de meios de cultura variam em sua composição, o bom gerenciamento laboratorial, o bom monitoramento da perícia pessoal e a utilização de organismos para controles positivos e negativos são necessários para confirmar a seletividade dos meios. Os organismos para controle originam-se de coleções de culturas nacionais e internacionais, como a *National Collection of Type Cultures* (NCTC) e *American Type Culture Collection* (ATCC). Existe a indicação do número de identificação da cultura, ou seja, *St. aureus* ATCC® 25923. Essas são cepas bem caracterizadas, disponíveis para todos os laboratórios de controle de qualidade, e funcionam como padrões internacionais de referência.

5.6.1 Contagem aeróbia em placa

A contagem aeróbia em placas (*Aerobic Plate Count* – APC) é utilizada para determinar a microbiota geral do alimento, e não organismos específicos. Nessa técnica é utilizado um meio de multiplicação complexo que contém vitaminas e proteínas hidrolisadas, as quais permitem a multiplicação de organismos não fastidiosos. As placas de ágar podem ser inoculadas por diversas técnicas (Miles-Misra, por espalhamento superficial, por profundidade) que variam no volume da amostra (20 μL a 1 mL) aplicado. As placas são em geral incubadas a 30 °C, por 48 horas, antes da enumeração das colônias. A precisão dos números de colônias é fornecida na Tabela 5.1.

5.6.2 *Salmonella* spp.

Para o isolamento de *Salmonella* spp. de alimentos, foram estabelecidos procedimentos-padrões (p. ex., ISO 6579) (Tab. 5.2). Em geral, o critério de detecção em alimentos prontos para o consumo é o isolamento de uma célula de *Salmonella* em 25 g de alimento. Em consequência, os protocolos requerem um certo número de etapas que são projetadas para recuperar as células de *Salmonella* a partir de baixos números iniciais. Além disso, as células podem ter sido danificadas durante o processamento e, portanto, o passo inicial é a sua recuperação (ver Seção 5.3.2 sobre a técnica IMS). O fluxograma da ISO 6579 é apresentado na Figura 5.11. O esquema geral para ambos os procedimentos é:

1. *Pré-enriquecimento*: para permitir a recuperação das células danificadas. Isso requer um meio nutritivo, não seletivo, como água peptonada tamponada ou caldo lactosado. Se existirem grandes números de bactérias Gram-positivas, estes podem ser modificados pela adição de 0,002% de verde brilhante ou 0,01% de verde malaquita. Uma vez que os produtos lácteos são altamente nutritivos, o caldo de recuperação pode ser água destilada adicionada de 0,002% de verde brilhante. Como regra, 25 g de alimento são homogeneizados em 225 mL de caldo de pré enriquecimento e incubados de um dia para o outro. Se o alimento for muito bacteriostático, é possível adicionar tiossulfato de sódio (no caso de cebola) ou aumentar o fator de diluição, por exemplo, 25 g em 2,25 L (Tab. 5.5).
2. *Enriquecimento seletivo*: essa etapa é utilizada para inibir a multiplicação de células que não sejam de *Salmonella* e permitir que as de *Salmonella* se multipliquem. Isso é alcançado por meio da adição de inibidores, como bile, tetratio-

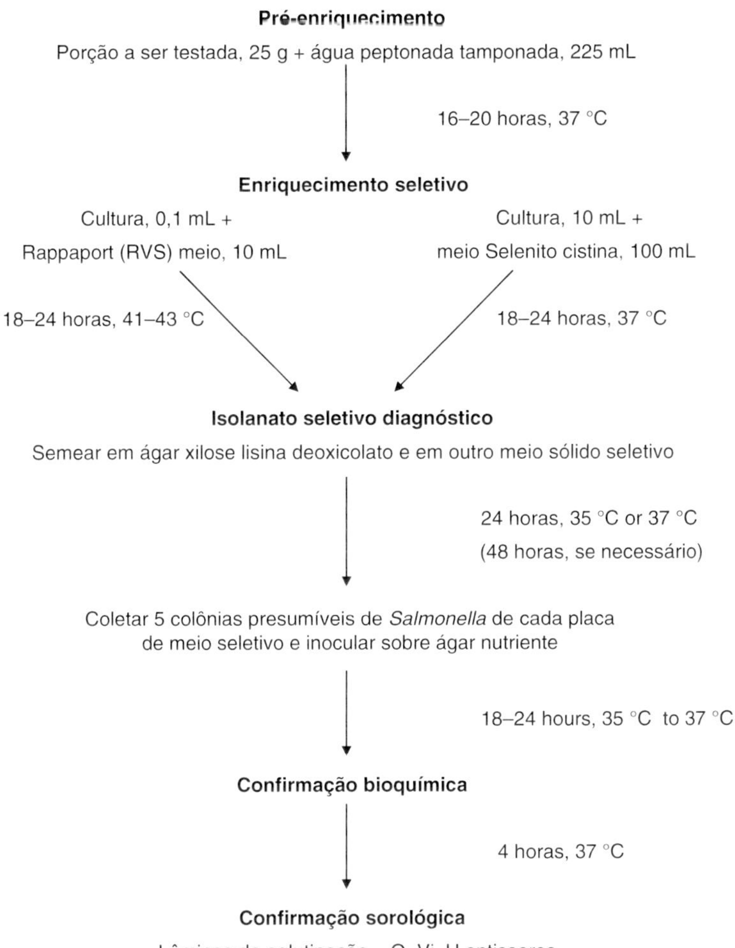

Figura 5.11 Método de isolamento de *Salmonella* segundo norma ISO 6579.

nato, bisselenito de sódio (com cuidado, já que esse composto é muito tóxico) e também de corantes como o verde brilhante ou o verde malaquita. A seletividade é melhorada pela incubação a 41 a 43 °C. Os caldos seletivos são: caldo selenito cistina, caldo tetrationato, caldo lactose e caldo Rappaport-Vassiliadis (RVS). Mais de um caldo seletivo é utilizado, pois os mesmos têm diferentes seletividades para os mais de 2.500 sorovares de *Salmonella*.

3. *Isolamento diagnóstico seletivo*: essa etapa é utilizada para isolar as células de *Salmonella* em ágar, permitindo que as colônias sejam isoladas e identificadas. Os meios contêm agentes seletivos similares aos caldos seletivos, como sais de bile e

Tabela 5.5 Seleção de meios de pré-enriquecimento

Meio	Aplicação
Água peptonada tamponada (APT)	Uso geral
APT + caseína	Chocolate, etc.
Caldo lactosado	Ovos e produtos à base de ovos, pernas de rã, corantes de alimentos pH > 6
Caldo lactosado + Tergitol 7 ou Triton X-100	Coco, carne, substâncias animais – desidratadas ou processadas
Caldo lactosado + 0,5% de gelatinase	Gelatina
Leite em pó desengordurado + verde brilhante	Chocolate, doces e coberturas para doces
Caldo soja triptona	Especiarias, ervas, leveduras desidratadas
Caldo soja triptona +0,5% de sulfato de potássio	Cebola e alho em pó, etc.
Água + verde brilhante	Leite em pó

verde brilhante. As colônias de *Salmonella* são diferenciadas das não *Salmonella* pela detecção da fermentação da lactose e produção de H_2S. Os ágares seletivos incluem ágar xilose lisina desoxicolato (XLD), ágar Rambach, ágar verde brilhante (BGA), ágar lisina ferro (LIA) e o ágar manitol lisina cristal violeta verde brilhante (MLCB); Lâmina 18. Assim como na etapa de enriquecimento seletivo, mais de um ágar é utilizado, uma vez que eles diferem em suas seletividades.

4. *Confirmação bioquímica*: essa etapa é utilizada para confirmar a identificação das colônias presuntivas de *Salmonella*.
5. *Confirmação sorológica*: essa etapa é utilizada para confirmar a identificação das colônias presuntivas de *Salmonella* e para identificar o sorovar do isolado de *Salmonella* (útil em epidemiologia).

5.6.3 *Campylobacter*

Existe uma variedade considerável de métodos para detecção de *Campylobacter* com base no cultivo e na amplificação do DNA. No entanto, como para a maioria dos outros organismos, não existe um método ideal. Alguns dos principais métodos e protocolos foram revisados por Corry e colaboradores (2002) e estão resumidos na Tabela 5.2 e na Figura 5.12. Os leitores devem consultar o artigo original para informações mais precisas.

As células de *Campylobacter* podem tornar-se estressadas durante o processamento de alimentos. Dessa forma, o estágio de pré-enriquecimento é necessário para recuperar as que estão danificadas, antes da seleção do organismo. Com frequência, os agentes seletivos são adicionados como suplementos e utilizadas temperaturas mais baixas de incubação. Para ajudar a multiplicação do organismo, sulfato ferroso, metabissulfito de sódio e piruvato de sódio (FBP) são adicionados ao meio de multiplicação para capturar radicais tóxicos e aumentar a aerotolerância do organismo. Este é microaerófilo, inapto a multiplicar-se em níveis normais de oxigênio do ar. A

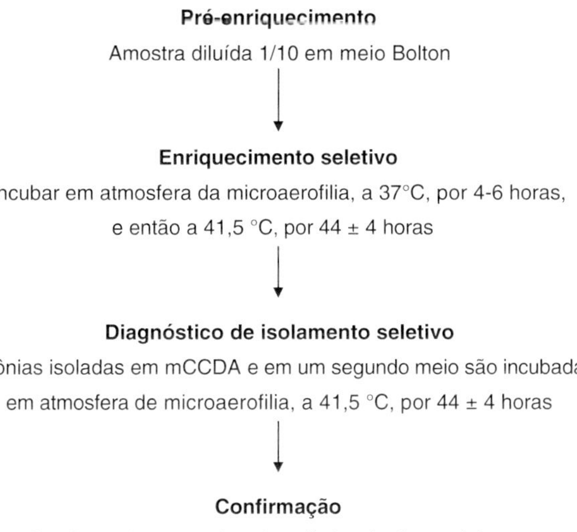

Pré-enriquecimento
Amostra diluída 1/10 em meio Bolton
Enriquecimento seletivo
Incubar em atmosfera da microaerofilia, a 37°C, por 4-6 horas,
e então a 41,5 °C, por 44 ± 4 horas
Diagnóstico de isolamento seletivo
Colônias isoladas em mCCDA e em um segundo meio são incubadas
em atmosfera de microaerofilia, a 41,5 °C, por 44 ± 4 horas
Confirmação
Confirmação presuntiva de colônias de *Campylobacter*

Figura 5.12 Método horizontal de detecção e enumeração de *Campylobacter* spp. (ISO 2006).

atmosfera preferida é 6% de oxigênio e 10% de dióxido de carbono. Isso é atingido em recipientes próprios, utilizando sachês de gás que geram os gases necessários.

O método de detecção com base na PCR inclui a detecção do gênero *Campylobacter* utilizando a sequência do gene altamente conservado 16S-rRNA como alvo para a reação e a sonda do gene do hipurato para a espécie específica *C. jejuni* (Wang, 2002).

Há uma série de métodos de tipificação para *Campylobacter*. Métodos tradicionais com base em diferenças dos antígenos da superfície, como os lipopolissacarídeos (LPS) e os flagelares, têm sido aplicados para *Campylobacter*, porém são problemáticos, pois as estruturas da superfície são variáveis mesmo em uma mesma cepa. O esquema da biotipificação (perfil da atividade bioquímica) de Preston é mais extenso do que o Lior. Dois procedimentos para sorotipificação são utilizados: o esquema Penner e Hennessy, para os antígenos termoestáveis (lipopolissacarídeos) e o esquema Lior, para os antígenos termolábeis (flagelares). A fagotipificação pode diferenciar cepas em um sorovar, e é uma técnica simples que pode ser usada em várias cepas de forma simultânea.

Os genomas do *C. jejuni* e *C. coli* foram sequenciados (Parkhill et al., 2000), e foram utilizados dois métodos de tipificação baseados no DNA: MLST (Seção 5.5.5) e *microarray* DNA (On et al., 2006, Seção 5.4.6). Uma vantagem do MLST é que ele é claro e mais confiável do que a fenotipificação. Entretanto, também tem uma desvantagem, pois clones comuns vão necessitar de mais diferenciações. Como consequência, o método MLST usa um núcleo com sete genes conservados. Dois genes envolvidos na síntese da proteína flagelar também podem ser incluídos por serem mais variáveis (Dingle et al., 2002). Diferentes grupos clonais de *C. jejuni* foram identificados em animais específicos, no entanto, alguns estão bastante disseminados e podem ser encontrados em humanos. Foram desenvolvidos ensaios de PCR Taqman em tempo real para detectar nucleotídeo único com polimorfismo específico para os seis principais complexos clonais MLST (Best et al., 2005). Isso pode ser aplicado para detecção rápida do *C. jejuni* e localização clonal. Os métodos de tipificação do *Campylobacter* foram revisados por Wassenar e Newell (2000) e pelo Comitê Consultivo do Reino Unido para a Segurança Microbiológica dos Alimentos (UK Advisory Committee for the Microbiological Safety of Food) (ACMSF, 2005).

5.6.4 *Enterobacteriaceae* e *E. coli*

A *E. coli* e as outras *Enterobacteriaceae* são inicialmente detectadas juntas em um meio líquido, e então diferenciadas por testes secundários de produção de indol, metabolismo da lactose, produção de gás e multiplicação a 44 °C (Tab. 5.2). *E. coli* produz ácido e gás a 44 °C em 48 horas. O caldo MacConkey é um meio em geral utilizado para a detecção presuntiva de *Enterobacteriaceae* (anteriormente "coliformes") fermentadoras de lactose da água e do leite, seleciona organismos fermentadores da lactose, tolerantes a bile, que no passado receberam a denominação geral de "coliformes". A formação de ácido a partir do metabolismo da lactose é demonstrada por uma coloração amarela do caldo (devido a um corante indicador de pH, vermelho neutro ou púrpura de bromocresol). A formação de gás é indicada pelo gás aprisionado em um tubo de Durham invertido. O caldo lauril triptose (também conhecido como caldo lauril sulfato) é utilizado para a detecção de *Enterobacteriaceae* fermentadora de lactose em alimentos. A princípio, o meio inoculado é incubado a 35 °C, sendo os tubos presumivelmente positivos depois utilizados para inocular tubos em duplicata, um para incubação a 35 °C e o outro a 44 °C. Ambos os caldos podem ser suplementados com 4-metilumbeliferil-β-D-glucoronídeo (Seção 5.2.1) para aumentar a detecção de *E. coli*. O caldo EE, também conhecido como caldo tamponado verde brilhante bile glicose, é um meio de enriquecimento para *Enterobacteriaceae* em alimentos. O caldo é inoculado com amostras que tenham sido incubadas a 25 °C em caldo soja triptona aerado (diluição 1:10) para recuperação de células danificadas. Existem diversos meios sólidos empregados para detecção de coliformes *E. coli* e *Enterobacteriaceae*. Por exemplo, há dois tipos de ágar vermelho-violeta bile: (1) VRBA para *Enterobacteriaceae* fermentarora de lactose em alimentos e produtos lácteos e (2) ágar vermelho-violeta glicose (VRBGA) para detecção de *Enterobacteriaceae* em geral, os quais selecionam organismos tolerantes a bile, característica de bactérias intestinais. Outros meios incluem ágar MacConkey, ágar lactose azul da china, ágar desoxicolato e ágar eosina azul de metileno. Esses meios têm eficiências de diferenciações e aprovações regulatórias diferentes. Uma tendência recente tem sido a inclusão de substratos cromogênicos e fluorogênicos para detectar a β-glucoronidase, a qual é produzida por aproximadamente 97% das cepas de *E. coli* (Seção 5.2.1).

O método padronizado ISO 21528:2004 para a detecção e a enumeração de *Enterobacteriaceae* inclui a técnica do Número Mais Provável (NMP) e a contagem de colônias, que envolvem várias etapas:

- *Pré-enriquecimento*: uma porção do alimento é adicionada a água peptonada tamponada (APT) na proporção de 1:9 e incubada a 37 °C, por 18 horas, para recuperação das células. Para o procedimento do NMP, tubos em triplicata são incubados com três volumes de amostra diferentes equivalentes às diluições: amostra pura, 10^{-1} e 10^{-2}.
- *Enriquecimento*: um mililitro da APT com a amostra incubada é transferido para 10 mL de caldo de enriquecimento de *Enterobacteriaceae* (EE) o qual é incubado a 37 °C, por 24 horas. Este inibe a multiplicação de organismos não *Enterobacteriaceae*.
- *Semeadura em meio seletivo*: do caldo EE é feita a inoculação por estrias em ágar VRBG, incuba-se a 37 °C, por 24 horas. Colônias presuntivas de *Enterobacteriaceae* (vermelho-púrpura ou púrpura, com ou sem halo de precipitação) são semeadas em ágar nutriente e incubadas a 37 °C por 24 horas.
- *Confirmação de Enterobacteriaceae*: cinco colônias presuntivas isoladas são selecionadas e semeadas para purificação em placas de ágar nutriente, antes da confirmação de *Enterobacteriaceae* de acordo com a reação negativa de oxidase e fermentação da glicose.

Para a enumeração direta, o método de semeadura em profundidade (ISO 21528:2004) é utilizado com o volume de 1 mL da amostra (em duplicata) em VRBGA, com sobrecamada de VRBGA para prevenir o espalhamento das colônias e promover as condições anaeróbias durante a sua multiplicação. Colônias presuntivas de *Enterobacteriaceae*, semeadas em ágar nutriente para verificar a pureza e padronização, são confirmadas utilizando os testes de oxidase e fermentação da glicose.

E. coli pode ser detectada utilizando o ágar cromogênico (TBX) para a reação da β-glucoronidase (p. ex., ISO 16649-2:2001). O meio contém o cromóforo BCIG. O método de semeadura em profundidade é utilizado, no qual 1 mL da amostra é pipetado em uma placa de Petri estéril (em duplicata), e o ágar TBX fundido (a 44 a 47 °C) é adicionado. As placas são incubadas a 44 °C, por 18 a 24 horas. As colônias típicas de *E. coli* são azuis. Para recuperar as células, no início, a amostra é espalhada em uma membrana de celulose (com poros de 0,45 a 1,2 μm, 85 mm de diâmetro) em dois ágares minerais de glutamato modificado (MMGA), os quais são incubados, por 4 horas, a 37 °C. Depois, as membranas são transferidas para placas com ágar TBX e incubadas a 44 °C, por 18 a 24 horas. Esse método não detecta cepas que não multipliquem a 44 °C, nem aquelas que sejam β-glucoronidase-negativas. Portanto, a *E. coli* O157 não será detectada.

5.6.5 *E.coli* patogênica, incluindo *E. coli* O157:H7

Uma vez que a *E. coli* é um organismo comensal do intestino grosso humano, há problemas para isolar e diferenciar cepas patogênicas das variedades não patogênicas mais numerosas. Os sinais de diferenciação estão baseados na observação de que, diferentemente da maioria das cepas de *E. coli* não patogênicas, a *E. coli* O157:H7 não fermenta sorbitol, não possui β-glucoronidase e não se multiplica acima de 42 °C. Em sequência, o ágar MacConkey foi modificado para incluir sorbitol em lugar de lactose como o carboidrato fermentável (SMAC). Esse meio foi mais modificado pela inclusão de vários outros agentes seletivos, como telurito e cefixima. O pré-enriquecimento em água peptonada tamponada (APT) ou caldo soja triptona modificado é utilizado para recuperar células danificadas, antes da semeadura em meio sólido. Devido ao antígeno de superfície da célula (O157:H7) ser indicativo de patogenicidade (apesar de não em 100%), a técnica de separação imunomagnética (Seção 5.3.2) aumenta muito a recuperação de *E. coli* O157:H7 (Chapman e Siddons, 1996). A técnica IMS é utilizada no mundo inteiro, sendo reconhecida como o método mais sensível para *E. coli* O157:H7. Já foi aprovada para uso em vários países.

As toxinas da *E. coli* O157:H7 podem ser detectadas utilizando culturas de células vero e aglutinação em látex passiva reversa (RPLA), as quais são sensíveis a filtrados de cultura com 1 a 2 mg/mL (Fig. 5.6). A polimixina B é adicionada à cultura para facilitar a liberação das verocitotoxinas/toxina Shiga. Métodos ELISA específicos para cepas patogênicas de *E. coli* foram desenvolvidos. O método DIANA (Seção 5.4.2) tem sido aplicado a diversos ensaios de separação imunomagnética, incluindo *E. coli* enterotoxigênica. O ensaio pode detectar cinco células de *E. coli* enterotoxigênicas (ETEC) em 5 mL sem interferência de cepas negativas em concentrações até 100 vezes maiores que as cepas de SLI negativas.

O método ISO horizontal para a detecção de *E. coli* (ISO 16654:2001) é aplicável a uma grande variedade de alimentos e apresenta quatro passos:

- **Enriquecimento** em caldo soja triptona modificado, contendo novobiocina, em geral na proporção de 1:9, amostra e caldo, respectivamente. A mistura é incubada a 41,5 °C por 6 horas, antes da separação imunomagnética, seguida por mais 12 a 18 horas, quando é possível repetir a IMS.
- **Separação e concentração** do organismo-alvo são obtidas utilizando IMS, conforme já descrito (Seção 5.3.2).
- **Isolamento** por semeadura da mistura da IMS em ágar MacConkey sorbitol com cefixima e telurito (CT-SMAC) e um segundo ágar a critério do usuário. As colônias de *E. coli* O157 apresentam diâmetro em torno de 1mm, são transparentes, com aparência marrom-amarelada pálida. Conforme descrito no método ISO, após incubação de 16 a 18 horas, o caldo de enriquecimento pode apresentar alta concentração de bactérias, representando um problema no reconhecimento das colônias de *E. coli*, mesmo em ágar seletivo. Por isso, técnicas modificadas, como diluição da mistura da IMS ou semeadura de pequenos volumes, podem ser utilizadas, apesar da possibilidade de esses procedimentos diminuírem a sensibilidade do método. Cinco colônias típicas são selecionadas de cada placa e semeadas em ágar nutriente, seguido de incubação a 37 °C por 18 a 24 horas.
- **A confirmação** ocorre pela detecção da formação do indol e da aglutinação com antissoro *E. coli* O157.

5.6.6 *Shigella* spp.

A diferenciação entre *E. coli* e *Shigella* é problemática, uma vez que os dois organismos são similares do ponto de vista genético. Na verdade, a *Shigella* e as cepas enteroinvasivas de *E. coli* são fenotipicamente muito relacionadas, além da relação antigênica muito próxima. Sob a perspectiva de sorologia, *Sh. dysenteriae* 3 e *E. coli* O124, *Sh. boydii* 8 e *E. coli* O143 e *Sh. dysenteriae* 12 e *E. coli* O152 parecem idênticas. Os procedimentos de diferenciação estão apresentados na Tabela 5.6. Outros modos de diferenciação úteis são:

- As culturas que fermentam mucato, utilizam citrato ou produzem álcalis em ágar acetato são, provavelmente, *E. coli*.
- As culturas que descarboxilam a ornitina são, provavelmente, *Sh. sonnei*.
- As culturas que fermentam sacarose são, provavelmente, *E. coli*.

É provável que a semeadura direta em meio seletivo não apresente sucesso devido à relação próxima entre *Shigella* e *E. coli*. Dessa forma, a detecção de *Shigella* ocorre em geral pelo uso de provas bioquímicas distintas (Tab. 5.6). Por exemplo, em ágar MacConkey, as colônias de *Shigella* aparecem inicialmente como não fermentadoras de lactose.

O método ISO para *Shigella* spp. (ISO 21567:2004) possui várias etapas:

- **Enriquecimento** da amostra em caldo *Shigella*, nove vezes o volume, contendo novobiocina, e incubação anaeróbia a 41,5 °C por 16 a 20 horas.
- **Semeadura seletiva** em ágar MacConkey, ágar XLD e ágar HE. São incubados a 37 °C por 20 a 24 horas. Se não forem visualizadas colônias suspeitas, as placas são incubadas por mais 18 a 24 horas. Cinco colônias suspeitas são selecionadas e semeadas em placas com ágar nutriente e incubadas a 37 °C por 20 a 24 horas.
- **A identificação** é realizada por testes bioquímicos, seguida de análise sorológica dos isolados positivos. Os testes bioquímicos incluem multiplicação em ágar Três Açúcares Ferro (TSI) para a produção de gás, H_2S, motilidade e vários outros testes fenotípicos que podem ser realizados utilizando *kits* comerciais para testes bioquímicos (p. ex., API 20E e Microbact). Antissoro polivalente é utilizado com isolados de *Shigella* já identificados bioquimicamente para identificar as seguintes espécies: *Shigella flexneri*, *Shigella dysenteriae*, *Shigella boydii* e *Shigella sonnei*.

Um resumo do método FDA/BAM é fornecido na Figura 5.13, para demonstração. O método FDA/BAM também utiliza incubação anaeróbia, uma vez que, sob essas condições, as células de *Shigella* competem com as *Enterobacteriaceae*, e a novobiocina é adicionada aos meios como agente seletivo.

As toxinas Shiga são quase idênticas à verocitotoxina produzida pelas *E. coli* entero-hemorrágicas (EHEC), e, dessa forma, os métodos de detecção são aplicáveis a ambos os grupos de patógenos alimentares.

Tabela 5.6 Principais características de diferenciação entre *E. coli* e *Shigella* spp.

Característica	*E. coli*	*Shigella* spp.
Motilidade	+	–
Fermentação da lactose	+	–
Fermentação do indol	+	–
Produção de gás a partir da glicose	+	–

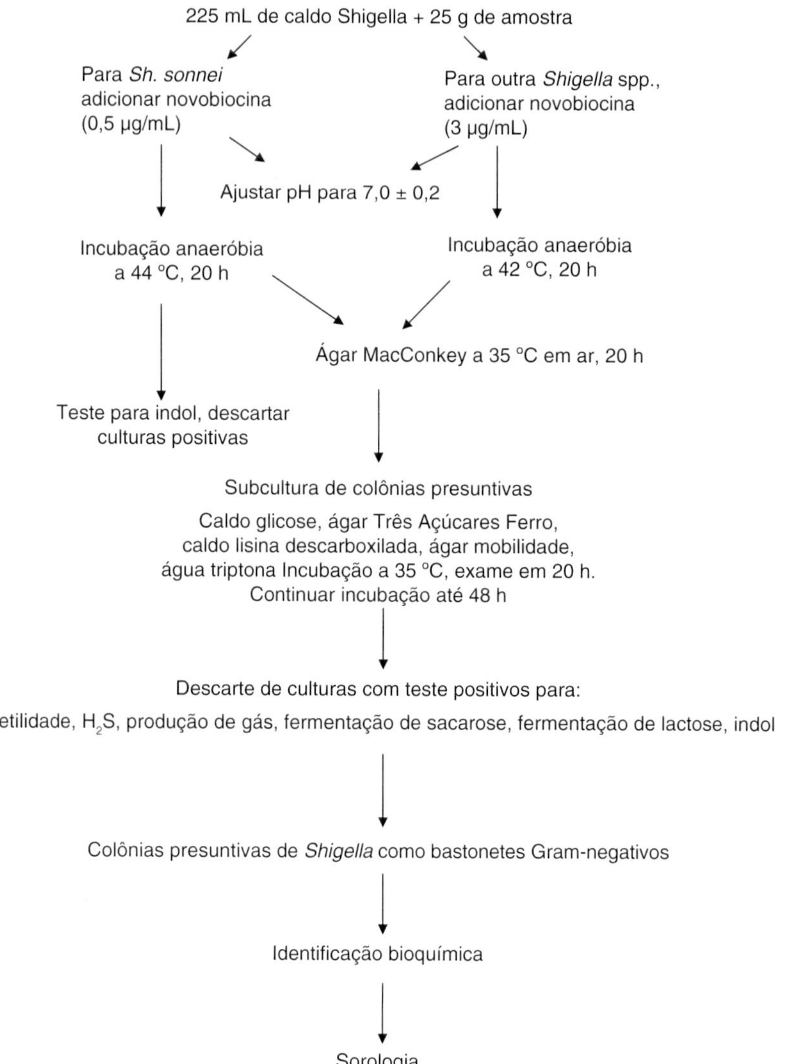
225 mL de caldo Shigella + 25 g de amostra
Para *Sh. sonnei* adicionar novobiocina (0,5 µg/mL)
Para outra *Shigella* spp., adicionar novobiocina (3 µg/mL)
Ajustar pH para 7,0 ± 0,2
Incubação anaeróbia a 44 °C, 20 h
Incubação anaeróbia a 42 °C, 20 h
Ágar MacConkey a 35 °C em ar, 20 h
Teste para indol, descartar culturas positivas
Subcultura de colônias presuntivas
Caldo glicose, ágar Três Açúcares Ferro, caldo lisina descarboxilada, ágar mobilidade, água triptona Incubação a 35 °C, exame em 20 h. Continuar incubação até 48 h
Descarte de culturas com teste positivos para:
Metilidade, H_2S, produção de gás, fermentação de sacarose, fermentação de lactose, indol
Colônias presuntivas de *Shigella* como bastonetes Gram-negativos
Identificação bioquímica
Sorologia

Figura 5.13 Método FDA/BAM para enriquecimento da cultura de *Shigella* spp. em alimentos.

5.6.7 *Cronobacter* spp.

Conforme descrito anteriormente (Seção 4.8.2), esse organismo é um patógeno emergente a princípio associado com infecções neonatais graves, embora raras. Porém, também causa infecções em todas as outras faixas etárias. No entanto, a ligação de alguns casos com a contaminação de fórmulas infantis em pó reconstituídas, levou a uma revisão nas práticas higiênicas e nos critérios microbiológicos

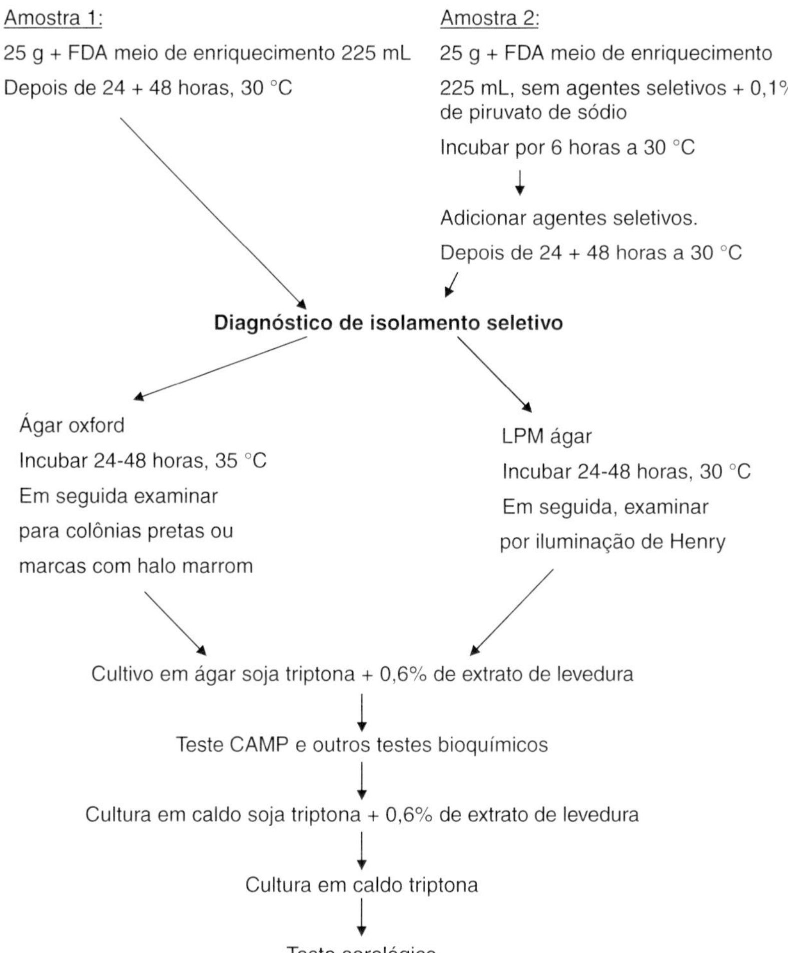
Enrichment
Amostra 1:
25 g + FDA meio de enriquecimento 225 mL
Depois de 24 + 48 horas, 30 °C
Amostra 2:
25 g + FDA meio de enriquecimento
225 mL, sem agentes seletivos + 0,1%
de piruvato de sódio
Incubar por 6 horas a 30 °C
Adicionar agentes seletivos.
Depois de 24 + 48 horas a 30 °C
Diagnóstico de isolamento seletivo
Ágar oxford
Incubar 24-48 horas, 35 °C
Em seguida examinar
para colônias pretas ou
marcas com halo marrom
LPM ágar
Incubar 24-48 horas, 30 °C
Em seguida, examinar
por iluminação de Henry
Cultivo em ágar soja triptona + 0,6% de extrato de levedura
Teste CAMP e outros testes bioquímicos
Cultura em caldo soja triptona + 0,6% de extrato de levedura
Cultura em caldo triptona
Teste sorológico

Figura 5.14 Método de isolamento de *Listeria* segundo FDA/BAM.

para esse tipo de produto. Similar ao isolamento da *Salmonella*, a recuperação do *Cronobacter* pela microbiologia convencional envolve três etapas: pré-enriquecimento, enriquecimento e semeadura em meios seletivos. O pré-enriquecimento se dá em água peptonada tamponada (10 g + 90 mL de caldo), seguido de enriquecimento *overnight* em caldo EE (ou caldo seletivo específico para *Cronobacter*) e semeadura em um ágar cromogênico, como o ágar Druggan-Forsythe-Iversen (DFI) (Iversen et al., 2004; Iversen e Forsythe, 2007), ver Lâmina 9. Esse meio é fabricado por várias companhias, mas foi primeiro formulado por Patrick Druggan, da Oxoid Thermo Fisher Scientific (Reino Unido). O ágar contém o cromógeno 5-bromo-4-cloro-3-indol-α-D-glicopiranosídeo (X-αGlc), uma vez que *Cronobacter* tem atividade α-glicosidase, o que resulta em formação de colônias azuis-esverdeadas após 18 horas de incubação a 37 °C. Várias outras *Enterobacteriaceae*, incluindo *Salmonella* e *Proteus*, possuem atividade α-glicosidase e são produtoras de H_2S. Logo, o meio também contém tiossulfato de sódio e citrato férrico de amônio, que age como indicador de H_2S e diferencia estes organismos de *Cronobacter* pela formação de colônias pretas. O desoxicolato de sódio também está presente para inibir a multiplicação de organismos Gram-negativos. O método ISO vertical (DTS 22964) usa o ágar cromogênico similar ESIA (AES Laboratoire), cuja incubação é a 44 °C por 24 horas. O ESIA contém o cromogênico X-αGlc e também o cristal violeta, e as colônias terão coloração verde a azul-esverdeadas. Enquanto este livro era escrito, existia a tendência internacional a padronizar a metodologia de isolamento de *Cronobacter*, como, por exemplo, pelas agências FDA e ISO. Métodos convencionais e baseados no DNA para isolamento, identificação e tipificação foram recentemente revisados por Fanning e Forsythe (2008).

5.6.8 *L. monocytogenes*

Diferente dos procedimentos de isolamento para *Salmonella*, *E. coli* e *Cronobacter*, o pré-enriquecimento não costuma ser utilizado para o isolamento de *Listeria* spp. Isso porque outros organismos presentes irão ultrapassar a multiplicação das células de *Listeria*. Como alternativa, vários meios de enriquecimento foram desenvolvidos e possuem aprovações regulatórias. Um caldo de enriquecimento comum é o Fraser (modificado do caldo UVM), que emprega a hidrólise da esculina acoplada com ferro como indicador presuntivo de *Listeria* spp. Amostras dos enriquecimentos são inoculadas em ágares como ALOA, Oxford e PALCAM. O ágar Oxford é muitas vezes incubado a 30 °C, enquanto o PALCAM é incubado a 37 °C, sob condições microaerófilas (Lâmina 19). Um grande número de agentes seletivos é utilizado em meios para *Listeria,* como acriflavina, cicloeximida, colistina e polimixina B, já que a flora competidora pode rapidamente ultrapassar a multiplicação da *L. monocytogenes*. As colônias típicas de *L. monocytogenes* são rodeadas por uma zona negra devido aos compostos fenólicos de ferro. Em ágar PALCAM, a colônia pode ter seu centro afundado após incubação por 48 horas.

As colônias presuntivas de *L. monocytogenes* são confirmadas utilizando testes bioquímicos e sorológicos. A maioria dos isolados que não seja *Listeria* pode ser eliminada utilizando o teste de motilidade, o teste de catalase e a coloração de Gram. *Listeria* spp. são bastonetes curtos, Gram-positivos, catalase-positivos e imóveis, se incubados acima de 30 °C. A motilidade de culturas que se multiplicaram em temperatura ambiente tem como característica o movimento de tombamento. *L. monocytogenes é* β-hemolítica em ágar sangue de cavalo. O teste CAMP (nomeado em homenagem a Christie, Atkins, Munch e Peterson) é utilizado para diferenciação de espécies (Lâmina 20). Os isolados de *Listeria* são semeados, formando uma estria, em ágar sangue de ovelha, sendo *St. aureus* NCTC 1803 e *Rhodococcus equi* NCTC 1621 também estriados em paralelo perto das estrias de *Listeria* (Fig. 5.15). O fenômeno de hemólise com zonas alargadas (na junção das estrias) é então observado (Tab. 5.7).

O método ISO 11290 para *L. monocytogenes* possui duas partes: métodos de detecção e de enumeração. O método de detecção tem quatro etapas:

- O **enriquecimento primário** é em caldo de enriquecimento seletivo com concentração reduzida dos agentes seletivos acriflavina e ácido nalidíxico (i.e., caldo *half* Fraser). *Nota*: Esse meio utiliza cloreto de lítio, que favorece uma reação exotérmica forte com água, irritando a membrana mucosa. Em geral, a proporção de amostra em teste é 1:9. O caldo é incubado a 30 °C por 24 horas, antes da inoculação do caldo de enriquecimento secundário e da semeadura em ágar seletivo.
- **Enriquecimento secundário** em caldo de enriquecimento seletivo com a concentração completa dos agentes seletivos (i. e., caldo Fraser), por 48 horas em 35 ou 37 °C. Normalmente 0,1mL da mistura de enriquecimento incubada é adicionado a 10 mL de caldo Fraser. Após o período de incubação, a mistura é semeada em ágares seletivos.
- **Semeadura e identificação presuntiva** em dois ágares seletivos: ALOA (ou formulação equivalente) e um segundo ágar à escolha do usuário, podendo ser Oxford ou PALCAM. As placas de ALOA são incubadas a 37 °C por 24 horas, e, se necessário, incubar até 48 horas. Conforme já foi mencionado, os ágares seletivos

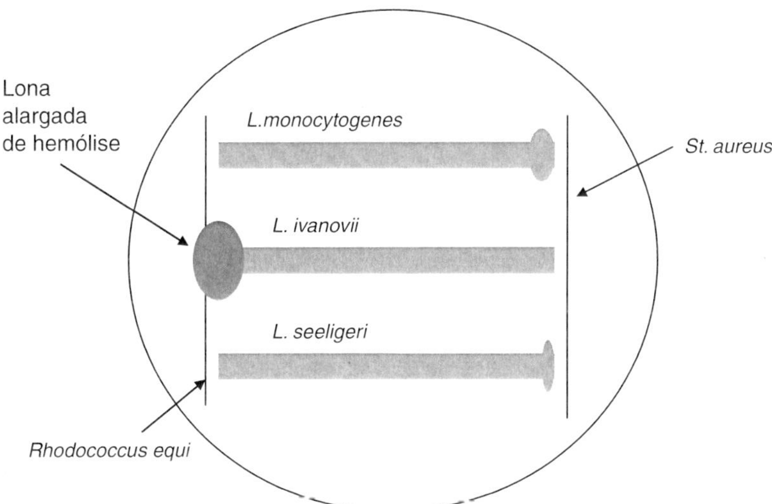

Figura 5.15 O teste CAMP para avaliar a hemólise de *L. monocytogenes*.

Tabela 5.7 Reações CAMP para *Listeria* spp.

Listeria spp.	St. aureus	Rh. equi
L. monocytogenes	+	–
L. seeligeri	+	–
L. ivanovii	–	+

são semeados com culturas do enriquecimento primário e secundário. No ALOA, as colônias típicas de *Listeria* são verde-azuladas rodeadas por um halo opaco.

- A **confirmação** utiliza testes morfológicos, fisiológicos e bioquímicos. Cinco colônias presuntivas são coletadas de cada placa e semeadas em ágar soja triptona acrescido de extrato de levedura (TSYEA), sendo então incubados a 35 ou 37 °C por 18 a 24 horas. Testes confirmatórios incluem coloração de Gram, produção de catalase e motilidade com incubação a 25 °C. *Listeria* são pequenos bastonetes Gram-positivos, catalase-positivos e móveis com movimentos de tombamento. Os isolados de *Listeria* são confirmados pela reação β-hemolítica, em placas de ágar sangue de carneiro, utilizando ramnose, porém não a xilose. No teste CAMP, aumentam a β-hemólise perto do *Staphylococcus aureus*, mas não o fazem perto do *Rhodococcus equi* (Lâmina 20). As colônias de *Listeria* spp., quando observadas no teste de iluminação Henry, apresentam coloração azulada e uma superfície granular. Esse teste consiste na observação das colônias iluminadas por baixo das placas, por reflexão da luz branca. As cepas-controle incluem *L. monocytogenes* 4b ATCC 13922, *L. monocytogenes* 1/2a ATCC 19111 e, para seletividade e especificidade, *Listeria innocua* ATCC 33090, *E. coli* ATCC 25922 ou 8739 e *Enterococcus faecalis* ATCC 29212 ou 19433. Cepas equivalentes podem ser obtidas de outras coleções de culturas.

O método ISO de enumeração possui várias etapas:

- **Preparação da amostra** na proporção 1:9, em água peptonada tamponada ou caldo *half* Fraser (sem agentes seletivos).
- **Recuperação** por 1 hora a 20 °C, antes da inoculação em ágar seletivo como descrito a seguir. Após a incubação, os agentes seletivos (cloreto de lítio, acriflavina e ácido nalidíxico) podem ser adicionados e a amostra incubada como descrito anteriormente para a detecção.
- **Inoculação** em ágar PALCAM; geralmente 0,1 mL ou 1 mL se são esperadas pequenas quantidades de *Listeria*. Incubar as placas a 35 ou 37 °C por 24 horas ou por mais 24 horas se for obtida apenas uma pequena multiplicação.
- **Identificação e enumeração** por contagem de colônias com morfologia típica de *Listeria*.
- **Confirmação** de *Listeria* spp. e *L. monocytogenes* pela seleção de cinco colônias presuntivas de cada placa. É aplicado o mesmo teste conforme já descrito no método de detecção.

5.6.9 *St. aureus*

Um grande número de células de *St. aureus* é necessário para produzir quantidades suficientes de toxina termoestável. Entretanto, pequenas quantidades são pouco significativas em alimentos, logo, o enriquecimento não é utilizado para o isolamento do organismo. Dessa forma, testes para células viáveis são aplicáveis para amostras antes do tratamento térmico, e os testes para a enterotoxina e termonuclease termoestável para amostras tratadas termicamente. O ágar Baird-Parker é o meio seletivo mais aceito para *St. aureus* (Lâmina 21). Esse meio inclui piruvato de sódio para ajudar a recuperação das células danificadas. A seletividade deve-se à presença de telurito, cloreto de lítio e glicina. O *St. aureus* forma colônias pretas em razão da redução do telurito e um halo claro em volta da colônia pela hidrólise da gema de ovo, devido a ação da lipase. A glicina atua como estimulante da multiplicação, sendo um componente essencial para a parede celular estafilocócica. Um meio alternativo, o ágar manitol salgado, tem mais eficiência na recuperação de *St. aureus* de queijo. O agente seletivo é o NaCl (7,5%), e a fermentação do manitol é mostrada pelo indicador de pH vermelho de fenol (halos púrpuro-avermelhados cercando as colônias de *St. aureus*).

O teste da coagulase (coagulação de plasma sanguíneo de mamífero diluído) é confiável para *St. aureus* patogênico. A produção de DNAse correlaciona-se com o teste de coagulase e também é indicativo de patogenicidade. O teste para atividade de DNAse é realizado após a multiplicação do organismo em ágar contendo DNA e posterior colocação de HCl para visualizar as zonas de degradação do DNA. Essas zonas ficam claras em virtude da falta de precipitação do DNA. No entanto, o ácido elimina o organismo, resultando em cultura não viável. Métodos alternativos adicionam ao ágar corantes indicadores, como azul de toluidina ou verde de metila. O corante forma um complexo colorido com o DNA, e as colônias presuntivas de *St. aureus* patogênico também alteraram a cor com a hidrólise do DNA: o azul de toluidina produz áreas cor-de-rosa, enquanto o verde de metila aparece quase sem cor. As enterotoxinas estafilocócicas são detectadas utilizando aglutinação em látex de fase reversa (RPLA; Seção 5.4). O limite de sensibilidade é de aproximadamente 0,5 ng de enterotoxina por grama de alimento. Diversos imunoensaios enzimáticos estão disponíveis para a detecção de enterotoxina estafilocócica. Os *kits* ELISA também estão disponíveis, os quais têm um limite de detecção de mais de 0,5 μg de toxina por 100 g de alimento e necessitam de 7 horas para a obtenção dos resultados.

5.6.10 *Clostridium perfringens*

O *Cl. perfringens* é um anaeróbio estrito, o qual produz endósporos que podem sobreviver a processos de aquecimento. Assim, um enriquecimento é necessário para detectar baixos números de células de clostrídios que podem ser mascaradas por outros organismos (Fig. 5.16). Muitos meios incluem sulfito e ferro que resultam em um escurecimento característico das colônias de *Cl. perfringens* (Tab. 5.2). Contudo, essa reação de escurecimento não é limitada a essa bactéria, por isso o termo "sulfito redu-

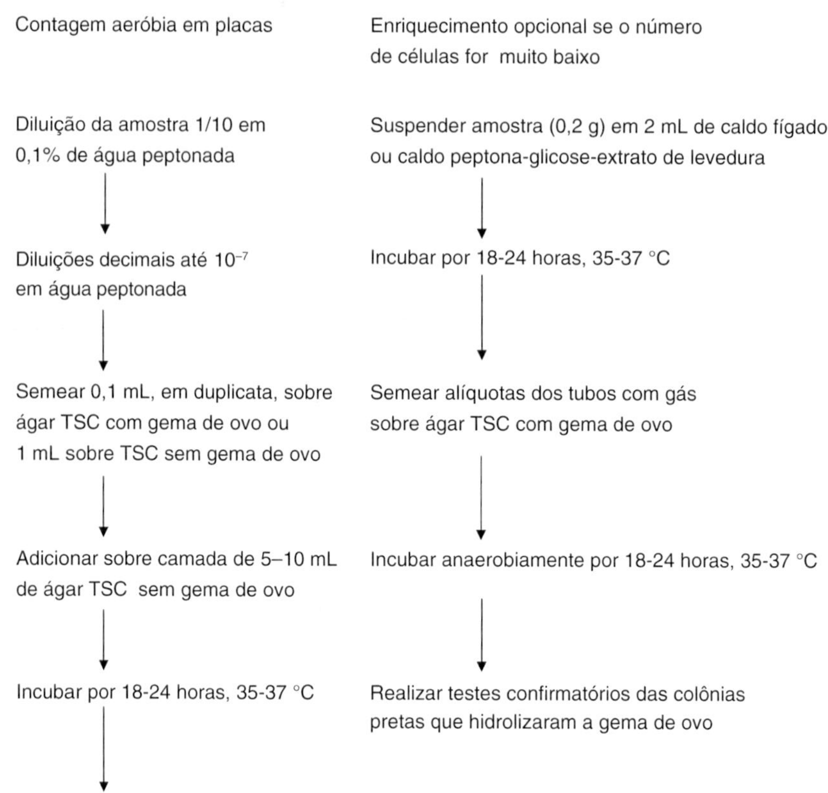

Figura 5.16 Procedimento para o isolamento e a quantificação de *Cl. perfringens*.

tor" geralmente é utilizado, em vez de *Cl. perfringens*. A atividade da lecitinase (fosfolipase C) do *Cl. perfringens* também é um teste comum em meios de diagnóstico e resulta em um halo opaco em torno das colônias. A seletividade se dá pela inclusão da cicloserina ou da neomicina. Todos os meios são incubados em anaerobiose, cuja condição é obtida em recipientes de anaerobiose ou em cabines anaeróbias.

Alguns testes para diferenciar *Cl. perfringens* de outros anaeróbios sulfito redutores são: microscopia após coloração de Gram, sensibilidade ao metronidazol, reação Nagler e o teste CAMP reverso. O teste Nagler utiliza a toxina do *Cl. perfringens* tipo A para neutralizar a atividade lecitinase. O teste CAMP reverso consiste em semear ágar sangue de carneiro com *St. agalactiae* e a cepa a ser testada, em ângulos retos, sem tocar. Após a incubação em anaerobiose a 37 ºC por 24 horas, um resultado positivo é indicado por áreas em forma de seta, de aumento sinérgico da hemólise na junção de duas estrias (Fig. 5.17). A produção de "coágulos em forma de tempestade" em leite de tornassol e a detecção de ácido fosfatase são testes confirmatórios úteis.

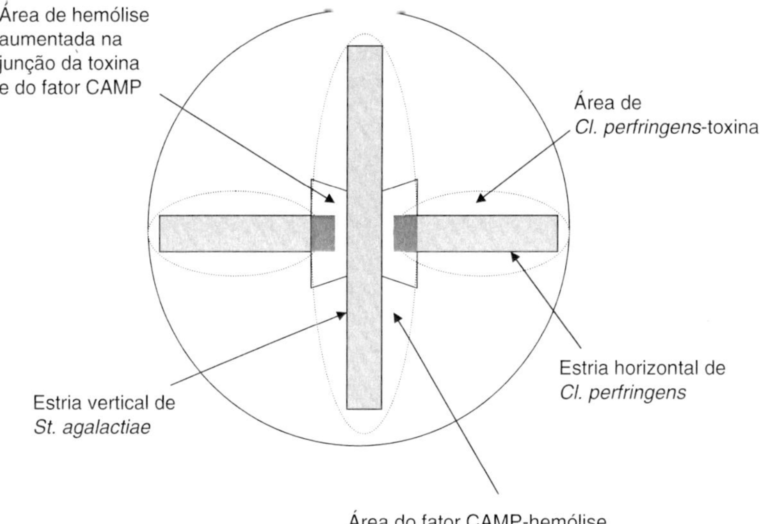

Figura 5.17 Teste CAMP reverso para a hemólise do *Cl. perfringens*.

Vários métodos biológicos estão disponíveis, incluindo o teste com coelho, que, embora muito eficaz e bastante utilizado, exige testes em animais vivos. Até o momento, poucos *kits* produzidos comercialmente para a detecção das toxinas extracelulares produzidas pelo *Cl. perfringens* estão disponíveis. RPLA (Seção 5.4) está disponível para a enterotoxina *Cl. perfringens*.

5.6.11 *Bacillus cereus, B. subtilis* e *B. licheniformis*

Para a detecção do *B. cereus*, o enriquecimento geralmente não é utilizado porque a presença de baixos números do organismo não é significativo (Fig. 5.18). O procedimento utilizado é a semeadura direta em meio seletivo, contendo o antibiótico polimixina B. As duas principais características nos meios para a diferenciação são a demonstração da atividade da fosfolipase C e a inabilidade de produzir ácido a partir do açúcar manitol, como demonstrado na Lâmina 7. Se houver apenas a necessidade de enumerar os endósporos, as células vegetativas precisam ser eliminas pelo aquecimento (diluição 1:10, 15 minutos, 70 °C) ou com tratamento alcoólico (diluição 1:1 em álcool etílico 95%, 30 minutos em temperatura ambiente).

B. subtilis e *B. licheniformis* podem ser isolados com facilidade em meios não seletivos de rotina. Eles têm aparência similar em meio PEMBA, porém são distinguíveis do *B. cereus*. Os testes ELISA e RPLA estão comercialmente disponíveis para a detecção da enterotoxina diarreica do *Bacillus*. Eles possuem limite de sensibilidade de 1ng de toxina/mL de amostra e, no período de 4 horas, obtem-se o resultado. No entanto, nenhum teste foi desenvolvido para a toxina emética devido a problemas de purificação.

Células vegetativas

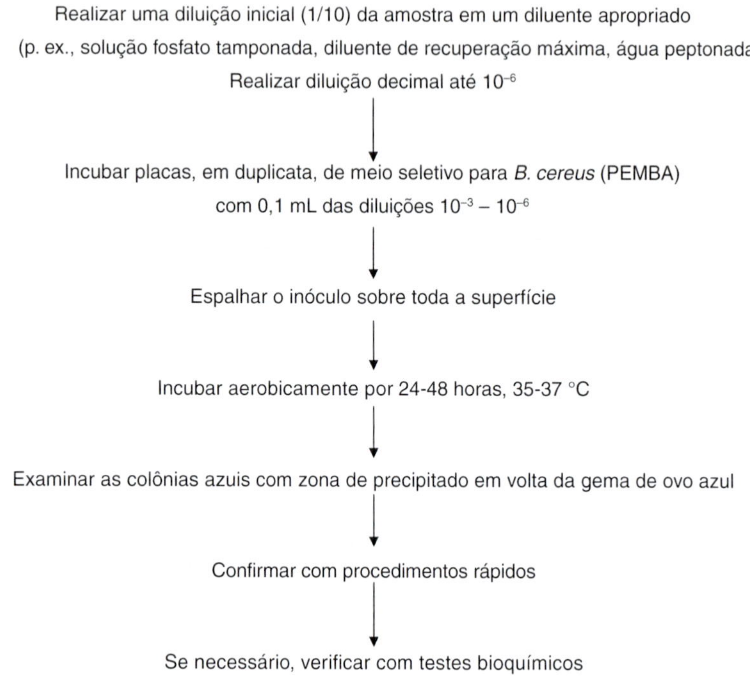

Esporos

Se necessário, contar esporos, tratar a amostra com calor ou álcool para inativar as células vegetativas.

Tratamento térmico: aquecer a suspensão inicial 1/10 por 15 minutos a 70 °C. Realizar demais procedimentos para detecção de células vegetativas.

Tratamento com álcool: diluir a suspensão inicial 1:1 em 95% de etanol e deixar por 30 minutos, a temperatura ambiente. Realizar diluições decimais da suspensão 1:1 em álcool para contar as células vegetativas.

Figura 5.18 Procedimento para detecção de *B. cereus* (http://www.fda.gov/privacy.html#linking).

5.6.12 Micotoxinas

Ensaios ELISA e de aglutinação em látex estão disponíveis no comércio para a detecção de aflatoxinas (Li et al., 2000). As toxinas são visualizadas sob luz UV porque as quatro aflatoxinas naturalmente produzidas B_1, B_2, G_1 e G_2 são nomeadas após a produção da cor fluorescente azul e verde. O teste ELISA é utilizado para a detecção quantitativa de bolores em alimentos. Comparado ao teste ELISA, que requer 5 a

10 horas para completar a análise, o método da aglutinação em látex é muito mais rápido, demorando apenas 10 a 20 minutos. A cromatografia líquida de alto desempenho pode ser utilizada para detectar tricotecenos, fumonisinas e moniliformina (de *Fusarium* spp.).

5.6.13 Vírus

Na maioria dos estudos sobre vírus em alimentos e em água, as amostras são submetidas a triagem por microscopia eletrônica, sonda de DNA, ELISA ou cultura de células. Porém, nem todas as técnicas são viáveis para todos os vírus. Os norovírus não podem se multiplicar em cultura de células. A microscopia eletrônica tem o limite de sensibilidade de 10^5 a 10^6partículas/mL em suspensão fecal. Ensaios baseados em ELISA foram desenvolvidos apenas para rotavírus do grupo A e adenovírus em amostras clínicas. Embora a presença de indicadores bacterianos (*Enterobacteriaceae, E. coli*) não esteja correlacionada à de patógenos virais, não existe método para a detecção de vírus em alimentos, exceto para marisco. Como consequência, a gastrenterite viral de origem alimentar não costuma ser diagnosticada. Os métodos para a detecção de vírus e do material genômico viral não têm sido adotados nas rotinas de laboratórios de análise de alimentos.

Em estudos epidemiológicos para vírus entéricos, volumes grandes (25 a 100 g) de alimentos precisam ser analisados, uma vez que o nível da contaminação alimentar é supostamente baixo. Se a cultura de tecidos for utilizada para detectar vírus entéricos, então os vírus necessitam ser separados do alimento. Os vírus podem ser enumerados, utilizando a semeadura de diluições. A técnica da cultura de células, no entanto, não é aplicada para norovírus (anteriormente referidos como vírus semelhantes ao Norwalk e vírus de estrutura pequena arredondada), em razão da falta de células hospedeiras, e tem apenas sucesso moderado com o vírus da hepatite A (HAV). O sequenciamento do genoma do norovírus e do HAV foi obtido com a reação da polimerase em cadeia e transcriptase reversa (RT-PCR), que foi desenvolvida para detecção e caracterização de vírus em amostras fecais, vômitos e mariscos. O norovírus pode ser caracterizado pelo sequenciamento dos produtos de amplificação do teste, o qual pode identificar surtos em locais diferentes que são ligados a uma única origem. A análise por microscopia eletrônica para norovírus é utilizada apenas em amostras durante os dois primeiros dias de sintomas, enquanto a RT-PCR é utilizada em amostras após quatro dias do início do aparecimento dos sintomas (Atmar e Estes, 2001). O genoma do HAV foi detectado por RT-PCR, em água marinha esterilizada artificialmente por até 232 dias, enquanto por apenas 35 dias por meio de cultura de células. Portanto, a RT-PCR não é um indicador confiável de infecção com HAV.

5.7 Esquemas de acreditação

Com o objetivo de avaliar se os métodos de escolha poderão detectar os organismos-alvo, tais métodos deverão ser acreditados. Para tanto, precisam ser validados por meio de testes-padrão, em estudos colaborativos. Procedimentos para a validação laboratorial farão parte do sistema da qualidade das empresas. Existem várias entidades internacionais que validam métodos de detecção. A Association of Official Analytical Chemists (AOAC) International (Anon., 1996b) e a ISO são as mais amplamente aceitas, porém há outras entidades, como UKAS (Reino Unido), EMMAS (Europa), AFNOR (França), DIN (Alemanha) e a europeia MICROVAL. Controles adequados de organismos devem ser sempre realizados para garantir a conformidade do meio de acordo com sua especificidade.

6 Critérios microbiológicos

6.1 Embasamento dos critérios microbiológicos e teste do produto final

Analisar os alimentos no final da linha de produção ("teste do produto final") para verificar a qualidade microbiológica tem sido a prática-padrão na indústria alimentícia há décadas. No entanto, não tem sido dada a atenção necessária à avaliação estatística desses dados. Em 1974, a Comissão Internacional de Especificações Microbiológicas para Alimentos (International Commission on Microbiological Specifications for Foods – ICMSF) escreveu um excelente texto sobre as definições dos critérios microbiológicos. O livro foi escrito no momento em que o comércio global de alimentos estava em crescimento e teve como objetivo a aplicação em alimentos sem histórico conhecido que entravam nos países (porta de entrada). Mesmo assim, esses critérios têm sido aplicados pelas indústrias para os próprios produtos, os quais são bem conhecidos devido ao controle interno.

Atualmente, é muito importante reconhecer que as análises microbiológicas de alimentos deveriam ser realizadas sob a ótica do sistema de Análise de Perigos e Pontos Críticos de Controle (APPCC) como parte da verificação principal (Seção 8.5). Em outras palavras, **apenas testes no produto final não garantem um produto seguro**, mas podem auxiliar na implementação do plano APPCC. Contudo, os critérios microbiológicos (população de micro-organismos aceitáveis em um alimento específico) são necessários para as autoridades reguladoras e para as companhias na cadeia de abastecimento. Os detalhes desses critérios são muitas vezes históricos e não necessariamente os mais apropriados. Os critérios entre as companhias costumam ser confidenciais. Eles podem, algumas vezes, ser substituídos por "Objetivos da Segurança dos Alimentos", os quais recebem constante avaliação (Seção 9.7).

6.2 International Commission on Microbiological Specifications for Foods – ICMSF (Comissão Internacional de Especificações Microbiológicas para Alimentos)

Na década de 1960, o papel dos micro-organismos nas doenças de origem alimentar tornou-se mais conhecido, além disso, o comércio internacional aumentou de forma significativa. Porém, os métodos microbiológicos para alimentos não estavam padronizados, e os planos de amostragem não tinham validade estatística. Em 1962, a ICMSF foi formada pelo International Committee on Food Microbiology and Hygiene (Comitê Internacional sobre Microbiologia de Alimentos e Higiene). Os objetivos da ICMSF foram:

1. Avaliar os dados de segurança e qualidade (incluindo os micro-organismos deteriorantes) de alimentos.
2. Determinar se o uso dos critérios microbiológicos iria melhorar e garantir a segurança microbiológica de certos alimentos.
3. Recomendar métodos de amostragem e análise.

Esses objetivos evoluíram, assim como o aumento do conhecimento e do controle dos micro-organismos transmitidos por alimentos, refletindo na série de livros e artigos da ICMSF. O primeiro livro (publicado pela primeira vez em 1968 e revisado em 1978, 1982 e 1988) teve como objetivo estimular a comparação entre os métodos de análise em nível mundial, visando à obtenção de métodos acordados para o comércio internacional. Em 1974, a ICMSF publicou *Microorganisms in Foods* 2. (*Micro-organismos em alimentos* 2) *Sampling for Microbiological Analysis: Principles and Specific Applications* (*Coleta de amostras para análises microbiológicas: Princípios e aplicações específicas*). Esse livro reconheceu a necessidade de planos de amostragem com embasamento científico para analisar alimentos comercializados internacionalmente. Os planos de amostragem foram, em princípio, projetados para serem aplicados nos portos de entrada, quando o histórico do alimento não era conhecido. Esse trabalho pioneiro determinou os princípios dos planos de amostragem para as avaliações microbiológicas de alimentos, e também foi conhecido como amostragem de atributos e variáveis, dependendo da extensão do conhecimento microbiológico do alimento. A segunda edição do livro, em 1986, demonstrou a aplicação e a aceitação bem-sucedida de planos de amostragem no mundo e nos Estados Unidos, tanto pela indústria como pelas agências reguladoras. O livro da ICMSF foi novamente atualizado em 2002. O terceiro livro (Volume 2) foi sobre *Factors affecting the life and death of microorganisms* (*Fatores que afetam a vida e a morte dos micro-organismos*) (Volume 1, 1980a) e *Food commodities* (*Produtos alimentares*) (Volume 2, 1980b). Além disso, a carga microbiana, os padrões de deterioração e os perigos microbiológicos de 14 grupos de produtos alimentares foram detalhados. O uso do APPCC como meio mais apropriado de produção de alimentos microbiologicamente seguros foi o assunto do quarto livro (ICMSF, 1988). Para auxiliar o APPCC e as Boas Práticas de Higiene (BPH), em 1996, a Comissão produziu o quinto livro como uma fonte de referência sobre multiplicação e morte dos patógenos de alimentos (ICMSF, 1996a). Devido ao aumento do conhecimento sobre patógenos alimentares, em 1998 a Comissão atualizou sua primeira publicação de 1980b, abordando 16 grupos de produtos. Mais uma vez esta foi sobre a carga microbiana típica, padrões de deterioração e medidas de controle. Mais recentemente (em 2002), a ICMSF produziu o sétimo livro (*Microbiological Testing in Food Safety Management* – Análises microbiológicas na gestão da segurança de alimentos), o qual é uma revisão da publicação de 1986. Esse livro teve mais três finalidades:

1. Auxiliar o uso dos planos de amostragem com validade estatística nos portos de entrada (p. ex., onde não há conhecimento prévio das condições de processamento)

2. Demonstrar a aplicação do APPCC e das BPH para a gestão estruturada de segurança alimentar, junto com as análises de produto final (ver Cap. 8).
3. Recomendar a incorporação dos "Objetivos da Segurança dos Alimentos" (Seção 9.7) como um meio de traduzir "risco" nos princípios do APPCC e das BPH (recorrer à Seção 8.9).

6.3 Princípios do *Codex Alimentarius* para o estabelecimento e a aplicação dos critérios microbiológicos

A Comissão do *Codex Alimentarius* (CAC) tem se tornado referência para os requerimentos internacionais de segurança de alimentos (ver Seção 11.2 para mais detalhes). A definição da CAC (1997c) para um critério microbiológico é a seguinte:

Um critério microbiológico para alimentos define a aceitabilidade de um produto ou lote de alimentos, com base na ausência ou presença, ou no número, de micro-organismos, incluindo parasitas, e/ou quantidade de suas toxinas ou metabólitos por unidade(s) de massa, volume, área ou lote.

A Comissão do *Codex Alimentarius* (1997c) requer que um critério microbiológico seja:

Um relatório dos micro-organismos de interesse e/ou de suas toxinas ou seus metabólitos e a razão para tal preocupação.

Os métodos analíticos para sua detecção e/ou quantificação.

Um plano definindo o número de amostras a serem coletadas e o tamanho da unidade analítica.

Os limites microbiológicos considerados apropriados para o alimento no(s) ponto(s) específico(s) da cadeia de alimentos.

O número de unidades analíticas que devem estar em conformidade com esses limites.

Um critério microbiológico deve também estabelecer:

- O alimento ao qual se aplica.
- O(s) ponto(s) na cadeia de alimentos em que se aplica.
- Ações a serem tomadas quando o critério não é satisfatório.

O valor da análise microbiológica como medida de controle varia ao longo da cadeia de alimentos. Por esse motivo, um critério microbiológico deve ser estabelecido e aplicado apenas quando houver necessidade definida e quando sua aplicação for prática. Tal necessidade é demonstrada, por exemplo, por evidências epidemiológicas de que o alimento pode representar um risco à saúde pública e que um critério é significativo para proteção do consumidor ou como o resultado de uma avaliação de riscos. O critério deve ser tecnicamente alcançável pela aplicação de Boas Práticas de Fabricação. Os critérios devem ser revisados de forma periódica em razão de patógenos emergentes (Seção 5.7), alterações de tecnologias e novas descobertas científicas.

Um plano de amostragem inclui o procedimento de amostragem e os critérios de decisão a serem aplicados em um lote, com base na análise de unidades amostrais, e unidades analíticas estipuladas por métodos definidos. Quando ele é bem-desenvolvido, define a probabilidade de detecção de micro-organismos em um lote, mas deve-se ter em mente que nenhum plano de amostragem pode assegurar a ausência de um organismo específico. Esses planos devem ser administrativa e economicamente realizáveis (Comissão do *Codex Alimentarius*, 1997b e 1997c).

A escolha de planos de amostragem deve levar em conta de modo especial:

1. Os riscos à saúde pública associados ao perigo.
2. A suscetibilidade dos consumidores.
3. A heterogeneidade da distribuição de micro-organismos para os quais planos de amostragem variáveis são empregados.
4. O nível de qualidade aceitável (AQL) e a probabilidade estatística desejada para aceitar um lote não conforme.

O AQL é a percentagem de unidades de amostras não conformes em um lote para o qual o plano de amostragem indicará a aceitação do lote considerando uma probabilidade previamente definida (em geral 95%). Para muitas aplicações, os planos de atributos de duas ou três classes podem ser mais úteis.

Os critérios microbiológicos devem ter como base análises e recomendações científicas e, quando houver dados suficientes disponíveis, na análise de risco adequada ao alimento e a sua utilização (CAC, 1997c). Esses critérios podem ser relevantes para examinar os alimentos, incluindo matérias-primas cruas e ingredientes de origem desconhecida ou incerta, ou quando nenhum outro meio para verificar a eficácia do sistema APPCC e das BPH estiver disponível. Os critérios microbiológicos também podem ser utilizados para determinar se os processos estão consistentes com os princípios gerais de higiene dos alimentos. Eles normalmente não são adequados para monitorar os limites críticos definidos no sistema APPCC.

A finalidade dos critérios microbiológicos é proteger a saúde pública, permitindo o fornecimento de alimentos seguros, íntegros e que satisfaçam os requisitos do comércio justo. No entanto, a presença de critérios pode não proteger a saúde do consumidor, uma vez que é possível um lote de alimento ser aceito mesmo contendo unidades defeituosas. Os critérios microbiológicos podem ser aplicados em qualquer ponto da cadeia de alimentos, podendo também ser utilizados para examinar alimentos nos portos de entrada e no comércio varejista.

As características de desempenho estatístico ou a curva de características operacionais devem ser fornecidas no plano de amostragem; ver Seção 6.4. As características de desempenho fornecem informações específicas para estimar a probabilidade de aceitação de um lote não conforme. O tempo entre a coleta da amostra e a análise deve ser tão curto quanto possível, controlando as condições (p. ex., temperatura) durante o transporte, impedindo dessa forma o aumento ou a redução do número de organismos-alvo. Assim, os resultados refletem, no âmbito das limitações impostas pelo plano de amostragem, as condições microbiológicas do lote.

6.4 Planos de amostragem

Além do livro da ICMSF (1986, 2002) sobre planos de amostragem, Harrigan e Park (1991) escreveram um livro excelente de matemática e as suas práticas. Da mesma forma que é impraticável testar uma amostra para todos os possíveis patógenos de alimentos, também é impraticável testar destrutivamente 100% de um ingrediente ou produto final. Embora se reconheça que nenhum plano de amostragem pode garantir a ausência de patógenos em um lote de alimentos, e, por consequência, a segurança do mesmo, há a necessidade do uso desses planos para testar um lote de maneira apropriada e fornecer uma base estatística para aceitação ou rejeição deste.

Os planos de amostragem para análises microbiológicas são, com frequência, utilizados na produção de alimentos, controle de importação e em acordos contratuais com fornecedores e consumidores. Os planos de amostragem são utilizados para verificar o *status* microbiológico de uma mercadoria, sua concordância com os requerimentos de segurança e adequação às Boas Práticas de Higiene (BPH; Seção 8.11) durante ou após a produção. Os resultados de análises com uma única amostra podem fornecer dados iniciais valiosos, os quais são utilizados para avaliar tendências, em especial nos casos em que as amostras formam parte de uma inspeção específica. Contudo, os princípios estatísticos devem ser observados em amostragens de alimentos isolados, quando muitas delas (em geral produtos finais) são heterogêneas, mesmo tendo formulação similar. Nas situações em que um inspetor de alimentos esteja preocupado com um alimento em particular, uma amostra obtida para análises microbiológicas pode fornecer evidências de que os regulamentos de higiene alimentar foram contrariados ou a base para uma inspeção e/ou exames adicionais. O conceito de amostra unitária é mais adequado na avaliação da segurança microbiológica na produção de alimentos em pequena escala, os quais, mesmo tendo menores recursos para a implementação do APPCC, devem considerar o risco à saúde pública inerente a cada operação individual.

Há dois tipos de planos de amostragem:

1. Planos variáveis, quando as contagens microbianas obedecem a uma distribuição normal logarítmica (Seção 6.5). Esses dados podem ser conhecidos pelo produtor e não são aplicáveis a um importador no porto de entrada.
2. Planos de atributos, quando não há conhecimento anterior da distribuição dos micro-organismos no alimento, como no porto de entrada ou no caso do organismo-alvo não ter uma distribuição normal logarítmica (Seção 6.6).

Os planos de atributos podem ser de duas ou de três classes. O plano de duas classes é utilizado quase exclusivamente para patógenos, enquanto o de três é com frequência utilizado para examinar os indicadores de higiene. A principal vantagem do uso de planos de amostragem é que têm fundamentação estatística e fornecem uma base uniforme para a aceitação de critérios definidos. O tipo de plano de amostragem necessário pode ser decidido utilizando a Figura 6.1.

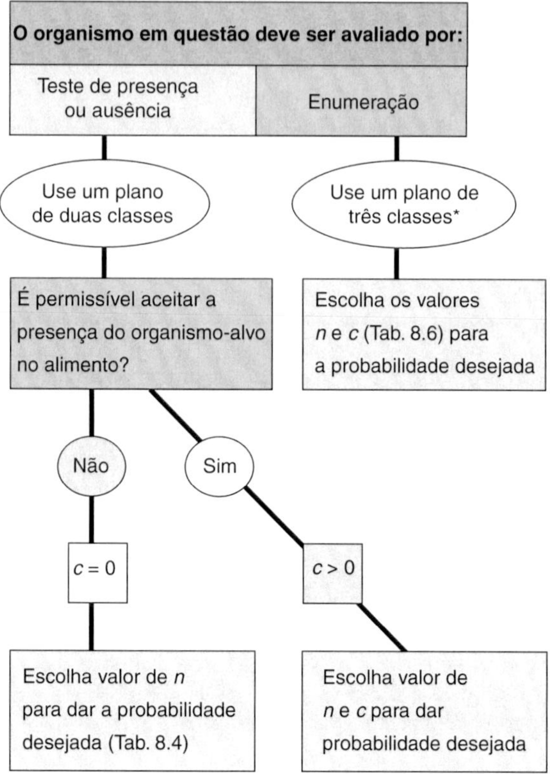

Figura 6.1 Árvore decisória para a escolha de um plano de amostragem. Reimpressa, com a permissão, da ICMSF e do Health Canada. Na figura, o símbolo "*" significa que um plano variável é aplicável se o organismo for distribuído de maneira normal logarítmica.

Os planos de atributos também envolvem o conceito de "escolha de casos" baseado no risco microbiológico. "Caso" é uma classificação dos planos de amostragem que variam de 1 (menos rigoroso) a 15 (mais rigoroso). A escolha do caso e, dessa forma, do plano de amostragem depende da:

- Gravidade relativa do perigo para a qualidade do alimento ou a saúde do consumidor, com base no micro-organismo envolvido (ver Cap. 5).
- Expectativa de sua destruição, sobrevivência ou multiplicação durante o manuseio normal do alimento (ver Cap. 2).

A Tabela 6.1 e as árvores decisórias das Figuras 6.1 e 6.2 devem ser consultadas para ajudar na decisão do plano de amostragem apropriado. Por exemplo, os casos 1 a 3 referem-se a aplicações, como vida de prateleira, enquanto os casos 13, 14 e 15 se referem a patógenos alimentares altamente perigosos. A gravidade do perigo microbiológico foi abordada no Capítulo 4 e os patógenos de origem alimentar, agrupados (versão 1986) para auxiliar no que se refere à Tabela 1.3.

Tabela 6.1 Planos de amostragem relacionados ao grau de perigo à saúde e às condições de uso

Tipo de perigo	Condições nas quais se espera que o alimento seja processado e consumido após a amostragem		
	Reduz o grau de perigo	**Não causam alteração no perigo**	**Podem aumentar o perigo**
Nenhum perigo direto à saúde Utilidade, como vida de prateleira reduzida e deterioração	Caso 1 Três classes $n = 5, c = 3$	Caso 2 Três classes $n = 5, c = 2$	Caso 3 Três classes $n = 5, c = 1$
Perigo à saúde Baixo, indireto (indicador)	Caso 4 Três classes $n = 5, c = 3$	Caso 5 Três classes $n = 5, c = 2$	Caso 6 Três classes $n = 5, c = 1$
Moderado, direto, difusão limitada	Caso 7 Três classes $n = 5, c = 2$	Caso 8 Três classes $n = 5, c = 1$	Caso 9 Três classes $n = 10, c = 1$
Moderado, direto, difusão potencialmente extensiva	Caso 10 Duas classes $n = 5, c = 0$	Caso 11 Duas classes $n = 10, c = 0$	Caso 12 Duas classes $n = 20, c = 0$
Grave, direto	Caso 13 Duas classes $n = 15, c = 0$	Caso 14 Duas classes $n = 30, c = 0$	Caso 15 Duas classes $n = 60, c = 0$

Adaptada da ICMSF, 1986, e reimpressa com permissão da University Toronto Press.

Planos de amostragem e limites microbiológicos recomendados foram publicados pela ICMSF (1986) para os seguintes alimentos:

1. Carnes frescas, carnes processadas, frango e derivados de frango
2. Alimentos para animais de estimação
3. Leite em pó e queijo
4. Produtos com ovos líquidos pasteurizados, congelados e desidratados
5. Frutos do mar
6. Vegetais, frutas, nozes e fermentos
7. Cereais e produtos derivados
8. Manteiga de amendoim e outras manteigas de nozes
9. Cacau, chocolate e produtos para confeitarias
10. Alimentos infantis e algumas categorias de produtos dietéticos
11. Água engarrafada.

6.5 Planos variáveis

Os planos variáveis são aplicados quando o número de micro-organismos no alimento é distribuído sob uma forma normal logarítmica, isto é, os logaritmos das contagens viáveis se apresentam sob uma distribuição normal (Fig. 6.3; Kilsby et al., 1979). Isso se aplica a determinados alimentos que tenham sido analisados pelo produtor durante um certo período de tempo, mas não se aplica aos portos de entrada.

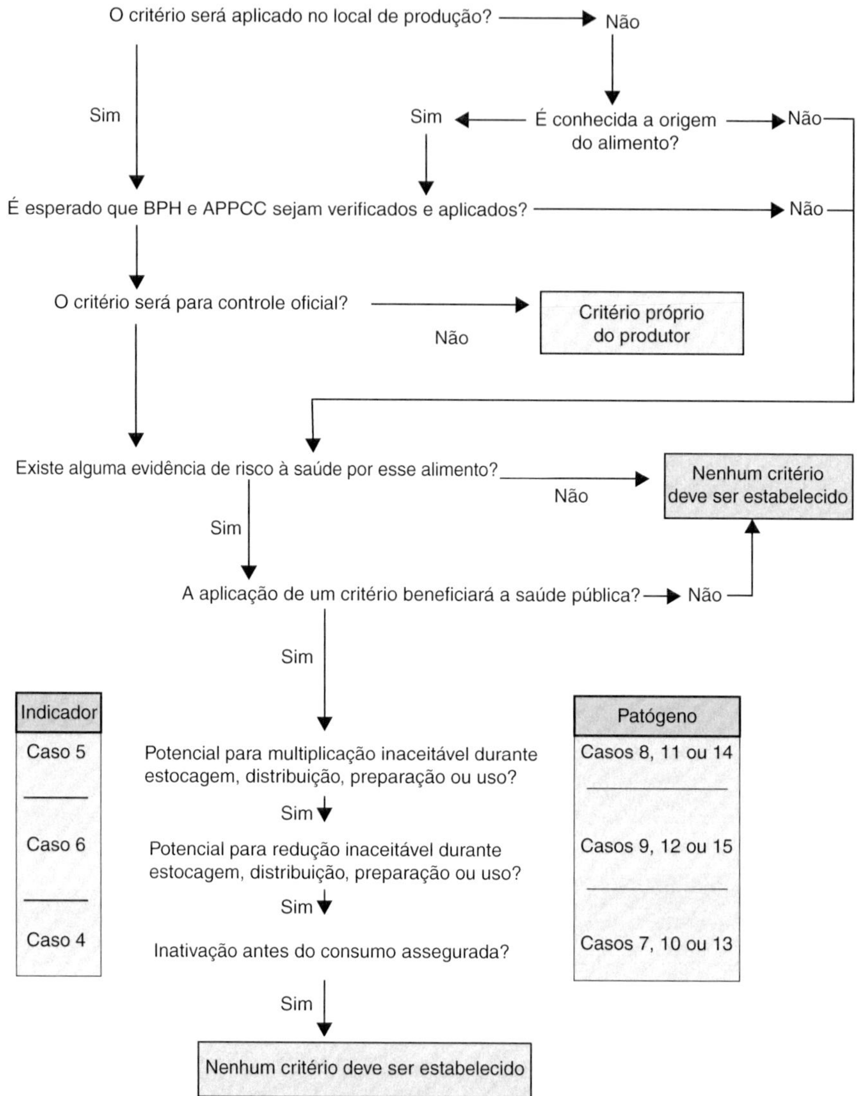
O critério será aplicado no local de produção?
Não
Sim
Sim
É conhecida a origem do alimento?
Não
É esperado que BPH e APPCC sejam verificados e aplicados?
Não
O critério será para controle oficial?
Não
Critério próprio do produtor
Existe alguma evidência de risco à saúde por esse alimento?
Não
Nenhum critério deve ser estabelecido
Sim
A aplicação de um critério beneficiará a saúde pública?
Não
Sim
Indicador
Caso 5
Caso 6
Caso 4
Potencial para multiplicação inaceitável durante estocagem, distribuição, preparação ou uso?
Sim
Potencial para redução inaceitável durante estocagem, distribuição, preparação ou uso?
Sim
Inativação antes do consumo assegurada?
Sim
Patógeno
Casos 8, 11 ou 14
Casos 9, 12 ou 15
Casos 7, 10 ou 13
Nenhum critério deve ser estabelecido

Figura 6.2 Árvore decisória para a escolha dos critérios microbiológicos para patógenos e organismos indicadores.

Se a distribuição de micro-organismos em um lote for normal e logarítmica, então os planos de amostragem podem ser utilizados para desenvolver planos de amostragem para aceitação de produtos. A média amostral (x) e o desvio padrão (s) são determinados a partir de estudos prévios e utilizados para decidir se um lote de alimento (Seção 6.3) deve ser aceito ou rejeitado. Além disso:

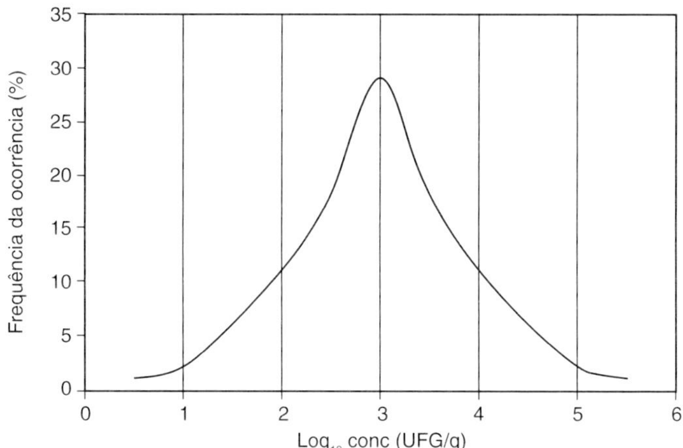

Figura 6.3 Distribuição normal logarítmica de um micro-organismo.

- A proporção (p_d) de unidades em um lote que podem ter concentração acima do valor-limite, *V*, deve ser decidida.
- A probabilidade desejada *P* é escolhida quando *P* é a probabilidade de rejeição de um lote que contenha pelo menos uma proporção p_d acima de *V*.

O lote de alimento é rejeitado se $x + k_1 s > V$

Onde:

k_1 é obtido de tabelas de referência (Tab. 6.2) de acordo com os valores de p_d e *P*. Esses critérios são dependentes da rigidez do plano de amostragem e do número de unidades de amostra, *n*, analisado.

V é a contagem microbiana expressa em concentração logarítmica que foi determinada como o limite de segurança.

Decidir que um lote deve ser rejeitado se 10% ($p_d = 0{,}1$) das amostras excederem o valor de *V*, com a probabilidade de 0,95 e obtendo cinco unidades amostrais (*n*), fornece um $k_1 s$ de 3,4. Quanto mais amostras (*n*) forem obtidas, mais baixa a chance de rejeitar um lote aceitável de alimento.

Tabela 6.2 Especificação de segurança e qualidade (rejeitar se $x + k_1 s > V$)

		Número de unidades amostrais			
Probabilidade (*P*) de rejeição	**Proporção (p_d) excedendo *V***	**3**	**5**	**7**	**10**
0,95	0,05	7,7	4,2	3,4	2,9
	0,1	6,2	3,4	2,8	2,4
	0,3	3,3	1,9	1,5	1,3
0,90	0,1	4,3	2,7	2,3	2,1
	0,25	2,6	1,7	1,4	1,3

Adaptada da ICMSF (1986) e reimpressa com permissão da University of Toronto Press.

O valor de V é determinado pelo microbiologista a partir de experiência prévia. Pode ser similar a M no plano de três classes (ver Seção 6.6.2).

Por exemplo, a contagem aeróbia em placas para sorvete, conforme a Diretiva para Produtos Lácteos (Milk Products Directive 92/46/EEC) estabelece M = 500.000 UFC/g.

500.000 = log 5

Dessa forma, V = 5.

As análises prévias forneceram um valor logarítmico médio de 5,111 e desvio padrão de 0,201.

Dessa forma, decidindo:

1. p_d = 0,1, a probabilidade de que um lote seja rejeitado se 10% das amostras excederem V.
2. Probabilidade de rejeição = 0,95.
3. Número de unidades amostrais = 3.

Fornece k_1 = 6,2, então:

$$x + k_1 s = 5{,}111 + (6{,}2 \times 0{,}201) = 6{,}3572$$

Já que V = 5, o lote seria rejeitado.

Os planos variáveis podem ser aplicados a padrões de BPF utilizando os valores de k_2, na Tabela 6.3 (ICMSF, 1986; Kilsby, 1982).

Uma fórmula similar é aplicada quando o lote é aceito se $x + k_2 s < v$.

Os valores de P e p_d são decididos como anteriormente, v é similar a "m" no plano de três classes (Seção 6.6.2) e os valores de BPF da IFST (1999) podem ser utilizados.

Por exemplo:

O valor de BPF para a contagem aeróbia em placas para frango cru (IFST, 1999) = < 10^5 = 5,0.

As análises prévias forneceram x = 4,3 com um desvio-padrão (s) de 0,475.

Dessa forma, decidindo:

1. Proporção de aceitação, P = 0,9.
2. Proporção excedendo v, P_d = 0,1.

Tabela 6.3 Determinação do limite das Boas Práticas de Fabricação (aceitar se $x + k_2 s < v$)

		Número de unidades amostrais			
Probabilidade (*P*) de rejeição	**Proporção (p_d) excedendo *v***	**3**	**5**	**7**	**10**
0,90	0,05	0,84	0,98	1,07	1,15
	0,1	0,53	0,68	0,75	0,83
	0,3	–0,26	–0,05	0,04	0,12
0,75	0,01	1,87	1,92	1,96	2,01
	0,1	0,91	0,97	1,01	1,04
	0,25	0,31	0,38	0,42	0,46
	0,5	–0,47	–0,33	–0,27	–0,22

Adaptada da ICMSF (1986) e reimpressa com permissão da University of Toronto Press.

3. Número de unidades amostrais – 7.
Fornece $k_2 = 0{,}75$.
Então:

$$x + k_2 s = 4{,}3 + (0{,}75 \times 0{,}475) = 4{,}65625$$

Assim, o lote de frango cru está abaixo do valor das BPF_s.

6.6 Plano de amostragem por atributos

Os planos de amostragem por atributos são aplicados quando não há conhecimento microbiológico prévio da distribuição de micro-organismos no alimento ou eles não estão distribuídos de uma forma "normal logarítmica". Há dois tipos de planos de amostragem por atributos definidos pela ICMSF (1986);

- Plano de duas classes; $n = 5$, $c = 0$ ou $n = 10$, $c = 0$
- Plano de três classes; $n = 5$, $c = 1$, $m = 10^2$, $M = 10^3$

O plano de duas classes é utilizado quase exclusivamente para patógenos, enquanto o de três classes é muitas vezes aplicado para organismos indicadores. A principal vantagem do uso de planos de amostragem é que têm fundamentação estatística e fornecem uma base uniforme para a aceitação de critérios definidos.

6.6.1 Plano de duas classes

Um plano de duas classes consiste na especificação de n, c e m.

Onde:

$n =$ número de unidades de amostra de um lote que devem ser examinadas.
$c =$ número máximo aceitável de unidades de amostra que podem exceder o valor de m. O lote é rejeitado se este número for excedido.
$m =$ número máximo de bactérias/g. Valores maiores do que esses são marginalmente aceitáveis ou inaceitáveis.

Por exemplo:

$$n = 5, c = 0$$

Isso significa que cinco unidades amostrais serão analisadas para um patógeno específico (ex.: *Salmonella*). Se uma unidade apresentar *Salmonella*, então o lote inteiro será inaceitável. Para o teste de *Salmonella*, cada unidade amostral analisada é em geral de 25 g (Seção 5.6.2).

6.6.2 Plano de três classes

O parâmetro adicional em um plano de três classes é:

M = uma quantidade que é utilizada para separar marginalmente amostras aceitáveis de inaceitáveis. Um valor maior que M em qualquer amostra é inaceitável.

Dessa forma, o plano de três classes é aquele em que o alimento pode ser dividido em três classes de acordo com a concentração de micro-organismos detectada:

- "Aceitável" se as contagens forem menores do que *m*.
- "Marginalmente aceitável", se as contagens forem maiores do que *m*, porém menores que *M*.
- "Inaceitável" (rejeitar), se as contagens forem maiores do que *M*.

Por exemplo, um plano de amostragem para *Enterobacteriaceae* poderia ser:

$$n = 5, c = 2, m = 10, M = 100$$

Isso significa que, para ser aceitável, duas unidades dentre cinco podem conter entre 10 e 100 *Enterobacteriaceae*. Contudo, se três unidades apresentarem *Enterobacteriaceae* entre 10 e 100 ou apenas uma amostra tiver mais do que 100 desses micro-organismos, o lote estará inaceitável e, por isso, rejeitado. Portanto, o plano de amostragem de três classes inclui um valor de tolerância para a distribuição aleatória de micro-organismos em alimentos.

A rigidez desse plano pode ser decidida utilizando o conceito da ICMSF (1986) baseado no perigo potencial do alimento e nas condições esperadas para um alimento antes do consumo (Tab. 6.1).

6.7 Princípios

6.7.1 Definindo um "lote" de alimento

Um lote é "a quantidade de alimento ou unidades de alimento produzidas e manuseadas sob condições uniformes", e implica uma homogeneidade nesse lote. Contudo, na maioria das situações, a distribuição de micro-organismos em um lote de alimento é heterogênea. Se um lote for, na verdade, composto de diferentes bateladas de produção, então o risco do produtor (isto é, o risco de que um lote aceitável seja rejeitado) pode ser alto, já que as unidades de amostra analisadas podem, ao acaso, ser aquelas bateladas de qualidade inferior. Em contrapartida, se as bateladas individuais forem definidas como lotes, é possível identificar com maior precisão a qualidade inferior (rejeição) dos alimentos.

6.7.2 Número de unidades amostrais

O número de unidades amostrais "*n*" refere-se ao número de unidades que são escolhidas de forma aleatória. As amostras devem representar a composição do lote do qual são retiradas. Uma unidade amostral pode ser uma embalagem individual ou porções. As unidades amostrais precisam ser coletadas com imparcialidade e devem representar de maneira apropriada, tanto quanto possível, o lote de alimento. Os micro-organismos no alimento estão muitas vezes heterogeneamente distribuídos, e isso torna a interpretação da unidade amostral difícil. A escolha aleatória de amostras é necessária para tentar evitar uma amostragem tendenciosa; contudo, dificuldades surgem quando o alimento não é homogêneo, no caso, por exemplo, de quiche.

A escolha de *n* é, em geral, a relação entre o que é uma probabilidade ideal de garantia da segurança do consumidor e a carga de trabalho que o laboratório pode suportar. É importante, primeiro, determinar a natureza do perigo e então as probabilidades apropriadas de aceitação (Tab. 6.4 a 6.6). Não é econômico testar uma grande parcela de um lote de alimento. Todavia, a rigidez de um plano de amostragem para um micro-organismo perigoso pode ser determinada utilizando a relação entre o número de unidades amostrais analisadas e os critérios de aceitação ou rejeição (valores de *n* e *c*; Seção 6.6.2).

6.7.3 Curva de características operacionais

É possível que, ao utilizar um plano de amostragem, um lote relativamente ruim de alimento seja aceito e um bom seja rejeitado. Isso é representado pela curva de características operacionais. Esse gráfico representa:

Tabela 6.4 Probabilidade de aceitação (P_a %) de um lote de alimento; plano de duas classes, c = 0

	Probabilidade de aceitação (P_a %)						
	Percentagem real de amostras defeituosas						
Número de amostras (*n*)	**2**	**5**	**10**	**20**	**30**	**40**	**50**
3	94	86	73	51	34	22	13
5	90	77	59	33	17	8	3
10	82	60	35	11	3	1	(< 0,5)
20	67	36	12	1	(< 0,5)	(< 0,5)	(< 0,5)

Adaptada da ICMSF (1986) e reimpressa com permissão da University of Toronto Press.

Tabela 6.5 Probabilidade de aceitação (P_a %) de um lote de alimento; plano de duas classes, c = 1–3

		Probabilidade de aceitação (P_a %)						
		Percentagem real de amostras defeituosas						
Número de amostras (*n*)	**Valor de *c***	**2**	**5**	**10**	**20**	**30**	**40**	**50**
5	1	100	98	92	74	53	34	19
	2	100	100	99	94	84	68	50
	3	100	100	100	99	97	91	81
10	1	98	91	74	38	15	5	1
	2	100	99	93	68	38	17	5
	3	100	100	99	88	65	38	17
15	1	96	83	55	17	4	1	< 0,5
	2	100	96	82	40	13	3	< 0,5
	4	100	100	99	84	52	22	6
20	1	94	74	39	7	1	< 0,5	< 0,5
	4	100	100	96	63	24	5	1
	9	100	100	100	100	95	76	41

Adaptada da ICMSF (1986) e reimpressa com permissão da University of Toronto Press.

Tabela 6.6 Probabilidade de aceitação (P_a %) de um lote de alimento; plano de três classes

		Percentagem marginal (P_m %)					
Percentagem de defeitos (P_d %)	**Valor de c**	**10**	**20**	**30**	**50**	**70**	**90**
Número de amostras (***n***) = 5							
50	3	3	3	2	< 0,5		
	2	3	2	1	< 0,5		
	1	2	1	< 0,5			
40	3	8	7	6	2	< 0,5	
	2	8	6	4	< 0,5		
	1	6	4	1	< 0,5		
30	3	17	16	15	7	< 0,5	
	2	16	14	11	2	< 0,5	
	1	14	9	5	2	< 0,5	
20	3	33	32	31	20	4	< 0,5
	2	32	29	24	9	1	< 0,5
	1	29	21	13	2	< 0,5	
10	3	59	58	56	43	18	< 0,5
	2	58	55	47	23	5	< 0,5
	1	53	41	27	7	1	< 0,5
5	3	77	77	75	60	31	2
	2	77	72	63	35	9	< 0,5
	1	70	55	38	12	1	< 0,5
0	3	100	99	97	81	47	8
	2	99	94	84	50	16	1
	1	92	74	53	19	3	< 0,5
Número de amostras (***n***) = 10							
40	3	1	< 0,5				
	2	< 0,5					
	1	< 0,5					
30	3	3	2	1	< 0,5		
	2	2	1	< 0,5			
	1	2	< 0,5				
20	3	10	8	5	< 0,5		
	2	9	6	2	< 0,5		
	1	7	3	1	< 0,5		
10	3	34	29	20	3	< 0,5	
	2	32	21	10	1	< 0,5	
	1	24	11	4	1	< 0,5	
5	3	59	51	36	20	8	2

(continua)

Tabela 6.6 Probabilidade de aceitação (P_a %) de um lote de alimento; plano de três classes (*continuação*)

		Percentagem marginal (P_m %)					
Percentagem de defeitos (P_d %)	**Valor de *c***	**10**	**20**	**30**	**50**	**70**	**90**
Número de amostras (***n***) = 10							
	2	55	39	20	8	2	< 0,5
	1	43	21	8	2	< 0,5	
0	3	99	88	65	17	1	< 0,5
	2	93	68	38	5	< 0,5	
	1	74	38	15	5	1	< 0,5

Adaptada da ICMSF (1986) e reimpressa com permissão da University of Toronto Press.

1. A probabilidade de aceitação (P_a) no eixo *y*, onde P_a é a proporção esperada de vezes que um lote com determinada qualidade seja amostrado para uma tomada de decisão.
2. A percentagem de unidades amostrais defeituosas presentes no lote (*p*) no eixo *x*. Isso também é conhecido como uma medida da qualidade do lote.

A Figura 6.4 apresenta a curva de características operacionais para um plano de amostragem $n = 5$, $c = 3$. A curva de características operacionais muda de acordo com os valores de "*n*" e "*c*". A Figura 6.5b é uma área selecionada da 6.5a para destacar a alta probabilidade de aceitar lotes com até 30% de defeitos. Se um produtor determinar um limite de 10% de defeitos (i. e., $p = 10\%$) utilizando um plano de duas classes de $n = 5$, $c = 2$, então a probabilidade de aceitação (P_a) é de 99%. Isso significa que em 99 de cada 100 situações, quando um lote com 10% de defeitos for amostrado, é possível esperar

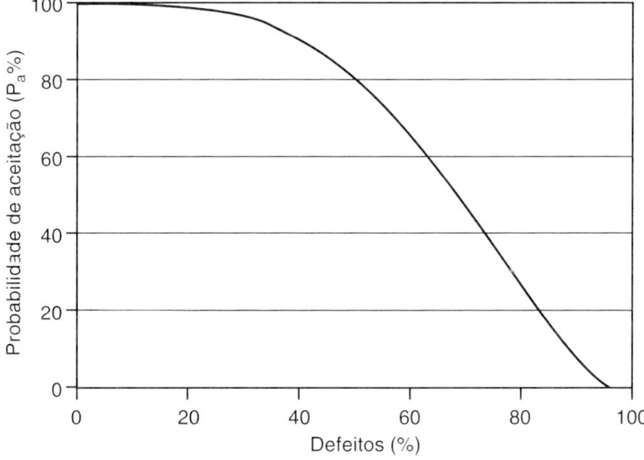

Figura 6.4 Curva de características operacionais para planos de amostragem $n = 5$, $c = 3$.

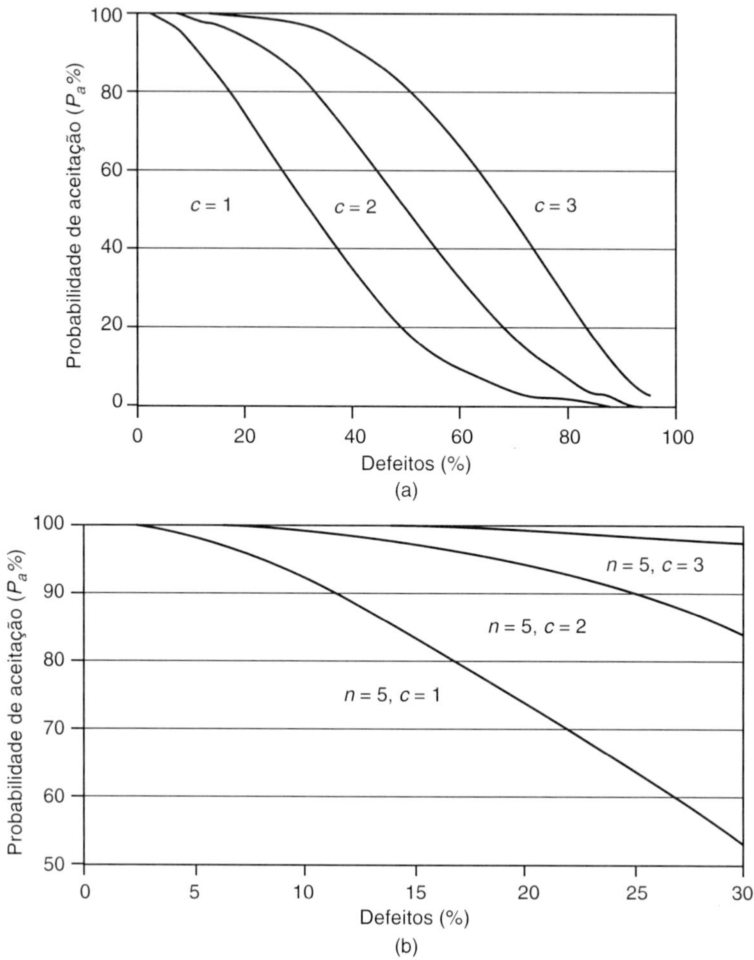

Figura 6.5 (a) Curva de características operacionais para n = 5, c = 1-3. (b) Área ampliada da Figura 6.5a.

que dois ou menos dos cinco testes mostrem a presença do organismo, possibilitando a "aceitação". Da mesma forma, 1 em cada 100 vezes com três ou mais positivos levará à rejeição. **Portanto, um plano de amostragem de *n* = 5, *c* = 2 significará que 10% dos lotes defeituosos serão aceitos na maioria (99%) das ocasiões!** Mesmo aumentando o número de amostras para 10 (*n* = 10, *c* = 2) significa que 10% das bateladas defeituosas serão aceitas em 93% das situações. Dessa forma, destaca-se a necessidade da abordagem proativa do APPCC para garantir a segurança dos alimentos (Cap. 8).

Por conseguinte, é possível perceber que nenhum plano de amostragem passível de realização pode assegurar a ausência do micro-organismo-alvo ou que a concentração do mesmo não estará superior ao limite determinado nas parcelas do lote não amostradas. A ausência de um organismo-alvo em cinco amostras aleatoriamente escolhidas apenas dá uma margem de confiança de 95% de que o lote de alimento esteja menos de 50% contaminado. Se 30 amostras forem analisadas e aprovadas, então o lote estará (com 95% de confiança) contaminado em menos de 10%. São necessárias 300 amostras coletadas de forma aleatória dando a ausência do micro-organismo--alvo, com uma margem de 95% de confiança, para que o lote de alimento esteja contaminado em menos de 1%. Assim, nenhum plano de amostragem pode garantir a ausência de patógenos, a não ser que cada grama seja analisada, não restando, porém, alimento algum para o consumo.

6.7.4 Risco do produtor e risco do consumidor

A partir da curva de características operacionais, observa-se a possibilidade de um lote "ruim" de alimento ser aceito em certas situações e um lote "bom" ser rejeitado. Isso é conhecido como o "risco do consumidor" e o "risco do produtor", respectivamente. O "risco do consumidor" é considerado a probabilidade de aceitação de um lote cujo conteúdo microbiano real esteja fora do padrão determinado no plano, apesar de a análise microbiológica das unidades amostrais estarem em conformidade com a aceitação (P_a). O "risco do produtor" é o inverso. Há a rejeição de um lote de alimento devido à representatividade dos resultados microbiológicos ruins. Isso é expresso por "$1-P_a$" (Fig. 6.6).

6.7.5 Rigidez dos planos de duas e três classes, determinando *n* e *c*

A rigidez do plano de amostragem de duas classes depende dos valores escolhidos para *n* e *c*, no qual *n* é o número de unidades amostrais analisadas e *c* é o número máximo aceitável de unidades amostrais que possam exceder o valor de *m* (número máximo de bactérias/g). O lote é rejeitado se *c* for ultrapassado. Se, para um determi-

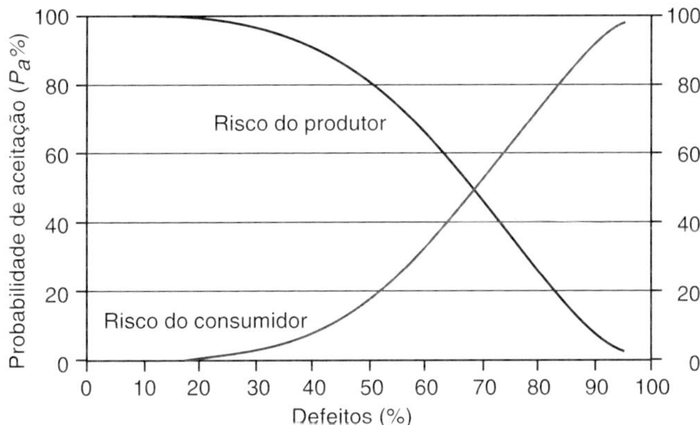

Figura 6.6 Curva de risco do produtor/risco do consumidor.

nado valor de c, o número de unidades da amostra (n) for elevado, então o resultado do lote de alimentos, em termos microbiológicos, deve ter a mesma chance de ser aprovado. Em contrapartida, para um tamanho de amostra n, se c for aumentado, o plano de amostragem se torna mais permissivo porque há maior probabilidade de aceitação (P_a). Entretanto, na Figura 6.7b, na qual n é aumentado de 5 a 20 e c é fixo ($c = 1$), o plano torna-se mais rígido.

Em um plano de três classes, são os valores de n e c que determinam a probabilidade de aceitação (P_a) para um lote de alimento com qualidade microbiológica determinada.

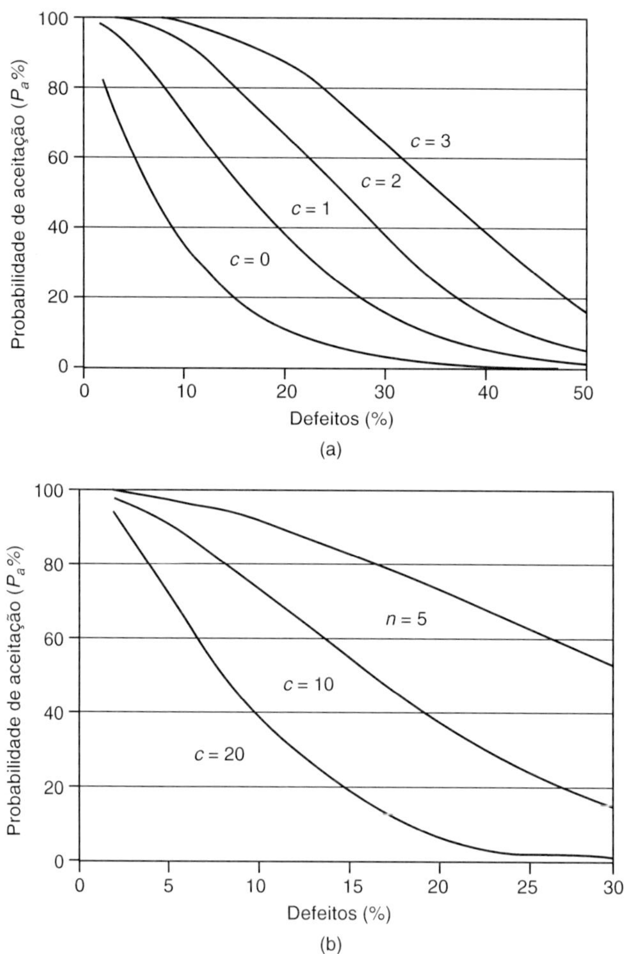

Figura 6.7 (a) Rigidez dos planos de amostragem, ilustrada por n = 10, c = 0-3. (b) Rigidez dos planos de amostragem, ilustrado por n = 5 a 20, c = 1.

Essa qualidade é fornecida pela determinação da percentagem de porções defeituosas:

P_d = % de defeituosos; acima de *M*

P_m = % de "marginalmente aceitáveis"; *m* a *M*

P_a = % de "aceitáveis"; igual ou menor que *m*

Já que os três termos precisam somar 100%, então apenas os dois primeiros precisam ser determinados. Os valores de probabilidades para planos de três classes são fornecidos na Tabela 6.5.

Considerando um lote de alimento em que 20% das contagens de amostras sejam marginalmente aceitáveis (P_m = 20%) e 10% "defeituosas" (P_d = 10%), os efeitos de *n* e *c* podem ser comparados na Tabela 6.6. Para $n = 5$, $c = 3$, a probabilidade de aceitação (P_a) é de 58% das situações; se *c* for diminuído a 1, então P_a diminuirá para 41%, enquanto se *n* for aumentado para 10 ($c = 3$), então P_a será de 29% das situações. O plano mais rígido é $n = 10$, $c = 3$, no qual a P_a = 11% das situações.

Este nível de aceitação (11 em 100) em lotes nos quais 10% dos produtos são defeituosos e 20% são marginalmente aceitáveis reforça o fato de que os perigos microbiológicos precisam ser controlados no alimento utilizando o enfoque proativo do APPCC, em vez de um enfoque de análise retrospectiva de produto final.

Dessa forma, a determinação de *n* e *c* varia com a rigidez desejada (probabilidade de rejeição). Para situações rígidas, *n* é alto e *c* é baixo; para situações mais permissivas, *n* é baixo e *c* é alto. Conforme *n* diminui, a probabilidade de aceitação de lotes ruins aumenta.

6.7.6 Determinando os valores para *m* e *M*

O nível aceitável e atingível do organismo-alvo no alimento é conhecido por "*m*". Este pode ser estabelecido a partir de níveis determinados pelas BPFs ou, se o organismo-alvo for um patógeno, então "*m*" pode ser considerado como zero para um volume de amostras determinado (p. ex., 25 g).

M é utilizado apenas nos planos de três classes como o nível perigoso ou inaceitável de contaminação causado por uma prática higiênica precária. Há três métodos para determinação do valor de *M*, os quais são:

1. Um índice de utilidade (deterioração ou vida de prateleira), quando relacionado a níveis de bactérias que causam deterioração detectável (odor, sabor) ou a uma inaceitável diminuição da vida de prateleira (Seção 3.2).
2. Um indicador de higiene geral, relacionado a níveis de um organismo indicador com condições de higiene inaceitáveis.
3. Um perigo à saúde, quando relacionado a dose infecciosa. Esse valor pode ser determinado utilizando dados epidemiológicos, laboratoriais ou de fontes de informação similares (ver Tab. 4.2).

Dessa forma, os valores de *m* e *M* são independentes um do outro e não têm relação determinada.

6.8 Limites microbiológicos

6.8.1 Definições

Há vários termos utilizados para definir os limites microbiológicos, tais como:

- **Padrões microbiológicos** referem-se a níveis microbiológicos compulsórios estipulados em regulamentos.
- **Diretrizes microbiológicas** são níveis microbiológicos determinados para orientação, os quais não têm força legal.
- **Critérios microbiológicos** podem referir-se a qualquer item anterior ou a níveis utilizados pela indústria de alimentos.
- **Especificações microbiológicas** são acordadas em ou entre companhias e geralmente não têm implicações legais diretas.

Assim, podem ser preparadas especificações, desde os fornecedores de matérias-primas até o processador de alimentos, para alimentos em vários estágios de preparação e para produtos finais. No último caso, as especificações microbiológicas podem ser aquelas acordadas como razoáveis e atingíveis pela companhia ou podem ser padrões impostos ou acordados em conjunto com uma agência externa. Elas podem incluir padrões para o número total de micro-organismos, patógenos de alimentos, organismos indicadores ou deteriorantes.

Ao compilar especificações microbiológicas para matérias-primas e produtos finais, é desejável aplicar vários métodos de análise relevantes, quando possível, de forma que sejam conseguidos dados abrangentes sobre esses produtos, construindo um perfil microbiológico. Esses métodos devem permitir a mais alta recuperação de organismos e resultados reprodutíveis. De forma ideal, amostras devem ser trocadas entre laboratórios e analisadas por métodos acordados para assegurar que resultados similares sejam obtidos. Maior atenção deve ser dada às matérias-primas e aos alimentos para os quais resultados não esperados sejam obtidos. As especificações devem refletir o que é atingível por meio das Boas Práticas de Fabricação, mas devem incluir tolerâncias que permitam imprecisões na amostragem.

6.8.2 Limitações dos testes microbiológicos

Quando se pretende utilizar critérios microbiológicos para testar alimentos, um grande número de problemas deve ser considerado:

1. Custo de análise, levando-se em conta pessoal treinado, equipamento e materiais de consumo.
2. Problemas de amostragem: a obtenção de amostras "representativas" é bastante difícil.
3. Aceitação de um lote de alimento que contenha níveis inaceitáveis de micro-organismos ou toxinas, simplesmente pela presença de baixos níveis de micro-organismos ou toxinas e distribuição heterogênea.
4. Variação nos resultados de contagens em placas, as quais têm limites de confiança de 95% e ± 0,5 ciclos logarítmicos (ver Tab. 5.1).

5. Testes destrutivos significam que a amostra não pode ser testada novamente.
6. Demora devido à necessidade de períodos de incubação prolongados.
7. Sensibilidade e consistência do método de detecção.

6.9 Exemplos de planos de amostragem

6.9.1 Produtos com ovos

Os ovos são perecíveis por serem altamente nutritivos, permitindo a multiplicação microbiana. Eles estão associados com certos patógenos de origem alimentar, em especial com a *Salmonella* spp. Apesar dos processos de pasteurização (ovo líquido: 64,4 °C/2,5 min ou 60 °C/3,5 min), os ovos e produtos à base de ovos podem estar contaminados devido a tratamentos térmicos insuficientes ou por contaminação pós-pasteurização. As células de *Salmonella* podem multiplicar-se, atingindo doses infectantes devido a abusos de temperatura após o descongelamento ou a reidratação. *St. aureus* tem sido identificado como um patógeno de origem alimentar associado com macarrão, no qual pode multiplicar-se e formar níveis tóxicos de enterotoxina. Os planos de amostragem para ovos e produtos com ovos são apresentados na Tabela 6.7.

6.9.2 Leite e produtos lácteos

Os produtos lácteos são altamente nutritivos, têm pH neutro e atividade de água que permite a multiplicação de patógenos de origem alimentar. Esses produtos são divididos em dois grupos:

1. Os produtos mais perecíveis (frescos), como leite, creme de leite, leite aromatizado, leite desnatado, queijo fresco (queijo *cottage*) e leites fermentados.
2. Os produtos relativamente estáveis, com vida de prateleira prolongada sob condições de estocagem apropriadas, como queijos duros, manteiga, produtos

Tabela 6.7 Planos de amostragem para produtos com ovos

					Limite (g-1)	
Organismo-alvo	**Caso**	**Classe do plano**	***n***	***c***	***m***	***M***
Contagem aeróbia em placas	2	3	5	2	5×10^4	10^6
Coliformes	5	3	5	2	10	10^3
Salmonella spp.	10	2	5	0	0	–
(população geral)	11	2	10	0	0	–
	12	2	20	0	0	–
Salmonella spp.	10	2	15	0	0	–
(população de alto risco)	11	2	30	0	0	–
	12	2	60	0	0	–

Adaptada da ICMSF (1986) e reimpressa com permissão da University of Toronto Press.

lácteos desidratados, misturas para sorvete, leite evaporado (enlatado), leite esterilizado ou leite UHT (*ultra high temperature*) (para consumo líquido).

Os critérios microbiológicos não podem ser aplicados de forma efetiva ao grupo 1, uma vez que o consumo desses produtos ocorrerá antes dos resultados das análises microbiológicas. Os produtos do grupo 2 que estão associados com perigos nessa área (p. ex., leite em pó e queijo maturado) são em geral testados microbiologicamente antes da distribuição. Os planos de amostragem propostos pela ICMSF (1986) estão apresentados na Tabela 6.8.

6.9.3 Carnes processadas

As carnes processadas incluem diversos produtos processados por meio de tratamento térmico, cura, desidratação e fermentação. Há vários perigos microbiológicos associados a produtos cárneos. Os planos de amostragem da ICMSF (1986) estão apresentados na Tabela 6.9. Os principais micro-organismos-alvo são *St. aureus*, *Cl. perfringens* e *Salmonella*.

6.9.4 Cereais e produtos derivados

Diversos produtos de padaria são abordados por esse plano de amostragem (Tab. 6.10). Visto que os produtos geralmente são secos (baixa atividade de água), os bolores e os endósporos bacterianos persistentes são importantes.

6.9.5 Produtos cozidos resfriados e cozidos congelados

As diretrizes do Departamento de Saúde do Reino Unido (Department of Health, UK) são apresentadas na Tabela 6.11. Elas enfocam cinco patógenos de origem alimentar e a contagem aeróbia em placas como indicadores da carga microbiana.

Tabela 6.8 Plano de amostragem para produtos lácteos

Produto	Organismo-alvo	Caso	Classe do plano	*n*	*c*	Limite (g-1)	
						m	*M*
Leite em pó	Contagem aeróbia em placas	2	3	5	2	3×10^4	3×10^5
	Coliformes	5	3	5	1	10	10^2
	Salmonella spp.	10	2	5	0	0	–
	(população normal)	11	2	10	0	0	–
		12	2	20	0	0	–
	Salmonella spp.	10	2	15	0	0	–
	(população de alto risco)	11	2	30	0	0	–
		12	2	60	0	0	–
Queijos duros e semimacios	*St. aureus*	8	2	5	0	10^4	–

Adaptada da ICMSF (1986) e reimpressa com permissão da University of Toronto Press.

Tabela 6.9 Plano de amostragem para carnes processadas

Produto	Organismo-alvo	Caso	Classe do plano	n	c	Limite (g-1) m	M
Sangue desidratado, plasma e gelatina	*St. aureus*	8	3	5	1	10^2	10^4
	Cl. perfringens	8	3	5	1	10^2	10^4
	Salmonella spp.	11	2	10	0	0	–
Carne assada e patê	*Salmonella* spp.	12	2	20	0	0	–

Adaptada da ICMSF (1986) e reimpressa com permissão da University of Toronto Press.

6.9.6 Frutos do mar

A Food and Drug Administration and Environmental Protection Agency, dos Estados Unidos, fornece orientações sobre os perigos microbiológicos dos frutos do mar (Tab. 6.12).

Tabela 6.10 Plano de amostragem para cereais e produtos de padaria

Produto	Organismo-alvo	Caso	Classe do plano	n	c	Limite (g-1) m	M
Cereais	Bolores	5	3	5	2	10^2–10^4[a]	10^5
Farinha, concentrados e isolados de soja	Bolores	5	3	5	2	10^2–10^4	10^5
	Salmonella spp.	10	2	5	0	0	-
Produtos de padaria congelados (prontos para consumo) com recheios ou coberturas de baixa acidez ou alta a_w	*St. aureus*	9	3	5	1	10^2	10^4
	Salmonella spp.	12	2	20	0	0	–
Produtos de padaria congelados (a serem cozidos) com recheios ou coberturas de baixa acidez ou alta a_w (p. ex., tortas de carne, pizzas)	*St. aureus*	8	3	5	1	10^2	10^4
	Salmonella spp.	10	2	5	0	0	–
Alimentos congeladas contendo arroz ou farinha de milho como principal ingrediente	*B. cereus*	8	3	5	1	10^3	10^4
Produtos desidratados e congelados	*St. aureus*	8	3	5	1	10^2	10^4
	Salmonella spp.	10	2	5	0	0	–

[a]O valor exato varia de acordo com o tipo de grão.

Adaptada da ICMSF (1986) e reimpressa com permissão da University of Toronto Press.

Tabela 6.11 Plano de amostragem para alimentos cozidos resfriados e cozidos congelados no local de consumo

Organismo-alvo	Limite
Contagem aeróbia em placas	$<10^5$/g
E. coli	<10/g
St. aureus	<100/g
Cl. perfringens	<100/g
Salmonella spp.	Ausente em 25 g
L. monocytogenes	Ausente em 25 g

Adaptada das diretrizes do Department of Health, UK.

6.10 Critérios microbiológicos implementados

6.10.1 Critérios microbiológicos na União Europeia

A maioria dos países da UE implementou as Diretrizes de Higiene de Alimentos (93/43/EEC; Seção 11.6) nas leis nacionais, apesar de ter restringindo essa implementação aos primeiros cinco princípios das APPCC. Existem diferenças na implementação dentro da Europa; por exemplo, a Holanda dá mais ênfase aos programas de amostragem nas inspeções. Muitas empresas utilizam critérios microbiológicos em acordos contratuais com fornecedores e consumidores e como meio de monitoramento da higiene do ambiente de produção. Esses critérios estão estipulados em diretrizes desenvolvidas por companhias individuais de setores industriais relevantes e são em geral baseadas nas BPF. No âmbito das Diretrizes de Higiene de Alimentos da União Europeia, é possível incluir diretrizes microbiológicas nos manuais de Boas Práticas de Higiene. Os critérios microbiológicos da UE foram recentemente revisados.

A Diretriz de Higiene de Alimentos (93/34/EEC) prevê:

"Sem prejuízo às regras mais específicas da Comunidade, os critérios microbiológicos e os critérios de controle de temperatura para determinadas classes de alimentos podem ser adotados de acordo com o procedimento estipulado no Artigo 14 e após consulta ao Comitê Científico de Alimentos estabelecido pela Decisão 74/234/EEC".

6.10.2 Diretrizes da União Europeia (UE) especificando os padrões microbiológicos para alimentos

Alguns critérios microbiológicos são padrões estipulados pelas diretrizes da Comunidade Europeia (CE) de higiene alimentar para produtos específicos. Algumas dessas diretrizes "verticais" são previstas para serem introduzidas no futuro, ou, onde padrões foram determinados, há oportunidade para serem revistos ou adicionados. A UE pode também estipular métodos laboratoriais adequados. Tais diretrizes são

Tabela 6.12 Diretrizes para perigos microbiológicos em frutos do mar, conforme a Food and Drug Administration and Environmental Protection Agency, dos Estados Unidos

Produto	Orientação/ tolerância
Derivados de pescado prontos para o consumo (cozimento mínimo pelo consumidor)	*Escherichia coli* enterotoxigênica (ETEC) – 1 x 10^3 ETEC/g, enterotoxinas termolábeis (LT) ou termoestáveis (ST)
Derivados de pescado prontos para o consumo (cozimento mínimo pelo consumidor)	*L. monocytogenes* – presença de organismo
Todos os peixes	Espécies de *Salmonella* – presença de organismo
Todos os peixes	*Staphylococcus aureus* – (1) positivo para enterotoxina estafilocócica ou (2) nível de *Staphylococcus aureus* igual ou superior a 10^4/g (NMP)
Derivados de pescado prontos para o consumo (cozimento mínimo pelo consumidor)	*Vibrio cholerae* – presença de cepa toxigênica 01 ou não 01
Derivados de pescado prontos para o consumo (cozimento mínimo pelo consumidor)	*Vibrio parahaemolyticus* – níveis iguais ou superiores a 1 × 10^4/g (Kanagawa positivo ou negativo)
Derivados de pescado prontos para o consumo (cozimento mínimo pelo consumidor)	*Vibrio vulnificus* – presença de organismo patogênico
Todos os peixes	*Clostridium botulinum* – (1) presença de esporos viáveis ou células vegetativas em produtos que irão possibilitar a multiplicação ou (2) presença da toxina
Moluscos, ostras e mexilhões resfriados ou congelados – importações	Microbiológico – (1) *E. coli* – 230/100 g NMP (média de subs de 3 ou mais de 5 subs); ou (2) contagem aeróbia em placas – 500.000/g (média de subs de 3 ou mais de 5 subs)
Moluscos, ostras e mexilhões resfriados ou congelados – nacionais	Microbiológico – (1) *E. coli* ou coliformes fecais – 1 ou mais de 5 subs, excedendo 330/100 g NMP ou 2 ou mais excedendo 230/100 g; ou (2) contagem aeróbia em placas – 1 ou mais de 5 subs, excedendo 1.500.000/g ou 2 ou mais excedendo 500.000/g
Peixes não eviscerados, secos ao ar, curados com sal	Não permitidos no comércio (*Nota*: exceção para peixes pequenos)
Atum, mahi mahi e peixes relacionados	Histamina – 500 ppm com base na toxicidade, 50 ppm determinando níveis de rejeição, porque a histamina não é uniformemente distribuída em um peixe decomposto. Logo, se 50 ppm forem encontrados em uma porção, haverá possibilidade de outras excederem 500 ppm

direcionadas sobretudo aos alimentos durante a produção, o transporte e o armazenamento em atacados, mas não normalmente ao varejo ou a refeições industriais (exceto onde pequenos produtores vendem diretamente ao consumidor).

A segurança dos alimentos na União Europeia é parcialmente controlada pelo uso de:

1. Diretrizes verticais, as quais lidam com produtos de origem animal (carne bovina, carne de frango, leite, peixe e ovos). Elas se aplicam a produção, armazenamento e transporte.
2. Diretrizes horizontais, as quais aplicam medidas de segurança a todos os gêneros alimentícios não cobertos pelas diretrizes verticais e quando todos os alimentos entram no mercado varejista.

Ver Seção 11.6 para uma descrição completa dos regulamentos da UE.

6.11 Diretrizes do Reino Unido (UK) para alimentos prontos para o consumo

No Reino Unido, as orientações microbiológicas para alimentos prontos para consumo foram publicadas primeiro pelo ex–Public Health Laboratory Service (PHLS), agora Health Protection Agency (HPA), em 1992, e revisado recentemente em 2009 (PHLS, 1992, 1996, 2000; HPA, 2009, ver recursos na *web*). Elas foram coletadas para auxiliar na implementação do Food Safety Act 1990 (Seção 30), do Reino Unido, que fornece amostras de alimentos a analistas de alimentos para a emissão de certificados especificando os resultados das análises. As diretrizes são aplicáveis durante a vida de prateleira do produto e não durante sua produção ou como padrões obrigatórios do governo do Reino Unido. Os alimentos são divididos em cinco categorias (Tab. 6.13) para análise de contagem aeróbia em placas, enquanto os mesmos critérios são utilizados para todos os organismos indicadores e patógenos de origem alimentar. A revisão das diretrizes de 2000 incluiu os novos critérios para *Enterobacteriaceae* e *E. coli* (Tab. 6.14).

Além da determinação prescrita de limites para determinados patógenos, as diretrizes recomendam faixas de contagens bacterianas para diferentes tipos de alimentos que permitem a divisão de resultados em "satisfatório", "limite de aceitação", "não satisfatório" ou "inaceitável/potencialmente perigoso". Apesar de não terem *status* formal e referirem-se apenas a alimentos "prontos para consumo", as diretrizes refletem as opiniões de profissionais experientes, com acesso a dados não publicados coletados durante 50 anos pela HPA. São aplicadas para amostras únicas e, dessa forma, não têm a validade estatística dos planos de amostragem da ICMSF. A aplicação dessas diretrizes para fins investigatórios foi abordada na Seção 1.12.7.

Tabela 6.13 Categoria de contagem de micro-organismos aeróbios em placa para diferentes tipos de alimentos prontos para consumo

Grupo de alimentos	Produto	Categoria
Carne	Hambúrgueres e tortas de carne suína	1
	Aves (inteiras)	2
	Patê, carne fatiada (exceto presunto e língua)	3
	Tripas e outros miúdos	4
	Salame e produtos cárneos fermentados	5
Frutos do mar	Arenque e outros peixes em conserva	1
	Crustáceos e pratos de frutos do mar	3
	Moluscos (cozidos), peixe defumado, taramasalata	4
	Ostras (cruas)	5
Sobremesas	*Mousses*/sobremesas	1
	Bolos, doces e sobremesas – sem creme de leite	2
	Guloseimas	3
	Bolos, doces e sobremesas – com creme de leite	4
	Cheesecake	5
Iguarias diversas	Bhaji	1
	Produtos de padaria à base de queijos	2
	Rolinho primavera, satay	3
	Houmus e tzatziki (iguarias mediterrâneas) e outros molhos	4
	Alimentos fermentados, tofu fermentado	5
Vegetais	Vegetais e pratos vegetarianos (cozidos)	2
	Frutas e vegetais (desidratados)	3
	Saladas mistas preparadas	4
	Frutas e vegetais (frescos)	5
Laticínios	Sorvete (com e sem leite)	2
	Queijos, iogurtes	5
Pratos prontos para consumo		2
Sanduíches	Sem salada	3
	Com salada	4

Adaptada de Anon. (2000), com permissão da The Health Protection Agency.

Tabela 6.14 Orientações para alimentos prontos para consumo

Categoria do alimento (ver Tab. 6.13)		Critério			
		Satisfatório	Aceitável	Insatisfatório	Inaceitável/ potencialmente perigoso
	Contagem de micro-organismos aeróbios em placa (30 °C; 48 ± 2 h)				
1		$<10^3$	10^3–$<10^4$	$\geq 10^4$	N/A
2		$<10^4$	10^4–$<10^5$	$\geq 10^5$	N/A
3		$<10^5$	10^5–$<10^6$	$\geq 10^6$	N/A
4		$<10^6$	10^6–$<10^7$	$\geq 10^7$	N/A
5		–a	–a	–a	–a
	Organismos indicadores				
1–5	*E. coli* (total)	<20	20–<100	100	N/A
1–5	Enterobacteriaceae	<100	10^2–$<10^4$	$>10^4$	N/A
1–5	*Listeria* spp. (total)	<20	20–<100[a]	>100	N/A
	Patógenos				
1–5	Sorovares de *Salmonella*	Não detectado em 25 g			Presente em 25 g
1–5	*Campylobacter* spp.	Não detectado em 25 g			Presente em 25 g
1–5	*E. coli* O157:H7 e outras VTEC	Não detectado em 25 g			Presente em 25 g
1–5	*V. parahemolyticus* – frutos do mar	<20	20–$<10^2$	10^2–$<10^3$	$\geq 10^3$
1–5	*L. monocytogenes*	<20	20–$<10^2$	N/A	$\geq 10^2$
1–5	*S. aureus*	<20	20–100	100–$<10^4$	$\geq 10^4$
1–5	*C. perfringens*	<20	20–<100	100–$<10^4$	$\geq 10^4$
1–5	Grupo *B. cereus* e *B. subtilis*	$<10^3$	10^3–$<10^4$	10^4–$<10^5$	$\geq 10^5$

N/A significa não aplicável.
[a]Orientações para contagem de aeróbios em placa pode não ser aplicável para certos alimentos fermentados, por exemplo, salame, queijos moles e iogurte não pasteurizado. Esses alimentos se enquadram na categoria 5. A aceitação está baseada na aparência, no cheiro, na textura e no nível ou na ausência de patógenos.
Adaptada da PHLS (2000), com permissão da *The Health Protection Agency*.

7 Práticas de produção higiênica

7.1 Contribuição dos manipuladores de alimentos para as doenças transmitidas por alimentos

Manipuladores de alimentos são, com frequência, associados a surtos de doenças transmitidas por alimentos, sendo estimado que contribuam para 7 a 20% dos surtos. A Tabela 7.1 resume os patógenos que podem ser transmitidos por humanos, incluindo os manipuladores da indústria de alimentos. Uma grande revisão de 816 surtos alimentares (de 1927 até o primeiro trimestre de 2006) demonstrou que esses manipuladores foram envolvidos em surtos causados por bactérias (*Salmonella*, *S. aureus*, *Shigella* e *Streptococcus*), vírus (norovírus, vírus da hepatite A) e parasitas (*Cyclospora*, *Giardia* e *Cryptosporidium*) (Greig et al., 2007; Todd et al., 2007a, 2007b). Vários alimentos e diversos ingredientes utilizados no preparo de alimentos são mais vezes identificados com surtos envolvendo manipuladores, provavelmente devido ao frequente contato manual durante o preparo e a distribuição. Entre os 816 surtos investigados, 11 envolveram mais de 1.000 pessoas e 4, mais de 3.000.

Entre os fatores mencionados com mais frequência como associados a manipuladores infectados, no estudo supracitado, estavam o contato direto das mãos e sua lavagem inadequada. Muitos trabalhadores eram portadores assintomáticos de patógenos intestinais e, portanto, não estavam cientes do risco que representavam, ou tinham membros da família contaminados. Guzewich e Ross (1999) relataram que o vírus da hepatite A e o norovírus podem ser responsáveis por mais de 60% dos surtos alimentares e que manipuladores infectados são as fontes mais comuns de contaminação.

Manipuladores infectados podem ser:

- sintomáticos e transmitir vírus durante o período da doença;
- assintomáticos (incluindo aqueles já recuperados da doença) que continuam a disseminar vírus; por exemplo, o norovírus pode continuar sendo transmitido por até três semanas após a recuperação da doença;
- transmissores do vírus por meio do contato com pessoas doentes (p. ex., criança doente em casa).

Os vírus entéricos humanos possuem maior estabilidade, significando que podem persistir no alimento por mais tempo do que bactérias contaminantes e possuem uma dose infectante baixa (cerca de 1.000 partículas).

Tabela 7.1 Patógenos transmitidos por humanos

Fezes	*Salmonella* spp., *E. coli*, *Shigella* spp., vírus Norwalk, vírus da hepatite A, *Giardia lamblia*	1 em cada 50 manipuladores está amplamente infectado e dispersa 10^9 patógenos/g de fezes
Vômito	Vírus Norwalk	10 partículas virais são infecciosas
Pele, nariz, feridas e infecções de pele	*S. aureus*	60% da população é portadora; há 10^8 micro-organismos por gota de pus
Garganta e pele	*Streptococcus* grupo A	10^5 *Streptococcus pyogenes* em uma tossida

Reproduzida de Snyder (1995), com a gentil permissão de Springer Science and Business Media.

A vacina do vírus da hepatite A está disponível; entretanto, não tem sido utilizada em manipuladores de alimentos. Em vez disso, a higiene pessoal tem sido enfatizada para prevenir a contaminação dos alimentos.

7.2 Higiene pessoal e treinamentos

Todos os candidatos a emprego na indústria de alimentos, que provavelmente terão contato direto ou indireto com alimentos, devem passar por exame médico para garantir que estão aptos para o trabalho. O exame deve incluir a resposta a um questionário, registrando a história médica do candidato, de modo especial em relação a infecções intestinais, doenças de pele, feridas, secreções de olhos, nariz e orelhas (indicativo de infecção por *S. aureus*), e sobre viagens recentes a regiões nas quais distúrbios intestinais sejam prevalentes ou endêmicos. Exames de fezes podem ser utilizados para identificar portadores de patógenos intestinais, tais como *Salmonella*, embora algumas vezes sua excreção possa ser intermitente. Sem dúvida, exames médicos e questionários devem ser aplicados regularmente para os demais empregados. Não deveria ser permitido a pessoas sofrendo de infecção intestinal trabalhar em áreas de alto risco de processamento de alimentos. Como procedimento de rotina, todos os cortes, as feridas e outros problemas de pele devem ser cobertos com curativos à prova d'água, os quais devem ser coloridos e acrescidos de uma tira de metal para possível detecção caso sejam perdidos. Excluir das áreas de produção de alimentos os portadores de *S. aureus* pode não ser algo prático, já que o percentual de portadores humanos é alto (30 a 40%). Entretanto, é necessário minimizar a transmissão de micro-organismos utilizando meios adicionais, incluindo o uso de luvas e a adoção de boas práticas de higiene pessoal, como não tocar ou assoar o nariz com as mãos (com ou sem luvas) durante a manipulação de alimentos.

Todos os manipuladores devem ser treinados nos princípios básicos de higiene pessoal e de alimentos. Esse treinamento deve incluir conceitos básicos de bacteriologia, como a natureza ubíqua das bactérias, sua forma de disseminação e a rápida multiplicação sob determinadas condições, além do papel dos manipuladores nos casos de doenças transmitidas por alimentos e na deterioração de alimentos. Complementando isso, deve abordar métodos de limpeza e desinfecção de equipamentos e superfícies de contato, além de higiene pessoal.

Para que seja efetivo, o treinamento precisa ser contínuo, podendo ser repassado na forma de conversas individuais, discussões em grupo ou cursos de reforço. Materiais de suporte, tais como cartazes e fotos de boas e más práticas, devem ser colocados em locais estratégicos, e a troca deles deve ser realizada periodicamente a fim de evitar indiferença e causar impacto visual.

A equipe deve ser treinada conforme adequado a suas tarefas de acordo com o ICMSF (1988). A Tabela 7.2 mostra o nível de conhecimento esperado para operadores de linha. Para ser efetivo, o nível de gerenciamento em uma empresa de alimentos deve estar familiarizado com as Análises de Perigos e Pontos Críticos de Controle APPCC e sua implementação.

O gerenciamento dos programas de treinamento de higiene podem levar a aumento da produtividade e redução de reclamações por parte dos clientes, sendo que esse último item pode ser extremamente caro (Tab. 1.7).

Há uma considerável quantidade de material de treinamento sobre segurança de alimentos disponível *online*. Alguns são de fontes independentes e outros de organismos regulatórios governamentais (Tab. 7.3).

Manipuladores de alimentos, incluindo os temporários, precisam ser educados de maneira específica em relação a perigos microbiológicos e higiene pessoal. A maioria dos problemas de surtos virais é devido a contaminação dos alimentos que requerem preparação manual e são minimamente processados (p. ex., frutos do mar e saladas). É recomendado que os supervisores das áreas de processamento de alimentos excluam manipuladores sintomáticos das áreas de alto risco até 48 horas após o desaparecimento dos sintomas (Cowdens et al., 1995). Entretanto, isso é mais aplicável para bactérias do que patógenos virais.

É evidente que as causas de gastrenterites variam com a idade (Fig. 1.1). É provável que noroviroses e rotaviroses causem a maioria das gastrenterites em crianças

Tabela 7.2 Nível de conhecimento esperado para manipuladores de linha

1	As maiores fontes de micro-organismos no produto pelo qual são responsáveis
2	O papel dos micro-organismos nas doenças e na deterioração de alimentos
3	Por que a boa higiene pessoal é necessária
4	A importância de relatar doença, lesões e cortes aos supervisores
5	A natureza dos controles necessários em sua parte do processo
6	Os procedimentos adequados e a frequência da limpeza dos equipamentos pelos quais são responsáveis
7	Os procedimentos necessários para reportar desvios dos limites de controle
8	As características normais e anormais do produto em sua etapa do processo
9	A importância de manter registros adequados
10	Como monitorar pontos críticos de controle nas operações de sua responsabilidade

Reproduzida da ICMSF (1988), com permissão da Blackwell Publishing Ltda.

Tabela 7.3 *Sites* de segurança de alimentos

Nome	Endereço eletrônico	Comentário
Cinco chaves para alimentos seguros (*Five keys to safer food*)	http://www.who.int/foodsafety/consumer/5keys/en/index.html	Mensagem global da OMS para higiene de alimentos
Portal para informações governamentais de segurança de alimentos	http://www.foodsafety.gov	Dá acesso a fontes de informação de segurança de alimentos dos EUA e de outros países
Centro de informações de segurança de alimentos (USDA)	http://foodsafety.nal.usda.gov	Fornece informação de segurança de alimentos para o público em geral, indústrias, pesquisadores e educadores
Foodlink	http://www.foodlink.org.uk	Contém um amplo conteúdo de tópicos e organiza a Semana Nacional da Segurança de Alimentos (Reino Unido)
Coma bem, fique bem (*Eat well, be well*)	http://www.eatwell.gov.uk/keepingfoodsafe	Agência de Padrões para Alimentos do Reino Unido
Site de segurança de alimentos (*Food safety web*)	http://www.foodsafetyweb.info/resources/NonEnglish.php	Pesquisa de segurança de alimentos para outros idiomas que não o inglês

menores de 4 anos, enquanto bactérias (*Campylobacter* e *Salmonella* spp.) são a maior causa desse problema em outras faixas etárias. A Figura 1.2 indica que homens sofrem mais de gastrenterite do que mulheres, exceto para o grupo com mais de 65 anos, provavelmente devido ao baixo número de homens em relação a mulheres nessa faixa etária. Uma possível razão para parte dessa diferença é que menos homens lavam suas mãos após usar o sanitário: 33% comparado com 60%; homens levam em média 47 segundos, comparando com 79 segundos gastos pelas mulheres ao lavarem as mãos.

Mais de 1.000 partículas de vírus da hepatite A (taxa de 9,2% de transferência) podem ser transmitidos com facilidade de dedos contaminados com fezes para alimentos e superfícies (Bidawid et al., 2000). Já que o vírus pode sobreviver e continuar infeccioso após qualquer etapa de processamento de alimentos, é importante enfatizar a necessidade da implementação de Boas Práticas de Higiene, Boas Práticas de Fabricação e APPCC para prevenir a contaminação inicial.

A flora microbiana da mão é composta por micro-organismos residentes e transitórios. No caso das superfícies de contato dos equipamentos para produção de alimentos, é possível reduzir o número de micro-organismos contaminantes a tal ponto que residuais não comprometam a qualidade do alimento processado. Infelizmente, não é possível desinfetar a pele ao mesmo nível e, por esse motivo, mãos sem proteção são um potente meio de transmissão desses organismos. A distribuição pode envolver a transferência de micro-organismos das mãos para os alimentos ou sua transferência de um alimento para outro por intermédio das mãos. Cuidados especiais devem ser tomados para garantir que essa rota de transmissão seja minimizada.

A lavagem das mãos com água e sabão remove principalmente a flora transitória, a qual é composta, sobretudo, por bactérias ambientais. Entretanto, o número de patógenos entéricos, incluindo *E. coli* e *Salmonella*, as quais podem passar para as mãos por meio do papel higiênico, são bastante reduzidos pela adequada lavagem de mãos.

No entanto, é quase impossível remover a flora residente das mãos mesmo utilizando detergentes e cremes bactericidas. Essa flora é particularmente problemática com manipuladores que são portadores de *S. aureus* em suas fossas nasais. Muitos deles também serão portadores desse micro-organismo nas mãos como parte de sua flora normal. Já que é impraticável proibir que 30 a 40% (a provável taxa de portadores de *S. aureus*) dos empregados tenham contato com os alimentos, outros meios para restringir a disseminação do *S. aureus* devem ser adotados.

Os funcionários devem ser incentivados a desenvolver uma atitude na qual lavar as mãos se torne um processo automático em certas situações. Além disso, unhas e pulsos precisam ser lavados de forma adequada: (1) antes de iniciar o trabalho; (2) antes e após os intervalos de almoço e lanche; (3) após utilizar os sanitários; (4) após sair ou retornar às áreas de processamento por qualquer motivo; (5) ao trocar de função nas áreas de processamento; (6) quando as mãos estiverem sujas ou contaminadas, assim como após tocar em equipamento ou alimento que não estiverem em condições apropriadas de qualidade. Ver na Tabela 7.1 detalhes de patógenos que podem estar presentes nos manipuladores.

7.3 Limpeza

Ter um programa eficaz de limpeza e desinfecção é um passo fundamental para a produção higiênica de alimentos. A sua principal finalidade é reduzir o número de patógenos no ambiente e, dessa forma, diminuir o potencial de contaminação dos alimentos. Consequentemente, a eficiência dos processos de limpeza e desinfecção afeta de modo substancial a qualidade final do produto, sendo essencial na produção de alimentos. Entretanto, mesmo um excelente programa de higienização não pode suprir defeitos de projeto sanitário de equipamentos ou da estrutura física. A terminologia utilizada na tecnologia de limpeza e desinfecção está descrita na Tabela 7.4.

A limpeza deve ser executada em intervalos regulares e frequentes ou mesmo de forma contínua, assim a qualidade do produto pode ser mantida de maneira consistente. Como essa limpeza é realizada, depende principalmente:

1. da natureza da sujidade ou da contaminação a ser removida,
2. do tipo de superfície a ser limpa,
3. dos materiais utilizados para realizar a limpeza,
4. do grau de dureza da água,
5. do padrão de limpeza requerido.

Tabela 7.4 Definições utilizadas para detergentes e desinfetantes

Termo	Definição
Bactericida	Um agente químico que, sob condições definidas, é capaz de eliminar células vegetativas, mas não necessariamente endósporos bacterianos
Bacteriostático	Um agente químico que, sob condições definidas, é capaz de prevenir a multiplicação das bactérias
Superfície limpa	Aquela que está livre de sujeira de qualquer natureza e de odor. Em consequência, é aquela em que resíduos de alimentos, detergentes e desinfetantes foram removidos. Ela não contamina os alimentos que entrarem em contato e possui um número residual de micro-organismos que não compromete a qualidade do produto durante sua produção. Uma superfície limpa não significa necessariamente uma superfície esterilizada
Limpeza	Abrange os processos de remoção de sujeira, mas não os de esterilização
Detergente	Uma substância que auxilia na limpeza quando adicionado na água
Desinfetante	Originalmente definido na linguagem médica como um agente químico que destrói micro-organismos causadores de doença; agora definido de forma mais correta como um agente capaz de destruir um grande número de micro-organismos, mas não necessariamente endósporos
Desinfecção	Abrange o processo de destruição da maioria dos micro-organismos, mas não necessariamente dos endósporos bacterianos, em superfícies e equipamentos. Os micro-organismos viáveis remanescentes do processo de desinfecção não são capazes de afetar a qualidade microbiológica do alimento que vier a entrar em contato com as partes desinfetadas
Fungicida	Um agente químico que, sob condições definidas, é capaz de eliminar fungos, incluindo seus esporos
Saneamento	Um termo amplo que abrange os fatores que melhorem ou mantenham o bem-estar físico, incluindo a limpeza geral do meio ambiente e a preservação da saúde
Sanitizante	Uma substância que reduz o número de micro-organismos até um nível aceitável (esse termo tem ampla utilização nos Estados Unidos e é popularmente sinônimo do termo desinfetante
Sanitizar	Veja "desinfecção"
Sujeira	Qualquer resíduo indesejável, orgânico ou inorgânico, presente no equipamento ou em outras superfícies
Esterilização	O processo de destruição de todas as formas de vida, incluindo micro-organismos
Esterilizante	Um agente químico capaz de destruir todas as formas de vida

A limpeza deve ser o primeiro passo para a remoção de matéria orgânica, a qual pode proteger o patógeno do procedimento de desinfecção. As principais etapas da limpeza são:

- Limpeza a seco para remoção da sujeira pesada ou da matéria orgânica.
- Limpeza úmida com detergente para remover os resíduos. Essa etapa envolve umedecer, lavar, enxaguar e secar.

A última etapa é o processo de desinfecção, que requer o uso de desinfetantes para reduzir ou eliminar os patógenos remanescentes, o enxágue para retirada do produto, seguido da secagem. Já que a sensibilidade dos patógenos é variável aos diferentes desinfetantes, é importante conhecer previamente quais patógenos podem estar presentes a fim de escolher o melhor produto.

O tipo de resíduo a ser removido varia de acordo com a composição do alimento e com a natureza do processo ao qual este é submetido. Entretanto, os constituintes alimentares possuem variadas formas de limpeza (Tab. 7.5 e 7.6), por esse motivo, diferentes tipos de materiais precisam estar disponíveis para limpeza. Os resíduos alimentares podem ser partículas secas, resíduos de cozimento, resíduos aderidos, gordura ou resíduos viscosos. Estes podem ser melhor removidos por meios físicos ou pelo uso de água quente ou fria, quase que invariavelmente adicionadas de um ou outro tipo de detergente. O tempo que o resíduo de alimento permanece no equipamento ou na superfície também afeta a limpeza. Por exemplo, leite cru fresco pode ser removido com rapidez da superfície, mas, se for deixado secar, a dificuldade de remoção será maior. Isso ocorre devido à desnaturação da proteína do leite e à quebra da emulsão de gordura, resultando na mistura das partículas de gordura a outras partículas do leite, o que torna a remoção mais difícil.

As etapas preliminares de limpeza de pequenas partes de equipamentos podem envolver a pré-imersão em água quente (45 °C) ou fria, a fim de remover resíduos pouco aderidos, seguida de uma escovação não abrasiva.

Lãs de aço e escovas metálicas não devem ser utilizadas, uma vez que não apenas danificam diversos tipos de superfícies, incluindo o aço inoxidável, como também suas partículas podem ser incorporadas aos alimentos e ser causa de reclamações por parte de consumidores (ver APPCC, Seção 8.5). Qualquer material de limpeza que cause dano a superfícies de aço inoxidável ou a outros tipos de superfícies de contato de alimentos deve ser evitado, já que as ranhuras provocadas por ele podem alojar bactérias, as quais irão persistir mesmo após procedimentos regulares de limpeza (Holah e Thorpe, 1990; Seção 7.5).

Tabela 7.5 Características dos resíduos

Componente alimentar	Solubilidade em água	Remoção	Efeito do aquecimento (p. ex., cozimento)
Proteína	É necessária condição alcalina, e levemente solúvel sob condições ácidas	Difícil	Ocorre a desnaturação, o que torna a limpeza mais difícil
Gordura	Somente sob condições alcalinas	Difícil	Mais difícil de limpar
Açúcar	Solúvel em água	Fácil	Ocorre caramelização, tornando a limpeza mais difícil
Sais minerais	A solubilidade em água varia	Varia de difícil a fácil	Geralmente insignificante

Tabela 7.6 Fatores que influenciam a eficácia dos desinfetantes

Fatores que interferem nos desinfetantes	Aldeído	Agentes liberadores de cloro	Iodóforos	Quaternário de amônio	Fenóis e bifenóis	Peróxidos
Matéria orgânica	Inibe a eficiência	Inibe a eficiência	Alguma inibição da eficiência	Inibe a eficiência	Leve inibição da eficiência	Inibe a eficiência
Baixas temperaturas	Inibe a eficiência	Leve inibição da eficiência	Leve inibição da eficiência	Inibe a eficiência	Inibe a eficiência	Leve inibição da eficiência
pH necessário para máxima eficiência	Alcalino	Ácido	Ácido	Ácido	Alcalino ou ácido	Ácido
Efeito residual	Sim	Não	Sim	Não	Sim	Não
Interação com detergentes	Compatível	Não compatível	Compatível	Não compatível	Compatível	Não compatível

7.4 Detergentes e desinfetantes

Os detergentes devem ser capazes de remover os diferentes tipos de resíduos em diferentes condições. Não é esperado que possuam propriedades bactericidas. Entretanto, durante a limpeza, removem um grande número de bactérias. Para atingir as características supracitadas, vários compostos químicos são combinados para tornarem-se adequados a diferentes aplicações.

Os detergentes são classificados da seguinte forma:

1. *Álcalis inorgânicos*: cáusticos e não cáusticos.
2. *Ácidos orgânicos* e inorgânicos.
3. *Agentes ativos de superfície*: aniônicos, não iônicos, catiônicos e anfóteros.
4. *Agentes sequestrantes*: orgânicos e inorgânicos.

Os desinfetantes para uso em superfícies de contato com alimentos devem eliminar rapidamente tanto micro-organismos Gram-positivos quanto Gram-negativos. A maioria dos esporos de mofos também deve ser eliminada, e seria ainda vantajoso se endósporos bacterianos também fossem inativados. Os desinfetantes devem ser estáveis na presença de resíduos orgânicos e água dura. Eles também devem ser:

- Não corrosivos e não manchar superfícies de qualquer natureza.
- Livres de odores ou ter um odor fraco (não perfumado).
- Não tóxicos e não irritar a pele e os olhos.
- Facilmente solúveis em água e retirados por meio de enxágue.
- Estáveis durante armazenamento prolongado na forma concentrada e estáveis durante pouco tempo quando já diluídos.
- Ter custo competitivo e custo-benefício adequados ao uso.

Os desinfetantes utilizados na indústria de alimentos costumam estar restritos a quatro grupos:

1. Agente clorados, como hipoclorito de sódio, dióxido de cloro, dicloroisocianurato de sódio e cloraminas-T.
2. Quaternários de amônio.
3. Iodóforos, tais como iodopovidona e poloxamero-iodo.
4. Compostos anfóteros.

Os desinfetantes são efetivos contra bactérias, vírus e fungos, mas não o são contra parasitas (Tab. 7.7). Em geral, a ordem decrescente de sensibilidade é a seguinte: vírus com envelopes lipídicos, bactérias Gram-positivas, vírus não envelopados, fungos, bactérias Gram-negativas e, finalmente, endósporos bacterianos.

7.5 Biofilmes microbianos

Na natureza e nos alimentos, os micro-organismos aderem-se às superfícies e multiplicam-se como uma comunidade, formando biofilmes (Denyer et al., 1993; Kumar e Anand, 1998; Stickler, 1999; Zottola e Sasahara, 1994). A superfície é condicionada, primeiramente, à adsorção de moléculas orgânicas, antes da colonização bacteriana. Superfícies ásperas proporcionam áreas para colonização, uma vez que protegem as bactérias da remoção mecânica. A estrutura resultante a partir da adesão de micro-organismos é chamada de biofilme. Eses biofilmes contêm tanto bactérias patogênicas quanto deteriorantes, levando ao aumento do risco de contaminação microbiológica do produto final. Em consequência, há a redução da vida de prateleira e o aumento do risco de transmissão de doenças. A formação de biofilmes também prejudica a transferência de calor e contribui para a corrosão dos metais. Quando os biofilmes são prejudiciais, são utilizados os termos *biofouling* ou *fouling*.

Tabela 7.7 Eficácia dos vários desinfetantes sobre os patógenos microbianos

Patógeno	Clorexidina	Agentes liberadores de cloro	Iodóforos	Fenóis e bifenóis	Compostos de amônia simples	Quaternário de amônio
C. jejuni	+	+++	+++	+++	+	+++
Sorovares de *Salmonella*	+++	+++	+++	+++	+	+++
E. coli	+++	+++	+++	+++	+	+++
C. perfringens	–	++	++	–	–	–
S. aureus	–	+++	+++	+++	+++	+++
Aspergillus flavus	+	+++	+++	++	+/–	+++
Adenovírus	–	+++	+++	–	–	+++

Os biofilmes são compostos por micro-organismos viáveis e não viáveis, os quais se fixam entre eles e às superfícies por meio de substâncias poliméricas extracelulares (EPS). O EPS é composto, sobretudo, de polissacarídeos, assim como de outros compostos derivados de micro-organismos: proteínas, fosfolipídeos, ácidos teicoicos e nucleicos. O EPS protege os micro-organismos, dentro do biofilme, dos biocidas e da dissecação, além de contribuir para a sua persistência nos biofilmes.

As células microbianas envolvidas em EPS são diferentes fenotipicamente de quando estão em suspensão (plantônicas). Uma das maiores diferenças é o aumento da resistência (na ordem de 10 a 100 vezes) aos agentes antimicrobianos (Le Chevallier et al., 1988; Holmes e Evans, 1989; Krysinski et al., 1992; Druggan et al., 1993). Um biofilme pode ser chamado, de forma menos atrativa, de "camada limosa", devido à densidade da camada de EPS. O alimento pode ser contaminado com bactérias deteriorantes e patogênicas provenientes dos biofilmes. Dessa maneira, a formação de biofilme conduz a graves problemas de higiene e perdas econômicas em razão da deterioração dos alimentos e da persistência de patógenos. O maior papel do glicocálix é proteger as bactérias aderidas de agentes antibacterianos. Na indústria, linhas de produção de leite e gaxetas podem ser colonizadas e então se tornar uma importante fonte de contaminação dos produtos. Mofos podem desenvolver-se em paredes e tetos de áreas de produção de alimentos com alta umidade e, a seguir, contaminar o produto. Diversos micro-organismos potencialmente patogênicos foram isolados a partir de biofilmes provenientes de superfícies de preparo de alimentos, incluindo *S. aureus* e *L. monocytogenes*. As células aderidas nos biofilmes podem não apenas aumentar a resistência a biocidas, como também ao tratamento térmico (Oh e Marshall, 1995).

Os biofilmes formam-se em qualquer superfície submersa na qual bactérias estejam presentes. Sua formação ocorre numa sequência de eventos (Fig. 7.1):

1. Os nutrientes dos alimentos são adsorvidos na superfície, formando um filme condicionante. Isso leva a uma alta concentração de nutrientes, comparada com a fase fluida, e favorece a formação de biofilmes. A camada de nutrientes afeta, ainda, as propriedades físico-químicas da superfície como, por exemplo, a energia livre da superfície, as mudanças na hidrofobicidade e as cargas eletrostáticas, as quais influenciam e dão condições à colonização microbiana.
2. Os micro-organismos aderem à superfície condicionada. A adesão das bactérias é inicialmente reversível (forças de atração de van der Walls, forças eletrostáticas e forças de interações hidrofóbicas) e, mais tarde, irreversível (interações dipolo-dipolo, ligações covalentes e iônicas e interações hidrofóbicas). Os flagelos bacterianos, as fímbrias e os exopolissacarídeos (também conhecidos como glicocálix, camada limosa ou cápsula) estão envolvidos no contato com filmes condicionantes. O exopolissacarídeo é importante na adesão célula-célula e célula-superfície e também protege as células contra desidratação.
3. As bactérias irreversivelmente aderidas se multiplicam e dividem-se, formando microcolônias, as quais aumentam e depois coalescem para formar uma camada de células que cobre a superfície. Durante essa fase, as células produzem

Filme condicionante de resíduos alimentícios na superfície de trabalho

Micro-organismos aderidos à superfície condicionada

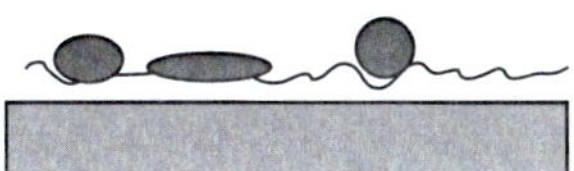

Os micro-organismos dividem-se e formam microcolônias. A formação de polissacarídeo estabiliza o biofilme.

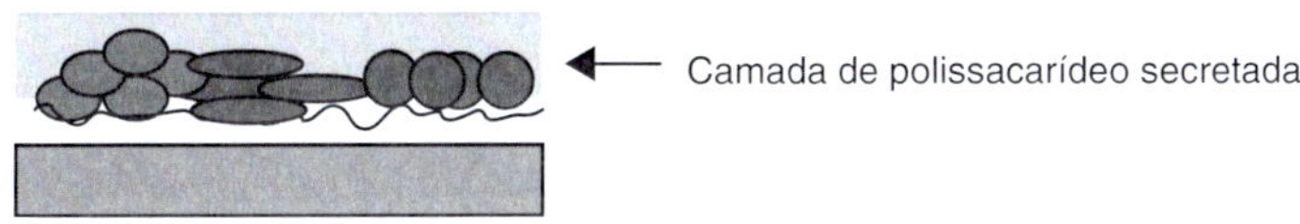

Fragmentos de biofilme descamam periodicamente

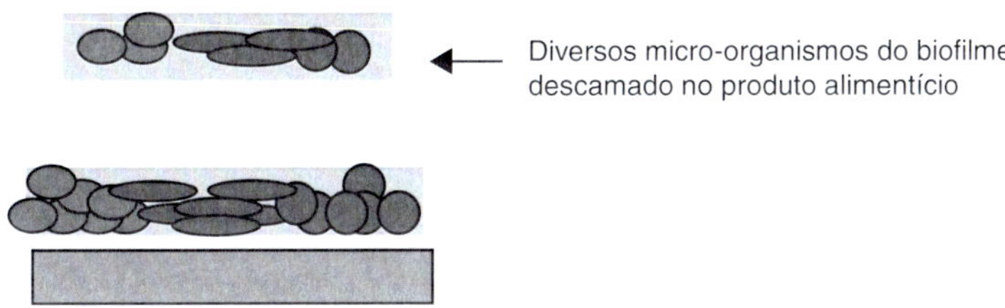

Figura 7.1 Formação de biofilme.

mais polímeros adicionais que aumentam sua fixação e estabilizam a colônia contra flutuações do ambiente.

4. A adesão contínua e a multiplicação das células bacterianas, junto com a formação de exopolissacarídeos, conduzem à formação de biofilmes. A camada de biofilme pode ter vários milímetros de espessura em poucos dias.
5. Com o passar do tempo, o biofilme começa a desfazer-se, possibilitando a descamação de partículas relativamente grandes de biomassa. As bactérias das partes descamadas podem contaminar o alimento (presença e distribuição não homogênea de bactérias no alimento) ou iniciar a formação de um novo biofilme na linha de produção.

O *design* dos equipamentos e o *layout* da planta também são aspectos importantes para a prevenção e o controle de biofilmes. Obviamente, um *design* adequado de equipamentos como tanques, dutos e juntas facilita a limpeza da linha de produção. A microtopografia da superfície pode complicar os procedimentos de limpeza, quando fendas e outras imperfeições protegem as células aderidas. O aço inoxidável resiste aos danos de impacto, mas é vulnerável à corrosão, enquanto superfícies emborrachadas são propensas a deterioração e podem desenvolver rachaduras, onde as bactérias podem acumular-se (LeClercq-Perlat e Lalande, 1994).

De maneira geral, um programa efetivo de higienização (limpeza + desinfecção) inibe a formação de biofilmes. A ação mecânica e a quebra química da matriz de polissacarídeos são necessários para a remoção de biofilmes. Como pode ser visto na Figura 7.2, as bactérias aderidas são cobertas com material orgânico (polissacarídeo e resíduos de alimentos), o qual inibe a penetração do desinfetante devido à perda de propriedades umectantes. Portanto, a atividade detergente é necessária para remover essa camada externa antes da utilização de um desinfetante. A massa microbiana morta deve ser removida, pois, do contrário, age como um filme condicionante e como fonte de nutrientes para uma posterior formação de biofilme. Novos agentes de limpeza e tratamentos enzimáticos estão sendo formulados para a remoção efetiva de biofilmes.

Conforme dito anteriormente, os biofilmes são problemáticos para a indústria de alimentos. Eles são difíceis de remover em razão da combinação de questões como o EPS recalcitrante, dificuldades de limpar equipamentos de produção complexos e as instalações produtivas. Portanto, o controle de biofilmes requer tanto a implementação de procedimentos efetivos de limpeza e sanitização, como o *design* higiênico dos equipamentos de produção de alimentos e do ambiente de produção, facilitando a limpeza. Testes rápidos, como a bioluminescência por ATP (Seção 5.4.2), podem ser utilizados com a finalidade de avaliar a eficácia dos procedimentos de limpeza.

Há diversos problemas associados com a limpeza eficiente. Entre eles é possível incluir (1) falta de *design* ou má localização dos equipamentos de processamento de alimentos; (2) recontaminação de equipamentos que já haviam sido limpos; (3) pouco tempo para limpeza ou limpeza pouco frequente; (4) funcionários mal treinados; (5) uso incorreto de agentes de limpeza e desinfecção com grandes variações na diluição recomendada; e (6) falta de comprometimento da gerência e dos operários.

Problemas adicionais podem ser encontrados se o responsável pela higiene da fábrica não reforçar com sua equipe os procedimentos recomendados, como também se supervisores ou funcionários responsáveis forem demitidos e não forem rapidamente substituídos. Estes problemas acabam sendo exacerbados na indústria de alimentos devido à alta rotatividade dos manipuladores, tendo como consequência a contratação de novos funcionários sem o devido treinamento.

Com relação aos procedimentos de limpeza, estes algumas vezes são alterados sem, no entanto, levar em consideração os possíveis efeitos que a mudança pode ter na estrutura física do equipamento ou na eficácia de ação nos resíduos de alimentos ou

Biofilme maduro

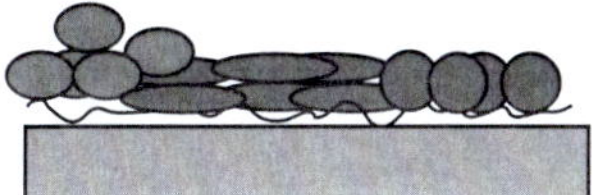

Remoção do material da superfície (polissacarídeo, resíduos de alimentos, etc.) por detergente

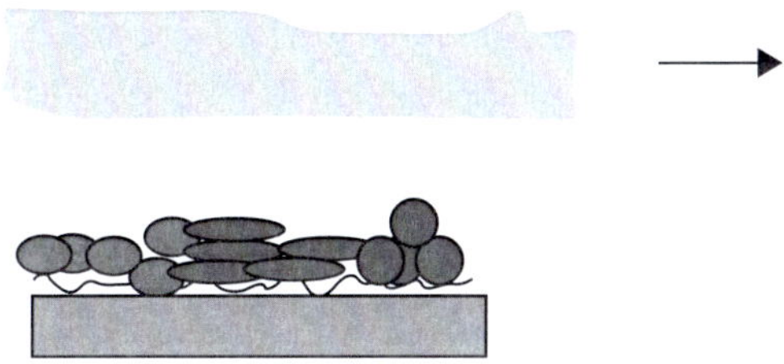

Destruição de micro-organismos por desinfetante

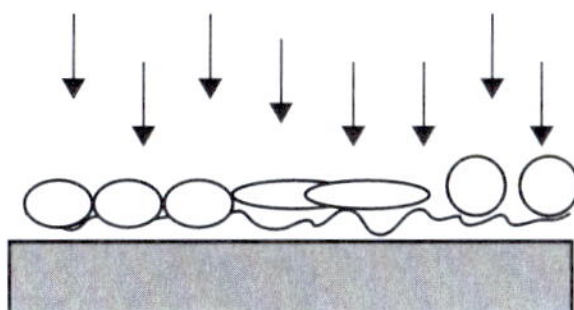

Enxágue para remoção de células microbianas mortas, as quais, de outra maneira, podem agir como fontes de nutrientes para um novo biofilme

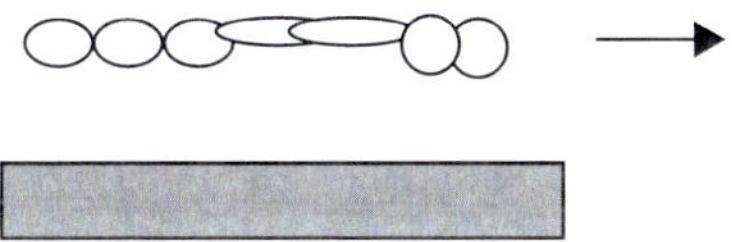

Figura 7.2 Remoção de biofilmes.

micro-organismos. Os materiais que divulgam os agentes de limpeza apresentam os resultados obtidos a partir de testes sob condições controladas, mas as condições do ambiente onde o produto será utilizado comercialmente são muito diferentes. É importante, portanto, sempre testar os agentes de limpeza ou desinfecção sob condições comerciais de uso antes de introduzi-los em larga escala na fábrica. Entretanto, não se deve supor que os métodos de limpeza e desinfecção continuam eficazes porque já o foram antes. Testes precisam ser realizados periodicamente para confirmar sua eficácia.

Por fim, a limpeza mecânica pode causar danos aos equipamentos, os quais terão que ficar fora de uso para reparos. Quando isso acontece, os equipamentos remanescentes acabam sofrendo uma sobrecarga, e, por esse motivo podem falhar com mais facilidade. Em consequência, os reparos podem ser realizados de forma apressada ou inadequada e, assim, comprometer o programa de limpeza. Essa situação está muitas vezes associada à relutância da gerência em investir recursos na limpeza.

7.6 Avaliação da eficiência da limpeza e desinfecção

A eficiência do processo de sanitização das linhas de produção pode ser verificada por inspeção visual ou utilizando testes microbiológicos. A inspeção visual é um método simples, porém não totalmente efetivo, uma vez que não determina o nível microbiológico após a limpeza. Grande parte depende do cuidado tomado pelo inspetor. Com a experiência, ele pode saber onde procurar por sinais de limpeza inadequada, porém os resíduos variam e talvez seja difícil sua detecção visual (p. ex., alguns resíduos não são visíveis se houver um filme ou água na superfície limpa), dessa forma é importante iluminar bem as superfícies durante a inspeção. Apesar desses comentários, as inspeções visuais valem a pena para identificar se a limpeza está sendo realizada com frequência. Elas podem ser realizadas durante ou logo depois da limpeza ou mesmo pouco tempo antes do início do próximo turno de produção. As inspeções devem ser realizadas aleatoriamente para que os empregados envolvidos na limpeza não saibam quando ocorrerão. Uma lista de verificação, contendo vários itens dos equipamentos a serem verificados, deve ser montada, e os itens, uma vez limpos e inspecionados, podem fornecer parâmetros de limpeza comparáveis com dados anteriores. Todas as não conformidades encontradas devem ser registradas em um relatório de inspeção. Além disso, registros dos produtos de limpeza, das diluições e do tempo de contato devem ser mantidos em locais adequados. Se o equipamento não tiver sido limpo de modo apropriado, deve haver tempo disponível para a realização da ação corretiva antes de reiniciar o processamento. Há a necessidade de cuidado especial na reinspeção de equipamentos que anteriormente não haviam sido bem limpos.

Os testes de avaliação de limpeza de superfícies que costumam ser mais utilizados são a bioluminescência por ATP, a detecção de proteínas e a cultura microbiana, já abordados no Capítulo 5. A bioluminescência por ATP e a detecção de proteínas determinam o estado geral de higiene, uma vez que não são específicos para detecção de material microbiológico, mas detectam resíduos de alimentos; ver Seções 5.4.3 e 5.4.4. As culturas microbiológicas típicas envolvem estimativas do total de células viáveis de uma superfície, micro-organismos indicadores (p. ex., *Enterobacteriaceae*, *E. coli*, etc.) e, quando necessário, micro-organismos deteriorantes e bactérias causadoras de doenças (p. ex., *Listeria*). Em geral, no entanto, as estimativas estão limitadas ao número total de micro-organismos, uma vez que esse é o parâmetro microbiológico mais sensível para avaliação da condição de higiene. As células são removidas das superfícies por meio de *swabs* estéreis, do enxágue com um volume conhecido de diluente estéril ou de placas de contato. Devido ao fato de micro-organismos estarem com frequência distribuídos de maneira não uniforme nas superfícies dos equipamentos, a maior área possível deve ser amostrada, porém incluindo pontos de difícil acesso, como ralos. Por esse motivo a utilização de *swabs* tem sido particularmente mais conveniente. O maior problema com o uso de métodos de padrões microbiológicos é que os resultados, em geral, só estarão disponíveis após um período de 48 horas em razão do período necessário para incubação das amostras. Por esse motivo, a bioluminescência por ATP e as técnicas de detecção de proteínas se tornaram os testes mais utilizados na indústria de alimentos, já que os resultados são rápidos e o equipamento de detecção é facilmente transportado e fácil de utilizar. Os resultados dos testes de bioluminescência por ATP podem ser comparados ao longo da semana, a fim de determinar se o nível de higiene modifica de acordo com a mudança dos responsáveis pelos procedimentos de limpeza e outros fatores.

O produto final também pode ser utilizado para determinar a eficiência da limpeza. Alimentos que tiveram contato inicial com superfícies limpas têm mais probabilidade de serem contaminados com micro-organismos residuais; portanto, contagens maiores do que o esperado em tais alimentos pode ser indicativo de limpeza inadequada. Esse princípio é bastante utilizado para monitorar a limpeza de locais nos quais foram produzidos alimentos líquidos. Assim, as amostras são retiradas em intervalos regulares, desde o início do turno de produção e, se houver redução gradual na contagem de células da primeira amostra em diante, mais do que uma constância nos resultados, a limpeza está sendo feita de forma inadequada, já que o líquido está retirando as bactérias residuais da superfície.

Concluindo, é pertinente enfatizar que, quando técnicas de monitoramento demonstram haver problemas de limpeza em determinados locais, é de vital importância concentrar esforços nessas áreas e não apenas aceitar a evidência da limpeza ineficiente de forma complacente.

8 Ferramentas de gestão da segurança de alimentos

8.1 A produção higiênica de alimentos

Haverá alguma maneira de produzir alimentos que sejam nutritivos e apetitosos e ainda atinjam a expectativa dos consumidores em relação ao risco? A dificuldade que enfrentamos em produzir um alimento seguro é baseada no fato de que o consumidor é proveniente de uma população variada, com diferentes níveis de suscetibilidade e estilos de vida. Além disso, alimentos com altos níveis de conservantes, para reduzir o desenvolvimento microbiano, são repudiados pelos consumidores, os quais os qualificam como "superprocessados" ou "adicionados de aditivos químicos". A pressão dos consumidores é para a disponibilidade de grandes variedades de produtos frescos e minimamente processados, contendo conservantes naturais e ainda com a **garantia de segurança absoluta**.

Na cadeia de alimentos, a produção de alimentos seguros é responsabilidade de todos e, na indústria, desde os operadores de transporte até o mais alto executivo também têm essa responsabilidade. Não é responsabilidade somente do microbiologista de alimentos. Todavia, na indústria, esse profissional precisará não apenas conhecer qual patógeno alimentar tem a maior probabilidade de estar presente nos ingredientes, mas também o efeito das etapas de processamento na sobrevivência das células microbianas, a fim de orientar as práticas mais apropriadas de processamento. Melhores métodos de análise microbiológica ainda estão sendo desenvolvidos. É óbvio que, devido aos diversos métodos de análise adotados por diferentes países, os dados estatísticos de doenças transmitidas por alimentos não são diretamente comparáveis.

A produção de alimentos seguros requer:

- Controle do fornecedor
- Desenvolvimento de produto e controle de processo
- Boas Práticas de Higiene durante a produção, o processamento, a manutenção e a distribuição, o armazenamento, a venda, o preparo e o uso.
- Caráter preventivo, já que a eficácia dos testes microbiológicos nos produtos finais é limitada. Referência CAC ALINORM 97/13 (Comissão do *Codex Alimentarius*, 1995).

Uma das maneiras de melhorar a segurança dos alimentos é, em primeiro lugar, prevenir a contaminação das matérias-primas. Isso já foi mencionado em relação à contaminação da água pelo vírus da hepatite A e parasitas (Seções 4.4 e 4.6). Entretanto, prevenir a contaminação microbiológica nem sempre é possível, uma vez que os micro-organismos são parte de nosso ecossistema. O solo contém bactérias, vírus e protozoários. As plantas possuem sua microflora (Seção 1.11.2) e os micro-organismos são parte da flora da pele e dos intestinos de animais e peixes. Muitos patógenos sobrevivem no ambiente por longos períodos de tempo (Tab. 8.1) e são transmitidos aos humanos por diferentes maneiras (Fig. 8.1). O controle inadequado de temperatura durante a produção e preparação de alimentos aumenta o nível de contaminação por patógenos microbianos e micro-organismos deteriorantes nos alimentos antes do consumo.

Os meios tradicionais de controlar a deterioração e os perigos à segurança dos alimentos incluem congelamento, branqueamento, pasteurização, esterilização, enlatamento, cura, adição de açúcar e de conservantes.

Os aditivos alimentares, como os conservantes, são necessários para garantir que alimentos processados continuem seguros e livres de problemas de deterioração durante sua validade. Uma gama variada de conservantes é utilizada na produção de alimentos, incluindo alimentos tradicionais. Muitos conservantes são eficazes sob condições de pH baixo: ácido benzoico (pH<4,0), ácido propiônico (pH<5,0), ácido sórbico (pH<6,5), sulfitos (pH<4,5). Os parabenos (ésteres de ácido benzoico) são mais eficazes em condições de pH neutro. Como referência para limites de valores de pH na multiplicação microbiana é recomendável citar a leitura da norma da ICMSF (1996a) e das publicações relacionadas, assim como a Tabela 2.8.

Tabela 8.1 Sobrevivência de micro-organismos patogênicos no esgoto, no solo e nos vegetais

Organismo	Condições	Sobrevivência
Coliformes	Solo	30 dias
Mycobacterium tuberculosis	Solo	Mais de dois anos
	Solo	5–15 meses
	Rabanete	3 meses
Salmonella spp.	Solo	72 semanas
	Batatas na superfície do solo	40 dias
	Vegetais	7–40 dias
	Folhas de beterraba	21 dias
	Cenouras	10 dias
	Repolho/groselhas	5 dias
	Suco de maçã, pH 3,68	>30 dias
	Suco de maçã, pH<3,4	2 dias
S. Typhi	Solo	30 dias
	Vegetais/frutas	1–69 dias
	Água	7–30 dias
Shigella spp.	Tomates	2–7 dias
Vibrio cholerae	Espinafre, alface, vegetais não ácidos	2 dias
Grupo dos vírus enterais (polio, echo, coxsackie)	Solo	150–170 dias
	Pepino, tomate, alface, de 6 a 10 °C	>15 dias
	Rabanete	>2 meses

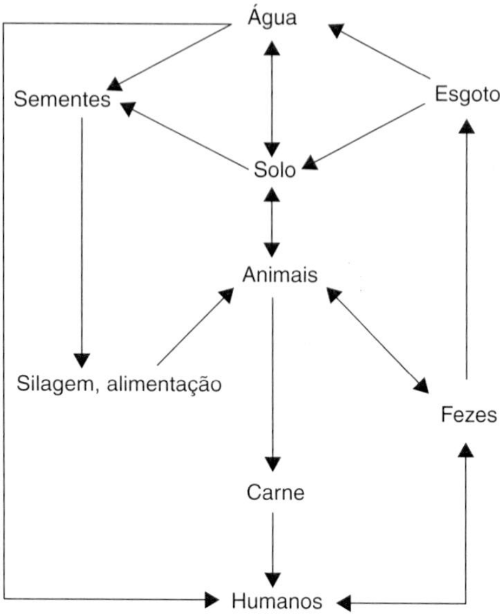

Figura 8.1 Rotas de transmissão de patógenos entéricos para os humanos.

As tecnologias de preservação dos alimentos compreendem aquelas que envolvem tratamento térmico (p. ex., aquecimento ou congelamento) e aquelas que utilizam aditivos químicos (p. ex., cura). Com o tratamento térmico, o alimento permanece seguro pelo tempo que qualquer patógeno sobrevivente estiver sendo controlado e nenhuma contaminação adicional ocorrer após o processamento. No caso do uso de aditivos químicos, os contaminantes microbiológicos estão controlados durante o tempo de vida útil do agente químico. Com o objetivo de estabelecer processos de produção adequados, é necessário entender os fatores que afetam a multiplicação microbiana. Entretanto, o alimento é uma matriz química complexa, e predizer quando, ou quão rápido os micro-organismos irão se desenvolver, em qualquer alimento, é difícil. A maioria dos alimentos contém nutrientes suficientes para permitir a multiplicação microbiana, mas outros fatores, tais como a presença de conservantes naturais (como ácido benzoico em amoras) e baixo pH muitas vezes retardam o desenvolvimento microbiano.

Os processos produtivos podem ser bastante complicados. Um fluxograma geral do processamento de aves é demonstrado na Figura 8.2. Esse é um fluxograma relativamente simples, com apenas uma ramificação. Nele não estão indicados nem a temperatura nem o tempo de cada etapa que possa afetar a multiplicação microbiana. Porém, a produção de um alimento seguro requer o comprometimento desde os manipuladores até a gerência. Em consequência, um grande número de sistemas de gestão da segurança, como as Boas Práticas de Higiene (BPH), as Boas Práticas de Fabricação (BPF), o Gerenciamento da Qualidade Total (GQT) e o sistema de Análise de Perigos e Pontos Críticos de Controle (APPCC), necessita ser implementado.

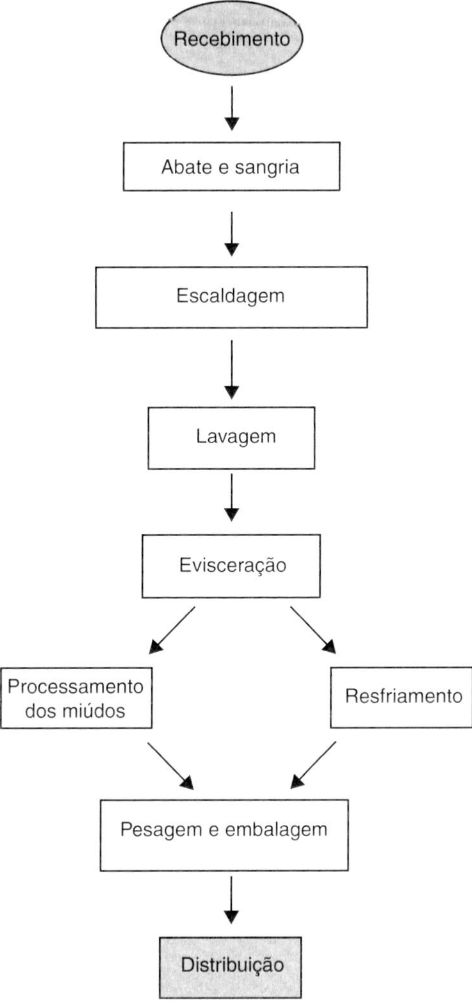

Figura 8.2 Fluxograma do processamento de aves.

Em relação à legislação, o leitor deve sempre procurar a autoridade regional competente. Para informações sobre produção de alimentos higiênicos com ênfase no *layout* da fábrica, no *design* dos equipamentos e no treinamento de operadores, recomenda-se Forsythe e Hayes (1998), *Food Hygiene, Microbiology and HACCP*, além de Shapton e Shapton (1991), *Principles and Practices for the Safe Processing of Foods*. Informações detalhadas sobre micro-organismos específicos podem ser encontradas na série de livros da International Commission on Microbiological Specifications for Foods (ICMSF), especialmente *Microorganisms in Foods 5: Characteristics of Microbial Pathogens* (1996) e *Microorganisms in Foods 6: Microbial Ecology of Food Com-*

modities (1998), os quais devem ser considerados essenciais na biblioteca de qualquer microbiologista de alimentos.

A questão da produção de alimentos seguros está englobada na área de controle da qualidade e da garantia de qualidade. Portanto, ela requer o *design* higiênico dos equipamentos e das fábricas combinado com o comprometimento gerencial para que sejam alcançadas segurança e qualidade. Isso está representado no diagrama demonstrado na Figura 8.3. A atual questão envolvendo segurança dos alimentos abrange a análise de riscos e o desenvolvimento de objetivos de segurança de alimentos. Essas são atividades governamentais que algumas vezes decidem o nível permissível de patógenos em alimentos (Fig. 8.4) Esse assunto é tratado no Capítulo 9.

Há alguns alimentos que dificilmente são produzidos sem riscos significativos de serem fontes de infecção de origem alimentar. Surtos de salmonelose e de *E. coli* O157:H7 associados com brotos crus já ocorreram em muitos países, e em geral os idosos, as crianças e as pessoas com o sistema imunológico comprometido são orientados a não ingerir esses produtos crus (como alfafa) até que as medidas efetivas para prevenção de doenças sejam identificadas (Taormina et al., 1999); Ver Seção 1.11.2.

A globalização da cadeia de alimentos é reconhecida como a maior responsável pelos problemas de segurança dos alimentos. Os micro-organimos patogênicos não são controlados por uma simples fronteira entre países. Aliado a isso, o turismo e o aumento de interesses culturais podem levar a novos hábitos de alimentação, como o consumo de comida japonesa (*sushi*) em países ocidentais. O contínuo aumento no comércio internacional tem sido alcançado em parte pelos avanços nas tecnologias de produção e processamento, assim como pelas melhores condições de transporte. Acordos regionais de comércio e o impacto geral do Acordo do Uruguai (Seção 11.5) reduziram muitas taxas e subsídios que restringiam o livre comércio, estimulando

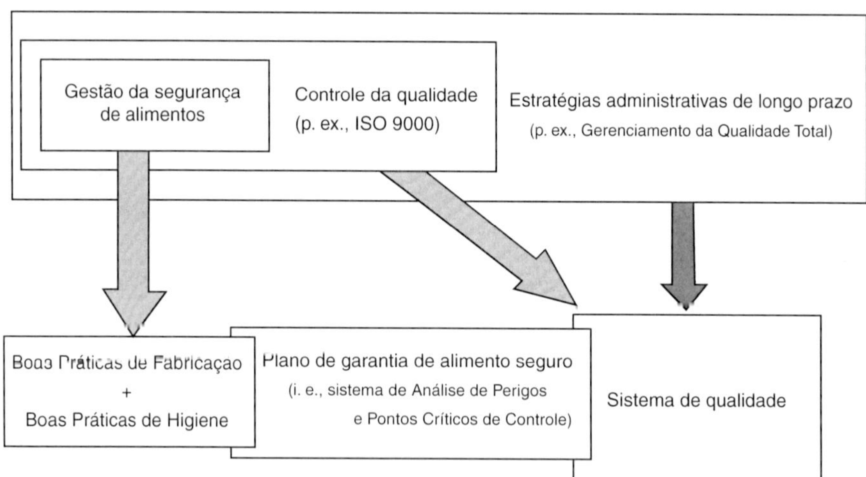

Figura 8.3 Ferramentas de Gestão da segurança de alimentos. Adaptada de Jouve et al (1998), com permissão de ILSI Europa.

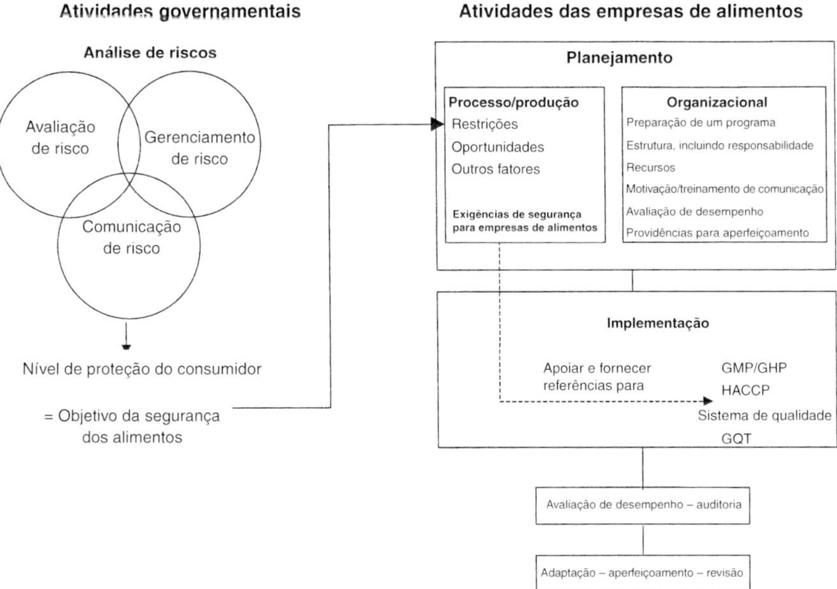

Figura 8.4 Interação entre atividades governamentais e de companhias de alimentos. Adaptada de Jouve et al., 1998, com permissão de ILSI-Europa.

o aumento de produção e exportação pelos países que possuem um melhor custo-benefício de produção. Contudo, muitos países exportadores não têm infraestrutura para assegurar altos níveis de fabricação higiênica.

A contínua integração e consolidação da agricultura e das indústrias de alimentos e a globalização do comércio de alimentos estão mudando os padrões da produção e distribuição de alimentos, assim como de fornecedores e de demanda. A produção de matérias-primas está cada vez mais concentrada em poucas e especializadas unidades produtivas, as quais geram grandes quantidades de alimento. Essas mudanças podem não somente trazer benefícios, mas também novos desafios à produção segura de alimentos, além de consequências à saúde. A pressão para produzir alimentos para exportação é muito significativa em economias em desenvolvimento e podem levar a práticas agrícolas inadequadas. As consequências incluem:

- A contaminação acidental ou esporádica com baixos níveis microbianos de um simples produto pode resultar em uma epidemia de doenças transmitidas por alimentos.
- Altos níveis de micotoxinas resultantes de condições inadequadas de armazenamento.
- Contaminação dos alimentos na indústria com metais ou produtos químicos, tais como bifenilas policloradas (PCBs) e dioxinas.

Mudanças na agricultura, como a introdução de novas variedades de plantas e novas práticas de rotação de sementes, podem introduzir ou aumentar a presença de perigos, como a contaminação das sementes por micotoxinas. Devido à extensiva distribuição de alimentos provenientes de um único fornecedor, o potencial de afetar muitos consumidores a partir de uma contaminação localizada tem aumentado. Isso foi demonstrado pelo incidente da dioxina na Bélgica e da encefalite espongiforme bovina na Inglaterra, onde o risco gerado a partir de um país teve implicações globais (Tab. 1.8).

Em contraste com a preocupação geral a respeito da presença de bactérias em alimentos, existe um grande número de alimentos que contêm, deliberadamente, bactérias e fungos. Estes são os alimentos "fermentados" (Seção 3.7), e eles têm sido produzidos desde os primórdios da civilização. O gosto, a textura, o aroma e o sabor desses alimentos se devem ao metabolismo microbiano, sendo eles considerados seguros do ponto de vista microbiológico. Esses alimentos formam a base do desenvolvimento dos "alimentos funcionais", nos últimos 10 a 12 anos.

No Japão, e, em menor escala, nos Estados Unidos, as pesquisas envolvendo alimentos funcionais têm aumentado recentemente. É esperado que esses alimentos apresentem efeitos benéficos relacionados à saúde ou fisiologia, como reduzir o risco de doenças. A maioria dos alimentos funcionais hoje aprovados contém tanto oligossacarídeos como bactérias lácticas para promover a saúde intestinal. Em 1998, a FDA (*Food and Drug Administration*) reconheceu 11 alimentos ou componentes alimentares que demonstraram correlação entre sua ingestão e benefícios à saúde (Diplock et al., 1999). Uma porção significativa dos alimentos funcionais diz respeito à ingestão de bactérias ácido-lácticas (probióticos). Dessa forma, este livro revisou os probióticos desde a antiga prática de produção de alimentos fermentados (Seção 3.8). A legislação que rege os alimentos geneticamente modificados não será abordada, uma vez que existem livros mais apropriados disponíveis (IFBC, 1990; OMS, 1991; OECD, 1993; Jonas et al., 1996; FAO, 1996; SCF, 1997; Tomlinson, 1998; Moseley, 1999).

Schlundt, da Organização Mundial da Saúde (OMS), descreveu que a produção de alimentos seguros evoluiu em três estágios:

1. Boas Práticas de Higiene na produção e preparação, a fim de reduzir a prevalência e a concentração de perigos microbiológicos.
2. Aplicação do APPCC, o qual age preventivamente na identificação e no controle dos perigos.
3. Análise de risco (incluindo a análise de risco microbiológico), focada nas consequências da ingestão de perigos microbiológicos para humanos e a ocorrência do perigo em toda a cadeia alimentar (da fazenda à mesa).

Esses três estágios estão descritos neste livro como a melhor forma de gerenciar a segurança dos alimentos. Uma visão geral do desenvolvimento dos sistemas de segurança de alimentos é fornecida na Tabela 8.2.

Embora a indústria e os organismos regulatórios lutem por sistemas de produção e processamento que garantam a completa segurança de todo o alimento, a ausência total de riscos é uma meta inatingível. A segurança e o benefício estão relacionados ao nível de risco que a sociedade considera como razoável em um contexto, e sua comparação com outros riscos do cotidiano.

Tabela 8.2 Marcos importantes no desenvolvimento de sistemas de segurança de alimentos

Tempo	Atividade
Passado distante	Uso do princípio da "proibição" para proteger determinados grupos da sociedade contra doenças transmitidas por alimentos
1900 até os dias atuais	Análises microbiológicas dos alimentos
1922	Introdução de critérios de processamento para alimentos enlatados de baixa acidez pela Esty and Meyer
1930-1960	Uso da análise de risco (para diferentes patógenos), a fim de definir critérios para pasteurização de leite
1960	Introdução das Boas Práticas de Fabricação
1971	Introdução formal do sistema de Análise de Perigos e Pontos Críticos de Controle (APPCC)
1978	Início do modelamento preditivo da multiplicação bacteriana em alimentos
1995	Introdução formal da análise de risco quantitativa

A segurança microbiológica dos alimentos é assegurada principalmente pelo seguinte:

- Controle do fornecedor
- Desenvolvimento de produto e controle de processo
- A aplicação das Boas Práticas de Higiene durante a produção, o processamento (incluindo rotulagem), a manipulação, a distribuição, o armazenamento, a venda, o preparo e o uso
- Os itens supracitados, em conjunto com a aplicação do sistema APPCC. Esse sistema preventivo oferece maior controle do que a análise do produto final, já que a eficácia dos testes microbiológicos no produto final, visando garantir a segurança, é limitada.

A garantia da segurança precisa ser aplicada a toda cadeia alimentar, desde a produção de alimentos no campo (ou equivalente) até o consumidor final. Isso é comumente conhecido como a abordagem "do campo à mesa". Para que isso seja atingido, é necessária a integração das ferramentas de gestão da segurança de alimentos (Forsythe e Hayes, 1998; Fig. 8.1):

- BPF
- BPH
- APPCC
- Avaliação do Risco Microbiológico (ARM)
- Gerenciamento da Qualidade; séries ISO
- Qualidade Total

Essas ferramentas podem ser implementadas no mundo inteiro, possibilitando a fácil comunicação entre os distribuidores de alimentos e as autoridades sanitárias, em especial nos portos de entrada.

8.2 Segurança microbiológica dos alimentos no comércio internacional

É importante entender que a ratificação do acordo da Organização Mundial do Comércio (OMC) é o principal fator responsável pelo desenvolvimento de novas medidas de higiene para o comércio internacional de alimentos. Os dados quantitativos dos riscos microbiológicos associados com diferentes classes de alimentos têm sido cada vez mais solicitados, e os requerimentos tradicionais de Boas Práticas de Fabricação baseadas em higiene de alimentos (p. ex., análise do produto final) estão sendo desafiados. Consequentemente, a avaliação de riscos (Cap. 9) como um critério de gestão para tomadas de decisão dará maior ênfase à microbiologia preditiva, para estabelecer limites críticos em planos APPCC.

O ato final da rodada de negociações comerciais do Uruguai estabeleceu que a Organização Mundial do Comércio (OMC) sucederia o Acordo Geral sobre Tarifas e Comércio (GATT, Seção 11.5). O ato final levou ao Acordo sobre a Aplicação de Medidas Sanitárias e Fitossanitárias (Acordo SFS) e o Acordo para Barreiras Técnicas do Comércio (BTC). Esses acordos têm a intenção de facilitar a livre movimentação de alimentos pelas fronteiras, assegurando que as formas de garantir a saúde humana estabelecidas pelos países apresentem justificativa científica e não sejam utilizadas como barreira não tarifária para o comércio de produtos alimentícios. O acordo estabelece que as medidas sanitárias e fitossanitárias baseadas em padrões, códigos e diretrizes estabelecidas pela Comissão do *Codex Alimentarius* (Seção 11.4) são consideradas necessárias para proteger a saúde humana e consistentes com as cláusulas relevantes do GATT.

O acordo SFS é de particular importância para a segurança de alimentos. Ele fornece um modelo para a formulação e harmonização das medidas sanitárias e fitossanitárias. Essas medidas devem ter por base a ciência e serem implementadas de maneira transparente e equivalente. Elas não podem ser utilizadas como barreira injustificável ao comércio, discriminando as fontes de suprimento estrangeiras ou fornecendo vantagens para os produtores domésticos. A fim de facilitar a produção segura de alimentos para mercados internos e internacionais, o acordo SFS estimula os governos a harmonizarem suas medidas nacionais ou basearem-nas em critérios, diretrizes e recomendações internacionais desenvolvidos por órgãos especializados.

O propósito do Acordo BTC é prevenir o uso de requerimentos técnicos nacionais ou regionais, ou padrões em geral, como barreiras técnicas injustificadas para o comércio. O acordo cobre todos os tipos de padrões, incluindo os requerimentos de qualidade para alimentos (exceto requerimentos relacionados a medidas sanitárias e fitossanitárias) e inclui numerosas medidas desenvolvidas para proteger o consumidor contra decepção ou fraude econômica. O Acordo BTC também enfatiza padrões internacionais. Os membros da OMS são obrigados a utilizar padrões internacionais ou partes deles, exceto quando são ineficazes ou inapropriados para a situação nacional.

O acordo da OMC também estabelece que a avaliação de riscos deva ser utilizada a fim de fornecer base científica para as normas alimentares nacionais de segurança de alimentos e para as medidas fitossanitárias, levando em conta as técnicas de avaliação de riscos desenvolvidas por organizações internacionais.

Devido ao SFS e à OMS, os padrões, as diretrizes e outras recomendações do *Codex Alimentarius* têm se tornado referência internacional em segurança dos alimentos.

8.3 O efeito da pressão dos consumidores no processamento de alimentos

Na produção de alimentos, é essencial que medidas adequadas sejam tomadas a fim de garantir segurança e estabilidade do produto durante sua vida de prateleira. Esses propósitos têm sido alcançados graças à tendência dos consumidores modernos e da legislação dos alimentos em controlar, cada vez mais, as indústrias alimentícias. Em primeiro lugar, os consumidores requerem maior qualidade, ausência de conservantes, alimentos seguros, porém pouco processados e com uma vida de prateleira razoável. Isso pode significar que alimentos deverão de preferência ser submetidos a temperaturas médias de pasteurização, em vez de a altas temperaturas de esterilização. Visto que a acidificação e a esterilização são consideradas dois fatores essenciais no controle da multiplicação de bactérias formadoras de endósporos (p. ex., *C. botulinum*), estas podem ser utilizadas de forma inovadora para contentar as exigências dos consumidores a fim de garantir a conservação dos produtos (Gould, 1995; Schellekens, 1996; Peck, 1997). Em segundo lugar, a legislação tem restringido o uso de conservantes e o nível permitido de algumas dessas substâncias em diferentes alimentos. Isso tem causado problemas às indústrias de alimentos, uma vez que alguns micro-organismos têm aumentado sua resistência frente aos conservantes mais utilizados. Um exemplo disso é demonstrado por um estudo que identificou resistência a conservantes de baixa acidez leveduras deteriorantes mediadas por uma proteína de multirresistência a drogas (Piper et al., 1998). Os consumidores têm exigido alimentos que necessitem de processamentos mínimos antes do consumo. Eles também requerem alimentos com menos aditivos e menos conservantes, o que afeta a vida de prateleira do produto. Para tanto, novas técnicas de processamento estão sendo introduzidas com o objetivo de aumentar a qualidade dos produtos, tais como processamentos térmicos mais brandos, aquecimento por micro-ondas, aquecimento ôhmico e técnicas de processamento com alta pressão (Seção 3.6).

Todos esses processos devem ser avaliados, considerando-se a produção de alimentos seguros, principalmente porque os micro-organismos em alimentos que passam por processamentos térmicos brandos podem adquirir resistência aos ácidos estomacais e, portanto, diminuir suas doses infectantes (Seção 9.5.5). Além disso, está havendo aumento do consumo de alimentos fora de casa e crescimento da população de idosos, a qual é mais vulnerável.

Está havendo o inquietante aparecimento de patógenos emergentes, como a *E. coli* produtora de shigatoxinas (STEC, também conhecida como *E. coli* verotoxigênica, ou VTEC), a *S.* Typhimurium DT104 multirresistente e uma maior conscientização a respeito das gastrenterites virais. A relação entre a CJD e a encefalite espongiforme bovina foi estabelecida e afetou drasticamente os processos de abate e os métodos de produção em certos países.

8.4 A gestão dos perigos nos alimentos que são internacionalmente comercializados

A gestão dos perigos biológicos nos alimentos comercializados internacionalmente pode ser dividida em cinco etapas (ICMSF, 1997):

1. *Condução de análise de risco*: a análise de risco e as consequentes decisões do gerenciamento de risco produzem a base para determinar a necessidade de se estabelecerem objetivos de segurança microbiológicos.
2. *Estabelecimento dos objetivos de segurança de alimentos* (OSAs): o objetivo de segurança microbiológico de alimentos é a determinação do nível máximo de um perigo biológico considerado aceitável para evitar danos ao consumidor. Isso deve ser desenvolvido por organismos governamentais com o intuito de obter consenso a respeito de um alimento internacionalmente comercializado.
3. *Objetivos de segurança de alimentos atingíveis*: os OSAs devem ser atingíveis do ponto de vista de toda a cadeia alimentar. Também podem ser aplicados os princípios gerais de higiene dos alimentos, especificações técnicas dos produtos e planos APPCC. O plano APPCC deve ser desenvolvido na indústria de alimentos.
4. *Estabelecimento de critério microbiológico, quando aceitável*: isso deve ser conduzido por um grupo de microbiologistas de alimentos com experiência na área.
5. *Estabelecimento de procedimentos de aceitação para os alimentos nos portos de entrada*: uma lista de fornecedores aprovados, determinada por inspeções nas unidades produtivas, certificações, análises microbiológicas ou outros testes, como pH e atividade de água.

Entretanto, é necessário o entendimento do APPCC (Seção 8.7), dos Critérios Microbiológicos (Cap. 6), da Análise de Riscos Microbiológicos (Cap. 9) e dos Objetivos da Segurança de Alimentos (Seção 9.7).

8.5 APPCC

A maioria das contaminações alimentares pode ser prevenida pela aplicação dos princípios básicos da higiene de alimentos em toda a cadeia alimentar. Isso é possível com o seguinte:

1. Educação e treinamento dos manipuladores de alimentos e consumidores para a aplicação das práticas de produção de alimentos seguros.
2. Inspeção dos estabelecimentos a fim de garantir práticas de higiene consistentes.
3. Análises microbiológicas para detectar a presença ou ausência de patógenos alimentares e suas toxinas.

De forma tradicional, a segurança dos alimentos era garantida pela análise do produto final para presença de patógenos alimentares ou suas toxinas. Essa conduta, entretanto, não garante a segurança do alimento por diversas razões. A produção de alimentos seguros pode ser alcançada de forma consistente por meio da adoção do APPCC. Essa abordagem sobre a produção de alimentos seguros é explicada mais de forma detalhada neste capítulo e tem sido aceita no mundo todo. Além disso, as inspeções nas instalações produtivas têm dado ênfase à inspeção da implementação do APPCC.

O sistema APPCC para gerenciar a segurança dos alimentos teve origem em duas bases:

- O sistema APPCC, na década de 1960, desenvolvido pela Companhia Pillsbury, o Exército Norte-americano e a NASA, mediante um trabalho colaborativo que tinha como objetivo a garantia da produção de alimentos seguros para os astronautas (Bauman, 1974).
- O Sistema de Gerenciamento da Qualidade Total, o qual enfatiza uma abordagem geral do sistema produtivo que possa melhorar a qualidade enquanto reduz custos.

O sistema APPCC é baseado em um protocolo científico. Sua sistemática identifica perigos específicos e medidas para o controle desses perigos, a fim de garantir a segurança dos alimentos. Ele é interativo, envolvendo todos os responsáveis pela produção de alimentos da indústria. É uma ferramenta para avaliar perigos e estabelecer sistemas de controle. Está mais focado na prevenção dos problemas que possam ocorrer do que na análise do produto final. Os Planos APPCC podem sofrer mudanças, como avanços no *design* de equipamentos e do desenvolvimento de novos procedimentos ou tecnologias de processo (Codex, 1997a).

O APPCC pode ser aplicado em toda a cadeia produtiva do alimento, desde a produção primária até seu consumo, e sua implementação deve ser baseada em evidências científicas dos riscos à saúde humana. Tanto quanto a garantia da segurança do alimento, sua implementação pode trazer outros benefícios significativos. Adicionalmente, sua aplicação ajuda a inspeção por autoridades regulamentadoras e promove o comércio internacional por meio do aumento na confiança da segurança do alimento.

O sucesso na aplicação do APPCC requer o total comprometimento e o envolvimento da direção da empresa e de seus funcionários. Ele também requer a atuação de uma equipe multidisciplinar. Essa aplicação é compatível com a implementação de sistemas de gestão da qualidade, como as normas ISO 9000, sendo o sistema escolhido para a gestão da segurança de alimentos entre as normas ISO.

Orientações para o desenvolvimento do sistema APPCC são detalhadas no Guia para Aplicação do Sistema de Análise de Perigos e Pontos Críticos de Controle (CAC 1997a) e na ICMSF (1998).

A Tabela 8.3 demonstra a implementação do APPCC em uma empresa produtora de alimentos. Os sete passos são conhecidos como os Sete Princípios do APPCC e estão descritos na próxima seção.

Tabela 8.3 Os sete princípios do sistema APPCC e atividades preliminares (CAC, Comitê de Higiene de Alimentos, 1997a, 1997b)

Decisão, por parte da direção da empresa a respeito do uso do sistema APPCC	
Formação da equipe APPCC e seu treinamento	
Desenvolvimento do documento do plano APPCC, incluindo as seguintes partes:	
Montagem da equipe APPCC	
Descrição do produto e sua forma de distribuição	
Identificação da intenção de uso e dos consumidores	
Desenvolvimento e verificação do fluxograma de processo	
Confirmação *in loco* do fluxograma	
1. Análise de perigos	Listar todos os perigos potenciais associados a cada etapa, conduzir a análise de perigos e considerar todas as medidas de controle para os perigos identificados
2. Determinar os Pontos Críticos de Controle (PCCs). (Fig. 8.5)	Determinar os PCCs
3. Estabelecimento do(s) limite(s) crítico(s)	Estabelecer o(s) limite(s) crítico(s) para cada PCC
4. Estabelecer um sistema de controle para cada PCC	Estabelecer um sistema de monitoração para cada PCC
5. Estabelecer ações de controle	Estabelecer as ações de controle a serem realizadas quando a monitoração indicar que um PCC não está sendo controlado
6. Estabelecer procedimentos de verificação	Estabelecer procedimentos de verificação para confirmar se o sistema APPCC está funcionando de forma eficaz
7. Estabelecer documentos e registros	Estabelecer documentação referente a todos os procedimentos e registros apropriados, a fim de garantir o controle

8.6 Programas de pré-requisitos

Antes que o APPCC possa ser adequadamente implementado, uma série de programas de pré-requisitos ou PPR são necessários, os quais foram definidos pela OMS (1999) como "Práticas e condições necessárias, antes e durante a implementação do APPCC, as quais são essenciais para a segurança do alimento, conforme descrito nos Princípios Gerais de Higiene de Alimentos e Outros Códigos de Prática da Comissão do *Codex Alimentarius*".

Os programas de pré-requisitos incluem (mas não estão limitados) ao seguinte:

1. *Design* do prédio e fluxo produtivo
2. *Design* de equipamentos

3. Controle de fornecedores
4. Recebimento, armazenamento e distribuição
5. Especificações
6. Treinamento da equipe e higiene pessoal
7. Higienização (limpeza e desinfecção)
8. Controle de pragas
9. Controle químico
10. Rastreabilidade e recolhimento de produtos
11. Gestão de resíduos

Essa lista é oriunda do sistema APPCC e do NACMCF (Comitê Consultivo Nacional sobre Critérios Microbiológicos para Alimentos dos Estados Unidos), 1997.

Na América, a regulamentação sobre APPCC também inclui Procedimentos-padrão de Higiene Operacional, ou PPHO, como parte dos programas de pré-requisito necessários para a implantação do sistema APPCC (Tab. 8.3). Esses são procedimentos escritos que determinam como a indústria realiza as práticas de higiene e as condições sanitárias na planta de processamento de alimentos durante sua produção. Isso tem enfatizado a necessidade de limpeza adequada na planta de processamento de alimentos, na qual a contaminação cruzada e a contaminação após o processamento são perigos potenciais. Outros países não adotaram o PPHO de forma separada, mas mantêm a limpeza no esquema do APPCC. A chave para as boas práticas sanitárias é que a desinfecção deve ser aplicada em áreas que já estão visualmente limpas. Caso contrário, a matéria orgânica neutraliza o agente desinfetante, tonando-o ineficiente.

8.7 Resumo do APPCC

De forma a produzir um alimento seguro, com níveis desprezíveis de patógenos alimentares e toxinas, três fatores devem ser estabelecidos:

1. Prevenir que os micro-organismos contaminem o alimento, adotando medidas de produção higiênica. Isso inclui uma avaliação de ingredientes, instalações, equipamentos, protocolos de limpeza e de desinfecção pessoal.
2. Prevenir que os micro-organismos se multipliquem ou formem toxinas nos alimentos. Isso pode ser alcançado por meio de resfriamento, congelamento ou outros processos, como redução da atividade de água ou pH. Esses processos, no entanto, não destroem micro-organismos.
3. Eliminar qualquer patógeno presente no alimento, por exemplo, pelo controle adequado do tempo e da temperatura de processamento ou pelo uso de aditivos.

Esses princípios são fornecidos pela Comissão do *Codex Alimentarius* (1993) e pelo National Advisory Committee on Microbiological Criteria for Foods (NACMCF, 1992, 1997), sendo internacionalmente reconhecidos. Determinadas diferenças aparecem, contudo, com a interpretação e implementação dos sete princípios do APPCC. Este livro adotará o formato do *Codex*, da OMS e do NACMCF (1997). Os princípios do *Codex* são fornecidos com letras em negrito. Deve-se notar que o documento do *Codex* inverte os princípios 6 e 7.

8.7.1 Perigos em alimentos

Um perigo é definido como:

> "Um agente biológico, químico ou físico ou uma condição do alimento que possam produzir um efeito adverso à saúde do consumidor."

Os perigos biológicos são organismos vivos, incluindo bactérias, vírus, fungos e parasitas.

Os perigos químicos podem ser de dois tipos: venenos de ocorrência natural e substâncias químicas ou deletérias. O primeiro grupo são constituintes naturais dos alimentos, e não o resultado de contaminação pelo ambiente, pela agricultura ou pela industrialização. As aflatoxinas e toxinas de moluscos são exemplos disso. O segundo grupo são substâncias químicas ou deletérias as quais são intencional ou não intencionalmente adicionadas aos alimentos, em alguma etapa da cadeia produtiva. Esse grupo de substâncias inclui pesticidas, fungicidas, assim como lubrificantes e produtos de limpeza. Outro exemplo que pode ser citado se refere ao uso trágico e muito noticiado da melamina em fórmulas infantis e produtos lácteos com a intenção de aumentar o conteúdo de nitrogênio, sem, no entanto, considerar os efeitos tóxicos (Tab. 1.8).

O perigo físico é qualquer material físico que não costuma ser encontrado normalmente no alimento e que possa causar doença ou dano físico.

Exemplos de perigos são fornecidos na Tabela 8.4.

8.7.2 Preparação para o APPCC

Antes que os sete princípios do APPCC possam ser aplicados, é necessário:

1. *Montar a equipe APPCC*: o processamento de alimentos deve assegurar que o conhecimento e a experiência específica no produto estejam disponíveis para o desenvolvimento de um plano APPCC eficaz. Isso pode ser alcançado por meio da montagem de uma equipe multidisciplinar. Quando esse conhecimento não estiver disponível na própria empresa, aconselhamentos especializados devem ser obtidos de outras fontes.
2. *Descrever o produto*: uma descrição completa do produto deve ser realizada, incluindo informações relevantes para que seja seguro, como sua composição, estrutura física/química (incluindo a_w, pH, etc.), os tratamentos antimicrobianos (tratamento térmico, congelamento, defumação, etc.), os materiais utilizados nas embalagens, a validade, as condições de armazenamento e o método de distribuição.
3. *Identificar a intenção de uso*: a intenção de uso deve ser baseada nos usos esperados do produto pelo consumidor final. Em casos específicos, grupos de risco (p. ex., residentes de instituições) podem ser considerados.

Tabela 8.4 Perigos associados a alimentos

Biológicos	Químicos	Físicos
Microbiológicos	Resíduos de drogas veterinárias: antibióticos, estimulantes de crescimento	Vidro
Microbiológicos	Migração de compostos da embalagem: bisfenol A, cloreto de vinila	Metal
Vírus	Resíduos químicos: pesticidas (DDT), soluções de limpeza	Pedras
Bactérias patogênicas	Alergênicos	Madeira
formadoras de endósporos	Metais tóxicos: chumbo, cádmio, arsênico, estanho, mercúrio	Plástico
Não formadoras de endósporos	Químicos alimentares: conservantes, aditivos alimentares	Pragas
Toxinas bacterianas	Produtos radioativos	Material de isolamento
Toxinas de origem marinha: ácido domaico, ácido ocadaico, NSP, PSP[a]	Dioxinas, bifenilas policloradas (PCBs)	Ossos
Parasitas e protozoários	Substâncias proibidas	Caroços de frutas
Micotoxinas: ocratoxina, aflatoxina, fumonisinas, patulina	Tintas de impressão	

[a] NSP, toxinas marinhas de efeito neurotóxico; PSP, toxinas marinhas de efeito paralisante.
Adaptada de Snyder (1995) e Forsythe (2000).

4. *Elaborar o fluxograma*: o fluxograma deve ser construído pela equipe APPCC e conter todas as etapas de processamento. Na aplicação do APPCC em um determinado passo do processamento, as etapas precedentes e seguintes à operação específica devem ser consideradas.
5. *Confirmar* in loco *o fluxograma*: A equipe APPCC deve confirmar se o fluxograma reflete a realidade do processo, durante todas as etapas e tempos de processamento, ajustando-o quando necessário.

8.7.3 Princípio 1: análise de perigos

Conduzir a análise de perigos. Elaborar uma lista de etapas do processo em que perigos significativos ocorrem e descrever as medidas preventivas.

A equipe APPCC deve listar todos os perigos com probabilidade de ocorrer em cada etapa de processo, desde a produção primária, o processamento, a manufatura, a distribuição até o consumo. A avaliação de perigos deve incluir:

- A provável ocorrência dos perigos e a gravidade de seus efeitos para a saúde.
- A avaliação qualitativa e/ou quantitativa da presença dos perigos.

- A sobrevivência ou a multiplicação dos micro-organismos considerados.
- A produção ou a persistência, no alimento, das toxinas, dos compostos químicos ou dos agentes físicos.
- Condições que levem aos fatores descritos.

A análise de perigos deve identificar qual perigo pode ser eliminado ou reduzido a um nível aceitável, garantindo a produção de um alimento seguro.

A Tabela 8.5 é um exemplo de formulário utilizado na documentação da identificação de perigos.

Tabela 8.5 Exemplo de um formulário de análise de perigos

Nome da empresa:____________________	Descrição do produto:____________________
____________________	____________________
Endereço:____________________	Forma de armazenamento e distribuição:__________
____________________	____________________
____________________	Uso esperado pelo consumidor:________________
____________________	____________________

(1)	(2)	(3)	(4)	(5)	(6)
Ingrediente/ etapa do processo	**Identifique os perigos potenciais introduzidos, controlados ou eliminados na etapa**	**Há um perigo significativo à segurança do produto? (sim/não)**	**Justifique suas decisões da coluna 3**	**Que medidas preventivas podem ser aplicadas para prevenir o perigo significativo?**	**Esta etapa é um ponto crítico de controle?**
	Biológico				
	Químico				
	Físico				
	Biológico				
	Químico				
	Físico				
	Biológico				
	Químico				
	Físico				
	Biológico				
	Químico				
	Físico				

8.7.4 Princípio 2: pontos críticos de controle

Identificar os pontos críticos de controle (PCC) no processo.

A equipe APPCC deve identificar os PCC no processo produtivo que sejam essenciais para a eliminação ou redução a um nível aceitável dos perigos que foram identificados no Princípio 1. Esses PCCs são identificados pelo uso de árvores decisórias, tais como a fornecida na Figura 8.5 (NACMCF, 1992). Uma série de questões são respondidas, levando à decisão de ser ou não um PCC. Outras árvores decisórias podem ser utilizadas, caso seja necessário.

Um PCC precisa ser um procedimento quantificável de forma que os limites e os monitoramentos mensuráveis possam ser aplicados nos Princípios 3 e 4. Se for identificado um perigo para o qual não exista medida de controle no processo, então o produto ou o processo precisam ser modificados para incluir uma medida de controle. No passado, alguns grupos haviam diferenciado os PCC em PCC1 e PCC2, sendo os PCC1 os primários, que eliminavam os perigos e os PCC2 aqueles que os reduziam. Essa abordagem tinha a vantagem de identificar quais perigos eram de crucial importância. Por exemplo, a pasteurização do leite seria um PCC1, e a avaliação do leite cru no recebimento seria um PCC2. Essa abordagem, entretanto, não é mais uma prática utilizada.

A etapa do cozimento é um PCC óbvio para o qual limites críticos de temperatura e tempo podem ser estabelecidos, monitorados e corrigidos (Seção 2.5). Fatores de controle não relacionados à temperatura incluem atividade de água e pH (Seção 2.6).

8.7.5 Princípio 3: limites críticos

Estabelecer limites críticos para as medidas preventivas associadas a cada PCC identificado.

Os limites críticos precisam ser especificados e validados para cada PCC. O limite crítico descreve a diferença entre um produto seguro ou não seguro, no PCC. O limite crítico precisa ser um parâmetro mensurável: temperatura, tempo, pH, umidade ou atividade de água, concentração de sal ou acidez titulável, cloro livre.

8.7.6 Princípio 4: monitoração

Estabelecer os procedimentos de monitoração dos PCC. Estabelecer procedimentos para ajuste do processo e manutenção do controle a partir dos resultados da monitoração.

Monitoração é a medição ou observação esquematizada de um PCC em relação ao seu limite crítico. Os procedimentos de monitoração devem ser capazes de detectar falha no controle do PCC. Esses procedimentos devem dar a informação em tempo de corrigir (ideal *online*) a medida de controle. De forma ideal, seguindo a tendência nos valores medidos, a correção acontece antes do desvio do limite crítico.

Os dados de monitoração precisam ser avaliados por uma pessoa designada, com conhecimento e autoridade para realizar as ações corretivas quando indicado. Se ela não for contínua, sua frequência precisa ser suficiente para garantir que o PCC

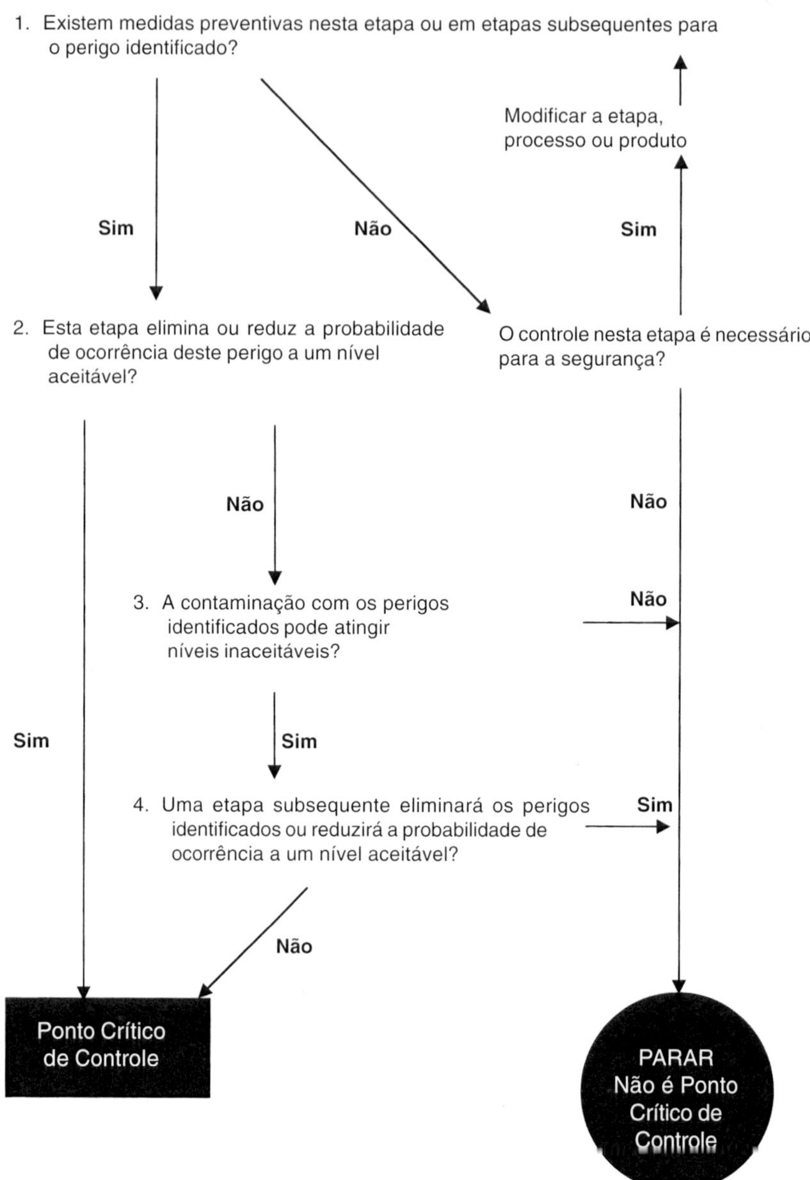
1. Existem medidas preventivas nesta etapa ou em etapas subsequentes para o perigo identificado?
Modificar a etapa, processo ou produto
Sim
Não
Sim
2. Esta etapa elimina ou reduz a probabilidade de ocorrência deste perigo a um nível aceitável?
O controle nesta etapa é necessário para a segurança?
Não
Não
3. A contaminação com os perigos identificados pode atingir níveis inaceitáveis?
Não
Sim
Sim
4. Uma etapa subsequente eliminará os perigos identificados ou reduzirá a probabilidade de ocorrência a um nível aceitável?
Sim
Não
Ponto Crítico de Controle
PARAR Não é Ponto Crítico de Controle

Figura 8.5 Árvore decisória para identificação dos Pontos Críticos de Controle.

esteja sob controle. Os procedimentos de monitoração dos PCC devem ser realizados com rapidez, pois estão relacionados a processos *online* e não haverá tempo para testes analíticos lentos. Medições químicas e físicas são, com frequência, preferidas, em vez de testes microbiológicos, uma vez que podem ser realizadas rapidamente e muitas vezes indicam o controle microbiológico do produto. Testes microbiológicos com base em amostras simples ou planos de amostragem têm valor limitado na monitoração das etapas que são PCC, sobretudo porque os métodos convencionais dessas análises levam algum tempo para apresentar o resultado. Todos os registros e documentos associados à monitoração dos PCCs devem ser assinados pela pessoa que a realizou e pelo responsável oficial da empresa.

8.7.7 Princípio 5: ações corretivas

Estabelecer ações corretivas a serem realizadas quando a monitoração indicar desvio de um limite crítico estabelecido.

Ações corretivas específicas devem ser desenvolvidas para cada PCC com a finalidade de retomar o controle a partir dos desvios dos limites críticos. A ação corretiva precisa garantir que o PCC esteja sob controle e que o produto afetado seja devidamente reprocessado ou destruído.

8.7.8 Princípio 6: verificação

Estabelecer procedimentos para verificar se o sistema APPCC *está funcionado corretamente.*

A verificação dos procedimentos precisa ser estabelecida. Isso irá assegurar que o plano APPCC é eficaz para o procedimento atual de processamento realizado. O NACMCF (1992) estabelece quatro processos na verificação do APPCC:

1. Verificar se os limites críticos dos PCC são satisfatórios.
2. Garantir que o plano APPCC esteja funcionando de maneira efetiva.
3. Documentar revalidações periódicas, independentemente de auditorias ou outros procedimentos de verificação.
4. Responsabilidade regulatória governamental para assegurar que o sistema APPCC tenha sido implementado de forma correta.

A frequência da verificação deve ser suficiente para confirmar que o sistema APPCC esteja funcionando de maneira eficaz. Métodos de verificação e auditoria, procedimentos e testes, incluindo análises de amostras aleatórias, podem ser utilizados para determinar se isso está ocorrendo.

Exemplos de atividades de verificação são:

- Revisão do sistema APPCC e seus registros
- Revisão dos desvios e do comportamento do produto
- Confirmação de que os PCC são mantidos sob controle

As verificações devem ser conduzidas:

- Rotineiramente ou sem ser anunciada, para garantir que o PCC esteja sob controle.
- Quando houver preocupações emergentes sobre a segurança do produto.
- Quando os alimentos tiverem sido envolvidos como veículo na transmissão de doenças.

- Para confirmar que mudanças foram implementadas de maneira correta após o plano APPCC ter sido modificado.
- Para avaliar se o plano APPCC deve ser modificado devido a alterações no processo, nos equipamentos, nos ingredientes ou outros.

8.7.9 Princípio 7: manutenção dos registros

Estabelecer procedimentos eficazes de manutenção dos registros do sistema APPCC.

Os procedimentos do APPCC devem ser documentados. Os arquivos devem ser mantidos para demonstrar a produção segura do produto e que ações apropriadas são tomadas para qualquer desvio dos limites críticos.

Exemplos de documentação incluem:

- Análise de perigos
- Determinação dos PCC
- Determinação dos limites críticos

Exemplos de registros são:

- Atividades de monitoração dos PCC
- Ações corretivas associadas a desvios
- Modificações realizadas no sistema APPCC

A Tabela 8.6 é um formulário útil para a documentação do sistema APPCC.

8.8 Critérios microbiológicos e APPCC

Uma vez que o APPCC é a forma internacionalmente aceita de garantir a segurança dos alimentos, é possível argumentar que a análise do produto final não é mais necessária. Entretanto, os distribuidores de alimentos (cadeias de supermercados, etc.) continuam insistindo em critérios microbiológicos para os alimentos (Cap. 6). A maioria dos testes de produtos prontos deve ser realizada durante a produção de um novo alimento e para a verificação do APPCC. No contexto do APPCC, deve ser enfatizado que apenas os critérios microbiológicos que se referem aos perigos nos alimentos podem ser considerados, uma vez que esse sistema é designado especificamente para controlar perigos significativos para a segurança do alimento. Os critérios microbiológicos que constam na legislação e na literatura publicada fornecem pontos de referência para ajudar os produtores de alimentos na avaliação de seus dados durante a análise de perigos (Seção 6.10).

Deve ser lembrado que a análise de uma única amostra tem valor limitado como um procedimento de verificação do plano APPCC. Basicamente, só é possível ter 100% de certeza de que o alimento não contém algum perigo analisando 100% dele. A confiança estatística da análise amostral e de planos amostrais é detalhada na Seção 6.4. A análise microbiológica de alimentos utilizando planos amostrais resulta na aceitação ou rejeição do lote. Isso inclui a probabilidade estatística de que um lote seja aceito mesmo sem condições adequadas, e isso é conhecido como "risco de produção" e "risco dos consumidores". No entanto, análises estatísticas demonstram que

Tabela 8.6 Exemplo de formulário de plano APPCC

Nome da empresa: ____________________

Descrição do produto: ____________________

Endereço da empresa: ____________________

Método de armazenamento e destribuição: ____________________

Uso pretendido e consumidores: ____________________

(1)	(2)	(3)	(4)	(5)	(6)	(7)	(8)	(9)	(10)
Ponto crítico de controle	Perigo significativo	Limite crítico e medida preventiva	Monitoração				Ação correctiva	Registro	Verificação
			O que	Como	Quando	Quem			

Assinatura do responsável pela empresa: ____________________ Data: ____________________

os testes microbiológicos não são a única ferramenta para verificação dos sistemas de análise de perigos.

8.9 Perigos microbiológicos e seus controles

8.9.1 Fontes de perigos microbiológicos

As fontes comuns de patógenos alimentares são as seguintes:

1. *As matérias-primas:* a entrada da flora microbiana das matérias-primas pode ser controlada pela utilização de fornecedores capacitados, certificados de qualidade, monitoramento da temperatura no recebimento, entre outros. Os ingredientes podem ser rejeitados no recebimento se não estiverem em conformidade com os padrões estipulados.
2. *Pessoal:* estima-se que aproximadamente 1 em cada 50 pessoas abriga 10^9 patógenos por grama de fezes sem demonstrar qualquer sintoma clínico. (Snyder, 1995; Tab. 7.1). Em consequência, uma higiene pessoal precária, como não lavar as mãos após ir ao toalete, pode deixar 10^7 patógenos sob as unhas. O trânsito das pessoas na fábrica precisa ser controlado. Com frequência haverá áreas de baixo risco (ou baixo cuidado) separadas das de alto risco (ou alto cuidado). Em essência, a área de baixo risco é aquela em que os ingredientes são estocados, pesados, misturados e cozidos. Depois do cozimento, o alimento entra nas áreas de alto risco. Um cuidado maior é necessário se não houver algum tratamento térmico posterior para destruir quaisquer bactérias provenientes de contaminação ambiental ou pessoal ou para prevenir a multiplicação de organismos sobreviventes.
3. *O ambiente (ar, água e equipamentos)*: a qualidade microbiológica da água precisa ser monitorada de modo frequente, uma vez que pode haver repercussões graves no caso de contaminações por patógenos alimentares. O acúmulo de resíduos alimentares pode resultar na formação de um biofilme (Seção 7.5), o qual necessita de remoção física, já que os agentes desinfetantes são neutralizados pelo material orgânico.

A gravidade das doenças causadas pelos organismos pode ser determinada a partir de textos-padrão, em especial os livros do ICMSF, e está simplificada na Tabela 4.3. A provável ocorrência de patógenos alimentares também pode ser determinada a partir do ICMSF e literatura relacionada (Tab. 4.1). Uma lista de páginas da *web* é fornecida no Apêndice, no qual mais informações sobre patógenos alimentares podem ser obtidas. Uma fonte de referência-padrão é o livro *Bad Bug,* da FDA. Existem inúmeras páginas da *web* fornecendo informações sobre surtos de toxinfecções alimentares em todo o mundo que podem ser acessadas sem quaisquer custos. As estatísticas sobre doenças transmitidas por alimentos podem ser obtidas a partir das autoridades reguladoras.

Detalhes de pH, atividade de água (a_w), tratamento térmico, etc., de alimentos são utilizados para predizer os micro-organismos de interesse nos alimentos (Seções 2.5 e 2.6 e Tab. 2.8). Embora a dose infectante (Tab. 4.2, conforme Seção 9.5.5) tenha sido determinada para um número de patógenos alimentares, isso deve ser utilizado somente com propósitos indicativos, já que a suscetibilidade dos consumidores varia de acordo com sua imunidade, sua idade e seu estado geral de saúde.

A carga microbiana de um produto, após o processamento, pode ser prevista por meio de testes de armazenamento e testes de desafio microbiológico, suplementados com modelagem preditiva (Seção 2.8). A vida de prateleira do produto pode ser determinada de acordo com parâmetros químicos, físicos e microbiológicos (Seção 3.2).

8.9.2 Controle de temperatura dos perigos microbiológicos

Por milhares de anos, o tratamento térmico tem sido o melhor e mais eficiente método para controlar micro-organismos patogênicos e deteriorantes em alimentos. Muitos processos de produção de alimentos incluem fervura, cozimento ou forneamento como etapas de aquecimento. As mudanças físico-químicas resultantes aumentam a digestibilidade de certos alimentos, assim como melhoram a sua textura, seu sabor, seu cheiro e sua aparência. A necessidade de cozimento adequado para segurança do alimento, entretanto, é muitas vezes ignorada. Portanto, não é surpresa que o controle de temperatura seja uma das medidas mais identificadas para o controle de surtos de doenças transmitidas por alimentos (Tab. 1.3).

A etapa de cozimento é um PCC óbvio para o qual limites críticos de temperatura e de tempo podem ser estipulados, monitorados e corrigidos. O tempo e a temperatura do processo devem ser projetados para fornecer pelo menos a redução de 6 log de células vegetativas, i. e., 10^7 células/g serão reduzidas para 10 células/g (Seção 2.5.2). O cozimento não inativa os endósporos, e, por esse motivo, o tempo necessário para resfriar o alimento até uma temperatura segura deve ser monitorado para prevenir a sua germinação. Uma lista de equivalência de tempo e temperatura é fornecida na Tabela 8.7.

O objetivo da redução do número de micro-organismos equivalente a 6 log tem como base dois aspectos:

1. Os patógenos alimentares estão em minoria na flora microbiana da carne. Em consequência, qualquer carne crua mantida em temperaturas que permitam a multiplicação dos patógenos até 1 x 10^6/g seria rejeitada por deterioração. O

Tabela 8.7 Regimes de tempo e temperatura de cozimento

Temperatura (°C)[a]	Tempo
60	45 minutos
65	10 minutos
70	2 minutos
75	30 segundos
80	6 segundos

[a] Para converter a °F, use a equação: °F = (9/5) °C + 32. Como orientação: 60 °C = 140 °F.
*Fonte: Departamento de Saúde, GB.

tempo de cozimento e a temperatura são suficientes para matar 1 x 10^6/g de um patógeno entérico, na área mais fria do produto (centro). Com base no fato de que o número de patógenos alimentares deve ser menor que 1 x 10^6/g, a chance de células vegetativas de patógenos sobreviverem é reduzida a um nível pouco significativo.

2. Uma vez que o sangue coagula a 73,9 °C, a observação visual pode indicar se a temperatura correta foi atingida. Assim, sucos claros indicam que as proteínas do sangue foram desnaturadas e, da mesma forma, as células vegetativas de bactérias. Contudo, os endósporos bacterianos sobrevivem a esse regime de tempo e temperatura.

Um exemplo do efeito da temperatura de cozimento na sobrevivência da *E.coli* O157:H7 é fornecido na Tabela 2.4. Pode ser observado que um controle rigoroso da temperatura é necessário, já que a relação entre a morte celular e a temperatura é logarítmica. Em outras palavras, uma pequena redução na temperatura de cozimento pode resultar em números consideráveis de células que sobrevivem ao processo.

O período de resfriamento deve ser curto o bastante para prevenir a multiplicação e a germinação de endósporos de bactérias mesófilas, como os *Bacillus* e *Clostridium* spp. Em particular, o processo de cozimento pode criar um ambiente anaeróbio no alimento, o qual é ideal para o *Clostridium* spp. A faixa de multiplicação do *C. perfringens* é de 10 a 52 °C (Tab. 2.8), dessa forma, os processos de resfriamento devem ser projetados para minimizar o tempo em que o alimento esteja entre essas temperaturas. Um limite inferior a 20 °C costuma ser adotado, já que a célula se multiplica lentamente abaixo desse valor.

O controle da temperatura de espera dos alimentos após o processamento e antes do consumo é fundamental para a produção de alimentos seguros. As temperaturas de espera em geral recomendadas são:

- Alimentos que serão servidos frios: < 8 °C.
- Alimentos que serão servidos quentes: > 63 °C.

A zona de perigo microbiológico está geralmente entre 8 e 63 °C. Alimentos prontos para consumo devem permanecer nessas temperaturas o mínimo tempo possível, visto a possibilidade de que patógenos mesófilos sobreviventes ou contaminantes, após processamento, se multipliquem rapidamente nessa faixa de temperatura até níveis infectantes. Não há, no entanto, qualquer razão microbiológica para a alta temperatura dos alimentos servidos quentes (63 °C) já que nenhum patógeno alimentar se multiplica em temperaturas entre 53 e 63 °C. A melhor explicação é que os equipamentos de manutenção a quente não mantêm a temperatura do alimento com precisão, sendo esses 10 °C extras uma barreira de segurança. Essas temperaturas de manutenção variam entre países, e, se necessário, as autoridades reguladoras locais devem ser consultadas.

Em temperaturas de exposição a frio (<8 °C), os *Clostridium* spp. não são um problema porque não se multiplicam abaixo de 10 °C. O *S. aureus* produz toxina acima dessa temperatura, porém é apto a multiplicar-se abaixo de 6,1 °C. Por isso, o abuso de temperatura pode levar a multiplicação e produção de toxina pelo *S. aureus*.

Já que a toxina estafilocócica não é inativada pelo reaquecimento a 72 °C, a produção da mesma deve ser prevenida. Os alimentos refrigerados devem ser armazenados abaixo de 3,3 °C para evitar germinação de endósporos e a subsequente produção de toxina pelo C. *botulinum* tipo E. Entretanto, C. *botulinum* tipo A e B somente se multiplicam e produzem toxinas acima de 10 °C. A *L. monocytogenes* e a *Y. enterocolitica* têm uma temperatura mínima de multiplicação de −0,4 e −1,3 °C, respectivamente. Dessa forma, o tempo de manutenção a frio precisa ser limitado para alimentos que não serão reaquecidos antes do consumo. Deve ser observado que diferentes autoridades reguladoras regionais terão diferentes critérios de temperatura de manutenção a quente e a frio. Isso demonstra a necessidade de realização de análises de risco, com bases científicas, no mundo inteiro.

Um valor *P* (duração do período de cozimento a 70 °C, Seção 2.5.1) de 30 a 60 minutos proporciona durabilidade ao produto de até 3 meses, dependendo dos fatores de risco envolvidos.

8.9.3 Controle de perigos microbiológicos sem uso da temperatura

Além da temperatura, a atividade de água (a_w), o pH e a presença de conservantes são fatores importantes no controle de perigos microbiológicos. Os limites de multiplicação microbiana são abordados na Seção 2.6. O pH e a atividade de água de vários alimentos são fornecidos na Tabela 2.8 e podem ser utilizados para predizer os perigos microbiológicos relevantes.

8.10 Planos APPCC

Conforme explicado na Seção 8.7, os planos APPCC requerem uma equipe de pessoas que entendam os detalhes da produção do alimento. Os seguintes fluxogramas são dados como exemplo a serem modificados conforme a necessidade específica de cada empresa. O APPCC não tem sido muito aplicado no comércio varejista. Entretanto, há uma fonte de diretrizes técnicas de APPCC e GQT disponível na *web* (ver seção de recursos da *web*).

8.10.1 Produção de leite pasteurizado

A Figura 8.6 descreve a produção de leite pasteurizado. O recebimento do leite cru é um PCC, uma vez que deve ser proveniente de rebanhos certificados como livres de tuberculose e precisa ser monitorado quanto à carga microbiana total. A etapa fundamental é o processo de pasteurização (72 °C, por 15 segundos), o qual é destinado a eliminar patógenos naturalmente encontrados no leite, e o período de resfriamento (menos de 6 °C, em 1,5 horas), o que previne a multiplicação de micro-organismos sobreviventes. Dessa forma, a pasteurização é um PCC, e o tempo e a temperatura são os limites críticos. Já que não haverá tratamentos térmicos posteriores à pasteurização, a contaminação do leite pasteurizado (em especial pelo leite cru) deve ser evitada e, dessa forma, o envase asséptico também é um PCC.

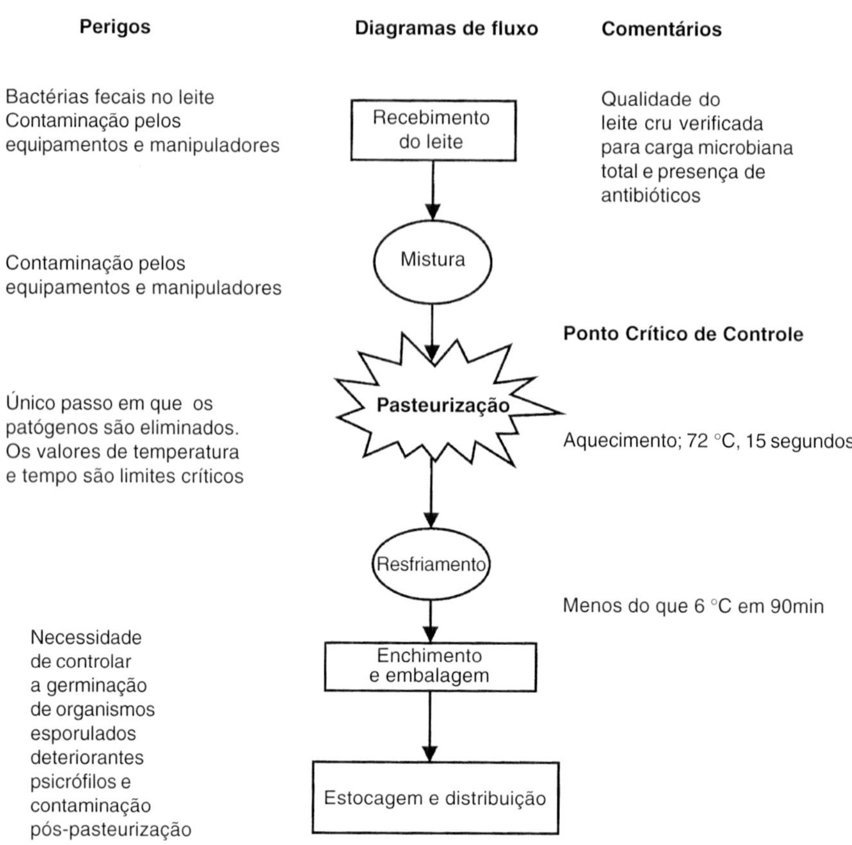
Perigos
Diagramas de fluxo
Comentários
Bactérias fecais no leite
Contaminação pelos
equipamentos e manipuladores
Recebimento
do leite
Qualidade do
leite cru verificada
para carga microbiana
total e presença de
antibióticos
Contaminação pelos
equipamentos e manipuladores
Mistura
Ponto Crítico de Controle
Único passo em que os
patógenos são eliminados.
Os valores de temperatura
e tempo são limites críticos
Pasteurização
Aquecimento; 72 °C, 15 segundos
Resfriamento
Menos do que 6 °C em 90min
Necessidade
de controlar
a germinação
de organismos
esporulados
deteriorantes
psicrófilos e
contaminação
pós-pasteurização
Enchimento
e embalagem
Estocagem e distribuição

Figura 8.6 Fuxograma de leite pasteurizado.

8.10.2 Abate de suínos

O abate de animais deve ser controlado para minimizar a contaminação da carne com bactérias intestinais, as quais incluem patógenos alimentares (Fig. 8.7). Os patógenos em geral associados a suínos são *C. jejuni*, *C. coli*, *Salmonella* spp. e *Y. enterocolitica*. Os micro-organismos patogênicos que costumam ser encontrados no ambiente de processamento são *L. monocytogenes*, *S. aureus* e *A. hydrophila*. Uma vez que a carne depois será tratada termicamente para eliminar os patógenos, não é necessário produzir uma carcaça estéril em nível de abatedouro. Portanto, o enfo que do APPCC é minimizar a contaminação por patógenos, mas sem a obrigação de eliminá-los.

As etapas-chave são a oclusão do reto para prevenir a contaminação fecal da carne e a desinfecção dos utensílios que possam estar contaminados com organismos patogênicos e serem veículo de contaminação cruzada.

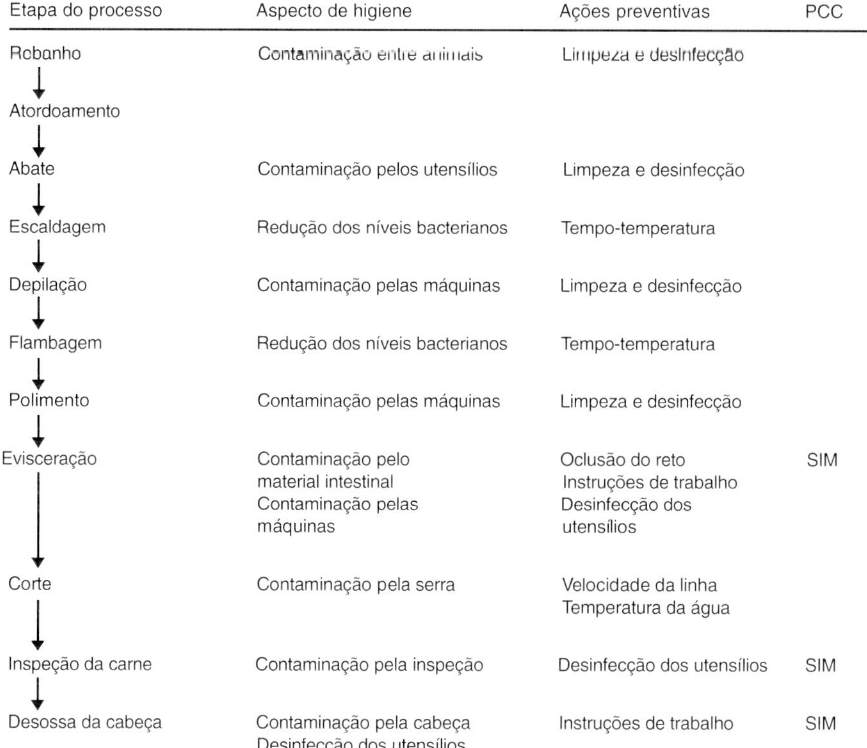

Etapa do processo	Aspecto de higiene	Ações preventivas	PCC
Rebanho	Contaminação entre animais	Limpeza e desinfecção	
Atordoamento			
Abate	Contaminação pelos utensílios	Limpeza e desinfecção	
Escaldagem	Redução dos níveis bacterianos	Tempo-temperatura	
Depilação	Contaminação pelas máquinas	Limpeza e desinfecção	
Flambagem	Redução dos níveis bacterianos	Tempo-temperatura	
Polimento	Contaminação pelas máquinas	Limpeza e desinfecção	
Evisceração	Contaminação pelo material intestinal Contaminação pelas máquinas	Oclusão do reto Instruções de trabalho Desinfecção dos utensílios	SIM
Corte	Contaminação pela serra	Velocidade da linha Temperatura da água	
Inspeção da carne	Contaminação pela inspeção	Desinfecção dos utensílios	SIM
Desossa da cabeça	Contaminação pela cabeça Desinfecção dos utensílios	Instruções de trabalho	SIM

Figura 8.7 Controle de patógenos durante o abate de suínos. Adaptada de Borch e colaboradores, 1996.

8.10.3 Produção de alimentos resfriados

Os alimentos resfriados são em geral compostos por vários ingredientes, e, por esse motivo, o fluxograma do APPCC é complexo, pois cada ingrediente deve estar representado. A Figura 8.8 demonstra o fluxograma de uma salada de frango. Há nove PCC identificados. Eles foram representados após a etapa de mistura e estão mais bem explicados na Tabela 8.8. Já que não há tratamento térmico, um cuidadoso monitoramento da temperatura durante o armazenamento é necessário para prevenir a multiplicação significativa de qualquer patógeno alimentar que possa estar presente.

O fluxograma de processo para uma padaria está reproduzido na Figura 8.9. O monitoramento da limpeza e fumigação, do controle de pragas e dos fragmentos de vidro estão separados do processo de produção.

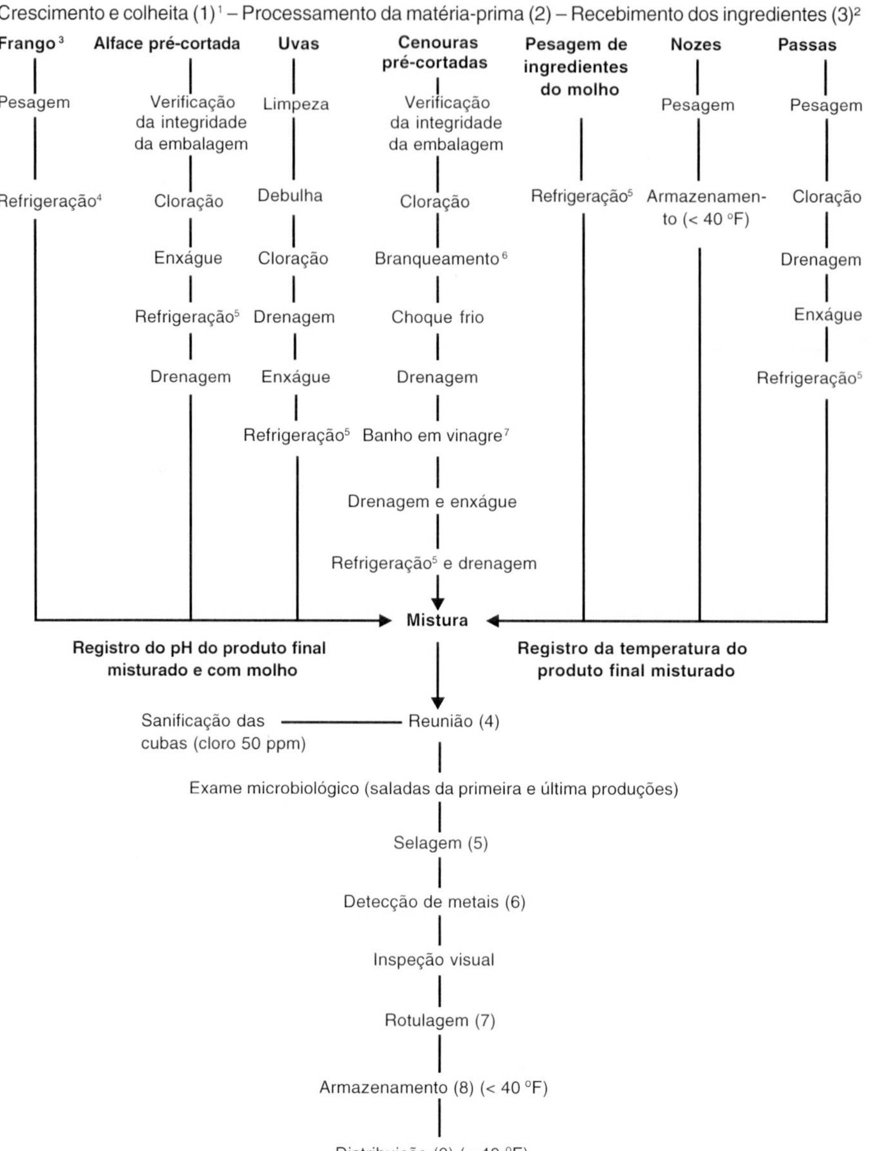

Figura 8.8 Fluxograma de salada de frango. Reimpressa com permissão de Anon. (1993c) no *Journal of Food Protection*. Cópia mantida pela International Association for Food Protection, Des Moines, Iowa, US.

Tabela 8.8 Formulário de Pontos Críticos de Controle em salada de frango resfriada

Item	Perigo	Controle	Limite	Frequência de monitoração/ documentação	Ação (para limites ultrapassados)	Pessoal responsável
1. Crescimento e colheita	Químico (antibiótico)	Conformidade do fornecedor com as especificações das matérias-primas	Químicos e antibióticos regulamentados e aprovados; tolerâncias especificadas	Certificados de conformidade para cada lote. Monitoração aleatória anual pelo CQ.	Rejeitar o lote embarque e recebimento	Operador de Controle de Qualidade
2. Processamento da matéria-prima	Químico, físico e microbiológico	APPCC implementado fornecedor certificado	Ausência de patógenos e material estranho	Monitorar o programa APPCC do fornecedor	Rejeitar fornecedor	CQ deve monitorar o programa APPCC
3. Temperaturas de armazenamento das matérias-primas	Microbiológico	Conformidade às especificações das matérias-primas	Frango pré-cozido 0-10 °F. Frutas/ vegetais ≤ 40 °F (4,4 °C). Todos os outros ≤ 80 °F (24,4 °C)	Verificar os registros nos resfriadores diariamente	Informar ao supervisor do turno e CQ Investigar o abuso de tempo/temperatura e avaliar o risco	Operador da linha
4. Enchimento/ montagem	Microbiológico	Especificações de controle de temperatura	Temperatura dos componentes/ produto final ≤4,4 °C	Verificar temperaturas uma vez/turno	Informar ao supervisor do turno e CQ. Ajustar a temperatura de acordo com a especificação e avaliar o risco	Operador da linha
5. Seladora	Microbiológico	Programação apropriada da seladora para assegurar que todas as bandejas são hermeticamente seladas e têm selagem consistente	Limite superior de tolerância para a seladora	Programação da seladora verificada a cada 15 min. Inspeção visual a cada 2 h	Examinar todas as embalagens desde a última verificação. Retirar a membrana e selar novamente	Operador da selagem

(continua)

Tabela 8.8 Formulário de Pontos Críticos de Controle em salada de frango resfriada (*continuação*)

Item	Perigo	Controle	Limite	Frequência de monitoração/ documentação	Ação (para limites ultrapassados)	Pessoal responsável
6. Rotuladora	Código, datas, rastreabilidade	Datas legíveis e corretas em todos os rótulos	Usar rótulo correto	Cada lote e em produto datados com código incorreto/ilegível	Destruir rótulos incorretos	Operador da embalagem
7. Detector de metais	Físico (metal)	Detector de metais *online*	Nenhum metal detectado	Calibrar antes de cada lote e a cada 2 h	Localizar a fonte da contaminação Destruir o produto	Operador da embalagem
8. Armazenamento do produto acabado na planta	Microbiológico	Temperatura de armazenamento do produto ≤ 40 °F (4,4 °C)	≤ 40°F (4,4 °C)	Verificar arquivos contínuos nos resfriadores diariamente	Informar ao supervisor e CQ. Colocar o produto em espera. Investigar o abuso de tempo/temperatura e avaliar o risco	Operador da expedição e recebimento
9. Temperatura de expedição	Microbiológico	Expedição ≤ 40 °F (4,4 °C)	≤ 40°F durante a expedição	Temperatura de cada carregamento monitorada por um registrador contínuo	Informar ao supervisor do turno e CG. Colocar o produto em espera. Investigar o abuso de tempo/temperatura e avaliar o risco	Operador da expedição/ manipulador do armazenamento

Reimpressa com a permissão de Anon. (1993c) no *Journal of Food Protection*. Cópia mantida pela International Association for Food Protection, Des Moines, Iowa, US.

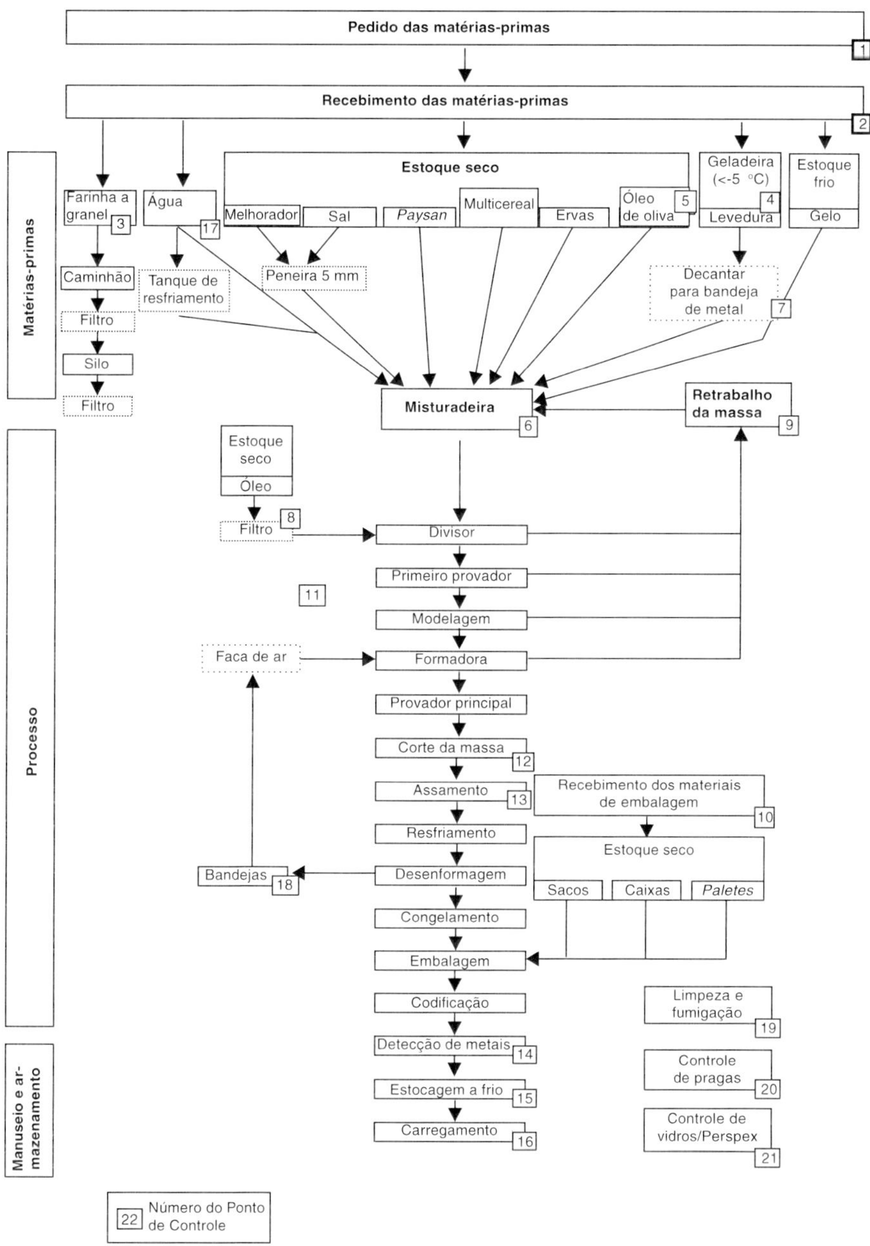

Figura 8.9 Fluxograma de processo de uma padaria.

8.10.4 Modelos genéricos

A maioria das implementações de APPCC tem sido específica por produto. Entretanto, um enfoque mais executável para produtores de grandes números de produtos é um APPCC genérico. Um grande número de APPCC genéricos produzidos pelo Canadá, pela Nova Zelândia e pelos Estados Unidos está disponível (ver recursos da *web*). Os modelos genéricos dos Estados Unidos para suco de laranja fresco e carnes desidratadas (*beef jerky* – semelhante ao charque) são fornecidos nas Tabelas 8.9 e 8.10.

8.11 Boas práticas de fabricação (BPF) e boas práticas de higiene (BPH)

As BPF abordam os princípios fundamentais, os procedimentos e os meios necessários para o desenvolvimento de um ambiente de produção de alimentos com qualidade aceitável. As BPH descrevem as medidas básicas de higiene que o estabelecimento deve ter e que são pré-requisitos para outros sistemas, em particular o APPCC. Os requerimentos de BPF/BPH foram desenvolvidos por órgãos governamentais, pelo comitê de Higiene dos Alimentos do *Codex Alimentarius* (FAO/OMS) e pelas indústrias de alimentos, geralmente em colaboração com outros grupos e autoridades de inspeção e controle.

Os requerimentos gerais de BPH em geral abordam os seguintes itens:

1. O *design* higiênico e a construção de instalações que favoreçam a manipulação higiênica de alimentos.
2. O *design* higiênico, a construção e o uso adequado da maquinaria.
3. Os procedimentos de limpeza e desinfecção (incluindo controle de pragas).
4. Práticas gerais de higiene e segurança no processamento de alimentos, incluindo:
   - I A qualidade microbiológica das matérias-primas
   - II A operação higiênica de cada etapa do processo
   - III A higiene pessoal e o treinamento dos manipuladores em higiene e segurança dos alimentos

As BPF contêm os requisitos relevantes à produção higiênica dos alimentos, os quais devem ser sempre aplicados e documentados. *Nenhum método de processamento de alimentos deve ser utilizado em substituição às BPF na produção e no manuseio de alimentos.*

8.12 Sistemas de qualidade

A qualidade de um produto pode ser definida por meio da comparação entre um padrão considerado excelente e seu preço, o qual deve ser satisfatório tanto para o produtor quanto para o consumidor. O objetivo da garantia da qualidade é assegurar que um determinado produto seja produzido sempre o mais próximo possível de um padrão ideal. A qualidade pode ser avaliada por meio dos sentidos (p. ex., painéis sensoriais), da composição química, das propriedades físicas e da flora microbiológica, tanto quantitativa quanto qualitativamente.

Tabela 8.9 Plano APPCC genérico para suco de laranja fresco

PLANILHA DE ANÁLISE DE PERIGOS					
1. Ingrediente/ Etapa de processo	**2. Identificar perigos potenciais introduzidos, controlados ou aumentados nesta etapa**	**3. Há perigos significativos para segurança do alimento? (Sim/Não)**	**4. Justificar sua decisão para a coluna 3**	**5. Que medida(s) preventiva(s) pode(m) ser aplicada(s) para prevenir os perigos significativos?**	**6. Esta etapa é um ponto crítico de controle (Sim/Não)**
Recebimento	BIOLÓGICO (Patógenos)	S	Contaminação ambiental	Controlar a fonte Certificado de garantia Ausência de fertilização sem maturação	N
	QUÍMICO (Pesticidas)		Pulverização	Ausência de gotas. Não realizar colheita antes do intervalo de pré-colheita	
	FÍSICO				
Seleção	BIOLÓGICO (Patógenos)	S	Pode ser incorporado ao produto	Lavar e sanificar Remover produto decomposto em más condições, etc.	N
	QUÍMICO (Pesticidas)				
	FÍSICO				
Lavagem/ sanificação	BIOLÓGICO (Patógenos)	S	Pode ser que esteja no produto no recebimento	Usar sanificação efetiva	S
	QUÍMICO (Pesticidas)				
	FÍSICO				

(continua)

Tabela 8.9 Plano APPCC genérico para suco de laranja fresco (*continuação*)

PLANILHA DE ANÁLISE DE PERIGOS					
1. Ingrediente/ Etapa de processo	**2. Identificar perigos potenciais introduzidos, controlados ou aumentados nesta etapa**	**3. Há perigos significativos para segurança do alimento? (Sim/Não)**	**4. Justificar sua decisão para a coluna 3**	**5. Que medida(s) preventiva(s) pode(m) ser aplicada(s) para prevenir os perigos significativos?**	**6. Esta etapa é um ponto crítico de controle (Sim/Não)**
Extração	BIOLÓGICO (Patógenos) QUÍMICO (Pesticidas) FÍSICO	N	Controle pela sanificação	SSOP e Boas Práticas de Fabricação (GMP)	N
Enchimento	BIOLÓGICO (Patógenos) QUÍMICO (Pesticidas) FÍSICO	N	Controle pela sanificação	SSOP e GMP	N
Resfriamento/ espera	BIOLÓGICO (Patógenos) QUÍMICO (Pesticidas) FÍSICO	N	Necessidade de manter a temperatura de refrigeração (41°F)	SSOP e GMP	N

Fonte: FAMFES.

Tabela 8.10 Plano APPCC genérico para carnes desidratadas (*beef jerky*)

Descrição do perigo	Limites críticos	Procedimentos de monitoramento	Procedimentos de desvio	Procedimento de verificação	Registros do APPCC
Etapa: *recebimento*; *carne fresca e congelada*					
Crescimento bacteriano	A carne não deve exibir cores ou odores incomuns	Para cada lote, o encarregado do recebimento da carne deve realizar uma avaliação sensorial da carne antes de descarregar Ele deve inspecionar cada lote de carne fresca ou selecionar duas caixas de carne congelada por *pallet* para avaliação	O encarregado do recebimento da carne fresca ou congelada não descarrega o caminhão e notifica o gerente de produção	O Coordenador do APPCC executa uma análise laboratorial em uma amostra de carne: uma vez por semana (amostra composta de três casos suspeitos) O coordenador do APPCC deve verificar uma vez por semana o monitoramento apropriado no recebimento (inspeção organoléptitica e temperatura) (especificação a ser estabelecida)	Carne *beef jerky* Registro de recebimento Registro de processamento de *beef jerky*
Crescimento bacteriano	A temperatura da carne deve ser menor ou igual a 4 °C para carne fresca ou congelada Critérios microbiológicos devem se estabelecidos em cada planta	Para cada lote, o receptor da carne fresca deve registrar a temperatura no centro e na superfície de cada peça. Para carne congelada deve-se escolher duas caixas por *pallet*	Se a temperatura da carne for de 4 a 7 °C, o encarregado do recebimento deve notificar o CQ, usar um segundo termômetro e retestar Se a temperatura da carne for > 7 °C, o receptor deverá reter o lote e notificar o CQ que investigará possíveis causas, e decidirá a disposição apropriada	O coordenador do APPCC executará uma análise laboratorial em uma amostra de carne: uma vez por semana (amostra composta de três casos suspeitos) O coordenador do APPCC deve verificar uma vez por semana o monitoramento apropriado no recebimento (inspeção organoléptica e temperatura) (especificação a ser estabelecida)	Carne *beef jerky* Registro de recebimento

(continua)

Tabela 8.10 Plano APPCC genérico para carnes desidratadas (*beef jerky*) (*continuação*)

Descrição do perigo	Limites críticos	Procedimentos de monitoramento	Procedimentos de desvio	Procedimento de verificação	Registros do APPCC
Partículas estranhas na carne	O produto deve ser de um fornecedor credenciado com especificação contratual (o fornecedor deve realizar um programa de reinspeção da carne sem osso)	O encarregado do recebimento deve assegurar que a carne é recebida de um fornecedor credenciado	Se o produto chegar de um estabelecimento registrado que não é um fornecedor credenciado pelo QC, o lote é identificado, inspecionado e usado para outros produtos, se considerado inaceitável	Inspecionar as câmaras de armazenagem para assegurar que todos os fornecedores não-credenciados foram identificados	Registro de recebimento
Etapa: *recebimento; ingredientes secos*					
Os condimentos têm excessiva carga bacteriana ou contêm materiais estranhos	Especificações devem ser desenvolvidas pelo estabelecimento. Cada lote deve ser certificado pelo fornecedor	O encarregado do recebimento deve monitorar a qualidade do fornecedor em cada lote recebido (análise de laboratório)	O encarregado do recebimento retém o lote até receber a certificação apropriada e notificar o QC	O CQ amostra um lote a cada 10 e realiza análises testando os limites críticos	Registro de recebimento Resultados do lote de CQ
Etapa: *recebimento; recebimento do material de embalagem*					
Material de embalagem de qualidade não-alimentícia	Todo material de embalagem deve ser aprovado pelo AAFC para ser recebido	O encarregado do recebimento assegura que o produto é aprovado antes de permitir o recebimento	Retornar o lote e notificar o CQ	Uma vez a cada três meses o CQ inspeciona os estoques para assegurar que todo o material é aprovado O CQ revisa as faturas de recebimento uma vez a cada mês	Registros de recebimento

Etapa: *descongelamento da carne*					
Multiplicação de bactérias patogênicas	O descongelamento da carne deve ser feito em temperatura menor que 10 °C	Um funcionário deve registrar a temperatura da sala de descongelamento a cada 6 h	Um funcionário informa as temperaturas fora das especificações para o pessoal da manutenção e retém o lote para a avaliação do CQ	O CQ verifica os registros de temperatura semanalmente O CQ compara semanalmente os registros próprios com aqueles tomados pelos funcionários Mensalmente, o CQ coleta amostras para verificar a condição microbiológica dos produtos descongelados O critério deve ser estipulado pela indústria	Registros de temperatura da planta Registros do processamento do *beef jerky*
Multiplicação de bactérias patogênicas	A temperatura da superfície da carne deve estar no máximo a 7 °C	Um funcionário registra a temperatura da superfície da carne a cada 6 h e antes de a mesma ser removida da sala	Caso a temperatura esteja acima de 7 °C, reter o lote, submeter amostras a análises. Processar produto, mas retê-lo até o resultado das análise Se a contagem total for maior que 5×10^5/g, testar o produto final. Caso contrário, liberar o produto Se *S. aureus* estiver acima de 5×10^5/g, testar para patógenos Se os critérios da APPCC/PBH não forem atingidos, condenar produto	O CQ verifica os registros da temperatura semanalmente O CQ compara semanalmente os registros próprios com aqueles tomados pelos funcionários Mensalmente, o CQ coleta amostras para verificar a condição microbiológica dos produtos descongelados O critério deve ser estipulado pela indústria	Registros de temperatura da planta Registros do processamento do *beef jerky*

(continua)

Tabela 8.10 Plano APPCC genérico para carnes desidratadas (*beef jerky*) (*continuação*)

Descrição do perigo	Limites críticos	Procedimentos de monitoramento	Procedimentos de desvio	Procedimento de verificação	Registros do APPCC
Passo: *pesagem do nitrito*					
Quantidades excessivas podem ser tóxicas Quantidades insuficientes podem permitir o desenvolvimento de esporos de *C. botulinum*	Concentração mínima de 100 ppm Concentração máxima de 200 ppm	O funcionário encarregado registra o número de pacotes preparados e seus usos e escreve a quantidade de nitrito em cada sacola	O funcionário encarregado notifica o CQ para realizar a avaliação	O CG verifica os registros de pesagem do nitrito e os registros nos pacotes	Registros da concentração do nitrito do *beef jerky* Registro completo do processo do *beef jerky*
Passo: *mistura da formulação com molhos*					
Falta ou excesso de nitritrito de Na/K	100 a 200 ppm	Um funcionário assegura que o operador verificou a planilha de ingredientes e identificou o produto	O funcionário encarregado notifica o CQ para realizar a avaliação	Um funcionário verifica os registros do operador X vezes/semana CQ verifica os registros do operador e os registros de análises do laboratório X vezes/semana O CQ verifica uma vez por semana uma amostra para o conteúdo do nitrito	Registro da sala de temperos Registros do operador Verificação dos registros das análises químicas do laboratório Registros de verificação do CQ
Etapa: *seleção dos condimentos*					
Material estranho > 2mm	Nenhuma contaminação é aceitável	O encarregado assegura que o operador examina os condimentos para cada lote e notifica o CQ caso encontre materiais estranhos. Se esses	O encarregado reinstrui o funcionário sobre os procedimentos normais e completa o registro. A Equipe	O CQ audita as práticas do funcionário semanalmente	Folha de verificação dos Condimentos do *beef jerky* Registros de processamento de *beef jerky*

		foram encontrados, deve-se removêlos do produto, identificar a amostra com os códigos do fabricante e enviá-la ao CQ	de Qualidade deve enviar o material ao fornecedor. Todo o condimento remanescente do lote em questão deve ser reenviado ao fabricante para nova seleção ou crédito		
Etapa: *defumação do condimento*					
Multiplicação de patógenos devido ao tempo incorreto de aquecimento. Sobrevivência bacteriana devido à relação incorreta tempo/ temperatura	Ciclos de cozimento exatos a serem definidos aqui (tempo de aquecimento) Defumador A X horas a 71 °C Defumador B Y horas a 70 °C, Z horas a 75 °C	O operador encarregado dos defumadores verifica os ciclos de cozimento contra os limites críticos e rubrica as planilhas de registros	O operador encarregado dos defumadores deve defumar por mais tempo caso esse seja insuficiente. Se a temperatura é insuficiente, reter o lote. Coletar uma amostra do produto. Notificar o CQ	O encarregado de manutenção deve verificar a precisão do termômetro dos defumadores usando um termômetro de mercúrio de referência. Também verifica a precisão dos registros de tempo e temperatura mensalmente O CQ revisa e rubrica os gráficos dos defumadores semanalmente	Planilhas de registros Folha de registros de nível de umidade do *beef jerky* Registro de processamento de *beef jerky*
Etapa: verificação da a_w					
Produto instável devido a a_w excessiva	O produto final deve ter a_w menor ou igual a 0,85	O encarregado verifica a uma frequência X que o funcionário designado testa todos os lotes antes da liberação	Reter o lote, notificar a equipe de qualidade Reter todo o produto suspeito até que a avaliação do CQ ajuste/rejeite o lote O CQ deve submeter as amostras a análise. Processar o produto, mas reter até que os resultados estejam	O CQ audita a uma frequência X, procedimentos-teste, calibração do equipamento-teste, livro de registros O CQ audita as práticas do operador para cada carga de *beef jerky* de cada defumador por 5 min	Arquivos de a_w

(*continua*)

Tabela 8.10 Plano APPCC genérico para carnes desidratadas (*beef jerky*) (*continuação*)

Descrição do perigo	Limites críticos	Procedimentos de monitoramento	Procedimentos de desvio	Procedimento de verificação	Registros do APPCC
			disponíveis. Se os resultados para a contagem total forem $>5 \times 10^5$/g, testar o produto final. Se *St. aureus* $> 1\times10^4$/g, examinar a presença de toxina; se positiva, condenar o produto; se a contagem total do produto final for $> 5\times10^3$/g, examinar a presença de patógenos; se não condiz com as diretrizes APPCC/BPH, condenar o produto		
Etapa: *detector de metais*					
Presença de partículas de metal	Nenhuma contaminação é aceitável para partículas metálicas e não metálicas e > 2 mm	O operador encarregado programa o detector de metais usando duas embalagens para ensaio de *jerky*, cada uma contendo partículas metálicas (uma contém metal ferroso, a outra não ferroso) de 2 mm de diâmetro. As embalagens de ensaio devem ser passadas através do detector de metais a cada hora para assegurar que o detector está funcionando	O operador encarregado coloca as embalagens rejeitadas de lado. Passa a embalagem rejeitada pelo detector. Se a embalagem não passar no teste, reservá-la e notificar a equipe de qualidade, abrir a embalagem e examinar cada peça de carne CQ examinará o metal identificado para localizar a fonte mais provável de metal, verificará o equipamento e tomará ações posteriores necessárias	O CQ audita a operação passando as embalagens-ensaio (o mesmo realizado no monitoramento) através do detector uma vez por turno	Folha de Verificação do Detector de Metais, Arquivo de Partículas Metálicas Arquivo de Processamento de *beef jerky*
Data:		Aprovado por:			

Uma excelente qualidade a um preço específico pode ser alcançada apenas respondendo de forma afirmativa às questões da garantia da qualidade e do controle de qualidade: "Sim, nós estamos fazendo certo as coisas certas". Responder dessa forma significa que um esquema bem-sucedido de qualidade assegurada (assim como um esquema de segurança de alimentos com todas as suas ramificações) deve estar operando com um total e sincero apoio da gerência máxima e de todos aqueles envolvidos com sua implementação. Deve haver, é claro, um controle geral sobre todos os aspectos da produção para que a consistência da qualidade do produto seja mantida. Para isso, é necessário um controle estrito sobre a qualidade inicial das matérias-primas, sobre o processo em si e sobre as condições de embalagem e armazenamento. Em termos microbiológicos, a carga bacteriana durante o processamento deve ser monitorada como uma etapa crítica do processo.

8.13 Gerenciamento da qualidade total

O GQT representa um enfoque cultural de uma organização; é centrado na qualidade e baseado na participação de todos os membros da organização e no conceito da melhoria contínua. Ele objetiva um sucesso a longo prazo, por meio da satisfação do consumidor, de benefícios aos membros da organização e à sociedade em geral.

O GQT é similar em enfatizar a garantia da qualidade e tem sido definido como "uma atividade contínua, conduzida pela gestão, na qual todos reconhecem a responsabilidade pessoal pela segurança e qualidade" (Shapton e Shapton, 1991). Isso requer que a companhia, como um todo, alcance uniformidade e qualidade do produto, e, a partir disso, a segurança é mantida. Dessa forma, GQT é maior no escopo do que o APPCC, incluindo a qualidade e a satisfação do cliente em seus objetivos (Anon., 1992).

Os sistemas de qualidade abrangem a estrutura organizacional, responsabilidades, procedimentos, processos e recursos necessários à implementação de uma gestão da qualidade compreensível. Eles se aplicam e interagem em todas as fases do ciclo produtivo, com a intenção de cobrir todos os elementos de qualidade.

Uma combinação do APPCC, sistemas de qualidade, do GQT e da excelência em negócios fornece uma abordagem geral do sistema de produção de alimentos, o qual abrange qualidade, produtividade e segurança do alimento. O GQT e os sistemas de qualidade fornecem a filosofia, a cultura e a disciplina necessárias para comprometer cada membro de uma organização, a fim de alcançar todos os objetivos gerenciais relacionados à qualidade. Nessa estrutura, a inclusão do APPCC como a chave específica para a garantia da segurança fornece a confiança necessária de que os produtos estarão em conformidade com as necessidades de segurança e de que nenhum produto não seguro ou não adequado sairá do local de produção. Coletivamente, essas ferramentas fornecem um enfoque abrangente e proativo para reduzir o risco dos problemas da segurança do alimento.

Em 1987, a Organização Internacional para Padronização (ISO), em Genebra, publicou as normas ISO 9000. Elas são equivalentes às normas europeias da série

EN29.000 e aos padrões britânicos BS 5750:1987. A série ISO 9000 é composta por cinco padrões:

- ISO 9000 (P*adrões de gerenciamento da qualidade e qualidade assegurada*): guia para a seleção e uso.
- ISO 9001 (*Sistemas de qualidade*): modelo para garantia da qualidade em *design*/ desenvolvimento, produção, instalação e serviço.
- ISO 9002 (*Sistemas de qualidade*): modelo para garantia da qualidade na produção e instalação.
- ISO 9003 (*Sistemas de qualidade*): modelo para garantia da qualidade na inspeção final e avaliação.
- ISO 9004 (*Gestão da qualidade e elementos do sistema de qualidade*): diretrizes.

Esses padrões podem ser utilizados como um ponto inicial para o projeto de programas de Gestão da Qualidade Total e devem ser usados para gerenciar o sistema APPCC.

9 Avaliação do risco microbiológico

9.1 Análise de riscos e avaliação do risco microbiológico

A avaliação do risco microbiológico é a análise gradual dos perigos que podem estar associados a tipos específicos de produtos alimentícios, permitindo estimar a probabilidade de ocorrência de efeitos adversos à saúde pelo consumo de um produto em questão (Notermans e Mead, 1996). É algumas vezes descrita como "avaliação quantitativa do risco microbiológico" (Haas et al., 1999) e pode ser descrita como a metodologia para organizar e analisar informações científicas, a fim de estimar a probabilidade e a gravidade de um efeito adverso (Cassin et al., 1998b). Sua origem está na área de análise de risco.

Conforme descrito no Capítulo 1, as mudanças nas técnicas de processamento e distribuição de alimentos, assim como a emergência de novos patógenos, podem mudar a epidemiologia das doenças transmitidas por alimentos. O incremento do comércio internacional de alimentos tem aumentado o risco de transmissão de agentes infecciosos entre fronteiras e enfatiza a necessidade do uso internacional da análise de risco para estimar a ameaça de patógenos alimentares afetarem a saúde humana. A globalização e a liberação do comércio mundial de alimentos, ao mesmo tempo em que oferecem diversos benefícios e oportunidades, também representam novos riscos. Devido à natureza global da produção, da fabricação e do comércio de alimentos, agentes infecciosos podem ser disseminados do ponto de origem do processamento e da embalagem para locais a milhares de milhas de distância. Portanto, novas estratégias são necessárias para avaliação e gerenciamento dos riscos à segurança dos alimentos. A análise de riscos gera modelos que permitirão mudanças no processamento, na distribuição e no consumo de alimentos que serão avaliadas de acordo com sua influência no potencial de desencadear toxinfecções alimentares. É uma ferramenta de gestão, inicialmente para ser utilizada por órgãos governamentais com o objetivo de definir o nível específico de proteção e estabelecer diretrizes a fim de garantir a oferta de alimentos seguros. Além disso, também é uma ferramenta para indústrias de alimentos, por meio da qual elas podem avaliar o efeito das mudanças do processamento no risco microbiológico (estratégias de atenuação de risco).

A segurança do alimento deve ser garantida pelo correto desenvolvimento do produto e do processo produtivo. Isso significa que a ótima interação entre os parâmetros intrínsecos e extrínsecos (os quais são apropriados para a vida de prateleira do produto) precisa ser assegurada, assim como correto manuseio, armazenamento, preparação e uso. Conforme previamente ressaltado, o método garantido de controle de perigos é o APPCC (Cap. 8). Embora esse sistema requeira a identificação do perigo (microbiológico) a ser eliminado ou reduzido a um "nível aceitável", deve-se questionar o que é "nível aceitável", se ele varia com a idade, etc., e quem decide? Para direcionar esses assuntos, primeiro é necessário considerar o "risco".

Definição: Risco é a função da probabilidade de um efeito adverso à saúde e a gravidade desse efeito, relacionado a perigo(s) no alimento.

A análise de riscos é a "terceira onda" na segurança de alimentos (Schlundt, 2002, OMS). Os três princípios:

1. Boas Práticas de Higiene na produção e preparação para reduzir a prevalência e a concentração dos perigos microbiológicos.
2. APPCC e abordagem que agem de forma proativa e identificam e controlam os perigos nos alimentos.
3. Análise de risco com foco nas consequências da ingestão de perigos microbiológicos por humanos e na ocorrência do perigo em toda a cadeia do alimento (do campo à mesa).

Conforme previamente descrito, a análise de risco consiste em três componentes (Fig. 9.1; FAO/OMS, 1995).

Avaliação de risco identifica o risco e os fatores que o influenciam. Requer informações científicas e a aplicação de procedimentos científicos estabelecidos realizados de maneira transparente. Entretanto, informações científicas suficientes nem sempre estão disponíveis e, portanto, um elemento de incerteza precisa ser associado a qualquer decisão.

Gerenciamento de risco mostra como o risco pode ser controlado ou prevenido. Isso pode ser alcançado por meio de manipulação e processamento higiênicos e implementação dos procedimentos do APPCC e do estabelecimento de critérios-padrão.

Comunicação de risco informa os outros sobre o risco. Difunde os resultados de revisões científicas realizadas sobre os perigos relacionados aos alimentos e seu risco ao público em geral ou a grupos específicos, tais como imunodeficientes, crianças e idosos. A comunicação de risco fornece às indústrias e aos consumidores informações para reduzir, prevenir ou evitar o risco alimentar.

Essas três atividades devem ser realizadas separadamente. Entretanto, é essencial a troca de informações entre elas, as quais são representadas pelos círculos intercomunicantes (Fig. 9.1).

9.2 Origem da avaliação do risco microbiológico

No cenário internacional, a Rodada de Acordos do Uruguai (o acordo sanitário e fitossanitário em particular) determinou que medidas sanitárias devem ser estabelecidas como base para avaliação de risco conforme se apresentem as circunstâncias. O propósito das medidas do acordo Sanitário e Fitossanitário (SFS) e o

Figura 9.1 A estrutura geral da Análise de Risco Microbiológico.

das Barreiras Técnicas ao Comércio (BTC) são prevenir o uso de requerimentos técnicos nacionais ou regionais, ou padrões em geral, como uma barreira técnica injustificada ao comércio.

O acordo BTC cobre todos os tipos de padrões, incluindo requerimentos de qualidade para alimentos (exceto aqueles relacionados às medidas sanitárias e fitossanitárias), e inclui diversas medidas destinadas a proteger o consumidor contra decepções e fraude econômica. Esse acordo também enfatiza os padrões internacionais. Os membros da Organização Mundial do Comércio (OMC) são obrigados a utilizar padrões internacionais ou parte deles, exceto quando o padrão internacional for ineficiente ou inapropriado na situação nacional. O acordo da OMC também estabelece que a avaliação de risco deve fornecer bases científicas para regulamentos nacionais de segurança dos alimentos e para medidas sanitárias e fitossanitárias, levando em conta técnicas de avaliação de risco desenvolvidas por organizações internacionais (Klapwijk et al., 2000).

Devido ao SFS e à OMC, os padrões, as diretrizes e outras recomendações do *Codex Alimentarius* tornaram-se a base para a produção de alimentos seguros e proteção dos consumidores. Dessa forma, A Comissão do *Codex Alimentarius* se tornou o ponto de referência para requerimentos internacionais de segurança de alimentos. Por sua vez, essa comissão identificou a avaliação dos riscos microbiológicos nos alimentos como a área prioritária de trabalho. O Comitê do *Codex* para Higiene dos Alimentos (CCFA), junto com a Comissão do *Codex Alimentarius*, é responsável pelo gerenciamento de risco nos alimentos no comércio internacional. Eles têm total responsabilidade pelo fornecimento das regras de higiene dos alimentos preparados pelos comitês do *Codex*. O CCFA decide as combinações de patógeno-produto para as quais avaliações de risco detalhadas são necessárias (Tab. 9.1). Ver Seção 11.4 para mais informações sobre a Comissão do *Codex Alimentarius* e seus comitês.

Inicialmente, os gestores de risco da Comissão do *Codex Alimentarius* solicitaram informações de órgãos especialistas a respeito da proteção da saúde pública contra os perigos encontrados nos alimentos. Em seguida, uma consulta conjunta da FAO/OMS sobre gerenciamento de riscos e segurança dos alimentos concluiu que o trabalho do CCFH poderia beneficiar o propósito de gerenciamento de risco com recomendações de um órgão especialista sobre perigos microbiológicos nos alimentos. Seu relato sugeriu que um comitê de especialistas no assunto poderia fornecer as recomendações científicas para avaliação microbiológica de riscos similares àquelas fornecidas pelo Comitê Conjunto da FAO/OMS para Aditivos Alimentares (JECFA) e o Encontro Conjunto da FAO/OMS sobre Pesticidas e Resíduos (JMPR) em aditivos alimentares, contaminantes, resíduos de drogas veterinárias e resíduos de pesticidas. Em resposta à Comissão do *Codex Alimentarius*, a FAO e a OMS estabeleceram um encontro conjunto de especialistas em avaliação do risco microbiológico (JEMRA), o qual é um processo de consultas especializadas para coletar, comparar e estimar dados de avaliação de risco para patógenos significativos em alimentos em nível internacional. Esse processo envolve:

1. Preparação da descrição científica do estado da arte do conhecimento.
2. Compartilhar esse conhecimento com todas as partes interessadas.

Tabela 9.1 Avaliação de risco microbiológico patógeno-produto

Perigo	Produto
S. Enteritidis	Ovos e produtos com ovos
Salmonella spp.	Frango, carne vermelha, brotos, peixe
C. jejuni	Frango
E. coli entero-hemorrágica	Carne de gado, brotos
L. monocytogenes	Queijos moles, produtos prontos para consumo, peixe defumado, vegetais minimamente processados (p. ex., saladas e vegetais pré-cozidos congelados)
V. parahemolyticus	Crustáceos
Vibrio spp.	Frutos do mar
Cyclospora	Produtos frescos
Cryptosporidium	Água potável
Rotavírus	Água potável
Shigella spp.	Vegetais
B. cereus	Leite pasteurizado
Cronobacter spp. e *Salmonella*	Fórmulas infantis em pó

3. Interação com os gerenciadores do risco, a fim de focar o trabalho nas áreas em que a prevenção seja factível.
4. Pesquisa minuciosa dos dados apresentados.
5. Preparação de relatórios para permitir uma avaliação do risco e uma resposta a questões específicas de gerenciamento.

Dessa forma, os relatórios de avaliação de risco do JEMRA fornecem a base científica para o Comitê CCFH do *Codex* sobre gerenciamento de risco.

Um grande número de estudos completos estão publicados ou em desenvolvimento, sob a égide das atividades conjuntas da FAO/OMS, sobre avaliação de riscos de perigos microbiológicos em alimentos. Esses estudos incluem *Campylobacter* spp., *L. monocytogenes*, *Salmonella*, *Vibrio* e vírus. Isso está relatado de forma mais detalhada no Capítulo 10 e pode ser baixado da internet (formato pdf) (ver diretório da internet). Inúmeras outras publicações relacionadas foram lançadas e muitas podem ser baixadas no formato pdf do *website* da OMS, incluindo as do JEMRA (Tab. 9.2).

Os relatórios preliminares de caracterização de perigos da FAO/OMS consideraram em conjunto patógenos provenientes de alimentos e de água porque muitos surtos de doenças transmitidas por alimentos são causados por frutas e vegetais que foram irrigados com água contaminada. Até hoje, a maioria das avaliações quantitativas de risco tem sido mais relacionada a perigos bacterianos do que a vírus, fungos toxigênicos, parasitas e protozoários devido ao maior volume de dados disponíveis.

Tabela 9.2 Encontro conjunto de especialistas em avaliação de risco microbiológico da FAO/OMS (JEMRA)

Tópico (ano)	Avaliação do risco microbiológico (ARM) realizada[a]
Avaliação de risco de *Salmonella* em ovos e frango grelhado (2002)	1 e 2
Caracterização do perigo para patógenos em alimentos e água (2003)	3
Avaliação de risco de *Listeria monocytogenes* em alimentos prontos para consumo (2004)	4 e 5
Cronobacter spp. e outros micro-organismos em fórmulas infantis em pó (2004)	6
Avaliação da exposição ao perigo microbiológico em alimentos: diretrizes (2005)	7
Avaliação do risco de *Vibrio vulnificus* em ostras cruas (2005)	8
Avaliação do risco de *Vibrio cholerae* causadores de cólera O1 e O139 em camarões aquecidos em água no comércio internacional (2005)	9
Cronobacter spp. e *Salmonella* em fórmulas infantis em pó (2006)	10

[a] Acessado de http://www.who.int/foodsafety/micro/jemra/assessment.

Em 1997, foi estabelecida a Cooperação Científica da União Europeia (SCOOP, coordenada pela França) para avaliação de risco microbiológico para patógenos alimentares e toxinas. Ela durou dois anos e comparou os dados entre diferentes países membros (SCOOP, 1998). O estudo foi o primeiro do tipo a determinar o que diferentes países estavam fazendo a respeito da avaliação de risco microbiológico conforme as definições da Comissão do *Codex Alimentarius* (1999). O projeto envolveu 39 cientistas de 13 países e concluiu que, embora a avaliação de risco microbiológico estivesse se desenvolvendo rapidamente na Europa, muito poucas avaliações de risco completas tinham sido publicadas.

Cassin e colaboradores (1998a) introduziram o termo "Modelo de Processo de Risco," o qual integra a análise microbiológica de risco com a análise de cenário e a microbiologia preditiva. Além disso, o termo "avaliação da dose-resposta", utilizado por eles, é equivalente à terminologia "caracterização do perigo" da Comissão do *Codex Alimentarius* e da OMS (1995) (Potter, 1996). O International Life Sciences Institute (Instituto Internacional de Ciências da Vida) (ILSI, 2000) publicou uma *Estrutura revisada para avaliação de risco microbiológico*, a qual é a revisão da monografia *Ferramentas para gerenciamento da segurança de alimentos* (ILSI, 1998b). Originalmente, a avaliação de risco do ILSI era mais adequada para perigos microbiológicos da água e, embora esse seja um documento válido, a abordagem-padrão da comissão do *Codex Alimentarius* será utilizada neste livro.

Entretanto, a avaliação de risco microbiológico tem sido aplicada apenas recentemente nas questões de segurança microbiológica dos alimentos. Uma lista de diversos estudos publicados sobre patógenos-produtos é fornecida na Tabela 9.1 a 9.3 e será considerada em detalhes no Capítulo 10.

9.3 Avaliação de risco microbiológico – uma perspectiva

A análise de risco, conforme descrito na seção anterior, começa com um breve perfil no nosso conhecimento corriqueiro sobre os micro-organismos. O perfil deve incluir a incidência dos organismos no ambiente, em animais domésticos, alimentos e suas implicações em humanos. O perfil de risco será utilizado como a base para a avaliação científica do risco microbiológico utilizando literatura científica. Durante esse período, novas pesquisas ou solicitações de dados nas áreas menos entendidas devem ser iniciadas. Dados sobre a prevalência e frequência dos micro-organismos na cadeia de alimentos e os resultados das infecções serão analisados para determinar a importância e a gravidade da contaminação do alimento nas doenças humanas. A avaliação de risco também deve predizer as medidas mais eficientes a serem tomadas para controlar micro-organismos nos alimentos.

A análise de risco irá fornecer informações para definir o objetivo da segurança do alimento (abordado na Seção 9.7), que tanto pode ser o nível aceitável desses organismos patogênicos como sua prevalência no produto, os quais são conseguidos por meio da implementação de planos APPCC e outros.

Tabela 9.3 Estudos de avaliação de risco microbiológico (ver também Tab. 9.2)

Micro-organismo	Referências
Sorovares de Salmonella	Kelly et al., 2000
Ovos e produtos com ovos	Todd, 1996a; Whiting e Buchanan, 1997, FAO/OMS, 2002; FSIS, 1998
Frigoríficos de frango	Brown et al., 1998; Oscar, 1998a,b (ver diretório da internet para fazendas de frango); Fazil et al., 2000
L. monocytogenes	Peeler e Bunning, 1994; Farber et al., 1996; Van Schothorst, 1996, 1997; Bhuchanan et al., 1997; Notermans et al., 1998; Bemrah et al., 1998; FDA, 1999; Lindqvist e Westöö, 2000; Fazil et al., 2000; FDA, 2001
E. coli O157:H7	Cassin et al, 1998a; Marks et al., 1998; Haas et al., 2000; Hoornstra e Notermans, 2001.
Bacillus cereus	Zwietering el al., 1996; Todd, 1996b; Notermans et al., 1997; Notermans e Batt, 1998; FSIS, 1998; Carlin et al., 2000
Campylobacter spp. resistente a fluoroquinolonas	Medema et al., 1996; Fazil et al., 2000b; FDA, 2000a
V. parahaemolyticus	FDA, 2000b
Produtos	Barker et al., 1999
BSE	Gale, 1998
Água potável	Soker et al., 1999; Teunis e Havelaar, 1999; FAO/OMS, 2000b; Gale, 2001

Embora muitos micro-organismos causadores de doença de origem alimentar tenham sido considerados patogênicos (Tab. 1.2) nem toda ingestão de patógenos resulta em infecção ou consequente doença. Há variação na infectividade do micro-organismo, assim como há variação na suscetibilidade da população. Dessa forma, o risco de uma doença de origem alimentar é determinada pela combinação da probabilidade de exposição ao patógeno pela sua ingestão, com a probabilidade de que essa exposição resultará em infecção/toxinose e subsequente doença, nas quais há vários níveis de gravidade, incluindo a morte. O risco pode ser quantificado em uma população qualquer a fim de predizer o provável número de infecções, doenças ou mortes em 100 mil pessoas por ano, por refeição, etc. Ele também ajuda a identificar quais os estágios "do campo à mesa" que contribuem para aumento no risco de doenças transmitidas por alimentos e focar nas etapas que são mais eficientes para redução de patógenos alimentares. Esse processo é chamado de "estratégias de mitigação de risco". Quando não há dados suficientes disponíveis, uma avaliação de risco qualitativa (descritiva) deve ser realizada. Essa avaliação pode ser inicialmente elaborada antes de decidir se um maior tempo de consumo, uma demanda de recursos ou uma avaliação de risco quantitativa são necessários. Portanto, a avaliação de risco tem os seguintes principais objetivos:

1. Quantificar o risco de consumo de um produto definido para um grupo da população. Se houver dados suficientes, determinar o risco de níveis e a frequên-

cia de contaminação no momento do consumo, a quantidade a ser consumida (tamanho da porção e frequência) e a relação da dose-resposta apropriada a fim de traduzir o efeito da exposição à saúde humana.

2. Identificar estratégias e ações que possam ser utilizadas para diminuir o nível de risco à saúde. Isso normalmente requer modelagem da produção, processamento e manuseio do alimento e mudanças na cadeia "do campo à mesa".

A avaliação de risco microbiológico é somente um dos componentes integrantes de uma série de etapas que levam ao gerenciamento de perigos microbiológicos em alimentos, no comércio internacional. A fim de realizar uma dessas avaliações de maneira eficiente, é imperativo que informações-chave a respeito de tecnologias e práticas de manipulação de alimentos, desde a produção até o consumo, estejam disponíveis. Os conceitos de segurança precisam ser construídos durante o desenvolvimento dos produtos, por exemplo, por meio da implementação do APPCC. Em sequência, estes precisam ser incorporados às Boas Práticas de Fabricação e ao Gerenciamento da Qualidade Total (Fig. 8.3) . Dessa forma, no futuro, a avaliação de risco microbiológico deve fornecer melhores informações para o desenvolvimento dos planos APPCC, especialmente estabelecendo os pontos críticos de controle e as atividades de segurança dos alimentos das companhias (Fig. 8.4). Entretanto, pode levar vários anos para que uma análise de risco formal seja realizada. Com o objetivo de ajudar as empresas de alimentos, a OMC permitiu a utilização de critérios internacionais. Esses critérios precisam ser baseados em procedimentos prévios de análise de risco nos quais os gestores de risco sejam a comissão do *Codex Alimentarius* e entidades governamentais nacionais. Uma vez que os objetivos de segurança dos alimentos tenham sido definidos (Seção 9.7), as empresas de alimentos precisam convertê-los em seus próprios produtos ou critérios de processo (Fig. 8.4). Devido ao limite de recursos, as empresas de alimentos devem adotar uma abordagem mais simplificada do que os gestores de risco governamentais. Focar na prevalência e concentração de um patógeno reconhecido em seus ingredientes e em seu produto final (Seção 9.5.3, em avaliação da exposição) e utilizar a microbiologia preditiva para determinar a probabilidade de mudanças na prevalência e na concentração durante o processamento, a produção e o armazenamento. Em seguida, eles podem identificar fatores (p. ex., carga microbiana inicial), os quais podem ser controlados para reduzir o risco associado (mitigação de risco). Ver Seção 2.8.5 para um exemplo utilizando *Shigella flexneri* (Fig. 2.17).

Atualmente, a aplicação da avaliação de risco para a segurança microbiológica do alimento é um assunto em evolução, no qual está havendo identificação das áreas com informações insuficientes para posterior pesquisa e análise. Um grande número de avaliações de risco foi realizado, com foco particular no uso da avaliação de risco microbiológico (ARM), a fim de estabelecer e/ou implementar alvos baseados no risco microbiológico quantitativo em nível internacional.

A FAO/OMS está investigando o papel da ARM no desenvolvimento de alvos com base no risco microbiológico quantitativo ou métrico (FAO/OMS, 2006a). Os objetivos de saúde pública são estabelecidos pelos governos para melhorar o estado geral da saúde da população e reduzir os encargos com as doenças. A ARM determina a escala de redução de risco necessária para atingir o objetivo de saúde pública. Por exemplo, para reduzir a incidência de salmoneloses causadas por frango de 50 para 10 por 100 mil consumidores ao ano, é necessária a redução de 20% na frequência de *Salmonella* em frangos. Dessa forma, 10 casos de salmonelose por 100 mil consumidores ao ano seria o Nível Apropriado de Proteção (NAP). Uma série de outros cenários de medidas de controle associadas ao efeito do risco também serão considerados durante a ARM.

A Comissão do *Codex Alimentarius* definiu três novos objetivos intermediários com base no risco microbiológico, nomeados de objetivos da segurança de alimentos (OSA), objetivos de desempenho (OD) e critérios de desempenho (CD).

- OSA: A máxima frequência e/ou concentração de um perigo em um alimento no momento do consumo que indique ou contribua para o NAP (ver também Seção 9.7).
- OD: A máxima frequência e/ou concentração de um perigo em um alimento em uma etapa específica da cadeia produtiva, antes do momento do consumo, a qual indique ou contribua para um OSA ou NAP, quando aplicável.
- CD: O efeito na frequência e/ou na concentração de um perigo em um alimento que possa ser alcançado pela aplicação de uma ou mais medidas de controle a fim de indicar ou contribuir para OD ou OSA.

O propósito desses objetivos intermediários é comunicar às indústrias de alimentos os limites requeridos em pontos específicos da cadeia de fornecimento de alimentos para alcançar um objetivo específico de saúde pública ou nível de proteção.

Há dois tipos de avaliação quantitativa de risco microbiológico (AQRM): determinístico e probabilístico. A *avaliação determinística de risco* é baseada em valores simples de entrada e saída e resulta em meios relativamente diretos de uso da ARM a fim de desenvolver medidas. Entretanto, a desvantagem é que essa avaliação de risco é menos precisa. Por exemplo, devido às muitas incertezas, há uma tendência a focar em situações extremas, como os cenários dos piores casos. A *avaliação probabilística de risco* difere da avaliação determinística porque supera essa desvantagem. Os valores de entrada e saída são distribuições de valores, e isso cria o desafio de como expressar o resultado em um valor mensurável para ser alcançado por uma medida de controle. Trabalhos estão sendo realizados para melhor elucidar como cada uma dessas abordagens citadas podem ser utilizadas para estabelecer alvos quantificáveis.

9.4 Avaliação de risco microbiológico – estrutura

Comparada à avaliação de risco de perigos químicos, a avaliação de risco de perigos biológicos é um "novo desenvolvimento" da ciência. A avaliação microbiológica de risco difere da avaliação de risco químico pelas seguintes razões:

1. Os micro-organismos podem multiplicar-se ou morrer nos alimentos. Entretanto, as concentrações de produtos químicos não mudam.

2. Os riscos microbiológicos são, sobretudo, o resultado de uma simples exposição, enquanto os químicos são com frequência devido a efeitos cumulativos.
3. O nível de contaminação microbiológica é altamente variável, enquanto a administração de drogas veterinárias pode ser controlada para minimizar a exposição humana aos resíduos.
4. Os micro-organismos raras vezes estão distribuídos de forma homogênea no alimento.
5. Os micro-organismos podem ser distribuídos de forma secundária (p. ex., pessoa a pessoa), adicionalmente à ingestão direta do alimento.
6. A população exposta pode exibir imunidade de pequena ou longa duração. Isso irá variar de acordo com o micro-organismo patogênico.

(ILSI, 2000; Tab. 9.4).

Um grupo para avaliação de risco microbiológico foi estabelecido por meio de uma série de consultas realizadas pela FAO e OMS e de documentos desenvolvidos pela CAC. Desde 1995, a OMS, em colaboração com a FAO, formalizou uma estrutura para análise de risco de perigos em alimentos. O processo incluiu uma série de consultas a especialistas no assunto:

1. A aplicação da análise de risco para determinar normas de alimentos e questões de segurança de alimentos, utilizando principalmente a avaliação de risco (Genebra, 1995).
2. Gerenciamento de risco e segurança dos alimentos (Roma, 1997).
3. A aplicação da comunicação de risco em padrões de alimentos e questões de segurança (Roma, 1998).
4. Avaliação de risco de perigos microbiológicos em alimentos (Genebra, 1999).
5. Gerenciamento de risco (Roma, 2000).
6. A interação entre assessores e gerentes (Kiel, 2000).

Os princípios e as recomendações contidos nos relatórios têm a intenção de servir de orientação para o comitê do *Codex* a fim de revisar os padrões e os textos de consulta sobre suas respectivas áreas de responsabilidade e de fornecer um quadro comum para governos, indústria e outras partes interessadas em desenvolver atividades de análise de risco no campo da segurança de alimentos. Ver Seção de Recursos da *web* para uma lista das URLs, nas quais os documentos podem ser acessados.

As duas maiores publicações do *Codex* são:

1. Princípios e orientações para a condução da avaliação de risco microbiológico, CAC/GL-30 (CAC, 1999).
2. Proposição de modelos de princípios e orientação para a condução do gerenciamento de risco microbiológico (na etapa 3 do procedimento) CX/FH 00/6 (CCFH, 2000).

Tabela 9.4 Comparação da avaliação de risco microbiológico com a avaliação de risco químico

Componente	Avaliação de risco químico	Avaliação de risco microbiológico
Propósito	Deteminar: (a) Se a substância é genotóxica (b) Estimar níveis de segurança nos alimentos (c) Substâncias que necessitem tempo de retenção na fonte Fornecido para uso de substâncias que não causem risco significativo à saúde	Diferenciar risco em termos da probabilidade de doença ou morte da ocorrência natural de contaminantes microbianos Acessar o impacto das mudanças na produção/no processamento do alimento sobre o risco Finalmente, estabelecer limites críticos para o APPCC
Identificação de perigos	Estrutura química da droga Evidência da toxicidade em testes com animais e utilização do nível sem efeito observado (NOEL) derivado de doses	Identificação do agente Evidência de ser o agente causal nas doenças transmitidas por alimentos, por meio da investigação de surtos ou de estudos epidemiológicos
Avaliação da exposição	Suposições realizadas sobre o consumo de alimentos derivados de animais tratados Com a ingestão diária aceitável (IDA), calcular os limites máximos de resíduos (LMR) nos alimentos Tempo de afastamento definido para garantir que o LMR não seja excedido	Em geral, determinações complexas da prevalência e concentração do patógeno no alimento, no momento do consumo Dinâmicas de contagem de multiplicação/morte dos micro-organismos Baseado em estudos de vigilância sanitária e modelagem Investigar as estruturas para determinar os efeitos das mudanças de processamento no risco
Caracterização do perigo	NOEL estabelecido a partir de bioensaios com o fator de segurança calculado como IDA	Dados obtidos de estudos com voluntários humanos, modelos animais ou surtos Investigações utilizadas para estimar o efeito de diferentes níveis de contaminação
Avaliação da dose-resposta		Em geral envolve modelagens matemáticas complexas
Caracterização do risco	Deve ser risco pouco relevante se houver conformidade com padrões regulatórios estabelecidos	O risco estimado expresso em termos de probabilidade de doença ou morte; por exemplo, avaliando uma porção de alimento, o número de casos esperados/100.000 pessoas, e outros, avaliando subgrupos da população

Embora seja aceito que o uso formal da análise de risco na microbiologia de alimentos ainda esteja engatinhando, é provável que, em um futuro próximo, a avaliação de risco microbiológico terá maior importância na determinação do nível de proteção ao consumidor que os governos consideram necessário e alcançável.

9.4.1 Avaliação de risco

O objetivo da avaliação de risco é fornecer uma estimativa do número de doenças causadas por um patógeno em uma determinada população. A fim de que isso seja alcançado, o processo precisa ser cientificamente baseado nas seguintes etapas:

1. Declaração do propósito.
2. *Identificação do perigo*: é a identificação do perigo, sua natureza, nível conhecido ou potencial dos efeitos à saúde a ele associados e o risco aos indivíduos expostos a ele.
3. *Avaliação da exposição*: descreve as vias de exposição e considera a frequência provável e a quantidade de consumo do alimento contaminado com o perigo.
4. *Caracterização do perigo*: é o efeito do perigo, tanto em frequência como em gravidade, podendo incluir a avaliação da dose-resposta.
5. *Caracterização do risco*: identifica a probabilidade de uma população de indivíduos sofrer efeitos adversos à saúde pela exposição ao alimento que possa conter o patógeno. Também descreve a variabilidade e a incerteza do risco e identifica dados falhos na avaliação.
6. Produção de um relatório formal.

A Figura 9.2 mostra a sequência de etapas.

A avaliação de risco requer uma abordagem multidisciplinar incluindo, por exemplo, microbiologistas, epidemiologistas e estatísticos. Os mesmos componentes de identificação do perigo, avaliação da exposição, caracterização do perigo e caracterização do risco são considerados, tanto quantitativa como qualitativamente, na avaliação de risco. As avaliações de risco quantitativas podem ser escolhidas para identificar, descrever e classificar perigos associados a alimentos. Esse tipo de avaliação pode ser escolhido quando dados científicos substanciais são necessários para análise, sendo que avaliações de risco quase sempre geram uma expressão numérica do risco. Ver Seção 9.5 para mais detalhes. A avaliação qualitativa de risco é um método útil para determinar quais perigos estão associados a um alimento em particular e quando há muitas brechas nos dados disponíveis que limitam a precisão necessária para uma avaliação quantitativa de risco. Por exemplo, a probabilidade de contaminação, o nível de multiplicação de um patógeno no alimento e a quantidade de alimento consumido são frequentemente desconhecidos. Por isso, a avaliação quantitativa de risco pode ser utilizada para identificar brechas nos dados, focando as pesquisas nos aspectos que terão maior impacto na saúde pública.

9.4.2 Gerenciamento de risco

O gerenciamento de risco é um processo distinto da avaliação de risco. Ele implica comparar políticas alternativas e consultar todas as partes interessadas, considerando a avaliação de risco e outros fatores relevantes para proteção da saúde dos consumidores e promoção de práticas de comércio justas e, se necessário, selecionar opções

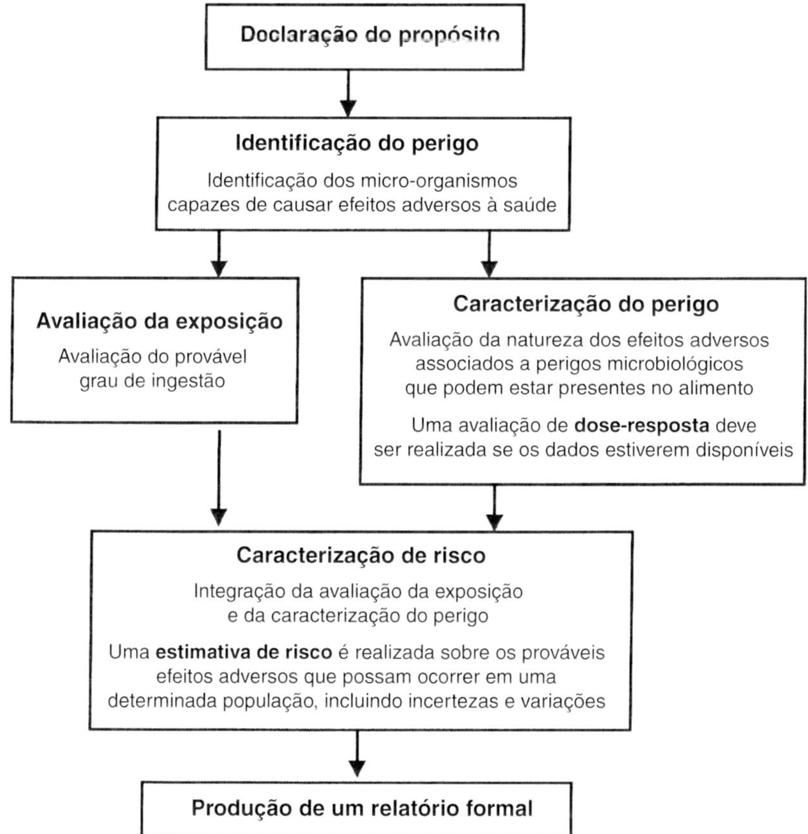

Figura 9.2 Diagrama de avaliação de risco. Adaptada de Notermans, S.; Mead, G.C. e Jouve, J.L., 1996. Produtos alimentícios e proteção do consumidor: uma abordagem conceitual e glossário de termos. *Int. J. Food Microbiology*. **30**, 175-183; cópia com permissão da Elsevier.

adequadas de prevenção e controle. Atualmente, o APPCC é o principal meio de controle de perigos. Ver Seção 8.7 para mais detalhes.

9.4.3 Comunicação de risco

A comunicação de risco é um intercâmbio interativo de informações e opiniões sobre todo o processo de análise de risco em relação aos perigos e riscos, fatores de risco relacionados e percepções de risco, por parte dos assessores de risco, gestores de risco, consumidores, indústria, comunidade acadêmica e outras partes interessadas, incluindo a explicação dos resultados de avaliação de risco e as bases das decisões de gerenciamento de risco.

9.5 Avaliação de risco

O objetivo da avaliação de risco é estimar o risco de doença causada por um patógeno em determinada população e entender os fatores que o influenciam. Começando com a declaração de propósito, o processo (conforme definido pelo *Codex*) é demonstrado na Figura 9.2. As definições desses componentes são baseadas no documento do *Codex* (CAC, 1999); existem 11 princípios envolvidos, segundo descrito na Tabela 9.5.

A avaliação de risco compila informações sobre perigos nos alimentos que permitam aos responsáveis pela decisão identificar intervenções (diminuição do risco) levando à melhora da saúde pública. Isso inclui ações regulatórias, atividades voluntárias e iniciativas educacionais. A avaliação de risco pode também ser utilizada para identificar brechas nos dados e alvos de pesquisa que devam ter maior valor em termos de impacto na saúde pública.

O conhecimento sobre cada etapa da avaliação de risco é fundamental para representar uma cadeia de causa-efeito, desde a prevalência e concentração do patógeno (avaliação da exposição) até a probabilidade e magnitude dos efeitos à saúde (caracterização de risco; Lammerding e Paoli, 1997). Na avaliação, "risco" consiste tanto na probabilida-

Tabela 9.5 Princípios da avaliação de risco microbiológico (CAC, 1999)

Princípio
(1) A avaliação de risco microbiológico deve ser solidamente baseada na ciência
(2) Deve haver separação funcional entre avaliação de risco e gerenciamento de risco
(3) A avaliação de risco microbiológico deve ser conduzida de acordo com uma abordagem estruturada que inclua a identificação de perigos, a avaliação da exposição, a caracterização do perigo e a caracterização do risco
(4) A avaliação de risco microbiológico deve estabelecer com clareza o propósito do exercício, incluindo a estimativa do risco que será seu resultado
(5) A condução da avaliação de risco biológico deve ser transparente
(6) Qualquer dificuldade que influencie a avaliação de risco, como custo, recursos ou tempo, deve ser identificada e suas possíveis consequências descritas
(7) O risco estimado deve conter uma descrição de incerteza e onde ela aumentou durante o processo de avaliação de risco
(8) Os dados devem ser tais que a incerteza estimada do risco possa ser determinada; dados e sistemas de coleta de dados devem, o máximo possível, ter qualidade e precisão suficientes para que a incerteza do risco estimado seja minimizada
(9) A avaliação de risco microbiológico deve considerar de maneira explícita as dinâmicas de multiplicação, sobrevivência e morte dos micro-organismos nos alimentos e a complexidade de interação (incluindo sequelas) entre os humanos e o agente após o consumo do alimento, assim como o potencial de disseminação
(10) Sempre que possível, estimativas de risco devem ser reavaliadas ao longo do tempo, comparando-as com dados de doenças humanas independentes
(11) A avaliação de risco microbiológico pode necessitar de uma reavaliação sempre que novas informações relevantes estiverem disponíveis

de quanto no impacto da doença. Dessa forma, a diminuição do risco pode ser alcançada ou pela redução da probabilidade ou pela redução da gravidade da doença.

9.5.1 Estabelecimento do propósito

O propósito específico da avaliação de risco deve ser claramente estabelecido e a forma e as alternativas de resultados possíveis devem ser determinadas. Esse estágio se refere à formulação do problema e tem como objetivo desenvolver uma estrutura prática e uma abordagem estruturada para a avaliação completa do risco como para um processo autônomo (como a caracterização do risco). Durante essa fase, a causa de interesse, os objetivos, o tamanho e o foco da avaliação de risco devem ser definidos. O estabelecimento pode também incluir requerimentos de dados, pois eles podem variar dependendo do foco, do uso da avaliação de risco e das questões relacionadas a incertezas que precisem ser resolvidas. O resultado pode, por exemplo, ter a forma de uma estimativa de risco da ocorrência anual de doença ou, ainda, uma estimativa da taxa anual de doença por 100 mil habitantes ou, ainda uma estimativa da taxa de pessoas doentes por casos de ingestão de alimentos.

9.5.2 Identificação de perigos

A identificação dos perigos consiste na identificação dos agentes biológicos, químicos e físicos (micro-organismos e toxinas) capazes de causar efeitos adversos à saúde, devido a sua presença em um alimento ou grupo de alimentos específicos. Ela envolve a avaliação de dados epidemiológicos, relacionando alimentos e patógenos às doenças humanas. A identificação de perigos pode ser utilizada como um processo de filtro para identificar combinações de grupos de patógenos de alimentos, os quais são de grande importância para os gestores de risco. Informações sobre micro-organismos potencialmente perigosos e suas toxinas podem ser obtidas de variadas fontes, tais como estudos de sistemas de vigilância governamentais e diferentes organizações com reputação reconhecida (p. ex., publicações da ICMSF). A informação pode descrever as condições de multiplicação e morte (valores de pH, a_w, valores D, etc.). É mais fácil a identificação de perigos na avaliação de risco microbiológico do que na de risco químico, já que os perigos microbiológicos possuem um curto período de incubação (dias), enquanto na avaliação de risco químico, o efeito adverso à saúde muitas vezes requer um longo período de tempo para se manifestar (anos) após a exposição. Ver Tabela 9.4. Os micro-organismos associados a doenças transmitidas por alimentos são mostrados nas Tabelas 1.2 e 4.1.

A chave para a identificação do perigo é a disponibilidade de dados de saúde pública e a estimativa preliminar das fontes, frequência e quantidade do agente(s) em consideração. Embora bactérias patogênicas relacionadas a determinados alimentos sejam amplamente conhecidas, dados de vigilância e estudos epidemiológicos podem revelar produtos e processos de alto risco. A informação reunida é, mais tarde, utilizada na avaliação da exposição, na qual o efeito do processamento, do armazenamento e da distribuição do alimento (desde o processamento até o consumo) sobre o número de patógenos de origem alimentar é avaliado.

9.5.3 Avaliação da exposição

Definição: a avaliação da exposição é a avaliação qualitativa e/ou quantitativa da provável ingestão de agentes biológicos, químicos e físicos via alimento, assim como a exposição a outras fontes, se relevantes.

A avaliação da exposição determina a probabilidade do consumo e a dose provável de patógeno em um alimento às quais os consumidores possam ter sido expostos. Ela deve ser referente à porção específica (tamanho da porção) no momento do consumo ou a um volume específico de água consumido por dia. De forma geral, descreve os caminhos pelos quais uma população de patógenos entra na cadeia alimentar e é subsequentemente disseminada na produção, distribuição e no consumo dos alimentos. Isso inclui a avaliação atual ou antecipada da exposição humana. Para perigos microbiológicos, a avaliação da exposição pode ser baseada na possível extensão da contaminação de um alimento por um perigo específico e em padrões e hábitos de consumo. A exposição a um patógeno alimentar é a função da frequência e da quantidade de alimento consumido e da frequência e nível de contaminação.

As etapas da produção de alimentos que afetam a exposição humana ao micro-organismo-alvo, desde a produção primária até o consumo, são descritas como a sequência "do campo à mesa". Na avaliação da exposição, é conveniente dividir essa sequência em uma série de módulos, conforme mostrado na Figura 9.3. O diagrama enfatiza os dois conjuntos de dados requeridos na avaliação quantitativa de risco: prevalência e concentração do patógeno específico (perigo). Dependendo do objetivo da avaliação de risco, a avaliação da exposição pode começar ou com a prevalência do patógeno em produtos crus ou com a descrição da população de patógenos nas etapas subsequentes, como, por exemplo, durante o processamento. Nas situações em que dados de vigilância são falhos ou insuficientes, o efeito do processamento sobre a prevalência e concentração podem ser modelados utilizando microbiologia preditiva (Seção 2.8). Entretanto, sempre que possível, os valores preditivos devem ser verificados com dados de vigilância.

Um diagrama para avaliação da exposição é fornecido na Figura 9.4. Ele deve ser combinado com as atividades descritas para caracterização do perigo na Figura 9.5.

A avaliação da exposição é um dos mais complexos e incertos aspectos da avaliação de risco microbiológico. Portanto, estudos de modelagem e simulações são necessários. Grande ênfase é dada à estimativa de efeitos de um número de fatores na população microbiana. Esses fatores incluem:

- A ecologia microbiana do alimento.
- Requerimentos para a multiplicação microbiana (fatores intrínsecos e extrínsecos, Tab. 2.8).
- A contaminação inicial das matérias-primas.
- Prevalência da infecção em alimentos de origem animal.

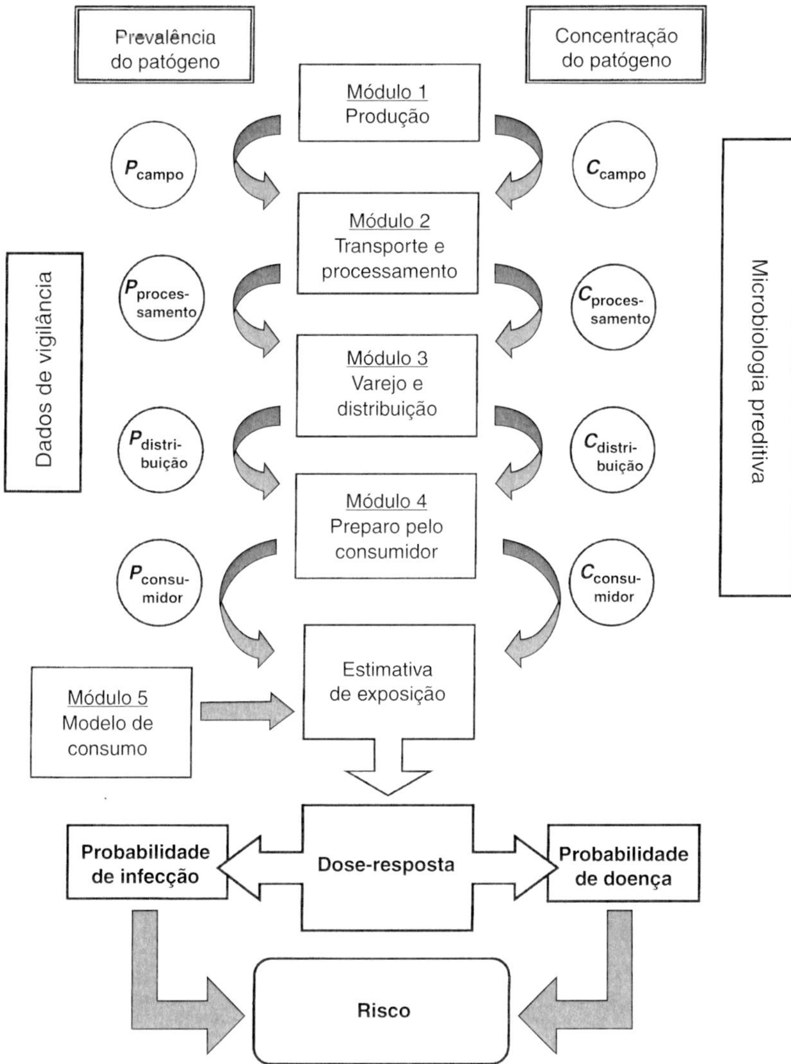

Figura 9.3 Quadro dos módulos do campo à mesa.

- O efeito das etapas de produção, processamento, manuseio, distribuição e preparação pelo consumidor final sobre o agente patogênico (i. e., o impacto de cada etapa no nível dos agentes patogênicos de interesse).
- A variabilidade nos processos envolvidos e o nível de controle de processo.
- O nível de desinfecção, práticas de abate, taxas de transmissão animal-animal.
- O potencial para (re)contaminação (p. ex., contaminação cruzada com outros alimentos e recontaminação após tratamento térmico).

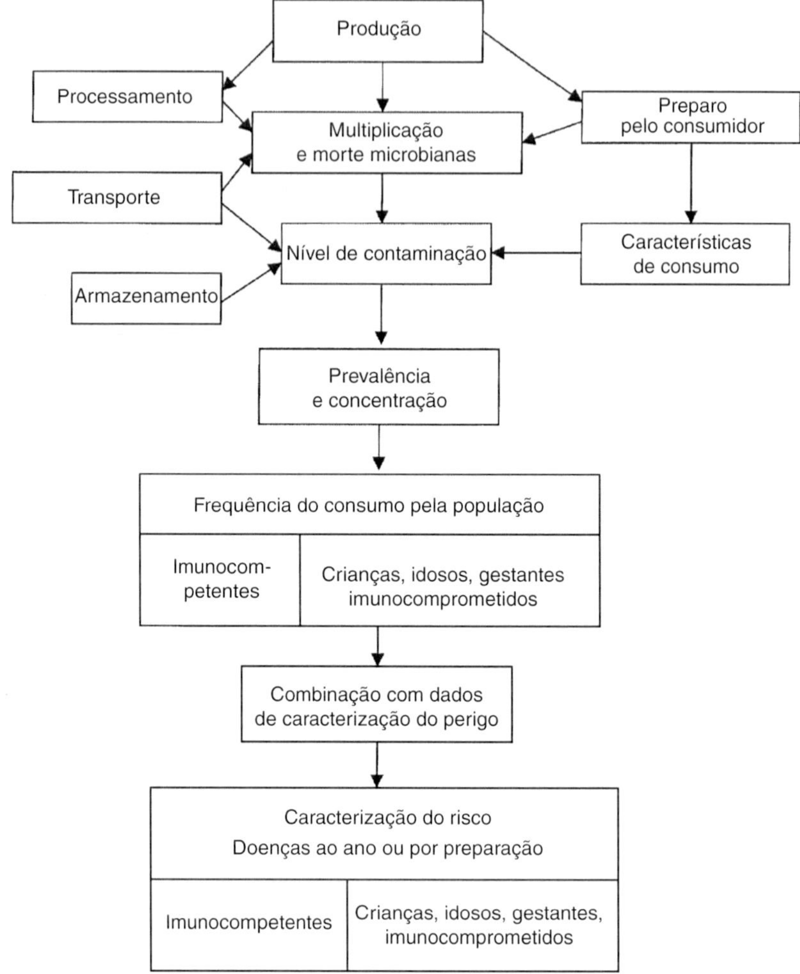

Figura 9.4 Avaliação da exposição e caracterização do risco.

- Os métodos ou as condições de embalagem, distribuição e armazenamento do alimento (como temperatura de armazenamento, umidade relativa do ambiente, composição gasosa da atmosfera), as características do alimento que possam influenciar no potencial de multiplicação do patógeno (e/ou produção de toxina) no alimento sob várias condições, incluindo excessos (p. ex., pH, umidade, atividade de água, conteúdo de nutrientes, presença de substâncias antimicrobianas, flora competitiva).

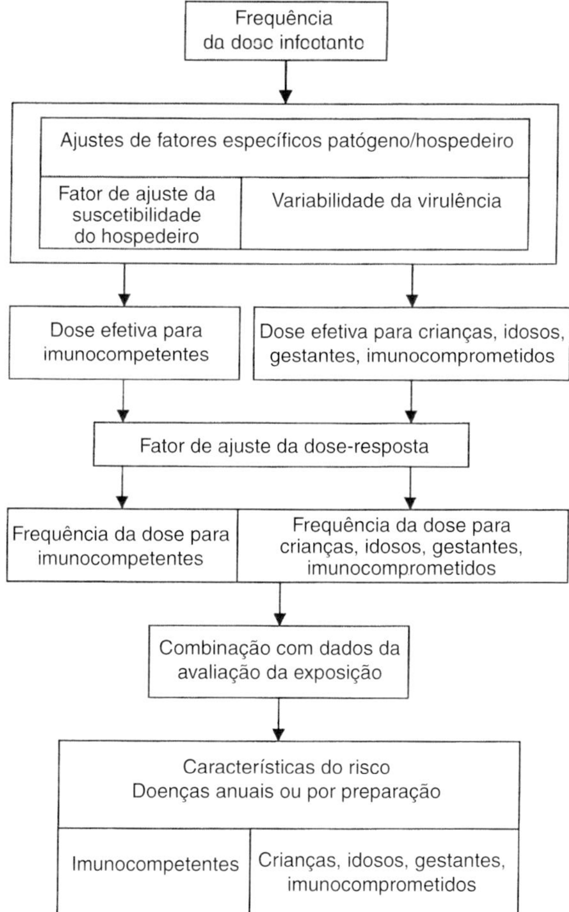

Figura 9.5 Caracterização do perigo e do risco.

Já que toxinas microbianas pré-formadas e vírus não se multiplicam em alimentos, sua avaliação da exposição é mais simples do que a das bactérias, as quais podem se multiplicar, morrer ou adaptar-se durante as etapas "do campo à mesa".

Os fatores relacionados à matriz do alimento são, sobretudo, aqueles que podem influenciar na sobrevivência do patógeno durante a passagem pelo ambiente hostil do estômago. Eles podem incluir a composição e a estrutura da matriz do alimento (p. ex., alimentos altamente tamponados):

- Bactérias envolvidas por gotas de gordura.
- As condições de processamento (p. ex., aumento da tolerância ácida das bactérias após uma pré-exposição a condições moderadas de ácido).

- Condições de ingestão (p. ex., trânsito rápido dos líquidos no estômago vazio).

Os dados sobre a sobrevivência e a proliferação microbianas em alimentos podem ser obtidos de surtos de toxinfecções alimentares, testes de armazenagem, históricos de dados do desempenho do processamento de alimentos, testes de desafio microbiológico e microbiologia preditiva (Seção 2.8). Esses testes fornecem informações sobre o número provável de organismos (ou quantidade de toxinas) presentes em um alimento no momento do consumo.

Informações sobre hábitos e padrões de consumo incluem:

- História cultural e socioeconômica, etnia.
- Preferências e comportamento do consumidor, já que influenciam a escolha e a quantidade de alimento a ser ingerido (p. ex., consumo frequente de alimento de alto risco).
- Tamanho médio e distribuição das porções.
- Quantidade de alimento consumido durante o ano, considerando a sazonalidade e as diferenças regionais.
- Práticas de preparo dos alimentos (p. ex., hábitos de cocção/tempo de cocção, temperatura utilizada, tempo e condições de armazenamento em casa, incluindo excesso).
- Situação demográfica e tamanho da população exposta (p. ex., distribuição por idade, grupos suscetíveis).

Bettcher e colaboradores (2000) e Ruthven (2000) publicaram um levantamento sobre o consumo de alimentos em várias regiões do mundo. Os valores de consumo variaram; por exemplo, o consumo de carne de frango variou entre 11,5 g (dieta oriental) e 44 g (dieta europeia).

Há vários fatores que afetam de forma significativa a exposição do consumidor, porém são pouco compreendidos. Esses fatores são:

- Incidência de diferentes patógenos em matérias-primas cruas.
- Efeito das condições de processamento (incluindo tecnologias alternativas).
- Efeito das condições de distribuição (p. ex., cadeia de frio).
- Recontaminação durante o manuseio.
- Abuso pelo consumidor.
- Distribuição heterogênea do micro-organismo no alimento.
- Transmissão de uma pessoa para outra.
- *Efeitos do hospedeiro*: idade, gestação, estado nutricional, infecções recentes ou recorrentes, uso de medicamentos, estado imunológico.
- Efeitos do alimento veículo.

9.5.4 Caracterização do perigo

Definição: a caracterização do perigo é a avaliação qualitativa e/ou quantitativa da natureza dos efeitos adversos associados a agentes biológicos, químicos e físicos que possam estar presentes em um alimento. Se houver dados disponíveis, uma avaliação sobre a dose-resposta deve ser realizada.

A caracterização do perigo fornece uma estimativa da natureza, gravidade e duração dos efeitos adversos após a ingestão do perigo. Isto é, para um determinado número de micro-organismos consumidos de uma vez, qual a probabilidade de doença? Se houver dados suficientes disponíveis, então a relação da dose-resposta é determinada (ver a seguir). Essa etapa, assim como a avaliação da exposição, é muito complexa. Fatores importantes a serem considerados relacionam-se ao micro-organismo, ao alimento e ao hospedeiro. Um diagrama de caracterização do perigo é mostrado na Figura 9.5, que deve ser combinado com as atividades descritas para avaliação da exposição na Figura 9.4. Um documento preliminar guiando a caracterização do perigo foi lançado pela FAO/OMS (2000a, ver seção de Recursos da *web* para encontrar a URL).

A caracterização do perigo pode ser um processo autônomo ou também fazer parte da avaliação de risco. Essa caracterização precisa ser transparente (suposições e variáveis devem ser bem documentadas) para que os gestores de risco possam combinar a informação com a avaliação da exposição adequada. Isso pode ocorrer até mesmo pela combinação de dois componentes entre diferentes países. Uma caracterização de perigo desenvolvida para exposição à água pode ser adaptada para um cenário de exposição a um alimento, com modificações nos efeitos da matriz do alimento. Em geral, a caracterização do perigo é facilmente adaptável entre a avaliação de risco para o mesmo patógeno. Isso contrasta com a avaliação da exposição, já que esta é bastante específica aos padrões de produção, processamento e consumo dentro de um país ou uma região.

A ingestão de patógenos não significa, necessariamente, que a pessoa irá contrair uma infecção, doença ou que a morte venha a ocorrer. Conforme mostrado na Figura 9.6, existem várias barreiras para a infecção e a doença. Essas barreiras podem ser comprometidas devido a fatores como o hospedeiro e a matriz do alimento. A resposta (infecção, doença, morte) à ingestão do patógeno varia de acordo com fatores como o patógeno, o alimento e o hospedeiro, o que é conhecido como "o triângulo da doença infecciosa" (Fig. 9.7).

Fatores relacionados aos patógenos

Para determinar a caracterização do perigo de patógenos microbianos alimentares, os aspectos biológicos do patógeno precisam ser considerados. A infecção pode ser vista como o resultado de uma passagem bem-sucedida por múltiplas barreiras do hospedeiro (Fig. 9.6). Essas barreiras não são igualmente eficientes em eliminar ou inativar os patógenos. Cada patógeno tem alguma probabilidade específica ou frequência relativa de ultrapassar uma barreira, as quais são condicionadas a etapas prévias que foram completadas com sucesso.

A infectividade do patógeno microbiano é dependente de vários fatores. Estes podem ser intrínsecos ao patógeno (características fenotípicas e genotípicas) ou específicos do hospedeiro. A resposta aos estresses, como temperatura, secagem, acidez e assim por diante, pode afetar a virulência do patógeno (Seção 2.7). A Figura 9.7 lista os fatores de vários patógenos a serem considerados na caracterização do perigo.

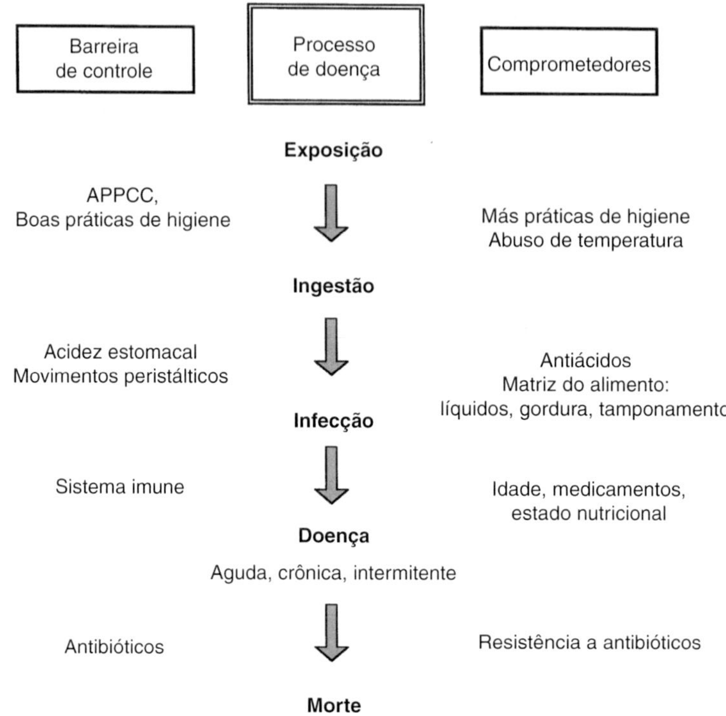

Figura 9.6 Barreiras às doenças infecciosas.

Fatores relacionados ao alimento

A matriz do alimento afeta a sobrevivência do patógeno microbiano. Por exemplo, um alimento rico em gordura pode proteger o micro-organismo da acidez estomacal e, dessa forma, aumentar as chances de que ele venha a sobreviver e cause infecção. O processamento do alimento proporciona um choque térmico ao micro-organismo, o qual pode gerar adaptação microbiana, incluindo tolerância ao ácido, e, assim, aumentando a sobrevivência durante a passagem pelo estômago. Exposição a cadeias curtas de ácidos graxos pode induzir resistência ácida em sorovares de *Salmonella*. Além disso, se for rico em proteínas, o alimento pode agir como tampão e proteger o patógeno da acidez estomacal.

Fatores relacionados ao hospedeiro

Conforme mostrado na Figura 9.7, há uma variedade de fatores relacionados aos hospedeiros que influenciam na resposta à doença. Os fatores melhor conhecidos são a idade e a capacidade imunológica. Tem sido estimado que em torno de 20% da população total pode ser imunodeprimida e, por esse motivo, está descrita de

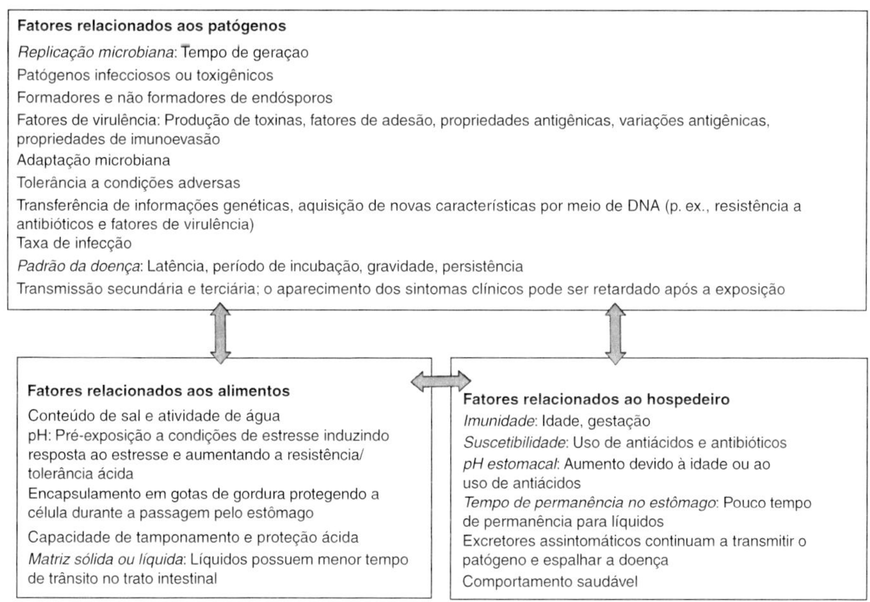

Fatores relacionados aos patógenos
Replicação microbiana: Tempo de geraçao
Patógenos infecciosos ou toxigênicos
Formadores e não formadores de endósporos
Fatores de virulência: Produção de toxinas, fatores de adesão, propriedades antigênicas, variações antigênicas, propriedades de imunoevasão
Adaptação microbiana
Tolerância a condições adversas
Transferência de informações genéticas, aquisição de novas características por meio de DNA (p. ex., resistência a antibióticos e fatores de virulência)
Taxa de infecção
Padrão da doença: Latência, período de incubação, gravidade, persistência
Transmissão secundária e terciária; o aparecimento dos sintomas clínicos pode ser retardado após a exposição
Fatores relacionados aos alimentos
Conteúdo de sal e atividade de água
pH: Pré-exposição a condições de estresse induzindo resposta ao estresse e aumentando a resistência/ tolerância ácida
Encapsulamento em gotas de gordura protegendo a célula durante a passagem pelo estômago
Capacidade de tamponamento e proteção ácida
Matriz sólida ou líquida: Líquidos possuem menor tempo de trânsito no trato intestinal
Fatores relacionados ao hospedeiro
Imunidade: Idade, gestação
Suscetibilidade: Uso de antiácidos e antibióticos
pH estomacal: Aumento devido à idade ou ao uso de antiácidos
Tempo de permanência no estômago: Pouco tempo de permanência para líquidos
Excretores assintomáticos continuam a transmitir o patógeno e espalhar a doença
Comportamento saudável

Figura 9.7 Fatores que afetam a infectividade dos patógenos microbianos.

forma separada na Figura 9.7 (Gerba et al., 1996). A exposição prévia é de importância limitada para patógenos alimentares, uma vez que muitos deles não invadem os tecidos do hospedeiro, mas pode ser importante para o parasita *Cyclospora cayetanensis*. Ver Seção 10.1 para uma descrição de alimentos relacionados a sorovares de *Salmonella*.

A caracterização do perigo precisa considerar uma série de respostas biológicas à ingestão do patógeno. Isso varia de infecções assintomáticas, doença (aguda, crônica e intermitente) até a morte; ver Figura 9.6. A gravidade do risco pode ser expressa pela duração da doença, proporção da população afetada ou a taxa de mortalidade e deve identificar os grupos de risco. Para patógenos que causam sequelas crônicas (p. ex., síndrome de Guillain-Barré; Seção 1.8), o efeito na qualidade de vida pode ser incluído na caracterização do perigo.

As Figuras 9.6 e 9.7 demonstram os vários fatores relacionados ao hospedeiro que podem afetar a suscetibilidade a infecções microbianas e a gravidade da doença. Um importante aspecto da caracterização do perigo é fornecer informação sobre quem está sob risco e a gravidade associada à suscetibilidade das subpopulações. Na Seção 1.7, o custo das doenças transmitidas por alimentos nos Estados Unidos foi estimado em 6,6 a 37,1 bilhões de dólares. O custo econômico e social é tão grande que a OMS identificou o aumento na segurança dos alimentos como um de seus objetivos para o século XXI.

9.5.5 Avaliação da dose-resposta

O objetivo da avaliação da dose-resposta é determinar a relação entre a magnitude da exposição (dose) ao patógeno e a gravidade e/ou a frequência dos efeitos adversos à saúde (resposta). Fontes de informação incluem o seguinte:

1. Estudos com voluntários humanos
2. Estatísticas da saúde da população
3. Dados de surtos
4. Pesquisas em animais

Devido à variedade da resposta da doença (Fig. 9.6), o ponto final deve ser claramente delineado. Em essência, existem quatro possibilidades de dose-resposta:

1. Probabilidade de infecção após a ingestão
2. Probabilidade de doença (morbidade) após a infecção
3. Probabilidade de sequelas crônicas após a doença
4. Probabilidade de morte (mortalidade)

Costuma ser aceito que os efeitos das doenças transmitidas por alimentos sejam dose-dependentes, porém não cumulativos (diferente de muitos perigos químicos). Dessa forma, a frequência do consumo deve ser determinada, já que múltiplas exposições a baixas doses podem não representar o mesmo risco que uma simples exposição a uma grande dose.

A relação dose-resposta é complexa e, em muitos casos, pode não ser factível. Por exemplo, Medema e colaboradores (1996) reportaram que, embora a taxa de infecção por *Campyobacter jejuni* tenha sido relacionada à dose, a taxa de doença, não. Isso contrasta com infecção por *Salmonella*, na qual doses maiores não resultam em maior frequência de doença grave (Coleman e Marks, 1998).

Atualmente, há falta de dados relacionados com respostas patógeno-específicas, o efeito da imunocompetência do hospedeiro sobre as respostas patógeno-específicas, transformação da infecção em doença e transformação da doença em diferentes resultados. Além disso, conforme a Figura 9.7, existem diversos fatores envolvidos:

- Fisiologia, virulência e patogenicidade do micro-organismo
- Variação na suscetibilidade do hospedeiro
- Matriz do alimento

É, portanto, muito importante que a análise da dose-resposta identifique a informação que foi utilizada e sua fonte. Além disso, variabilidade (devido ao conhecimento de fatores como quantidade de alimento consumido, suscetibilidade da população) e incerteza (dados experimentais insuficientes ou falta de conhecimento sobre patógeno/hospedeiro/alimento sendo estudados) nos dados devem ser amplamente descritas para que a avaliação de risco seja transparente (Nauta, 2000).

Um aspecto importante é saber se o efeito sobre a saúde humana é o limite ou se há ação cumulativa do patógeno ou da toxina. A informação sobre o mecanismo biológico é importante quando provém de testes laboratoriais em animais ou estudos

Tabela 9.6 Aspectos relacionados à dose-resposta (OMS/FAO, 2000a)

1.	Tipo e cepa do micro-organismo
2.	Rota de exposição
3.	Nível de exposição (dose)
4.	Efeitos adversos considerados (resposta)
5.	Características da população exposta
6	Duração – multiplicidade da exposição

in vitro a fim de avaliar a relevância para a saúde humana. Os aspectos a serem considerados estão na Tabela 9.6.

Até recentemente, se supunha que houvesse um número mínimo de patógenos a ser ingerido para que o micro-organismo produzisse uma infecção ou doença (a dose infectante mínima; Ver Tab. 4.2). Essa abordagem tem sido largamente suplantada pela proposta de que a infecção pode resultar da sobrevivência de um único organismo patogênico viável (conceito *single-hit*). Dessa forma, não importa o quão baixa seja a dose, sempre há a possibilidade de infecção ou doença. Deve ser observado que a exatidão da dose infectante é tema de debate. Por exemplo, costuma ser citado que a dose infectante para *C. jejuni* é menor que 500 bactérias. Contudo, esse valor pode ser obtido do artigo escrito por Robinson (1981), que fez a investigação nele mesmo. Após um leve desjejum, ele bebeu um copo de leite que continha 500 bactérias, o que consequentemente o deixou doente. Em contraste, Martin e colaboradores (1995) demonstraram a probabilidade do desenvolvimento de, no mínimo, sintomas leves, os quais foram estimados em 24% das pessoas que consumiram 10^2 células de *C. jejuni*, comparados com a probabilidade de desenvolvimento de, no mínimo, sintomas leves pela ingestão de 10^8 células por 32% das pessoas. O nível "tolerável" para *B. cereus* tem sido aceito como menos de 10^4 células (Seção 10.5).

Muito menos é conhecido sobre o efeito que a matriz do alimento tem sobre a sobrevivência microbiana no estômago e nos intestinos e sua virulência. É plausível que o alto conteúdo lipídico de alimentos, como queijo e chocolate, possa proteger a *Salmonella* da acidez estomacal. Algumas *Salmonella* são mais resistentes ao ácido do que outras. O uso de antiácidos pelo hospedeiro pode afetar a virulência aparente da *Salmonella* e da *L. monocytogenes*.

Simultaneamente para a análise de informações clínicas e epidemiológicas, modelagens matemáticas ajudam no desenvolvimento da relação dose-resposta. Isso é útil em particular quando são consideradas baixas doses. Uma área importante de pesquisa é o desenvolvimento de modelos matemáticos mais apropriados para avaliação da dose-resposta.

9.5.6 Modelos de dose-resposta

O alimento está com frequência contaminado com menores números de patógenos microbianos do que aqueles utilizados em estudos e testes laboratoriais em humanos e modelagens em animais. Dessa forma, modelos matemáticos são necessários para extrapolar baixa dose-resposta da alta dose-resposta. Vários modelos dose-resposta têm sido propostos para descrever a relação entre ingestão de um certo número (*N*) de um micro-organismo patogênico e os possíveis resultados. Os modelos principais são exponenciais e apresentam distribuição beta-Poisson (Holcomb et al., 1999).

Uma abordagem supõe que cada micro-organismo tem uma dose infectante mínima inerente, a qual é um valor-limite, abaixo do qual nenhuma resposta (dependendo do ponto final) é percebida. O valor da dose mínima na população pode seguir diferentes distribuições. A abordagem alternativa é que ações individuais de células de micro-organismos patogênicos são independentes e que um único micro-organismo tem o potencial de infectar e provocar uma resposta no indivíduo, o que é conhecido como conceito *single-hit*. O modelo exponencial supõe que a probabilidade de uma simples célula causar infecção é independente da dose. Em contraste, o modelo beta-Poisson presume que a infectividade é dose-dependente. Diferentes patógenos microbianos parecem se encaixar em diferentes modelos de dose-resposta.

Dados para protozoários podem ser mais bem explicados pelos modelos exponenciais descritos nas próximas seções.

Modelo exponencial

$$P_i = 1 - \exp^{-r^*N}$$

Onde

P_i = probabilidade de infecção
r = probabilidade de interação hospedeiro/micro-organismo
N = dose ingerida de micro-organismos

Esse modelo tem sido utilizado para *Cryptosporidium parvum* e *Giardia lamblia* (Teunis et al., 1996), por meio de Holcomb e colaboradores (1999) que o modificaram levemente em um modelo exponencial simples e um modelo exponencial flexível (cf. Rose et al., 1991).

Modelo exponencial simples

$$P_i = 1 - \exp^{-r^*\log} 10^{(N)}$$

Modelo exponencial flexível

$$P_i = \beta * [1 - p * \exp^{-\varepsilon\{\log_{10}(N) - X\}}]$$

Onde

P_i = probabilidade de infecção
r = probabilidade de interação hospedeiro/micro-organismo
N = dose ingerida de micro-organismos
β = valor assintomático da probabilidade de infecção como dose aproximada β = 1 (Holcomb et al., 1999)

X = dose prevista para um valor específico de p, onde

$p = 1 - Pr$

ε = valor da taxa de curva que afeta a curva no eixo da dose

Em contraste, os dados de infecção bacteriana são em geral descritos utilizando modelos beta-Poisson (Haas, 1983; Teunis et al., 1997, 1999) e o modelo Weibull-gamma (Holcomb et al., 1999; Todd e Harwig, 1996).

Modelo beta-Poisson

$$P_i = [1 - (1 + N/\beta)]^{-\alpha}$$

Onde

P_i = probabilidade de infecção

N = dose ingerida de micro-organismos

α e β são parâmetros que afetam a forma da curva, os quais são específicos ao patógeno (cf. Vose, 1998).

O modelo beta-Poisson é frequentemente utilizado para descrever as relações dose-resposta quando níveis baixos de patógenos bacterianos são estimados. Ele gera uma relação dose-resposta sigmoidal que não supõe qualquer valor limite para a infecção (Fig. 9.8 e 9.9 para curvas de dose-resposta de *Salmonella* e *C. jejuni*, respectivamente). Em vez disso, presume que haja um pequeno, mas finito, risco de que um indivíduo possa ser infectado após a exposição a uma única célula de um patógeno bacteriano (conceito *single hit*).

Marks e colaboradores (1998) compararam dois modelos beta-Poisson para uma avaliação de risco de *E. Coli* O157:H7 em hambúrgueres, um dos quais teve um valor-limite de três bactérias. As diferenças entre os modelos somente foram significativas no intervalo de baixa-dose, e os resultados estimativos de risco foram de 100 a 1.000 vezes maiores quando utilizado o modelo não limite, dependendo da temperatura de cozimento. Eles concluíram que o modelo beta-Poisson de dois parâmetros pareceu inadequado pela falta de um modelo descrevendo a complexidade das interações de dose-resposta, sobretudo em alimentos cozidos.

Modelo Weibull-gamma

$$P_i = 1 - [1 + (N)^b/\beta]^{-\alpha}$$

Onde

P_i = probabilidade de infecção

N = dose ingerida de micro-organismos

α, β e b são parâmetros que afetam a forma da curva, os quais são específicos ao patógeno.

O modelo Weibull-gamma supõe que a probabilidade de que qualquer célula individual possa causar uma infecção seja uma distribuição de função gama. Portanto, esse modelo é muito flexível, já que seu formato depende de parâmetros selecionados, e tem sido mais recentemente utilizado para doses-resposta (Farber et al., 1996).

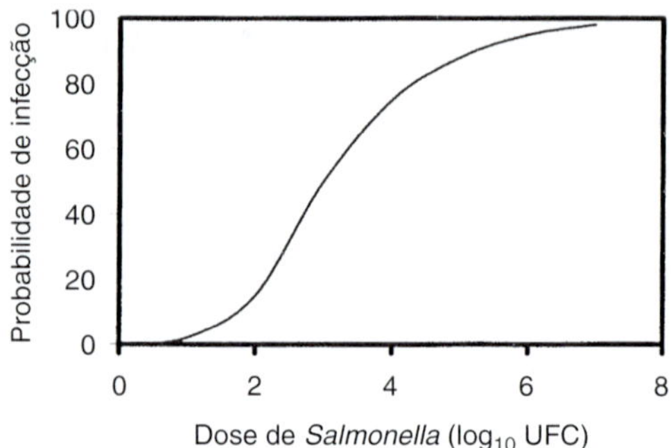

Figura 9.8 Curva beta-Poisson de dose-resposta para sorovares de *Salmonella*.

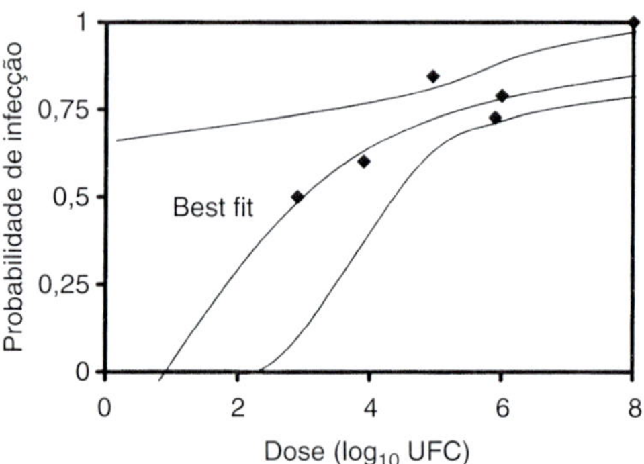

Figura 9.9 Dose-resposta de *C. jejuni* em ensaios alimentares em humanos (Black et al., 1988; Fazil et al., 2000).

Modelo beta-binomial

Cassin e colaboradores (1998a) desenvolveram um modelo beta-binomial de dose-resposta para *E. coli* O157:H7 em hambúrgueres, o qual fornece uma variabilidade da probabilidade de doença a partir de uma dose particular, em contraste ao modelo original, que somente especifica uma população média de risco (Seção 10.4.1).

$$P = 1 - (1 - P_i\,(1))^N$$

Onde

$P_i\,(1)$ = probabilidade de doença a partir da ingestão de um micro-organismo, e essa probabilidade foi considerada beta-distribuída com parâmetros α e β.

Abastecendo o modelo com dados de estudos sobre alimentação humana com *S. dysenteria* e *S. flexneri* (Crockett et al., 1996), foi gerada uma curva de dose-resposta que demonstrou uma incerteza estimada na taxa de probabilidade de doença *versus* a dose ingerida. A variabilidade entre estudos alimentares foi utilizada para calcular a incerteza nos parâmetros α e β.

O mesmo modelo pode não ser igualmente eficiente para todos os pontos finais biológicos causados pelo patógeno. Por exemplo, o modelo exponencial não se adaptou para dados de infecções por *Listeria monocytogenes* em ratos (isolamento do baço e do fígado), mas foi um bom modelo para descrever a relação entre a dose e a frequência de morte (FDA, 2000a). A equação de Gompertz foi a que melhor se adaptou para frequência de infecção (Coleman e Marks, 1998).

Modelo Gompertz

$$P_i = 1 - \exp\left[-\exp(a + bf(x))\right]$$

Onde

a = parâmetro (interceptação) modelo

b = parâmetro (inclinação) modelo

$f(n)$ = função da dose

É importante notar que a dose unitária e a dose biológica são quase sempre diferentes devido à distribuição não homogênea dos micro-organismos no alimento; ver Tabela 9.7. Uma série de valores α e β são dados na Tabela 9.8. Os valores de infecção são diferentes dos valores de dose infecciosa mínima normalmente encontrados; ver Tabela 4.2.

Outros modelos

É provável que modelos alternativos de dose-resposta sejam necessários conforme o patógeno microbiano, se infeccioso ou toxigênico, e se o organismo produzir a toxina durante sua passagem pelo trato intestinal (*Clostridium perfringens*) ou se a mesma for ingerida já tendo sido produzida no alimento (*Staphylococcus aureus*). A modelagem da dose-resposta é mais complicada para micro-organismos como *B. cereus*, o qual causa duas síndromes diferentes: emética e diarreica (Seção 4.3.10). Alguns organismos podem tender a permanecer como colônias ou agrupamentos após a ingestão, e, por isso, a infecção ocasionada por uma única célula com frequência pode não ocorrer.

Tabela 9.7 Definições de "dose"

Dose-medida	A dose estimada pela média da concentração na matriz original. Note que a unidade da dose (p. ex., unidades formadoras de colônia) pode conter um ou mais organismos.
Dose funcional	A dose-medida corrigida pela sensibilidade e especificidade do método de medição para detectar agentes infecciosos viáveis.
Dose administrada	O número de agentes infecciosos viáveis efetivamente administrados, seja por via oral (ingestão, gavage, intubação nasogástrica) seja por injeção (intraperitoneal ou intravenosa), seja por outros meios. Embora seja a dose que é de fato administrada ao indivíduo, ela pode apenas ser estimada.
Dose efetiva	O número de agentes infecciosos viáveis que realmente atingem o local da infecção.

Tabela 9.8 Parâmetros de dose-resposta para patógenos de origem alimentar e da água, nos quais α e β são parâmetros beta-Poisson e N_{50} representa a ID_{50}[a]

Micro-organismo	Modelo	Modelo de parâmetros	Referência
Salmonella não Typhi	beta-Poisson	$\alpha = 0{,}4059$ $\beta = 5{,}308$	Fazil et al., 2000
E. coli	beta-Poisson	$\alpha = 0{,}1705$ $\beta = 1{,}61 \times 10^6$	
Echovírus 12	beta-Poisson	$\alpha = 0{,}374$ $\beta = 186{,}69$	Schiff et al., 1984
Rotavírus	beta-Poisson	$\alpha = 0{,}26$ $\beta = 0{,}42$ $\alpha = 0{,}265$ $N_{50} = 0{,}42$	Ward et al., 1986; Gale, 2000
Cryptosporidium	Exponencial	$r = 0{,}004191$	
Giardia lamblia	Exponencial	$r = 0{,}02$	

[a]ID_{50} é a dose que causa 50% das infecções.

Mecanismos de virulência, como a adesão e a supressão de enterócitos encontrados na *E. coli* patogênica, podem tornar a parede intestinal mais suscetível a outras infecções e doenças em contraste com a resposta biológica às toxinas (p. ex., enterotoxina do *S. aureus* e aflatoxinas), as quais são absorvidas através da parede intestinal sem lhe causar dano. Para uma abordagem mais ampla sobre modelagem matemática de dose-resposta e ajuste de dados, consultar Haas e colaboradores (1999).

9.5.7 Dose e infecção

Em geral, os modelos de dose-resposta para patógenos alimentares devem considerar sua natureza discreta (particular) e ter por base o conceito de infecção a partir de um ou mais "sobreviventes", proveniente de uma dose inicial. Há, entretanto, diferentes definições de dose, e, por isso, ela precisa ser claramente definida em qualquer estudo; ver Tabela 9.7. A dose-medida pode precisar de correção conforme a sensibilidade e/ou a especificidade do método de detecção, o qual pode não ser específico para os organismos infecciosos viáveis. Portanto, a dose funcional é definida como a correta dose-medida. Deve ser reconhecido que o ágar-padrão para contagem permite o resultado em "unidades formadoras de colônias por g"; entretanto, uma colônia pode ter sido formada a partir de uma ou mais células bacterianas iniciais. Por isso, o método tende a subestimar o número de células bacterianas infecciosas. Uma complicação adicional em estimar a dose é a distribuição não randômica de micro-organismos em alimentos.

A dose funcional descreve o número médio de unidades infecciosas viáveis no inóculo. Cada indivíduo em uma população irá consumir uma subamostra contendo um discreto, mas desconhecido, número de unidades. A dose ingerida pode ser caracterizada por uma frequência da distribuição, como a de Poisson para uma distribuição randômica. É presumido que cada célula individual na dose ingerida tenha uma probabilidade distinta de sobrevivência antes da colonização. É essa relação entre o número atual de organismos sobreviventes (a dose efetiva) e a probabilidade de colonização do hospedeiro o conceito-chave na derivação dos modelos de dose-resposta.

A infecção é o resultado da superação de uma série de barreiras pelo patógeno (Fig. 9.6). O risco de infecção é aumentado quando essas barreiras estiverem comprometidas. As infecções podem ser assintomáticas. Nessa condição, o hospedeiro não desenvolve sintoma algum da infecção e elimina o patógeno em um período limitado de tempo. Já que não está ciente de sua infecção, a pessoa pode agir como transmissor assintomático. A probabilidade de sequelas e/ou mortalidade para uma determinada doença depende tanto do patógeno como do hospedeiro. Os fatores relacionados ao hospedeiro são comumente a idade e sua imunidade, porém os determinantes genéticos estão, cada vez mais, sendo reconhecidos como fatores importantes na suscetibilidade à infecção.

Um dos meios mais diretos de determinar as relações de dose-resposta para patógenos alimentares seria expor os humanos aos organismos sob condições controladas. Embora isso possa parecer chocante, tem havido um número limitado de ensaios alimentares humanos utilizando voluntários, e a maioria deles tem sido em conjunto com ensaios de vacinas. A partir de estudos com humanos voluntários, os valores da "probabilidade de infecção" (P_i) têm sido determinados para um número de patógenos de origem alimentar e da água (Tab. 9.9). Por exemplo, existe a chance de 1 em cada 2.000 indivíduos ser infectado a partir de uma única célula de *Salmonella*, comparada à chance de 1 em cada 7 milhões a partir do *V. cholerae*. Medema e colaboradores (1996) utilizaram dados de ensaios de alimentação humana de Black e colaboradores (1988) para determinar a dose-resposta com o modelo beta-Poisson (Fig. 9.9; Tab. 9.10) para infecção com *C. jejuni*. A ocorrência dos sintomas, entretanto, não seguiu a tendência da dose relacionada similar. O modelo beta-Poisson para *E. coli* O157:H7 (Seção 10.4.1) demonstrou uma variabilidade considerável. Uma vez que não havia dados para comparação disponíveis para *E.coli* O157:H7, esse estudo utilizou os valores de α e β para *S. dysenteriae* devido à similaridade na virulência.

Tabela 9.9 Probabilidade de infecção por patógenos alimentares e da água (Bennett et al., 1987; Notermans e Mead, 1996)

Patógenos entéricos	Probabilidade de infecção (Pi)	Fatalidade/casos (%)
Campylobacter jejuni	1×10^{-3}	0,1
Sorovares de *Salmonella*	2×10^{-3}	0,1
Shigella spp.	1×10^{-3}	0,2
V. cholerae (clássico)	7×10^{-6}	1,0
V. cholerae El Tor	$1{,}5 \times 10^{-5}$	4,0
Rotavírus	3×10^{-1}	0,01
Giardia spp.	2×10^{-2}	nd

nd, não determinado.

Tabela 9.10 Dados de experimentos humanos para infecções de *C. jejuni* (Black et al., 1988; Medema et al., 1996). Ver também Figura 9.9

Dose (UFC)	Número de voluntários	Número de infectados	Número de sintomáticos
8×10^2	10	5	1
8×10^3	10	6	1
9×10^4	13	11	6
8×10^5	11	8	1
1×10^6	19	15	2
1×10^8	5	5	0

Existem inúmeras limitações associadas ao uso de experimentos alimentares humanos:

1. O principal problema é que eles são conduzidos com adultos jovens e sadios (18 a 50 anos), normalmente homens. Contudo, os membros mais vulneráveis da sociedade são os idosos, as gestantes e as crianças.
2. Por questões éticas, os patógenos que constituem uma grave ameaça à vida (como *E. coli* O157) ou que causam doença em populações de alto risco (como *L. monocytogenes* sorovar 4b) não são utilizados em tais estudos com voluntários.
3. Experimentos alimentares humanos costumam utilizar um pequeno número de voluntários por dose e um pequeno número de doses. A média é de seis voluntários por dose, embora o intervalo seja de 4 a 193; ver Tabela 9.10. Uma vez que em geral são realizados experimentos para vacinas, os intervalos de dose em geral são elevados para garantir resposta de uma significativa porção da população testada. Por isso, as doses geralmente não estão no intervalo de interesse dos modeladores de dose-resposta para infecções alimentares.
4. O patógeno costuma ser administrado ao voluntário em uma matriz não alimentar, após a neutralização da acidez estomacal. Dessa forma, é provavel que o tamanho da dose que atingirá o intestino seja diferente dos padrões normais de ingestão (Kothary e Babu, 2001).

Entretanto, obter dados de voluntários humanos tem a vantagem de não exigir conversões interespécies, as quais são necessárias com modelos animais.

Modelos animais dependem da seleção do animal apropriado demonstrando a mesma resposta à doença e da aplicação de um fator de conversão à resposta humana. A maior vantagem é que um maior número de reproduções e intervalos de doses podem ser utilizados e os animais podem ser mantidos sob condições ambientais mais controladas do que os voluntários humanos. Afora as questões éticas nos experimentos com animais, os modelos animais têm limitações inerentes. Os animais são geralmente similares em idade, peso e imunidade. Por isso, críticas similares aos experimentos alimentares humanos podem ser feitas. Além disso, animais de laboratório apresentam muito pouca variação genética, ao contrário dos humanos. O uso de modelos animais para avaliação de risco de *L. monocytogenes* é discutido na Seçao 10.3.

Muitas entidades governamentais nacionais e diversas organizações internacionais compilam dados estatísticos para doenças infecciosas, incluindo aquelas que são transmitidas por alimentos e água. Tais dados são essenciais para a caracterização dos perigos microbiológicos. Além disso, dados baseados na vigilância sanitária têm sido utilizados com dados de levantamentos com alimentos para estimar as relações de dose-resposta. A efetividade dos modelos de dose-resposta costuma ser avaliada pela combinação deles com estimativas de exposição, determinando se eles se aproximam dos dados anuais de incidência de doença por tipo de organismo.

Estudos de surtos de doenças alimentares podem ser muito úteis para modelagens de dose-resposta uma vez que fornecem dados sobre os níveis de organismos infecciosos no alimento, a quantidade consumida e a população suscetível (Mintz et al., 1994). O Departamento de Saúde de Minnesota investigou dois surtos de *Salmonella*. Os maiores níveis de contaminação foram 4,3/100 g^{-1} de micro-organismos em queijo e 65 g^{-1} (meia xícara) em sorvete. Esse baixo nível também foi relatado em investigações prévias de surtos envolvendo queijo e chocolate, nos Estados Unidos e Canadá. A subsequente dose infectante estimada derivada desses estudos epidemiológicos é diversas vezes menor do que estimativas de doses infectantes mínimas provenientes de experimentos clínicos utilizando um número limitado de voluntários humanos. Infelizmente, dados resultantes de investigações epidemiológicas de surtos nem sempre são de total confiança, pois a informação nem sempre foi coletada de acordo com um procedimento-padrão. Estimativas de taxa de ataque podem ser superestimadas ou subestimadas por terem sido baseadas mais em sintomas do que em confirmação laboratorial de casos em que o organismo causador tenha sido recuperado. De acordo com a OMS/FAO (2000a), a determinação da dose de exposição em episódios de surtos pode não ser precisa porque:

1. Não foram obtidas amostras representativas do alimento contaminado.
2. Os métodos de detecção podem não ser suficientemente precisos (p. ex., oocistos de *Cryptosporidium* em água).
3. As estimativas de quantidades de alimento ou água consumidos podem não ser precisas.

A Seção 10.1.2 fornece o estudo do JEMRA sobre identificação de perigos e caracterização de *Salmonella* em chapas e ovos e compara os modelos de dose-resposta entre experimentos alimentares e surtos.

Buchanan e colaboradores (2000) incentivaram o uso de um modelo de dose-resposta com abordagem mais mecanizada, que leva em conta as limitações da extrapolação de dados provenientes de experimentos alimentares humanos realizados com indivíduos (masculinos) saudáveis, para a população em geral. Eles propuseram que haveria três estágios a serem considerados:

1. Barreira ácido-gástrica
2. Adesividade/infectividade
3. Morbidade/mortalidade

Barreira ácido-gástrica

A infectividade dos patógenos ingeridos depende, inicialmente, da sua sobrevivência ao conteúdo estomacal. Isso depende da morte causada pela acidez estomacal e da taxa de esvaziamento gástrico. A taxa de morte pode ser expressa como o valor *D* (Seção 2.5.2), de acordo com a equação:

$$\text{Log}_{10}D = (0{,}554 \times \text{pH}) - 1{,}429$$

A taxa de esvaziamento é dada por:

$$\%\text{R} = 100{,}4 \text{ minutos} + (-0{,}429 \times t)$$

Onde %R = percentual de retenção e t = tempo (minutos)

A combinação dessas equações demonstra que, no pH 2,2 (pH normal do suco gástrico), apenas 1 a 2 células de cada 100 sobrevivem, enquanto em pH 4,0 há aproximadamente 50% de sobrevivência. Buchanan e colaboradores (2000) encontraram resultados similares com valores experimentais derivados de Peterson e colaboradores (1989).

Adesividade/infectividade

O segundo estágio do modelo de infecção é a habilidade do patógeno para vencer o efeito de lavagem em razão do (relativo ao tamanho do micro-organismo) rápido fluxo do conteúdo intestinal. Desse modo, o patógeno precisa se aderir e colonizar o epitélio intestinal. Os locais de adesão variam conforme o patógeno (p. ex., adesão a microvilosidades devido a fímbrias manose-específicas tipo 1 em sorovares de *Salmonella*). Devido à falta de dados adequados, Buchanan e colaboradores (2000) consideraram um valor em que 1 em cada 100 patógenos sobreviventes seriam capazes de aderir-se e colonizar a camada epitelial. Obviamente, maiores pesquisas são necessárias sobre esse tópico.

Morbidade/mortalidade

O estágio final do modelo de infecção é a probabilidade de o patógeno ingerido causar sintomas e mesmo a morte. O progresso da infecção depende dos mecanismos de virulência do patógeno e do sistema (imunidade primária) imune do hospedeiro. O sistema imune deteriora com a idade, e o sistema de defesa pode enfraquecer devido a dieta inadequada e uso de fármacos como antiácidos.

Dessa forma, o modelo mecanizado implica que a taxa de infecção seja dependente de pH estomacal, adesividade intestinal, mecanismos de virulência e estado imunológico do hospedeiro. Buchanan e colaboradores (2000) utilizaram esse modelo para simular os efeitos da ingestão de *Salmonella* em duas populações: idosos (mais de 65 anos) dos quais 30% sofriam de acloridria (redução da secreção de ácido gástrico) e adultos entre 20 e 65 anos, dos quais somente 1% sofria de acloridria. O estudo foi conduzido com 100 mil pessoas, e a dose ingerida foi de 100 células de *Salmonella*. Os indivíduos com acloridria possuíam o pH estomacal de 4,0, comparado ao pH normal de 2,2 (Forsythe et al., 1988).

Com base em uma série de suposições, como taxa de morbidade e mortalidade e proporção de cada população sendo infectada e morrendo, a Tabela 9.11 foi cons-

Tabela 9.11 Frequência prevista de infecção por *Salmonella* após a ingestão de 100 células, em duas populações de 100 mil pessoas, utilizando um modelo mecanizado (resumido de Buchanan et al., 2000)

	Estado de imunidade	Adultos < 65 anos	Adultos > 65 anos
Número de indivíduos infectados	Imunocompetentes	3.297	13.910
	Imunodeprimidos	33	2.669
	Total	3.330	16.579
Número de indivíduos sintomáticos	Imunocompetentes	165	696
	Imunodeprimidos	3	267
	Total	168	963
Número de mortes	Imunocompetentes	3,3	13,9
	Imunodeprimidos	0,2	21,3
	Total	3,5	35,2

truída (resumido de Buchanan et al., 2000). O modelo presume um número consideravelmente maior de mortes dos idosos.

Nesse exemplo, o modelo mecanizado foi aplicado apenas para uma dose, mas pode ser utilizado no futuro para vários níveis de exposição.

9.5.8 Caracterização do risco

Definição: a caracterização do risco é a integração das três etapas prévias (identificação de perigos, avaliação da exposição, caracterização do perigo) para obter a **estimativa de risco** da probabilidade e da gravidade dos efeitos adversos para uma determinada população, com algumas incertezas.

A caracterização do risco é o estágio final da avaliação de risco. Ela pode ser qualitativa (baixa, média, alta) ou quantitativa (número de infecções em humanos, de doentes ou de mortes por ano ou por 100 mil pessoas), dependendo da avaliação da exposição. O grau de confiança na estimativa de risco depende da quantidade de conhecimentos que se tem das etapas anteriores, por exemplo, a variação na suscetibilidade da população. Infelizmente, estimativas quantitativas de risco são difíceis de serem obtidas devido a limitações em conhecimento especializado, tempo, dados e metodologia. Na caracterização de risco, a variação é dividida em "**incertezas**", que existem quando dados importantes não estão disponíveis, e em "**variabilidade**", quando os dados não são constantes em razão de fatores reconhecidos como variação na quantidade de alimento ingerido e na suscetibilidade da população. Esses fatores precisam ser distinguidos na modelagem (Nauta, 2000).

A probabilidade total, ou estimativa de risco, é determinada a partir de:

Estimativa de risco = avaliação da dose-resposta × avaliação da exposição

Isso é esquematicamente mostrado na Figura 9.10, na qual a avaliação da exposição é o valor de entrada para a relação de dose-resposta e o resultado é a estimativa de risco, que é a probabilidade de efeito adverso.

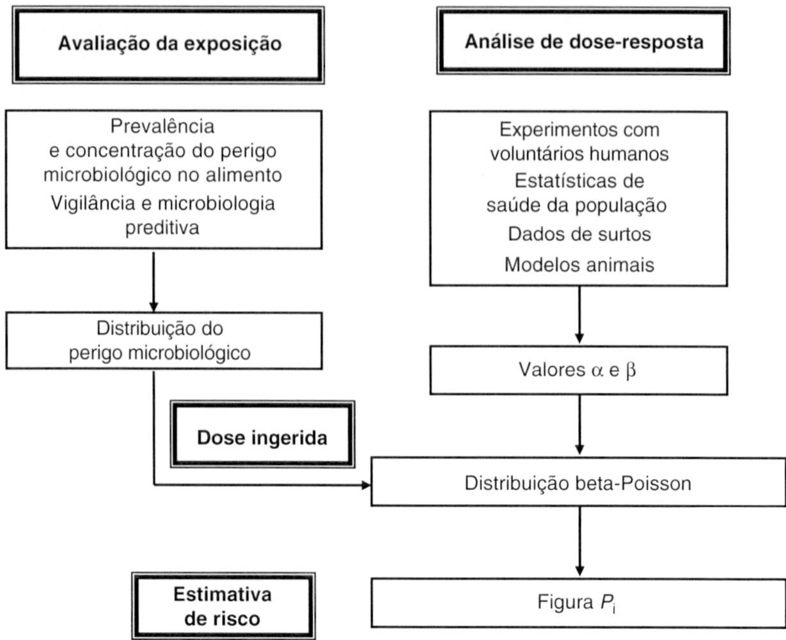

Figura 9.10 Prevendo a probabilidade de infecção.

A caracterização do risco não deve determinar apenas o risco relativo que um perigo causará a uma população, mas também a sua gravidade. Por isso, o uso de múltiplos resultados finais, tais como infecção, doença (morbidade) e morte (mortalidade).

Infelizmente, dados científicos com frequência não estão disponíveis para partes da avaliação de risco; por isso, algumas incertezas e variações podem ser utilizadas a fim de ajudar a tornar o processo transparente. Além disso, se houver mudanças no processo, será necessário reavaliar o risco. Dessa forma, uma comunicação precisa (incluindo incertezas) é um aspecto muito importante da análise de riscos.

Estimativas da caracterização de risco podem ser avaliadas pela comparação com dados epidemiológicos independentes que relacionam perigos à prevalência de doença. Utilizando modelos probabilísticos, simulações de Monte Carlo podem ser utilizadas para modificar suposições e valores prévios a fim de certificar sua importância. Variáveis importantes são muitas vezes ilustradas por meio da apresentação em forma de tornado.

Uma estratégia de gerenciamento de risco pode ser formulada a partir da caracterização do risco.

9.5.9 Produção de um relatório formal

A avaliação de risco deve ser ampla e sistematicamente documentada. Para garantir transparência, o relatório final deve indicar quaisquer dificuldade ou suposição relacionadas a essa avaliação. O relatório deve ser disponibilizado quando requisitado.

9.5.10 Distribuição triangular e simulação de Monte Carlo

As avaliações de risco precisam separar a "incerteza" (causada por falta de conhecimento) da "variabilidade" (causada por fatores conhecidos como variações biológicas) e serem descritas de modo transparente. Há dois tipos de avaliações quantitativas de risco: "determinísticas" e "estocásticas". Os modelos determinísticos utilizam dados estimativos de um único valor, enquanto os estocásticos utilizam uma série de valores de dados. Para determinar a estimativa de risco, os dados inseridos podem ser pontos estimados dos valores médios ou do pior caso (95° percentual). Ao contrário de estimativas pontuais, as distribuições probabilísticas descrevem o peso relativo de cada valor possível e são caracterizadas por um número de parâmetros: mínimo, mais provável e máximo. Descrevendo esses valores, uma distribuição triangular é gerada, a qual pode ser posteriormente analisada utilizando simulações de Monte Carlo (ver a seguir). Um exemplo de distribuição triangular (-1,0; 0,5; 2,5) é apresentado na Figura 9.11 para o efeito da evisceração de frango sobre carga microbiana. Não há redução no número microbiano (em log) e o efeito mais provável foi um aumento de 0,5 $\log_{10}$. O problema na construção de uma distribuição triangular (como mostrado na Figura 9.11) é que ela não reflete completamente a distribuição dos "dados crus". Contudo, a probabilidade produz uma distribuição de risco que caracteriza a faixa de risco de uma população. O método estocástico é também conhecido como "abordagem probabilística".

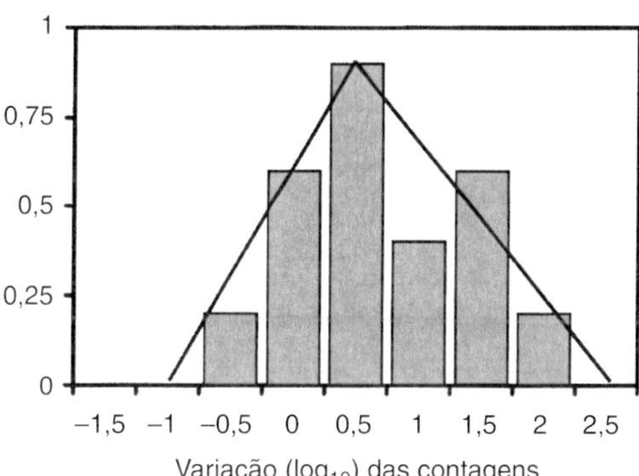

Figura 9.11 Distribuição triangular de *C. jejuni* em carcaças de frango após a evisceração (Fazil et al., 2000b).

O processo Monte Carlo é um procedimento que gera valores a partir de uma variável aleatória com base em uma ou mais probabilidades de distribuições (Vose, 1996). A simulação de Monte Carlo é um modelo que utiliza o processo para calcular valores de saída, muitas vezes com diferentes valores de entrada. O propósito é conseguir uma escala completa de todos os possíveis cenários. Na avaliação microbiológica de risco, pode haver duas ou mais variáveis, tais como prevalência e concentração do patógeno, as quais são multiplicadas entre si e então geram uma nova escala de probabilidades para outros cálculos (Vose, 1997, 1998).

A Figura 9.12 mostra a distribuição de frequência para três variáveis. Existem três maneiras de avaliar os dados:

1. Determinar a média de cada distribuição e multiplicá-las entre si.
2. Utilizar o maior valor de cada dado estabelecido para determinar o pior cenário entre os casos.
3. Utilizar a simulação de Monte Carlo para conseguir valores aleatórios de cada dado estabelecido; após repetidas amostragens (milhares de vezes), determinar uma curva de distribuição dos prováveis resultados.

A terceira abordagem é mais representativa da situação.

Uma maneira conveniente para utilizar a simulação de Monte Carlo é primeiro entrar com as variáveis em uma planilha Excel™ (Microsoft Corp.) e depois utilizar o @RISK (Palisaide Corp.), o Crystal Ball 2000 (Decisioneering) ou o Analytica (Lumina Decision Systems, Inc.). Esses programas são ferramentas de análises de risco para calcular a distribuição resultante. Ver a sessão de Recursos na *web* para mais detalhes.

Um exemplo ilustrativo de fatores de redução de risco usando uma planilha "tornado" (chamada assim devido ao seu formato) é fornecido na Figura 9.13 para *V. parahaemolyticus* (FDA, 2000b, Seção 10.6.1). O propósito é comunicar com facilidade os principais fatores que podem ser alterados nas estratégias de redução de risco.

9.6 Gerenciamento de risco

O gerenciamento de risco é requerido quando dados epidemiológicos e de sistemas de vigilância demonstram que alimentos específicos são possíveis fatores de perigo à saúde do consumidor em razão da presença de micro-organismos patogênicos ou toxinas microbianas. Os gestores de risco dos governos precisam decidir sobre as opções corretas de controle a fim de gerenciar esse risco. De modo a entender o risco aos consumidores de forma mais explícita, esses gestores podem iniciar uma avaliação de risco microbiológico. Esta levará a uma estimativa do risco humano associado a alguns limites de incerteza e variabilidade. Os gestores de risco precisam estar cientes desses limites quando considerarem as opções de gerenciamento de risco. É necessário manter a separação entre as atividades de gerenciamento e de avaliação de risco a fim de que a avaliação seja transparente.

Seguindo a avaliação de risco, etapas adequadas de gerenciamento devem resultar em práticas e procedimentos de manipulação seguros, qualidade no processamen-

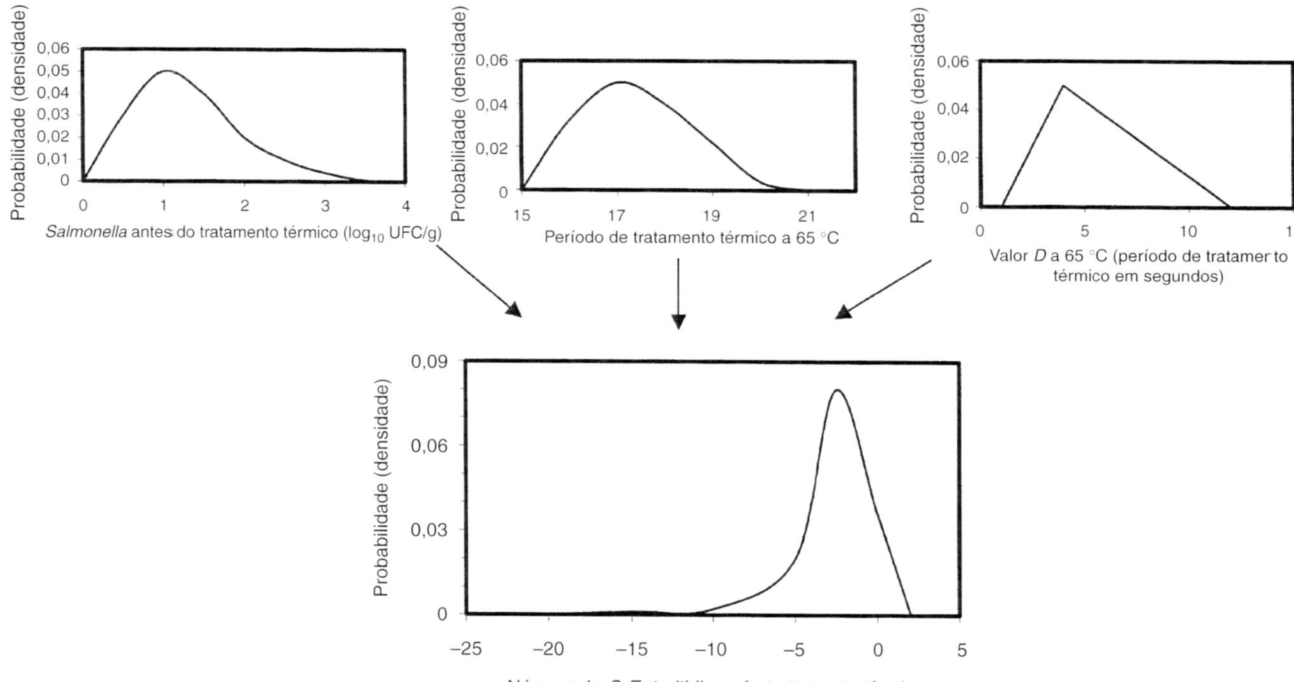

Figura 9.12 Simulação de Monte Carlo da distribuição de *S*. Enteritidis após tratamento térmico.

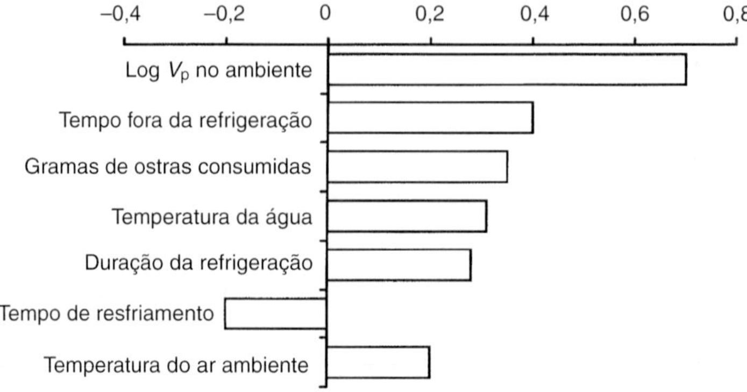

Figura 9.13 Fatores de risco para *V. parahaemolyticus* em moluscos crus (FDA, 2000b).

to de alimentos e controles de garantia da segurança, além de critérios de qualidade e segurança de alimentos. Se necessário, o gerenciamento de risco pode selecionar e implementar medidas regulatórias adequadas. Um documento para orientação das interações entre assessores e gestores de perigos microbiológicos em alimentos foi desenvolvido (OMS/FAO, 2000b). O gestor internacional de riscos para alimentos é a CAC (Comissão do *Codex Alimentarius*).

Um diagrama de gerenciamento de risco é fornecido na Figura 9.14

Figura 9.14 Atividades de gerenciamento de risco.

O gerenciamento de risco pode ser dividido em quatro aspectos:

1. Avaliação; atividades iniciais de gerenciamento
2. Avaliação das opções de gerenciamento
3. Implementação e gerenciamento das decisões
4. Monitoramento e revisão

Os princípios gerais são os seguintes:

1. O gerenciamento de risco deve seguir uma abordagem estruturada.
2. A proteção à saúde humana deve ser a primeira consideração nas decisões de gerenciamento de risco.
3. As decisões e práticas de gerenciamento de risco precisam ser transparentes.
4. A determinação da política de avaliação de risco deve ser um componente específico do seu gerenciamento.
5. O gerenciamento de risco deve garantir a integridade científica do processo de avaliação, por meio da manutenção de uma separação funcional entre o gerenciamento e a avaliação de risco.
6. As decisões de gerenciamento de risco devem levar em conta as incertezas na realização da sua avaliação.
7. O gerenciamento de risco deve incluir a comunicação interativa e clara com os consumidores e outras partes interessadas em todos os aspectos do processo.
8. O gerenciamento deve ser um processo continuado, que leve em conta todos os novos dados gerados na avaliação e revisão das decisões de gerenciamento de risco.

A limitação do risco tem dois princípios:

1. O risco individual resultante de uma fonte não deve exceder o nível máximo permitido.
2. O risco deve ser reduzido ao "mínimo aceitável", e implementações corretas da otimização devem ser demonstradas.

Um aspecto específico dessa abordagem está relacionado ao critério utilizado e aos valores a ele relacionados. Em relação ao nível máximo permitido e ao nível negligenciável, onde essa abordagem tem sido aplicada, o critério utilizado é muitas vezes o risco de morte ao longo da vida. As figuras demonstram valores variando de 10^{-8} a $4{,}10^{-3}$, embora a maioria das figuras apresentem valores entre 10^{-6} e 10^{-4}. Para a indústria de alimentos, o nível máximo de risco permitido deve também ser traduzido em uma expressão de nível máximo e/ou frequência de um perigo, por exemplo, em um determinado produto o estabelecimento de um Objetivo da Segurança de Alimentos (OSA); ver Seção 9.7.

O Acordo SFS (Seção 11.5) refere-se ao "nível adequado de proteção sanitária e fitossanitária". Este é definido como o nível de proteção considerado adequado pelos membros da OMC a fim de estabelecer medidas sanitárias e fitossanitárias para proteger a vida ou a saúde humanas, de animais ou plantas, em seu território. A partir disso, há um valor-limite dividindo o risco aceitável do inaceitável. O CCFH (2000) propôs um "risco tolerável", novamente com um valor divisório limite. O

ICMSF define como OSA (FSO) a declaração da frequência ou concentração máxima de um perigo biológico em um alimento considerado aceitável para a proteção do consumidor (ICMSF, 1996b, 1998b). "Tão baixo quanto aceitável" (*as low as reasonably achievable*) (ALARA) é um conceito de gerenciamento de risco que não possui um valor absoluto dividindo o risco aceitável do inaceitável (tolerável) (Fig. 9.15). Em vez disso, o risco é categorizado em três faixas: intolerável, tolerável e inaceitável.

O APPCC é um sistema de gerenciamento de risco previamente desenvolvido, tendo como base a avaliação qualitativa do risco. Duas vantagens-chave que agora surgem do uso de uma abordagem quantitativa são a habilidade de ligar o plano APPCC a uma estimativa do impacto à saúde pública e ao grau do nível de confiança que os avaliadores têm em seus resultados.

A avaliação para perigos microbiológicos é parcialmente derivada da avaliação de risco químico. Entretanto, os contaminantes microbianos são um grupo bem mais complexo de perigos do que os químicos. A análise precisa estimar as taxas de multiplicação microbiana sob condições plausíveis de processamento e armazenamento de alimentos. Isso está focado nas etapas de processamento que tanto levam a contaminação como permitem a multiplicação microbiana. No atual estágio de desenvolvimento, a abordagem de gerenciamento de risco do APPCC não utiliza informações de dose-resposta microbianas. Em vez disso, pode usar um OSA (número de micro-organismos por grama de alimento; descrito na Seção 9.7).

9.6.1 Política de avaliação de risco

Guias para valores de julgamento e política de escolhas que podem ter necessidade de ser aplicados em pontos de decisão específicos no processo de avaliação de risco são

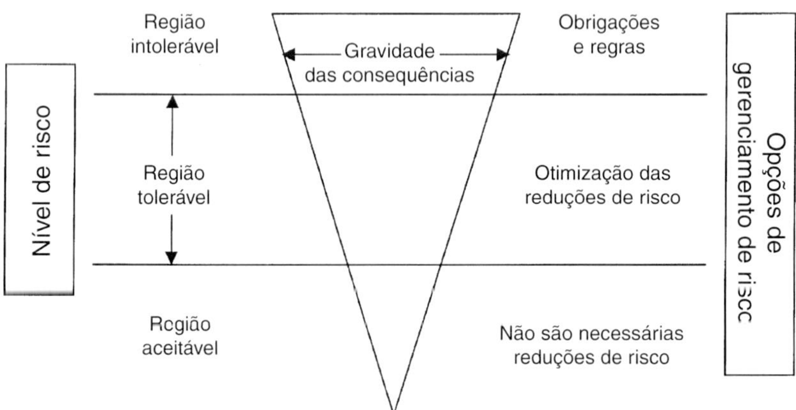

Figura 9.15 Abordagem "tão baixo quanto aceitável" (ALARA) para gerenciamento de risco (Jouve, 2001).

conhecidos como política de avaliação de risco. O estabelecimento dessa política é de responsabilidade do gerenciamento, o qual deve levar em conta a completa colaboração com os assessores e serve para proteger a integridade científica da avaliação. Os guias devem ser documentados de forma que garantam consistência e transparência. Exemplos de estabelecimentos de política de avaliação são definir a população em risco, estabelecer critérios para classificar os perigos e guias para aplicação dos fatores de segurança.

9.6.2 Perfil de risco

O perfil de risco é o processo de descrever um problema de segurança de alimentos e seu contexto, a fim de identificar aqueles elementos de perigo ou de risco relevantes às várias decisões de gerenciamento de risco. O perfil inclui a identificação de aspectos de perigos relevantes para priorizar e estabelecer a política de avaliação de risco, como também aspectos relevantes para escolha de padrões de segurança e opções de gerenciamento. Um perfil típico inclui:

- Uma breve descrição da situação, produto ou "commodity" envolvidos.
- A identificação do que é um risco, por exemplo, saúde humana, aspectos econômicos, consequências potenciais, percepção do risco pelo consumidor.
- Descrição dos riscos e benefícios.

Uma abordagem semiquantitativa de perfil tem sido proposta (CCFRA, 2000) e oferece considerável ajuda na avaliação de risco microbiológico (ver também Voysey e Brown, 2000). O departamento de Administração Veterinária e de Alimentos da Dinamarca construiu um perfil de risco do *C. jejuni* (Seção 10.2.2), o qual foi mais tarde utilizado na construção da avaliação de risco de doenças humanas por *C. jejuni* em frango (Seção 10.2.3).

9.7 Objetivos da segurança dos alimentos

O ICMSF (2002) introduziu o conceito de OSA – Objetivos da Segurança de Alimentos (do inglês, *Food Safety Objective*, FSO), que é a determinação da máxima frequência e/ou concentração de um perigo biológico em um alimento que seja considerado seguro para a proteção do consumidor. Os OSA são uma ferramenta do gerenciamento de riscos que relaciona a avaliação de risco e as medidas efetivas para controlar os riscos identificados. Para implementações práticas em setores específicos da cadeia de alimentos, é responsabilidade das autoridades governamentais traduzir os resultados da análise de riscos em OSA. Tais objetivos irão definir o(s) alvo(s) específico(s) no qual o operador deva concentrar seus esforços a fim de atingir a segurança com intervenções adequadas. Embora seja reconhecido que, em relação à microbiologia de alimentos, a abordagem formal para análise de risco esteja apenas começando, é provável que, em um futuro próximo, o gerenciamento dessa análise terá maior importância na determinação do nível de proteção do consumidor que um governo considere necessário e alcançável. Ela oferece meios práticos de converter os objetivos de saúde pública em valores ou alvos que possam ser utilizados por órgãos reguladores e indústrias.

OSA é o estabelecimento do nível máximo de um perigo microbiológico em um alimento considerado aceitável para o consumo humano e, portanto, a tradução do risco microbiológico. Sempre que possível, os OSA devem ser quantitativos e verificáveis, a fim de serem incorporados aos princípios do APPCC e das BPF. Os OSA fornecem a base científica para autoridades governamentais desenvolverem seus próprios procedimentos de inspeção das indústrias de alimentos, quantificarem procedimentos de inspeção equivalentes em diferentes países e representarem o objetivo mínimo, no qual os operadores das indústrias de alimentos devem basear suas próprias abordagens; conforme Figura 8.4. As companhias de alimentos podem adotar os OSA das autoridades de inspeção governamentais como seus próprios requisitos ou estabelecer mais requisitos de segurança, dependendo das questões comerciais. Os OSA podem, subsequentemente, direcionar o planejamento e processamento de produtos, o *design* e a implementação de programas de gerenciamento de segurança de alimentos, englobando BPF, BPH, APPCC e sistemas de garantia da qualidade (ver Cap. 8).

OSA estabelece o nível máximo de um perigo microbiológico em um alimento considerado aceitável para o consumo humano. Eles devem:

- Ser tecnicamente factíveis.
- Incluir valores quantitativos.
- Ser verificáveis.
- Ser desenvolvidos por organismos governamentais com uma visão de atingir consenso para um alimento no comércio internacional.

A abordagem de OSA combina dados científicos de avaliações de risco a fim de estabelecer padrões quantificáveis de interesse para a segurança da saúde. Considerando que os OSA devam ser alcançados no momento do consumo, é necessário determinar a multiplicação dos patógenos alimentares durante o armazenamento e a distribuição. O objetivo de processamento seguro de alimentos são os OSA, que levam em conta a multiplicação esperada de qualquer patógeno. Por exemplo, se os OSA forem menores que 100 UFC/g de *L. monocytogenes* e for esperado um ciclo de multiplicação de 1log, então o objetivo de processamento seguro será não mais que 10 UFC/g de *L. monocytogenes* no alimento. Obviamente, se não estiver prevista multiplicação de qualquer patógeno, o objetivo de processamento seguro será o mesmo que OSA. Os PC são a redução necessária durante o processamento a fim de alcançar o objetivo de processamento seguro, que é uma redução de 5 log.

Critérios microbiológicos (Cap. 6), como os OSA, podem ter como base métodos de certificação estabelecidos, inspeções e/ou testes microbiológicos. O estabelecimento de critérios microbiológicos deve considerar:

- Evidência de perigo atual ou potencial à saúde.
- Microbiologia de matérias-primas.

- Efeitos do processamento.
- Probabilidade e consequências da contaminação e multiplicação durante a manipulação, o armazenamento e o uso.
- Categoria dos consumidores em risco.
- O sistema de distribuição e potencial abuso pelos consumidores.
- A confiabilidade do método utilizado para determinar a segurança do produto.
- O uso esperado do alimento.

Os critérios microbiológicos são utilizados para garantir a segurança dos alimentos, adequação das BPF, a manutenção da qualidade de certos alimentos perecíveis e/ou a aplicabilidade de um alimento ou ingrediente para um propósito particular. Esses critérios, quando aplicados de forma adequada, podem ser um meio útil para a garantia da segurança e da qualidade dos alimentos, os quais, por sua vez aumentam a confiança do consumidor. Eles podem, ainda, fornecer parâmetros para sistemas de controle de processamento de alimentos para indústrias de alimentos e órgãos reguladores. Critérios aceitos internacionalmente podem colaborar no livre comércio, por meio da padronização dos requerimentos de segurança e qualidade dos alimentos. Entretanto, deve ser levado em consideração que planos de amostragem estão associados a riscos inerentes; ver Figuras 6.4 a 6.6, Seções 6.7.2 e 6.7.3.

9.8 Comunicação de risco

A comunicação de risco é uma troca de informações e opiniões a respeito do processo de análise de risco, considerando o risco, fatores relacionados e percepção, entre todas as partes interessadas, a fim de explicar os dados encontrados na avaliação e servir de base para decisões de seu gerenciamento.

Objetivos da comunicação de riscos:

- Promover conhecimento e entendimento de questões específicas a serem levadas em consideração, durante o processo de análise de risco, por todos os participantes.
- Promover consistência e transparência nas decisões e na implementação do gerenciamento.
- Fornecer base para o entendimento das decisões de gerenciamento de risco propostas ou implementadas.
- Melhorar a eficiência e efetividade geral do processo de análise de riscos.
- Contribuir para o desenvolvimento e a comunicação de informações eficazes e de programas educacionais, quando eles forem identificados como opções de gerenciamento de riscos.
- Reforçar as relações de trabalho e respeito mútuo entre os participantes.
- Promover o envolvimento apropriado de todas as partes interessadas no processo de comunicação de riscos.

- Proporcionar intercâmbio de informações sobre o conhecimento, atitudes, valores, práticas e percepções das partes interessadas a respeito do risco associado ao alimento e tópicos relacionados.
- Promover a confiança pública na segurança da cadeia de suprimento de alimentos.

Devido a numerosos riscos e surtos alimentares publicados, a preocupação das pessoas com os riscos associados aos alimentos tem aumentado (Tab. 1.8). Por esse motivo, uma efetiva comunicação aos consumidores é importante e necessária. Essa comunicação é necessária para adequados encaminhamento e resposta relacionados às necessidades de critérios, perigos, riscos, seguranças e preocupações gerais sobre alimentos. A comunicação de riscos divulga os resultados de pesquisas científicas de identificação de perigos em alimentos e avaliação de riscos para a população em geral ou para um determinado público-alvo. Ela também fornece aos setores públicos e privados informações necessárias para prevenir, reduzir e minimizar os riscos alimentares, por meio de sistemas de qualidade e segurança. Além disso, é essencial que a comunicação de riscos forneça informações suficientes para populações mais suscetíveis em relação a qualquer perigo em particular, a fim de que elas possam adotar suas próprias opções para garantir a segurança.

Aspectos da comunicação de riscos:

1. Natureza do risco
   - Características e importância do perigo em questão
   - Magnitude e gravidade do risco
   - Urgência e tendência da situação
   - Probabilidade de exposição
   - Quantidade de exposição que constitua um risco significativo
   - População em risco
2. Natureza dos benefícios
   - Benefícios associados ao risco
   - A quem beneficia e de que forma
   - Ponto de equilíbrio entre risco e benefício
   - Magnitude e importância do benefício
   - Benefício total para todas as populações afetadas
3. Incertezas na avaliação de riscos
   - Métodos utilizados para avaliar o risco
   - Importância de cada incerteza
   - (Im)precisão dos dados disponíveis
   - Suposições sobre as quais estimativas são baseadas
   - Efeito da mudança nas estimativas sobre as decisões de gerenciamento de riscos
4. Opções de gerenciamento
   - Ações adotadas para controlar/gerenciar o risco
   - Ações que as pessoas podem realizar para reduzir riscos individuais
   - Justificativa para a escolha de uma opção específica de gerenciamento de riscos

- Benefício(s) de uma opção específica.
- A quem beneficia?
- Custos do gerenciamento de um risco – quem paga?
- Riscos que ainda permanecem após a implementação de uma opção de gerenciamento de risco.

As diferenças entre a percepção pública de risco e benefício precisam ser compreendidas, assim como a variação dessas percepções entre diferentes países e grupos sociais. Por exemplo, há diferenças marcantes na aceitação de alimentos contendo ingredientes geneticamente modificados entre o Reino Unido e os Estados Unidos, em parte devido a falta de confiança do público nos políticos e nos *experts* científicos desde a emergência da encefalopatia espongiforme bovina (BSE-vCJD).

A FAO/OMS (1998) descreveu os princípios da comunicação de riscos:

1. Conhecer o público
2. Envolver os *experts* científicos
3. Estabelecer especialidade em comunicação
4. Ser uma fonte de comunicação confiável
5. Dividir responsabilidades
6. Diferenciar entre ciência e valor de julgamento
7. Garantir transparência
8. Pôr o risco em perspectiva

9.9 Desenvolvimentos futuros em avaliação microbiológica de risco

A área de avaliação de risco microbiológico desenvolveu-se com muita rapidez, desde sua aplicação inicial nos anos 1990. É, no entanto, difícil publicar uma lista de previsões que não envelheçam rapidamente. Por esse motivo, esta seção se concentra nos tópicos que necessitam maiores investigações.

Se a avaliação de risco microbiológico provar ser efetiva em facilitar a distribuição de produtos seguros em todo o mundo, então consequentemente irá ampliar o comércio de alimentos no mundo. Além disso, essa avaliação pode levar a melhoria dos planos APPCC devido ao estabelecimento de pontos críticos de controle que reduzam o perigo microbiológico até um nível aceitável justificado pela ciência.

9.9.1 Metodologia internacional e orientações

Com a finalidade de facilitar a adoção internacional da avaliação de risco microbiológico, será necessário:

1. Produzir uma metodologia internacional de consenso.
2. Produzir um guia de orientações sobre a caracterização de perigos, a avaliação da exposição e a caracterização de risco, para fornecer orientação detalhada sobre informações e requerimentos de dados e como avaliar tais informações.
3. Consenso em modelos de dose-resposta.

A fim de facilitar a prática da avaliação de risco, são necessários projetos colaborativos que envolvam tanto países com experiência quanto os que não a têm nessa avaliação. Um modo de apresentar e disseminar os resultados de avaliações preliminares e completas de risco microbiológico deve dar suporte a essas iniciativas.

Mais avaliações nacionais de risco microbiológico são necessárias em contraste com as atuais que largamente se baseiam em dados internacionais (*C. jejuni* na Dinamarca Seção 10.2.3).

9.9.2 Dados

Uma base de dados de informações sobre avaliação de risco internacional deve ser estabelecida. Esta deve incluir dados de países em desenvolvimento. É esperado que tempo e temperaturas de armazenamento, preparação e práticas de cozimento sejam diferentes entre os países. Países de todas as regiões do mundo precisam informar sobre as práticas locais de armazenamento e manipulação de alimentos pelos consumidores em suas residências e em serviços de alimentação, incluindo temperaturas de armazenamento e tempos. Detalhes de consumo, tais como o tamanho da porção e a frequência de consumo também são necessários. O sistema de informação desses dados por parte das indústrias deve ser tal que não permita qualquer ação punitiva por parte dos órgãos governamentais e nem que essas informações sejam utilizadas por companhias concorrentes.

A adoção da avaliação microbiológica de risco provavelmente aumenta a necessidade de dados sobre a presença e a concentração de micro-organismos em produtos alimentares, a fim de validar os modelos de avaliação de risco. Conforme já demonstrado, avaliações de risco de *Salmonella* (e *L. monocytogenes*) têm restrição em razão dos métodos de detecção que apenas indicam a presença ou ausência de uma célula em 25 g de alimento, em vez de quantificação. Dados quantitativos sobre a concentração de patógenos, como *Salmonella* em carcaças de frango, são necessários de todas as regiões do mundo. A determinação da contaminação cruzada nos estágios de processamento e preparo é necessária para diversos patógenos microbianos na etapa de avaliação da exposição.

Sistemas de vigilância precisam ser estabelecidos para dar suporte epidemiológico e investigar surtos alimentares. Esses dados são necessários para modelos de avaliação de dose-resposta em populações com diferentes suscetibilidades. São necessários estudos-sentinela para conseguir uma estimativa mais exata do número de pessoas com doenças transmitidas anualmente por alimentos.

A microbiologia preditiva tem focalizado mais o desenvolvimento microbiano (abuso de temperatura, etc.) e a inativação (pasteurização, cozimento). Existe a necessidade de desenvolver ferramentas adicionais de microbiologia preditiva para capacitar diferentes países a aplicar os modelos às suas próprias condições de processamento do campo à mesa.

A microbiologia preditiva precisa ser estendida para incluir:

- Processos com regimes variáveis de tempo e temperatura.

- Sobrevivência bacteriana em temperaturas de refrigeração e congelamento.
- Adaptação bacteriana durante o processamento (ver Seção 2.7).

No futuro, os modelos de dose-resposta devem representar:

1. A probabilidade de infecção após a exposição.
2. A probabilidade de doença após a infecção.
3. A probabilidade de sequela e/ou mortalidade após a doença.

As curvas de dose-resposta para *Salmonella* não Typhi, no próximo capítulo (Seção 10.1), demonstram a diversidade de modelos matemáticos que podem ser aplicados. Dessa forma, um consenso internacional sobre metodologia para análise de dose-resposta será necessária no futuro (embora haja diferentes modelos para diferentes perigos microbiológicos), de modo que seja possível prever o número provável de pessoas a serem infectadas ou que adoeçam a partir de um número de bactérias em um alimento (OSA/critério microbiológico). Outra parte importante será encontrar novos meios de obter dados humanos relevantes para orientar os modelos, um processo no qual investigações aperfeiçoadas de surtos determinarão o caminho a ser seguido.

OSA e critérios microbiológicos precisam ser estabelecidos de forma que incorporem o risco associado com as curvas de operação características (ver Seção 6.7.2).

9.9.3 Cursos de treinamento e uso de recursos

A avaliação de riscos requer uma abordagem multidisciplinar envolvendo, por exemplo, avaliadores de risco, estatísticos, microbiologistas e epidemiologistas. Entretanto, pessoas com essas habilidades e experiências não estão disponíveis de forma uniforme ao redor do mundo. Em uma escala global, a criação de redes de relacionamentos via internet será valiosa para transferência de informações, aconselhamentos técnicos e estudos colaborativos. O JEMRA foi estabelecido pela FAO/OMS para fornecer conselhos técnicos sobre avaliação microbiológica de risco.

Isso precisa ser desenvolvido com exemplos de trabalhos de avaliação microbiológica de risco. Deve ser reconhecido, porém, que a internet não está disponível em todo o mundo e métodos alternativos de comunicação eficiente precisam ser disponibilizados para todos aqueles que necessitarem deles, especialmente em países subdesenvolvidos.

10 Aplicação da avaliação de risco microbiológico

Há um crescente número de avaliações de risco microbiológico sendo publicadas, e algumas têm sido focadas sob um aspecto específico, a caracterização do perigo (ver Tab. 9.2 e 9.3). De especial importância são aquelas do grupo de *experts* em avaliação de risco microbiológico (JEMRA) (Seção 9.2), as quais contêm uma extensa revisão de literatura sobre os assuntos de interesse, incluindo dados não publicados.

As avaliações de risco microbiológico (ARM) publicadas até o presente momento variam consideravelmente em relação à profundidade da avaliação, como também à estrutura. Os leitores devem notar que esses exemplos nem sempre utilizam a estrutura recomendada pelo *Codex* e as definições para avaliação de risco e também devem considerar que essa é uma disciplina científica em evolução. Os casos apresentados a seguir não são uma fonte de pesquisa inesgotável de avaliações de risco microbiológico publicados, mas exemplos resumidos utilizados para dar uma ideia dos processos envolvidos. Para uma "identificação de perigos" de cada organismo, veja as seções pertinentes do Capítulo 4.

A ARM pode predizer o comportamento de um patógeno e sua transmissão ao longo de uma cadeia alimentar definida e ainda avaliar os efeitos de diferentes medidas de controle sobre o risco à saúde dos consumidores (p. ex., risco por número de refeições servidas). A aplicação direta da ARM tem sido demonstrada por diversas avaliações de risco tanto em nível nacional, quanto internacional, e tem sido reconhecida como um dos pontos fortes da ARM (Tabs. 9.2 e 9.3). Por exemplo, as duas avaliações de risco realizadas pela FAO/OMS (2004, 2006b) sobre *Cronobacter* spp. (*Enterobacter sakazakii*) e *Salmonella*, em fórmulas infantis em pó, resultaram em um modelo de análise de risco baseado na *web* (JEMRA, 2008; Seção 10.7).

10.1 Avaliações de risco de *Salmonella*

10.1.1 S. Enteritidis em cascas e produtos de ovos

O US Food Safety and Inspection Service (Serviço de Inspeção de Segurança de Alimentos) (FSIS, 1998) completou uma avaliação de risco de dois anos sobre *S.* Enteritidis em cascas de ovos, a qual pode ser acessada pela internet (ver Tab. 9.3 e Recursos da *web* para URL). O modelo de avaliação de risco de *S.* Enteritidis (ARSE/SERA) também pode ser baixado da internet. Ele requer o programa Excel™ (Microsoft Corp.) e o @RISK (Palisade Corp.) para ser acessado. Há um guia de estudos *online* para o modelo da ARSE/SERA por Wachsmut; ver seção de Recursos da *web*. O modelo é, de muitas maneiras, o arquétipo da avaliação de risco para patógenos alimentares e é frequentemente referenciado por outras avaliações de risco de *Salmonella*. A consequência dos modelos de risco, tais como os do FSIS (1998), é o plano atual dos Estados Unidos para eliminar doenças provocadas por *S.* Enteritidis (Anon., 2009).

Os objetivos da avaliação de risco foram:

- Identificar e avaliar as estratégias potenciais de redução de risco
- Identificar a necessidade de dados
- Priorizar esforços futuros de coleta de dados

O modelo de avaliação de risco consiste em cinco módulos (Fig. 10.1).

Módulo de produção de ovos

Este módulo estima o número de ovos produzidos que estão infectados (ou internamente contaminados) com *S.* Enteritidis.

Módulo de processamento e distribuição de ovos em casca

Este módulo acompanha os ovos em casca desde a coleta na granja, seu processamento, o transporte até o armazenamento. Os ovos permanecem íntegros durante todo esse módulo. Dessa forma, os fatores primários que afetam a *S.* Enteritidis são as temperaturas cumulativas e os tempos dos vários processamentos, bem como as etapas de transporte e armazenamento. Os dois componentes de modelagem importantes são o tempo, até que a membrana da gema perca sua integridade (e portanto a barreira à *S.* Enteritidis), e a subsequente taxa de multiplicação da *S.* Enteritidis em ovos.

A fase lag de tempo antes da desintegração da membrana da gema (YMT) foi estimado a partir da seguinte equação:

$$\text{Log}_{10} YM = \{(2{,}08 - 0{,}04257 * T) \pm (2{,}042 * 0{,}15245)[(1/32) + ((T - 21{,}6)^2/(32 * 43{,}2))]^{0{,}5}\}$$

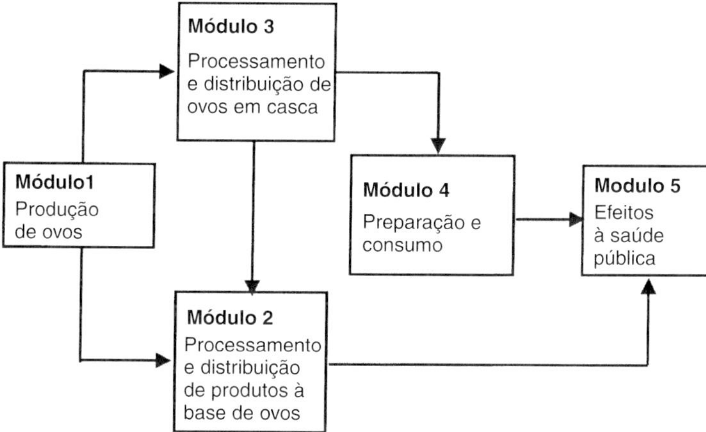

Figura 10.1 Modelo de avaliação do campo à mesa para ovos e produtos à base de ovos (FSIS, 1998).

A taxa de multiplicação subsequente foi estimada da seguinte forma:

Taxa de multiplicação ($\log_{10}$ UFC/h) = – 0,1434 + 0,026* temperatura interna do ovo (°C)

Módulo de processamento e distribuição de produtos à base de ovos

Este módulo acompanha a mudança dos números de *S.* Enteritidis em plantas de processamento de ovos, do recebimento até a pasteurização. A taxa de eliminação desse micro-organismo em ovos inteiros e gemas de ovos durante a pasteurização é determinada a partir de valores *D* experimentais (Fig. 2.10). Há duas fontes de *S.* Enteritidis em produtos à base de ovos: a partir do conteúdo interno dos ovos e pela contaminação cruzada durante a quebra.

Módulo de preparação e consumo

Este módulo estima o aumento ou a redução no número de organismos de *S.* Enteritidis em ovos ou produtos à base de ovos, conforme sua passagem por armazenamento, transporte, processamento e preparação.

Módulo de saúde pública

Este módulo calcula as incidências de doenças e quatro ocorrências clínicas (recuperação sem tratamento, recuperação após tratamento médico, hospitalização e mortalidade) assim como os casos de artrite reativa associados ao consumo de ovos positivos para *S.* Enteritidis (Tab. 10.1)

Tabela 10.1 Resultados do módulo de saúde pública do FSIS (1998)

	Categoria	Média
População normal	Expostos	1.889.200
	Ill	448.803
	Recuperados c/s tratamento	425.389
	Visita ao médico e recuperação	21.717
	Hospitalização e recuperação	1.574
	Morte	123
	Artrite reativa	13.578
População suscetível	Expostos	521.705
	Ill	212.830
	Recuperados c/s tratamento	196.295
	Visita ao médico e recuperação	14.491
	Hospitalização e recuperação	1.776
	Morte	269
	Artrite reativa	6.416
População total	Expostos	2.410.904
	Ill	661.633
	Recuperados c/s tratamento	621.684
	Visita ao médico e recuperação	36.208
	Hospitalização e recuperação	3.350
	Morte	391
	Artrite reativa	19.994

Os resultados do modelo predizem o seguinte:

- Produção média de 46,8 bilhões de ovos em casca por ano (nos Estados Unidos)
- A presença de *S.* Enteritidis em 2,3 milhões de ovos
- Isso resulta em 661.633 doenças humanas ao ano, das quais:
  94% dos doentes recuperam-se sem cuidados médicos
  5% visitam um médico
  0,5% são hospitalizados
  0,05% dos casos resultam em morte
- Vinte por cento da população é considerada de alto risco: crianças, idosos, pacientes transplantados, gestantes e indivíduos com determinadas patologias

O resultado do módulo foi validado utilizando dados provenientes de culturas em ovos da Califórnia, permitindo predizer a ocorrência de 2,2 milhões de ovos contaminados com *S.* Enteritidis, nos Estados Unidos, por ano. O módulo também foi validado utilizando dados de vigilância sanitária.

O modelo beta-Poisson (Seção 9.5.6), a partir de experimentos alimentares em voluntários humanos com *Salmonella* (1930 a 1973), estima a probabilidade de infecção de 0,2 a partir da ingestão de 10^4 células de *Salmonella* (Fig. 9.8). Em razão de uma dose infectante não necessariamente causar a doença, a probabilidade de infecção é maior do que a de doença. Esses dados foram obtidos utilizando outros sorovares de *Salmonella* e, por esse motivo, não foram considerados adequados. Esse assunto é discutido de forma mais ampla por Fazil colaboradores (2000).

O modelo-base de produtos de ovos prevê que haverá baixa probabilidade de ocorrerem casos de *S.* Enteritidis a partir do consumo de produtos de ovos pasteurizados. Entretanto, as atuais orientações de tempos e temperaturas do FSIS não contemplam informações suficientes para todos os produtos produzidos pelas indústrias (Tab. 10.2). Critérios de tempo e temperatura com base nas quantidades existentes de bactérias nos produtos crus, como os produtos serão processados e na intenção de uso do produto final irão fornecer maior proteção aos consumidores de produtos de ovos.

O percentual de redução para o total de doenças humanas foi calculado para dois cenários diferentes da atual prática no contexto do módulo de processamento e distribuição de ovos. O primeiro cenário foi o de que, se os ovos fossem refrigerados logo após a postura até uma temperatura interna de 7,2 °C (45 °F) e então fossem mantidos a essa temperatura, o resultado seria uma redução de 12% nas doenças hu-

Tabela 10.2 Requisitos do USDA de tempo e temperatura mínimos para três produtos de ovos

Produto de ovo líquido	Requisito mínimo de temperatura (°C)	Tempo mínimo de processamento (minutos)
Clara	56,6	3,5
	55,5	6,2
Ovo inteiro	60	3,5
Gema	61,1	3,5
	60	6,2

manas. De modo similar, uma redução de 8% nas doenças humanas seria o resultado se os ovos fossem mantidos em um ambiente (p. ex., ar) com temperatura de 7,2 °C (45 °F) durante o processamento e sua distribuição com casca.

10.1.2 Identificação e caracterização do perigo: *Salmonella* em frangos e ovos

No relatório do JEMRA (2003), intitulado Avaliações de risco de *Salmonella* em ovos e frangos, uma grande quantidade de informações (assim como em outros relatórios do JEMRA) está compilada e pode ser baixada da internet; ver Recursos da *web*, seção para URL. Ela contém uma revisão dos surtos de *Salmonella*, os quais são resumidos na Tabela 10.3. A primeira seção descreve os casos de saúde pública, características dos patógenos, características dos hospedeiros e fatores relacionados aos alimentos que afetam a sobrevivência da *Salmonella* no trato intestinal humano. A segunda, revisou três modelos de dose-resposta para salmoneloses e comparou-os com 33 da-

Tabela 10.3 Tamanho de populações associadas a surtos de *Salmonella* (JEMRA, 2003)

Sorovar de *Salmonella*	Alimento veiculador	População	Dose (log_{10})	Número de pessoas expostas	Número de pessoas doentes
S. Cubana	Corante	Suscetível	4,57	17	12
S. Enteritidis	Carne	Normal	5,41	5	3
S. Enteritidis	Carne	Normal	2,97	3.517	967
S. Enteritidis	Bolo	Normal	2,65	5.102	1.371
S. Enteritidis	Bolo	Normal	5,8	13	11
S. Enteritidis	Frango	Normal	3,63	16	3
		Suscetível		133	53
S. Enteritidis	Ovos	Normal	6,3	114	63
		Normal	3,8	884	558
		Suscetível	1,4	156	42
S. Enteritidis	Sorvete	Normal	2,09	452	30
S. Enteritidis	Amendoim	Normal	1,72	3.990	644
S. Enteritidis	Molho	Normal	4,74	39	39
S. Enteritidis	Sopa	Normal	6,31	123	113
S. Heidelberg	Queijo	Normal	2,22	205	68
S. Infantis	Presunto	Normal	6,46	8	8
S. Newport	Hambúrguer	Normal	1,23	1.813	19
S. Oranienburg	Sopa	Normal	9,9	11	11
S. Typhimurium	Sorvete	Normal	3,79	1.400	770
		Normal	8,7	7	7
		Suscetível		1	1
S. Typhimurium	Água	Normal	2,31	7.572	805
		Suscetível		1.216	230

dos de surtos (Seção 9.5.6). Quando possível, as diferenças na dose-resposta foram caracterizadas para os subgrupos normal e suscetível da população.

Os três modelos de dose-resposta revisados foram os seguintes:

1. *S.* Enteritidis em ovos, do FSIS (1998). Esse é um modelo beta-Poisson derivado, utilizando resultados de estudos alimentares de *Shigella dysenteriae*, tendo a doença como o ponto final.
2. Modelo de saúde do Canadá (2000) baseado na função Weibull (Seção 9.5.6), o qual foi derivado de estudos sobre alimentação humana com vários patógenos bacterianos e de dados de dois surtos de *Salmonella* (Paoli, 2000; Ross, 2000). O modelo foi proveniente de um relatório não publicado no momento da elaboração deste livro.
3. Modelo beta-Poisson derivado de dados de estudos alimentares humanos com prisioneiros (McCullough e Eisele, 1951a-c).

Os dados alimentares de McCullough e Eisele (1951a, 1951b), os quais utilizaram *S.* Anatum, *S.* Bareilly, S. Derby *S.* Meleagridis e *S.* Newport, são mostrados na Figura 10.2. Os dados foram corrigidos (assim como em JEMRA, 2003) para indivíduos que haviam recebido múltiplas doses e que, por esse motivo, podem ter adquirido alguma imunidade. A adequação do modelo beta-Poisson também é mostrada.

Os modelos epidemiológicos do FSIS (1998) e do Departamento de Saúde do Canadá foram subdivididos em dois subgrupos denominados normal e suscetível e estão demonstrados na Figura 10.3. A adequação do modelo beta-Poisson, a partir da Figura 10.2, também foi incluída para comparação.

Dados de 33 surtos foram compilados e utilizados para comparar as curvas de dose-resposta preexistentes. Um dado japonês foi utilizado onde locais de produção em larga escala (mais de 750 refeições/dia ou mais de 300 preparações de um mesmo

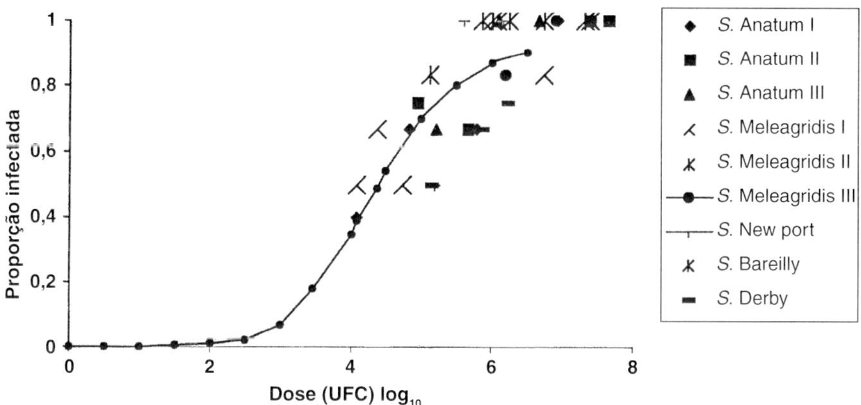

Figura 10.2 Estudos alimentares de voluntários humanos com sorovares de *Salmonella*. Do JEMRA (2003), utilizando dados de McCullough e Eisele (1951a, 1951b).

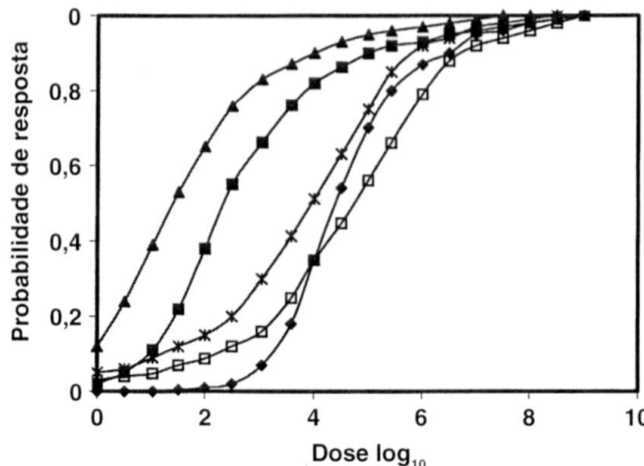

Figura 10.3 Modelos epidemiológicos do FSIS (1998) e do Departamento de Saúde do Canadá (JEMRA, 2003). Saúde Canadá: □, normal; *, suscetível. FSIS: ■, normal; △, suscetível. ◇ Naïve beta-Poisson (Figura 10.2).

menu) guardaram porções de 50 g de alimento, por duas semanas, em temperatura de -20 °C, para possível investigação futura. Já que a *S.* Enteritidis é uma das principais causas de infecções alimentares por *Salmonella*, a maioria dos surtos foi desse sorovar, em contraste com dados alimentares em que outros sorovares foram testados. Os dados de surtos são apresentados na Figura 10.4. Eles foram adaptados para os três modelos anteriormente descritos.

Foi estimado que crianças abaixo de 5 anos tinham 1,8 a 2,3 mais probabilidade de adoecer com a mesma dose ingerida que a população normal. Não houve evidência para indicar que *S.* Enteritidis fosse mais infectiva que outro sorovar com a mesma dose ingerida. Por esse motivo, um modelo de dose-resposta comum para todas as salmonelas Typhi e não Typhi pôde ser utilizado. O relatório não considerou transmissão secundária; sequelas crônicas, como artrite reativa, nem o efeito da matriz alimentar.

10.1.3 Avaliação de exposição de *Salmonella* spp. em frangos

Kelly e colaboradores (2000) divulgaram a mais completa avaliação de exposição de *Salmonella* spp. em frangos de corte, até o momento. Ela incluiu produtos frescos, congelados e depois processados. O relatório preliminar está disponível para acesso (ver Recursos da *web*, seção para URL) e contém uma ampla bibliografia de revisão (104 páginas de extensão). O relatório oferece um modelo para futuras avaliações de risco e esclarece algumas limitações da informação disponível. Conforme já estabelecido, *Salmonella* é uma bactéria causadora de infecções alimentares amplamente estudada, para a qual os atuais critérios microbiológicos aprovados requerem resultados de presença ou ausência (menos de uma *Salmonella* em 25 g); por esse motivo, há falta de dados quantitativos sobre o números de salmonelas na fonte primária (p. ex., frango) e em alimentos. Existe a mesma dificuldade na abordagem da avaliação de

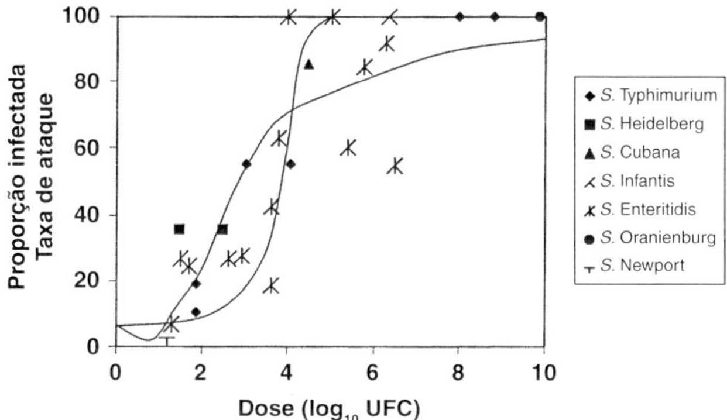

Figura 10.4 Curva de dose-resposta de surto (FAO/OMS, 2002).

risco de *Campylobacter jejuni* em frango fresco (Seção 10.2.1). Entretanto, o *C. jejuni* é mais sensível a temperatura do que a *Salmonella*, não se multiplicando em temperaturas inferiores a 30° C; porém, possui maior infectividade (Tab. 2.8, Seção 10.2).

A estrutura é similar àquela mostrada na Figura 9.3, embora o quarto módulo tenha uma pequena diferença no nome.

Módulo de produção: Este módulo estima a prevalência de *Salmonella* em frangos ainda na fazenda. Os dados necessários incluem a fonte da infecção, prevalência de *Salmonellla* no aviário, o número de *Salmonella* por aves positivas e a metodologia de amostragem (ver Seção 9.5.7 para dose estimada). Diversos fatores epidemiológicos e de gerenciamento na produção primária irão influenciar esses valores, e atualmente há poucos dados quantitativos sobre o número de *Salmonella* por ave.

Módulo de transporte e processamento: Este módulo objetiva estimar a prevalência e a concentração de *Salmonella* no final do processamento. Dessa forma, ele necessita estimativas da prevalência e concentração em cada etapa do processamento (*C. jejuni*, Seção 10.2.1). Uma estimativa de contaminação cruzada, durante o transporte e o processamento, precisa ser incluída, embora existam poucos dados a respeito desse assunto (ver Christensen et al. 2001, Seção 10.2.3).

Módulo de comercialização, distribuição e armazenamento: Este módulo estima as mudanças na prevalência e na concentração entre o processamento e a preparação pelo consumidor. Períodos em que a temperatura propicie a multiplicação microbiana em carne contaminada precisam ser determinados para estimar a multiplicação e a persistência do patógeno. Abuso de temperatura pode ocorrer durante a comercialização, assim como os abusos relacionados ao consumidor. São necessários mais estudos para coletar dados para modelos de microbiologia preditiva a fim de melhorar este módulo; ver Seção 2.8.

Módulo de preparação: As mudanças nos números de *Salmonella* devido à preparação, incluindo contaminação cruzada, são consideradas neste módulo. Modelos preditivos melhorados são necessários, os quais considerem dados térmicos de descongelamento de carcaças contaminadas, assim como taxas de morte (valores D) em razão de cocção (Seção 2.5, Fig. 2.10c). Os resultados deste módulo são uma estimativa da prevalência de produtos contaminados e o número de células de *Salmonella* ingeridas.

Módulo de padrões de consumo: Este módulo requer dados sobre os consumidores. Isso inclui não somente idade, sexo, estado imunológico, mas também o comportamento, que pode ser relacionado à idade e nacionalidade. A maioria da informação disponível é baseada na quantidade média de consumo por dia e não descreve o tamanho da porção ou a frequência de consumo. A quantidade ingerida por diferentes subpopulações (i. e., normal e suscetível) é estimada e combinada com o resultado do módulo de preparação para gerar uma estimativa geral de exposição.

A estimativa de exposição pode ser utilizada durante a análise de dose-resposta (caracterização do perigo) para determinar tanto a probabilidade de infecção quanto de doença (Seção 9.5.6).

10.1.4 *Salmonella* spp. em frango cozido

Buchanan e Whiting (1996) publicaram um exemplo de avaliação de risco de três estágios sobre *Salmonella* spp. em frango cozido. Esse estudo não teve a intenção de seguir a abordagem do *Codex*, porém foi uma ilustração do uso da microbiologia preditiva. O processo produtivo inicia com o armazenamento de frango cru a 10 °C por 48 horas, antes de ser cozido a 60 °C por 3 minutos e então armazenado a 10 °C por 72 horas, antes do consumo. A temperatura de armazenamento refrigerado de 10 °C está na "zona de perigo" de multiplicação microbiana e representa abuso de temperatura.

Estágio 1: Número de Salmonella spp. *em frango cru antes do cozimento.* O número de células de *Salmonella* no frango cru irá variar; entretanto, o nível de contaminação esperado é fornecido na Figura 10.5. A quantidade de contaminação varia de nenhuma célula de *Salmonella* em 75% das amostras, até 1% contendo 100 células por grama de carne. A multiplicação de *Salmonella* a 10 °C por 48 horas, antes do cozimento, pode ser determinada utilizando modelos de multiplicação (Seção 2.8), supondo que o pH da carne seja 7,0 e o nível de cloreto de sódio seja de 0,5%.

Estágio 2: Efeito do cozimento (60 °C, 3 minutos) sobre o número de Salmonella em frango. O tempo de redução decimal (valor *D*) a 60 °C é de 0,4 minutos. O efeito do tratamento térmico sobre os números de *Salmonella* pode ser calculado usando a equação:

$$\log(N) = \log(N_0) - (t/D)$$

Onde:

N é o número de micro-organismos (UFC/g) após o tratamento térmico
N_0 é o número inicial de bactérias (UFC/g)
D é o valor D, log (UFC/g)/min
t é a duração do tratamento térmico (minutos)

Nota-se que, para simplificar, não é levado em consideração o efeito nos números de *Salmonella* no período de tempo durante o aquecimento do alimento até 60 °C e do resfriamento após esse processo.

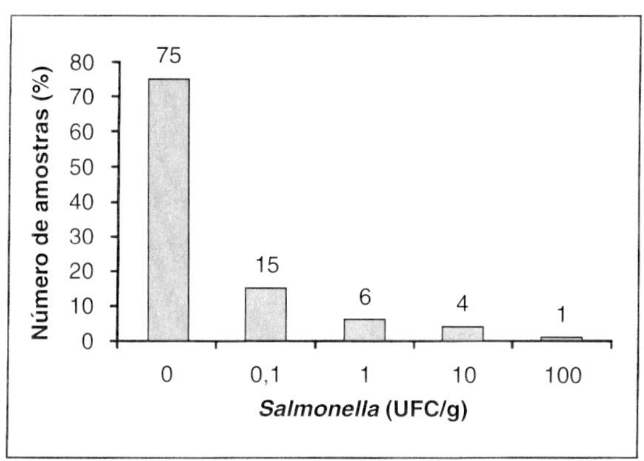

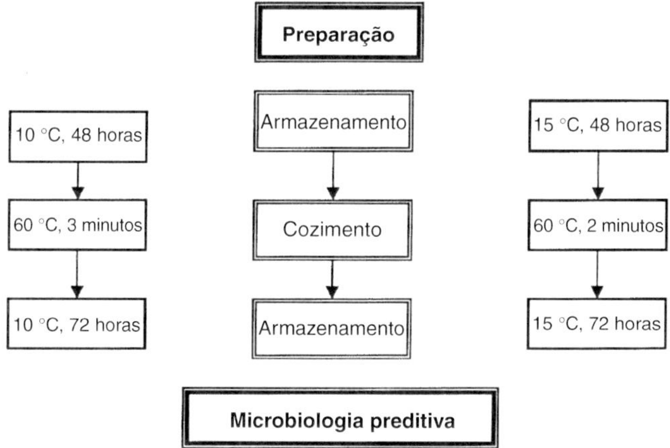

	Salmonella (%)									
	Processo seguro					Abuso de temperatura				
	75	15	6	4	1	75	15	6	4	1
P_i	0	$8{,}8\times10^{-11}$	$6{,}5\times10^{-10}$	$5{,}1\times10^{-5}$	$4{,}1\times10^{-8}$	0	$1{,}1\times10^{-1}$	$4{,}1\times10^{-1}$	$7{,}0\times10^{-1}$	$8{,}6\times10^{-1}$

Figura 10.5 Probabilidade de infecção por *Salmonella* por grama de frango cozido, após abuso de temperatura. De Buchanan e Whiting (1996). Reproduzida, com permissão, do *Journal of Food Protection*. Cópia mantida pela International Association for Food Protection, Des Moines, Iowa, US.

Esta equação dá o número de *Salmonella* sobreviventes após o processo de cozimento e foi desenvolvida para atingir um nível de morte de $7D$ (ver Seção 2.5.2).

Estágio 3: Números de células de Salmonella após o armazenamento a 10 °C por 72 horas, antes do consumo. Como antes, no estágio 1, a curva de multiplicação desse *micro-organismo* pode ser utilizada para estimar o número desse micro-organismo em frango cozido após o armazenamento, antes do consumo.

Por meio da determinação do número de células sobreviventes e a subsequente multiplicação de cada nível de população inicial de *Salmonella*, é possível estimar os números de *Salmonella* que uma população de consumidores provavelmente irá ingerir. Nesse exemplo, 1% das amostras de frango, contendo 100 células de *Salmonella*/g, demonstrou uma probabilidade de infecção (P_i) de 4,1 x 10^{-8}/g de alimento consumido (ver Seção 9.5.6 para uma explicação do P_i). Isso significa que havia menos de uma célula sobrevivente para cada 10.000 g de alimento. Por isso, o risco associado de *Salmonella* em frango cozido, mantido sob essas condições de armazenamento, é mínimo.

Esse exemplo pode ser utilizado como parâmetro para determinar o efeito da mudança no regime de cozimento e condições de armazenamento. Por exemplo, aumentando a temperatura inicial de armazenamento para 15 °C e reduzindo o tempo de cozimento para 2 minutos, a probabilidade de infectividade (P_i) passa a ser inaceitavelmente alta; ver à direita na Figura 10.5.

10.1.5 *Salmonella* spp. em pedaços de carne cozidos (tipo *nuggets*)

Whiting (1997) publicou uma avaliação de risco microbiológico para *Salmonella* spp. em pedaços de carne cozidos que teve cinco etapas:

1. *Distribuição inicial*: a taxa microbiana inicial foi proveniente de dados publicados (Surkiewicz et al., 1969), nos quais 3,5% das amostras tinham presença de *Salmonella* em quantidades maiores que 0,44 UFC/g (Fig. 10.6).
2. *Armazenamento*: as condições escolhidas foram de 21 °C por 5 horas, e a taxa de multiplicação prevista foi proveniente de um modelo de *Salmonella* (Gibson *et al.*, 1988).

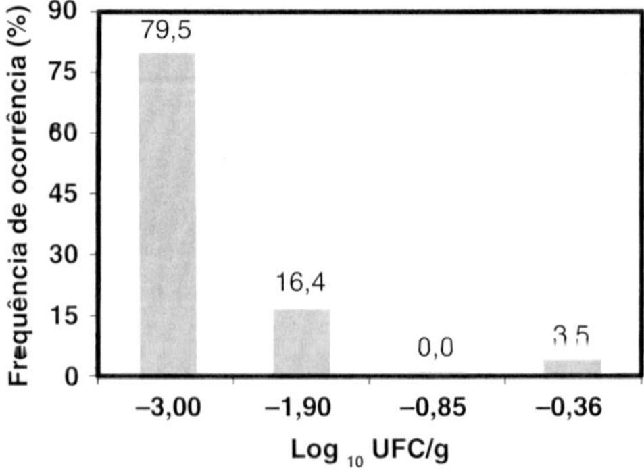

Figura 10.6 Frequência de *Salmonella* em pedaços de frango. Reproduzida de Whiting, 1997, com permissão do IFT.

3. *Cozimento*: valores *D* publicados foram utilizados para determinar a extensão do tratamento térmico a 60 °C por 6 minutos.
4. *Consumo*: foi presumido o consumo de uma porção de 100g por pessoa.
5. *Deteminação da dose infectante.*

O modelo calculou que uma célula de *Salmonella* tem a probabilidade média de $10^{-4,6}$ de ser uma dose infectante (Tab. 10.4). Entretanto, 3% das previsões de riscos foram maiores do que 10^{-3}. Isso ocorreu devido a um pequeno número de amostras iniciais com altos níveis de contaminação por *Salmonella*. A utilidade desse modelo está em determinar o efeito da alteração das variáveis, tal como a temperatura de cozimento para 61 °C, o que reduz a probabilidade média para$10^{-7,4}$.

A abordagem de Whiting (1997) é muito similar àquela da publicação de Whiting para *Listeria monocytogenes* (Miller et al., 1997; Seção 10.3.2)

10.1.6 Modelos preditivos em frango (FARM)

Uma série de modelos preditivos para infecções por *Salmonella* e *C. jejuni* a partir de frangos, chamada "Modelo de avaliação de risco para alimentos à base de frango" (*Poultry Asses Risk Model*, Poultry FARM) pode ser baixada da internet (ver diretório de internet). O modelo utiliza formulários dos programas @RISK™ (Palisade Corp.) e Excel™ (Microsoft Soft) para predizer a mudança nas quantidades microbianas em 100 mil porções de preparações à base de frango, entre a embalagem e o processamento. Adicionalmente, o modelo prevê o número de casos graves devido a 100 mil porções de frango consumidas e o impacto geral na saúde pública. O *site* da internet inclui uma explicação completa (58 páginas) do modelo Poultry FARM.

10.1.7 Salmoneloses humanas domésticas e esporádicas

Hald e colaboradores. (2001) produziram um método alternativo de avaliação quantitativa de risco utilizando o programa "Monte Carlo bayesiano", o qual combina a inferência Bayesiana com as simulações de Monte Carlo. O método foi aplicado para quantificar a contribuição dos animais nas salmoneloses humanas domésticas e esporádicas. Dados de *Salmonella* em animais, alimentos e humanos, de 1999, do sistema de vigilância nacional da Dinamarca, foram utilizados para demonstrar o método como uma alternativa para o controle do "campo até a mesa".

Tabela 10.4 Modelo de avaliação de risco para *Salmonella* em pedaço de frango cozido

Estágio	Estatísticas
Distribuição inicial	–2,7 log UFC/g
Armazenamento (21 °C por 5 horas)	0,17 log UFC/g
Cozimento (60 °C por 6 minutos)	–4,42 log UFC/g
Consumo (100 g)	–2,42 log UFC/g
Dose infectante (probabilidade)	$10^{-4,6}$

Adaptada de Whiting, 1997.

O número de casos domésticos e esporádicos (causados por diferentes sorovares de *Salmonella*) foi estimado a partir do número de casos registrados. Isso foi então comparado com a prevalência de sorovares de *Salmonella* isolados de diferentes fontes animais, levando em conta o padrão de consumo e a associação de sorovares específicos de *Salmonella* com fontes alimentares específicas. A probabilidade de observação do número atual de casos humanos foi determinada utilizando uma função semelhante à Poisson a partir de dados de prevalência de *Salmonella* nos vários tipos de alimentos e nas quantidades ingeridas. A fórmula utilizada foi:

$$\lambda_{ij}=M_j{}^*p_{ij}{}^*q_i{}^*a_j{}^*(\text{non}-\text{se})$$

Onde:

λ_{ij} = o número de casos esperados por ano do tipo *i* a partir da fonte *j*
M_j = a quantidade da fonte *j* disponível para consumo por ano
p_i = a prevalência do tipo *i* na fonte *j*
q_i = o fator de dependência da bactéria para o tipo *i*
a_j = o fator de dependência da fonte de alimento para a fonte *j*
non-se = sorovar ≠ de *S.* Enteritidis e fonte = ovos, onde non-se = 1

A técnica "Monte Carlo Bayesiana" foi então utilizada para determinar a distribuição de casos com fontes de alimentos. A fonte estimada mais importante foram ovos (54%), suíno (%) e frango (8%). Uma contagem matemática completa é fornecida no artigo original.

10.2 Avaliações de risco de *Campylobacter*

10.2.1 Risco de *C. jejuni* a partir de frango fresco

A FAO/OMS (2002) produziu um modelo quantitativo para o risco de *C. jejuni* em frango fresco, o qual pode ser acessado pela *web*; ver seção de Recursos da *web*. O modelo determina o destino do micro-organismo, através da cadeia do alimento ("do campo à mesa"), utilizando um modelo de avaliação de risco um pouco diferente: identificação de perigo, análise de exposição, dose-resposta e caracterização do risco. Isso foi denominado "Modelo de Processo de Risco" (ver também *Escherichia coli* O157:H7, Seção 10.4). Os objetivos do estudo foram gerar um modelo da produção de frangos, obter um melhor entendimento das operações de processamento de frango e identificar etapas importantes do processo que influenciam no risco. Subsequentemente, o estudo geraria uma "ferramenta" para auxiliar nas tomadas de decisão, a fim de reduzir o risco de patógenos alimentares para os consumidores. O estudo não incluiu doenças de longa duração, como a síndrome de Guillain Barré (GBS).

A Figura 10.7 resume a cadeia alimentar para *C. jejuni* em frangos, incluindo a variação de dados obtidos a partir de literatura publicada, e pode ser comparada com o modelo da Figura 9.3. A prevalência de *Campylobacter* ao longo do processo (P_F) também foi descrita, utilizando uma distribuição beta (modo = 56%).

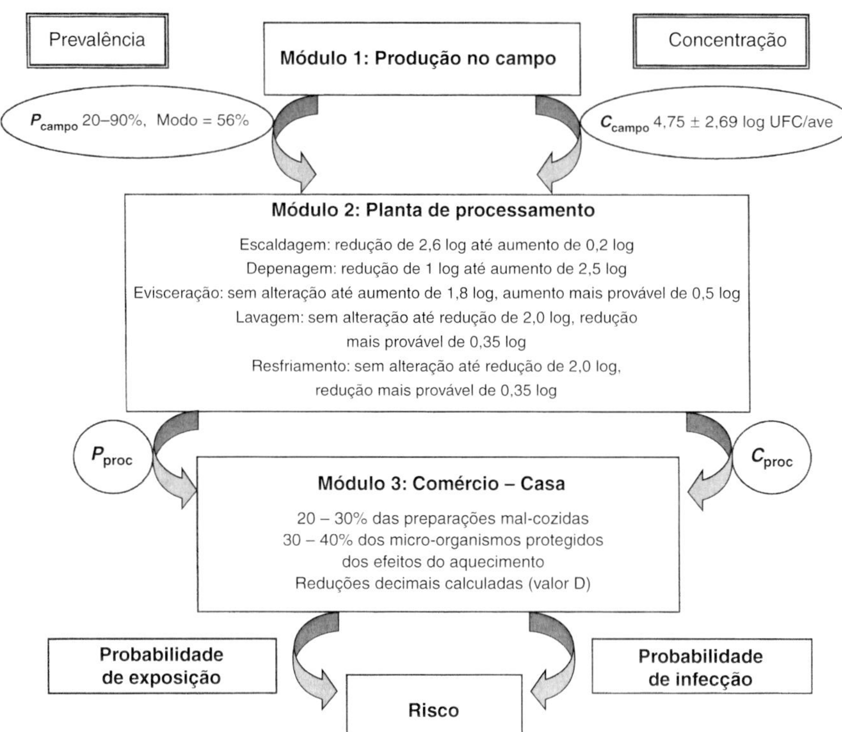

Figura 10.7 *C. jejuni* em frangos. Adaptada de Fazil et al., 2000; ver também Figura 9.3.

O efeito do processamento sobre a prevalência e concentração de *C. jejuni* foi determinado a partir de cinco estágios: escaldagem, depenagem, evisceração, lavagem e resfriamento. Devido a considerável incerteza na literatura, os números de *C. jejuni* podem tanto aumentar como diminuir. Uma distribuição triangular (Seção 9.5.10; Figura 9.11) foi utilizada devido à ausência de informação completa que fornecesse os parâmetros mínimos, máximos e mais prováveis. Após o processamento, foi presumido, devido à bem conhecida fisiologia do organismo (Tab. 2.8), que não haveria multiplicação durante o trânsito do alimento da planta de processamento até as residências. Foi inicialmente determinado que 20 a 30% das refeições foram malcozidas. Além disso, devido à sensibilidade de temperatura do organismo (Tab. 2.8), foi presumido que 30 a 40% do *C. jejuni* em frangos contaminados estariam em áreas que foram protegidas do calor direto. Valores *D* publicados com antecedência foram utilizados para determinar o efeito do cozimento sobre as células viáveis do *C. jejuni*. Em consequência, esses cálculos geraram a probabilidade de exposição e a provável dose a ser ingerida pelo consumidor. Utilizando análises de dose-resposta, a probabilidade de que o consumidor venha a tornar-se infectado com determinada dose ingerida pode ser estimada. A análise de dose-resposta de Medema e colaboradores (1996), utilizando dados de estudos alimentares humanos de Black e colaboradores (1988), já foi fornecida na Figura 9.9 (ver Tab. 9.10 para os dados originais).

A prevalência de carcaças contaminadas saindo da planta de processamento e a concentração de *C. jejuni* nas carcaças foram determinadas utilizando um programa combinando o @RISK™ (Palisade Corp.) e o Microsoft Excel™ (Microsoft Corp.) para incorporar as análises de Monte Carlo. O modelo foi rodado por 10 mil interações. Mais tarde, os dados foram utilizados para determinar a probabilidade de doença e o número de doentes. A variação nos valores em cada estágio ilustra a necessidade de simulações matemáticas para determinar a variação e a incerteza das estimativas. Ver Seção 9.5.10 para uma explicação da análise de Monte Carlo e tópicos relacionados. A prevalência mais provável de *C. jejuni* em frangos foi de 65 a 85%, com média de 3,8 $\log_{10}$ de células de *C. jejuni* por carcaça. A distribuição da probabilidade de infecção por um quarto de frango servido foi de 2,23 x 10^{-4}. Esses valores podem ser convertidos em um número estimado de doentes por ano (nos Estados Unidos), utilizando o risco por porção servida, o número de refeições à base de frango consumidas em um ano e o tamanho da população consumindo os frangos. O número previsto de doentes por ano está na ordem de 2,7 milhões. A avaliação microbiológica de risco também prevê os parâmetros ("análises importantes") que são relevantes e podem influenciar o risco (planilha Tornado, Fig. 10.8), tanto por sua incerteza quanto por sua variação. Parâmetros incertos requerem pesquisas futuras, enquanto vários fatores podem ser pontos de controle importantes para reduzir o risco.

10.2.2 Perfil de risco para espécies patogênicas de *Campylobacter* na Dinamarca

Em 1998, a Administração de Veterinária e Alimentos da Dinamarca começou a compor o perfil de risco do *C. jejuni*. Depois disso, o estudo foi utilizado para produzir uma avaliação de risco sobre as doenças humanas causadas por *C. jejuni*, por meio

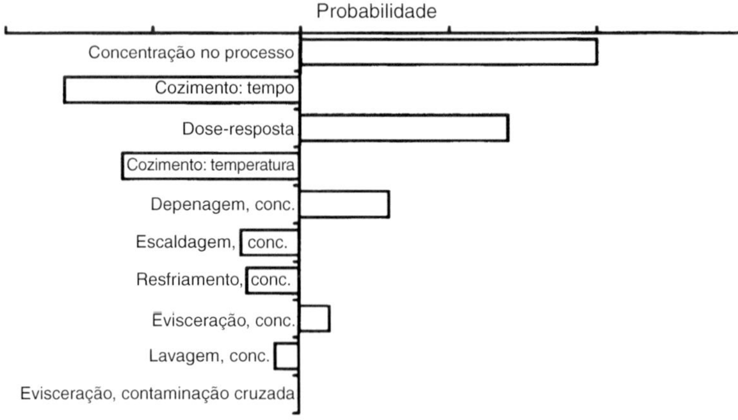

Figura 10.8 Análise de importância de *C. jejuni*.

de frangos de corte (Christensen et al., 2000). Os estudos coletaram informações de diversos estudos na Dinamarca e foram resumidos a fim de demonstrar uma avaliação de risco microbiológico específica do país em questão. Parte das razões para realização desse trabalho foi a intenção geral dos governos de reduzir a prevalência de patógenos, como o *Campylobacter*, em frangos. O governo dinamarquês determinou que a prevalência dessa bactéria precisava ser reduzida para 0%. De forma similar, a Holanda objetivou reduzir o nível de *Campylobacter* em carne de frango para menos de 15%.

A taxa de incidência de gastrenterites provocadas por *Campylobacter* notificadas na Dinamarca foi de aproximadamente 50 casos/100mil pessoas. Entretanto, é provável que o número atual de casos seja cerca de 20 vezes maior devido à subnotificação (Christensen et al., 2001). Na Dinamarca, o número de casos esporádicos tem um pico nos meses de verão, enquanto o número de surtos predomina nos meses de maio e outubro. Os casos foram mais prevalentes nos grupos de 10 a 19 anos de idade. Uma investigação de caso-controle dos fatores de risco alimentares para campilobacterioses esporádicas nesse país (maio de 1996 a setembro de 1997) utilizou 227 casos e 250 pessoas-controle. Com base nos fatores de risco estabelecidos, a fração etiológica foi capaz de explicar em torno de 50% dos casos humanos: 5 a 8% devido a cozimento insuficiente do frango; 15 a 20%, a carne preparada grelhada; 5 a 8%, a água para beber e 15 a 20%, foi devido a viagens intercontinentais.

A incidência de *Campylobacter* spp. em animais na fazenda foi estudada em suínos, gado, frango de corte e perus. *Campylobacter coli* e *C. jejuni* foram detectados em 95 e 0,3% das amostras de dejetos suínos, respectivamente. Também foi demonstrado que 66% das carcaças suínas continham *Campylobacter* antes do congelamento, comparado com 14% após o congelamento. A prevalência de *Campylobacter* em gado foi 51%, sendo o *C. jejuni* a espécie mais frequentemente isolada. A prevalência de *Campylobacter* em frangos de corte foi de 37%, com a variação sazonal em que a maior incidência ocorreu no meio do verão. *C. jejuni* foi a espécie isolada com mais frequência. A incidência em perus foi considerada similar à dos frangos. Frango fresco demonstrou a maior prevalência de *Campylobacter* (20 a 30%), comparado com somente 1% das amostras de carne de gado e porco.

A exposição humana ao *Campylobacter* não ocorre apenas por meio de alimentos, mas também por intermédio do ambiente (como água de banho), animais selvagens e de estimação. O *Campylobacter* foi detectado em 29% das amostras de fezes de cães com menos de 5 meses; 16 dos 21 isolados sendo de *C. jejuni*. O *Campylobacter* foi detectado em 2/42 amostras de fezes de gatos com menos de 5 meses. Ambos os isolados foram *Campylobacter upsaliensis*.

Alguns programas de pesquisa estão em andamento e incluem a determinação da prevalência dos reservatórios ambientais de *Campylobacter* (como poços privados e reservatórios de água), a incidência em leite não pasteurizado, a incidência e significância das formas "viáveis mas não cultiváveis", as relações de dose-resposta, a incidência exata na população e a significância de suas sequelas crônicas. Esse estudo forneceu dados para iniciar uma avaliação de risco de *Campylobacter* em frango de corte, descrita a seguir.

10.2.3 Avaliação de risco de *C. jejuni* em frangos de corte

Conforme descrito a seguir, a Administração Veterinária e de Alimentos da Dinamarca produziu um perfil de risco de *C. jejuni*, o qual foi depois utilizado com a finalidade de produzir uma avaliação de risco de *C. jejuni* em frangos de corte (Christensen et al., 2001). A prevalência de *C. jejuni* em aviários e sua concentração após a sangria foi o ponto inicial do modelo de avaliação, o qual teve dois módulos subsequentes: (1) abate e processamento e (2) preparação e consumo. A contaminação cruzada entre aviários contaminados e não contaminados foi modelada, mas não a contaminação cruzada dentro dos aviários.

A prevalência e concentração de *C. jejuni* em cada módulo foi estimada e utilizada para descrever a dose-resposta associada com as probabilidades de infecção e doença. A probabilidade de doença associada a frangos resfriados e congelados foi de 1 caso para cada 6 mil e 1 caso para cada 26 mil refeições, respectivamente. A probabilidade de doença foi comparável com o número de casos de campilobacteriose registrados na Dinamarca, em 1999 (Figura 10.9).

Conforme já foi dito, a avaliação de risco permite previsões sobre o efeito do risco e a elaboração de estratégias para a sua diminuição. Nesse caso, uma redução em 25 vezes no número de doenças humanas pôde ser obtido pelo que segue:

1. A redução em 100 vezes na concentração de *C. jejuni* nas carcaças de frango (p. ex., de 1.000 para 10 UFC/g).
2. A redução em 25 vezes na prevalência no aviário (p. ex., 60 reduzido para 2,4%).
3. O aumento de 25 vezes no comportamento "seguro" do consumidor durante o preparo de refeições com frango.

10.2.4 *Campylobacter* resistentes a fluoroquinolonas

Agentes antimicrobianos não são utilizados somente para tratamentos de infecções humanas, mas também adicionados à alimentação animal para prevenir infecções ou desenvolvimento de micro-organismos. Esse tipo de uso de antimicrobianos na agricultura é um assunto de considerável preocupação devido ao aumento da resistência de patógenos humanos a importantes antibióticos utilizados como medicamentos (Seção 1.12.7).

Uma significativa proporção da resistência ocorre em razão do uso exagerado ou inadequado de antibióticos. No entanto, algumas bactérias resistentes a antibióticos presentes na carne são transmissíveis a humanos. Isso foi relatado para *Salmonella* e *Campylobacter* e para o *Enterococcus*. O aumento da resistência a ciprofloxacina (uma fluoroquinolona importante de uso clínico) está ligado ao uso do antibiótico veterinário enrofloxacina, que também é uma fluoroquinolona. O mecanismo de resistência é causado pela mutação no gene da enzima DNA girase, a qual confere resistência cruzada a ciprofloxacina. É plausível que o uso prolongado de enrofloxaxina tenha exercido uma pressão seletiva que levou a mutações espontâneas no gene da DNA girase, a enzima-alvo em ambos os antibióticos.

No Reino Unido, a ARM (MRA) foi utilizada para avaliar o risco de doença por *Campylobacter* fluoroquinolona-resistente atribuído a várias causas: alimento,

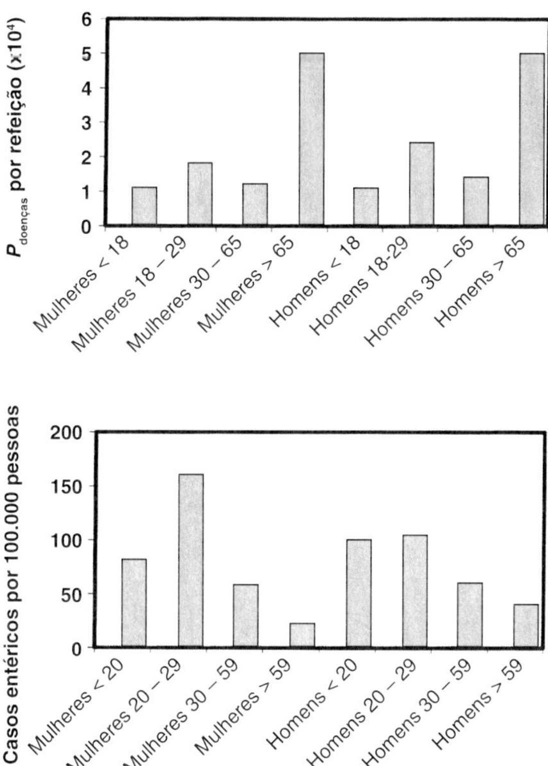

Figura 10.9 Probabilidade de doença e gastrenterite por *Campylobacter* na Dinamarca (Christensen et al., 2001).

ambiente e fontes humanas. Fontes humanas referem-se a viagens internacionais e ao uso humano da ciprofloxacina (VLA, 2005). Um modelo de risco "do campo à mesa" foi desenvolvido para avaliar e comparar o risco de infecção a partir de frangos convencionais, orgânicos, de criação livre e de fora do Reino Unido. Para o modelo de frangos convencionais, a avaliação da exposição quantificou cenários nos quais a colonização ou a contaminação por *Campylobacter* fluoroquinolona-resistente pode ocorrer nas fazendas de produção, assim como durante o transporte. Os impactos do processamento, a ocorrência de contaminação cruzada e a cocção inadequada durante a preparação na casa dos consumidores também foram simulados. Em razão de melhor qualidade de dados, também foram considerados nas avaliações de risco os pontos de venda dos frangos de criação livre, orgânicos e não produzidos no Reino Unido.

A estimativa do risco para cada fonte incluiu o risco de doença, o número de casos de *Campylobacter* fluoroquinolona-resistente e o número de dias a mais de doença devido a falha no tratamento por resistência do patógeno. Inúmeras estratégias de gerenciamento de risco foram modeladas para estimar potenciais de redução do risco.

O Centro de Medicina Veterinária dos Estados Unidos (FDA, 2000a) também produziu uma avaliação de risco sobre o impacto à saúde humana de *Campylobacter* fluoroquinolona-resistente associado ao consumo de frango. Esse trabalho está disponível na *web*; ver diretório da internet sobre FDA. Essa avaliação de risco também inclui dois modelos: um que utiliza o Excel™ (Microsoft Corp.), e por isso facilmente disponível, e outro que utiliza o @Risk (Palisade Corp.) e pode ser modificado por usuários do Crystal Ball (Decisioneering). Os valores de risco obtidos estão relacionados apenas aos dados de entradas de 1998.

O modelo está resumido na Figura 10.10. Ele é dividido em cinco módulos:

1. Casos confirmados (por meio de cultura) de *Campylobacter* observados na população dos Estados Unidos.
2. Número total de infecções por *Campylobacter*, em 1 ano, na população dos Estados Unidos.
3. Número dos que apresentaram resistência a fluoroquinolona a partir de frangos e aos quais foi administrada fluoroquinolona.
4. Quantidade de carne de frango contaminada com *Campylobacter* fluoroquinolona-resistente consumida em 1 ano.
5. **(i)** Utilizando o modelo para gerenciar o risco
   (ii) Medida do nível de risco
   (iii) Controlando o risco

O leitor deve notar que, para uma melhor clareza, o autor utilizou o termo "módulo", em vez do termo "seção" utilizado no documento original. A Tabela 10.5 resume os resultados.

O módulo 1 explica o processo de extrapolação do número de casos confirmados por cultura relatados ao Centro de Vigilância de Doenças Comunicáveis dos Estados Unidos para o número total de casos confirmados por culturas nos Estados Unidos e subdividiu o número, considerando se a bactéria causava infecção invasiva ou entérica (com ou sem diarreia sanguinolenta).

O módulo 2 utiliza o valor calculado no Módulo 1 para estimar a previsão do número total de casos de *Campylobacter* nos Estados Unidos. Isso levou a um resultado médio de 1,92 milhões de casos por ano (1,6 a 2,6 milhões, 90%CI).

O módulo 3 demonstra que em torno de 5 mil pessoas (2.585 a 8.595, 90%CI) foram tratadas com fluoroquinolona, as quais estavam de fato contaminadas com *Cl. jejuni* fluoroquinolona-resistente vindo de frangos contaminados.

O módulo 4 estima que 1,45 bilhão de libras (967 milhões a 2 bilhões) de frango (desossado) contaminado com *C. jejuni* fluoroquinolona-resistente foi consumido.

O módulo 5 determina a estimativa final do risco. Para a média das pessoas nos Estados Unidos, somente 1 em 61.093 foi afetada pelo uso da fluoroquinolona, enquanto para a subpopulação-alvo (pessoas com enterite causada por *Campylobac-*

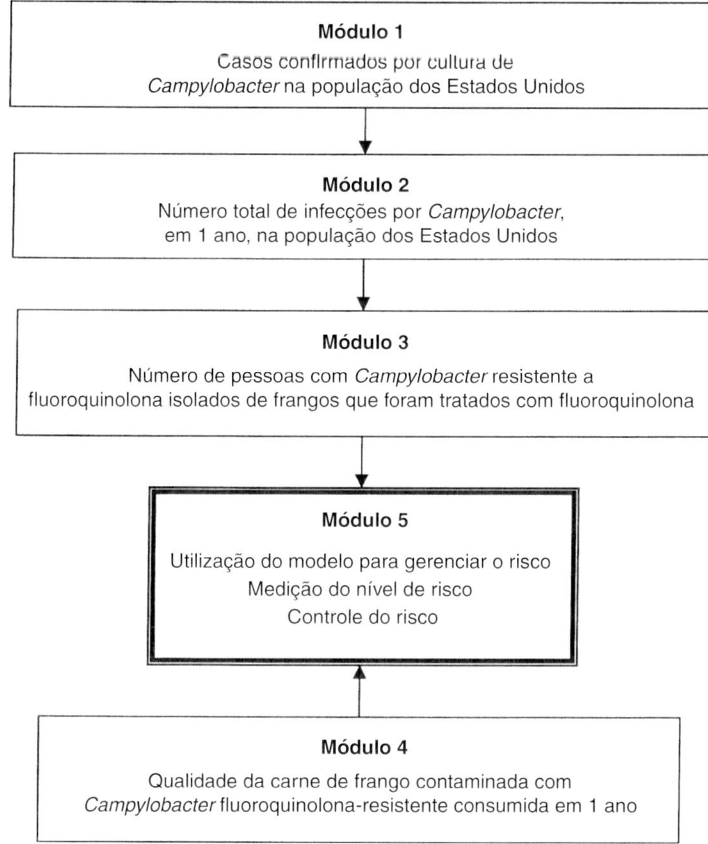

Figura 10.10 Avaliação de risco do uso de fluoroquinolona em frangos (FDA, 2000a).

ter que procuraram ajuda e foram tratadas com fluoroquinolona), o risco aumentou para 1 em cada 30 pessoas.

O modelo pôde ser utilizado para determinar a máxima prevalência de *C. jejuni* fluoroquinolona-resistente, ou seja, pôde ser utilizado antes de haver um impacto inaceitável na saúde humana.

Em 12 de setembro de 2005, a FDA (EUA) retirou sua aprovação para uso de fluoroquinolonas no tratamento de frangos. Isso foi consequência de uma proposta anterior, em outubro de 2000, pelo Centro de Medicina Veterinária da FDA para retirar sua utilização baseada na evidência de que o uso dessa substância na produção de frangos estava causando aumento nas infecções por cepas de *Campylobacter*-resistente tanto a fluoroquinolona quanto a ciprofloxacina. A proibição do uso aplicava-se apenas a frangos, e não a outros usos veterinários já aprovados.

Tabela 10.5 Avaliação de risco sobre o impacto da fluoroquinolona na saúde humana (FDA, 2000a)

Módulo	Etapa	Valor		
1	População dos Estados Unidos	270.298.524		
	População captada pelo *site*	20.723.982		
	Casos invasivos observados pelo FoodNet	43		
	Casos entéricos observados pelo FoodNet	3.985		
	Infecções invasivas estimadas na média da população	5.621		
	Infecções entéricas estimadas na média da população	51.976		
	Estimativas médias de casos confirmados por cultura	Entéricos		Invasivos
		Não sanguinolentos	Sanguinolentos	
		28.077	23.898	561
2	Proporção da população que procurou ajuda	12%	26,7%	100%
	Proporção da população submetida a exame de fezes	19%	55,4%	100%
	Proporção de amostras testadas em laboratório	94.5%	94,5%	100%
	Proporção de culturas confirmadas	75%	75%	100%
	Doença na população	1.702.043	228.040	561
	Número total de casos	1.930.644		
3	Número de infecções fluoroquinolona-resistentes a partir de frango (59%)	1.004.205	134.543	331
	Proporção da população que procurou ajuda	12,2%	26,7%	100%
	Número da população que procurou ajuda	122.078	35.878	331
	Proporção tratada com antibiótico	47,9%	63,7%	100%
	Número de tratados	58.450	22.854	331
	Proporção que recebeu tratamento com fluoroquinolona	55,08%	55,08%	55,08%
	Número de casos relacionados a frangos tratados com fluoroquinolona	32.195	12.588	182
	Proporção de infecções por *Campylobacter* isolados de frangos e fluoroquinolona-resistentes	10,4%		
	Número de infecções por *Campylobacter* fluoroquinolona-resistentes isolados de frango em pessoas que buscaram tratamento e receberam fluoroquinolona	3.352	1.311	19
	Número total de infecções por *Campylobacter* fluoroquinolona-resistentes isolados de frango em pessoas que buscaram tratamento e receberam fluoroquinolona	4.682		

(*continua*)

Tabela 10.5 Avaliação de risco sobre o impacto da fluoroquinolona na saúde humana (FDA, 2000a)

Módulo	Etapa	Valor
4	Prevalência total de *Campylobacter*	88,1%
	Prevalência de *Campylobacter* fluoroquinolona-resistentes entre os *Campylobacter* isolados de abatedouros	11,8%
	Prevalência estimada de *Campylobacter* fluoroquinolona-resistentes em carcaças de frango	10,4%
	Consumo de frango per capita	51,4lb
	Total de consumo nos EUA	$1{,}39 \times 10^{10}$ lb
	Total de consumo de frangos com *Campylobacter* fluoroquinolona-resistentes nos Estados Unidos	$1{,}45 \times 10^{9}$ lb

10.3 Avaliação de risco de *L. monocytogenes*

10.3.1 Identificação do perigo de *L. monocytogenes* e caracterização do risco em alimentos prontos para o consumo

O JEMRA publicou um estudo sobre a identificação e a caracterização do perigo *L. monocytogenes* em alimentos prontos para o consumo como parte de um programa de avaliações de risco microbiológico (Tab. 9.2 e 9.3; Buchanan e Linqvist, 2000). Os objetivos foram avaliar quantitativamente a natureza dos efeitos adversos à saúde associados a *L. monocytogenes* em alimentos prontos para o consumo e estimar a relação entre a magnitude da dose e a frequência desses efeitos à saúde. O documento completo (preparado por Buchanan e Linqvist) foi parte do encontro do JEMRA de 2000 (Tab. 9.2) e pode ser baixado da internet; ver seção URL de Recursos da *web*. O *Codex Alimentarius* considera alimentos prontos para o consumo qualquer alimento ou bebida em geral consumidos sem qualquer tipo de tratamento (cru) ou que foram manipulados, processados, misturados, cozidos ou preparados de forma a ser consumido sem qualquer outro tipo de processamento.

O estudo tem uma vasta literatura sobre vigilância e vários modelos de dose-resposta. Devido à falta de estudos alimentares com humanos e micro-organismos substitutos de patógenos para determinar a probabilidade de infecção (Seção 9.5.6), dados de estudos epidemiológicos e modelos animais foram utilizados. Vários modelos de dose-resposta foram avaliados, os quais tinham diferentes pontos finais (infecção, morbidade e mortalidade). A relação da dose-resposta que melhor descreveu a interação entre *L. monocytogenes* e humanos não foi resolvida, embora se saiba que a maior variação de resposta é dependente da interação combinada entre hospedeiro, patógeno e matriz do alimento. Subsequentemente, foi recomendado que diversos modelos de dose-resposta devam ser utilizados no desenvolvimento de avaliações de risco. Dados de estudos com animais, os quais modelaram a letalidade de listerioses invasivas graves, foram mais relacionadas a doenças humanas do que a modelagens de infecção (Seção 9.5.6).

Um resumo dos modelos de dose-resposta selecionados e revisados é fornecido na Tabela 10.6 e nas Figuras 10.11 e 10.12 (modelo murine) e mostra modelos de dose-resposta para frequência de infecção (Gompertz-log) e mortalidade (exponencial). Os modelos matemáticos são descritos na Seção 9.5.6. Uma comparação entre os modelos da FDA para a população em geral, neonatos e idosos, com curvas de dose-resposta elaboradas a partir de dados epidemiológicos demonstraram uma probabilidade média menor de resposta para uma dose específica (Fig. 10.11). A diferença foi provavelmente em razão de os modelos da FDA serem baseados em mortalidade e não morbidade e de outros modelos terem sido baseados no uso de cepas muito virulentas de *L. monocytogenes*. O risco previsto de listerioses graves foi determinado como cinco vezes maior do que o risco de mortalidade.

10.3.2 Avaliação da exposição de *L. monocytogenes* em alimentos prontos para o consumo

O JEMRA (Tab. 9.2, Ross et al., 2000) publicou um trabalho sobre a avaliação da exposição de *L. monocytogenes* em alimentos prontos para o consumo como parte de um programa de avaliações de risco microbiológico em andamento. O trabalho revisa, de forma ampla, tanto publicações atuais relevantes, como as demais avaliações de exposição para *L. monocytogenes*. Além da revisão de 11 avaliações de risco, o trabalho produziu sete novos exemplos de avaliação de exposição em alimentos prontos para o consumo. Leite cru e não pasteurizado, sorvete e queijos de massa mole foram modelados do ponto de distribuição até o consumo. Vegetais minimamente processados, salmão defumado e carnes semifermentadas foram modelados desde a produção até o ponto de consumo. O risco de 100 UFC/g de *L. monocytogenes* no ponto de consumo foi comparado com o efeito da política de "tolerância zero". O objetivo desses exemplos foi ilustrar o efeito na exposição do processamento, nos baixos níveis de contaminação em produtos que não permitem a multiplicação de *L. monocytogenes*, no longo tempo de armazenamento sobre o aumento ou a redução das concentrações de *L. monocytogenes* e na frequência de consumo e no tamanho da porção consumida. O trabalho ainda utilizou a microbiologia preditiva nas modelagens de avaliação de risco (Seção 2.7).

Um modelo genérico foi desenvolvido enfatizando a necessidade de monitorar mudanças na prevalência e na concentração de *L. monocytogenes* em alimentos prontos para o consumo (Fig. 10.13). Um exemplo de avaliação da exposição prevê que consumidores em um nível normal de risco consumam entre 4 e 22 porções de queijos moles por ano e que consumidores com alto risco consumam entre 3 e 17 porções, por ano. Dessas porções, é previsto que 4% (em média) estejam contaminadas.

O problema com avaliação de exposição para *L. monocytogenes* (assim como para sorovares de *Salmonella*) é que os dados atuais disponíveis com frequência não fornecem informações sobre a concentração do organismo no alimento, já que muitos governos têm a política de "tolerância zero". Além disso, os procedimentos utilizados pelos laboratórios são, muitas vezes, desenvolvidos para determinar somente a presença ou a ausência do organismo em 25 g da amostra.

Tabela 10.6 Modelos de dose-resposta para *L. monocytogenes* (Buchanan e Linqvist, 2000)

Estudo/ modelo	Ponto final biológico	Parâmetros/modelo	Comentários
Buchanan et al., 1997	Listerioses graves Baseado em estatísticas anuais e dados de vigilância em alimentos	Exponencial $P_i = 1{,}18 \times 10^{-10}$	Baseado em indivíduos imunocomprometidos Morbidade prevista$_{50}$ = 5,9 × 10^9 UFC
Linqvist e Westöö, 2000	Listerioses graves Baseado em estatísticas anuais e dados de vigilância em alimentos	Exponencial $P_i = 5{,}6 \times 10^{-10}$	Baseado em indivíduos imunocomprometidos Morbidade prevista$_{50}$ = 1,2 × 10^9 UFC
Leite achocolatado Buchanan e Linqvist, 2000	Gastrenterite febril Dados de surtos	Exponencial $P_i = 5{,}8 \times 10^{-8}$	Baseado em surtos de leite achocolatado e limitado a indivíduos imunocomprometidos
Farber et al., 1996	Infecções graves	Weibull-Gamma $\alpha = 0{,}25$ $\beta_{\text{alto risco}} = 10^{11}$ $b = 2{,}14$	Dose estimada para infecção de 50% da população: Alto risco = 4,8 × 10^5 UFC Baixo risco = 4,8 × 10^7 UFC
Butter, Buchanan e Linqvist, 2000 FDA, 2001	Listerioses graves Dados de surtos	Exponencial $P_i = 1{,}02 \times 10^{-5}$	Dados de surtos da Finlândia para indivíduos imunocomprometidos Morbidade prevista$_{50}$ = 6,8 × 10^4 UFC
Queijo tipo mexicano Buchanan e Linqvist, 2000	Morbidade Dados de surtos	Exponencial $P_i = 3{,}7 \times 10^{-7}$	Dados de surtos dos Estados Unidos Morbidade prevista$_{50}$ = 1,9 × 10^6 UFC
FDA, 2000 FDA geral FDA neonatos FDA idosos FDA (2000)	Mortalidade Dados combinados de humanos e animais (murine) substitutos (Golnazariuan et al., 1989)	Cinco modelos comparados Na dose 10^{12}: P_i(geral) = $8{,}5 \times 10^{-16}$ P_i(neonatos) = $5{,}0 \times 10^{-14}$ P_i(idosos) = $8{,}4 \times 10^{-15}$	Equação Gompertz-log foi melhor para frequência de infecção, enquanto o modelo exponencial foi melhor para mortalidade

A falta de dados de incidência e prevalência no ponto de consumo significa que os modelos atuais de microbiologia preditiva devem ser utilizados. Esses modelos necessitarão ser futuramente validados em produtos com flora microbiana similar e parâmetros extrínsecos.

A política de "tolerância zero" não demonstrou fornecer um maior nível de proteção à saúde pública do que outras menos criteriosas, tal como menos 100 células/g de *Listeria monocytogenes* em alimentos.

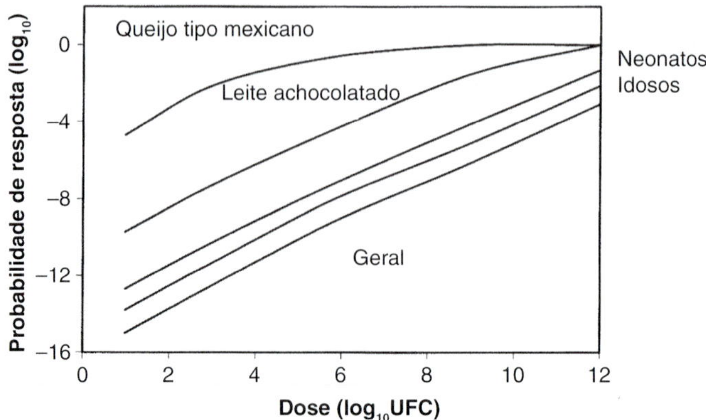

Figura 10.11 Curvas de dose-resposta de *Listeria monocytogenes* para vários grupos de idade e fontes (Buchanan e Linqvist, 2000). Reproduzida, com permissão, da FAO/ONU.

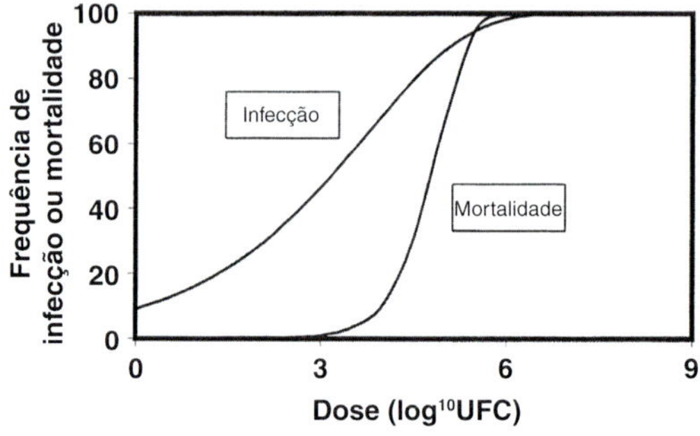

Figura 10.12 Curvas de dose-resposta para doença e mortalidade após administração de *L. monocytogenes* em ratos (Buchanan e Linqvist, 2000). Reproduzida, com permissão, da FAO/ONU.

Nota do *site* da FDA: "Durante a consulta com especialistas, a qual foi realizada de 30 de abril a 4 de maio de 2001, para finalizar as avaliações de risco de *L. monocytogenes* em alimentos prontos para o consumo e *Salmonella* spp. em frango e ovos, um erro foi encontrado no modelo de simulação utilizado na avaliação de risco da *L. monocytogenes*, o qual afetou as estimativas de risco para *Listeria*. Esse erro foi parcialmente relacionado ao trabalho realizado no componente de avaliação da exposição da avaliação de risco. Entretanto, esse documento está sob revisão e uma nova versão será disponibilizada no futuro. Se você já acessou o documento de avaliação da exposição do *site*, por favor, esteja ciente de que é um documento preliminar e que a versão final pode ter mudanças substanciais."

Figura 10.13 Diagrama de influência para avaliação da exposição de *L. monocytogenes* em alimentos prontos para consumo. Adaptada de Ross et al., 2000.

10.3.3 Risco relativo de *L. monocytogenes* em alimentos selecionados prontos para o consumo

Um projeto de uma avaliação de risco sobre *L. monocytogenes* em alimentos selecionados, prontos para o consumo, foi liberado pelo USDA, em janeiro de 2001 (FDA, 2001), para futuros comentários.

A avaliação de risco foi separada em três subpopulações: perinatal (fetos e recém-nascidos com menos de 30 dias de vida), idosos e "idade intermediária", os quais foram populações remanescentes, tanto saudáveis como suscetíveis. A avaliação de risco foi dividida em quatro categorias, de acordo com o *Codex* (CAC, 1999). A relação de dose-resposta foi baseada em um modelo que utilizou ratos murine (ver Seção 10.3.1; Buchanan e Linqvist, 2000) com morte como o ponto final, em oposição a infecção. A dose de 1 bilhão de *L. monocytogenes* foi escolhida para comparar as respostas das três faixas etárias. O modelo previu que para cada 100 milhões de refeições (cada uma contendo 1 bilhão de *L. monocytogenes*), o número mais provável de mortes seria o seguinte:

- Grupo com idade intermediária 103; variando de 1 a 1190.
- Perinatal 14.000; variando de 3.125 a 781.250.
- Idosos 332; variando de 1 a 2.350.

A variação considerável foi devido a variabilidade e incerteza nos dados utilizados no modelo. A caracterização do risco utilizou 300 simulações de Monte Carlo (30 mil interações por simulação).

A caracterização do risco também desenvolveu um "*ranking* de risco relativo" para 20 categorias com base no número previsto de casos de listeriose por 100 milhões de refeições de cada categoria de alimento. O maior risco previsto de alimentos prontos para o consumo foi de patê e pastas de carne, frutos do mar defumados, queijos moles frescos, salsichas tipo *Frankfurt* e alguns alimentos de lojas de conveniência. A avaliação de exposição previu que cinco fatores afetaram a exposição do consumidor a *L. monocytogenes*.

1. Quantidade e frequência de consumo do alimento
2. Frequência e nível de *L. monocytogenes* em alimentos prontos para o consumo
3. Potencial de favorecer multiplicação microbiana durante a refrigeração
4. Temperatura de armazenamento refrigerado
5. Duração do armazenamento refrigerado antes do consumo

10.3.4 *L. monocytogenes* no comércio dos Estados Unidos

A ausência de acordo sobre valores de referência para *L. monocytogenes* (exceto para produtos lácteos) tem levado a controvérsias, especialmente no comércio na União Europeia. A falta de valores microbiológicos de referência tem levado a declaração de produtos alimentares impróprios para o consumo humano devido à não quantificação da contaminação (tolerância zero) para *L. monocytogenes*. Dessa forma, foi necessária uma avaliação de risco microbiológico, levando ao estabelecimento de objetivos de segurança de alimentos para a UE, a qual foi relatada (Anon. 1999a).

Embora a listeriose humana seja, na maioria das vezes, ocasionada por poucos sorovares (4b e ½ a, b) foi concluído que um grande número de cepas pode causar doenças graves. Além disso, uma vez que nenhum dos métodos de tipificação pode discriminar as cepas patogênicas das não patogênicas ou menos virulentas, todas as *L. monocytogenes* foram consideradas como potencialmente patogênicas.

A avaliação de risco da UE para *L. monocytogenes* elegeu seis grupos de alimentos para o controlar o organismo (Tab. 10.7). Exemplos dos produtos são:

- *Grupos B e D*: produtos de carne, como presunto cozido, salsicha tipo Viena ou peixe quente defumado, queijo cremoso feito a partir de leite pasteurizado.

- *Grupo C e E*: peixe e carne frios defumados, queijo feito de leite não pasteurizado.
- *Grupo F*: filé tartar, vegetais cortados e brotos.

Os grupos B e D, e C e E são separados de acordo com a tecnologia utilizada.

A concentração de 100 células de *L. monocytogenes*/g de alimento no momento do consumo foi considerada de baixo risco para os consumidores. Entretanto, devido às incertezas relacionadas ao risco, níveis abaixo de 100 células/g podem ser necessários para aqueles alimentos nos quais possa haver multiplicação de *Listeria*.

Níveis de *L. monocytogenes* acima de 100 UFC/g podem ser encontrados em alimentos nos quais a multiplicação do organismo seja possível. Contudo, o gerenciamento de risco deve ser focado naqueles alimentos que permitem a multiplicação de *L. monocytogenes*.

Níveis sugeridos de *L. monocytogenes* foram os seguintes:

- *Grupos de alimentos D, E e F*: Menos de 100 UFC/g durante a vida de prateleira e no momento do consumo.
- *Grupos de alimentos A, B e C*: Não detecção em 25 g no momento da produção.

O objetivo da segurança de alimentos (Seção 9.7) deve ser o de manter a concentração de *L. monocytogenes* em alimentos abaixo de 100 UFC/g e de reduzir de forma significativa a fração de alimentos com concentrações acima de 100 *L. monocytogenes* por grama de alimento. Na comunicação de risco, atenção especial deve ser dada a grupos de consumidores de risco elevado (imunocomprometidos), os quais representam uma porção considerável e em crescimento do total da população.

10.3.5 *L. monocytogenes* em almôndegas

Miller e colaboradores (1997) publicaram uma avaliação de risco quantitativa para *L. monocytogenes* em almôndegas com a finalidade de identificar pontos de controle para a implementação de APPCC. Uma abordagem "do campo à mesa" foi

Tabela 10.7 Agrupamento de alimentos prontos para consumo relacionados ao controle potencial de *L. monocytogenes*

A	Alimentos tratados termicamente na embalagem final até um nível listericida
B	Produtos manipulados após o tratamento térmico. Eles suportam multiplicação de *L. monocytogenes* durante a vida de prateleira na temperatura de armazenamento estipulada.
C	Produtos pouco preservados, não tratados termicamente. Eles suportam a multiplicação de *L. monocytogenes* durante a vida de prateleira na temperatura de armazenamento estipulada.
D	Produtos manipulados após o tratamento térmico. Eles são estabilizados para não permitir a multiplicação de *L. monocytogenes* durante a vida de prateleira na temperatura de armazenamento estipulada.
E	Produtos pouco preservados, não tratados termicamente. Eles são estabilizados para não permitir a multiplicação de *L. monocytogenes* durante a vida de prateleira na temperatura de armazenamento estipulada.
F	Alimentos crus, alimentos prontos para o consumo.

utilizada conforme ilustrado na Figura 10.14. A avaliação de risco utilizou dados do censo americano de 1994 para identificar a proporção de pessoas suscetíveis na população em geral (Tab. 10.8) e combinou os dados de vigilância com microbiologia preditiva (Programa de Modelagem de Patógenos, Seção 2.8) e Valores *D* para simular as mudanças nos números de *L. monocytogenes* (Tab. 2.9). Para o trabalho, foi utilizado um limite de morbidade de 100 células de *L. monocytogenes*/g.

O modelo de avaliação de risco estimou que, comendo 100 g de almôndegas (processadas conforme a Fig. 10.14), ocorreria a ingestão média de 995 células de *L. monocytogenes*. Essa quantidade ficou abaixo do valor de menos de 100 células/g (dose total de 10^4), e o processo ainda foi considerado "seguro". Entretanto, há uma considerável variação na prevalência e concentração de *L. monocytogenes* em matérias-primas cruas, sendo plausível que um número inicial elevado da *bactéria,* ainda que seja reduzido, possa permanecer em uma dose maior do que as 100 células/g desejadas. Análises de Monte Carlo (Seção 9.5.10) foram utilizadas para considerar a frequência das amostras que poderiam exceder o valor desejado. Foi determinado que 7,3% das amostras poderiam exceder a dose desejada e, portanto, o processo não foi considerado "seguro" como o anterior, por estimativas mais simples (Fig. 10.14).

A vantagem dos modelos de avaliação de risco é sua utilização para predizer o efeito das mudanças de processamento sobre o risco. Miller e colaboradores (1997) utilizaram o modelo para determinar o efeito da redução nas contagens iniciais para 71% 10^{-3}, 24% 10^{-2}, 5% 10^{-1} e 0% 10^{0} UFC/g (ver distribuição na Fig. 10.14). O modelo depois previu que somente 0,94% das doses ingeridas seriam maiores que 100 células /g.

10.3.6 Listerioses a partir de produtos cárneos prontos para o consumo

Lake e colaboradores (2000) conduziram uma avaliação de risco microbiológico para produtos cárneos prontos para consumo, na Nova Zelândia. Houve casos de infecção invasiva e não invasiva por *L.monocytogenes*, nos quais esses produtos foram identifi-

Tabela 10.8 Distribuição da população dos Estados Unidos em relação aos grupos vulneráveis

Categoria da população (anos)	% da população dos EUA
Grávidas (1988)	2,5
Crianças < 5 anos (1992)	7,7
Idosos > 65 anos (1992)	12,7
Residentes de clínicas e instalaçoes relacionadas (1991)	0,7
Casos de câncer sob cuidado (1992)	1,6
Pacientes transplantados (1992)	0,02
Total de infectados por HIV (janeiro de 1993)	0,03 – 0,04

Reproduzida de Miller et al., 1997, com permissão do IFT.

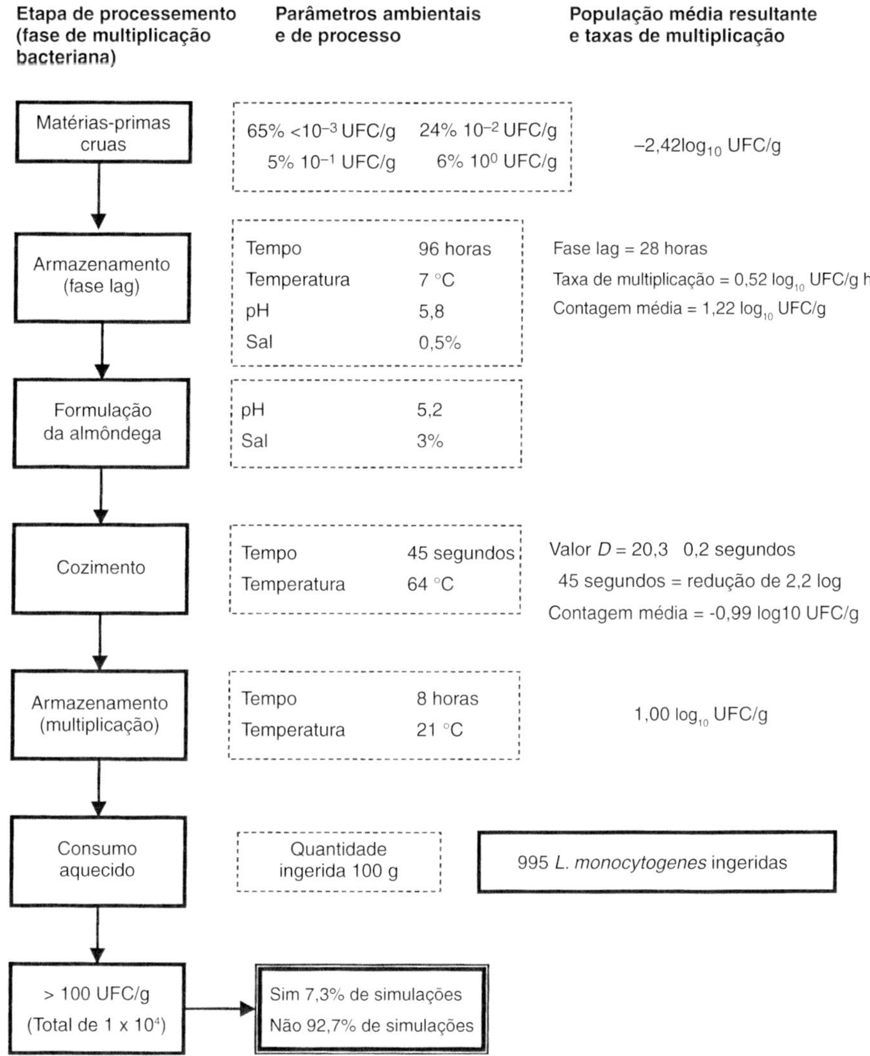

Figura 10.14 *L. monocytogenes* em almôndegas. Adaptada de Miller et al., 1997, com permissão do IFT.

cados como o veículo da infecção. Os sistemas de vigilância de alimentos revelaram que a prevalência de *L. monocytogenes* nesses produtos foi similar à de outros países. Esses alimentos tiveram um alto nível de consumo em termos de número e tamanho das porções. Dados limitados de prevalência indicaram que a contaminação ocorreu em todos os tipos de produtos cárneos. Devido a similaridades nos hábitos dietéticos, não foi realizada uma avaliação de risco microbiológico quantitativa na Nova Zelândia. Em vez disso, utilizando informações de um estudo de avaliação de risco microbiológico quantitativo dos EUA (FDA/FSIS, 2003), patê, pastas de carne e embutidos cárneos foram considerados os maiores riscos relativos no grupo das carnes prontas para o consumo. Porém, produtos cárneos fermentados tiveram um menor risco relativo.

10.4 Avaliação de risco de *E. coli* O157

10.4.1 *E. coli* O157:H7 em carne moída

Um modelo para *E. coli* O157:H7 em carne moída foi construído por Cassin e colaboradores (1998a) para avaliar o impacto de diferentes estratégias de controle. O modelo descreveu a população de patógenos, desde o processamento das carcaças até o cozimento e o consumo. O trabalho também introduziu o termo "Modelo de Processo de Risco", o qual combinou avaliação quantitativa de risco com análises de cenário e microbiologia preditiva. Essa abordagem foi também utilizada na avaliação de risco microbiológico de *C. jejuni* (Seção 10.2.1).

O estudo utilizou dois modelos matemáticos:

1. Descrição do comportamento do patógeno desde a produção do alimento, ao longo do processamento, da manipulação, até o consumo, para prever a exposição humana.
2. Exposição estimada a partir de (1), a qual foi utilizada em um modelo de dose-resposta para estimar o risco à saúde humana associado ao consumo de alimentos desse processo.

A prevalência e a concentração do patógeno foram determinadas para cada etapa da cadeia de alimentos ("do campo à mesa"). O efeito de cada etapa na prevalência e na concentração de *E. coli* O157 é mostrado na Figura 10.15. A figura começa com a prevalência (variação de 0/1131 a 188/11.881) e a concentração (variação menor que 2,0 a 5,0 $\log_{10}$ UFC/g) de *E. coli* O157:H7 em fezes.

O efeito do processamento e da moagem na prevalência e nos números de *E. coli* O157:H7 foi então determinado (ver Fig. 10.15). Por exemplo, a contaminação cruzada pode aumentar a prevalência em três vezes, enquanto a lavagem por aspersão reduz os números microbianos na ordem de 2,3 a 4,3 log. O *software* de microbiologia preditiva Food Micromodel™ foi utilizado para simular a multiplicação de *E. coli* O157:H7 (equação Gompertz modificada). A quantidade de multiplicação (parâmetro C) foi presumida não maior que 7 a 9 $\log_{10}$ UFC/g, a taxa máxima de multiplicação (parâmetro B) e o tempo para que a máxima multiplicação ocorresse (parâmetro M) foram determinados sob as condições: temperatura = 10-15 °C, pH 5,1 e 6,1 e atividade de água – 0,99 a 1,00. A inativação da *E. coli* O157 durante o cozimento foi estimada de acordo com a variação de preferências de consumo: malpassado até bem passado (54,4 a 68,3 °C na temperatura interna, respectivamente). Devido às variações de estimativas em cada etapa, simulações de Monte Carlo foram utilizadas (25 mil interações para cada simulação, Seção 9.5.10) para gerar uma distribuição de risco representativa.

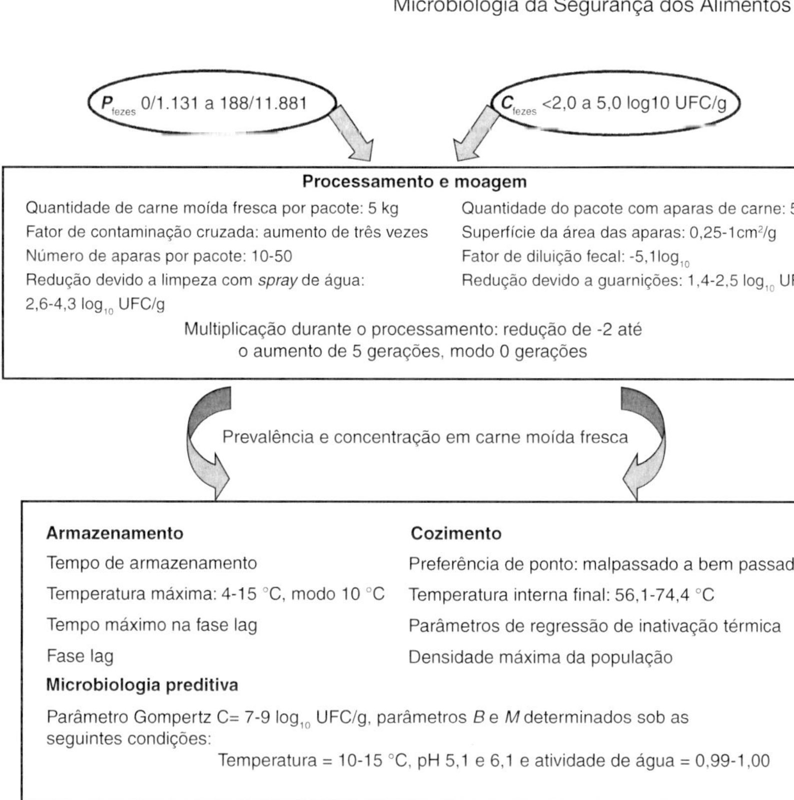

P_{fezes} 0/1.131 a 188/11.881
C_{fezes} <2,0 a 5,0 log10 UFC/g
Processamento e moagem
Quantidade de carne moída fresca por pacote: 5 kg
Fator de contaminação cruzada: aumento de três vezes
Número de aparas por pacote: 10-50
Redução devido a limpeza com *spray* de água: 2,6-4,3 $\log_{10}$ UFC/g
Quantidade do pacote com aparas de carne: 5 kg
Superfície da área das aparas: 0,25-1cm²/g
Fator de diluição fecal: -5,1$\log_{10}$
Redução devido a guarnições: 1,4-2,5 $\log_{10}$ UFC/g
Multiplicação durante o processamento: redução de -2 até o aumento de 5 gerações, modo 0 gerações
Prevalência e concentração em carne moída fresca
Armazenamento
Tempo de armazenamento
Temperatura máxima: 4-15 °C, modo 10 °C
Tempo máximo na fase lag
Fase lag
Cozimento
Preferência de ponto: malpassado a bem passado
Temperatura interna final: 56,1-74,4 °C
Parâmetros de regressão de inativação térmica
Densidade máxima da população
Microbiologia preditiva
Parâmetro Gompertz C= 7-9 $\log_{10}$ UFC/g, parâmetros *B* e *M* determinados sob as seguintes condições:
Temperatura = 10-15 °C, pH 5,1 e 6,1 e atividade de água = 0,99-1,00

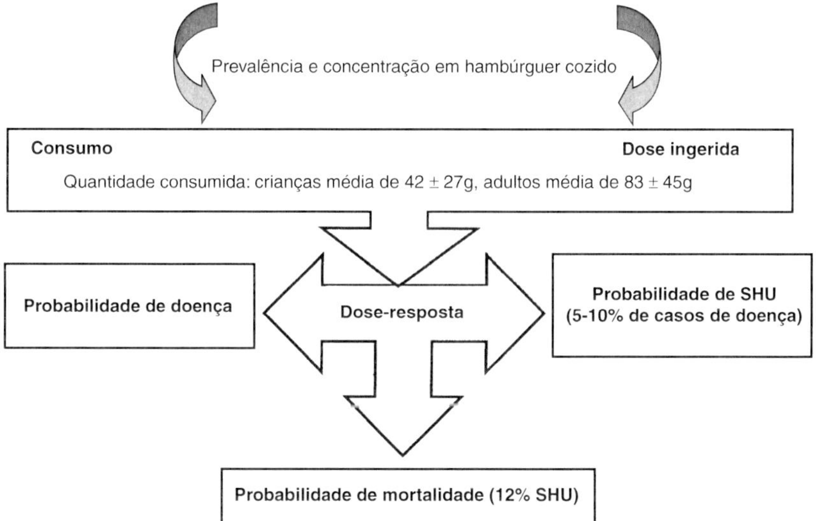

Quantidade consumida: crianças média de 42 ± 27g, adultos média de 83 ± 45g

Figura 10.15 Avaliação de risco microbiológico de *E. coli* O157:H7 em hambúrgueres. Adaptada de Cassin et al. (1998a), reimpressa com permissão de Elsevier. SHU: síndrome hemolítica urêmica.

A dose ingerida variou com a idade do grupo, já que adultos consomem quase o dobro que crianças (83 g comparado com 42 g). A probabilidade de exposição associada foi calculada, e uma avaliação de dose-resposta foi construída. O modelo de dose-resposta foi baseado em um modelo beta-Poisson modificado para infecção, denominado modelo beta-binomial (ver Seção 9.5.6). Ele não assumiu qualquer nível-limite e foi baseado em parâmetros α e β similares àqueles de *S. dysenteriae* (Crockett et al., 1996). Conforme pode ser visto na Figura 10.16, houve considerável incerteza na probabilidade de infecção para uma dose em particular. A partir da análise da dose-resposta, a probabilidade de doença, SHU, e mortalidade foram determinadas. A probabilidade de desenvolvimento da SHU foi de 5 a 10% entre os casos de doença, e a probabilidade de mortalidade após a SHU foi considerada de 12%, dentre os casos dessa doença (Fig. 10.15).

A prevalência de pacotes contendo *E. coli* O157 foi estimada em 2,9% e foi comparável aos dados de vigilância. A probabilidade de doença por uma única refeição com hambúrguer variou de 10^{-22} a 10^{-2}, com uma tendência central de 10^{-12}. Dessa forma, é previsto que a maioria das refeições com hambúrguer tenha um risco muito pequeno ao consumidor, porém o mesmo não deve ser negligenciado. A probabilidade média de doença a partir de uma única refeição foi de 5,1 x 10^{-5} para adultos e de 3,7 x 10-^{5} para crianças. Consequentemente, o modelo previu uma probabilidade de SHU de 3,7 x 10^{-6} e uma probabilidade de mortalidade de 1,9 x 10^{-7} por refeição para os muito jovens. Esses valores foram considerados representativos para hambúrgueres preparados em casa e altos para produção comercial.

O coeficiente de correlação de Spearman (Fig. 10.17) foi utilizado para demonstrar que o risco foi mais sensível à concentração de *E. coli* O157:H7 nas fezes dos animais e, por isso, indicou que uma triagem nos animais, antes do abate, seria um ponto de controle.

O modelo permite mudanças no risco à saúde devido a predição de mudanças nas estratégias de controle. Foi prevista a redução da probabilidade média de doença em 80% pela diminuição da multiplicação microbiana por meio da redução da temperatura de armazenamento (Tabs. 10.9). Isso foi modelado utilizando uma tempe-

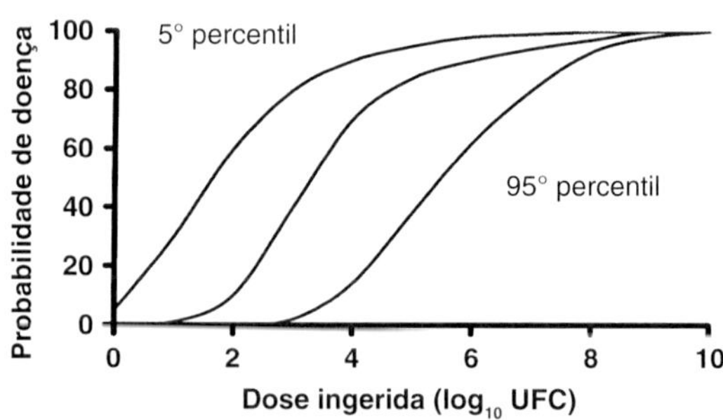

Figura 10.16 Modelo de dose-resposta beta-Poisson para *E. coli* O157:H7. Adaptada de Cassin et al. (1998a), reimpressa com permissão de Elsevier.

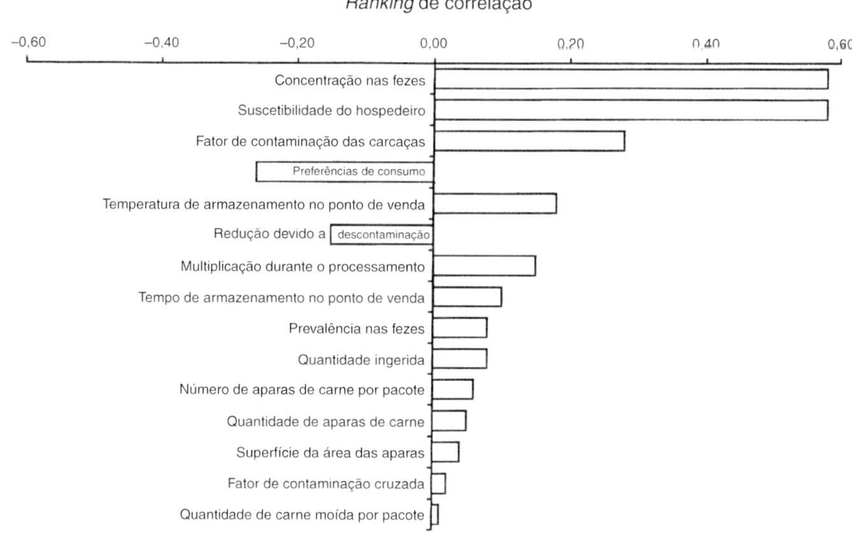

Figura 10.17 *Ranking* de correlação de Spearman de fatores de risco para *E. coli* O157:H7. Adaptada de Cassin et al. (1998a), reimpressa com permissão de Elsevier.

ratura média de armazenamento de 8 °C, e com uma temperatura de abuso não superior a 13 °C (comparada com valores prévios de 10 e 15 °C, respectivamente). Essa abordagem de redução de risco foi prevista como mais efetiva do que a redução na concentração de *E. coli* O157:H7 nas fezes do gado e também estimulando o cozimento correto pelo consumidor.

Uma explicação *online* do modelo do FSIS sobre *E. coli* em carne moída está disponível; ver Recursos da *web*, seção para URL.

10.5 Avaliação de risco de *Bacillus cereus*

10.5.1 Avaliação de risco de *Bacillus cereus*

Notermans e colaboradores (1997) e Notermans e Batt (1998) descreveram uma avaliação de risco para *Bacillus cereus*. Uma dificuldade adicional na caracterização do perigo e na avaliação da dose-resposta desse organismo ocorre por que ele pode causar duas doenças diferentes, conforme a produção de toxinas. Estudos epidemiológicos realizados por Kramer e Gilbert (1989) demonstraram que os números de *B. cereus* em alimentos, causando diarreia e síndrome emética, variaram de 1,2 x 10^3 a 10^8 e 1,0 x 10^3 a 5,0 x 10^{10}, respectivamente. A média para ambos foi de cerca de 1 x 10^7 UFC/g. Estudos com voluntários humanos utilizaram leite pasteurizado naturalmente contaminado com *B. cereus* (Langeveld et al., 1996). Sintomas foram observados a partir de doses ingeridas maiores que 10^8 células. É provável que haja variação consi-

Tabela 10.9 Estratégia para redução de risco. Percentual de redução de doença por *E. coli* O157:H7 em uma refeição, se houver conformidades com os padrões

	Estratégia	Variável de controle	Redução prevista da doença
1.	Temperatura de armazenamento	Temperatura máxima de armazenamento; 8° C, máximo 13° C	80%
2.	Triagem pré-abate	Concentração de *E. coli* O157:H7 em fezes reduzida em 4 log	46%
3.	Cozimento do hambúrguer	Temperatura de cozimento, aumento durante o cozimento	16%
	Programa de informação ao consumidor sobre cozimento de hambúrgueres		

Reproduzida de Cassin et al. (1998a), com permissão de Elsevier.

derável entre as cepas de *B. cereus* em relação à produção de toxina, e a quantidade de toxina produzida pode estar relacionada ao tipo de alimento.

Uma vez que o consumo de 10^4 células de *B. cereus* não parece ser perigoso (alimentos produzidos com BPF e produtos prontos para o consumo têm aproximadamente 10^3 UFC/g [Anon, 1996]), avaliações de risco devem ser aplicadas em alimentos com níveis maiores do que esses. Isso contrasta com a abordagem de tolerância zero do SERA. Dados de vigilância demonstram que vários produtos prontos para o consumo, tais como arroz cozido, creme de leite, ervas, especiarias e mesmo leite pasteurizado podem ter níveis de *B. cereus* maiores que 10^4/g (te Giffel et al, 1997). Notermans e colaboradores (1997) demonstraram que 11% do leite consumido na Holanda continha mais de 1 x 10^4 células de *B. cereus*/mL e que cerca de 10^9 a 10^{10} porções de leite pasteurizado foram consumidas anualmente. Embora ainda hoje existam dados insuficientes sobre a distribuição da frequência para uma avaliação de risco quantitativo detalhada para *B. cereus*, Zwietering e colaboradores (1996) construíram um modelo preditivo sobre a multiplicação do organismo.

10.6 Avaliação de risco de *Vibrio parahaemolyticus*

10.6.1 Impacto na saúde pública do *V. parahaemolyticus* em moluscos bivalves crus

A FDA (2000b) publicou uma avaliação de risco sobre *V. parahaemolyticus* em moluscos bivalves crus. O documento pode ser baixado na internet; ver Recursos da *web*, seção para URL. O relatório é dividido de acordo com quatro etapas de avaliação de risco (identificação do perigo, avaliação da exposição, caracterização do perigo e caracterização do risco), sendo que fatores de redução de risco também são apresentados. O relatório estabelece as várias suposições realizadas a fim de conseguir

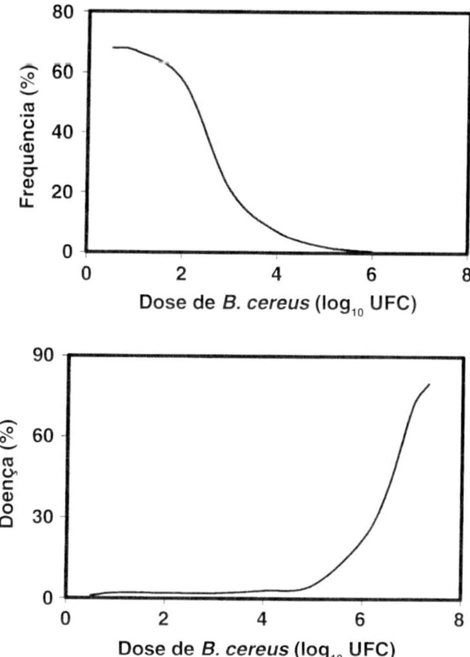

Figura 10.18 Frequência de *B. cereus* em leite pasteurizado (a); curva de dose resposta (b).

feedbacks úteis. Análises de dose-resposta foram incluídas tanto na caracterização do perigo como na avaliação da exposição (módulo pós-colheita).

Um esquema da avaliação de risco é apresentado na Figura 10.19. A avaliação de risco da FDA foi uma consequência de quatro surtos em 1997 a 1998, os quais totalizaram mais de 700 casos. O processo de avaliação da exposição é resumido na Figura 10.20. Informações e dados foram recolhidos para três módulos: colheita, pós-colheita e saúde pública. O módulo de colheita simulou a variação na quantidade de *V. parahaemolyticus*, patogênicos ou não, em função de condições ambientais e demonstrou que a salinidade não foi um parâmetro importante. A seguir, a multiplicação do patógeno foi modelada utilizando somente a temperatura da água. O modelo pós-colheita simulou o efeito de práticas habituais de manipulação sobre a prevalência do patógeno e a concentração no momento do consumo. O módulo de saúde pública estimou a distribuição do número provável de doenças entre uma das cinco regiões estudadas e a estação do ano. A relação de dose-resposta foi modelada utilizando relações de beta-Poisson, Gompertz e Probits (Seção 9.5.6). As saídas desses três modelos foram utilizadas para determinar o risco de doença. Para a região da Costa do Golfo, o número médio de doenças previstas foi de 25, 1.200, 3.000 e 400 no inverno, primavera, verão e outono, res-

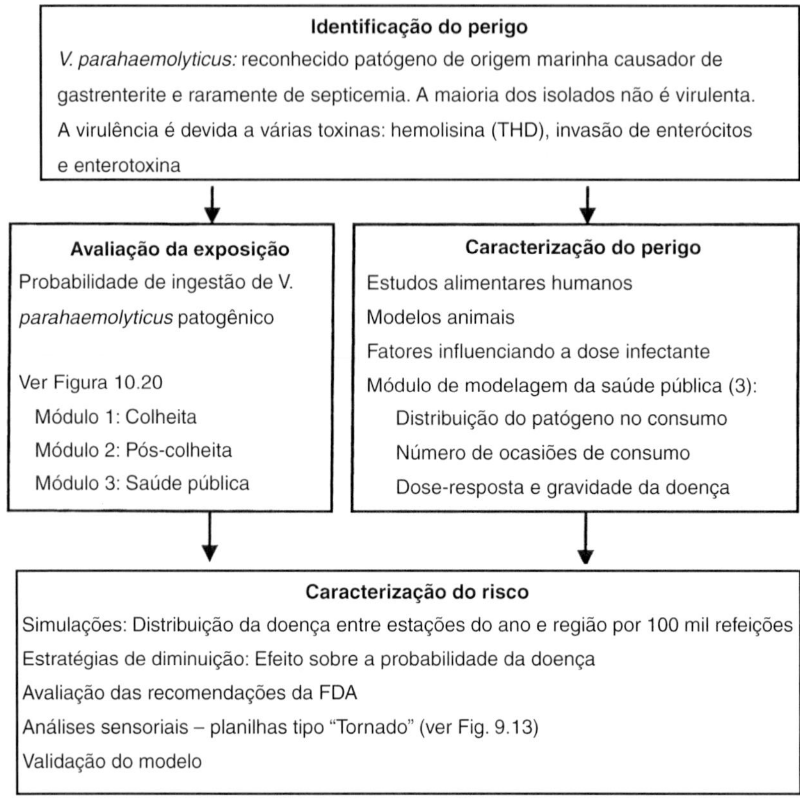

Identificação do perigo
V. parahaemolyticus: reconhecido patógeno de origem marinha causador de gastrenterite e raramente de septicemia. A maioria dos isolados não é virulenta. A virulência é devida a várias toxinas: hemolisina (THD), invasão de enterócitos e enterotoxina
Avaliação da exposição
Probabilidade de ingestão de V. parahaemolyticus patogênico
Ver Figura 10.20
Módulo 1: Colheita
Módulo 2: Pós-colheita
Módulo 3: Saúde pública
Caracterização do perigo
Estudos alimentares humanos
Modelos animais
Fatores influenciando a dose infectante
Módulo de modelagem da saúde pública (3):
Distribuição do patógeno no consumo
Número de ocasiões de consumo
Dose-resposta e gravidade da doença
Caracterização do risco
Simulações: Distribuição da doença entre estações do ano e região por 100 mil refeições
Estratégias de diminuição: Efeito sobre a probabilidade da doença
Avaliação das recomendações da FDA
Análises sensoriais – planilhas tipo "Tornado" (ver Fig. 9.13)
Validação do modelo

Figura 10.19 Avaliação de risco de *V. parahaemolyticus* em moluscos bivalves crus (FDA, 2001).

pectivamente. O risco médio de doença, em toda a região, foi de 4.750 casos, com uma variação de 1.000 a 16.000.

O modelo de avaliação de risco permite a avaliação dos critérios atuais da FDA de menos de 10^4/g de *V. parahaemolyticus* em crustáceos. Foi estimado que, excluindo todas as ostras com contaminação de *V. parahaemolyticus* maior que 10^4 células/g, seria possível reduzir a doença associada em 15%, perdendo 5% da colheita.

As estratégias de redução do risco foram (ver Fig. 9.13) as seguintes:

- Resfriamento das ostras logo após a colheita, mantendo-as refrigeradas, tempo durante o qual a viabilidade lentamente diminui.
- Tratamento térmico brando (5 minutos, 50 °C) resultando em redução de mais de 4,5 log na viabilidade e quase eliminando a probabilidade de doença.
- Congelamento rápido e armazenamento congelado, resultando em diminuição de 1 a 2 log na viabilidade das células microbianas e, por isso, reduzindo a probabilidade de doença.

O modelo pode ser baixado da internet; ver Recursos da *web* seção URL.

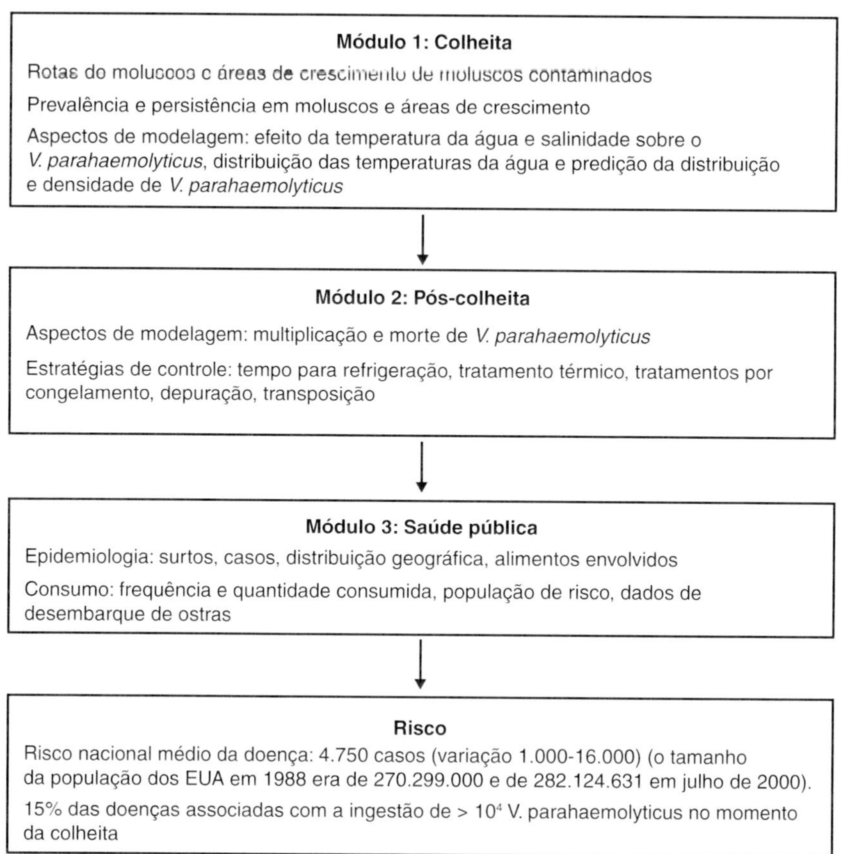

Módulo 1: Colheita
Rotas do moluscos e áreas de crescimento de moluscos contaminados
Prevalência e persistência em moluscos e áreas de crescimento
Aspectos de modelagem: efeito da temperatura da água e salinidade sobre o V. parahaemolyticus, distribuição das temperaturas da água e predição da distribuição e densidade de V. parahaemolyticus
Módulo 2: Pós-colheita
Aspectos de modelagem: multiplicação e morte de V. parahaemolyticus
Estratégias de controle: tempo para refrigeração, tratamento térmico, tratamentos por congelamento, depuração, transposição
Módulo 3: Saúde pública
Epidemiologia: surtos, casos, distribuição geográfica, alimentos envolvidos
Consumo: frequência e quantidade consumida, população de risco, dados de desembarque de ostras
Risco
Risco nacional médio da doença: 4.750 casos (variação 1.000-16.000) (o tamanho da população dos EUA em 1988 era de 270.299.000 e de 282.124.631 em julho de 2000).
15% das doenças associadas com a ingestão de > 10⁴ V. parahaemolyticus no momento da colheita

Figura 10.20 Avaliação da exposição de *V. parahaemolyticus* em moluscos crus (FDA, 2001).

10.7 *Cronobacter* spp. (*Enterobacter sakazakii*) e *Salmonella* em fórmulas infantis em pó

"Fórmula infantil em pó" (FIP) é um termo genérico que abrange vários fortificantes do leite materno e substitutos dados às crianças de 0 a 12 meses de idade. Eles não são produtos esterilizados, mas devem ser produzidos de acordo com as especificações microbiológicas do *Codex* (CAC, 2008). Devido ao aumento do conhecimento de infecções de neonatos por "*Ent. Sakazakii*" por meio de FIP, essas especificações foram revisadas a partir das versões iniciais de 1979; ver Seção 4.8.2. Essa bactéria consegue sobreviver por longos períodos em fórmulas infantis e pode causar infecções graves, incluindo enterocolite necrótica, septicemia e meningite (Forsythe, 2005). Gerenciamento de risco especificamente para *Cronobacter* spp. e *Salmonella* foram levados em consideração pelo Comitê de Higiene de Alimentos do *Codex* (FAO/OMS, 2006b). Em 2007, a OMS publicou "Orientações para a preparação, estocagem e manipulação de fórmulas infantis em pó" e documentos específicos para diferentes cuidados (OMS, 2007).

Em resposta à preocupação internacional sobre a segurança das fórmulas infantis, a FAO/OMS realizou duas avaliações de risco (FAO/OMS, 2004, 2006b; Tab. 9.2). Um dos primeiros resultados foi o reconhecimento de três categorias de organismos associados a infecções neonatais e presença em FIP. Elas são:

Categoria A – Clara evidência de causalidade: sorovares de *Salmonella* e espécies de *Cronobacter* (*Ent. sakazakii*)

Categoria B – Causalidade plausível, mas não demonstrada: *Enterobacter cloacae, Citrobacter koseri, C. freundii, Klebisiella oxytoca, Klebisiella pneumoniae, Pantoea agglomerans, Escherichia vulneris, E. coli, Hafnia alvei, Serratia* spp. e *Acinetobacter* spp.

Categoria C – Causalidade menos plausível ou ainda não demonstrada: *B. cereus, Clostridium difficile, Clostridium perfringens, Clostridium botulinum, Staphylococcus aureus, L. monocytogenes* e *Staphylococcus* coagulase negativa.

A categoria A evidencia que ocorreram casos nos quais FIPs reconstituídas contaminadas foram a fonte de infecções por *Salmonella* e *Cronobacter* spp. Essa conclusão foi demonstrada por tipificação molecular de isolados clínicos e das fórmulas. Alguns surtos têm sido causados por cepas raras de *Salmonella* lactose-fermentativas, as quais não podem ser detectadas pelos métodos usuais de pesquisa para *Salmonella* (Anon., 1997a).

Ambas as reuniões da FAO/OMS (2004, 2006b) salientaram que a multiplicação de *Cronobacter* spp. (*Ent. sakazakii*) após a reconstituição das fórmulas resultaram em aumento do risco de infecção. Por esse motivo, houve a recomendação da reconstituição das fórmulas em água com temperaturas superiores a 70 °C. Portanto, informações sobre o efeito da reconstituição em altas temperaturas e subsequente manuseio poderiam ser utilizados para redução dos riscos microbiológicos. Uma vez que nenhum dos organismos descritos na categoria B é formador de endósporos, essa prática pode reduzir o risco de infecções por esses organismos.

Em 2007, o JEMRA apresentou um modelo de risco utilizando várias condições de preparação de FIPs, as quais simularam práticas de higiene e possibilitaram a subsequente determinação do risco (JEMRA, 2008) (Lâmina 22). O modelo tem três componentes: concentração no suplemento em pó, total de consumo de FIP e dose por porção, possibilitando a estimativa do número de casos de "risco relativo". O usuário pode selecionar ou colocar dados de níveis de contaminação, temperaturas de reconstituição, temperaturas de manutenção, e assim por diante. Visto que nunca foram reportados níveis de *Cronobacter* spp. maiores de 1UFC/g de FIPs, é importante estabelecer o potencial das temperaturas de abuso das FIPs reconstituídas, as quais podem permitir que baixos níveis de patógenos oportunistas se multipliquem e causem infecção. A contaminação bacteriana intrínseca ao pó ou pode ser proveniente de fontes ambientais que contaminam as fórmulas durante a preparação. A maioria dos casos é de neonatos com baixo peso, que possuem um sistema imunológico pouco desenvolvido e uma flora intestinal pouco competitiva. Por isso, a ingestão de fórmulas com altos níveis de patógenos oportunistas deve ser minimizada. O leitor é encorajado a consultar Farber e Forsythe (2008) para mais informações sobre esse tópico.

10.8 Avaliações de risco virais

Em geral, comparados com a maioria dos patógenos, os vírus patogênicos relacionados a alimentos ou água são menos compreendidos, sendo necessárias mais pesquisas a respeito dos métodos de detecção e programas de vigilância para embasar avaliações de risco. O uso da vacina da hepatite A para manipuladores de alimentos (como praticado em algumas cidades dos EUA) precisa de mais informações a respeito do custo-benefício. Uma vez que podem ocorrer em qualquer lugar no processo de produção, contaminações virais de alimentos precisam ser consideradas de forma mais abrangente nos esquemas dos APPCCs. A detecção de contaminantes virais precisa ser melhorada a fim de estabelecer uma base para futuras intervenções e programas de prevenção; estudos são necessários para estimar o ônus e o custo das doenças devido a infecções virais provenientes de alimentos.

10.8.1 Contaminação viral de moluscos e águas costeiras

Rose e Sobsey (1993) completaram uma avaliação de risco de quatro estágios (formato do *Codex*) sobre a contaminação viral de moluscos e águas costeiras. A etapa de identificação de perigo resumiu os perigos virais associados com moluscos contaminados em: polivírus, echovírus e rotavírus. A avaliação da dose-resposta (parte da caracterização do perigo) foi realizada utilizando estudos alimentares humanos prévios (ver Tab. 9.8 para echovírus 12 [baixa infectividade] e rotavírus [alta infectividade]). A avaliação da exposição foi determinada multiplicando o número de partículas virais por grama de molusco pela quantidade ingerida por ano. O número médio de partículas virais por grama de molusco (variação de 0,2 a 31UFP/100g) e a média aritmética para cada amostragem foram calculados. A quantidade anual de molusco consumida por pessoa nos Estados Unidos foi de 250 g de mexilhões, 74 g de ostras e 53 g de outros moluscos. Foi presumido que os indivíduos consumiram uma quantidade igual de moluscos durante o ano. Uma porção média foi determinada em 60 a 240 g. Então, exposições a uma simples porção variaram de 0,11 a 18,6 UFP (média de 6 UFP), para uma porção de 60 g, a 0,43 a 74,4 UFP, para uma porção de 240 g. A caracterização do risco determinou estimativas de risco, usando modelos de probabilidade beta-Poisson, para echovírus 12 e rotavírus. Além disso, também foi possível determinar o nível de contaminação por vírus e dois níveis de consumo para representar uma baixa e uma alta exposição. Taxas de doença e morte foram comparadas sobre uma gama de doses de exposição e foram multiplicadas pela probabilidade de infecção para determinar o risco de doença e morte. Utilizando um modelo de probabilidade para echovírus 12, após consumo de 60 g de molusco cru, os riscos individuais variaram de $2{,}2 \times 10^{-4}$ a $3{,}5 \times 10^{-2}$. O risco foi quatro vezes maior para a porção de 240 g. Utilizando níveis médios de vírus, foi equacionada uma chance em 100 de infecção após a ingestão de moluscos crus provenientes de águas aprovadas. Entretanto, usando um modelo para rotavírus, o risco aumentou para $3{,}1 \times 10^{-1}$ devido a sua maior infectividade, com média de exposição de 6 UFP/60 g de molusco.

Essa recente avaliação de risco compreensivelmente não utilizou taxas de distribuição de vírus em uma simulação de Monte Carlo. Também é plausível que o uso de melhores métodos de detecção aumentaria a incidência de vírus e do nível deles em moluscos, comparados com os utilizados nesse estudo.

11 Controle internacional dos perigos microbiológicos em alimentos: regulamentos e autoridades

Conforme enfatizado em capítulos anteriores, na atualidade, controles nacionais e internacionais são necessários para reduzir mundialmente o risco de doenças de origem alimentar, melhorar o processo de produção e a economia global. Alguns sistemas de investigação nacional e internacional foram abordados na Seção 1.11. Este capítulo está mais focado nas regras internacionais de segurança dos alimentos.

11.1 Organização Mundial da Saúde, segurança global de alimentos de contaminação acidental e intencional

Os Regulamentos Internacionais de Saúde (IHR) foram acordados pela comunidade internacional em 1969 e aprovados pela Organização Mundial da Saúde (OMS, World Health Organisation – WHO), no mesmo ano. Esses regulamentos formam uma estrutura de regulamentação para a segurança da saúde pública global, baseada na prevenção da propagação de doenças infecciosas em nível internacional. Os IHR inicialmente exigiam dos estados-membros que reportassem à OMS todos os casos de cólera, praga e febre amarela. No entanto, a revisão dos IHR (2005), que entrou em vigor em 15 de junho de 2007, incluiu a contaminação de alimentos e os eventos de doenças transmitidas por alimentos. Os IHR requerem que a OMS seja notificada de todas as emergências de saúde pública de interesse internacional e incluem orientações para procedimentos de vigilância e resposta às emergências de saúde pública.

O Departamento de Inocuidade Alimentar da OMS pode fornecer orientações aos estados-membros. Esse também é o ponto focal para a colaboração da OMS com a FAO na Comissão do *Codex Alimentarius*. O Comitê de Especialistas da FAO/OMS sobre Aditivos Alimentares (JECFA) e o Encontro Conjunto da FAO/OMS sobre Resíduos de Pesticidas (JMPR) avaliam os riscos associados com produtos químicos em alimentos, para uso nos estados-membros e para a Comissão do *Codex Alimentarius*. A avaliação de risco de agentes microbiológicos em alimentos acontece por meio do Grupo de Especialistas da FAO/OMS sobre Avaliação de Risco Microbiológico (JEMRA). O Departamento de Inocuidade de Alimentos da OMS pode, assim, fornecer pareceres vindos de especialistas para advertir sobre ameaças químicas e microbiológicas em alimentos. Avaliação de risco e aconselhamento técnico são necessários para verificar qualquer ameaça de terrorismo alimentar e assegurar que exista preparo internacional e respostas a emergências em níveis adequados.

O incremento do comércio internacional de alimentos tem aumentado o risco de transmissão de agentes infecciosos através das fronteiras e ressaltam a necessidade da existência da avaliação de risco internacional para estimar o risco que os patógenos microbianos representam para a saúde humana. A globalização e a liberalização do comércio mundial de alimentos, ao mesmo tempo em que oferece muitos benefícios e oportunidades, também apresenta novos riscos. Em virtude da natureza global da produção, fabricação e comercialização de alimentos, os agentes infecciosos podem ser disseminados do ponto original de processamento e empacotamento até localidades a milhares de quilômetros de distância. Doenças transmitidas por alimentos são de grande importância para a saúde pública global, e foram reconhecidas como uma das áreas prioritárias da Organização Mundial da Saúde, na quinquagésima terceira Sessão na Assembléia Mundial da Saúde, que aconteceu em Genebra em maio de 2000. O diretor-geral da OMS, Dr. Gro Harlem Brundtland (WHO, 2000), propôs três desafios principais para proteger a saúde do consumidor:

1. Restabelecer a confiança do consumidor, desde o campo até a mesa, por meio da reavaliação e melhoria dos sistemas para a inocuidade alimentar já existentes.
2. Garantir padrões de segurança alimentar justos, os quais possam ser aplicados em todo o mundo, e ajudar todos os países a alcançarem tais padrões.
3. Desenvolver padrões globais para os sistemas de pré-mercado aprovados para alimentos geneticamente modificados, a fim de garantir que esses alimentos não sejam apenas seguros, mas também benéficos para os consumidores e mais eficientes do que os produtos existentes (Quadro 11.1).

A OMS e a Organização para Agricultura e Alimentação (Food and Agriculture Organization – FAO), dos Estados Unidos, têm estado na vanguarda no desenvolvimento de abordagens baseadas em riscos para a gestão da saúde pública frente ao perigo nos alimentos. Desde que a análise de risco para perigos químicos ficou bem estabelecida, a OMS e a FAO têm voltado a atenção de seus especialistas para a análise de risco dos perigos microbiológicos.

Sistemas convencionais de segurança dos alimentos, representados pelos procedimentos de pasteurização e esterilização da indústria de produtos lácteos, foram melhorados pela adoção do APPCC. No entanto, apesar do aumento da implementação desse sistema, o crescimento do número de casos relatados de "intoxicação alimentar"

Quadro 11.1

A OMS forneceu cinco chaves para o alimento seguro

1. Manter a limpeza
2. Separar alimentos crus de alimentos cozidos
3. Cozinhar bem os alimentos
4. Manter os alimentos em temperaturas seguras
5. Usar água e matérias-primas seguras

em muitos países tem mostrado a necessidade de mais sistemas para a segurança dos alimentos com ênfase na avaliação do risco microbiológico direto em humanos. Essa nova abordagem, avaliação de risco microbiológico, requer conhecimento epidemiológico aprofundado sobre doenças de origem alimentar em toda a cadeia de alimentos. Visto que o alimento faz parte de uma cadeia de abastecimento, essa avaliação precisa ser construída em uma perspectiva global e envolver tanto governos quanto empresas. Em razão disso, existem as atividades da Autoridade Europeia para a Segurança dos Alimentos (European Food Safety Authority) e as redes de monitoramento de epidemias, como a Enter-Net e a Salm-Surv; ver seção Recursos da *web* para URLs.

A abordagem do "campo à mesa" para a segurança de alimentos destacou que é mais fácil manter os produtos alimentícios livres de contaminação microbiana (etc.) em uma cadeia de abastecimento se for garantido que os animais sejam livres de contaminação desde a fazenda. Um exemplo dessa atitude ocorre na Suécia, que atingiu a produção de aves livres de *Salmonella*. Para executar esse programa, o país tem um custo anual de cerca de $ 8 milhões; entretanto, comparado com os custos dos tratamentos médicos, estimados em $ 28 milhões, esse valor é baixo.

Antibióticos têm sido adicionados na ração animal para inibir a multiplicação de micro-organismos patogênicos. Infelizmente, é provável que essa atitude tenha causado a seleção de cepas resistentes, as quais também podem ser resistentes a importantes antibióticos de uso médico e, como consequência, causar risco de vida aos humanos. Por isso, o uso de antibióticos precisa ter um controle mais cuidadoso (Seções 1.9 e 1.12.6).

Para garantir a segurança dos alimentos em nível mundial, países em desenvolvimento e desenvolvidos precisam colaborar no estabelecimento de sistemas com esse objetivo. A Organização Mundial da Saúde e os estados-membros reconheceram a segurança dos alimentos como um desafio mundial. A Assembleia Mundial da Saúde aprovou uma resolução de segurança dos alimentos, em maio de 2000, recomendando que a segurança seja tratada como uma questão essencial para a saúde pública. A resolução focou na necessidade do desenvolvimento de sistemas para a segurança alimentar sustentável e integrada, visando à redução de risco à saúde, ao longo de toda a cadeia de alimentos. Atividades conjuntas FAO/OMS estão destacadas na Seção 11.3.

A OMS destacou, em seus objetivos, a segurança dos alimentos no século XX, a saber:

- Reforço nacional na política e na infraestrutura de segurança dos alimentos
- Aconselhamento sobre a legislação de alimentos e suas aplicações
- Avaliação e promoção de tecnologias de segurança de alimentos
- Educação em segurança de alimentos para manipuladores, profissionais da saúde e consumidores
- Incentivar a segurança de alimentos nos centros urbanos
- Promover a segurança de alimentos no turismo
- Estabelecer vigilância epidemiológica de doenças transmitidas por alimentos
- Monitorar a contaminação química dos alimentos
- Desenvolver padrões internacionais para a segurança dos alimentos

- Avaliar perigos e riscos de origem alimentar

O objetivo da OMS é diminuir o ônus das doenças transmitidas por alimentos considerando toda a cadeia, aplicando uma abordagem holística. Essa estratégia inclui as seguintes ações:

- Desenvolver uma estratégia para monitoramento microbiológico em alimentos (desenvolvimento das capacidades nacionais e investigar a possibilidade de registro de dados); ver FERG, adiante.
- Utilizar a metodologia para avaliação de risco microbiológico (desenvolvimento de acordos internacionais sobre metodologias, por meio de documentos de orientação).
- Aconselhar sobre avaliação de risco microbiológico (para o *Codex* e países-membros, mediante ação conjunta de consultores especialistas).
- Desenvolver e reforçar a metodologia de comunicação de risco (orientações para estudos sobre percepção de risco, métodos para comunicação eficiente, viabilidade de um sistema de alerta rápido).
- Novas estratégias preventivas (potencial produção de novos alimentos, métodos de inspeção ou investigação para contribuir com a segurança dos alimentos, consultores especialistas em patógenos emergentes, enfocando prioritariamente as viroses de origem alimentar).
- Reforçar e coordenar os esforços globais para a vigilância de doenças transmitidas por alimentos e respostas a surtos (orientações e normas para vigilância, laboratório e outras capacitações, redes).

A OMS tem respondido às preocupações dos estados-membros em relação a que os alimentos possam ser veículos de disseminação de agentes biológicos, químicos e radioativos. A Organização também lhes fornece apoio para aumentar a capacidade de resposta a seus sistemas nacionais de saúde. Seu documento de orientação (WHO, 2000) afirma:

> "Terrorismo alimentar é definido como um ato ou uma ameaça intencional de contaminação de alimento para o consumo humano com agentes químicos, biológicos ou radionucleares, com o propósito de causar lesão ou morte na população civil e/ou desordem social, econômica ou instabilidade política (OMS). Os agentes químicos em questão são artificiais ou toxinas naturais, e os agentes biológicos referidos são micro-organismos infecciosos ou não infecciosos transmissíveis, incluindo vírus, bactérias e parasitas. Os agentes radionucleares são definidos, nesse contexto, como produtos químicos radioativos capazes de causar lesão quando presentes em doses inaceitáveis."

O documento da OMS abrange o preparo de alimentos e água engarrafada, ambos inócuos, e não trata da saúde animal ou vegetal ou ainda da provisão de quantidade suficiente de alimentos para a população. Os pontos-chave são:

- Prevenção, por exemplo, pela redução do acesso a agentes de uso em terrorismo alimentar e pelo controle no porto de entrada.
- Vigilância, reforço nacional e internacional das redes como a Enter-Net.

- Prevenção, integrando a resposta ao terrorista alimentar com os recursos para respostas a emergências existentes, e avaliar a vulnerabilidade. Por exemplo, o CDC tem um método para avaliar ameaças potenciais; "Serviço de Prevenção e Resposta ao Bioterrorismo" (http://www.bt.cdc.gov).

11.2 *Foodborne Disease Burden Epidemiology Reference Group* – FERG (Grupo de Referência em Epidemiologia de Doenças de Origem Alimentar)

Em novembro de 2007, a OMS estabeleceu o grupo de referência em epidemiologia de doenças de origem alimentar (Foodborne disease burden epidemiology reference group) (Kuchenmüller et al., 2009). O objetivo do FERG é determinar os problemas mundiais relacionados às doenças de origem alimentar. Isto é, a incidência e a prevalência de morbidade, incapacidade e mortalidade associadas com infecção aguda e crônica. Inicialmente, o FERG considera a contaminação microbiana, parasitária, zoonótica e química dos alimentos. De particular interesse será avaliar a causa química ou parasitária de doença de origem alimentar, desde que algum trabalho sobre esse tema já tenha sido realizado. Ver Quadro 11.2 para uma lista dos pontos de ação.

O custo estimado das doenças transmitidas por alimentos será medido em DALYs (*Disability-Adjusted Life Years* – incapacidade ajustada aos anos de vida) por sua utilidade como uma medida comparativa de ônus da doença. Ele pode também

Quadro 11.2

Pontos de ação do FERG

Doenças de infecções agudas

- Examinar o custo global patógeno-específico em crianças
- Desenvolver análises detalhadas dos dados de causa de morte, no banco de dados da OMS
- Conduzir ou trabalhar na comissão de custo
- Desenvolver modelos de atribuição de causa e estimar a percentagem de doenças de origem alimentar
- Recomendar e/ou conduzir estudos para aumentar os dados disponíveis

Doenças infecciosas crônicas

- Avaliar as causas conhecidas de doenças microbiológicas e químicas de origem alimentar
- Desenvolver modelos de atribuição de causa e estimar a percentagem de doenças de origem alimentar

Produtos químicos agudos e crônicos

- Identificar as principais causas, particularmente para países em desenvolvimento, e trabalhar em comissão competente em custos
- Desenvolver modelos de atribuição de causa e estimar a percentagem de doenças de origem alimentar

formar uma base para mais detalhes relacionados à estimativa do custo no impacto econômico. As medidas DALY combinam os anos de vida perdidos por morte prematura e os anos de vida vividos com incapacidade, com vários graus de gravidade, tornando o tempo a medida comum para a morte e a incapacidade. DALY é uma medida provisória de saúde, equivalendo a 1 ano de vida saudável perdido.

O FERG vai colaborar estreitamente com a FAO e outros organismos para realizar consultas regionais a fim de discutir os perfis específicos de síndromes de origem alimentar e agentes etiológicos, para estimar os custos adicionais.

11.3 Regulamentação do comércio internacional de alimentos

Atualmente, as medidas de segurança alimentar não são uniformes por todo o mundo, e tais diferenças podem levar a divergências comerciais entre os países. Isso é verdadeiro sobretudo se as exigências microbiológicas não forem embasadas em dados científicos. Um *site* útil que fornece regulamentos e padrões para a importação de alimentos e produtos agrícolas pode ser encontrado na seção Recursos da *web*.

Os padrões, as diretrizes e as recomendações adotadas pela comissão do *Codex Alimentarius* (CAC, Seção 11.4) e acordos de comércio internacionais, como aqueles administrados pela Organização Mundial do Comércio (OMC, World Trade Organisation - WTO), têm um papel cada vez mais importante na proteção da saúde dos consumidores e na garantia de práticas justas de comércio. Em 1962, o programa de Padrões Alimentares da FAO/OMS (*Food Agriculture Organization/World Health Organization Food Standards Programme*) foi criado com a Comissão do *Codex Alimentarius* (CAC) como um órgão executivo. O *Codex Alimentarius*, ou código de alimentos, consiste na reunião de padrões internacionais para alimentos que têm sido adotados pela CAC. Os padrões do *Codex* cobrem todos os principais alimentos, tanto processados quanto semiprocessados ou crus. Os principais objetivos da CAC são proteger a saúde dos consumidores e assegurar práticas justas no comércio de alimentos.

No caso de perigos microbiológicos, o *Codex* elaborou padrões, diretrizes e recomendações que descrevem processos e procedimentos para o preparo seguro de alimentos. A aplicação desses padrões, diretrizes e recomendações têm como objetivo prevenir, eliminar ou reduzir os perigos nos alimentos até níveis aceitáveis.

O Acordo de Medidas Sanitárias e Fitossanitárias da Organização Mundial do Comércio (OMC SFS *World Trade Organization, Agreement of Sanitary and Phytosanitary Measures*) entrou em vigor em 1995 e aplica medidas sanitárias e fitossanitárias, as quais podem, direta ou indiretamente, afetar o comércio internacional. O acordo fornece direitos e deveres básicos para os membros da OMC e objetiva harmonizar diretrizes e recomendações sanitárias. Para a segurança alimentar, os padrões, as diretrizes e as recomendações estabelecidas pela CAC, relacionados a aditivos alimentares, drogas veterinárias e resíduos de pesticidas, contaminantes, amostragem e métodos de análises, assim como os códigos e as diretrizes de práticas higiênicas, são reconhecidos como a base para a harmonização dessas medidas sanitárias,

Os membros da OMC podem introduzir ou manter medidas que resultem em um nível mais alto de proteção sanitária ou fitossanitária que aquelas baseadas em padrões, diretrizes ou recomendações internacionais. Nesse sentido, os membros da OMC são solicitados a assegurar que suas medidas sanitárias e fitossanitárias estejam baseadas em uma avaliação, apropriada às circunstâncias, dos riscos à vida ou saúde humana, animal ou vegetal, considerando as técnicas de avaliação de riscos desenvolvidas pelas organizações internacionais relevantes. O Artigo 5 do Acordo SFS fornece subsídios para o desenvolvimento da avaliação de riscos microbiológicos, a fim de apoiar a elaboração de padrões, diretrizes e recomendações relacionadas à segurança alimentar.

A primeira ação do grupo de especialistas da FAO/OMS sobre a Aplicação da Análise de Risco para Emissão dos Padrões de Alimentos (*Experts Consultantion on the Application of Risk Analysis to Food Standards*) foi estabelecida em 1995. Ela delineou a terminologia básica e os princípios da avaliação de riscos e concluiu que a análise de risco associada com perigos microbiológicos apresentava desafios únicos. O relatório conjunto dos consultores especialistas da FAO/OMS sobre a Aplicação e Gerenciamento do Risco e da Segurança (*Application of Risk Management and Safety*), realizado em 1997, identificou uma rede de trabalho para o gerenciamento de riscos e os elementos de gerenciamento de riscos para a segurança alimentar (FAO/OMS, 1997). A ação conjunta dos consultores especialistas da FAO/OMS para Aplicação da Comunicação de Risco dos Padrões de Alimentos e de Problemas de Segurança, realizada em 1998, identificou elementos e princípios de orientação de comunicação de risco e estratégias efetivas para comunicação de riscos (FAO/OMS, 1998). Além da base fornecida pelos consultores especialistas da FAO/OMS, o comitê para higiene de alimentos do *Codex* elaborou princípios e diretrizes para avaliação de risco microbiológico. O "esboço dos princípios e diretrizes para a conduta da avaliação de riscos microbiológicos" foi aprovado pela vigésima terceira Seção da Comissão do *Codex*, em junho de 1999 (CAC, 1999).

11.4 A Comissão do *Codex Alimentarius*

A Comissão do *Codex Alimentarius* (CAC) foi estabelecida em 1962 para implementar o Programa de Padrões de Alimentos (*Food Standards Programme*), da Organização das Nações Unidas para Agricultura e Alimentação (FAO) e da Organização Mundial da Saúde. O objetivo do programa é determinar padrões mínimos para proteger o consumidor e fornecer uma rede de trabalho para assegurar o comércio justo através das fronteiras internacionais. O *Codex* também atua em todos os trabalhos referentes a padrões para alimentos, entre organizações governamentais e não governamentais internacionais, e ajuda na determinação das prioridades para ações nessa área (Tab. 11.1).

O *Codex Alimentarius* (do latim, lei ou código de alimentos) é uma compilação de padrões para alimentos aceitos internacionalmente, apresentados de maneira uniforme. O objetivo desses padrões é proteger a saúde do consumidor e assegurar práticas justas no comércio de alimentos. Ele também publica testes consultivos na

Tabela 11.1 Comitês do *Codex*

Tema	País
Rotulagem de alimentos	Canadá
Aditivos e contaminantes de alimentos	Holanda
Higiene alimentar	EUA
Resíduos de pesticidas	Holanda
Drogas veterinárias em alimentos	EUA
Métodos de análise e amostragem	Hungria
Inspeção de importação e exportação de alimentos e sistemas de certificação	Austrália
Princípios gerais	França
Nutrição e alimentos para usos dietéticos especiais	Alemanha

forma de códigos de boas práticas, diretrizes e outras medidas recomendadas para ajudar no alcance de seus objetivos.

O *Codex* funciona por meio de uma estrutura labiríntica de comitês, os quais fornecem recomendações para a comissão principal. Há diversos comitês divididos por tipo de mercadoria, os quais lidam com assuntos de higiene e qualidade. Alguns exemplos são: Comitê para Higiene de Alimentos, Comitê para Leite e Produtos Lácteos e Comitê para Nutrição e Alimentos para Usos Dietéticos Especiais. Existem também vários outros comitês trabalhando com assuntos executivos, relacionados a procedimentos e regionais, por exemplo, Comitê para Princípios Gerais e Comitê de Coordenação para a Europa.

11.5 Medidas sanitárias e fitossanitárias (SFS), barreiras técnicas ao comércio (TBT) e Organização Mundial da Saúde (OMS)

O ato final da rodada uruguaia de negociações de comércio multilateral estabeleceu a Organização Mundial do Comércio (OMC) para elaborar o Acordo Geral sobre Tarifas e Comércio (GATT). O ato final conduziu os acordos sobre a Aplicação das Medidas Sanitárias e Fitossanitárias (*Sanitary and Phytosanitary Measures* - SFS) e as Barreiras Técnicas ao Comércio (*Technical Barriers to Trade* - TBT). A ratificação do Acordo da OMC é um fator importante no desenvolvimento de novas medidas de higiene para o comércio internacional de alimentos.

A decisão do GATT sobre a SFS reafirmou que nenhum membro deveria ser impedido de adotar ou reforçar as medidas necessárias para proteger a vida e a saúde humana, animal ou vegetal (GATT, 1994). As disposições do SFS (Artigo 5) incentiva a "harmonização" dos padrões para a segurança de alimentos.

> "Os membros devem assegurar que suas medidas sanitárias e fitossanitárias sejam baseadas em uma avaliação, apropriada às circunstâncias, do risco para a saúde humana, animal ou vegetal, levando em conta as técnicas de avaliação de risco, conforme descritas por alguma organização internacional relevante."

Existe a intenção de facilitar a livre movimentação de alimentos através das fronteiras. Para garantir que isso ocorra, os países devem estabelecer medidas para proteção da saúde humana por meio de justificativa científica, não utilizá-las como barreiras tarifárias no comércio de gêneros alimentícios. O acordo estabelece que as medidas sanitárias e fitossanitárias sejam baseadas em padrões apropriados, códigos e diretrizes desenvolvidos pela comissão do *Codex Alimentarius* e que sejam julgadas pela necessidade de proteger a saúde humana. Também devem ser consistentes com as decisões relevantes do GATT. O acordo SFS, da Organização Mundial do Comércio, reconhece também a Organização Internacional de Epizootias (OIE) e a Convenção Internacional de Proteção das Plantas (IPPC) como organismos internacionais que estabelecem padrões para animais e vegetais, respectivamente. *Codex*, OIE e IPPC devem coordenar suas atividades para estabelecer os padrões, quando apropriado, para assegurar que os padrões internacionais de segurança dos alimentos considerem adequadamente e incorporem fatores relevantes para o impacto da saúde animal e vegetal sobre a segurança alimentar. Como exemplo disso, é possível citar a encefalopatia espongiforme bovina (BSE) como uma causa de doença (vCJD) em humanos.

O acordo das medidas Sanitárias e Fitossanitárias entrou em vigor em 1995, e, para auxiliá-lo, a CAC agora possui um plano de ação abrangente que incorpora a análise de risco nas atividades em que for apropriada. O acordo SFS reconhece o direito de os governos protegerem a saúde da população contra os perigos que podem ser introduzidos por alimentos importados por meio de medidas sanitárias impostas, mesmo que isso signifique restrições ao comércio. Entretanto, tais medidas sanitárias devem ter como base a avaliação de risco para evitar medidas injustificadamente protecionistas do comércio.

O gerenciamento de perigos de origem alimentar requer a avaliação de risco científica transparente. Essa avaliação precisa ser realizada por pessoas que tenham credibilidade científica pública e que transmitam confiança em suas conclusões. As decisões dos processos de avaliação de risco e a do gerenciamento do risco precisam ser claras e serem acompanhadas pelas atividades efetivas de comunicação. Muitos países em desenvolvimento, no entanto, são mal equipados para gerir de forma efetiva os riscos existentes e os emergentes. Não foi apenas a logística de distribuição de alimentos por longas distâncias que melhorou, mas também os métodos de detecção de patógenos contaminantes em alimentos apresentaram melhoras significativas, tanto com os perigos químicos como com os biológicos. Entretanto, a detecção da presença de um componente talvez não seja um perigo compulsório à saúde pública. Portanto, a avaliação de risco tem a necessidade de avaliar a importância do "contaminante" e informar o público de maneira adequada. As decisões precisam ser tomadas em conformidade com padrões reconhecidos internacionalmente, os quais são embasados na ciência, e não na política. Logo, na indústria de alimentos os padrões do *Codex* recebem reconhecimento internacional e são compatíveis com as disposições do SFS. As Boas Práticas de Fabricação baseadas nos requerimentos da higiene de alimentos (p. ex., teste do produto final) estão sendo aperfeiçoadas pela implantação da Análise de Perigos e Pontos Críticos de Controle (APPCC). Consequentemente, a avaliação de risco dará mais ênfase à microbiologia preditiva para a geração de dados da exposição. Em contrapartida, isso auxiliará a estabelecer os limites críticos dos planos APPCC (Buchanan, 1995; Notermans et al., 1999; Seera et al., 1999; Cap. 8).

A adoção de sistemas para a segurança dos alimentos, como o APPCC, tem sido incentivada por vários organismos internacionais, tais como a FAO, a OMS e a Comissão do *Codex Alimentarius* da FAO/OMS. A implementação do APPCC tem mudado o foco do controle reativo aos problemas que surgem com a análise do produto final para a identificação dos perigos no processo de produção e assegurado as etapas nas quais o controle do perigo seja efetivo. Como consequência, o APPCC se tornou obrigatório por lei, com diferentes dimensões. No entanto, o APPCC não avalia o risco associado ao consumo do alimento, como requerido pelo Acordo SFS (Artigo 5).

Então, o Artigo 5 do Acordo SFS fornece um incentivo ao desenvolvimento da avaliação de risco microbiológico para auxiliar na elaboração de padrões, diretrizes e recomendações relacionados a segurança dos alimentos. Isso fornece uma estrutura para a formulação e a harmonização das medidas sanitárias e fitossanitárias. Essas medidas devem se basear na ciência e ser implementadas de maneira equivalente e clara. Elas não podem ser utilizadas como barreiras comerciais injustificáveis para discriminação entre fontes estrangeiras de abastecimento ou fornecer uma vantagem injusta para os produtores nacionais. Para facilitar a produção de alimento seguro para o mercado doméstico ou internacional, o Acordo SFS incentiva os governos a harmonizarem suas medidas nacionais ou baseá-las em padrões, diretrizes e recomendações desenvolvidas por organismos internacionais que estabelecem padrões.

11.6 Legislação da União Europeia

Existem três tipos de legislação da União Europeia:

1. *Regulamentação*: um ato legal que tem aplicações gerais e é obrigatório em sua totalidade e diretamente aplicável aos cidadãos, tribunais e governos e a todos os estados-membros. Os regulamentos não têm, no entanto, de ser transformados em leis nacionais e são projetados, sobretudo, para assegurar a uniformidade da lei em todas as comunidades.
2. *Diretiva*: uma lei obrigatória direcionada a um ou mais estados-membros. A lei apresenta os objetivos aos quais o(s) estado(s)-membro(s) é(são) chamado(s) a confirmar em um tempo especificado. Uma diretiva tem de ser implementada pelos estados-membros pela emenda de suas leis nacionais de forma a estar em conformidade com os objetivos declarados. Esse processo é conhecido como "aproximação de leis" ou "harmonização", uma vez que envolve o alinhamento da política nacional por toda a comunidade.
3. *Decisão*: um ato que é direcionado a indivíduos, companhias ou estados-membros específicos, o qual é obrigatório em sua totalidade. As decisões destinadas aos estados-membros são aplicáveis da mesma forma que as diretivas.

A lei de higiene de alimentos e as legislações técnicas, tais como as normas para aditivos ou rotulagem, são na maior parte, "Medidas de Ato Único". Isso significa que são parte de um progresso em direção ao mercado único. As Medidas de Ato Único são aquelas essenciais para o fluxo livre de mercadorias e serviços em um mercado verdadeiramente comum; são submetidas a votação majoritária.

O objetivo da legislação de alimentos da União Europeia é assegurar um alto padrão de proteção da saúde pública e que o consumidor seja informado de maneira adequada sobre a natureza e, quando apropriado, a origem do produto. No contexto de um mercado interno em desenvolvimento, a Comissão tem adotado um enfoque particular para o setor alimentício, de forma a estabelecer um mercado amplo sem barreiras e, ao mesmo tempo, garantir a segurança do consumidor da forma mais abrangente possível. A Comissão tem combinado os princípios de reconhecimento mútuo de padrões e regras nacionais, contidos nos Artigos 30 a 36 do Tratado de Roma, o que resultou na emenda do tratado pelo *Single European Act*. A fonte primária para a informação na União Europeia é o *Official Journal*.

O *White Paper*, de 1985, da Comissão Europeia, chamado de "*Completing the Internal Market*", catalogou as medidas necessárias para permitir a livre movimentação de mercadorias (incluindo serviços de alimentação, capital e trabalho), as quais levariam à remoção de todas as barreiras físicas, técnicas e fiscais entre os estados-membros. Desde 1º de janeiro de 1993, os alimentos têm sido transportados livremente nos países da União Europeia com o mínimo de inspeção nas fronteiras terrestres e marítimas. As regras harmonizadas foram adotadas, as quais são aplicáveis a todos os alimentos produzidos na União Europeia, apoiadas pelo princípio de reconhecimento mútuo de padrões e regulamentos nacionais para assuntos que não necessitam de legislação da Comunidade Europeia. As diretivas específicas foram implantadas para carne e produtos cárneos, moluscos bivalves vivos, produtos à base de pescado, leite e derivados e ovos. Os alimentos oriundos de países estrangeiros, para entrarem nessa comunidade, serão submetidos aos padrões de higiene da União Europeia.

11.6.1 *Food Hygiene Directive* 93/43/EEC (Diretivas de Higiene de Alimentos)

Uma das diretivas mais importantes da União Europeia para a indústria alimentícia, é a Food Hygiene Directive (Diretiva de Higiene de Alimentos) (93/43/EEC) sobre a higiene dos gêneros alimentícios (Anon., 1993a). É extremamente significativa no desenvolvimento das leis para alimentos na União Europeia e formará a base para o controle da higiene de alimentos, por toda a Europa, nos próximos anos. A diretiva aborda regras gerais de higiene para gêneros alimentícios e os procedimentos para verificação da conformidade com essas regras. "Higiene dos alimentos" significa todas as medidas necessárias para garantir a segurança e a sanidade dos gêneros alimentícios. "Alimento sadio" significa alimento que é adequado para o consumo humano. "Negócio de alimentação" significa qualquer empreendimento, quer público quer privado, com fins lucrativos ou não. As medidas abrangem todos os passos após a produção primária (colheita, abate e ordenha), tais como preparo, processamento, manufatura, embalagem, armazenamento, transporte, distribuição, manuseio e venda ao consumidor. Os operadores de negócios de alimentação devem identificar quaisquer etapas de suas atividades que sejam críticas para a segurança dos alimentos e garantir que os procedimentos de segurança sejam identificados, implementados, mantidos e revisados conforme os princípios do plano APPCC (Seção 8.5). A Diretiva tem abrangência horizontal e, portanto, se aplica a todas as indústrias de alimentos. Inclui produtores, fabricantes, distribuidores, atacadistas, varejistas e fornecedores. Em essência, essa diretiva combina o enfoque proativo da segurança dos alimentos do APPCC com os códigos de Boas Práticas de Higiene, em uma lei para alimentos.

11.7 Agências de segurança dos alimentos

Há muitas agências de segurança de alimentos, por todo o mundo; os *websites* para algumas delas são fornecidos na Seção "Recursos de Segurança de Alimentos da *World Wide Web*". A Agência Nacional de Alimentos da Dinamarca (Danish National Food Agency) conduz um enfoque do "campo à mesa" e tem uma ampla abordagem. A Administração Nacional de Alimentos da Suécia (Swedish National Food Administration – SNFA) também possui um amplo leque de ação, tem papel proativo na saúde e poderes para legislar. Na Alemanha, as responsabilidades de execução pertencem aos governos regionais, ao Instituto Federal Alemão para a Saúde dos Consumidores e Medicina Veterinária (German Federal Institute for Consumer Health and Veterinary Medicine – BgVV) e ao Ministério da Saúde. As Autoridades de Alimentos Australianas e Neozelandesas (ANZFA) têm uma abrangência menor, as quais focalizam o desenvolvimento de padrões para alimentos e códigos de prática para proteger a saúde pública e promover o comércio justo. Seu papel é fazer recomendações e possuem representação industrial. Isso não ocorre com as autoridades alimentares na Irlanda, onde os interesses comerciais foram deliberadamente excluídos de forma a estabelecer a confiança pública em sua independência. A Canadian Food Inspection Agency – CFIA (Agência Canadense de Inspeção de Alimentos) tem responsabilidade sobre a saúde humana, animal e vegetal e poderes para a execução. A FDA, contudo, não tem responsabilidade pelas carnes, as quais estão ao encargo do US Department of Agriculture – USDA (Departamento de Agricultura dos Estados Unidos).

Algumas agências foram reestruturadas em resposta à considerável preocupação pública com a segurança dos alimentos. A European Food Safety Authority – EFSA (Autoridade Europeia para a Segurança dos Alimentos) foi formada, em parte, devido aos casos de BSE/vCJD, no Reino Unido, e à contaminação por dioxina, na Bélgica. As responsabilidades do Comitê Científico de Alimentos são: *"questões científicas e técnicas relativas à saúde do consumidor e à segurança dos alimentos, associadas com produtos alimentícios e em particular relacionadas à toxicologia e higiene em toda a cadeia produtiva, nutrição e aplicação nas tecnologias agrícolas, como também aquelas relacionadas com materiais que têm contato com os gêneros alimentícios (p. ex., as embalagens).* No website da União Europeia, ver lista de recursos para os endereços eletrônicos (URL).

11.7.1 Autoridades em alimentos nos Estados Unidos

US Department of Health and Human Services (Departamento de Saúde e Serviços Humanos dos EUA)

Esse departamento inclui a Food and Drug Administration – FDA (Administração de Alimentos e Medicamentos) e os Centers for Disease Control and Prevention – CDC (Centros de Controle e Prevenção de Doenças).

As responsabilidades da FDA são:

- Todos os alimentos nacionais e importados vendidos no comércio interestadual, incluindo ovos com casca, exceto carne bovina e de aves
- Água engarrafada
- Vinhos e derivados com menos de 7% de álcool

Seu papel é fazer cumprir as leis de segurança dos alimentos nacionais e importados, com exceção de carne bovina e de aves. O Food Code (Código de Alimentos) da FDA é aprovado pelo Food Safety and Inspection Service – FSIS (Serviço de Inspeção de Segurança dos Alimentos), do USDA e do CDC. Prevê um modelo pelo qual as regras de segurança se preocupem com a segurança dos alimentos em restaurantes, mercearias, instituições de longa permanência para idosos e outras instituições. O Food Code não é uma lei nem um regulamento federal, contudo é utilizado por mais de 3 mil agências reguladoras estaduais e locais nos Estados Unidos e objetiva alcançar coerência entre as várias jurisdições regulatórias. Esse código é atualizado a cada 2 anos e seu *website* é fornecido na seção de Recursos da *web*.

O CDC tem responsabilidade sobre todos os alimentos. Seu papel é:

- Investigar as fontes de surtos de doenças de origem alimentar
- Manter um sistema nacional de levantamento de doenças de origem alimentar
- Desenvolver e apoiar políticas de saúde pública para prevenir doenças de origem alimentar
- Conduzir pesquisas para ajudar na prevenção de doenças de origem alimentar
- Treinar equipes locais e estaduais em segurança dos alimentos

Departamento de Agricultura dos Estados Unidos (US Department of Agriculture – USDA)

O USDA é composto pelo FSIS, pelo Co-operative State Research, Education and Extension Service (Serviço de Pesquisa, Ensino e Extensão Cooperativo do Estado) e pela National Agricultural Library USDA/FDA Foodborne Illness Education Information Center (Biblioteca Nacional de Agricultura do USDA/FDA Centro de Informação e Educação em Doenças Transmitidas por Alimentos).

O FSIS aplica as leis que regem a segurança dos alimentos de carne bovina e de produtos avícolas nacionais e importados. Tem responsabilidade sobre:

- Carne bovina e de aves, nacionais e importadas, e produtos relacionados, tais como carne moída, *pizzas* e alimentos congelados
- Produtos de ovos (geralmente produtos pasteurizados, como ovos líquidos, congelados e desidratados)

O Serviço de Pesquisa, Ensino e Extensão Cooperativo do Estado é responsável por todos os alimentos nacionais e alguns importados. Seu papel na segurança dos alimentos ocorre em conjunto com faculdades e universidades, a fim de desenvolver programas de pesquisa e educação em segurança dos alimentos para produtores e consumidores.

A Biblioteca Nacional de Agricultura (NAL) do USDA/FDA – *National Agricultural Library USDA/FDA Foodborne Illness Education Information Center* (Centro de Informações e Educação em Doenças Transmitidas por Alimentos) mantém uma base de dados em *software*, audiovisuais, pôsteres, jogos, guias para professores e outros materiais educacionais sobre a prevenção de doenças de origem alimentar. Ela também ajuda os educadores, instrutores de serviços de alimentação e consumidores a localizarem materiais educacionais para a prevenção de doenças de origem alimentar.

US Environmental Protection Agency – EPA (Agência de Proteção Ambiental dos Estados Unidos)

A EPA supervisiona a água potável e tem um papel na segurança dos alimentos no que diz respeito àqueles feitos a partir de vegetais, frutos do mar, bovinos e aves. Tem como objetivo:

- Estabelecer os padrões de água potável
- Regulamentar as substâncias tóxicas e os resíduos para evitar sua entrada no ambiente e na cadeia alimentar
- Auxiliar no monitoramento da qualidade da água potável e a encontrar formas de evitar sua contaminação
- Determinar a segurança de novos pesticidas, estabelecer seus níveis de tolerância em alimentos e publicar instruções sobre o uso seguro de pesticidas

Food Outbreak Response Coordinating Group – FORC-G (Grupo Coordenado de Resposta a Surtos Alimentares)

FORC-G foi formado em 1997 para:

- Coordenar e aumentar a comunicação entre as agências de segurança dos alimentos fiscalizados em níveis federais, estaduais e locais
- Orientar o uso eficiente de recursos e de conhecimento especializado durante um surto de origem alimentar
- Preparar ações contra as ameaças, novas e emergentes, ao fornecimento de alimentos dos EUA

O grupo foi formado a partir do *Department of Health and Human Services* (Departamento de Saúde e Serviços Humanos) (o qual inclui a FDA), o USDA e a EPA.

Lista de Abreviaturas

ALARA	Tão Baixo Quanto Aceitável
APPCC	Análise de Perigos e Pontos Críticos de Controle
BPF	Boas Práticas de Fabricação
CAC	Comissão do *Codex Alimentarius*
CCFH	Comissão do *Codex* para Higiene dos Alimentos
FAO	Organização das Nações Unidas para Agricultura e Alimentação
FDA	Food and Drug Administration
HTST	Alta Temperatura e Tempo Curto
ICMSF	Comissão Internacional de Especificações Microbiológicas para Alimentos
IDA	Ingestão Diária Aceitável
JECFA	Comitê de Especialistas da FAO/OMS sobre Aditivos Alimentares
JMPR	Grupo de Especialistas da FAO/OMS sobre Resíduos de Pesticidas
LEE	*Locus* de desaparecimento dos enterócitos
MRA	Avaliação de Risco Microbiológico
NACMCF	Comitê Consultivo Nacional sobre Critérios Microbiológicos para Alimentos dos Estados Unidos
NPA	Nível de Proteção Apropriada
OMC	Organização Mundial do Comércio
OMS	Organização Mundial da Saúde
OSA	Objetivos da Segurança de Alimentos
PCC	Ponto Crítico de Controle
SFS	Acordo da OMC para a Aplicação do Acordo de Medidas Sanitárias e Fitossanitárias

Referências

Abee, T. & Wouters, J.A. (1999) Microbial stress response in minimal processing. *Int. J. Food Microbiol.* **50**, 65–91.

Acheson, D. (2001) An alternative perspective on the role of *Mycobacterium paratuberculosis* in the etiology of Crohn's disease. *Food Control* **12**, 335–338.

ACMSF (2005) ACMSF second report on *Campylobacter*. HMSO, London.

Adams, M.R., Little, C.L. & Easter, M.C. (1991) Modelling the effect of pH, acidulant and temperature on the growth rate of *Yersinia enterocolitica*. *J. Appl. Bacteriol.* **71**, 65.

Adams, M.R. & Marteau, P. (1995) On the safety of lactic acid bacteria from food. *Int. J. Food Microbiol.* **27**, 263–264.

Adams, M. & Motarjemi, Y. (1999) *Basic Food Safety for Health Workers*. WHO/SDE/PHE/FOS/99.1. World Health Organization, Geneva.

Agbodaze, D. (1999) Verocytotoxins (Shiga-like toxins) produced by *Escherichia coli*: a mini review of their classification, clinical presentations and management of a heterogenous family of cytotoxins. *Comp. Immunol. Microbiol.* **22**, 221–230.

Allos, B.M. (1998) *Campylobacter jejuni* infection as a cause of the Guillain–Barre´ syndrome. *Emerg. Infect. Dis.* **12**, 173–184.

Alocilja, E.C. & Radke, S.M. (2003) Market analysis of biosensors for food safety. *Biosens. Bioelectron.* **18**, 841–846.

Amann, R.I., Ludwig, W. & Scheifer, K.H. (1995) Phylogenetic identification and *in situ* detection of individual microbial cells without cultivation. *Microbiol. Rev.* **59**, 143–169.

Anon. (1992) HACCP and Total Quality Management – winning concepts for the 90's: a review. *J. Food Prot.* **55**, 459–462.

Anon. (1993a) Council Directive 93/43/EEC on the hygiene of foodstuffs. *Offic. J. Eur. Comm.* No. L 175/1. Anon. (1993b) *Listing of Codes of Practice Applicable to Foods*. Institute of Food Science and Technology, London. Anon. (1993c) HACCP implementation: A generic model for chilled foods. *J. Food Protect.* **56**, 1077–1084. Anon. (1996) Microbiological guidelines for some ready--to-eat foods sampled at the point of sale: an expert opinion from the Public Health Laboratory Service (PHLS). *PHLS Microbiol. Dig.* **13**, 41–43.

Anon. (1997a) Preliminary report of an outbreak of *Salmonella anatum* infection linked to infant formula milk. *Euro Surveill.* **2**, 22–24.

Anon. (1997b) Surveillance of enterohaemorrhagic *E. coli* (EHEC) infections and haemolytic uraemic syndrome (HUS) in Europe. *Euroserv.* **2**, 91–96.

Anon. (1999a) Opinion of the scientific committee on veterinary measures relating to public health on the evaluation of microbiological criteria for food products of animal origin for human consumption. Available from: http://europa.eu.int/comm/food/fs/sc/scv/out26 en.pdf.

Anon. (1999b) Where have all the gastrointestinal infections gone? *Euro Surveill Wkly Rep.* **3**, 990114. Anon. (2000) EN 13783. Brussels, European Committee for Standardization.

Anon. (2004) EN14569. Brussels, European Committee for Standardization.

Anon. (2009) Egg safety, from production to consumption: an action plan to eliminate *Salmonella* Enteritidis illness due to eggs, President's Council on Food Safety, December 10, USA. Available from: http://www.fda.gov/Food/FoodSafety/Product-SpecificInformation/EggSafety/EggSafetyActionPlan/ ucm170615.htm.

ANZFA (1999) *Food Safety Standards – Costs and Benefits.* Australia New Zealand Food Authority. Available from: http://www.anzfa.gov.au.

Atlas, R.M. (1999) Probiotics – snake oil for the new millennium? *Environ. Microbiol.* **1**, 377–380.

Atmar, R. & Estes, M. (2001) Diagnosis of non-cultivatable gastroenteritis viruses, the human caliciviruses. *Clin. Microbiol. Rev.* **14**, 15–37.

Baik, H.S., Bearson, S., Dunbar, S. & Foster, J.W. (1996) The acid tolerance response of *Salmonella typhimurium* provides protection against organic acids. *Microbiology* **142**, 3195–3200.

Baker, D.A. & Genigeorgis, C. (1990) Predicting the safe storage of fresh fish under modified atmospheres with respect to *Clostridium botulinum* toxigenesis by modeling length of the lag phase of growth. *J. Food Protect* **53**, 131–140.

Baker, D.A. (1995) Application of modelling in HACCP plan development. *Int. J. Food Microbiol.* **25**, 251–261.

Banerjee, P. & Bhunia, A.K. (2009) Mammalian cell-based biosensors for pathogens and toxins. *TIBTECH* **27**, 179–188.

Baranyi, J. & Roberts, T.A. (1994) A dynamic approach to predicting bacterial growth in food. *Int. J. Food Microbiol.* **23**, 277–294.

Barer, M.R. (1997) Viable but non-culturable and dormant bacteria: time to resolve an oxymoron and a misnomer? *J. Med. Microbiol.* **46**, 629–631.

Barer, M.R., Kaprelyants, A.S., Weichart, D.H., Harwood, C.R. & Kell, D.B. (1998) Microbial stress and cultur-ability: conceptual and operational domains. *Microbiology* **144**, 2009–2010.

Barker, G.C., Talbot, N.L.X. & Peck, M.W. (1999) Microbial risk assessment for sous-vide foods. In: *Proceedings of Third European Symposium on Sous Vide*. pp. 37–46. Alma Sous Vide Centre, Belgium.

Barsotti, L. Merle, P. & Cheftel, J.C. (1999) Food processing by pulsed electric fields (Part I and II), *Food. Rev.Int.* **15**, 163–213.

Bauman, H.E. (1974) The HACCP concept and microbiological hazard categories. *Food Technol.* **28**, 30–34 and 74.

Bearson, S., Bearson, B. & Foster, J.W. (1997) Acid stress responses in enterobacteria. *FEMS Microbiol. Lett.* **147**, 173–180.

Bemrah, N., Sana, M., Cassin, M.H., Griffiths, M.W. & Cerf, O. (1998) Quantitative risk assessment of human listeriosis from consumption of soft cheese made from raw milk. *Prev. Vet. Med.* **37**, 129– 145.

Bennett, J.V., Homberg, S.D., Rogers, M.F. & Solomon, S.L. (1987) Infectious and parasitic diseases. *Am. J. Prev. Med.* **55**, 102–114.

Berg, D., Kohn, M., Farley, T. & McFarland, L. (2000) Multistate outbreaks of acute gastroenteritis traced to fecal-contaminated oysters harvested in Louisiana. *J. Infect. Dis.* **181**, S381–S386.

Berg, R.D. (1998) Probiotics, prebiotics or 'conbiotics'? *Trends Microbiol.* **6**, 89–92.

Best, E.L., Fox, A.J., Frost, J.A. & Bolton, F.J. (2005) Real-time single-nucleotide polymorphism profiling using Taqman technology for rapid recognition of *Campylobacter jejuni* clonal complexes. *J. Med. Microbiol.* **54**, 919–925.

Bettcher, D.W., Yach, D. & Guindon, G.E. (2000) Global trade and health: key linkages and future challenges. *Bull. WHO.* **78**, 521–534.

Beuret, C., Kohler, D. & Luthi, T. (2000) Norwalk-like virus sequences detected by reverse transcription polymerase chanin reaction in mineral waters imported into or bottled in Switzerland. *J. Food Prot.* **63**, 1576–1582.

Bidawid, S., Farber, J.M. & Sattar, S.A. (2000) Contamination of foods by foodhandlers: experiments on hepatitis A virus transfer to food and its interruption. *Appl. Environ. Microbiol.* **66**, 2759–2763.

Bidol, S.A., Daly, E.R., Rickert, R.E., *et al.* (2007) Multistate outbreaks of *Salmonella* infections associated with raw tomatoes eaten in restaurants – United States, 2005–2006. *MMWR* **56**, 909–911.

Biller, J.A, Katz, A.J., Flores, A.F., Buie, T.M. & Gorbach, S.L. (1995) Treatment of recurrent *Clostridium difficile* colitis with *Lactobacillus* GG. *J. Pediatr. Gastroenterology* **21**, 224–226.

Biziagos, E., Passagot, J., Crance, J.M. & Deloince, R. (1988) Long-term survival of hepatitis A virus and poliovirus type 1 in mineral water. *Appl. Environ. Microbiol.* **54**, 2705–2710.

Black, R.E., Levine, M.M., Clements, M.L., Highes, T.P. & Blaster, M.J. (1988) Experimental *Campylobacter jejuni* infection in humans. *J. Infect. Dis.* **157**, 472–479.

Blackstock, W.P. & Weir, M.P. (1999) Proteomics: quantitative and physical mapping of cellular proteins. *TIBTECH* **17**, 121–127.

Bloomfield, S.F., Stewart, G.S.A.B., Dodd, C.E.R., Booth, I.R. & Power, E.G.M. (1998) The viable but non-culturable phenomenon explained? *Microbiology* **144**, 1–3.

Booth, I.R., Pourkomailian, B., McLaggan, D. & Koo, S.-P. (1994) Mechanisms controlling compatible solute accumulation: a consideration of the genetics and physiology of bacterial osmoregulation. *J. Food Eng.* **22**, 381–397.

Boquet, P., Munro, P., Fiorentini, C. & Just, I. (1998) Toxins from anaerobic bacteria: specifically and molecular mechanisms of action. *Curr. Opin. Microbiol.* **1**, 66–74.

Borch, E. & Wallentin, C. (1993) Conductance measurement for data generation in predictive modelling. *J. Ind. Microbiol.* **12**, 286.

Borch, E., Nesbakken, T. & Christensen, H. (1996) Hazard identification in swine slaughter with respect to foodborne bacteria. *Int. J. Food Microbiol.* **30**, 9–25.

Bouwmeester, H., Dekkers, S., Noordam, M., *et al.* (2009) Review of health safety aspects of nanotechnologies in food production. *Regul. Toxicol Pharmacol.* **53**, 52–62.

Bowen, A.B. & Braden, C.R. (2006) Invasive *Enterobacter sakazakii* disease in infants. *Emerg. Infect. Dis.* Available from: http://www.cdc.gov/ncidod/EID/vol12no08/05-1509.htm.

Bower, C.K. & Daeschel, M.A. (1999) Resistance responses of microorganisms in food environments. *Int. J. Food Microbiol.* **50**, 33–44.

Bowers, J., Brown, B., Springer, J., Tollefson, L., Lorentzen, R. & Henry, S. (1993) Risk assessment for aflatoxin: an evaluation based on the multistage model. *Risk Anal.* **13**, 637–642.

Boyd, E.F., Wang, F.S., Whitham, T.S. & Selander, R.K. (1996) Molecular relationship of the salmonellae. *Appl. Environ. Microbiol.* **62**, 804–808.

Bracey, D., Holyoak, C.D. & Coote, P.J. (1998) Comparison of the inhibitory effect of sorbic acid and ampho-tericin B on *Saccharomyces cerevisiae*: is growth inhibition dependent on reduced intracellular pH? *J. Appl. Microbiol.* **85**, 1056–1066.

Bradbury, J. (1998) Nanobacteria may lie at the heart of kidney stones. *Lancet*, **352**(9122) 121.

Brenner, D.J. (1984) Facultatively anaerobic Gram-negative rods. In: *Bergey's Manual of Systematic Bacteriology*, Vol. **1** (eds N.R. Krieg & J.C. Holt, J.C.), pp. 408–516. Williams and Wilkins, Baltimore.

Broughall, J. & Brown, C. (1984) Hazard analysis applied to microbial growth in foods: development and application of three-dimensional models to predict bacterial growth. *J. Food Microbiol.* **1**, 13–22.

Broughall, J.W., Anslow, P.A. & Kilsby, D.C. (1983) Hazard analysis applied to microbial growth in foods: development of mathematical models describing the effect of water activity. *J. Appl. Bacteriol.* **55**, 101–110.

Brown, M.H., Davies, K.W., Billon, C.M.P., Adair, C. & McClure, P.J. (1998) Quantitative microbiological risk assessment: principles applied to determining the comparative risk of salmonellosis from chicken products. *J. Food Prot.* **61**, 1446–1453.

Brown, P., Will, R.G., Bradley, R., Asher, D. & Detwiler, L. (2001) Bovine spongiform encephalopathy and variant Creutzfeldt–Jakob disease: background, evolution and current concerns. *Emerg. Inf. Dis.* **7**, 6–16.

Brown, W.L. (1991) Designing *Listeria monocytogenes* thermal inactivation studies for extended shelf-life refrigerated foods. *Food Technol.* **45**, 152–153.

Bruce, M.E., Will, R.G., Ironside, J.W., *et al.* (1997) Transmissions to mice indicate that 'new variant' CJD is caused by the BSE agent. *Nature* **389**, 498–501.

Brul, S., Coote, P. (1999) Preservative agents in foods. Mode of action and microbial resistance mechanisms. *Int. J. Food Microbiol.* **50**, 1–17.

Brul, S. & Klis, F.M. (1999) Review: mechanistic and mathematical inactivation studies of food spoilage fungi. *Fungal Genet. Biol.* **27**, 199–208.

Buchanan, R.L. (1995) The role of microbiological criteria and risk assessment in HACCP. *Food Microbiol. (London)* **12**, 421–424.

Buchanan, R.L. & Whiting, R. (1996) Risk assessment and predictive microbiology. *J. Food Prot.* **59**, Suppl., 31–36.

Buchanan, R.L., Damert, W.G., Whiting, R.C. & Van Schothorst, M. (1997) Use of epidemiological and food survey data to estimate a purposefully conservative dose–response relationship for *Listeria monocytogenes* levels and incidence of listeriosis. *J. Food Prot.* **60**, 918–922.

Buchanan, R.L. & Edelson, S.G. (1999) Effect of pH-dependent, stationary phase acid resistance on the thermal tolerance of *Escherichia coli* O157:H7. *Food Microbiol.* **16**, 447–458.

Buchanan, R.L. & Linqvist, R. (2000) Preliminary report: hazard identification and hazard characterization of *Listeria monocytogenes* in ready-to-eat foods. JEMRA. Available from: http://www.fao.org/ag/agn/agns/ jemra riskassessment listeria en.asp.

Buchanan, R.L., Smith, J.L. & Long, W. (2000) Microbial risk assessment: dose–response relations and risk characterization. *Int. J. Food Microbiol.* **58**, 159–172.

Bückenhuskes, H.J. (1997) Fermented vegetables. In: *Food Microbiology: Fundamentals and Frontiers* (eds M.P. Doyle, L.R. Beuchat & T.J. Montville), pp. 595–609. ASM Press, Washington, DC.

Büllte, M., Klien, G. & Reuter, G. (1992) Pig slaughter. Is the meat contaminated by *Yersinia enterocolitica* strains pathogenic to man? *Fleischwirtschaft* **72**, 1267–1270.

Bunning, V.K., Lindsay, J.A. & Archer, D.L. (1997) Chronic health effects of foodborne microbial disease. *World Health Stat. Q.* **50**, 51–56.

Butzler, J.P., Dekeyser, P., Detrain, M. & Dehaen, F. (1973) Related vibrio in stools. *J. Pediatr.* **82**, 493- 495.

Buzby, J.C. & Roberts, T. (1997a) Economic costs and trade implications of microbial foodborne illness. *World Health Stat. Q.* **50**, 57–66.

Buzby, J.C. & Roberts, T. (1997b) Guillain–Barre´ syndrome increases foodborne disease costs. *Food Rev.* **20**, 36–42.

Buzby, J.C. & Roberts, T. (2009) The economics of enteric infections: human foodborne disease costs. *Gastroenterology* **136**, 1851–1862.

Calvert, R.M., Hopkins, H.C., Reilly, M.J. & Forsythe, S.J. (2000) Caged ATP – internal calibration method for ATP bioluminescence assays. *Lett. Appl. Microbiol.* **30**, 223–227.

Campbell, G.A. & Mutharasan, R. (2007) A method of measuring *Escherichia coli* 0157:H7 at 1 cell/ mL in 1 liter sample using antibody functionalized piezoelectric-excited millimeter sized canti lever sensor. *Environ. Sci. Technol.* **41**, 1668–1674.

Caplice, E. & Fitzgerald, G.F. (1999) Food fermentations: role of microorganisms in food production and preservation. *Int. J. Food Microbiol.* **50**, 131–149.

Carlin, F., Girardin, H., Peck, M.W., *et al.* (2000) Research on factors allowing a risk assessment of spore-forming pathogenic bacteria in cooked chilled foods containing vegetables: a FAIR collaborative project. *Int. J. Food Microbiol.* **60**, 117–135.

Cassin, M.H., Lammerding, A.M., Todd, E.C.D, Ross, W. & McColl, R.S. (1998a) Quantitative risk assessment for *Escherichia coli* O157:H7 in ground beef hamburgers. *Int. J. Food Microbiol.* **41**, 21–44.

Cassin, M.H., Paoli, G.M. & Lammerding, A.M. (1998b) Simulation modeling for microbial risk assessment. *J. Food Prot.* **61**, 1560–1566.

Caubilla-Barron, J. & Forsythe, S. (2007) Dry stress and survival time of *Enterobacter sakazakii* and other *Enterobacteriaceae J. Food Prot.* **70**, 2111–2117.

Caubilla-Barron, J., Hurrell, E., Townsend, S., *et al.* (2007) Genotypic and phenotypic analysis of *Enterobac-ter sakazakii* strains from an outbreak resulting in fatalities in a neonatal intensive care unit in France. *J. Clin. Microbiol.* **45**, 3979–3985.

CCFH (1999a) Discussion paper on recommendations for the management of microbiological hazards for food in international trade. CX/FX/98/10. Codex Committee on Food Hygiene. FAO, Rome.

CCFH (1999b) Management of *Listeria monocytogenes* in foods. Joint FAO/WHO Food Standards Programme, Codex Committee on Food Hygiene. 32nd Session. CX/FH 99/10 p. 27. FAO, Rome.

CCFH (2000) *Proposed Draft Principles and Guidelines for the Conduct of Microbiological Risk Management at Step 3.* Joint FAO/WHO Food Standards Programme, Codex Committee on Food Hygiene, July 2000. CX/FH 00/06. FAO, Rome.

CCFRA (2000) *An Introduction to the Practice of Microbiological Risk Assessment for Food Industry Applications.* Guideline 28. Campden & Chorleywood Food Research Association Group, Leatherhead, UK.

Centers for Disease Control (CDC) (1993) Multistate outbreak of *Escherichia coli* O157:H7 infections from hamburgers – Western United States, 1992–1993. *MMWR* **42**, 258–263.

Centers for Disease Control (CDC) (1999) Outbreaks of *Shigella sonnei* infection associated with eating fresh parsley: United States and Canada. *MMWR* **48**, 285–289.

Çetinkaya, B., Egan, K. & Morgan, K.L. (1996) A practice-based survey of the frequency of Johne's disease in south west England. *Vet. Rec.* **134**, 494–497.

Chapman, P.A. & Siddons, C.A. (1996) A comparison of immunomagnetic separation and direct culture for the isolation of verocytotoxin-producing *Escherichia coli* O157 from cases of bloody diarrhoea, non-bloody diarrhoea and asymptomatic contact. *J. Med. Microbiol.* **44**, 267–271.

Chiodini, R.J. & Hermon-Taylor, J. (1993) The thermal resistance of *Mycobacterium paratuberculosis* in raw milk under conditions simulating pasteurisation. *J. Vet. Diagn. Invest.* **5**, 629–631.

Chirife, J. & del Pilarbuera, M. (1996) Water activity, water glass & dynamics, and the control of microbiological growth in foods. *Crit. Rev. Food Sci. & Nutr.* **36**, 465–513.

Christensen, B., Rosenquist, H., Sommer, H. & Nielsen, N. (2001) Quantitative risk assessment of human illness associated with *Campylobacter jejuni* in broilers. *Campylobacter*, *Helicobacter* and related organ-isms (CHRO). 11th Workshop. Freiberg. Germany. Available from: http://www.lst.min.dk/publikationer/ publikationer/publicationer/campuk/cameng ref.doc.

Clarlet, M. & Estes, M.K. (2001) Rotavirus and calicivirus infections of the gastrointestinal tract. *Curr. Opin. Gastroentrol.* **17**, 10–16.

Ciftcioglu, N., Bjorklund, M., Kuroikoski, S., Bergstrom, K. & Kajander, E.O. (1999) Nanobacteria: an infectious cause for kidney stone formation. *Kidney Int.* **56**, 1893–1898.

Cisar, J.O., De Qi, X.U., Thompson, J., Swaim, W, Hu, L. & Kopecko, D.L. (2000) An alternative interpretation of nanobacteria-induced biomineralization. *Proc. Natl. Acad. Sci. U. S. A.* **97**, 11511–11515.

Claesson, B.E.B., Holmlund, D.E.W, Linghagen, C.A. & Matzsch, T.W. (1994) *Plesiomonas shigelloides* in acute cholecystitis: a case report. *J. Clin. Microbiol.* **20**, 985–987.

Claesson, M.J., van Sinderen, D. & O'Toole, P.W. (2008) *Lactobacillus* phylogenomics – towards a reclassification of the genus. *Int. J. Syst. Evol. Microbiol.* **58**, 2945–2954.

Codex Alimentarius Commission (CAC) (1993) *Codex Guidelines for the Application of the Hazard Anal-ysis Critical Control Point (HACCP) System.* Joint FAO/WHO Codex Committee on Food Hygiene. WHO/FNU/FOS/93.3 Annex II.

Codex Alimentarius Commission (CAC) (1995) *Hazard Analysis Critical Control Point (HACCP) System and Guidelines for Its Application.* Alinorm 97/13, Annex to Appendix II.

Codex Alimentarius Commission (CAC) (1997a) *Hazard Analysis Critical Control Point (HACCP) System and Guidelines for Its Application.* Annex to CAC/RCP 1–1969, Rev. 3. 1997.

Codex Alimentarius Commission (CAC) (1997b) *Principles for the Development of Microbiological Criteria for Animal Products and Products of Animal Origin Intended for Human Consumption.* European Commission, Luxembourg.

Codex Alimentarius Commission (CAC) (1997c) *Principles for the Establishment and Application of Microbiological Criteria for Foods.* CAC/GL 21 – 1997.

Codex Alimentarius Commission (1999) *Principle and Guidelines for the Conduct of Microbiological Risk Assessment.* CAC/GL 30.

Codex Alimentarius Commission (CAC) (2008) Code of hygienic practice for powdered formulae for infants and young children. CAC/RCP 66-2008. Available from: http://www.codexalimentarius.net/ download/standards/11026/CXP 066e.pdf.

Coeyn, T. & Vandamme, P. (2003) Intragenomic heterogeneity between multiple 16S ribosomal RNA operons in sequenced bacterial genomes. *FEMS Microbiol. Lett.* **228**, 45–48.

Coghlan, A. (1998) Deadly *E. coli* strains may have come form South America. *New Scientist*, 10 January, p. 12.

Coleman, M. & Marks, H. (1998) Topics in dose–response modelling. *J. Food Prot.* **61**, 1550–1559.

Collinge, J., Sidle, K.C.L., Meads, J., Ironside, J. & Hill, A.F. (1996) Molecular analysis of prion strain variation and the aetiology of 'new variant' CJD. *Nature* **383**, 685–690.

Colwell, R.R., Brayton, P., Herrington, D., Tall, B., Huq, A. & Levine, M.M. (1996) Viable but non-culturable *Vibrio cholerae* O1 revert to a cultivable state in the human intestine. *World J. Microbiol. Biotechnol.* **12**, 28–31.

Cone, L.A., Voodard, D.R., Schievert, P.M. & Tomory, G.S. (1987) Clinical and bacteriological observations of a toxic-shock-like syndrome due to *Streptococcus pyogenes. N. Engl. J. Med.* **317**, 146–149.

Corlett, D.A. (1998) HACCP User's Manual. A Chapman & Hall Food Science Title. An Aspen Publication. Aspen Publishers, Gaithersburg, Maryland, USA.

Corry, J., Mansfield, L.P. & Forsythe, S.J. (2002) Culture media for the detection of *Campylobacter* and related organisms. In: *Culture Media for Food Microbiology* (eds J.E.L. Corry, G.D.W. Curtis & R. Baird). Elsevier Science, The Netherlands.

Corthier, G., Delorme, C., Ehrlich, S.D. & Renault, P. (1998) Use of luciferase genes as biosensors to study bacterial physiology in the digestive tract. *Appl. Environ. Microbiol.* **64**, 2721–2722.

Cousens, S.N., Vynnycky, E., Zeidler, M., Will, R.G. & Smith, P.G. (1997) Predicting the CJD epidemic in humans. *Nature* **385**, 197–198.

Cowden, J.M., Wall, P.G., Adak, G., Evans, H., Le Baigue, S. & Ross, D. (1995) Outbreaks of foodborne infectious intestinal disease in England and Wales: 1992 and 1993. *CDR Rev.* **5**, R109–R117.

Cowell, N.D. & Morisetti, M.D. (1969) Microbiological techniques – some statistical aspects. *J. Sci. Food Agric.* **20**, 573–579.

Crockett, C.S., Haas, C.N., Fazil, A., Rose, J.B. & Gerba, C.P. (1996) Prevalence of shigellosis in the US: consistency with dose-response information. *Int. J. Food Microbiol.* **30**, 87–99.

Cronquist, A., Wedel, S., Albanese, B., *et al.* (2006) Multistate outbreak of *Salmonella* Typhimurium infections associated with eating ground beef – United States, 2004. *MMWR* **55**, 180–182.

Crutchfield, S.R., Buzby, J.C., Roberts, T. & Ollinger, M. (1999) Assessing the costs and benefits of pathogen reduction. *Food Rev.* **22**, 6–9.

Cuthbert, J. (2001) Hepatitis A: old and new. *Clin. Microbiol. Rev.* **14**, 38–58.

D'Aoust, J.-Y. (1994) *Salmonella* and the international food trade. *Int. J. Food Microbiol.* **24**, 11–31.

Dainty, R.H. (1996) Chemical/biochemical detection of spoilage. *Int. J. Food Microbiol.* **33**, 19–33.

Dalgaard, P., Gram, L. & Huss, H.H. (1993) Spoilage and shelf-life of cod fillets packed in vacuum or modified atmospheres. *Int. J. Food Microbiol.* **19**, 283–294.

Davidson, P.M. (1997) Chemical preservatives and natural antimicrobial compounds. In: *Food Microbiology: Fundamental and Frontiers* (eds M.P. Doyle, L.R. Beuchat & T.J. Montville), pp. 520–556. ASM Press. Washington, DC.

de Boer, E., Tilburg, J.J.H.C., Woodward, D.L., Lior, H. & Johnson, W.M. (1996) A selective medium for the isolation of *Arcobacter* from meats. *Lett. Appl. Microbiol.* **23**, 64–66.

de Vos, W.M. (1999) Safe and sustainable systems for food-grade fermentations by genetically modified lactic acid bacteria. *Int. Dairy J.* **9**, 3–10.

de Wit, J.N. & van Hooydonk, A.C.M. (1996) Structure, functions and applications of lactoperoxidase in natural antimicrobial systems. *Neth. Milk Dairy J.* **50**, 227–244.

de Wit, M.A.S., Koopmans, M.P.G., Kortbeek, L.M., van Leeuwen, N.J., Bartelds, A.I.M. & van Duyn-hoven, T.H.P. (2001) Gastroenteritis in sentinel general practices, the Netherlands. *Emerg. Infect. Dis.* **7**, 82–91.

Denyer, S.P., Gorman, S.P. & Sussman, M. (1993) *Microbial Biofilms*. The Society for Applied Bacteriology Technical Series No. 30. Blackwell Scientific Publications, London, Edinburgh, Boston, Melbourne, Paris, Berlin, Vienna.

Desselberger, U. (1998) Viral gastroenteritis. *Curr. Opin. Infect. Dis.* **11**, 565–575.

Dingle, K.E., Colles, F.M., Ure, R., *et al.* (2002) Molecular characterization of *Campylobacter jejuni* clones: a basis for epidemiologic investigation. *Emerg. Infect. Dis.* **8**, 949–955.

Diplock, A.T., Aggett, P.J., Ashwell, M., Bornet, F., Fern, E.B. & Roberfroid, M.B. (1999) Scientific concepts of functional foods in Europe: consensus document. *Br. J. Nutr.* **81**, S1–S27.

Dodd, C.E.R., Sharman, R.L., Bloomfield, S.F., Booth, I.R. & Stewart, G.S.A.B. (1997) Inimical processes: bacterial self-destruction and sub-lethal injury. *Trends Food Sci. Technol.* **8**, 238–241.

Druggan, P., Forsythe, S.J. & Silley, P. (1993) Indirect impedance for microbial screening in the food and beverage industries. In: *New Techniques in Food and Beverage Microbiology* (eds R.G. Kroll, A. Gilmour, M. Sussman). Society for Applied Bacteriology, Technical Series No. 31. Blackwell Science, Oxford.

Earnshaw, R.G., Appleyard, J. & Hurst, R.M. (1995) Understanding physical inactivation processes: combined preservation opportunities using heat, ultrasound and pressure. *Int. J. Food Microbiol.* **28**, 197–219.

EFSA (2007) Report of the task force on zoonoses data collection on the analysis of the baseline study on the prevalence of *Salmonella* in holdings of laying hen flocks of *Callus gallus. Parma, Italy:* EFSA, 21 February 2007. Available from: http://www.efsa.europa.eu/en/science/monitoring zoonoses/ reports/report finlayinghens.html.

Eklund, T. (1985) The effect of sorbic acid and esters of para-hydroxybenzoic acid on the proton motive force in *Escherichia coli* membrane vesicle. *J. Gen. Microbiol.* **131**, 73–76.

Entis, P. & Lerner, I. (1996) 24-hour presumptive enumeration of *Escherichia coli* O157:H7 in foods by using the ISO-GRID® method with SD-39 agar. *J. Food Prot.* **60**, 883–890.

Entis, P. & Lerner, I. (2000) Twenty-four-hour direct presumptive enumeration of *Listeria monocytogenes* in food and environmental samples using the ISO-GRID method with LM-137 agar. *J. Food Prot.* **63**, 354–363.

Eurosurveillance (2002) Laboratory capability in Europe for foodborne viruses. *Eurosurveillance* 7(4), 323. Available from: http://www.eurosurveillance.org/ViewArticle.aspx?ArticleId=323.

Eurosurveillance (2008) Special double issue on antimicrobial resistance. *Eurosurveillance* **13**(46 & 47), 19039, 19043. Available from: http://www.eurosurveillance.org/images/dynamic/EE/V13N46/ V13N46.pdf

Ewing, W.H. (1986) The taxonomy of Enterobacteriaceae, isolation of Enterobacteriaceae and preliminary identification. The genus *Salmonella.* In: *Identification of Enterobacteriaceae* (eds P. Edwards & W.H. Ewing), 4th edn, pp. 1–91, 181–318. Elsevier, New York.

Falik, E., Aharoni, Y., Grinberg, S., Copel, A. & Klein, J.D. (1994) Postharvest hydrogen peroxide treatment inhibits decay in eggplant and sweet red pepper. *Crop Prot.* **13**, 451–454.

Fankhauser, R.I., Noel, J.S., Monroe, S.S., Ando, T. & Glass, R.I. (1998) Molecular epidemiology of 'Norwalk-like virus' in outbreaks of gastroenteritis in the United States. *J. Infect. Dis.* **178**, 1571–1578.

Fanning, S. & Forsythe, S.J. (2008) Isolation and identification of *Enterobacter sakazakii.* Chapter 2. In: *Emerging Issues in Food Safety: Enterobacter Sakazakii* (eds J. Farber & S.J. Forsythe). ASM Press, Washington, DC.

FAO/WHO (1995) *Application of risk analysis to food standards issues.* Report of the Joint FAO/ WHO Expert Consultation. WHO, Geneva. WHO/FNU/FOS/95.3.

FAO/WHO (1996) *Biotechnology and Food Safety.* Report of a joint FAO/WHO consultation. UN Food and Agriculture Organisation, Rome.

FAO/WHO (1997) *Risk Management and Food Safety.* Report of a Joint FAO/WHO Expert Consultation, Rome, Italy, 1997. FAO Food and Nutrition Paper, No 65.

FAO/WHO (1998) *The Application of Risk Communication to Food Standards and Safety Matters.* Re-port of a Joint FAO/WHO Expert Consultation, Rome, Italy, 1998. FAO Food and Nutrition Paper, No 70.

FAO/WHO (2000a) Activities on risk assessment of microbiological hazards in foods. Preliminary docu-ment: *WHO/FAO Guidelines on hazard characterization for pathogens in food and water.* Available from: http://www.ftp.fao.org/docrep/fao/006/y4666e/y4666e00.pdf.

FAO/WHO (2000b) Report of the Joint FAO/WHO expert consultation on risk assessment of microbiological hazards in foods, Rome, 17–21 July 2000. Available from: http://www.fao.org.ES/ESN/rskpage.htm.

FAO/WHO (2002) Risk assessment of *Salmonella* in eggs and broiler chickens. Microbiological Risk Assessment Series, No. 2. Available from: http://www.who.int/foodsafety/publications/micro/salmonella/ en.

FAO/WHO (2004) *Enterobacter sakazakii* and other microorganisms in powdered infant formula. Meeting Report. Microbiological Risk Assessment Series, No. 6. Available from: http://www.who.int/foodsafety/ publications/micro/mra6/en.

FAO/WHO (2006a) Development of practical risk management strategies based on microbiological risk assess-ment outputs. Report of a Joint FAO/WHO Consultation. Available from: http://www.who.int/foodsafety/ micro/jemra/meetings/2005/en.

FAO/WHO (2006b) *Enterobacter sakazakii* and *Salmonella* in powdered infant formula: Meeting report, Mi-crobiological Risk Assessment Series No.10. Available from: http://www.who.int/foodsafety/publications/ micro/mra10/en.

Farber, J. & Forsythe, S.J. (2008) *Emerging Issues in Food Safety: Enterobacter sakazakii.* ASM Press, Washington, DC.

Farber, J.M. & Peterkin, P.I. (1991) *Listeria monocytogenes*: A food-borne pathogen. *Microbiol. Rev.* **55**, 476–511. Farber, J.M., Ross, W.H. & Harwig, J. (1996) Health risk assessment of *Listeria monocytogenes* in Canada. *Int. J. Food Microbiol.* **31**, 145–156.

Farmer, J.J. III, Asbury, M.A., Hickman, F.W., Brenner, D.J. and The *Enterobacteriaceae* study group (1980) *Enterobacter sakazakii*: a new species of "*Enterobacteriaceae*" isolated from clinical specimens. *Intl. J. System. Bacteriol.* **30**, 569–584.

Fasoli, S., Marzotoo, M., Rizzotti, L., Rossi, F., Dellaglio, F. & Torriani, S. (2003) Bacterial composition of commercial probiotic products as evaluated by PCR-DGGE analysis. *Int. J. Food Microbiol.* **882**, 59–70.

Fazil, A.M., Lammerding, A. & Ellis, A. (2000) A quantitative risk assessment model for *Campylobacter jejuni* on chicken. Available from: http://www.who.int/fsf/mbriskassess/studycourse/index.html.

Feng, P., Lampel, K., Karch, H. & Whittam, T. (1998) Genotypic and phenotypic changes in the emergence of *E. coli.* O157:H7. *J. Infect. Dis.* **177**, 1750–1753.

Ferguson, N.M., Donnelly, C.A., Ghani, A.C. & Anderson, R.M. (1999) Predicting the size of the epidemic of the new variant of Creutzfeldt–Jakob disease. *Br. Food J.* **101**, 86–98.

Fischetti, V.A., Medaglini, D., Oggioni, M. & Pozzi, G. (1993) Expression of foreign proteins on Gram-positive commensal bacteria for mucosal vaccine delivery. *Curr. Opin. Biotechnol.* **4**, 603–610.

Fleet, G.H., Heiskanen, P., Reid, I. & Buckle, K.A. (2000) Foodborne viral illness – status in Australia. *Int. J. Food Microbiol.* **59**, 127–136.

Foegeding, P.M. & Busta, F.F. (1991) Chemical food preservatives. In: *Disinfection, Sterilization and Preservation* (ed. S. Block), pp. 802–832. Lea & Febiger, Philadelphia.

Folk, R.L. (1999) Nanobacteria and the precipitation of carbonate in unusual environments. *Sedimentary Geology*, **126**, 1–4.

Food and Drug Administration (FDA) (1999) Structure and initial data survey for the risk assessment of the public health impact of foodborne *Listeria monocytogenes*. Preliminary information available from: http://vm.cfsan.fda.gov/~dms/listrisk.html.

Food and Drug Administration (FDA) (2000a) Draft risk assessment on the human health impact of fluoro-quinolone resistant campylobacter associated with the consumption of chicken. Revised 9 February 2000. Available from: http://www.fda.gov/cvm/Risk_asses.htm.

Food and Drug Administration (FDA) (2000b) Draft risk assessment on the public health impact of *Vibrio parahaemolyticus* in raw molluscan shellfish. Available from: http://www.who.int/foodsafety/ publications/micro/mra8/en/index.html.

Food and Drug Administration (FDA) (2001) Draft assessment of the public health impact of food--borne *Listeria monocytogenes among selected categories of ready-to-eat foods.* Center for Food Safety and Applied Nutrition (FDA) and Food Safety Inspection Service (FSIS, USDA). Available from: http://www.who.int/foodsafety/publications/micro/mra listeria/en/index.html.

Food and Drug Administration (FDA) Online (2008). Guidance for industry: guide to minimize food safety hazards for fresh fruits and vegetables. Available from: http://www.fda.gov/Food/ GuidanceCompliance RegulatoryInformation/GuidanceDocuments/ProduceandPlanProducts/ ucm064574.htm

Food and Drug Administration/Food Safety Inspection Service (FDA/FSIS) (2003) Quantitative ass-sess-ment of the relative risk to public health from foodborne *Listeria monocytogenes* among selected categories of ready-to-eat foods. US Department of Agriculture. Available from: http://www. fda.gov/Food/ ScienceResearch/ResearchAreas/RiskAssessmentSafetyAssessment/default.htm.

Food Safety Inspection Service (FSIS) (1998) *Salmonella* Enteritidis Risk Assessment. Shell Eggs and Egg Products. Available from: http://www.europa.eu.int/comm/dg24/health/sc/scv/out26 en.html.

Food Standards Agency (FSA) (2001) A review of the evidence for a link between exposure to *Mycobacterium paratuberculosis* (MAP) and Crohn's Disease (CD) in humans. A report of the Food Standards Agency, London.

FoodNet (2009) Preliminary FoodNet data on the incidence of infection with pathogens transmitted commonly through food – 10 States, 2008. *MMWR* **58**, 333–337.

Forsythe, S.J. (2000) *The Microbiology of Safe Food.* Blackwell Science, Oxford. Companion available from: http://www.wiley.com/go/forsythe.

Forsythe, S. (2005) *Enterobacter sakazakii* and other bacteria in powdered infant milk formula. *Matern Child Nutr* **1**, 44–50.

Forsythe, S.J., Dolby, J.M., Webster, A.D.B. & Cole, J.A. (1988) Nitrate – and nitrite-reducing bacteria in the achlorhydric stomach. *J. Med. Microbiol.* **25**, 253–259.

Forsythe, S.J. & Hayes, P.R. (1998) *Food Hygiene, Microbiology and HACCP.* A Chapman & Hall Food Science Book. Aspen Publishers, Gaithersburg, MD.

Forsythe, S.J. (2006) *Arcobacter.* In: *Emerging Foodborne Pathogens* (eds Y. Motarjemi & M. Adams). Woodhead Publishing, Cambridge.

Fouts, D.E., Mongodin, E.F., Mandrell, R.E., *et al.* (2005) Major structural differences and novel po--tential virulence mechanisms from the genomes of multiple *Campylobacter* species. *PLoS Biol.* **3**, 72–85.

Frenzen, P.D. (2004) Deaths due to unknown foodborne agents. *Emerg. Infect. Dis.* **10**, 1536–1543.

Frenzen, P.D., Drake, A., Angulo, F.J. & the emerging infections program foodnet working group (2005). Economic cost of illness due to *Escherichia coli* O157 infections in the United States. *J. Food Prot.* **68**, 2623–2630.

FSIS (Food Safety Inspection Service) (1998) *Salmonella* Enteritidis Risk Assessment. Shell Eggs and Egg Products. Available from: http://www.fsis.usda.gov/ophs/risk/contents.htm.

Fuller, R. (1989) Probiotics in man and animals. *J. Appl. Bacteriol.* **66**, 365–378.

Galanis, E., Wong, D., Patrick, M., *et al.* (2006) Web-based surveillance and global *Salmonella* distribution, 2000–2002. *Emerg. Infect. Dis.* **12**, 381–388.

Gale, P., Young, C., Stanfield, G. & Oakes, D. (1998) A review: development of a risk assessment for BSE in the aquatic environment. *J. Appl. Microbiol.* **84**, 467–477.

Gale, P. (2001) A review: developments in microbiological risk assessment for drinking water. *J. Appl. Microbiol.* **91**, 191–205.

GATT (1994) The application of the Uruguay round of multilateral trade negotiations: the legal texts, World Trade Organization. ISBN: 92-870-1121-4.

Geeraerd, A.H., Valdramidis, V.P. & Van Impe, J.F. (2005) GInaFiT, a freeware tool to assess non-log--linear microbial survivor curves. *Int. J. Food Microbiol.* **102**, 95–105.

Gehring, A.G., Albin, D.M., Reed, S.A., Tu, S. & Brewster, J.D. (2008) An antibody microarray, in multiwell plate format, for multiplex screening of foodborne pathogenic bacteria and biomolecules *Anal. Bioanal. Chem.* **391**, 497–506.

Gerba, C.P., Rose, J.B. & Haas, C.N. (1996) Sensitive populations: who is at the greatest risk? *Int. J. Food Microbiol.* **30**, 87–99.

German, B., Schiffrin, E.J., Reniero, R., *et al.* (1999) The development of functional foods: lessons from the gut. *Trends Biotechnol.* **17**, 492–499.

Gibson, A.M., Bratchell, N. & Roberts, T.A. (1988) Predicting microbial growth: growth responses of salmonellae in a laboratory medium as affected by pH, sodium chloride, and storage temperature. *Int. J. Food Microbiol.* **6**, 155–178.

Gill, C.O. & Phillips, D.M. (1985) The effect of media composition on the relationship between temperature and growth rate of *Escherichia coli*. *Food Microbiol.* **2**, 285.

Golnazariuan, C.A., Donnelly, C.W., Pintauro, S.J., *et al.* (1989) Comparison of infectious dose of *Listeria monocytogenes* F5817 as determined for normal versus compromised C57B1/6J mice. *J. Food Prot.* **52**, 696–701.

Gould, G.W. (ed.) (1995) *New Methods of Food Preservation*. Chapman and Hall, London.

Gould, G.W. (1996) Methods for preservation and extension of shelf life. *Int. J. Food Microbiol.* **33**, 51–64.

Graham, A.F. & Lund, B.M. (1986) The effect of citric acid on growth of proteolytic strains of *Clostridium botulinum*. *J. Appl. Bacteriol.* **61**, 39–49.

Grant, I.R., Ball, H.J., Neill, S.D. & Rowe, M.T. (1996) Inactivation of *Mycobacterium paratuberculosis* in cow's milk at pasteurisation temperatures. *Appl. Environ. Microbiol.* **62**, 631–636.

Granum, A.F. & Lund, B.M. (1997a) The effect of citric acid on growth of proteolytic strains of *Clostridium botulinum*. *J. Appl. Bacteriol.* **61**, 39–49.

Granum, P.E. & Lund, T. (1997b) MiniReview. *Bacillus cereus* and its food poisoning toxins. *FEMS Microbiol. Lett.* **157**, 223–228.

Grau, F.H. & Vanderlinde, P.B. (1992) Aerobic growth of *Listeria monocytogenes* on beef lean and fatty tissue: equations describing the effects of temperature and pH. *J. Food Prot.* **55**, 4.

Graves, D.J. (1999) Powerful tools for genetic analysis come of age. *TIBTECH* **17**, 127–134.

Graves, L.M. & Swaminathan, B. (2001) PulseNet standardized protocol for subtyping *Listeria monocytogenes* by macrorestriction and pulsed-field gel electrophoresis. *Int. J. Food Microbiol.* **65**, 55–62.

Green, D.H., Wakeley, P.R., Page, A., *et al.* (1999) Characterization of two *Bacillus* probiotics. *Appl. Environ. Microbiol.* **65**, 4288–4291.

Green, K.Y., Ando, T., Balayan, M.S., *et al.* (2000) Taxonomy of the caliciviruses. *J. Infect. Dis.* **181** (Suppl. 2), S322–S330.

Greig, J.D., Todd, E.C.D., Bartleson, C.A. & Michaels, B.S. (2007) Outbreaks where food workers have been implicated in the spread of foodborne disease. Part 1. Description of the problem, methods, and agents involved. *J. Food Prot.* **70**, 1752–1761.

Guarner, F. & Schaafsma, G.J. (1998) Probiotics. *Int. J. Food Microbiol.* **39**, 237–238.

Guzewich, J. & Ross, M.P. (1999) Evaluation of risks related to microbiological contamination of ready-to-eat food by food preparation workers and the effectiveness of interventions to minimize those risks. Available from: http://www.cfsan.fda.gov/~ear/rterisk.html.

Haas, C. (1999) On modeling correlated random variables in risk assessment. *Risk Anal.* **19**, 1205–1213.

Haas, C.N. (1983) Estimation of the risk due to low doses of microorganisms: a comparison of alternative methodologies. *Am. J. Epidemiol.* **118**, 573–582.

Haas, C.N., Rose, J.B. & Gerba, C.P. (1999) Quantitative Microbial Risk Assessment. John Wiley & Sons, Inc., New York, Chichester, Weinheim, Brisbane, Singapore & Toronto.

Haas, C.N., Thayyar-Madabusi, A., Rose, J.B. & Gerba, C.P. (2000) Development of a dose-response relationship for *Escherichia coli* 0157:H7. *Int. J. Food Microbiol.* **56**, 153–159.

Hain, T., Chatterjee, S.S., Ghai, R., *et al.* (2007) Pathogenomics of *Listeria* spp. *Int. J. Med. Microbiol.* **297**, 541–557.

Haire, D.L., Chen, G.M., Janzen, E.G., Fraser, L. & Lynch, J.A. (1997) Identification of irradiated foodstuffs: a review of the recent literature. *Food Res. Int.* **30**, 249–264

Hald, T., Vose, D. & Wegener, H.C. (2001) Quantifying the contribution of animal-food sources to hu-man salmonellosis in Denmark in 1999. Available from: http://www.lst.min.dk/publikationer/publikationer/ publikationer/campuk/cameng ref.doc.

Haldenwang, W.G. (1995) The sigma factors of *Bacillus subtilis*. *Microbiol. Rev.* **59**, 1–30.

Halliday, M.L., Kang, L.Y. & Zhou, T.K. (1991) An epidemic of hepatitis A attributable to the ingestion of raw clams in Shanghai, China. *J. Infect. Dis.* **164**, 852–859.

Hamilton-Miller, J.M.T., Shah, S. & Winkler, J.T. (1999) Public health issues arising from microbiological and labelling quality of foods and supplements containing probiotic organisms. *Public Health Nutr.* **2**, 223–229.

Harrigan, W.F. & Park, R.A. (1991) *Making Safe Food. A Management Guide for Microbiological Quality*. Academic Press, London.

Hart, C.A. & Cunliffe, N.A. (1999) Viral gastroenteritis. *Curr. Opin. Infect. Dis.* **12**, 447–457.

Hartman, P.A. (1997) The evolution of food microbiology. In: *Food Microbiology: Fundamentals and Frontiers* (eds M.P. Doyle, L.R. Beuchat & T.J. Montville), pp. 3–13. ASM Press, Washington, DC.

Hattoir, M. & Taylor, T.D. (2009) The human intestinal microbiome: a new frontier of human biology. *DNA Res.* **16**, 1–12.

Hauschild, A.H.W., Hilsheimer, R., Jarvis, G. & Raymond, D.P. (1982) Contribution of nitrite to the control of *Clostridium botulinum* in liver sausage. *J. Food Protect.* **45**, 500–506.

Havenaar, R. & Huis in't Veld, J.H. (1992) Probiotics: a general view. In: *The Lactic Acid Bacteria in Health and Disease, The Lactic Acid Bacteria*, Vol. **1** (ed. B.J. Wood), pp. 209–224. Chapman and Hall, New York, London.

Heitzier, A., Kohler, H.E., Reichert, P. & Hamer, G. (1991) Utility of phenomenological models for describing temperature dependence of bacterial growth. *Appl. Environ. Microbiol.* **57**, 2656.

Helms, M., Vastrup, P., Gerner-Smidt, P. & Molbak, K. (2003) Short and long term mortality associated with foodborne bacterial gastrointestinal infections: registry based study. *BMJ* **326**, 357–362.

Henderson, B., Wilson, W., McNab, R. & Lax, A. (1999) *Cellular Microbiology. Bacteria-Host Interactions in Health and Disease*. John Wiley & Sons, Chichester.

Hendrickx, M., Ludikhuyze, L., Vanden Broeck, I. & Weemaes, C. (1998) Effects of high pressure on enzymes related to food quality. *Trends Food Sci. Technol.* **9**, 197–203.

Hennesy, T.W., Hedberg, C.W., Slutsker, L., *et al.* (1996) A national outbreak of *Salmonella enteritidis* infections from ice cream. *New Engl. J. Med.* **334**, 1281–1286.

Hermon-Taylor, J., Bull, T.J., Sheridan, J.M., Cheng, J., Stellakis, M.L. & Sumar, N. (2000) The causation of Crohn's disease *Mycobacterium avium* subspecies *paratuberculosis*. *Can. J. Gastroenterol.* **14**, 521–539.

Hermon-Taylor, J. (2001) *Mycobacterium avium* subspecies *paratuberculosis*: the nature of the problem. *Food Control* **12**, 331–334.

Hermon-Taylor, J. (2009) *Mycobacterium avium* subspecies *paratuberculosis*, Crohn's disease and the Doomsday Scenario. *Gut Pathog.* **1**, 15.

Hill, A.F., Desbruslais, M., Joiner, S., *et al.* (1997) The same prion strain causes vCJD and BSE. *Nature* **389**, 448–450.

Hirasa, K. & Takemasa, M. (1998) Antimicrobial and antioxidant properties of spices. In: *Spice Science and Technology*, pp. 163–200. Marcel Dekker, New York.

Hitchins, A.D., Feng, P., Watkins, W.D., Rippey, S.R. & Chandler, L.A. (1998) *Escherichia coli* and the coliform bacteria. Chapter 4. In: *Food and Drug Administration Bacteriological Analytical Manual* (ed. R.L. Merker), 8th edn, revision A, Chapter 4. AOAC International, Gaithersburg, MD.

Hjelle, J.T., Miller-Hjelle, M.A., Poxton, I.R., *et al.* (2000) Endotoxin and nanobacteria in polycystic kidney disease. *Kidney Int.* **57**, 2360–2374.

Hjertqvist, M., Johansson, A., Svensson, N., Abom, P.E., Magnusson, C., Olsson, M., Hedlund, K.O. & Anders-son, Y. (2006) Four outbreaks of norovirus gastroenteritis after consuming raspberries, Sweden, June–August 2006. *Euro Surveill.* **11**(9), E060907.1.

Holah, J.T. & Thorpe, R.H. (1990) Cleanability in relation to bacterial retention on unused and abraded domestic sink materials. *J. Appl. Bacteriol.* **69**, 599–608.

Holcomb, D.L., Smith, M.A., Ware, G.O., Hung, Y.C., Brackett, R.E. & Doyle, M.P. (1999) Comparison of six dose–response models for use with food-borne pathogens. *Risk Anal.* **19**, 1091–1100.

Holmes, C.J. & Evans, R.C. (1989) Resistance of bacterial biofilms to antibiotics. *J. Antimicrobiol. Chemother.* **24**, 84.

Holyoak, C.D., Stratford, M., McMullin, Z., *et al.* (1996) Activity of the plasma-membrane H+--ATPase and optimal glycolytic flux are required for rapid adaption and growth in the presence of the weak acid preservative sorbic acid. *Appl. Environ. Microbiol.* **62**, 3158–3164.

Hoornstra, E. & Notermans, S. (2001) Quantitative microbiological risk assessment. *Int. J. Food Microbiol.* **66**, 21–29.

Houf, K., Devriese, L.A., De Zutter, L., Van Hoof, J. & Vandamme, P. (2001) Susceptibility of *Arcobacter butzleri, Arcobacter cryaerophilus,* and *Arcobacter skirrowii* to antimicrobial agents used in selective media. *J. Clin. Microbiol.* **39**, 1654–1656.

Hugenholtz, J. & Kleerebezem, M. (1999) Metabolic engineering of lactic acid bacteria: overview of the ap-proaches and results of pathway rerouting involved in food fermentations. *Curr. Opin. Biotechnol.* **10**, 492–497.

Huis in't Veld, J.H.J. (1996) Microbial and biochemical spoilage of foods: an overview. *Int. J. Food Microbiol.* **33**, 1–18.

Huisman, G.W. & Kolter, R. (1994) Sensing starvation: a homoserine lactone-dependent signalling pathway in *Escherichia coli. Science* **265**, 537–539.

Humphrey, T., O'Brien, S. & Madsen, M. (2007) Campylobacters as zoonotic pathogens: a food production perspective. *Int. J. Food Microbiol.* **117**, 237–257.

Hutin, Y.J., Pool, V., Cramer, E.H., *et al.* (1999) A multistate, foodborne outbreak of hepatitis A. National hepatitis A investigation team. *New Engl. J. Med.* **340**, 595–602.

Hyytiä-Trees, E.K., Cooper, K., Ribot, E.M. & Gerner-Smidt, P. (2007) Recent developments and future prospects in subtyping of foodborne bacterial pathogens. *Future Microbiol.* **2**, 175–185.

Ibarra-Sanchez, L.S., Alvarado-Casillas, S., Rodriguez-Garcia, M.O., Martinez-Gonzalez, N.E. & Castillo, A. (2004) Internalization of bacterial pathogens in tomatoes and their control by selected chemicals. *J. Food Prot.* **67**, 1353–1358.

IFBC (1990) Biotechnologies and food: assuring the safety of foods produced by genetic modification. *Regul. Toxicol. Pharmacol.* **12**, 3.

ILSI (2000) Revised framework for microbial risk assessment. An ILSI Risk Science Institute workshop report. International Life Sciences. Available from: http://www.ilsi.org/file/mrabook.pdf.

Inouye, S., Yamashita, K., Yamadera, S., Yoshokawa, M., Kato, N. & Okabe, N. (2000) Surveillance of viral gastroenteritis in Japan: pediatric cases and outbreak incidencts. *J. Infect. Dis.* **181**, S270–S274.

International Commission on Microbiological Specifications for Foods (ICMSF) (1968, revised 1978, 1982, 1988) *Microorganisms in Foods: Their Significance and Methods of Enumeration*, 2nd edn. (1978) *Microorgan-isms in Foods, Book 1.* University of Toronto Press, Toronto.

International Commission on Microbiological Specifications for Foods (ICMSF) (1974, revised 1986) *Microor-ganisms in Foods. Book 2. Sampling for Microbiological Analysis: Principles and Specific Applications.* University of Toronto Press, Toronto.

International Commission on Microbiological Specifications for Foods (ICMSF) (1980a) *Microorganisms in Foods. Book 3. Factors Affecting the Life and Death of Microorganisms. Vol. 1. Microbial Ecology of Foods.* Academic Press, New York.

International Commission on Microbiological Specifications for Foods (ICMSF) (1980b) *Food Commodities. Microbial Ecology of Foods. Vol. 2.* Academic Press, New York.

International Commission on Microbiological Specifications for Foods (ICMSF) (1988) *Microorganisms in Foods. Book 4. Application of the Hazard Analysis Critical Control Point (HACCP) System to Ensure Microbio-logical Safety and Quality.* Blackwell Scientific Publications, Oxford.

International Commission on Microbiological Specifications for Foods (ICMSF) (1996a) *Micro--organisms in Foods. Book. 5. Characteristics of Microbial Pathogens.* Blackie Academic & Professional, London.

International Commission on Microbiological Specification for Foods (ICMSF) (1996b) The International Commission on Microbiological Specifications for Foods: update. *Food Control* 7, 99–101.

International Commission on Microbiological Specification for Foods (ICMSF) (1997) Establishment of mi-crobiological safety criteria for foods in international trade. *World Health Stat. Q.* **50**, 119–123.

International Commission on Microbiological Specification for Foods (ICMSF) (1998a) *Microorganisms in Foods. Book 6. Microbial Ecology of Food Commodities.* Blackie Academic & Professional, London.

International Commission on Microbiological Specification for Foods (ICMSF) (1998b) Potential application of risk assessment techniques to microbiological issues related to international trade in food and food products. *J. Food Prot.* **61**, 1075–1086.

International Commission on Microbiological Specification for Foods (ICMSF) (1998c) Principles for the establishment of microbiological food safety objectives and related control measures. *Food Control* **9**, 379– 384.

International Commission on Microbiological Specification for Foods (ICMSF) (2002) *Microorganisms in Foods. Book 7. Microbiological Testing in Food Safety Management.* Kluwers Academic/Plenum Publishers, New York.

International Health Regulations (IHR) (2005) Available from: http://www.who.int/csr/ihr/IHRWHA58 3-en.pdf.

Institute of Food Science and Technology (IFST) (1999) *Development and Use of Microbiological Criteria for Foods.* Institute of Food Science & Technology (UK), London.

International Life Science Institute (ILSI) (1998) *Food Safety Management Tools* (eds J.L. Jouve, M.F. Stringer & A.C. Baird-Parker). Report prepared under the responsibility of ILSI Europe Risk Analysis in Microbiology task force. International Life Sciences Institute.

International Life Science Institute (ILSI) (2000) *Revised Framework for Microbial Risk Assessment.* An ILSI Risk Science Institute workshop report. International Life Sciences. Available from: http://www.ilsi. org/file/mrabook.pdf.

ISO (International Standardisation Organisation) (1994) ISO 9000 Series of Standards: ISO 9000: Quality Management and Quality Assurance Standards, Part 1: Guidelines for selection and use. ISO 9001: Quality Systems – Model for Quality Assurance in design/development, production, installation and servicing. ISO 9002: Quality Systems – Model for Quality Assurance in production and installation. ISO 9004-1: Quality Management and Quality System elements, Part 1: guidelines. ISO 8402 Standard: Quality Management and Quality Assurance Standards – Guidelines for selection and use – vocabulary.

ISO 10272-1:2006. Microbiology of food and animal feeding stuffs – horizontal method for detection and enumeration of *Campylobacter* spp. Part 1: Detection method.

ISO 11290-1:1996 and 2:1998 (1996, 1998) Microbiology of food and animal feeding stuffs – Horizontal method for the detection and enumeration of *Listeria monocytogenes.* Part 1 – Detection method. Part 2: Enumeration method.

ISO 16654:2001 (2001) Microbiology of food and animal feeding stuffs – Horizontal method for the detection of *Escherichia coli* O157.

ISO 21567:2004 (2004) Microbiology of food and animal feeding stuffs – Horizontal method for the detection of *Shigella* spp.

Isolauri, E., Juntunen, M., Rautanen, T., Sillanaukee, P. & Koivula, T. (1991) A *Lactobacillus* strain (*Lactobacillus* GG) promotes recovery from acute diarrhoea in children. *Paediatrics.* **88**, 90–97.

Iversen, C., Druggan, P. & Forsythe, S.J. (2004) A selective differential medium for *Enterobacter sakazakii. Int. J. Food Microbiol.* **96**, 133–139.

Iversen, C. & Forsythe, S. (2007) Comparison of media for the isolation of *Enterobacter sakazakii*. *Appl. Environ. Microbiol.* **73**, 48–52.

Iversen, C., Mullane, N., McCardell, B., Tall, B.D., Lehner, A., Fanning, S., Stephan, R. & Joosten, H. (2008) *Cronobacter* gen. nov., a new genus to accommodate the biogroups of *Enterobacter sakazakii*, and proposal of *Cronobacter sakazakii* gen. nov., comb. nov., *Cronobacter malonaticus* sp. nov., *Cronobacter turicensis* sp. nov., *Cronobacter muytjensii* sp. nov., *Cronobacter dublinensis* sp. nov., *Cronobacter genomospecies* 1, and of three subspecies, *Cronobacter dublinensis* subsp. *dublinensis* subsp. nov., *Cronobacter dublinensis* subsp. *lausannensis* subsp. nov. and *Cronobacter dublinensis* subsp. *lactaridi* subsp. nov. *Intl. J. System. Evol. Microbiol.* **58**, 1442–1447.

Jacobs-Reitsma, W., Kan, C. & Bolder, N. (1994) The induction of quinolone resistance in *Campylobacter* bacteria in broilers by quinolone treatment. *Lett. Appl. Microbiol.* **19**, 228–231.

JEMRA (2000) Preliminary document: WHO/FAO guidelines on hazard characterization for pathogens in food and water. Available from: http://www.fao.org/docrep/006/y4666e00.htm.

JEMRA (2003) *Risk Assessment of Salmonella in Eggs and Broiler Chickens. MRA Series, Number 2.* WHO, Geneva, Switzerland.

JEMRA (2008) Risk assessment for *Enterobacter sakazakii* in powdered infant formula. Available from: http://www.mramodels.org/ESAK/default.aspx.

Jessen, B. (1995) Start cultures for meat fermentation. In: *Fermented Meats* (eds G. Campbell-Platt & P.E. Cook), pp. 130–159. Blackie Academic & Professional, Glasgow.

Jeyamkondan, S., Jayas, D.S. & Holley, R.A. (1999) Pulsed electric field processing of foods: a review. *J. Food Prot.* **62**, 1088–1096.

Jonas, D.A., Antignac, E., Antoine, J.-M., *et al.* (1996) The safety assessment of novel foods. *Food Chem. Toxicol.* **34**, 931–940.

Jouve, J.L., Stringer, M.F. & Baird-Parker, A.C. (1998) *Food Safety Management Tools.* Report preparado under the responsibility of ILSI Europe Risk Analysis in Microbiology task force. International Life Sciences Institute.

Jouve, J.L. (2001) Reducing the microbiological food safety risk: a major challenge for the 21st cen--tury. WHO Strategic Planning Meeting, Geneva, 20–21 February 2001. Available from: http://www.who. int/fsf/mbriskassess/index.htm.

Juven, B.J. & Pierson, M.D. (1996) Antibacterial effects of hydrogen perioxide and methods for its detection and quantification. *J. Food Prot.* **59**, 1233–1241.

Kaila, M., Isolauri, E., Soppi, E., Vitanenen, V., Lane, S. & Arvilommi, H. (1992) Enhancement of circulating antibody secreting cell response in human diarrhoea by a human *Lactobacillus* strain. *Pediatr. Res.* **32**, 141–144.

Kaila, M., Isolauri, E., Saaxelin, M., Arvilommi & Vesikari, T. (1995) Viable versus inactivated *Lactobacillus* strain GG in acute rotavirus diarrhoea. *Arch. Dis. Child.* **72**, 51–53.

Kalchayanand, N., Sikes, A., Dunne, C.P. & Ray, B. (1998) Factors influencing death and injury of foodborne pathogens by hydrostatic pressure-pasteurization. *Food Microbiol.* **15**, 207–214.

Kapikan, A.Z., Wyatt, R.G., Dolin, R., Thornhill, T.S., Kalica, A.R. & Channock, R.M. (1972) Visualisation by immune electron microscopy of a 27 nm particle associated with acute infectious nonbacterial gastroenteritis. *J. Virol.* **10**, 1075–1081.

Kaplan, J.E., Feldman, R., Champbell, D.S., Lookabaugh, C. & Gary, G.W. (1982) The frequency of a Norwalk-like pattern of illness in outbreaks of acute gastro-enteritis. *Am. J. Publ. Health* **72**, 1329– 1332.

Karoonuthaisiri, N., Charlermroj, R., Uawisetwathana, U., Luxananil, P., Kirtikara, K. & Gajanandana, O. (2009) Development of antibody array for simultaneous detection of foodborne pathogens. *Biosens Bioelectron.* **24**, 1641–1648.

Kelly, L., Anderson, W. & Snary, E. (2000) Preliminary report: exposure assessment of *Salmonella* spp. in broilers. JEMRA. Available from: http://www.fao.org/WAICENT/FAOINFO/ECONOMIC/ESN/pagerisk/ mra005.pdf.

Kilsby, D. (1982) Sampling schemes and limits. In: *Meat Microbiology* (ed. M.H. Brown), pp. 387–421. Applied Science Publishers, London.

Kilsby, D.C., Aspinall, L.J. & Baird-Parker, A.C. (1979) A system for setting numerical microbiological specifi-cations for foods. *J. Appl. Bacteriol.* **46**, 591–599.

Klaenhammer, T.R. (1993) Genetics of bacteriocins produced by lactic acid bacteria. *FEMS Microbiol. Rev.* **12**, 39–86.

Klaenhammer, T.R. & Kullen, M.J. (1999) Selection and design of probiotics. *Int. J. Food Microbiol.* **50**, 45–57.

Klapwijk, P.M., Jouve, J.-L. & Stringer, M.F. (2000) Microbiological risk assessment in Europe: the next decade. *Int. J. Food Microbiol.* **58**, 223–230.

Kleerebezem, M., Quadri, L.E.N., Kuipers, O.P. & De Vos, W.M. (1997) Quorum sensing by peptide pheromones and two-component signal-transduction systems in Gram-positive bacteria. *Mol. Microbiol.* **24**, 895–904.

Koopmans, M. & Duizer, E. (2002) *Foodborne Viruses: An Emerging Problem.* ILSI Press. Available from: http://www.ilsi.org/file/RPFoodbornvirus.pdf.

Koopmans, M., von Bonsdorff, C-H., Vinje,´ J., de Medici, D. & Monroe, S. (2002) Foodborne viruses. *FEMS Microbiol. Rev.* **746**, 1–19.

Kothary, M.H. & Babu, U.S. (2001) Infective dose of foodborne pathogens in volunteers: a review. *J. Food Saf.* **21**, 49–73.

Kramer, J.M. & Gilbert, R.J. (1989) *Bacillus cereus* and other *Bacillus* species. In: *Foodborne Bacterial Pathogens* (ed. M.P. Doyle), pp. 21–70. Marcel Dekker, New York.

Krysinski, E.P., Brown, L.J. & Marchisello, T.J. (1992) Effect of cleaners and sanitizers of *Listeria monocytogenes* attached to product contact surfaces. *J. Food Prot.* **55**, 246–251.

Kuchenmüller, T., Hird, S., Stein, C., Kramarz, P., Nanda, A. & Havelaar, A.H. (2009) Estimating the globan burden of foodborne diseases – a collaborative effort. *Eurosurveillance* **14**(18), 19195. Available from: http://www.eurosurveillance.org/ViewArticle.aspx?Articleld = 19195.

Kuipers, O.P., de Ruyter, P.G.G.A., Kleerebezem, M. & de Vos, W.M. (1997) Controlled overporduction of proteins by lactic acid bacteria. *TIBTECH* **15**, 135–140.

Kuipers, O.P. (1999) Genomics for food biotechnology: prospects of the use of high-throughput technologies for the improvement of food microorganisms. *Curr. Opin. Microbiol.* **10**, 511–516.

Kumar, C.G. & Anand, S.K. (1998) Significance of microbial biofilms in food industry: a review. *Int. J. Food Microbiol.* **42**, 9–27.

Kwon, Y.M. & Ricke, S.C. (1998) Induction of acid resistance of *Salmonella typhimurium* by exposure to short-chain fatty acids. *Appl. Env. Microbiol.* **64**, 3458–3463.

Kyriakides, A. (1992) ATP bioluminescence applications for microbiological quality control in the dairy indus-try. *J. Soc. Dairy Technol.* **45**, 91–93.

Lake, R., Hudson, A., Cressey, P. & Nortje, G. (2002) Risk profile: *Listeria monocytogenes* in processed ready-to-eat meats. Report prepared for New Zealand Food Safety Authority by contract for scientific services. Institute of Environmental Science & Research Limited (ESR), Christchurch, NZ. Available from: http://www.nzfsa.govt.nz/science/risk-profiles/listeria-in-rte-meat.pdf.

Lammerding, A.M. & Paoli, G.M. (1997) Quantitative risk assessment: an emerging tool for emerging foodborne pathogens. *Emerg. Infect. Dis.* **3**, 483–487.

Langeveld, L.P.M., van Spoosen, W.A., van Beresteijn, E.C.H. & Notermans, S. (1996) Consumption by healthy adults of pasteurised milk with a high concentration of *Bacillus cereus*: a double-blind study. *J. Food Prot.* **59**, 723–726.

Lazcka, O., Del Campo, F.J. & Munoz,˜ F.X. (2007) Pathogen detection: a perspective of traditional methods and biosensors. *Biosens. Bioelectron.* **22**, 1205–1217.
Le Chevallier, M.W., Cawthon, C.D. & Lee, R.G. (1988) Inactivation of biofilm bacteria. *Appl. Environ. Microbiol.* **54**, 2492–2499.
Leclercq-Perlat, M.-N. & Lalande, M. (1994) Cleanability in relation to surface chemical composition and surface finishing of some materials commonly used in food industries. *J. Food Eng.* **23**, 501–517.
Le Minor, L. (1988) Typing *Salmonella* species. *Euro. J. Clin. Microbiol. Infect. Dis.* **7**, 214–218.
Lederberg, J. (1997) Infectious disease as an evolutionary paradigm. *Emerg. Infect. Dis.* **3**, 417–423.
Lees, D. (2000) Viruses and bivalue shellfish. *Int. J. Food Microbiol.* **59**, 81–116.
Li, S.Z., Marquardt, R.R. & Abramson, D. (2000) Immunochemical detection of molds: a review. *J. Food Prot.* **63**, 281–291.
Lin, Y.H., Chen, S.H., Chuang, Y.C., Lu, Y.C., Shen, T.Y., Chang, C.A., Lin, C.S. (2008) Disposable amperometric immunosensing strips fabricated by Au nanoparticles-modified screen-printed carbon electrodes for the detection of foodborne pathogen *Escherichia coli* O157:H7. *Biosens. Bioelectron.* **23**, 1832–1837.
Lindgren, S.E. & Dobrogosz, W.J. (1990) Antagonistic activities of lactic acid bacteria in food and feed fermen-tations. *FEMS Microbiol. Rev.* **87**, 149–163.
Lindqvist, R. & Westo¨o,¨ A. (2000) Quantitative risk assessment for *Listeria monocytogenes* in smoked or gravad salmon and rainbow trout in Sweden. *Int. J. Food Microbiol.* **58**, 181–196.
Lindsay, J.A. (1997) Chronic sequelae of foodborne disease. *Emerg. Infect. Dis.* **3**, 443–452.
Linkous, D.A. & Oliver, J.D. (1999) Pathogenesis of *Vibrio vulnificus. FEMS Microbiol. Lett.* **174**, 207–214.
Lotong, N. (1998) Koji. In: *Microbiology of Fermented Foods* (ed. B.J.B. Wood), pp. 659–695. Blackie Academic & Professional, London.
Lund, B.M, Graham, A.F., George, S.M. & Brown, D. (1990) *The combined effect of inoculation temperature, pH and sorbic acid on the probability of growth of non-proteolytic type B Clostridium botulinum. J. Appl. Bacteriol.* **69**, 481–492.
Lundgren, O. & Svensson, L. (2001) Pathogenesis of rotavirus diarrhoea. *Microbes Infect.* **3**, 1145–1156.
Luo, Y., Han, Z., Chin, S.M. & Linn, S. (1994) Three chemically distinct types of oxidants formed by iron mediated Fenton reactions in the presence of DNA. *Proc. Natl. Acad. Sci. U. S. A.* **91**, 12438–12442.
Ly, K.T. & Casanova, J.E. (2007) Mechanisms of *Salmonella* entry into host cells. *Cell. Microbiol.* **9**, 2103–2111.
Mack, D.R., Michail, S., Wei, S., McDougall, L. & Hollingsworth, M.A. (1999) Probiotics inhibit enteropathogenc *E. coli* adherence *in vitro* by inducing intestinal mucin gene expression. *Am. J. Physiol.* **276**, G941–G950.
Majowicz, SE., Dore, K., Flint, J.A, Edge, VL., Read, S., Buffett, M.C., *et al.* (2004) Magnitude and distribution of acute, self-reported gastrointestinal illness in a Canadian community. *Epidemiol. Infect.* **132**, 607–617.
Makarova, K.S. & Koonin, E.V. (2007) Evolutionary genomics of lactic acid bacteria. *J. Bacteriol.* **189**, 1199– 1208.
Manafi, M. (2000) New developments in chromogenic and fluorogenic culture media. *Int. J. Food Microbiol.* **60**, 205–218.
Mansfield, L.P. & Forsythe, S.J. (1996) Collaborative ring-trial of Dynabeads^{R} anti-Salmonella for immuno-magnetic separation of stressed *Salmonella* cells from herbs and spices. *Int. J. Food Microbiol.* **29**, 41–47.
Mansfield, L.P. & Forsythe, S.J. (2000a) Arcobacters, newly emergent human pathogens. *Rev. Med. Microbiol.* **11**, 161–170.

Mansfield, L.P. & Forsythe, S.J. (2000b) Salmonellae detection in foods. *Rev. Med. Microbiol.* **11**, 37–46.

Mansfield, L.P. & Forsythe, S.J. (2001) Demonstration of the Rb_1 lipopolysaccharide core structure in *Salmonella* strains with the monoclonal antibody M105. *J. Med. Microbiol.* **50**, 339–344.

Marie, D., Brussard, C.P.D., Thyhaug, R., Bratbak, G., Vaulot, D. (1999) Enumeration of marine viruses in culture and natural samples by flow cytometry. *Appl. Environ. Microbiol.* **65**, 45–52.

Marks, H.M., Coleman, M.E., Lin, J.C.-T. & Roberts, T. (1998) Topics in microbial risk assessment: dynamic flow tree process. *Risk Anal.* **18**, 309–328.

Marks, P., Vipond, I., Varlisle, D., Deakin, D., Fey, R. & Caul, E. (2000) Evidence for airborne transmission of NLV in a hotel restaurant. *Epidemiol. Infect.* **124**, 481–487.

Marshall, D.L. & Schmidt, R.H. (1988) Growth of *Listeria monocytogenes* at 10° C in milk preincubated with selected pseudomonads. *J. Food Protect.* **51**, 277.

Marteau, P., Flourie, B., Pochart, P., Chastang, C., Desjeux, J.F. & Rambeau, J.C. (1990) Effect of the microbial lactase activity in yogurt on the intestinal absorption of lactose: an *in vivo* study in lactase-deficient humans. *Br. J. Nutr.* **64**, 71–79.

Marteau, P., Vaerman, J.P., Dehennin, J.P., *et al.* (1997) Effects of intracellular perfusion and chronic ingestion of *Lactobacillus johnsonii* strain La1 on serum concentrations and jejunal secretions of immunoglobulins and serum proteins in healthy humans. *Gastroenterol. Clin. Biol.* **21**, 293–298.

Martin, S.A., Wallsten, T.S. & Beaulieu, N.D. (1995) Assessing the risk of microbial pathogens: application of a judgment-encoding methodology. *J. Food Prot.* **58**, 289–295.

Mast, E.E. & Alter, M.J. (1993) Epidemiology of viral hepatitis. *Semin. Virol.* **4**, 273–283.

Matsuzaki, T. (1998) Immunomodulation by treatment with *Lactobacillus casei* strain Shirota. *Int. J. Food Microbiol.* **41**, 133–140.

McClure, P.J., Boogard, E., Kelly, T.M., Baranyi, J. & Roberts, T.A. (1993) A predictive model for the combined effects of pH, sodium chloride and temperature, on the growth of *Brochothrix thermosphacta. Int. J. Food Microbiol.* **19**, 161–178.

McCullough, N.B. & Eisele, C.W. (1951a) Experimental human salmonellosis. I. Pathogenicity of strains of *Salmonella meleagridis* and *Salmonella annatum* obtained from spray-dried whole egg. *J. Infect. Dis.* **88**, 278–289.

McCullough, N.B. & Eisele, C.W. (1951b) Experimental human salmonellosis. II. Pathogenicity of strains of *Salmonella newport*, *Salmonella derby* and *Salmonella bareilly* obtained from spray--dried whole egg. *J. Infect. Dis.* **89**, 209–213.

McCullough, N.B. & Eisele, C.W. (1951c) Experimental human salmonellosis. III. Pathogenicity of strains of *Salmonella pullorum* obtained from spray-dried whole egg. *J. Infect. Dis.* **89**, 259–266.

McDonald, K. & Sun, D-W. (1999) Predictive food microbiology for the meat industry: a review. *Int. J. Food Microbiol.* **52**, 1–27.

McLauchlin, J. (1990a) Distribution of serovars of *Listeria monocytogenes* isolated from different categories of patients with listeriosis. *Eur. J. Clin. Microbiol. Infect. Dis.* **9**, 201–203.

McLauchlin, J. (1990b) Human listeriosis in Britain, 1967–1985: a summary of 722 cases. 1. Listeriosis during pregnancy and in the newborn. *Epidemiol. Infect.* **104**, 181–189.

McMeekin, T.A., Olley, J.N., Ross, T. & Ratkowsky, D.A. (1993) *Predictive Microbiology*. John Wiley & Sons, Chichester.

Mead, P.S., Slutsker, L., Dietz, V., *et al.* (1999) Food-related illness and death in the United States. *Emerg. Infect. Dis.* **5**, 607–625.

Medema, G.J., Teunis, P.F.M., Havelaar, A.H. & Haas, C.N. (1996) Assessment of the dose–response relationship of *Campylobacter jejuni. Int. J. Food Microbiol.* **30**, 101–111.

Meng, J. & Genigoergis, C.A. (1994) Delaying toxigenesis of *Clostridum botulinum* by sodium lactate in 'sous-vide' products. *Lett. Appl. Microbiol.* **19**, 20–23.

Meng, X.J., Purcell, R.H., Halbur, P.G., *et al.* (1997) A novel virus in swine is closely related to the human hepatitis E virus. *Proc. Natl. Acad. Sci. U. S. A.* **94**, 9860–9865.

Merican, I., Guan, R., Amarapuka, D., Alexander, M.J., Chutaputti, A., Chien, R.N., Hasnian, S.S., Leung, N., Lesmana, L., Phiet, P.H., Sjalfoellah Noer, H.M., Sollano, J., Sun, H.S. & Xu, D.Z. (2000) Chronic hepatitis B virus infection in Asian countries. *J. Gastroenterol. Hepatol.* **15**, 1356–1361.

Mermin, J.H. & Griffin, P.M. (1999) Invited commentary: public health crisis in crisis-outbreaks of *Escherichia coli* O157:H7 in Japan. *Am. J. Epidemiol.* **150**, 797–803.

Messens, W., Herman, L., De Zutter, L., Heyndrickx, M. (2009) Multiple typing for the epidemiological study of contamination of broilers with thermotolerant *Campylobacter*. *Vet Microbiol.* **138**, 120–131.

Mierau, I., Kunji, E.R.S., Leenhouts, K.J., *et al.* (1996) Multiple-peptidase mutants of *Lactococcus lactis* subsp. *cremoris* SK110 and its nisin-immune transconjugant in relation to flavour development in cheese. *Appl. Enviorn. Microbiol.*. **64**, 1950–1953.

Miller, A.J., Whitting, R.C. & Smith, J.L. (1997) Use of risk assessment to reduce listeriosis incidence. *Food Technol.* **51**, 100–103.

Mintz, E.D., Cartter, M.L., Hadler, J.L., *et al.* (1994) Dose–response effects in an outbreak of *Salmonella enteritidis*. *Epidemiol. Infect.* **112**, 13–19.

Morris, J.G. Jr. & Potter, M. (1997) Emergence of new pathogens as a function of changes in host susceptibility. *Emerg. Infect. Dis.* **3**, 435–441.

Mortimore, S. & Wallace, C. (1994) *HACCP – A Practical Approach*. Practical Approaches to Food Control and Food Quality Series No.1. Chapman and Hall, London.

Moseley, B.E.B. (1999) The safety and social acceptance of novel foods. *Int. J. Food Microbiol.* **50**, 25–31.

Mossel, D.A.A., Corry, J.E.L., Struijk, C.B. & Baird, R.M. (1995) In: *Essentials of the Microbiology of Foods. A Textbook for Advanced Studies*. pp. 223. John Wiley & Sons, Chichester.

Muhammad-Tahir, Z. & Alocilja, E.C. (2003) A conductometric biosensor for biosecurity. *Biosens Bioelectron.* **18**, 813–819.

Murata, M., Legrand, A.M., Ishibashi, Y., Fukui, M. & Yasumoto, Y. (1990) Structures and configurations of ciguatoxin from the morey eel *Gymnothora javanicus* and its likely precursor from the dinoflagellate *Gambierdiscus toxicus*. *J. Am. Chem. Soc.* **112**, 4380–4386.

Muyzer, G. (1999) DGGE/TGGE: a method for identifying genes from natural ecosystems. *Curr. Opin. Microbiol.* **2**, 317–322.

Nanduri, V., Bhunia, A.K., Tu, S.I., Paoli, G.C. & Brewster, J.D. (2007) SPR biosensor for the detection of *L. monocytogenes* using phage-displayed antibody. *Biosens. Bioelectron.* **23**, 248–252.

National Advisory Committee on Microbiological Criteria for Foods (NACMCF) (1992) Hazard analysis and critical control point system. *Int. J. Food Microbiol.* **16**, 1–23.

National Advisory Committee on Microbiological Criteria for Foods (NACMCF) (1998a) Principles of risk assessment for illness caused by foodborne biological agents. *J Food Protect.* **16**, 1071–1074.

National Advisory Committee on Microbiological Criteria for Foods (NACMCF) (1998b) Hazard anal-ysis and critical control point principles and application guidelines. *J. Food Protect.* **61**, 1246– 1259.

National Research Council (NRC) (1993) *Risk Assessment in the Federal Government: Managing the process*. National Academy Press, Washington, DC.

National Research Council (2007) The new science of metagenomics: revealing the secrets of our planet. Available from: http://www.books.nap.edu/catalog.php?record id = 11902.

Nauta, M.J. (2000) Separation of uncertainty and variability in quantitative microbial risk assessment models. *Int. J. Food Microbiol.* **57**, 9–18.

Nelson, K.E., Fouts, D.E., Mongodin, E.F., *et al.* (2004) Whole genome comparisons of serotype 4b and 1/2a strains of the food-borne pathogen *Listeria monocytogenes* reveal new insights into the core genome components of this species. *Nucleic Acids Research* **32**, 2386–2395.

Nes, I.F., Diep, D.B., Havarstein, L.S., Brurberg, M.B., Eijsink, V. & Holo, H. (1996) Biosynthesis of bacteriocins in lactic acid bacteria. *Ant. van Leeuw.* **70**, 113–128.

Notermans, S. & Van Der Giessen, A. (1993) Foodborne diseases in the 1980's and 1990's: the Dutch experience. *Food Contam.* **4**, 122–124.

Notermans, S., Zwietering, M.H. & Mead, G.C. (1994) The HACCP concept: Identification of potentially hazardous micro-organisms. *Food Microbiol. (London),* **11**, 203–214.

Notermans, S. & Mead, G.C. (1996) Incorporation of elements of quantitative risk analysis in the HACCP system. *Int. J. Food Microbiol.* **30**, 157–173.

Notermans, S., Mead, G.C. & Jouve, J.L. (1996) Food products and consumer protection: A conceptual approach and a glossary of terms. *Intl. J. Food Microbiol.* **30**, 175–183.

Notermans, S., Nauta, M.J., Jansen, J., Jouve, J.L & Mead, G.C. (1996) A risk assessment approach to evaluating food safety based on product surveillance. *Food Control.* **9**, 217–223.

Notermans, S., Dufreene, J., Teunis, P., *et al.* (1997) A risk assessment study of *Bacillus cereus* present in pasteurised milk. *Food Microbiol.* **14**, 143–151.

Notermans, S. & Batt, C.A. (1998) A risk assessment approach for food-borne *Bacillus cereus* and its toxins. *J. Appl. Microbiol* Suppl. **84**, 51S–61S.

Notermans, S., Dufreene, J., Teunis, P. & Chackraborty, T. (1998) Studies on the risk assessment of *Listeria monocytogenes. J. Food Protect.* **61**, 244–248.

Notermans, S., Hoornstra, E., Northolt, M.D. & Hofstra, H. (1999) How risk analysis can improve HACCP. *Food Sci. Technol. Today* **13**, 49–54.

O'Donnell-Maloney, M.J., Smith, C.L. & Contor, C.R.E. (1996) The development of microfabricated arrays for DNA sequencing and analysis. *Trends Biotechnol.* **14**, 401–407.

O'Hara, A.M. & Shanahan, F. (2006) The gut flora as a forgotten organ. *EMBO Rep.* **7**, 688–693.

Oberman, H. & Libudzisz, Z. (1998) Fermented milks. In: *Microbiology of Fermented Foods* (ed. B.J.B. Wood), pp. 308–350. Blackie Academic & Professional, London, Weinheim, New York, Tokyo, Melbourne, Madras.

OECD (1993) *Safety Evaluation of Foods Produced by Modern Biotechnology – Concepts and Principles.* Organi-sation for Economic Cooperation and Development, Paris.

Ogier, J.-C., Lafarge, V., Girard, V., *et al.* (2004) Molecular fingerprinting of dairy microbial ecosystems by use of temporal temperature and denaturing gradient gel electrophoresis. *Appl. Environ. Microbiol.* **70**, 5628–5643.

Oh, D.H. & Marshall, D.L. (1995) Destruction of *Listeria monocytogenes biofilms* on stainless steel using monolaurin and heat. *J. Food Prot.* **58**, 251–255.

Oliver, J.D. (2005) The viable but nonculturable state in bacteria. *J. Microbiol.* **43**, 93–100.

Olsvik, O., Popovic, T., Skjerve, E., *et al.* (1994) Magnetic separations techniques in diagnostic microbiology. *Clin. Microbiol. Rev.* **7**, 43–54.

On, S.L.W, Dorrell, N., Petersen, L., *et al.* (2006) Numerical analysis of DNA microarray data of *Campylobacter jejuni* strains correlated with survival, cytolethal distending toxin and haemolysin analyses. *Int. J. Med. Microbiol.* **296**, 353–363.

Oscar, T.P. (1998a) Growth kinetics of *Salmonella* isolates in a laboratory medium as affected by isolate and holding temperature. *J. Food Prot.* **61**, 964–968.

Oscar, T.P. (1998b) The development of a risk assessment model for use in the poultry industry. *J. Food Safety* **18**, 371–381.

Ouwehand, A.C., Kirjavainen, P.V., Shortt, C. & Salminen, S. (1999) Probiotics: mechanisms and established effects. *Int. Dairy J.* **9**, 43–52.

OzFoodNet Working Group (2003) Foodborne disease in Australia: incidence, notifications and outbreaks. Annual report of the OzFoodNet network, 2002. *Commun. Dis. Intell.* **27**, 209–243.

Paoli, G. (2000) Health Canada risk assessment model for *Salmonella* Enteritidis. (Quoted by Fazil et al. 2000).

Park, S.F. (2005) The physiology of *Campylobacter* species and its relevance to their role as food borne pathogens. *Int. J. Food Microbiol.* **74**, 177–188.

Parkhill, J., Wren, B.W., Mungall, *et al.* (2000) The genome sequence of the food-borne pathogen *Campylobacter jejuni* reveals hypervariable sequences. *Nature* **403**, 665–668.

Parry, R.T. (ed.) (1993) *Principles and Applications of Modified Atmosphere Packaging of Foods*. Blackie Academic & Professional, Glasgow.

Peck, M.W. (1997) *Clostridium botulinum* and the safety of refrigerated processed foods of extended durability. *Trends Food Sci. Technol.* **8**, 186–192.

Peeler, J.T. & Bunning, V.K. (1994) Hazard assessment of *Listeria monocytogenes* in the processing of bovine milk. *J. Food Prot.* **57**, 689–697.

Peterson, W.L., MacKowiak, P.A., Barnett, C.C., Marling-Cason, M. & Haley, M.L. (1989) The human gastric bactericidal barrier: mechanisms of action, relative antibacterial activity, and dietary influences. *J. Infect. Dis.* **159**, 979–983.

PHLS (1992) Provisional microbiological guidelines for some ready-to-eat foods sampled at point of sale: notes for PHLS Food Examiners. *PHLS Microbiol. Dig.* **9**, 98–99.

PHLS (1996) Microbiological guidelines for some ready-to-eat foods sampled at the point of sale: an expert opinion from the PHLS. *PHLS Microbiol. Dig.* **13**, 41–43.

PHLS (2000) Guidelines for the microbiological quality of some ready-to-eat foods sampled at the point of sale. *Commun. Dis. Public Health* **3**, 163–167.

Picket, C. & Whitehouse, D. (1999) The cytolethal distending toxin family. *Trends Microbiol.* **7**, 292–297.

Piper, P., Mahe, Y., Thompson, S., *et al.* (1998) The Pdr12 ATP-binding cassette ABC is required for the development of weak acid resistance in *Saccharomyces cerevisiae*. *EMBO J.* **17**, 4257–4265.

Ponka, A., Maunula, L., von Bonsdorff, C.H. & Lyytikainen, O. (1999) An outbreak of calicivirus associated with consumption of frozen raspberries. *Epidemiol. Infect.* **123**, 469–474.

Potter, M.E. (1996) Risk Assessment Terms and Definitions. *J. Food Prot.* Suppl., 6–9.

Power, U.F. & Collins, J.K. (1989) Differential depuration of poliovirus, *Escherichia coli*, and a coliphage by the common mussel, *Mytilus edulis*. *Appl. Environ. Microbiol.* **55**, 1386–1390.

Pridmore, R.D., Berger, B., Desiere, F., *et al.* (2004) The genome sequence of the probiotic intestinal bacterium *Lactobacillus johnsonii* NCC 533. *Proc. Natl. Acad. Sci. U. S. A.* **101**, 2512–2517.

Pruitt, K.M. & Kamau, D.N. (1993) Mathematical models of bacterial growth, inhibition and death under combined stress conditions. *J. Ind. Microbiol.* **12**, 221.

Raso, J., Pagan,´ R., Condon,´ S. & Sala, F. (1998) Influence of temperature and pressure on the lethality of ultrasound. *Appl. Environ. Microbiol.*. **64**, 465–471.

Reddy, B.S. & Riverson, A. (1993) An inhibitory effect of *Bifidobacteriumm longum* on colon, mammary and liver carcinogenesis induced by 2-amino-3-methylimidazo[4,5-f] quinolone, a food mutagen. *Cancer Res.* **53**, 3914–3918.

Reid, G., Millsap, K. & Busscher, H.J. (1994) Implantation of *Lactobacillus casei* var. *rhamnosus* into the vagina. *Lancet* **344**, 1229.

Reid, G. (1999) The scientific basis for probiotic strains of *Lactobacillus*. *Appl. Env. Microbiol.* **65**, 3763– 3766.

Renouf, V., Claisse, O., Miot-Sertier, C. & Lanvaud-Funel, A. (2006) Lactic acid bacteria evolution during winemaking: use of *rpoB* gene as a target for PCR-DGGE analysis. *Food Microbiol.* **23**, 136–145.

Rhodehamel, E.J. (1992) FDA concerns with sous vide processing. *Food Technol.* **46**, 73–76.

Ribot, E.M., Fitzgerald, C., Kubota, K., Swaminathan, B. & Barrett, T.J. (2001) Rapid pulsed-field gel elec-trophoresis protocol for subtyping of *Campylobacter jejuni*. *J. Clin. Microbiol.* **39**, 1889–1894.

Richards, G.P. (2001) Enteric virus contamination of foods through industrial practices: a primer on interven-tion strategies. *J. Ind. Microbiol. Biotechnol.* **27**, 117–125.

Roberts, D. & Greenwood, M. (2003) *Practical Food Microbiology*, 3rd edn. Blackwell Publishing, Oxford.

Roberts, J.A. (1996) *Economic Evaluation of Surveillance*. Department of Public Health and Policy, London. Roberts, T.A. & Gibson, A.M. (1986) Chemical methods for controlling *Clostridium botulinum* in processed meats. *Food Technol.* **40**, 163–171.

Robinson, A., Gibson, A.M. & Roberts, T.A. (1982) Factors controlling the growth of *Clostridium botulinum* types A and B in pasteurized, cured meats. V. Prediction of toxin production: non--linear effects of storage temperature and salt concentration. *J. Food Technol.* **17**, 727–744.

Robinson, D.A. (1981) Infective dose of *Campylobacter jejuni* in milk. *Br. Med. J.* **282**, 1584.

Rollins, D.M. & Colwell, R.R. (1986) Viable but nonculturable stage of *Campylobacter jejuni* and its role in survival in the natural aquatic environment. *Appl. Env. Microbiol.* **52**, 531–538.

Rondon, M.R., Goodman, R.M. & Handelsman, J. (1999) The Earth's bounty: assessing and acces-sing soil microbial diversity. *TIBTECH* **17**, 403–409.

Rose, J.B., Haas, C.N. & Regli, S. (1991) Risk assessment and control of waterborne giardiasis. *Am. J. Publ. Health* **81**, 709–713.

Rose, J.B. & Sobsey, M.D. (1993) Quantitative risk assessment for viral contamination of shellfish and coastal waters. *J. Food Prot.* **56**, 1043–1050.

Rosenquist, H., Nielsen, N.L., Sommer, H., Nørrung, B. & Christensen, B. (2003) Quantitative risk assessment of human campylobacteriosis associated with thermophilic *Campylobacter* species in chickens. *Int. J. Food Microbiol.* **83**, 87–103.

Ross, T. (1993) Belehardek-type models. *J. Ind. Microbiol.* **12**, 180.

Ross, T. & McMeekin, T.A. (1994) Review Paper. Predictive microbiology. *Int. J. Food Microbiol.* **23**, 241–264.

Ross, T., Todd, E. & Smith, M. (2000, Withdrawn) Preliminary report: exposure assessment of *Listeria monocytogenes* in ready-to-eat foods. *JEMRA*.

Ross, T. & McMeekin, T.A. (2003) Modeling microbial growth within food safety risk assessments. *Risk Anal.* **23**, 179–197.

Ross, W. (2000) From exposure to illness: building a dose–response model for risk assessment (Quoted by Fazil et al. 2000).

Rowan, N.J., Anderson, J.G. & Smith, J.E. (1998) Potential infective and toxic microbiological hazards associated with the consumption of fermented foods. In: *Microbiology of Fermented Foods* (ed. B.J.B. Wood), pp. 263–307. Blackie Academic & Professional, London.

Rowan, N.J., MacGregor, S.J., Anderson, J.G., Fouracre, R.A., Mcllvaney, L. & Farish, O. (1999) Pul-sed-light inactivation of food-related microorganisms. *Appl. Environ. Microbiol.* **65**, 1312–1315.

Rowland, I.R. (1990) Metabolic interactions in the gut. In: *Probiotics* (ed. R. Fuller), pp. 29–52. Chapman & Hall, New York.

Rowland, I.R. (1999) Probiotics and benefits to human health – the evidence in favour. *Environ. Microbiol.* **1**, 375–382.

Ruthven, P.K. (2000) Food and health economics in the 21st century. *Asia Pacific. J. Clin. Nutr.* **9** (Suppl.) S101–S102.

Ryan, C.A., Nickels, M.K., Hargrett-Bean, N.T., *et al.* (1987) Massive outbreak of antimicrobial--resistant salmonellosis traced to pasteurised milk. *J. Am. Med. Assoc.* **258**, 3269–3274.

Safarík, I., Safaríková, M. & Forsythe, S.J. (1995) The application of magnetic separations in applied microbi-ology. *J. Appl. Bacteriol.* **78**, 575–585.

Salmon, R. (2005) Outbreak of verotoxin producing *E. coli* O157 infections involving over forty schools in south Wales, September 2005. *Eurosurveillance* **10**(40), 2804. Available from: http://www.eurosurveillance. org/ViewArticle.aspx?ArticleId=2804.

Sanders, M.E. (1993) Summary of conclusions from a consensus panel of experts on health attributes of lactic cultures: significance of fluid milk products containing cultures. *J. Dairy Sci.* **76**, 1819–1828.

Sanders, M.E. (1998) Overview of functional foods: emphasis on probiotic bacteria. *Int. Dairy J.* **8**, 341–349.

SCF (1997) Commission Recommendation 97/618/EEC concerning the scientific aspects of the presentation of information necessary to support applications for the placing on the market of novel foods and novel food ingredients and the preparation of initial assessment reports under regulation (EC) No 258/97 of the European Parliament and of the Council: *Offic. J. Euro. Commun.* L253, Brussels.

Schellekens, M., Martens, T., Roberts, T.A., *et al.* (1994) Computer aided microbial safety design of food processes. *Int. J. Food Microbiol.* **24**, 1–9.

Schellekens, M. (1996) New research in sous-vide cooking. *Trends Food Sci. Technol.* **7**, 256–262.

Schena, M., Heller, R.A., Theriault, T.P., Konrad, K., Lachenmeir, E. & Davis, R.W. (1998) Microarrays: biotechnology's discovery platform for functional genomics. *TIBTECH* **16**, 301–306.

Scheu, P.M., Berghof, K. & Stahl, U. (1998) Detection of pathogenic and spoilage microorganisms in food with the polymerase chain reaction. *Food Microbiol.* **15**, 13–31.

Schiff, G.M., Stefanovic, E., Young, E.C., Sander, D.S., Pennekamo, J.K. & Ward, R.L. (1984) Studies of Echovirus 12 in volunteers: Determination of minimal infectious dose and the effect of previous infection on infectious dose. *J. Infect. Dis.* **150**, 858–866.

Schiffrin, E., Rouchat, F., Link-Amster, H., Aeschlimann, J. & Donnet-Hugues, A. (1995) Immunomodulation of blood cells following the ingestion of lactic acid bacteria. *J. Diary Sci.* **78**, 491–497.

Schleifer, K.-H., Ehrmann, M., Brockmann, E., Ludwig, W. & Ammann, R. (1995) Application of molecular methods for the classification and identification of the lactic acid bacteria. *Int. Dairy J.* **5**, 1081–1094.

Schlundt, J. (2002) New directions in foodborne disease. *Intl. J. Food Microbiol.* **78**, 3–17.

Schwartz, I. (2000) Microbial genomics: from sequence to function. *Emerg. Infect. Dis.* **6**, 493–495.

Schwiertz, A., Gruhl, B., Lobnitz, M., Michel, P., Radke, M. & Blaut, M. (2003) Development of the intestinal bacterial composition in hospitalized preterm infants in comparison with breast-fed, full-term infants. *Ped. Res.* **54**, 393–399.

SCOOP (1998) Reports on tasks for scientific co-operation, Microbiological Criteria: Collation of scientific and methodological information with a view to the assessment of microbiological risk for certain foodstuffs, Report of experts participating in Task 2.1, European Commission, EUR 17638, Office for Official Publications of the European Communities, Luxembourg.

Scott, A.E., Timms, A.R., Connerton, P.L., Loc-Carillo, C., Radzum, K.A. & Connerton, I.F. (2007) Genome dynamics of *Campylobacter jejuni* in response to bacteriophage predation. *PLoS Pathog* **3**, e119.

Seera, J.A., Domenech, E., Escriche, I. & Martorelli, S. (1999) Risk assessment and critical control points from the production perspective. *Int. J. Food Microbiol.* **46**, 9–26.

Sela, D.A., Chapman, J., Adeuya, A., *et al.* (2008) The genome sequence of *Bifidobacterium longum* subsp. *infantis* reveals adaptations for milk utilization within the infant microbiome. *PNAS* **105**, 18964–18969.

Sergeev, N., Distler, M., Coirtney, S., *et al.* (2004) Multipathogen oligonucleotide microarray for environmental and biodefense applications. *Biosens. Bioelectron.* **20**, 684–698.

Sethi, D., Wheeler, J.G., Cowden, J.M., *et al.* (1999) A study of infectious intestinal disease in England: plan and methods of data collection. *Commun. Dis. Publ. Health* **2**, 101–107.

Sethi, D., Cumberland, P., Hudson, M.J., *et al.* (2001) A study of infectious intestinal disease in England: risk factors associated with group A rotavirus in children. *Epidemiol. Infect.* **126**, 63–70.

Shapton, D.A. & Shapton, N.E. (1991) *Principles and Practises for the Safe Processing of Foods.* Butterworth-Heinemann, Oxford.

Shaw, R.D. (2000) Viral infections of the gastrointestinal tract. *Curr. Opin. Gastroenterol.* **16**, 12–17.

Shivananda, S., Lennard-Jones, J., Logan, R., *et al.* (1996) Incidence of inflammatory bowel disease across Europe: is there a difference between North and South? Results of the European collaborative study on inflammatory bowel disease (ECIBD) *Gut* **39**, 690–697.

Silley, P. & Forsythe, S. (1996) Impedance microbiology – a rapid change for microbiologists. *J. Appl. Bacteriol.* **80**, 233–243.

Sinell, H.J. (1995) Control of food-borne infections and intoxications. *Intl. J. Food. Microbiol.* **25**, 209–217. Skirrow, M.B. (1977) *Campylobacter* enteritidis: a "new" disease. *Br. Med. J.* **2**, 9–11.

Slauch, J., Taylor, R. & Maloy, S. (1997) Survival in a cruel world: how *Vibrio cholerae* and *Salmonella* respond to an unwilling host. *Genes Dev.* **11**, 1761–1774.

Smith, K., Besser, J., Hedberg, C., *et al.* (1999) Quinolone-resistant *Campylobacter jejuni* infections in Minnesota, 1992–1998. *New Eng. J. Med.* **340**, 1525–1532.

Snyder, O.P. Jr (1995) HACCP-TQM for retail and food service operations. In: *Advances in Meat Research – Volume 10. HACCP in Meat, Poultry & Fish Processing.* (eds A.M. Pearson & T.R. Dutson). Blackie Academic & Professional, London.

Sockett, P.N. (1991) Food poisoning outbreaks associated with manufactured foods in England and Wales: 1980–89. *Commun. Dis. Rep.* **1**, Rev No. 10, R105–R109.

Soker, J.A., Eisenberg, J.N. & Olivier, A.W. (1999) Case study human infection through drinking water exposure to human infections rotavirus. ILSI Research Foundation. Risk Science Institute, Washington, DC.

Sopwith, W., Matthews, M., Fox, A., *et al.* (2006) *Campylobacter jejuni* multilocus sequence types in humans, Northwest England, 2003–2004. *Emerg. Infect. Dis.*. 2006 Oct. Available from: http://www.cdc.gov/ncidod/ EID/vol12no10/06-0048.htm.

Sozer, N. & Kokini, J.L. (2009) Nanotechnology and its applications in the food sector. *Trends Biotechnol.* **27**, 82–89.

Sparks, P. & Shepherd, R. (1994) Public perceptions of the potential hazards associated with food production and food consumption: an empirical study. *Risk Anal.* **14**, 799–806.

Stabel, J.R., Steadham, E. & Bolin, C.A. (1997) Heat inactivation of *Mycobacterium paratuberculosis* in raw milk: are current pasteurisation conditions effective? *Appl. Environ. Microbiol.* **63**, 4975–4977.

Stanley, G. (1998) Cheeses. In: *Microbiology of Fermented Foods* (ed. B.J.B. Wood), pp. 263–307. Blackie Academic & Professional, London.

Stickler, D. (1999) Biofilms. *Curr. Opin. Microbiol.* **2**, 270–275.

Stringer, S.C., George, S.M. & Peck, M.W. (2000) Thermal inactivation of *Escherichia coli* O157:H7. *J. Appl. Microbiol.* **88** (Suppl.), 79S–89S.

Stutz, H.K., Silverman, G.J., Angelini, P. & Levin, R.E. (1991) Bacteria and volatile compounds associated with ground beef spoilage. *J. Food Sci.* **55**, 1147–1153.

Sugita, T. & Togawa, M. (1994) Efficacy of *Lactobacillus* preparation biolactis powder in children with rotavirus enteritis. *Jpn. J. Pediatr.* **47**, 899–907.

Surkiewicz, B.F., Johnson, R.W., Moran, A.B. & Krumm, G.W. (1969) A bacteriological survey of chicken eviscerating plants. *Food Technol.* **23**, 1066–1069.

Sutherland, J.P. & Bayliss, A.J. (1994) Predictive modeling of growth of *Yersinia enterocolitica:* The effects of temperature, pH and sodium chloride. *Int. J. Food Microbiol.* **21**, 197–215.

Sutherland, J.P., Bayliss, A.J. & Braxton, D.S. (1995) Predictive modeling of growth of *Escherichia coli* O157:H7: The effects of temperature, pH and sodium chloride. *Int. J. Food Microbiol.* **25**, 29–49.

Sweeney, R.W., Whitlock, R.H. & Rosenberger, A.E. (1992) *Mycobacterium paratuberculosis* cultured from milk and supramammary lymph nodes of infected asymptomatic cows. *J. Clin. Microbiol.* **30**, 166– 171.

Tam, C.C., O'Brien, S.J., Adak, G.K., Meakins, S.M. & Frost, J.A. (2003) *Campylobacter coli* – an important foodborne pathogen. *J. Infect.* **47**, 28–32.

Tannock, G.W. (1995) *Normal Microflora.* Chapman and Hall, London.

Tannock, G.W. (1997) Probiotic properties of lactic-acid bacteria: plenty of scope for fundamental R&D. *Trends Biotechnol.* **15**, 270–274.

Tannock, G.W. (1998) Studies of the intestinal microflora: a prerequisite for the development of probiotics. *Int. Dairy J.* **8**, 527–533.

Tannock, G.W. (1999a) Identification of lactobacilli and bifidobacteria. In: *Probiotics: A Critical Review* (ed. G.W. Tannock). Horizon Scientific Press, Norfolk.

Tannock, G.W. (ed.) (1999b) *Probiotics: A Critical Review*, pp. 1–4. Horizon Scientific Press, Norfolk.

Taormina, P.J., Beuchat, L.R. & Slutsker, L. (1999) Infections associated with eating seed sprouts: an international concern. *Emerg. Infect. Dis.* **5**, 626–634.

Tatsozawa, H., Murayama, T., Misawa, N., *et al.* (1998) Inactivation of bacterial respiratory chain enzymes by singlet oxygen. *FEBS Lett.* **439**, 329–333.

Tauxe, R.V. (1997) Emerging foodborne diseases: an evolving public health challenge. *Emerg. Infect. Dis.* **3**, 425–434.

Tauxe, R.V. (2002) Emerging foodborne pathogens. *Int. J. Food Microbiol.* **78**, 31–41.

Taylor, A.D., Ladd, J., Yu, Q., Chen, S., Homola, J., Jiang, S. (2006) Quantitative and simultaneous detection of four foodborne bacterial pathogens with a multi-channel SPR sensor. *Biosens. Bioelectron.* **22**, 752–758.

te Giffel, M.C., Beumer, R.R., Granum, P.E. & Rombous, F.M. (1997) Isolation and characterisation of *Bacillus cereus* from pasteurised milk in households refrigerators in The Netherlands. *Int. J. Food Microbiol.* **34**, 307–318.

Teunis, P., Havelaar, A., Vliegenthart, J. & Roessink, C. (1997) Risk assessment of *Campylobacter* species in shellfish: identifying the unknown. *Water Sci. Technol.* **35**, 29–34.

Teunis, P.F.M., Van Der Heijden, O.G., Van Der Giessen, J.W.B. & Havelaar, A.H. (1996) The dose-response relation in human volunteers for gastro-intestinal pathogens. National Institute of Public Health and the Environment. Report 284–550–002. Bilthoven.

Teunis, P.F.M. & Havelaar, A.H. (1999) *Cryptosporidium* in drinking water: evaluation of the ILSI/RSI quan-titative risk assessment framework. Report No. 284-530-006. National Institute of Public Health and the Environment, Bilthoven.

Thomas, P. & Newby, M. (1999) Estimating the size of the outbreak of new-variant CJD. *Br. Food J.* **101**, 44–57. Thomson, G.T.D., Derubeis, D.A., Hodge, M.A., *et al.* (1995) Post-*Salmonella* reactive arthritis-late clinical sequelae in a point-source cohort. *Am. J. Med.* **98**, 13–21.

Thorns, C.J. (2000) Bacterial food-borne zoonoses. *Rev. Sci. Tech. Off. Int. Epiz.* **19**, 226–239.

Titbull, R.W., Naylor, C.E. & Basak, A.K. (1999) The *Clostridium perfringens* --toxin. *Anaerobe* **5**, 51–64. Todd, E.C.D. (1989a) Preliminary estimates of costs of foodborne disease in Canada and costs to reduce salmonellosis. *J. Food Prot.* **52**, 586–594.

Todd, E.C.D. (1989b) Preliminary estimates of costs of foodborne disease in the U.S. *J. Food Prot.* **52**, 595–601.

Todd, E.C.D. (1996a) Risk assessment of use of cracked eggs in Canada. *Int. J. Food Microbiol.* **30**, 125–143.

Todd, E.C.D. (1996b) Worldwide surveillance of foodborne disease: the need to improve. *J. Food Prot.* **59**, 82–92.

Todd, E.C.D. & Harwig, J. (1996) Microbial risk assessment of food in Canada. *J. Food Prot.* (Suppl.) S10–S18.

Todd, E.C.D., Greig, J.D., Bartleson, C.A. & Michaels, B.S. (2007a) Outbreaks where food workers have been implicated in the spread of foodborne disease. Part 2. Description of outbreaks by size, severity, and settings. *J. Food Prot.* **70**, 1975–1993.

Todd, E.C.D., Greig, J.D., Bartleson, C.A. & Michaels, B.S. (2007b) Outbreaks where food workers have been implicated in the spread of foodborne disease. Part 3. Factors contributing to outbreaks and description of outbreak categories. *J. Food Prot.* **70**, 2199–2217.

Tomlinson, N. (1998) Worldwide regulatory issues: legislation and labelling. In: *Genetic Modification in the Food Industry* (eds S. Roller & S. Harlander), pp. 61–68. Blackie Academic & Professional, London.

Tompkins, D.S., Hudson, M.J., Smith, H.R., *et al.* (1999) A study of infectious intestinal disease in England: microbiological findings in cases and controls. *Commun. Dis. Public Health* **2**, 108–113.

Torpdahl, M., Sorensen, G., Lindstedt, B-A. & Nielsen, E.M. (2007) Tandem repeat analysis for surviellance of human *Salmonella* Typhimurium infections. *Emerg. Infect. Dis.* **13**, 388–395.

Townsend, S.M., Hurrell, E., Gonzalez-Gomez, I., *et al.* (2007) *Enterobacter sakazakii* invades brain capillary endothelial cells, persists in human macrophages influencing cytokine secretion and induces severe brain pathology in the neonatal rat. *Microbiology* **153**, 3538–3547.

Townsend, S.M. & Forsythe, S.J. (2008) The neonatal intestinal microbial flora, immunity, and infections. In: *Emerging Issues in Food Safety: Enterobacter sakazakii* (eds J. Farber & S.J. Forsythe). ASM Press, Washington, DC.

Townsend, S.M., Hurrel, E. & Forsythe, S.J. (2008) Virulence studies of *Enterobacter sakazakii* iso-lates associated with a neonatal intensive care unit outbreak. *BMC Microbiol.* **8**, 64. Available from: http://www.biomedcentral.com/1471-2180/8/64.

Trucksess, M.W., Mislevec, P.B., Young, K., Bruce, V.E. & Page, S.W. (1987) Cyclopiazonic acid production by cultures of *Aspergillus* and *Penicillium* species isolated from dried beans, corn, meal, macaroni and pecans. *J. Assoc. Off. Anal. Chem.* **70**, 123–126.

US Census Bureau (1998). Available from: http://www.census.gov.

Vallejo-Cordoba, B. & Nakai, S. (1994) Keeping quality of pasteurised milk by multivariate analysis of dynamic headspace gas chromatographic data. *J. Agric. Food Chem.* **42**, 989–993 & 994–999.

Van Der Poel, W., Vinje,´ J., van der Heide, R., Herrera, I., Vivo, A. & Koopmans, M. (2000) Norwalk-like calicivirus genes in farm animals. *Emerg. Infect. Dis.* **6**, 36–41.

Van de Venter, T. (1999) Prospects for the future: emerging problems – chemical/biological. Conference on International Food Trade Beyond 2000: Science-based decisions, harmonization, equivalence and mutual recognition. Melbourne, Australia. Food and Agriculture Organization of the United Nations.

Van Gerwen, S.J.C. & Zwietering, M.H. (1998) Growth and inactivation models to be used in quantitative risk assessments. *J. Food Prot.* **61**, 1541–1549.

Van Regenmortel, M.H.V., Fauquet, C.M. & Bishop, D.H.L. (2000) *Virus Taxonomy: Classification and Nomen-clature of Viruses*, pp. 725–739. Academic Press, San Diego, CA.

Van Schothorst, M. (1996) Sampling plans for *Listeria monocytogenes*. *Food Control* **7**, 203–208.

Van Schothorst, M. (1997) Practical approaches to risk assessment. *J. Food Prot.* **60**, 1439–1443.

Vandenberg, O., Dediste, A., Houf, K., *et al.* (2004) *Arcobacter* species in humans. *Emerg. Infect. Dis.* [Serial on the Internet]. 2004 Oct. Available from: http://www.cdc.gov/ncidod/EID/vol-10no10/04-0241.htm.

Vaughan, E.E., Mollet, B. & de Vos, W.M. (1999) Functionality of probiotics and intestinal lactobacilli: light in the intestinal tract tunnel. *Curr. Opin. Biotech.* **10**, 505–510.

Vazquez-Boland, J.A., Dominguez-Bernal, G., Gonzalez-Zorn, B., Kreft, J. & Goebel, W. (2001) Pathogenicity islands and virulence evolution in *Listeria*. *Microbes Infect.* **3**, 571–584.

Velmurugan, G.V., SU, C. & Dubey, J.P. (2009) Isolate designation and characterization of *Toxoplasma gondii* isolates from pigs in the United States. *J. Parasitol.* **95**, 95–99.

Veterinary Laboratory Agency (2005) Assessment of relative to other pathways, the contribution made by the food chain to the problem of quinolone resistance in microorganisms causing human infections. Report to Food Standards Agency. VLA, UK.

Voetsch, A.C., Van Gilder, T.J., Angulo, F.J., *et al.* (2004) FoodNet estimate of the burden of illness caused by nontyphoidal *Salmonella* infections in the United States. *Clin. Infect. Dis.* **38**, Suppl. 3: S127– S134.

Vose, D. (1996) *Quantitative Risk Analysis: A Guide to Monte Carlo Simulation Modelling.* John Wiley & Sons, New York.

Vose, D. (1997) The application of quantitative risk analysis to microbial food safety. *J. Food Prot.* **60**, 1416. Vose, D.J. (1998) The applications of quantitative risk assessment to microbial food safety. *J. Food Prot.* **61**, 640–648.

Voysey, P.A. & Brown, M. (2000) Microbiological risk assessment: a new approach to food safety control. *Int. J. Food Microbiol.* **58**, 173–180.

Walker, S.J. (1994) The principles and practice of shelf-life prediction for microorganisms. In: *Shelf--life evalu-ation of foods* (eds C.M.D. Man & A.A. Jones), pp. 40–51. Blackie Academic & Professional, London.

Wan, J., Wilcock, A. & Coventry, M.J. (1998) The effect of essential oils of basil on the growth of *Aeromonas hydrophila* and *Pseudomonas fluorescens*. *J. Appl. Microbiol.* **84**, 152–158.

Wang, H. (2002) Rapid methods for detection and enumeration of *Campylobacter* spp. in foods. *J. AOAC Int.* **85**, 996–999.

Ward, R.L., Berstein, D.I. & Young, E.C. (1986) Human rotavirus studies in volunteers of infectious dose and serological response to infection. *J. Infect. Dis.* **154**, 871–877.

Wassenaar, T.M. (1997) Toxin production by *Campylobacter* spp. *Clin. Microbiol. Rev.* **10**, 466–476.

Wassenar, T.M. & Newell, D.G. (2000) Genotyping of *Campylobacter* spp. *Appl. Environ. Microbiol.* **66**, 1–9.

Wegener, H.C., Hald, T., Wong, D.L.F., *et al.* (2003) *Salmonella* control programs in Denmark. *Emerg. Infect. Dis.* [serial online]. Available from: http://www.cdc.gov/ncidod/EID/vol9no7/03-0024.html.

Wei, D., Oyarzabal, O.A., Huang, T.S., Balasubramanian, S., Sista, S. & Simoman, A.L. (2007) Development of a surface plasmon resonance biosensor for the identification of *Campylobacter jejuni*. *J. Microbiol. Methods* **69**, 78–85.

Weidman, M., Bruce, J.L, Keating, C., Johnson, A.E., McDonough, P.L. & Batt, C.A. (1997) Ribotypes and virulence gene polymorphisms suggest three distinct *Listeria monocytogenes* lineages with differences in pathogenic potential. *Infect. Immun.* **65**, 2707–2716.

Wierup, M., Engstrom, B., Engvall, A. & Wahlstrom, H. (1995) Control of *Salmonella enteritidis* in Sweden (review). *Int. J. Food Microbiol.* **25**, 219–226.

Wells, J.M., Robinson, K., Chamberlain, L.M., Schofiled, K.M. & LePage, R.W. (1996) Lactic acid bacteria as vaccine delivery vehicles. *Ant. van Leeu.* **70**, 317–330.

Wesley, I. (1997) *Helicobacter* and *Arcobacter*: potential human foodborne pathogens? *Trends Food Sci. Tech.* **8**, 293–299.

Wheeler, J.G., Sethi, D., Cowden, J.M., *et al.* (1999) Study of infectious intestinal disease in England: rates in the community, presenting to general practice, and reported to national surveillance. *Br. Med. J.* **318**, 1046–1050.

Whiting, R.C. (1995) Microbial modeling in foods. *Crit. Rev. Food Sci. Nutr.* **35**, 467–494. Whiting, R.C. (1997) Microbial database building: what have we learned? *Food Technol.* **51**, 82–86.

Whiting, R.C. & Buchanan, R.L. (1997) Development of a quantitative risk assessment model for *Salmonella* Enteritidis in pasteurized liquid eggs. *Int. J. Food Microbiol.* **36**, 111–125.

WHO (1984) Regional Office for Europe. Toxic oil syndrome: mass food poisoning in Spain. Report of a WHO meeting, Madrid, 21–25 May 1983, Copenhagen: WHO Regional Office for Europe.

WHO (1991) *Strategies for Assessing the Safety of Foods Produced by Biotechnology*. Report of joint FAO/WHO consultation. World Health Organisation, Geneva.

WHO (1995) Report of the WHO Consultation on Selected Emerging Foodborne Diseases, Berlin, 20–24 March 1995. WHO/CDS/VPH/95.142, World Health Organisation, Geneva.

WHO (1999) Strategies for implementing HACCP in small and/or less developed businesses. Geneva, Switzer-land: World Health Organisation. WHO/SDE/FOS/99.7.

WHO (2001) Available from: http://www.who.int/director-general/speeches/2001/english/20010314 foodchain2001uppsala.en.html.

WHO (2002) Available from: http://www.who.int/foodsafety/publications/general/terrorism/en/.

WHO (2007) 'Safe preparation, storage and handling of powdered infant formula guidelines', and asso-ciated specialised documents for various care situations. Available from: http://www.who.int/foodsafety/ publications/micro/pif2007/en/index.html.

WHO/FAO (2000a) Preliminary document: WHO/FAO guidelines on hazard characterization for pathogens in food and water. RIVM, Bilthoven, 2000. Available from: https://apps.who.int/fsf/Micro/Scientific documents/HC guidelines.pdf.

WHO/FAO (2000b) The interaction between assessors and managers of microbiological hazards in foods. Kiel, Germany. WHO/SDE/PHE/FOS/007. Available from: http://www.who.int/foodsafety/publications/ micro/en/march2000.pdf.

Wijtzes, T., van't Riet, K., in't Veld, J.H.J., Huis & Zwietering, M.H. (1998) A decision support system for the prediction of microbial food safety and food quality. *Int. J. Food Microbiol.* **42**, 79–90.

Will, R.G, Ironside, J.W, Zeidler, M., *et al.* (1996) A new variant of Creutzfeldt–Jakob disese in the UK. *The Lancet* **347**, 921–925.

Wimptheimar, L., Altman, N.S. & Hotchkiss, J.H. (1990) Growth of *Listeria monocytogenes* Scott A, serotype 4 and competitive spoilage organisms in raw chicken packaged under modified atmospheres and in air. *Int. J. Food Microbiol.* **11**, 205.

Wood, B.J.B. (ed.) (1998) *Microbiology of Fermented Foods*. Blackie Academic & Professional, London.

Wuytack, E.Y., Phuong, L.D.T., Aetsen, A., *et al.* (2003) Comparison of sublethal injury induced in *Salmonella enterica* serovar Typhimurium by heat and by different nonthermal treatments. *J. Food Protect.* **66**, 31–37.

Yeh, P.L., Bajpai, R.K. & Lannotti, E.L. (1991) An improved kinetic model for lactic acid fermentation. *J. Ferment. Bioeng.* **71**, 75.

Zink, D.L. (1997) The impact of consumer demands and trends on food processing. *Emerg. Infect. Dis.* **3**, 467–469.

Zoppi, G. (1998) Probiotics, prebiotics, synbiotics and eubiotics. *Pediatr. Med. Chir.* **20**, 13–17.

Zottola, E.A. & Sasahara, K.C. (1994) Microbial biofilms in the food processing industry – should they be a concern? *Int. J. Food Microbiol.* **23**, 125–148.

Zwietering, M.H., Wijtzes, T., de Wit, J.C. & van't Reit, K. (1992) A decision support system for prediction of the microbial spoilage in foods. *J. Food Prot.* **55**, 973.

Zwietering, M.H., de Wit, J.C. & Notermans, S. (1996) Application of predictive microbiology to estimate the number of *Bacillus cereus* in pasteurised milk at the point of consumption. *Int. J. Food Microbiol.* **30**, 55–70.

Recursos para Segurança dos Alimentos na *World Wide Web*

Visto que os *sites* podem ter alterações, é possível que seja necessário utilizar uma ferramenta de busca com o nome da organização ou o tópico de interesse para localizar a URL. O prefixo http:// foi omitido de todos os endereços.

Tópico	URL
Página do autor. *Site* de "Microbiologia da Segurança dos Alimentos"	www.wiley.com/go/forsythe e também www.theagarplate.com
Acordo para a Aplicação das Medidas Sanitárias e Fitossanitárias	www.wto.org/english/docs_e/legal_e/15-sps.pdf
Modelos de predição da multiplicação bacteriana e sobrevivência	
GInaFIT	cit.kuleuven.be/biotec/downloads/downloads.htm
Modelos de Predição de Multiplicação (Combase)	www.ifr.ac.uk/Safety/GrowthPredictor
Micromodelo para Alimentos	www.arrowscientific.com.au/predictive_micro_sw.html
Microfit	www.ifr.bbsrc.ac.uk/MicroFit/default.html
Programa de Modelagem de Patógenos	ars.usda.gov/Services/docs.htm?docid=6784
Modelos de Predição de Degradação de Frutos do Mar	www.dfu.min.dk/micro/sssp/Home/Home.aspx
Sym'Previus	www.symprevius.net
Genômicas bacterianas	
Genomas bacterianos	www.ncbi.nlm.nih.gov/genomes/lproks.cgi
BAGEL (Ferramenta de exploração de genoma relacionado a bacteriocinas)	bioinformatics.biol.rug.nl/websoftware/bagel/bagel_start.php
ClustalW	www.ebi.ac.uk/Tools/clustalw2/index.html
J. Craig Venter Institute (antigo TIGR)	www.tigr.org
Projeto do microbioma humano	nihroadmap.nih.gov/hmp e www.hmpdacc.org/bacterial_strains.php
Projeto MetaHIT	www.metahit.eu
Centro Nacional para Bioinformática e Informação (NCBI)	www.ncbi.nlm.nih.gov
Projeto II de Banco de Dados Ribossomais	rdp.cme.msu.edu
Tutoriais de bioinformática	www.wiley.com/go/forsythe
WebACT (Ferramenta de comparação Artemis)	www.webact.org/WebACT/home
CAST (Conselho de Ciência e Tecnologia para Agricultura)	www.cast-science.org

(continua)

(continuação)

Tópicos	**URL**
CAC – Princípios da análise de risco microbiológico	www.who.int/fsf/mbriskassess/pdf/draftpr.pdf
CAC Princípios e Diretrizes para a Conduta da Avaliação de Risco Microbiológico CAC/GL-30 (1999b)	www.codexalimentarius.net/download/standards/357/CXG_030e.pdf
CDC Ferramenta de busca de surtos de doenças de origem alimentar	www.cdc.gov/foodborneoutbreaks/
CDC Epi Info™	www.cdc.gov/epiinfo/
CDC algoritmo automatizado de vigilância de surtos (SODA)	www.cdc.gov/ncidod/dbmd/phlisdata
Comissão do *Codex Alimentarius* (CAC)	www.codexalimentarius.net/
Comissão do *Codex Alimentarius*. Manual de procedimentos. 16ª edição	ftp.fao.org/codex/Publications/ProcManuals/Manual_16e.pdf
Codex – higiene de alimentos	www.fao.org/docrep/W4982E/w4982e09.htm
Métodos de detecção (aprovados)	
Associação de Métodos Químicos Analíticos Oficiais (AOAC) Internacional	www.aoac.org
Health Canada: Compêndio de Métodos de Análise Microbiológica em Alimentos	www.hc-sc.gc.ca/fn-an/res-rech/analy-meth/microbio/index_e.html
FDA: Manual de Análises Bacteriológicas	www.cfsan.fda.gov/~ebam/bam-toc.html
Organização Internacional para Padronização (ISO)	www.iso.ch
USDA Guia de Laboratório de Microbiologia	www.fsis.usda.gov/Science/Microbiological.Lab.Guidebook/index.asp
Comissão Europeia (European Commission – EC)	
Critérios microbiológicos da União Europeia (EU microbiological criteria)	www.europa.eu.int/comm/dg24/health/sc/scv/out26_en.html
Comissão Europeia (1999) para Avaliação de Risco e 93/43/EEC	europa.eu.int/comm/dg24/health/sc/oldcomm7/out07_en.html
Comissão Europeia para a harmonização da avaliação de risco (EC harmonization of risk assessment)	europa.eu.int/comm/food/fs/sc/ssc/out82_en.html
Avaliação de Risco de *Salmonella* Enteritidis	www.europe.eu.int/comm/dg24/health/sc/scv/out26_en.html
Eurosurveillance (relatórios semanais e mensais)	www.eurosurveillance.org
FAO/OMS documentos (FAO/WHO)	
Avaliadores e gestores dos perigos microbiológicos	ftp://ftp.fao.org/docrep/nonfao/ae586e/ae586e00.pdf

Arquivos de Avaliação de Riscos Microbiológicos da FAO	www.fao.org/documents/advanced_s_result.asp?FORM_C=AND&SERIES=314
Desenvolvimento de estratégias práticas para gerenciamento do risco baseada nas saídas da avaliação do risco microbiológico	www.fao.org/ag/agn/agns/jemra/Ecoli.pdf
FAO/OMS. Análise de risco da segurança de alimentos – um guia para autoridades nacionais em segurança de alimentos (2006)	www.who.int/foodsafety/publications/micro/riskanalysis06/en
Controle de alimentos – Geral	fao.org/docrep/w8088e/w8088e04.htm
Caracterização dos perigos patogênicos em alimentos e água	ftp.fao.org/docrep/fao/006/y4666e/y4666e00.pdf
JECFA	www.fao.org/ag/agn/agns//jecfa_index_en.asp
JEMRA	www.fao.org/ag/agn/agns//micro_en.asp
Avaliação de risco microbiológico (Microbiological risk assessment)	www.fao.org/ag/agn/agns/jemra_riskassessment_en.asp
Avaliação de risco microbiano	www.who.int/foodsafety/publications/micro/march2002/en
Princípios e diretrizes para a incorporação da avaliação de risco microbiológico no desenvolvimento de padrões para a segurança de alimentos, orientações e textos relacionados (2002)	
Análise de risco, Genebra, 1995	www.who.int/fsf/mbriskassess/applicara/index.htm
Avaliação de risco, Genebra, 1999	www.who.int/fsf/mbriskassess/Consultation99/reporam.pdf
Avaliação de risco de *Salmonella* em ovos e frangos de corte	www.who.int/foodsafety/publications/micro/salmonella/en
Avaliação de risco em *Salmonella* em ovos e frangos de corte	www.who.int/foodsafety/micro/jemra/assessment/salmonella/en/
Avaliação de risco de Salmonella em ovos e frangos de corte – 2	www.who.int/foodsafety/publications/micro/salmonella/en
Comunicação do risco, Roma, 1998	www.fao.org/docrep/005/x1271e/X1271E00.HTM
Gerenciamento do risco e segurança de alimentos, Roma, 1997	www.who.int/foodsafety/publications/micro/jan1997/en/index.html
Gerenciamento do risco, 2000	www.who.int/foodsafety/publications/micro/march2000/en/index.html
Interação entre avaliadores e gestores de perigos microbiológicos em alimentos (2000)	www.who.int/foodsafety/publications/micro/march2000/en
FDA	
Livro do Bad bug	www.fda.gov/Food/FoodSafety/FoodborneIllness/ FoodborneIllnessFoodbornePathogensNaturalToxins/ BadBugBook/default.htm

(continua)

(*continuação*)

Tópicos	URL
Método analítico bacteriológico (Bacteriological analytical method – BAM)	www.cfsan.fda.gov/~ebam/bam-toc.html
Decisão Baytril	www.fda.gov/oc/antimicrobial/baytril.pdf
Guia para minimizar os perigos microbianos em segurança de alimentos de frutas frescas cortadas e vegetais	www.cfsan.fda.gov/~dms/guidance.html
Campylobacter resistentes a fluoroquinolonas	www.fda.gov/downloads/AnimalVeterinary/SafetyHealth/lRecallsWithdrawals/UCM152308.pdf
Modelos para *V. parahaemolyticus* em marisco	www.fda.gov/Food/ScienceResearch/ResearchAreas/RiskAssessmentSafetyAssessment/ucm050421.htm
Padrões e regulamentos para alimentos e importação de produtos agrícolas	www.fas.usda.gov/itp/ofsts/us.html
Irradiação de alimentos	www.foodsafety.org/sf/sf057.htm
Foodrisk.org	www.foodrisk.org/
Serviço de Segurança de Alimentos e Inspeção (FSIS)	www.fsis.usda.gov/Science/Risk_Assessments/index.asp
Avaliação de risco de *E. coli* O157 em carne bovina	www.fsis.usda.gov/OPHS/ecolrisk/prelim.htm
E. coli O157:H7	www.fsis.usda.gov/ophs/ecolrisk/pubmeet/index.htm
Avaliação de risco de *Salmonella* em ovos com casca	www.fsis.usda.gov/ophs/risk/contents.htm
Modelo de avaliação de risco de *S.* Enteritidis	www.fsis.usda.gov/ophs/risk/semodel.htm
Câmara de Análise de Risco da Segurança de Alimentos	www.foodrisk.org
Análise de Perigos e Pontos Críticos de Controle (APPCC/HACCP)	
APPCC-GQT no varejo	www.hi-tm.com
Aliança Internacional para APPCC	aceis.agr.ca
Plano APPCC NACMCF	www.foodrisk.org
Comissão Internacional sobre Especificações Microbiológicas para Alimentos (ICMSF)	www.ICMSF.org
Instituto Internacional de Ciências da Vida (ILSI)	www.ilsi.org

Estrutura revisada do ILSI sobre avaliação de risco microbiológico	www.ilsi.org/file/mrabook.pdf
Meios para multiplicação e *kits* para detecção microbiana (OXOID Ltd)	www.oxoid.co.uk
Cursos para formação e explicação de modelos *online*	
Poultry FARM (Oscar)	apps.who.int/fsf/Micro/farmhp/PFARM1-HP.PDF
Iniciativa da FAO/OMS na avaliação de risco microbiológico	www.who.int/fsf/mbriskassess/IAFP_meeting_01/index.htm
Panorama da avaliação de risco	www.gov.on.ca/omafra/english/research/risk/frameworks/index.html
Avaliação de risco e simulação na ferramenta Monte Carlo	apps.who.int/fsf/Micro/farmhp/PFARM1-HP.PDF
Analítica (*software* de simulação Monte Carlo)	www.lumina.com
Crystal Ball	www.decisioneering.com/crystal_ball/index.html
@RISK	www.palisade.com
RiskWorld	www.riskworld.com
Sociedade para Análise de Risco (Society for Risk Analysis)	www.sra.org/index.php
Programas de investigação	
Enter-Net (ECDC)	ecdc.europa.eu
Viroses de origem alimentar na Europa	www.Eufoodborneviruses.co.uk
FoodNet (CDC)	www.cdc.gov/foodnet
Investigação Global da *Salmonella* (Global Salm-Surv)	www.who.int/salmsurv/en/ e www.who.int/emc/diseases/zoo/SALM-SURV/SlideShow
Agência de Proteção da Saúde (UK), relatório de doenças transmissíveis	www.hpa.org.uk/web/home
PulseNet	www.cdc.gov/pulsenet/
Serviço de Pesquisa Econômica, USDA, cálculo dos custos das doenças de origem alimentar	www.ers.usda.gov/data/foodborneillness
Bibliografia sobre análise de risco do USDA	www.nal.usda.gov/fnic/foodborne/risk.htm
OMS (WHO)	who.int/fsf/index.htm
Atividades, relatórios, notícias e eventos relacionados com *Salmonella*	www.who.int/topics/salmonella/en/index.html
Resistência antimicrobiana	www.who.int/emc/diseases/zoo/antimicrobial.html

(continua)

(continuação)

Tópicos	URL
Garantia da segurança de alimentos na ocorrência de desastres naturais	www.who.int/foodsafety/foodborne_disease/emergency/en/
Saúde ambiental em emergências e desastres	www.who.int/water_sanitation_health/hygiene/emergencies/emergencies2002/en/
Surtos de doenças de origem alimentar e orientações para investigação e controle	www.who.int/foodsafety/publications/foodborne_disease/fdbmanual/en/index.html
Avaliação de risco microbiológico	www.who.int/fsf/mbriskassess/index.htm
Salmonella em ovos e frangos de corte	www.who.int/foodsafety/micro/jemra/assessment/salmonella/en/
Curso de estudo	www.who.int/fsf/mbriskassess/studycourse/index.html
Agências e Departamentos Governamentais Nacionais de Alimentos (ou equivalentes)	
Áustria. Rechtsinformationssystem	www.ris.bka.gv.at
Áustria. Agência Federal do Ambiente	udk.ubavie.gv.at
Austrália. Departamento de Agricultura, Pesca e Reflorestamento	www.affa.gov.au
Austrália e Nova Zelândia. Autoridades em Alimentos	www.foodstandards.gov.au
Canadá. Agência de Inspeção de Alimentos	www.inspection.gc.ca/english/toce.shtml
Dinamarca. Fødevareministeriet	www.fvm.dk
União Europeia	
Sistema de Alerta Rápido para Alimentos e Rações (RASFF)	ec.europa.eu/food/food/rapidalert/index_en.htm
EU (União Europeia)	ec.europa.eu
EU Higiene de alimentos	ec.europa.eu/food/food/biosafety/hygienelegislation/index_en.htm
Finlândia. Maa- ja Metsätalousministeriö	www.evira.fi/portal/en
França. Ministério da Agricultura	www.agriculture.gouv.fr
Alemanha. Bundes., Ernah., Landw., Forsten	www.bml.de
Grécia. Ministério da Agricultura da República Helênica	www.minagric.gr
India. Ministério de Processamento de Alimentos	www.allindia.com/gov/ministry/fpi/policy.htm

Irlanda. Departamento de Agricultura e Alimentos	www.irlgov.ie/daff
Irlanda. Autoridade em Segurança de Alimentos	www.fsai.ie/
Itália. Instituto Nacional de Economia Agrária	www.inea.it
Japão. Ministério da Agricultura, Pesca e Alimentos	www.maff.go.jp/eindex.html
Coréia. Administração de Alimentos e Drogas	www.kfda.go.kr/english/index.html
Holanda. Minist Agric., Nat. Man. Pesca.	www.minlnv.nl/international/
Portugal. Minist. Agric. Desen. Rural e das Pescas	www.min-agrcultura.pt
Portugal. Minist. Equip. Plane. Admin.	www.min-plan.pt
Rússia. Ministério da Agricultura e Alimentos	www.aris.ru/N/WIN_R/PARTNER
Escócia	www.food.gov.uk/scotland
Espanha. Agritel Minist. de Agric. Pesc. Alimentos	www.aesan.msc.es/AESAN/web/evaluacion_riesgos/detalle/contaminante.shtml
Suécia. Jordbruksdepartementet	www.slv.se/Default.aspx?epslanguage=SV
Reino Unido. Agência de Padrões Alimentares do Reino Unido	www.foodstandards.gov.uk
Agência de Proteção à Saúde (HPA)	www.hpa.org.uk/cdr
HPA Orientações para alimentos prontos para consumo (2009)	www.hpa.org.uk/web/HPAwebFile/HPAweb_C/1259151921557
Nações Unidas	
Codex Alimentarius, Comissão	www.codexalimentarius.net
Organização de Alimentos e Agricultura (FAO)	www.fao.org
Estados Unidos da América	
Centros para Controle de Doenças (CDC)	ftp.cdc.gov/pub/mmwr/MMWRweekly
Departamento de Agricultura	www.usda.gov
Serviço de Inspeção e Segurança de Alimentos	www.fsis.usda.gov
Administração de Alimentos e Drogas (FDA)	www.fda.gov
Organização Mundial da Saúde (OMS)	www.who.int
Grupo de Referência em Epidemiologia de Doenças de Origem Alimentar (FERG)	www.who.int/foodsafety/foodborne_disease/ferg/en/index.html

Glossário

Ação corretiva Qualquer ação a ser realizada quando os resultados do monitoramento do PCC indicarem uma perda do controle.

Adequação dos alimentos Garantia de que o alimento seja aceito para o consumo humano de acordo com seu uso pretendido.

Alimento Toda substância processada, semiprocessada ou crua, a qual se tem a intenção de consumir, incluindo bebidas, gomas de mascar ou qualquer substância que tenha sido utilizada na fabricação, no preparo ou no tratamento do "alimento", excluindo cosmético, tabaco e substâncias utilizadas apenas como medicamento.

Alimento pronto para consumo (RTE) Um alimento que em geral seja consumido sem cozimento pelo consumidor ou que pareça razoavelmente apropriado para o consumo sem tratamento algum.

Alimento RF-RTE acabado Um alimento embalado, refrigerado ou congelado, pronto para o consumo.

Análise da incerteza Um método utilizado para estimar a incerteza associada com o modelo de entrada, as hipóteses e a estrutura/forma.

Análise da sensibilidade Um método utilizado para examinar o comportamento do modelo por meio da variação das medidas de suas saídas decorrentes das alterações de suas entradas.

Análise de perigos (AP) O processo em que se coleta e avalia informações de perigos associados ao alimento, sob análise, para decidir qual é significativo e precisa ser considerado no plano APPCC.

Análise de risco Um processo constituído de três componentes: gerenciamento do risco, avaliação do risco e comunicação do risco.

APPCC Uma abordagem sistemática para identificação, avaliação e controle dos perigos à segurança dos alimentos.

Árvore decisória do PCC Uma sequência de perguntas para ajudar a determinar se um ponto de controle é um ponto crítico de controle.

Avaliação da dose-resposta Determinação da relação entre a magnitude da exposição (dose) a agentes biológicos, químicos ou físicos e a gravidade e/ou frequência associadas aos efeitos adversos à saúde (resposta).

Avaliação da exposição Avaliação qualitativa e/ou quantitativa da provável ingestão dos agentes biológicos, químicos e físicos por meio dos alimentos, como também a exposição a outras fontes, se relevantes.

Avaliação de risco Um processo com base científica constituído de quatro etapas: (1) identificação do perigo, (2) caracterização do perigo, (3) avaliação da exposição e (4) caracterização do risco. A definição inclui avaliação quantitativa de risco, a qual enfatiza a dependência da expressão numérica do risco e também a expressão qualitativa do risco, tanto quanto a incerteza presente.
Avaliação qualitativa de risco Uma avaliação de risco baseada em dados que, mesmo com uma base inadequada para estimativa numérica do risco e condicionada a um conhecimento específico prévio que considere as incertezas presentes, permita classificar o risco (comparação) ou separá-lo em categorias descritivas.
Avaliação quantitativa de risco Uma avaliação de risco que forneça a expressão numérica do risco e a indicação das incertezas presentes.
Caracterização do perigo Avaliação qualitativa e/ou quantitativa da natureza do efeito adverso à saúde, associado a agentes biológicos, químicos e físicos que podem estar presentes no alimento. Com a finalidade de avaliação de risco, as preocupações estão relacionadas com os micro-organismos e/ou suas toxinas. Para agentes biológicos, uma avaliação da dose-resposta precisa ser realizada se for possível acessar os dados.
Caracterização do risco Uma estimativa qualitativa e/ou quantitativa, incluindo as incertezas presentes, da probabilidade de ocorrência e da gravidade do efeito adverso, conhecido ou potencial, à saúde, em uma determinada população, com base na caracterização do perigo e na avaliação da exposição.
Caso esporádico Um caso que não possa ser epidemiologicamente relacionado a outro da mesma enfermidade.
Cenário definido Um panorama caracterizando o conjunto de prováveis "caminhos", que possam afetar a segurança da produção de alimentos. Isso pode incluir considerações do processamento, inspeção, armazenamento, distribuição e práticas de consumo. Valores de probabilidade e de gravidade são aplicados em cada cenário.
***Cluster*/surto/epidemia** O termo "cluster" (grupo) é utilizado para descrever um grupo de casos relacionados por um período de tempo ou um local, mas sem a identificação de um alimento em comum ou outra fonte. No contexto de doenças transmitidas por alimentos, surto refere-se a dois ou mais casos originados da ingestão de um alimento em comum. O termo epidemia é normalmente utilizado para crises ou situações que envolvam números maiores de pessoas em uma ampla área geográfica.
Comunicação do risco Intercâmbio interativo de informações e opiniões, por meio do processo de análise de risco, relativo aos perigos e aos riscos, fatores relacionados e percepção entre os avaliadores e gestores do risco, os consumidores, as indústrias, a comunidade acadêmica e outras partes interessadas. Inclui também a explicação dos achados na avaliação de risco e as bases das decisões do gerenciamento do risco.
Contaminação é a introdução ou a ocorrência de um contaminante no alimento ou no ambiente de processamento.

Contaminante Qualquer agente biológico, químico, corpos estranhos ou outra substância não adicionados intencionalmente ao alimento, os quais possam comprometer a segurança do alimento ou sua adequação.
Controle (nome) O estado no qual procedimentos corretos estão sendo seguidos e critérios estão sendo cumpridos.
Controle (verbo) Realizar todas as ações necessárias para garantir e manter a conformidade dos critérios estabelecidos no plano APPCC.
Controle de qualidade (QC) Atividades e técnicas operacionais utilizadas para cumprir os requisitos da qualidade.
Critério Um requerimento no qual um julgamento ou uma decisão irá se basear.
Desvio Não cumprimento de limite crítico.
Diagrama de fluxo A representação esquemática da sequência de etapas ou operações utilizadas no processamento ou na fabricação de um produto alimentício específico.
Doença de origem alimentar Qualquer doença de natureza tóxica ou infecciosa causada pelo consumo de alimento.
Efeitos adversos Alterações na morfologia, na fisiologia, na multiplicação, no desenvolvimento ou no tempo de vida de um organismo, as quais resultam em enfraquecimento sobre a capacidade funcional ou a capacidade de compensar o estresse adicional ou, ainda, aumento da suscetibilidade ao efeito danoso de outras influências do ambiente. Decisões sobre a adversidade dos efeitos requerem o julgamento de especialistas.
Enterotoxinas Substâncias que são tóxicas ao trato digestório causando vômito, diarreia etc. As enterotoxinas mais comuns são produzidas por bactérias.
Equipe APPCC Grupo de pessoas responsáveis por desenvolver, implementar e manter o sistema APPCC.
Estabelecimento Qualquer construção civil ou área nas quais o alimento é manuseado em ambientes sob o controle da mesma gestão.
Estimativa do risco Resultado da caracterização do risco.
Etapa Um momento, um procedimento, uma operação ou um estágio na cadeia de alimentos, incluindo produtos crus, desde a produção primária até o consumo final.
Garantia de qualidade (QA) Todas as atividades planejadas e sistematicamente implementadas com o sistema de qualidade, e demonstradas como necessárias, para fornecer a confiança adequada de que uma entidade irá cumprir os requisitos da qualidade.
Genoma é o conteúdo total de DNA de um organismo; envolve os elementos cromossomais e extracromossomais, como os plasmídeos.
Gerenciamento do risco Processo, distinto da avaliação de risco, de ponderar políticas alternativas, em consulta com todas as partes envolvidas e relevantes, considerando a avaliação de risco e outros fatores significativos para proteção da saúde do consumidor e promoção do comércio justo e, se necessário, selecionando a prevenção e a opção de controle apropriadas.

Gestão da qualidade Todas as atividades de gestor global que determinam a política da qualidade, os objetivos e as responsabilidades do gerenciamento por meio de qualidade de planejamento, controle, garantia e melhoria da qualidade com o sistema da qualidade.

Gestão da qualidade total Uma abordagem de gestão organizacional centrada na qualidade, baseada na participação de todos os membros, cujos objetivos a longo prazo são o sucesso, por meio da satisfação do consumidor, e os benefícios dos membros da organização e da sociedade.

Gravidade é a consequência do(s) efeito(s) de um perigo.

Higiene alimentar Todas as condições e medidas necessárias para garantir a segurança e a adequação dos alimentos em todas as etapas da cadeia alimentar.

Identificação do perigo Identificação dos agentes biológicos, químicos e físicos capazes de causar efeitos adversos à saúde e que podem estar presentes em um alimento específico ou em um grupo de alimentos.

Incerteza Falta de conhecimento, suficiente ou confiável, dos dados.

Ingestão diária aceitável (IDA) Uma estimativa sobre a quantidade de um produto químico específico em alimento ou água potável, expressa em massa corporal (em geral mg/kg de peso corporal) a qual se acredita que possa ser consumida ao longo da vida sem causar risco à saúde. Na prática, é a certeza de que não haverá algum dano como resultado, mesmo havendo a exposição ao longo da vida (supondo uma massa corporal-padrão de 60 kg).

Limite Dose de uma substância ou concentração de exposição na qual um efeito esperado não é observado ou previsto para ocorrer.

Limite crítico Um valor máximo e/ou mínimo pelo qual o parâmetro biológico, químico ou físico deve ser controlado no PCC para prevenir, reduzir ou eliminar o perigo à segurança do alimento até um nível aceitável. É o critério que separa aceitabilidade de inaceitabilidade.

Limpeza Remoção da sujidade, resíduo de alimento, poeira, gordura ou outra partícula ou objeto indesejado.

Limpeza fora do local (COP – *clean out of place*) Um sistema (p. ex., limpeza de tanques) utilizado para higienizar partes de equipamentos, tubulações, entre outros, após a desmontagem.

Limpeza no local (CIP – *clean in place*) Um sistema utilizado para higienizar tubulações de processo, silos, tanques, misturadores ou peças grandes de equipamentos que não permitam a desmontagem. Nesse sistema, as regiões internas são completamente expostas, possibilitando que as sujidades possam ser levadas pelo fluxo das soluções de limpeza e desinfecção.

Lote Uma quantidade de alimento ou unidades produzidas de alimentos fabricadas sob as mesmas condições.

Manipulador de alimentos Todas as pessoas que manuseiam alimentos embalados ou sem embalagem, equipamentos de alimentos, utensílios ou superfícies de contato com alimentos, e as quais se espera que cumpram os requisitos de higiene.

Medida de controle Qualquer ação ou atividade que possa ser utilizada para prevenir, eliminar ou reduzir um perigo até níveis aceitáveis.
Monitor Meio para realizar uma sequência de observações ou medidas para avaliar se o processo ou o procedimento estão sob controle.
Monitorar Ato de conduzir uma sequência planejada de observações ou medidas de parâmetros de controle para avaliar se o PCC está sob controle.
Objetivos da segurança de alimentos (OSA) Um objetivo governamental considerado necessário para proteger a saúde do consumidor (pode ser aplicado a materiais crus, a um processo ou aos produtos acabados).
Patógeno Micro-organismo capaz de causar uma lesão ou doença em humanos.
Perigo Um agente biológico, químico ou físico no alimento, ou a condição de um alimento potencialmente capaz de causar um efeito adverso à saúde.
Plano APPCC Documento que se baseia nos princípios do APPCC e onde os procedimentos estão delineados para serem seguidos.
Política da avaliação de risco Orientações documentadas para o julgamento científico e a política de escolha a ser aplicada no momento apropriado de decisão, durante a avaliação de risco.
Política de segurança Conjunto de intenções e direções de uma organização, relacionadas a segurança, formalmente expressas pela alta administração.
Ponto crítico de controle (PCC) Uma etapa na qual o controle possa ser aplicado e que seja essencial para prevenir, eliminar ou reduzir um perigo à segurança do alimento até um nível aceitável.
Ponto de controle Qualquer etapa na qual fatores biológicos, químicos ou físicos possam ser controlados.
Procedimentos Operacionais Padrão (POPs) Procedimentos estabelecidos envolvidos nas atividades diárias de produção de alimentos seguros e saudáveis.
Procedimentos-padrão de Higiene Operacional (PPHO) São os procedimentos estabelecidos das atividades diárias de higienização, envolvidos na produção de alimentos seguros e saudáveis.
Processador Qualquer pessoa envolvida com o processo comercial, de vendas ou institucional de um alimento.
Processo ou processamento Qualquer atividade que esteja diretamente relacionada à produção de um alimento, incluindo qualquer atividade de empacotamento.
Produção primária As etapas da cadeia de alimentos até, e incluindo, a colheita, o abate, a ordenha e a pesca.
Programas de pré-requisitos Procedimentos, incluindo Boas Práticas de Fabricação, que fornecem as condições operacionais básicas para o sistema APPCC.
Proteoma A proteína complementar ao genoma.
Qualidade Totalidade das características de um alimento, ou entidade, que lhe confere a capacidade de satisfazer as necessidades declaradas ou implícitas.
Requisito de segurança dos alimentos Um objetivo definido pela indústria considerado necessário para cumprir com o OSA.

Risco Função da probabilidade e da gravidade de um efeito adverso à saúde, em consequência da presença de um perigo(s) no alimento.
Risco microbiológico Um risco associado à presença do perigo microbiológico (como bactéria, vírus, levedura, bolores, algas, parasitas, protozoários e helmintos). Também inclui os perigos químicos que estes podem produzir (toxinas e metabólitos).
Segurança dos alimentos Garantia de que o alimento não causará danos ao consumidor quando preparado e/ou ingerido de acordo com o uso pretendido.
Sintenia Localização correlacionada dos genes no cromossomo de espécies relacionadas.
Sistema APPCC Resultado da implementação do plano APPCC.
Sistema da qualidade Estrutura organizacional, procedimentos, processos e recursos necessários para implementar a gestão da qualidade.
Superfície crítica de contato com alimento A superfície com a qual o alimento entra em contato, na qual ocorre a drenagem para o alimento, em que ocorre o contato com o alimento após este ter sido submetido ao processo de controle bactericida ou, ainda, quando o alimento não é submetido a processo de controle bacteriano na planta processadora.
Superfície crítica que não entra em contato com o alimento, ou área A superfície (que não seja uma superfície de contato com o alimento) ou uma área que poderá, por meio da ação do homem ou de equipamento, contaminar o alimento que não será submetido a medida de controle bactericida após sua exposição ou uma superfície de contato com alimento nessa superfície ou área. A superfície que não entra em contato com o alimento e as áreas incluem equipamentos, evaporadores, utensílios, drenos, paredes, pisos, roupas dos manipuladores, sapatos, acessórios e outras superfícies da planta nas quais não ocorre (ou não existe a intenção de) o contato com o alimento.
Superfícies e áreas críticas Superfícies ou áreas críticas de contato e que não entram em contato com o alimento.
Suposição Um julgamento de especialista realizado com base em informação incompleta, havendo, portanto, incerteza associada.
Surto de doença de origem alimentar Duas definições são adotadas: (a) É o número de casos observados, de uma doença em particular, que exceda o número esperado. (b) É a ocorrência de dois ou mais casos de uma doença de origem alimentar, resultado da ingestão de um alimento em comum.
Transparência Característica de um processo em que o racional, a lógica do desenvolvimento, as restrições, as hipóteses, o julgamento dos valores, as decisões, as limitações e as incertezas da determinação são completa e sistematicamente estabelecidos, documentados e acessíveis para análise e crítica.
Validação Elemento de verificação focado na coleta, na avaliação científica e na informação técnica, para determinar se o plano APPCC, quando apropriadamente implementado, irá controlar os perigos de forma efetiva.
Valor *D* (tempo de redução decimal) 90% (=1log) da redução da viabilidade de uma população microbiana devido à letalidade de um processo, como calor (cozimento), acidez ou irradiação. Ver valor *Z*.

Valor *Z* Aumento da temperatura necessária para elevar o índice de inativação em 10 vezes. Em outras palavras, o aumento da temperatura reduz o valor *D* em 10 vezes (1 unidade $\log_{10}$).
Variabilidade Distribuição de valores devido às variáveis conhecidas, como a variação biológica, as alterações sazonais e a quantidade de alimento ingerido.
Verificação Todas as atividades, exceto o monitoramento, que determinem a validade do plano APPCC e que esse sistema esteja operando de acordo com o planejado.
Vigilância Coleta, análise e interpretação sistemática de dados essenciais para o planejamento, a implementação e a avaliação da prática da política de saúde e a disseminação oportuna dessa informação para uma ação de saúde pública.

Índice

23S rRNA, 236–237, 318–320

A

abate, 51–52, 148–149, 211–212, 415–417, 448–450, 512, 514, 518–519, 533–534, 575–581
abordagem mecanizada, 464–465
aborto, 37–38, 42–43, 139–140, 238–239
abuso de temperatura, 26–29, 37–38, 68–69, 84–86, 97–100, 102–113, 115–118, 120–125, 143–144, 148–156, 158–160, 162–163, 165–167, 169–174, 189–190, 207–211, 219–220, 236–237, 243–244, 247–248, 250–251, 253–256, 260–261, 283–285, 291–293, 302–303, 305–308, 318–320, 338–340, 342–343, 349–350, 366–367, 370–372, 390–394, 403–404, 407–410, 412–415, 417, 419, 420, 424, 427, 448–455, 459–460, 470, 472, 480–481, 483–493, 495–497, 508–509, 512, 514–521, 575–581
ação corretiva, 388–389, 402–403, 407–410
Acetobacter spp., 159–160
Acetobacters, 145–146
acidificação, 145–146, 154–156, 176–182
ácido acético, 117–118, 143–146, 152–153, 156–157, 176–178, 248–249
ácido benzoico, 154–156, 160–161, 391–394
ácido fosfórico, 156–157
ácido gástrico, 37–38, 197, 200, 237–239, 466–467
ácido kojico, 185–186
ácido láctico, 134–140, 145–146, 148–149, 152–153, 159–160, 162–164, 173–182, 184–190, 202–205, 395–396
ácido nucleico, 98–100, 113–115, 301–302, 318–320, 323–324, 384–385
ácido ocadaico, 21–22, 276–277, 404–406
ácido orgânico, 116–117, 154–160, 173–174, 176–178, 313–315, 381–382
ácido propiônico, 154–156, 176–178, 391–394
ácidos graxos de cadeia curta, 113–115, 188–189, 216–217, 454–456
Acinetobacter spp., 148–152, 291–292, 520–521
acloridria, 466–467
aço inoxidável, 381–382
Acordo da Rodada Uruguaia, 393–394, 434–435
Acordo Geral de Tarifas sobre Comércio (*General Agreement on Tariffs and Trade* – GATT), 398–399, 529–532
Acordo para Barreiras Técnicas ao Comércio, 398–399, 435–436, 529–530
Acordo sobre a Aplicação de Medidas Sanitárias e Fitossanitárias (SFS), 398–399, 434–436, 473–474, 528–533, 537
acreditação, 327–328
adaptação, 111–112, 115–117, 131–133, 138–139, 288–289, 454–456, 480–481
adaptação ao frio, 115–116
adenovírus, 261–265, 273–274, 343–345
aditivos, 35–37, 168–169, 390–394, 399–400, 529–530, 532–533
aditivos alimentares, 28–29, 158–160, 171–172, 435–436, 528–529
Administração de Alimentos e Drogas (*Food and Drug Administration* – FDA), 46, 48, 54–55, 56–58, 167–169, 221–222, 227–228, 233–235, 291–292, 297–298, 322–323, 327–328, 335–338, 368–369, 395–396, 410, 412, 459–461, 469–470, 499–501, 503–507, 509–510, 515–519, 534–537, 568–570, 573

Aeromonas spp., 21–24, 30, 35–37, 40, 42, 127–128, 145–146, 148–152, 256–258
A. hydrophila, 101–102, 107–108, 111–112, 122–124, 127–128, 158–160, 193–194, 256–260, 313–315, 415–417
aflatoxinas, 21–22, 84–85, 197, 200, 283–285, 343–345, 403–406
África, 24–25, 37–38, 285–287
ágar Baird-Parker, 341–343, Lâmina 21
ágar bile vermelho-violeta bile lactose (VRBA), 206–207, 304, 332–333
ágar MacConkey (incluindo SMAC), 331–337
ágar MacConkey sorbitol (SMAC), 333–335
ágar manitol salgado, 341–343, Lâmina 7
ágar nutriente, 328–329, 332–337
ágar Oxford, 337–341
ágar sangue, 211–212, 240–241, 260–261, 338–343
ágar verde brilhante, 328–333
ágar xilose lisina desoxicolato (XLD), 328–331, 335–337
Agência de Padrões de Alimentos (*Food Standards Agency* - FSA), 80–81, 120–121, 231–232, 292–293, 377–378
Agência de Proteção à Saúde (*Health Protection Agency* - HPA), 64–65, 370–372, 570–571, 573
aglutinação em látex, 311–315, 333–335, 341–345
água, 20–21, 24–26, 34, 48–50, 52–55, 59–60, 63–64, 69, 72, 76–77, 80–81, 84–85, 91–93, 97–98, 106–108, 116–118, 122–124, 144–150, 153–156, 160–163, 183–184, 205–215, 219–228, 231–232, 235–239, 242–245, 250–251, 253–263, 265–274, 277–282, 286–288, 292–294, 305–311, 327–332, 336–337, 339–343, 352–353, 366–369, 378–383, 386–388, 390–391, 399–400, 403–404, 407–410, 412, 414–415, 429, 435–439, 448–450, 452–453, 461–465, 470, 472, 486–488, 497–498, 512, 514, 516–521, 524–526, 534–536, 568–569, 571–573
água peptonada tamponada (APT), 306–307, 327–337, 339–341
água potável (*ver também* água), 34, 257–258, 264–265, 279–281, 497–498, 536, 575–581
aids, 37–38, 280–282
Alcaligenes spp., 148–152
Alemanha, 55–56, 59–60, 62, 77–78, 215–216, 225–226, 228–230, 345–346, 529–530, 533–534, 571–573
aleuquia alimentar tóxica (ATA), 148–152
alicina, 158–160
alimento contaminado, 20–24, 34, 45–46, 48–50, 59–60, 77–78, 139–140, 219–220, 227–228, 244–245, 247–248, 251–252, 256–262, 265–266, 268–270, 273–274, 279–280, 283–285, 464–465
alimento estável, 107–111, 172–173
alimentos congelados, 34, 80–81, 115–116, 153–154, 167–168, 171–173, 207–208, 220–221, 238–239, 270–271, 352–353, 368–369, 435–436, 480–481, 488–490, 497–498, 517–518, 534–536, 575–581
alimentos cozidos refrigerados, 172–174, 370–371
alimentos de alto risco, 450–452
alimentos desidratados, 169–171, 297–298, 305–306
alimentos enlatados, 26–28, 103–104, 107–111, 145–147, 156–157, 162–163, 179–180, 249–250
alimentos fermentados, 20–21, 28–29, 173–174, 188–190, 370, 373, 374, 395–396
alimentos funcionais, 173–174, 186–187, 189–190, 395–396
alimentos geneticamente modificados, 28–29, 395–396, 478–479, 524–525
alimentos irradiados, 28–29, 85–86, 98–100, 122–124, 153–156, 165–172, 575–581, 569–570
alimentos minimamente processados, 107–112
alimentos muito ácidos, 160–161, 179–180
alimentos para animais, 51–52, 524–525
alimentos poucos ácidos, 248–249
alimentos processados, 84–85, 111–112, 211–212, 219–220, 255–258, 390–394, 398–399
alimentos prontos para consumo (RTE), 61, 63–64, 173–174, 219–220, 231–239, 241–242, 250–251, 253–254, 302–303, 327–328, 368–373, 435–438, 501, 503–504, 506–510, 515–516, 575–581, 568–569
alimentos resfriados, 28–29, 115–116, 163–164, 171–172, 208–210, 420, 451–452, 497–498
alta pressão, 153–154, 163–165, 399–400

ambiente, 35–40, 85–86, 97–100, 112–113, 138–139, 141, 172–174, 186–187, 196, 198–202, 206–207, 216–217, 219–220, 226–228, 246–250, 253–254, 259–260, 266–267, 271–272, 279–282, 291–293, 296–297, 370, 373, 378–381, 384–388, 390–391, 410, 412–417, 421–422, 438–439, 448–451, 497–499, 536–581
American Type Culture Collection (ATCC), 126–128, 327–328, 339–341
aminas biogênicas, 274–275
amostra representativa, 297–298, 301–302
amostragem por *swab*, 316–318, 388–389
anaerobiose, 113–115
Análise de Perigos e Pontos Críticos de Controle (APPCC), 19–21, 26–28, 29, 33, 48–50, 56–58, 68–69, 117–118, 122–124, 295–296, 316–317, 347–352, 354, 362–363, 365–366, 370, 373, 376–378, 381–382, 391–411, 414–423, 425, 431–435, 438–443, 445–446, 454–455, 473–476, 479–480, 509–510, 521–522, 524–525, 530–534, 575–581
análise de risco, 24–25, 123–124, 193, 195–196, 349–350, 438–440, 442–446, 467–470, 475–478, 524–525, 530–532, 575–581, 567, 568–569
análise estatística, 410, 412
análise por múltiplos lócus com número variável de repetições tandem (MLVA), 326–327
anemia hemolítica, 227–228
animais domésticos, 222–223, 270–271, 279–280, 438–439
animais para alimentação humana, 50–51, 292–293
Anisakis (nematoide), 21–22, 279–281
Anisakis simplex (nematoide), 279–280
anorexia, 42–43, 279–281
antibióticos, 21–22, 43–46, 56–59, 88–89, 129–133, 139–140, 146–147, 153–154, 160–161, 197, 200, 207–208, 211–217, 259–261, 286–289, 293–294, 306–307, 342–343, 404–406, 415–417, 419, 454–455, 498–499, 524–525
anticorpos, 197, 200, 268–270, 297–301, 308–309, 311–315
antígeno, 86–90, 188–189, 198, 201, 213–217, 257–258, 297–301, 308–309, 311–315
antígeno de virulência (Vi), 89–90, 213–216, 328–329
antígeno flagelar (H), 88–90, 215–216
antígeno somático (O), 88–89, 215–216
apendicite, 67, 242–243
APPCC genérico, 417, 422
aquecimento ôhmico, 164–165, 399–400
ar, 172–173, 244–245, 283–285, 329–331, 410, 412, 485–487
Arcobacter spp., 127–128, 130–131, 286–288, 292–294, 305–306
  A. butzleri, 127–128, 292–294
áreas de trabalho com antimicrobianos, 45–46, 58–59, 61, 63, 106–111, 149–150, 156–161, 173–179, 192, 196, 198–199, 286–288, 293–294, 384–385, 448–450, 501, 503, 569–573
Argentina, 34, 167–168, 225–226, 228–230
armazenamento, 19–20, 26–29, 37–38, 51–53, 68–69, 80–81, 103–106, 107–111, 116–118, 123–124, 143–154, 162–167, 169–174, 219–220, 237–239, 242–243, 247–250, 253–254, 262–263, 276–277, 283–285, 291–292, 367–368, 370–372, 382–383, 390–391, 395–398, 401–406, 410, 412, 415–417, 422, 431, 433–434, 438–440, 448–452, 474–480, 483–484, 488–492, 503–504, 507–511, 513–515, 517–521, 575–581
armazenamento a frio, 144–146, 265–266
armazenamento refrigerado, 28–29, 115–116, 163–164, 171–172, 208–210, 420, 451–452, 497–498
aroma, 148–152, 164–165, 176–178, 181–182, 186–187, 365–366, 395–396
arroz, 63–64, 109–110, 184–186, 195–197, 221–222, 250–254, 257–258, 260–261, 515–516
artrite, 42–45, 216–217
artrite reativa, 21–24, 212–213, 216–217, 242–243, 484–485, 488–490
árvore de filogenia e filogenética, 82–84, 129–130, 134–136, 139–142, 189–190, 243–244
árvores decisórias, 406–408, 575–581
Ascaris spp., 77–78, 84–85, 203
Ásia, 24–25, 37–38, 61, 63, 280–282, 285–287
Aspergillus, 84–85, 146–147, 175–176, 184–186, 282–284, 382–383
  Asp. flavus, 84–85, 146–147, 159–160, 282–285, 382–383
  Asp. niger, 84–85, 146–147, 184–185

Asp. oryzae, 107–108, 175–176, 184–186, 283–285
Asp. parasiticus, 84–85, 159–160, 282–285
Asp. sojae, 184–186, 283–285
Asp. tamari, 283–285
assintomático, 265–266, 268–270, 292–293, 375–376, 454–456, 461–463
astrovírus, 262–263, 273–274
atividade de água (a_w), 97–98, 104–111, 116–118, 120–124, 144–149, 153–156, 160–161, 173–174, 183–184, 208–210, 213–215, 237–239, 250–251, 253–254, 305–308, 366–369, 399–400, 403–410, 412, 414–415, 429, 446–450, 512, 514, 518–519
atmosfera, 106–111, 116–117, 145–146, 150–154, 171–173, 329–331, 448–450
Ato de Segurança de Alimentos (*Food Safety Act* - 1990), 370–372
auditoria, 409–410
Austrália, 46, 48, 215–216, 224–226, 228–230, 529–530, 571–573
Autoridade Europeia para Segurança dos Alimentos (EFSA), 50–51, 534–536
autoridades regulatórias, 48–50, 52–53, 76–77, 80–81, 158–160, 291–292, 327–328, 347–348, 396–398, 401–403, 410, 412, 414–415
avaliação à exposição, 434–435, 438–440, 442–453, 466–468, 479–480, 488–490, 499–501, 503–504, 506–509, 515–519, 575–581
avaliação de risco, 26–28, 122–124, 211–212, 219–221, 241–242, 255–256, 288–289, 291–292, 349–350, 396–400, 433–450, 452–453, 456–457, 459–460, 464–465, 467–470, 472–480, 482–484, 488–494, 496–504, 506–511, 515–517, 520–526, 528–532, 575–581, 568–573, Lâmina 22
avaliação de risco microbiológico (MRA), 29, 33, 45–46, 98–100, 395–398, 433–444, 469–470, 474–476, 479–483, 491–492, 496–499, 501, 503–504, 508–510, 512, 514, 513, 524–525, 528–529, 532–533, 575–581, 537, 568–570
avaliação de risco quantitativo (microbiológico), 396–398, 436–441, 444–445, 448–450, 474–475, 493–494, 509–510, 512, 514, 515–516, 521–522, 575–581
avaliação de risco químico, 440–441, 446–447, 474–475
avaliador de risco, 445–446, 474–475, 480–481, 575–581
aveia, 109–110, 285–287
aves, 50–52, 84–85, 139–140, 143–144, 208–210, 219–220, 237–239, 242–243, 280–285
azedo, 103–104, 145–146

B

Bacillus, 21–24, 30, 31, 78–80, 84–86, 111–115, 120–124, 126–128, 134–136, 145–146, 148–149, 154–156, 162–165, 175–176, 183–184, 188–189, 249–251, 299–301, 342–343, 413–414, 438–439, 520–521
B. anthracis, 77–80, 250–251
B. cereus, 21–25, 31, 41–43, 52–53, 55–56, 63–64, 66, 69, 72, 91–93, 101–102, 107–108, 111–112, 115–116, 122–124, 127–128, 134–136, 143–146, 148–149, 154–156, 162–163, 193–200, 249–254, 292–293, 299–301, 317–318, 323–324, 342–343, 345–346, 368–369, 374, 435–436, 438–439, 456–457, 461–463, 515–517, 520–521, Lâmina 7
B. licheniformis, 101–102, 111–112, 175–176, 250–252, 342–343
B. stearothermophilus, 101–102, 107–108, 145–147, 154–156
B. subtilis, 101–102, 111–113, 116–117, 148–149, 162–163, 188–189, 250–252, 313–315, 342–343, 374
B. thermosphacta, 120–122, 145–146, 148–150, 152–153
bacteremia, 255–256, 291–292
bactéria ácido-láctica, 134–140, 145–146, 148–149, 152–153, 159–160, 162–164, 173–180, 184–190, 395–396, Lâmina 6
bacteriocina, 138–140, 178–179
bacteriófago, 56–60, 63–64, 85–86, 93–98, 113–115, 131–133, 138–139, 179–182, 184–185, 206–208, 211–216, 224–228, 232–233, 241–244, 288–289, 313–315, 324–326
Bacteroides, 200–208
banco de dados, 58–60, 123–124, 126, 220–221, 318–320, 326–327, 479–480, 525–526, 536

batata, 237–239, 244–245, 250–251, 253–254, 260–261
Bélgica, 34, 62, 64 65, 80–81, 167–168, 225–226, 395–396, 534–536
beta-Poisson, 457–464, 484–488, 493–494, 512, 514, 517–518, 521–522
bifenilas policloradas (PCB), 77–78, 404–406
Bifidobacterium, 127–128, 134–139, 179–180, 188–191, 200–205
biofilme, 314–315, 382–388, 410, 412
bioinformática, 82–83, 96–97, 124–125, 129–133, 217–218, 322–323, 567
bioluminescência, 316–318, 386–389
bioluminescência por ATP, 307–308, 311–318, 388–389, Lâmina 15
biossensor, 295–296, 323–324
biotecnologia, 28–29
biotipificação, 211–212, 329–331
Boas Práticas de Fabricação (BPF, *Good Manufacturing Practice* – GMP), 168–169, 349–350, 355–357, 365–366, 370, 373, 377–378, 391–398, 421–422, 431, 438–440, 475–478, 515–516, 530–532, 575–581, 537
Boas Práticas de Higiene (BPH, *Good Hygienic Practice* – GHP), 169–171, 348–352, 354, 370, 373, 377–378, 391–398, 421–422, 431, 438–440, 454–455, 475–476, 533–534
bolores, 84–85, 104–111, 143–144, 146–147, 152–153, 157–158, 167–168, 184–186, 283–285, 311–312, 343–345, 368–369, 575–581
botulínico, 21–24, 41–43, 52–53, 66, 77–80, 93–96, 101–104, 107–112, 115–118, 120–122, 127–128, 134–136, 148–149, 152–156, 158–164, 173–174, 193, 195–200, 246–250, 292–293, 370–371, 398–399, 414–415, 428, 520–521
  cocção botulínica, 160–163
botulismo, 77–78, 197, 200, 248–250
botulismo infantil, 197, 200, 249–250
Brochothrix thermosphacta, 120–122, 148–150
brometo de etídio, 305–306, 318–320
Brucella, 31, 41–43, 101–102, 127–128, 148–149, 162–163, 255–258
  B. abortus, 255–256
brucelose, 255–258
Byssochlamys spp. (bolores), 146–147

C

cabelo, 89–90, 244–245, 250–251
cadeia de abastecimento, 29, 33, 35–37, 80–81, 129–130, 215–216, 261–262, 282–283, 293–294, 348–350, 390–391, 395–404, 434–435, 438–439, 448–450, 475–476, 493–494, 512, 514, 524–526, 536, 575–581, 575–581
caldo Fraser, 337–341
caldo Preston, 329–331
caldo seletino cistina, 328–329
caldos seletivos, 329–331
Calicivírus, 30
campilobacteriose, 45–46, 48–50, 208–210, 327–328, 497–498
Campylobacter spp., 21–24, 30, 31, 35–38, 40–46, 48–50, 52–53, 56–59, 61, 63–65, 67, 69, 72, 84–85, 127–128, 130–133, 162–163, 168–169, 193, 195–196, 206–213, 292–296, 305–306, 313–315, 322–327, 329–332, 374, 377–378, 436–439, 463–464, 493–494, 496–503, 569–570 Lâmina 1
  C. coli, 47, 130–131, 131–133, 197, 200, 207–210, 322–323, 331–332, 415–417, 497–498
  C. jejuni, 21–24, 38–40, 43–47, 85–86, 90–91, 101–103, 107–108, 120–121, 126–128, 130–133, 148–149, 171–172, 193–194, 196–200, 206–212, 216–217, 286–289, 293–294, 306–307, 317–318, 322–332, 382–383, 415–417, 435–436, 456–457, 459–461, 463–464, 474–476, 479–480, 488–490, 492–501, 512, 514, Lâmina 4
  C. lari, 130–133, 207–210, 322–323
  C. upsaliensis, 130–133, 208–210, 322–323, 497–498
camundongos, 75–76, 190–191, 213–215, 282–283, 459–461, 506–508
Canadá, 34, 46, 48, 55–56, 59–60, 80–81, 190–191, 216–217, 233–235, 417, 422, 464–465, 529–530, 571–573
câncer, 37–38, 189–190, 198, 201, 257–258, 283–287, 515–516
cancerígenos, 29, 33
Candida spp. (leveduras), 175–176, 181–184
cápsula, 89–90, 197, 200, 217–218, 384–385
  antígeno da cápsula (Vi), 89–90, 213–216, 328–329

caracterização do perigo, 442–444, 452–453, 479–480, 482–483, 516–518, 575–581
caracterização do risco, 434–435, 442–446, 450–452, 507–508, 517–518
carne bovina, 21–24, 28–29, 34, 55–58, 63–64, 77–81, 83–85, 100–102, 103–104, 107–110, 123–124, 143–153, 156–157, 159–160, 164–165, 167–169, 172–173, 176–178, 183–184, 193–194, 207–208, 211–215, 219–221, 224–228, 231–233, 237–239, 242–251, 256–258, 260–261, 277–278, 280–282, 289–290, 292–293, 316–317, 329–331, 367–372, 391–392, 413–417, 422, 425, 435–436, 451–452, 486–492, 496–501, 503, 508–511, 512, 514, 533–536, 570–571
carne curada, 159–160
carne moída, 77–78, 152–153, 193–194, 220–225, 510–511, 514–515
carne triturada, 183–184
carnes processadas, 352–353
castanhas, 66, 109–110, 146–147, 175–176, 195–197, 283–287, 352–353
células lesadas, 301–303, 305–307, 327–335, 341–343
cereais e produtos, 81, 84–85, 282–283, 285–287
cereulida, 91–93
cerveja, 20–21, 84–85, 143–146, 163–164, 285–287
cestoides, 280–281
cevada, 195–197, 282–283, 285–288
Chile, 228–230
China, 34, 77–78, 190–191, 256–258, 266–268, 271–272, 285–288
choque térmico, 111–113, 115–116, 173–174, 186–187, 306–307
cidra, 56–58, 113–115, 222–223, 227–228, 280–281
cinética de morte, 98–100
ciprofloxacina, 43–46, 211–212, 498–499, 501, 503
citometria de fluxo, 301–302
Citrobacter freundii, 43–45, 206–207, 520–521
Cladosporium spp. (bolores), 149–150
Clonorchis, 168–169
cloranfenicol, 45–46, 293–294
cloreto de sódio, 490–492
Clostridium spp., 21–24, 30, 66, 78–80, 84–86, 111–115, 127–128, 134–136, 145–146, 154–156, 164–165, 183–184, 189–190, 200–205, 246–249, 341–343, 370–371, 413–415, 520–521
Cl. botulinum, 21–24, 41–43, 52–53, 66, 77–80, 93–96, 101–104, 107–112, 115–118, 120–122, 127–128, 134–136, 148–149, 152–153, 154–156, 158–164, 173–174, 193–200, 246–250, 292–293, 370–371, 398–399, 414–415, 428, 520–521
Cl. perfringens, 21–22, 24–25, 30, 31, 41–43, 46, 48, 47, 55–56, 66, 69, 72, 78–80, 90–93, 101–102, 107–108, 111–112, 122–124, 127–128, 148–149, 196–200, 203, 246–248, 251–252, 292–293, 322–323, 341–345, 367–371, 374, 382–383, 413–414, 461–463, 520–521
Cl. thermosaccharolyticum, 101–102, 145–147
ClustalW, 83–84, 129–130, 567
código de alimentos, 528–529
Código de Prática, 349–350, 401–403
coleção de cultura, 89–91, 129–130, 181–184, 186–187, 199, 201, 262–265, 297–301, 304–306, 310–311, 318–320, 327–328, 333–335, 339–346, 431–432, 499–501
Coleção Nacional de Culturas (*National Collection of Type Cultures* – NCTC), 127–128, 130–131, 327–328, 338–340
cólera, 31, 54–55, 58–59, 78–81, 90–91, 93–98, 107–108, 131–133, 196, 198–199, 210–211, 221–222, 228–230, 235–236, 253–255, 257–258, 286–288, 370–371, 391–392, 523–524
coliformes (*ver também Enterobacteriaceae*), 52–53, 82–83, 205–207, 262–263, 273–274, 304–306, 331–333, 367–368
colite, 42–45, 207–208, 257–258
colite hemorrágica, 96–97, 221–222, 226–228, 248–249, 568–569
coloração de Gram, 85–87, 338–343
comércio internacional, 80–81, 167–168, 288–289, 347–349, 393–394, 396–403, 433–440, 475–476, 523–524, 528–530, 568–569
comércio justo, 349–350, 444–445, 529–530, 533–534, 575–581
Comissão do *Codex Alimentarius* (CAC), 48–50, 168–169, 348–350, 390–391, 398–399, 401–404, 422, 431, 435–446, 470, 472, 502–

503, 507–508, 517–518, 523–524, 528–532, 537–569, 573
Comissão Internacional sobre Especificações Microbiológicas para Alimentos (*International Commission on Microbiological Specifications for Food* – ICMSF), 24–25, 28–29, 101–102, 104–108, 193, 195–197, 200, 347–349, 351–360, 367–368, 370–372, 376–377, 391–394, 399–403, 410, 412, 446–447, 473–476, 537, 570–571
Comitê Consultivo Nacional sobre Critérios Microbiológicos para Alimentos (*National Advisory Committee on Microbiological Criteria for Foods* – NACMCF), 403–404, 537
Comitê de Especialistas da FAO/WHO sobre Aditivos Alimentares (*Joint FAO/WHO Expert Committee on Food* Additives– JECFA), 435–436, 523–524, 568–569
Comitê de Especialistas em Alimentos (*Joint Expert Committee on Food Irradiation* – JECFI), 168–169
Comitê do *Codex* de Higiene de Alimentos (CCHA), 238–239, 435–438, 442–444, 473–474, 520–521, 529–530, 537
composto quaternário de amônio (QAC), 305–306
comunicação do risco, 29, 33, 434–435, 442–446, 467–468, 477–479, 509–510, 525–526, 528–529, 575–581
conceito 12-D, 103–104
conceito das barreiras, 115–116
congelamento, 104–106, 115–117, 143–144, 150–156, 238–239, 247–248, 282–283, 306–307, 391–394, 403–406, 497–498, 517–518
conservação, 20–21, 35–38, 104–108, 107–111, 113–116, 139–140, 143–144, 146–147, 153–156, 158–160, 162–169, 176–178, 190–191, 380–381, 391–394, 398–399
conservantes, 21–22, 29, 33, 104–106, 112–116, 146–147, 153–161, 173–174, 243–244, 390–394, 398–400, 403–406, 414–415
consumidor, 21–24, 29, 33, 35–37, 78–80, 107–111, 143–144, 149–150, 153–154, 164–165, 171–172, 188–189, 193–196, 211–212, 349–352, 357–358, 362–363, 370–372, 377–378, 390–391, 396–400, 404–406, 410, 412, 422, 431, 434–436, 442–444, 448–452, 469–470, 473–478, 488–490, 493–501, 508–512, 514–515, 518–519, 524–525, 529–530, 532–536, 575–581, 575–581
consumo, 35–37, 45–46, 48–53, 69, 71–73, 75–78, 143–144, 153–154, 171–172, 188–189, 208–212, 220–221, 227–228, 233–236, 238–239, 241–242, 247–248, 251–255, 259–262, 270–271, 274–275, 279–281, 288–289, 357–358, 362–363, 367–368, 370–371, 390–391, 393–394, 399–406, 414–415, 433–434, 438–443, 446–456, 464–465, 475–476, 479–480, 483–494, 497–501, 503–505, 507–513, 515–522, 525–526, 532–536, 575–581, 575–581
contagem aeróbia em placa (APC), 152–153, 296–297, 305–306, 327–328, 354, 356–357, 368–369, 374, 429
contagem de viáveis, 62, 83–84, 103–104, 152–153, 164–165, 169–171, 188–189, 208–211, 238–239, 306–307, 311–312, 314–315, 318–322, 339–343, 353–355, 380–381, 384–385, 388–389, 456–457, 461–463, 495–498
contagem total de micro-organismos viáveis (TVC), 295–296
contaminação cruzada, 26–28, 63–64, 211–213, 219–220, 227–228, 231–232, 240–241, 402–403, 415–417, 483–484, 488–490, 496–501, 512, 514
contaminação fecal, 25–26, 51–53, 55–56, 82–83, 189–190, 199, 201, 205–206, 267–274, 279–280, 297–298, 343–346, 370–371, 415–417
Controle da Qualidade (QC), 50–51, 115–116, 306–307, 327–328, 391–394, 419, 420, 425, 575–581
controle de pragas, 68–69, 417, 421–422, 431
controle do processo, 295–296, 390–391, 396–398, 448–450
cozimento, 162–163, 413–414
cozinha, 19–20, 24–29, 34, 68–69, 77–78, 81, 103–106, 141–142, 162–165, 183–184, 208–210, 212–213, 219–220, 224–225, 231–232, 243–244, 246–250, 253–255, 259–260, 271–272, 280–282, 301–303, 407–410, 412–415, 429, 448–452, 459–461, 479–481, 488–493, 495–496, 510–516, 518–519, 575–581
creme, 71–72, 145–146, 148–149, 162–163, 193–194, 219–220, 244–245, 256–258, 267–268, 354, 366–367, 515–516

crianças (*ver também* neonatos, recém-nascidos, lactentes),37–40, 42, 48–51, 64–65, 77–78, 80–81, 208–210, 222–228, 231–233, 248–249, 260–261, 265–274, 280–282, 377–378, 391–394, 486–488, 513, 514–515, 526–528
crise alimentar, 29, 33, 477–478
critérios microbiológicos, 24–25, 193, 195–196, 262–263, 301–302, 335–337, 347–350, 366–367, 370–372, 399–400, 409–410, 425, 475–476, 480–481, 488–490, 568–569
Cronobacter, 127–128, 197, 200–202, 286–293, 335–338, 435–438, 482–483, 518–521, 568–569, Lâminas 9 e 22
  C. sakazakii, 127–128, 197, 200–202, 286–292, 435–438, 482–483, 518–521, 568–569
Cryptosporidium parvum, 21–22, 30, 32, 41–43, 76–80, 162–163, 197, 200, 279–281, 286–288, 310–311, 457–458
Crystal Ball, 469–470, 499–501, 570–571
cultura iniciadora (*starter*), 176–187
curva de crescimento, 117–118, 120–121, 490–492
curva de operação característica, 349–350, 359, 362–363, 480–481
custos de doenças transmitidas por alimentos, 45–53, 78–80, 85–86, 211–212, 401–403, 454–456, 521–522, 524–528, 570–571, Lâmina 1
custos médicos, 46, 48–50
Cyclospora cayetanensis, 32, 52–53, 197, 200, 279–280, 286–288, 454–456

D

dados de surto, 227–228, 468–469, 485–488, 504–505
dados de surtos de doença, 231–233
danos causados por insetos, 143–144
declaração de propósito, 445–446
defumado, 183–184, 503–504, 508–509
  alimento defumado, 183–184
  frutos do mar defumados, 503–504
  peixe defumado, 508–509
  sabão, 378–381
Departamento de Agricultura dos Estados Unidos (USDA), 46, 48, 56–58, 78–80, 122–124, 167–168, 220–221, 224–225, 297–298, 377–378, 417, 422, 485–487, 506–507, 534–536, 568–573, Lâmina 1
desinfetantes, 54–55, 158–160, 261–263, 266–267, 270–271, 306–307, 314–315, 378–383, 386–388, 402–404, 415–417, 422, 431
detecção de proteína, 388–389
detergentes, 86–87, 98–100, 306–307, 316–317, 380–382
diacetil, 145–146, 152–153, 176–179, 181–182, 186–187
diagrama de fluxo, 391–394, 402–408, 417, 421–422, 448–450, 452–453
diarreia, 25–26, 37–40, 42–43, 48–50, 56–58, 67, 85–86, 89–95, 189–191, 196, 198–199, 207–208, 210–213, 220–232, 235–236, 242–244, 246–248, 251–261, 264–268, 270–274, 277–282, 292–293, 499–501, 575–581
Dinamarca, 34, 45–46, 50–51, 59–60, 62, 167–168, 225–226, 479–480, 496–499, 571–573
dioxina, 48–50, 80–81, 395–396, 534–536
Diretiva de Higiene de Alimentos (93/43/EEC), 370, 373, 370–372, 533–534
diretrizes microbiológicas, 370–372
disenteria, 77–78, 80–81, 90–91, 221–222, 231–232, 257–258
distribuição triangular, 468–469, 495–496
DNA, 43–45, 58–59, 82–84, 95–96, 112–113, 124–126, 129–134, 138–139, 158–160, 165–167, 184–185, 198, 201, 210–211, 225–226, 233–235, 238–239, 273–274, 283–285, 298–302, 307–312, 318–327, 329–332, 337–338, 341–345, 454–455, 498–499, 575–581
DNA girase, 43–45, 498–499
"do campo à mesa", 19–20, 76–77, 129–130, 261–262, 395–398, 434–435, 438–440, 449–451, 480–481, 483–484, 493–494, 509–510, 512, 514, 524–525, 533–534
doença autoimune, 43–45, 190–191, 243–244
doença da vaca louca, 28–29, 80–81, 289–290
doença de Graves, 43–45
doença transmitida por alimentos, 19–29, 33, 35–43, 45–46, 48–59, 61, 63–66, 71–72, 76–80, 82–83, 85–86, 96–97, 104–106, 113–116, 129–133, 139–140, 148–149, 162–164, 167–169, 175–176, 193–200, 205–206, 212–215, 222–223, 236–239, 242–243, 246–263, 265–271, 273–274, 286–289, 295–298, 301–

303, 323–328, 335–337, 343–345, 347–349, 352–353, 366–378, 391–400, 403–404, 409–410, 412, 414–417, 422, 433–450, 452–456, 461–465, 475–476, 479–480, 482–483, 493–494, 497–498, 506–507, 523–528, 530–532, 534–581, 568–573, Lâmina 1
dose, 26–29, 33, 35–37, 85–86, 167–172, 188–191, 193, 195–196, 198–199, 208–217, 219–220, 225–230, 235–236, 238–239, 242–245, 248–249, 251–262, 265–266, 268–272, 276–277, 365–367, 399–400, 410, 412, 438–446, 448–469, 474–475, 479–481, 484–498, 502–510, 512, 514–518, 521–522, 575–581, 575–581
dose infecciosa, 26–29, 33, 85–86, 193, 195–196, 198–199, 208–212, 216–217, 219–220, 225–230, 235–236, 242–243, 257–262, 265–266, 268–272, 365–367, 375–376, 399–400, 410, 412, 456–457, 461–462, 484–485, 492–493, 517–518
dose ingerida, 35–37, 238–239, 457–463, 466–467, 486–488, 495–496, 512, 514–516
dose-resposta, 84–85, 216–217, 438–440, 442–446, 449–465, 467–469, 474–475, 479–481, 485–498, 503–508, 512, 514–517, 521–522, 575–581

E

ebulição, 20–21, 88–89, 141–142, 162–163, 266–267, 413–414
echovirus,37–38, 521–522
ecologia, 293–294
ecologia microbiana, 448–450, 504–505
economia, 19–20, 46, 48–50, 78–80
eletroforese, 58–59, 124–126, 129–130, 189–190, 318–320, 324–326
eletroforese em gel de campo pulsado (PFGE), 324–326, Lâmina 17
embalagem a vácuo, 107–111, 145–146, 153–154, 172–173
embalagem com atmosfera modificada (MAP), 144–146, 153–154, 162–163, 171–173
embalagens com atmosfera controlada (CAP), 172–173
encefalite espongiforme bovina (BSE), 28–29, 34–37, 48–50, 80–81, 85–86, 286–290, 395–396, 399–400, 438–439, 478–479, 530–532, 534–536
Encontro Conjunto de Especialistas em Avaliação de Risco Microbiológico (*Joint Expert Meeting on Microbiological Risk Assessment* - JEMRA), 436–438, 464–465, 480–483, 485–488, 501, 503–504, 520–521, 523–524, 569–570, Lâmina 22
endósporos, 24–25, 28–29, 84–86, 97–104, 111–115, 145–150, 154–156, 158–160, 162–167, 193, 195–196, 212–213, 238–239, 247–250, 277–278, 341–343, 380–383, 413–414, 428
endotoxina, 88–91
enfermidade, 19–28, 34–43, 45–46, 48, 52–58, 63–66, 68–69, 71–72, 76–78, 80–81, 141–142, 175–176, 193, 195–196, 198–199, 205–206, 208–210, 213–222, 227–230, 236–237, 246–249, 251–263, 265–268, 273–281, 288–290, 293–294, 375–377, 393–396, 403–404, 410, 412, 438–440, 442–447, 452–457, 459–465, 467–468, 475–476, 479–487, 490–492, 496–501, 512, 514–519, 521–522, 530–532, 534–536, 575–581, 570–571
enlatamento, 19–21, 63–64, 103–104, 117–118, 391–394
enrofloxacina, 43–45, 211–212, 498–499
ensaio imunoenzimático indireto (ELISA), 264–265, 297–302, 307–315, 323–324, 333–335, 341–345
Entamoeba histolytica, 21–22, 277–278
enterite necrótica, 247–248
Enter-Net, 58–60, 64–65, 68–69, 524–528, 570–571
Enterobacter, 43–45, 52–53, 148–152, 200–203, 206–207, 286–292, 435–438, 482–483, 518–521, 568–569
  E. sakazakii (ver também Cronobacter spp.), 127–128, 197, 200–202, 286–292, 435–438, 482–483, 518–521, 568–569
Enterobacteriaceae, 52–53, 63–64, 130–131, 148–149, 152–153, 157–158, 183–184, 200–207, 212–213, 220–221, 256–258, 291–292, 297–298, 324–327, 331–333, 335–337, 343–345, 357–358, 374, 370–372, 388–389
enterócitos, 96–97, 195–199, 240–241, 253–255, 461–463

Enterococcus spp., 43–45, 137–138, 148–149, 162–163, 176–178, 190–191, 200–208, 259–260, 304, 498–499
E. faecalis, 137–138, 148–149, 162–163, 173–180, 202–207, 259–260, 313–315, 339–341, Lâmina 1
enterotoxina, 30, 78–80, 136, 141–142, 210–211, 222–223, 228–230, 242–248, 250–251, 253–255, 257–260, 296–297, 299–301, 306–307, 341–343, 366–367, 517–518
enterotoxinas estafilocócicas, 148–149, 243–247, 260–261, 296–297, 341–343
enterovírus, 37–38, 271–272
enumeração, 98–100, 111–112, 207–208, 211–212, 247–248, 301–302, 332–333, 339–341, 479–480, 488–490
enzimas, 58–59, 82–83, 97–98, 113–117, 138–139, 143–144, 146–149, 168–169, 195–197, 220–221, 240–241, 243–244, 304, 318–320
eosina azul de metileno, 332–333
epidemia, 69, 71–76, 96–97, 139–140, 241–242, 259–260, 265–266, 268–270, 286–288, 395–396, 575–581
epidemiologia, 56–58, 277–278, 288–289, 327–331, 433–434, 518–519
equação de Baranyi, 117–122
equação de Gompertz, 123–124, 459–461, 512, 514
escarlatina, 259–261
Escherichia coli, 21–24, 28–31, 34–38, 40, 42–46, 48–50, 52–53, 56–65, 67, 78–80, 84–86, 88–94, 96–104, 107–108, 111–117, 120–125, 127–135, 148–150, 163–164, 171–172, 193, 195–198, 201–203, 205–207, 210–211, 216–217, 220–235, 262–263, 286–289, 295–296, 298–299, 304–311, 313–315, 323–327, 331–341, 343–345, 370–371, 374, 376–383, 388–389, 391–394, 399–400, 413–414, 435–439, 459–464, 493–494, 510–516, 520–521, 570–571
E. coli difusamente adesiva (DAEC), 30, 222–223
E. coli enteroagregativa (EAEC), 221 222, 230–231, 286–288
E. coli entero-hemorrágica (EHEC), 96–97, 133–134, 198, 201, 221–222
E. coli enteroinvasiva (EIEC), 221–222, 224–225, 333–335
E. coli enteropatogênica (EPEC), 21–24, 42–43, 96–97, 133–134, 197, 200, 221–222, 224–226, 228–231
E. coli enterotoxigênica (ETEC), 21–24, 31, 41–43, 197, 200, 198, 201, 221–225, 228–231, 333–335, 370–371
E. coli não-O157, 30, 31, 56–60, 228–230
E. coli O157:H7, 21–24, 28–31, 34–38, 41–46, 48–50, 52–53, 56–60, 64–65, 78–80, 89–91, 94, 96–104, 111–117, 120–124, 127–128, 133–135, 193–194, 196, 198–199, 220–235, 286–289, 295–296, 298–299, 305–311, 313–315, 323–327, 332–335, 374, 391–394, 413–414, 438–439, 459–461, 463–464, 493–494, 510–516, 520–521, 570–571, Lâmina 1
E. coli shigatoxigênica (STEC, ver também VTEC), 41–43, 46, 48, 56–60, 90–91, 221–222, 226–228, 231–232, 399–400
E. coli verocitotóxica (VTEC, ver também STEC), 41–43, 46, 48, 90–91, 221–222, 226–228, 232–233, 333–335, 374, 399–400
Escócia, 34, 55–56, 59–60, 63–65, 224–225, 232–233, 573
esgoto, 84–85, 219–220, 224–225, 231–232, 237–239, 240–241, 244–245, 261–263, 266–267, 270–271, 273–274, 391–392
especiarias, 63–64, 158–160, 168–169, 183–184, 195–197, 285–287, 329–331, 426, 515–516
especificações microbiológicas (*ver também* critérios microbiológicos), 366–367, 370–372, 517–518
especificidade, 68–69, 89–90, 111–112, 295–301, 307–309, 313–315, 323–324, 339–341, 452–453, 461–463
esporulação, 111–112, 116–117, 247–248
esquema de tipificação de Penner, 331–332
esquema de tipificação Lior, 331–332
esquema Kaufmann-White, 213–215
estado imunológico, 35–37, 454–456, 461–467
Estados Unidos da América (EUA), 24 26, 28–29, 31–34, 37–43, 46, 48–50, 52–53, 59–61, 63, 77–78, 80–81, 158–160, 168–169, 179–180, 190–191, 208–212, 215–216, 220–221, 224–225, 233–235, 242–243, 262–263, 265–266, 270–272, 288–289, 292–293, 380–

381, 395–396, 401–403, 417, 422, 454–456, 464–465, 478–479, 482–483, 521–522, 573
estágio de morte, 89–90, 120–122
estatísticas, 116–117, 327–328, 390–391, 410, 412, 454–456, 464–465, 468–469
esterilização, 113–115, 153–154, 162–163, 211–212, 219–220, 240–243, 380–381, 391–394, 398–399, 524–525
estimativa do risco, 444–447, 466–469, 506–507, 521–522, 575–581
estimativas de subnotificação, 38–40, 42–43, 76–77, 261–262, 496–497
estômago, 38–40, 113–115, 186–187, 193, 195–198, 201, 213–217, 225–226, 228–230, 235–236, 238–241, 247–250, 257–258, 280–281, 399–400, 449–451, 454–457, 463–464, 466–467
estratégia de mitigação do risco, 433–434, 497–498
estresse, 85–86, 97–98, 107–116, 131–133, 139–140, 141, 153–154, 156–157, 173–174, 184–187, 210–211, 216–217, 256–258, 283–285, 306–307, 388–389, 452–455, 520–521, 575–581
estresse osmótico, 112–113, 116–117
eucariotes, 82–83, 136, 141, 277–278, 326–327
eugenol, 158–160
Europa, 24–25, 28–29, 34–36, 38–40, 45–46, 55–56, 59–61, 63–65, 173–174, 179–180, 184–185, 206–210, 224–226, 242–243, 255–256, 259–260, 266–267, 292–293, 370, 373, 438–439, 529–530, 533–534, 570–571

F

fabricação higiênica, 395–396, 422, 431
facultativo, 139–140, 199, 201, 205–206, 220–221, 243–244
FAO/OMS, 167–168, 219–220, 291–293, 395–396, 422, 431, 434–438, 440–444, 452–453, 456–457, 464–465, 470, 472, 478–483, 487–489, 506–507, 520–521, 523–532, 537, 568–571
Fasciola hepática 21–22, 52–53
fase lag, 119–122, 150–152, 510–511
fator de risco, 35–37, 56–58, 98–100, 227–228, 293–294, 414–415, 497–498, 514–515
fatores de estresse, 113–115
fatores do hospedeiro, 452–453
fatores sigma, 111–112
fenol, 338–343
fenótipo, 64–65
fermentação, 20–21, 62, 82–83, 138–139, 153–154, 179–180, 182–183, 188–191, 206–207, 213–215, 233–235, 248–249, 305–306, 329–333, 335–337, 341–343
feto, 37–38, 199, 201, 277–278
filtração, 76–77, 208–210, 279–280, 311–312
filtro de membrana de grade hidrofóbica (HGMF), 307–308, 311–312
flagelos, 88–90, 197, 200, 212–213, 236–237, 242–243, 248–249, 329–332, 384–385
  antígeno flagelar (H), 88–90, 215–216
flora comensal, 208–210, 333–335, 498–499
fluoroquinolona, 43–46, 211–212, 288–289, 438–439, 498–503
fluxo de trabalho (*ver também layout* da fábrica), 401–403
fome, 111–112
FoodNet, 35–36, 38–40, 45–46, 48, 56–58, 502–503, 570–571
fórmula infantil, 64–65, 200–202, 291–292, 335–337, 403–404, 435–438, 482–483, 517–518, 520–521, 568–569
fosfatase, 250–251, 341–343
fosfolipase, 91–93, 136, 141, 240–241, 257–258, 341–343
framboesas, 34, 58–59, 80–81, 266–268, 270–271, 279–280
França, 34, 55–56, 59–60, 64–65, 80–81, 167–168, 436–438, 529–530, 571–573
frango (ver aves), 34, 45–46, 48, 50–53, 56–58, 72–73, 81, 145–146, 148–149, 167–173, 193–194, 207–215, 219–220, 222–225, 235–239, 243–247, 251–252, 256–258, 280–282, 327–328, 352–353, 356–357, 370–372, 391–394, 417, 422, 440–441, 451–452, 468–470, 479–480, 486–501, 503, 524–525, 534–536
frango de corte, 464–465, 475–476, 485–490, 496–498, 506–507, 568–569
frutas, 48–50, 52–55, 72–73, 77–81, 84–85, 107–110, 113–115, 146–147, 154–160, 163–164, 168–169, 171–173, 186–187, 211–215, 219–220, 222–223, 227–228, 235–239, 248–249, 264–265, 268–272, 277–278, 352–353, 370, 373, 404–406, 436–438, 569–570

frutos do mar, 80–81, 84–85, 123–124, 193–194, 237–239, 246–247, 255–256, 273–275, 368–370, 373, 508–509, 517–518, 536
fumonisinas, 286–288, 343–345
fungicidas, 403–404
fungos, 54–55, 82–85, 129–130, 146–147, 154–160, 163–164, 183–185, 282–285, 295–296, 314–315, 380–383, 395–396, 403–404, 436–438
Fusarium spp. (bolores), 146–147, 175–176, 184–185, 282–283, 285–288, 343–345
  F. culmorum, 285–287
  F. graminearium, 285–287
Fusobacterium, 202–205

G

gado, 45–46, 80–81, 85–86, 208–212, 219–220, 222–223, 225–226, 255–258, 262–263, 279–285, 289–290, 292–293, 327–328, 497–498, 514–515
galactosidase, 82–83, 137–138, 304
Garantia da Qualidade (QA), 61, 63, 391–394, 422, 431–432, 475–476, 575–581
garganta inflamada, 242–243, 259–262
gastrenterite, 21–26, 34–38, 40–43, 48–50, 67, 130–131, 190–191, 197, 200, 208–212, 217–220, 231–232, 241–244, 246–248, 253–268, 270–274, 277–278, 282–283, 286–288, 292–294, 343–345, 377–378, 399–400, 496–501, 504–505, 517–518
gastrintestinal, 40, 42–45, 58–59, 64–66, 126, 138–139, 186–189, 205–206, 211–212, 220–221, 243–244, 259–260, 265–266, 276–278, 280–281, 286–288, 292–293
gastrite, 43–45
gatos, 208–212, 219–220, 242–243, 257–258, 280–282, 497–498
geleia, 62
genes, 43–46, 61, 63, 82–84, 95–98, 111–113, 129–136, 141, 184–187, 190–191, 199, 201, 216–218, 222–226, 230–231, 242–243, 253–255, 264–266, 288–289, 318–323, 326–327, 329–332, 575–581
genoma, 83–84, 124–126, 129–136, 141, 184–187, 261–262, 265–268, 270–271, 273–274, 288–289, 320–327, 345–346, 575–581, 567, Lâminas 4–6
genotipificação, 265–266, 324–327
Geotrichum spp. (bolores), 175–176, 183–184
geralmente considerado seguro (*generally regarded as safe* – GRAS), 173–174
gerenciamento da qualidade total (GQT), 391–398, 401–403, 422, 431, 438–440, 575–581, 575–581
gerenciamento do risco, 29, 33, 398–400, 434–438, 442–470, 472–479, 499–501, 508–509, 528–532, 575–581, 568–569
gestor do risco, 435–440, 445–447, 452–453, 469–470, 472, 575–581
Giardia lamblia, 21–22, 43–45, 193–197, 206–207, 277–278, 375–377, 457–458, 461–464
globalização, 35–37, 80–81, 393–396
gordura, 98–100, 143–144, 183–184, 186–187, 213–215, 380–381, 454–456
grão, 19–20, 48–52, 167–169, 184–185
gravidade, 353–355, 357–359, 362–363, 365–366
gravidez, 37–38, 237–241, 452–455
Grupo de Referência em Epidemiologia de Doenças de Origem Alimentar (FERG), 38–40, 54–55, 525–528, 573

H

hambúrguer, 58–59, 207–208, 224–225, 512, 514, 518–519
Health Canada, 327–328, 352–353, 485–489, 568–569
Helicobacter pylori, 43–45, 130–131
helmintos, 52–53, 83–84, 168–169, 575–581
hemolisina, 91–93, 96–97, 131–133, 210–211, 221–223, 230–231, 250–251, 253–256, 260–261, 517–518
heterofermentativas, 138–139, 176–178
higiene pessoal, 24–29, 35–37, 211–212, 219–220, 231–232, 261–263, 270–271, 375–378, 402–403, 410, 412
hipoclorito de sódio, 382–383
hipocloritos, 54–55
histamina, 274–277, 370–371
HLA-B27, 216–217
Holanda, 25–26, 38–40, 55–56, 59–60, 167–168, 215–216, 370, 373, 496–497, 515–516, 529–530, 573
homofermentativas, 176–178

I

idade, 24–26, 35–38, 40, 42, 46, 48–52, 68–69, 72, 75–76, 199, 201, 216–217, 220–221, 224–225, 227–228, 231–233, 237–239, 265–266, 271–274, 283–285, 288–290, 292–293, 335–337, 377–378, 395–396, 410, 412, 433–434, 451–456, 461–467, 479–480, 486–490, 497–498, 507–508, 512, 514, 518–519
identificação do perigo, 434–435, 442–447, 464–467, 477–478, 482–483, 493–494, 501, 503, 515–516, 521–522, 575–581
idosos, 24–28, 37–38, 139–140, 226–228, 233–235, 237–239, 255–256, 277–278, 391–394, 399–400, 434–435, 450–452, 463–464, 466–467, 484–485, 503–504, 506–508, 515–516
íleo, 198, 201, 208–210, 216–217, 292–293
ilhas de patogenicidade (PAI), 94, 96, 129–134, 212–213, 216–217, 288–289
imunocomprometidos, 21–25, 139–140, 255–258, 280–282, 289–292, 509–510
imunodeficientes, 279–280, 434–435
inativação térmica (*ver também* valor *D*), 98–100
incerteza, 256–258, 327–328, 434–435, 440–444, 456–457, 459–461, 467–470, 473–474, 495–497, 512, 514, 575–581, 575–581
Índia, 34, 171–172, 179–180, 256–258, 286–288, 571–573
índice de organismos, 205–206
infecções entéricas, 35–37, 43–45, 216–217, 375–377, 502–503
Inglaterra e País de Gales, 35–37, 45–46, 48, 64–65, 80–81, 208–210
ingredientes, 19–20, 167–173, 186–187, 192, 236–237, 266–267, 295–296, 301–302, 306–307, 349–350, 390–391, 403–404, 409–410, 412, 438–440, 478–479
ingredientes crus, 50–51, 205–206, 219–220, 297–298, 410, 412
insetos, 167–168
instalações da fábrica,
Instituto Internacional de Ciências da Vida (*International Life Science Institute* – ILSI), 438–439, 441–443, 570–571
internet (*ver também* Recurso para a Segurança de Alimentos, URL e *World Wide Web*), 64–65, 122–130, 221–222, 264–265, 436–438, 480–481, 485–487, 492–494, 499–503
intestino grosso, 188–189, 193, 195–196, 198, 200–202, 333–335
intimina, 225–226, 230–231
intoxicação, 19–24, 26–32, 35–40, 42–43, 46, 48–52, 55–56, 62, 69, 72, 76–78, 83–86, 91–93, 111–112, 148–149, 154–156, 167–168, 181–182, 193, 195–197, 200, 208–212, 215–218, 224–225, 236–237, 243–256, 260–261, 274–278, 286–288, 295–296, 306–307, 313–315, 317–318, 327–328, 375–391, 399–400, 410, 412–414, 433–434, 436–440, 450–452, 477–478, 486–490, 515–516, 524–525
intoxicação amnésica por moluscos, 274–276
intoxicação escombroide, 274–276
intoxicação paralisante por molusco (PSP), 21–22, 62, 66, 276–277, 404–406
intoxicação por ciguatera, 66, 274–276
inulina, 189–190
invasão, 89–91, 133–134, 210–211, 216–218, 221–222, 226–232, 236–237, 242–243, 283–285, 517–518
iogurte, 179–180, 182–183, 227–228, 370, 373, 374
isotiocianato de fluoresceína (FITC), 318–320
Itália, 62, 228–230, 571–573

J

Japão, 34, 52–53, 55–56, 61, 63–65, 167–169, 190–191, 215–216, 224–226, 228–230, 242–243, 253–255, 271–272, 395–396, 571–573

K

Klebsiella spp., 43–45, 52–53, 200–202, 205–207, 274–275, 520–521, Lâmina 18
K. aerogenes, 203, 206–207
koji, 184–186, 283–285

L

Laboratório de Saúde Pública (*Public Health Laboratory Service* – PHLS), 61, 63, 250–251, 374, 370–372
lactentes (*ver também* crianças, neonatos e recém-nascidos), 24–25, 64–65, 138–139,

200–202, 221–222, 227–228, 271–272, 434–435, 450–452, 484–485, 517–518
Lactobacillus spp., 107–108, 127–128, 134–138, 148–149, 175–180, 183–184, 188–191, 200–205, Lâmina 6
L. acidophilus, 127–128, 134–139, 179–180, 184–185, 189–191, 203, Lâmina 6
L. brevis, 127–128, 134–138, 175–178, 203
L. casei, 134–138, 184–185, 190–191, 203
L. delbrueckii, 127–128, 134–138, 179–180
L. helveticus, 137–138, 179–180
L. plantarium, 127–128, 134–139, 175–180, 190–191, 203
L. rhamnosus, 189–191
L. sakei, 175–176, 183–184
Lactococcus, 127–128, 134–138, 159–160, 176–180
L. lactis, 127–128, 134–139, 159–160, 175–180, 182–185, 189–191
lactoperoxidase, 156–160, 178–179
lactose, 52–53, 82–83, 138–139, 148–149, 176–178, 182–185, 188–189, 195–197, 205–207, 212–213, 233–235, 255–256, 271–272, 304, 306–307, 327–337, 520–521
lantibiótico, 159–160, 178–179
lavagem, 54–55, 81, 104–106, 253–254, 266–267, 277–278, 297–298, 320–322, 378–381, 393–394, 495–497, 512, 514
lavagem das mãos, 375–376, 378–381
legislação, 391–396, 398–399, 409–410, 525–526, 532–534
legumes, 195–197
leite e produtos lácteos, 20–24, 34, 66, 69, 72, 75–76, 80–81, 84–85, 109–110, 119–120, 134–139, 143–146, 148–149, 152–153, 156–160, 162–163, 173–184, 188–191, 193–194, 200–202, 207–208, 211–213, 219–220, 222–225, 227–228, 235–236, 238–245, 250–252, 256–262, 268–271, 273–274, 280–285, 289–290, 292–293, 296–297, 311–312, 316–317, 327–332, 341–343, 352–353, 366–368, 370–372, 380–381, 384–385, 396–398, 403–404, 407–408, 414–417, 435–436, 456–457, 497–498, 503–509, 515–518, 533–534
leite pasteurizado, 34, 43–45, 145–146, 148–149, 162–163, 181–182, 237–239, 261–262, 292–293, 414–417, 516–517
lesão subletal, 302–303, 305–307, 310–311
leveduras, 84–85, 107–111, 117–118, 122–124, 143–144, 146–147, 152–153, 156–157, 163–164, 173–176, 179–180, 185–186, 219–220, 305–306, 311–312, 314–315, 329–331, 337–341, 352–353, 399–400, 575–581
ligação e desaparecimento, 96–97, 222–223, 228–231
limites críticos, 402–403, 407–410, 427, 441–443
limpeza, 21–22, 26–28, 54–55, 68–69, 316–317, 376–382, 385–389, 402–406, 417, 421–422, 431, 575–581
limpeza no local (CIP), 575–581
linguiças, 109–110, 156–157, 183–184, 222–223, 237–239, 508–509
lipídio A, 88–89
lipopolissacarídeo, 24–25, 86–91, 197, 200, 211–215, 217–218, 255–256, 329–332
Listeria spp., 21–24, 35–40, 56–59, 63–64, 67, 85–86, 89–90, 127–128, 134–136, 139–140, 141, 236–241, 295–296, 299–301, 310–311, 322–323, 337–341, 370–371, 374, 388–389, 436–438, 506–509, 520–521, 568–569, Lâminas 19 e 20
L. monocytogenes, 21–24, 31, 34, 37–38, 41–48, 52–53, 55–58, 63–64, 67, 73–74, 78–80, 85–86, 89–93, 96–97, 101–102, 107–108, 111–112, 115–117, 119–124, 127–128, 139–141, 148–149, 159–160, 162–163, 171–174, 183–184, 193–197, 200, 236–242, 286–289, 292–294, 299–301, 306–311, 313–315, 317–318, 323–326, 337–341, 370–371, 374, 384–385, 414–417, 435–439, 457–461, 463–465, 475–476, 479–480, 492–493, 501, 503–511, 520–521, 568–569, Lâmina 19
listeriolisina, 91–93, 96–97, 136, 141, 240–241
listeriose, 34, 37–38, 55–56, 139–140, 237–242, 503–505, 508–509, Lâmina 1
local de entumecimento do enterócito (*locus of enterocyte effacement* – LEE), 96–97, 225–226, 230–231, 537
lote de alimentos, 348–352, 357–358, 359, 362–364, 366–367
luciferase, 190–191, 316–317
luvas, 376–377
luz ultravioleta (UV), 84–86, 111–112, 283–285, 304, 318–320, 343–345

M

má absorção, 25–26, 42–43
madeira, 403–406
mal nutrição, 37–38, 222–223
manipulação, 35–37, 52–55, 80–81, 104–106, 143–146, 148–149, 154–156, 162–163, 165–167, 213–215, 219–220, 236–237, 243–245, 253–255, 271–272, 277–278, 351–352, 377–381, 390–391, 395–398, 422, 431, 433–435, 438–440, 448–452, 470, 472, 477–480, 512, 514, 516–517, 520–521, 533–534
manipulação de alimentos, 35–37
manipuladores de alimentos, 35–37, 224–225, 236–237, 242–245, 260–263, 266–267, 271–272, 375–381, 399–400
manteiga, 176–178, 256–258, 352–353, 367–368
manteiga de amendoim, 219–220
marisco, 21–22, 62, 84–85, 193–194, 206–208, 212–213, 237–239, 253–271, 273–278, 343–346, 370–371, 373, 377–378, 403–406, 470, 472, 516–519, 521–522, 569–570
massa, 250–254, 366–367
material cru, 51–52, 349–350, 366–367, 390–391, 395–396, 419, 421–422, 431, 448–452, 477–478, 509–511, 524–525, 575–581
matriz alimentar, 163–164, 240–241, 323–324, 390–391, 449–457, 488–490, 503–504
medidas de controle, 50–52, 56–58, 75–76, 130–131, 212–213, 231–232, 262–263, 291–292, 348–349, 440–441, 482–483
medidas fitossanitárias, 530–532
medidas sanitárias e fitossanitárias, 398–399, 435–436, 528–529, 532–533
meio UVM, 337–338
meios, 35–36, 68–69, 88–89, 117–118, 120–122, 163–164, 199, 201, 207–208, 293–294, 296–299, 301–308, 310–311, 327–343, 345–346, 570–571, Lâminas 7–10, 18–21
meios cromogênicos, 298–301, 304–306, 320–322, 332–333, 335–337, Lâminas 8, 9 e 18
meios de enriquecimento, 211–212, 215–216, 301–303, 307–311, 313–315, 320–322, 327–343
meios de pré-enriquecimento, 215–216, 301–303, 310–311, 313–315, 328–331, 335–338
meios seletivos, 163–164, 293–294, 302–304, 306–309, 313–315, 318–320, 335–337, 342–343
mel, 19–20, 109–110, 146–147, 248–249
membranas, 88–89, 91–94, 96, 149–150, 160–161, 165–167, 195–197, 240–241, 253–255, 301–302, 310–311, 332–333, 339–341
meningite, 42–43, 67, 237–241, 257–258, 291–292, 520–521
mesófilo, 107–112, 149–150, 175–176, 179–180, 413–415
metal, 21–22, 66, 77–78, 158–160, 241–242, 316–317, 376–377, 381–383, 395–396, 403–406, 420–422, 430
métodos de detecção, 35–36, 206–207, 261–262, 291–298, 307–308, 311–313, 320–324, 329–331, 335–337, 343–346, 366–367, 521–522, 530–532
métodos de detecção rápida, 129–130, 295–298, 301–302, 307–308, 331–332
métodos de identificação, 59–61, 63, 143–144, 188–190, 288–289, 307–308, 337–341, 357–358, 438–444, 446–447, 474–475, 485–487, 575–581, 575–581
métodos moleculares, 43–45, 56–61, 63–65, 129–130, 138–139, 158–160, 186–187, 196, 198–198, 201, 211–212, 236–237, 243–244, 251–252, 261–262, 264–266, 276–277, 295–298, 320–322, 324–326, 520–521
mexilhões (*ver* moluscos), 274–276
micotoxinas, 84–85, 184–185, 198, 201, 282–287, 395–396, 404–406
microaerófilos, 207–208
microbiologia de impedância, 307–308, 313–315, 323–324, Lâmina 14
microbiologia preditiva, 97–100, 117–118, 120–124, 153–154, 396–399, 410, 412, 438–440, 448–452, 468–469, 480–481, 488–494, 503–505, 509–510, 512, 513, 530–532
Micrococcus spp., 134–136, 148–150, 162–163, 183–184, 200–202
microensaios, 124–125, 129–130, 184–185, 320–324, 331–332, Lâmina 16
MicroFit (*ver também* microbiologia preditiva), 120–121, 567

Micromodelo de Alimentos (*ver também* microbiologia preditiva), 512, 514, 567
microvilosidades, 222–223, 228–230
milho, 175–176, 282–283, 285–288
mimetismo molecular, 43–45, 211–212
modelagem, 97–98, 119–120, 123–124, 152–153, 438–443, 448–450
Modelo de Processo de Risco, 438–439, 493–494, 512, 514
modelo exponencial, 457–461
modelo para frangos FARM (*ver também* microbiologia preditiva), 493–494
modelo probabilístico, 467–468
modelo Weibull-gamma, 459–461
modelos animais, 219–220, 441–443, 457–458, 464–465, 503–504
modelos de multiplicação, 490–492
modelos matemáticos, 98–100, 457–458, 480–481, 503–504, 512, 514
moluscos, 34, 76–77, 207–208, 266–267, 270–271, 274–275, 521–522, 533–534
monitoramento, 26–28, 45–46, 51–52, 54–55, 129–130, 150–152, 292–293, 301–302, 314–317, 327–328, 349–350, 370, 373, 388–389, 402–403, 407–410, 412–414, 417, 422, 420, 427, 525–526, 536, 575–581, 575–581
monitoramento da higiene, 37–40, 50–51, 68–69, 80–81, 84–85, 199, 201, 205–207, 260–263, 279–280, 314–317, 351–352, 365–366, 370–378, 384–389, 391–394, 396–400, 417, 420, 422, 431, 435–436, 529–536, 575–581, 571–573
Monte Carlo, 467–471, 493–494, 496–497, 507–510, 512, 514, 521–522, 570–571
Moraxella spp., 148–152
morbidade, 19–20, 77–80, 212–213, 277–278, 454–456, 466–468, 503–505, 509–510, 526–528
Morganella morganii, 202–205, 274–275
mortalidade, 19–20, 37–38, 40–43, 51–52, 77–80, 197, 200, 212–213, 227–228, 238–242, 255–256, 271–272, 274–278, 291–292, 454–456, 461–468, 480–481, 484–485, 503–507, 512, 514, 513, 526–528
mortes por doenças transmitidas por alimentos, 242–243, 277–278
Mucor spp. (bolores), 146–147, 149–150, 175–176, 179–182, 184–185
mucosa, 188–189, 195–197, 200–202, 217–218, 222–223, 228–231, 240–241, 253–255, 282–283
mulher grávida, 24–25, 37–38, 139–140, 237–241, 268–270, 277–278, 484–485, 515–516
multiplicação bacteriana, 52–53, 107–111, 123–124, 143–144, 156–157, 172–173, 253–254, 333–335, 396–398
multiplicação exponencial, 120–121
Multiplicação logarítmica, 413–414
multiplicação microbiana, 26–29, 33, 97–98, 104–112, 116–117, 119–122, 144–147, 150–156, 158–160, 163–164, 168–169, 172–174, 313–315, 390–394, 414–415, 446–447, 450–452, 474–475, 480–481, 490–492, 508–509, 514–515
Mycobacterium spp., 38–40, 43–45, 127–128, 148–149, 162–163, 286–288, 292–293, 310–311, 391–392
My. paratuberculosis, 43–45, 286–289, 292–293
My. tuberculosis, 78–80, 127–128, 148–149, 162–164, 197, 200, 391–392, 414–415

N

nanobactéria, 293–294
nanotecnologia, 55–56, 190–191
não pasteurizado, 224–228, 241–242, 273–274, 374
NASA, 401–403
natamicina, 146–147, 153–154
náusea, 38–40, 66, 224–225, 235–239, 242–261, 264–265, 276–277, 280–281, 286–288
nematoides, 279–280
neonato, 199, 201, 506–507
neosaxitoxina, 274–277
Neurospora spp. (bolores), 146–147
neurotoxina, 90–91
nisina, 139–140, 153–154, 159–161, 164–165, 173–174, 176–179
nitrato e nitrito, 98–100, 104–106, 122–124, 156–161, 183–184, 238–239, 317–318, 428
nitrogênio, 153–154, 172–173, 403–404
nitrosomioglobina, 159–160
nível apropriado de proteção sanitária ou fitossanitária, 440–441, 473–474, 537
nível de qualidade aceitável (AQL), 349–350

norovírus, 21–24, 30, 32, 34, 40–43, 52–53, 59–60, 63–64, 67, 80–81, 127–128, 168–169, 193–194–197, 200, 261 268, 271–272, 324–326, 343–346, 376–377
Número mais provável (NMP, *Most Probable Number* - MPN), 50–51, 299–301, 332–333, 370–371

O

objetivos de segurança de alimentos, 348–349, 399–400, 438–440, 473–475, 480–481, 508–510, 575–581
ocratoxina, 21–22, 286–288, 404–406
odores, 143–145, 149–150, 171–172, 192
óleos essenciais, 158–160
organismo indicador, 205–208, 273–274, 354, 356–357, 365–366, 374, 388–389
organismos anaeróbios, 154–156, 173–176, 183–184, 199, 200–207, 212–213, 217–218, 246–250, 257–258, 305–306, 332–333, 335–337, 341–343, 413–414
organismos entéricos, 35–38, 43–45, 50–51, 69, 72, 196–200, 206–207, 210–211, 216–218, 256–267, 270–274, 291–292, 343–345, 375–381, 413–414, 499–503
organismos fecais, 297–298
organismos formadores de endósporos, 21–22, 249–250
organismos termodúricos, 143–144
Organização das Nações Unidas para Agricultura e Alimentação (*Food and Agriculture Organisation* -FAO), 167–168, 219–220, 291–293, 395–396, 422, 431, 434–438, 440–444, 452–453, 456–457, 464–465, 470, 472, 478–483, 487–489, 506–507, 520–521, 523–532, 537, 568–571
Organização Internacional para Padronização (*International Organisation for Standardization* - ISO), 291–292, 297–298, 310–311, 327–328, 331–341, 345–346, 394–398, 401–403, 431–432, 568–569
Organização Mundial da Saúde (OMS), 24–25, 34, 38–40, 48–51, 55–56, 61, 63–65, 69, 72, 80–81, 219–220, 291–293, 377–378, 395–396, 398–399, 401–404, 422, 431, 433–444, 452–457, 464–465, 470, 472, 478–483, 487–489, 520–521, 523–532, 537, 568–573, Lâmina 2
Organização Mundial do Comércio (OMC), 396–399, 435–436, 438–440, 528–532, 537
orientações, 45–46, 55–56, 61, 63, 167–168, 220–221, 250–251, 365–366, 368–370, 370–372, 398–399, 414–415, 431–436, 442–444, 474–475, 477–480, 523–526, 528–533, 575–581, 569–570, 573
ostras, 255–256, 266–267, 518–519
ovinos, 45–46, 85–86, 211–212, 222–223, 226–228, 261–262, 288–290, 292–293, 338–340, 339–343
ovo em casca, 219–220
ovos, 21–24, 51–52, 56–58, 66, 69, 72, 75–76, 100–102, 109–110, 145–152, 158–160, 163–164, 193–194, 207–208, 212–215, 219–220, 244–245, 260–261, 280–282, 329–331, 341–343, 345–346, 352–353, 366–367, 370–372, 435–439, 464–465, 482–488, 493–494, 506–507, 533–536, 568–573
óxido de etileno, 168–169
oxigênio, 91–93, 123–124, 145–146, 152–154, 156–160, 171–173, 176–178, 199, 201, 207–208, 246–248, 302–303, 305–306, 329–331
oxigênio reduzido, 171–172

P

padrões, 167–168, 271–272, 345–346, 355, 365–367, 370–372, 398–399, 410, 412, 431–432, 434–436, 441–444, 470, 472, 474–476, 485–487, 524–526, 528–534, 536, 568–570
padrões de consumo, 35–37, 448–453
padrões ISO, 291–292, 297–298, 310–311, 327–328, 331–341, 345–346, 394–398, 401–403, 431–432, 568–569
países em desenvolvimento, 24–26, 37–38, 46, 48–50, 54–55, 168–169, 233–235, 268–270, 479–481, 526–528, 530–532
PALCAM, 338–341, Lâmina 19
pão, 20–21, 77–78, 84–85, 146–147, 154–156
parabenzeno 153–157, 391–394
parâmetros extrínsecos, 29, 33, 104–107, 143–144, 150–154, 238–239, 307–308, 433–434, 448–450, 504–505
parâmetros intrínsecos, 21–22, 26–29, 33, 106–107, 113–116, 143–146, 148–154, 238–239, 433–434, 448–450, 452–453, 520–521
parasitos, 19–20, 35–36, 84–85, 139–140, 154–156, 203, 261–262, 271–272, 280–282,

348–349, 375–376, 382–383, 390–391, 403–406, 457–458, 525–526
paratifoide, 213–215, 486–488
parvovirose, 271–274
pasteurização, 20–21, 75–76, 103–104, 113–115, 145–146, 148–149, 153–156, 160–163, 168–169, 172–173, 181–182, 195–197, 211–212, 219–220, 231–232, 236–237, 240–241, 259–260, 292–293, 305–306, 366–367, 391–394, 396–399, 407–408, 414–417, 480–481, 483–484, 524–525
patogênese, 131–133, 220–221, 240–241, 259–260
patógenos emergentes, 19–20, 56–58, 224–225, 261–262, 270–271, 286–289, 292–293, 301–302, 323–324, 349–350, 399–400, 409–410, 525–526, 530–532, 536
patulina, 21–22, 283–285, 404–406
pediocina, 139–140, 159–160, 164–165
Pediococcus spp., 127–128, 134–138, 145–146, 176–178, 183–184
pediococos, 183–184
pegajoso, 143–146, 149–150, 152–153, 384–385
Penicillium spp., 84–85, 146–147, 149–150, 181–184, 282–287
  P. camembertii, 283–285
  P. roqueforti, 146–147, 181–182, 283–285
  P. viridicatum, 84–85, 285–287
Peptostreptococcus spp., 202–206
percepção do risco, 445–446, 477–478, 525–526, 575–581
perda de produtividade, 46, 48–50
Perfil 32, 85–86, 211–212
perfis de risco, 434–435, 444–446
perigos microbiológicos, 365–369, 399–400, 410, 412–415, 435–440, 442–444, 446–450, 464–465, 470, 472, 474–475, 523–525, 528–529, 568–570
período de incubação, 21–22, 51–52, 64–66, 69, 72–76, 85–86, 112–113, 184–185, 193, 195–196, 199, 201, 207–210, 220–221, 226–228, 235–236, 238–239, 242–243, 253–255, 261–262, 266–272, 279–280, 291–293, 301–302, 305–306, 308–313, 328–343, 366–367, 388–389, 446–447
peróxido de hidrogênio, 111–112, 156–160, 173–174, 176–178
peru, 193–194, 246–247
Peru, 256–258
pescado, 50–51, 66, 75–76, 81, 84–85, 107–110, 145–146, 149–150, 152–153, 156–157, 168–173, 193–194, 212–213, 219–220, 237–239, 242–244, 248–258, 274–277, 279–281, 283–288, 370–373, 390–391, 435–436, 508–509, 515–516
  produtos de pescados, 156–157, 169–171, 237–239
pessoal, 28–29, 266–267, 327–328, 366–367, 376–377, 401–404, 410, 412, 414–417, 422, 431, 480–481, 534–536
pesticidas, 21–22, 77–78, 167–168, 279–280, 395–396, 403–406, 436–438, 536
Petrifilm, 305–306, Lâmina 10
pH, 28–29, 85–86, 97–98, 103–118, 120–125, 143–149, 152–161, 172–176, 183–184, 186–187, 195–197, 200, 208–215, 226–228, 238–239, 244–245, 249–254, 261–263, 266–267, 270–271, 302–308, 316–317, 331–332, 341–343, 366–367, 391–394, 399–400, 403–410, 412, 414–415, 418, 446–450, 454–455, 466–467, 490–492, 512, 514
picles, 109–110
picornavirus, 267–268
placenta, 238–239
planilhas tipo tornado, 467–470
plano de duas classes, 351–352, 356–357, 362–363
plano de três classes, 351–358, 360, 362–366
planos de amostragem, 24–25, 193, 195–196, 250–251, 296–297, 347–355, 356–359, 362–364, 366–372, 407–410, 412, 477–478
planos de atributos, 349–350
plasmídio, 96–97, 124–125, 133–134, 222–223, 228–230, 242–243, 575–581
Plesiomonas spp., 257–258
polimorfismo do comprimento dos fragmentos de restrição (RFLP), 326–327
poliovirus, 267–268, 273–274
ponto crítico de controle (PCC), 19–20, 376–377, 396–398, 402–403, 406–411, 414–417, 419, 421–422, 575–581, 537
população suscetível, 288–289
potencial redox, 199, 201
prebióticos, 186–187, 189–190
preocupação pública, 28–29, 35–36

preparação, 19-21, 37-38, 52-53, 68-69, 72, 75-77, 80-81, 98-100, 111-113, 158-160, 162-163, 165-167, 186-189, 227-228, 236-237, 244-245, 260-262, 288-289, 297-298, 307-308, 316-317, 326-327, 366-367, 375-376, 384-385, 390-391, 395-398, 433-434, 438-440, 448-452, 479-480, 483-484, 488-490, 497-501, 520-521, 523-526, 528-529, 533-534, 575-581
preparo de alimentos, 19-21, 37-38, 68-69, 81, 162-163, 186-187, 227-228, 261-262, 288-289, 384-385
pressão osmótica, 116-117, 307-308
presunto, 109-110, 210-211, 243-244, 260-261, 486-488, 508-509
príons, 288-290
probabilidade, 29, 33, 103-104, 116-117, 123-125, 171-172, 241-242, 253-255, 297-298, 349-350, 353-355, 357-359, 362-366, 433-434, 441-447, 449-453, 456-463, 467-470, 480-481, 484-488, 490-498, 503-507, 512, 513, 521-522, 575-581
probabilidade de aceitação, 359, 362-366
probabilidade de enfermidade, 441-443, 449-453, 459-461, 480-481, 484-488, 496-498, 504-505, 512, 514, 513
probabilidade de infecção (Pi), 29, 33, 124-125, 253-255, 449-451, 459-461, 468-469, 480-481, 484-485, 490-492, 495-498, 503-505, 521-522
probabilidade estatística, 349-350, 410, 412
probióticos, 173-174, 179-180, 186-191, 395-396
processamento de alimentos, 112-113, 154-156, 173-174, 242-243, 270-271, 285-288, 301-302, 306-307, 376-378, 386-388, 398-399, 422, 431, 433-434, 446-447, 454-456, 470, 472, 474-475, 477-478
processamento em alta pressão, 35-37, 163-165, 306-307
processamento térmico, 20-21, 399-400
produtos cárneos, 34, 123-124, 156-157, 164-165, 168-169, 176-178, 183-184, 227-228, 237-239, 244-245, 247-248, 367-368, 509-510, 533-534
produtos frescos, 50-53, 172-173, 222-223, 233-237, 244-245, 435-436
Programa de modelagem de patógenos (*Pathogen Modelling Program* - PMP), 122-124, 509-510, 567
projeto higiênico, 391-394, 422, 431
Propionibacterium spp., 181-182
proteicas, 85-86, 88-89, 148-149, 289-290, 454-456
proteínas de choque frio (CSP), 115-116
proteínas de choque térmico (HSP), 113-115, 173-174, 186-187
proteólises, 244-245
Proteus spp., 89-90, 149-152, 202-206, 274-275, 336-337, Lâmina 18
protozoário, 21-22, 82-85, 168-169, 302-303, 390-391, 404-406, 436-438, 575-581
pseudomonas, 119-120, 148-153, 162-163, 172-173
Pseudomonas spp., 127-128, 130-131, 143-146, 148-152
P. aeruginosa, 313-315
Pseudoterranova decipiens, 279-280, 286-288
psicrófilos, 107-111, 163-164
psicrotrópficos, 149-150, 163-164
PulseNet, 56-59, 64-65, 68-69, 220-221, 233-235, 324-327, 570-571
púrpura trombótica trombocitopênica (TTP), 221-222, 226-228
putrefação, 179-180

Q

qualidade, 29, 33, 38-40, 50-51, 59-61, 63-64, 107-111, 115-116, 143-144, 149-154, 165-172, 184-185, 205-207, 295-296, 306-307, 327-328, 345-348, 357-359, 364-366, 377-381, 391-394, 398-403, 410, 412, 415-417, 421-422, 431-432, 435-436, 454-456, 470, 472, 475-479, 499-501, 529-530, 575-581
qualidade de alimentos, 20-21, 116-117, 351-352, 470, 472
queijo, 20-21, 109-110, 107-111, 129-130, 146-147, 156-160, 176-182, 193-194, 207-208, 216-217, 222-223, 227-228, 237-239, 241-244, 250-251, 253-254, 256-258, 260-261, 283-285, 292-293, 341-343, 352-353, 366-368, 370, 373, 374, 435-436, 456-457, 464-465, 486-488, 503-509

R

radiação, 111-113, 143-144, 164-169
reação da coagulase, 292-293, 341-343, 520-521
reação de Fenton, 158-160
reação de Kanagawa, 253-255
reação de Nagler, 341-343
reação em cadeia da polimerase (PCR), 124-125, 129-131, 200-202, 264-265, 267-268, 270-271, 298-302, 307-308, 310-313, 318-322, 324-327, 329-332, 345-346
reação hemolítica, 42-43, 96-97, 211-212, 221-228, 231-236, 250-251, 259-260, 338-341
recém-nascido (*ver também* crianças e lactentes), 37-38, 238-239, 507-508
recuperação, 306-307, 327-329, 332-333, 341-343
recursos de segurança de alimentos, 567
redução decimal (*ver também valor D*), 98-100, 490-492, 575-581
refrigeração, 19-20, 26-29, 63-64, 102-103, 107-112, 172-173, 207-208, 236-237, 242-244, 247-248, 253-255, 305-306, 318-320, 413-415, 421-422, 424, 470, 472, 508-509, 490-492
refrigerantes, 156-157
regulamentos, 50-51, 54-55, 351-352, 370-372, 398-399, 435-436, 473-474, 485-487, 523-524, 528-529, 533-534, 569-570
Reino Unido (UK), 25-26, 28-30, 34, 38-40, 48-50, 59-65, 78-81, 120-122, 179-180, 213-215, 219-220, 225-226, 231-235, 250-251, 280-282, 289-290, 292-293, 331-332, 336-337, 345-346, 368-372, 377-378, 478-479, 498-501, 534-536, 570-571, 573
relações Probit, 516-517
relatório oficial, 442-446, 468-469
Reoviridae, 270-271
República Tcheca, 59-60, 62, 228-230
requerimentos de segurança, 168-169, 348-349, 351-352, 398-399, 435-436, 475-476
residência, 19-20, 31-38, 52-53, 55-56, 150-152, 248-249, 265-266, 291-292, 375-376, 399-400, 451-452, 479-480, 495-496, 499-501, 512, 514, 567, 570-571
resíduo, 19-24, 81, 103-106, 117-118, 122-124, 129-130, 143-156, 162-165, 167-173, 244-245, 295-296, 347-349, 365-367, 376-377, 382-385, 388-394, 399-400, 413-414
resíduos, 21-22, 80-81, 88-89, 159-160, 172-173, 196, 198-199, 226-228, 235-236, 240-241, 314-317, 380-383, 385-387, 395-396, 404-406, 410, 412, 435-438, 441-443, 528-530, 575-581
resistência a antibiótico, 43-46, 56-59, 129-133, 160-161, 215-216, 288-289, 498-499, 454-455
resistente ao calor, 101-102
resposta de tolerância a ácido, 112-115, 139-140, 173-174, 216-217, 226-230, 454-456
resposta imune, 21-24, 91-93, 188-189
Rhizopus spp., 146-147, 149-150, 175-176, 184-185
Rhodococcus spp., 338-340
rim, 21-24, 91-93, 222-223, 226-228, 233-235, 283-285, 293-294
rinovirus, 267-268
risco, 19-29, 33, 35-38, 46, 48-50, 52-58, 68-69, 71-72, 75-77, 80-81, 98-100, 122-124, 139-142, 154-156, 168-169, 173-174, 189-193, 195-196, 198-199, 206-212, 216-217, 219-221, 227-228, 237-242, 255-258, 261-262, 266-267, 277-278, 282-283, 288-289, 291-294, 348-352, 357-358, 362-363, 375-378, 382-383, 390-400, 410, 412, 414-415, 431-457, 459-461, 461-485, 488-504, 506-512, 514-526, 528-533, 575-581, 567-573
risco aceitável, 28-29, 473-474
risco de morte, 21-24, 29, 33, 473-474
risco de vida, 26-28, 197, 200, 276-277, 463-464, 524-525
risco do produtor, 362-363
risco microbiano, 117-118, 391-394, 396-398, 433-434, 438-439, 446-450, 520-521, 570-571
risco tolerável, 473-474
risco zero, 28-29, 33
roedores, 84-85, 167-168, 219-220, 280-285
rota fecal-oral, 261-262, 271-272

rotavírus, 37–38, 40, 42, 261–267, 271–274, 343–345, 377–378, 521–522
rotulagem, 396 398, 532–533

S

Saccharomyces cerevisiae, 84–85, 101–102, 107–108, 146–147, 175–176, 183–185, 310–311
sal, 19–21, 91–93, 107–108, 111–112, 124–125, 160–161, 173–174, 183–184, 190–191, 238–239, 244–245, 293–294, 306–307, 341–343, 407–409
salmão, 34, 280–281, 503–504
Salm-Net, 58–60
Salmonella spp., 21–24, 50–52, 55–56, 58–60, 148–149, 169–171, 183–184, 197, 200, 208–210, 215–217, 219–220, 305–307, 310–311, 327–331, 337–338, 456–457, 461–463, 484–485, 490–493, 569–573, Lâminas 1, 4, 13 e 18
  S. Agona, 59–60, 80–81, 215–217
  S. Anatum, 59–60, 64–65, 215–216, 486–488
  S. Bareilly, 486–488
  S. Chester, 80–81
  S. Derby, 486–488
  S. Dublin, 59–60, 213–216
  S. Enteritidis, 34, 51–52, 61, 63, 78–80, 86–87, 100–102, 112–113, 197, 200, 213–220, 286–288, 435–436, 471, 482–489, 493–494, 515–516, 568–571
  S. Hadar, 34, 45–46, 215–217
  S. Heidelberg, 213–217
  S. Livingstone, 59–60
  S. Meleagridis, 486–488
  S. Minneapolis, 215–216
  S. Montevideo, 34, 61, 62, 78–80, 216–217
  S. Newington, 215–216
  S. Newport, 59–60, 215–216, 486–488
  S. Paratyphi, 197, 200, 212–213, 215–220, Lâmina 5
  S. Senftenberg, 62, 101–102
  S. Stanley, 59–60, 173–174
  S. Tosamanga, 59–60
  S. Typhi, 31, 34, 41–43, 63–64, 77–78, 89–90, 131–133, 197, 200, 206–207, 212–220, 326–327, 391–392, 480–481, Lâmina 4
  S. Typhimurium, 34, 43–46, 51–52, 61, 63, 77–78, 96–97, 106–107, 113–117, 120–122, 127–128, 131–133, 136, 141, 197, 200, 213–221, 286–289, 323–324, 326–327, 399–400, 486–489, Lâminas 4 e 18
salmonelose, 37–38, 46, 48, 50–52, 58–59, 64–65, 77–78, 213–217, 219–220, 440–441, 485–487, 493–494
saúde pública, 21–24, 50–51, 58–59, 61, 63–65, 68–69, 78–80, 211–212, 233–235, 264–265, 285–288, 349–436, 438–441, 444–447, 473–476, 482–487, 493–494, 504–507, 517–519, 523–526, 530–536, 575–581
SCOOP, 436–438
scrapie, 85–86, 288–290
secagem, 19–20, 85–86, 116–117, 143–144, 153–154, 183–184, 206–210, 238–239, 244–245, 270–271, 283–285, 296–297, 306–307, 367–368, 378–381, 452–453
  alimentos desidratados, 81, 84–85, 207–208
  frutas desidratadas, 285–287
semeadura em placas por derramamento (*pour plate*), 327–328, 332–333
semeadura em superfície, 327–328
sementes, 283–285
sensibilidade, 68–69, 98–100, 295–298, 310–311, 313–315, 322–324, 333–335, 341–345, 378–383, 461–463, 495–496
sentinela, 25–26, 35–36
separação imunomagnética (IMS), 298–301, 307–311, 327–328, 333–335, Lâmina 12
septicemia, 42–43, 88–89, 139–140, 238–239, 247–248, 255–258, 291–292, 520–521
sequela, 41–43, 197, 200, 219–220, 461–463, 480–481
sequelas crônicas, 41–45, 48–50, 197, 200, 210–211, 216–217, 454–456, 488–490, 497–498
sequência 16S rDNA, 82–85, 129–131, 134–136, 139–140, 199, 201, 293–294, 318–320, 329–331
sequência em múltiplos *loci* (MLST), 326–328
Serratia spp., 148–152, 520–521
Serviço de Segurança e Inspeção de Alimentos (*Food Safety and Inspection Service* – FSIS), 56–58, 100, 220–221, 482–489, 509–510, 514–515, 534–536, 570–571, 573
Shewanella putrefaciens, 127–128, 145–146, 148–150
Shigella spp., 30, 31, 41–43, 52–53, 56–59, 67, 77–78, 84–85, 89–91, 94, 96–97, 107–108,

127–131, 193–198, 201–205, 225–226, 231–237, 324–326, 333–337, 375–377, 391–392, 435–436, 463–464
Sh. *dysenteriae*, 77–78, 90–91, 96–97, 196–200, 206–207, 233–236, 313–315, 333–337, 463–464, 485–487, 512, 514
Sh. flexneri, 122–125, 136, 141, 196, 198–199, 216–217, 233–235, 335–337, 440–441, 459–461
Sh. sonnei, 59–60, 216–217, 233–237, 335–337
shigelloides, 257–260
disenteria, 77–78, 80–81, 90–91, 221–222, 231–232, 257–258
shigelose, 235–236
simbióticos, 186–187
sinal de transdução, 111–115, 230–231
síndrome de Guillain-Barré (SGB), 21–24, 42–45, 48–50, 197, 200, 207–212, 454–456, 493–494
síndrome do bebê mole (*"floppy baby"*), 249–250
síndrome urêmica hemolítica, 42–43, 56–60, 197, 200, 221–222, 225–230, 233–236, 512, 514
sintomas, 21–24, 26–28, 38–40, 42–43, 63–65, 68–69, 71–72, 75–77, 85–86, 88–89, 139–140, 188–189, 207–213, 216–218, 220–233, 235–239, 241–261, 264–265, 267–270, 274–283, 286–288, 291–294, 345–346, 410, 412, 456–457, 461–467
Sistema de Alerta Rápido para Alimentos e Rações Animais (*Rapid Alert System for Foods and Feed* – RASFF), 61, 63, 571–573
sistema imunológico, 21–26, 37–40, 43–45, 190–191, 196, 198–199, 201, 237–239, 255–258, 279–280, 282–283, 286–288, 391–394, 454–455, 466–467, 520–521
sistemas da qualidade, 431–432
sobreviventes, 26–28, 98–100, 103–104, 111–118, 122–124, 138–139, 141, 152–156, 168–169, 186–187, 210–211, 217–218, 228–241, 256–258, 351–352, 390–391, 413–414, 429, 449–452, 454–457, 461–463, 466–467, 480–481, 485–487, 490–492, 567
software, 69, 72, 117–118, 120–126, 129–130, 496–497, 512, 514, 570–571
sondas de DNA, 138–139, 310–311, 318–320, 323–324, 326–327, 343–345
sorgo, 285–287
sorotipificação, 61, 63, 89–90, 211–212, 215–216, 225–226, 243–244, 324–326, 331–332
sorovar, 75–76, 127–128, 139–140, 213–215, 219–220, 237–239, 305–306, 486–488
sorvete, 34, 69, 71–72, 78–80, 163–164, 193–194, 242–243, 260–261, 367–368, 370, 373, 464–465, 486–488, 503–504
sous vide, 35–37, 171–174
Sporotrichum spp., 149–150
Staphylococcus spp., 21–24, 78–80, 84–85, 88–89, 126–128, 134–136, 141–142, 200–202, 243–244, 292–293, 339–341, 370–371, 520–521
St. aureus, 21–24, 30, 31, 34, 41–43, 45–46, 48, 55–56, 63–64, 66, 69, 72, 86–87, 91–93, 100–102, 106–108, 111–112, 116–117, 120–124, 127–128, 134–136, 141–142, 148–149, 158–160, 163–165, 171–172, 182–184, 193, 195–196, 198–200, 243–245, 251–252, 292–293, 299–301, 310–311, 313–315, 322–323, 327–328, 338–343, 366–371, 374–385, 414–417, 427, 461–463, 520–521, Lâmina 21
Streptococcus spp., 41–45, 66, 88–89, 101–102, 127–128, 134–138, 141–142, 148–149, 162–163, 175–183, 190–191, 200–202, 206–207, 259–261, 375–377
Strep. agalactiae, 137–138, 179–180, 341–345
Strep. avium, 259–260, 292–293
Strep. bovis, 259–260
Strep. durans, 259–260
Strep. faecalis, 137–138, 148–149, 162–163, 173–180, 202–207, 259–260, 313–315, 339–341
Strep. faecium, 190–191, 206–207, 259–260
Strep. parasanguinis, 261–262, 286–288
Strep. pyogenes, 91–93, 137–138, 141–142, 259–261, 376–377
Strep. thermophilus, 127–128, 134–139, 148–149, 162–163, 175–176, 179–183, 190–191
substratos à base de metilumbeliferil (incluindo MUG), 304–306, 332–333

suco de laranja, 113–115, 213–215, 417, 422
suco de maçã, 213–215, 226–228, 391–392
sucos de frutas, 113–115, 156–157, 268–270
Suécia, 50–52, 55–56, 59–60, 62, 225–226, 266–268, 524–525, 573
suínos, 20–21, 34, 45–46, 77–78, 83–84, 120–122, 152–153, 167–168, 171–172, 193–194, 207–212, 219–220, 242–243, 256–258, 262–263, 270–271, 280–283, 285–287, 370, 373, 415–417, 422, 493–494, 497–498
sujeira, 50–55, 77–78, 84–85, 112–113, 139–140, 237–239, 242–243, 246–251, 283–285, 378–382, 391–392, 575–581
sulfitos, 391–394
surtos, 34, 45–46, 48–53, 55–59, 61, 63–65, 68–69, 71–81, 211–212, 220–221, 224–225, 227–228, 231–237, 241–242, 265–268, 270–274, 279–280, 306–307, 324–327, 441–443, 464–465, 468–469, 480–481, 485–489, 504–505, 524–526, 536, 575–581, 568–569, Lâminas 2 e 3
suscetibilidade, 37–38, 98–100, 144–145, 154–156, 237–239, 244–245, 283–285, 349–350, 390–391, 399–400, 410, 412, 438–440, 454–457, 461–463, 467–468, 575–581
suscetibilidade do hospedeiro, 35–38, 288–289, 451–452, 456–457, 514–515
suscetibilidade genética, 43–45
sushi, 280–281, 393–394

T

Taenia spp., 21–22, 83–85, 168–169, 197, 200, 280–281
  T. saginata, 168–169, 197, 200, 280–281
  T. sainata, 83–84
  T. solium, 21–22, 83–84, 280–281
tamanho da refeição, 438–440, 503–504
tão baixo quanto aceitável (ALARA), 473–475, 537
taxa de multiplicação, 97–98, 119–122, 205–206, 483–484, 492–493, 510–511
técnica de epifluorescência direta em filtro, 169–171, 307–308, 310–312
técnicas de análises microbiológicas, 306–307, 396–398, Lâminas 7–21
técnicas fluorescentes, 124–125, 149–150, 189–190, 299–301, 304, 317–318, 320–323
tecnologia por pressão, 163–164
temperatura de multiplicação, 107–112, 131–133, 208–210, 212–213, 242–243, 291–292, 414–415
tempo de duplicação, 97–98, 120–121, 291–292
tênia, 20–21, 83–85, 280–281
termoestável, 89–93, 111–113, 115–116, 141–142, 145–146, 173–174, 186–187, 222–223, 246–247, 296–297, 306–307, 318–320
termófilos, 107–111, 146–147, 154–156, 175–176, 179–180, 208–210
teste Christie, Atkins, Munch e Peterson (CAMP), 337–345, Lâmina 20
teste de estocagem, 410, 412, 450–452
teste desafio, 410, 412
teste do produto final, 26–28, 97–98, 186–187, 295–296, 313–315, 347–349, 375–376, 365–366, 390–391, 396–398, 401–403, 409–410, 530–532
testes confirmatórios, 292–293, 302–303, 341–343
testes de alimentação em voluntários (humanos), 461–465, 484–485, 487–489
tétano, 93–95
tetrationato, 328–329
Thamnidium spp. (bolores), 146–147, 149–150
tifoide, 37–38, 41–43, 52–53, 77–78, 80–81, 212–215, 217–220, 486–488
toalete, 24–25, 80–81, 378–381, 410, 412
tolerância zero, 224–225, 503–505, 508–509, 515–516
tortas, 244–247, 368–370, 373
Torulopsis spp., 146–147, 175–176
toxina termoestável, 28–29, 88–91, 141–142, 148–149, 221–222, 228–230, 242–244, 251–252, 259–260, 313–315, 331–332, 339–343
toxina termolábil, 89–90, 93–95, 162–163, 210–211, 221–223, 228–230, 255–256, 313–315, 331–332
toxinas, 21–24, 26–29, 33, 38–40, 42, 46, 48, 66, 73–74, 78–81, 84–86, 89–98, 101–108, 117–118, 120–122, 131–134, 136, 141–142, 148–149, 162–163, 173–174, 193, 195–196, 195–198, 200–202, 210–211, 221–233, 235–236, 242–255, 274–277, 283–289, 295–297, 299–303, 307–308, 313–315, 322–324, 333–

337, 339–345, 348–349, 366–367, 399–406, 414–415, 436–438, 446–447, 449–452, 461–463, 469–470, 515–518, 525–526, 575–581
toxinas eméticas, 250–251
Toxoplasma gondii (protozoário), 21–22, 32, 38–43, 47, 168–169, 197, 200, 277–278, 280–282, 286–288, 326–327
toxoplasmose, 43–45, 280–282
transmitidas pela água, 76–77, 461–464
tratamento com temperatura ultra alta (UHT), 367–368
tratamento médico, 46, 48–50
trato intestinal, 21–24, 113–115, 129–130, 138–139, 179–180, 183–184, 186–187, 189–191, 193, 195–196, 198–199, 201, 203–210, 216–217, 233–235, 237–239, 244–245, 249–250, 265–266, 268–270, 277–280, 461–463, 485–487, 575–581
treinamento, 26–28, 61, 63, 68–69, 117–118, 123–124, 375–378, 386–388, 391–395, 399–400, 402–403, 422, 431, 570–571
triângulo de doenças infecciosas, 452–453
Trichinella spiralis (nematoide), 20–22, 32, 41–43, 84–85, 168–169, 193–194, 197, 200, 280–283
tricotecenos, 286–288
trigo, 66, 77–78, 168–172, 175–176, 282–283, 285–288
tuberculose, 78–80, 127–128, 148–149, 162–164, 197, 200, 391–392, 414–415

U

ultrassom, 165–167
umectantes, 106–107
umidade, 52–53, 84–85, 106–107, 109–110, 160–161, 283–285, 384–385, 407–409, 448–450
União Europeia, 51–52, 58–59, 61, 63, 224–225, 264–265, 370, 373, 436–438, 508–509, 532–536, 568–569, 571–573
URL (*ver também* Recursos para Segurança de Alimentos e *World Wide Web*), 58–59, 64–65, 80–81, 131–133, 139–140, 217–218, 221 222, 264–265, 267–268, 336–340, 342–345, 377–378, 452–453, 482–483, 485–490, 502–503, 514–518, 534–536, 567

V

validação, 517–518
valor *D*, 98–100, 102–104, 466–467, 471, 483–484, 492–493, 495–496, 509–511, 575–581
dairy products, 84–85, 113–115, 145–147, 156–157, 159–160, 175–176, 193–194, 212–215, 219–220, 222–223, 235–239, 241–245, 251–252, 292–293, 311–312, 332–333, 367–368, 508–509
valor *F*, 66 *factory layout*, 28–29, 77–78, 265–266, 316–317, 378–381, 386–388, 390–391, 391–394, 401–403, 410, 412
valor *P*, 98–100, 353–355, 414–415 packaging material, 21–22, 144–145, 149–150, 153–156, 158–160, 164–167, 171–174, 190–192, 249–250, 404–406, 415–417, 420, 422, 431, 433–434, 448–450, 492–493, 523–524, 533–536, 575–581
valor Z, 98–100, 102–104, 575–581
variabilidade de valores, 41–43, 324–326, 442–444, 448–450, 456–457, 459–461, 463–464, 467–470, 496–497, 507–508
variação de fase, 130–133
variante CJD (vCJD), 28–29, 286–290, 399–400
vegetais e derivados, 48–50, 52–55, 63–64, 80–81, 84–85, 107–110, 145–147, 156–160, 162–163, 168–169, 172–178, 184–187, 193–194, 211–215, 219–220, 222–223, 227–228, 235–239, 243–245, 248–254, 264–265, 268–271, 277–278, 280–282, 370, 373, 391–392, 435–438, 503–504, 508–509, 569–570
verificação, 347–348, 402–403, 407–411, 425, 533–534, 575–581
vermes arredondados, 77–78, 282–283
vetores de alimentos, 35–36
viagem ao exterior, 45–46, 69, 72, 497–499
viáveis mas não cultiváveis (VNC), 208–211, 306–308, 497–498
Vibrio spp., 20–21, 31, 41–43, 56–59, 67, 78–80, 84–85, 90–91, 127–128, 168–169, 193–

194, 200–202, 206–207, 253–258, 306–307, 370–371, 391–392, 435–438, 568–569
V. *cholerae*, 20–21, 41–43, 67, 90–91, 96–98, 127–128, 133–134, 196, 198–198, 200–202, 206–207, 228–230, 253–255, 288–289, 306–307, 436–438, 461–464, 568–569
V. *fischeri*, 146–147
V. *parahaemolyticus*, 67, 107–108, 111–112, 127–128, 159–160, 196–200, 253–256, 370–371, 374, 435–436, 438–439, 469–470, 472, 516–519, 569–570
V. *vulnificus*, 31, 41–43, 107–108, 127–128, 197, 200, 253–256, 286–288, 370–371, 436–438, 568–569
vida de prateleira, 35–37, 98–100, 103–104, 116–117, 123–124, 144–146, 148–156, 162–165, 168–174, 192, 296–297, 316–317, 351–355, 365–368, 370–372, 382–383, 391–394, 398–400, 410, 412, 414–415, 433–434, 509–510
vidro, 20–21, 89–90, 222–223, 403–406, 417, 422, 456–457
vieiras, 274–275
vigilância, 35–36, 40, 42, 45–46, 54–61, 63–65, 75–80, 233–235, 286–288, 293–294, 324–327, 370–372, 441–443, 446–451, 464–465, 468–470, 484–485, 493–494, 512, 514, 521–526, 534–536, 568–571, Lâmina 3
vinagre, 143–144
vinho, 20–21, 84–85, 129–130, 143–146, 156–157, 175–176, 285–287
viroses, 21–22, 30, 40, 42–45, 52–55, 59–60, 78–80, 82–83, 85–86, 129–130, 154–156, 168–169, 173–174, 193–197, 200, 203, 207–208, 261–274, 286–289, 296–297, 302–303, 307–308, 318–320, 343–346, 375–378, 382–383, 390–391, 403–404, 436–438, 449–451, 521–522, 525–526, 575–581, 570–571
virulência, 21–24, 35–37, 88–90, 95–98, 112–115, 129–134, 136, 141, 210–213, 216–218, 220–223, 225–226, 228–231, 238–239, 242–244, 257–258, 288–289, 451–458, 463–464, 466–467, 503–504, 508–509
vírus da hepatite A, 43–45, 52–53, 67, 76–77, 80–81, 84–85, 197, 200, 262–272, 345–346, 375–377, 520–522
vírus da hepatite B, 285–287
vírus da hepatite E, 262–263
vírus de estrutura pequena e redonda (SRSV, *ver também* norovírus e vírus semelhantes ao Norwalk), 40, 42, 264–265, 271–272
vírus semelhante ao Norwalk (*ver também* norovírus e SRSV), 32, 193–197, 200, 264–265, 286–288, 343–345, 376–377
voluntários humanos, 274–277, 464–465

W

WebACT, 131–133, Lâminas 4–6
World Wide Web (*ver também* URL), 64–65, 567
xarope, 391–394

Y

Yakult, 173–174, 190–191
Yersinia spp., 21–24, 30, 32, 35–37, 40, 42–45, 56–59, 67, 78–80, 94, 96–97, 120–122, 127–128, 198, 201, 241–243, 310–311
Y. enterocolitica, 21–24, 32, 41–45, 56–58, 67, 101–102, 107–108, 111–112, 115–116, 120–124, 127–128, 193–194, 196–200, 216–217, 241–243, 323–324, 414–417
Y. pestis, 58–59, 78–80, 241–242, 310–311

Z

zoonoses, 270–271